科学出版社"十四五"普通高等教育研究生规划教材

木材科学前沿

李　坚　主　编
孙庆丰　副主编
吴义强　主　审

科学出版社
北京

内 容 简 介

本书是对新时代木质基前沿新材料开发与利用新近研究成果的总结和凝练之作，聚焦于木材科学基础研究理论的突破和颠覆性技术的研发，系统性地阐述了木材科学领域的前沿发展。全书共 11 章，主要内容涵盖了木材超分子聚集体、木材分子结构解译、木材仿生学、木材拓扑学、特殊功能木材、纳米纤维素、木质气凝胶材料、木材碳学、木材增材制造、仿生胶接与涂饰等。

本书可供普通高等院校木材科学与工程、林产化工、材料化学、环境科学等专业的师生使用，也可供相关专业的科研人员、工程技术人员和企业生产管理方面的人员学习和参考。

图书在版编目（CIP）数据

木材科学前沿 / 李坚主编. —北京：科学出版社，2023.11
科学出版社"十四五"普通高等教育研究生规划教材
ISBN 978-7-03-076489-8

Ⅰ.①木… Ⅱ.①李… Ⅲ.①木材学-研究生-教材 Ⅳ.①S781

中国国家版本馆 CIP 数据核字（2023）第 188569 号

责任编辑：张静秋　韩书云 / 责任校对：严　娜
责任印制：赵　博 / 封面设计：金舵手世纪

科学出版社 出版
北京东黄城根北街 16 号
邮政编码：100717
http://www.sciencep.com

固安县铭成印刷有限公司印刷
科学出版社发行　各地新华书店经销

*

2023 年 11 月第　一　版　开本：787×1092　1/16
2024 年 7 月第二次印刷　印张：30 1/4
字数：810 000

定价：168.00 元
（如有印装质量问题，我社负责调换）

《木材科学前沿》编委会

主　编	李　坚	东北林业大学
副主编	孙庆丰	浙江农林大学
参　编	郭明辉	东北林业大学
	许　民	东北林业大学
	邱　坚	西南林业大学
	王立娟	东北林业大学
	宋永明	东北林业大学
	王成毓	东北林业大学
	李莹莹	浙江农林大学
	陈志俊	东北林业大学
	陈文帅	东北林业大学
	卢　芸	中国林业科学研究院
	甘文涛	东北林业大学
	高丽坤	东北林业大学
	万才超	中南林业科技大学
	肖少良	东北林业大学
	高汝楠	东北林业大学
	杨海月	东北林业大学
主　审	吴义强	中南林业科技大学

前 言

进入21世纪以来，石化资源被广泛使用所带来的环境污染、气候变化等问题日趋严峻，使用可再生、储量丰富的生物质资源代替不可再生资源已经成为实现社会可持续发展、践行人类命运共同体理念的重要途径。其中，木材是重要的可再生资源和天然的碳存储材料，具有加工过程低碳、使用过程固碳的特点。实现木材的高值化利用，开发木质基前沿新材料以代替高能耗、不可持续材料已成为当前社会发展的重大需求和世界科技的前沿。

针对结构复杂、尺度精细的木材，全球科学家采用了多种技术手段，在木材精细结构解译、化学组分分离与转换、组装规律和性能提升机制等方面开展了诸多研究，创制了一系列具有优异功能的木质基新材料，为木材在航空航天、相变储能、电磁屏蔽、光热转换、能源存储等领域的使用奠定了理论基础，极大地促进了木质基前沿新材料的研究与应用，重大原始创新和应用成果不断涌现。

习近平总书记指出："高水平研究型大学要把发展科技第一生产力、培养人才第一资源、增强创新第一动力更好结合起来，发挥基础研究深厚、学科交叉融合的优势，成为基础研究的主力军和重大突破的生力军"。基础研究是整个科学体系的源头，是所有技术问题的总机关。据此，本书以木材科学基础研究的理论突破和原始创新技术的产生为主导，构建了木材超分子聚集体、木材分子结构解译、木材仿生学、木材拓扑学、特殊功能木材、纳米纤维素、木质气凝胶、木材碳学、木材增材制造、仿生胶接与涂饰等多个具备专业性、前瞻性和时效性的研究内涵，是面向新时代木质基前沿新材料开发及近期研究成果的总结和凝练。

全书共11章，由李坚教授任主编，孙庆丰教授任副主编，编写人员分工如下：第1章和第4章由李坚和孙庆丰撰写，第2章由卢芸撰写，第3章由万才超撰写，第5章由李坚、孙庆丰和李莹莹撰写，第6章由王立娟、王成毓、陈志俊、甘文涛、高丽坤、万才超、杨海月和肖少良撰写，第7章由陈文帅撰写，第8章由李坚、邱坚和卢芸撰写，第9章由郭明辉撰写，第10章由许民和宋永明撰写，第11章由肖少良和高汝楠撰写。全书由吴义强教授主审。本书可供普通高等院校木材科学与工程、林产化工、材料化学、环境科学等专业的师生使用，也可供相关专业的科研人员、工程技术人员和企业生产管理方面的人员学习和参考。

限于编者水平，书中难免存在疏漏和不妥之处，恳请读者批评赐教。

编 者
2023年11月

目录

前言

第1章 绪论 ………………………………… 1
主要参考文献 …………………………… 3

第2章 木材超分子聚集体 ……………… 4
2.1 超分子科学 …………………………… 4
2.2 木材科学领域的超分子科学 ………… 4
 2.2.1 木材中的超分子聚集体 ………… 5
 2.2.2 S₁层超分子聚集体空间结构 …… 5
 2.2.3 S₂层超分子聚集体空间结构 …… 9
 2.2.4 木材中的超分子组装 …………… 12
 2.2.5 木材超分子聚集体薄层的分离 … 14
 2.2.6 木材中的超分子调控 …………… 17
 2.2.7 木材超分子智能化体系 ………… 17
2.3 木材超分子科学的定义、框架及研究意义 ……………………………………… 17
 2.3.1 定义 ……………………………… 17
 2.3.2 框架 ……………………………… 18
 2.3.3 研究意义 ………………………… 18
2.4 木材超分子科学的研究内容 ………… 19
 2.4.1 木材超分子结构解译 …………… 19
 2.4.2 木材分子间相互作用 …………… 19
 2.4.3 木材超分子体系构筑 …………… 20
2.5 木材超分子科学的产业应用 ………… 22
2.6 展望 …………………………………… 23
主要参考文献 …………………………… 24

第3章 木材分子结构解译 ……………… 26
3.1 量子学解译技术 ……………………… 26
 3.1.1 量子学起源 ……………………… 26
 3.1.2 薛定谔和量子化学 ……………… 27
 3.1.3 DFT ……………………………… 28
 3.1.4 DFT在木材分子结构解译中的应用 … 31
3.2 三维成像解译技术 …………………… 35
 3.2.1 三维成像解译技术的原理 ……… 35
 3.2.2 三维成像技术在木材分子结构解译上的应用 …………………………… 36
3.3 纳米压痕解译技术 …………………… 40
 3.3.1 纳米压痕技术的原理 …………… 40
 3.3.2 纳米压痕技术在木材分子结构解译上的应用 …………………………… 40
3.4 分子探针解译技术 …………………… 44
 3.4.1 分子探针技术的发展 …………… 44
 3.4.2 分子探针技术的原理 …………… 45
 3.4.3 分子探针技术在木材分子结构解译中的应用 …………………………… 48
主要参考文献 …………………………… 50

第4章 木材仿生学 ………………………… 54
4.1 木材仿生学的诞生与发展 …………… 54
4.2 木材仿生学的理论基础 ……………… 55
 4.2.1 木材的多尺度分级结构 ………… 55
 4.2.2 木材的分级多孔结构 …………… 55
 4.2.3 木材的智能性调湿调温功能 …… 56
 4.2.4 木材的智能性生物调节功能 …… 57
 4.2.5 木材的智能性调磁功能 ………… 58
 4.2.6 木材是天然的气凝胶结构体 …… 58
4.3 木材仿生学常用研究方法 …………… 59
 4.3.1 低温水热共溶剂法 ……………… 59
 4.3.2 软印刷技术 ……………………… 59
 4.3.3 溶胶-凝胶法 …………………… 60
 4.3.4 层层自组装法 …………………… 60
 4.3.5 化学镀法 ………………………… 60

4.4 木材仿生功能材料构建研究⋯⋯⋯⋯ 61
 4.4.1 木材仿生构建超疏水表面⋯⋯⋯ 61
 4.4.2 木材仿生构建异质复合材料⋯⋯⋯ 61
 4.4.3 木材仿生构建分级多孔氧化物⋯⋯ 61
 4.4.4 木材仿生构建木陶瓷⋯⋯⋯⋯⋯ 62
 4.4.5 木材仿生构建木材-无机复合材料⋯ 62
 4.4.6 木材仿生构建气凝胶性材料⋯⋯⋯ 62
主要参考文献⋯⋯⋯⋯⋯⋯⋯⋯⋯⋯⋯⋯ 63

第5章 木材拓扑学⋯⋯⋯⋯⋯⋯⋯⋯⋯ 66
5.1 拓扑学简述⋯⋯⋯⋯⋯⋯⋯⋯⋯⋯⋯ 67
 5.1.1 拓扑学的起源⋯⋯⋯⋯⋯⋯⋯⋯ 67
 5.1.2 材料拓扑学概述⋯⋯⋯⋯⋯⋯⋯ 69
5.2 木材拓扑学相关研究⋯⋯⋯⋯⋯⋯⋯⋯ 73
 5.2.1 木材拓扑学的产生⋯⋯⋯⋯⋯⋯ 73
 5.2.2 木材中的拓扑结构⋯⋯⋯⋯⋯⋯ 74
 5.2.3 木材拓扑学的应用与发展⋯⋯⋯ 79
主要参考文献⋯⋯⋯⋯⋯⋯⋯⋯⋯⋯⋯⋯ 87

第6章 特殊功能木材⋯⋯⋯⋯⋯⋯⋯⋯ 92
6.1 吸波木材⋯⋯⋯⋯⋯⋯⋯⋯⋯⋯⋯⋯ 92
 6.1.1 电磁波及其危害⋯⋯⋯⋯⋯⋯⋯ 92
 6.1.2 吸波原理及吸波材料⋯⋯⋯⋯⋯ 93
 6.1.3 性能表征⋯⋯⋯⋯⋯⋯⋯⋯⋯⋯ 94
 6.1.4 木质基吸波材料⋯⋯⋯⋯⋯⋯⋯ 95
6.2 超疏水木材⋯⋯⋯⋯⋯⋯⋯⋯⋯⋯⋯ 104
 6.2.1 超疏水木材的机制研究⋯⋯⋯⋯ 104
 6.2.2 超疏水木材的研究进展⋯⋯⋯⋯ 108
 6.2.3 超疏水木材的应用⋯⋯⋯⋯⋯⋯ 109
6.3 木质基发光材料⋯⋯⋯⋯⋯⋯⋯⋯⋯ 122
 6.3.1 概述⋯⋯⋯⋯⋯⋯⋯⋯⋯⋯⋯⋯ 122
 6.3.2 荧光及其简介⋯⋯⋯⋯⋯⋯⋯⋯ 122
 6.3.3 磷光及其简介⋯⋯⋯⋯⋯⋯⋯⋯ 125
 6.3.4 纤维素基发光材料⋯⋯⋯⋯⋯⋯ 126
 6.3.5 木质素基发光材料⋯⋯⋯⋯⋯⋯ 133
 6.3.6 发光木材⋯⋯⋯⋯⋯⋯⋯⋯⋯⋯ 134
 6.3.7 木质基发光材料的应用⋯⋯⋯⋯ 136
6.4 透明木材⋯⋯⋯⋯⋯⋯⋯⋯⋯⋯⋯⋯ 140
 6.4.1 木材透明处理工艺⋯⋯⋯⋯⋯⋯ 140
 6.4.2 透明木材的结构与特性⋯⋯⋯⋯ 147

 6.4.3 功能型透明木材⋯⋯⋯⋯⋯⋯⋯ 151
 6.4.4 透明木材的功能拓展及应用⋯⋯ 155
6.5 木材纳米发电机⋯⋯⋯⋯⋯⋯⋯⋯⋯ 160
 6.5.1 纳米发电机简介⋯⋯⋯⋯⋯⋯⋯ 161
 6.5.2 纳米发电机相关理论⋯⋯⋯⋯⋯ 161
 6.5.3 木材的摩擦起电效应⋯⋯⋯⋯⋯ 163
 6.5.4 木材的压电效应⋯⋯⋯⋯⋯⋯⋯ 165
 6.5.5 木质基纳米发电机⋯⋯⋯⋯⋯⋯ 165
 6.5.6 木材纳米发电机的应用方向⋯⋯ 168
 6.5.7 未来新兴产业：智能家居⋯⋯⋯ 169
6.6 电催化木材⋯⋯⋯⋯⋯⋯⋯⋯⋯⋯⋯ 170
 6.6.1 电催化与能源⋯⋯⋯⋯⋯⋯⋯⋯ 170
 6.6.2 电催化反应的基本规律⋯⋯⋯⋯ 172
 6.6.3 电催化反应的主要性能参数⋯⋯ 173
 6.6.4 电催化木材的研究进展⋯⋯⋯⋯ 177
 6.6.5 电催化木材性能的影响因素⋯⋯ 179
 6.6.6 电催化木材的应用⋯⋯⋯⋯⋯⋯ 182
6.7 超强木材⋯⋯⋯⋯⋯⋯⋯⋯⋯⋯⋯⋯ 185
 6.7.1 概述⋯⋯⋯⋯⋯⋯⋯⋯⋯⋯⋯⋯ 185
 6.7.2 木材的力学性能⋯⋯⋯⋯⋯⋯⋯ 190
 6.7.3 超强木材的研究进展⋯⋯⋯⋯⋯ 192
6.8 储能木材⋯⋯⋯⋯⋯⋯⋯⋯⋯⋯⋯⋯ 209
 6.8.1 电储能木材⋯⋯⋯⋯⋯⋯⋯⋯⋯ 209
 6.8.2 热能储存木材⋯⋯⋯⋯⋯⋯⋯⋯ 220
6.9 柔性折叠木⋯⋯⋯⋯⋯⋯⋯⋯⋯⋯⋯ 233
 6.9.1 柔性折叠木的超塑化机制⋯⋯⋯ 234
 6.9.2 柔性折叠木的典型制备工艺⋯⋯ 235
 6.9.3 柔性折叠木的毛坯树种的选择⋯ 239
 6.9.4 柔性折叠木的性能特点⋯⋯⋯⋯ 240
主要参考文献⋯⋯⋯⋯⋯⋯⋯⋯⋯⋯⋯⋯ 244

第7章 纳米纤维素⋯⋯⋯⋯⋯⋯⋯⋯⋯ 260
7.1 纳米纤维素的分类⋯⋯⋯⋯⋯⋯⋯⋯ 262
 7.1.1 纤维素纳米纤维⋯⋯⋯⋯⋯⋯⋯ 262
 7.1.2 纤维素纳米晶⋯⋯⋯⋯⋯⋯⋯⋯ 262
 7.1.3 细菌纤维素⋯⋯⋯⋯⋯⋯⋯⋯⋯ 264
7.2 纳米纤维素的制备⋯⋯⋯⋯⋯⋯⋯⋯ 264
 7.2.1 纤维素纳米纤维的制备⋯⋯⋯⋯ 264
 7.2.2 纤维素纳米晶的制备⋯⋯⋯⋯⋯ 270

| 7.2.3 细菌纤维素的制备 …………275
| 7.3 纳米纤维素基产品 ………………277
| 7.3.1 微粒 …………………………277
| 7.3.2 纤维 …………………………278
| 7.3.3 薄膜 …………………………279
| 7.3.4 气凝胶 ………………………280
| 7.4 纳米纤维素基产品的应用 ………281
| 7.4.1 纳米复合材料 ………………281
| 7.4.2 光学应用 ……………………282
| 7.4.3 电子器件应用 ………………284
| 7.4.4 能量储存和转化应用 ………287
| 7.4.5 环境应用 ……………………289
| 主要参考文献 ……………………………290

第8章 木质气凝胶材料 ……………303
| 8.1 气凝胶材料概述 …………………303
| 8.1.1 气凝胶 ………………………303
| 8.1.2 无机气凝胶 …………………303
| 8.1.3 有机气凝胶 …………………304
| 8.1.4 生物质气凝胶 ………………304
| 8.2 气凝胶制备技术 …………………304
| 8.2.1 凝胶的制备 …………………304
| 8.2.2 气凝胶干燥技术 ……………305
| 8.3 木质纤维素气凝胶 ………………308
| 8.3.1 概述 …………………………308
| 8.3.2 纳米纤维素气凝胶 …………309
| 8.3.3 再生木质纤维素气凝胶 ……312
| 8.4 木材气凝胶 ………………………319
| 8.4.1 木材气凝胶的制备原理 ……319
| 8.4.2 木材气凝胶的特性与应用 …320
| 8.4.3 具有自疏水、自光热性能的弹性
| 木材气凝胶 ………………321
| 主要参考文献 ……………………………328

第9章 木材碳学 ……………………330
| 9.1 "双碳"目标与木材碳汇机制 …330
| 9.1.1 "双碳"目标 ………………330
| 9.1.2 木材碳汇机制 ………………331
| 9.2 木材固碳 …………………………334

| 9.2.1 木材固碳量的计算方法 ……334
| 9.2.2 木材的生长条件与固碳量 …337
| 9.2.3 木材材质与固碳量 …………340
| 9.3 木材储能 …………………………357
| 9.3.1 木材能量的形成 ……………357
| 9.3.2 木材能量的利用 ……………358
| 9.3.3 木材碳储量与木材能量 ……358
| 9.3.4 木材发热量的影响因素 ……359
| 9.4 木材固碳周期的评价 ……………361
| 9.4.1 木材固碳与排碳 ……………361
| 9.4.2 木制品和木结构建筑固碳 …362
| 9.4.3 木制品生命周期碳排放评价 …365
| 主要参考文献 ……………………………368

第10章 木材增材制造 ………………373
| 10.1 增材制造技术 ……………………373
| 10.1.1 增材制造技术分类 …………373
| 10.1.2 木材增材制造概念的提出 …376
| 10.2 木质聚合物3D打印复合材料 …377
| 10.2.1 概况 ………………………377
| 10.2.2 制备方法 …………………377
| 10.2.3 测试与表征 ………………378
| 10.2.4 性能与形成机制 …………378
| 10.3 导电木质聚合物3D打印复合
| 材料 ……………………………387
| 10.3.1 制备方法 …………………387
| 10.3.2 测试与表征 ………………387
| 10.3.3 性能与形成机制 …………388
| 10.4 变色木质聚合物3D打印复合
| 材料 ……………………………389
| 10.4.1 制备方法 …………………390
| 10.4.2 测试与表征 ………………390
| 10.4.3 性能与形成机制 …………390
| 10.5 热响应形状记忆木质聚合物3D打印
| 复合材料 ………………………394
| 10.5.1 概况 ………………………395
| 10.5.2 制备方法 …………………395
| 10.5.3 测试与表征 ………………396
| 10.5.4 性能与形成机制 …………396

10.6 光响应形状记忆木质聚合物 3D 打印
复合材料·················399
    10.6.1 制备方法···············399
    10.6.2 测试与表征·············400
    10.6.3 性能与形成机制··········401
10.7 磁响应形状记忆木质聚合物 3D 打印
复合材料·················408
    10.7.1 制备方法···············408
    10.7.2 测试与表征·············409
    10.7.3 性能与形成机制··········409
主要参考文献··················414

第 11 章 仿生胶接与涂饰·············418

11.1 胶黏剂与涂料的发展简史、挑战与
趋势····················418
11.2 仿生胶黏剂与涂料············420
11.3 仿生胶接与涂饰的黏附机制······420
    11.3.1 本体交联机制············421
    11.3.2 表界面黏附机制··········421
11.4 仿生胶接与涂饰的表界面结构表征
技术····················423
11.5 仿生黏附材料的原料···········423
    11.5.1 植物组织中的儿茶酚·······424
    11.5.2 动物组织中的儿茶酚·······424
    11.5.3 微生物中的儿茶酚········425
    11.5.4 小分子邻苯二酚化学物质···425
11.6 含邻苯二酚结构的动物黏附蛋白的
制备···················426

    11.6.1 生物提取法和基因编辑法···426
    11.6.2 氨基酸缩合法············426
11.7 含邻苯二酚结构的天然高分子基
仿生黏附材料的制备···········427
    11.7.1 生物法··················427
    11.7.2 物理法··················428
    11.7.3 化学法··················428
11.8 含邻苯二酚结构的合成高分子基
仿生黏附材料的制备···········432
    11.8.1 儿茶酚基低分子量单体的聚合
反应····················432
    11.8.2 儿茶酚基化合物与功能高分子的
化学接枝················436
11.9 仿生水性聚乙烯醇黏附材料······438
    11.9.1 合成····················438
    11.9.2 性能····················438
    11.9.3 在胶合板上的应用········447
    11.9.4 在刨花板上的应用········457
    11.9.5 作为木材涂层的应用······461
11.10 仿生涂层-纤维素纳米纤维复合
材料····················465
    11.10.1 纤维素纳米纤维表面仿生涂层
的构建··················465
    11.10.2 仿生涂层的构建机制·······466
    11.10.3 仿生复合气凝胶材料·······469
    11.10.4 仿生气凝胶的油污吸附性能···469
主要参考文献··················471

第1章

绪 论

　　木材是树木生长过程中通过光合作用和生物化学作用形成的天然高分子聚合物的复合体，具有与生俱来的生态学属性，这一属性被人们广泛应用于制造家具、木结构建筑等方面。假如把纸张也计算在内，木材至少提供了 5000 多种产品。木材与人联系紧密，其具有其他材料无法比拟的环境学特性：木材具有良好的视觉特性、触觉特性、听觉特性和调节特性；木材可以调节由其所构成空间的室内微气候，可进行生物生存和心理感觉的调节。木材具有的生物结构、独有的光泽、独特的颜色、千姿百态的花纹，给人一种自然美的感觉和艺术享受，有益于人们的休憩、娱乐和健康。接触和注视木材时，人们会具有稳静感和舒畅感。

　　木材是树木在天然环境中生长形成的一种绿色材料，是森林生态系统中储量巨大的生物质。树木在生长过程中，作为"生产者"（有生命部分）和环境（无生命部分）共处于一个生态系统之中。它们之间有着天然、密不可分的关联。树木被采伐后，其木质部就是木材。木材仍可被视为树木生命的延伸，因为木材保留着生长时形成的生物结构及色、气、质、纹等天然形成的品质。经比较环保"4R"守则（reduce、reuse、recycle、recovery）的内涵和目的可发现，木材及木质材料的利用比相同场合下使用的同一用途的其他材料更符合"4R"守则。木材还具有与另外"2R"（replace、regrowth）响应的特点。所以，与其他材料相比，木材拥有与环境和谐、永续利用、节能减排、利于经济社会可持续发展的"多R"特性。

　　reduce：木材易于加工，是一种硬度低、密度小、多孔性的植物纤维材料，具有良好的加工性能。对它可以进行任何形式的机械加工、功能性化学加工和表面装饰，在彼此及与其他材料之间容易进行良好的、多种形式的连接，可以成型为家具、各种各样的木材制品及木结构建筑等；应用高新技术和现代加工设备可以获得低消耗（资源、能量、加工费用等）、无污染和质量高的产品，在加工利用中达到资源用量少和成品效率高的要求。

　　reuse：使用多年的家具、木制品、木地板、木天棚及木壁板等，可以通过砂光、涂饰或简单修补等方法使之焕然一新，重复使用，这是其他一些材料所不能比拟的。由于木材极易进行各种修补性的加工，不但使原来的产品可以重复使用，而且可减少能源的消耗。

　　recycle：木质废弃物具有广泛的来源，主要有两大类。一类产生于加工产品、制品的全过程，主要有森林采伐剩余物、原木造材剩余物、木材加工剩余物（"三剩物"），也包括果壳、核等森林副产品的废弃物；另一类产生于人们生活中使用后被废弃的木质制品和木质纤维制品。如此多的木质废弃物，亟须全面回收、重制，以提高我国木材的综合利用率和综合利用的技术水平。随着科学技术的进步，我国相关领域的科技工作者和生产企业，针对木质废弃物的形态、尺寸等自身特点进行了多种途径的重制利用，推动了我国林产工业的迅速发展，创造了巨大的经济价值，减少了环境污染。

　　recovery：对木质废弃物而言，recovery 的内涵与 recycle 相似，只是更侧重于能源回收和经化学处理后再利用。

replace：以水溶性油漆代替溶剂油漆，以耐用的用具代替用完即弃的物品，尽量选用环保的代替品，如可天然分解的清洁剂和垃圾袋，并使用毒性较弱的化学物质。基于同一用途，在选择使用何种材料时，若比较加工或生产过程中所消耗的能源，木材往往具有明显的优势。

regrowth：通过植树造林，加强森林经营管理，增加木材的年生长量，成熟后既可采伐利用，也可实现木材资源的永续利用。木材是四大基础材料（钢铁、水泥、塑料、木材）中唯一一种可在自然界天然生长形成的有机材料，具有对环境友好、有益于人体健康等一系列优良的环境学品质，是人类生活中不可缺少的耐久性好的材料。而且，木材制品使用的生命周期很长，其废弃物可以经过不同的处理方法，按照环保"4R"的要求，可重复再用、循环使用，是响应环保守则的首选材料，并且在加工利用时还具有固碳、节能作用。

木材具有的"多R"特性与环境保护的要求有着紧密相连的一致性，为木材和林产品的低碳加工、利用及发展低碳产业奠定了理论基础。面对我国工业化和经济发展的进程，必须以低碳经济的理念和视角重新审视以往的木材工业发展沿革、技术和生产状况，查找与"低碳技术"和"低碳产业"的差距，加强木材工业的加工工艺、加工设备和节能减排的一体化研究和综合实施，卓有成效地推动木材工业的低碳经济发展进程。

树木采伐后进行造材和制材，再由木材加工成家具等各种木制品或用于建筑材料等，无论是木材、木材制品还是其他形式，均是森林储碳作用的延伸，即将林木生长过程中所形成的碳，转变为木材或林产品的形式予以储存，它们储碳的生命周期因用途和使用场所而异，然后这些材料所储存的碳又会以各种形式回归到大气中。据资料记载，建筑用材可以储碳30～50年甚至更长的时间；家具用材的储碳时间要比建筑用材短一些，为十几年到几十年；合成材尤其是合成板材的储碳时间为10～25年；造纸材的储碳时间较短（但是由于废纸的循环利用，又可间接延长其储碳时间），一般为数月到数年，有的更长（如书籍用纸）；木材纤维及木材化工产品的储碳时间为2～5年。

木材作为生物质材料或制品的健康使用寿命越长，其储碳的生命周期就越长，也越发延长了大气二氧化碳（吸收）→森林碳汇木材（木制品）→固碳大气二氧化碳（排放）的循环链。抑制二氧化碳的排放，就是减少排入大气中的温室气体。可见，木材的储碳功能与保护生态环境安全密切关联。我国的森林资源比较贫乏，林木的碳储备总量不足。从维护生态平衡角度出发，须特别注意碳素的"储存库"——木材的科学保护与科学利用，以减少温室效应，维护生态安全。温室效应是由温室气体产生的，而二氧化碳是所有温室气体中数量最大、影响最直接的因素。树木生长中吸收的二氧化碳以木材的形式予以固定和储存，木材是林木生物量中储碳量最大的生物质。保护和利用木材，对于减少二氧化碳排放具有十分重要的生态意义。

为了有效地延伸储碳周期和实现高附加值利用，须采取低碳工艺进行木材加工。例如，人们以木材为原料，以不同组合方式和加工工艺制成具有不同功能的木质复合材料。例如，木材-塑料复合材可提高原本木材的尺寸稳定性，木材-金属复合材可赋予木材电磁屏蔽功能，木材-无机物复合材可提高木材的阻燃性和抗生物危害性等。木质复合材不但可以使低质木材、小径材、废旧木材得以高效利用，而且具有鲜为人知的生态效应。木材、木质材料经复合加工后，能使碳素进行再次固定和封存，并且在整个加工过程中减少二氧化碳排放，从而减轻温室效应，这是对人类生存环境的贡献。

随着时代的发展，木材在清洁能源、环境修复、生物组织、柔性电子、深海测控、宇宙探秘等未来产业中已崭露头角并担任着日益重要的角色。在未来，智能操控将赋予木材高效、低能耗、环境和谐、快速应变等新的内涵，实现木材的自增值性、自修复性、自诊断性、自学习性和环境适应性，使木材在外场作用下具有感知、驱动和控制功能，也将使木材从更高的技术层次上为人类的文明进步服务。

主要参考文献

郭明辉，李坚，关鑫. 2012. 木材碳学[M]. 北京：科学出版社.
李坚. 2002. 木材科学[M]. 北京：高等教育出版社.
李坚. 2022. 木材保护学[M]. 3版. 北京：科学出版社.
李坚，赵荣军. 2001. 木材与环境[M]. 哈尔滨：东北林业大学出版社.
刘一星. 2005. 木质废弃物再生循环利用技术[M]. 北京：化学工业出版社.
刘一星. 2007. 木质环境学[M]. 北京：科学出版社.
罗建举. 2008. 木材美学引论[M]. 南宁：广西科学技术出版社.
秦磊，郭明辉，李坚. 2018. 林木固碳效应与绿色保障[M]. 北京：化学工业出版社.
武者利光. 1995. 自然界的涨落现象[M]. 东京：NHK出版社.

第 2 章
木材超分子聚集体

本章彩图

木材作为绿色、低碳的天然生物质材料,具有可再生、可降解的环境友好特性。"双碳"目标背景下,木材作为天然的负碳材料,被视为替代塑料、钢材等高碳排放材料的最佳选择之一。木材作为材料应用的根基在于揭示其结构与性能的关系,木材构效关系研究是木材科学理论研究和木材高效利用的基础。木材多层级结构的研究从宏观向微纳米级和分子水平深入,对木材分子层面的认知是深入挖掘其应用潜力的关键。这对于拓展木材应用领域,推动木材从传统应用材料向高附加值材料发展具有重要意义。木材是由多种分子聚集而成的天然高分子聚合物,微纳米级和分子尺度上的研究,不能局限于单一组分、单一分子,而应当聚焦在多分子间组装与互作而成的聚集体结构。本章归纳总结了超分子科学在木材科学领域的应用现状,提出了"木材超分子科学"的概念,从定义、框架、研究意义、研究内容和产业应用等方面进行阐述,并对木材超分子科学的发展趋势进行展望,以期从超分子科学角度发展木材科学。

2.1 超分子科学

"超分子"这一术语是在 20 世纪 30 年代中期被提出的,描述由配合物形成的高度组织的实体。从普遍意义上讲,任何分子的集合都存在相互作用,所以常常将物质聚集态这一结构层次称为"超分子"。超分子科学是在超分子化学基础上发展而来的,"超分子化学"概念最先由诺贝尔化学奖获得者、法国科学家 Jean-Marie Lehn 提出,他指出:"基于共价键存在着分子化学领域,基于分子组装体和分子间键而存在着超分子化学"。超分子化学是基于分子间的非共价键相互作用而形成的具有一定结构和功能分子聚集体的化学,其与物理学、材料科学、生命科学、信息科学、环境科学、纳米科学等学科交叉融合而发展成为超分子科学。超分子科学被认为是 21 世纪新概念和新技术的重要源头之一,主要研究范畴包括分子间非共价键的弱相互作用(如氢键、配位键、静电作用、范德瓦耳斯力、亲水/疏水相互作用等),几种作用力协同效应下分子聚集体的自组装,以及超分子组装体结构与功能之间的关系。

2.2 木材科学领域的超分子科学

木材作为天然高分子材料,无论是树木生长过程还是木材加工利用过程,都离不开非共价键的作用。非共价键作用存在于木材科学中的方方面面,包括木材中的超分子结构、超分子组装、超分子调控及木材超分子智能化体系。因此,非共价键对木材的性质和加工性能具有重要的影响。

2.2.1 木材中的超分子聚集体

木材主要依靠高分子物质间的非共价键相互作用形成宏观组织,因此木材超分子聚集体结构贯穿于木材的多尺度结构中。木材的主要成分——纤维素的超分子结构主要包括纤维素生物合成后葡萄糖分子的翻转、构象排列,葡萄糖分子内和分子间氢键形成的高度结晶结构,纤维素分子链中结晶和无定形态共存的两相结构,高分子链聚集成为基本纤丝并在木材细胞壁中进一步交联排列成的微纤丝。纤维素的微纤丝与木质素、半纤维素依靠分子间相互作用结合形成聚集体薄层,如图 2.1 所示,许多薄层围绕木材细胞腔逐层缠绕、沉积,再聚集形成木材细胞壁,多个木材细胞相互连接从而形成了木材组织结构。

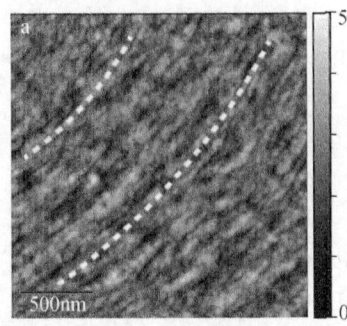 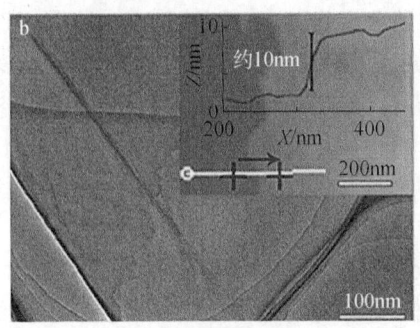

图 2.1 细胞壁中层同心层状结构的原子力显微镜照片(a)和从木材细胞中分离出的聚集体薄层(b)
a 图单位为 nm。b 图:Z. 样品厚度方向;X. 样品长度方向;聚集体薄层厚度约为 10nm;"十"字形标志之间的白色直线是测量聚集体薄层厚度时,原子力显微镜探针的扫描路径(下同)

木材科学通常将木材细胞壁分为胞间层(ML)、初生壁(P)和次生壁(S),而从超分子科学的角度出发,木材细胞壁可以看作由大量聚集体薄层聚集形成的实体结构,因此可认为木材细胞壁的基本组成单元是聚集体薄层。细胞壁的聚集体薄层本身就是介于壁层尺度和分子尺度之间的一种典型的木材超分子结构,这也是木材超分子结构研究的核心对象。

目前,细胞壁壁层聚集体的微纳结构解译是木材科学的前沿科学问题。当前的研究表明,次生壁中层(S_2 层)的微纤丝镶嵌在纤维素和木质素等基质中,以同心或放射状的方式定向排列;次生壁外层(S_1 层)中的微纤丝以平行或螺旋方式排列。采用原子力显微镜(AFM)技术、共聚焦显微拉曼光谱术、纳米傅里叶变换红外光谱等先进表征手段可以提供高分辨率的木材细胞壁超微结构图像,为木材超分子聚集体结构的探索提供参考。

2.2.2 S_1 层超分子聚集体空间结构

S_1 层的厚度为 100~400nm,紧挨着初生壁,微纤丝与细胞轴近乎垂直。如图 2.2 所示,S_1 层与 S_2 层界面处存在一处较宽的方向变化区域,是力学薄弱区域。S_1 层和 S_2 层之间的界面会影响木材断裂时纤维的分离模式。最新的研究表明,细胞壁 S_1 层中的微纤丝以螺旋方式聚集排列。

2.2.2.1 利用计算机断层扫描结合数学建模探究云杉 S_1 层超分子聚集体结构

计算机断层扫描结合数学建模分析技术能够探究木材细胞壁超微结构的全面信息。

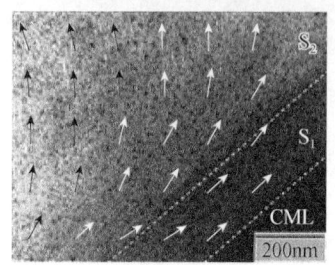

图 2.2 松木晚材细胞壁中 S_1 层与 S_2 层界面处的微纤丝结构
CML. 复合胞间层；箭头指示微纤丝排列方向

计算机断层扫描技术是在透射电子显微镜（TEM）基础上发展出来的一种更为先进的表征手段。通过获取同一区域多个角度的投影图来反向重构所研究对象的三维结构，能有效地在纳米尺度上解析多种材料的三维结构。数学建模也是一种研究纤维素结构和行为的强大的分析技术。利用该技术研究云杉次生壁 S_1 层的纤维素聚集体空间结构，其实验方法和测试结果如下。

（1）实验方法　样品制备：从欧洲云杉 1.3m 高度处截取木盘，制备尺寸为 3mm×5mm×10mm 的晚材立方体。利用 Leica EM FC7 超薄切片机，在低温条件下（−40℃），分别沿着样品横向、径向，切取厚度为 100～150nm 的超薄木材切片。用 1wt%[①]的 $KMnO_4$ 溶液处理超薄切片 30min，对木质素进行选择性染色，然后进行室温干燥。

捕捉多角度投影：利用冷冻透射电镜（JEOL JEM-3200FSC）在明场模式下拍摄样品的 TEM 图像，如图 2.3 所示。在染色木质素的衬托下可观察到未被 $KMnO_4$ 染色的纤维素微纤丝。将该图像作为选区，使用 SerialEM19 软件，在−63°～+63°采集了 9 组单轴倾斜投影图像。

断层图像重构和可视化：通过 IMOD 软件跟踪了 25～35 组金标记的倾斜投影，用以对齐图像投影。使用 IMOD 对投影图进行迭代，重建断层图像。

（2）测试结果　从 S_1 层获得的多组断层图像揭示了微纤丝及其聚集体的结构。但由于纤维素微纤丝与基质紧密结合，很难利用重构的图像对结构进行直观分析。而将断层密度与数学模型进行联系，可以提取断层图像中单个基本纤丝的纳米结构，并且实现结构定量分析。

图 2.4a 是管胞细胞壁的层状结构示意图，从内向外依次是细胞腔、S_2 层、S_1 层及复合胞间层（CML）。图 2.4b 是细胞壁断层扫描的层析图像，可以观察到在细胞壁横截面、

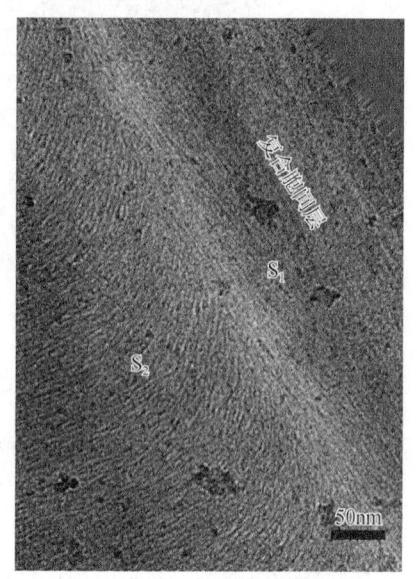

图 2.3 欧洲云杉细胞壁横截面的 TEM 图像

细胞壁 S_1 层和 S_2 层中的纤维素微纤丝的排列取向。S_1 层中的纤维素微纤丝在平面图中呈平行排列，微纤丝角约为 90°。图 2.4c 是 S_1 层选区的局部层析图像，对该区域进行断层密度分析和数学模拟得到图 2.4d。结果表明，S_1 层中的纤维素聚集体是由螺旋排列的微纤丝缠绕而成的。聚集体嵌入细胞壁基质中，形成纤维束。对 S_1 层不同位置进行计算机断层扫描和数学模拟，结果如图 2.5 所示，微纤丝都以右手螺旋扭转的方式存在于 S_1 层中。

2.2.2.2 利用原子力显微镜表征云杉 S_1 层超分子聚集体空间结构

AFM 技术是在纳米尺度上研究材料的表面结构或力学性质的重要手段，能够在气相条件或液相条件下获得纳米级分辨率的图像，防止脱水、包埋或其他样品制备操作导致的结构重排，适合用于木材细胞壁精细结构的研究。

---

① wt%表示质量分数，如 1wt%=1%（质量分数）

第 2 章 木材超分子聚集体

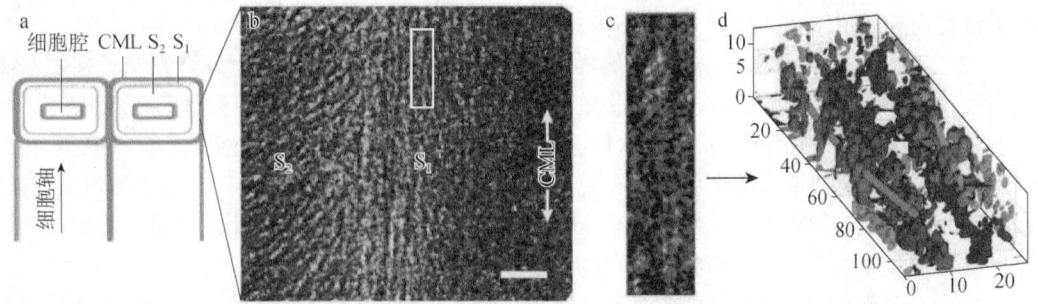

图 2.4 欧洲云杉超薄木材切片的断层扫描图像及 S_1 层纤维素微纤丝的空间纳米结构模型

a. 细胞壁层状结构示意图；b. 细胞壁横截面的断层扫描图像，比例尺为 50nm；c. 从 b 图白色框区提取的 S_1 层微纤丝断层图像；d. 通过数学拟合得到的 S_1 层微纤丝空间纳米结构（单位：nm）

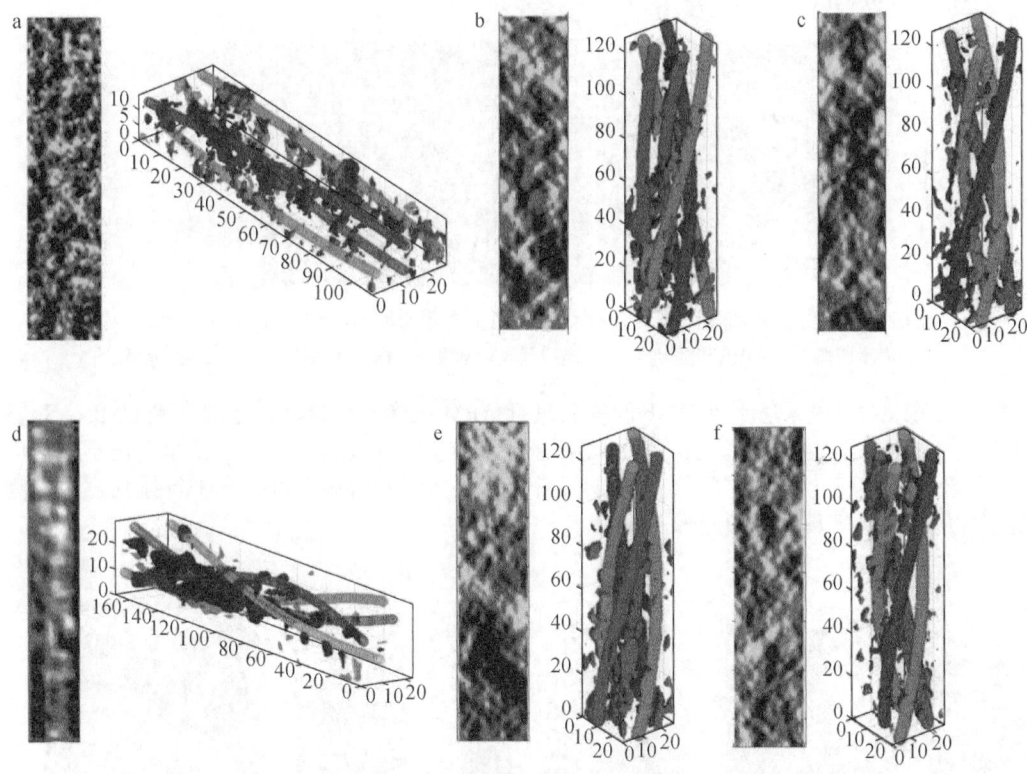

图 2.5 S_1 层不同区域的计算机断层扫描图像和相应的空间结构数学模型（单位：nm）

a. 纤维状结构；b~f. 螺旋状结构

待脱除木质素后立即在水中用 AFM 对次生细胞壁的横截面进行观察，能够更准确地了解结构细节，表征次生细胞壁中微纤丝聚集体的空间结构和排列方式。利用该方法揭示了 S_1 层中平行和螺旋排列的微纤丝聚集体结构。其实验方法和测试结果如下。

（1）实验方法　　样品制备：将抛光的样品倒置浸入过氧化氢(35wt%)和冰醋酸的 1∶1(V/V)混合液中进行脱木质素处理，在 80℃条件下分别反应 1h 和 2h。脱木质素后，用去离子水洗涤样品。定期更换去离子水直到 pH 为中性。洗涤后，使用防水黏合剂将样品粘在培养皿底部，倒入去离子水直到样品完全浸没。

AFM 表征：在 20℃条件下，对去离子水中的样品进行 AFM 表征。使用矩形硅悬臂以接触模式成像。弹簧常量为 0.2N/m，图像分辨率为 512×512 像素。根据扫描尺寸和样品形貌的不同，扫描频率设置为 0.3~1.2Hz，扫描力为 0.5~5nN。

在 20℃和 65%相对湿度下，对干燥的样品进行 AFM 表征。使用矩形硅悬臂以交替接触（AC）模式成像，弹簧常量为 42N/m。所有图像的分辨率为 512×512 像素，扫描频率为 0.5~1.0Hz。

所有 AFM 图像均使用 Gwyddion 软件进行数据分析与处理。首先对背景进行倾斜校正，目的是消除样品倾斜或弯曲造成的图像失真。然后用差分中位数法进行基线校正。为了测量微纤丝聚集体的直径，使用测量距离工具测定了随机选择的 350 个微纤丝聚集体的尺寸。采用 OriginPro 软件分析比较不同样品中微纤丝聚集体的平均直径。

（2）测试结果　　S_1 层的横截面厚度仅有数百纳米，气干的木材在空气中进行 AFM 成像时，很难区分 S_1 层和 CML，如图 2.6 所示。未经脱木质素处理的样品表面相对平坦（高度差为 250nm），虽然在 AFM 图像中可以清晰地区分细胞角隅（CC）、复合胞间层（CML）和次生壁（CW）区域，但很难区分构成次生壁的壁层结构。

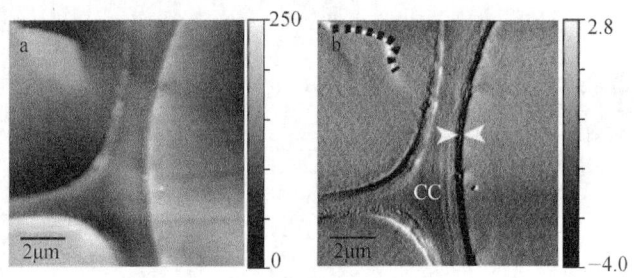

图 2.6　未经脱木质素处理的云杉管胞细胞壁横截面的 AFM 图像（单位：nm）
a. 高度图像；b. 偏转误差图像。黑色虚线代表切割痕迹；白色箭头代表 CML-S_1-S_2 界面

在去离子水中对脱木质素处理 1h 的样品进行 AFM 成像，可以清楚地观察到 CML、S_1 层、S_2 层之间的界限（图 2.7a、b）。S_1 层中的微纤丝聚集体并不是均质结构，而是呈现出不同的排列状态。如图 2.7d 所示，左侧管胞 S_1 层中的微纤丝聚集体沿着管胞弧度方向平行排列，而右侧管胞 S_1 层中的微纤丝聚集体以螺旋形式排列。

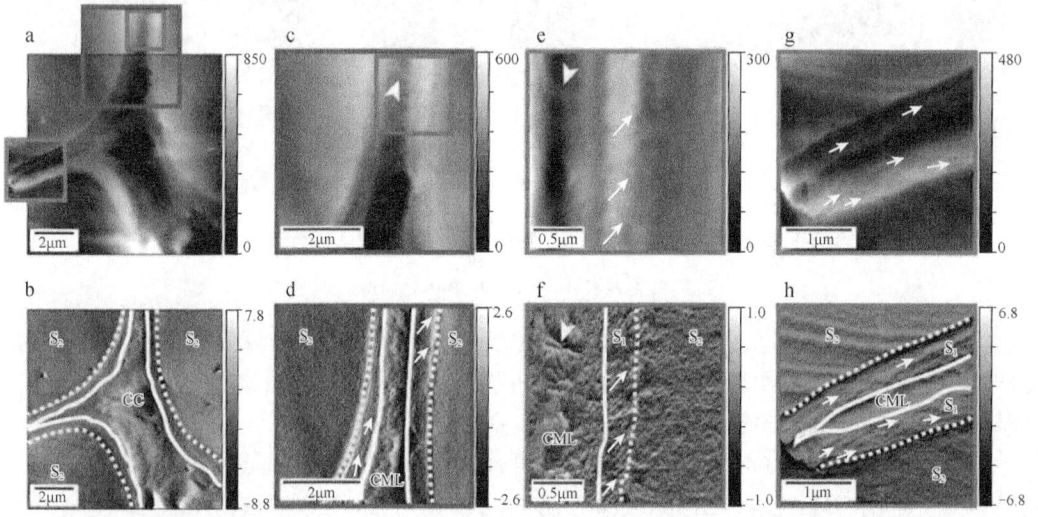

图 2.7　云杉管胞脱木质素处理 1h 后不同放大倍数下 CC、CML、S_1 层和 S_2 层的 AFM 图像（单位：nm）
a、b. 云杉管胞的概览 AFM 高度图像（a）和偏转误差图像（b）；c、d. CML 的 AFM 高度图像（c）和偏转误差图像（d）；e、f. CML-S_1-S_2 界面的 AFM 高度图像（e）和偏转误差图像（f）；g、h. CML 的放大 AFM 高度图像（g）和偏转误差图像（h）。实线标注了 CC-CML 和 S_1 层之间的界面；虚线标注了 S_1 层和 S_2 层之间的界限；不带尾巴白色箭头表示两个管胞间存在纤维状材料；带尾巴白色箭头表示微纤丝聚集体在 S_1 层中的方向

图 2.8 是样品的高对比度 AFM 图像，揭示了脱木质素的 CML-S_1-S_2 区域的结构细节。由于去除了木质素，CML 出现大孔结构，S_1 层中的微纤丝聚集体呈现螺旋状排列。实线描绘了 CML 和 S_1 层之间的界面。虚线显示 S_1 和 S_2 层之间的边界。白色箭头表示构成 S_1 层的微纤丝聚集体以"Z"形排列，形成螺旋束，缠绕在管胞上，这一结果与 2.2.2.1 中数学模拟的结果相符。

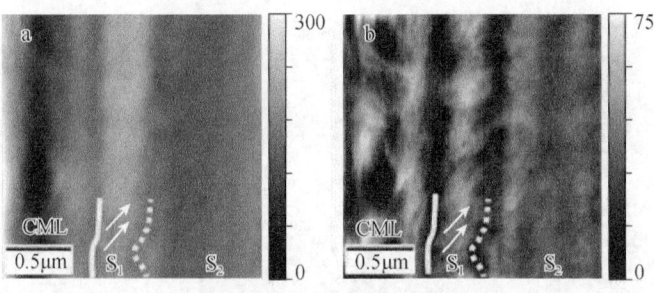

图 2.8 CML-S_1-S_2 界面的 AFM 图像（单位：nm）
a. 高度图像；b. 去背景处理的高度图像

2.2.3 S_2 层超分子聚集体空间结构

Hanley 利用 AFM 对黑云杉（*Picea mariana*）管胞细胞次生壁进行了研究，观察到次生壁中层（S_2 层）横截面中具有层状结构，层宽 30～200nm，呈现周期性排列。细胞壁的层状结构已经得到了较广泛的认可，但其厚度并没有得到证明。Fahlén 等利用 AFM 和扫描电子显微镜（scanning electron microscope，SEM）对欧洲云杉（*P. abies*）管胞壁层结构进行了研究，进一步得到了 S_2 层细胞壁的结构特征。利用 AFM 不仅可以清晰地观察到欧洲云杉的壁层结构，还可以看到木材细胞壁呈同心薄层状排列，薄层厚度相当于单根微纤丝的宽度，通常为 10～30nm。然而，微纤丝的宽度变异性较大，会随着外界条件的变化而改变，样品制备的方法不同也会不同程度地改变单根微纤丝尺寸。

2.2.3.1 利用 AFM 观察脱木质素后湿润状态下云杉 S_2 层聚集体空间结构

（1）实验方法　同 2.2.2.2。AFM 针尖施加在表面上的横向剪切力取决于环境和成像模式，并影响横向分辨率。在空气中，交替接触（AC）模式通常比接触（CM）模式能提供更好的横向分辨率，因为几乎省略了横向剪切力（间歇性尖端-样品接触）。在 CM 模式下，针尖和表面之间的范德瓦耳斯力和毛细管力会导致高摩擦力，从而导致样品出现机械损伤。相反，在溶液中成像时，CM 模式更有利，因为液体消除了毛细管力并减少了范德瓦耳斯力，从而减少了机械损伤。此外，直接基于悬臂挠度的信息反馈提供了更稳定的图像。从技术方面来说，在溶液中实现 AC 模式的稳定成像难度较高，因为悬臂和流体介质之间的耦合会产生多个共振峰，从而使精准确定悬臂的共振频率相当困难。因此，我们主要利用 CM 模式来表征云杉管胞在溶液中的横截面的纳米结构。

（2）测试结果　图 2.9 显示了成像模式和成像环境对未处理云杉细胞壁 S_2 层表观纳米形态的影响。三幅图像都显示出纤维素微纤丝聚集体具有同心薄层状结构，但组成薄层的单个聚集体的外观不同。当在空气中以 AC 模式成像时，构成薄层的单个微纤丝聚集体清晰可见（图 2.9a）。相比之下，在空气中的 CM 模式下，微纤丝聚集体结构变得模糊。这是由于 AFM 尖端在扫描时受到的外力扭曲了聚集体结构（图 2.9b）。在溶液中以 CM 模式成像时，收集的微纤丝聚集体图像比在空气中获得的图像更加清晰（图 2.9c）。微纤丝聚集体的排列较为松散，间隙区域的大小与微纤维聚集体的大小相似。这是次生壁中纳米级孔隙（2~20nm）的吸水造成的。水分子与微纤丝聚集体之间的氢键取代了部分微纤丝聚集体之间的氢键。

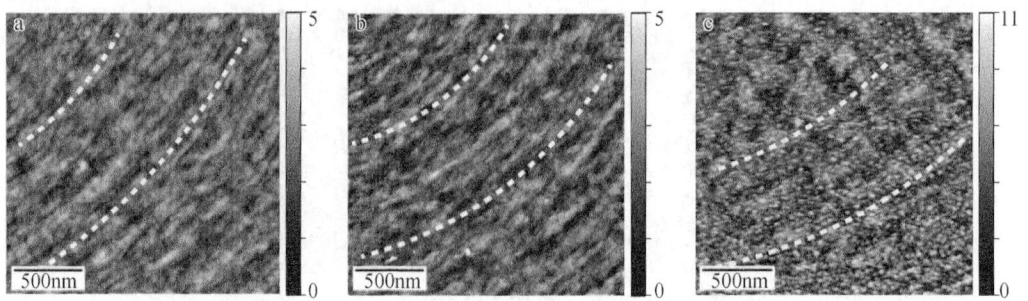

图 2.9 不同成像环境和成像模式下的云杉管胞 S₂ 层横截面（未脱木质素）的 AFM 图像（单位：nm）
白色虚线突出了微纤维聚集体的同心层状组织。a. 空气中的 AC 模式成像；
b. 空气中的 CM 模式成像；c. 去离子水中的 CM 模式成像

2.2.3.2 利用 AFM 定量成像法观测 S₂ 层超分子聚集体结构

（1）实验方法　　从气干的云杉木材中裁取尺寸为 5mm×5mm×5mm 的样本。利用 Leica RM2255 切片机对样品横截面进行抛光处理。如图 2.10 所示，对样品的两侧横截面进行切削处理，使待测表面与纵轴分别呈 0°、15°和 30°角。将切割好的样品的一侧横截面粘在样品台上，用切片机对另一侧横截面进行抛光，然后用装有金刚石刀片的超微切片机对样品表面进行进一步抛光处理。

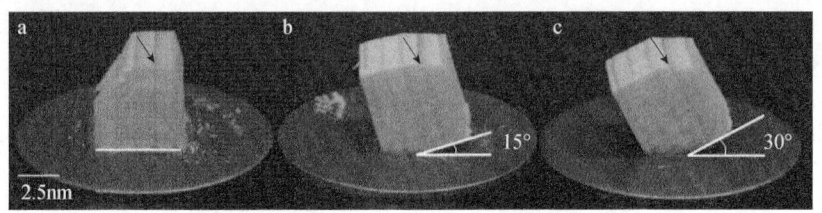

图 2.10 云杉样品制备示意图
待测样品表面分别与纵轴呈 0°（a）、15°（b）和 30°（c）角；黑色箭头指向待观测的晚材区域

（2）定量 AFM 成像　　云杉样品的定量成像是通过 NanoWizard 4 原子力显微镜和 Advanced QI™ 软件配合完成的。设置测试温度为 20℃，湿度为 65%。采用非接触式校准悬臂梁（NCHR，Nano World，共振频率为 320kHz，硅探针）。力常数为 29N/m，挠曲灵敏度为 23.2nm/V。测量参数设置为以下值：设定点，60nN；Z 轴方向长度，50nm；像素时间，12ms；延伸率，62.5kHz；延伸速度，10.42μm/s；附着力，10nN；总平均作用力，70nN。成像分辨率为 256×256 像素或 128×128 像素，扫描区域大小设置为 1μm×1μm。

（3）测试结果　　图 2.11 是以 0°、15°和 30°角度切割的样品的形貌和压痕模量拼接图像，图像涵盖了从胞间层到细胞腔的微观结构。图中几乎垂直的直线是由于金刚石刀缺陷而产生的切削伪影。此外，由于扫描过程中激光发生漂移，图像发生了轻微变形（0°切割角下，在 4~5μm 处的图像发生变形)。单张图像的尺寸为 1μm×1μm,分辨率为 256×256 像素。在 3～4μm 处的图像中用白色条纹突出了 S_2 层的方向。

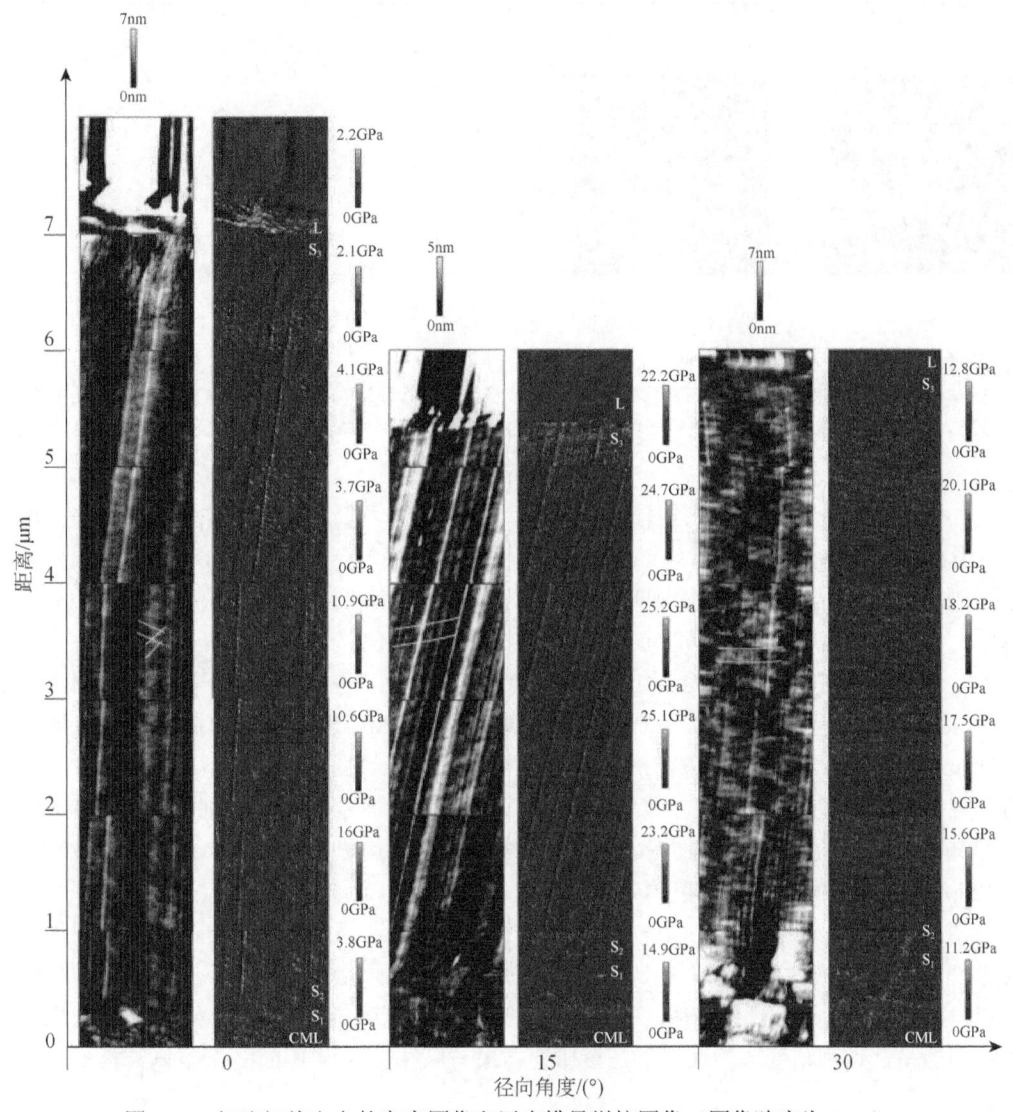

图 2.11　细胞切线方向的高度图像和压痕模量拼接图像(图像跨度为 1μm)

S_3. 次生壁内层;L. 细胞腔

如图 2.12 所示,切割角为 0°的样品,其复合胞间层呈现球状聚集体堆积,此为木质素的结构特征。复合胞间层后约 200nm 宽的区域具有网络结构,可能是细胞壁 S_1 层。该区域压痕模量降低,是区别于 S_2 层的主要标志。S_2 层的微纤丝角(MFA)较高,压痕模量高于 S_1 层。S_1 层的微纤丝无明显排列规律,呈交织网络状(图 2.11 中 3～4μm 处白色条纹突出区域)。与 S_2 层相比,靠近细胞腔的 S_3 层约为 200nm 宽,该区域具有更低的压痕模量。在高度图像中,在模量急剧变化之前的 600nm 区域,微纤丝聚集体沿着垂直方向发生变化,这可能与 S_1 层和 S_2 层(S_1-S_2)之间的过渡区有关。这与 Donaldson 和 Xu 等的研究结果一致,他们在松树细胞壁的 TEM 图像中观察到了一个较宽的 S_1-S_2 过渡层。

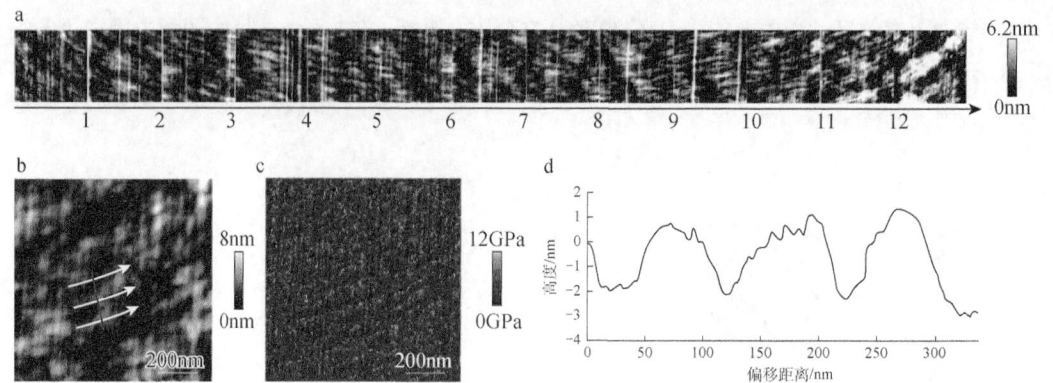

图 2.12 S₂层的同心层状结构（切削角度为 30°）

a. 从一个复合胞间层（CML）扫描到第四点的相反 CML 的叠加图像（单位：nm）。插入的高度图像具有 1μm×1μm 的尺寸、128×128 像素的分辨率和相同的 Z（高度）比例。b. 高度图像，白色箭头指向同心层状结构。蓝线表示轮廓的绘制位置，分辨率为 256×256 像素。c. 压痕模量图像，层状结构由具有不同刚度的球形聚集体组成。d. 根据 b 图中蓝线扫描区域绘制的薄层宽度轮廓图

对切削角不同的样品层进行对比观察发现，切削角发生变化时，S₂层超微结构成像发生显著变化。从编制网状结构（0°切削角）转变为与 CML 近似平行的网络结构（15°切削角），最后，对于 30°切削角的样品，可以观察到明显的平行于 CML 的层状结构（在 3～4μm 处的 AFM 高度图像中，白色条纹标明了聚集体取向）。

为了详细研究细胞壁的层状结构，对切削角为 30°的样品进行了深入研究。保持固定起始高度，以 128×128 像素的分辨率，从一个 CML 到另一个 CML 进行径向扫描，得到多张尺寸为 1μm×1μm 的单位图像，对图像进行拼接，得到图 2.12a。通过图像可知，S₂层中聚集体片层的排列方向遵循细胞曲率。根据压痕模量图像可知（图 2.12c），片层的结构由刚度不同的球形结构组成。可知，这些片层由直径为 15～25nm 的微纤丝聚集体构成。在定量 AFM 成像下观察，如图 2.12d 所示，聚集体片层的厚度约为 50nm。

由图 2.12 可知，只有在切削角较大时才能观察到 S₂同心层状结构。这是由于切削角度影响了 S₂微纤丝聚集体横截面面积。高切削角下观察到的同心层状结构排除了 S₂层中纤维素微纤丝是随机排列的假说。这一结果表明，微纤丝取向和切削角度决定了 S₂层在 AFM 下的成像效果。值得说明的是，这种角度依赖性可能是该研究结果与以往文献报道的 S₂聚集体结构不同的原因之一。

2.2.4 木材中的超分子组装

木材中的超分子组装主要包括三大素（纤维素、半纤维素和木质素）自身的超分子组装及三大素间的超分子组装。这种组装从分子水平开始，以高阶层次结构扩展到纳米级，最终形成宏观材料，如图 2.13 所示。

以纤维素为例，其单组分聚合物的组装从分子水平开始，到纤维素晶体/基本纤丝，一直扩展到宏观纤维网络。由于含有大量羟基，相邻纤维素分子链间可产生大量的分子间氢键，形成有序自组织聚集体；特别是相邻糖链间形成的氢键，可使纤维素分子形成稳定的片层结构；这些片层结构在范德瓦耳斯力和疏水力等次级键作用下自发有序地紧密堆积，成为天然结晶纤维素。结晶纤维素内的相互作用涉及氢键、范德瓦耳斯力、疏水作用和库仑力。

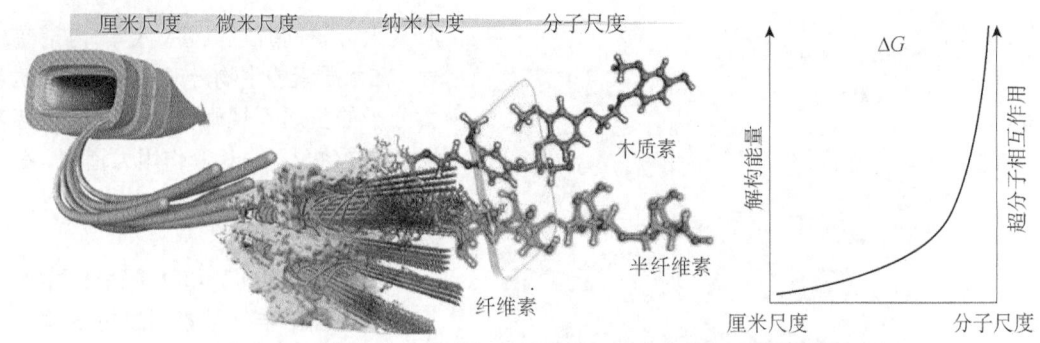

图 2.13　木材的多尺度分级结构和随尺度变化的相互作用强度

图中框出了木质素和半纤维素，代表木质素分子与半纤维素分子间存在作用力；ΔG. 能量变化

纤维素的高阶半晶体结构具有不同的亚结构，分别为有序或更有序、更少有序或无序这两种，这些亚聚集结构通过氢键和范德瓦耳斯力相互作用形成基本纤丝（图2.14）。无序区域通常被称为无定形区，它连接了结晶区，最终形成沿纤维轴定向的纤维束结构。

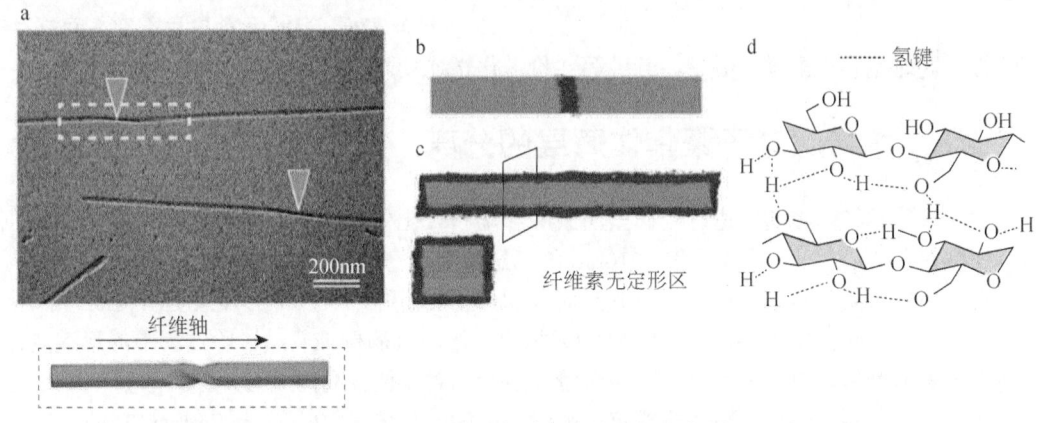

图 2.14　木材原生纤维素的自相互作用

a. 纤维素沿纤维轴方向存在的缺陷区域（无定形结构，箭头所示）；b、c. 纤维素中结晶区（有序）和无定形（无序）区的排列模型；d. 纤维素大分子结构中氢键的结构和分布

纤维素的结晶/无定形区的交替分布类似于半结晶聚合物，无定形区沿着微纤丝聚集体分布在结晶区域之间（图2.14b）。与结晶区/无定形区交替结构的观点相反，最近，有人根据固体核磁共振的结果提出了另一种纤维素模型，认为纤维素的无定形区位于纳米纤丝表面，围绕着有序的结晶区域（图2.14c）。从纳米晶体到纤维，所提取的纤维素结构单元的不同尺寸显著影响了与周围聚合物及分子的相互作用。

半纤维素和纤维素的组装与相互作用依赖于分支多糖上的特定侧链及其拓扑结构。半纤维素葡甘露聚糖和木聚糖吸附在纤维素表面与微纤丝聚集体紧密相连，外围由木质素包裹填充，如图2.15所示。在针叶树材中，葡甘露聚糖和木聚糖的排列取向十分相似，与纤维素微纤丝的排列取向相同，而木质素的排列取向不明显，呈各向同性结构。半纤维素木聚糖吸附在纤维素表面时改变了自身的构象，利用特定的基序，微调与纤维素之间的超分子结构，通过氢键和非极性作用力实现紧密连接。它们之间的相互作用非常强烈，化学处理或机械分离也不能完全克服这种作用力。

木质素大分子的形成主要分为两个阶段：木材细胞先合成木质素单体，木质素单体进一步聚合形成木质素大分子。木质素前体——苯氧自由基单体能以不同的内消旋形式存在，造成木质素在各层级上的异质性和无序性。尽管如此，高分子系统的尺度不变性基本原理的可行性证明了木

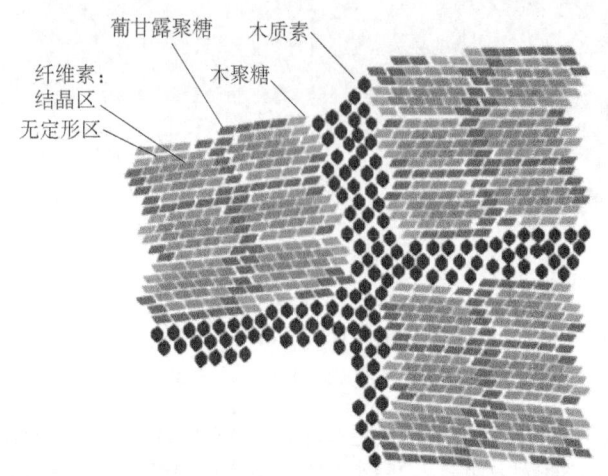

图 2.15 针叶树材次生壁 S₂ 层三大素组装示意图（横截面）

纤维素结构采用 18 条分子链模型，每排分别排 3 根、4 根、4 根、4 根、3 根分子链

质素大分子同时也具备一定的内部有序性。在木质素的生物合成过程中，木质素大分子的空间不规则性和多功能性逐渐增加，导致分子内相互作用力增加，在此作用下，木质素大分子动态自组装形成木质素超分子。

木材三大素间的超分子结合，主要是具有双亲性的半纤维素通过氢键与纤维素之间建立物理连接，相邻的纤维素微纤丝通过半纤维素木葡聚糖交联黏接形成多糖基质，纤维素和半纤维素木葡聚糖的组装行为过程可以通过朗缪尔吸附（Langmuir adsorption）等温线表达，木葡聚糖以单分子层的形式附着在纤维素微纤丝表面。半纤维素与木质素之间既存在物理连接，同时也存在酯键、醚键、苷键等共价键化学连接。

2.2.5 木材超分子聚集体薄层的分离

通过对人工林杉木细胞壁进行定向基质脱除和温和氧化处理，经高频超声剥离后，可以制得长度、宽度在 1000μm 以上，厚度仅为 10nm 的二维聚集体薄层材料。

这种聚集体薄层是从细胞壁上原位分离而成的，主要由纤维素及部分连接基质构成。利用光学显微镜、场发射扫描电子显微镜（FESEM）探究了木材细胞壁在基质脱除过程中的形貌变化，利用透射电子显微镜（TEM）和原子力显微镜（AFM）对原位分离的二维片层的形貌和厚度进行表征分析，并通过激光共聚焦拉曼光谱仪、X 射线衍射（XRD）、Brunauer-Emmett-Teller（BET）比表面积分析仪逐步揭示细胞壁中原位分离的薄层材料的化学组成和结构特征。

细胞壁原位分离聚集体薄层的流程如图 2.16 所示：先通过基质定向脱除部分薄层间的基质，随后通过超声的空化作用，沿着基质脱除后形成的孔隙进行空穴内爆，利用内爆形成的冲击波破坏壁层间的氢键和范德瓦耳斯力，从而实现对细胞壁薄层的原位剥离，将厚度为微米级的细胞壁分离成厚度约为 10nm 的薄层。

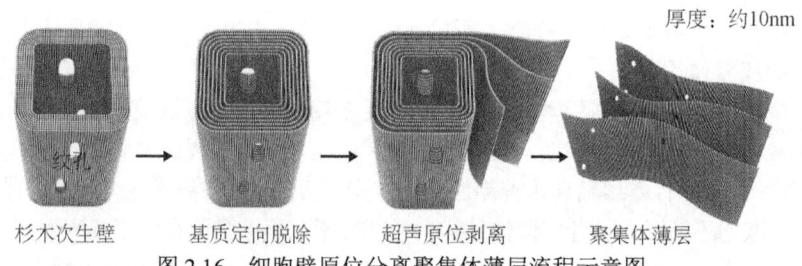

图 2.16 细胞壁原位分离聚集体薄层流程示意图

2.2.5.1 基质脱除过程中细胞壁的结构变化

如图 2.17 所示，细胞壁基质脱除前后，杉木细胞形态会发生一定的变化，主要为细胞壁厚度变薄、管胞发生变形塌陷、胞间层明显减少，从光学显微镜下可观察到细胞发生胞间分离。其中，

管胞壁平均厚度从 4.38μm 减小到 3.13μm，管胞平均弦径从 32.46μm 减小到 31.55μm。

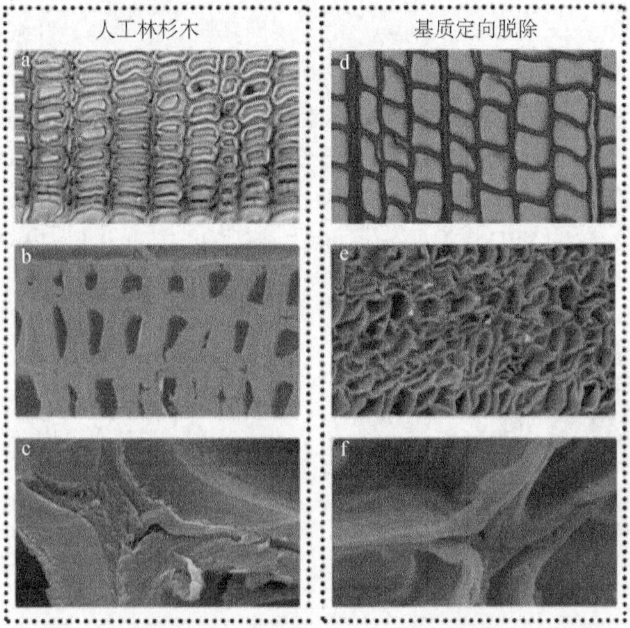

图 2.17 基质脱除前后杉木细胞壁的光学显微镜和 SEM 图像

a. 细胞壁的光学显微镜图像；b. 细胞壁的 SEM 图像；c. 复合胞间层的 SEM 图像；d. 基质脱除后细胞壁的光学显微镜图像；e. 基质脱除后细胞壁的 SEM 图像；f. 基质脱除后复合胞间层的 SEM 图像

2.2.5.2 聚集体薄层的形貌特征

如图 2.18 所示，从 SEM 图像观察到，分离的聚集体薄层形态均匀，表面光滑密实，具有纹孔的结构，从而进一步证实是从细胞壁上原位剥离的。利用透射电子显微镜进一步观察到薄层的主体结构柔软均匀，边缘呈现出基本纤丝的网络结构。通过原子力显微镜分析了薄层厚度，在基底上的薄层大部分呈现出能折叠的形态，通过探针进行薄片高度检测，分析后得到薄层的单层厚度约为 10nm，折叠后厚度为 20~30nm。

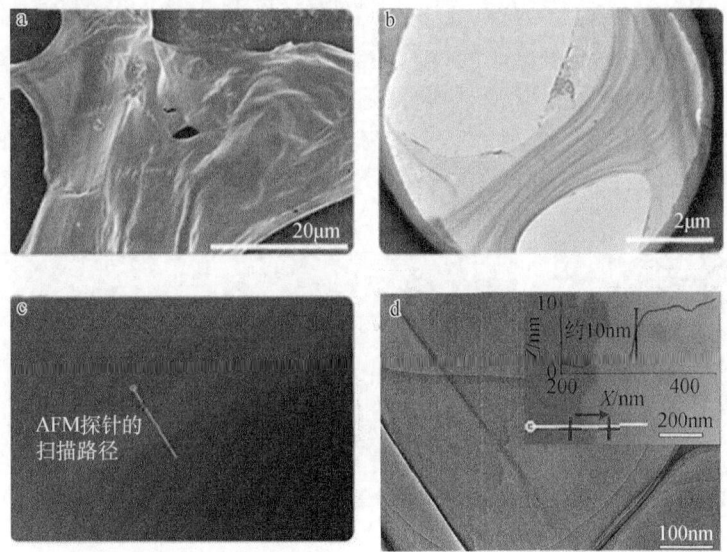

图 2.18 聚集体薄层的 SEM（a）、TEM（b）、AFM（c）图像和厚度统计图（d）

2.2.5.3 聚集体薄层的化学组成与结构特征

通过化学成分定量分析可知（图 2.19），由于层间基质（主要是半纤维素）的脱除，聚集体薄层的主要组分为纤维素，含量为 54.0wt%，其次是木质素（24.3wt%）和半纤维素（13.8wt%）。聚集体薄层的 XRD 图谱上分别出现了代表纤维素 I_β 晶体①（101）（$\overline{101}$）（002）和（040）晶面的特征信号峰，说明化学处理和机械剥离没有改变纤维素的晶型，其结晶度（CrI）为 53.6%。聚集体薄层具有相对较高的比表面积（33m²/g）和以微孔（直径约 2.3nm）为主的孔结构。聚集体薄层的局部放大 SEM 图像和小角度 XRD 图谱证实了薄层上具有高度有序的纳米级微孔结构。

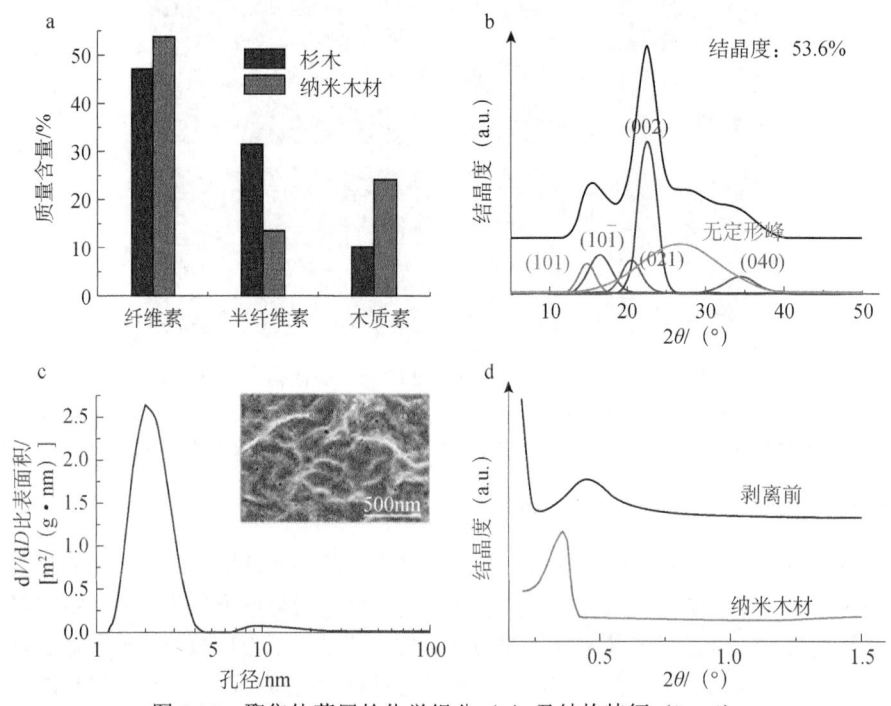

图 2.19 聚集体薄层的化学组分（a）及结构特征（b～d）

（021）代表无定形纤维素；a.u. 表示相对值变化，下同；2θ. X 射线衍射角

从激光共聚焦拉曼光谱成像结果可知（图 2.20），聚集体薄层表面出现了木质素在 1600cm⁻¹ 及碳水化合物（纤维素和半纤维素）在 2897cm⁻¹ 和 1100cm⁻¹ 的特征峰。高分辨率透射电子显微镜（HRTEM）图像表明，直径在 3～5nm 的纤维素基本原纤丝平行组装在聚集体薄层中，并且大部分被无定形基质覆盖。纤维素 I_β 晶体（002）晶面的晶格间距（d）为 3.32Å，形成高度有序的亚纳米通道。

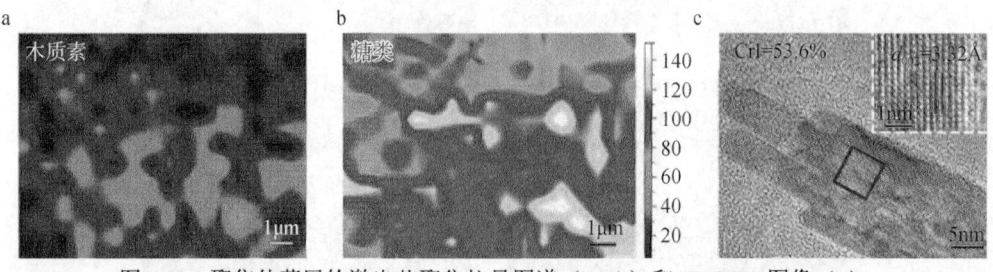

图 2.20 聚集体薄层的激光共聚焦拉曼图谱（a、b）和 HRTEM 图像（c）

---

① 纤维素 I_β 晶体是晶胞含有两条相互平行的纤维素链的单斜结构晶体

从木材细胞壁中首次分离出聚集体薄层，为解析细胞壁次生壁的构效关系及组分相互作用开辟了新途径，这代表对木材细胞壁的研究进入了超分子时代。此外，这种具有天然结构的薄层可用来制备高强度的气体与水蒸气阻隔膜，也可用于制备各种具纳米层状结构的功能复合材料。

2.2.6　木材中的超分子调控

木材的超分子调控主要是对木材中的氢键等非共价键进行调控，主要调控手段除化学组分的调控外，还包括木材湿热软化、木材高温热处理物理调控方法。

木材湿热软化主要通过极性水分子与纤维素的无定形区、半纤维素中的羟基形成新的氢键结合，从而使得分子链间的距离增大，以及在热量的协同作用下，细胞壁分子链获得足够的能量而产生剧烈运动，达到软化木材的目的，可明显提高木材的塑性。此外，软化后的木材中半纤维素和纤维素分子链之间相互靠近形成新的氢键结合，从而可以实现细胞壁定形的目的。

木材高温热处理主要是在高温作用下耐热性能较差的半纤维素发生降解，释放的有机酸作为一种催化剂又可加速半纤维素及纤维素无定形区的降解，使得木材中吸湿性羟基显著减少和结晶区比例增加，从而有效改善木材的尺寸稳定性。此外，木材热降解过程中生成的乙酸、甲酸、酚类化合物等可有效阻止或延缓腐朽菌的生长，从而增强耐腐性。

2.2.7　木材超分子智能化体系

木材是一种自然智能响应性生物材料，具备感知、驱动和控制三项基本要素，具有生物系统独有的三大自律机制：结构自组织、损伤自修复和环境自适应。木材在数万年的进化过程中发展出独特的多尺度分级和天然的精细分级多孔结构，这都是其具备智能响应性的结构基础。木材的干缩湿胀就是典型的水分子作用下木材结构智能化的一种表现。愈伤组织是树木生长过程中的智能化响应体现，当树木产生深层伤口时，树木会封闭损伤或感染的组织以防止对健康组织的扩大侵袭。伤口边缘的细胞逐渐硬化包围创伤面，让里面的组织死亡，并使树木正常生长。这说明木材自身具备自愈合的结构基础，可以通过超分子体系构筑形成自愈合功能。木材的纤维素、半纤维素和木质素构成了木材精妙的微结构，并且提供了许多活性官能团，为木材超分子智能化体系构筑奠定了优良的基础。

木材的智能响应和自适应性发生在木材的多层级结构上，从分子组成到壁层结构、细胞尺度、组织尺度，直至宏观木材，整个过程中蕴藏着木材的超分子动态变化。

2.3　木材超分子科学的定义、框架及研究意义

木材超分子科学是在木材科学及超分子科学的理论基础上，将超分子科学的概念引入木材科学研究中。超分子科学与木材科学的交叉融合，推动了木材科学分子层面的研究，为木材超分子科学的发展奠定了基础。

2.3.1　定义

木材超分子科学是针对木材分子间非共价键的相互作用而形成的聚集体结构，主要研究聚集

体的结构特征、分子间的互作机制及超分子体系构筑等的学科。

2.3.2 框架

木材超分子科学是一门复合型学科,是在木材科学和超分子科学的理论基础上,同时与物理学、材料科学、生命科学、信息科学、环境科学、纳米科学等学科高度交叉融合。它涉及比分子本身复杂得多的化学、物理和生物学特征,而这些分子是通过分子间非共价键作用聚集、组织在一起。因此,木材超分子科学是以木材分子间非共价键的相互作用而形成的聚集体为主要研究对象,对超分子结构解译、分子间相互作用、基于超分子界面组装的超分子体系构筑及超分子聚集效应4个方面进行系统研究(图2.21),旨在从超分子科学角度解决木材应用基础研究中的科学问题,形成木材超分子科学理论,并且通过超分子界面组装与调控构筑新型木基超分子体系。

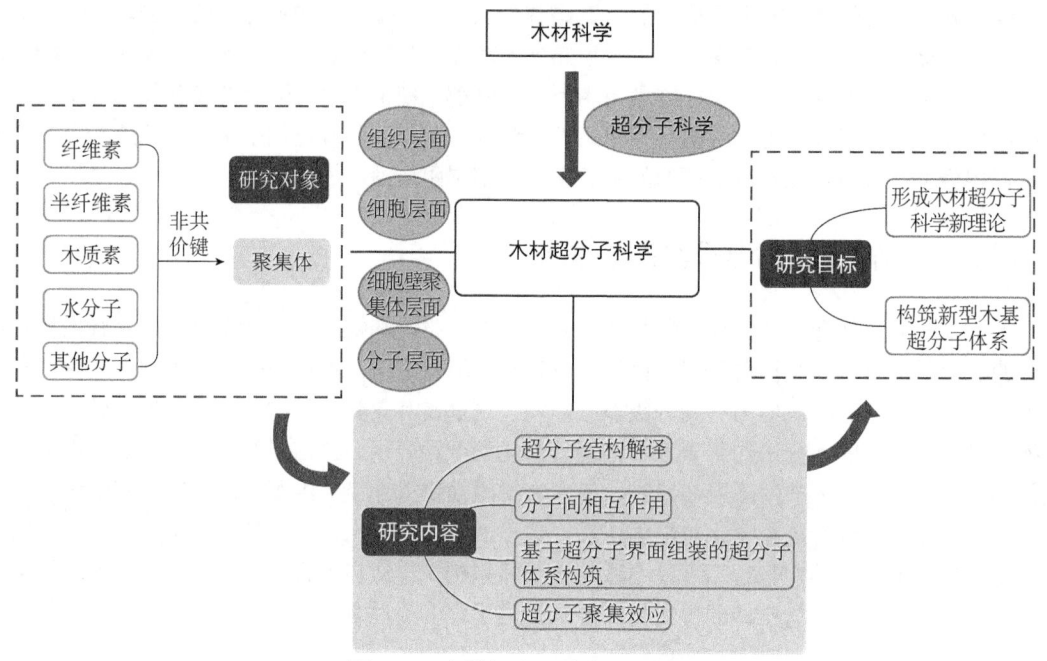

图 2.21 木材超分子科学研究框架

2.3.3 研究意义

木材超分子科学是在木材科学和超分子科学的理论基础上提出的,旨在从超分子科学角度解决木材应用基础研究中的科学问题。

2.3.3.1 理论基础研究意义

基于木材超分子科学的理论和方法,围绕木材中分子间相互作用所组装的复杂层级结构,从组织、细胞、细胞壁聚集体、分子等层面对木材的超分子结构进行解译,研究分子间非共价键的相互作用和基团作用,依据超分子组装与聚合、范德瓦耳斯异质结构构建等新理论,有序构筑木/竹材细胞表面、内腔、横截面,以及细胞壁层级结构的界面;结合量子化学、分子动力学模拟共价与非共价键协同的动力学过程和热力学规律,揭示分子间结合能、分子互作、基团活性等定量信息;从超分子层面深入认识木材超分子界面的分子组装与组装体功能,阐明木材超分子界面的结构、性质、构效关系及外界条件变化下的演变规律。通过上述研究构建木材超分子科学理论体系，从超分子科学角度认知木材应用基础研究中的科学问题，推动木材科学研究的理论新高度。

2.3.3.2 应用技术研究意义

木材超分子科学研究是从分子层级上对木材结构和功能关系的深入解析。当前传统的木材波谱表征技术，如傅里叶红外光谱、拉曼光谱等成像技术表征的分辨率难以实现对木材超分子在纳米甚至亚纳米级进行组分结构解析；而木材原位结构表征技术，如原子力显微镜、透射电子显微镜和扫描电子显微镜等难以突破木材细胞壁的实体壁垒。木材超分子科学作为新兴的交叉学科，其研究需借鉴物理学、材料科学、生命科学、纳米科学等学科技术手段。木材超分子结构解译方面，要探索和发展木材超分子结构的表征测试方法，如半导体拉曼增强光谱、单分子力学谱、氢键的超分子谱学等，推动木材科学表征技术的发展和进步。木材超分子界面组装方面，通过采用湿化学自还原反应、熔融挤出、化学处理、3D打印、浸渍组装、溶剂置换等技术，发展木材多层级结构的超分子界面组装新方法。木材超分子结构调控方面，基于木材三大素、水分子、其他大/小分子间的非共价键相互作用，发展木材超分子结构调控新技术，为制备超强木材、透明木材、柔性木材等功能性木材，以及木材多领域、高附加值利用提供核心技术支持。

2.4 木材超分子科学的研究内容

木材超分子科学的研究内容包含以下4个方面：①木材超分子结构解译；②木材分子间相互作用，包括木材三大素间的非共价键结合、木材与水分子的互作机制、木材与其他分子的非共价键相互作用；③木材超分子体系构筑，包括木材超分子结构的调控、木材智能化体系构建；④木材超分子聚集效应。下文重点介绍前三个方面的内容。

2.4.1 木材超分子结构解译

木材是由许多空腔细胞所构成的，实体是细胞壁，木材细胞壁的结构往往决定了木材及其制品的性能。木材超分子科学的研究内容之一就是揭示木材细胞壁超分子结构变化和化学成分演变对产品性能形成的作用机制，建立结构-特性-功能关系。木材细胞壁的各部分常常由于化学组成的不同和微纤丝排列方向的不同，在结构上分出层次。通常可以将木材细胞壁分为初生壁（P）、次生壁（S）和胞间层（ML）。在次生壁上，由于纤维素分子链组成的微纤丝排列方向不同，又可明显地分出三层，即次生壁外层（S_1层）、次生壁中层（S_2层）和次生壁内层（S_3层）。随着木材超分子科学的研究逐步深入，人们发现木材次生壁S_2层中还存在聚集体薄层的亚结构，聚集体薄层本身就是介于壁层尺度和分子尺度之间的一种典型的木材超分子结构，是木材超分子结构研究的一类对象。如何实现木材超分子聚集体薄层的精准解离、结构的精准解译，以及回溯木材聚集体薄层的堆砌机制，是木材超分子科学的重点研究内容之一。

2.4.2 木材分子间相互作用

2.4.2.1 木材三大素间的非共价键结合

木材纤维素、半纤维素、木质素分子之间的非共价键作用不仅组装形成了细胞壁构造，还影响着木材的物理、化学及力学性质。纤维素的基本组成单位是链状纤维素分子,这些链状分子通过分子链内和分子链间的氢键连接聚集形成基本纤丝,基本纤丝再通过氢键及分子间作用力进一步交联,形成尺度更大的微纤丝,基本纤丝和微纤丝都属于纤维素的超分子结构。半纤维素与纤维素纤丝相连时同样以氢键为主要作用力。半纤维素与木质素既存在氢键交联,也存在酯键、醚键等化学交联。木质素大分子的形成主要分为两个阶段:木材细胞先合成木质素单体,木质素单体进一步聚合形成木质素大分子。在木质素的生物合成过程中,木质素大分子的空间不规则性和多功能性逐渐增加,导致分子内相互作用力增加,在此作用下,木质素大分子动态自组装形成木质素超分子。有关木材三大素的结构已有诸多报道,然而三大素分子通过非共价键组装成超分子聚集体的过程和机制尚不明晰。木材三大素间的相互作用关系属于超分子组装的研究内容,是木材超分子科学的重要组成部分。

2.4.2.2 木材与水分子的互作机制

木材是一种具有吸湿性的多孔天然高分子材料,水分影响着木材多方面的性能。木材中的水分主要以自由水、吸着水及毛细管水三种形式存在。自由水存在于木材的细胞腔和细胞的间隙中,与木材之间结合不紧密,相互作用微弱;吸着水存在于木材细胞壁的无定形区,通过氢键与木材中的游离羟基等亲水活性基团形成牢固结合;毛细管水是在相对湿度较高条件下凝结在木材毛细管系统中的水分,主要存在于细胞尖端及纹孔塞塞缘处。干缩湿胀现象是水分影响木材性质的典型案例,湿胀是由于水分子与细胞壁组分分子上游离的羟基等活性基团形成氢键结合,或在水分子作用下木材分子链之间原有的氢键被打开,新产生的活性羟基不断与水分子形成新的氢键结合,进而使木材分子链之间的距离增大,宏观上表现为湿胀。而干缩则是一个与湿胀相反的过程,主要是氢键的断裂、水分子的脱离及相邻木材分子链之间的距离缩小。

目前对木材与水分关系的研究仍主要集中于木材宏观结构中水分含量、状态和分布的表征,尚未深入到细胞壁微观构造中水分的定量时空演变及分子结构解析。水分子与木材主要化学成分间的相互作用,均是通过非共价键的结合或断裂,而水分子与三大素间的相互作用对木材超分子结构、界面组装及构筑都会产生重要影响。因此,木材与水分子的交联互作机制是木材超分子科学研究的重要组成部分。

2.4.2.3 木材与其他分子的非共价键相互作用

除了木材三大素分子间,以及其与水分子间的非共价键相互作用,木材与其他分子间的非共价键作用是制备各种功能材料的重要途径。基于氢键作用,聚丙烯酰胺与脱木素的木材形成了木材水凝胶,高度有序的纤维素超分子作为刚性骨架,与聚丙烯酰胺分子链之间的交联结构使该水凝胶的拉伸强度高达36MPa,可以作为纳米流体导管实现类似生物肌肉组织的离子选择性传输功能。基于范德瓦耳斯力互作可构筑木质纤维素基异质复合界面,通过木质纤维素与碳酸钙/聚甲基丙烯酸甲酯矿化沉积,实现增强增韧的仿贻贝复合材料,其杨氏模量高达约14GPa;并将木质纤维素与电气石/二氧化钛矿化沉积,实现负氧离子释放。因此,木材与其他大/小分子的非共价键相互作用是木材超分子科学的组成部分,为人工林木材的微纳尺度高值化利用提供了理论基础。

2.4.3 木材超分子体系构筑

2.4.3.1 木材超分子结构的调控

木材的结构调控是实现其功能化利用的关键,主要是通过非共价键动态调控,从而实现木材的多种功能（图2.22）。例如，利用水分对木材孔隙的调控，将质硬、易折的木材转变成可弯折、可塑形的柔性材料，使木材可以被加工成不同形状的3D结构。3D成型木材的强度是天然木材的6倍，可与铝合金等轻质高强材料相媲美，从而通过非共价键调控实现木材的塑性加工。木材中纤维素结晶区不对称的结构，使得木材形变后引发压电效应，将机械能转化为电能。为了解决天然木材变形能力弱、电荷输出量低的问题，可破坏木质素连接键改变聚集结构，孙建国等利用白腐菌降解木材中的木质素，腐化木材的天然结构，通过提高纤维素结晶区的形变能力，从而得到高压缩性的腐化木材料。腐化木中的纤维素在压力作用下产生较大形变，电荷释放量也随之提高，边长为15mm的腐化木立方块可输出0.85V电压。通过非共价键进行木材结构调控是拓宽木材应用领域、实现木材高附加值利用的重要途径。

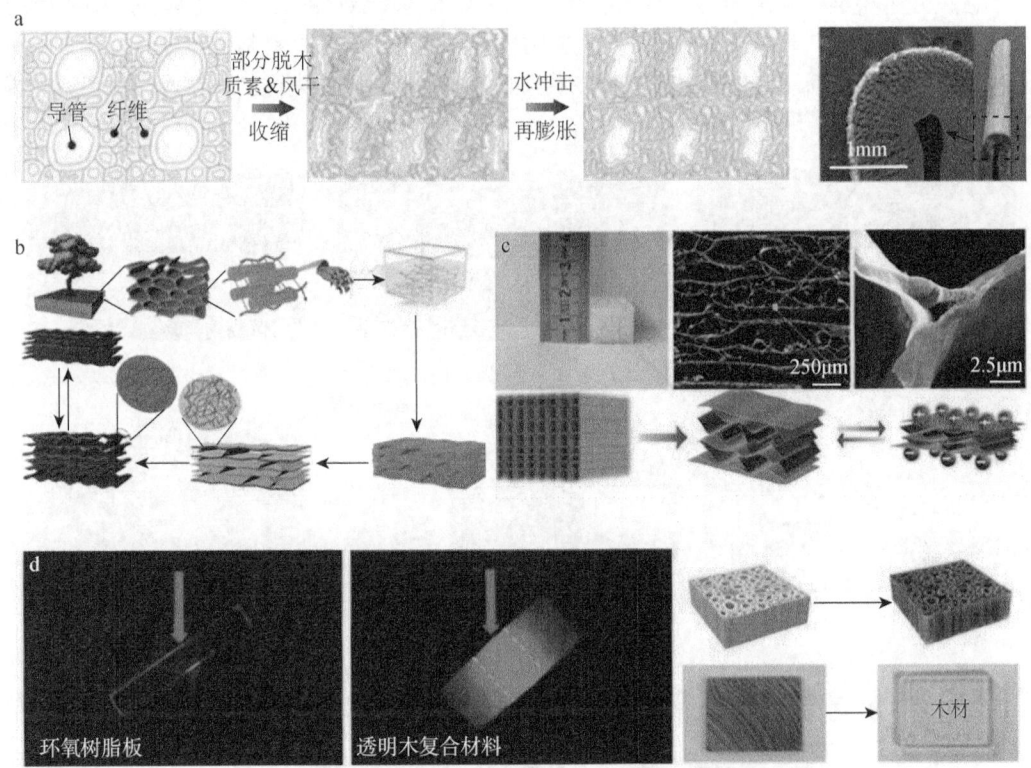

图2.22 木材非共价键调控功能化应用
a. 高柔性木材；b. 木材衍生碳气凝胶；c. 木材压电材料；d. 透明木材

2.4.3.2 木材智能化体系构建

天然木材的多层级结构和高度各向异性为设计先进材料、构建仿生功能体系提供了灵感。研究人员以树木中的蒸腾作用和多孔结构为灵感，设计了蜂窝流体系统，并采用3D打印技术构建了仿生木材细胞蜂窝结构的开放蜂窝系统，该仿生系统可以通过设定"细胞"单元类型、尺寸和相对密度来控制气、液、固多相物质的流动、运输和反应过程。彭新文教授团队以纤维素纳米纤维和木质素为原料，采用"冷冻浇筑"法构建了与木材管胞结构类似的弹性碳气凝胶，该碳气凝胶表现出优异的机械性能，包括高压缩性（压缩应变高达95%）和抗疲劳性。俞书宏院士团队基于天然木材的优异力学性能，将木屑等生物质中天然的纤维素纳米纤维暴露在木屑颗粒表面，这些纳米纤维通过离子键、氢键、范德瓦耳斯力等相互作用结合在一起，微米级的木屑颗粒也被这些互相缠绕的纳米纤维网络紧密地结合在一起，形成高强度的致密结构，这种结构特征带来了高达 170MPa 的各向同性抗弯强度和约 10GPa 的弯曲模量，远超天然实木的力学强度，同时表现出优异的阻燃性和防水性。基于木材的智能化结构仿生构建的新材料，具有天然木材的优异特性，而通过非共价键的调控，其更加接近木材本身的结构与性能。

2.5　木材超分子科学的产业应用

木材超分子科学在高附加值木材产品制备和新型木基功能材料研发方面具有广阔的应用空间，其产业应用涉猎了木材加工利用、木质文物修复与保护、先进材料制备等多个领域。木材超分子科学将从结构解析、组分互作、构效关系方面为木基新材料的先进制造技术提供理论支撑，为实际加工生产提供新策略、新思路（图 2.23）。

图 2.23　功能型木材应用场景

a. 高强度材料；b. 传感器及发电领域的应用；c. 生物医学领域的应用；d. 透明木材的应用

木材在湿热和压缩的共同作用下会发生软化和压缩变形，这与木材细胞壁的成分和组织构造有关。当蒸汽处理温度高于半纤维素和木质素玻璃化转变温度，二者均处于玻璃态时，细胞腔发生不同程度的塌陷，细胞壁出现断裂、褶皱等现象，产生裂隙，而施加的压缩作用会进一步加剧细胞壁变形。木材细胞壁三大素的特性及所占比例直接影响木材的可塑性，其中木质素的含量和软化特性是木材软化的主要影响因素。木材超分子科学的研究有望对湿热压缩处理下的木材细胞壁结晶度、微晶尺寸及微纤丝角的变化做出解释，并对湿热-压缩处理后细胞壁纤维素结晶度、微晶及微纤丝角是否存在变化，微纤丝的真实直径，基本纤丝组成微纤丝数量，以及其是否对细胞壁力学性能产生影响等科学问题给出明确答案。

近年来，生物基胶黏剂的研究越来越多，如何提高其在木材中的渗透性是提高胶黏剂性能的关键问题。随着超分子科学的发展，胶黏剂分子结构解析、对木质材料的渗透过程及其固化过程模拟等也逐渐向多维度及分子尺度推进。当前对胶黏剂耐水性的研究主要与提高防水剂分散性有关，微乳化、微胶囊技术可以提高对木材中亲水基团的包覆能力，并封闭毛细管道，使胶黏剂耐水性得到提高。木材的超分子结构研究为胶黏剂与木材的胶合界面研究提供了有力支撑。

当前在古建筑木构件及木质文物修复与加固技术方面，仍有很多技术难点有待突破。研究人员发现古建筑和出土饱水木材的细胞壁结构及化学成分发生明显变化，晚材细胞壁的次生壁成为木材受微生物降解的主要区域。大多木质文物纤维素结晶区被严重破坏，且由于受到微生物的降解作用，葡聚糖侧链的乙酰基消失，多糖类物质遭到了严重的降解，木质素相对含量明显增加。随着纳米技术的发展，从木材细胞壁分离获得的纳米纤维素可以作为木材细胞与无机防腐剂的固着界面，使具有防腐加固效果的纳米无机物均匀分布于木材细胞壁和细胞腔内，起到一定的防腐加固作用。木材纤维素超分子结构的研究可实现更高精度要求的木质文物修复，为纳米技术在木质文物修复方面的应用提供新的契机。

2.6 展　　望

木材超分子科学融合了木材科学与超分子科学的科学内涵，当前开展木材超分子科学的研究对木材科学具有重要理论价值和现实意义。首先，可以从超分子科学角度认知木材应用基础研究中的科学问题，形成木材超分子科学理论，从而推动木材科学的发展；此外，通过超分子界面组装与调控构筑新型木基超分子体系，实现木材跨领域的高价值利用，使木材更好地为人类生活服务。在基础理论方面，其必须与物理学、材料科学、生命科学、信息科学、环境科学、纳米科学等学科交叉融合，突破学科壁垒，取各家所长，以支撑木材超分子科学理论体系的建立。在表征手段方面，需在现有常规表征手段基础之上，探索和开发适用于木材超分子的表征方法，并结合分子动力学模拟、有限元模拟等计算模拟方法，实现对木材超分子结构的认知从静态向动态转变。

木材超分子科学研究尚处于起步阶段，围绕木材超分子科学的框架和研究内容，未来研究应重点聚焦于以下6个方面。

1）进一步完善木材超分子科学与技术的理论体系，在超分子的结构特征、分子间的相互作用及基于超分子界面组装的超分子体系构筑方面进行深入研究，揭示木材超分子结构形成机制、分子间相互作用的协同性和集团性，探明超分子界面的结构、性质、构效关系及非共价键在外界环境中的动态响应规律。

2）通过木材超分子的创新研究，深入挖掘木材本身的潜力，全面提升木材原本的性能，发挥天然材料的优势，以木材为基体创生出新的工程材料或超级材料，让木材更好地服务当今社会。

3）特别关注木基复合材料界面间非共价键形成机制，如氢键、配位键及范德瓦耳斯力等分子间作用力，通过超分子界面组装与调控构建新型木材超分子体系，进一步赋予木材奇异功能，打破对木材固有应用场景的认知，为木材非常规应用形成可推广成果。

4）加强学科交叉融合，木材作为结构复杂的天然超分子材料，要与物理学、材料科学、生命科学、环境科学、纳米科学等学科交叉互融，通过发展对其动态响应结构的灵敏测试方法，结

5）积极响应国家"双碳"目标，木材的低碳加工是未来我国木材工业发展的重大趋势。通过发展非共价键加工利用新技术，用最低的能耗造就高性能产品。

6）木材超分子科学研究要坚持"四个面向"，立足新发展阶段，注重原始创新，努力实现更多从"0"到"1"的突破，用木材打造可持续发展的未来。

主要参考文献

顾炼百，丁涛. 2019. 木材热处理研究及产业化进展[J]. 林业工程学报，4（4）：1-11.
黄荣凤，高志强. 2018. 木材湿热软化压缩技术及其机制研究进展[J]. 林业科学，54（1）：154-161.
李坚. 2014. 木材科学[M]. 北京：科学出版社.
李坚. 2016. 大自然的启发——木材仿生与智能响应[J]. 科技导报，34（19）：1.
李坚，甘文涛，王立娟. 2021. 木材仿生智能材料研究进展[J]. 木材科学与技术，35（4）：1-14.
李坚，孙庆丰，王成毓. 2018. 木材仿生智能科学引论[M]. 北京：科学出版社.
吕建雄. 1994. 汽蒸处理对木材渗透性的影响[J]. 林业科学，30（4）：352-357.
卢芸，李坚. 2015. 生物质纳米材料与气凝胶[M]. 北京：科学出版社.
刘一星，赵广杰. 2012. 木材学[M]. 2版. 北京：中国林业出版社.
凌喆，赖晨欢，黄曹兴，等. 2021. 预处理纤维素超分子结构变化机制研究进展[J]. 林业工程学报，6（4）：24-34.
沈家骢. 2004. 超分子层状结构——组装与功能[M]. 北京：科学出版社.
沈家骢，孙俊奇. 2004. 超分子科学研究进展[J]. 中国科学院院刊，19（6）：420-424.
沈家骢，张文科，孙俊奇. 2019. 超分子材料引论[M]. 北京：科学出版社.
尹江苹. 2016. 湿热-压缩共同作用对杉木细胞壁结构与性能的影响[D]. 北京：中国林业科学研究院博士学位论文.
吴义强. 2021. 木材科学与技术研究新进展[J]. 中南林业科技大学学报，41（1）：1-28.
Battista O A，Chemistry E. 1950. Hydrolysis and crystallization of cellulose[J]. Ind. Eng. Chem.，42（3）：502-507.
Besombes S，Maxeau K. 2005a. The cellulose/lignin assembly assessed by molecular modeling. Part 1：adsorption of a threo guaiacyl β-O-4 dimer onto a I$_\beta$ cellulose whisker[J]. Biochemistry，43（3）：299-308.
Besombes S，Maxeau K. 2005b. The cellulose/lignin assembly assessed by molecular modeling. Part 2：seeking for evidence of organization of lignin molecules at the interface with cellulose[J]. Biochemistry，43（3）：277-286.
Charlier L，Mazeau K. 2012. Molecular modeling of the structural and dynamical properties of secondary plant cell walls：influence of lignin chemistry[J]. J. Phys. Chem. B.，116（14）：4163-4174.
Cheng G，Zhang X，Simmons B，et al. 2015. Theory，practice and prospects of X-ray and neutron scattering for lignocellulosic biomass characterization：towards understanding biomass pretreatment[J]. Energy & Environmental Science，8（2）：436-455.
Dammström S，Salmén L，Gatenholm P. 2009. On the interactions between cellulose and xylan，a biomimetic simulation of the hardwood cell wall[J]. BioResources，4（1）：3-14.
Fernandes A N，Thomas L H，Altaner C M，et al. 2011. Nanostructure of cellulose microfibrils in spruce wood[J]. Proceedings of the National Academy of Sciences of the United States of America，108（47）：1195-1203.
Grantham N J，Wurman-Rodrich J，Terrett O M，et al. 2017. An even pattern of xylan substitution is critical for

interaction with cellulose in plant cell walls[J]. Nature Plants, 3 (11): 859-865.

Hanus J, Mazeau K. 2006. The xyloglucan–cellulose assembly at the atomic scale[J]. Biopolymers, 82 (1): 59-73.

Hayashi T, Kaida R. 2011. Functions of xyloglucan in plant cells[J]. Molecular Plant, 4 (1): 17-24.

Kim D Y, Nishiyama Y, Kuga S. 2002. Surface acetylation of bacterial cellulose[J]. Cellulose, 9 (3): 361-367.

Lu Y, Lu Y, Jin C, et al. 2021. Natural wood structure inspires practical lithium-metal batteries[J]. ACS Energy Letters, 6 (6): 2103-2110.

Naidjonoka P, Hernandez M A, Pálsson G K, et al. 2020. On the interaction of softwood hemicellulose with cellulose surfaces in relation to molecular structure and physicochemical properties of hemicellulose[J]. Soft Matter, 16 (30): 7063-7076.

Nishiyama Y, Langan P, Chanzy H. 2002. Crystal structure and hydrogen-bonding system in cellulose I$_\beta$ from synchrotron X-ray and neutron fiber diffraction[J]. J. Am. Chem. Soc., 124 (31): 9074-9082.

Nishiyama Y, Sugiyama J, Chanzy H, et al. 2003. Crystal structure and hydrogen bonding system in cellulose I$_\alpha$ from synchrotron X-ray and neutron fiber diffraction[J]. Journal of the American Chemical Society, 125(47): 14300-14306.

O'neill H, Pingali S V, Petridis L, et al. 2017. Dynamics of water bound to crystalline cellulose[J]. Scientific Reports, 7 (1): 11840.

Petridis L, O'neill H M, Johnsen M, et al. 2014. Hydration control of the mechanical and dynamical properties of cellulose[J]. Biomacromolecules, 15 (11): 4152-4159.

Pizzi A. 2006. Recent developments in eco-efficient bio-based adhesives for wood bonding: opportunities and issues[J]. Journal of Adhesion Science and Technology, 20 (8): 829-846.

Rongpipi S, Ye D, Gomez E D, et al. 2019. Progress and opportunities in the characterization of cellulose-an important regulator of cell wall growth and mechanics[J]. Frontiers in Plant Science, 9: 1894.

Usov I, Nyström G, Adamcik J, et al. 2015. Understanding nanocellulose chirality and structure-properties relationship at the single fibril level[J]. Nature Communications, 6 (1): 1-11.

Vermaas J V, Petridis L, Qi X, et al. 2015. Mechanism of lignin inhibition of enzymatic biomass deconstruction[J]. Biotechnology for Biofuels, 8 (1): 1-16.

Wan J, Wang Y, Xiao Q. 2010. Effects of hemicellulose removal on cellulose fiber structure and recycling characteristics of eucalyptus pulp[J]. Bioresource Technology, 101 (12): 4577-4583.

Wang T, Zabotina O, Hong M. 2012. Pectin-cellulose interactions in the *Arabidopsis* primary cell wall from two-dimensional magic-angle-spinning solid-state nuclear magnetic resonance[J]. Biochemistry, 51 (49): 9846-9856.

Wickholm K, Larsson P T, Iversen T. 1998. Assignment of non-crystalline forms in cellulose I by CP/MAS 13C NMR spectroscopy[J]. Carbohydrate Research, 312 (3): 123-129.

Zhao Z, Crespi V H, Kubicki J D, et al. 2014. Molecular dynamics simulation study of xyloglucan adsorption on cellulose surfaces: effects of surface hydrophobicity and side-chain variation[J]. Cellulose, 21(2): 1025-1039.

Zugenmaier P. 2008. Crystalline Cellulose and Derivatives: Characterization and Structures[M]. Heidelberg: Springer.

第 3 章
木材分子结构解译

本章彩图

木材是一种由多种高分子聚合物组成的多尺度有机体。从物理结构上看，木材的多尺度结构可分为米级的树干、厘米级的木纤维、毫米级的年轮、微米级的细胞和纳米级的纤维素纳米纤丝。从分子组成上看，纤维素分子链平行排列组成基本纤丝，基本纤丝再在半纤维素和木质素的相互交联作用下进一步聚集成微纤丝，微纤丝聚集成纤丝再到粗纤丝，粗纤丝相互缠绕组成细胞壁薄层，许多薄层再聚集成木材的细胞壁。由此可见，明晰这种多成分、多尺度复合材料的分子内三维结构的转化机制和分子间多级作用的变换规律，对探明木材在催化转化、受热降解、分散溶解、空气氧化、水分侵蚀、紫外老化、腐蚀霉变等反应过程中的机制原理至关重要。为此，本章归纳总结了立足木材科学前沿的新型分子结构解译技术，即量子学解译技术、三维成像解译技术、纳米压痕解译技术和分子探针解译技术，重点阐述了这些解译技术在木材异质界面的构效关系、三维聚集体的分子分布、局部微区的定向测试、特定分子的精准识别等关键问题上的应用策略，旨在为木材科学研究提供新的方法。

3.1 量子学解译技术

量子学解译技术是应用量子学的基本原理和方法解译物理化学现象的新型手段。其研究范围既包括稳定和不稳定分子的结构、性能，以及其结构与性能之间的关系，也包括分子与分子之间的相互作用、相互碰撞和相互反应等问题。在木材科学中引入量子学解译技术将有助于更深层次地理解木材在热解、溶解、催化转化等过程中的分子结构动态变化、异质分子间的界面互作、化学键断裂重排等关键机制。

3.1.1 量子学起源

19 世纪之前，人们对经典世界的认知主要来自牛顿的著名著作《自然哲学的数学原理》中所表述的经典牛顿力学体系。小到人们的日常生活，大到日月星辰全部都可以用经典的牛顿力学理论来解释。但是进入 20 世纪后，科学家发现旧有的牛顿经典力学理论只适用于宏观世界，放到尺度特别小的微观世界，这套理论就完全行不通了。于是在 20 世纪初，在众多科学家的努力下，量子力学（quantum mechanics）理论被成功建立起来。"量子"概念是在 1900 年被德国理论物理学家 Max Planck 最先提出的，这一概念被用于解决黑体辐射的问题上。经爱因斯坦、玻尔、薛定谔等的完善，在 20 世纪的前半期，初步建立了完整的量子力学理论。绝大多数物理学家将量子力学视为理解和描述自然的基本理论。

在经典物理学中，根据能量均分定理：能量是连续变化的，可以取任意值。19世纪后期，科学家发现很多物理现象无法用经典理论解释。当时德国物理界聚焦于黑体辐射问题的研究。1900年左右，Planck试图解决黑体辐射问题，他大胆提出量子假设，并得出了普朗克辐射定律，沿用至今。Planck提出：像原子作为一切物质的构成单位一样，"能量子"（量子）是能量的最小单位。物体吸收或发射电磁辐射，只能以能量子的方式进行。Planck在1900年12月14日的德国物理学会会议中第一次发表能量量子化数值、1摩尔（mol）的数值及基本电荷等。其数值比以前更准确，提出的理论也成功解决了黑体辐射的问题，标志着量子力学的诞生。1905年，物理学家爱因斯坦把量子概念引进光的传播过程，提出"光量子"（光子）的概念，并提出光同时具有波动和粒子的性质，即光的波粒二象性。20世纪20年代，法国物理学家德布罗意提出"物质波"概念，即一切物质粒子均具备波粒二象性；德国物理学家海森伯等建立了量子矩阵力学；奥地利物理学家薛定谔建立了量子波动力学。量子理论的发展进入了量子力学阶段。1928年，英国物理学家狄拉克完成了矩阵力学和波动力学之间的数学等价证明，对量子力学理论进行了系统的总结，并将两大理论体系——相对论和量子力学成功地结合起来，揭开了量子场论的序幕。量子理论是现代物理学的两大基石之一，为从微观层面理解宏观现象提供了理论基础。

量子并不指代具体的某种物质或粒子，量子更多体现的是"量子化"的概念，而不是具体的物质。一个物理量如果存在最小的不可分割的基本单位，则这个物理量是量子化的，并把最小单位称为量子。量子一词来自拉丁语quantus，意为"有多少"，代表"相当数量的某物质"。在物理学中常用到量子的概念，指一个不可分割的基本个体。例如，"光量子"（光子）是一定频率的光的基本能量单位，而由其延伸出的量子力学、量子光学等成为不同的专业研究领域。其基本概念为所有的有形性质是"可量子化的"。"量子化"指其物理量的数值是离散的，而不是连续地任意取值。例如，在原子中，电子的能量是可量子化的。这决定了原子的稳定性和发射光谱等一般问题。

3.1.2 薛定谔和量子化学

量子化学旨在采用计算的手段验证量子理论预测的结果，因为原子和分子只能具有离散能量。化学家使用薛定谔方程来确定量子力学系统的允许能级，求解方程通常是解决量子化学问题的第一阶段，其结果是推断材料的化学性质。量子化学也称为分子量子力学，是理论化学的一个分支，它利用量子力学研究化学系统，以数学方式描述原子和分子的基本性质。量子化学为完整描述分子体系的电子性质、几何结构、物理化学性质和反应性提供了一种可行的方法。它可以对分子结构、势能面、振动频率、反应机制等做出准确的预测，从量子化学的计算结果中提取的波函数信息可以帮助人们从电子层面理解化学反应的本质。量子化学理论使科学家能够解释元素周期表的结构，量子化学计算使他们能够准确预测分子的结构和原子的光谱行为。它可以用来理解、建模和预测分子性质及其反应、纳米材料的特性，以及生物系统中发生的反应和过程。

量子力学方法的基本模型是将原子核和电子看作运动的粒子，通过求解薛定谔方程来获得体系定态的波函数和能量，进而获得分子的电子结构，最终得到分子的化学性质。量子化学的核心问题就是求解分子体系的薛定谔方程，但是由于没法精确求解，在实际求解中总是用到各种近似，如绝热近似[也称玻恩-奥本海默近似（Born-Oppenheimer approximation）]、非相对论近似、有限基组近似、电子相关处理上的近似和数值计算精度上的近似等。有两种常用的方法来求解薛定谔方程，即从头算法和半经验法。

近年来随着计算机计算能力的提升及高精度理论方法的出现和发展，从头算法和半经验法对于实际化学问题研究所提供的结果意义不大,甚至定性的讨论也是错误的,而密度泛函理论(density functional theory,DFT)通过电子密度来研究系统的性质,目前被广泛用来进行量子化学计算。

3.1.3 DFT

密度泛函中的密度指电子密度;泛函是指能量为电子密度的函数,而电子密度又是空间坐标的函数,泛函是从向量空间到标量的映射,即函数的函数。密度泛函理论是一种通过电子密度研究多电子体系电子结构的方法。具体到操作中,密度泛函理论通过各种各样的近似,把难以解决的包含电子-电子相互作用的问题简化成无相互作用的问题,再将所有误差单独放进一项中,之后再对这个误差进行分析。

微观粒子系统的任一运动状态都可以用波函数 ψ 来全面描述,通过求解薛定谔方程原则上可以得到波函数 ψ,也就得到了物质微观结构的全部信息。但是对于含有 N 个电子的原子或分子,一个电子有 4 个坐标:三个空间坐标和一个自旋坐标,所以波函数 ψ 是 $4N$ 个自变量的函数。可见,严格求解在多数情况下难以实现。若采用电子密度 $p(r)$ 代替波函数 ψ 作为基本变量,就只需要三个空间坐标作为自变量。此外,波函数不是可观测的物理量,不能由实验直接测定。而电子密度是一个可观测的物理量,可由实验直接测定。用电子密度作为基本变量的理论,即 DFT。

DFT 这一名词起源于 Thomas 和 Fermi 等的早期工作。1927 年,Thomas 和 Fermi 基于理想状态下的均匀电子气假设提出了托马斯-费米模型(Thomas-Fermi model),第一次引入了密度泛函的概念,成为后来 DFT 方法的雏形。1964 年,Hohenberg 和 Kohn 进一步指出体系能量泛函的最小值为体系的基态能量,这项工作为 DFT 奠定了一块基石。尽管该定理证明了体系的基态能量是电子密度 $p(r)$ 的唯一泛函,但是体系能量泛函的具体表达形式却依然未知。1965 年,Kohn 和 Sham 在变分原理的基础上推导出了体系的能量与电子密度之间的自洽方程——科恩-沈方程(Kohn-Sham equation),从而为 DFT 的实际计算与应用开创了新纪元。到目前为止,构造交换相关能的泛函模型仍是构造体系能量泛函的关键,一般采用局部密度近似、梯度近似等方法来处理。

3.1.3.1 托马斯-费米模型

对于包含 N 个电子的原子或分子系统,在给定外势场下,可以使用定态薛定谔方程描述该体系:

$$\hat{H}\psi = E\psi \quad (3.1)$$

式中,E 是体系的总能量;$\psi=\psi(x_1, x_2, \cdots, x_n)$,是体系的波函数;$\hat{H}$ 是哈密顿量。在大多数情况下,研究人员关心的是原子和分子不依赖于时间的相互作用,所以这里仅关注与时间无关的薛定谔方程。结合玻恩-奥本海默近似中的孤立系统,可将哈密顿量 $\hat{H}$ 表示为

$$\hat{H}=\hat{T}+\hat{V}_{ne}+\hat{V}_{ee}+\hat{V}_{nn} \quad (3.2)$$

式中,$\hat{T}=\sum_{i=1}^{N}\left(\frac{1}{2}\nabla_i^2\right)$,为动能运算符(其中 N 为粒子数量;∇_i 为拉普拉斯算符);$\hat{V}_{ne}=\sum_{i=1}^{N}\frac{1}{r_{ij}}$,为原子核-电子引力能算符(其中 r_{ij} 为原子核和电子之间的距离,i 表示电子,j 表示原子核);$\hat{V}_{ee}$ 为电子-电子排斥能算符;$\hat{V}_{nn}=\sum_{\alpha<\beta}\frac{Z_\alpha Z_\beta}{|R_\alpha-R_\beta|}$,为核-核排斥能算符[其中 Z_α 和 Z_β 分别为原子核的核电荷数(Z)和核的位置(α, β);R_α 和 R_β 为原子核的位置]。

Thomas 和 Fermi 认识到可以采用统计方法近似表示原子或分子中的电子分布,并结合均匀电子气模型提出了托马斯-费米模型。在托马斯-费米模型中,系统的能量泛函 $E[\rho]$ 可以表示为电子密度的函数,即

$$E_{\mathrm{TF}}[\rho]=C_K \int \rho^{5/3}(r)\mathrm{d}r - \sum_\alpha^N \frac{Z_\alpha(R_\alpha)}{|R_\alpha - r|}\mathrm{d}r + \frac{1}{2}\iint \frac{\rho(r_1)\rho(r_2)}{|r_1 - r_2|}\mathrm{d}r_1 r_2 \quad (3.3)$$

式中,C_K 为常数;ρ 为密度;r_1、r_2 为电子坐标;下标 TF 表示 Thomas 和 Fermi;α 为细胞结构常数;r 为电子和原子核之间的距离;$\mathrm{d}r$ 为微小的距离元素(通常用于积分中)。

该模型虽然简化了计算形式和过程,却没有考虑电子间的交互作用,没有对动能项进行精确描述,所以在很多体系中并不适用。但相关学者在这一新颖的研究思路的启发下,经过多年的努力,在 20 世纪 60 年代基本完善了密度泛函理论的内容,并最终建立起严格意义的密度泛函计算理论。霍恩伯格-科恩定理(Hohenberg-Kohn theorems)和科恩-沈方程(Kohn-Sham equation)的提出对 DFT 方法的形成和完善起到了关键作用,被誉为 DFT 的两大基石。

3.1.3.2 霍恩伯格-科恩定理

第一定理:体系的基态能量是电子密度的泛函。

第二定理:以基态密度为变量,将体系能量最小化之后就得到了基态能量。

在霍恩伯格-科恩定理中,多粒子体系在外势 V_x 下的哈密顿量 $\hat{H}$ 可以写为

$$\hat{H} = -\frac{h^2}{2m}\sum_i \nabla_i^2 + V_{\mathrm{ext}} + \frac{1}{2}\sum_{i \neq j}\frac{e^2}{|r_i - r_j|} \quad (3.4)$$

式中,m 为质量;h 为约化普朗克常量;i、j 为虚数。

相关能量泛函为

$$E[\rho] = T[\rho] + U[\rho] + \int \mathrm{d}^3 r V_{\mathrm{ext}}(r)\rho(r) \quad (3.5)$$

式中,$T[\rho]$ 和 $U[\rho]$ 分别为体系的动能和势能;V_{ext} 包含了核的作用及外势;$\rho(r)$ 为电子密度。第二定理基态能量 E_0 在给定外势场下是能量泛函的最小值:

$$E_0 = E[\rho_0] + T[\rho_0] + U[\rho_0] + \int \mathrm{d}^3 r V_{\mathrm{exr}}(r)\rho_0(r) \leqslant E[\rho] \quad (3.6)$$

式中,$\rho_0(r)$ 为在 E_0 上能取到最小值的电子数密度泛函;V_{exr} 为一个表示外势场作用下的位置矢量为 r 的势能(其中,V 表示势能,exr 表示外势场的性质和作用方式)。这个符号可以在物理学中用来描述粒子在外势场影响下的势能情况,如电磁场、引力场等。

此定理并未给出电子密度函数、动能泛函和交换关联泛函的具体表达式,因此具体求解还是无法进行。

3.1.3.3 科恩-沈方程

采用密度泛函理论进行电子结构计算的前提是能量作为密度的泛函。1965 年,Kohn 和 Sham 提出将没有相互作用粒子的动能和库仑相互作用先分离出来,剩余部分再作近似处理的方法,这大大地降低了理论的难度(图 3.1)。

假设有一个无电子相互作用的模型体系对应于一个多

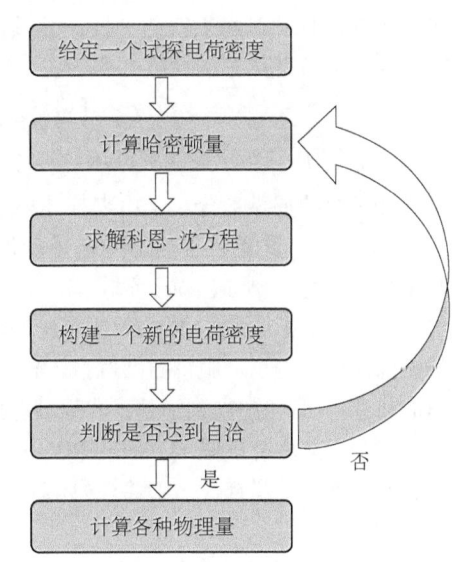

图 3.1 基于 DFT 的自洽迭代流程示意图

电子相互作用的体系，电子密度可以表示为

$$\rho(r)=\sum_{i=1}^{N}|\psi i(r)|^2 \tag{3.7}$$

式中，N 为电子数目；ψ 为波函数。

这个假设模型体系的动能 $T_s[\rho_s]$ 为

$$T_s[\rho_s]=-\frac{h^2}{2m}\sum_{i=1}^{N}\int d^3 r\psi i^*(r)\nabla^2\psi i(r) \tag{3.8}$$

在假设中，我们只考虑库仑相互作用，假设模型体系基态能量 E_s 等于实际相互作用体系能量 E_{HK}：

$$E_{HK}=T+U+V_{ext}=E_s+U_H+V_{ext}+E_{XC} \tag{3.9}$$

在交换相关泛函（exchange-correlation functional）中，U_H 通常表示一种特定类型的电子电荷密度的平均场能量。具体来说，U_H 是指 Hartree 近似下的 Coulomb 相互作用势能与本征密度之间的相互作用能。这个平均场能量通常由交换相关泛函的形式给出，并且在密度泛函理论（DFT）计算中扮演重要角色，用于计算电子系统的交换和相关能。交换相关泛函 E_{XC} 的定义则为

$$E_{XC}=(T-T_s)+(U-U_H) \tag{3.10}$$

这样，通过构造合适的交换相关泛函，就能进行密度泛函计算，利用变分法将能量泛函对 K-S 轨道进行变分求极值就可以得到科恩-沈方程：

$$\left[-\frac{h^2}{2m}\nabla^2+V_{ext}(r)+V_H(r)+V_{XC}(r)\right]\psi i(r)=\in i\psi i(r) \tag{3.11}$$

式中，$V_{ext}(r)$、$V_H(r)$ 和 $V_{XC}(r)$ 分别为外势、哈特里（Hartree）势和交换相关势；$\in$ 为电子的本位能级。这个方程可以通过迭代求解，得到 ψi，即可求得相互作用体系的电子密度和能量。科恩-沈方程给交换关联泛函以外的各项都赋予了明确的表达形式，并把复杂作用项也归并在此项中。至此，计算得到大大简化，所有的工作都开始围绕着如何描述交换关联泛函展开，同时，交换相关势的近似形式也直接决定了密度泛函理论的精度。交换相关泛函包括局域密度近似、广义梯度近似及杂化泛函等，下面做简单介绍。

（1）局域密度近似（local density approximation，LDA）　　LDA 方法也是由 Kohn 等在 1965 年提出的，目的是将未知的交换关联项近似表达，使 DFT 方法能够用于实际计算。LDA 使用均匀电子气的密度函数来计算非均匀电子气的交换关联项，交换能 E_{XC} 为

$$E_{XC}=\int\rho(r)\in_{XC}[\rho(r)]dr+\int F_{XC}[\rho(r),\nabla\rho(r)]dr \tag{3.12}$$

式中，F_{XC} 为交换-相关能密度函数在不同的逼近方法中的近似形式；$\in_{XC}$ 在局域密度近似中表示交换相关势的局域部分，是用来描述电子相互作用的有效势能。

基于科恩-沈单粒子能谱的电子能带结构理论可以对很多材料进行定性描述，但从定量角度却不尽如人意。例如，对于简单的半导体材料，在 LDA 下的科恩-沈 DFT 给出的带隙远远偏小。对于小带隙半导体，从 LDA 得到的是金属态，而从实验中观测到的却是半导体，这就是所谓的 LDA 的带隙问题。为了克服带隙问题，人们在 DFT 的理论框架内做了大量的努力，如把基于局域有效势的科恩-沈理论扩展到了基于非局域有效势的广义梯度近似理论。

（2）广义梯度近似（generalized gradient approximation，GGA）　　由于 LDA 未考虑电子密度的分布不均，广义梯度近似将表征其不均性的电子密度梯度包含到能量密度泛函表达中以校正其引入的误差。

（3）杂化泛函　　杂化泛函是通过将交换能与近似交换-相关能密度泛函依据一定比例混合

得到的，因此，杂化泛函将交换能和密度泛函交换能进行线性组合表示：

$$E_{xc}=c_1E_{xc}^{HF}+c_2E_{xc}^{DFT} \tag{3.13}$$

式中，E_{xc}^{HF} 为哈特里-福克（Hartree-Fock）的交换能；E_{xc}^{DFT} 为 LDA 或 GGA 的交换泛函；c_1、c_2 为常数。

此外，还有一些在现有密度泛函理论基础上的扩展，如以 K-S 轨道能量差为基础展开激发能的含时密度泛函理论（TDDFT），用单粒子狄拉克方程（Dirac equation）代替薛定谔方程的相对论性密度泛函理论，扩展到强关联体系的 LDA+U[①]，以及处理任意强度磁场下相互作用电子体系的流密度泛函理论（CDFT）等。

3.1.4 DFT 在木材分子结构解译中的应用

木材分子中可以产生各种高附加值的产品。例如，一系列有机酸（如乙酰丙酸和乳酸）、醇（如乙醇、乙二醇和丙二醇）和糠醛基化合物都可以从木质纤维素和半纤维素中衍生出来。不同的芳香化合物（如酚类、对羟基肉桂酸甲酯）也可通过选择性裂解木质素的 C—C 和 C—O 键获得。而且其中一些化合物可以通过各种催化反应途径进一步转化为其他化合物。因此，利用木材分子生产增值化学品和燃料越来越成为一种趋势，这一趋势与绿色化学及可持续发展理念相符合。然而，如溶解、热解或催化转化等过程都涉及复杂的反应，实验结果在一定程度上缺乏对溶解和转化机制的深入认识，因此有必要通过计算机建模，利用量子化学知识来研究木材分子的内在特征。量子化学将从原子角度对实验做出准确的预测，并根据量子化学的计算结果帮助人们从电子层面理解化学反应的本质。目前对木材分子进行的量子化学研究广泛使用 DFT 方法，且 DFT 方法常被用于探究木质纤维（纤维素、半纤维素和木质素）的热解、溶解及催化转化过程中的合理机制。

3.1.4.1 利用 DFT 研究木材分子的热解机制

在隔绝空气或供给少量空气的条件下，可以通过热化学转换将木质纤维素转变为木炭、液体和气体等低分子物质。热解的产物包括燃料油、木焦油、木煤气、木炭等，控制热解中相应的条件参数（主要是反应温度、升温速率、停留时间），可以得到不同的热解产品。木材分子的热解技术能够以较低的成本、连续化生产工艺，将常规方法难以处理的低能量密度的生物质转化为高能密度的气、液、固产物，减小了生物质的体积，便于储存和运输；同时还能从生物油中提取高附加值的化学品。近年来关于木材分子热解的 DFT 研究丰富了人们对木材分子热解机制的看法。

在纤维素的热解过程中（纤维二糖的热解反应如图 3.2 所示），对反应途径的全面研究对于了解脱水、糖苷键的断裂和葡萄糖的开环是必不可少的。纤维二糖作为一种很好的模型化合物，能够反映木质纤维素的功能和复杂性，因此被广泛应用于研究纤维素的特性。采用 DFT 可以计算左旋葡聚糖的裂解途径。计算结果表明，C—O 键具有的活化能比 C—C 键更低，因而更容易断裂。计算结果还表明温度对控制两种类型反应的选择性有显著影响。采用 DFT 研究纤维素热解过程中吡喃环的断裂机制，结果表明小分子量产物的速率决定步骤是吡喃环的破环，最简单的反应途径为倒醛醇机制、逆第尔斯-阿尔德反应（retro Diels Alder reaction）和 C6—OH（纤维素吡喃环上 6 号 C 上连接的羟基）辅助的醇环裂解反应。

[①] LDA+U 是一种密度泛函理论中用于处理强关联效应的方法，其中 LDA 代表局域密度近似（local density approximation），U 代表库仑相互作用能。在 LDA+U 方法中，将自旋极化的单粒子 Dirac 方程代替非相对论性薛定谔方程，并考虑到强关联的修正项 U，在此基础之上进行密度泛函计算，以更准确地描述体系的基态性质。

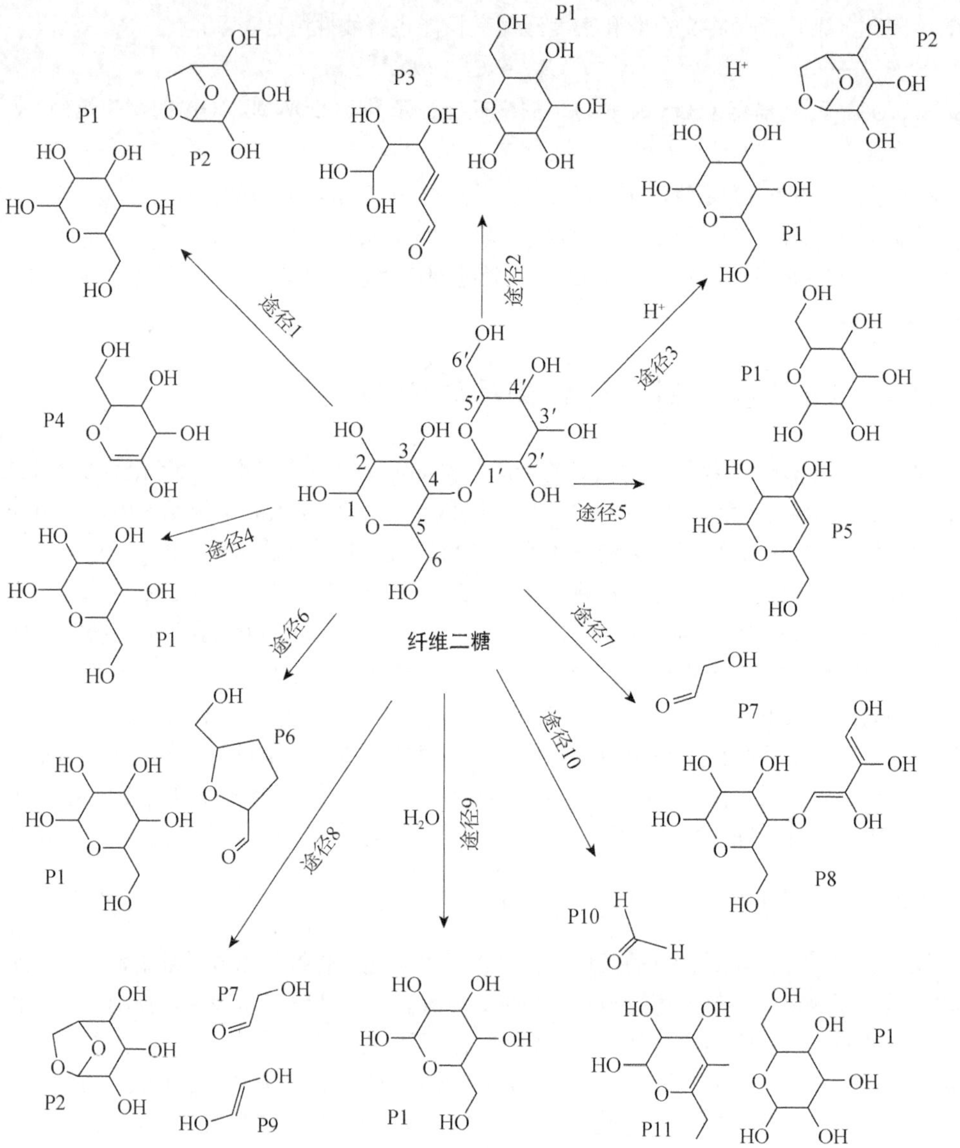

图 3.2　纤维二糖的热解反应

P. 产物（production）

半纤维素的热解首先发生在 470~530K，利用阿拉伯呋喃糖、吡喃木糖、木二糖等模型研究了半纤维素的热解机制；并采用 DFT 在 B3LYP/6-31++G（D, P）①水平上计算了半纤维素的热分解机制；确定了分解过程中主要产物形成的反应途径；得到的糠醛、一氧化碳、丙酮、乙醛等低分子量产物，与实验中的结果相一致。最近，有人研究了木糖在 M06-2X/6-31++G（D, P）基组下的热解，表明低分子产物为乙醇醛、乙醛、丙酮和 2-呋喃醛，来自 8 种可能的热解反应途径；并且为了揭示相邻木糖的影响，对木糖二糖的热解行为进行了研究，发现热解过程中的主要阶段

---

① B3LYP 和 M06-2X 是 DFT 中常用的泛函。6-31++G 是 Gaussian 软件中常用的一种基组标记方法，数字 6 表示所使用的最高轨道能级的主量子数为 6；数字 3 和 1 表示基组中每个原子所使用的高斯函数数量，其中，3 个高斯函数用于描述价层，1 个高斯函数用于描述芯层；++表示将额外添加两个极化函数，以捕捉电子云的偏振行为；D 是对非 H 原子做的极化函数；P 是对 H 原子做的极化函数

是木糖的开环，然后是 β-1,4-糖苷键的断裂。C1—O 键的断裂是生成主要产物糠醛的主要通道。H^+ 的存在促进了木糖和 O-乙酰木糖的脱氢反应。对半纤维素的主要成分木聚糖主链的一个单分子吡喃木糖的热裂解反应过程进行 DFT 计算，结果表明，吡喃木糖热解的主要反应产物有乙醇、乙醛、糠醛、丙酮、甲酸、二氧化碳和一氧化碳等小分子化合物。

与半纤维素和纤维素相比，木质素由于其更复杂的键合而在更高和更宽的温度范围内分解。虽然已经获得了一些关于木质素中连锁类型的证据，但木质素热解的机制尚不完全清楚。目前采用 DFT 已经计算了 69 种木质素模型化合物中 4 种普遍连锁（β-O-4、α-O-4、β-5 和 5-5）的键溶解焓（BDE）。BDE 表明，C—C 键比醚键更稳定，β-O-4 键比其他类型的醚键更持久，但催化脱氢会大大降低 C—O 键裂解的键能。采用 DFT 计算方法研究了木质素 β-1 模型化合物的分解过程。在三种反应途径中，C 的均裂 Cα—Cβ 是主要的反应通道，这归因于较低的键解离能。因此，Cα—Cβ 的裂解被认为是木质素热解过程中的一个重要反应步骤。除 β-1 键外，β-O-4 和 α-O-4 醚键也得到了特别关注。通过计算发现，α-O-4 连接木质素二聚体中的主要热解产物为愈创木酚、2-羟基苯甲醛、对羟基苯基乙醇和对羟基苯基乙酰醛。此外，甲酰基、羟基和甲氧基的存在促进了 CO 的生成。

根据 DFT 计算发现，纤维素、半纤维素和木质素的热解均导致 CO 和 H_2 的生成，但糠醛主要来自纤维素和半纤维素，半纤维素产生 CO_2，木质素组分则有较高的 C_2H_2 含量，并且两种模型化合物的热解均可产生同类型的热解产物和竞争产物。

3.1.4.2 利用 DFT 研究木材分子的溶解机制

由于存在着广泛的分子内和分子间氢键，木材分子不溶于水和常见的有机溶剂。由于木材分子不溶于大多数传统溶剂，世界范围内正在进行的研究旨在为木材分子寻找新的、高效的绿色溶剂体系。因此，人们努力地开发离子液体（IL）以获得纤维素的溶解，并且通过 DFT 对木质纤维素在氢氧化钠水溶液、尿素、超临界水和离子液体中的增溶作用进行了研究。

一些 DFT 计算探究了纤维素在氢氧化钠水溶液中的溶解机制，认为水分子和碱物质从纤维素表面的夹层空间渗透到纤维素晶体中，疏水薄片解离成微晶，然后形成独立的链。在溶解过程中，在 O_2 和 O_3 周围积累的钠离子密度是体相的两倍，导致纤维素在氢氧化钠水溶液中的溶解度约为 8%。发现尿素通过优先吸附在葡萄糖环的疏水表面并逐渐减弱纤维素链的疏水性而溶解纤维素。水氧主要分布在葡萄糖环的羟基附近，而尿素氧主要分布在葡萄糖环的上方，吸收是由葡萄糖羟基与尿素氮的相互作用调节的，符合水对葡萄糖环羟基的吸附规律。关于纤维素在 IL 中的溶解机制，DFT 计算结果表明离子液体通过阴离子和阳离子的协同作用催化溶解过程，导致纤维素链断裂并形成纤维素衍生物。对纤维二糖开环过程的研究表明，IL 中形成的卡宾素在纤维素的副反应中起重要作用，并促进了它们之间共价键的形成。这些计算结果可为理解和应用离子液体预处理纤维素提供新的视角。此外，DFT 计算说明了木质纤维素在离子液体中的溶解如何受到木质素与 IL 阳离子的氢键和 π 堆积相互作用的影响。这些见解应该有助于扩大设计离子液体溶剂的范围。

半纤维素的溶解尚未完全了解，但人们通过 DFT 计算了半纤维素和纤维素在 IL 1,3-二甲基咪唑乙酸酯、水和甲醇中的溶解机制，发现木聚糖与 IL 的结合能比纤维二糖的结合能强 20kcal[①]/mol。

木质素是酚类化合物中最丰富的天然来源。木质素与其他木质纤维素材料的分离是木质素转化的关键。但木质素复杂的三维网络导致木质素在大多数常见溶剂中不溶。酸解、光化学降

---

① 1cal=4.184J

解、碱催化水解和酶水解等工艺在处理木质素方面显示出优势。DFT 计算结果表明了各种 IL 与木质素之间的非共价相互作用，发现具有 π 共轭阳离子的 IL 有利于提高木质素的溶解性。DFT 计算表明，咪唑基阳离子与芳香环之间的 π-π 堆积是木质素溶解的重要因素，阴离子在氢键作用中仍然起着关键作用。然而，更强的 π 堆积作用或氢键会使木质素与 IL 之间的解离变得更加严重，因此在选择合适的 IL 时应平衡这些相互作用的强度。此外，在这些过程中还需要考虑 IL 的酸度、黏度和空间位阻。另外，DFT 模拟结果还表明木质素在磷酸-丙酮体系中的吸附、溶解和分解主要是木质素与 H_2O、CH_3COCH_3 和 H_3PO_4 等溶剂分子的相互作用所致。β-O-4 键在电荷传递中起着重要作用，因此木质素在 273.15K 左右溶解于丙酮中，并在加入抗溶剂水后发生絮凝。

3.1.4.3 利用 DFT 研究木材分子的催化转化机制

近年来，随着世界范围内对可持续发展的日益关注和生物质化工的兴起，木质纤维素的完全利用特别是木质素的高效催化转化引起了人们的广泛关注。众所周知，葡萄糖和果糖形成一对异构体。食品、制药和医疗保健领域对果糖等产品有很大的需求。最近的研究提出了葡萄糖在 Sn-BEA（锡元素掺杂的 BEA 沸石，BEA 是沸石的一种）分子筛上异构化为果糖的机制。DFT 计算表明，Sn-BEA 分子筛的主要作用是引发无环葡萄糖异构化为去质子化果糖，葡萄糖-硼酸盐络合物的形成促进了葡萄糖向果糖的转化。有学者研究了 β-D-葡萄糖在超临界水中的转化途径，主要产物为左旋葡聚糖、羟乙醛、5-羟甲基糠醛、甘油醛、果糖和红糖。另一种重要的化学物质——乙酰丙酸，可以通过纤维素的催化得到。纤维素转化为乙酰丙酸包括三个步骤：①纤维素转化为葡萄糖；②葡萄糖转化为羟甲基糠醛（HMF）；③ HMF 水合为乙酰丙酸。

利用 DFT 对缩合反应进行了计算，发现 C5 与乙酰丙酸通过以下步骤形成线性产物是有利的：①乙酰丙酸去质子化；②乙酰丙酸与 HMF 加成；③最终脱水形成缩合产物。

由于木质素的化学作用及其与其他组分的交联作用十分复杂，因此确定木质素的解聚机制对于木质素下游加工成有价值的芳香单体至关重要。在这种情况下，模拟结果可以为木质素或其模型化合物中的化学键提供重要的见解。酸催化法被认为在降解木质素方面有很高的效率。木质素在 H_3PO_4、CH_3COCH_3 和 H_2O 中常见键的稳定性，证实了 β-O-4 和 α-O-4 键在酸预处理步骤中最容易受到破坏，其中 α-O-4 键更容易被磷酸化。通过 DFT 计算，全面研究了 Pd 表面木质素模型 2-苯氧基-1-苯基乙醇中 C—O 醚键的另一种键断裂机制，结果表明，β-O-4 醚键断裂发生在反应物的 Cα 脱氢后，羟基在 Pd 催化剂上脱氢，还强调了酮-烯醇异构化及 Cα 和 Cβ 上的氢原子对于醚键的断裂至关重要。同时苯酚在 Pd 催化剂上的加氢脱氧（HDO），证明单一金属足以引发反应。活化苯酚环需要部分氢化而不是完全氢化。最近，据报道，Ni 基催化剂是木质素解聚的有效催化剂。为了预测解聚机制，对 Ni（Ⅲ）表面与 β-O-4 键的相互作用进行 DFT 计算。结果（图 3.3）表明，在铑/碳（Rh/C）负载催化剂的帮助下，Ru 掺杂的 Ni（Ⅲ）表面为 β-O-4 键吸附提供了优先点，这是因为少量 Ru 通过提高金属原子与氧原子连接键的强度而削弱了 C—O 键。在超临界水中实现了木质素模型化合物裂解成各种芳香单体，但对于如此多的产物来说，裂解机制要复杂得多。他们的结果也为开发 Ru、Rh、Ni 等低贵金属催化剂提供了新的思路。

木质纤维素的催化转化目前主要是纤维素和木质素组分上，半纤维素的案例较少。半纤维素的催化体系包括酸性 IL、沸石和布朗斯特酸（Brønsted acid）。但由于半纤维素和纤维素的结构相似，糠醛、呋喃和木糖的主要产物也存在于纤维素中。然而，半纤维素/木糖比纤维素/葡萄糖更容易降解，半纤维素可以在无机酸/IL 体系中水解成木糖。糠醛是半纤维素的关键衍生物，许多实验结果表明木糖能成功地转化为糠醛,但只有很少的机制研究通过模拟去探究。利用DFT计算木糖在气相和水相中分解生成糠醛的过程,发现在水相中生成糠醛比在气相中生成糠醛在热力学上更可行。

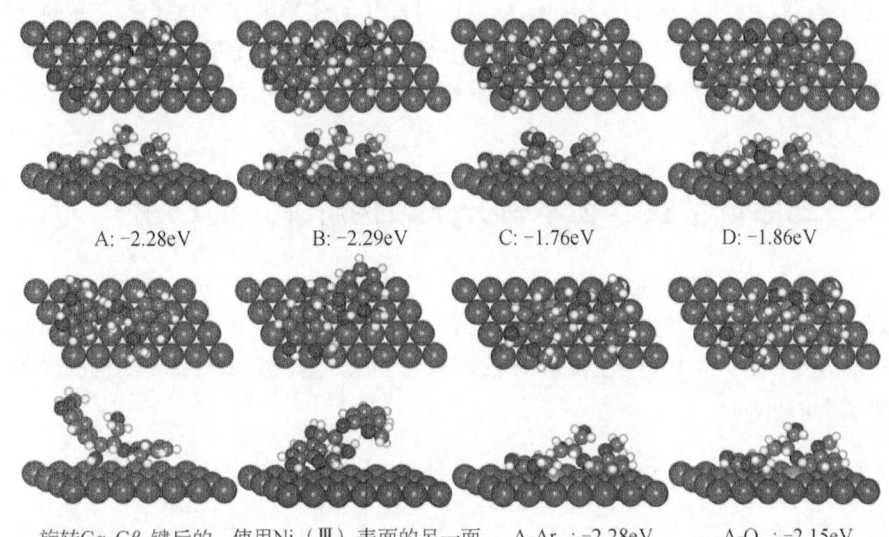

图3.3 4个β-O-4键异构体在Ni(Ⅲ)表面吸附
Ni、Ru、C、H和O原子分别用蓝色、黄色、灰色、白色和红色表示;A-Ar$_{Ru}$和A-O$_{Ru}$表示A异构体的两个表面吸附在Ru-Ni(Ⅲ)表面上的情况

3.2 三维成像解译技术

3.2.1 三维成像解译技术的原理

三维成像技术是将计算机断层扫描(CT)、磁共振成像(MRI)和三维电子断层成像等数据进行多平面的重建,产生三维立体图像的技术。三维成像技术因其无损、直观、能获得内部空间位置和形貌的优势受到研究者的青睐,其中每一种成像技术都有各自最合适的测试范围和适用情况。

CT技术是利用不同密度的结构组织对X射线有着不同吸收率的原理而设计的,可以较为清楚地看到结构内部不同位置如裂隙、孔洞等的分布情况,主要用于孔隙结构、孔隙度、裂缝发育等分析,尤其是对于封闭孔隙具有较大的优势,在医学、生物化学、工业检测等方面的应用越来越广。CT技术的优势包括:①图像较为清晰;②分辨率高,可到亚微米级;③能够准确地测量各组织的X射线吸收衰减值,可作定量分析;④可借助计算机和图像处理软件,进一步对微观结构进行分析和断面成像。

磁共振技术研究孔隙性质目前主要有两种分析手段,即核磁共振弛豫谱分析和磁共振成像技术。核磁共振弛豫谱是以孔隙中的流体为探针,通过核磁信号直接反映孔隙中含氢流体的规模,衰减信号反演获得的弛豫参数反映内部结构、流体的运动性等原理,研究多孔介质孔隙物性参数(孔隙度、孔径分布、饱和度、渗透率、润湿性)等。磁共振成像技术最大的优势在于提供空间内部二维和三维信息,如研究10μm以上的大孔和裂缝的分布、形态、动态变化,与温度场和压力场耦合研究样品空间内部流体运移规律。

三维电子断层成像的原理与CT类似，不同的是其发射的是一束电子而不是X射线，是透射电子显微镜（TEM）技术的扩展。其分辨率取决于材料尺寸。三维电子断层成像的优势不仅在于极高的空间分辨率，更重要的是多样的信号可以对样品的化学组成、电子态、晶向、位错、缺陷等进行三维成像，主要用于亚细胞、大分子、聚合物等空间三维成像。例如，研究大孔有序硅质泡沫的内部结构，并推断出复合材料的堆积模型，揭示纳米科学中表面积最小化规则的形成原理。

3.2.2 三维成像技术在木材分子结构解译上的应用

耦合CT、MRI、红外光谱等特殊检测方法的三维成像技术为木材分子结构解译提供了更丰富的手段。这些功能耦合不仅可以获取木材微观结构的三维空间信息，还可以在三维空间的特定位置获取木材的分子成分、结构、含量、均匀性等有利信息，为研究木材微观结构的原始组成和动态转化提供了新的可能。

3.2.2.1 三维成像技术解译木材表面结构缺陷

传统的可视化测试系统主要是二维的，这是因为其主要信息来自平面化的测试数据。自动可视化基站的引入为三维可视化技术的建立奠定了重要基础，它不仅可以用来监测木材生产过程中的重要参数，还可以观察木材缺陷的立体化形貌。由于构建三维成像是采用激光三角法，因此分析激光和木材表面相互作用的设备需要更加精细。

木材表面缺陷会降低产品的质量，甚至会影响材料的最终使用价值。木材中最常见的缺陷包括节子、变色、腐朽、虫害、裂纹、树干形状缺陷、木材构造缺陷、伤疤（损伤）、木材加工缺陷和变形。节子通常会降低木材的技术特性。从机械性能上看，节子质地偏硬，会减弱木材的拉伸和弯曲强度。因此，基于激光三角法构筑木材表面的三维成像体系，对快速、准确鉴定和定位木材的表面缺陷具有显著意义。

三维成像系统的构筑主要是基于激光谱线捕捉到的二维图像信息。随后采用激光三角法对所有沿着激光谱线点的高度信息进行确定。将这组点的信息进行组合、连接即可构筑三维图像（图3.4）。木材表面缺陷采用三维成像系统几何学进行测定。如图3.4所示，成像系统中的传感器位于测试平面"90-α"角度位置。激光平面与待测表面垂直，与传感器呈α度角。用于分析三维成像的算法机制能够对图像进行初始分析、筛选和增强。负载的高度剖面分析和图像分析系统能够有效地鉴别缺陷的结构特性。对于被选定的木材结构缺陷，三维成像系统算法能够精准描述缺陷的参数，并标记其在木材表面的位置。通过三维边缘成像系统分析，木材表面上的A型节子清晰可见（图3.5）。此外，系统还可以沿不同的轴线方向对该节子的环形边缘进行准确解析，对周边节子缺陷进一步判定。基于三维成像系统发展出的木材表面缺陷解析技术，可以在局部空间范围内允许进行更多的测量，增强了表面缺陷解析的精准度。

3.2.2.2 三维成像技术解译木材细胞壁分子分布

三维红外成像技术已经被用来检测木材表面分子成分的空间分布，它可以通过颜色来标注不同物质的分布和比例。常规的二维红外成像技术可能会由于制样或污染等问题，单层数据不可靠，而三维红外成像技术可以更准确地提供多层结构和分子成分信息。通过将傅里叶变换红外光谱（FTIR）和X射线计算机断层成像相结合，可以得到彩色图像，这些颜色代表着具有特定红外特征的分子。在 3D 图谱上的每个数据点都为先进光谱分析提供了有价值的信息。通过很多方法可以将测试样品的三维图像可视化，如体绘图、数字切片等。层析成像的化学图像可以提供木材成分、黏合剂、风化作用、涂层、真菌腐蚀等本体或过程信息。对这些木材化学成分的种类和分布进行测定将有利于对木材细胞壁进行拆解，从而实现木质纤维向生物塑料、液体生物燃料、纳米纤维素等化学品转化。

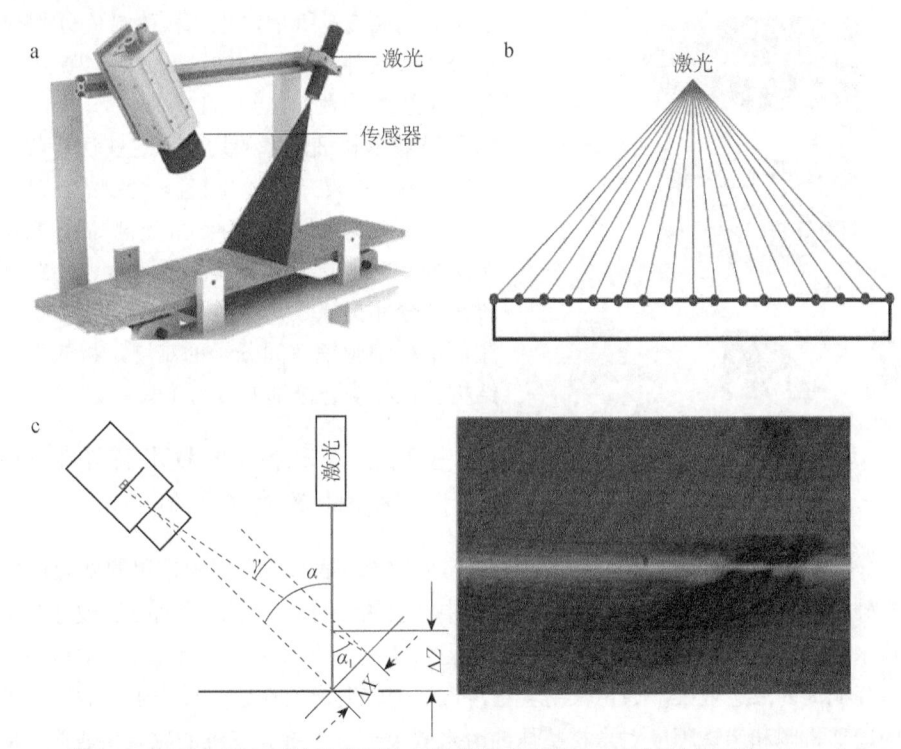

图 3.4 用于木材表面缺陷分析的三维成像系统（a）及其机制示意图（b、c）

ΔZ 是沿着 Z 轴方向的分辨率，表示在垂直于图像平面的方向上，系统能够分辨出的最小间隔或差异；类似于 ΔZ，ΔX 是指在图像平面内沿着 X 轴方向能够分辨出的最小间隔或差异；α 表示激光的光轴和相机的光轴之间的角度；γ 是另一个与旋转或偏移有关的角度；通过将 α 减去 γ 得到了 α_1，用于近似计算沿着 Z 轴的分辨率

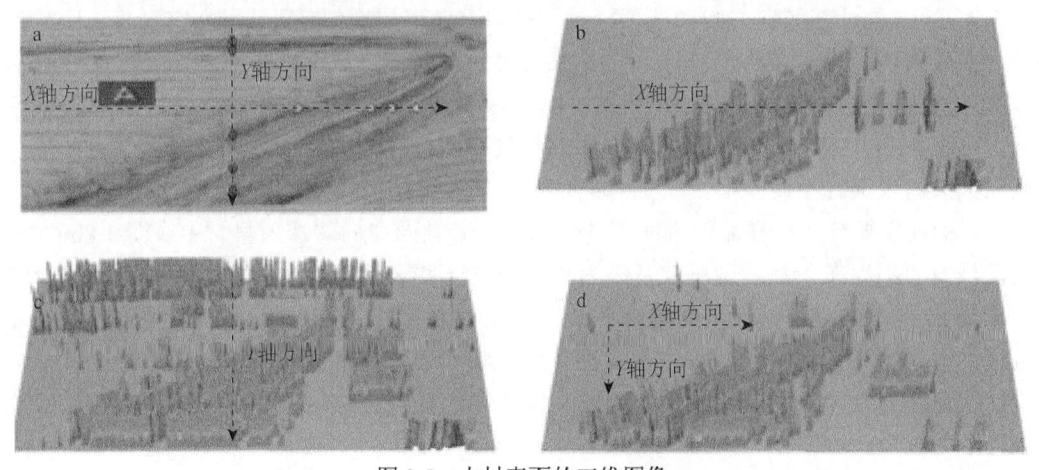

图 3.5 木材表面的三维图像

a. A 型节子图像；b. 边缘成像技术沿着 X 轴方向搜索的结果；c. 边缘成像技术沿着 Y 轴方向搜索的结果；d. 边缘成像技术沿着 X 轴和 Y 轴方向搜索的结果

收集杨木在三维空间中每个点的红外数据，以更加准确地分析其表面化学环境。图 3.6 展示了杨木表面纤维素、半纤维素和木质素分子的分布情况。基于 X 射线的计算机断层成像没有限制红外的化学检测范围，同时还能快速得到高质量的红外图谱，为化学分子在不同位置的密度差异提供支撑信息。如图 3.6 所示，红色和蓝绿色分别代表木质素分子（红外波数：1523～1627cm^{-1}）和半纤维素分子（红外波数：1689～1781cm^{-1}）。图 3.6d～f 展示了沿着木材细胞壁的切片，这些切片代表红外波数在 2804～3023cm^{-1} 的碳氢化合物的振动吸收模型重构图。由此可见，这种红外光谱-显微断层成像联合法为研究木材微观结构中纤维素、半纤维素和木质素的分布提供了丰富的三维可视化数据，攻克了测定木材细胞壁空间分子的难题，将成为分析木材结构转化和动态修饰的有力工具。

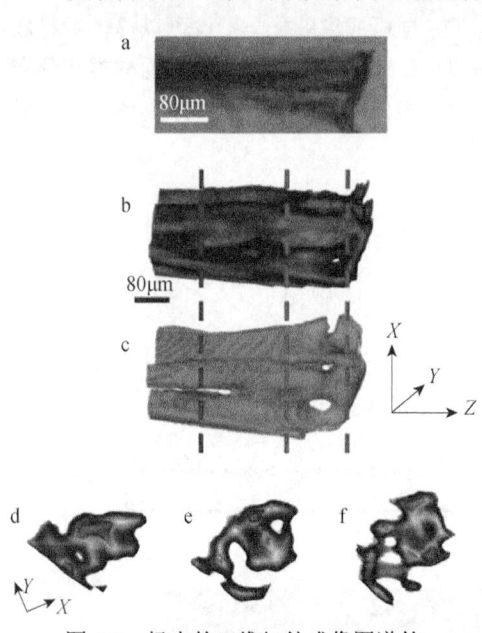

图 3.6 杨木的三维红外成像图谱的二维切片图像

a. 条状木材的宏观照片；b～f. 层析图像

3.2.2.3 三维成像技术解译桐油分子在木材细胞壁中的渗透机制

疏水修饰是木材保护中常用的处理过程。除了蜡类和有机硅烷化合物，干性油也是木材疏水剂中重要的一种。其中，桐油已经被证明是一种有效的木材疏水剂。然而，与其他油脂类似，桐油因为其较高的黏性而很难渗透进木材的细胞壁深处。为了提高桐油的渗透效果，通常采用真空渗透法来辅助。而在这一过程中，桐油分子在木材细胞壁中的迁移机制和渗透程度对木材整体的疏水效果十分关键。三维的磁共振成像（MRI）技术是一种无损、非侵入、无接触的检测技术。高分辨率三维 MRI 因为对木材中液体的变化十分敏感，可以很好地用于解析桐油分子的渗透情况和分布规律。

图 3.7 展示了通过真空浸渍和常压浸渍两种方法得到的桐油/松木边材的三维 MRI 谱图。由图 3.7 可见，桐油在弦向方向的浸渍相对于径向方向更加均匀，且采用真空浸渍法所得到的桐油浸渍效果明显优于常压浸渍法。为了探究树种对桐油渗透程度的影响，采用高分辨率三维 MRI 技术沿着桐油分布方向对欧洲栗（Cs）、欧洲落叶松（Ld）和欧洲云杉（Pa）进行了测试。从图 3.8a 中可以清楚地看到欧洲栗的导管。在欧洲栗的表面并未检测出任何信号，这表明欧洲栗的表面几乎没有桐油，这可能是由于桐油渗透入了细胞壁的深处。在欧洲落叶松样品中，桐油主要分布在样品的表面，剩余部分沿着轴向方向渗透入早材中（图 3.8b）。也有一些区域表面不存在桐油，这可能是因为该处存在一些非渗透性的心材，心材表面极少的桐油并未被 MRI 检测到。桐油分布差异性最大的是欧洲云杉（图 3.8c），桐油渗透到了早晚材的边缘。根据这些数据，可以研究当木材暴露在紫外环境或真菌环境中时，渗透进木材细胞壁中的桐油是否依然能够保持稳定，抑或是发生降解或流失，这些研究对提高木材疏水剂的稳定性至关重要。

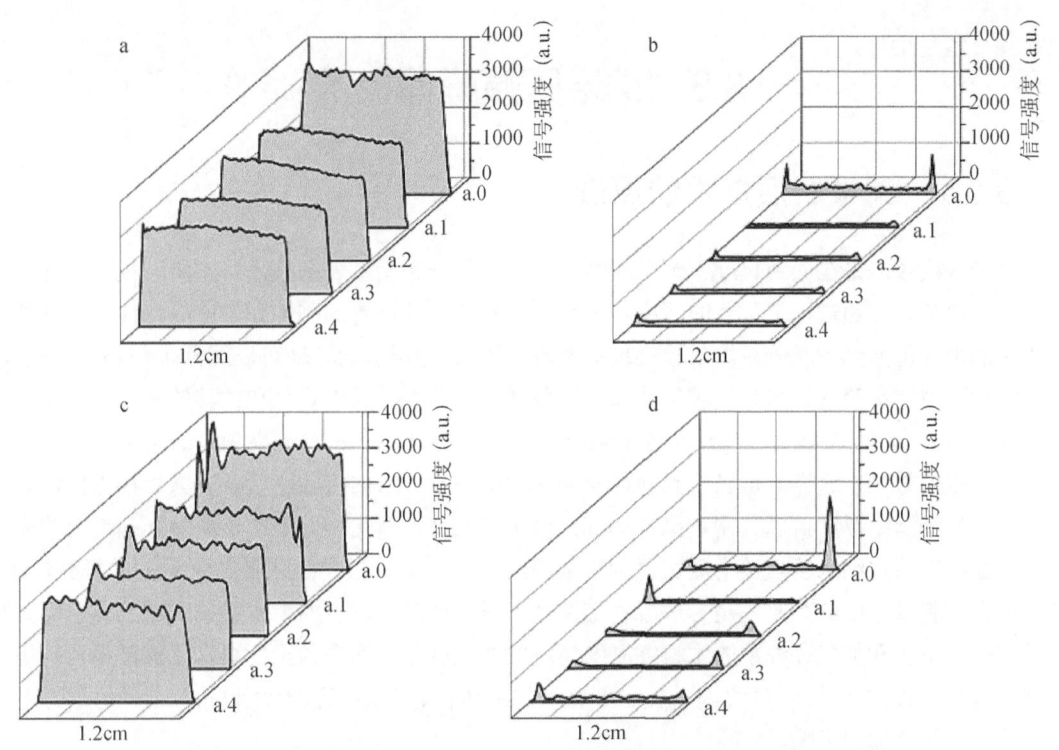

图 3.7　通过真空浸渍和常压浸渍两种方法得到的桐油/松木边材的三维 MRI 谱图

a、c. 真空浸渍；b、d. 常压浸渍；a、b. 为弦向；c、d. 为径向；a.0～a.4 为 5 个样品的编号

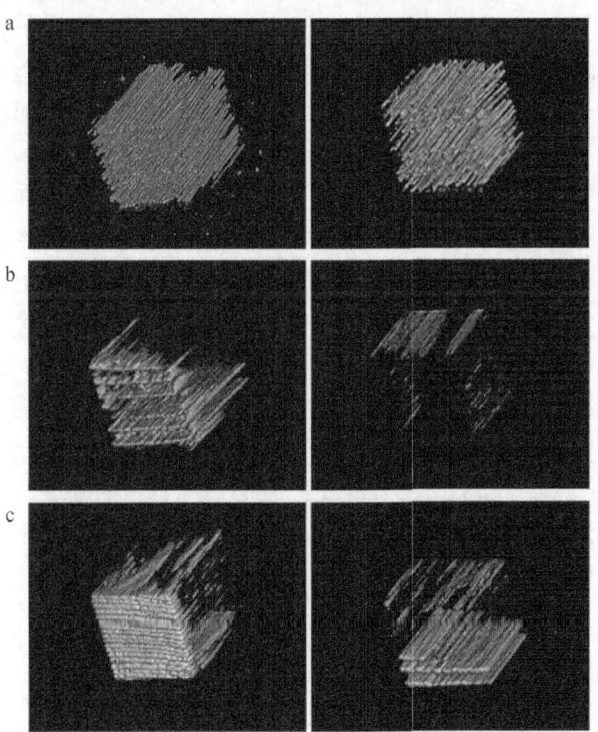

图 3.8　采用高分辨率三维 MRI 技术沿着桐油分布方向对欧洲栗（a）、
欧洲落叶松（b）和欧洲云杉（c）进行测试的结果

左右两列分别表示桐油不同的渗透效果，通过明暗程度可以知道桐油渗透到了细胞壁的什么位置

3.3 纳米压痕解译技术

3.3.1 纳米压痕技术的原理

纳米压痕技术是在微观尺度下测试材料力学性能的一种新型表征技术。它将一枚硬度计压头压入样品内部,并通过记录压入的深度和载荷,得到被压缩位置的刚性和硬度等特性。这种硬度计压头的半径可达到100nm(如三棱锥玻氏金刚石压头),压入的深度可以达到1~2μm。它可以在压痕过程中连续测量载荷和位移值从而得到载荷位移曲线,其中载荷和位移的精确度分别达到1nN和0.1nm。纳米压痕采用连续刚度测量技术,其原理是将一相对较高频率的简谐力叠加在准静态的加载信号上,这样就可以得到载荷位移曲线中任意一点的接触刚度。以火炬松为例,其早材和晚材的细胞壁厚度可以分别达到5~6μm和9~13μm。因此,火炬松早晚材细胞壁上的局部力学性能可以通过纳米压痕技术测试得到。采用纳米压痕技术测试木材细胞壁S_2层的机械性能,该层占据细胞壁厚度的80%,是形成木材细胞壁力学性能的关键。纳米压痕技术中的微空间分辨技术在探测生长和加工过程中的木材细胞壁情况时非常有用。迄今为止,纳米压痕技术已被用来研究木材季节性生长反应(如早晚材)、细胞壁的木质化、三聚氰胺改性和黏合剂的添加等对木材细胞壁力学性能的影响。

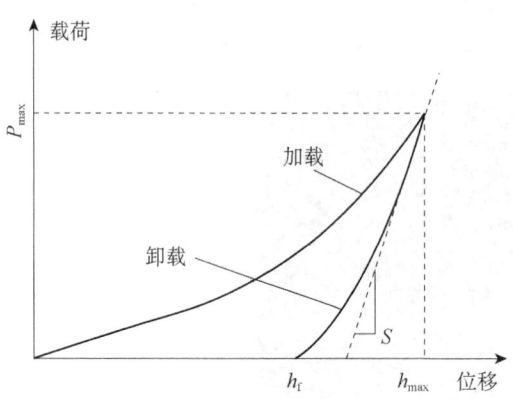

图3.9 纳米压痕试验中典型的载荷-位移曲线

图3.9为纳米压痕试验中典型的载荷-位移曲线。在加载过程中试样表面首先发生的是弹性变形,随着载荷进一步提高,塑性变形开始出现并逐步增大;卸载过程主要是弹性变形恢复的过程,而塑性变形最终使得样品表面形成了压痕。图3.9中,P_{max}为最大载荷,h_{max}为最大位移,h_f为卸载后的位移,S为卸载曲线初期的斜率。纳米硬度的计算仍采用传统的硬度公式$H=P/A$。式中,H为硬度(GPa);P为最大载荷(μN),即上文的P_{max};A为压痕面积的投影(nm²)。但与传统硬度计算不同的是,A值不是由压痕照片得到的,而是根据接触深度h_c(nm)计算得到的。这样通过试验得到载荷-位移曲线,测量和计算试验过程中的最大载荷P、压痕深度h和卸载曲线初期的斜率S,就可以得到样品的硬度值。该技术通过记录连续的载荷-位移、加卸载曲线,可以获得材料的硬度、弹性模量、屈服应力等指标,它克服了传统压痕测量只适用于较大尺寸试样及只能获得材料的塑性性质等缺陷,同时也提高了硬度的检测精度,使得边加载边测量成为可能,为检测过程的自动化和数字化创造了条件。

3.3.2 纳米压痕技术在木材分子结构解译上的应用

纳米压痕技术于1997年被首次应用在木材分子结构解译上,对木材的细胞壁和胞间层的分子结合机械强度进行了测试。其中,由纳米压痕技术测得的细胞壁硬度被广泛用于预测细胞壁的分子导入阻力。Gindl 等（2004）耦合纳米压痕和紫外吸收光谱技术来研究酚醛树脂（PRF）和聚氨酯（PUR）分子与木材细胞壁之间的界面结合强度。研究表明，大量的酚醛树脂分子渗透进木材细胞壁中，但聚氨酯分子并未在木材细胞壁中检测到。此外，经过客体分子的导入，木材细胞壁上的分子与客体分子间的相互作用降低了细胞壁的硬度和压痕模量，但是并未显著改变细胞腔的弹性压痕模量，这可能是由于干燥的木材细胞和填充分子之间的弹性模量相似。

针对纳米压痕数据的标准化分析是假定被测基质是一个均匀的半球，但这种假设通常不适于木材。因此得到的数据通常具有一定的系统误差，且只是相对数据。为了准确、连续地测量木材细胞壁的纳米压痕数据，一些新方法应运而生。为了得到聚二苯基甲烷二异氰酸酯（pMDI）渗透木材细胞壁的弹性和塑性模量，宽带纳米压痕光谱学技术得到了长足发展。此外，测试结果还表明 pMDI 分子改变了木材细胞壁的弹性模量和硬度，通过与木材细胞壁分子的相互作用，S_2 层发生了明显润胀。这些现象通过原子力显微镜（AFM）就可以很容易辨别。纳米压痕技术还和偏振原子力红外光谱（AFM-IR）技术进行耦合使用。AFM-IR 技术可以得到 AFM 观察的亚微米区域的 IR 谱图，如一个单独木材细胞的细胞壁或细胞腔。而纳米压痕技术可以对这个单独的木材细胞的细胞壁或细胞腔进行机械性能分析。

3.3.2.1 解译木材胞间层和 S_2 层的蠕变柔量的差异机制

木材通常被认为是一种各向异性的线性黏弹性体。细胞壁在长期载荷下发生的蠕变对木材的变形和破坏十分关键，而木材细胞壁不同壁层的分子结合效应对微应力的响应具有显著差异。因此，通过纳米压痕技术探究木材胞间层和 S_2 层的蠕变柔量，是了解木材在外界应力作用下蠕变机制的基础。如图 3.10 所示，随着微应力加载速率和加载量的增大，木材细胞壁平行壁层方向的蠕变柔量逐渐增大。胞间层的蠕变柔量和蠕变百分比显著高于 S_2 层，同时胞间层的黏弹性对水分更加敏感。采用伯格模型（Burger's model）预测木材细胞壁的黏弹性，发现水分的升高会诱导伯格模型参数

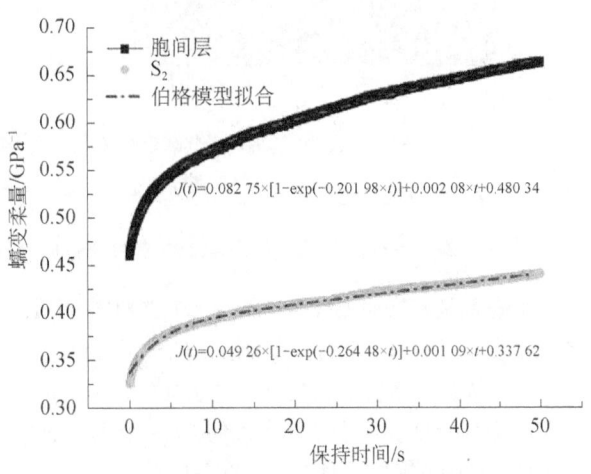

图 3.10 通过伯格模型拟合木材胞间层和 S_2 层的蠕变柔量 $[J(t)]$-时间（t）曲线

（弹性模量 E_1、黏弹性模量 E_2、黏滞系数 η_1 和 η_2）显著下降（表 3.1）。在这些参数中，胞间层的数据基本明显低于 S_2 层。这是因为在木材细胞壁胞间层中，木质素和半纤维素的含量显著更高；而在木材细胞壁 S_2 层中，纤维素的含量却更高（图 3.11），同时其微纤丝的排列与细胞轴的方向近似平行。木质素和半纤维素通常具有比纤维素更高的黏弹性。初生壁的主要成分是果胶，具有很强的亲水性和塑性，这赋予了木材细胞壁更多的黏弹性。此外，S_2 层中纤维素微纤丝的排列角度与 S_1 层的轴向方向呈 10°～30°角，因此在轴向上更能体现纤维素的刚性。因此，相比于 S_2 层，胞间层更像是一个弱界面层和应力转移层，它允许相邻的次生壁发生更严重的剪切滑移。这些存在于木材细胞壁胞间层和 S_2 层的蠕变柔量等差异良好地验证了，在外界载荷下木材细胞壁沿着裂纹方向的滑移破坏主要发生在 S_2 层中。当木材承受长期的压缩变形时，蠕变变形将会发生，且会在木材细胞壁 S_2 层中形成滑移面。

表 3.1　通过伯格模型拟合得到的弹性模量和黏弹性参数　　　（单位：GPa）

参数	水分含量							
	绝干		5.9%		14.3%		19.6%	
	胞间层	S$_2$层	胞间层	S$_2$层	胞间层	S$_2$层	胞间层	S$_2$层
E_1	2.31	3.22	2.36	3.00	2.08	2.96	1.83	2.54
E_2	15.18	29.45	13.88	25.06	12.08	20.30	11.04	19.24
η_1	1250.00	1473.12	917.43	1251.58	480.77	917.43	436.68	617.28
η_2	196.40	113.90	59.98	83.35	59.83	76.76	44.86	54.65

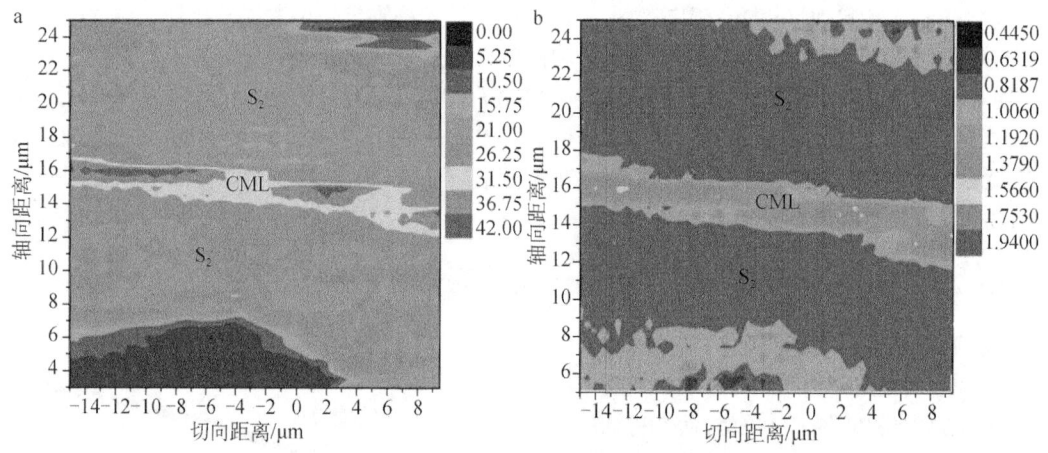

图 3.11　共焦显微拉曼光谱分析木材复合胞间层和 S$_2$ 层的纤维素和木质素分布
a. 木质素含量分布；b. 木质素含量/纤维素含量分布

3.3.2.2　解译木材黏合剂分子与木质基表面的结合机制

胶黏剂是木材加工行业中不可或缺的原料。相比于很多标准化生产原料，木材是一种相对更难黏接的物质。这是由于木材具有分层次的多尺度结构，同时其细胞壁中不同位置的表面化学环境显著不同。众所周知，木材细胞壁由初生壁和次生壁（S$_1$～S$_3$ 层）构成，这些壁层又主要由纤维素、半纤维素等多糖和带有芳香环的木质素构成。两个木材细胞的细胞壁通过富含木质素的胞间层连接。在每个壁层中，纤维素微纤丝具有特定的取向且嵌入插入富含半纤维素和木质素的基质中，但不同壁层中的主要化学成分的含量不同。S$_2$ 层是木材细胞壁中最厚的壁层，它仅含有 20%的木质素。相比之下，胞间层含有 50%的木质素。就黏结力形成而言，不同的细胞壁层表面可能会与胶黏剂发生相互作用。因此，了解木材局部微区与胶黏剂分子的作用机制是设计安全有效的胶合界面的关键。Obersriebnig 等（2012）采用纳米压痕技术对黏附能进行了评估，评估结果对获得黏附界面的信息非常重要。

采用纳米压痕技术表征再生纤维素、天然木材和热修饰纤维与聚氨酯（PUR）和三聚氰胺脲醛树脂（MUF）分子间界面的结合强度（图 3.12）。实验结果表明，对于 PUR 体系，折减弹性模量（E_r）值为 1～12GPa，显著低于 MUF 体系中的 E_r 值（12.5～18.5GPa）。硬度（H）的变化也呈现相同的趋势，PUR 体系中的 H 值为 0.1～0.4GPa，MUF 体系中的 H 值为 0.4～0.9GPa。此外，对于 PUR 分子，热修饰纤维与其形成的界面强度最高。对于 MUF 分子，三种纤维素材料与其形成的界面结合强度几乎相当。这种由纤维素材料种类不同所引起的结合强度差异，似乎已经被胶黏剂分子均匀的渗透效果所掩盖。通过 X 射线光电子能谱（XPS）对三种纤维素材料进行分析，结果表明再生纤维素、天然木材和热修饰纤维分别依次具有更低的 O/C 值。这表明，热修饰纤维具有最高的木质素或

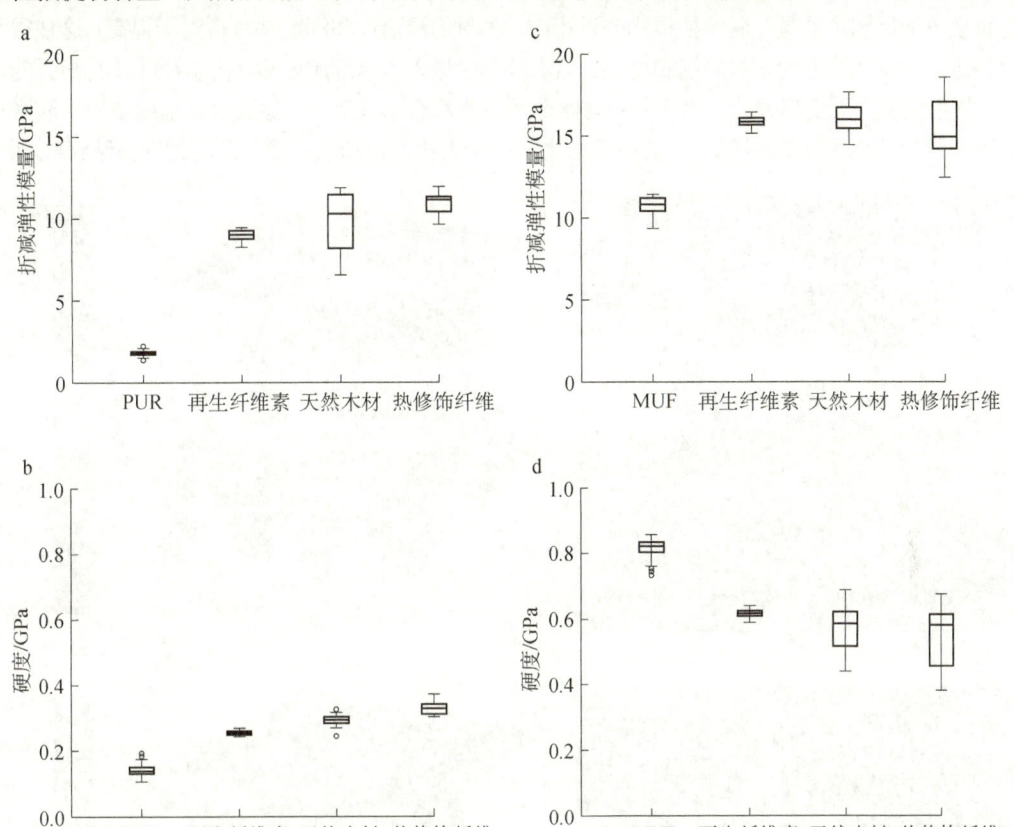

疏水性抽提物含量。就黏附性能而言，具有较低极性的热修饰纤维表面更易于与 PUR 分子发生复合。

图 3.12 纳米压痕技术表征的再生纤维素、天然木材和热修饰纤维与 PUR 和 MUF 分子间界面的结合强度

3.3.2.3 解译抽提物分子对木材表面水性涂料的机械性能的影响机制

水性涂料的性能主要取决于它对木材的渗透能力。木材中的抽提物分子对木材表面水性涂料的渗透性和附着力都具有一定的影响。由于许多木材抽提物分子具有疏水性，因此水性涂层中的水分子不易进入木材细胞壁的内部，但是水性涂料对水分子更加敏感，因此木材和涂料受水分的影响显著不同。此外，水性涂料的性能也与涂料分子和木材表面的相互作用有关，这从木材与涂层界面的机械性能可以预测出来。因此，了解木材与涂层之间的相互作用对评估水性涂料的性能和实现水性涂料的高耐久性非常重要。

纳米压痕技术是一种测量材料微区力学性能的有效手段，它的研究范围包括金属、陶瓷、金属玻璃、薄膜、木材、竹材、秸秆、骨组织、牙齿等。常见的纳米压痕测试需要涵盖几十个测试结果，随后讨论其平均值，这种方法并不能完全展示同一样品不同区域的差异。3D 映射纳米压痕技术是一种新型的测量方法，它可以在非常小的区域内进行成百上千的测试，且测试结果更加清晰和真实。

采用 3D 映射纳米压痕技术解译水性涂料与木材表面结合的区域。研究表明，抽提物的分离对木材表面水性涂料的折减弹性模量（E_r）和硬度（H）具有消极影响。图 3.13 展示了水性涂料与天然木材或脱除抽提物木材之间界面的 E_r 值。对于天然木材样品，得到的 E_r 值为 0.088~10.798GPa，平均值为 2.836GPa；对于脱除抽提物木材，得到的 E_r 值为 0.220~14.252GPa，平均值为 2.390GPa。对于 H 值，天然木材上的水性涂层为 0.004~0.717GPa，平均值为 0.105GPa；脱除抽提物木材上的水性涂层为 0.024~4.510GPa，平均值为 0.079GPa。从这些结果中可以看出，当抽提物保留时，所

得到的 E_r 和 H 值更高（E_r 为 2.836GPa，H 为 0.105GPa）；而当抽提物脱除后，E_r 和 H 值降低。造成这种现象的原因可能是在脱除抽提物的过程中，木材的渗透性和润湿性都得到了提高，这使得水分更容易进入抽提物脱除的木材的细胞壁中。当水分已经进入木材细胞壁后，由于羟基具有很强的亲水性，木材细胞壁中无定形区的游离羟基将与水分子发生缔合形成氢键，导致木材细胞壁发生润胀和塑化，因此得到的 E_r 和 H 值较低。这些研究结果有助于理解木材和水性涂料之间的界面结合机制。

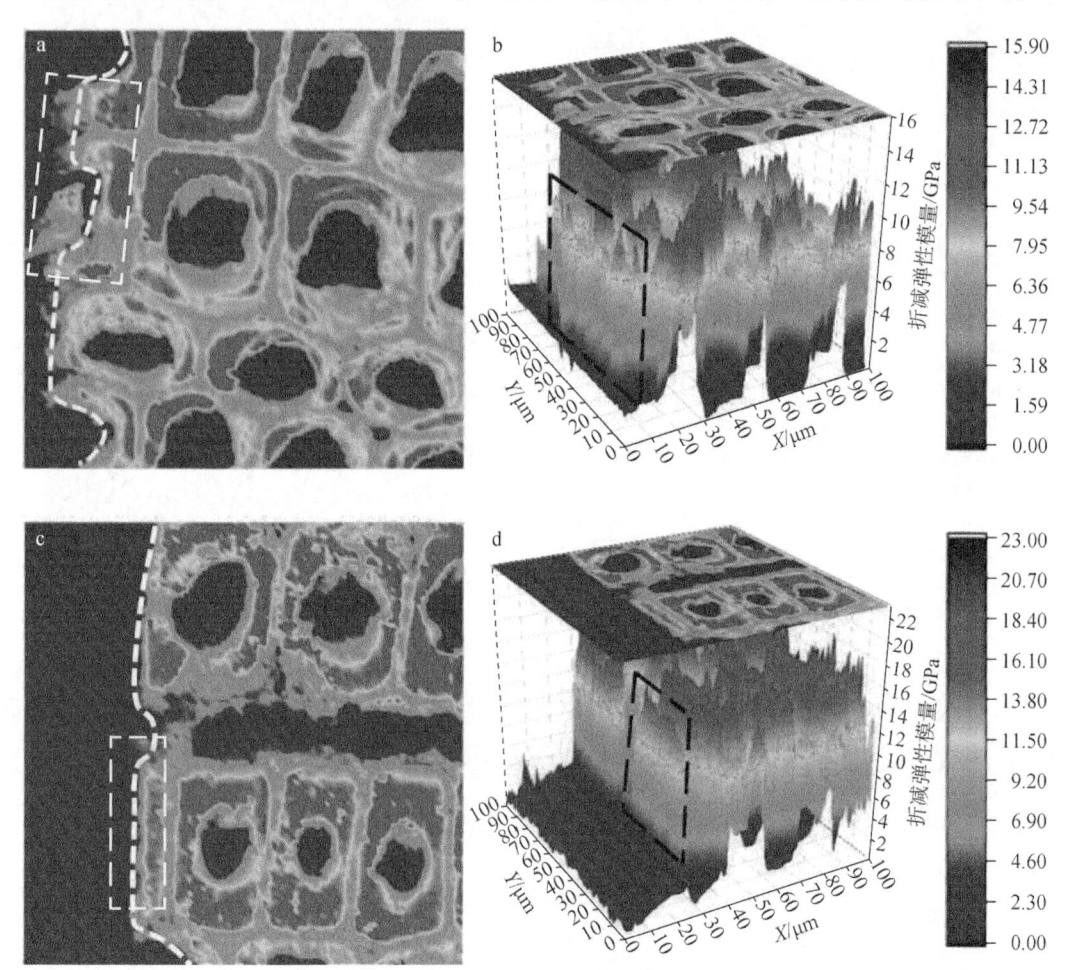

图 3.13 采用 3D 映射纳米压痕技术解译水性涂料与木材表面结合区域的 E_r 值分布
a、b. 天然木材的 2D（a）和 3D（b）分布图；c、d. 脱除抽提物木材的 2D（c）和 3D（d）分布图

3.4 分子探针解译技术

3.4.1 分子探针技术的发展

早在 1571 年，西班牙内科医生兼植物学家 Monards 就首次观测并记录到了荧光现象。在随后几百年，人们记录了大量的荧光现象，但当时荧光现象没有被科学地解释。奎宁作为一种治疗疟疾的药物，是第一个被明确定义的小分子荧光团。1845 年，Herschel 发现了奎宁水溶液的可见发射现象。Stokes 指出，这种现象是由于奎宁吸收光然后发射光引起，并创造了术语"荧光"来描述这一过程。1852 年，

Stokes 利用分光光度计对奎宁和叶绿素的入射波长和发射波长进行测定，发现这两种物质都是在吸收了短波长的光后重新发射出长波长的光，并由此引出"荧光发射"这一概念。1865年，Perkin 生产出第一种合成纺织染料——苯胺紫。这一成就预示着许多有用荧光分子的发现。

20世纪初，波兰物理学家雅布隆斯基（Jablonski）在《自然》杂志上利用三能级能量图描述了基态/激发/发射之间的循环，称为"雅布隆斯基图"，这种简单有效的示意图清晰地表现出荧光基团从基态到激发态的激发行为，然后在发射较长波长后回到基态。荧光发射是电子跃迁过程中的一种光物理过程，是分子中受到激发的电子从多重态回到低能级状态时所释放能量的一种形式。雅布隆斯基电子能级变化对电子跃迁及其荧光产生进行了概括（图3.14）。

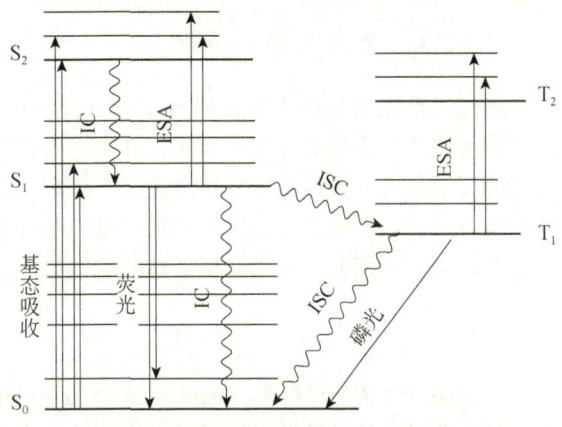

图 3.14　雅布隆斯基电子能级变化示意图
ISC. 系间穿越；IC. 内转换；ESA. 激发态吸收

3.4.2　分子探针技术的原理

根据分子轨道理论（molecular orbital theory），分子中的电子处于基态（S_0），以成对的电子出现，这些成对电子的自旋方向相反，若外界提供足够的能量，电子可以从分子的基态轨道跃迁到更高的空轨道，这时两个电子就不能再共用同一电子轨道。通常情况下，跃迁的电子可以与它原先配对的电子自旋方向相同或者相反。具有两个自旋方向相同的未共用同一轨道电子的分子称为三线态（T）；若自旋方向相反，则称为单线态（S）。三线态的能量比单线态的能量低，因此将一个电子从基态激发到单线态和相应的三线态所需要的能量不同，所需要光的波长也就不同。处于激发态的电子不能长时间处于此状态，会以各种方式回到基态。例如，处于 S_1 态的电子通过振动能级跌落至基态 S_0，称为内转换（internal conversion）。若处于 S_1 态的分子以光的形式一次性释放能量回到 S_0 态，这种形式称为荧光（fluorescence）。S_1 态的大多数分子也可经历系间穿越（inter-system crossing）回到最低的三线态 T_1。

荧光探针是化学反应表达方式之一，将探针的识别基团与特定的待测物进行某种结合后，探针分子的空间结构、电子云或分子结构发生变化，在光谱上表现为紫外/可见光的吸收波长和强度的变化，以及荧光发射波长和强度的变化。荧光探针的主要结构包括：①识别基团（receptor），通过某种方式特异性识别被检测物；②荧光团（fluorophore），接受外界刺激后发射荧光的单元；③连接基团（spacer），将荧光团和识别基团相结合的部分，并起到传递信号的作用，可以是原子，也可以是特定的化学结构，甚至是一个化学键。

3.4.2.1　光诱导电子转移

光诱导电子转移（photoinduced electron transfer，PET）是基于荧光团和识别基团之间存在着电子转移机制而设计的一类探针，其常见荧光团作为电子受体，而识别基团则作为电子供体，它们之间通过非共价键的方式连接，这类探针的识别基团一般含有具孤对电子的原子团（如·NH_2、·OH 等）或者含有具孤对电子的原子（如 N、O、S 等）。

3.4.2.2　分子内电荷转移

基于分子内电荷转移（intramolecular charge transfer，ICT）机制设计的荧光探针与 PET 最主要的区别是探针分子的电子给体和电子受体是通过共轭（π）键连接，分子内形成"拉-推"（pull-push）电子的共轭结构，即形成供体-π-受体结构。

3.4.2.3 荧光共振能量转移

荧光共振能量转移（fluorescence resonance energy transfer，FRET）是指一个荧光分子中含有两个或者两个以上的荧光发射单元，其中一个荧光发射单元（供体部分）的荧光发射光谱与另一个荧光发射单元（受体部分）的激发光谱存在一定程度的重叠。当供体部分受到外界刺激时，产生的荧光能够以非光子参与的方式诱导受体部分发出荧光，同时供体部分的荧光减弱，受体部分的荧光增强，从而发生从供体到受体的非辐射能量转移。

3.4.2.4 激发态分子内质子转移

激发态分子内质子转移（excited-state intermolecular proton transfer，ESIPT）是指荧光团受到刺激后，分子中处于激发态的质子以氢键的方式与分子内芳香杂环上含有孤对电子的原子形成五元环或者六元环。通常把具有质子的部分称为酸性基团，接受质子的部分称为碱性基团，一个分子必须具有这两个基团。

3.4.2.5 聚集诱导发光

在正常情况下，荧光分子在溶液中探测待测物时，需要的浓度很小（mmol/L），这是因为探针浓度过大时，会发生自吸收现象，导致荧光强度逐渐猝灭，称为聚集诱导荧光猝灭（aggregation-caused quenching，ACQ）。具体讲就是探针分子发生 π-π 堆积现象，激发态的分子在回到 S_0 态时，非辐射跃迁被禁止，荧光减弱。然而，六苯基硅氧烷荧光具体表现为浓度越大，荧光越强，这种现象称为聚集诱导发光（aggregation-induced emission，AIE）。此类分子需要具备刚性平面大和共轭结构大的特点。

这里先区分和定义术语荧光团（fluorophore）和荧光色素（fluorochrome）。事实上，荧光色素是荧光过程的化学中心，对于某些分子（通常是小分子），荧光色素是整个荧光团，而对于其他形式，荧光色素是整个荧光团的一部分。为了阐述得更加清晰，本书将使用更加常见的术语荧光团。

荧光团是具有吸收激发波长（excitation wavelength，λ_{EX}）的光能以产生激发电子单线态能力的分子。这种非常短的生存状态（通常为几纳秒）经历了一些能量耗散，因此当荧光团返回基态时发出的光具有更长的发射波长（emission wavelength，λ_{EM}），并称为荧光。典型的荧光现象基于线性效应：一个光子发射，另一个光子吸收。但是，当两个光子同时被同一荧光团吸收（在 10^{-18}s 的间隔内发生）时，双光子吸收会使激发变得非线性。荧光分子具有不同的性质，这些属性对于使用荧光分子时做出最合适的选择非常重要（图 3.15）。

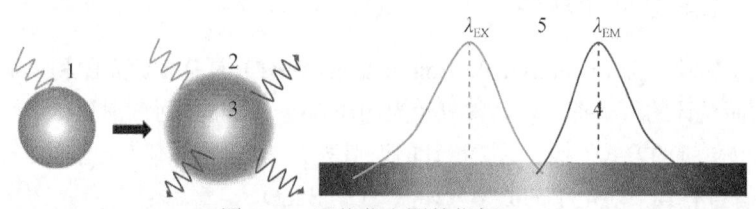

图 3.15 评价荧光团的指标

1. 消光系数 ε 表示荧光团吸收光子的概率；2. 量子产率 Φ 是发射荧光光子的数量与吸收光子的数量之比；3. 荧光寿命 τ 是荧光团处于激发态的平均时间；4. 发射波长 λ_{EM} 和强度受 pH、温度、极性和非极性相互作用等外部因素的影响；
5. $\lambda_{EM} - \lambda_{EX}$ = 斯托克斯位移

3.4.2.6 斯托克斯位移

1852年，斯托克斯（Stokes）在研究光致发光光谱时提出论断：发光的波长总是大于激发光的波长。当荧光分子被激发时，电子从能量最低的基态 S_0 跃迁到能量较高的激发态 S_1 或 S_2，并通过辐射跃迁回到基态，这时将会损失能量（图3.16）。将吸收光谱和发射光谱红移的值称为斯托克斯位移（Stokes shift）。一般来说，荧光探针的斯托克斯位移越大，越能有效避免自吸收引起的荧光猝灭效应，有利于提高检测的灵敏度。

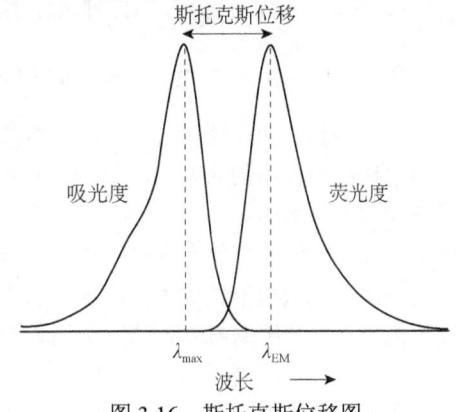

图 3.16 斯托克斯位移图

λ_{max}、λ_{EM} 分别表示吸收光谱和发射光谱的最强波长

3.4.2.7 荧光量子产率

荧光量子产率（quantum yield，Φ_f）为发射的荧光光子数与吸收光子数之比，其值为 0~1，描述荧光过程的效率。其计算公式为

$$\Phi_{f(X)}=\Phi_{f(S)}\times\left(\frac{A_S F_X}{A_X F_S}\right)\times\left(\frac{n_X}{n_S}\right)^2 \tag{3.14}$$

式中，A 和 F 分别是化合物的吸光度和荧光度光谱积分面积；由于这种测量方法为参比法，所以 S 和 X 分别是标准参照样品和待测样品；n 是化合物所处溶剂的折射率。

根据式（3.14），我们可以直观地认为，当荧光效率越大时，化合物的荧光强度就越强，而当荧光化合物的荧光效率趋近零时则表示该物质几乎不发光。

3.4.2.8 荧光寿命

荧光寿命（fluorescence lifetime，τ）是荧光团保持在激发态的平均持续时间。当物质吸收一定的光后由基态跃迁到激发态，随后再由激发态的最低能级通过辐射跃迁返回基态。当激发光停止之后，荧光团的荧光强度由最大值降低到其最大荧光强度的 1/e 时所需要的时间，即荧光寿命。其计算公式为

$$\ln F_0 - \ln F_\tau = -t/\tau \tag{3.15}$$

式中，F_0 和 F_τ 分别是 t 等于 0 和等于 τ 时的荧光强度。

3.4.2.9 消光系数和亮度

荧光团吸收光子的概率称为消光系数（extinction coefficient，ε），其在激发波长 λ_{EX} 处最大。

荧光团的亮度（brightness）通过消光系数与荧光量子产率的乘积定义。这是比较不同荧光团的重要参数。

荧光发射强度与激发强度成正比。通常认为高激发强度对于荧光团的监测更加容易。事实上，成像一个荧光团总是伴随着它的光破坏，简称光漂白。因此，激发强度必须仔细考虑，避免成像过程中对荧光团的破坏。光漂白是一个复杂的光化学过程，会导致荧光团的不可逆破坏，当荧光团在激发态与氧气反应时，产生高度氧化的活性氧，使荧光团漂白，并与周围的其他生物分子反应。

3.4.3　分子探针技术在木材分子结构解译中的应用

3.4.3.1　解译木材细胞壁的微孔分布

木材细胞壁的孔隙率对于理解木质部功能和开发木材材料具有重要意义。水在木质部中的运动通常通过两种不同的方式进行：在软木中，水的运动是通过由边缘纹孔形成的大孔网络进行的；而在硬木中，水的移动则是通过由导管和穿孔板形成的导管间纹孔和开放导管来实现的。在某些情况下，如空泡木质部，水只能通过木质化管胞和纤维细胞壁上的微孔流动。从材料的角度看，细胞壁微孔为木材干燥过程中的水分损失、化学改性和木材防腐处理过程中的化学品渗透提供微观形貌途径。细胞壁内微孔的大小和范围也决定了酶的可及性，因此，其对纤维素生物质作为生物燃料应用和木材腐烂有直接影响。

在干细胞壁中，由于缺乏水分，微孔被封闭，这使得通过扫描电子显微镜直接观察天然木质化细胞壁变得不切实际。脱木质素或者真菌降解等处理方式可以有效扩大微孔，从而允许对微孔进行观察。随着荧光光谱技术的飞速发展，目前已经开发出用荧光显微镜检测和测量木材细胞壁微孔的方法。主要的思路有两种：第一种涉及用猝灭剂进行渗透，以降低孔附近木质素的荧光；第二种是利用荧光染料结合 FRET 进行渗透。硝基酚碳水化合物所覆盖相对分子质量（M_r）的范围通过它们对木质素自身荧光的影响来监测。所使用稀释溶液的浸润量通过测量与水处理对照相比细胞壁亮度的降低（猝灭）来监测。另外，罗丹明染料的浸润量可以直接通过其红色荧光监测，也可以通过染料分子与木质素之间的 FRET 相互作用定量监测。FRET 作用发生时，供体（木质素）和受体（罗丹明）分子接近。随后使用受体光漂白技术，其中受体分子被高强度激光照射漂白，测量辐射区域所增加的供体荧光，并与漂白前的强度比较（图 3.17）。

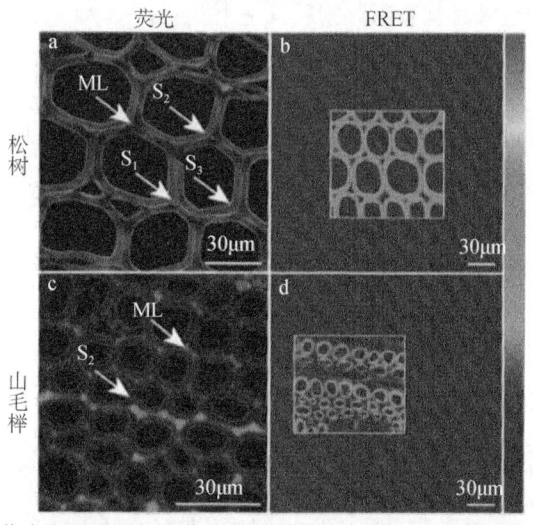

图 3.17　基于荧光和 FRET 相互作用的罗丹明在松树和山毛榉切片中浸润的比较
右侧渐变色条表示 FRET 效率为 10%～100%

3.4.3.2　评估木材细胞壁木质素脱除效果

木材脱木质素预处理和其效果评估方法对于研究木材向生物燃料转化至关重要。利用木材制备生物燃料依赖于预处理以分离细胞壁组分，以及纤维素和部分半纤维素转化为可发酵糖。然而，由于细胞壁的顽固性，主要是木质素在细胞壁上形成一个增强网络，具有很强的抗物理、化学和生物降解能力，因此不被水解纤维素的酶降解。利用酸和碱的预处理工艺能够有效氧化裂解木质素，但目前还没有获得有关木质素通过细胞壁基质的局部分布的信息。

利用单光子和双光子激发的共焦和荧光寿命成像显微镜绘制酸和碱预处理后细胞壁纤维内的木质素分布，可以评估光谱和衰变时间与先前计算的木质素分数的相关性。荧光光谱和衰减时间的变化与脱木质素产率和木质素分布密切相关。衰变依赖性被认为包括两个指数，一个是快速衰变时间（τ_1），另一个是缓慢衰变时间（τ_2）。最快的衰变与细胞壁中的浓缩木质素有关，对处理的敏感性较低。荧光衰减时间随着处理中使用的碱浓度的增加而变长，这对应于在碱浓度较低的环境中的木质素发射现象。此外，双光子荧光光谱对木质素含量及其在细胞壁中的积累非常敏感，在酸预处理时变宽，在碱预处理时变窄（图3.18）。酸预处理导致木质素排列中的二聚体及其在细胞壁外部边界中的积累。碱预处理有效地去除了细胞壁中的木质素，但在去除表面木质素方面效果较差。这表明木质素荧光的衰减时间与其在细胞壁内的分布之间具有强烈的相关性。

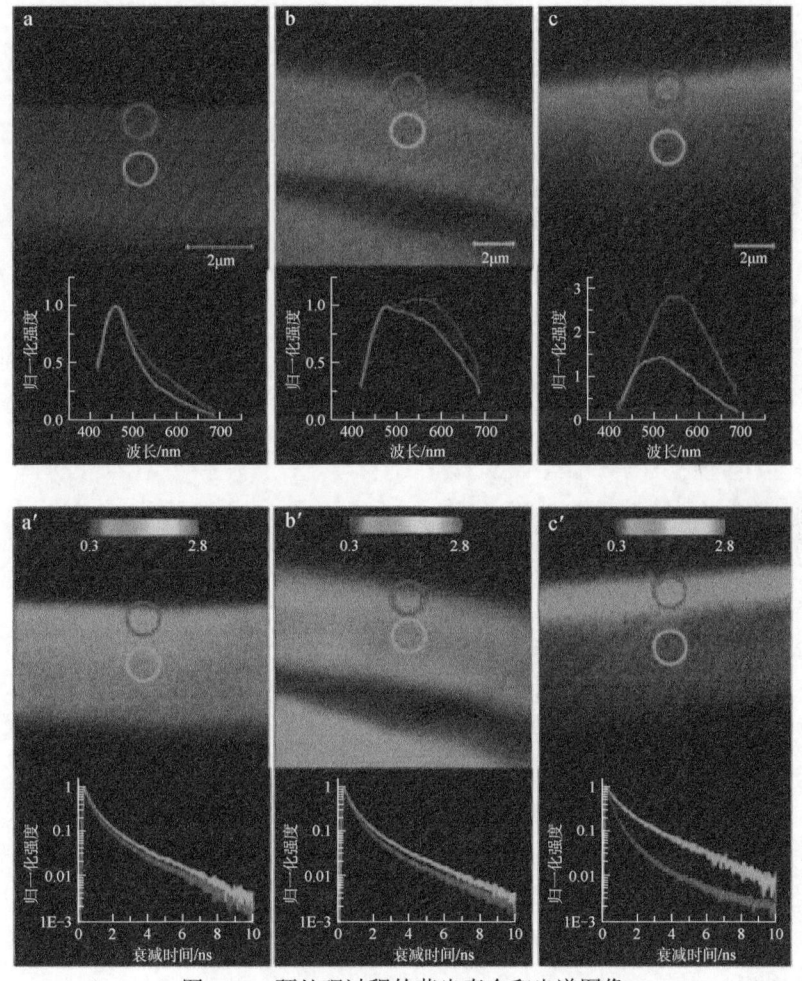

图3.18 预处理过程的荧光寿命和光谱图像

a～c. 未经处理的甘蔗渣（a）、用1% H_2SO_4 处理的甘蔗渣（b）和用2% NaOH处理的甘蔗渣（c）细胞壁的光谱图像和荧光光谱，所示区域为紫红色斑点（最外层）和蓝色斑点（最内层）。a′～c′. 未经处理的甘蔗渣细胞壁（a′）、用1% H_2SO_4 处理的甘蔗渣（b′）和用2% NaOH处理的甘蔗渣（c′）细胞壁的荧光寿命图像和评估的衰减依赖性，所示区域为紫红色斑点（最外层）和蓝色斑点（最内层），单位为nm。样品受到770nm双光子激发。双光子光谱和荧光寿命图像在相同位置和聚焦平面处于纤维最大直径处获取。它们代表了细胞壁的放大区域，通过光谱偏移和衰减时间的变化来显示木质素分布的变化

3.4.3.3 测定细胞壁最大水分含量

木材是一种多孔、吸湿的材料,其工程性质主要取决于材料中水(水分)的量。在正常的环境条件下,固体细胞壁中主要存在水分。然而,在高相对湿度(>98%)下,木材的宏观孔隙结构中也存在水分,了解并区分木材中细胞壁水和毛细管水在全湿度范围内对木材性能的影响尤为重要。木材的总含水量可以使用重力测量技术进行高精度的实验测定。在水饱和状态下,可以采用差示扫描量热法(differential scanning calorimetry,DSC)、排出溶质技术(solute exclusion technique,SET)和低场核磁共振成像(low-field nuclear magnetic resonance relaxometry,LFNMR)。然而,由于这种相互测量的不确定性,木材的最大细胞壁含水量很难准确测量。LFNMR 相较于 DSC 和 SET 具有更低的细胞壁湿度(图 3.19)。

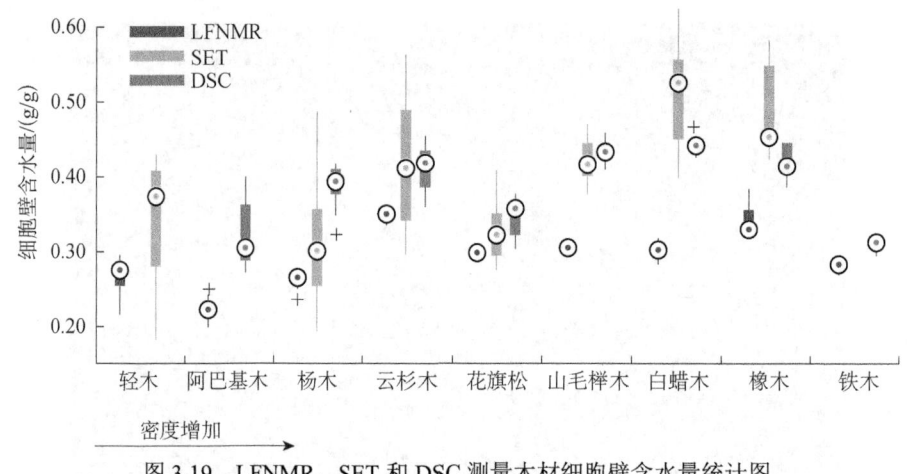

图 3.19 LFNMR、SET 和 DSC 测量木材细胞壁含水量统计图

主要参考文献

大越孝敬. 1982. 三维成像技术[M]. 北京:机械工业出版社.

费本华,唐彤. 2019. 基于桐油热处理的竹材理化性质研究[J]. 世界竹藤通讯,17(5):5.

康海娇,郭永胜,李建章. 2022. 紫外线屏蔽纳米材料及其改善木材耐光老化性能的研究进展[J]. 木材科学与技术,3:36.

林兰英,傅峰. 2012. 强化复合木材细胞壁的纳米压痕测试分析[J]. 北京林业大学学报,34(5):5.

刘飞,闫明宇,李轩,等. 2021. 基于漫反射光偏振特性的三维成像技术研究进展[J]. 激光与光电子学进展,58(18):1811015.

绍祥,李延军,黄燕萍,等. 2021. 基于纳米压痕的木材细胞壁力学测量值与加载载荷相关性研究[J]. 林业工程学报,6(4):8.

王礼,盖立平,丁晓东,等. 2017. HT-3DNMR-25 核磁共振成像仪及其在实验教学中的应用[J]. 医疗卫生装备,38(8):3.

王艳芹,王秀丽. 2015. X-CT 成像技术进展简述[J]. 中国医疗设备,30(11):3.

赵栋梁,包秀春,刘金炜,等. 2022. 抽提物对木材吸湿性与热稳定性的影响[J]. 内蒙古农业大学学报(自然科学版),2:43.

朱琳琳. 2022. 基于尼罗红荧光平台的荧光探针的设计、合成以及成像研究[D]. 济南：济南大学博士学位论文.

Biladi Z, Hazai E. 2009. Application of the PM6 semi-empirical method to modeling proteins enhances docking accuracy of AutoDock[J]. Journal of Cheminformatics, 1（1）: 1-16.

Demirbas A, Arin G. 2002. An overview of biomass pyrolysis[J]. Energy Sources, 24（5）: 471-482.

Dhyani V, Bhaskar T. 2018. A comprehensive review on the pyrolysis of lignocellulosic biomass[J]. Renewable Energy, 129: 695-716.

Donaldson L, Cairns M, Hill S. 2018. Comparison of micropore distribution in cell walls of softwood and hardwood xylem[J]. Plant Physiology, 178: 1142-1153.

Du H, Qian X. 2011. The effects of acetate anion on cellulose dissolution and reaction in imidazolium ionic liquids[J]. Carbohydrate Research, 346（13）: 1985-1990.

Feng G, Zhang G, Ding D. 2020. Design of superior phototheranostic agents guided by Jablonski diagrams[J]. Chemical Society Reviews, 49: 8179-8234.

Fredriksson M, Johansson P. 2016. A method for determination of absorption isotherms at high relative humidity level: measurements on lime-silica brick and Norway spruce[J]. Dry Technology, 34: 132-141.

Gindl W, Schoberl T, Jeronimidis G. 2004. The interphase in phenol-formaldehyde and polymeric methylene di-phenyl-di-isocyanate glue lines in wood[J]. International Journal of Adhesion & Adhesives, 24（4）: 279-286.

Gross E K U, Dobson J F, Petersilka M. 1996. Density Functional Theory of Time-Dependent Phenomena[M]// Nale wajski R F. Density Functional Theory II. Berlin: Springer.

He Y, Luo Y, Yang M, et al. 2020. High value utilization of biomass: selective catalytic transformation of lignocellulose into bio-based 2,5-dimethylphenol[J]. Catalysis Science & Technology, 12（14）: 4524-4534.

Herzele S, Herwijnen H, Griesser T, et al. 2019. Differences in adhesion between 1C-PUR and MUF wood adhesives to (ligno) cellulosic surfaces revealed by nanoindentation[J]. International Journal of Adhesion and Adhesives, 98: 102507.

Hodges C H. 1973. Quantum corrections to the Thomas-Fermi approximation—the Kirzhnits method[J]. Canadian Journal of Physics, 51（13）: 1428-1437.

Huang J, He C, Liu C, et al. 2015. A computational study on thermal decomposition mechanism of β-1 linkage lignin dimer[J]. Computational and Theoretical Chemistry, 1054: 80-87.

Huang J, Liu C, Tong H, et al. 2012. Theoretical studies on pyrolysis mechanism of xylopyranose[J]. Computational and Theoretical Chemistry, 1001: 44-50.

Illman B L, Sedlmair J, Unger M, et al. 2015. Chemistry of wood in 3D: new infrared imaging[C]. Duluth: International Nondestructive Testing and Evaluation of Wood Symposium.

Jakes J E, Lakes R S, Stone D S. 2012. Broadband nanoindentation of glassy polymers: part II. viscoplasticity[J]. Journal of Materials Research, 27: 475-484.

Jia Z, Deng Z, Li L. 2022. Biomineralized materials as model systems for structural composites: 3D Architecture[J]. Advanced Materials, 34（20）: 2106259.1-2106259.27.

Li Q, López N. 2018. Chirality, rigidity, and conjugation: a first-principles study of the key molecular aspects of lignin depolymerization on Ni-based catalysts[J]. ACS Catalysis, 8（5）: 4230-4240.

Marenich A V, Cramer C J, Truhlar D G. 2009. Performance of SM6, SM8, and SMD on the SAMPL1 test set for the prediction of small-molecule solvation free energies[J]. The Journal of Physical Chemistry B, 113（14）:

4538-4543.

Nagy Á. 1998. Density functional. Theory and application to atoms and molecules[J]. Physics Reports, 298 (1): 1-79.

Obersriebnig M, Veigel S, Gindl-Altmutter W, et al. 2012. Determination of adhesive energy at the wood cell-wall/UF interface by nanoindentation (NI) [J]. Holzforschung, 66: 781-787.

Payal R S, Bharath R, Periyasamy G, et al. 2012. Density functional theory investigations on the structure and dissolution mechanisms for cellobiose and xylan in an ionic liquid: gas phase and cluster calculations[J]. The Journal of Physical Chemistry B, 116 (2): 833-840.

Perdew J P, Norman M R. 1982. Electron removal energies in Kohn-Sham density-functional theory[J]. Physical Review B, 26 (10): 5445.

Ponder G R, Richards G N. 1993. Pyrolysis of inulin, glucose and fructose[J]. Carbohydrate Research, 244 (2): 341-359.

Singh S K, Dhepe P L. 2016. Ionic liquids catalyzed lignin liquefaction: mechanistic studies using TPO-MS, FT-IR, RAMAN and 1D,2D-HSQC/NOSEY NMR[J]. Green Chemistry, 18 (14): 4098-4108.

Sonma A. 2015. Assessment of wood surface defects based on 3D image analysis[J]. Wood Research, 60 (3): 339-350.

Ståhlberg T, Rodriguez-Rodriguez S, Fristrup P, et al. 2011. Metal-free dehydration of glucose to 5-(hydroxymethyl) furfural in ionic liquids with boric acid as a promoter[J]. Chemistry-A European Journal, 17 (5): 1456-1464.

Wang D, Lin L, Fu F. 2021. The difference of creep compliance for wood cell wall CML and secondary S_2 layer by nanoindentation[J]. Mechanics of Time-Dependent Materials, 25: 219-230.

Wang X, Zhao L, Deng Y, et al. 2017. Effect of the penetration of isocyanates (pMDI) on the nanomechanics of wood cell wall evaluated by AFM-IR and nanoindentation (NI) [J]. Holzforschung, 72 (4): 301-309.

Wang Y, Deng W, Wang B, et al. 2013. Chemical synthesis of lactic acid from cellulose catalysed by lead (Ⅱ) ions in water[J]. Nature Communications, 4 (1): 2141.

Wrenersson E, Stenqvist B, Lund M. 2015. The mechanism of cellulose solubilization by urea studied by molecular simulation[J]. Cellulose, 22: 991-1001.

Wu Y, Zhang H, Yang L, et al. 2021. Understanding the effect of extractives on the mechanical properties of the waterborne coating on wood surface by nanoindentation 3D mapping[J]. Journal of Materials Science, 56: 1401-1412.

Yang G, Pidko E A, Hensen E J M. 2013. The mechanism of glucose isomerization to fructose over Sn-BEA zeolite: a periodic density functional theory study[J]. ChemSusChem, 6 (9): 1688-1696.

Yu H S, Li S L, Truhlar D G. 2016. Perspective: Kohn-Sham density functional theory descending a staircase[J]. The Journal of Chemical Physics, 145 (13): 130901.

Zhang J, Zhu J, Lin C, et al. 2016. Pretreatment mechanism of β-O-4 lignin during phosphoric acid-acetone process based on density functional theory and molecular dynamic simulations[J]. International Journal of Agricultural and Biological Engineering, 9 (2): 127-136.

Zhang M, Geng Z, Yu Y. 2015. Density functional theory (DFT) study on the pyrolysis of cellulose: the pyran ring breaking mechanism[J]. Computational and Theoretical Chemistry, 1067: 13-23.

Zhang X, Yang W, Blasiak W. 2012. Kinetics of levoglucosan and formaldehyde formation during cellulose pyrolysis process[J]. Fuel, 96: 383-391.

Zhang X, Yang W, Blasiak W. 2012. Thermal decomposition mechanism of levoglucosan during cellulose pyrolysis[J]. Journal of Analytical and Applied Pyrolysis, 96: 110-119.

Zhang Y, He H, Dong K, et al. 2017. A DFT study on lignin dissolution in imidazolium-based ionic liquids[J]. RSC Advances, 7 (21): 12670-12681.

Zhang Y, He H, Liu Y, et al. 2019. Recent progress in theoretical and computational studies on the utilization of lignocellulosic materials[J]. Green Chemistry, 21 (1): 9-35.

Žlahtič M, Mikac U, Serša I, et al. 2017. Distribution and penetration of tung oil in wood studied by magnetic resonance microscopy[J]. Industrial Crops and Products, 96: 149-157.

第4章
木材仿生学

为木材的各类加工技术，如化学的、物理的或生物的加工技术，提供新的理念、新的设计、新的构成，从而赋予木材新的功能或智能响应性的学科，称为木材仿生学。木材仿生学是木材科学发展中的一个具有里程碑意义的研究领域，它使木材在更微观的层次师法自然，利用从生物体获得的启示为木材的功能拓展和高值化开发提供新的研究思路，通过构筑具有仿生结构的智能型木材或复合材料，解决木材资源不足和使用中的种种限制，实现木材的自增值性、自修复性、自诊断性、自学习性和环境适应性，使得木材从更高的技术层次为人类的文明进步服务。

4.1 木材仿生学的诞生与发展

木材仿生学是一门朝气蓬勃的新兴学科。木材仿生学的概念最早由我国著名木材学家李坚教授提出。2014年，中国工程院院士李坚教授在《中国工程科学》上发表的《大自然给予的启发——木材仿生科学刍议》一文中指出："木材仿生科学期望通过模仿具有特殊功能的自然界生物体的结构，充分利用自身独特的天然结构与属性，将其与纳米技术、分子生物学、界面化学、物理模型等相结合，从仿生学的角度出发，以自然界给予的各种现象为启发，制备具有特殊表面润湿性、电磁屏蔽效应、高机械强度的仿生高性能木质基新型材料。"2015年，东北林业大学成立首个木材仿生学研究中心——木材仿生智能科学研究中心，拟解决木材仿生智能科学中的关键科学问题。2015年10月，由中国工程院农业学部和《科技导报》主办、浙江农林大学协办，召开了主题为"木竹材仿生与智能性响应"的《科技导报》学术沙龙。《科技导报》围绕本次学术沙龙研讨的相关内容，在2016年第19期出版"木竹材仿生与智能性响应"专题，刊登了27篇相关研究论文，力图展现中国学者在该领域的最新研究成果，推进仿生特殊润湿性与智能性木质材料技术的快速发展。2018年，由李坚等编著的《木材仿生智能科学引论》由科学出版社正式出版，这是世界范围内第一本以木材仿生学为主题的科学著作。2018年10月，由中国工程院农业学部主办和中南林业科技大学承办，召开了主题为"木材仿生光学工程前沿技术研究"的学术会议，聚焦木材表面功能化仿生光学修饰、木材纤维素纳米晶胆甾型液晶的仿生光学、木材仿生光响应的可逆"开关"等内容。自此，在中国工程院院士李坚教授的开创引领下，国内一些综合性大学和林业高校对木材仿生学研究逐渐重视，使其蓬勃发展。

4.2 木材仿生学的理论基础

4.2.1 木材的多尺度分级结构

木材是由天然结构高分子（纤维素、半纤维素和木质素）组成的天然有机复合体，其主要成分是纤维素、半纤维素和木质素三大天然高分子，连同少量的果胶、蛋白质、抽提物和灰分。纤维素被半纤维素包裹着，外层再由木质素紧密包埋，木质素和碳水化合物之间以共价键（主要是 $α$-苯甲基醚键）连接形成一个交联网络，成为坚固的细胞壁。

在光学显微镜下，细胞壁仅能见到宽 $0.4\sim1.0\mu m$ 的丝状结构，称为粗纤丝（macrofibril）。如果将粗纤丝再细分下去，在电子显微镜下观察到的细胞壁线形结构，则称为微纤丝（microfibril）。木材细胞壁中微纤丝的宽度为 $10\sim30nm$，微纤丝之间存在着约 $10nm$ 的空隙，木质素及半纤维素等物质聚集于此空隙中。其断面约由 40 根纤维素分子链组成的最小丝状结构单元，称为基本纤丝（elementary fibril），它是微纤丝的最小丝状结构单元。如果把纤维素分子链的断面看作圆截面，则可以推算其直径为 $0.6nm$ 左右。基本纤丝、微纤丝和纤丝的直径均低于 $100nm$，属于线状纳米材料，具有较高的长径比。植物细胞壁中的纤维素不是以孤立的单分子形式存在，而是以单分子链组装成纤丝的形式存在。不同层级结构的纤维素尺径、性能都不同，随着纳米科学的发展，人们发现一维纳米纤维（特指直径小于 $100nm$ 且长径比大于 100 的纤维材料）具有卓越的光学性能、机械性能和结构性能，在组织工程、纳米复合材料、纳米器件中有非常广泛的用途。

木材也有各种不同的组织结构、细胞形态、孔隙结构和化学组分，是一类结构层次分明、构造有序的聚合物基天然复合材料，从米级的树干，分米、厘米级的木纤维，毫米级的年轮，微米级的木材细胞，直到纳米级的纤维素分子，具有层次分明、复杂有序的多尺度分级结构。木材细胞的结构极其精妙，其单个细胞由薄的初生壁、厚的次生壁和细胞腔组成，细胞腔大而空。次生壁是由次生壁外层（厚约 $0.5\mu m$）、次生壁中层（厚约 $5\mu m$）和次生壁内层（厚约 $0.1\mu m$）组成。次生壁微纤丝的排列不像初生壁那样无定向，而是相互整齐地排列成一定方向。各层微纤丝都形成螺旋取向，但是斜度不同。

木材在大自然中形成的精妙细胞结构及其层次分明、排列复杂有序的多级多尺度结构为其仿生高性能化材料和制备特殊的多级多尺度结构新型材料奠定了坚实的基础。

4.2.2 木材的分级多孔结构

自然界中的木材孔隙形态各异，孔径尺寸变化多端。阔叶树材中管孔形状多种多样，呈现出不规则的圆形、椭圆形和多边形。在孔径尺寸上从粗到细的变化范围很宽，明显呈现出分级特征，且孔径较大的管道和孔径较小的管道形成相间分布结构。针叶树材的孔径尺寸则比较均匀，分布较为规则。

木材孔隙可分为宏观孔隙、介观孔隙和微观孔隙。宏观孔隙是指用肉眼能够看到的孔隙，如阔叶树材导管、针叶树材管胞、木纤维细胞等。微观孔隙是以分子链断面数量级为最大起点的孔隙，如纤维素分子链的断面数量级的孔隙。介观孔隙是指三维、二维或一维尺度在纳米量级（$1\sim100nm$）的孔隙，这些孔隙主要存在于细胞壁中，且拥有巨大的比表面积和较强的吸附性能。介观孔隙主要是因为纤维素微纤丝之间被木质素、半纤维素和抽提物部分填充而形成的。木材中各种构造元素的孔隙构造如表 4.1 所示。

表 4.1　木材中各种构造元素的孔隙构造

构造元素	木材种类	直径	孔隙形状	孔隙尺度
导管	环形阔叶树材	20～400μm	管状	宏观
	散孔阔叶树材	40～250μm	管状	宏观
管胞	针叶树材	15～40μm	管状	宏观
木纤维	阔叶树材	10～15μm	管状	宏观
树脂道	针叶树材	50～300μm	管状	宏观
具缘纹室口	针叶树材	4～30μm	倒漏斗状	宏观
具缘纹孔口	针叶树材	0.4～6.0μm	管状	宏观
具缘纹孔膜	针叶树材	0.01～8.00μm	多边形间隙	介观-宏观
细胞壁（干燥）	针叶树材		裂隙状	
	环孔针叶树材	2～100nm	圆筒状	介观-宏观
	散孔针叶树材		裂隙圆筒混合结构	
细胞壁（湿润）	—	1～10nm	裂隙状	微观-介观
	云杉	0.4～40.0nm	裂隙状	微观-介观
微纤丝间隙	—	2.0～4.5nm	裂隙状	介观

形态各异的木材的分级多孔结构为仿生制备新型材料提供了不需加工修饰处理的天然模板，为木材仿生高性能、高附加值功能材料的研究开发提供了无限空间。分级多孔材料在分离提纯、选择性吸附、催化剂装载、光电器件及传感器研制等许多功能领域都有重要的研究和应用价值。木材分级多孔特点使得木材本身可收容其他纳米材料，可使木材实现功能化、纳米化、智能化。

4.2.3　木材的智能性调湿调温功能

木质住宅在暑夏时具有隔热性，寒冬时具有保温性。木质墙壁可以缓和外部气温变化所引起的室内温度变化，因此木造住宅具备防止夏季炎热或冬季寒冷的性能，即"冬暖夏凉"。木材组分中含有大量的亲水性基团，又具有极为巨大的比表面积，使其具有吸湿与解吸性质。当空气中的水蒸气压力大于木材表面水蒸气压力时，木材从空气中吸着水分，称为吸湿；反之，则有一部分水分自木材表面向空气中蒸发，称为解吸。木材吸湿性的变化取决于木材的构造学特性、木材的化学组成及其所在周围环境的湿度与温度。在通常情况下，如室内的木材用量较多，当室内温度提高时，由于木材可以解吸放出水分，因而其室内湿度也几乎保持不变。反之，当温度降低时，室内湿度将相应升高，此时木材可以吸收水分，从而仍可保持室内的湿度不变。研究表明，居住环境的相对湿度应在 60% 左右较为适宜。

木材的调湿原理是木材能吸收或放出水分调节室内的湿度，最终导致木材含水率产生变化。设木材含水率为 U（%），室内温度为 θ（℃），室内相对湿度为 φ（%），则三者的关系为

$$U=3.05+0.067\,9\varphi+0.001\,25\varphi^2-(0.004\,11+0.000\,409\varphi)\theta \tag{4.1}$$

常用的内墙装修材料有木材、各种木质人造板、石膏和各类壁纸等。它们具有不同的透湿阻抗，也就是说具有不同的调湿性能。透湿阻抗越大，表明这种材料的透湿能力越低。有研究表明，木材的透湿阻抗与木材厚度有相关性，同种木材，其厚度增大，透湿阻抗也相应提高。乙烯塑料壁纸的透湿阻抗最大，约为人造纤维壁纸的 30 倍，为纸基壁纸的 90 倍，表明乙烯塑料壁纸的透

湿性能最差。

此外，还可以用渗透系数表征室内装修材料的调湿性能。研究表明，木材的渗透系数均比其他材料大，约为漆膜的100倍，是乙烯塑料薄膜的1000倍。这表明，各类塑料壁纸的调湿性能远次于木材及其他装修材料。若整个室内大面积采用这类材料进行装修，对室内小气候的调节及人体健康均有不利影响。

研究和实践表明，作为室内装修材料，木材和木质基材料是最佳选择，因为木材和木质基材料具有比其他材料优越的调湿性能。当室内木材量（地板、天花板、家具等）少时，如提高室内温度，尽管木材可以解吸，但室内湿度也必然降低。当室内的木材量多时，其湿度几乎保持不变。当温度降低时，室内湿度相应升高，此时木材可以吸湿，仍可保持室内的湿度不变。当木材量太少时，则吸湿能力低，起不到调湿作用，室内必有结露现象。木材在居室中所起的调湿作用是木材自身智能性的表现。虽然迄今为止，人们对木材的智能性尚缺乏深刻的认识，但人们却在人居微环境中得以享用，目前重要的是要予以保护和发挥它的智能作用。

传热性能和材料的热导率、比热容、热扩散率和蓄热系数有关。热导率是反映材料传递热量难易程度的物理量；比热容表示材料单位质量温度升高或降低1℃所吸收或放出的热量；热扩散率是物体在加热或冷却过程中，各部分温度趋向一致能力的特征；蓄热系数反映材料对波动热作用反应的敏感程度。材料的比热容主要取决于矿物成分和有机质的含量，无机材料的比热容比有机材料小。木质复合材料的比热容大于无机材料，而且，对于同一种板材（如用同一树种制成的5种不同密度的定向结构板），比热容的变化较小，说明比热容是取决于材料固有性质的一种特性。

研究表明，木质复合材料的热导率远小于现有墙体材料。以密度为$0.602g/cm^3$的定向结构板为例，其热导率约为普通黏土砖砌体的18%、钢筋混凝土的8.4%。综合上述分析可知，木质复合材料的热导率、热扩散率远小于现有墙体材料，热惰性指标也较大，属于保温材料。因此，将木质复合材料用作墙体材料，可达到良好的保温隔热效果及节能目的。

4.2.4 木材的智能性生物调节功能

木材具有智能性调节人体生物功能的本征特性，与人的生命活动息息相关，形成了"木材—人类—环境"的关系。自然界存在着各种各样的事物和现象，无论是有生命的还是无生命的，无论是感觉上规则的还是不规则的，总会有一个普遍的现象，那就是波动、变化，常称其为涨落（或摇晃）。通过测定其能谱（功率谱）发现，自然界存在的事物涨落现象，其能谱密度与频率（f）成比例关系，被称为$1/f$涨落。自古以来适于人类居住的木质环境，比较能满足人们生理的、心理的需要，其内在的奥秘在于木材的视感与人的心理生理学反应遵循和符合$1/f$涨落的潜在规律。木材具有天然生长形成的生物结构、纹理和花纹，还有独特的光泽和颜色，给予人们自然感、亲切感和舒适感。因此，木质结构的房屋、木质家具和木质材料的内装，无一不得到人们的喜爱。其原因是：映入人们眼帘的木材（木质材料），它所具有的$1/f$涨落与人体中所存在的生物节律（节奏）涨落一致时，人们就产生平静、愉快的心情而有舒适之感，就像人们听到一部优美的音乐作品一样心情舒畅。

随着科学技术的进步，人们模仿木材的结构纹理和花纹制造出多种多样的非木材（木质材料）产品，或者将珍贵木材刨切成薄木（甚至薄到微米级），将薄木粘贴到人造板或劣质木材表面，其目的是让人们感到舒适。事实上，由于珍贵木材、花纹美丽的木材蓄积量的减少，仿木材制品已常被应用于室内装饰和公共场所之中，单从视觉而言，也具有良好的效果。因为在注视这些产品的表面性状时，人的心理感受也具有1/f涨落特性。

4.2.5　木材的智能性调磁功能

木材具有调节磁力和减少辐射的智能性功能。众所周知，地球是一块大磁石，人类和地球上的全部生物体生活在地球磁场之中，地球提供给人类在地球表面生活所必需的适度的安定性磁力（"磁气"）。动物的感觉器官很敏锐，对于微小磁场的变化也有所感知，这正表明其具有与磁力作用不可分离的关系，而磁力感觉是人类生活环境所必需的。空间中的钢筋混凝土或金属材料和器具会将地球磁力变弱或屏蔽，易引起生物体各种生物机能的紊乱或使生物体出现异常行为。相反，在木质环境中，因为木材对地球磁力作用干扰较小，所以生物体容易保持正常、安定的生活节奏。一些研究者已通过小鼠的试验证实了这种影响和作用。因此，木结构住宅和室内木材设置较多的微环境空间有利于人居健康。

木材被用于室内微环境中，可显示其优越的嗅觉品质，并具有杀菌、抑螨、减少辐射、调节磁力的作用，以净化室内环境，有益于人体健康。因此，设计师要有以保护人类健康为宗旨的"绿色设计"理念，科学合理地在室内空间设置木材（木质材料），以更好地构建清新、卫生的人居微环境。

4.2.6　木材是天然的气凝胶结构体

木材是天然生长形成的多孔性有限膨胀胶体，是一种天然高分子凝胶材料。依据细胞壁微观形态学，Wardrop等认为细胞壁由基质物质、构架物质和结壳物质等三类基本构造物质组成。木材的基质可认为是一种亲水的凝胶体，主要包括半纤维素和果胶，在最初阶段，细胞壁呈极端可塑性、表现如同高度黏滞的流体，具有高度的膨胀度和塑性变形性。基质是一种在干燥时硬化并变成半透明的凝胶。构成基质的碳水化合物（果胶、半纤维素等）经机械化学提取或生物合成后，使用特殊的干燥工艺得到气凝胶。这与相关学科气凝胶和干凝胶的原理是一致的。因此木材细胞壁具备凝胶材料的基本条件和特征。

一些木材的物理特性具备气凝胶材料的性质。例如，轻木（balsa，*Ochroma pyramidale*）的热导率为0.055W/（m·K），密度为140kg/m^3；软木塞的热导率为0.043W/（m·K），密度为160kg/m^3；柏科木材横切面的热导率为0.097W/（m·K），密度为460kg/m^3；常规人工合成二氧化硅气凝胶（silica aerogel）的热导率为0.024W/（m·K），密度为140kg/m^3。

国内外学者普遍认为木材的自我反应性是非常机敏的，木材具备作为智能材料的基本条件。例如，木材的吸湿解吸特性使之能够自我反应地调节人居室内环境的湿度，随着湿度变化产生湿胀干缩。另外，木材的冷暖感、步行感和音响感等均体现在人居环境中有木材的智能效应。因此，根据木材具有的这些感知、反馈和响应，可以认为其是结构、组成和性能连续变化的智能材料。

总之，木材具有制备气凝胶材料的物质基础和智能效应的理论依据，气凝胶型木材可以有效地解决原本气凝胶在实际应用方面存在的一些缺陷，同时也赋予木材新的功能，使木材功能性改良以体现木材和纳米材料的双重属性，形成性能优异的纳米结构，并强化气凝胶结构木材的智能效应和环境学特性，具有十分广阔的应用前景。

4.3 木材仿生学常用研究方法

4.3.1 低温水热共溶剂法

木材在高温下会发生热解，导致材料性能完全发生变化，为了解决这个问题，李坚等在水热法的基础上提出了低温水热共溶剂法，该技术主要用来在木质基材料表面生长无机纳米材料。低温水热共溶剂法属于液相化学法的范畴，是指将反应物按一定比例加入溶剂溶解，以离子、分子团的形式进入溶液，然后放到反应容器中以相对较低的温度反应，利用反应容器内上下部分的温度差而产生的强烈对流将这些离子、分子或离子团运输到放有籽晶的生长区（即低温区）形成过饱和溶液，继而结晶。这种方法的特点是溶剂处在高于其临界点的温度和压力下，可以溶解绝大多数物质，从而使常规条件下不能发生的反应可以进行，或加速进行。制备所得纳米金属氧化物具有粉末细、纯度高、颗粒均匀、形状可控、晶粒发育完整、分散性好等优异特性。溶剂的作用还在于可在反应过程中控制晶体的生长，使用不同的溶剂即可得到不同形貌的产品。另外，此方法还具有能耗低、成本低等有利于生产的优点。低温水热共溶剂法的机制可以概述为：木材表面羟基与前驱物中无机自由离子或胶粒生长的纳米材料在水热能量作用下发生氢键键合，使得无机纳米材料牢固结合于木材表面，在木材表面形成无机纳米晶层，从而可进一步改善木材的性能并使其衍生新的特殊性能。

4.3.2 软印刷技术

软印刷技术是哈佛大学 Whitesides 等提出的一种以模铸和印刷为手段的微纳加工技术。软印刷技术以弹性体模具或印章（相对硅基材料而言，聚合物材料可以称为软材料）为核心，其工艺过程分为两部分：制备弹性体模具/印章；用模具/印章转移图形结构至特定基片的表面。基于图形转移的方式不同，软印刷技术可分为复制模铸、转移微模铸、溶剂辅助微模铸、微接触印刷、微毛细模铸、软模铸等。这类技术所有操作方法的一个共同特征是使用一个弹性印章来进行图形的复制与转移或采用印章当作掩模。

软印刷技术是一种制备微米、纳米结构的有效和广泛被应用的方法。这种方法容易控制并且所制备结构与原模板结构非常符合，所以这种方法非常适合用来复制植物叶片的表面微结构这类非常精细的纳米结构。表面带有凹凸微结构的弹性体是软印刷技术中的核心元件，一般称之为弹性印章，它是软印刷的技术基础，因为在软印刷的每一类操作方法中，都需要使用这种弹性印章来进行图形的复制、转移或用于掩模作用。软印刷所制造的最终结构的好坏都与这个小小的印章直接关联，因而寻找到一个非常合适的材料并在其上生成微图形是软印刷技术至关重要的一环。

现在研究人员普遍使用的弹性印章的典型材料是聚二甲基硅氧烷（PDMS）。首先，在室温下为流体的 PDMS 中加入交联剂，将其均匀混合后浇铸在硬母模板上。用 UV 光照或热处理数小时，使其交联。将固化的 PDMS 轻轻剥下，就得到了弹性模板。之所以选用 PDMS 作弹性模板，是因为 PDMS 具有很低的玻璃化转变温度，在室温下为流体，通过交联，流体很容易转变为具有弹性的固体。其次，PDMS 还有其他一些特点，如与非平面的基板形成良好的接触，有很强的化学稳定性和图形稳定性,可以在几个月内使用多次而不发生明显的性能下降等。

4.3.3 溶胶-凝胶法

溶胶-凝胶法是用含高化学活性组分的化合物作前驱体,在液相下将这些原料均匀混合,并进行水解、缩合反应,在溶液中形成稳定的透明溶胶体系,溶胶经陈化胶粒间缓慢聚合,形成具三维网络结构的凝胶,凝胶网络间充满了失去流动性的溶剂,形成凝胶。凝胶经过干燥、烧结固化制备出微米乃至纳米结构的材料。李坚等利用溶胶-凝胶法将聚乙烯醇、温度响应材料和氨丙基三乙氧基硅烷负载在木材表面制备了大分子疏水网络,减少了木材表面的羟基,同时在膜表面形成的大分子疏水网络也阻断了可吸湿的羟基位点。因为添加了温度响应材料,在样品涂层被破坏时温度响应性能会做出相应的改变,可以对涂层修复进行警示,起到及时保护木质基材的作用。

4.3.4 层层自组装法

层层自组装法(layer-by-layer self-assembly,LBL)是一种简易、多功能的表面修饰方法。层层自组装法最初利用带电基板在带相反电荷的环境中交替沉积以制备聚电解质自组装多层膜,是从分子的角度借助静电和氢键作用来控制薄膜的厚度和化学组成。Bravo 等利用层层自组装法,先把玻璃基质浸泡在阳离子聚合物聚丙烯胺盐酸盐中一段时间使基质表面带正电荷,紧接着把它浸入阴离子聚合物聚对苯乙烯磺酸钠中使其表面带负电荷,最后把聚丙烯胺盐酸盐和纳米二氧化硅粒子的混合体系自组装在最外层,经硅烷偶联剂表面修饰后,获得了超疏水表面。Podsiadlo 等(2007)利用层层自组装技术制备了聚乙烯醇/蒙脱土透明层状复合材料,其拉伸强度和杨氏模量较纯聚乙烯醇材料分别提高了近 10 倍和 100 倍。

4.3.5 化学镀法

化学镀(electroless plating)也称无电解镀或自催化镀(autocatalytic plating),是指在无外加电流的情况下借助合适的还原剂,使镀液中的金属离子还原成金属,并沉积到基体表面的一种镀覆方法。其确切含义是在金属或合金的催化作用下,控制金属的还原来进行金属的沉积,与电镀相比,化学镀不需外界提供电源,可施镀表面不规则的试件,且获得的镀层具有均匀、致密、硬度高、耐腐蚀等特点,因此化学镀得到了广泛的应用。

目前的化学镀中,镀镍和镀铜最为常见。对于非极性疏水物质,在化学镀之前,必须进行粗化以提高亲水能力,而且一般非金属材料不导电,其表面没有催化活性中心,在镀液中不具备催化功能,因此对这些材料进行化学镀之前需要预处理。通过处理,在基体表面形成一层连续的、均匀分布的金属颗粒,使之成为镀层金属进一步沉积的结晶中心或催化活性中心。东北林业大学的王立娟和李坚等在木材化学镀的活化工艺、施镀原理、镀液组成、反应参数与所得镀层的组分及结构的关系,以及废液再生等方面做了大量的研究并取得了相应成果。

木材仿生学中常用的研究方法除以上方法外,还有一些方法如液相沉积法、表面涂覆法、浸渍法、等离子体法、接枝共聚法等也已有所涉及。随着研究发展的需要,木材仿生学的研究方法已经不局限于单纯的一种技术,而是更倾向于多种技术的结合。

4.4 木材仿生功能材料构建研究

4.4.1 木材仿生构建超疏水表面

木材作为一种可再生的、多功能的天然资源环境材料,被广泛应用于人类生活的方方面面,如木质建筑、室内外家具、乐器材和装饰材料等,但木材也存在着吸水膨胀而导致的尺寸稳定性不佳、易被细菌侵蚀、易被有机物污染等缺陷。由于这些木材固有缺陷的存在,在实际应用中较大程度地限制了木材的使用范围和领域。木材表面仿生构建超疏水表面后,将木材由亲水性转变为疏水性,实现了相反物性的转换,使得木材不再吸收外界水分,可有效缓解木材变形开裂、霉变、腐朽、降解。目前在木材表面仿生构建超疏水表面的方法主要有溶胶-凝胶法、低温水热共溶剂法、气相沉积法、层层自组装法、浸渍法、低温等离子体法、液相沉积法等。李坚等采用低温水热共溶剂法在木材表面构建了仿生超疏水表面并实现了智能性光控亲疏转换。仿生"荷叶滴水不沾"特性在木材表面构建超疏水自清洁表面,将极大拓展木材的使用范围和领域。但目前对木材仿生超疏水表面的结构尚缺乏系统的研究数据,仿生超疏水表面的动力学尚未引起关注,同时现有木材表面仿生超疏水表面一般尚在实验室研究,需要精密的实验室设备和高昂的化学物质,距离规模化生产还有很长的路要走。

4.4.2 木材仿生构建异质复合材料

据记载,我国每年所需的70%的天然橡胶和40%以上的合成橡胶均需进口,而我国废旧轮胎等物质的循环利用率仅为20%左右,废而不用的废旧轮胎、胶管、胶带、胶鞋等造成了严重的"黑色污染"。现在人们能够以小径木、间伐材和加工剩余物与废旧橡胶为原料,选择适宜的胶黏剂和热压工艺参数制造出木材刨花(木材纤维)-废旧橡胶复合材料,其性能指标达到了国家标准。制备这种新型复合材料的关键技术是要通过大量实验确定木材与橡胶的配伍及其热压成板时的最佳热压工艺参数。这种复合材料具有良好的防水、防腐、防静电、隔音、隔热和阻尼减震等多种性能,用途广泛。

4.4.3 木材仿生构建分级多孔氧化物

分级多孔材料在分离提纯、选择性吸附、催化剂装载、光电器件及传感器研制等多个领域具有重要的研究和应用价值。上海交通大学张荻课题组等以木材为模板,遗传其形态和结构,合成并制备木材结构分级多孔 Fe_2O_3、ZnO 和 NiO 材料,获得了 $20\sim100\mu m$ 和 $0.1\sim1.0\mu m$ 的分级大孔分布,氧化物内有 $10\sim50nm$ 的介孔分布,其中制备的杉木结构 ZnO 具有最高的分形维数,并且孔隙率最高,具有良好的网络连通性,并且分级多孔 Fe_2O_3 具有优于常规 Fe_2O_3 的气敏性能,分级多孔 ZnO 对 H_2S 气体具有非常优异的气体选择性。李坚等利用杨木木材作为模板制备了具有良好光催化活性的 TiO_2,首先使用溶胶-凝胶法将 TiO_2 溶胶负载于木材表面,通过高温煅烧的方法除掉木材模板,即可制备大块的多孔木材结构的新型光催化剂 TiO_2,该光催化剂具有良好的光催化性能和沉降性能。Cao 等以白松为模板制备得到多孔 Al_2O_3、ZrO_2、TiO_2 陶瓷。利用木材独特的多层级、多孔结构制备的多孔氧化物材料具备密度低、比强度高、表面积大、渗透性高、耐高温、抗热冲击强和膨胀系数小等优异性能。此外，木材原料来源广且可再生，制造成本低且可实现复杂形状的原位成形。这些使具有木材结构的多孔材料具有广阔的应用前景。

4.4.4　木材仿生构建木陶瓷

以低质材料、废旧木材等木质材料为原料，先经过预切削加工成一定形状，然后用酚醛树脂浸渍，隔氧高温烧结，最后再进行磨削加工制得产品。这种材料具有多孔结构，比强度高、耐磨、耐腐、耐热和吸附性能好等诸多特点，可作为房屋保温和取暖、吸附、抗摩擦和电磁屏蔽材料等。张荻等仿生木材生态遗传结构制备了一系列的氧化物陶瓷，制备的材料在电、磁、光学、催化方面有着极大的应用潜力。东北林业大学李淑君等采用酚醛树脂浸渍木质材料，经过高温烧结制得木陶瓷产品，并对产品得率、性能、影响因素、微观结构及烧结过程中的化学变化等进行了系统分析，并探讨了阻燃处理提高产品性能的可能性。木材仿生构建木陶瓷在加工过程中应注意的技术要点有：①在制造过程中要避免木材的变形和开裂；②高温烧结时避免试件的氧化烧失，须采用氮气保护；③产品性能与树脂浸渍量、烧结温度和升温速率关系密切，应采用均匀设计法优化，得出相适宜的工艺参数。

4.4.5　木材仿生构建木材–无机复合材料

21世纪，木材功能性改良将面临巨大的发展机遇与挑战，制备新型多功能化的木质基材料将是木材科学与技术发展的一个重要趋势。木材功能性改良不仅要合理地利用木材，注重木材基本性质的改善，还要以高新科技为先导，赋予木材超疏水、抗紫外、阻燃等新的功能。选择具有不同特性的有机质调控的纳米粒子仿生制备形成的木材-无机纳米复合材料会产生许多新的、奇特的性能。例如，在木材与纳米碳酸钙复合时经不同的有机质控制可得到具有疏水、疏油、超疏水（油）的系列功能性材料；通过溶胶-凝胶法制成的SiO_2、TiO_2的木材-无机纳米复合材料具有良好的力学强度、阻燃性和尺寸稳定性。在自然界中，如柚木等名贵木材，由于无机矿物质以纳米粒子的形式渗入木材基体中进行生物矿化和生理生化作用，形成了天然的木材-无机纳米复合材料，使这类木材在树木生长过程中形成了美丽的材色和肌理、坚硬的材质和较高的耐久性。木材作为天然有机高分子材料与无机纳米材料复合形成的木质基无机纳米复合材料，不仅具有纳米材料的颗粒体积效应、表面效应等性质，而且将无机物的刚性、尺寸稳定性、热稳定性与木材的韧性、加工性、介电性及独特的环境学特性融合为一体，从而产生许多特异的性质。

4.4.6　木材仿生构建气凝胶性材料

气凝胶是一种用气体代替凝胶中的液体而本质上不改变凝胶本身的网络结构或体积的特殊凝胶，是水凝胶或有机凝胶干燥后的产物，被称为"固体烟雾"，具有高孔隙率、高比表面积、低热传导系数、低介电常量、低光折射率、低声速等独特的性质。这些独特的性质不仅使得该材料在基础研究中引起人们的兴趣，而且被广泛地用于组织工程、控释系统、血液净化、传感器、农业、水净化、色谱分析、超级高效隔热隔声材、生物医药，以及高效可充电电池、超级电容器、催化剂及载体、气体过滤材料、化妆品等领域。李坚等利用离子液体和冷冻干燥的方法直接从木粉中制得了木质纤维素气凝胶，通过循环冻融工艺可实现气凝胶内部结构、密度及比表面积的调控；邱坚等采用超临界干燥技术结合溶胶-凝胶法制备新型木材-SiO_2气凝胶复合材料，从制备工艺学原理、SiO$_2$气凝胶在木材中的分布与界面状态、性能评价及木材与SiO$_2$气凝胶复合的机制等方面进行了系统的研究。木材仿生构建气凝胶是向自然学习，体现了"师法自然"的科学思想，为发展和构建高值化木质纤维素气凝胶材料提供了科学依据和理论指导。

木材仿生学期望通过模仿自然界具有特殊功能的生物体的结构，充分利用自身独特的天然结构与属性，将其与纳米技术、分子生物学、界面化学、物理模型等相结合，从仿生学的角度出发，以自然界给予的各种现象为启发，制备具有特殊表面润湿性、电磁屏蔽效应、高机械强度的仿生高性能木质基新型材料；引入对热、pH、光或电等刺激有响应的智能元素，通过合理设计材料的组成及结构，制备木质基智能响应材料；发展木材表面仿生多尺度微观结构的构建方法，探讨材料多尺度微观结构对异质材料结合性能的调控机制，制备具有不同物质组成或多尺度微观结构的木质基新型复合材料；基于多尺度界面的仿生结构原理，调控界面分子，利用纳米及微米多尺度上的多重协同作用，构筑木质基新型微纳结构仿生智能材料。木材仿生学将更深入地延伸仿生智能科学和木材科学的内涵，使得科研工作者从更深层次上通过认知、模拟与调控三个步骤揭开木材内幕，同时也为木材科学和其他学科间的交叉融合架起了一座桥梁。

主要参考文献

崔福斋，郑传林. 2004. 仿生材料[M]. 北京：化学工业出版社.
符韵林，赵广杰，全寿京. 2006. 二氧化硅/木材复合材料的微观结构与物理性能[J]. 复合材料学报，23（4）：52-59.
符韵林，赵广杰. 2005. 溶胶-凝胶法在木材/无机纳米复合材料上的应用[J]. 林产工业，32（1）：6-9.
郭志光，刘维民. 2006. 仿生超疏水性表面的研究进展[J]. 化学进展，18（6）：721-726.
贾贤. 2007. 天然生物材料及其仿生工程材料[M]. 北京：化学工业出版社.
江雷. 2003. 从自然到仿生的超疏水纳米界面材料[J]. 化工进展，22（12）：1258-1264.
江雷，冯琳. 2007. 仿生智能纳米界面材料[M]. 北京：化学工业出版社.
李坚. 2013. 木材科学[M]. 3版. 北京：科学出版社.
李坚，孙庆丰，陈志俊，等. 2020. 木竹材仿生与智能响应[M]. 北京：科学出版社.
李坚，孙庆丰，王成毓，等. 2018. 木材仿生智能科学引论[M]. 北京：科学出版社.
李坚，吴玉章，马岩. 2011. 功能性木材[M]. 北京：科学出版社.
李淑君. 2001. 新型多孔炭材料——木陶瓷的研究[D]. 哈尔滨：东北林业大学博士学位论文.
李淑君，李坚，刘一星. 2002a. 木陶瓷的制造（I）——实木陶瓷[J]. 东北林业大学学报，30（4）：5-7.
李淑君，李坚，刘一星. 2002b. 新型炭材料——木陶瓷[J]. 上海建材，4：19-22.
刘睿. 2012. 仿生贝壳材料的制备[D]. 杭州：浙江大学博士学位论文.
刘兆婷. 2008. 木材结构分级多孔氧化物制备、表征及其功能特性研究[D]. 上海：上海交通大学博士学位论文.
卢芸，孙庆丰，于海鹏，等. 2010. 离子液体中的纤维素溶解、再生及材料制备研究进展[J]. 有机化学，30（10）：1593-1602.
路甬祥. 2004. 仿生学的科学意义与前沿[J]. 科学中国人，4：22-34.
吕威鹏. 2012. 若干多功能环境响应型微纳米材料的合成、改性与应用探索[D]. 天津：天津大学博士学位论文.
邱坚. 2004. 木材/SiO$_2$气凝胶纳米复合材的研究[D]. 哈尔滨：东北林业大学博士学位论文.
邱坚，高景然，李坚，等. 2008. 基于树木天然生物结构的气凝胶型木材的理论分析[J]. 东北林业大学学报，36（12）：73-75.

邱坚, 李坚. 2005. 超临界干燥制备木材-SiO$_2$气凝胶复合材料及其纳米结构[J]. 东北林业大学学报, 33 (3): 3-4.

隋晓锋. 2008. 结构可控纤维素功能材料的制备和性能研究[D]. 北京: 清华大学硕士学位论文.

孙久荣, 戴振东. 2007. 仿生学的现状和未来[J]. 生物物理学报, 23 (2): 109-115.

孙庆丰. 2012. 外负载无机纳米/木材功能型材料的低温水热共溶剂法可控制备及性能研究[D]. 哈尔滨: 东北林业大学博士学位论文.

徐雁. 2011. 功能性无机-晶态纳米纤维素复合材料的研究进展与展望[J]. 化学进展, 23 (11): 2183-2199.

杨星, 姜维娜, 周晓燕, 等. 2010. 杨木纤维/无机纳米Al$_2$O$_3$复合材料的阻燃性能[J]. 林业科技开发, 24 (2): 58-61.

张荻. 2013. 自然启迪的遗态材料[M]. 杭州: 浙江大学出版社.

张荻, 孙炳合, 范同祥. 2004. 遗态材料的制备及微观组织分析[J]. 中国科学: E 辑, 34 (7): 721-729.

赵广杰. 2002. 木材中的纳米尺度、纳米木材及木材-无机纳米复合材料[J]. 北京林业大学学报, 24 (5): 204-207.

赵宁, 卢晓英, 张晓艳, 等. 2007. 超疏水表面的研究进展[J]. 化学进展, 19 (6): 860-871.

Barthlott W, Neinhuis C. 1997. Purity of the sacred lotus, or escape from contamination in biological surfaces[J]. Planta, 202 (1): 1-8.

Bonderer L J, Studart A R, Gauckler L J. 2008. Bioinspired design and assembly of platelet reinforced polymer films[J]. Science, 319 (5866): 1069-1073.

Cao J, Rambo C R, Sieber H. 2004. Manufacturing of microcellular, biomorphous oxide ceramics from native pine wood[J]. Ceramics International, 30 (7): 1967-1970.

Cao J, Rambo C R, Sieber H. 2004. Preparation of porous Al$_2$O$_3$-ceramics by biotemplating of wood[J]. Journal of Porous Materials, 11 (3): 163-172.

Cao J, Rusina O, Sieber H. 2004. Processing of porous TiO$_2$-ceramics from biological preforms[J]. Ceramics International, 30 (7): 1971-1974.

de Las Heras Alarcón C, Pennadam S, Alexander C. 2005. Stimuli responsive polymers for biomedical applications[J]. Chemical Society Reviews, 34 (3): 276-285.

Fan T X, Li X F, Liu Z T, et al. 2006. Microstructure and infrared absorption of biomorphic chromium oxides templated by wood tissues[J]. Journal of the American Ceramic Society, 89 (11): 3511-3515.

Gao X F, Jiang L. 2004. Biophysics: water-repellent legs of water striders[J]. Nature, 432 (7013): 36.

Gil E S, Hudson S M. 2004. Stimuli-reponsive polymers and their bioconjugates[J]. Progress in Polymer Science, 29 (12): 1173-1222.

Jiang L, Zhao Y, Zhai J. 2004. A Lotus-Leaf-like superhydrophobic surface: a porous microsphere/nanofiber composite film prepared by electrohydrodynamics[J]. Angewandte Chemie, 116 (33): 4438-4441.

Li J, Lu Y, Yang D J, et al. 2011. Lignocellulose aerogel from wood-ionic liquid solution (1-allyl-3-methylimidazolium chloride) under freezing and thawing conditions[J]. Biomacromolecules, 12 (5): 1860-1867.

Li J, Yu H P, Sun Q F, et al. 2010. Growth of TiO$_2$ coating on wood surface using controlled hydrothermal method at low temperatures[J]. Applied Surface Science, 256 (16): 5046-5050.

Li X F, Fan T X, Liu Z T, et al. 2006. Synthesis and hierarchical pore structure of biomorphic manganese oxide derived from woods[J]. Journal of the European Ceramic Society, 26 (16): 3657-3664.

Liu Z T. 2009. Synthesis, characterization and properties of wood-templated oxides with hierarchical porous structures[D]. Troyes: Université de Technologie de Troyes.

Liu Z T, Fan T X, Ding J, et al. 2008. Synthesis and cathodoluminescence properties of porous wood(fir)-templated zinc oxide[J]. Ceramics International, 34 (1): 69-74.

Liu Z T, Fan T X, Gu J J, et al. 2007. Preparation of porous fe from biomorphic Fe$_2$O$_3$ precursors with wood templates[J]. Materials Transactions, 48 (4): 878.

Liu Z T, Fan T X, Zhang D, et al. 2009. Hierarchically porous ZnO with high sensitivity and selectivity to H$_2$S derived from biotemplates[J]. Sensors and Actuators B: Chemical, 136 (2): 499-509.

Liu Z T, Fan T X, Zhang D. 2006. Synthesis of biomorphous nickel oxide from a pinewood template and investigation on a hierarchical porous structure[J]. Journal of the American Ceramic Society, 89(2): 662-665.

Liu Z T, Fan T X, Zhang W, et al. 2005. The synthesis of hierarchical porous iron oxide with wood templates[J]. Microporous and Mesoporous Materials, 85 (1): 82-88.

Lu Y, Sun Q F, Liu T C, et al. 2013. Fabrication, characterization and photocatalytic properties of millimeter-long TiO$_2$ fiber with nanostructures using cellulose fiber as a template[J]. Journal of Alloys and Compounds, 577: 569-574.

Lu Y, Sun Q F, Yang D J, et al. 2012. Fabrication of mesoporous lignocellulose aerogels from wood via cyclic liquid nitrogen freezing-thawing in ionic liquid solution[J]. Journal of Materials Chemistry, 22 (27): 13548-13557.

Neinhuis C, Barthlott W. 1997. Characterization and distribution of water-repellent, self-cleaning plant surfaces[J]. Annals of Botany, 79 (6): 667-677.

Podsiadlo P, Kaushik A K, Arruda E M, et al. 2007. Ultrastrong and stiff layered polymer nanocomposites[J]. Science, 318 (5847): 80-83.

Rubner M. 2003. Materials science: synthetic sea shell[J]. Nature, 423 (6943): 925-926.

Stuart M A C, Huck W T, Genzer J, et al. 2010. Emerging applications of stimuli-responsive polymer materials[J]. Nature Materials, 9 (2): 101-113.

Sun Q F, Lu Y, Liu Y X. 2011. Growth of hydrophobic TiO$_2$ on wood surface using a hydrothermal method[J]. Journal of Materials Science, 46 (24): 7706-7712.

Sun Q F, Lu Y, Yang D J, et al. 2014. Preliminary observations of hydrothermal growth of nanomaterials on wood surfaces[J]. Wood Science and Technology, 48 (1): 51-58.

Tang Z Y, Kotov N A, Magonov S, et al. 2003. Nanostructured artificial nacre[J]. Nature Materials, 2(6): 413-418.

Vogli E, Sieber H, Greil P. 2002. Biomorphic SiC-ceramic prepared by Si-vapor phase infiltration of wood[J]. Journal of the European Ceramic Society, 22 (14): 2663-2668.

White S R, Sottos N, Geubelle P, et al. 2001. Autonomic healing of polymer composites[J]. Nature, 409 (6822): 794-797.

Wong T S, Kang S H, Tang S K, et al. 2011. Bioinspired self-repairing slippery surfaces with pressure-stable omniphobicity[J]. Nature, 477 (7365): 443-447.

Zollfrank C, Kladny R, Sieber H, et al. 2004. Biomorphous SiOC/C-ceramic composites from chemically modified wood templates[J]. Journal of the European Ceramic Society, 24 (2): 479-487.

第 5 章

木材拓扑学

本章彩图

拓扑学（topology）原名为位置分析（analysis situs），是研究物质在连续变换时不变的性质的一门几何学（连续变换包括膨胀、弯曲、拉伸、变形等，但不包括撕裂和黏合）。在拓扑学中，当把一个图形经过弹性运动使之与另外一个图形重合时，就称这两个图形是拓扑等价的。也就是说，在拓扑学中可把图形想象成由弹性极好的橡皮做成的，在移动一个图形时，可随意地拉伸或者弯曲它，使之与其等价的图形相重合。这种被用于研究连续变换下不变的性质的学科形象地称为"橡皮几何学"或"橡皮膜上的几何学"，这显然与几何学上全等图形的概念是不同的。一个图形的拓扑性质就是那些所有与此图形拓扑等价的图形都能具有的性质。在研究某一图形时，拓扑学家感兴趣的只是所有与它拓扑等价的图形共同具有的性质。因此，图形的拓扑性质就是那些在弹性运动中保持不变的性质。例如，从拓扑上看球体和碗属于同一范畴，因为球形橡皮泥可以变成碗。但是，中间有洞的甜甜圈和把手有洞的咖啡杯则属于另一类，因为必须经过撕裂或者黏合的过程才能将碗变成甜甜圈（图 5.1）。相同拓扑材料之间可以被重塑，形成彼此的形状。因此，拓扑对象可以包含一个、两个、三个或多个孔，但这个数必须是整数。但是，无论如何通过有限的连续变换和转化，都无法使得孔洞消失或增加，这说明不同孔洞的系统具有不同的拓扑结构。

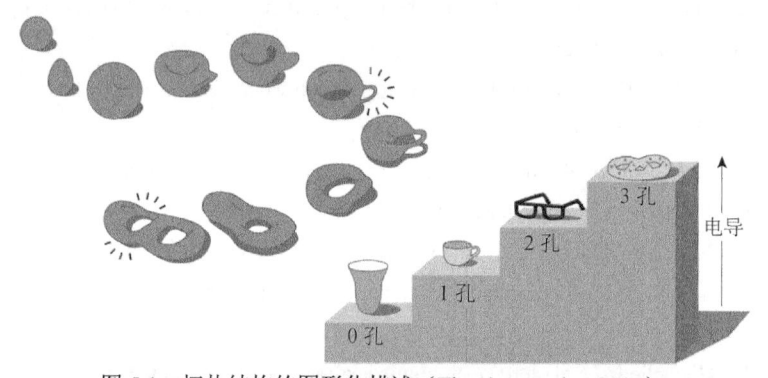

图 5.1 拓扑结构的图形化描述（Thouless et al., 2016）

如今，拓扑学已经逐渐与材料学相结合，从纯数学走向了拓扑材料学，用拓扑学的手段解决材料学的问题，获取了更多具有特异性功能的新型材料。将拓扑学与木材学全方位有机结合的学科是木材拓扑学，它以拓扑学及拓扑材料学的方法和理论体系为指导，应用数学、物理化学、生物学，以及机械工程、计算机科学、环境科学等领域的理论和方法，系统化研究、加工和应用木材，为木材解译和开发提供新的理念和新的设计，是一门多专业交叉融合的综合性学科。木材拓扑学旨在将拓扑学与木材学体系全方位有机结合，以拓扑材料学、分子拓扑学、结构拓扑学、计算拓扑学等拓扑学为理论基础和研究手段，解译木材拓扑结构以深化木材基础研究理论体系，开发高性能与特异性功能新型木质拓扑新材料以提升木材应用水平和拓展木材应用领域，为木材基础理论拓展与提质增效利用提供重要的发展方向。

5.1 拓扑学简述

5.1.1 拓扑学的起源

拓扑学的产生源头可以追溯至解决几何与函数两大类问题。在几何上，Euler于1736年发表了属于拓扑学的第一篇论文，创造性地用"一笔画"来分析和解决"哥尼斯堡七桥问题"。这种将具体问题化归于点的位置分析问题被数学史认为是拓扑学的开端。1750年，Euler提出第二项关于组合拓扑学的结果——关于多面体的欧拉定理（Euler's theorem），该定理及其证明是拓扑学中很多思想的根源。即对于凸多面体P而言，顶点数v、棱边数e和面数f具有以下关系：$v-e+f=2$。在后续研究中，法国数学家Legendre于1794年将这个定理拓展到了球面；瑞士数学家L'Huilier于1813年将其推广到了空心多面体和穿孔多面体，得到了$v-e+f=4$及$v-e+f=0$的结论。以上讨论限于组合不变性，还未认识到是同胚不变性。

拓扑学发展的另一个重要源头是对复变函数的研究。德国著名数学家Riemann在他的博士学位论文和1857年发表的《Abel函数的理论》中创造性地引进了Riemann曲面概念以给多值函数单值化，同时引入了连通性这一概念，即如果在曲面F上画出n条闭曲线a_1, a_2, …, a_n，它们各自单独地或集体地都不能包围曲面F的一部分，但是它们连同任意另外一条闭曲线就能包围，就说该曲面的曲面连通阶为$n+1$。球面和圆盘都是1连通的，通常称为单连通；环面则是3连通。这种曲面连通阶是一个重要的拓扑不变量，其等价的说法则是如果可定向的曲面亏格为p，则曲面连通阶为$2p+1$。为此，Riemann提出如果两个闭Riemann曲面拓扑等价，那将会具有相同的亏格，也就是可定向地对闭曲面进行同胚分类。随后，意大利数学家Betti引入了1到$n-1$维连通数的概念。若几何图形上能画若干类闭曲线，而它们一起不成为这个图形中某个二维曲面的边缘，这种闭曲线的最多类数称为该图形的一维连通数。若在图形上能作若干类闭曲面，而它们都不成为这个图形中的任何三维区域的边缘，这种闭曲面的最多类数就是二维连通数。此外，Betti将复代数函数作为四维图形，证明了一维连通数等于三维连通数，这与后来的庞加莱（Poincaré）对偶定理相当。以上这类早期拓扑学现在被称为直观拓扑学。

1895年，法国数学家、物理学家Poincaré发表了长达121页的论文"Analysis situs"，与后续连续发表的论文构建了组合拓扑学的基本构架，标志着几何学的一个重要分支——拓扑学的诞生。首先，Poincaré给出了所研究的流形定义，即在n维欧几里得空间R^n中，由p个整体方程和q个整体不等式[式（5.1）]所界定的集合，其中F和φ为C^1函数并且F的Jacobi矩阵的秩为p，则这个集合为$n-p$维流形。

$$\begin{cases} F_1(x_1, x_2, \cdots, x_n) = 0 \\ F_2(x_1, x_2, \cdots, x_n) = 0 \\ \quad \cdots \\ F_p(x_1, x_2, \cdots, x_n) = 0 \\ \varphi_1(x_1, x_2, \cdots, x_n) > 0 \\ \varphi_2(x_1, x_2, \cdots, x_n) > 0 \\ \quad \cdots \\ \varphi_p(x_1, x_2, \cdots, x_n) > 0 \end{cases} \quad (5.1)$$

随后，Poincaré 定义了流形的定向，即有一个由式（5.1）确定的流形，将 F_i（$i=1, 2, 3, \cdots, p$）中任意两个对调后，所定义的新流形为原流形的"相反流形"。同时，若该流形 V 边缘的一部分 v 由式（5.1）中 $F_i=0$ 及 $\varphi_a=0$ 和 $\varphi_b>0$（$a\neq b$）所界定，那么 v 定向是由 V 定向诱导的定向。之后引入了"同调"概念，即一个给定的 p 维度拓扑流形 W 中的一组 $q-1$ 维无边子流形 $v_1, v_2, \cdots, v_\lambda$（$q\leqslant p$），如果它们组成流形 W 中一个连通的 q 维子流形 V 的"完全边缘"，那么表现为

$$v_1+v_2+\cdots+v_\lambda \sim 0 \tag{5.2}$$

称此关系为 $v_1, v_2, \cdots, v_\lambda$ 之间的一个"同调"。同时指出，同调关系式可以做加法和减法，由如下同调关系式（5.3）表示，其中 $k_1, k_2, \cdots, k_\lambda$ 为任意正的或负的整数；$v_1, v_2, \cdots, v_\lambda$ 为 W 的 $q-1$ 维子流形。

$$k_1v_1+k_2v_2+\cdots+k_\lambda v_\lambda \sim 0 \tag{5.3}$$

紧接着，Poincaré 定义了第一个拓扑不变量贝蒂数（Betti number），如下：一个 n 维流形，它存在最大数目为 P_q-1 个独立连通 q 维无边的子流形，不存在系数不全为 0 的同调，那么 P_1，$P_2, \cdots, P_{n-1}$ 就是这个 n 维流形的贝蒂数。在提出流形同调论的同时，其核心成果——著名的对偶定理被同时提出：对于连通的可定向的无边 n 维流形中，当 $1\leqslant p\leqslant n-1$ 时，有 $P_p=P_{n-p}$。另一个被提出的重要拓扑不变量是基本群，如今用现代的记号说明即一个拓扑空间 W，若道路 $f: I \to W$ 满足 $f(0)=f(1)$，则 f 为闭路，$f(0)$ 为基点。闭路 f 的同伦类记为 $[f]$。将 $\pi_1(W, w)$ 定义为基点是 w 的闭路同伦类的集合，并定义闭路同伦类 $[f]$ 与 $[g]$ 的乘法为先后走一遍先走 f 再走 g，则 $\pi_1(W, w)$ 称为 W 的基本群。此外，Poincaré 对欧拉定理进行了推广，同时引入了挠系数概念。

这些开创性工作奠定了拓扑学研究的基本框架，标志着拓扑学的诞生。在 20 世纪 20 年代中期抽象代数学中的群、模等概念进入组合拓扑学中之前，拓扑学家所用的工具依然是 Poincaré 所创立的同调和基本群。有人这样正确地总结过："直到 1933 年发现高阶同伦群之前，代数拓扑学的发展完全基于 Poincaré 的思想和方法。"基于其后续研究，来源于世界各地的，包括荷兰的 Brouwer、德国的 Hilbert、法国的 Lebesgue、俄罗斯的 Alexandroff 等一大批数学家对于组合拓扑学的增补和证明，建立了点集拓扑学和拓扑学核心理论——同调论，使其逐步发展为一门成熟的数学学科。

拓扑学发展的一个高峰在 1935 年之后，表现为三个方面：其一，同调论和上同调论发展成为一门成熟的理论；其二，以刻画映射之间的不变量为对象的同伦论的建立和发展；其三，为计算伦型和上同调群而引进的纤维丛和示性类理论得到发展。首先，是同调论和上同调论的系统化。在 1935 年于莫斯科举行的国际拓扑学会议上，Alexander 和 Kolmogoroff 二人独立地提出了建立在一个有限的或无限的组合复形上的同调论概念和乘积概念。接下来是到 1937 年，荷兰数学家 Freudenthal 和苏联数学家 Семёнович Понтрягин 基于德国数学家 Hopf 解决的三维有限单纯复形 K 到 S^2 的连续映射的同伦分类问题[式（5.4）]，解决了 n 维有限单纯复形 K 到 n 维球面 S^n 的连续映射的同伦分类问题，接下来的问题是 $n+1$ 维有限单纯复形 K 到 n 维球面 S^n 的连续三映射的同伦分类问题，即推演得到

$$\pi_3(S^2) \cong Z \tag{5.4}$$

$$\pi_{(n+1)}(S^n) \cong \frac{Z}{2Z}, 当 n \geqslant 3 \tag{5.5}$$

接下来是同伦论的建立和发展。同伦是刻画映射之间的不变量为对象的映射问题。同伦的第一个概念是 Poincaré 于 1895 年引进的基本群，一般认为同伦概念是 Brouwer 于 1911 年正式定义的。同伦论发展的另一个成就是阻碍理论的建立。1939 年，Eilenberg 建立了阻碍理论，为同伦分

类增添了一个新的工具。此外是"纤维丛"概念，大体上就是说有一个底空间，如球面 S^n，其上每个点有一个纤维，这样把每点上的纤维都组织在一起就形成一个纤维丛，这个组织是通过结构群（通常是李群）来完成的。特别是当纤维就是李群时，它成为主纤维丛，在规范场论中至关重要。在后续研究中，Steenrod 引入主丛和相配概念，将纤维丛的分类归结为主丛的分类。

当时间迈入 20 世纪中期，拓扑作为一项重要的数学分支成功接入了凝聚态物理，成为拓扑材料制造和研究的重要手段。其中一颗最为璀璨的明珠便是凝聚态物质中的拓扑相变和拓扑相，其研究者因此成果而获得 2016 年诺贝尔物理学奖，该理论体系由美国华盛顿大学的 Thouless、普林斯顿大学的 Haldane 和布朗大学的 Kosterlitz 分别提出。1972 年，Kosterlitz 和 Thouless 在二维系统中发现了一种全新的相变类型，其中拓扑缺陷起着关键作用。他们的理论适用于某些种类的磁体、超导和超流体薄膜，而且对理解极低温下一维系统的量子理论也非常重要。20 世纪 80 年代初，Thouless 和 Haldane 发展了一种理论方法来描述无法通过对称性破缺模式来识别的物质相。在 1982 年的一篇论文中，Thouless 与他的合作者 Kohmoto、Nightingale 和 den Nijs 使用拓扑概念解释了二维电子气体中霍尔电导非常精确的量子化。1983 年，Haldane 推导了一个自旋链理论，该理论以一种关键的方式融合了拓扑效应。在此基础上，他预测具有整数自旋和半整数自旋的链在性质上应该是不同的，这个完全意想不到的效应后来被实验证实。这几位科学家的重要研究成果是量子力学基础研究领域的重大突破，促进了对拓扑物态的研究，提出了拓扑绝缘体的关键理论，促使拓扑绝缘体研究领域的诞生，并推动了该领域的蓬勃发展。

材料拓扑学与拓扑材料将会是材料界的一场新革命。快速发展的拓扑学与材料学相互交融，衍生出各种新兴拓扑材料和研究方向，如拓扑绝缘体、拓扑超导体、分子拓扑学、拓扑超材料等。一维、二维、三维体系拓扑材料的出现犹如泉涌，研究和应用横跨多个领域和体系，包括环境、能源、生物、医药健康、航空航天、信息技术等领域及电子、光子、声子、磁子等体系。

木材作为当今世界四大基础材料（钢铁、水泥、塑料、木材）之一有着不可替代的作用，其由纤维素、木质素和半纤维素组成的天然有机复合构型使其成为天然的拓扑序构材料。通过木材拓扑学研究，解构和重塑拓扑木材可以轻易地与当前拓扑材料领域接轨，可轻而易举地将拓扑序构拆分到纳米尺度的木质基分子或重构木材，构建在电、磁、光、声、热等方面有特殊功能和响应的多维度木质拓扑超分子和木质拓扑超构材料，使得木材能够在更高维度上为人所用，为人类文明的进步服务。

5.1.2 材料拓扑学概述

5.1.2.1 拓扑量子材料

拓扑绝缘体、拓扑超导体和拓扑金属是当前最为热门的拓扑材料，也是拓扑与凝聚态物理结合的最前沿。在所有事物的最底层，所有物质都受量子物理定律的支配。气体、液体和固体是物质的常见相，其中的量子效应往往被随机的原子运动所隐藏。例如，当温度变化时，物质的普通相也会在彼此之间转换——当由有序晶体组成的冰被加热并融化成水时，就会发生这样的相变，水是一种更混乱的物质相。但在接近 0K（−273℃）的环境中，物质会呈现出奇怪的新相，并以意想不到的方式表现出来。例如，在超冷中，所有运动粒子遇到的阻力突然停止，也就是电流在超导体中无电阻流动或者超流体中的涡旋永远旋转而不减速的情况。在这种情况下，只在微观世界中起作用的量子物理学突然变得可见（图 5.2）。

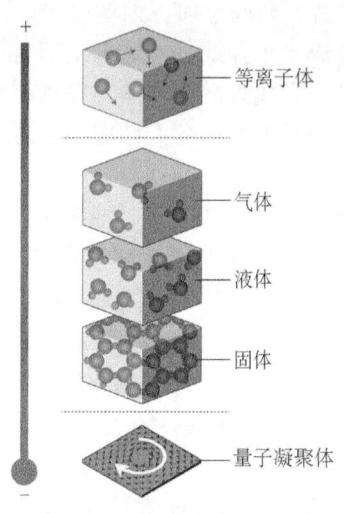

图 5.2 物体相变示意图

1934年，苏联科学家Pyotr第一次系统地研究了超流体。在该研究中，他将从空气中提取出来的 ^{4}He冷却到-271℃，观察到了这种液体沿着容器壁向上流动的现象。Pyotr因为发现了这种黏度完全消失之后超流体的奇怪特性，而获得了1978年诺贝尔物理学奖。从那以后，科学家在实验室里创造了几种类型的超流体。超流氦、超导体薄膜、磁性材料薄层和导电纳米线是当前正在开展大量研究的全新物质相中的一部分。研究人员长期以来一直认为，热波动会破坏平面二维世界中物质的所有秩序，即使是在0K，如果没有有序相，就不会有相变。但在20世纪70年代初，Thouless和Kosterlitz在英国伯明翰相遇，他们挑战了当时的理论。他们一起研究了平带的相变问题。这种合作促进了对相变的全新认识，相变被认为是20世纪凝聚态物理理论中最重要的发现之一。理论物理学家Berezinski也曾提出过类似的想法，因此被称为别列津斯基-科斯特利茨-索利斯相变（Berezinskii-Kosterlitz-Thouless transition，又称为BKT相变）。拓扑相变不是普通的相变，像冰和水之间的相变。平面材料中的小涡旋在拓扑转换中起主导作用。在低温下，它们会紧密地成对排列。当温度上升时，会发生相变：涡旋会突然远离彼此，并在材料中自行离开（图5.3）。这一理论的奇妙之处在于，它可以用于低维的不同类型的材料——BKT相变是普遍的。它已经成为一个有用的工具，不仅被应用于凝聚态世界，还被应用于其他物理领域，如原子物理或统计力学。BKT相变背后的理论由它的始发者和其他人提出，并在实验上得到证实。

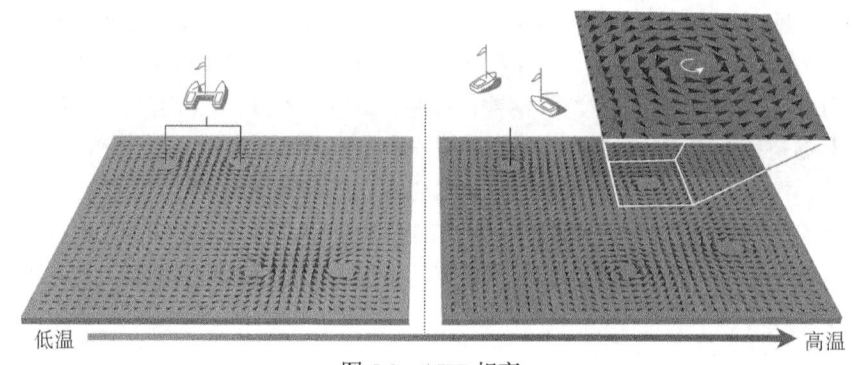

图 5.3 BKT相变

左边为低温下涡旋成对出现的情形；右边为高温下单个涡旋处于自由状态的情形。两者属于不同的拓扑相

经过一系列实验发展，有大量的全新物质状态需要得到解释。在20世纪80年代，Thouless和Haldane都提出了开创性的新理论工作，挑战了之前的理论，其中一个是决定哪些材料导电的量子力学理论。这一理论最初是在20世纪30年代发展起来的，长期以来，人们认为朗道理论能够解释所有的相变行为。在1983年，Thouless证明了之前的理论是不完整的。为此，他为在低温和强磁场环境中的相变引入了一种全新的基于拓扑原理的理论体系，在这种理论中拓扑概念是至关重要的。大约在同一时间，Haldane在分析磁性原子链时也得出了类似的、同样出人意料的结论。他们的工作对物质新阶段理论随后的戏剧性发展起到了重要作用。

Thouless的拓扑学理论描述的神秘现象是量子霍尔效应。这一特殊现象是德国物理学家von Klitzing在1980年发现的，他因此获得了1985年诺贝尔物理学奖。von Klitzing研究了两个半导体之间的一层薄薄的导电层,其中电子被冷却到接近 0K,并受到强磁场的影响。在物理学中,当温度降低到很低时,很容易发生一些极端情况,如很多材料在这种情况下会出现磁性,这是因为材料中所有的小原子磁体突然指向同一个方向,产生了一个强大的磁场,这一磁场也可以被仪器测量。然而,量子霍尔效应更加难以理解,在半导体之间导电层的电导率似乎只会呈现特定的数值,并且是几位精确的值,这样的情况在物理学中并不寻常。即使半导体中的温度、磁场或杂质量变化,测量结果也完全相同。当磁场变化足够大时,该层的电导也会发生变化,但变化是循序渐进的;降低磁场强度会使电导率先刚好是原来的两倍,然后是原来的三倍、四倍,如此往复。这些整数步骤无法用当时已知的物理学知识来解释,但 Thouless 用拓扑学找到了这个谜题的答案。

正如本章开篇所言,拓扑描述了当一个对象被拉伸、扭曲或变形时保持不变的属性,但不包括被撕裂时。拓扑对象可以包含一个洞、两个洞、三个洞、四个洞……,但这个数字必须是一个整数。这对于描述量子霍尔效应中存在的电导现象大有帮助,因为在量子霍尔效应的每步变化中,唯一的变化就是一个整数的倍数变化。2016 年诺贝尔物理学奖被授予西雅图华盛顿大学的 Thouless、普林斯顿大学的 Haldane 和普罗维登斯布朗大学的 Kosterlitz,拓扑是 2016 年诺贝尔物理学奖获得者所发现内容的关键,它解释了为什么电导率的变化是以整数步骤变化的。

在更早的研究中,从 1982 年开始,Haldane 做出了一个甚至让该领域的专家都感到惊讶的预测。在一些材料中出现的磁性原子链的理论研究中,他发现,根据原子磁体的特性,这些原子链具有根本不同的性质。在量子物理学中,原子磁体有两种类型,即奇、偶磁体。Haldane 证明了偶数磁铁组成的链是拓扑结构,而奇数磁铁组成的链则不是。就像拓扑量子流体一样,仅仅研究原子链的一小部分是不可能确定它是否是拓扑的。而且,就像在量子流体的情况下,拓扑性质显示自己在边缘。在这里是在链的末端,因为量子性质被称为拓扑链末端的自旋一半。最初,没有人相信 Haldane 关于原子链的推理,研究人员确信他们已经完全理解了它们。但事实证明,Haldane 发现了一种新型拓扑材料的第一个例子,这是现在凝聚态物理中一个活跃的研究领域。量子霍尔流体甚至磁性原子链都包含在这组新的拓扑态中。后来,研究人员发现了其他几种意想不到的物质拓扑状态,其不仅存在于链和薄边界层中,也存在于普通的三维材料中。

5.1.2.2 拓扑分子材料

在有机材料合成领域,拓扑学同样也逐步绽放其夺目的光芒。分子拓扑学作为新兴材料拓扑学的前沿研究领域之一,它的研究主体是在纳米尺度上将分子打结和编织,赋予其特定的拓扑结构,并研究拓扑结构对分子物理化学性质的影响。在我们的日常生活中,有一种技能是在古老的捆绑和编织技术的基础上,结合拓扑特征赋予材料以艺术或实用的属性,从鞋带到渔网都是例子,包括由几条红绳系在一起的装饰性的传统手工艺术品——中国结。而在拓扑学中有一个相应的代表性课题——扭结的分类问题。所谓扭结,顾名思义就是一根或几根绳子首尾相连,可能打了结。绳结被定义为嵌入在三维欧几里得空间中的闭环,而连杆是机械上相互锁住的环的集合。简单地说,把圈在空间的形态在拓扑上叫作从圆到三维空间的一个"嵌入",如果一个形态可以通过连续变换成为另一个形态,这两个"嵌入"是"同痕的",而两个同痕的嵌入是一个扭结。质数结是指那些不能用其他结的和表示的结,类似于质数,而质数结的组合产生复合结。基本链接和复合链接的定义可以用类似的方式表示。Alexander-Briggs 符号被用于对不同的拓扑进行分类。在这种表示法中,一个链接或一个结以 x_z^y 的形式表示。在图 5.4 中以红色表示一致性,其中 x 等于拓扑投影中节点或交叉点的最小数量,y 是组件的数量(在一个结中 $y=1$,通常省略),z 表示具有相同 x 和 y 描述符的特定拓扑在其同伴中的顺序。

在美学上吸引人的拓扑结构促使化学家用分子来表达它们的对应物。拓扑分子合成的首要挑

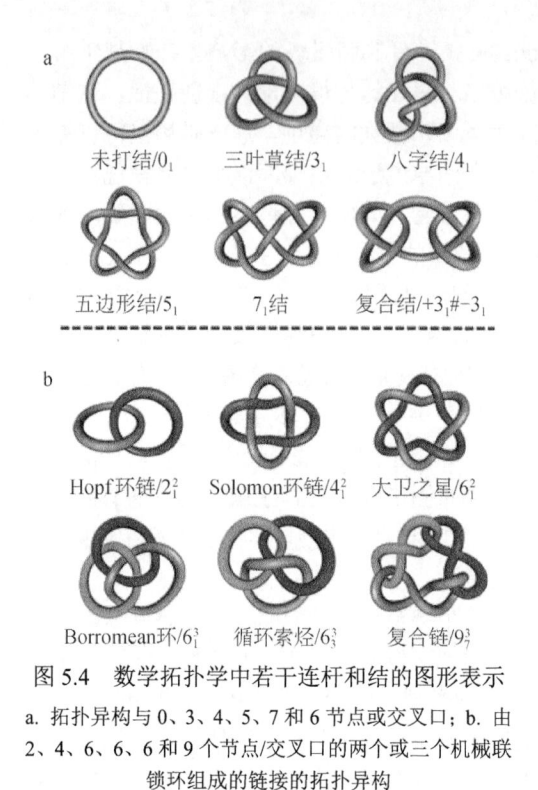

图 5.4 数学拓扑学中若干连杆和结的图形表示

a. 拓扑异构与 0、3、4、5、7 和 6 节点或交叉口；b. 由 2、4、6、6 和 9 个节点/交叉口的两个或三个机械联锁环组成的链接的拓扑异构

战在于如何精确控制闭环的纠缠和交叉点的产生。一个新的独立的研究领域——分子纳米拓扑学，正在从化学拓扑学、机械键和包括分子结与分子链在内的机械互锁分子的发展规律中涌现出来。当前在合成的聚合物分子链中，在 DNA 和蛋白质中发现的链结多是无序的。如何在纳米尺度上让分子表现出拓扑特性已经受到化学界广泛的关注。在过去 30 年里，化学家为了在纳米水平上控制分子的拓扑结构并了解其特殊特性，设计和合成了大量具有不同拓扑结构的分子。由于化学中机械键、机械互锁分子的出现，以及人们对化学拓扑结构的日益关注，化学家在合成具有拓扑结构的分子方面取得了重大进展。机械键是一种相对较新的化学键，存在于机械联锁的分子中，其成分通过简单的机械联锁行为结合在一起。机械键的化学作用已经建立起来，并在设计和合成链烷、轮烷、分子梭形结构和开关，以及机械联锁的基于分子的人工分子机器方面取得了显著的成功，这是由 Sauvage 和 Stoddart 首次提出的，他们因此而获得 2016 年诺贝尔化学奖。化学拓扑的概念由 Frisch 和 Wasserman 在 1961 年提出并用来解释拓扑异构现象，即两个分子具有相同的分子式，但它们的结构不能通过任何形式的变形而相互转换。化学拓扑对于区分和描述机械互锁分子的结构具有重要的意义。例如，当考虑到化学拓扑结构时，链烷和轮烷之间的内在区别是非常清楚的。链烷在拓扑上是非平凡的，因为它的分子成分不能通过任何连续的变形而不破坏参与其的共价键而分离。一方面，轮烷在拓扑结构上是微不足道的，原因很简单，因为它的分子成分至少在原理上可以被分离，只要它穿过一个塞子，环就会从哑铃上滑下来。另一方面，在链烷中，最早由 Frisch 等在 1953 年提出的机械键也是拓扑键，而在轮烷中则不是这样。可以预见，在未来几年内，分子连接间的拓扑构型将取得更多的进展。更广泛的立体化学选择，如轴向手性、平面手性和螺旋手性，在机械互锁分子中成为可能，并且可以通过引入拓扑结构来增强，最终将应用于具有涌现特性的智能新材料和分子器件的设计。

5.1.2.3 拓扑超材料

拓扑与材料相结合的另外一个点在于拓扑结构材料的设计与优化，是一种根据给定的负载情况、约束条件和性能指标，在给定的设计区域内对材料分布进行优化的数学方法，属于结构优化的一种。结构优化可分为尺寸优化、形状优化、形貌优化和拓扑优化。尺寸优化的设计变量可能是杆的横截面积、板的厚度或是复合材料的分层厚度；形状优化是以结构件外形或者孔洞形状为优化对象，如凸台过渡倒角的形状等；形貌优化可以用来设计薄壁结构的强化压痕，以满足强度、频率等要求；拓扑优化是以材料分布为优化对象，通过拓扑优化，可以在均匀分布材料的设计空间中找到最佳的分布方案。当加工铸造技术迈入微米级甚至是纳米级时，在微纳米精度进行拓扑优化和设计获得的拓扑材料表现出了前所未有的性能。

将拓扑设计与优化的概念引入高分子，以构建拓扑高分子材料。这是一类具有拓扑形态结构的高分子聚合物，即具有支链、环形、多环形及其杂化结构的一类高分子。与线形高分子相比，拓扑高分子具有很多独特的性质。环形拓扑结构是自然界中广泛存在的结构之一，如环形 DNA、环形多肽及环形的低聚糖和多糖等。拓扑高分子具有显著不同于线形高分子的独特性质和应用。例如，相对于线形高分子，拓扑高分子具有更高的聚合单元密度，在溶液中有超低的黏度，并且具有大量的端基可以利用。星形嵌段聚合物比线形聚合物表现出更强的黏弹性并在特定的溶剂条件下能够形成复杂的自组装形貌。线形聚合物可以以"蛇行"的方式通过肾小球的纳米孔，而环形聚合物难以采用此方式通过纳米孔，因而分子量大于肾排泄阈值的环形聚合物的血液保留时间和生物利用度都比线形聚合物大得多，能更有效地在肿瘤部位富集。环形聚合物的特性黏度比相应的线形聚合物的黏度小得多，且环形结构的双亲型聚合物形成的胶束也具有比线形聚合物的胶束高得多的热稳定性。有些拓扑结构聚合物如高代数的树枝状大分子已具备纳米尺寸结构，在纳米尺度上呈现出不同的形状及性质，并可进一步自组装为超分子结构及纳米结构。因此，拓扑高分子是一类在材料改性、纳米科技和生物医药等领域有着重要应用前景的新型功能性聚合物材料，日益受到人们的重视。

数学无处不在，万物皆可拓扑。当本来属于几何领域的拓扑概念进入物理世界时，物质相变就更加"灵动"多样。当前，拓扑物理已经从电子系统扩展到光子和声子等其他系统。在晶体层面，西班牙多诺斯蒂亚国际物理中心和美国普林斯顿大学领导的国际研究团队通过超级计算机，绘制了 96 196 种基于晶体数据库的晶体电子结构图，发现超过 90%的已知晶体结构中都包含至少一种拓扑特性，超过 50%的天然材料表现出某种拓扑行为。这大大丰富了拓扑材料数据库，在无机晶体的拓扑学研究上迈出了重要的一步，为拓扑晶体材料的设计与改性提供了基础。

5.2　木材拓扑学相关研究

5.2.1　木材拓扑学的产生

木材源于针叶树或阔叶树等乔木的主干，是世界四大基础材料（钢铁、水泥、塑料、木材）中唯一的可再生资源，具有原料易得、资源丰富、可再生及生物可降解等特点，被广泛应用在家居、建筑、化工等传统工业领域。木材宏观物理力学性能及其解剖研究在过去一个世纪的不断进步，很好地推动了其在传统工业的应用发展。随着 21 世纪先进的观测手段和研究方法的进步，大量研究证实这类由细胞组成的复杂生物质材料在微纳米尺度甚至是毫米级尺度上的结构都表现出良好的统一性。在木材中，单个木质单元由单个细胞的薄的初生壁、厚的次生壁和细胞腔组成，细胞腔大而空。次生壁由次生壁外层（厚约 0.5μm）、次生壁中层（厚约 5μm）和次生壁内层（厚约 0.1μm）组成。次生壁微纤丝的排列不像初生壁那样无定向，而是相互整齐地排列成一定方向。各层微纤丝都形成螺旋取向，但是斜度不同。这些多层级细胞壁皆由纤维素微纤丝、半纤维素与木质素协同组装而成（图 5.5）。随着纳米科学与技术、木材分子生物学和现代显微技术的不断发展，人们对木材细胞壁结构有了进一步的认识，观察到细胞壁微纤丝的排列是沿细胞轴向呈现波浪形聚集态分布，其中纤维素聚集体的空间排布被认为是沿细胞轴向呈现同心圆的层状排列。这些和谐有序的成分自下而上有序地构筑成木材，其有序组装的结果即各组分的天然拓扑序构。随着时间进入 21 世纪，木材结构材已经难以直接被用作当前时代所需的特种材料，需进行进一步设计、加工和序构才能适应快速发展和扩展的应用领域。为此，应用于解译、改造和序构木材及其组成分的理论研究体系——木材拓扑学应运而生，即运用拓扑学的手段和理论体系深入研究和解译木材微纳尺度结构与三大组分物化性质，探明其物化性质与天然拓扑结合形态形成相应的理论与研究体系，开发新型木质基拓扑结构基元和定向序构高性能拓扑新材料，为木质资源基础理论拓展与提质增效利用提供重要的发展方向。木材拓扑学旨在运用拓扑学的方法和理论体系系统化研究、加工和应用木材,为开发高性能和特异性功能的新型木质拓扑新材料提供理论指导和研究方向。

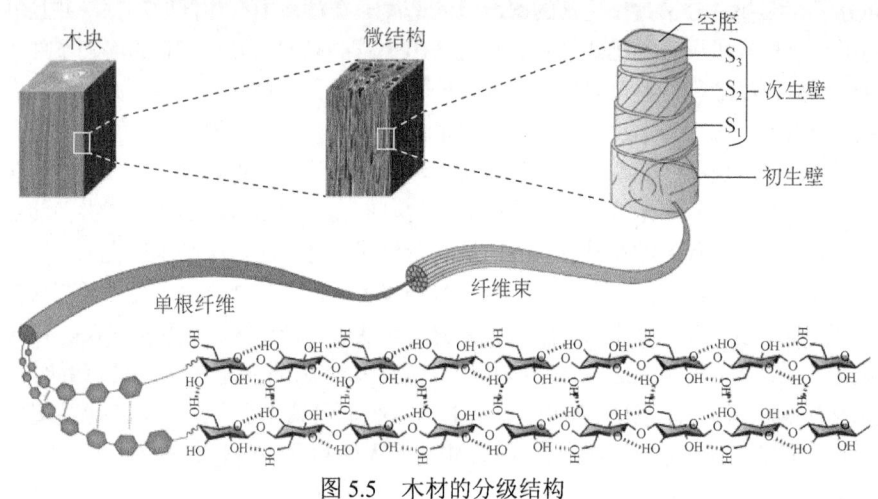

图 5.5 木材的分级结构

5.2.2 木材中的拓扑结构

在木材中,直径为几微米到半毫米的管胞、导管和纤维的腔体,以及横贯细胞壁的微米大小的孔和细胞壁内纤维素原纤维之间纳米大小的孔,构成了木材的分层多孔结构。木材结构各向异性是由不同尺度的通道和组成纤维素原纤维的明显方向性引起的。使用木材拓扑学这一理论研究手段去研究、探索和塑造木材及木材超材料是木材这一古老材料进一步发展的必然趋势。当前正在发展的用拓扑学研究和发展木材的趋势是从木材整体——宏观木材结构体的拓扑设计与应用和以木材细胞壁为基础构筑单元的木材结构拓扑塑造,逐渐介入微观下的木材各组分天然拓扑结构解译和基于解译与分离提纯木质三大素组分基元的拓扑重构等。木材拓扑学的研究基于对木材结构和木材中各组分天然拓扑结构的解译。在本章中,我们将会着重介绍木材关键共性结构特征并与拓扑学相结合。

5.2.2.1 木材微观结构中的拓扑结构

木材是树木承重、导水和传递营养的组织。木材具有明显的各向异性和木质纤维素组成的分层细胞结构,其多孔的层次结构,从纳米尺度的细胞壁延伸到宏观尺度的木材。据前文所述,木材细胞在细胞和组织尺度上的类型与体积分数随着木材种类的变化而变化。例如,在软木的细胞组成中,90%以上是管胞,并且细胞根据不同的功能具有不同的细胞直径和细胞厚度。其中,细胞直径大、细胞壁薄的早材管胞负责水分和养分运输,而细胞直径小、细胞壁厚的晚材管胞提供机械支撑。对于硬木而言,它发展了特定的细胞类型来实现这些功能,即负责水分运输的细胞和提供机械强度的木质纤维,这导致了硬木在大多数气候地区比软木具有竞争优势。木材中垂直于生长年轮的放射状平面细胞结构称为射线细胞,它是树木水分、营养物质和其他有机物质的放射状传导途径。一般来说,木细胞具有中空管状结构,根据其功能不同,壁厚也不同,细胞中心的空隙称为内腔。尽管木材种类和生长环境千变万化,但对于木材而言,其在微尺度下均是由许许多多的空腔细胞所构成的,即木材的实体是细胞壁。细胞壁主要是由纤维素、半纤维素和木质素三种成分构成,并且在所有木材之中都具有同一性。其中,纤维素分子链聚集成束以排列有序的微纤丝状态存在于细胞壁中,赋予木材抗拉强度,起着骨架作用;半纤维素以无定形状态渗透在骨架物质之中,起着基体作用,借以增加细胞壁的刚性；具有木质素是木材细胞壁的一种显著特征，木质素是在细胞分化的最后阶段才形成的，它渗透在细胞壁的骨架物质之中，起到加固作用。在木材中，这些由细胞壁组成的管腔、管胞和纤维大部分沿纵向排列，形成了井然有序的多孔性结构综合体（图5.6）。

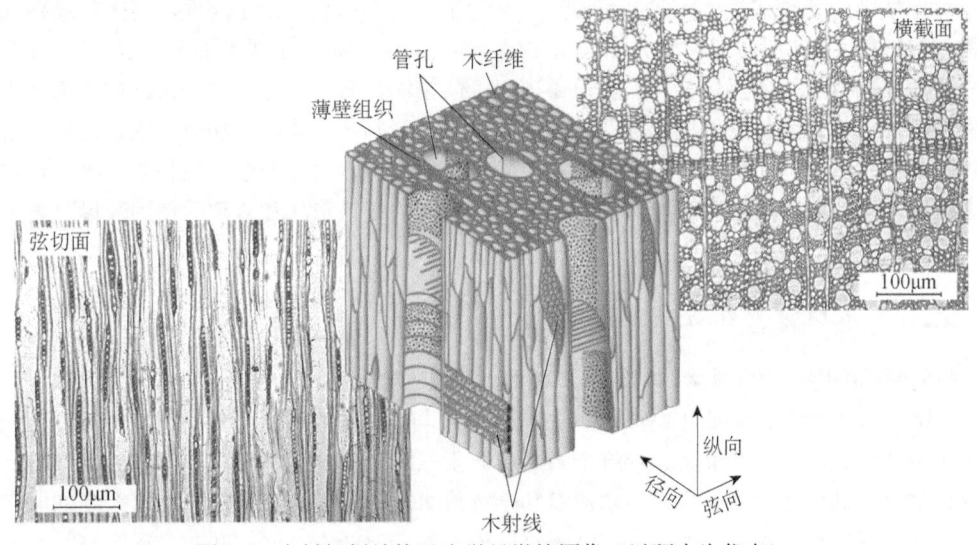

图 5.6　木材解剖结构及光学显微镜图像（以硬木为代表）

材料的性能既取决于其化学成分，也取决于其微观结构的几何形状。具有精心设计的亚尺度微结构的拓扑超材料已在光学、电磁学、声学、力学等领域得到了广泛的研究和发展。例如，在力学方面，拓扑超材料被设计成具有负热膨胀、负泊松比、超高的比强度、可调的失效载荷等特性，其结构的设计性和复杂性是无限的。这种形式和功能之间的联系被机械超材料所利用，其图形化的微观结构被设计为获得异常行为，如负响应参数、多稳定性或可编程性。在实践中，大多数设计包含周期性的结构，使得材料具有空间上的同质特征。在软机器人、假肢和可穿戴技术中更先进的应用涉及空间纹理机械功能，这同样也需要非周期性结构。图 5.7 所示为一种具有代表性的多步拓扑超材料的拓扑重构路径设计。通过对前驱体关键结构组成节点进行控制和设计，利用物理或化学的手段辅以定向拓扑转变路径，实现前驱体的拓扑重构。

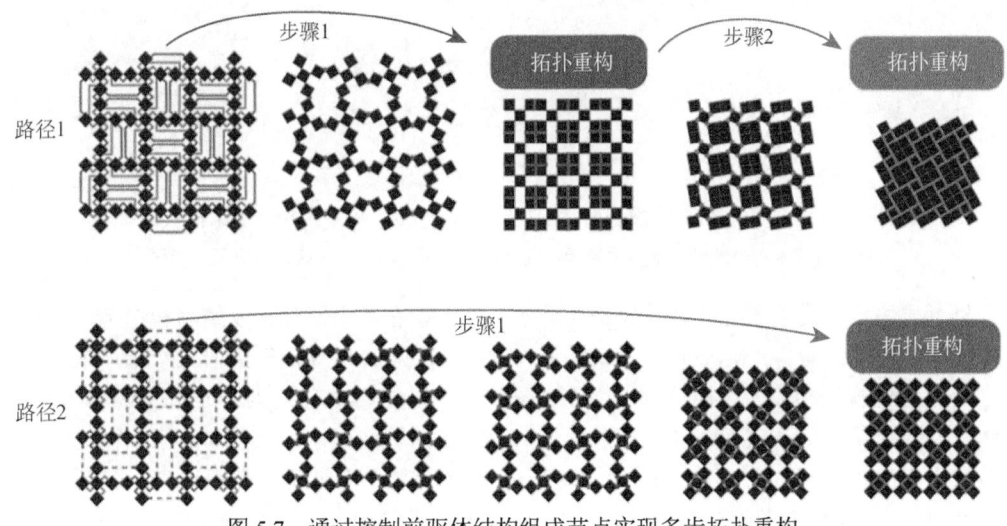

图 5.7　通过控制前驱体结构组成节点实现多步拓扑重构

木材作为一种由消亡细胞的细胞壁构筑而成的多孔性结构综合体，是拓扑序构筑拓扑超材料的优良原料。以木材为代表的天然材料通常具有不规则和异质的微观结构，如珍珠层、昆虫巢穴或骨骼，它们具有独特的特性。生物材料的几何不规则性是自组织生长的自然结果，它通过遵循简单局部规则的分布式随机构建过程展开，这为定向拓扑重构带来了难度。这类非周期式的初级结构在经过拓扑重构后，以力学方面应用举例，其力学特性将会呈现出不存在应力集中的特性，这是规整的周期性结构所不具备的。可以做出极大的推测，下一代基于木材微结构的拓扑重构工程需要基于计算机对木材微结构建模和形变路径进行设计与拓扑优化。加热或磁场也可以来驱动木质超材料拓扑形变，而并非只有机械压实。所获得的重构木材将会根据拓扑变换路径定向取得前所未有的功能，如通过结构智能响应等自然地与人体的复杂形状和复杂的使用环境可塑形性相结合。

5.2.2.2 木材重要组分中的拓扑结构

木材坚硬的细胞壁由纤维素、半纤维素和木质素这三种生物聚合物组成。在纳米尺度下，细胞壁中的纤维素纳米原纤维与细胞轴呈平行方向排列，或与细胞轴方向呈一定角度（一般在0°～60°），视组织类型和层数而定。纤维素、半纤维素、木质素三者之间的天然拓扑序构形成了一种天然纤维基复合材料，其性能取决于嵌入在木质素和半纤维素基质中的排列好的纤维素纤维的取向。当木质素被部分或完全去除后，纳米或亚纳米级纤维素纳米原纤维之间的间隙会形成与纤维素纳米原纤维排列相似的纳米孔。纤维素微纤维束包含结晶区和无定形区，由直径约3nm的基本原纤维（原细纤维）组成（图5.8）。纤维素是β-D-葡萄糖通过C1—C4糖苷键连接起来的链状高分子化合物，其化学结构式如图5.8左下角所示。

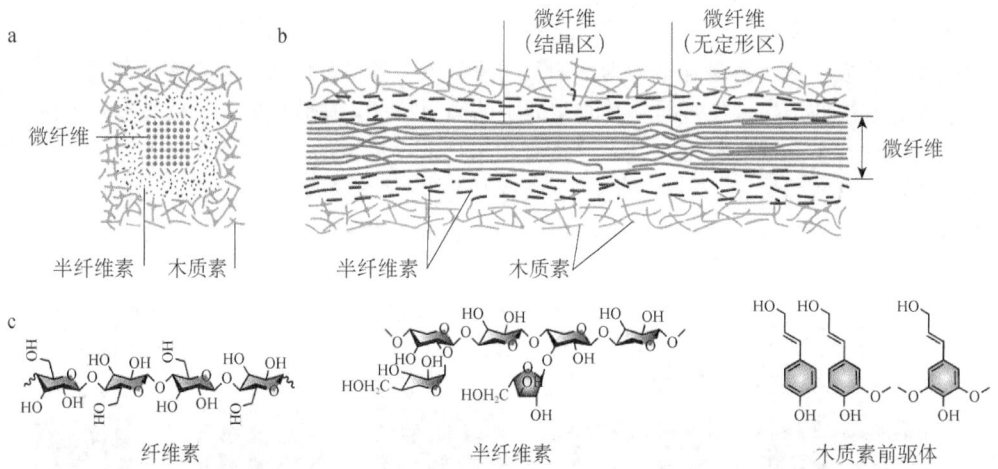

图 5.8　木材纤维结构的横切面（a）和纵视图（b）及三大素分子结构（c）

嵌入木质素和半纤维素基质中的为纤维素微纤维束，既有结晶区，也有无定形区

木材组成体系中最重要的骨架成分是纤维素，纤维素在其中又分别以结晶和无定形的形式存在。对于纤维素晶体而言，Meyer和Misch等（1937）根据X射线衍射的研究结果，最早提出天然纤维素结晶结构属单斜晶系（Ⅰ型晶胞）（图5.9）。晶格常数分别为：a=8.35Å，b=10.38Å，c=8.02Å。a轴和c轴间的夹角β=84.99°。b是沿纤维轴的等同周期，长度与纤维二糖的理论值相等。按纤维素的相对密度为1.592计算，则相当于每个晶胞中有4个葡萄糖残基。各葡萄糖残基之间都是通过β-1,4-糖苷键相互连接的。其中C—C键长为154Å，C—O键长为1.35Å。葡萄糖单

位的平面在单晶胞的 ab 面上。天然纤维素晶胞的原子配布模型（Meyer-Misch 模型）如图 5.9 所示。

当前涉及的晶体拓扑变换可以大致分为涉及拓扑电子态等性质变换的介观体系、结晶结构转变及结构性变形三大类。在凝聚态物理中，拓扑晶体绝缘体和拓扑半金属是以无机晶体为代表的一系列具有特殊拓扑电子态的材料。拓扑晶体绝缘体具有能带反转的特性，且其反转的体态能隙中存在偶数个（除了零）自旋极化、无能隙的狄拉克锥形表面态，受时间反演对称性和镜面对称性保护。目前，理论物理学家预言拓扑晶体绝缘体主要存在于旋转对称性与镜面对称性 C4 和 C6 晶格空间群。拓扑晶体绝缘体材料体系主要是具有 NaCl 型晶体结构的Ⅳ-Ⅵ主族半导体化合物及合金材料。而拓扑半金属是具有不同于拓扑绝缘体的一类全新的拓扑电子态晶体材料，其能带交叉简并点（Weyl node）恰好坐落在费米面上，就会给出一类非常特殊的电子结构拓扑半金属。对于涉及特殊拓扑电子态的纤维素晶体研究还在理论研究的起步阶段。在结晶结构转变方面，纤维素晶体存在着各种结晶结构的变体。Ⅰ型天然纤维素在浓氢氧化钠水溶液中溶胀或由溶液再生，经洗涤和干燥后即可得到Ⅱ型纤维素，再生纤维素或丝光化纤维素皆属于此种结晶结构。通过液态氨处理Ⅰ或Ⅱ型纤维素，可获得Ⅲ型纤维素，它的主链分子向 ac 面外方扭转的角度更大。将Ⅱ型纤维素在丙三醇中以 250℃ 以上的温度处理，则可得到Ⅳ型纤维素，变为斜方晶系化合物（表 5.1）。这意味着不同晶型的纤维素之间可以通过相应的拓扑变换互相转化，形成应对不同使用条件的纤维素功能材料。

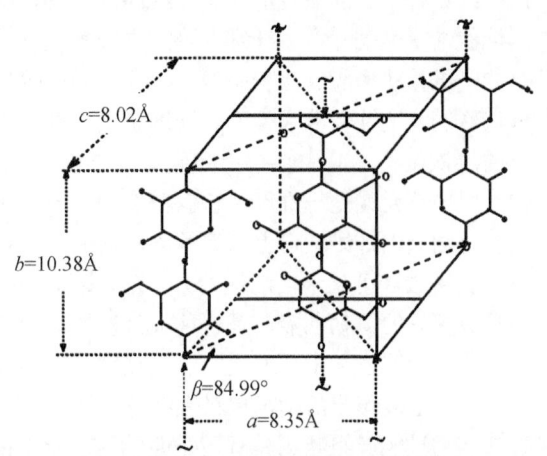

图 5.9　天然纤维素晶胞（纤维素Ⅰ型）的原子配布模型（Meyer-Misch 模型）

表 5.1　纤维素晶体变体的晶格常数

纤维素	晶系	a/Å	b/Å	c/Å	β/(°)
Ⅰ	单斜	8.35	10.38	8.02	84.99
Ⅱ	单斜	8.02	10.30	9.03	62.80
Ⅲ	单斜	8.05	10.40	10.27	57.50
Ⅳ	斜方	8.12	10.30	7.99	90.00

结晶和无定形纤维素在组装为具有二次结构的构造体时，主要利用的是结构形变和氢键缔合的形式。氢键是一类可以拆分和重新组装的共价键，主要源于静电作用力。氢键是供体和受体之间电荷迁移产生静电相互作用，导致氢原子和 Y 原子之间形成部分共价键，共价键的形成由离散作用所引起。纤维素的润胀和溶解可以从物理层面打开氢键。在极性溶剂及润胀剂如甲醇、乙醇、水、离子液体等中，这些溶剂可以将相邻的纤维素分子链之间的距离扩大，并使纤维素逐渐溶解，这是纤维素能够拆分成单根分子链后还能保持分子结构稳定的基础。

纤维素既能拆分也能重组，由纤维素分子链组装而成的纤维素基本构造体结构丰富。可作为基础构造体的纳米纤维素大致分为棒状形貌纳米纤维素、纤维素纳米纤丝及球形纳米纤维素。棒状形貌纳米纤维素多指纤维素棒状纳米晶，它是大尺寸的纤维素经化学法、机械法、生物法等加工而得到的高结晶性的纳米级棒状或者是针状纤维素。通常来说，通过高浓度无机酸水解法将天然纤维素纤维中的无定形区和亚结晶区水解，保留其结晶区制备得到棒状形貌纳米纤维素。纤维素棒状纳米晶既保留了纤维素可生物降解、良好的生物相容性等原有性能，同时具有纳米材料特有的一维棒状形貌、比表面积大、高结晶度等特性，在复合材料中表现出惊人的增强作用，且具有特殊的流变性和液晶行为。纤维素纳米纤丝主要存在于植物细胞壁中，而植物的细胞壁具有复杂的层次结构，其中存在于细胞壁纤维中的微纤丝和基本纤丝就属于天然的纳米尺度的纤维结构，组成单元就是纤维素，它们虽然细小但具有很高的长径比和很强的力学性能。这种纳米纤丝大多是由天然纤维素自上而下解离获得的，形貌细长，具有优异的机械性能、热稳定性，较低的热膨胀系数（可化学功能改性），以及良好的生物可降解性与生物相容性，且较纤维素棒状纳米晶具有更好的柔韧性能，是一种极具发展潜力的增强材料，被视为玻璃纤维等不可再生人造纤维的替代品。球形纳米纤维素一般是高度解离的纤维素分子在不同条件下自组装形成的，在生物医药、食品包装薄膜的纳米填料等特殊领域显示出巨大的潜能。这些纤维素纳米基元可以被进一步设计和通过氢键组装成具有拓扑性质的功能结构体，也可以通过拓扑重构组装成为其他纳米功能基元，如中空纤维素纳米晶和纤维素纳米片。

半纤维素是一种储量丰富的天然非纤维素类的多糖聚合物，广泛存在于各种植物细胞壁中，占木材干重的20%~35%。半纤维素具有吸湿性强、耐热性差、容易水解等特点，在外界条件的作用下易发生变化，会对木材的某些性质和加工工艺产生影响。半纤维素在其天然状态下通常是无定形的，由具有相对较少类型的碳水化合物重复单元的支化均聚物或共聚物组成。半纤维素的组成与纤维素不同，其含有多种糖基，分子链很短，具有分支度。构成半纤维素的最基本的糖基主要有戊糖、己糖、己糖醛酸和脱氧己糖。半纤维素的主链可以由一种糖基组分（如木聚糖）形成均聚物，也可以由两种或两种以上的糖基组分（如葡甘露聚糖）形成杂聚物。在主链上时而或常常带有侧链，如4-O-甲基葡糖醛酸、半乳糖等。大多数半纤维素具有多而短的支链，但主要还是线形的。在半纤维素的主链上一般不超过200个糖基，因而与纤维素相比，半纤维素是分子量小的高分子化合物。在半纤维素结构中，主要以线状形式存在，时常带有各种短支链，如Ⅰ、Ⅱ、Ⅲ三种不同的聚糖，其结构如图5.10所示。

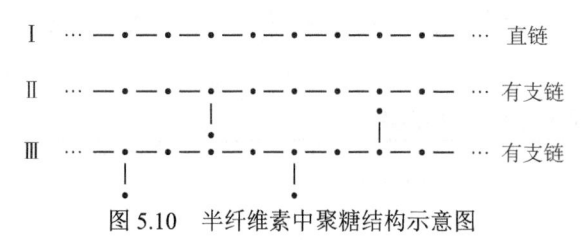

图5.10 半纤维素中聚糖结构示意图

图5.10中，Ⅰ为直链，Ⅱ、Ⅲ都有支链，Ⅲ的分支度高于Ⅱ。分支度对于半纤维素物理性质的影响很大，用相同的溶剂，在相同条件下，分支度高的半纤维素，其溶解度较大。此外，半纤维素被认为是一种具有螺旋结构的有机高分子。

在分子拓扑学中，有一类是基于扭结理论衍生的分子拓扑材料，其研究主体是在分子尺度上将分子打结和编织，赋予其特定的拓扑结构并研究结构对分子物理化学性质的影响。最早合成索烃和分子结的开创性工作始于1960年Wasserman和Schill等的研究，他们通过直接合成或模板导向法获得了这些具体特殊拓扑结构的分子，是分子拓扑学领域的重大进步之一。对于半纤维素而言，在分子层面上是具有不超过200个糖基和分支结构的天然直链分子。庞杰等（2013）经研究发现具有与半纤维素类似分子结构的魔芋葡甘露聚糖单链在水溶液中会形成左右螺旋链节。通过拓扑分析和构筑可以将金属离子嵌入魔芋葡甘露聚糖分子链之间，可将两根互不相关的单链分子缔合形成稳定和完整的具有螺旋拓扑构象的复合分子，为新型半纤维素拓扑分子的发展提供了可借鉴的思路。

木质素是木质化植物组织除去浸提成分（包括灰分）后的非碳水化合物部分，是具有芳香族特性的高分子无定形物质，主要存在于木质化植物细胞壁，起着将细胞连接起来强化植物组织的作用。纤维素在所有植物中都具有相同的结构，与之不同的是，自然界中不存在完全相同的木质素。决定木质素结构和性质的关键因素之一是它作为生物组成系统的发育发展背景。木质素在化学上是苯基丙单元（C6—C3）通过 C—C 或醚键结合起来的复杂化合物，甲氧基是其特征功能基。木质素的结构单元苯丙烷衍生物，通过各种键型互相连接起来，进而构成了木质素大分子。单元与单元之间则有多种不同的连接方式，出现的次序很不规则，而且分子链的分支相当密。与其他天然高分子相同，木质素分子量的分布多是分散性的，大部由三维网状结构的大分子组成。天然状态下的木质素结构缺乏高度规律性，不能水解为单体。在酸或一般溶剂作用下，或当温度变化时，都引起某些变化。人为分离得到的木质素，无论在物理性质或化学性质方面，都与天然木质素有若干不同。

在分子拓扑学的后续研究发展中，拓扑分子学的一个分支是从较低分子量的分子构筑逐渐拓展到具有各种拓扑结构的高分子。拓扑高分子主要包括支链结构（如树枝状、梳形、超支化、星形及 H 形等）和环形、多环形结构，以及它们的杂化结构（如蝌蚪形、索烃形、轮烷形、结节形等）等大分子。各种木质素大分子的拓扑结构研究还不够充分，尤其是被子植物中的木质素。木质素交联结构理论是最著名和公认的概念之一。根据这一概念，绝大多数生物体内的木质素都具有微凝胶类型的空间交联系统。如图 5.11 所示，可溶性木质素分子在溶液中的代表性存在形式是三维网状大分子组装而成的球形，大分子内部为不规则弯曲网状连接。但随着对不同生物系统中的木质素大分子结构的逐步解析，其他结构模型假设也同样在逐步发展。自 2010 年之后，国内外对不同植物种类木质素的大量研究结果表明不同种类生物系统中的木质素具有不同的拓扑结构。例如，拟南芥（*Arabidopsis thaliana*）中由丁香基型的单粒诺尔醇组成的木质素大分子主要以线状结构存在。对谷物秸秆木质素的研究也得出了类似的结论。云杉木质素是混乱的分支生物聚合物，而白杨和桦树木质素是星形结构的。此外，亚欧花楸（*Sorbus aucuparia*）和苹果（*Malus domestica*）及其他落叶树种中的愈创木基-紫丁香基木质素具有一个统一的星状拓扑高分子形态。在实际使用中，这类具有树枝状、梳形、超支化、星形、球形及 H 形等支链结构和环形、多环形等结构的拓扑高分子具有不同于直链结构高分子的独特性能，是一类在材料改性、纳米科技和生物医药等领域有着重要应用前景的新型功能性聚合物材料。此外，木质素丰富且有层次的易反应表面基团也能够满足更为复杂和更多功能的拓扑高分子点击反应合成的要求。

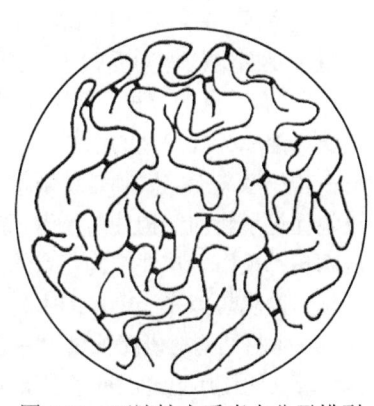

图 5.11　可溶性木质素大分子模型

5.2.3　木材拓扑学的应用与发展

通过木材拓扑学这一研究手段去研究、探索和塑造木材及木材拓扑材料是木材这一古老材料进一步发展的必然趋势，其应用核心在于研究对象的"拓扑不变量"。在研究木材拓扑性质和开发木质拓扑材料时主要以方法上的拓扑优化及拓扑结构和性质的构建为主要应用路径，而目前使用拓扑学研究木材大致可分为基于宏观木结构材的拓扑设计、木材结构体拓扑塑造、木材各组分拓扑结构解译和重构及新型木质基拓扑材料与功能应用。当然，随着技术的发展和对木材研究的推进，木材拓扑学未来定然会有更多、更广的研究和发展方向。

5.2.3.1　基于宏观木结构材的拓扑设计

基于宏观木结构材的拓扑设计和应用与结构的拓扑优化密切相关。结构优化可分为尺寸优化、形状优化和拓扑优化。而拓扑优化是一种根据给定的负载情况、约束条件和性能指标，在给定的区域内对材料分布进行优化的数学方法，是通过优化结构材的节点布局、分布之间的杆件连接方式，以及连续体中孔洞数量和位置来获得结构材一个或多个性能的提升和优化，如美学、力学和减少结构材质量等。1854年，Maxwell最早进行应力约束下的最小重量桁架的基本拓扑分析。随后，在1904年，Michell通过解析的方法研究了应力约束、一个荷载作用下的结构，得到最优桁架所应满足的条件，这是结构拓扑优化设计理论研究的里程碑。结构拓扑优化研究方法目前有解析法和数值优化法，结构解析部分都是采用有限元方法计算；数值优化部分主要有准则法、数学规划法及人工智能等算法。拓扑优化的定义通常为在设计领域中具有边界、边界空隙、边界支撑和边界载荷等特征的材料布局。

木材作为建筑材料，有机会使建筑工业更加环保可持续；通过生长，它可以储存碳，是一种可再生资源，使用后可以重复利用和回收，它具有比大多数其他典型的建筑材料更低的隐含能量。木材真正的结构能力受限于人们制造木材的过程和经济方式。树木可以长到8t重，高达130英尺[①]，它有大量的分枝，且受气候因素的影响。目前结构木材的制造使用木材作为实心块，即从一棵树磨成标准尺寸的木材。木材结构设计的典型方法包括计算荷载及其对木材的影响，因此木材在传统意义上的限制是铣削木材的尺寸和缺陷，如节和水分含量。如今，木材作为建筑材料的进步促进了新的结构件的产生，如胶合层压梁、交叉层压木材和木工字梁。胶合层压梁和交叉层压木材都采用了构件结构冗余的概念，因此构件性能中的缺陷不再是关键。因此，基于冗余和材料优化的思想，在一个新的木材产品中应用算法和数字化操作成为可能。

在木材结构材研究领域，"拓扑木材"利用新技术和社会影响推动木材作为建筑材料的发展。数据和算法的使用已经改变了建筑实践和建筑设计的方式。数字时代充斥着数据，应该如何管理这些数据？建筑信息模型日益重要，是数据和建筑融合的体现，被用来最大限度地提高建筑行业各个方面的效率和性能。拓扑优化木材结构材着眼于数据和算法，重新设计木材这种建筑中最为丰富和可再生的建筑材料，而不受以往范式设计的限制与制约（图5.12）。当前的板芯材结构具有固定的几何结构，这意味着尽管具有多种外形尺寸，但为了能应对特定的载荷，其尺寸是以上多种可选择尺寸中的一种。拓扑优化是一种完全相反的方法，即构件几何形态按荷载设计，同时满足构件的其他要求。例如，在梁上有一个点需要贯穿一组导管，或者是一个柱子需要在它的设计允许之内开一个口。木结构材的结构拓扑优化比尺寸和形状优化在节省材料和构建轻质高强材料方面更为显著，赋予了木材在建筑、机械、航空航天及海洋工程等领域进一步应用的可能性。

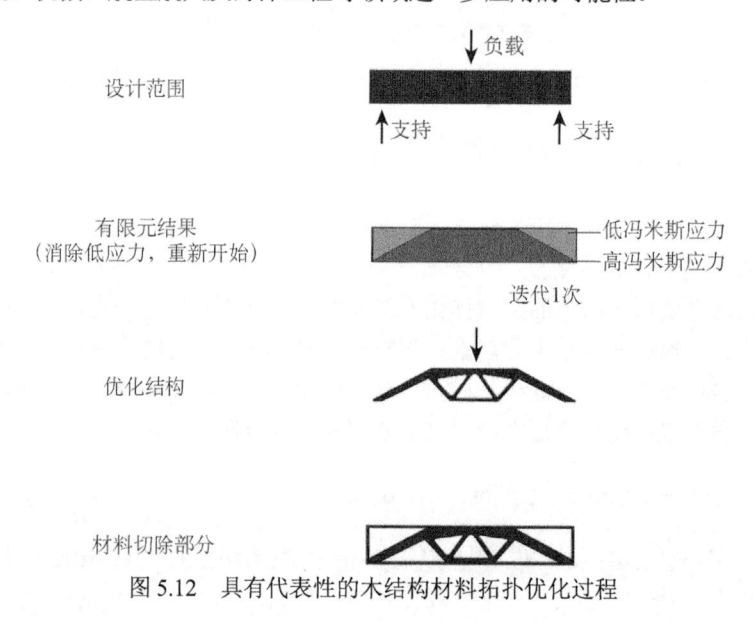

图5.12 具有代表性的木结构材料拓扑优化过程

---

① 1英尺=3.048×10^{-1}m

5.2.3.2 木材结构体拓扑塑造

木材作为一种由消亡细胞的细胞壁构筑而成的多孔性结构综合体，具有不规则和异质的微观结构。这种不规则性是组织生长的自然结果，遵循简单局部规则的分布式随机构建过程展开，为木材结构体的拓扑塑造带来了难度。当前可用于木材拓扑重构的最为显著的方法是木材软化，这种加工方法在木材工业发展过程中通常被应用于让木材变软以便于旋切、弯曲或表面模塑成型。自 2018 年后，木材软化处理得到了突破性的进展，通过部分去除木材中刚性加固成分——木质素，获得了具有软化结构且具有大量氢键暴露的木材。这种木材在有水存在的情况下，施以长久的高压使软化的木材细胞壁形变，消亡细胞内空腔完全被压实，软化细胞壁在高压作用下自发拓扑重构，形成致密的互相交织复合结构（图 5.13），使得木材整体体积减小 80%，强度提升 12 倍以上。采用完全密实化的手段加工软化木

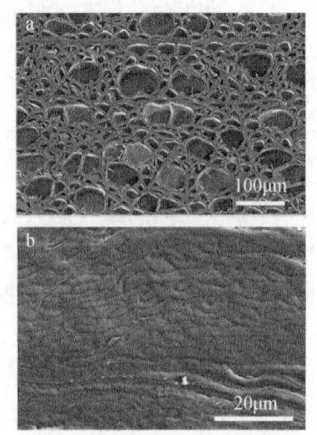

图 5.13 密实化前（a）后（b）的木材 SEM 图像

材所获得的材料具有比大多数结构金属和合金更高的强度，是一种低成本、高性能、轻质的替代材料。这种对于木材细胞壁完全密实化的拓扑重构方式利用了软化细胞壁可压缩和再组装的特性。这类被软化的可形变木材具有了近似橡皮泥的可塑性，也同样具有了基础结构拓扑形变的基础。与橡皮泥不同的是，木材是具有各向异性的材料，其纤维沿着植株纵向方向排列生长，因此呈现出非同一般的特性。Hu 等通过部分去除木质素获得了细胞壁无序且皱缩的木材，这种木材由于脆弱的结构无法承受外力的压缩，因此表现出易碎的性质。随后，研究人员通过"水冲击"工艺，重新塑造了木材微观下的拓扑结构，提升了细胞壁的规整度，拓展了内部空腔（图 5.14）。利用获得改性的木材辅以模具塑形获得了纵向可承受数吨巨力但质量只有 40g 之余的超轻高强木材结构材。这类非周期式的初级结构在经过拓扑重构后，其力学特性将会表现出规整周期性结构所不具备的无应力集中现象。其研究的下一步趋势在于通过计算机模拟建模优化拓扑形变路径，辅以加热或电磁场等方式驱动，将会在结构智能响应、机器人，以及与人体的复杂形状和复杂的使用环境可塑形性相结合方面有着重要的应用可能性。

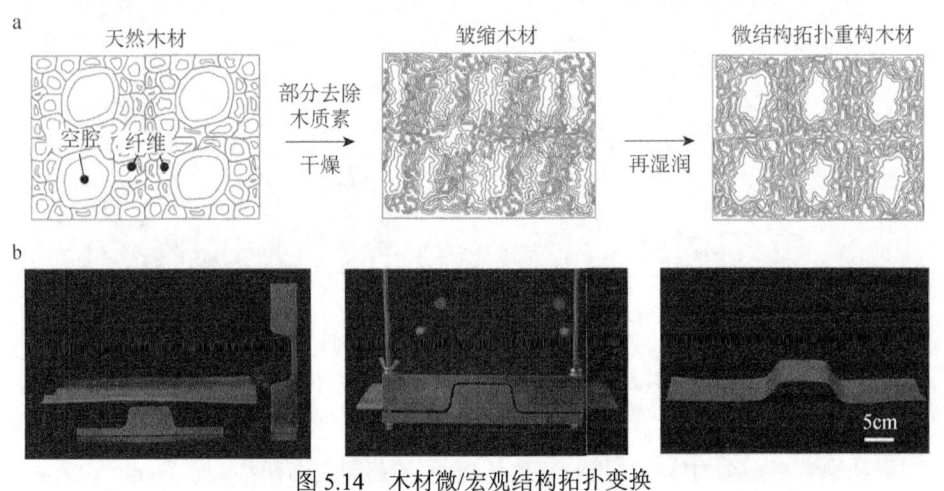

图 5.14 木材微/宏观结构拓扑变换

a. 木材微观结构重组示意图；b. 重构木材的可塑性展示

5.2.3.3 木材各组分拓扑结构解译和重构

（1）纤维素　木材组成体系中最重要的骨架成分是纤维素，以结晶和无定形的形式存在，分子链之间通过可拆卸重组的静电作用力和氢键相互联系。纤维素能拆分也能重组，结晶形式多样，基本拓扑构造体结构丰富。除去已受到广泛研究的棒状形貌纳米纤维素、纤维素纳米纤丝和球形纳米纤维素之外，还有多种新型结构的纤维素拓扑基元材料被开发和研究出来。

1) 中空纤维素纳米晶：纤维素大分子结构是由氢键和范德瓦耳斯力维持的，其单分子片间（100 平面）之间的结合能大约是 1/8 链间的结合能（110 或 11$\bar{0}$ 平面），因此单分子片间相比于链间更易被破坏和剥离。纤维素纳米晶不仅具有纤维素天然的固有性质，而且表面官能团丰富，具有手性、高表面积和易于表面修饰等诱人的特性，具有典型的棒状结构。Xu 等（2022）通过高强度超声波处理产生溶液中的空化效应，将超声波能量转移到纤维素纳米晶的纤维素链上，引发纤维素纤颤。这里的空化指的是水中空腔的形成、生长和剧烈坍塌。超声诱导空化的结合能可高达 100kJ/mol，大大高于氢键结合能。超声产生的纤颤诱发了分层纤维素纳米晶的自卷曲，获得了具有奇特空心结构的纤维素拓扑纳米晶。在这个拓扑形变过程中，氢键相互作用网络在结构变化过程中也发生了改变（图 5.15）。在原始纤维素纳米晶中，氢键组合呈现出具有重复特征的规则网络结构，这与规则晶格一致。相比之下，中空纤维素纳米晶的结构是不均匀的，最大曲率的局部凸变形最显著，局部凸部宽度约为 4.9nm，较纤维素纳米晶增宽 25%。结构转换引起了氢键相互作用的变化。此外，氢键网络是不规则的。氢键数量和规律的减少表明强度的降低，有利于纤维素链的弯曲。这类具有中空结构的纤维素纳米晶形成的关键因素是纤维素纳米晶的结构变化和熵的增加。该种中空结构的纳米纤维素材料，可能在体内药物运输、水质净化、能源储存等领域会有广阔的应用前景。

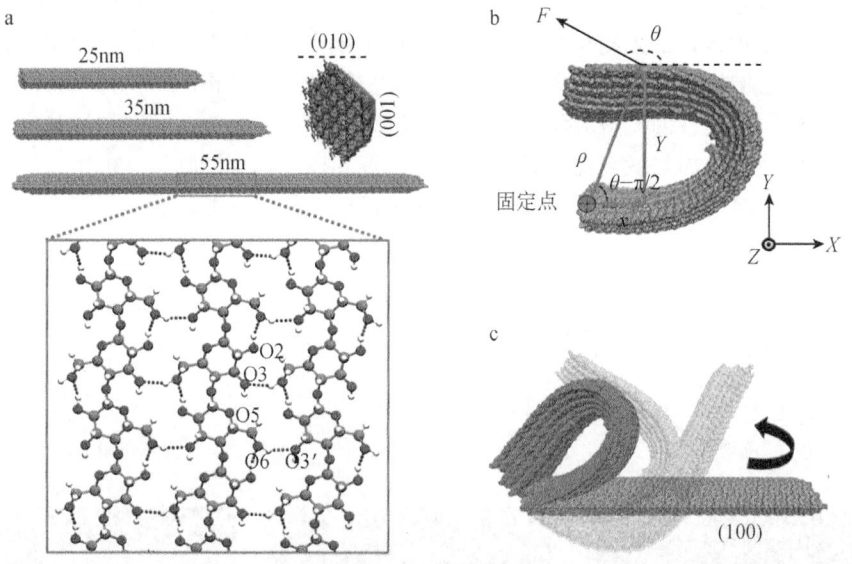

图 5.15　中空纤维素纳米晶形成分子动力学模拟

a. 具有氢键网络的纤维素纳米晶初始结构。b. 纤维素纳米晶所受外力示意图（θ. 形变角；F. 作用力；ρ. 相对于旋转轴的位置向量）。c. 外力驱动下中空纤维素纳米晶的拓扑形变过程

2) 二维纤维素拓扑结构体：二维材料伴随 2004 年英国曼彻斯特大学 Geim 小组成功剥离出单原子层石墨烯而大放异彩。除去石墨烯之外，大量无机二维材料也被逐渐开发出来，表现出优异的机械、热学、光学和电学特性。目前，其研究已经涵盖印刷电子、柔性电子、超级电容、

电池、医疗、工程等众多领域，成为多个领域实现颠覆式创新的基础。相比于无机二维材料，有机二维材料因其特殊的超薄扁平结构而具有独特的机械强度、电导性、透明度和柔韧性，被认为是生物传感器、电子和光电等微纳器件应用的最具潜力的候选材料。由于无序性的影响，二维有机材料大多表现的特性是其各组分性质的混合，这极大地限制了其应用。在微纳尺度下，为不同的应用目的制造具有不同特性的组分且有序排列的复杂结构是至关重要的科学课题。纤维素纳米纤维是一类具有一维纳米结构的纤维材料，直径分布在数纳米到数十纳米，其表面丰富的氢键和柔韧的结构都赋予了其再次组装的能力。Sun 等通过对木材进行分离获得一维纤维素纳米纤维水分散液，随后通过溶剂和物理高频超声的辅助，纤维素原纤维结晶区被部分打开，在溶剂中形成具有连续分支结构的纤维素纳米纤维。这里的连续分支结构使得不同的纤维素纳米纤维互相联系，为后续步骤组装二维纤维素奠定结构基础。在随后的冷冻过程中，通过控制溶剂结晶速率微控具有连续分支结构的纤维素纳米纤维的氢键自组装程度。在冷冻过程中，溶剂晶体的生长排斥着具有连续分支结构的纤维素纳米纤维，使其在固态溶剂晶体的交界处被压缩后在氢键作用下拓扑重构组装为二维纤维素。此外，真空干燥过程使得所组装的二维纤维素处于亚稳态，获得了二维纤维素拓扑基元材料。这种二维纤维素结构是均匀的（图 5.16）。纤维素是一种表面官能团丰富和具有再次组装性能的材料，而二维纤维素极大地放大了这一特性，仅数纳米的厚度就将纤维素分子表面官能团暴露到了最大程度并同时保持了结构的稳定性。与传统的无机二维材料相比，二维纤维素拓扑结构体具有的官能团调控设计的能力，使得获得的有机纤维素基二维材料几乎具有无限种可能性。这种片状结构非常容易相互堆叠或与其他材料如二维材料复合堆叠，形成二维有机-无机杂化超晶格结构。不同于纤维与纤维之间的缠绕，片与片之间的堆叠接触面积大，因而可以在很薄的情况下获得高的拉伸强度。这种有机和无机成分在纳米或亚纳米尺度上进行复合，两者之间通过分子层面上产生的界面协同效应使得最终产物发生性能上的提升，甚至产生新的性质。对于高性能能源存储器件而言，通过有效复合导电有机聚合物纳米片层和电化学活性的无机纳米片所形成的二维有机-无机杂化超晶格结构具有重要的应用前景。

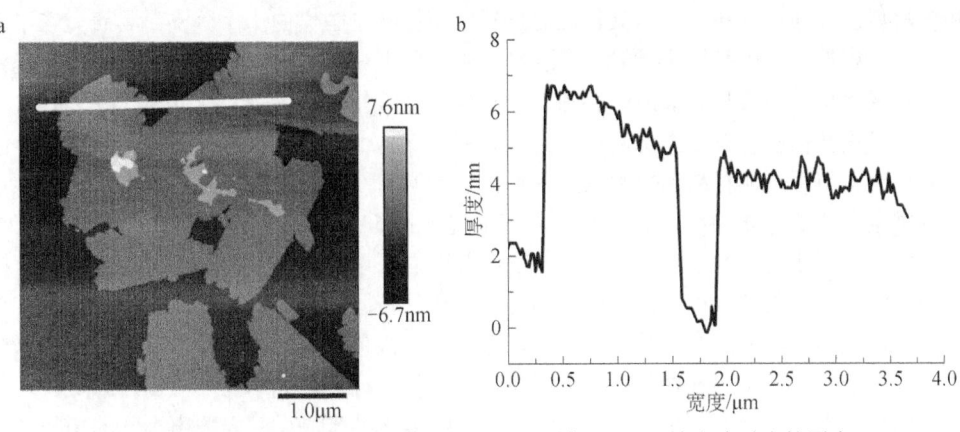

图 5.16　纤维素纳米片的原子力显微镜（AFM）图像（a）及纳米片对应的厚度（b）
a 图中白线为 b 图的取样线

（2）半纤维素　　半纤维素广泛存在于木材细胞壁或种子中，并与纤维素和木质素通过共价键或非共价键结合形成了紧密的网络结构，经过分离提纯后所获得的半纤维素表现出螺旋结构。这种具螺旋结构的糖类小分子可以通过拓扑分析和构筑将金属离子嵌入糖分子链之间，将两根互不相关的单链分子缔合形成稳定和完整的具有螺旋拓扑构象的复合分子。除去对于半纤维素双链缔合这一理论可行的拓扑重构外，Song 等（2014）以类半纤维素的低聚羟乙基纤维素（HEC）为例，以 1,6-六亚甲基二异氰酸酯为偶联剂合成了羟乙基纤维素和聚对二氧环己酮（PPDO）接枝共聚物。他们研究了取代度和聚对二氧环己酮链的长度等微结构参数对纳米聚集体形态转变的影响，展示了可拓扑调控的多种拓扑结构的高分子聚合物（图 5.17），为新型半纤维素基拓扑结构聚合物的发展提供了可借鉴的思路。

（3）木质素　　木质素是生物量仅次于纤维素的第二丰富的聚合物，纸浆和造纸工业每年通过硫脱木质素过程生产数百万吨硫酸盐木质素。最近的研究表明木质素除了呈现出原始的球状结构，还存在其他各种各样的拓扑结构。当然，原始球状结构的木质素同样也可以转变为具有特殊拓扑结构的拓扑高分子。Mehrkhodavandi 等通过接枝法获得了木质素-接枝-聚乳酸共聚物，通过化学和流变方法研究发现最终反应产物为星形木质素-接枝-聚乳酸共聚物。木质素初始浓度对接枝法产物的拓扑结构有影响。木质素含量低的聚合产生环状聚合物，其黏度为相同分子量的线形聚合物的 1/10。在较高的木质素负载下，形成了星形结构的木质素-接枝-聚乳酸共聚物，其黏度比同类线形聚乳酸低 2 个数量级。其合成的木质素-接枝-聚乳酸共聚物的结构为一个小的木质素芯，周围围绕着 2～20kg/mol 的聚乳酸片段。在拓扑分子学中，这类具有特殊拓扑结构的高分子具有不同于直链结构高分子的独特性能，在材料改性、纳米科学、生物医药、纳米机器人等领域有重要的应用潜力。

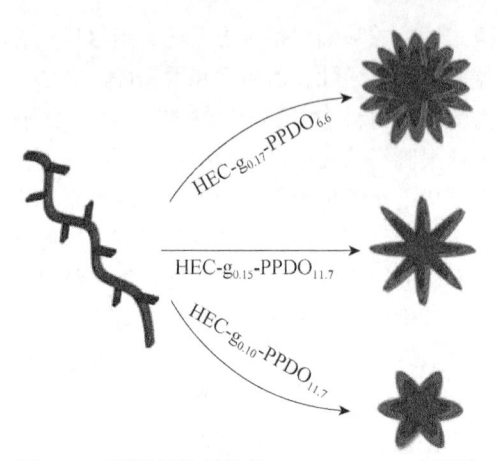

图 5.17　不同拓扑结构的 HEC-g-PPDO 共聚物
g. 接枝，g 下角的数字代表共聚物的取代度；PPDO 下角的数字代表其聚合度

5.2.3.4　新型木质基拓扑材料与功能应用

拓扑材料是指通过拓扑而显示其特性的材料，而拓扑是数学的一个分支，其研究在平滑变形下不变的对象属性。木质基拓扑材料大多源自木质基各组分基元材料或具有拓扑性质的基元材料的拓扑重构或序构，通常具有前所未有的性能和优异功能特性。

木质纤维素基拓扑材料是由木质纤维素基元材料序构而成的拓扑结构体，而具有拓扑结构性质的木质纤维素衍生基元材料包括棒状形貌纳米纤维素、纤维素纳米纤丝、球形纳米纤维素及片状纳米纤维素四大类。木质纤维素纳米晶大多呈现出长 50～300nm 和宽 5～20nm 的棒状结构。在水溶液中可以形成稳定的悬浮液，在一定浓度范围内可以自组装成液晶结构，其液晶结构可以保存在固体膜之中。正是这种手性向列相的有序结构使得固体膜用肉眼观察时是彩色的。例如，Vignolini 等通过将胆甾型纤维素纳米晶在微乳液中进行限域自组装，得到具有结构色的微颗粒。随后通过干燥处理，微乳液液滴通过多重屈曲过程，使得纤维素纳米晶产生拓扑形变，构成不同结构的非球形纳米光子颗粒。在不同溶剂中干燥的纤维素纳米晶微粒表现出不同的拓扑结构和不同的结构色（图 5.18）。纤维素纳米晶作为一种具有特殊光学性能的材料被广泛用于光学研究中，在光学器件、传感器件和一些具有安全要求的领域，如防伪标识、防伪纸币等方面都有着潜在的应用价值。而且将拓扑学融入木质基纤维素纳米晶的研究之中，将会出现更多意想不到的变化和可调控的超凡功能。

木质纤维素纳米纤丝是一类具有高长径比纤维结构的纤维素材料，其纤维直径一般处于纳米级，长度处于微米级甚至毫米级。柔韧的结构特性使得纳米纤丝在受到一定外力作用时表现出可恢复的优良弹性，因此被广泛用于纤维素气凝胶的制备。纤维素纳米纤丝保留了纤维素的结晶区

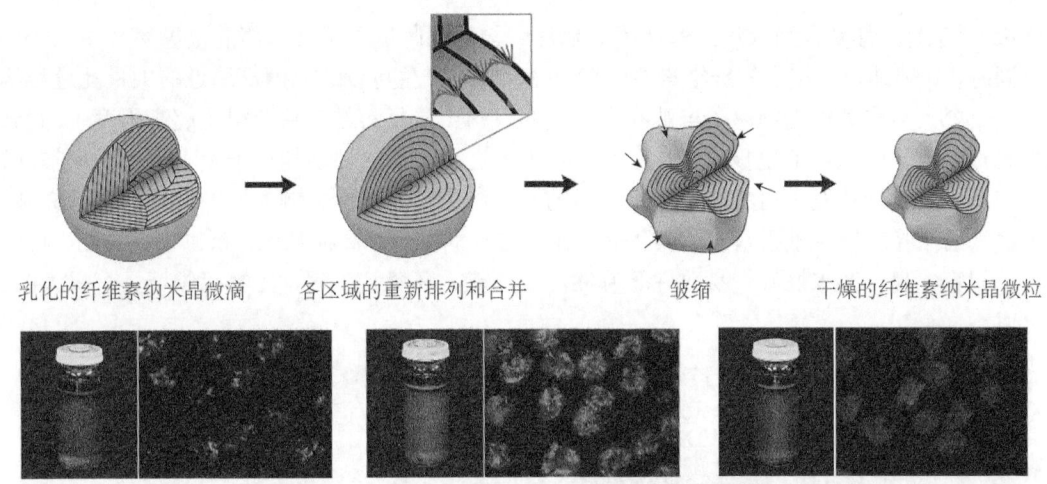

图 5.18 限域自组装纤维素纳米晶在不同拓扑结构下显示出的不同的结构色

和无定形区。纤维素分子链呈现出束状伸展结构排列，数个或数十个束状结构构成纤丝，赋予了纤维素纳米纤丝丰富的表面官能团和再组装能力。当木质纤维素纳米纤丝经过拓扑重构后可以获得全新的纤维素拓扑基元材料——纤维素纳米片。纤维素纳米片保留了纤维素的丰富表面官能团和再组装特性，可以基于纤维素纳米片的片状结构及表面丰富的极性基团进行一些特殊的结构设计。Li 等利用木质纤维素纳米片电化学性质稳定及易组装和重构的特性，通过抽滤法将拓扑纳米片组装为超薄薄膜（图 5.19），应用于锌离子电池隔膜。不同于纤维与纤维之间的缠绕，片与片之间的堆叠接触面积大，因而可以在很薄的情况下获得高的拉伸强度和抑制锌枝晶生长，从而获得优异的电化学性能。这类片状结构的拓扑纤维素基元表面具有丰富的极性基团，可以进行一些特殊的结构设计。

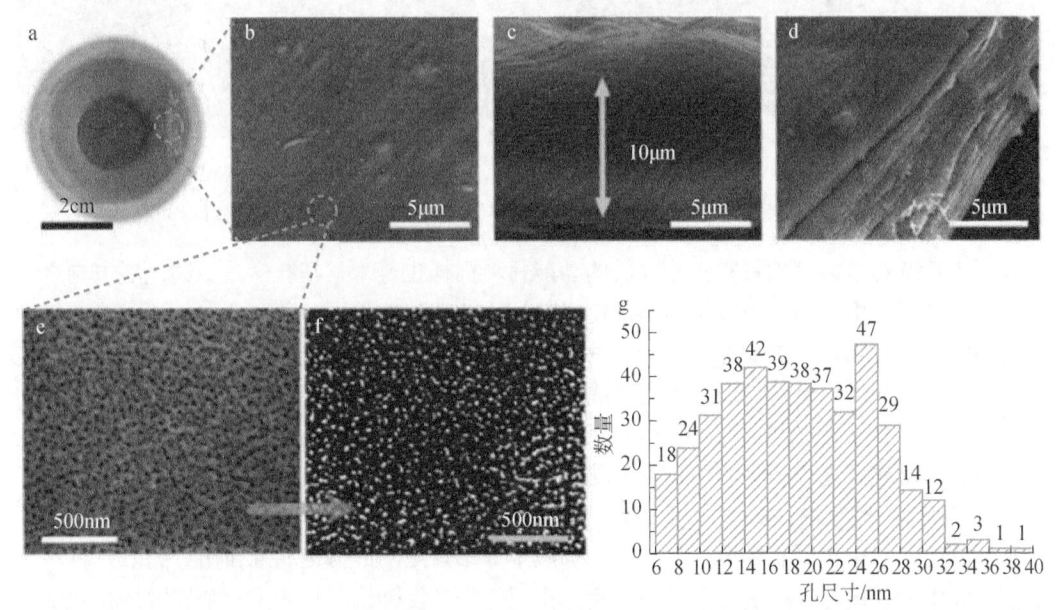

图 5.19 纤维素纳米片堆叠成的超薄薄膜在干燥收缩过程中发生自发拓扑形变并产生大量的孔道结构

a、b. 纤维素纳米片薄膜及其表面 SEM 图像；c、d. 纤维素隔膜截面及其放大的 SEM 图像；
e～g. 纤维素纳米片薄膜表面孔道结构与孔径分布图（f 图为 e 图的孔道影像图）

Sun 等利用纤维素纳米片表面丰富的极性官能团，将碳纳米管镶嵌到纤维素纳米片上，获得纤维素/碳纳米管复合纳米片,保持了纳米片结构的同时赋予了其极高的电导率(图 5.20)。与此同时,与碳纳米管结合的纤维素发生自收缩现象,产生可以让电解液通过的大量孔道结构。随后,研究人员将其作为锂离子电池黏合剂使用,与电极材料结合后获得了超高强度、超高柔韧性和优异电化学性能的电极膜。此外,Sun 等通过引入外源性功能粒子及不平衡力场辅助诱导二维纤维素纳米片发生自卷曲以产生均匀的功能纤维,在储能领域方面的应用取得了突破。这类片状的拓扑二维纤维素基元因其优秀的绝缘性、润湿性、高横纵比、亲生物、绿色、稳定、质轻、相容性高、亲水性好、易改性等特性,在储能、环境、工程、生物等领域具有极大的应用价值。

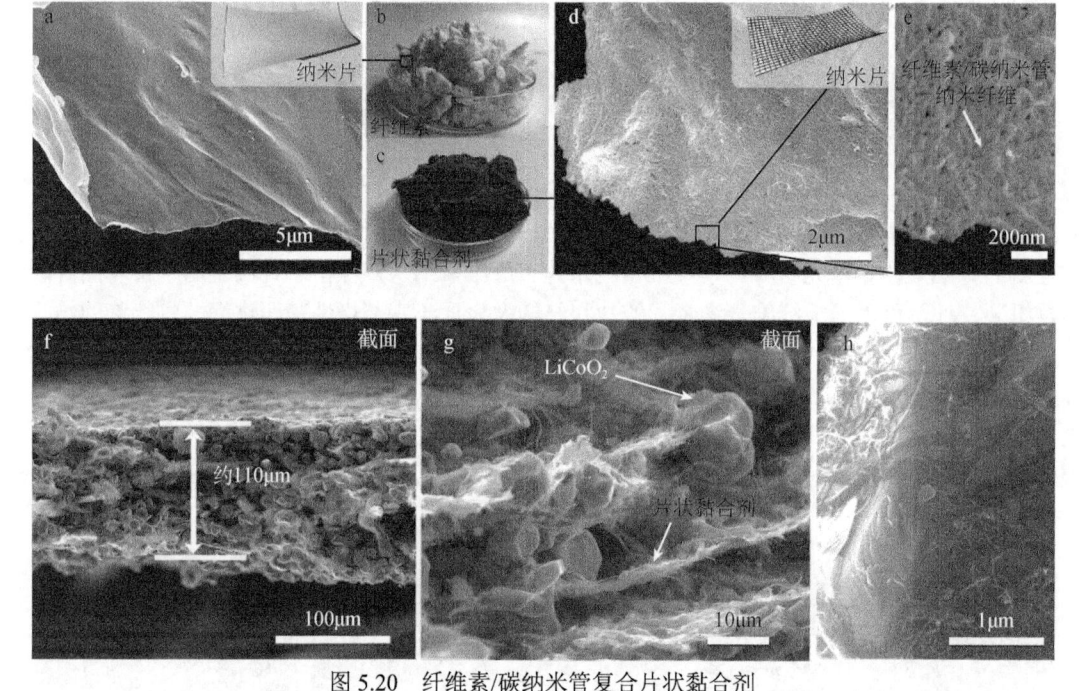

图 5.20 纤维素/碳纳米管复合片状黏合剂

a、b. 纤维素纳米片;c～e. 纤维素/碳纳米管(CNT)复合纳米片及其 SEM 图像;
e、f. 纤维素/碳纳米管复合片状黏合剂黏结的钴酸锂电极及其 SEM 图像;g、h. 放大的 SEM 图像

使用木质基纤维素序构具有拓扑性质的功能材料同样也是木材拓扑学重要的发展方向之一。在聚合物材料设计中,拓扑网络结构是决定材料性质和功能的重要参数。例如,通过改变化学基团或金属配位络合物以促进动态非共价交联,可使共轭聚合物具有非凡的可拉伸或自修复性能。相比之下,常见的合成材料一般被认为是静态和刚性的系统,不具有对环境变化做出响应的结构或可逆转换的性能。Hu 等利用木质纤维素开发了一种基于纤维素氢键的拓扑网络调节策略,开发了仅包含纤维素、离子和水的拓扑可调动态凝胶材料系统。他们将纤维素分子溶解于离子液体(1-丁基-3-甲基咪唑鎓氯化物)中,形成均一的纤维素粒子液体溶液(图 5.21)。在该溶液系统中,氯离子和咪唑阳离子包围着纤维素大分子,屏蔽了纤维素之间的氢键相互作用。随后,将水加入溶液中,其中的氢键与纤维素大分子产生相互作用,许多氢键就编织成了一个氢键拓扑网络。此时,由于氢键较弱,拓扑网络强度相对较弱,离子迁移率低。随后当体系含水量达到一定程度时,形成了更为复杂的新型拓扑网络,此时该结构具有更多的氢键,拓扑网络强度强,离子迁移率高。通过调节环境相对湿度,该材料可以在新旧两种拓扑网络之间进行转换,从而实现上述过程的可逆操作。

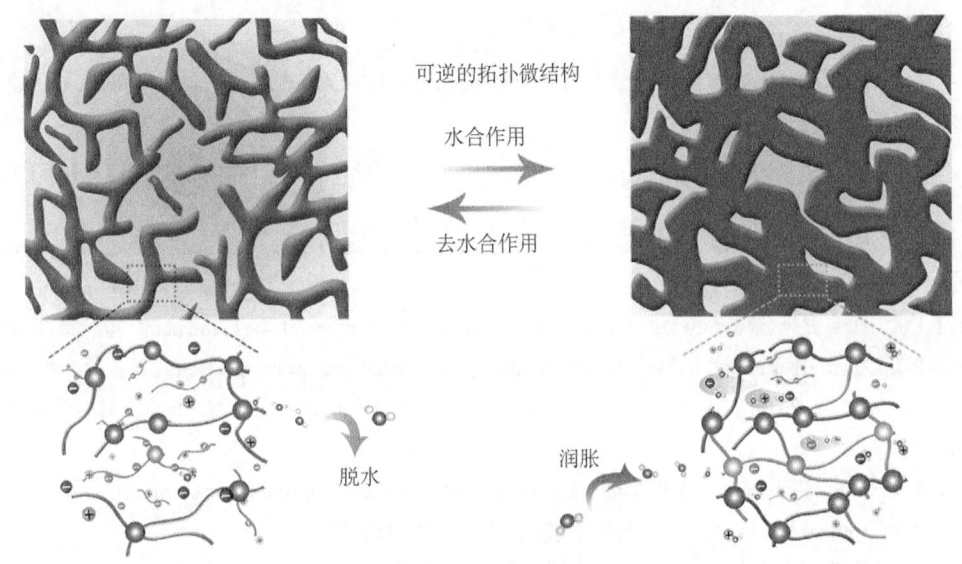

图 5.21　纤维素纤维水凝胶可逆的拓扑微结构

巧妙的拓扑结构设计可以使材料在执行其他特殊功能的同时保留其固有特性。此外，对于木质素和半纤维素而言，其拓扑研究和应用开发还处于理论研究的起步阶段。但近十年来大量相关的理论研究文献让我们相信，在不久的将来，这些木质基复合拓扑材料将会大放异彩。

主要参考文献

郭中泽，张卫红，陈裕泽. 2007. 结构拓扑优化设计综述[J]. 机械设计，24（8）：1-6.

李坚. 1991. 木材科学新篇[M]. 哈尔滨：东北林业大学出版社.

莫里斯·克莱因. 2014. 古今数学思想[M]. 上海：上海科学技术出版社.

庞杰，沈本澍，吴先辉，等. 2013. 金属离子对魔芋葡甘聚糖分子链拓扑网络结构的影响研究[J]. 西南大学学报：自然科学版，12：1-8.

辛厚文. 1992. 分子拓扑学[M]. 北京：中国科学技术大学出版社.

Alexander J W. 1935a. On the chains of a complex and their duals[J]. Proceedings of the National Academy of Sciences，21（8）：509-511.

Alexander J W. 1935b. On the ring of a compact metric space[J]. Proceedings of the National Academy of Sciences，21（8）：511-512.

Alexander J W，Briggs G B. 1926. On types of knotted curves[J]. Annals of Mathematics，28：562-586.

Alexandroff P. 1927a. Über die Dualität zwischen den Zusammenhangszahlen einer abgeschlossenen Menge und des zu ihr komplementären Raumes[J]. Nachrichten von der Gesellschaft der Wissenschaften zu Göttingen，Mathematisch-Physikalische Klasse，（1927）：323-329.

Alexandroff P. 1927b. Über kombinatorische Eigenschaften allgemeiner Kurven[J]. Mathematische Annalen，96（1）：512-554.

Anelli P L，Spencer N，Stoddart J F. 1991. A molecular shuttle[J]. Journal of the American Chemical Society，113（13）：5131-5133.

Balzani V，Credi A，Raymo F M，et al. 2020. Artificial molecular machines[J]. Angewandte Chemie International

Edition, 39 (19): 3348-3391.

Bertoldi K, Vitelli V, Christensen J, et al. 2017. Flexible mechanical metamaterials[J]. Nature Reviews Materials, 2 (11): 1-11.

Betti E. 1870. Sopra gli spazi di un numero qualunque di dimensioni[J]. Annali di Matematica Pura ed Applicata (1867-1897), 4 (1): 140-158.

Bissell R A, Córdova E, Kaifer A E, et al. 1994. A chemically and electrochemically switchable molecular shuttle[J]. Nature, 369 (6476): 133-137.

Brouwer L E J. 1911a. Beweis der invarianz der dimensionenzahl[J]. Mathematische Annalen, 70 (2): 161-165.

Brouwer L E J. 1911b. Über abbildung von mannigfaltigkeiten[J]. Mathematische Annalen, 71 (1): 97-115.

Bruns C J, Stoddart J F. 2016. The Nature of The Mechanical Bond: From Molecules to Machines[M]. New York: Wiley.

Cea J, Garreau S, Guillaume P, et al. 2000. The shape and topological optimizations connection[J]. Computer Methods in Applied Mechanics and Engineering, 188 (4): 713-726.

Chen C, Kuang Y, Zhu S, et al. 2020. Structure-property-function relationships of natural and engineered wood[J]. Nature Reviews Materials, 5 (9): 642-666.

Chile L E, Kaser S J, Hatzikiriakos S G, et al. 2018. Synthesis and thermorheological analysis of biobased lignin-graft-poly (lactide) copolymers and their blends[J]. ACS Sustainable Chemistry & Engineering, 6 (2): 1650-1661.

Davin L B, Lewis N G. 2005. Lignin primary structures and dirigent sites[J]. Current Opinion in Biotechnology, 16 (4): 407-415.

Dietrich-Buchecker C O, Sauvage J P. 1987. Interlocking of molecular threads: from the statistical approach to the templated synthesis of catenands[J]. Chemical Reviews, 87 (4): 795-810.

Dietrich-Buchecker C O, Sauvage J, Kintzinger J. 1983. Une nouvelle famille de molecules: les metallo-catenanes[J]. Tetrahedron Letters, 24 (46): 5095-5098.

Eilenberg S. 1939. On the relation between the fundamental group on a space and the higher homotopy groups[J]. Fundamenta Mathematicae, 32 (1): 167-175.

Endo K. 2008. Synthesis and properties of cyclic polymers[M]. In: Kobayashi S. New Frontiers in Polymer Synthesis. Berlin: Springer-Verlag.

Euler L. 1736. Solutio problematis ad geometriam situs pertinentis[J]. Commentarii Academiae Scientiarum Petropolitanae, 8: 128-140.

Euler L. 1752. Demonstratio nonnullarum insignium proprieatatum, quibus solida hedris planis inclusa sunt praedita[J]. Novi Commentarii Academiae Scientiarum Petropolitanae, 4: 109-160.

Euler L. 1758. Elementa doctrinae solidorum[J]. Novi Commentarii Academiae Scientiarum Petropolitanae, 4: 109-140.

Forgan R S, Sauvage J P, Stoddart J F. 2011. Chemical topology: complex molecular knots, links, and entanglements[J]. Chemical Reviews, 111 (9): 5434-5464.

Freudenthal H. 1937. Entwicklungen von räumen und ihren gruppen. Compositio Mathematica, 4: 145-234.

Freudenthal H. 1938. Über die Klassen der Sphärenabbildungen I. Große Dimensionen[J]. Compositio Mathematica, 5: 299-314.

Frisch H L, Wasserman E. 1961. Chemical topology[J]. Journal of the American Chemical Society, 83 (18): 3789-3795.

Frisch H, Martin I, Mark H. 1953.Zur struktur der polysiloxene. I [J]. Monatshefte für Chemie und verwandte Teile anderer Wissenschaften, 84 (2): 250-256.

Fu J, Wang H, Xiao P, et al. 2022. A high strength, anti-corrosion and sustainable separator for aqueous zinc-based battery by natural bamboo cellulose[J]. Energy Storage Materials, 48: 191.

Geim A K, Novoselov K S. 2007. The rise of graphene[J]. Nature Materials, 6 (3): 183-191.

Guo Q H, Jiao Y, Feng Y, et al. 2021. The rise and promise of molecular nanotopology[J]. CCS Chemistry, 3 (7): 1542-1572.

Hajela P, Lee E. 1995. Genetic algorithms in truss topological optimization[J]. International Journal of Solids and Structures, 32 (22): 3341-3357.

Haldane F D M. 1983a. Continuum dynamics of the 1-D Heisenberg antiferromagnet: identification with the O (3) nonlinear sigma model[J]. Physics Letters A, 93 (9): 464-468.

Haldane F D M. 1983b. Nonlinear field theory of large-spin Heisenberg antiferromagnets: semiclassically quantized solitons of the one-dimensional easy-axis Néel state[J]. Physical Review Letters, 50 (15): 1153.

Karmanov A, Belyaev V Y, Kocheva L. 2011. A study of the structure of lignin macromolecules[J]. Russian Journal of Bioorganic Chemistry, 37 (7): 842-848.

Karmanov A, Belyaev V Y, Marchenko T, et al. 2002. Topological structure of natural birch lignin[J]. Polymer Science Series A, 44 (2): 129-133.

Kocheva L, Karmanov A, Kuz'Min D, et al. 2011. Lignins from annual grassy plants[J]. Chemistry of Natural Compounds, 47 (5): 792-795.

Kosterlitz J M, Thouless D J. 1972. Long range order and metastability in two dimensional solids and superfluids (application of dislocation theory) [J]. Journal of Physics C: Solid State Physics, 5 (11): 124.

Kosterlitz J M, Thouless D J. 1973. Ordering, metastability and phase transitions in two-dimensional systems[J]. Journal of Physics C: Solid State Physics, 6 (7): 1181.

L'Huilier S A J. 1813. Démonstration immédiate d'un théorème fondamental d'Euler sur les polyhèdres, et exceptions dont ce théorème est susceptible[J]. Mém. Acad. Imp. Sci. St. Pétersb., 4 (181): 271-301.

Lebesgue H. 1911a. Sur l'invariance du nombre de dimensions d'un espace et sur le theoreme de M. Jordan relatif aux varietes fermees[J]. Comptes Rendus de l'Académie des Sciences-Series I-Mathematics, 152 (1911): 841.

Lebesgue H. 1911b. Sur la non-applicabilité de deux domaines appartenant respectivement à des espaces àn etn+p dimensions[J]. Mathematische Annalen, 70 (2): 166-168.

Lebesgue H. 1924. Remarques sur les deux premières démonstrations du théorème d'Euler relatif aux polyèdres[J]. Bulletin de la Société mathématique de France, 52: 315-336.

Lee J H, Orfanou K, Driva P, et al. 2008. Linear and nonlinear rheology of dendritic star polymers: experiment[J]. Macromolecules, 41 (23): 9165-9178.

Liu K, Sun R, Daraio C. 2022. Growth rules for irregular architected materials with programmable properties[J]. Science, 377 (6609): 975-981.

Lodge T P. 2009. A virtual issue of macromolecules: "Click chemistry in macromolecular science" [J]. Macromolecules, 42 (12): 3827-3829.

Macias D. 2017. Topological (bio) timber: an algorithm and data approach to 3d printing a bioplastic and wood architecture[D]. Cincinnati: University of Cincinnati.

Meyer K H, Misch L. 1937. Positions des atomes dans le nouveau modele spatial de la cellulose[J]. Helvetica Chimica Acta, 20 (1): 232-244.

Michell A G M. 1904. LVIII. The limits of economy of material in frame-structures[J]. The London, Edinburgh, and Dublin Philosophical Magazine and Journal of Science, 8（47）: 589-597.

Misaka H, Kakuchi R, Zhang C, et al. 2009. Synthesis of well-defined macrocyclic poly(δ-valerolactone)by "click cyclization" [J]. Macromolecules, 42（14）: 5091-5096.

Oike H, Washizuka M, Tezuka Y. 2001. Designing an "a-ring-with-branches" polymer topology by electrostatic self-assembly and covalent fixation with interiorly functionalized telechelics having cyclic ammonium groups[J]. Macromolecular Rapid Communications, 22（14）: 1128-1134.

Parker R M, Zhao T H, Frka-Petesic B, et al. 2022. Cellulose photonic pigments[J]. Nature Communications, 13（1）: 1-11.

Poincaré H. 1895. Analysis Situs[M]. Paris: Gauthier-Villars Paris.

Poincaré H. 1900. Second complément à l'analysis situs[J]. Proceedings of the London Mathematical Society, 1（1）: 277-308.

Poincaré M. 1904. Cinquième complément à l'analysis situs[J]. Rendiconti del Circolo Matematico di Palermo (1884-1940), 18（1）: 45-110.

Prokshin G, Korobova E, Vishnyakova A, et al. 2002. Estimation of the effect of diffusion and transformation of lignosulfonates on the mechanism of delignification in sulfite cooking of spruce wood[J]. Russian Journal of Applied Chemistry, 75（3）: 486-490.

Qiu X P, Winnik F M. 2009. Effect of topology on the properties of poly（N-isopropylacrylamide）in water and in bulk[J]. Macromolecular Symposia, 278: 10-13.

Riemann B. 1851. Grundlagen Für Eine Allgemeine Theorie Der Functionen Einer Veränderlichen Complexen Grösse[M]. Göttingen: Huth.

Riemann B. 1857. Theorie der abel'schen functionen[J]. Journal Für Die Reine Und Angewandte Mathematik, 54: 101-155.

Saitta A M, Soper P D, Wasserman E, et al. 1999. Influence of a knot on the strength of a polymer strand[J]. Nature, 399（6731）: 46-48.

Samman M A, Radke W, Khalyavina A, et al. 2010. Retention behavior of linear, branched, and hyperbranched polyesters in interaction liquid chromatography[J]. Macromolecules, 43（7）: 3215-3220.

Sauvage J P, Dietrich-Buchecker C. 2008. Molecular Catenanes, Rotaxanes and Knots: A Journey Through The World of Molecular Topology[M]. New York: Wiley.

Sauvage J P. 2017. From chemical topology to molecular machines（Nobel lecture）[J]. Angewandte Chemie International Edition, 56（37）: 11080-11093.

Schappacher M, Deffieux A. 2009. Imaging of catenated, figure-of-eight, and trefoil knot polymer rings[J]. Angewandte Chemie International Edition, 48（32）: 5930-5933.

Schill G L, Ttringhaus A. 1964. The preparation of catena compounds by directed synthesis[J]. Angewandte Chemie International Edition in English, 3（8）: 546-547.

Schurig D, Mock J J, Justice B, et al. 2006. Metamaterial electromagnetic cloak at microwave frequencies[J]. Science, 314（5801）: 977-980.

Seeman N C. 1998. DNA nanotechnology: novel DNA constructions[J]. Annual Review of Biophysics and Biomolecular Structure, 27: 225-248.

Seeman N C. 1998. Nucleic acid nanostructures and topology[J]. Angewandte Chemie International Edition, 37（23）: 3220-3238.

Sigmund O, Maute K. 2013. Topology optimization approaches[J]. Structural and Multidisciplinary Optimization, 48 (6): 1031-1055.

Sluysmans D, Stoddart J F. 2019. The burgeoning of mechanically interlocked molecules in chemistry[J]. Trends in Chemistry, 1 (2): 185-197.

Song F, Shi W T, Dong X T, et al. 2014. Fennel-like nanoaggregates based on polysaccharide derivatives and their application in drug delivery[J]. Colloids and Surfaces B: Biointerfaces, 113: 501-504.

Song J, Chen C, Zhu S, et al. 2018. Processing bulk natural wood into a high-performance structural material[J]. Nature, 554 (7691): 224-228.

Stoddart J F. 2017. Mechanically interlocked molecules (MIMs)—molecular shuttles, switches, and machines (Nobel Lecture)[J]. Angewandte Chemie International Edition, 56 (37): 11094-11125.

Su N, Jiang W, Wang Z, et al. 2018. Prediction of large gap flat Chern band in a two-dimensional metal-organic framework[J]. Applied Physics Letters, 112 (3): 033301.

Thouless D J, Haldane F D M, Kosterlitz J M. 2016. Strange Phenomena in Matter's Flatlands[M]. Stockholm: Nobel Committee for Physics, Royal Swedish Academy of Sciences.

Thouless D J, Kohmoto M, Nightingale M P, et al. 1982. Quantized Hall conductance in a two-dimensional periodic potential[J]. Physical Review Letters, 49 (6): 405.

Vergniory M G, Wieder B J, Elcoro L, et al. 2022. All topological bands of all nonmagnetic stoichiometric materials[J]. Science, 376 (6595): 9094.

Wang H, Fu J, Wang C, et al. 2020. A binder-free high silicon content flexible anode for Li-ion batteries[J]. Energy & Environmental Science, 13 (3): 848-858.

Wang H, Fu J, Wang C, et al. 2021. A universal aqueous conductive binder for flexible electrodes[J]. Advanced Functional Materials, 31 (34): 2102284.

Wu L, Wang Y, Chuang K, et al. 2021. A brief review of dynamic mechanical metamaterials for mechanical energy manipulation[J]. Materials Today, 44: 168-193.

Xiao S, Chen C, Xia Q, et al. 2021. Lightweight, strong, moldable wood via cell wall engineering as a sustainable structural material[J]. Science, 374 (6566): 465-471.

Xu Y, Gao M, Zhang Y, et al. 2022. Cellulose hollow annular nanoparticles prepared from high-intensity ultrasonic treatment[J]. ACS Nano, 16 (6): 8928-8938.

Zhao D, Zhu Y, Cheng W, et al. 2020. A dynamic gel with reversible and tunable topological networks and performances[J]. Matter, 2 (2): 390-403.

第 6 章

特殊功能木材

本章彩图

在新时代的背景下，木材被广泛应用于家具、建筑、能源、新材料等领域，与人们的生活息息相关，已成为国民经济重要的支柱产业。然而，我国森林覆盖率仅21.63%，人均木材资源不足。同时，木材的本征缺陷，如易吸水致膨胀变形、易失水致开裂翘曲、易受霉菌侵蚀等，使传统木质材料的使用呈现递减的趋势。同时，随着社会的前进和科技水平的不断提高，人们对具有特殊功能的木质产品的需求不断增加，特殊功能木材应运而生。当今的科学技术正处于各种自然科学高度综合和互相交叉、渗透的新时代，"他山之石，可以攻玉"，合理利用纳米技术、生物技术、界面调控技术等，可将木材科学与其他学科交融渗透，构筑具有特殊功能的木材，如吸波木材、超疏水木材、透明木材、超强木材等，在更高技术水平上让木材为社会发展服务。

6.1 吸波木材

木材是集优良的环境学特性和材料学特性于一身的天然多孔材料，是树木在光合作用过程中吸收并固定二氧化碳而形成的产物，主要由纤维素、半纤维素和木质素组成，与环境和谐相容，是家居环境和建筑装饰不可缺少的重要材料。然而，干燥的木材是电的不良导体，更无磁性，因此木材是电磁波的透过体，无任何屏蔽和吸收电磁波的功能。木材的天然多孔性，赋予其通过改性表界面而实现吸波和屏蔽电磁波的功能。

6.1.1 电磁波及其危害

电磁波主要是电荷和电流在随着时间变化过程中引起的向外传递能量的波。随着现代科学技术的迅猛发展，各种电子产品和电力电气普及使用，给现代的生产、生活带来了翻天覆地的变化。同时，使得不同强度的电磁波无所不在，产生了电磁辐射污染，成为世界性公害。世界卫生组织已将它列为继水污染、大气污染、噪声污染之后的第四大污染，人们无法感知与触摸它，故电磁波也被称为"无形杀手"。随着研究的不断深入，电磁辐射的危害也日渐凸显。

（1）危害人体健康　电磁辐射强度很高时，人体会吸收其辐射能量，由于极化和磁化作用，人体内的极性分子会在电磁场的作用下被极化并产生热量，使得人体的体温升高，对生命体各个部分的正常活动产生影响，危害健康；人体受到较长时间的电磁辐射后，虽然没有明显增加体内热量，但会使细胞膜共振，影响细胞活动，不利于正常的生化活动。另外，长期受到电磁辐射而产生的伤害会不断累积，达到一定程度后会严重影响和危害生命健康，诱发各种病变。很多资料显示，电磁辐射对神经系统、心血管系统和视力都有一定的影响，对某些肿瘤也有一定的诱发作用。

（2）危害信息安全 电子信息设备在工作过程中会产生电磁辐射，从而造成信息的泄露（图 6.1），在计算机系统电磁辐射的信息泄露中，视频信号是最容易被截获及恢复的信息。各种信息通过泄露的电磁辐射在空间中散布而严重地威胁到这些信息的保密安全，进而影响国家安全、商业安全和社会稳定。

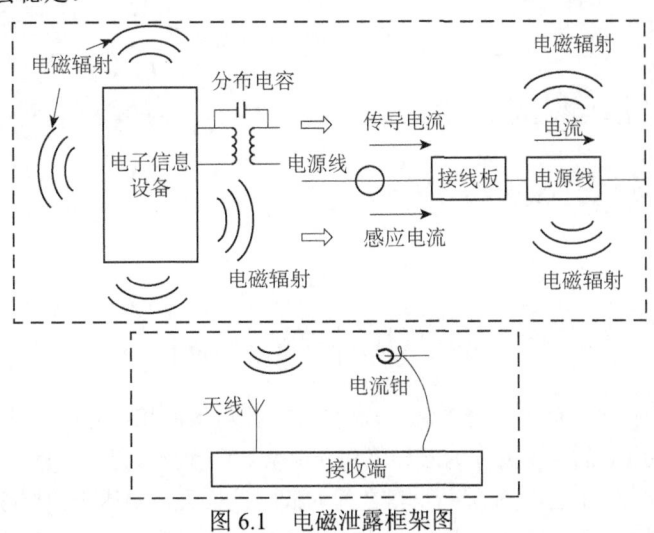

图 6.1 电磁泄露框架图

（3）危害社会安全 强度过高的电磁辐射会干扰周围一些精密电子设备及仪表仪器等，使得相应的仪器出现误动作，如导弹、人造卫星等出现失控的现象，将造成巨大的安全隐患和经济损失。电磁辐射会使得航空通信受到干扰，造成惨重的空难事故。另外，电磁辐射的能量可以对既定的爆破任务产生不可控的影响，对社会安全造成不可估量的危害。

电子产品和无线通信为现代生活带来了各种便利，但是电磁辐射的负面影响也非常严重。因此，有效的电磁防护十分必要。

6.1.2 吸波原理及吸波材料

图 6.2 为交互电磁波和屏蔽材料之间的机制。电磁干扰（EMI）屏蔽效应是当电磁波击中特定的材料并被反射（R）、吸收（A）和多次反射（M）时发生的事件。入射波的一部分从屏蔽面反射回来，而非反射波则被透射到屏蔽面。通过的波可以被屏蔽材料吸收和消散。因此，电磁屏蔽效能（SE）可表示为

$$SE=SE_R+SE_A+SE_M \tag{6.1}$$

式中，SE_R、SE_A、SE_M 分别为 R、A、M 损失引起的 SE 值。

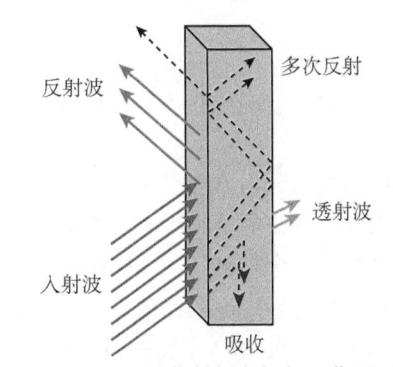

图 6.2 电磁波和屏蔽材料之间相互作用示意图
反射、吸收和多次反射影响穿过材料的透射波

SE 以分贝（dB）表示，是电磁衰减前后功率（P）、电场（E）或磁场强度（H）的对数函数。

$$SE=10\log\left(\frac{P_I}{P_T}\right)=20\log\left(\frac{E_I}{E_T}\right)=20\log\left(\frac{H_I}{H_T}\right) \tag{6.2}$$

式中，T 和 I 分别为发射分量和入射分量。SE 是作为电磁波频率（f）的函数测量的。

入射电磁场频率、材料电导率（σ）、磁导率（μ）、介电常量（ε）、厚度（d）、电磁（EM）场源类型（平面波、电场或者磁场）等因素决定了给定材料对电磁干扰的 SE。其中，屏蔽材料的导电、介电和磁特性在屏蔽中起关键作用。如果自由空间和屏蔽材料之间的阻抗不匹配，高导电性会导致电磁波的反射，因此 SE_R 也可以表示为

$$SE_R = 20\log\frac{Z_0}{4Z_{in}} = 39.5 + 10\log\frac{\sigma}{2\pi f \mu_r} \tag{6.3}$$

式中，Z_0 为自由空间的阻抗，或波在撞击特定材料之前所经过的介质的阻抗；Z_{in} 为输入阻抗；μ_r 为材料的相对渗透率。

Z_0 和 Z_{in} 分别用以下的公式表示：

$$Z_0 = \sqrt{\frac{\mu_0}{\varepsilon_0}} \tag{6.4}$$

$$Z_{in} = \sqrt{\frac{\mu_r}{\varepsilon_r}} \tanh\left(j\frac{2\pi}{c}\sqrt{\mu_r \varepsilon_r} fd\right) \tag{6.5}$$

式中，μ_0 和 ε_0 分别为自由空间的磁导率和介电常量；ε_r 为材料的相对介电常量；h 为趋肤深度（电磁波衰减至初始值的 1/e 的厚度）；j 为磁导率和介电常数的虚部，是频率的函数；c 为光速；d 为屏蔽材料的厚度。此外，在空气和屏蔽材料之间的低阻抗失配，电磁波被屏蔽。因此，反射波和透射波之间的差异描述了吸收损失。因此，吸收机制中吸收损失的大小 SE_A 可用下式表示：

$$SE_A = 8.686\alpha d = 8.686\frac{d}{\delta} = 8.686\sqrt{\pi f \sigma \mu} \tag{6.6}$$

式中，α 为衰减常数；d 为屏蔽材料的厚度；δ 为深度，指的是电磁场减少到 1/e 或其初始振幅的 37%时的深度。由式（6.3）和式（6.6）可知，SE_R 仅依赖于 σ/μ，除 $\sigma\mu$ 外，d 在 SE_A 中也起重要作用。

此外，在一些应用领域，如雷达和军事隐身技术，需要降低 SE_R，增强 SE_A。当自由空间和屏蔽材料之间的阻抗失配达到最小值时，就会产生这种效果。因此，电磁波吸收（MWA）可以通过反射损耗（RL，Z_{in} 的函数）来计算：

$$RL = 20\log\left|\frac{Z_{in} - Z_0}{Z_{in} + Z_0}\right| \tag{6.7}$$

对于仅需要电磁吸收特性的应用，RL 值应低于 -10 dB，这意味着 90% 的入射电磁波可以被吸收。

吸波材料分为涂敷型和结构型两大类。涂敷型吸波材料是将黏合剂与吸波剂混合后涂覆于目标物表面而形成的吸波涂层。结构型吸波材料通常是将吸波剂与特定的基体材料复合而制备的一种多功能性复合材料。基体材料决定电磁波在其内部的传播，对提高吸波性能有一定的作用。基体材料结构的形式主要包括多层平板结构、多孔结构、角锥状结构等，其中多孔结构吸波材料因较低的密度及可调的孔隙率和结构，可以调节并改善材料表面与自由空间的阻抗匹配。泡沫碳化硅、泡沫铝、多孔陶瓷和聚氨酯泡沫等多孔基体材料备受关注。

6.1.3 性能表征

（1）金属沉积率　　金属沉积率是用施镀前后样品的差值与单板表面积的比值，计算出的单位面积上金属的沉积量，计算公式如下：

$$G=(G_1-G_0)/2S \tag{6.8}$$

式中，G 为金属沉积率（mg/cm²）；G_1 为绝干状态下施镀后的样品重量（mg）；G_0 为绝干状态下施镀前的样品重量（mg）；S 为样品的表面积（cm²）。

（2）表面电阻率　　电阻率的测量方法参照标准《军用电磁屏蔽涂料通用规范》（GJB 2604—1996）。选用 YD5211A 型智能直流低电阻测试仪作为测试设备，量程为 $10^{-6}\sim10^{-5}\Omega$。测量时要保证试件表面和电极端面的清洁，在测量端面施加一定的压力使电极端面能够与被测试件有充分接触。实验过程中在 2cm×2cm 方形试件的两面共选取 20 个测试点测试试件的表面电阻，根据式（6.12），计算出表面电阻率，即 20 个测试点的平均表面电阻率：

$$R_s=R/S \tag{6.9}$$

式中，R_s 为表面电阻率（Ω/cm²）；R 为所测电阻值（Ω）；S 为电流通过试件的面积（cm²）。

（3）电磁屏蔽性能　　在 9kHz～1.5GHz，屏蔽效能（SE）的测定采用法兰同轴法，通过计算电磁波的入射功率（P_1）与透过屏蔽材料的输出功率（P_0）的比值得到，单位为分贝（dB），计算公式如下：

$$SE=-10\times\lg(P_1/P_0) \tag{6.10}$$

制备的纤维素镍基膜电磁屏蔽材料使用 Agilent E4402B 电磁屏蔽效能测试仪测试其电磁屏蔽性能。

在 8.2～12.4GHz，使用 Keysight N5234A 型矢量网络分析仪（VNA）表征 X 波段样品的电磁屏蔽性能，测试样品的大小为 22.86mm×11.86mm。其中由矢量网络分析仪可以得到输出散射参数 S_{12}、S_{21}、S_{11} 和 S_{22}，分别对应于反向传输系数、正向传输系数、输入反射系数和输出反射系数。由输出散射参数可求得反射系数（R）、吸收系数（A）和透射系数（T）。

由下列公式可计算得到电磁屏蔽效能：

$$R=|S_{11}|^2=|S_{22}|^2 \tag{6.11}$$

$$T=|S_{21}|^2=|S_{12}|^2 \tag{6.12}$$

$$SE_R=-10\lg(1-R) \tag{6.13}$$

$$SE_A=-10\lg[T/(1-R)] \tag{6.14}$$

$$SE_T=-10\lg T=SE_R+SE_A \tag{6.15}$$

6.1.4　木质基吸波材料

木材的天然孔隙结构对构建具有吸波功能的电磁屏蔽材料具有得天独厚的优势，主要是通过表面涂饰、浸渍组装及原位沉积等方法获得具有吸波功能的木质基电磁屏蔽材料。

6.1.4.1　木材/MXene[①]复合材料

为了消除日益严重的电磁辐射污染，人们迫切需要先进的电磁干扰屏蔽和电磁吸波材料。因此，将天然木材脱木质素制备得到的木材气凝胶作为多孔框架，然后将 f-Ti$_3$C$_2$T$_x$ 纳米片组装到木材气凝胶中，得到一种新型超轻、高压缩性、各向异性的 MXene@Wood（M@W）纳米复合气凝胶（图 6.3）。所制备的 M@W 纳米复合气凝胶可以在平行生长方向上达到 72dB 的高电磁干扰屏蔽效果，同时在垂直生长方向上将有效吸收带宽拓宽 8.2～12.4GHz。

---

① 通常指的是二维过渡金属碳化物、氮化物和碳氮化物

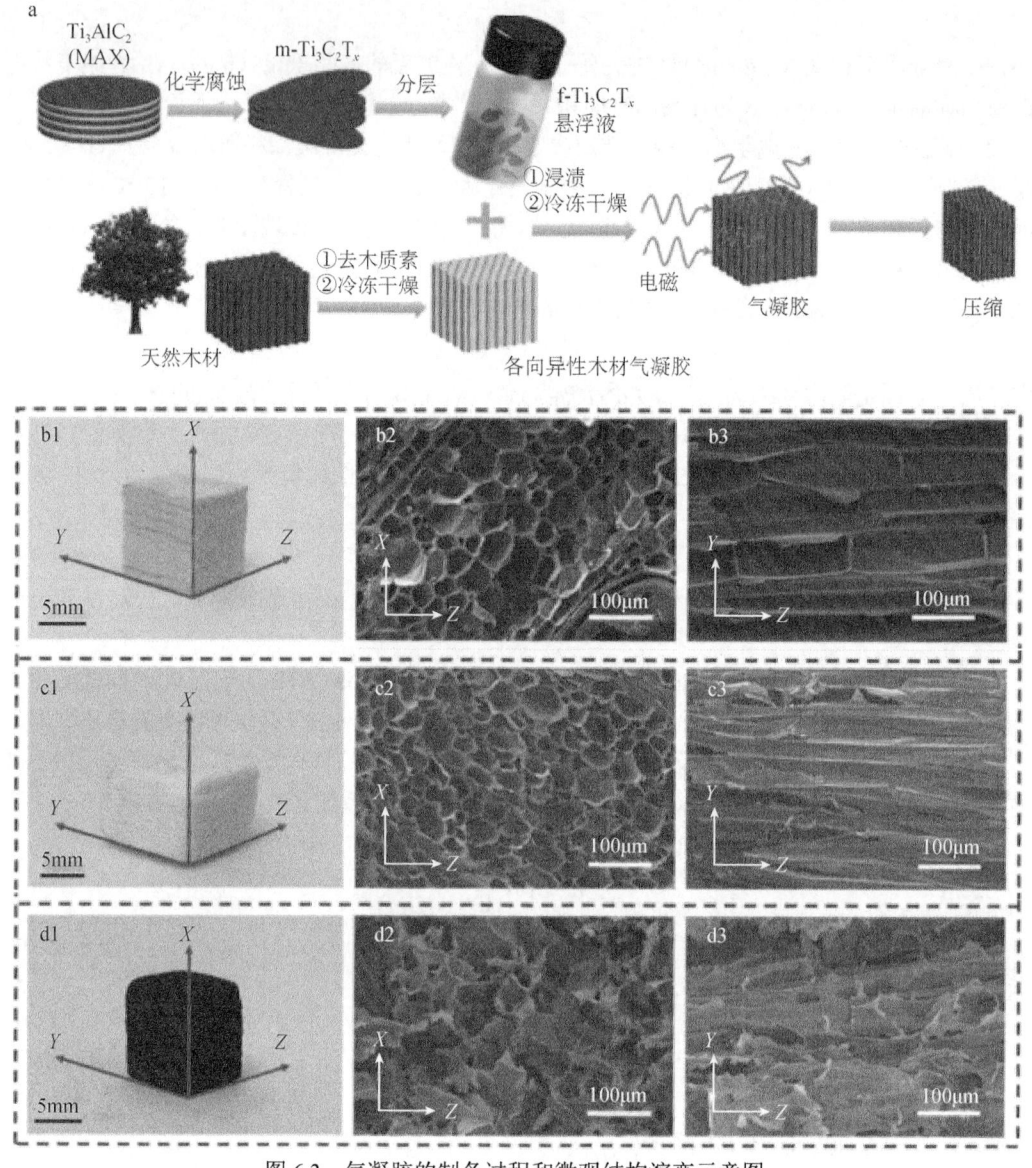

图 6.3 气凝胶的制备过程和微观结构演变示意图

a. f-Ti$_3$C$_2$T$_x$ 和 M@W 纳米复合气凝胶的制备示意图；b1~b3. 天然木材在平行和垂直生长方向的照片和 SEM 照片；c1~c3. 木材气凝胶在平行和垂直生长方向的照片和 SEM 照片；d1~d3. M@W 纳米复合气凝胶在平行和垂直生长方向的照片和 SEM 照片

图 6.4 为 M@W 复合材料的制备过程。采用真空辅助浸渍、喷涂和毛刷涂布三种涂层方法，对 MXene 在木材上的组装方式进行了调整。毛刷涂布提供了一个扁平的多层 MXene 层，因此可以在负载少量 MXene 的情况下构建一个高效的导电网络。在 MXene 负载量为 1.41mg/cm^2 的情况下，毛刷涂布制备的 M@W 复合材料在 8.2~12.4GHz 条件下的电磁干扰屏蔽效能为 40.5dB。

图 6.5 为柔性 MXene@W 复合材料制造示意图。以 MXene 和脱木质素木材为基础，通过浸渍和致密化工艺，构建了一种具有夹层结构的柔性 MXene@W 复合材料，用于电磁干扰屏蔽。合成的柔性 MXene@W 复合材料（F-MWC）具有良好的力学性能，抗拉强度达 68.1MPa，与天

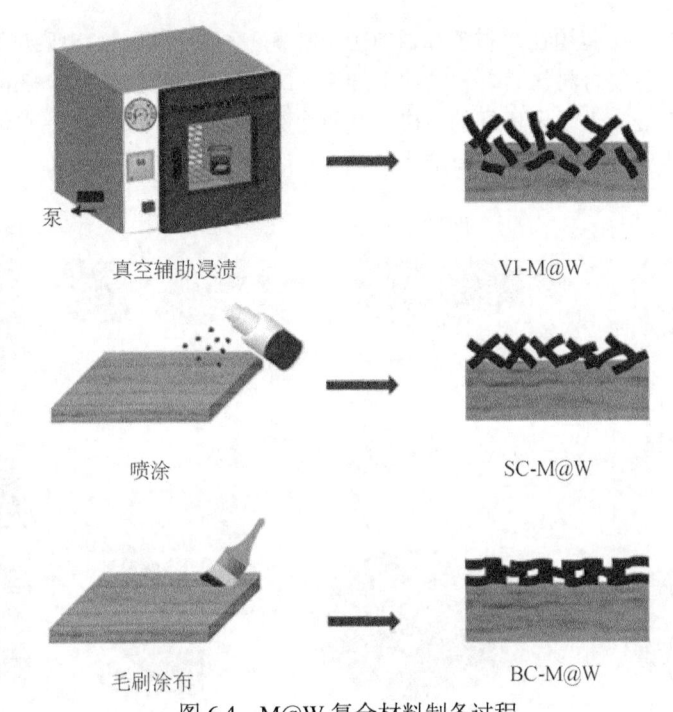

图 6.4　M@W 复合材料制备过程

VI-M@W. 真空辅助浸渍 M@W；SC-M@W. 喷涂 M@W；BC-M@W. 毛刷涂布 M@W

然木材相比，具有较好的柔韧性。由于 MXene 的阻燃与致密处理的协同作用，该材料还具有明显的自熄功能。在仅 0.38mm 厚度下，F-MWC 具有 1858S/m 的高导电性和 32.7dB 的电磁屏蔽效果。

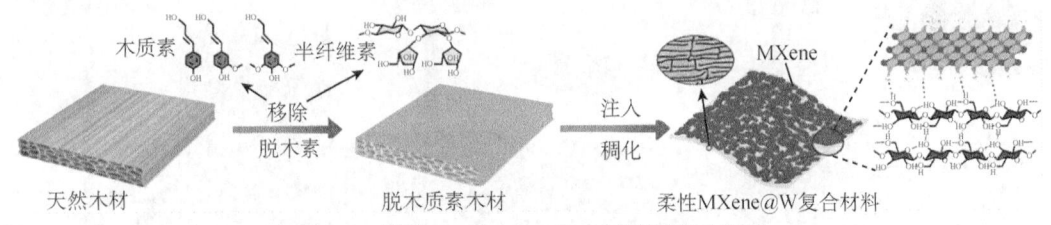

图 6.5　柔性 MXene@W 复合材料制造示意图

图 6.6a 为 d-Ti$_3$C$_2$T$_x$/DW 复合材料的制造过程。图 6.6b 中的 SEM 图像显示了在蚀刻 Al 层后 Ti$_3$AlC$_2$ 颗粒向松散层状堆叠结构（m-Ti$_3$C$_2$T$_x$）的变化。TEM 成像显示了 m-Ti$_3$C$_2$T$_x$ 通过剧烈摇晃进一步加工，然后变成一层薄薄的 Ti$_3$C$_2$T$_x$ 纳米片（d-Ti$_3$C$_2$T$_x$）。通过 MXene/纤维素支架组装策略，得到了一种环境友好的有效方法，以制备具有高机械强度和电磁干扰屏蔽性能的木材基复合材料。木质纤维素复合材料具有毫米厚的模拟"砂浆-砖"层状结构，力学性能优异，抗压强度达 288MPa，电磁干扰屏蔽效能达 39.3dB。这种"自上而下"的方法为高效生产坚固耐用的 EMI 屏蔽材料提供了一种选择。

6.1.4.2　木材/导电聚合物复合材料

三维多孔结构的脱木质素木材为构建多功能电磁屏蔽材料提供了良好的平台。图 6.7 展示了木材气凝胶和聚苯胺-木材气凝胶（PANI-WA）的制备工艺，在 H$_3$PO$_4$ 酸性介质中通过原位聚合的方法将聚苯胺（PANI）包覆在木材多孔通道上，制备一种具有阻燃和电磁屏蔽性能的非炭化木基纳米复合材料，这种复合材料具备较高的电导率（22.07S/m）。厚度为 2～3mm 的 PANI-WA 在 X 波段（8.2～12.4GHz）表现出良好的电磁干扰屏蔽效果，达到 27.63dB；同时具有优良的阻燃性，可自熄，多次点火后仍能保持原有形状。

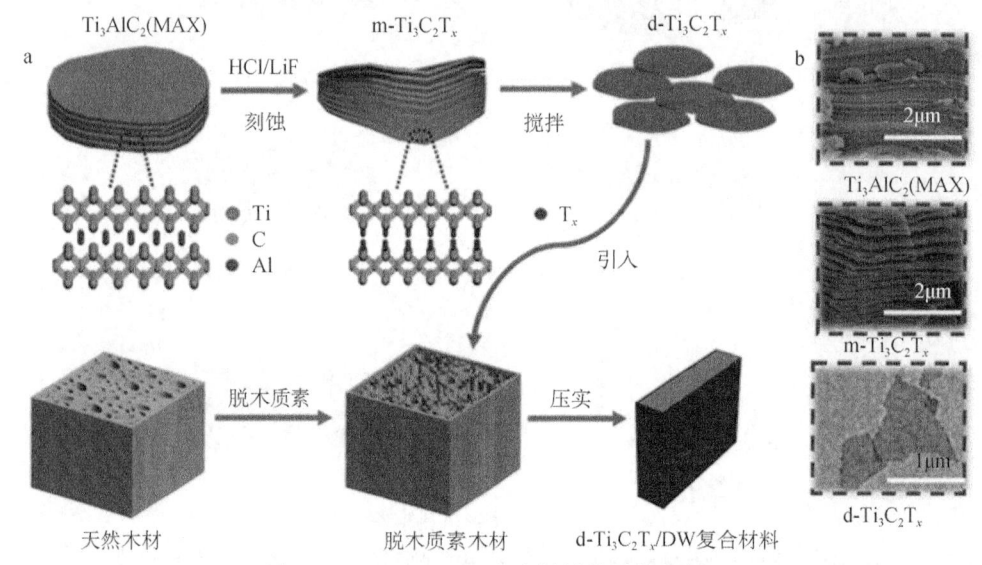

图 6.6 d-Ti$_3$C$_2$T$_x$/DW 复合材料的制备和表征

a. d-Ti$_3$C$_2$T$_x$/DW 复合材料的制备过程示意图；b. Ti$_3$AlC$_2$（MAX）、m-Ti$_3$C$_2$T$_x$ 的 SEM 图像和 d-Ti$_3$C$_2$T$_x$ 的 TEM 图像

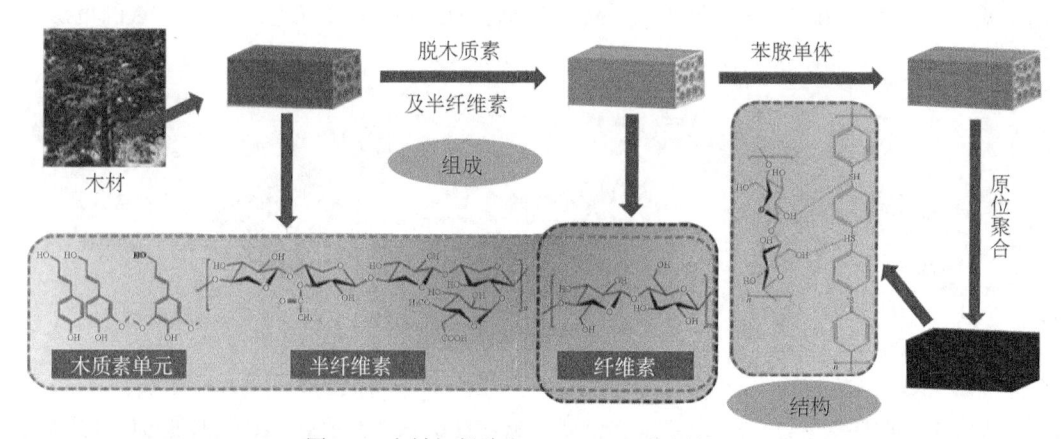

图 6.7 木材气凝胶和 PANI-WA 的制备工艺

如图 6.8 所示，通过脱木质素并在木材通道内原位化学气相沉积聚吡咯（PPy），开发了一种新型电磁干扰屏蔽材料，具有 39S/m 的高导电性。3.5cm 厚的导电木材的电磁干扰屏蔽效果为 58dB 左右。导电木材继承了天然木材优异的机械强度，抗压强度和抗拉强度分别是常规炭化木的 3 倍和 28.7 倍。这项研究可能为使用可扩展的、可再生的并具有成本效益的生物材料结构的电磁干扰屏蔽应用铺平道路。

6.1.4.3 木材/Fe$_3$O$_4$ 复合材料

通过共沉淀法在木材中原位合成 Fe$_3$O$_4$，成功制备出具有优异吸波性能的磁性木材。在

14.36GHz，匹配厚度仅为2.25mm，吸收带宽为5.20GHz（|RL|>10dB），范围为12.80～18.00GHz时，电磁干扰（EMI）吸收性能最佳，达到-64.26dB。图6.9为磁性木材中EMI的主要吸收过程，由图可知良好的屏蔽性能是由于木材腔壁内表面形成了独特的Fe_3O_4自组装形态，从而实现了最佳的阻抗匹配、最强的介电损耗、最佳的磁损耗，以及一个相互连接的导电网络，用于电子跳跃和迁移。

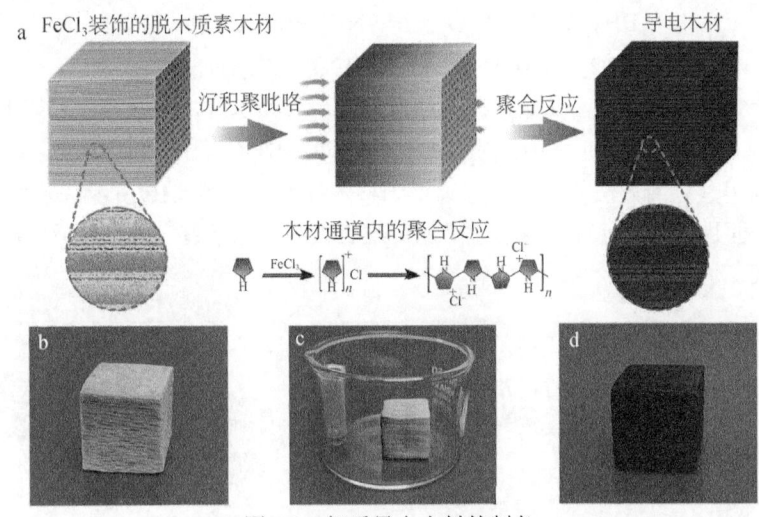

图6.8 轻质导电木材的制备

a. 轻质导电木材的设计和制造示意图；b. $FeCl_3$装饰的去木质素木材（2cm×2cm×2cm）；
c. PPy通过密封室化学气相沉积在木材通道中；d. 所得导电木材（2cm×2cm×2cm）

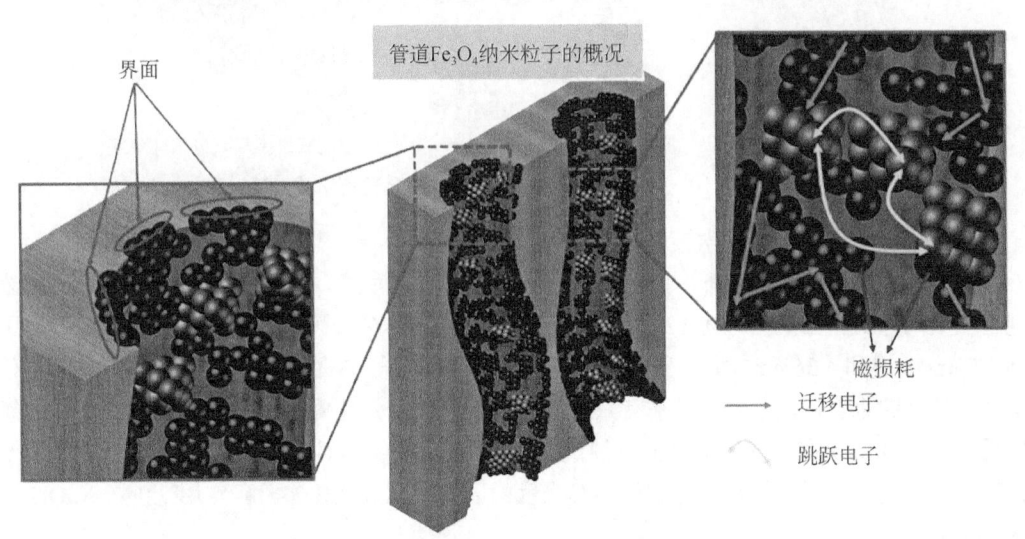

图6.9 磁性木材中EMI的主要吸收过程

Fe_3O_4纳米颗粒与来自导管壁和导电网络的碳水化合物之间界面处的界面极化（左），以及由磁性纳米颗粒构建的导电网络（右）。附着在导管壁上的纳米颗粒标记为黑色，而黏附的纳米颗粒簇标记为灰色

6.1.4.4 木质纤维素基电磁屏蔽材料

化学镀是一个催化沉积的氧化还原反应过程，钯（Pd）单质是具备良好催化活性的金属，常用于化学镀的活化过程。但是，Pd作为贵金属，成本较高。为了进一步降低化学镀镍的成本，缩

短流程，提高效率，发明了全新的化学镀方法，以相对廉价的 $NaBH_4$ 作为活化剂可制备出层毡状纤维素基电磁屏蔽材料。$NaBH_4$ 的还原性强，将木质纤维素纸浸泡于 $NaBH_4$ 碱性溶液中，BH_4^- 与纤维素分子的 OH^- 形成氢键而吸附在纤维素纸表面，负载 BH_4^- 的纤维素纸浸入镀液中，将镀液中的 Ni^{2+} 还原成 Ni^0 沉积在纤维表面。Ni^0 具有催化活性，进而引发镀液中 $H_2PO_2^-$ 与 Ni^{2+} 反应，最后形成致密连续的 Ni-P 合金镀层。其反应方程式如下：

$$BH_4^- + 2Ni^{2+} + 2H_2O \longrightarrow 2Ni^0\downarrow + BO_2^- + 2H_2\uparrow + 4H^+ \quad (6.16)$$

$$2H_2PO_2^- + 4OH^- + Ni^{2+} \longrightarrow 2HPO_3^{2-} + 2H_2O + Ni\downarrow + H_2\uparrow \quad (6.17)$$

$NaBH_4$ 是一种强碱弱酸盐，在酸性或中性条件下，容易水解，反应方程式如下：

$$BH_4^- + 2H_2O \longrightarrow BO_2^- + 4H_2\uparrow \quad (6.18)$$

王立娟等利用蒸煮的方法从杉木中分离得到杉木纤维，如图 6.10 所示，采用 $NaBH_4$ 碱性溶液对纤维素纸表面进行活化处理，将活化好的纤维素纸进行化学镀一定时间后，得到层毡状纤维素基电磁屏蔽纸。

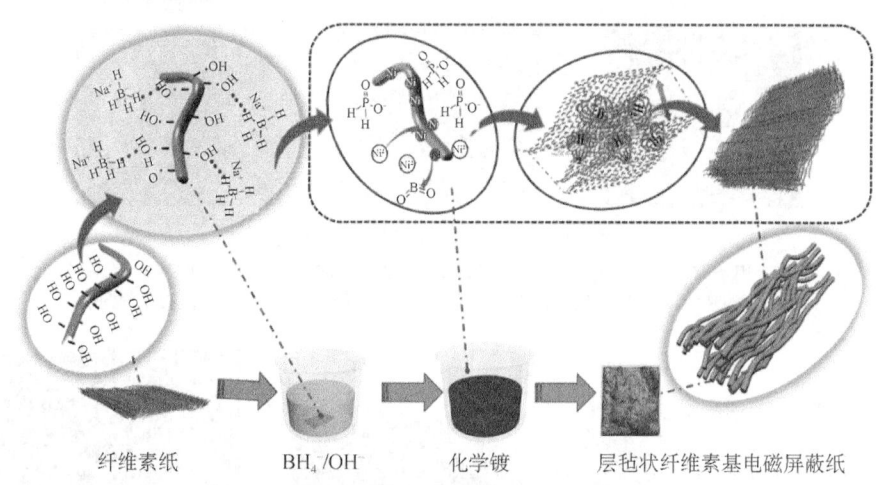

图 6.10 层毡状纤维素基电磁屏蔽纸制备示意图

可从以下三个方面调整化学镀工艺参数。

（1）NaOH 浓度和活化时间　　如图 6.11 所示，金属沉积率、电磁屏蔽纸厚度与 NaOH 浓度呈现正相关的趋势。在活化时间 120s、NaOH 浓度为 3.0g/L 时，镀件的金属沉积率和厚度分别可达到 $17.5mg/cm^2$ 和 4.36mm，此时表面电阻率低至 $4.67\Omega/cm^2$。这是因为氢氧化钠可阻止硼氢化钠在中性条件下的水解，确保镍离子被有效地还原为单质镍，催化镍离子与次亚磷酸根之间的氧化还原反应，由此实现在纤维素纸表面连续沉积 Ni-P 金属合金。然而，进一步提高 NaOH 浓度与活化时间可能会破坏纤维素纸中氢键的结合强度。因此，通过优化实验确定用 3.0g/L NaOH 活化 120s 为宜。

（2）$NaBH_4$ 浓度及镀液 pH　　以 3.0g/L NaOH 溶液分别配制 $NaBH_4$ 浓度为 2.0g/L 和 3.0g/L 的活化处理液，进行相同时间的处理后分别浸入 pH 为 7、8、9 的镀液中进行化学镀，结果如图 6.12 所示。$NaBH_4$ 浓度为 3.0g/L 的化学镀效果要好于 2.0g/L，这是因为经浓度较高的 $NaBH_4$ 处理后的纤维素纸于镀液中施镀时，初期会产生较多的 Ni^0 催化后续的镀镍反应。因此，活化液中 $NaBH_4$ 浓度以 3.0g/L 为宜。

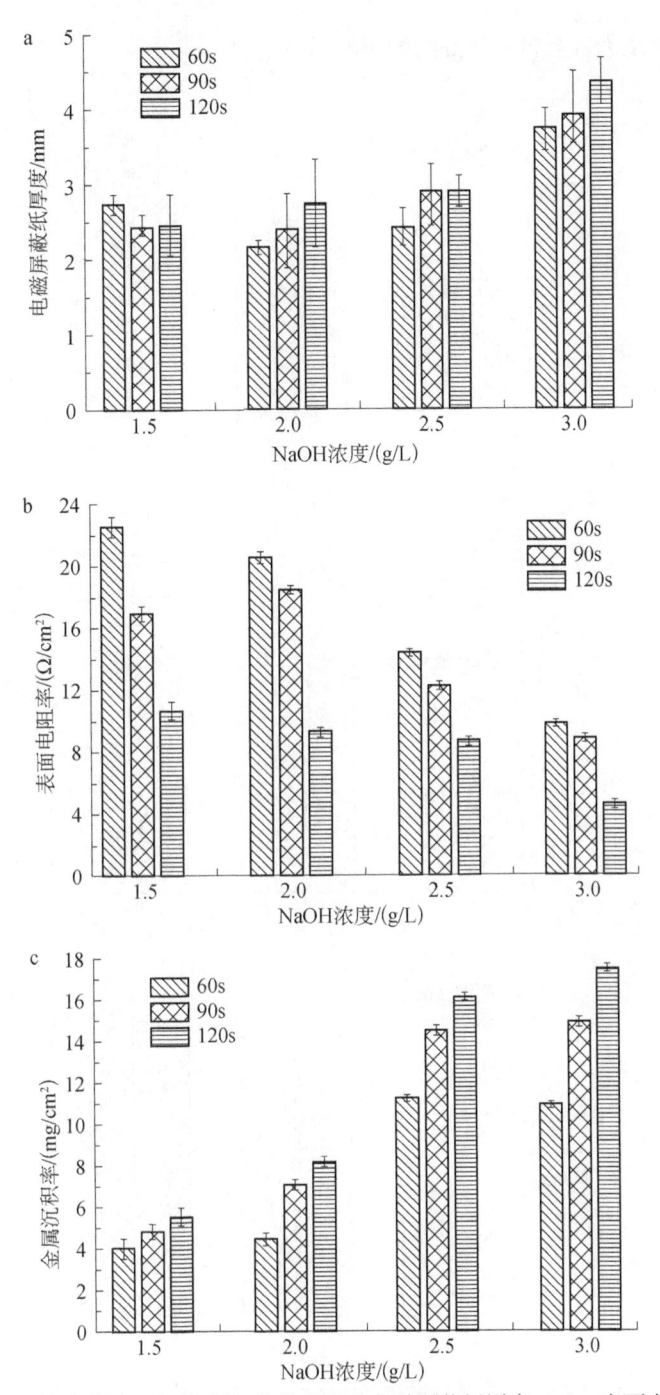

图 6.11 NaBH₄ 溶液中 NaOH 浓度和处理时间对电磁屏蔽纸厚度（a）、表面电阻率（b）和金属沉积率（c）的影响

从图 6.12 中可以看出，镀液 pH 也显著影响了镀件厚度和金属沉积率。当 NaBH₄ 浓度为 3.0g/L 时，随着 pH 从 7 增加至 9，金属沉积率从 7.9mg/cm² 增加到 19.54mg/cm²，厚度从 1.90mm 增加到 3.20mm，表面电阻率从 17.64Ω/cm² 降低至 4.67Ω/cm²，这些结果均表明了较高的 pH 可促进化学镀反应的进行。pH 越高，次亚磷酸钠的还原性越强，反应速度越快。另外，OH⁻也参与了氧化还原反应，其浓度越高，镍沉积越快。然而，随着 pH 的进一步增加，镀液可能会分解。结

果表明，用 pH 为 9 的镀液会得到较好的效果。

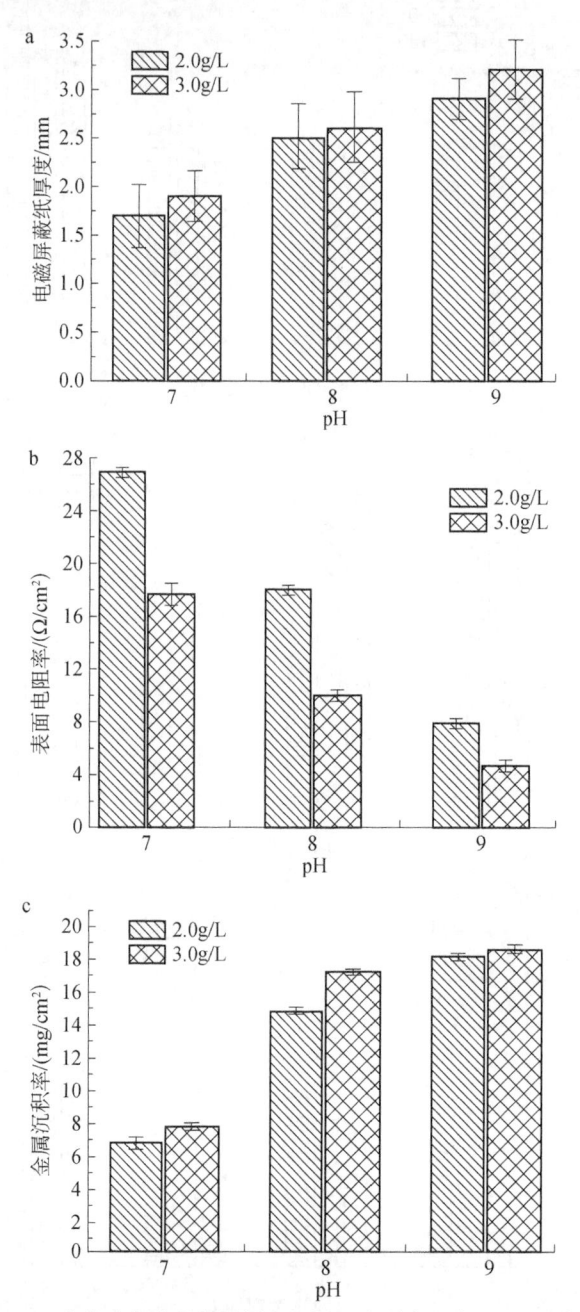

图 6.12 镀液 pH 和 NaBH$_4$ 浓度对电磁屏蔽纸厚度（a）、表面电阻率（b）和金属沉积率（c）的影响

（3）化学镀时间　　在镀液体积恒定的条件下，由于镀液中的镍离子被还原沉积在纤维素纸表面形成镀层，Ni^{2+} 浓度会逐渐降低，镀速明显变慢。因此，为了得到连续且具有一定厚度的镀层，就需要保证充足的施镀时间。如图 6.13 所示，当化学镀时间不断增加，镀件的厚度和金属沉积率也随之增加，表面电阻率呈现出下降的趋势。从图 6.13 中可以看出，在最初 15min 内镀件的厚度、金属沉积率和电阻率变化明显，20min 后，镀件的金属沉积率和表面电阻率变化不大，这是因为当镍离子浓度降至很低时，继续延长化学镀时间也很少有镀层沉积。在化学镀时间为 30min

时，镀件的厚度、金属沉积率和表面电阻率分别可以达到 4.36mm、17.5mg/cm² 和 4.67Ω/cm²。

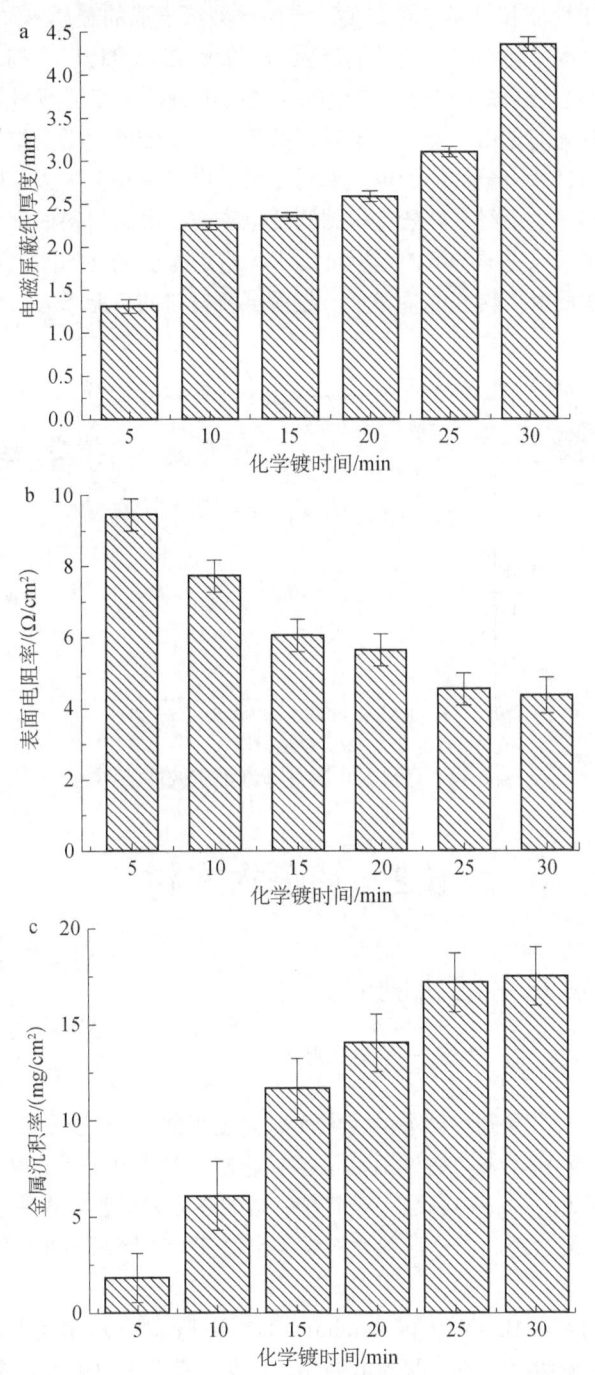

图 6.13 化学镀时间对电磁屏蔽纸厚度（a）、表面电阻率（b）和金属沉积率（c）的影响

随后对样品的电磁屏蔽性能进行了测试，结果如图 6.14 所示，在 9kHz～1.5GHz，电磁屏蔽纸的屏蔽效能随频率波动较小，随着厚度的增加，屏蔽效能也不断增加。层毡状纤维素基电磁屏蔽纸厚度达到 0.61mm 时，屏蔽效能达到 46dB 左右，可以满足日常生活对电磁屏蔽的要求。随着厚度增加，屏蔽效能也不断增加，当厚度增加到 4.36mm 时，电磁屏蔽纸的屏蔽效能增加到 65dB

左右，能满足大部分电磁屏蔽的需求。根据电磁屏蔽相关理论，电磁屏蔽纸的屏蔽效能与屏蔽材料本身的导电性能、磁性能和材料结构有关。电磁屏蔽纸表面的金属 Ni 本身是一种良导体，所以镀层内部有大量自由电子会产生反向的涡流磁场，能够在一定程度上削弱电磁波产生的磁场。同时，由于 Ni 是一种磁性金属，电磁波产生的交变的电磁场会在屏蔽材料内部形成涡流电场，对电磁波产生的电场有削弱作用。另外，电磁屏蔽效能与电磁屏蔽纸的结构有直接关系，当电磁波进入电磁屏蔽纸内部时，由于材料的电导率与空气的电导率相差很大，阻抗不匹配，电磁波在屏蔽材料的表面和内部产生反射，其层毡状结构使电磁波在屏蔽材料内部多次反射，造成电磁波能量的衰减。综上所述，电磁屏蔽纸的厚度增加，其内部叠层之间的间隙逐渐增大，电磁波在电磁屏蔽纸内部由于多次反射损耗的能量增多，故而屏蔽材料的效能增大。

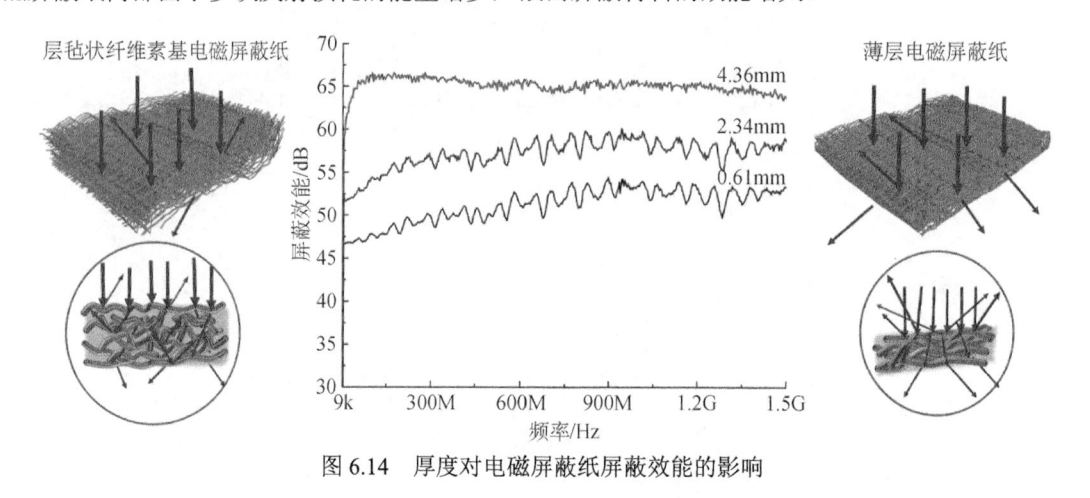

图 6.14　厚度对电磁屏蔽纸屏蔽效能的影响

6.2　超疏水木材

6.2.1　超疏水木材的机制研究

6.2.1.1　研究背景

超疏水材料是研究人员受到自然界的启发而研究出来的。"予独爱莲之出淤泥而不染，濯清涟而不妖，中通外直，不蔓不枝，香远益清，亭亭静植，可远观而不可亵玩焉。"北宋理学家周敦颐在《爱莲说》中用这样的诗句表达了对荷花品格的热爱和赞赏。古往今来，文人骚客对荷花都充满了异乎寻常的喜爱之情。同样，现代科学家也对荷叶"滴水不沾"的高贵品质进行了科学的深入探讨。

1997 年，德国生物学家 Barthlott 和 Neinhuis 首次详细、科学地阐述了荷叶的"滴水不沾"特性。他们对蝎尾蕉、买麻藤、玉兰、欧洲山毛榉、荷花、芋头、甘蓝和寻菊木 8 种植物叶片表面的静态接触角和表面形态进行了系统研究（图 6.15 和表 6.1）。结果表明，植物叶片上不同微结构（茸毛、表皮褶皱和蜡状晶体）构成的粗糙表面协同疏水的表皮蜡质共同形成其表面的防水性能，而且能够伴随水滴带走污染颗粒，构成自清洁表面，被称为"荷叶效应"。那些能够长效防水的叶片具有独特、显著的凸面或乳突状表皮细胞，且覆盖有非常密集的蜡质层，而那些只能在有限的时间内防水的叶片只有微凸起的表皮细胞，通常缺乏密集的蜡质层。此外，具有防水性能的物种都集中生活在草丛中，而罕见生活在树木上。

Jiang 等研究荷叶表面后发现其表面除具有微米结构外，还存在纳米结构，这种微米与纳米相复合的多尺度结构是引起荷叶表面超疏水特性的主要原因。从图 6.16a 可以看出，荷叶表面由许多微米级的乳突构成。由图 6.16b 可观测到每个乳突是由直径为 100nm 左右的分支结构组成的。他们在世界上首次提出了"二元协同纳米界面材料"的概念，认为荷叶表面的微纳米多级结构和低表面能的蜡质物使其具有超疏水和自清洁功能。

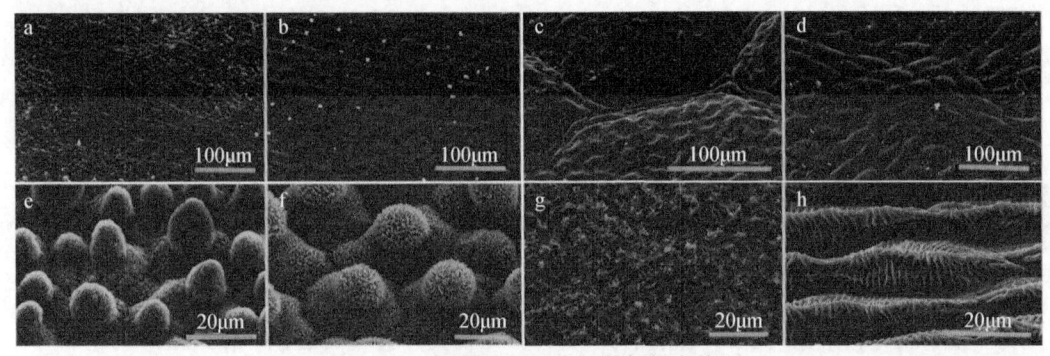

图 6.15 不同植物叶片表面的扫描电镜图

a. 蝎尾蕉；b. 买麻藤；c. 玉兰；d. 欧洲山毛榉；e. 荷花；f. 芋头；g. 甘蓝；h. 帚菊木

表 6.1 不同植物叶片表面的静态接触角（测试 20 次后取平均值）

名称	静态接触角/(°)
蝎尾蕉	28.4±4.3
买麻藤	55.4±2.7
玉兰	88.9±6.9
欧洲山毛榉	71.7±8.8
荷花	160.4±0.7
芋头	159.7±1.4
甘蓝	160.3±0.8
帚菊木	128.4±3.6

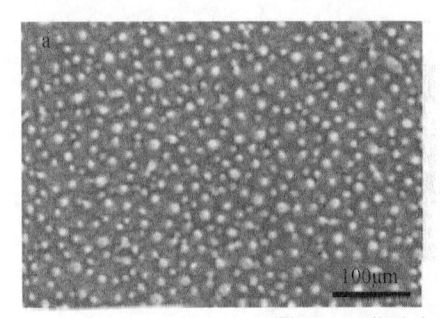

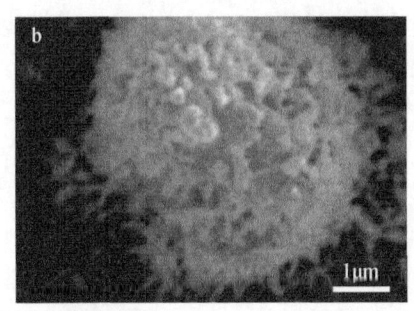

图 6.16 荷叶表面的扫描电镜图

a. 微米级乳突；b. 单个乳突结构放大图

在木材表面构筑有序组装的类荷叶表面的微纳米结构单元，一方面可有效地改善和提高木材的性能（阻燃、尺寸稳定、装饰性能），确保木材制品使用的可靠性和安全性，延长使用寿命，节约资源和能源，减少环境污染；另一方面还可赋予木材特殊的物理和化学性能（疏水、抗菌、自清洁、降解有机物等），从而制备新型高附加值的功能性材料，以开阔其使用领域，拓展其应用范围。

6.2.1.2 三相体系润湿性及理论基础

一般固体表面的润湿性都以液体对固体表面的接触角作为衡量的标准，根据固体表面所处的介质环境的不同，润湿体系可以分为气/液/固三相和液/液/固三相，其中气/液/固三相体系最常见，因而被广泛研究。

接触角是指滴在固体表面的液体因不能完全润湿而与固体表面所成的角度，以 θ 表示。其具体定义为：液滴滴在固体表面达到稳定状态时（三相表面张力达到平衡时），做气-液相界面的切线，该切线与液-固相交界线所成一定角度的夹角即接触角，如图 6.17 所示。接触角角度的大小反映了该种液体对某一固体表面的润湿能力。

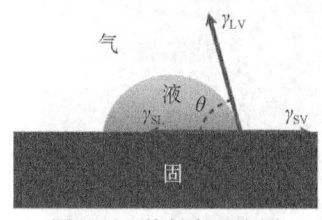

图 6.17 接触角示意图

当液滴滴在平滑的理想固体表面并达到平衡时，由三相表面张力三力平衡可推得接触角与三相表面张力的关系，即杨氏方程（Young's equation）：

$$\gamma_{SV} = \gamma_{SL} + \gamma_{LV} \cos\theta \tag{6.19}$$

即

$$\cos\theta = \frac{\gamma_{SV} - \gamma_{SL}}{\gamma_{LV}} \tag{6.20}$$

式中，γ_{SV} 为固-气界面的表面张力；γ_{SL} 为固-液界面的表面张力；γ_{LV} 为气-液界面的表面张力；θ 为该固体表面的平衡接触角。

根据 θ 的大小可以判别液体对固体表面的润湿程度：$\theta = 0°$，绝对润湿，液体在固体表面完全展开；$0° < \theta < 90°$，液体可润湿固体表面，且 θ 越小，效果越好；$\theta = 90°$，为亲水和疏水的分界线；$90° < \theta < 180°$，液体不润湿固体；$\theta = 180°$，液体与固体表面排斥，收缩成球。杨氏方程只有在平滑、无变形、各向同性的理想表面才可用，因为只有这样的表面才存在稳定的平衡接触角。而对于非理想固体表面，则需引入以下模型。

对粗糙固体表面液体的接触角进行测定，也可以得到一个接触角，用 θ_r 来表示，称之为固体表面的表观接触角。表观接触角不是材料表面的真实接触角。θ_r 与界面张力的关系不能用杨氏方程描述，但它们的关系依然可以用热力学关系推导，推导如下。

假设液滴滴在粗糙表面时表面上的凹坑可以被液体全部充满，如图 6.18a 所示，且整个体系被置于恒温、恒压下，且体系达到平衡状态。这时如果界面发生了微小的变化，那么整个体系的自由能也会发生相应改变，变化值为

$$dE = r(\gamma_{SL} - \gamma_{SV})dx + \gamma_{LV}dx\cos\theta_r \tag{6.21}$$

式中，dE 为接触线移动 dx 需要的总能量；r 为粗糙度，定义为固-液相实际接触部分与固-液表观接触部分的面积比。

平衡时，$dE = 0$，有

$$\cos\theta_r = \frac{r(\gamma_{SV} - \gamma_{SL})}{\gamma_{LV}} \tag{6.22}$$

与杨氏方程相关联，可得

$$\cos\theta_r = r\cos\theta \tag{6.23}$$

式（6.23）由 Wenzel 于 1936 年发表，简称 Wenzel 方程。通过 Wenzel 方程，我们可以发现，

由于实际固体的表面是粗糙的，固-液实际接触面积总是大于表观接触面积（表观接触面积即与固体表面接触的液体投影在固体表面的面积）。

若固体表面不只由一种物质组成，其表观接触角是不能用 Wenzel 方程来描述的。考虑到实际固体表面的非理想性（表面粗糙且不均一），Cassie 和 Baxter 对 Wenzel 方程进行了优化，认为实际固体表面是由多元材料构成的，液滴滴在这种表面上时并非像 Wenzel 模型描述的那样发生了全湿接触，而是发生了多元接触，如图 6.18b 所示。

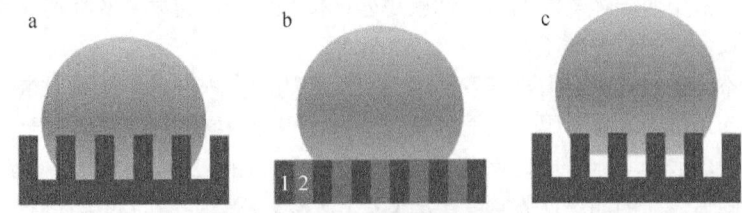

图 6.18 经典润湿性理论模型

a. Wenzel 模型；b. Cassie 模型；c. Wenzel 态与 Cassie 态共存模型。1 和 2 分别指物质 1 和物质 2

假定材料的表面由物质 1 和物质 2 两种物质构成，又假定这两种物质以超细微粒的形态均匀分布于固体表面（每个超细微粒的尺寸都相同，且比液滴的尺寸小得多）。已知物质 1 的本征接触角为 θ_1，物质 2 的本征接触角为 θ_2，两种物质在固体表面所占的表面积分数分别为 f_1 和 f_2（$f_1+f_2=1$）。又假设当液滴在固体表面铺展时两种物质所占的表面积分数是恒定的（即 f_1 和 f_2 始终保持恒定）。定义 θ_r 为该多元表面的表观接触角，将整个体系置于恒温、恒压下，且体系达到平衡状态，则体系的自由能变化值为

$$dE = f_1(\gamma_{SL1} - \gamma_{SV1})dx + f_2(\gamma_{SL2} - \gamma_{SV2})dx + \gamma_{LV}dx\cos\theta_r \tag{6.24}$$

平衡时，$dE=0$，有

$$f_1(\gamma_{SV1} - \gamma_{SL1}) + f_2(\gamma_{SV2} - \gamma_{SL2}) = \gamma_{LV}\cos\theta_r \tag{6.25}$$

根据杨氏方程，上式可转化为

$$f_1\cos\theta_1 + f_2\cos\theta_2 = \cos\theta_r \tag{6.26}$$

此式即 Cassie-Baxter 方程。Cassie 和 Baxter 认为，当材料的疏水性足够强时，液滴在固体表面发生全不湿接触，此时液滴在上述表面的接触实质上分为液-固接触和液-气接触（即物质 2 为空气），定义 f_1 为液-固接触所占的表面积分数，f_2 为液滴与气孔或截留气层接触所占的表面积分数（$f_1+f_2=1$），液滴与空气的接触角为 180°，则上述方程变换为

$$\cos\theta_r = f_1\cos\theta_1 - f_2 \tag{6.27}$$

由上述方程不难看出，f_2 增大时，且空气垫部分比例增加时，材料的疏水性也会增强。该方程假设与液滴接触的固体部分是光滑的理想表面（图 6.18b），应该指出的是，上述这些方程只是一些理论模型，因此不能完全符合实际情况。实际情况中与液滴接触的固体部分并非平滑的表面，液体在固体表面的润湿态往往介于 Wenzel 态和 Cassie 态之间（图 6.18c）。而且即便知道固体表面的粗糙因子，也不一定能用其修正，如粗糙程度相同而形貌不同的表面，其各自呈现的表面润湿性是不尽相同的。

以上我们介绍了经典的气/液/固三相体系固体表面润湿理论，这些理论都是以接触角测量为基础而提出的。液体对固体表面的浸润性除用接触角表征外，还常用接触角滞后和滚动角加以更全面地描述。

将一定体积的液滴滴于固体表面，当增加液滴的体积时，液滴会发生扩张而有前进的趋势，

定义此时液滴与固体表面的接触角为前进接触角，简称前进角（图6.19a），以θ_A表示；当增加的液滴体积足够多时，液滴会突然向前蠕动，在此蠕动刚要发生时的前进角称为最大前进角，以$\theta_{A,max}$表示。当减少液体的体积（即以气-固界面取代液-固界面）时，液滴会发生收缩而有后退的趋势，定义此时液滴与固体表面的接触角为后退接触角，简称后退角（图6.19b），以θ_R表示；当抽走液体的量逐渐增加，直至某一时刻时液滴会突然发生收缩，在此收缩刚要发生时的后退角称为最小后退角，用$\theta_{R,min}$表示。$\Delta\theta = \theta_A - \theta_R$，定义为接触角滞后。接触角滞后越小，液滴越容易脱离固体表面，液滴对固体表面的润湿性就越差；接触角滞后越大，液滴越容易黏附在固体表面，液滴对固体表面的润湿性就越好。

将液滴滴在不同的固体表面上，其发生滑动或滚动的难易程度是不同的，这个难易程度用滚动角来衡量。滚动角是指放置于固体表面的具有一定体积的液滴，在表面倾斜至液滴刚好发生滑动或滚动时，倾斜的表面与水平面之间的夹角，以α表示（图6.20）。α越小，液滴越容易离开固体表面，液滴对固体表面的润湿性就越差；α越大，液滴对固体表面的润湿性就越好。

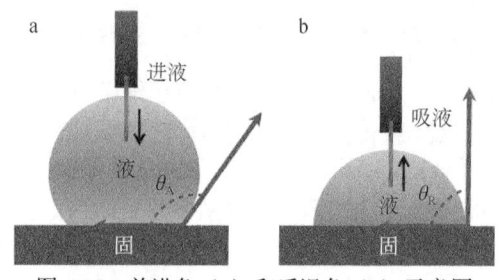

图6.19 前进角（a）和后退角（b）示意图

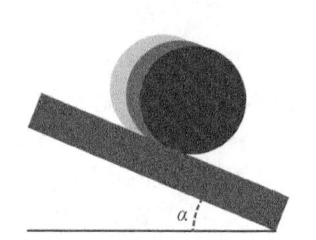

图6.20 滚动角示意图

超疏水木材的制备过程通常包括微纳米结构的构建和低表面能改性两个步骤。微纳米结构化最常用的材料是无机纳米粉末。纳米粉末又称为超微粉或纳米颗粒，这类材料的尺寸一般为1~100nm，是一种介于原子、分子与宏观物质之间，处于中间状态的固体材料，又称为介观世界，具有量子效应、小尺寸效应、表面效应和分形聚集特性等，从而表现出许多特有的性质，可用于光、电、磁、敏感和催化等领域，或根据纳米颗粒的特性设计紫外反射涂层、红外吸收涂层、微波隐身涂层及其他纳米功能涂层。目前无机纳米微粒的制备方法有十多种，有许多方法的制备技术已成熟，我国许多工厂已开始生产纳米材料，市场已可购到纳米级的SiO_2、$CaCO_3$、Al_2O_3等材料，为制备木材纳米复合材料提供了材料基础。无机纳米颗粒的制备方法按研究的学科大体可分为物理法、化学法和物理化学法（综合法）；按照物质的原始状态分类，相应的制备方法可分为固相法、液相法和气相法；按制备技术分类，又可分为机械粉碎法、气体蒸发法、溶液法、激光合成法、等离子体合成法、溶胶-凝胶法。

木材纳米复合材料是指将纳米单元体以分子水平分散在木材基体中形成纳米复合材料，并且分散相尺寸有一维小于100nm，使之表现出许多独特的性质。木材-无机纳米复合材料的整体性能并不是其组分材料性能的简单加和，还涉及复合效应问题，实质上是分散相与基体所形成的界面相互作用、相互依存、相互补充的结果，应表现为木材-无机纳米复合材料的性能在其组分材料基础上线性和非线性的综合，使纳米材料赋予木材新的功能，使木材功能性改良，体现木材和纳米材料的双重优点。

6.2.2 超疏水木材的研究进展

通过微纳粗糙结构构建和低表面能改性以赋予木材超疏水性，最初被用于改善木材的吸水性和吸湿膨胀等问题,以期获得比传统方法更优的性能表现。水热法、层层自组装法、溶液浸渍法、溶胶-凝胶法、化学镀法、喷涂法、磁控溅射法等各种不同的方法被用于木材表面的微观结构构建和化学改性,这些方法的优劣势也被详尽研究。除了可以改善木材的吸水性及吸湿膨胀性,超疏水木材对大多数水基液体(如牛奶、咖啡、酱油等)具有不沾性,对固体粉末污染物具有自清洁性(在水流作用下粉末污染物可被冲走),因而比疏水性木材具有更佳的防水防污能力。

随着超疏水领域研究的深入,人们发现超疏水涂层中机械稳定性差的纳米结构很容易在外力作用下(如摩擦、碰撞、水流冲击等)被破坏,从而导致材料丧失超疏水性。不仅如此,紫外光照射、高温、高湿等环境因素也会引起超疏水涂层中低表面能组分的降解和损失,从而导致木材表面超疏水性能的降低或丧失。因此,提升木材表面超疏水涂层的机械和化学稳定性也成为构建超疏水木材的必然要求。当前提升木材表面超疏水涂层机械稳定性的方法主要有两种:一是模仿自然界中植物叶片的新陈代谢修复机制,赋予超疏水木材表面自修复功能,使受损的表面微观结构或疏水物质在一定外界刺激下再生;二是提升超疏水涂层与木材间的界面结合力,如采用 SiO_2、TiO_2 等无机纳米颗粒为面层,以具有黏接作用的有机聚合物(如环氧树脂、有机硅橡胶等)为底层,在木材表面构建有机/无机杂化复合超疏水涂层,利用胶黏剂增强纳米结构与木材基底的结合,从而提高超疏水涂层的机械稳定性。超疏水涂层的化学稳定性与所使用的低表面能改性剂的类型有很大关系,关于这方面的系统性研究很少。当下单纯的超疏水木材研究的进展较为缓慢,更多的是与其他功能如阻燃、发光、储能等相结合,从而拓展木材的应用范围。目前,超疏水木材的应用仍面临以下问题。

1)复杂的室外使用环境(如紫外光照射、高/低温、油污、大气污染物等)会引起超疏水木材表面化学性质的变化,从而使其丧失超疏水性。从长远角度看,该问题比提升涂层的机械稳定性更难解决,寻求超疏水木材合适的使用场合也许是最优解。

2)木材表面超疏水涂层应具有良好的透明性,尽量保持木材天然的纹理和色泽,这也意味着超疏水涂层需要具有更精细的纳米结构和更薄的厚度。然而这两者都不利于超疏水涂层的机械稳定性。

3)构建超疏水涂层的疏水剂和纳米材料的生物毒性与环境毒性需要被重视。

6.2.3 超疏水木材的应用

彭万喜等(2008)公开了一种超疏水木材制备的专利:将木材放入模具中,称取一定量的超疏水粉末加入模具中,在压力机上将模具中压强升到1~50MPa,在80~100℃条件下保温0.5~20.0h,然后卸压。取出的木材冷却至室温后刮去表面的超疏水物质,得到超疏水木材。超疏水木材与水的接触角大于150°,滚动角小于5°。Liu 等(2011)将 15g 10wt%的商业防水剂甲基硅酸钾(PMS)水溶液溶解到250mL 的去离子水中;将清洗过并干燥好的杨木试样浸入上述溶液中,在40℃条件下用磁力搅拌,此时溶液的 pH 是 12.5;然后将 CO_2 气体以鼓泡的方法通入上述溶液中,直至 pH 降至9时停止通气,并停止搅拌,木材试样继续留在溶液中在室温下反应18h;最后,将木材试样从溶液中取出,用去离子水漂洗三次,在120℃的真空干燥箱中浓缩反应30min 后,即得到超疏水木材。PMS 是一种商业防水剂,在溶液中具有很强的碱性(pH>12)。随着溶液 pH 的减小,甲基硅烷水解形成硅醇后逐渐浓缩形成低聚或高聚的聚合硅醇。因此,在实验中,CO_2 在制备硅醇的过程中起 pH 控制剂的作用。在反应过程中,生成的硅醇分子会通过木材缝隙进入木材内部。—Si—OH 基团会聚集在木材表面是因为硅烷水解形成的—Si—OH 基团通过氢键与木材表面的—OH 基团发生氢键连接,进一步失水与细胞壁形成 Si—O—C 键,硅醇分子之间形成共价键 Si—O—Si。

Wang 等（2011）采用了溶胶-凝胶法来制备超疏水杨木。首先，在杨木表面合成 SiO$_2$ 纳米粒子，再通过化学蒸汽沉积法进行氟化改性。SiO$_2$ 纳米粒子通过溶胶-凝胶法合成得到，中间包括正硅酸乙酯的水解和水解硅醇的凝聚两个过程，氨水在整个过程中充当催化剂。杨木是一类亲水性的材料，其表面与水滴的接触角大小为 58°（图 6.21a）。对于表面沉积有 SiO$_2$ 纳米粒子的试样，水滴在上面能够很迅速地扩散、铺展，与水的接触角接近 0°（图 6.21b）。杨木经过十三氟辛基三乙氧基硅烷（POTS）试剂处理后，其水接触角大小可以达到 124°，在一定程度上显示出了较好的疏水效果（图 6.21c）。当沉积了 SiO$_2$ 纳米粒子的杨木经过 POTS 试剂处理后，其表面达到了更优的疏水效果。该处理过程使得杨木由亲水性转变为超疏水性，静态水接触角达到 159°，滚动角小于 3°（图 6.21d）。

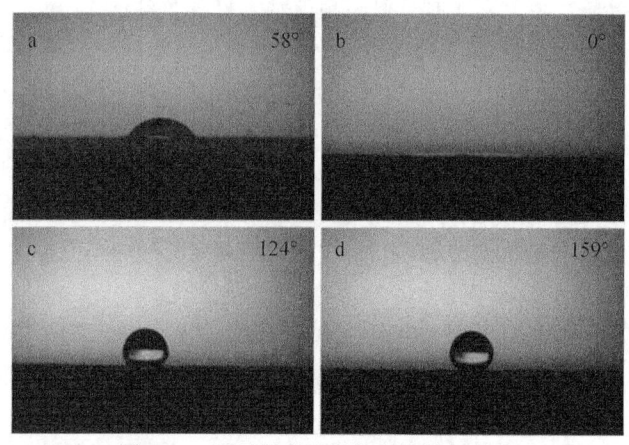

图 6.21 不同杨木试样的水接触角照片

a. 原始杨木表面；b. 沉积 SiO$_2$ 纳米粒子的杨木表面；c. 经 POTS 处理的杨木表面；d. 超疏水杨木表面

为了进一步研究超疏水杨木的疏水性能，适用于测量粗糙不均匀固/气复合表面水接触角大小的 Cassie 方程得以运用：

$$\cos\theta_c = f_1\cos\theta - f_2 \tag{6.28}$$

式中，f_1 和 f_2 分别为水滴与固体和气体的接触部分所占的面积分数（其中 $f_1 + f_2 = 1$）；θ_c 为水滴与超疏水木质基表面的表观接触角，其值为 159°；θ 为水滴在 POTS 试剂修饰过的光滑固体表面的接触角，其值为 105°。利用 Cassie 方程可以得到水滴与固体界面的接触面积分数 f_1 仅为 11%，而水滴跟空气界面的接触面积分数达到了 89%。由于水滴主要跟空气界面接触，而空气跟水是两个互不相容的体系，它们之间的接触角被认为是 180°，从而导致超疏水性的形成。

在正硅酸乙酯、去离子水用量分别为 10mL，无水乙醇用量为 90mL 的条件下，通过调节氨水的用量来控制合成 SiO$_2$ 纳米粒子的大小，并研究不同粒径大小的 SiO$_2$ 纳米粒子对杨木表面疏水性能的影响，结果如表 6.2 所示。从表中可以看出，随着氨水用量的增加，SiO$_2$ 纳米粒子平均粒径增大，杨木表面的水接触角呈先增大后减小的趋势，而滚动角则先减小后增大。

表 6.2 不同粒径的 SiO$_2$ 粒子对超疏水木质基表面疏水性能的影响

试样编号	氨水用量/mL	溶胶平均粒径/nm	接触角/(°)	滚动角/(°)
A1	1	162.4	156	4
A2	2	240.8	161	2
A3	5	297.5	159	3

续表

试样编号	氨水用量/mL	溶胶平均粒径/nm	接触角/(°)	滚动角/(°)
A4	10	511.3	152	6
A5	20	652.6	148	8

单分散 SiO_2 颗粒的形成过程是水解、成核及颗粒生长三者之间复杂的竞争过程。在氨水的催化作用下，正硅酸乙酯快速水解形成单体，单体之间通过缩合反应而形成单链交联的 SiO_2 微晶核，大量微晶核在经过一定时间的生长后，最终形成粒径大小均匀、分布窄的单分散球形 SiO_2 颗粒。实验过程中，随着氨水浓度的增大，溶液中—OH 浓度也增大，加速了正硅酸乙酯的水解及缩合进程，成核和生长速率也显著增加，导致生成的 SiO_2 颗粒的粒径也逐渐增大。因而，通过改变氨水的用量可以方便、简单地控制 SiO_2 溶胶的粒径。另外，杨木表面 SiO_2 涂层的颗粒大小直接影响了表面的粗糙度，粒子过大或过小，涂层的粗糙度都不会很大，经疏水改性后达不到很好的超疏水效果。由表 6.2 可知，当氨水用量在 2mL 时，杨木表面生成的 SiO_2 颗粒粒径大小为 240.8nm，经疏水改性后，得到了疏水效果最好的超疏水杨木表面，其接触角为 161°，滚动角大约为 2°。另外，超疏水杨木试样放置在空气环境中 2 个月或浸泡在去离子水中 3 天，其表面的超疏水性能没有明显的变化，其接触角仍维持在 150°以上，这表明超疏水杨木具有较好的空气稳定性和耐水性。

从图 6.22a 可以观察到杨木表面完全被 SiO_2/聚苯乙烯（PS）复合涂层均匀地覆盖，涂层表面零零散散地出现一些空隙或凹槽结构。通过图 6.22b 可以看到大量的乳突状粒子随机地分布在木质基表面，它们是由数个粒径大小为 200~300nm 的亚微米级球状粒子构成的，尺寸为 1~5μm。这种亚微米/微米的分级粗糙结构与荷叶表面的微观结构相类似。研究表明：在这种分级粗糙结构和低表面能共同存在的复合涂层表面，大量的空气成分会被捕捉在表面的空隙或凹槽结构中，形成一个气/固复合界面。当水滴滴在超疏水涂层表面时，主要跟空气垫接触，从而形成超疏水性，其与水的接触角为 153°，滚动角小于 5°。

图 6.22 超疏水 SiO_2/PS 复合涂层的 SEM 图像

通过红外和 XPS 频谱分析结果可知，超疏水复合涂层是由改性 SiO_2 纳米粒子跟 PS 共同组成的，改性 SiO_2 纳米粒子跟 PS 发生了很好的物理混合。在改性 SiO_2 纳米粒子创造高表面粗糙度和 PS 降低表面能的共同作用下，杨木表面由原来的亲水性转变为超疏水性。

当把超疏水杨木暴露在空气环境中 3 个月时，表面的水接触角几乎没有什么变化，这表明试样具有良好的空气稳定性。另外，超疏水杨木表面的复合涂层具有很好的抗酸抗碱性能。在 pH 0~14，水接触角都在 140°以上。此外，当超疏水复合涂层在去离子水、甲苯、乙醇或正己烷溶剂中浸泡 12h 后，表面的水接触角还维持在 150°以上（图 6.23）。总之，超疏水复合涂层具有良好的空气稳定性、优良的抗酸抗碱性能，以及在水中或常见有机溶剂中具有很好的耐受性。

Hsieh 等（2011）通过将 SiO_2 纳米粒子和全氟烷基甲基丙烯酸共聚物（Zonyl 8740）简单混合于水中，喷涂制备了超双疏松木。含氟共聚物有两个作用：一是提高硅球与木材间的黏附，二是降低体系表面能。接触角分析表明，原始松木接触角为 0°，显现为超亲水性；水在仅经含氟共聚物处理的松木表面呈现 160.1°的接触角，显示出超疏水性；而经过 SiO_2 纳米粒子和含氟共聚物共同处理的松木表面的接触角达到了 168.3°，疏水效果最佳。乙二醇在原始松木表面的接触角为

0°，而在仅经含氟共聚物处理的松木表面呈现138.8°的接触角，这是因为乙二醇的表面张力（45.1mN/m）要低于水的表面张力（73.2mN/m）。乙二醇在经过SiO_2纳米粒子和含氟共聚物共同处理的松木表面的接触角达到157.4°，表明借助于粗糙结构和低表面能的协同作用，可以获得更佳的疏水疏油性。

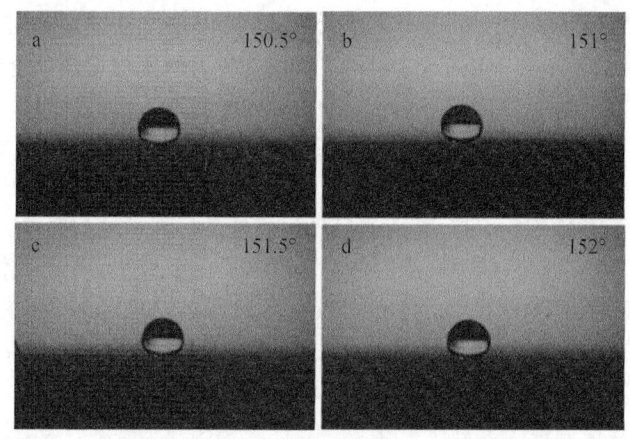

图6.23 超疏水杨木经过不同溶剂浸泡12h后的水接触角照片
a. 去离子水；b. 乙醇；c. 甲苯；d. 正己烷

早期超疏水木材的构建较少考虑超疏水表面的机械稳定性。但超疏水表面的微纳结构的机械强度是影响超疏水表面寿命的关键因素。一般情况下，微纳结构的机械强度较弱，难以抵御强度稍大的机械力，尤其是磨损。磨损不仅会破坏表面的微观结构，还会引起表面化学组分的变化，两者共同作用会引起接触角和滑动角的显著下降。因此，提高超疏水木材表面微纳结构的机械稳定性十分重要。

Liu等（2013）的工作着重考虑了超疏水木材表面耐磨损的问题。他们通过将聚乙烯醇（PVA）/SiO_2杂化复合材料滴涂在杨木表面形成了花瓣状的粗糙结构，这为超疏水涂层的机械稳定性提供了保证。原始杨木是一种不均相、多孔且有一定粗糙度的材料（图6.24a）。涂覆了PVA（4wt%）的杨木表面非常平整（图6.24b）。图6.24c和图6.24d为PVA/SiO_2超疏水涂层在木材样品表面的微观结构：大量花瓣状的结构随机地分布在木材样品表面，从而构建出一个非常粗糙的表面，花瓣状的PVA/SiO_2杂化材料的宽度为2~5μm，厚度在30nm左右。这一花瓣状的杂化材料随机地分布构建出大量的腔和空隙，明显地增强了木材样品表面的粗糙度。

Wu等（2016）将无机纳米粒子（SiO_2或TiO_2）、乙烯基三乙氧基硅烷（VTES）、氢氧化钠三者进行低温水加热，从而在木材、竹材、滤纸、海绵、铜、玻璃、棉花等多种亲水性材料表面构建出超疏水结构。这些超疏水表面对水的接触角均大于150°，滑动角均小于4.5°。水解后的VTES既可以作为纳米粒子间的黏合剂，又可以提供低表面能，因而这些超疏水表面都表现出良好的机械稳定性、长期耐用性、自清洁性和油水分离性能。Wang等（2020）通过电阻热蒸发真空镀膜机在木材表面沉积Cu金属层，然后通过还原Ag^+和加热过程制备了超疏水木材。镀铜木材在$AgNO_3$溶液中自发地发生置换反应，在表面生成了树状的微纳复合结构。这些树状结构的树干长度约为10μm，宽为1~8μm。在树干上生长了许多直径在100nm左右的Ag纳米颗粒。有趣的是，这种由Ag构成的树状微纳复合结构在经过100℃加热时会自发吸附空气中的有机物，从而使涂层具有超疏水性。特殊的微纳复合结构使得超疏水Ag-Cu木材对胶带剥离、砂纸磨损、刀划等外力破坏具有一定的抵抗能力，但是其与酸碱和盐溶液的接触角会明显减小。

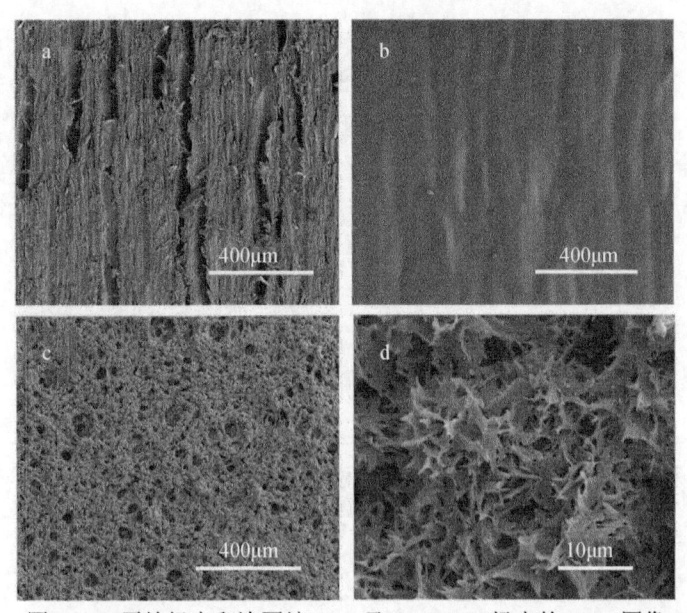

图 6.24　原始杨木和涂覆纯 PVA 及 PVA/SiO$_2$ 杨木的 SEM 图像

a. 原始杨木；b. 涂覆纯 PVA 的杨木；c、d. 涂覆有 PVA/SiO$_2$ 杂化复合涂层的超疏水杨木

增加超疏水木材寿命的方法除了提升超疏水木材表面微观结构的机械强度之外，赋予表面微观结构和化学组分自修复功能也是一种策略。

Tu 等（2018）通过溶液浸渍在木材表面形成聚二甲基硅氧烷（PDMS）涂层，待涂层固化后喷涂含有全氟烷基甲基丙烯酸共聚物/纳米 TiO$_2$ 的混合溶液，从而获得了耐磨的超疏水涂层。并且当涂层受到紫外光照射而丧失超疏水性时，通过加热可以让底层的 PDMS 迁移到表面，从而恢复其超疏水性。Jia 等（2019）制备了氯氧化铋（BiOCl）纳米晶，然后将木材浸泡于含有 BiOCl 纳米晶和全氟辛基三乙氧基硅烷（PFOTS）的乙醇溶液中，成功制备了兼具自修复功能和光催化功能的超疏水涂层。该涂层可以降解水中的罗丹明 B，并且疏水性越强，其催化能力也越强。PFOTS 通过物理吸附或化学接枝的方式储存于木材孔隙中，当木材表面受到机械破坏时通过简单的加热可以使储存的 PFOTS 迁移到表面，从而恢复超疏水性能；即使表面发生更深、更宽的割伤，利用木材本身的热响应性，通过加热也可使附近的超疏水涂层迁移到损伤处从而得以修复（图 6.25）。

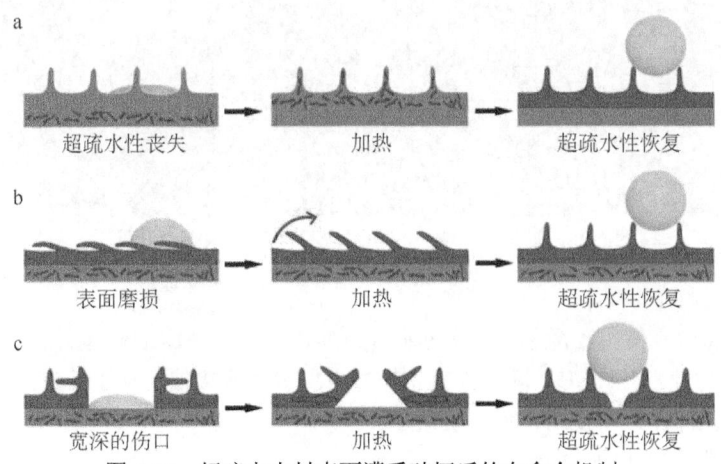

图 6.25　超疏水木材表面遭受破坏后的自愈合机制

一般构建超疏水木材的表面粗糙度和降低表面能通常需要分步进行或使用不同的物质，而Budunoglu 等利用甲基三甲氧基硅烷（MTMS）的水解和缩合同步提供了超疏水表面所需要的粗糙度和低表面能。不同于使用传统的无机粒子来构建超疏水涂层粗糙度，他们将 MTMS 的甲醇溶液进行酸水解和碱缩合两步反应，可以获得不透明的溶胶-凝胶溶液，在这个过程中 MTMS 单体会缩合成环形和笼形的闭合结构。随后使用超声液体均质机对陈化后的溶液进行均质，将均质后的溶液旋涂在基材表面，可以获得耐高温、高度透明的超疏水凝胶薄膜。表 6.3 列举了三种不同比例体系（MTMS、甲醇和水的摩尔比分别为 1∶35∶8、1∶25∶8 和 1∶15∶8）制备的超疏水凝胶薄膜的各项性能指标。陈化时间小于两天时，薄膜中的孔会出现坍塌，经过均质的分散液可以在 24h 内保持稳定。

表 6.3 凝胶薄膜的组分、热处理温度、孔隙率、折射率、平均粗糙度和接触角

样品	甲醇∶MTMS（摩尔比）	热处理温度/℃	孔隙率/%	折射率	平均粗糙度/nm	接触角/(°)
Me15-a	15∶1	—	60	1.16	43	142.5±1.0
Me15-b	15∶1	450	78	1.09	51	170.4±4.3
Me25-a	25∶1	—	60	1.16	43	171.1±2.0
Me25-b	25∶1	450	78	1.09	40	164.8±3.2
Me35-a	35∶1	—	75	1.10	120	178.4±1.5
Me35-b	35∶1	450	75	1.08	86	179.5±0.4
Me35-c	35∶1	600	88	1.05	67	<5.0

注：薄膜的折射率在 650nm 波长下测得。"Me"和后接的数字分别表示甲醇和其摩尔分数，"a"表示没有经过后处理的薄膜，"b"和"c"分别表示样品在 450℃和 600℃条件下处理 1h

SEM 图像表明所有的凝胶薄膜均含有高孔隙率的网络结构，并且当甲醇的摩尔分数增加时，孔也会变得更大。Me15-a 相比于 Me25-a 和 Me35-a 更加致密（图 6.26a～c），后两者则包含更多微米尺度的孔。由于薄膜中微米孔和纳米孔的存在，薄膜的水接触角最高可达 179.9°。凝胶薄膜具有非常好的热稳定性，在经过 500℃处理 1h 后仍能保持超疏水性。当温度超过 500℃时，接触角逐渐下降，达到 600℃时薄膜变为超亲水性，接触角小于 5°。

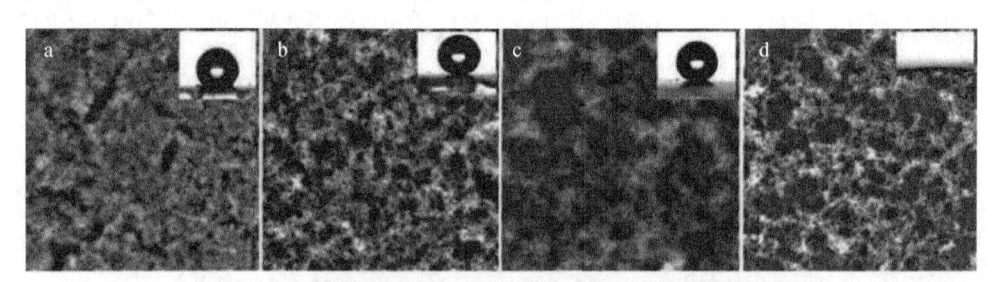

图 6.26 凝胶薄膜的 SEM 图像和对应的水接触角照片
a. Me15-a; b. Me25-a; c. Me35-a; d. Me35-c

Kostić 等（2017）使用乙烯基三乙氧基硅烷（VTMS）改性山毛榉基材表面，进一步利用碳碳双键（C═C）与巯基（—SH）间的迈克尔加成电点击反应接枝上疏水硫醇，获得超疏水木材。整个制备过程绿色环保，不使用任何有机溶剂。

超疏水性也常常和其他功能结合，如响应性、抗菌、导电性、油水分离等，从而赋予木材更加广泛的应用范围。

El-Naggar 等（2023）采用溶液浸渍将长余辉材料镧掺杂铝酸锶（LASO）纳米粒子通过聚苯乙烯（PS）固定在轻木表面，制得了超疏水发光轻木。当 LASO 纳米粒子与聚苯乙烯的质量比值高于 0.14 时，涂层可以获得超疏水性。发光木材在紫外灯（6W，365nm）照射下呈现明亮的绿色（图 6.27a），在黑暗中呈现黄绿色（图 6.27b）。发射光在 434nm 和 518nm 处有两个峰，434nm 处的峰随照射时间延长保持基本稳定，而 518nm 处的峰会随时间延长成比例增加（图 6.27c）。使用反复的照射（5min）和黑暗（100min）发光来检测发光木材的耐光性，在每一轮照射和黑暗发光后检测 518nm 处的发射强度，结果表明发光木材在 20 轮测试中性能保持稳定（图 6.27d）。

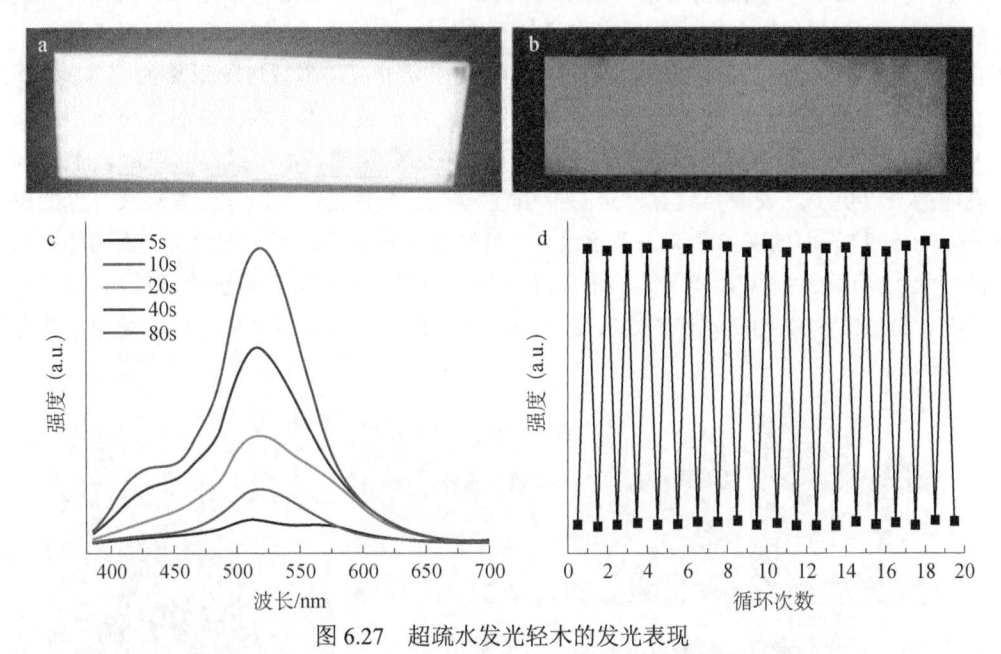

图 6.27 超疏水发光轻木的发光表现

a. 紫外照射下超疏水发光轻木的照片；b. 黑暗中超疏水发光轻木的照片；c. 超疏水发光轻木在经过不同时间照射后的发射光谱；d. 超疏水发光轻木在反复的照射-黑暗发光过程中在 518nm 处发射强度的变化

Gan 等（2016）采用浸泡的方式在杨木表面黏附了环氧树脂涂层和疏水 $CoFe_2O_4$ 纳米粒子涂层，最终得到超疏水磁性吸波杨木。超疏水磁性吸波杨木在 5kPa 压强下，以 1500 目砂纸为摩擦介质，水平直线拖动 250cm 后仍能保持 148°的接触角。由于纳米粒子层有一定的厚度，当最上层的纳米粒子被磨掉后，下层的疏水纳米粒子会暴露出来，从而维持其疏水性。Gan 等（2015）还采用水热法和十八烷基三氯硅烷（OTS）改性，制备了超疏水磁性杨木，其饱和磁化强度（M_s）和矫顽力（H_c）分别达到 1.8emu/g 和 450Oe，并展示出良好的防紫外光功能。Chen 等（2017a）使用有机硅橡胶道康宁 184 复制了新鲜芋头叶的表面形貌，得到了具有粗糙结构的 PDMS 模板，并用氟硅烷降低其表面能。随后将含有 Fe_3O_4 纳米粒子的 PDMS 胶液滴涂在杨木表面，并用 PDMS 模板压住胶液，待胶液完全固化后脱模，获得超疏水磁性木材。Xing 等（2018）采用无电镀铜工艺在松木表面制备了珊瑚状的微纳复合结构，随后经氟硅烷改性得到超疏水镀铜松木。原始松木和镀铜松木与水的接触角接近 0°，氟硅烷改性的镀铜松木与水的接触角达到 160°，滚动角为 3°。将原始松木、镀铜松木和超疏水镀铜松木试样用塑料胶枪拼接在一起。在拼接成的盒子中放入手机，并在距离盒子 0.1m 处使用电磁场测试仪测试电磁辐射强度。原始松木盒子的电磁辐射强度为 1.686μT，镀铜松木的为 0.446μT，疏水镀铜松木的为 0.358μT，表明超疏水镀铜松木具有良好的电磁屏蔽效应。

Yao 等（2017）以山毛榉（硬木）和松木（软木）为基材，合成了纤维素硬脂酰酯（CSE）用于浸涂木材，形成疏水木材表面（第一层），进一步使用合成的甘油硬脂酰酯（GSE）刷涂疏水木材（第二层），从而形成分级的超疏水木材表面。木材的疏水和超疏水处理没有引起外观上的明显变化（图 6.28a），只引起接触角的显著增加。经去离子水和乙醇清洗处理过的山毛榉（WB）和松木（WP）的水接触角分别为 64°和 80°，在经过浸涂 CSE 溶液后形成了疏水山毛榉（HB）和疏水松木（HP），接触角分别为 122°和 118°。进一步刷涂 GSE 溶液后得到超疏水山毛榉（SHB）和超疏水松木（SHP），接触角分别为 159°和 155°。木材的抑菌测试流程大致如下：将蛭石平铺在烧瓶底部，并均匀洒上水，然后将孢子悬浮液注入烧瓶中，木材试样被放置于蛭石上，并在适当条件下培养 6 周（图 6.28b）。不同木材试样在经过抗菌测试后的形貌如图 6.28c 所示。在 WB 和 WP 试样表面可以看到灰黑色的真菌孢子，在经过去离子水擦洗后（擦洗后的试样标记为 WB'和 WP'），灰黑色的斑点仍然存在，表明真菌已经入侵到木材试样的内部。而 HB 和 HP 试样表面的斑点更少，表明其具有一定的抑菌性。经过水擦洗后，仍有一些肉眼可见的斑点。SHB 和 SHP 试样表面的灰黑色斑点数量最少，且经过水擦洗后斑点全部消失，表明超疏水木材内部没有受到真菌侵蚀。WB'和 WP'的水接触角分别为 79°和 81°，与抗菌测试前相比略有增加。HB'、HP'、SHB'、SHP'四类试样的水接触角相比于抗菌测试前略有降低，可能是由于摩擦使表面粗糙度降低了。

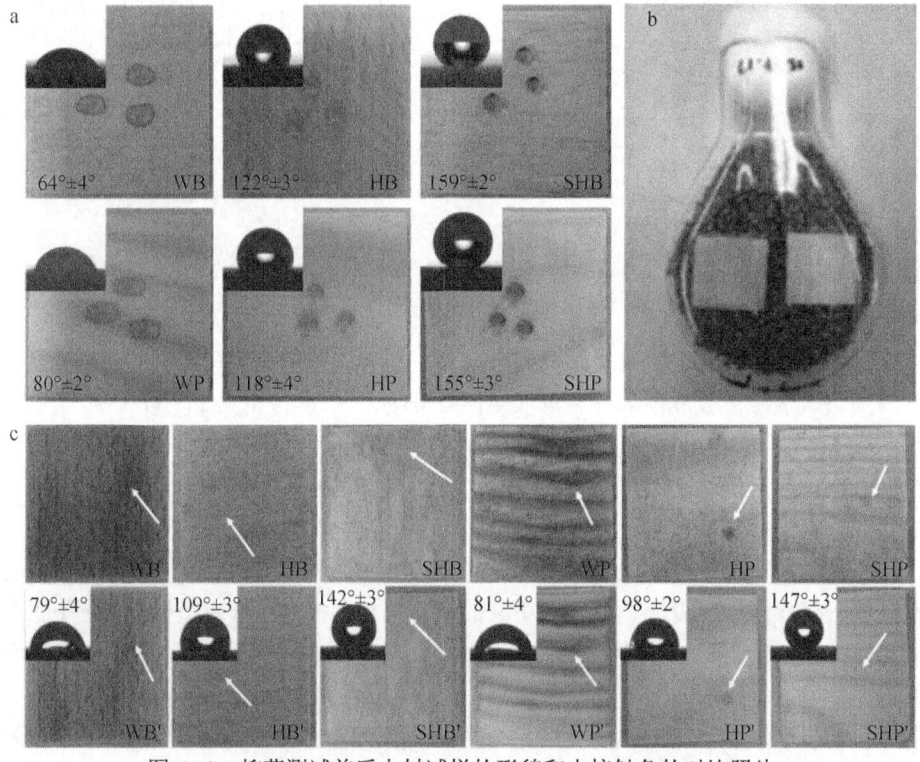

图 6.28 抑菌测试前后木材试样的形貌和水接触角的对比照片

a. 原始木材、疏水木材及超疏水木材的实物及水接触角照片；b. 抑菌测试器皿；
c. 不同木材试样经抑菌测试后的实物及水接触角照片（箭头指示灰黑色斑点）

Gan 等（2015）通过在杨木表面沉淀 $CoFe_2O_4$ 纳米颗粒，然后用 OTS 处理，成功地获得了具有磁性、超疏水和抗紫外光性能的多功能木材。Yao 等（2016）通过一步水热法在杨木表面沉积了超疏水疏油的纤锌矿型 ZnO 纳米阵列。原始杨木表面有许多凹面和纤维（图 6.29a），经过水热处理的杨木表面覆盖了致密均匀的 ZnO 薄膜（图 6.29b），薄膜中的 ZnO 纳米阵列垂直于杨木表面，高度基本相同（图 6.29c）。单个 ZnO 纳米柱直径约为 85nm，长度约为 1.5µm。如图 6.29d 所示，TEM 图像表明 ZnO 纳米柱呈棒状，高分辨率 TEM 图像表明 ZnO 纳米柱晶面有序，晶格间距为 0.22nm，这与纤锌矿型 ZnO（002）晶面的晶格间距一致。选区电子衍射图像表明 ZnO 纳米阵列为单晶，优先生长方向为 c 轴。

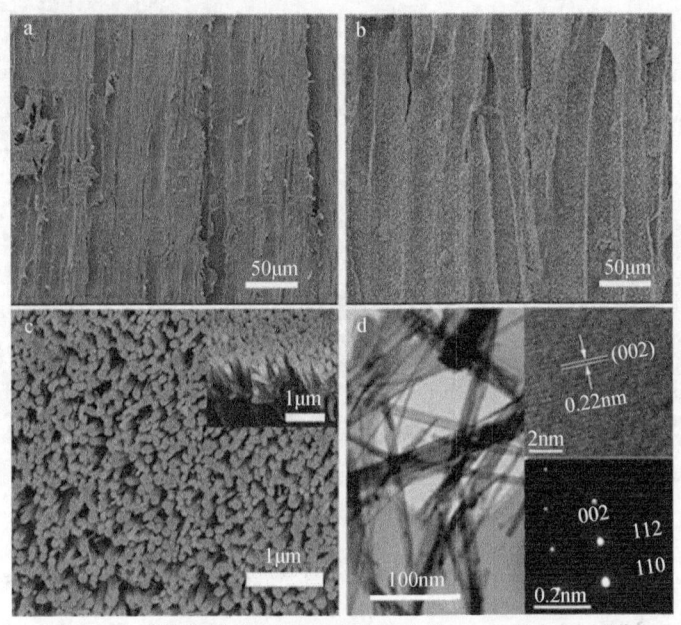

图 6.29 原始杨木和超疏水疏油杨木的 SEM 和 TEM 图像

a. 原始杨木的 SEM 图像；b、c. 超疏水疏油杨木的 SEM 图像；d. 从木材表面剥离出来的 ZnO 纳米阵列的 TEM 图像（右上角插图为高分辨率 TEM 图像；右下角插图为选区电子衍射图像）

原始杨木的水接触角为 47°（图 6.30a），对油（十六烷）的接触角为 0°，是亲水亲油性的。经过水热处理的杨木的水接触角达到 157°（图 6.30b），滑动角为 3.2°；对油的接触角达到 153°（图 6.30c），滑动角为 5.2°。这些结果表明原始杨木的亲水亲油性在经过一步水热处理后成功转变为超疏水疏油性。这是 ZnO 阵列的纳米柱状结构和表面富含的—CF_2 和—CF_3 基团两者间协同作用的结果。

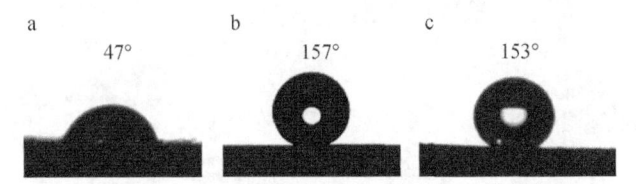

图 6.30 不同杨木试样的水和油（十六烷）接触角照片

a. 原始杨木的水接触角；b. 超疏水疏油杨木的水接触角；c. 超疏水疏油杨木的油接触角

Guo 等（2017）采用溶胶-凝胶法在桦木表面形成了勃姆石凝胶层（γ-AlOOH），再通过水热过程得到具有 Mg-Al 层状双金属氢氧化物（layered double hydroxide，LDH）纳米结构的桦木表面。相比于原始桦木（图 6.31a、b），γ-AlOOH 沉积的桦木在外观上更亮一些，并且其具有介孔结构，均匀沉积在桦木表面（图 6.31c、d）。Mg-Al LDH 桦木相比于前两者颜色上更暗一些

（图6.31e），这可能是由于加热引起了木质素降解。Mg-Al LDH沉积层由无数的六角片层构成了花朵状结构（图6.31f）。每个片层的厚度约为20nm（图6.31g），沉积层的平均厚度约为1μm（图6.31h、i），这样薄的厚度无法掩盖木材本身的颜色和纹理。

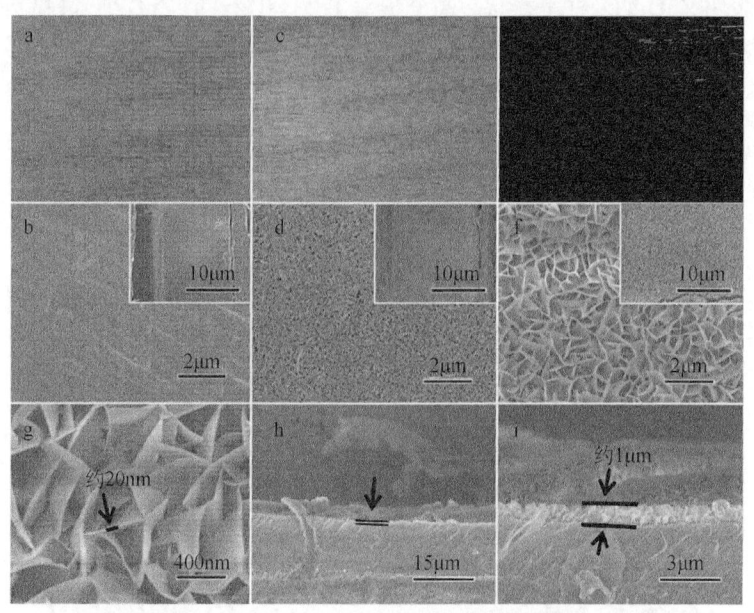

图6.31 木材试样的实物照片和SEM图像

a、b. 原始桦木的实物照片和SEM图像；c、d. γ-AlOOH沉积的桦木的实物照片和SEM图像；
e～g. Mg-Al LDH桦木的实物照片和SEM图像；h、i. Mg-Al LDH桦木的横断面SEM图像

原始桦木与水的初始接触角为92°，且随时间延长不断降低（图6.32a、e）。Mg-Al LDH桦木的初始水接触角为90°，但会迅速降低至20°（图6.32b、e）。经过氟硅烷改性的Mg-Al LDH桦木水接触角大于150°（图6.32c、e），根据前进角和后退角可计算出滑动角为8.6°±0.6°，且随时间变化稳定。

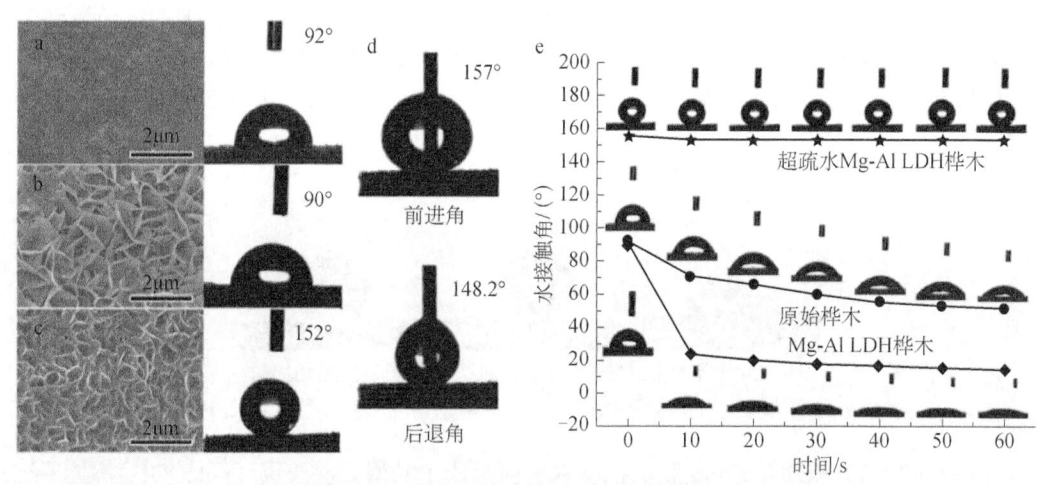

图6.32 木材试样的微观形貌和水接触角

a. 原始桦木的SEM图像和初始水接触角；b. Mg-Al LDH桦木的SEM图像和初始水接触角；c. 氟硅烷改性的
Mg-Al LDH桦木的SEM图像和初始水接触角；d. 氟硅烷改性的Mg-Al LDH桦木的前进角和后退角；
e. 三种桦木试样的水接触角随时间的变化

Guan 等（2018）选择性地脱除轻木中的木质素和半纤维素，然后通过冻干获得了具有多层波浪结构的木海绵（WS），最终用疏水剂进行气相沉积从而获得硅烷化木海绵（SWS）。木海绵呈现两亲性，硅油和水在其表面快速铺展（图 6.33b）。硅烷化木海绵的水接触角为 151°，对硅油依然可以实现快速润湿（图 6.33c），表明其超疏水超亲油性。硅烷化木海绵内部的水接触角为 134°，表明木海绵整体实现了硅烷化。硅烷化木海绵可以漂浮于水面上，而未改性的木海绵则会完全浸没于水中（图 6.33d）。使用硅烷化木海绵可以吸附水中的不相容油相，并且吸附在木海绵中的油可以通过用手挤压的方式排出，挤压后的木海绵迅速恢复其原貌，没有肉眼可见的破坏（图 6.33e）。

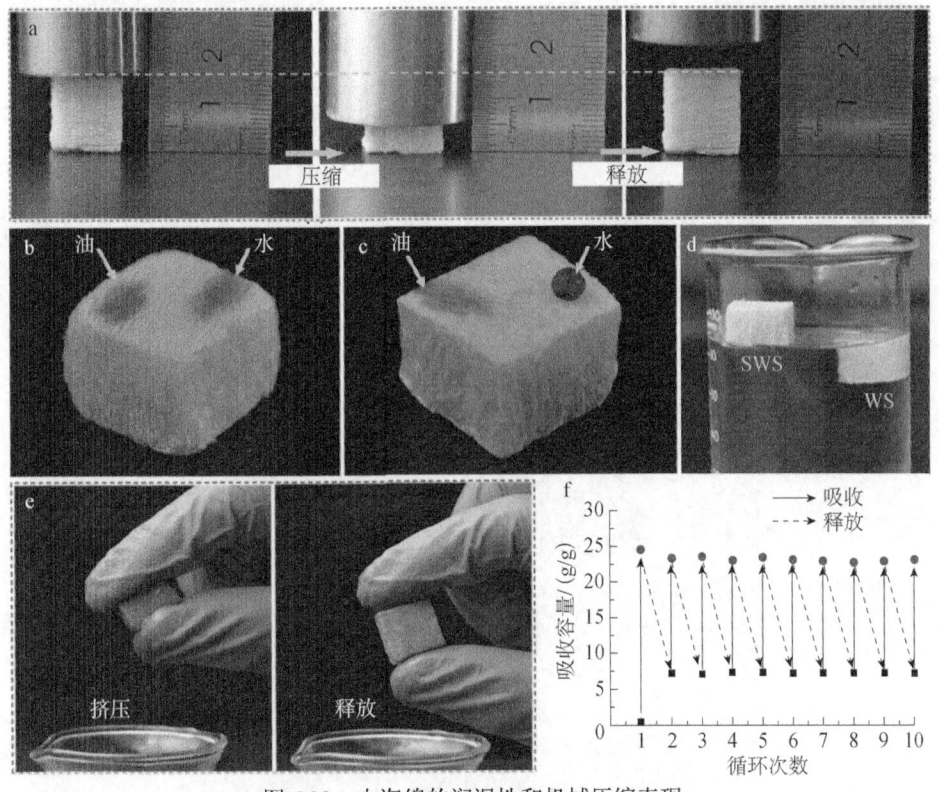

图 6.33　木海绵的润湿性和机械压缩表现

a. 木海绵在垂直于层堆叠方向的压缩-释放过程；b. 水和硅油滴在木海绵上的照片；c. 水和硅油滴在硅烷化木海绵上的照片；d. 木海绵和硅烷化木海绵置于水上的照片；e. 通过用手挤压的方式排出木海绵中油的照片；
f. 硅烷化木海绵对硅油的循环吸收表现

　　Zhao 等（2020）将轻木浸泡在甲基三氯硅烷溶液中，通过氯硅烷在溶液中的水解和自聚而在木材表面生成具有一定粗糙结构的聚甲基硅氧烷（POMS）薄膜。原始轻木的水接触角为 0°，引入 POMS 涂层后接触角转变为 153°，且随时间变化保持稳定。原始轻木由于其超亲水性无法吸附水中的氯仿（图 6.34a），而 POMS 木材可以完全吸收水中的氯仿液滴（图 6.34b）。为进一步验证 POMS 木材的油水分离能力，POMS 木材被固定在过滤装置的中间作为滤膜，30mL 氯仿（红色）和 10mL 水（蓝色）的混合物被倒在滤膜上。在重力的作用下氯仿可以轻易地透过滤膜，待氯仿完全通过滤膜后，剩余的水会被阻挡在滤膜上方无法通过（图 6.34c）。

　　利用图 6.35a 所示的过滤装置，POMS 木材可以用来分离简单的无乳化剂的水包油乳液。POMS 木材被置于软管口的一端，软管连接蠕动泵，正己烷/水乳液由 POMS 木材进入软管内，

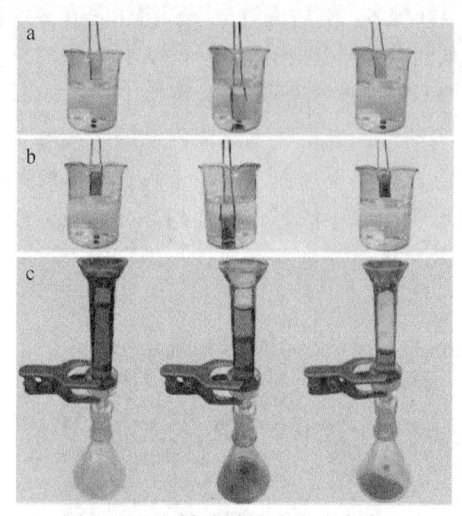

图 6.34 木材试样的油水分离表现

a. 原始轻木的吸附表现；b. POMS 木材对水底氯仿（红色）的吸附表现；c. POMS 木材分离氯仿（红色）和水（蓝色）混合物

出口接量筒。过滤前烧杯中的正己烷/水乳液呈不透明，水中油相液滴尺寸为 5~20μm（图 6.35c），经过一定时间的过滤后，烧杯中的液体由最开始的不透明逐渐转变为透明（图 6.35b），并且液相中原本的油相液滴消失（图 6.35d）。这些结果表明超疏水的 POMS 木材可以分离简单的油水混合物和无乳化剂的水包油型乳液。

Ma 等（2021）通过层层自组装技术和 SiO_2 纳米粒子沉积制备了超疏水阻燃杨木片，可以用来分离简单的油水混合物，分离效率高达 97%。层层自组装涂层作为膨胀型阻燃剂，在木材燃烧过程中会产生膨胀的炭层，从而赋予木材自熄性。Bai 等（2019）在松木片表面沉积 $Cu(OH)_2$ 并用硫醇进行疏水改性，得到超疏水超亲油松木片，用于油水乳液的分离，如图 6.36 所示。超疏水松木片对一系列含乳化剂的油包水型乳液具有高达 98% 的分离效率。

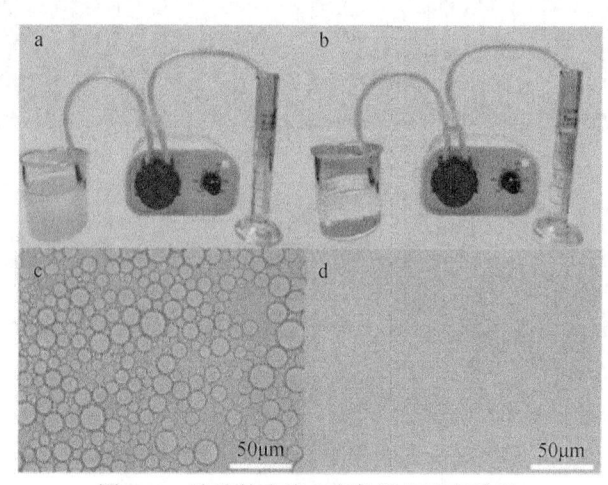

图 6.35 连续的乳液分离装置和分离结果

a、b. 正己烷/水乳液分离前（a）和分离后（b）的照片；c、d. 分离前（c）和分离后（d）的正己烷/水乳液光学显微镜图像

Gao 等（2016）利用葡萄糖的银镜反应在杨木表面生成了 Ag 纳米粒子，随后使用氟硅烷 FAS-17 改性得到了超疏水导电杨木。超疏水导电杨木的电阻值为 41.0Ω，未经疏水改性的载 Ag 杨木的电阻值为 17.2Ω，说明疏水改性对涂层的导电性有抑制作用。Shen 等（2013）采用滴涂的方式将导电炭黑 Ketjen black EC-600JD 和聚苯并噁嗪的混合四氢呋喃溶液滴涂在不同的基底上，获得了同时具有超疏水性和导电性的涂层。表 6.4 列举了导电涂层的水接触角、滑动角及薄膜电阻随炭黑数量变化的关系。聚苯并噁嗪的水接触角为 108°±2°，保持苯并噁嗪单体浓度不变，增加炭黑的数量可以增加水的接触角。当炭黑的浓度较低时，水的接触角低于 150°；而当炭黑的数量超过 50mg 时，聚合物涂层的水接触角大于 150°，滑动角低于 5°。当炭黑的质量超过 100mg 时，聚合物涂层会出现开裂，并且与基底的黏附力降低，因此，50mg 的炭黑是比较理想的浓度，此时水接触角为 160°±1°，滑动角为 3°。聚合物涂层的导电性会随着炭黑质量的增加而增加。

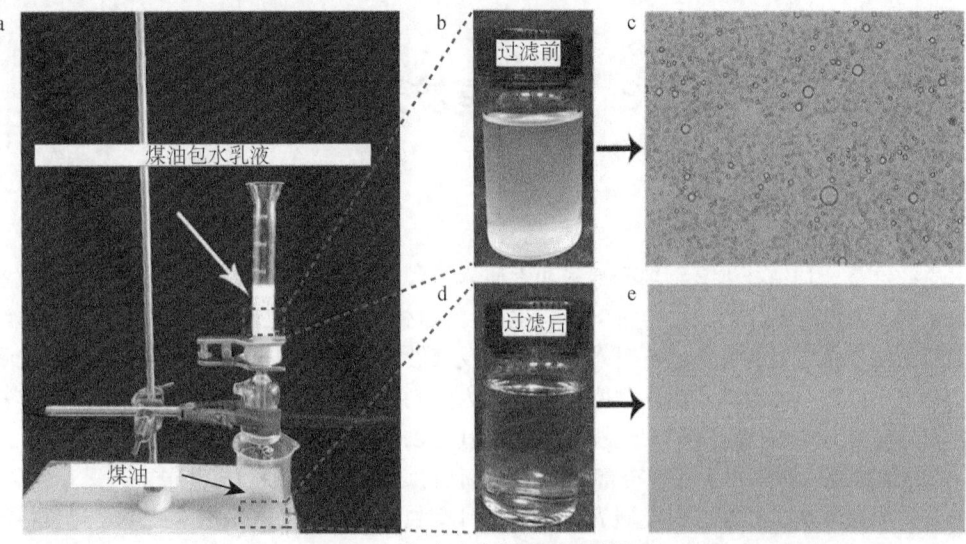

图 6.36　乳液过滤装置及过滤效果

a. 超疏水松木片（厚度 1mm）在重力驱使下对煤油包水乳液的分离装置；b、c. 煤油包水乳液分离前的光学图像（b）和显微镜图像（c）；d、e. 煤油包水乳液分离后的光学图像（d）和显微镜图像（e）

表 6.4　不同炭黑质量下涂层的水接触角、滑动角及薄膜电阻

四氢呋喃体积/mL	苯并噁嗪单体质量/mg	导电炭黑质量/mg	水接触角/(°)	滑动角/(°)	薄膜电阻/($\times 10^3 \Omega$/sq)
10	200	0	108±2	—	—
10	200	20	142±3	>10.0	12.3±0.5
10	200	50	160±1	约 3.0	3.9±0.4
10	200	80	158±2	约 2.5	2.4±0.6
10	200	100	160±2	约 3.0	1.7±0.2

表 6.5 列举了在玻璃、木材、纸、铝箔、聚对苯二甲酸乙二醇酯（PET）板和织物上滴涂制备的导电聚合物涂层的水接触角、滑动角及薄膜电阻。这些涂层均显示出超疏水性。在木材表面制备的涂层接触角最大，这是因为木材表面本身的结构增加了涂层的粗糙度。织物表面涂层的接触角刚刚达到超疏水定义阈值，疏水性不如其他基材效果好，这是因为织物的间隙过大，分级的粗糙度结构被略微破坏。玻璃、铝箔、PET 板涂层的薄膜电阻在同一水平，为 $3.1\times10^3 \sim 5.0\times10^3 \Omega$/sq，这是因为这些基材都是致密平整的。而在木材、纸和织物上的涂层显示出更大的薄膜电阻值，这是因为这些基材存在较大的间隙，当聚合物单体溶液被滴涂在这些基材上时，一部分溶液会透到基材下方，一部分溶液会附着在基材上，导致导电性下降。织物的间隙最大，所以它的导电性最差。

表 6.5　不同基材上导电涂层的水接触角、滑动角及薄膜电阻

基材	水接触角/(°)	滑动角/(°)	薄膜电阻/($\times 10^3 \Omega$/sq)
玻璃	160±1	约 3.0	3.9±0.4
木材	165±3	约 2.5	43.5±4.0
纸	154±2	约 4.0	16.9±3.0
铝箔	158±2	约 3.5	3.1±1.1
PET 板	154±3	约 3.5	5.0±1.5
织物	150±3	约 10.0	84.5±10.3

6.3 木质基发光材料

6.3.1 概述

木质纤维是一种由纤维素、半纤维素和木质素组成的天然复合材料，大部分来源于农业作物和林业木材。木质纤维作为一种传统的可再生型环保材料，被广泛应用于建筑、家具、造纸、新型的储能、纳米复合材料等领域，对人类社会的发展做出了巨大的贡献。纤维素和半纤维素为多糖类化合物，可以通过控制其炭化程度将其发展为荧光材料；木质素是自然界中储量最丰富的芳香化合物，自身有序的自组装和荧光发射特性使其可以作为自组装发光纳米材料应用。此外，纤维素、半纤维素和木质素中都含有丰富的羟基，这使得这些木质纤维的成分很容易进行化学改性。这些固有的优势使木质纤维原料发展为发光材料具有独特的吸引力。虽然木质基发光材料的开发已经取得了长足的进展，但对这一领域的研究还很少有系统的总结。因此，在本节中将重点介绍纤维素基、木质素基和木材基发光材料的典型制备方法、性能及应用等。

6.3.2 荧光及其简介

6.3.2.1 荧光

当紫外光照射到某些物质时，这些物质会发射出各种颜色和不同强度的可见光，而当停止照射时，所发射的可见光也随之很快地消失，这种现象称为荧光。

当紫外光照射物质时，物质分子吸收了入射光子的能量，价电子会从较低能级跃迁到较高能级，即从基态跃迁到激发态，称为电子激发态分子。该跃迁过程需要的时间约为 10^{-15} s。电子从基态跃迁到激发态的能量差，等于所吸收光子的能量。紫外、可见光区的光子具有较高的能量，足够引起分子发生价电子的能级跃迁。

电子激发态的多重态用 $2S+1$ 表示，S 为电子自旋角动量量子数的代数和，其数值为 0 或 1。分子中同一轨道里自旋配对的两个电子必须具有相反的自旋方向。当 $S=0$ 时，代表分子中的电子全部是自旋配对的，该分子即处于单重态（单线态），用符号 S 表示。大多数分子的基态处于单重态。当电子跃迁到较高能级时未发生自旋方向的变化，则称该分子处于激发单重态；若电子跃迁到高能级时自旋方向也发生了改变，此时 $S=1$，分子处于激发三重态（三线态），用符号 T 表示。因此，S_0、S_1、S_2 分别代表分子的基态、第一激发单重态和第二激发单重态；T_1 和 T_2 则分别代表分子的第一激发三重态和第二激发三重态。

处于激发态的分子能量高，不稳定，它可能通过辐射跃迁和非辐射跃迁两种衰变路径返回基态。同时，也可能存在激发态分子因分子间相互作用而失活。辐射跃迁的衰变过程伴随着光子的发射，即产生荧光或磷光；非辐射跃迁的衰变过程，包括振动弛豫和内转换，这些衰变路径将能量通过热能的方式传递给介质。振动弛豫是指分子衰减到同一电子能级的最低振动能级将多余的振动能量传递给介质的过程。内转换（internal conversion, IC）是指相同多重态的两个电子态的非辐射跃迁过程（如 $S_1 \rightarrow S_0$，$T_2 \rightarrow T_1$）；系间穿越（intersystem crossing, ISC）则是指两个不同多重态的电子态间的非辐射跃迁过程（如 $S_1 \rightarrow T_1$，$T_1 \rightarrow S_0$）。图 6.37 为分子内所发生的激发过程，以及辐射跃迁和非辐射跃迁衰减过程的示意图。

如果分子被激发到 S_2 以上的某个电子激发单重态的不同振动能级上，处于这种激发态的分子很快发生振动弛豫而衰减到该电子态的最低振动能级,经内转换和振动弛豫而衰减到 S_1 态的最低振动能级后,部分分子直接以辐射跃迁的形式耗散能量回到 S_0,这个过程会产生荧光。

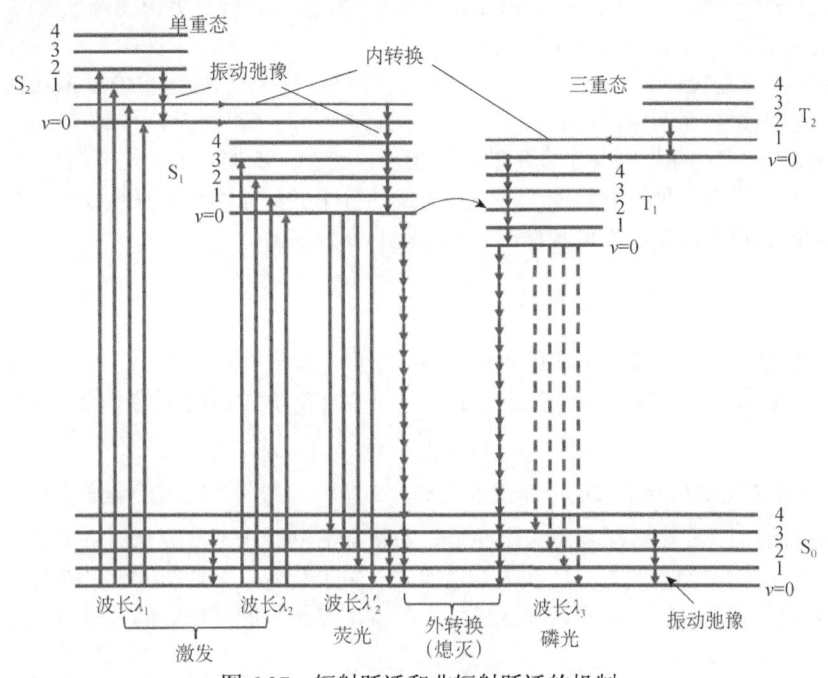

图 6.37 辐射跃迁和非辐射跃迁的机制

v. 振动能级

通常,荧光是来自第一激发单重态 S_1 的辐射跃迁过程所伴随的发光现象,发光过程的速率常数大,激发态的寿命短。荧光发射通常具有如下特征:①斯托克斯位移,即在溶液荧光光谱中所观察到的荧光发射波长总是大于激发光的波长;②荧光发射光谱的形状与激发波长无关;③荧光发射光谱与吸收光谱呈镜像关系。

6.3.2.2 激发光谱和发射光谱

荧光强度是激发波长和发射波长两个变量的函数。由于分子对光选择性吸收的性质,以及不同波长的激发光能量不同,不同波长的入射光具有不同的激发效率。当固定荧光的发射波长时,记录相应的荧光强度随激发波长改变的谱图即荧光的激发光谱。如果保持激发光的波长和强度不变,测得的发射强度随发射波长变化的谱图则为荧光的发射光谱。激发光谱反映了固定发射波长下,荧光强度对不同激发波长的依赖关系;发射光谱则反映了在某一固定的激发波长下,不同发射波长下的荧光强度。激发光谱和发射光谱可作为发光物质的分析和鉴别手段,并可在荧光定量测量时作为选择合适的最大激发波长和测定波长的依据。荧光发射光谱与吸收光谱呈镜像关系。根据镜像对称关系,可以帮助判别某个吸收带究竟是属于第一吸收带中的另一振动带,还是更高电子态的吸收带。应用镜像对称关系,如不是吸收光谱镜像对称的荧光峰出现,则表示有漫反射光或杂质荧光存在。诚然,也存在少数偏离镜像对称的现象,可能是因为激发态时的几何结构与基态时不同,也可能是激发态时发生了质子转移反应或形成了激发态复合物等原因引起的。

6.3.2.3 斯托克斯位移

通过观察溶液的荧光光谱发现,所观察到的荧光发射的波长总是相较于激发光红移。斯托克斯（Stokes）在1852年首次观察到这种波长移动的现象，因而称为斯托克斯位移。斯托克斯位移说明了物质在激发和发射过程中伴随着能量损失。产生斯托克斯位移的原因有三个。

1）如上文所述，物质在跃迁到高振动能级形成激发态之后就以更快的速率发生了振动弛豫/内转换，这是导致斯托克斯位移的主要原因。

2）辐射跃迁可能仅使分子回到基态不同的振动能级，从振动能级再通过振动弛豫进一步损失能量，导致发生斯托克斯位移现象。

3）溶剂极性效应和激发态分子发生的化学反应，也进一步加大了斯托克斯位移的波长。

应当注意的是也有一种特殊的情况，当被激发的分子以激光为光源且吸收了双光子时，会出现荧光的发射波长短于激发波长这种情况（反斯托克斯位移）。

6.3.2.4 荧光寿命和量子产率

荧光寿命和量子产率是荧光材料的重要参数。根据定义，荧光寿命（τ）是指切断激发光后荧光强度衰减至1/e所经历的时间。它表示的是荧光分子的S_1激发态的平均寿命，用公式表示为

$$\tau = 1/\left(\sum K + k_f\right) \quad (6.29)$$

式中，$\sum K$为各种发生在分子内的非辐射衰减速率之和；k_f为荧光发射的速率常数。荧光发射是无规律的、随机的，只有少数激发态分子在$t=\tau$的状态下发射光子。荧光的衰减通常是单指数衰减过程，这表示有63%的激发态分子在$t=\tau$之前先发生了衰减，另外在$t>\tau$的时刻有37%的激发态分子正在衰减。激发态的平均寿命和跃迁发生的概率是相关的，两者的关系可大致表示为

$$\tau \approx 10^{-5}/\varepsilon_{max} \quad (6.30)$$

式中，ε_{max}为最大吸收波长下的摩尔吸光系数（也称摩尔消光系数），单位为m²/mol。$S_0 \rightarrow S_1$是自旋允许跃迁，一般情况下ε值约为10^3，故荧光的寿命约为10^{-8}s；$S_0 \rightarrow T_1$的跃迁是自旋禁阻跃迁，ε值约为10^{-3}，故磷光的寿命约为10^{-2}s。不存在非辐射衰减的过程时，荧光分子的寿命称为内在的寿命（intrinsic lifetime），用τ_0表示：

$$\tau_0 = 1/k_f \quad (6.31)$$

荧光强度的衰减，通常符合以下方程：

$$\ln I_0 - \ln I_t = t/\tau \quad (6.32)$$

式中，I_0与I_t分别为$t=0$和$t=t$时刻的荧光强度。荧光寿命值的计算可以通过实验测量出不同时刻时的I_t值，作出$\ln I_t \sim t$的关系曲线，便可用所得直线的斜率计算荧光寿命值。

荧光量子产率（Y_f）是指荧光分子被激发后，发射的光子数与吸收的光子数的比值。由于激发态分子的衰减过程包含辐射跃迁和非辐射跃迁，故荧光量子产率也可表示为

$$Y_f = k_f/\left(\sum K + k_f\right) \quad (6.33)$$

可见量子产率的大小取决于辐射跃迁速率和非辐射跃迁速率之间的大小关系。假如辐射跃迁的速率远小于非辐射跃迁的速率，即$k_f \ll \sum K$，Y_f的值更接近于0。通常情况下，Y_f的数值总是小于1。Y_f的数值越大，荧光物质的荧光越强。荧光量子产率的数值大小，主要受化合物的结构与性质、化合物所处环境因素的影响。

关于荧光量子产率的测定有多种方法，这里仅介绍参比的方法。这种方法是在相同的激发条件下，分别比较待测荧光样品和已知荧光量子产率的参比物质两者稀溶液的积分荧光强度（即校正的发射光谱所包含的面积），以及对应此激发波长入射光（紫外-可见光）的吸光度而加以测量的。按下式计算待测荧光样品的荧光量子产率为

$$Y_u = Y_s \cdot \frac{F_u}{F_s} \cdot \frac{A_s}{A_u} \quad (6.34)$$

式中，Y_u、F_u 和 A_u 分别为待测物质的荧光量子产率、积分荧光强度和吸光度；Y_s、F_s 和 A_s 分别为参比物质的荧光量子产率、积分荧光强度和吸光度。使用该公式时，一般要求 A_s 和 A_u 小于 0.05，参比溶液的激发波长最好与待测物质相近。有分析应用价值的荧光化合物，其 Y_u 的值通常为 0.1~1.0。常用的参比物质有罗丹明 B、硫酸喹啉等。有荧光的寿命和量子产率受所有能改变激发分子的光物理过程速率常数的影响。例如，随着温度的升高，由于非辐射跃迁过程的速率常数增大，荧光的寿命和量子产率下降。

6.3.3 磷光及其简介

6.3.3.1 磷光

磷光是一种缓慢的发光现象。室温磷光（room temperature phosphorescence，RTP）是指发光分子在室温下受激发光照射后吸收光能先进入激发单线态 S_n（$n \geq 1$），再经历系间穿越进入激发三线态 T_n 后，三线态分子缓慢辐射跃迁回到基态 S_0 的产物。RTP 材料与传统的荧光材料相比，发射寿命更持久的同时斯托克斯位移也更大。独特的性质使 RTP 材料在材料科学领域展现出巨大的应用潜力，受到了各领域研究者的广泛关注。

6.3.3.2 磷光材料发光机制

图 6.38 为有机分子磷光产生过程的雅布隆斯基（Jablonski）示意图，基态、第一激发单重态、第二激发单重态分别以 S_0、S_1、S_2 表示。第一激发三重态、第二激发三重态分别以 T_1、T_2 表示。每一电子能级可以有多个振动能级存在。发光分子吸收能量后，电子从基态 S_0 跃迁到 S_1、S_2 或 S_n 的某一振动能级，经过超快的振动弛豫及内转换过程后到达 S_1 态。S_1 态可通过辐射跃迁或内转换的方式跃迁至 S_0，这个过程会产生荧光。同时，当单线态和三线态之间的能隙合适时，可以通过系间穿越的方式转换为三重态 T_n（$n \geq 1$），随后经 $T_n \to T_1$ 内转换至 T_1 态。最后处于 T_1 态的分子可以通过辐射衰减（即发磷光）或非辐射衰减（包括 $T_1 \to S_0$ 的系间穿越或外部因素导致的分子猝灭）的途径回到基态。因为磷光形成经历的路径长，且分子从 S_1 至 T_1 的过程必然伴随着能量的耗散，因此磷光相比于荧光具有更长的寿命及更大的斯托克斯位移。

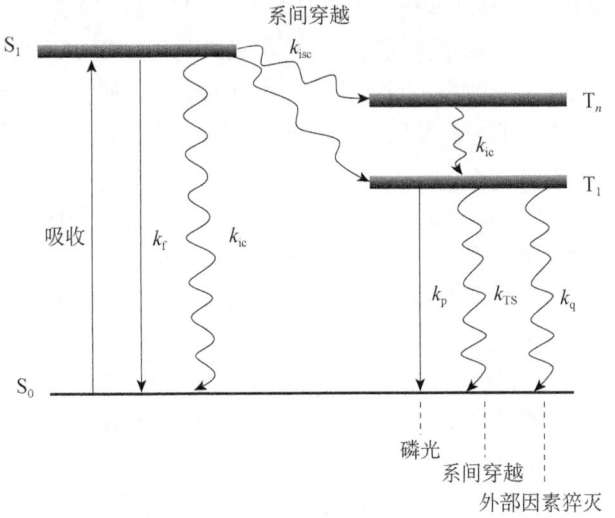

图 6.38　有机分子磷光产生过程的 Jablonski 示意图

k_f、k_{ic}、k_{isc}、k_p、k_{TS}、k_q 的含义同式（6.35）~式（6.37）

6.3.3.3 磷光寿命与量子产率

磷光寿命是指其磷光信号强度衰减到其强度最大值的 1/e 时所经历的时间。磷光量子产率是指物质吸收的光子数在磷光过程中的利用率，即发射磷光光子数与吸收的总光子数的比例。磷光量子产率（Φ_p）和磷光寿命（τ_p）用公式表示为

$$\Phi_p = \Phi_{isc} k_p \tau_p \tag{6.35}$$

$$\Phi_{isc} = k_{isc}/(k_f + k_{ic} + k_{isc}) \tag{6.36}$$

$$\tau_p = 1/(k_p + k_{TS} + k_q) \tag{6.37}$$

式中，Φ_{isc} 为从 $S_1 \rightarrow T_n$ 的系间穿越（ISC）量子效率；k_f 和 k_{ic} 分别为 $S_1 \rightarrow S_0$ 的辐射跃迁速率和内转换速率；k_{isc} 为 $S_1 \rightarrow T_n$ 的 ISC 速率；k_p 为 $T_1 \rightarrow S_0$ 的辐射跃迁速率，即磷光发射的速率；k_{TS} 为 $T_1 \rightarrow S_0$ 的系间穿越速率；k_q 为 $T_1 \rightarrow S_0$ 过程中由外部因素引起的非辐射猝灭速率（如能量转移、氧猝灭等）；$T_1 \rightarrow S_0$ 的系间穿越和由外部因素引起的 $T_1 \rightarrow S_0$ 非辐射猝灭过程，统一称为 $T_1 \rightarrow S_0$ 的非辐射失活途径，其速率用 k_{nr} 表示，即 $k_{nr} = k_{TS} + k_q$，当由外部因素引起的非辐射失活通道可忽略不计时，k_{nr} 等于 $T_1 \rightarrow S_0$ 的 ISC 速率 k_{TS}。

6.3.4 纤维素基发光材料

6.3.4.1 纤维素及其化学结构

纤维素是木质纤维的主要成分，是自然界中储量最丰富的高分子化合物。纤维素是由 D-吡喃式葡萄糖通过 β-1,4-糖苷键连接起来的直链型大分子多糖。纤维素中含有丰富的羟基，使其存在着很强的分子间及分子内氢键作用，在提供高的拉伸强度的同时也影响着纤维素的化学性质和化学反应。

6.3.4.2 纤维素基荧光碳点

碳点（CD）是一种粒径小于 10nm 的新型碳纳米材料，Xu 等（2004）在采用电弧放电法制备碳纳米管的电泳纯化过程中偶然发现了一种发光的碳颗粒。不同于传统黑色碳材料，碳点独特的光致发光特性引起了人们的广泛关注。与有机染料、稀土材料和半导体量子点等传统发光材料相比，碳点具有水溶性高、易功能化、低毒性、生物相容性好等优点，在生物成像、药物传递、催化、离子检测等领域有广阔的应用前景。纤维素由于其来源广、成本低、可生物降解等优点，成为制备碳点的理想原料。因此，近年来，纤维素基碳点的研究与开发，包括不同的制备方法、新的纤维素衍生物、不同的荧光颜色、较高的荧光量子产率（QY）和不同的应用领域等备受关注。

1）水热处理是制备 CD 最常用的方法，也成为应用最广泛的自下而上法。水热反应通常是在高温下（140～220℃）将反应物溶解或悬浮在液体（主要是水）中，并在加压容器中反应。由于水热反应通常不需要任何额外的化学试剂，因此简单而绿色，并且制备的 CD 质量很高。其中，通过水热反应将天然植物草作为前驱体，合成了蓝色荧光 CD。并且，提高反应温度可以产生粒径更小、量子产率更高的光致发光聚合物纳米点（PPND）（图 6.39）。这种 PPND 可作为有效的荧光传感平台，用于检测限低至 1nmol/L Cu^{2+} 的无标记灵敏和选择性检测。该方法也被成功应用于 Cu^{2+} 在真实水样中的检测。

2）微波辅助法制备 CD 所需的时间比单独使用水热法少得多，获得的 CD 产量更高。不同之处在于微波方法有利于水分子进入前驱体基质，前驱体基质在微波辐射的作用下振荡并产生热量，

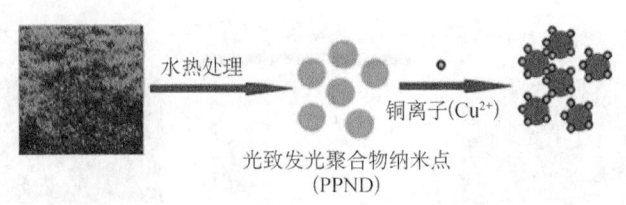

图 6.39 草为前驱体水热合成碳点的流程图

因此效率更高。通常，实验只需要将纤维素分散在水中并在微波炉中处理即可发生反应。例如，将稻草加入含有离子液体的水中，在微波高压釜中加热，并通过过滤、透析（截留分子质量500Da）和冷冻干燥获得光致发光 CD。结果表明，稻草秸秆制得的 CD 具有球形形貌，量子产率约高达 22.58%，高于其他生物质制备的 CD。该 CD 可用作有效的无标记荧光传感器，用于检测限非常低（200nmol/L）的 Fe^{3+} 检测。

3）化学氧化辅助法主要是将水热过程中的水溶液替换为高浓度氧酸，以实现对 CD 表面含氧官能团的数量和类型的控制。通常，使用浓硫酸从前驱体中除去水分并使前驱体炭化，然后使用硝酸或其他氧化性酸将碳分解成独立的 CD。随着反应时间的增加，CD 的粒径显著减小，CD 表面含氧官能团的数量和种类趋于丰富。因此，可以通过化学氧化法和改变反应时间来调控 CD 的激发波长和发射波长，这也是实现多色 CD 的重要途径。其中，利用硝酸处理市售的愈创木基碱木质素 12h，然后在 180℃条件下处理 12h 获得 CD。CD 具有明亮的荧光、上转换特性、长期光稳定性、良好的水溶性和生物相容性，因此 CD 有潜力成为用于多色生物成像的纳米探针。

4）热解沉积法通常可以通过管式炉或马弗炉等高温设备使纤维素炭化，然后将炭化的纤维素分散到水中进行净化。以这种方式制备的纤维素基 CD 往往具有更高的产量。例如，将纤维素纳米晶（CNC）在管式炉中热解，制备纳米尺寸为 4~8nm 的水溶性蓝色发光 CD。

除上述描述制备纤维素基 CD 的方法，还有一些如机械化学法、分子聚集法和碱处理法等方法尚未得到广泛推广。目前，制备得到的 CD 多以蓝色荧光发射为主，并且量子产率低。因此，不同制备方法获得高量子产率的多色纤维素基碳点可能是未来亟待探索的课题之一。

6.3.4.3 纤维素/碳点复合荧光材料

除了将纤维素转化为荧光碳点，通过物理或化学方法将碳点与纤维素复合也是制备纤维素基发光材料的常用方法，均匀分布在纤维素上的碳点赋予其独特的发光特性，既丰富了纤维素的功能特性，又克服了碳点在应用过程中分布不均匀、稳定性差等缺点。另外，以其他前驱体获得的碳点作为发光组分与纤维素复合可能构建具有特殊发光性能的荧光材料。具体来说，通过交联剂接枝、氢键、共价键或者通过硅烷偶联剂键合等都可以获得纤维素/碳点复合材料。

目前，纤维素与碳点接枝中常用的交联剂是 1-（3-二甲氨基丙基）-3-乙基卡巴朴胺/N-羟基丁二酰亚胺（EDC/NHS）。EDC/NHS 交联剂实现接枝的关键是对纤维素进行羧基化改性，碳点表面氨基化，为羧基与氨基缩合反应的发生创造条件。首次将纤维素与碳点接枝就是利用了 EDC/NHS 交联剂将水分散性的 CD 与纳米纤维素接枝，成功制备了透明、光滑的荧光纳米纸（图 6.40）。另外，利用微波法合成的胺基化的碳点（NH_2-CD）和 2,2,6,6-四甲基哌啶氧化物（TEMPO）氧化的纤维素纳米晶也利用了 EDC/NHS 交联制备碳点修饰的纤维素纳米纤维（TO-CNC@CD）杂化材料。制备得到的 TO-CNC@CD 显示出在生物成像中应用的潜力。

另外，以 EDC/NHS 为催化剂，制备了一种由 TEMPO 氧化的纤维素纳米纤维（CNF）和 CD 共聚成键的新型荧光气凝胶，该气凝胶作为光学传感器对氮氧化物（NO_x）和醛类物具有高灵敏度和选择性（图 6.41）。CNF 上 CD 的最大接枝量为 113mg/g，在 360nm 紫外激发下显示出较

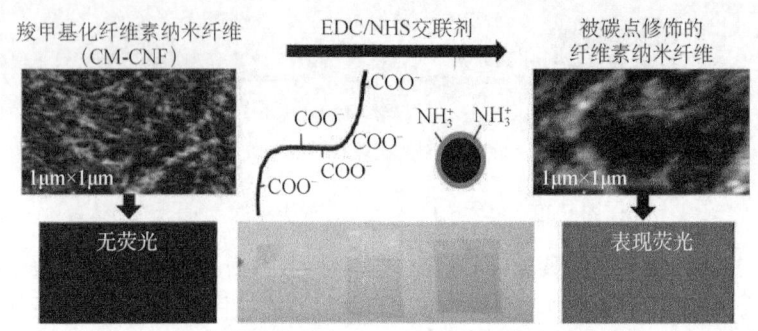

图 6.40 通过 EDC/NHS 共价偶联实现 CD 与纳米纤维素接枝而获得荧光纳米纸

强的蓝色荧光发射。该传感器平台的量子产率为 26.2%，表面密度为 0.02g/cm³，孔隙率为 98.5%，具有良好的优势。值得注意的是，该气凝胶传感器充分考虑了机械稳定性，共价键交联大大提高了抗压强度，提高程度高达 360%。

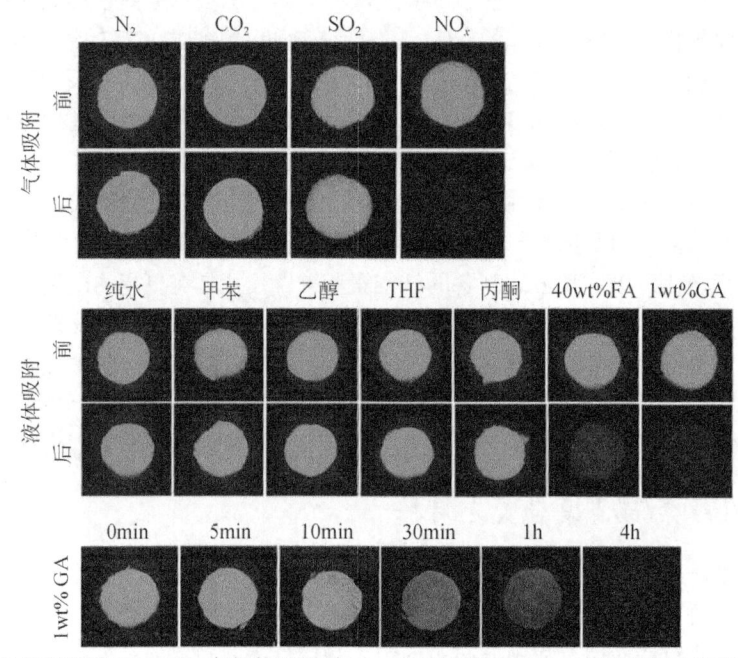

图 6.41 制备的气凝胶 CNF/CD 在气体吸附前后、液体吸附前后及 GA 吸附随时间变化的荧光图片
THF. 四氢呋喃；FA. 甲醛；GA. 戊二醛

除了用 EDC/NHS 交联，还可以通过其他方式实现纤维素与 CD 的交联接枝。例如，选择棉花作为碳点的载体，棉纤维素中的伯羟基被氧化成羧基，含氮的碳点通过硅烷偶联剂（KH-560）与氧化的纤维素键合获得纤维素/碳点复合材料（CKHC）。通过硅烷偶联剂键合得到的复合材料表现出了对 Hg^{2+} 出色的灵敏度和选择性，可以被用作荧光 Hg^{2+} 检测的探针。

氢键作用也是纤维素和 CD 的复合方式之一。利用氢键作用将 CD 引入羧甲基纤维素基水凝胶中制备出一种新型荧光纤维素类水凝胶。CD 作为荧光材料和纳米材料，一方面赋予了水凝胶的荧光特性，另一方面提高了水凝胶的力学性能。获得的水凝胶在紫外光下呈现明亮的蓝色荧光，遇 Fe^{3+} 表现为荧光猝灭，将水凝胶浸入维生素 C 溶液中可以消除荧光猝灭行为。因此，获得的水凝胶可以用作可重复使用的信息存储和荧光防伪材料。

纤维素与 CD 还可以通过共价键复合。使用柠檬酸和乙二胺制备了具有胺基的碳点（CQD）。CQD 表面的胺基与氧化纤维素纳米纤维（OCNF）的羧基通过共价键制备了光致发光的柔性纳米纸（CQD-OCNF）。CQD-OCNF 纳米纸具有较高的透明度，在紫外光的激发下呈现出明亮的蓝光荧光。另外，CQD-OCNF 纳米纸可以被用作 Fe^{3+} 的高灵敏度和选择性荧光传感器。而且，由于纤维素纳米纤维（CNF）具有良好的生物相容性和易于修饰的特性，在防伪材料领域也变得越来越流行，这使其具有作为碳点载体的巨大潜力。

6.3.4.4 稀土元素掺杂的纤维素基发光材料

稀土元素掺杂纳米材料由于其独特的性质，如具有丰富的电子能级（4f 电子轨道）、孤对电子等，在各个领域引起广泛的关注。稀土化合物的发光是基于它们的 4f 电子在 f-f 组态之内或 f-d 组态之间的跃迁。三价镧系元素离子（Ln^{3+}）具有发射峰尖锐（纯色发光）、发光效率高、寿命长等特性。将镧系元素络合物[$Yb(fac)_3(H_2O)_2$、$Yb(tta)_3(H_2O)_2$、$Nd(tta)_3(H_2O)_2$]、4,4,4-三氟-1-（2-噻吩基）-1,3-丁二酮（TTA）和 1,1,1,5,5,5-六氟-2,4-戊二酮（FAC）使用简单的吸滤膜制膜方法，在溶剂交换后，可以快速制备具有近红外（NIR）发光和高透明性的功能化纤维素纳米纤维（Ln-CNF）纳米纸。Ln-CNF 纳米纸的发光光谱是通过有效的三重态-三重态能量转移过程来处理相应镧系元素离子的 NIR 发光。另外，随着镧系元素含量的增高和 CNF 含量的降低，纳米纸的透光率从 63%增加到 83%（600nm）。并且在 298nm 和 345nm 处对紫外光 UVA 和 UVB 的阻挡均达到100%，这主要归因于 β-二酮配体的 π-π^*跃迁，而且随着纳米纸厚度的增加，对于 UVB 的阻隔效果有所改善。因此，Ln-CNF 纳米纸可以为紫外光过滤器、标签领域和标记软材料应用带来无限的潜力。

另外，利用三氟化镧掺杂铕和铽（$LaF_3:Eu^{3+}$ 和 $LaF_3:Tb^{3+}$）的 CNF 基功能纸（TEMPO-CNF $LaF_3:Tb^{3+}/Eu^{3+}$）在 260nm/397nm 波长激发下，在 545nm/590nm 处有较强的荧光发射。同时，该纸张还具有超疏水和自修复的性质（图 6.42）。

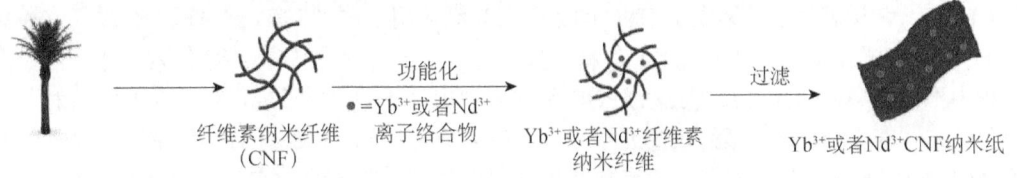

图 6.42　Yb^{3+} 和 Nd^{3+} CNF 纳米纸的制备流程图

将 Tb^{3+} 和 Eu^{3+} 掺杂到 TEMPO-CNF 中，利用配体稳定的镧系复合物和 TEMPO-CNF 的自组装开发了具有雾度的发光纳米纸材料。该纳米纸具有优异的光学性能，如高荧光发射（546nm、613nm 和 618nm）和长荧光寿命（569~575μs）。这些结果表明稀土掺杂荧光纳米纸在太阳能电池、阻隔紫外光和有机发光二极管（LED）等领域有广阔的应用前景。

上转换发光是一个非线性过程，将低能量光子（不止一个）转换为高能量光子，如将近红外光转换为紫外和可见光。由于稀土金属离子显著提高了发光强度和上转换纳米颗粒（UCNP）性能，因此有希望作为上转换的掺杂剂。最常用的稀土离子包括 Er^{3+}、Ho^{3+}、Tm^{3+} 或 Tb^{3+}，它们起激活剂的作用。在上转换纳米粒子中，激活剂通常与敏化剂离子配对，其中以 Yb^{3+} 为主，其在 975nm 左右有较强的光吸收，改善了向镧系激活剂的能量转移过程。UCNP 的发光特性可以通过选择特定的激活剂和敏化剂来调节。将镧系掺杂的 UCNP（$NaYF_4:TmYb$）与 CNC 集成，制备了用于上转换的手性光子薄膜。当激发波长为 974nm 时，该光子薄膜呈现出了 450nm、474nm 和

646nm 处的多个发射峰,并在 450nm 和 646nm 处分别获得了 192μs 和 453μs 的长寿命。

近来,在纤维素中掺杂 $Yb^{3+}/Tm^{3+}/Ln^{3+}$(Ln=Eu 或 Tb)可以获得上/下转换双发射模式材料(图 6.43)。该多功能材料在近红外(975nm)和紫外(375nm)激发下具有上转换和下转换发光。由于 Eu^{3+} 和 Tb^{3+} 的存在,375nm 的激发产生了纯红色(696nm)和绿色(542nm)的荧光。而由于 Yb^{3+} 和 Tm^{3+} 共掺杂在 975nm 激发下还产生了蓝紫色(473nm)的荧光。发光纤维素纤维上转换和下转换过程的发射强度与激活剂(Eu^{3+} 和 Tb^{3+})的浓度密切相关。较低的激活剂含量与较高的发射强度有关,然而,敏化剂(Yb^{3+})的浓度固定在较高的浓度(约 20%)时,可确保在近红外激发下向 Tb^{3+} 或 Eu^{3+} 有较高的能量转移效率。

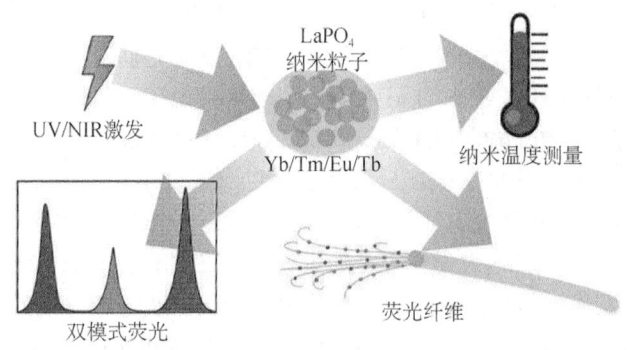

图 6.43 稀土元素掺杂的纤维素基发光材料获得具上/下转换双发射模式材料的图示

6.3.4.5 其他量子点的纤维素基发光材料

除了碳点和稀土元素,钙钛矿量子点(PQD),特别是杂化卤化物钙钛矿[ABX_3; A= $CH_3NH_3^+$,甲胺(MA); B=Pb 或 Sn; X=Cl^-、Br^- 或 I^-]由于具有高亮度、窄发射峰(<25nm)、高 QY(>95%)及可调谐发射颜色的出色性能,是一种有前景的发光掺杂剂,已被广泛应用于显示技术中。然而,其在高能紫外辐射下时热阻低、稳定性差,导致其光降解和猝灭。为了克服这些缺点,一种基于 $CH_3NH_3PbBr_3$ 钙钛矿量子点集成于 CNC 的柔性发光纸应用于白光 LED 被报道。通过真空抽滤制得的 PQD 纸在紫外激发下显示出优异的稳定性,这是由于高度结晶的 CNC 作为配体,在纸张成型过程中稳定了 PQD 的结构。制备的 PQD 纸也表现出优异的光学性能,包括在 UV 照射下强烈的绿色荧光(在 518nm 处发射),高光学吸收(91%),QY 为 63.9%。另外,在另一项研究中,PQD($CH_3NH_3PbBr_3$)纸的光稳定性和热稳定性得到验证,制备的 PQD 纸在 16W 紫外灯下连续照射 60 天或在 100℃条件下持续照射 20 天,其荧光仅衰变了原来的 10%和 30%。这些优异的性能也归因于 PQD 中的极性阳离子和阴离子 CNC 之间的集成作用。

虽然金属硫族化合物(如 S^-、Se^- 和 Te^-)量子点的高毒性和较差的生物相容性阻碍了其在生物医学领域的应用,但由于其制备简单,成分、形貌和表面性能可调,因此也得到了广泛的研究。它们易于调谐,可覆盖较广的光谱范围,这使得它们在太阳能、光子学和其他光电子领域有广阔的应用前景。将 CdTe 量子点与 TEMPO-CNF 共价结合可以制备得到透明发光薄膜,并用于防伪。另外,通过研究水相量子点的表面配体动力学,制备了 CdTe 量子点-纤维素复合材料。研究表明,在低温条件下,动态封盖较少的配体抑制了 PQD 表面配体的动态吸附/解吸。-12℃热失重稳定的量子点是制备具有强荧光(PL)发射的量子点纤维素复合材料的有利条件。所制备的量子点纤维素复合材料具有较窄的半峰宽、优良的稳定性、高荧光量子产率、可调的组成和发射颜色,可以制备出颜色纯度高、发射颜色可控的发光二极管。

6.3.4.6 纤维素/荧光染料复合荧光材料

荧光染料是指能产生荧光又能作为染料的物质，大多是含有苯环或杂环并带有共轭双键的化合物。荧光染料具有吸收一定频率光能的发射团（生色团）和能产生一定光量子的荧光团（助色团），对光能的吸收和荧光的发射具有高度的选择性。有关纤维素与荧光染料结合制备发光材料的研究非常广泛。

常用的荧光染料有 5-（4,7-二氯三嗪基）氨基荧光素（DTAF）、异硫氰酸荧光素（FITC）和罗丹明 B 异硫氰酸酯（RBITC）。DTAF 是一种直接与纤维素的羟基基团发生反应的荧光团，且对不同表面电荷密度的纤维素进行荧光标记时，标记效率随纳米纤维素表面电荷密度的增加而降低。而 FITC 和 RBITC 标记纳米纤维素的反应通常包括三个步骤：纳米纤维素的制备、在纤维素羟基位引入伯氨基、与 FITC 或 RBITC 染料反应。另外，还有螺吡喃、荧光粉、香豆素、血荧光素等多种荧光染料可标记纳米纤维素，而且荧光基团与纳米纤维素结合的方式有多种，如醚化、酯化、氧化、交联、表面修饰、点击反应及其他衍生化反应。除单一荧光标记外，还可通过多个点击反应对纳米纤维素进行多色荧光标记。例如，用呋喃和马来酰亚胺基团化学改性的纤维素纳米纤维（CNF），通过两个特定的点击化学反应，即第尔斯-阿尔德（Diels-Alder）环加成和硫醇-迈克尔反应，选择性地用荧光探针 7-巯基-4-甲基香豆素和二乙酸荧光素 5-马来酰亚胺标记改性 CNF。表征结果表明，这两种荧光染料可以选择性地标记在 CNF 上，产生多色荧光标记 CNF。

6.3.4.7 纤维素基抗聚集猝灭材料

有机荧光发色团在生物医学和有机发光器件方面显示出巨大的应用潜力。然而，当这些发色团通过 π-π 堆积聚集时由于强烈的 π-π 相互作用，大多数会由于聚集猝灭，即 ACQ 效应，发生荧光猝灭和光漂白。这降低了它们在这些应用中的性能。

人们提出了几种方法来克服这一挑战，如设计具有聚集诱导发射（AIE）的分子等。然而，AIE 分子大多需要通过复杂且有毒的有机合成来制备，这可能会阻碍其实际应用。有趣的是，发现没有芳香结构的羧甲基化纳米纤维素（C-CNC）也显示荧光。C-CNC 在稀溶液中不发光，但其纳米悬浮液在聚集时有很强的发射。密度泛函理论计算证实了 C-CNC 的发光来源于 C-CNC 的 O 和 C=O 的空间共轭。在研究微晶纤维素、2-羟乙基纤维素、羟丙基纤维素和醋酸纤维素（CA）的簇发光现象时，发现前三种材料表现出明亮的发射和明显的室温磷光，CA 表现出较低的发射强度，没有明显的室温磷光。最后，从团簇触发发射机制和构象硬化两方面解释了材料的发射行为。

引入具有高空间位阻体的基团可以制备得到纤维素基抗聚集猝灭材料。另外，将发色团分散在基质中也是得到抗聚集猝灭材料的主要策略。例如，通过 ACQ 发色团与纤维素共价接枝制备抗 ACQ 固体发射材料。纤维素骨架的发光素锚定和稀释效应的协同作用有效地抑制了它们的聚集和自猝灭。之后，以纤维素为骨架设计了一种基于纤维素的抗 ACQ 比率荧光材料。荧光素异硫氰酸酯（FITC）是一种具有绿色荧光的生物胺指示剂，而原卟啉 IX（PpIX）是一种具有红色荧光的内参比物质，通过共价连接 CA 形成 CA-FITC 和 CA-PpIX，并去除它们的 ACQ 性质。将 CA-FITC、纤维素衍生物和 CA-PpIX 按一定比例混合制备出具有不同荧光发射的材料。荧光颜色可通过混合比例微调。所制备的比率荧光材料对生物胺具有快速、可逆的反应，并具有较高的加工性能。另外，Li 等也将 ACQ 发色团与纤维素通过非共价氢键结合，制备出抗 ACQ 固体荧光材料。纤维素的羟基部分与 ACQ 香豆素发色团形成氢键。结果表明，ACQ 发色团分子的 π-π 堆积被强烈抑制，这与纤维素的空间位阻效应有关。通过这种方式，纤维素成功地将 ACQ 荧光化合物转化为具有稳定发射行为的材料。这些研究结果表明，通过共价或非共价接枝 ACQ 发色团是制备具有吸引发射性能的抗 ACQ 材料的有效策略。

事实上，使用纤维素制备固态荧光材料对于所有带有羟基基团的聚集性猝灭荧光染料都是普遍的。这些染料的固态荧光猝灭主要归因于 π-π 堆积。然而，所有这些带有羟基的染料都可以与纤维素形成氢键。结果表明，纤维素可以作为分离染料的空间，防止染料的 π-π 堆积，从而产生固体荧光发射，有望在大范围制备廉价、可持续的固体荧光材料。

6.3.4.8 纤维素基磷光材料

纤维素是一种环保型生物基聚合物，其结构中含有大量羟基，很容易形成氢键网络。通过合理的设计，它有可能成为优异长寿命的室温磷光（pRTP）材料。

将芳香族衍生物连接到纤维素链上并通过热压工艺干燥来获得聚合物薄膜。获得的薄膜可以通过苯或接枝不同的多环芳烃将发射颜色从蓝绿色调节到红色。值得注意的是，在室温下照射 1min 后，性能最佳的薄膜的寿命可以从 282.1ms 提高到 571.1ms。所有热压薄膜都能承受高达近 18.0GPa 的杨氏模量和约 80MPa 的拉伸强度。优异的发光和机械性能源于接枝基团的空间堆积效应和丰富的分子间氢键。结果表明，获得的智能响应 pRTP 材料可用于信息加密（图 6.44）。

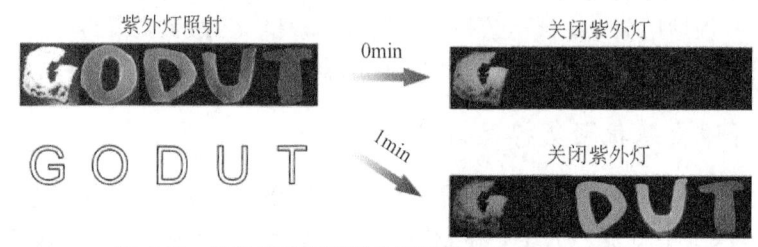

图 6.44 纤维素基室温磷光材料用于信息加密的图片

将离子结构[包括氰基甲基咪唑阳离子（ImCN）和氯离子（Cl⁻）]引入纤维素链，得到具有 RTP 性能的阳离子纤维素衍生物（Cell-ImCNCl）。另外，Cell-ImCNCl 在水中的溶解性良好，向 Cell-ImCNCl 溶液中加入少量戊二醛，可形成稳定的双交联结构，所得磷光图案表现出优异的抗菌性能和耐水性。因此，这种易于加工、抗菌、防水、环保的有机 RTP 材料有望用于先进的防伪、信息安全和加密、一次性智能标签，以及食品和药品的保存与监控中。

另外，将咪唑鎓阳离子引入纤维素链制备了一种新型的生物质聚合物基磷光材料。该离子纤维素衍生物在室温下呈现绿色磷光，可加工成磷光薄膜、涂层和图案。更有趣的是，当使用不同的溶剂处理时，它们的磷光发射会发生变化。用丙酮处理的离子纤维素衍生物的磷光可以忽略不计，但它们会产生不可逆的湿度响应磷光，这意味着用丙酮处理的离子纤维素衍生物一旦遇到水蒸气就会表现出明显的磷光增强现象。这种新型不可逆响应磷光材料在先进的防伪、信息加密、分子逻辑门、智能标签和过程监控方面具有巨大的应用潜力。

6.3.4.9 纤维素基圆偏振荧光材料

光是一种电磁波，自然光的向量具有恒定的大小，并且垂直于光传播的方向。沿方向传播的这种不对称性称为偏振。偏振光有三种类型：线偏振、圆偏振和椭圆偏振。线偏振光垂直于光传播的方向，并且光矢量仅在一个方向上振动。圆偏振光矢量的大小不变，并且传播时以固定的速度垂直于传播方向呈螺旋形移动，如图 6.45 所示。根据光矢量的旋转方向，圆偏振光可以分为左旋圆偏振光和右旋圆偏振光。从光源开始，光矢量的旋转方向为顺时针旋转，即右旋螺旋，即右旋圆偏振光，当光矢量的旋转方向为逆时针旋转时，它就是左旋圆偏振光。在光的传播过程中，空间每个点的电矢量均以光线为轴做旋转运动,且电矢量端点描出一个椭圆轨迹,这种光称为椭圆偏振光。

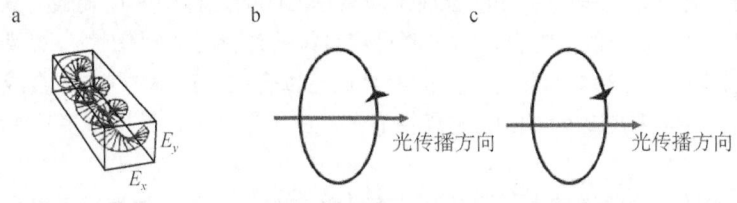

图 6.45 圆偏振光(a)、左旋圆偏振光(b)和右旋圆偏振光(c)示意图
E_x、E_y 分别为主轴方向 x 和 y 的能量(E)

自 20 世纪 90 年代以来,Gray 等首次报道了一个左手性向列相在 CNC 悬浊液中自发组装,并于干燥后在固体薄膜中保存这种周期性结构,该发现加快了自下而上设计新的基于 CNC 的自组装薄膜的步伐,这种薄膜长期有序,可以替代传统的自上而下的纳米光刻结构方法。左手性向列相 CNC 薄膜表现出一维光子带隙特性,在光电器件的光管理方面具有令人兴奋的潜力,可用于激光器件的制备。基于 CNC 的光子薄膜类似于自组装的天然复合结构,依赖于生物基纳米尺度元素的组织来传递独特的光学效果和卓越的机械性能。这种自下而上地形成分层有序复合结构的自组装是用于实现材料的定向性能的自然策略。

圆偏振发光(CPL)因其在 3D 光学显示、手性合成、手性识别、光学信息存储等方面的广泛应用前景而引起了人们的极大兴趣。受甲壳类动物的启发,通过 CNC 的自组装制备了手性光子膜。由于薄膜具有左旋光子晶体结构,可以选择性地透射右旋圆偏振光,反射左旋圆偏振光。因此,将普通的荧光发色团如有机发色团、CD 和无机荧光粉等集成到手性光子纤维素薄膜中是一种简便、高效的制备 CPL 材料的方法。

已经发现纤维素基材料在溶液中显示 CPL 的性质。因此,以微晶纤维素为原料,通过氨基甲酰化和交叉偶联反应,得到了一系列含有芘基 π 共轭基团的荧光纤维素衍生物。这些手性纤维素衍生物的 CPL 呈绿色,不对称因子大于 $3×10^3$。纤维素衍生物的高效 CPL 归因于纤维素主链的螺旋结构和芘单元的分子内准分子形成。

6.3.5 木质素基发光材料

6.3.5.1 木质素结构

木质素是自然界中一种丰富的可再生有机资源,广泛存在于植物纤维原料中,是一种主要由苯丙烷单元(对羟苯基、紫丁香基和愈创木基)通过 $\beta\text{-}O\text{-}4'$ 和 C—C 键相互连接形成的具有三维网状结构的无定形生物大分子,含有丰富的芳环结构、脂肪族和芳香族羟基及醌基等活性基团。

6.3.5.2 木质素基荧光材料

荧光是木质素的固有性质,木质素基荧光材料主要有两种:一种是木质素衍生物,是在木质素的基础上进行功能改性以制备木质素衍生物的荧光材料;另一种是利用木质素自身结构中独特的芳香环,将其用于生产绿色可持续的碳纳米荧光材料,如碳点(CD),是目前木质素利用的最先进策略之一。而针对木质素衍生的 CD 的光致发光性能,特别是提高荧光量子产率(QY)也是当前研究者一直努力的方向。

研究表明,在合成 CD 的过程中,添加酸或碱可以起到增溶和掺杂的双重作用,从而增强木质素基 CD 的 QY。例如,水热处理木质素转化为 CD 的过程中添加碱(氨水、乙二胺),合成的

N 掺杂 CD 呈现明亮的荧光，QY 为 7.6%～14.2%，并成功地作为荧光探针用于金属离子检测和细胞成像。另外，在一步法——水热法合成木质素基 CD 的过程中添加硫酸可获得 QY 为 13.5% 的浅绿色 S 掺杂 CD，获得的 CD 表现出对苏丹红良好的选择性和灵敏性。以碱木质素为原料，采用硝酸超声处理 12h，180℃水热处理 12h 两步法可以合成高产率的 CD。合成的 CD 具有良好的稳定性、上转化性能和 QY 为 21.0%的蓝色荧光，在作为纳米探针用于多色生物成像方面表现出了很大的潜力。

除了将木质素转化为荧光碳点，通过其他方法将木质素开发成荧光材料也正在被持续研究。其中利用木质素磺酸盐和含四苯基乙烯的铵表面活性剂之间的静电络合开发了一种荧光木质素离子复合物（LS-TPEA）。LS-TPEA 材料具有热致液晶特性，在紫外光下可呈现蓝色荧光。LS-TPEA 的荧光发射依赖于有序结构，可以通过形成各向同性液体将其关闭。良好的热稳定性使 LS-TPEA 成为适合在高温下工作的可回收标记生物材料，并且利用其防水特性，LS-TPEA 也将成为良好的疏水荧光涂层材料。

通过将螺内酰胺罗丹明 B（SRhB）接枝到木质素磺酸盐（LS）中合成水溶性的比率式荧光 pH 探针 L-SRhB。L-SRhB 对 pH 从 4.6 到 6.2 的变化能快速响应，表明 L-SRhB 具有通过 pH 检测酸性细胞器的潜力。另外，利用螺内酰胺罗丹明 B（SRhB）和木质素磺酸盐（LS）分别作为受体和供体，通过物理共混方法获得了 SRhB/LS 复合材料。利用共价木质素荧光共振能量转移体系，系统研究了 SRhB/LS 复合材料的荧光共振能量转移行为、自组装和能量转移机制。结果表明，LS 具有 30 个级联胞内能量转移的固有特性，可作为一种方便的适配体和能量供体构建水溶性比例传感器。

6.3.5.3 木质素基磷光材料

木质素是一种自然界中含量丰富的可再生生物质原料，作为由交联的酚醚单元组成的丰富的天然聚合物，因为存在大量的芳香族片段，木质素成为有机发光材料的潜在来源。之前关于木质素发光性能的报道多集中在荧光领域，基于木质素 RTP 的报道不多，且目前关于木质素材料的发光性能研究仅包含其发光现象和应用，而由于木质素结构的复杂性，其具体的发光机制却并未被深入研究。

目前将木质素转化为余辉 RTP 材料有两种方法：一种方法是将木质素转化为发光的碳点，将木质素限制在基质中来实现磷光发射；另一种方法是将木质素作为发色团，然后将其限制在基质中。例如，通过将经乙醇提取后的碱木质素（LA-H）掺杂到聚乙烯醇（PVA）中形成柔性薄膜（LA-H@PVA），以简便的方式制备了木质素余辉材料。

木质素磺酸钠（LS）的紫丁香基单元（S）在水中也表现出磷光现象，其寿命约为 2ms，将其封装在 $Ca_3(PO_4)_2$ 中，其寿命可延长至 618ms，原因是 S 单元的 H 型二聚体的形成[LS@$Ca_3(PO_4)_2$]。受此启发，通过原位生成 LS@$Ca_3(PO_4)_2$，在纸矩阵中开发了余辉纸。纸张的余辉发射对 H_2O_2 敏感，使其能够用作液体/蒸汽 H_2O_2 的传感器。此外，余辉纸已被证明适用于防伪，有助于发展更可持续的纸浆和造纸工业。另外，受天然椴木余辉 RTP 的启发，将木质素限制在模拟木材基质的 3D 聚丙烯酸网络中，制备了一系列可持续的余辉 RTP 材料（图 6.46），并将获得的木质素基 RTP 材料包裹于棉纤维中，加入纺织品中，表明木质素基 RTP 材料可在纺织磷光衣物领域应用。

6.3.6 发光木材

随着社会的发展，人们对光、热的需求急剧增加，然而短缺的不可再生资源和具间歇性的可再生资源无法满足人们对光、热日益增长的需求。因此，学者对发光材料领域保持着浓厚的兴趣，

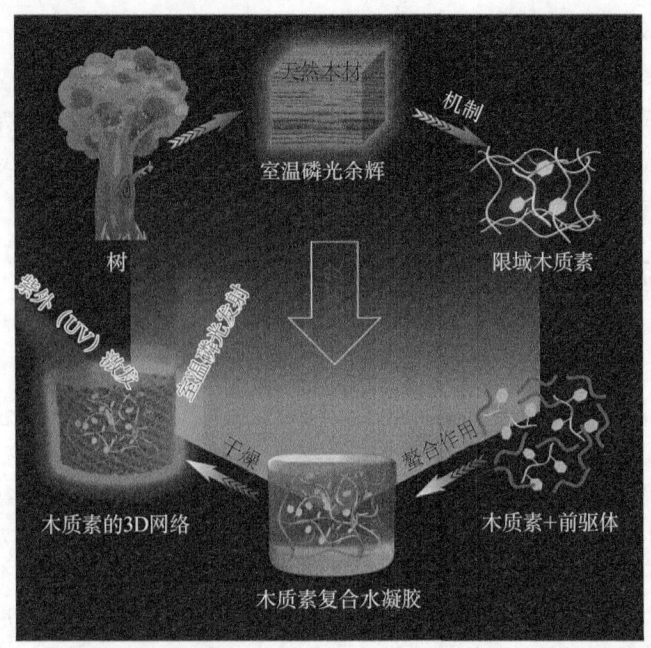

图 6.46 受木材室温磷光的启发从木质素制备可持续余辉 RTP 材料示意图

通过对生活中常见的基材添加发光材料可制备出一些功能型材料。作为一种环境友好、成本低廉且可持续再生的原材料，木材也被作为生物模板应用到发光材料领域，木基发光材料综合了木基复合材料和发光材料的优势，以木材为载体，通过浸渍发光材料获得具有发光性能的功能型木材，其在一定程度上保留了木材的基本结构特征，并改善了木材的尺寸稳定性、防腐防潮性和力学性能等，还可以通过添加其他功能型材料开发磁性、储能等新功能，在家具、照明、道路标志、建筑节能等方面展示出巨大的应用潜力。

为拓展透明木材（TW）在光致发光领域的应用，将木质素基碳点（CD）浸渍到木材纤维素模板（CT）中作为荧光功能材料，得到具有光转换功能的光致发光透明木材（PTW）。结果表明，通过控制 CD 的共轭尺寸和表面官能团，可以获得具有不同发射波长的发光透明木材（FTW）。CD 的负载不影响 TW 优异的透光率（86.1%）和光学雾度（73%）。与原木相比，PTW 的拉伸性能从 368MPa 提高到 422MPa。通过控制不同 CD 的浓度，制备了色度图（CIE）色坐标为（0.29，0.34）的白光转换 PTW。因此，获得的光致发光透明木材为均匀光转换和彩色显示提供了广阔的前景。

一种新型的基于自相变材料（PCM）的自发光木材复合材料被开发，该相变材料具有出色的热能存储能力和长余辉发光（LAL）特征，具有出色的光能存储能力。所得的自发光木质复合材料显示出高的融合潜热（146.7J/g）、约为 37℃ 的相变温度、良好的热可靠性和 105℃ 以下的热稳定性，具有出色的形状稳定性。更重要的是，自发光的木材复合材料可以吸收来自光源的紫外光和可见光及自然光，并在黑暗中发出 11h 的绿色光。因此，这种自发光木质复合材料既可以存储热能，也可以存储光能，在家具、应急灯、存储和建筑节能等方面具有巨大的应用潜力。另外，还开发了一种具有长磷光、高光稳定性和耐久性、表面坚韧、防紫外光、高透光率和超疏水性的半透明木质基板。这种持久的磷光木质基材能够在较长时间内持续发光，显示出了在黑暗窗户中智能发光和作为安全标志的潜在应用。

通过以柠檬酸和尿素为原料制备了多色发射的碳点（CD），在微波辅助处理下，使用低共熔溶剂（DES，草酸和氯化胆碱）从木材中超快去除木质素，然后通过原位聚合将 CD 和聚丙烯酸（PAA）填充到去角质木材中制备了嵌入多色 CD 的透明木膜，得到的木膜可以作为无金属木质封装材料用于白色发光二极管中。

通过将木模板浸入光响应性聚合物中来获得吸收紫外光的光致发光木材复合材料。注入的物质在木质细胞腔中充分聚合，从而获得良好的尺寸稳定性、机械性能和热稳定性。另外，样品表现出良好的光致发光过程，在此过程中它可以拦截和吸收高强度的紫外光。结果显示该样品可用于窗户、建筑、家具、传感器和安全材料中。

6.3.7　木质基发光材料的应用

6.3.7.1　荧光检测

荧光检测是一种能选择性地结合特定物质以实现对目标分子的定性或定量检测的荧光系统。大多数荧光检测的是含有共轭双键体系的有机化合物，具有特殊的荧光特性，可以灵敏地反映环境特性的变化。它具有操作简单、灵敏度高的优点，因此被广泛应用于生命科学、环境科学等领域。近年来，基于木质基发光材料的荧光探针得到了广泛的研究并取得了很大进展。另外，木质基荧光探针具有高灵敏度、高选择性、光化学稳定等特点，被广泛应用于各个领域。特别是使用基于木质素制备的碳点作为荧光探针在检测金属离子方面取得了许多重要进展。

众所周知，建筑和装饰材料释放的甲醛（FA）是一种有害的室内空气污染物，可导致中枢神经系统损伤、血液和免疫系统紊乱、呼吸系统疾病，甚至肿瘤。最近，为了同时满足建筑和人类健康的需求，将多色木质素衍生的碳点（CD）和聚乙烯醇（PVA）封装到脱木质素的木质框架中制备出了发光透明木材（LTW）。LTW 表现出对 FA 的敏感性、选择性和线性的反应，因此可作为 FA 气体实时和可视检测的建筑材料。另外，以酶解木质素为原料，通过一步自组装法制备的具有聚集诱导发光性能的纳米颗粒（CEL-NP）与聚乙烯醇（PVA）制备的 PVA/CEL-NP 复合膜，也表现出了对甲醛溶液和甲醛蒸气良好的荧光响应，同样可用于甲醛的检测。

另外，利用 Mannich 和 Machael 加成反应将仲胺基团引入木质素骨架上，合成了富含胺基的木质基碳点（AL-CQD）。因为 Fe^{3+} 可以被 AL-CQD 上的胺基捕获，形成吸附复合物，产生显著的荧光猝灭。并且，在 100nmol/L～1mmol/L 的宽范围内，AL-CQD 均显示出良好的线性响应。因此，AL-CQD 可用于 Fe^{3+} 的定量检测（图 6.47）。

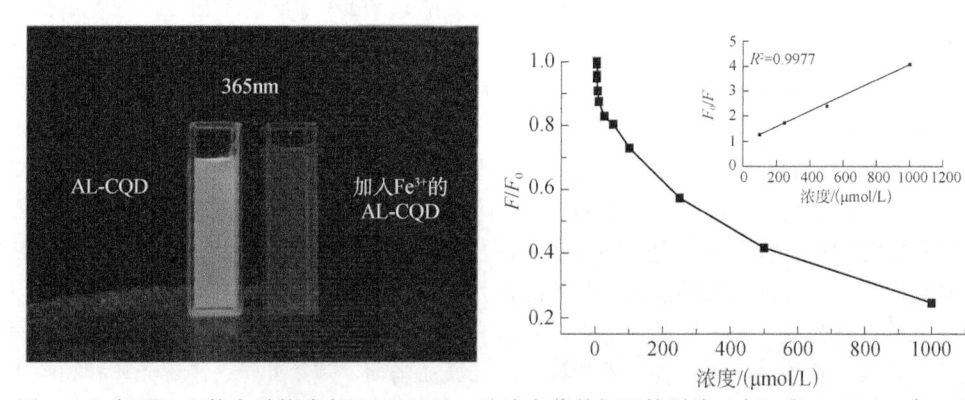

图 6.47　有/无 Fe^{3+} 的木质基碳点（AL-CQD）溶液在紫外灯下的照片（左）和 AL-CQD 在 Fe^{3+} 浓度为 100nmol/L～1mmol/L 时的荧光变化（右）

F_0. AL-CQD 溶液的荧光强度；F. 加入 Fe^{3+} 的 AL-CQD 溶液的荧光强度

以酶解木质素为碳源，氨水为溶剂和氮源，通过一锅水热法合成 N 掺杂碳点（N-CQD）。所得 N-CQD 具有良好的水溶性和稳定的光学性质。N 的引入将荧光量子产率（QY）提高到 8.23%，几乎是未掺杂 N 的碳点溶液的 4 倍。另外，由于静电诱导聚集和静态猝灭，N-CQD 的荧光可以被带正电荷的细胞色素 c（Cyt c）猝灭。而 Cyt c 在胰蛋白酶的存在下倾向于水解成小肽，这导致 N-CQD/Cyt c 复合物的荧光恢复。因此，酶解木质基的碳点可以被用作无标记的生物传感器，用于检测 Cyt c 和胰蛋白酶。该方法灵敏、选择性好、操作简便、成本低廉，在临床诊断中有潜在的应用价值。

6.3.7.2 荧光成像

近年来，木质基发光 CD 由于细胞毒性低、生物相容性好，作为荧光探针在生物成像领域得到了广泛的应用。其中以天然木质素为前驱体制备得到的 CD 表现出良好的发光性能和水溶性、较小的粒径分布和较低的细胞毒性（图 6.48）。CD 在 HeLa 细胞中表现出了良好的生物成像能力，展示了其在生物成像应用中的潜力。

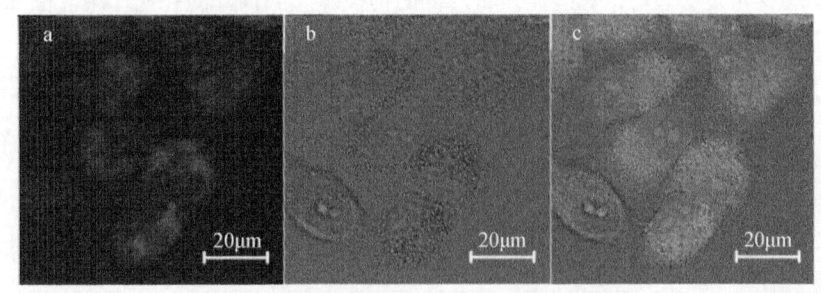

图 6.48　CD 标记的 HeLa 细胞共聚焦荧光显微照片（a）、细胞明场照片（b）及二者叠加图像（c）
碳点激发波长为 405nm

一般来说，细胞成像是体内成像的基础，目的是追踪体内的肿瘤细胞，实现肿瘤的快速检测和治疗。然而，目前关于木质基发光 CD（LC-CD）体内成像的研究很少。Huang 等报道了通过将木质纤维素 CD 静脉注射到荷瘤裸鼠中，可以观察小鼠静脉内的肿瘤分布（图 6.49），表明 CD 不仅限于单细胞成像，在体内成像中也具有广阔的应用前景。

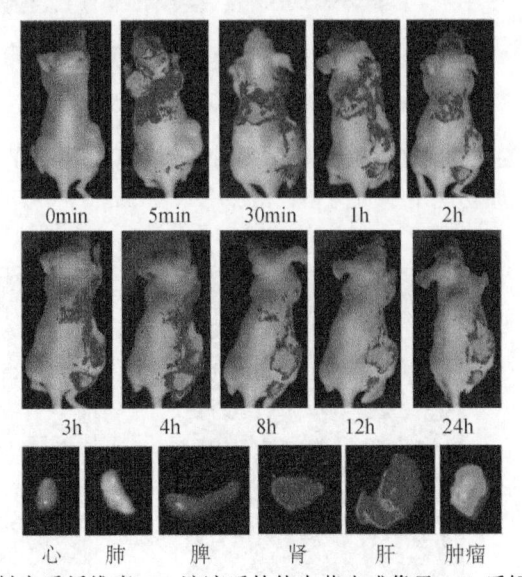

图 6.49　裸鼠静脉注射木质纤维素 CD 溶液后的体内荧光成像及 24h 后解剖的器官的荧光图像

6.3.7.3 信息加密与防伪

安全和机密文件（如钞票、护照、证书和贵重产品）的伪造和逆向工程已大大增加，这对政府、公司和客户来说是一项重大挑战。根据 2017 年发布的最新全球报告，假冒市场在 2016 年的估值为 1072.6 亿美元，预计到 2021 年将达到 2065.7 亿美元，复合年增长率为 14.0%。利用多层证券开发防伪和身份验证技术是克服这一挑战的强大解决方案。刺激变色[光变色、水变色、热致变色和光致发光（荧光和磷光）]化合物是开发具有高安全性级别和快速认证的复杂防伪油墨最重要和最适用的材料。已经开发出高效的防伪和认证技术以保证高的安全性和效率。用于防伪的适宜材料通常基于光致变色和光致发光化合物，近几十年来已广泛使用水致变色和热致变色材料。各种各样的材料，如有机和无机金属配合物、聚合物纳米颗粒、量子点、聚合物点、碳点、上转换纳米颗粒和超分子结构，可以利用其物理和化学特性显示所有这些现象。木质基发光材料因其绿色可持续和高稳定性也备受关注。

由碱木质素制备得到 CD：该碳点荧光超过 12 个月后褪色也不明显，呈现出良好的耐候性。将 CD 作为隐形荧光墨水书写信息有望对目前的防伪技术起到很好的补充作用（图 6.50）。

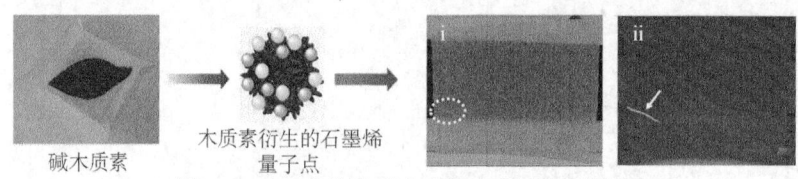

图 6.50　CD 作为隐形荧光墨水书写信息照片
i 和 ii 分别表示刚书写和书写后 12 个月的照片

以碱木质素和 3-氨基苯基硼酸为原料制备得到 CD：因为其在不同的激发波长下表现出紫色、蓝色和绿色的三重荧光发射中心，所以可作为下一代多层防伪材料（图 6.51）。

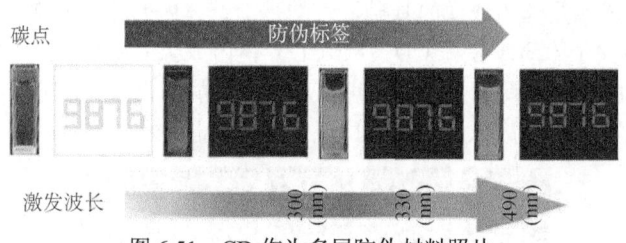

图 6.51　CD 作为多层防伪材料照片

另外，以天然维生素为原料、乙二胺为钝化剂、硼酸为磷光增强剂制备得到的木质基室温磷光碳点材料（PCD），已被成功地用于防伪和数据加密（图 6.52）。

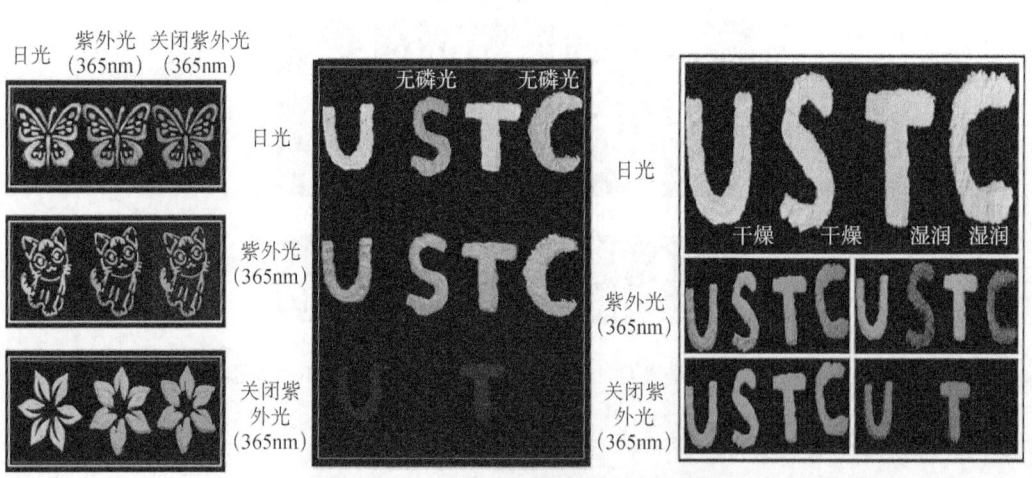

图 6.52　PCD 用于防伪和数据加密照片

6.3.7.4 光催化

光催化是一种生态友好的技术。近年来，木质基发光材料，尤其是木质基碳点独特的结构、表面官能团特性、特殊的紫外吸收和光电特性，使其在污染物降解和光催化制氢、光催化产过氧化氢、降解有机污染物和将 CO_2 还原转化为增值碳氢化合物等领域具有应用价值。

水分解制氢是近年来能源领域的热点之一。当光激发半导体时，产生光生载流子（电子和空穴），然后水与光生载流子结合产生氢气。作为一种清洁能源，氢能可以有效缓解化石燃料带来的全球能源危机和温室效应。目前，在光催化过程中，CD 本身一般不能单独用作光催化剂，它们通常与传统的半导体材料、金属单原子等复合用于光催化产氢。例如，利用造纸黑液制备的碳点（CD）与 TiO_2 负载制备复合光催化材料。CD 的负载可以有效促进光生载流子-空穴对的分离，提高水分子与光生载流子的结合能力，从而提高产氢效率。另外，将 N 掺杂木质素基碳点（NLCD）用作 Pt 单原子的载体并复合硫化镉纳米棒制备三元光催化剂 Pt-NLCD@CdS，表现出了优异的可见光驱动光催化产氢性能，产氢速率可高达 46.10 mmol/（h·g）（图 6.53）。

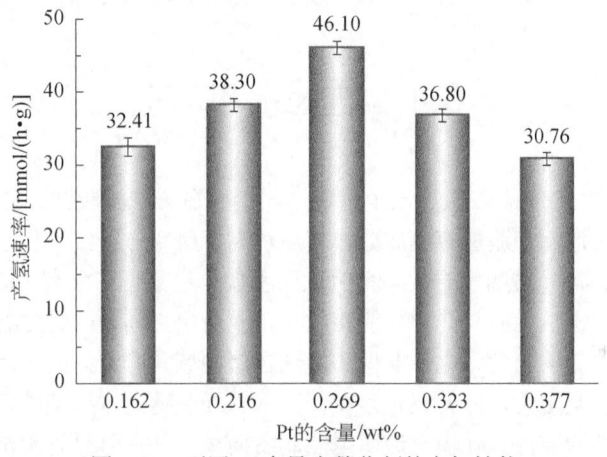

图 6.53 不同 Pt 含量光催化剂的产氢性能

由于 CD 具有较宽的光谱吸收范围和独特的上转换特性，半导体光催化剂可以大大提高太阳光的利用效率。因此，木质基碳点复合光催化剂在降解甲基橙和有机染料方面具有显著效果（图 6.54）。

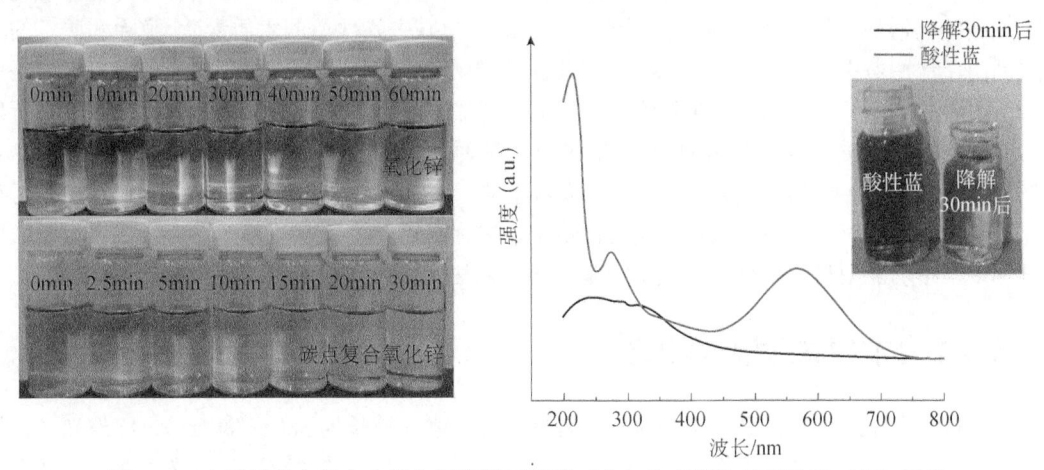

图 6.54 木质基碳点复合光催化剂降解甲基橙（左）和有机染料酸性蓝（右）图片

总之，木材和木材衍生的成分（包括纤维素、半纤维素和木质素）具有天然独特的结构、丰富的自然储量和循环可持续性。源于木质基的碳材料和发光材料已经被各国的科研工作者广泛研究。尽管在这些领域已经取得了相当大的进步，但是目前仍然存在一些挑战，限制了先进的木材衍生碳材料和发光材料的实际使用，特别是在能源和生物医学领域的新兴应用中。木材衍生的碳材料面临的这些挑战包括：①由于天然材料结构的复杂性，以及对木材衍生的炭化过程的基本了解有限，无法针对性地将其转化为目标材料。②大多数基于木质基材料制备的碳点都是在紫外光区域激发，发射绿光或者蓝光。但紫外光对人体是有害的，因此制备一种可见光激发的碳点能够更广泛地应用到实际生活中。另外，由于木质基发光材料的发射基本为绿光或者蓝光，因此将木质发光材料的发射波长红移到近红外区，较长波长的光使其能够穿透深层组织，从而促进它们在体外和体内用于生物成像和作为治疗试剂。③大多数基于木质基的发光材料如碳点，会由于分子间强烈的 π-π 相互作用而发生荧光猝灭（ACQ）现象，因此制备抗 ACQ 材料获得可持续固体发光材料也是当前面对的挑战之一。我们相信，全球范围内的科学人员共同努力，终将克服这些挑战，进一步促进木质基发光材料在各个领域的发展并拓宽其应用范围。

6.4 透明木材

1992 年，德国科学家 Fink 首次提出了透明木材的制备方法，促进了木材解剖学的研究，即木材可以通过化学漂白清除细胞壁有色成分，随后填充折射率与纤维素相匹配的透明聚合物而制备得到透明木材。2016 年，透明木材被马里兰大学和瑞典皇家理工学院（KTH）的研发团队重新开发利用，并将木材的机械性能与光学功能相结合，重新定义其为一种生态学属性优良的先进功能材料，在节能建筑、结构光学、电子器件和能源存储领域具有新兴的用途。迄今为止，学术界对透明木材尚未形成完整定义，但普遍认为在保留木材细胞壁基本框架的基础上，将脱色后木材细胞壁中微纳孔隙和细胞腔内大孔填充透明树脂制备而成，并在可见光范围内具有一定透明度的材料称为透明木材。关于透明木材的制备方法大多源于 Fink 提出的先脱色后浸渍处理，尽管许多制备过程有差别，但形成机制和基本的设计理念都是相似的。关于透明木材的制备与功能化可以分为如下两步。第一步是将木材脱除木质素，因为木质素中具有大量吸光的苯环和双键，赋予了木材颜色（在 KTH，主要使用 $NaClO_2$ 和乙酸缓冲溶液；在马里兰大学，主要使用含有氢氧化钠和亚硫酸钠的溶液，然后将样品转移到过氧化氢溶液中以去除残留的木质素）。脱除木质素的木材样品由于保留着中空的木材孔隙结构，因此在纤维素和空气界面存在强烈的光散射，木材是白色的，主要成分是纤维素和部分半纤维素。然后进行第二步，利用真空加压的方式重复填充折射率与纤维素匹配的透明聚合物[KTH 使用的是聚甲基丙烯酸甲酯（PMMA），马里兰大学使用的是环氧树脂]获得了透明的木材样品。以此方法为基础，大量的方法学改进集中在两个方面：①在填充浸渍树脂前，对木材细胞壁进行功能化修饰，以提高透光率或赋予功能性；②在填充浸渍树脂过程中，将功能型材料填充到浸渍的细胞腔内，以达到协同增效的目的（图 6.55）。

6.4.1 木材透明处理工艺

透明材料在学术上的定义为透光材料，包括透可见光（波长为 380～780nm）、红外光（波长大于 780nm）和紫外光（波长小于 400nm）的材料。透明木材中的"透明"定义为透可见光。常见的透可见光材料包括无机玻璃和有机高聚物，如聚甲基丙烯酸甲酯、聚苯乙烯（PS）、聚碳酸

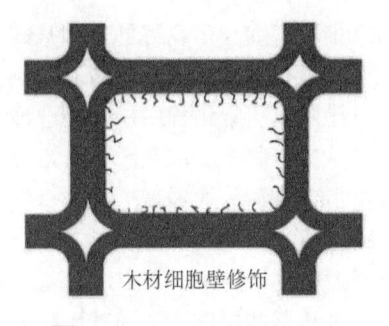

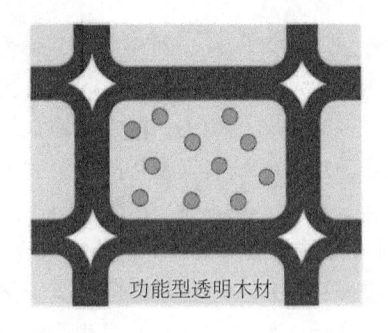

图 6.55 透明木材修饰与功能化策略

酯（PC）和聚双烯丙基二甘醇碳酸酯等。除材料本征的透光性外，材料的结构也是影响透光率的另一种很重要的因素。例如，将一块玻璃打碎，变为玻璃碴后，原本透明的玻璃因为结构的改变变为不透明材料。同理可知，要使一种材料具有高的透明度，必须同时具有以下两个必要条件：①化学成分上没有吸光的化学组分，保证光子能够自由透过；②结构上必须保持均一性，应该尽可能避免或减少界面光反射或散射的发生。由于强烈的光吸收和光散射，天然的木材在可见光范围内不透明。为了使木材变得透明，需要同时消除光吸收和光散射。其中，光吸收与木材的化学组分密切相关，如木质素、抽提物、叶绿素和单宁。木质素又是这些物质中主要的吸光成分，占木材总光吸收量的 80%~95%。同时由于木材结构的有序性和各向异性，木材既具有以纤维素为骨架结构的细胞壁层，又具有中空的介孔结构。这些存在于孔隙中的空气与细胞壁之间的折射率不匹配，导致出现大量的光散射现象。因此，制备透明木材的工艺通常可以分为两步，分别针对改善材料透光性的两方面，既木材组分的透明化和界面均一性。

6.4.1.1 木材脱木质素工艺

从结构化学角度分析，木材主要有三大化学组分，分别是纤维素、半纤维素和木质素，另外还有一些微量成分，包括灰分和各种提取物。纤维素约占木材细胞壁总含量的 50wt%（不同树种略有差异），其主要是由许多 D-葡萄糖单元通过共价键和氢键连接形成的线形刚性大分子，这种链状的高分子结构在树木中具有承重功能。半纤维素是木材中另一种碳水化合物，其聚合度通常较低，含量占细胞壁的 20wt%~30wt%，具有复杂的化学组成，如己糖（葡萄糖、甘露糖和半乳糖）和戊糖（木糖和阿拉伯糖）。木质素的基本组成单元是苯基丙烷，其具有三种主要的结构，分别是 p-香豆醇（H）、松柏醇（G）和芥子醇（S）。在阔叶树材中，木质素主要由 G 和 S 苯基丙烷单元组成，而针叶树材中木质素主要由 G 单元和少量的 H 单位组成。这些基本单元与碳-碳键和醚键相互结合，形成各种官能团（如酚类和脂肪族羟基、甲氧基和羰基），共同构成了具有三维网络结构的木质素。

在木材细胞壁中，木质素由于具有丰富的官能团和无定形的网络结构，通常被认为是一种重要的填料和黏合剂，在细胞壁木质化过程中，能够在分子尺度上与半纤维素键合，随后在纳米和微米尺度上与纤维素产生化学键和物理结合。基于木材细胞壁工程，采用适当的化学方法去除木质素，而维持细胞壁整体结构不变，保持了天然木材的各向异性、分层多级结构，被证明是一种能够改变细胞壁微结构和化学组分，从而为先进木材制造提供功能材料锚定和化学改性模板的有效方法。例如，将木材细胞壁中木质素完全脱除，会导致纤维素微纤丝从细胞壁薄层中分离，化学反应活性相对较高的纤维素能够稳定键合导电聚合物、碳纳米管、纳米晶，从而制备得到导电木材。同时，由于木质素的完全脱除，经冷冻干燥，大量空气进入细胞壁纳米孔，为制备性能优异的木材气凝胶、纳米木材、制冷木材、弹性木材等功能材料奠定了良好的结构基础。

（1）部分脱除木质素　　部分脱除木质素的方法受造纸行业中制浆方法的启发，主要包括碱性亚硫酸盐法、碱性硫化钠法、低共熔溶剂法。在部分脱除木质素过程中，碱处理过程通过一系列复杂的化学反应使木质素碎裂和降解。脱木质素后形成的产物主要取决于木质素分子的结构，呈现出多样化，包括 α-烷基醚、α-芳基醚、β-芳基醚和非酚类 β-芳基醚等。

1）碱性亚硫酸盐法：在木质素的酚结构中，酚羟基的氧原子上具有孤对电子，与苯环中的 π 电子重叠。在碱性条件下，酚羟基容易离子化，形成强力的电子供体。其中，阴离子苯酚对 α-碳原子具有诱导作用，使 α-烷基醚键发生裂解反应，形成亚甲基醌中间物。随着反应继续进行，醌甲基结构的 α-碳原子受到亚硫酸盐离子的攻击，将原始的苯基丙烷结构降解为芳基和烷基碎片。除 α-烷基醚键易受到降解外，酚类 α-芳基醚单元还可以将亚硫酸盐离子引入 α-碳原子，发生磺化断裂。β-芳基醚单元作为木质素分子中含量最丰富、反应活性最强的单元，在木材脱木质素过程中也起着重要作用。在碱性条件下，具有 α-羟基的非酚类 β-芳基醚单元中的 α-羟基容易被电离，从而攻击 β-碳原子形成环氧化合物。同时，具有 α-羰基的非酚类 β-芳基醚键能够促进环硫化合物的形成，从而使 β-芳基醚键断裂。在脱木质素反应过程中，酚类的 α-芳基醚、β-芳基醚和非酚类 β-芳基醚键的断裂会产生具有酚类结构的木质素新单元，其将经历与上述反应相同的断裂过程。此外，由于强烈的亲核性，硫化物离子也会促进甲基芳醚键发生断裂。利用化学键断裂和亚硫酸盐离子对木质素单元的磺化作用，提高了木质素的亲水性，促进了木质素的部分溶解，从而实现了细胞壁中的木质素脱除。

2）碱性硫化钠法：使用碱性硫化钠部分脱除木质素过程中，离子化的 OH^- 和 S^{2-} 通过类似碱性亚硫酸盐法的亲核反应破坏木质素大分子结构，使其破碎、溶解。具体原理包括：羟基和亚硫酸根离子可以破坏木质素 β-芳基醚键，形成硫醇结构；新形成的硫醇根可以攻击 β-芳氧基中的 β-碳形成环硫乙烷结构，并促进附近的木质素单元参与反应；同时，环硫乙烷结构单元中的硫元素会进一步解离，导致木质素分子侧链发生降解。在碱性硫化钠法中，木质素 β-芳基醚单元的断裂可以快速进行，是整个反应的限速步骤。非酚类木质素结构中 β-芳基醚结构的 α-羟基也可以在碱性硫化钠体系中反应，但反应速度较低。在这种木质素结构中，羟基在强碱条件下电离形成醇盐阴离子，导致 β-芳基醚键断裂。

值得注意的是，利用高温碱液进行细胞壁中木质素的原位脱除，还可能诱导纤维素还原末端发生剥皮反应和糖苷键的水解反应，从而导致纤维素解聚。碱性水溶液蒸煮诱导了半缩醛和醛类产物的形成，其会与纤维素分子链还原端上的醛和酮基团发生反应。一旦形成酮结构，即使在温和的反应环境中也会发生后续的 β-烷氧基降解反应，即纤维素分子链中 C4 原子上的糖苷键被裂解，从而产生小的葡萄糖单元，且纤维素链形成新的还原端。解离的葡萄糖通过苯甲酸重排反应进一步形成异糖精酸。同时，纤维素链的还原端经历连续的降解反应，具有醛基的纤维素分子发生脱水反应，开始形成稳定的偏糖精酸结构，并最后终止了纤维素链的降解反应。如果溶液的反应温度较高，纤维素的糖苷键在一定程度上会发生水解反应，如 C2 原子的羟基离子化，开始进攻 C1 位点碳原子，最终使相应的葡萄糖单元从纤维素链中降解、脱离。剥皮反应和水解反应都会降低纤维素聚合度从而影响纤维素的性质。因此，在脱木质素过程中有效抑制纤维素的剥皮反应和碱降解反应，将对脱木质素木材的机械性能产生重要影响。

3）低共熔溶剂法：低共熔溶剂（deep eutectic solvent，DES）是由两种或两种以上组分通过氢键相互作用形成的共晶混合物，其熔点低于任一组分，具有制备工艺简单、生物相容性好、可回收等优点。DES 可快速从木质纤维素中选择性溶出木质素（图 6.56），提取出的木质素性能优良,为进一步加工成生物质燃料、香料、化学品等高附加值产品提供条件,是一种绿色的脱木质素方法。

以氯化胆碱(ChCl)为氢键受体(HBA),不同类型的羧酸、多元醇、胺类为氢键供体(HBD),合成的 DES 被广泛应用于木质素分离领域,但对其原理研究得较少,DES 脱木质素机制尚未明确,研究者针对不同类型 DES 脱木质素效率提出了相应假设(表6.6)。

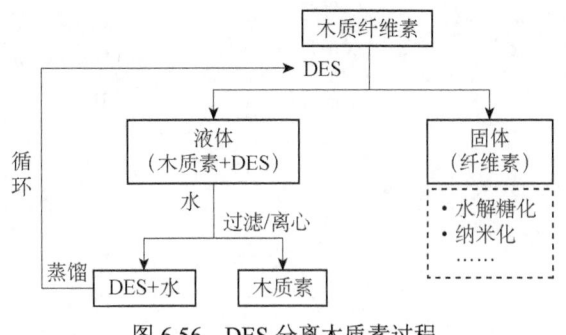

图 6.56 DES 分离木质素过程

表 6.6 不同 DES 脱木质素机制

木质素分离机制	主要断裂方式	DES 类型
断裂 LCC 连接	氢键竞争	草酸/ChCl
	酸水解	乳酸/ChCl
	氢键竞争和酸解	甘油/ChCl+AlCl$_3$
断裂苯丙烷结构单元醚键	酸催化	乙酸、乳酸、丙酸/ChCl

注:LCC 表示木质素-碳水化合物复合体

A. 羧酸/ChCl 基 DES:羧酸/ChCl 基 DES 对木质素的脱除率较高,是目前应用最广泛的 DES 类型,羧酸含量、结构(羧基数量、碳链长度及其他功能性基团等)和预处理温度、时间等均会影响木质素分离。木质素-碳水化合物复合体(lignin-carbohydrate complex,LCC)是由木质素与含有苄基酯、苄基醚和苯基糖苷基团的半纤维素共价结合,并通过强氢键相互作用进一步交联而形成,其会阻碍木质纤维素的分离。利用草酸/ChCl 预处理杨木粉提取木质素,利用 DES 中的 Cl$^-$可与木质素、碳水化合物中的羟基形成竞争性氢键,破坏 LCC 连接,进而削弱木质纤维素内部的强氢键作用,促进木质素的分离。

由于水稻、秸秆等与木材具有相似的化学组成,有学者系统研究了羧酸基 DES 对水稻秸秆的木质素脱除率、半纤维素脱除率和纤维素酶解效率之间的关系,分析 DES 预处理机制和酸预处理类似但又不完全相同。HBD 中游离出的质子(H$^+$)催化木质素和半纤维素间的醚键或酯键断裂(图 6.57),从而分离出木质素或半纤维素,木质素、半纤维素的脱除率取决于 DES 的质子(H$^+$)解离能力,且该解离能力受 HBD 和 HBA 分子间氢键结合强弱的影响。同时,不同于酸处理,DES 的木质素脱除率优于其组分中单一羧酸作用的效率,DES 对木质素的有效脱除是以 HBD 中游离质子作用为主导,协同 HBA 共同作用的结果。Zhang 等发现 DES 中羧酸摩尔比例影响脱木质素效率,将 DES 中羧酸摩尔比例从 2 增加到 15 时,脱木质素率从 64.7%提升至 93.1%,该结果可归因于羧酸提供的活性质子增加,促进质子催化生物质中各种键(木质素中的醚键、多糖中的糖苷键、木质素-多糖连接键)的断裂,进一步佐证了 DES 脱木质素酸解机制。Alvarez-Vasco 等认为酸性 DES 脱木质素机制和盐酸催化木质素酸解类似,DES 提供一种相对温和的酸催化机制,在不影响木质素 C—C 连接的基础上,选择性断裂其苯丙烷结构单元间不稳定醚键,导致木质素的解聚进而从木质纤维中分离。同时 DES 自身类有机溶剂性质(极性、碱度)对木质素的提取有重要影响。和酸解法相比,DES 预处理在保留天然木质素大部分活性性质的情况下,解聚分离出低分子量的木质素,副产物或酚醛再缩合产物较少,具有巨大的工业应用前景。

B. 多元醇/ChCl 基 DES:多元醇(甘油、乙二醇、丙二醇等)/ChCl 基 DES 对微生物、酶等有良好的生物相容性,在生物质处理领域前景巨大,然而与羧酸基 DES 相比,多元醇/ChCl 基

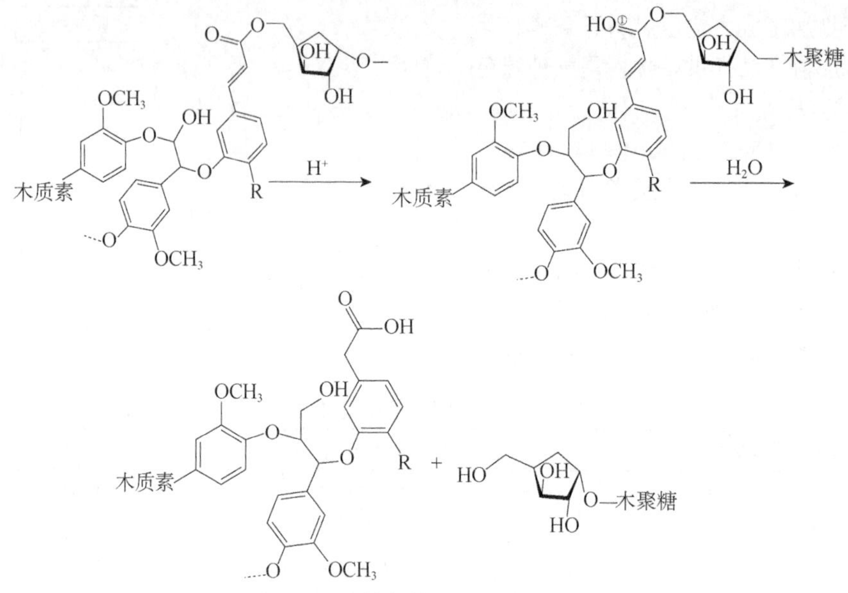

图 6.57　酸性条件下 DES 断裂 LCC 反应
①代表酸性介质 H$^+$；R=H 或 OCH$_3$

DES 的木质素脱除率低且所需条件严苛，限制了其应用。Xia 等通过深入分析甘油和 ChCl 分子间相互作用发现，甘油/ChCl 基 DES 分子内的氢键受其内阴离子氢键、阳离子氢键制约，对 LCC 连接结构形成竞争性氢键的能力较弱，同时缺少活性质子和酸性位点，较难裂解 LCC 中醚键连接及分离溶出木质素。依据酸性多位点配位理论，在甘油/ChCl 中添加第三组分 AlCl$_3$·6H$_2$O，多位点 Cl$^-$ 的出现和木质素间的氢键竞争增强进而打破木质纤维素中氢键网络结构，同时作为路易斯酸（Lewis acid）的 AlCl$_3$ 引入活性酸性位点，酸解木质素醚键，将甘油/ChCl 基 DES 的木质素脱除率从 3.61% 提升至 95.46%。Chen 等在甘油/ChCl 基 DES 中添加微量 H$_2$SO$_4$，在相对温和的反应条件下，木质素脱除率可达 76.6%。质子催化的键（糖苷键、醚键、LCC）断裂是分离木质素的主要机制之一，多元醇基 DES 经酸化（路易斯酸、H$_2$SO$_4$）提升质子可用性，酸和多元醇基 DES 之间的协同作用显著提高了木质素的脱除效率。

C. 胺类（碱性）DES：木质素为碱溶性生物聚合物，以尿素、咪唑、酰胺为 HBD 合成的碱性 DES 有利于木质素的去除。在碱性条件下，木质素脱除的主要机制是木质素中醚键和 LCC 中酯键的断裂，部分原因是木质素中酚羟基的脱质子化。碱度是导致 DES 预处理效率差异的主要因素，不同碱度乙醇胺基 DES 对小麦秸秆的木质素脱除效率有显著影响。DES 碱性越强，木质素脱除率越高。碱性 DES 在木质素分离领域的应用潜力巨大，然而对其预处理效率的影响因素探究得较少，木质素脱除机制有待进一步探究。

（2）全部脱除木质素　　在制浆造纸的过程中，采用部分脱除木质素的方法，反应进行到一定程度后，脱木质素的效率将会降低，并使纤维素结构发生降解破坏，因此，在进行到一定程度后，部分脱除木质素的纸浆会进行全部脱除木质素的反应，即利用过氧化氢漂白溶液进行剩余木质素的去除。在透明木材制备过程中，全部脱除木质素反应指的是将细胞壁中木质素降解到含量小于 1wt%，木材整体呈白色的状态。

根据全部脱除木质素过程中选用的氧化剂不同，其反应可以分为亲核反应、亲电反应、自由基反应和氧化反应。由于氯基化学试剂的价态可变，如 ClO$_2$、NaClO$_2$ 和 NaClO，其在降解木质素方面表现出出色的选择降解性，同时能够维持细胞壁中大部分纤维素的结构和形态（图 6.58）。

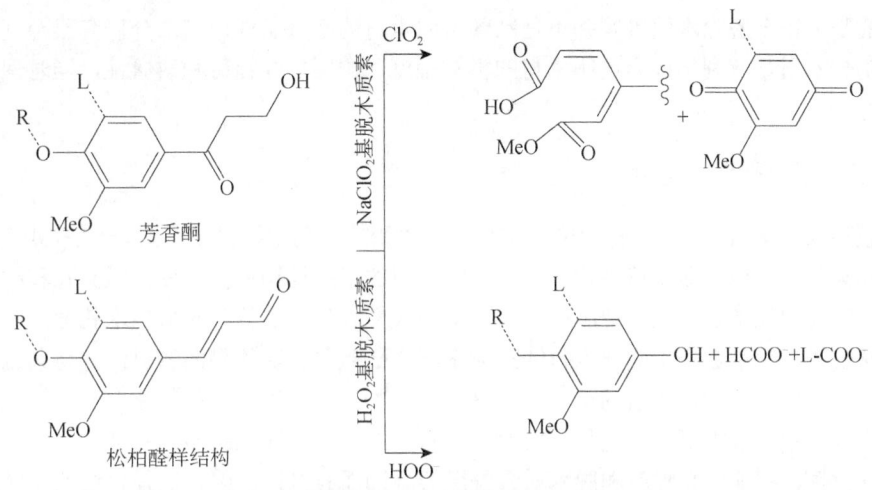

图6.58 不同脱木质素药剂与木质素发色官能团之间的化学反应
R=H 或 L（其他木质素分子）

二氧化氯（ClO_2）优先攻击木质素的芳香环结构和烯烃侧链。对于芳香环结构的反应，首先是酚羟基发生电子转移，导致形成一个苯氧基，然后在碳原子上引入一个二氧化氯分子，形成次氯酸酯。随后，芳香环单元发生水解反应，伴随着次氯酸的释放，产生黏糠酸结构。C—C烯烃侧链的双键通过引入二氧化氯并随后去除一氧化氯而被裂解形成环氧化物单元。最后，氧化反应发生在芳香环部分的黏酸结构和侧链的环氧化物结构上，导致木质素降解并转化为小分子产物。同时，二氧化氯也可以破坏芳香环和侧链之间的键，形成木质素碎片。除酚类结构外，木质素非酚类的结构也以极低的速率进行类似酚类结构与二氧化氯的反应。

次氯酸钠法是原位脱除木质素的另一种方法，即在碱性溶液中添加次氯酸钠进行脱木质素反应。由于反应体系中存在氢氧根离子，木质素单元解离形成阴离子苯酚。由于次氯酸根的强氧化性，与阴离子苯酚发生氧化反应，导致 β-醚键断裂，最后形成木质素盐酸酯。通过次氯酸盐释放的次氯酸根，木质素被氧化、水解，并进一步转化为羧基、羰基单元和二氧化碳。在次氯酸根和木材细胞壁反应的过程中，纤维素也会发生化学反应，如表面羟基会转化成羰基，或进一步羧基化，多糖链状结构部分降解为低聚糖或有机酸。

过氧化氢（H_2O_2）又称双氧水，是一种公认的环境友好型化学药剂，因为其分解产物是氧气和水，无其他污染物，所以其是另一种广泛使用并在工业生产中用于木材单板漂白的主要化学药剂。在该反应系统中，H_2O_2 分子可以很容易地形成一些活性阴离子和自由基，如过氧根（O_2^-）、过氧化氢离子（HOO^-）和羟基自由基（$HO\cdot$）。在这些阴离子和自由基中，HOO^-是主要的反应基团，通过断裂芳香环和侧链之间的共价键，使木质素碎裂形成小的反应单元。HOO^-还可以进一步破坏木质素侧链基团中的不饱和键，如羰基和烯醛结构，导致一些环氧族中间体分解成更小的脂肪族化合物，分散于水溶液中。同时，木质素大分子中芳香基团也易受到HOO^-的攻击，并形成环氧化物中间体，最终氧化分解为主要由羰基和羧基组成的小分子化合物。当然，过氧化氢分子水解产生的 HO^-、$HO\cdot$ 和 O_2^- 基团也会对木质素大分子进行氧化、水解和降解。通过对过氧化氢处理后木质素破碎的分子结构和共轭类型进行分析发现，这些过氧酸根、羟基自由基等都具有原位脱木质素功能，对细胞壁微纳米尺度的结构调控具有重要影响。在使用过氧化氢漂白的体系中，过渡族金属离子会加速过氧化氢分解成氧气，不利于反应试剂与木质素基团充分反应，因此，有部分研究会在反应体系中加入螯合剂，如乙二胺四乙酸，防止过氧化氢分解过快。

木材细胞壁完全脱除木质素后，去除了吸光的木质素和抽提物等成分，木材表面颜色变白。

值得注意的是，完全脱除木质素等并不是制备透明木材的必要条件，有部分研究已经证明，保留细胞壁中部分木质素有利于提高透明木材的机械强度、抗紫外光辐射和耐候性，同时保持有木材的天然纹理。

6.4.1.2 透明树脂浸渍

木材脱除木质素后，颜色由棕色变为白色，但原始的多孔结构得以保留。一些 BET 比表面积测试结果和高分辨率电子显微镜图片显示，尽管木材的多孔结构保持不变，但微孔和纳米孔数量明显增加、比表面积增加，证明细胞壁内木质素的大量脱除既造就了大量纳米孔道，又将纤维素暴露于木材表面。为了进一步降低木材的折射率和内部微纳孔隙的界面散射，获得具有高透光率的透明木材，需要对脱除木质素的透明木材进行聚合物渗透，以降低折射率。

在这个过程中，最重要的是选择折射率与细胞壁纤维素相匹配的透明聚合物。木材组织的折射率可能依树种、密度、孔隙度和脱木质素程度等不同而有区别，因此选择合适的光学透明填充材料至关重要。表 6.7 列举了部分用于制造透明木材的聚合物及其对应的折射率。

表 6.7 常用透明材料的折射率

材料	折射率
聚甲基丙烯酸甲酯	1.49
环氧树脂	1.50
聚乙烯吡咯烷酮	1.53
甲基丙烯酸正丁酯	1.50
聚苯乙烯	1.59
邻苯二甲酸二丁酯	1.52
甲基丙烯酸异龙脑酯	1.48～1.50
邻苯二甲酸二烯丙酯	1.68
聚乙烯基咔唑	1.68
聚乙烯醇	1.48

树脂浸渍步骤相对简单，可以概括为：预反应→与木材充分浸润→反复加压→压平干燥。其中，采用聚甲基丙烯酸甲酯（PMMA）浸渍脱木质素木材的基本过程可以描述为，选择甲基丙烯酸单体和引发剂偶氮二异丁腈，在真空加压前预聚合一定时间，此过程与引发剂添加量和反应温度有关。待预聚合至反应溶液变黏稠，将脱木质素木材置于反应溶液中，利用抽真空的方式，反复加压浸渍多次，此过程可见脱木质素木材由白色变为肉眼可见的透明，待充分浸润、气泡消除后，将透明木材取出，置于载玻片或其他与 PMMA 界面不兼容材料中压平，低温下干燥固化。由于整个操作过程分为两步，因此利用 PMMA 浸渍制备透明木材过程中，可以在预聚合过程中引入多种功能基团，如 Fe_3O_4 纳米晶、荧光碳点、纳米 Cs_xWO_3 等，使透明木材在保持高透光率的前提下具有功能性。利用环氧树脂真空浸渍木材的过程与 PMMA 浸渍类似，唯一不同之处是环氧树脂预反应时间相对可控，在室温下即可反应。马里兰大学制造的透明木材大多选用环氧树脂，通过预反应后，将脱木质素木材置于特定加压装置中，抽真空浸渍，然后用聚苯乙烯塑料内衬、压平后室温固化去除。

PMMA 和环氧树脂是制备透明木材常用的聚合物，但用于制备环氧树脂的双酚 A 和环氧氯丙烷单体是皮肤致敏剂，具有一定的毒性。PMMA 的单体甲基丙烯酸甲酯会引起职业危害。鉴于这些化学药品的合成成本高及对环境的危害，开发"绿色"方法制备可降解的透明木材至关重要。聚乙烯醇（PVA）是一种低成本、无毒、具水溶性和可生物降解的聚合物，并且PVA对纤维素具有很好的润湿性能，对脱木质素木材基板进行树脂浸渍时，PVA的浸渍不同于PMMA和环氧树脂，不需要真空浸渍处理与预聚合等，放置在玻璃板上在室温空气环境中固化就可制备透明木材，利用PVA良好的封装性能，一些碳点和PVA增塑剂的加入可以为透明木材带来更多的功能。

另外，为了加速树脂的固化，部分研究表明利用紫外光固化树脂可以精准控制树脂的固化，从而实现对透明木材的快速制备。例如，利用硫醇-烯热固性体系，在紫外光照射的条件下可以实现树脂的分步固化，具有反应速度快、聚合物与细胞壁结合牢固、残余应力低等特点。

6.4.1.3 其他透明处理方式

当然，要使木材变得透明还有其他不同的方式。例如，Zhu等利用自上而下法，将脱木质素木材压密，排除木材孔隙中的空气，减少光在木材薄膜传播过程中的折射和散射，从而达到使木材透明的效果。利用这种方法，将木材从不同方向切割，如横切、径切或者不规则切割，都可以很轻松地实现木材的透明化。同时，由于不同切割方向的木材具有不同的纤维素排列取向，形成的木材薄膜具有不同的波导性和雾度。Jia等选取轴向的木材切片，经过次氯酸钠漂白处理后，利用玻璃杆在载玻片上恒压滚动，制备成了具有独特各向异性光散射和偏振效应的透明木材薄膜。Li等报道了一种自致密形成木材薄膜的方法，即利用脱木质素木材在干燥过程中细胞腔内形成的空气负压，依靠纤维素分子链间的氢键和分子间结合力牵引，自致密形成具有高透明度的木材薄膜。尽管利用自上而下法制备透明木材薄膜具有操作便捷、生产效率高、易于规模化等特点，但该方法在生产一定厚度的透明木材中仍然存在挑战。另外，将脱木质素木材中的纤维素纳米化，采用自下而上法，也是制备透明木材薄膜的有效途径。Yano等在2009年就报道了利用纳米纤维素和透光聚合物复合制备高透明度纳米纸的方法。基于微纳米尺度上纤维素晶体的高分散性和折射率相匹配的聚合物，界面散射极大地降低了，透光率增强。采用自下而上法制备具有高透明度、功能型光学木质薄膜的研究随后已经在传感材料、智能制造、储能、传感等领域有了极大的发展。然而不管是"自上而下"还是"自下而上"的方法都从根本上改变了木材的结构，导致合成材料的光学性能、力学性能都与透明木材有很大差异。

6.4.2 透明木材的结构与特性

6.4.2.1 透明木材的结构

材料的结构决定了材料的性能，深入了解透明木材的结构特点，有助于加深对其透光性、机械强度、热学性质及其他功能的理解。

通常而言，当光通过空气并与固体物体相互作用时，光将发生折射或吸收，同时伴随着能量衰减，透过固体界面继续向前方传播（图6.59）。在讨论透明木材的光学特性时，定义其总的透光率为透射光的强度（包括直接透射$I_{T,直接}$和散射$I_{T,散射}$）与入射光强度I_{I0}的比值，即$(I_{T,直接}+I_{T,散射})/I_{I0}$。光学雾度是指透射光中散射光与透射光$I_T$的比值，即$I_{T,散射}/(I_{T,直接}+I_{T,散射})$，如图6.59a所示。由于折射率不同，光在通过不同物体传输时被折射，其折射角符合斯奈尔定律，$n_1\sin\theta_1=n_2\sin\theta_2$。因此，透明木材结构中的折射率、厚度、表面粗糙度、孔隙率、孔径大小都将影响透明木材的透光率和雾度。对于像透明木材这类复合材料而言，两相介质之间的折射率相差越大，光的界面散射就越强，透光率越低。复合材料的厚度越厚，光穿透时经过的两相界面数量越多，光衰减越明显，材料的透光率也越低。根据比尔-朗伯定律，$A=\lg(1/T)=Kbc$（A为吸光度，T为透光率，K为摩尔吸光系数，b为吸收层厚度，c为吸光物质的浓度），也证明为了使复合材料的吸光度更低，即材料更透明，需要两相之间的折射率和吸光率降低，同时减少材料的厚度。

　　木材是一种非透明材料，除构成基体的主要成分之一为吸光的木质素外，其微观结构包括多孔结构、定向排列的木纤维和导管细胞、径向的木射线和相邻细胞壁间存在的纹孔结构等，都存在强烈的光反射和散射现象。图 6.59b 为轻木的扫描电子显微镜（SEM）照片，其中垂直定向排列的木纤维和导管清晰可见。当光与木材发生相互作用时就会发生散射和吸收。其中，不经过化学处理，由木质素引起的光吸收无法改变，暂且不论。而光散射发生在细胞壁（折射率约为 1.56）和空气（折射率约为 1.00）之间的所有界面上。在细胞壁内，纤维素（折射率为 1.53）、半纤维素（折射率为 1.53）和木质素（折射率为 1.61）等主要化学成分的折射率不匹配也可能增强光散射现象。因此，为了使木材透明，减少或消除来自木质素的光吸收，同时使空气/细胞壁界面的光散射最小化十分有必要。如图 6.59c 所示，经过透明处理后，可以十分明显地发现中空的木材细胞内部被填充满聚合物，且表面光滑平整，未见明显的间隙与裂纹。这种均匀的结构将极大地减少细胞壁与空气之间的光散射，同时由于脱木质素处理消除了光吸收，因此提高了木材的透明度。

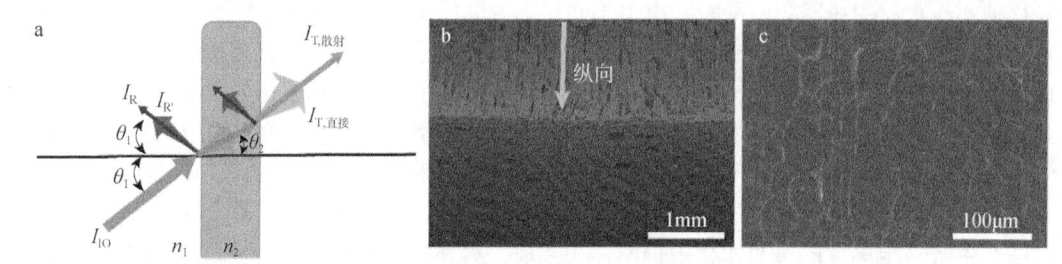

图 6.59　光在介质中传播的示意图及轻木和透明木材的 SEM 图像

a. 光在介质中传播的示意图（I_R 为界面反射；$I_{R'}$ 为内部界面反射）；b. 轻木的 SEM 图像，显示木纤维和导管定向排列的多孔结构；c. 透明木材的 SEM 图像，显示聚合物填充浸入木材细胞腔，呈现出均匀密实的结构

6.4.2.2　透明木材的光学性能

　　目前报道的透明木材具有良好的透光率和高雾度，一些具体数据列于表 6.8。当光穿过透明木材时，应考虑以下三个方面的相互作用。

表 6.8　透明木材制品和性能总结

树种	制备	聚合物	透光率/%	雾度/%	拉伸强度/MPa	弹性模量/GPa
轻木	过氧乙酸；80℃	丙烯酸柠檬烯	90.0	30	174.00	17.00
轻木	次氯酸钠；室温	PVA	91.0	15	143.00	—
轻木	NaClO$_2$；80℃；5~12h	PMMA	85.0	71	90.10	3.59
山毛榉	NaOH/Na$_2$SO$_3$；蒸煮；48h+H$_2$O$_2$	PMMA	86.0	90	59.50	2.72
杨木	NaClO$_2$；80℃；12h+H$_2$O$_2$；蒸煮；4h	PMMA	86.1	—	45.92	2.66
椴木	NaOH/Na$_2$SO$_3$；蒸煮；12h+H$_2$O$_2$；蒸煮	PVP	90.0	80	11.70	—
轻木	氯化胆碱/草酸；加热；10min+H$_2$O$_2$；蒸煮	聚丙烯酸	85.0	85	60.92	1.43
椴木	NaOH/Na$_2$SO$_3$；蒸煮；12h+H$_2$O$_2$；蒸煮	环氧树脂	90.0	90	45.38	2.37

注：PVP 表示聚乙烯吡咯烷酮

　　1）外界气体与透明木材的界面反射：该界面反射变小，会导致透明木材的透光率及光雾度变高。来自 KTH 的研究团队报道利用木材横截面制备透明木材的反射率约为 10%。

2）以光折射和光反射形式的散射现象：在透明木材中，光散射主要发生在木材细胞壁与聚合物交接的界面。表 6.8 总结了制备透明木材过程中使用的聚合物。需要指出的是，不同聚合物具有不同的折射率，当脱木质素木材（纤维素）和聚合物的折射率越低时，发生在界面上的光散射就越小。高的雾度主要是由光穿透复合材料内部时光散射造成的。由于木材细胞具有多层级结构，有横向的管状组织，如木射线，也有纵向的管胞、木纤维等细胞，导致光线在透过木材内部时，由组织结构差异引起的光散射现象十分明显，因此透明木材的雾度通常较高，这也是制作高质量透明木材的一个难点，即如何提高聚合物和木材细胞的界面相容性。一方面，需要使聚合物与木材组织更加紧密地结合在一起，消除界面光折射和光反射；另一方面，聚合物与木材组织的界面相容性越好，也越容易避免在固化过程中聚合物发生固化收缩，产生微小孔隙的现象。

3）透明木材内部的光吸收：光的吸收主要是由于木材中存在木质素。脱除木质素的目的是通过去除含有发色团的成分，以减少光吸收。当然，也有许多研究为了保持木材细胞壁结构的完整性，提高透明木材的力学强度和抗紫外屏蔽作用，选择保留部分木质素，那么这类透明木材的光学性能研究就不可避免地需要考虑透明木材的内部光吸收作用。

综合以上三种因素，可以知道木材样品的厚度、纤维素体积分数和聚合物与细胞壁界面的相容性将会对透明木材的光学性能产生重要影响。研究证明，随着木材厚度的增加，其透光率会降低，雾度却随之增加。因为木材厚度增加，光穿透时路径延长，经过的木材细胞与聚合物界面的数量增加，导致光衰减和光散射增强。KTH 研究团队报道，随着透明木材的厚度从 0.7mm 增加到 3.7mm，透光率从 90%下降到 40%，雾度从 50%增加到 80%。另外，纤维素的体积分数也是重要参数之一。在聚合物浸渍前，通过压缩木材，可以得到具有不同纤维素体积分数但厚度相同的透明木材。同理可知，随着纤维素体积分数的增加，光穿透木材时经过的木材/聚合物界面增加，因此透明木材的透光率会降低，雾度增加。可见，选择不同树种制备透明木材也会因纤维素体积分数不同和细胞形态各异，使透光率和雾度产生较大差异。还有最重要的一点是木材细胞壁与聚合物的界面相容性。以聚合物 PMMA 为例，尽管其折射率为 1.49，与纤维素的折射率 1.53 已经非常接近，但由于两者界面并不十分兼容，前者趋向疏水，后者更加亲水，制备的透明木材在木材细胞壁和 PMMA 界面存在十分微小的间隙，从而增加了光散射，降低了透光率。同理，环氧树脂、聚苯乙烯、聚丙烯等高分子聚合物都存在此类问题。同时，由于聚合反应过程中，聚合物体积会有一定程度的收缩，促进了界面间隙的形成。为了获得更好的界面相容性，采用表面改性技术，降低木材对水的亲和力，增加其与高分子聚合物的相容性就是一种有效的手段。Li 等研究了乙酰化木材细胞壁与 PMMA 界面的相容性问题。在聚合物浸渍脱木质素木材之前，对木材细胞壁进行乙酰化处理。实验证明使用乙酰化改性后木材制备的透明木材减少了聚合物和木材细胞壁之间的界面间隙，使透明木材具有更高的透光率，即使增加木材厚度至 1.5mm，透明木材的透光率仍然可达到 92%，远高于未经过处理的透明木材。

光学各向异性也是透明木材的独特光学性质之一。由于木材是一种高度各向异性的天然结构材料，所以光在木材细胞内传输形成了与木材生理结构有关的光学各向异性。一方面，与光沿木材纵向传播相比，当光垂直于木材纵向传播时，经过的聚合物/木材界面密度更高，导致透光率更低。因此，利用木材横截面和木材径切面或弦切面制作的透明木材在相同厚度下，其透光率和雾度各不相同。在处理过程完全一样的情况下，横截面上的透光率通常高于径切面和弦切面。另一方面，当光线沿着木材纵向传播时，由于木材细胞大多沿纵向定向排列，因此纵向的木材细胞可以引导光沿轴向传播，形成独特的波导效应。当外界光源和木材细胞呈一定角度入射时，不管外界光线入射方向如何改变,其在透明木材内部始终沿着纵向木材细胞(木纤维、导管或管胞)方向进行传播,证明了其独特的波导特性。

6.4.2.3 透明木材的力学性能

材料的力学性能对其在工程、建筑、装饰、电子器件等领域的应用至关重要。而透明木材的力学性能通常与木材的种类(包括密度、纤维素含量、细胞结构形态、早晚材分布等)紧密相关。浸渍相同聚合物的轻木、杨木和榉木的力学性能存在显著差异。利用结构疏松、纤维素含量较小的树种木材制备的透明木材的力学强度偏低,而利用质地坚硬、结构密实树种木材制备的透明木材的力学强度较为优异。

对于顺纹拉伸强度,由于木材中主要的承重成分是纤维素纳米纤维,而聚合物之间又具有良好的黏合性,因此在透明木材的顺纹拉伸过程中,可以观察到木材和聚合物之间存在明显的力学协同增强效应。Li 等证明透明木材的顺纹拉伸强度和弹性模量分别为 90MPa 和 3.59GPa,远高于脱木质素木材的 3MPa 和 0.22GPa 及 PMMA 的 44MPa 和 1.8GPa,展现出显著增强的力学特性。此外,随着纤维素体积分数的增加,透明木材的拉伸性能也进一步增强,这可以理解为单位体积下纤维素含量的增加意味着木材承重单元的增多,因此提高了拉伸强度。通常可以通过压缩脱木质素木材到所需的厚度和纤维素含量来控制透明木材的力学强度。当然,由于木材是一种各向异性材料,其纵向力学强度和弹性模量均高于径向和弦向。当聚合物浸渍木材细胞腔后,相比于原始木材和脱木质素木材,透明木材的横向力学强度也由于聚合物的渗透有所提升。

如上文所述,木材与聚合物的界面相容性对透明木材的透光性有重要的影响,同时增强两者间的界面相容性也会因减少了微纳间隙而显著提高透明木材的力学性能。当然,保留木材中部分木质素也会极大地提高透明木材的力学强度。因为木质素通常被认为是木材细胞壁中的填充剂和胶黏剂,可以将纤维素纳米纤维黏结在一起,赋予木材高的强度和刚度。脱除木质素后,木材的力学强度降低,结构更容易松散。相比之下,保留部分木质素的木材,其结构稳定性明显提高,而且由于木材基体力学强度的增强,部分脱除木质素制备的透明木材具有更好的力学强度。

当然,相比于玻璃,透明木材的另一个优点是延展性和断裂韧性更好,且不易像玻璃一样脆断。对透明木材进行的冲击试验表明,透明木材的冲击断裂能为 12MJ/m^3,远高于玻璃的 0.1MJ/m^3。透明木材具有高的断裂能主要与渗透聚合物的内在特性、复杂的木材分级结构特征和两者相结合形成的复合材料结构有关。同时部分研究为了实现透明木材的功能拓展,将功能纳米材料渗透进入透明木材内部,这样做虽然能带来新功能,但同时也会降低透明木材的力学强度。

6.4.2.4 透明木材的其他性能

由于聚合物和木质细胞壁的结合,透明木材不仅具有出色的光学性能和力学性能,同时还兼有抗水性和热、电绝缘性。

木材是一种亲水材料,尤其是其中的纤维素。当木材细胞壁中木质素被大量脱除,仅剩下纤维素时,木材的吸湿膨胀和结构稳定性将非常差。但聚合物通常是一种疏水材料,当其单体在细胞壁上经过链引发、链缩合最终填充满细胞腔后,在木材细胞壁外层形成了天然的拒水屏障。当外界水分子接触到透明木材表面时,必须渗透通过聚合物,或利用透明木材内部微纳米间隙浸入,可想而知,这是相当困难的。研究人员将透明木材浸泡 60 天后,测得最终其体积膨胀小于 15%,足以证明其出色的抗水性。这一优良属性将克服天然木材由干缩湿胀引起的变形和开裂现象,极大地拓展了透明木材的使用范围,延长其使用寿命。

不止于此,透明木材还兼有极低的热导率。众所周知,天然木材的导热系数较低且具有各向异性。在木材径向和弦向,由于木材内部有大量的中空、多孔结构,热量在穿透木材时,在空气/细胞壁界面将产生强烈的光子散射,消耗大量能量。在木材纵向,由于纤维素、半纤维素和木质素的导热系数不高,且细胞壁内部也存在许多微纳孔隙,因此热量穿透木材时的能量损失也较大。通常木材纵向的热导率大于径向和弦向。可见,孔隙率是决定木材导热系数的关键因素。当木材经过脱木质素处理后,其热绝缘性进一步提高。漂白后测得轻木在纵向和弦向的热导率分别可以低至 0.06W/(m·K) 和 0.03W/(m·K),比目前商用热绝缘材料如泡沫聚苯乙烯、膨胀聚苯乙烯(EPS)和羊毛等的热绝缘效果都好。在浸渍填充聚合物后,透明木材的热导率有一定程度的升高,但在纵向和弦向也保持在 0.32W/(m·K) 和 0.15W/(m·K),绝热性能依然非常优异,这主要是因为填充的聚合物本征热导率就比较高,且其填埋了脱除木质素后木材中的微纳孔隙。透明木材因为具有优异的热绝缘性,可替代玻璃,用于节能建筑,提高屋内的保暖效果,减少暖气供应,为解决类似我国东北地区冬季防寒保暖问题提供了一种潜在的可替代材料。

6.4.3 功能型透明木材

6.4.3.1 磁性透明木材

甘文涛等通过将 Fe_3O_4 纳米材料引入透明木材制备了磁性透明木材,图 6.60 为磁性透明木材的 SEM 图像,天然木材呈现出多孔结构,在聚合物渗透后,在细胞腔内发生聚合反应。经过聚合物填充后,木材细胞腔内已经被完全填充聚合物,其多孔的结构也消失,因此消除了光折射,促进光透过。引入 Fe_3O_4 纳米材料后,可以十分清晰地观察到纳米材料嵌入木材细胞腔内,且随着 Fe_3O_4 浓度的增加,纳米颗粒的分布更加密集。电子能谱(EDXA)光谱显示磁性透明木材的主要化学成分为碳、氧、铁和金(金元素来自用于 SEM 观察的导电涂层)。在聚合物浸渍后,木材细胞内的原始微观结构被光滑的聚合物膜覆盖。当 Fe_3O_4 的含量较低时,木材细胞腔内沉积的纳米颗粒较少;当 Fe_3O_4 含量增加到 0.2%时,均匀分散的纳米颗粒覆盖在木材表面;当 Fe_3O_4 含量增加到 0.5%时,会导致纳米颗粒在木材细胞腔内聚集,导致透光度下降。木材由于三大组分的存在,所以最初木材是黄色的,去除木质素后木材变白,但由于光在细胞壁与空气之间发生界面散射而不透明。

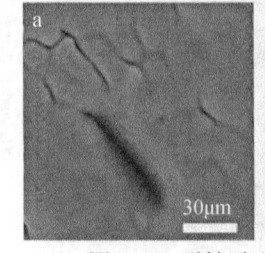

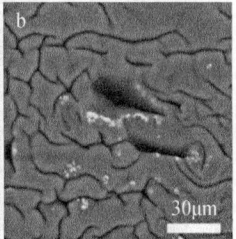

图 6.60 磁性透明木材的微观结构
a. 透明木材横截面 SEM 图像;b. 透明磁性木材横截面 SEM 图像

处理前后样品的透光率如图 6.61 所示,由于木质素具有较强的光吸收性能,天然木材的透光率几乎为 0。经过去木质素和聚合物渗透(不含 Fe_3O_4 纳米粒子)后,透明木材的透光率高达 90.4%。随着 Fe_3O_4 负载量的增加,在 350~800nm 波长,透明木材的透光率逐渐降低,但依然高于天然木材样品的透光率。当 Fe_3O_4 的负载量从 0.1wt%增加到 0.5wt%时,透明木材在可见光波段的透光率从 63.8%降低到 19.5%,这主要归因于 Fe_3O_4 的光吸收效应。此外,沉积在木材细胞腔内的 Fe_3O_4 也会导致磁性纳米颗粒聚集,进一步增加光反射,降低透明木材的透光率。

磁性透明木材的磁性能如图 6.62 所示。负载 0.2% Fe_3O_4 的透明木材可以轻松地被磁铁吸引(图 6.62a)。当将导电墨水涂饰在透明木材上时,其表现出良好的导电性(图 6.62b),并可用作磁

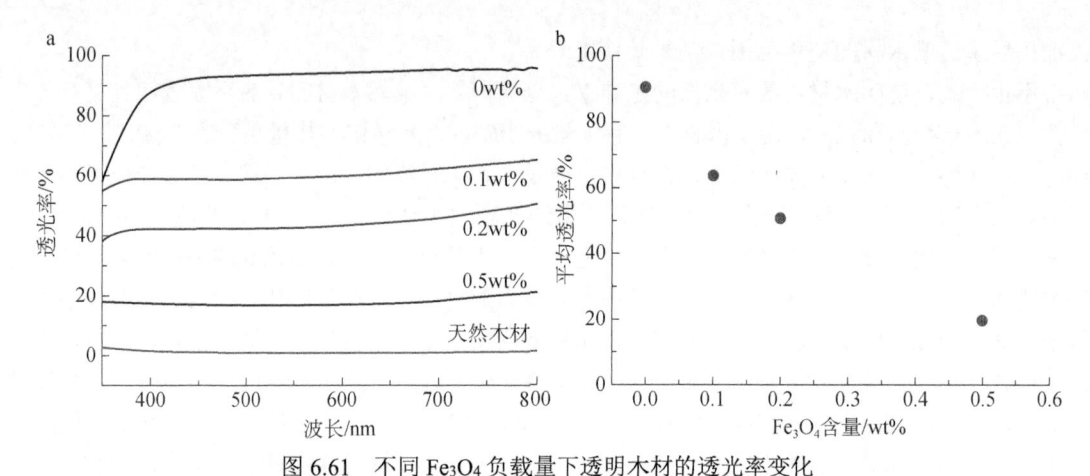

图 6.61 不同 Fe₃O₄ 负载量下透明木材的透光率变化

a. 不同波光下磁性透明木材的透光率；b. 可见光波段磁性透明木材的平均透光率

控开关（图 6.62c）。当磁铁闭合时，透明木材开关启动，将用铜线连接的 LED 点亮（图 6.62d）。在室温下测量的所有木材样品的磁化曲线如图 6.62e 所示，天然木材的磁滞回线是一条接近零的直线，表明了木材的抗磁性。然而，所有处理后的木材都表现出超顺磁性，其磁化强度都随着磁场的增大而增大，直至饱和。当 Fe₃O₄ 负载量为 0.1wt%、0.2wt% 和 0.5wt% 时，透明木材的比饱和磁化强度分别为 0.35emu/g、0.87emu/g 和 1.58emu/g。可见，磁性纳米颗粒的负载量越高，其比饱和磁化强度越好，但透光性越差。

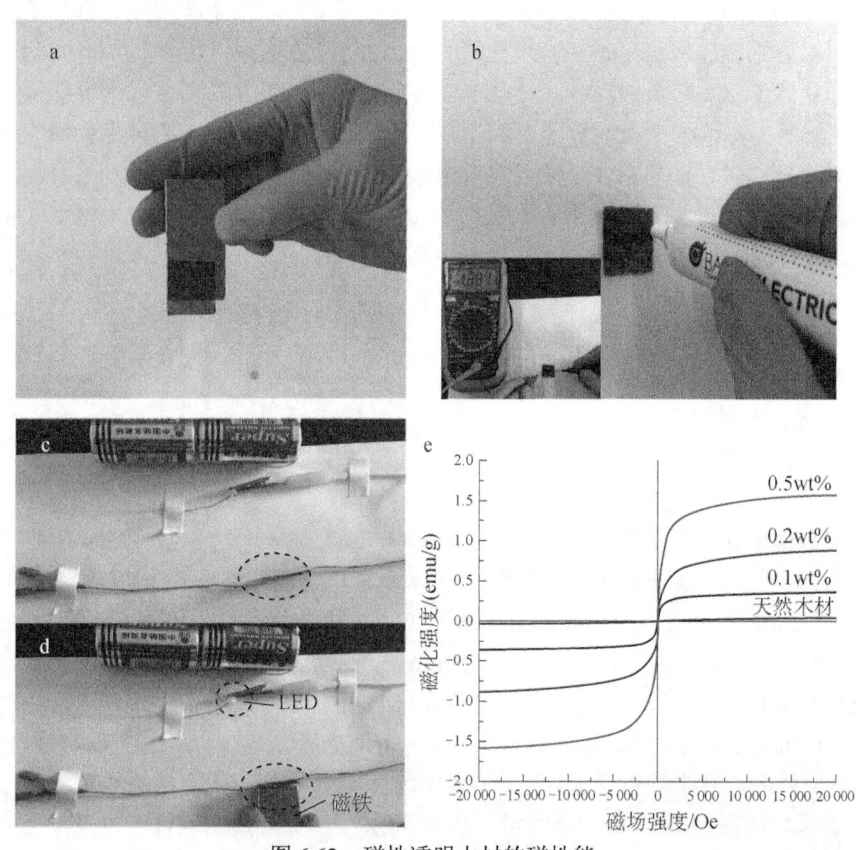

图 6.62 磁性透明木材的磁性能

不同 Fe₃O₄ 含量的天然木材和磁性透明木材在纵向拉伸过程中的力学性能如图 6.63 所示。天然木材由于纤维素、半纤维素和木质素之间交织成网络结构，其断裂强度为 28.5MPa。当木材经过脱木质素和树脂浸渍后，透明木材也展示了较高的强度和延展性。不过随着改性纳米材料的引入，其力学强度呈现出一定程度的降低。例如，Fe₃O₄ 的负载量为 0.1wt%、0.2wt% 和 0.5wt% 时，透明木材的拉伸强度分别为 40.6MPa、36.2MPa 和 28.7MPa。可见，Fe₃O₄ 负载量的增加导致磁性纳米粒子在木材细胞腔内团聚，在拉伸过程中容易导致应力集中，因而力学性能下降。

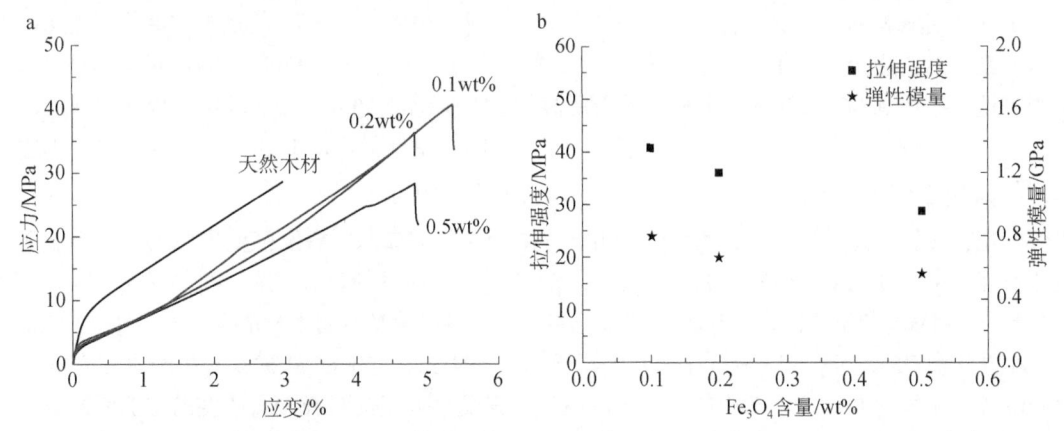

图 6.63　不同 Fe₃O₄ 含量的天然木材和磁性透明木材的应力-应变曲线（a）及不同 Fe₃O₄ 含量磁性透明木材的拉伸强度和弹性模量（b）

6.4.3.2　荧光透明木材

甘文涛等利用甲基丙烯酸甲酯（MMA）与偶氮二异丁腈（AIBN）的预聚物和 γ-Fe₂O₃@YVO₄:Eu³⁺纳米材料制备了荧光透明木材。其 SEM 照片如图 6.64 所示。经过 PMMA 浸渍后，木材表面原有的微观特征被连续光滑的聚合物膜覆盖。添加 γ-Fe₂O₃@YVO₄:Eu³⁺纳米材料后，一些纳米颗粒清晰可见，证明了 γ-Fe₂O₃@YVO₄:Eu³⁺纳米材料均匀负载在木材细胞腔内。从图 6.65 中可以清晰地看出透明木材和荧光透明木材的区别。虽然荧光透明木材仍然保持高光学透明度，但明显呈现红棕色，在紫外灯激发下发射出红色荧光。

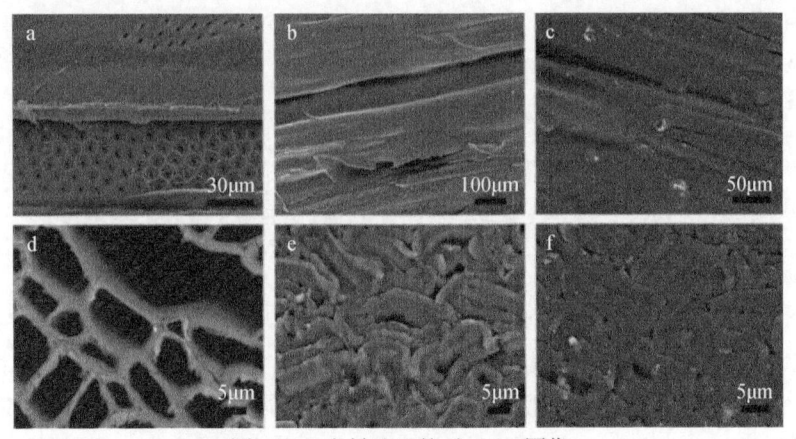

图 6.64　木材处理前后 SEM 图像

a、d. 天然木材的荧光透明木材 SEM 图像；b、e. 透明木材的荧光透明木材 SEM 图像；
c、f. 0.1% γ-Fe₂O₃@YVO₄:Eu³⁺纳米材料填充的荧光透明木材 SEM 图像

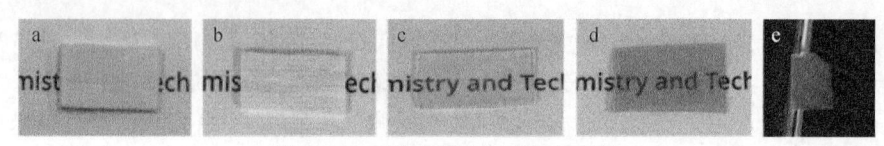

图 6.65 木材处理前后的形态变化

a. 天然木材发光照片;b. 脱木质素木材发光照片;c. 透明木材发光照片;d. 0.1% γ-Fe$_2$O$_3$@YVO$_4$:Eu^{3+}纳米材料添加后的透明木材发光照片;e. 254nm 紫外光激发下的荧光透明木材发光照片

荧光透明木材的一个显著特征是光学性能。在可见光波段,天然木材的透光率几乎为 0,脱除木质素木材的透光率为 4.9%。而当聚合物完成浸渍后(不含 γ-Fe$_2$O$_3$@YVO$_4$:Eu^{3+}纳米材料),可得到透光率达到 86.1%的透明木材。随着所添加 γ-Fe$_2$O$_3$@YVO$_4$:Eu^{3+}纳米材料浓度的增加,荧光透明木材的透光率降低,但荧光发射性能却得到增强(图 6.66)。如图 6.67 所示,在荧光透明木材的激发光谱中,在 250~350nm 处存在明显的吸收宽带,对应了 Eu—O、V—O 和 VO$_4^{3-}$ 吸收带的电荷转移。随着更多 γ-Fe$_2$O$_3$@YVO$_4$:Eu^{3+}纳米材料的加入,激发强度先增大后减小,这种现象可能是由浸渍在复合材料中的 γ-Fe$_2$O$_3$ 纳米材料的光吸收引起的。当 γ-Fe$_2$O$_3$@YVO$_4$:Eu^{3+}纳米材料与 PMMA 的质量比为 0.5%时,激发强度最高。而在荧光透明木材的发射光谱中,YVO$_4$ 中 Eu^{3+}发生 $^5D_0$—$^7F_1$、$^5D_0$—$^7F_3$ 和 $^5D_0$—$^7F_4$ 的跃迁,在 594nm、650nm 和 698nm 处产生三个峰。在 619nm 处的主发射峰对应于 Eu^{3+}的 $^5D_0$—$^7F_2$ 跃迁,其发射强度也随着 Eu^{3+}浓度的增加而减弱。当 γ-Fe$_2$O$_3$@YVO$_4$:Eu^{3+}纳米材料的浓度为 0.5%wt 时,制备的荧光透明木材具有最强的发射强度,说明磁性 γ-Fe$_2$O$_3$ 纳米材料对发射强度有一定的抑制作用。因此,γ-Fe$_2$O$_3$@YVO$_4$:Eu^{3+}纳米材料的最佳掺杂浓度为 0.5wt%。

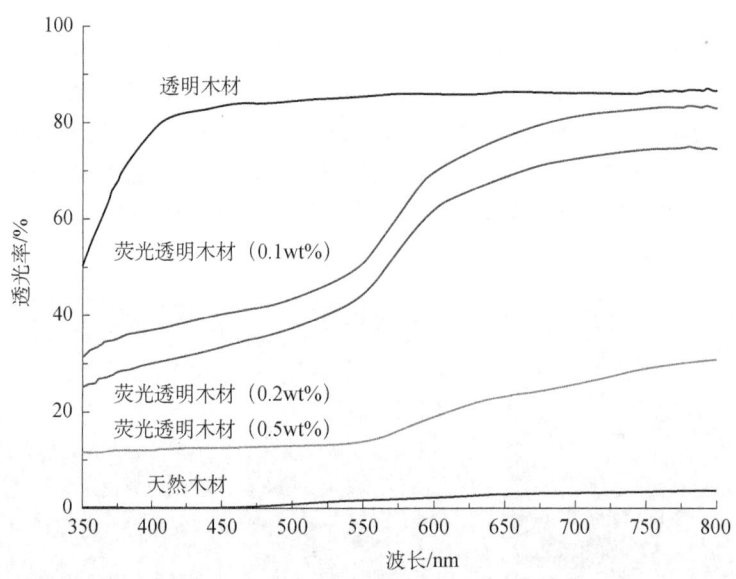

图 6.66 木材样品在不同加工阶段的透光率

在实际应用中,评估透明木材的机械性能和尺寸稳定性非常重要。天然木材的拉伸断裂强度约为 38.32MPa,与天然木材相比,脱木质素木材的机械性能降低,断裂强度降至 17.78MPa。脱木质素后,纤维素纳米纤维之间缺乏强力的交联机制,导致脱木质素木材强度降低。而透明木材的机械性能提高,断裂强度可达到 45.92MPa,说明 PMMA 的渗透增强了纤维素纳米纤维的相互作用。同时,由于聚合物的渗透,透明木材的尺寸稳定性增加,与天然木材相比,透明木材在水

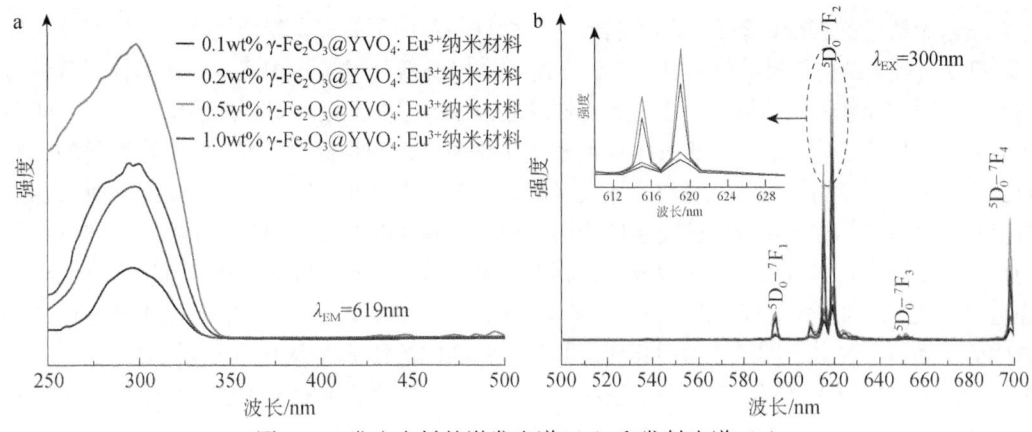

图 6.67　发光木材的激发光谱（a）和发射光谱（b）

中放置时的润胀显著降低。实验证明，浸泡 60 天后，天然木材的最大体积增加达到 40.4%，而透明木材的体积膨胀仅为 15.8%，表明透明木材具有更好的抗水性，这可以归因于填充的 PMMA 阻塞纤维素与水之间的交互通道，从而降低了吸水率。

6.4.4　透明木材的功能拓展及应用

透明木材具有高透光率和雾度、出色的韧性、低热导性、低密度、各向异性的光学和机械性能等综合特点。在实际应用中开发和利用这些特性，对透明木材的研究发展非常重要。在早期，透明木材的研究并不是出于对工程领域的探索研究，而是为了方便木材解剖学的研究。透明木材使得木材的内部结构清晰可见，并且可以对其结构三维重建。基于此，类似的概念已经被开发并利用在植物和动物组织的深度成像中。近年来，随着对透明木材功能化研究的逐渐兴起，开发新的应用领域，以加深对透明木材结构和功能协调增效的认识，也成为重要的科学问题。

6.4.4.1　透明木材在结构建材中的应用

建筑行业是高能耗产业的典型代表，其中玻璃、钢筋和混凝土等基础材料的制造需要消耗大量石化资源及电力资源。随着科学技术的发展，"碳达峰"和"碳中和"成为社会进步发展的主基调，以低能耗的绿色建材代替高能耗的传统建材，已经受到越来越多的关注，其中就包括透明木材在建筑行业的发展应用。

传统房屋的采光使用透明玻璃，但其制造工艺复杂、易碎、韧性差，并且会带来光污染。而透明木材继承了木材优异的机械强度，还具有新的光学功能（高透光率和雾度）。这种特殊的高雾度是玻璃所不具备的，利用它不仅可以带来自然光，还可有效减少光污染并保护室内住户的隐私。同时，透明木材具有比玻璃低的热导率，可有效减少室内外热量的交换，起到保温隔热的效果。因此，不少研究人员开始思考使用透明木材代替玻璃用于居室建筑的可能性。

Li 等首次报道了利用具极高雾度的透明木材来建造节能建筑，通过碱性亚硫酸盐法对椴木有选择性地脱除木质素，随后利用双氧水对木材进行漂白处理，最后用环氧树脂浸渍固化制备了透明木材。该透明木材具有与玻璃相媲美的高透光率和独特的正向散射效应，雾度高达 95%，因此透明木材可以有效地引导阳光进入房屋，在白天提供照明，减少白天照明能源的使用。与玻璃相比，该透明木材具有更低的导热系数，因此成为一种更好的隔热建筑材料，且聚合物渗透木材微结构，使透明木材具有较高的抗冲击能力和高的韧性，可以消除由于玻璃脆断带来的安全隐患。

然而，受限于树干的直径，基于横切木材的透明木材制备尚不能实现规模化生产，仍然存在尺寸小、厚度不可控、结构易松散等问题。基于此类问题，Mi 等开发了一种基于旋切单板制备透明木材的工艺，通过亚氯酸钠溶液对杉木有选择性地脱出木质素并通过环氧树脂浸渍在木材骨架中制备了有美学结构的透明木材。由于杉木中低密度早材和高密度晚材的微观结构存在明显的差异，晚材孔隙明显小于早材孔隙，且晚材中木质素含量较多，因此在相同的条件下脱除木质素容易导致早晚材脱木质素的程度不同，使制备的透明木材具有独特的纹理结构和美学特征。利用这种高效的选择性脱除木质素过程不仅可以在一定程度上维持木材的机械强度，赋予透明木材优异的结构完整性，而且有利于大规模生产，在实验室即可制备长、宽、厚分别为 320mm、170mm、0.6mm 的透明美学木材，与之前的透明木材相比，其尺寸和操作的便捷性得到了显著提升。当然，由于保留了细胞壁中部分木质素，这种美学透明木材依然保持了优良的机械性能和保温性，包括高达 91.95MPa 的拉伸强度、2.73MJ/m³ 的高韧性和 0.24W/（m·K）的低导热系数，是未来绿色、节能建筑的备选材料。

由于木材的各向异性，不管是利用横切的还是旋切的木材，在径向和弦向的力学强度都不高，这在某种程度上也限制了透明木材的利用。基于此，为了减少木材各向异性带来的力学弱相，进一步提高透明木材的机械强度，Fu 等（2018）报道了一种利用层压技术来增强透明木材力学强度的方法。该方法首先利用亚氯酸钠对木材进行脱除木质素处理，在 25℃和 75kN 的条件下冷压制备木材单板。随后，利用甲基丙烯酸甲酯对木材单板进行浸渍处理，将 5 层单板按照不同的纤维排列方向堆叠制备了各向同性的透明木材。对单层的透明木材和层积的透明木材进行力学性能测试，研究结果表明，单板在层积胶合后沿着垂直纤维方向的拉伸强度从 15MPa 提高到 45MPa，且具有各向同性，为解决透明木材横向机械性能不高且厚度较薄的问题提供了可行的解决方案。

在提升建筑的保温性能方面，Wang 等利用脱除木质素的木材纤维和 PMMA 混合制备了可控形状和大小的透明木材，并研究了其保温隔热性能。为了证明该透明木材在实际建筑环境中的隔热效果，通过对由透明木材和玻璃制备的房屋模拟加热 30min，使两模型屋的温度稳定在 35℃。然后关闭模拟地热系统，将模型屋放在室温（4℃）下 10min。由透明木材制成的模型房屋的温度在 10min 内，室内温度从 35.3℃下降到 20.3℃，而相同时间内带玻璃窗模型屋的温度则迅速从 35.1℃下降到 9.1℃，充分证明了相比于玻璃窗，透明木材能够更加有效地阻挡热流，在房屋和外界环境之间构筑一道结构屏障，起到保温隔热的作用。Yu 等在透明木材中添加 Cs_xWO_3 纳米粒子，在透明木材具有保温隔热性能的基础上，赋予了其近红外屏蔽性能。利用近红外光辐照 Cs_xWO_3/透明木材构筑的模型屋和玻璃模型屋，10min 后，Cs_xWO_3/透明木材的模型屋温度从 21.5℃轻微升至 26.8℃，而使用普通玻璃模型屋的温度明显上升（从 21.6℃升至 41.5℃），表明大量的近红外光辐照能量被 Cs_xWO_3/透明木材的模型屋吸收，因此，较玻璃而言，Cs_xWO_3/透明木材具有良好的热屏蔽性能，可作为节能窗使用。

受此启发，有许多研究开始集中于透明木材的功能改性。利用功能材料对透明木材进一步修饰，在保留透明木材光学和力学性能的同时，引入其他功能基团拓展透明木材的性能和适用范围。Li 等通过对透明木材进行乙酰化处理，制备了几厘米厚的透明木材，并采用一种光学可调聚合物分散液晶（PDLC）薄膜作为功能层压制在透明木板上，在没有电源的情况下，由于透明木材和 PDLC 薄膜中随机排列的液晶产生的高雾度，木窗具有良好的隐私保护性。而通电后，由于由电场调制排列的液晶产生低光散射，木窗呈现出透明状。这种利用基体物质进行雾度调节的技术使透明木材的发展朝智能窗户和智能建筑方向又迈进了一步。

6.4.4.2 透明木材在室内装饰中的应用

随着人们生活水平的日益提高，人们对室内居住环境的要求也越来越高，采用装饰材料突出其室内居住风格、艺术气息及营造良好的居住环境尤为重要。但是部分装饰材料会带来甲醛气体的释放，对人的身心健康有极大的危害，因此寻找绿色环保的装饰材料是目前家居行业发展的重中之重。自古以来，木材就是人们热衷的装饰材料之一，木材独特的纹理结构给人一种独特的美感，并且木材天然可再生、绿色环保，符合新时代绿色可持续发展理念。受到透明木材在建筑领域发展的启发，Liu 等通过将木质素衍生的碳点和聚乙烯醇封装在脱除木质素的木材中，制备了一种对甲醛（FA）气体可实时和视觉自我检测的室内装饰材料。该材料具有比例荧光（PL）发射性，且两个发射带之间的距离超过了 100nm，因此当室内甲醛浓度发生改变时，该透明木材能够释放出明显不同的颜色，通过肉眼即可检测室内甲醛浓度是否超标，为室内居室健康监测提供了方便可行的方法。此外，与 PVA 等常用聚合物材料相比，木材的多孔结构也为聚合物溶液提供了容纳空间，有效促进了聚合反应，防止反应溶液扩散，因此能够更加明显地发生荧光。在真空干燥器中增加甲醛浓度，透明木材的颜色从深蓝色变为亮绿色，较常用的聚合物掺杂碳点材料的颜色变化更加明显。当然，加入碳点后不仅可以检测甲醛气体，也可以制造发光的透明木材。Fu 等通过脱木质素工艺及随后的热压工艺，浸渍量子点（CdSe/ZnS）制备了一种生物基、无聚合物基质、发光和疏水的透明薄膜，通过掺杂不同的量子点，薄膜可以发出各种颜色的光，这种材料有望在光学领域被广泛应用，如照明面板、指示器、光子学和激光器件。Gan 等利用溶剂热法合成了 $\gamma\text{-Fe}_2\text{O}_3@\text{YVO}_4\text{:Eu}^{3+}$ 纳米材料，在树脂浸渍过程中将荧光纳米材料均匀混合，并填充进入细胞腔，制备合成了同时具有磁性和荧光性能的透明木材。未加纳米粒子的透明木材的透光率可达到 86.1%，当 $\gamma\text{-Fe}_2\text{O}_3@\text{YVO}_4\text{:Eu}^{3+}$ 的添加量为 0.1%wt 时，透明木材具有 80.6%的透光率和 0.26emu/g 的比饱和磁化强度，在波长为 254nm 的紫外光激发下，棕色的透明木材可以发出红光。但随着纳米粒子添加量的增大，纳米粒子在树脂中会出现团聚，增加了光的反射和吸收，从而降低了透明木材的透光率，相反，比饱和磁化强度会随着添加量的增加而增大。

但是无论透明木材应用在建筑还是室内装饰等领域，材料都容易暴露在阳光及一定温湿度的环境中，在这样的条件下，聚合物材料不可避免地会出现不可逆转的变化——风化。部分研究者通过在聚合物中添加紫外光吸收剂来提高透明木材暴露于阳光下的耐久性。Bisht 等（2021）通过木质素改性的方法对木材进行漂白处理，通过浸渍掺杂了紫外光吸收剂[2-（2H-苯并三唑-2-基）-4,7-二-叔-戊基苯酚]的环氧树脂制备透明木材。在对其进行的抗紫外光测试中，没有添加紫外光吸收剂的透明木材在经过 250h 紫外光照射的老化后，由于木质素的降解与聚合物树脂分解的协同作用，透明木材出现了明显的黄化现象，并且木材表面的变色现象导致透明木材透光率随着暴露紫外光时间的增加出现下降的趋势。相反，添加了紫外光吸收剂的透明木材的黄度增加指数大幅度降低，并随着紫外光吸收剂浓度的增加，光变黄现象减弱。更重要的是，老化试验过后，其透光率仅仅损失了 1.43%（紫外光吸收剂浓度为 1%），较未添加紫外光吸收剂透明木材 27.46%的透光率损失有明显的光稳定性提高，极大地增加了透明木材的使用寿命。不同于紫外光吸收剂，Qiu 等发现将常用于太阳能电池的导电氧化物——掺锑氧化锡（ATO）应用于透明木材改性时也可展现出优异的紫外和近红外屏蔽性能。通过亚氯酸钠对杨木进行脱除木质素处理并浸渍掺杂 ATO 纳米颗粒的聚甲基丙烯酸甲酯制备了具有紫外屏蔽性能的透明木材。当 ATO 掺杂含量从 0 增加到 0.1%时，透明木材在红外区域的透光率明显下降，随着 ATO 含量增加到 0.3%以上，高于 1500nm 处的透光率几乎为零，可见光区域仍能保持 70%的透光率，显示出透明木材具有良好的近红外屏蔽性能。紫外光具有杀菌的作用，长时间暴露在紫外光下会降低黑曲霉的活性，Qiu 等通过将玻璃、不含 ATO 的透明木材和含有 ATO 的透明木材分别覆盖在黑曲霉的培养皿上通过紫外灯照射来评测透明木材的抗紫外光能力。研究结果表明，覆盖玻璃和不含 ATO 透明木材的黑曲霉活性很低，而覆盖含有 ATO 的透明木材的黑曲霉活性很高，表明 ATO/透明木材具有优异的紫外光屏蔽能力，这种具有近红外和紫外光屏蔽性能的透明木材在建筑和室内装饰等领域展示了巨大的潜力。

6.4.4.3 透明木材在柔性电子器件中的应用

柔性电子是一种在柔性/可延性塑料或者金属基板上制作有机/无机材料电子器件的新兴电子技术，因其可以在不损坏电子设备本身电子性能的情况下具有出色的伸展性和弯曲性，较传统的电子设备更加灵活，可以适应不同的工作环境。柔性电子除优异的柔性和延展性外，高效和低成本制造工艺使其在信息、机械电子、生物医学、国防等领域具有广泛的应用前景，包括有机电致发光二极管（OLED）、柔性电子显示屏、薄膜太阳能电池板、电致变色器件、柔性电子皮肤等。柔性电子器件主要由电子元器件、柔性基板、交联导电体和黏合层 4 部分组成，其中柔性基板是最关键的一部分，对整个器件起着支撑和保护的作用。柔性基板主要有柔性玻璃、金属薄板和有机聚合物（塑料）三种，但随着经济的快速发展，电子器件应用带来的电子垃圾也越来越多，金属与塑料不可降解是产生环境污染的关键，所以使用可再生、可降解的资源制造柔性基板越来越受到人们的关注。

木材作为可再生、可降解的资源之一，用其开发的透明木材兼具光学性能与力学性能，具有作为柔性基板的潜力。Zhang 等对桦木进行脱木质素处理，并浸渍环氧树脂制备透明木材柔性基板，在透明木材表面喷涂银纳米线（AgNW）制备电致发光器件的电极，以此制备出透明木材/AgNW-（ZnS:Cu）-透明木材/AgNW 的交流电致发光器件，该器件在 220V 的交流电压下亮度最大可达到 18.36cd/m^2，并且可根据 AgNW 的喷涂方式调控不同形状的电致发光器件，具有良好的防水性和耐久性，展现了透明木材在柔性电致发光领域的应用潜力。也有研究表明，在透明木材中引入功能型聚合物，可以开发基于透明木材的电致变色器件。Lang 等（2018）将聚（3,4-乙烯二氧噻吩）：聚（苯乙烯磺酸）（PEDOT:PSS）涂在透明木材基板上制备了电致变色器件，这些设备呈现出从明亮的红色到无色的颜色变化［色差（ΔE^*）=43，透光率（ΔT）=38%］，具有较高的显色效率（590cm^2/C）和低驱动电压（0.8V）。这种低能耗、高输出的电致变色器件有助于开发节能的智能窗户。

传统的透明木材制备选择的树脂多为聚甲基丙烯酸甲酯（PMMA）、环氧树脂（EP）和聚乙烯吡咯烷酮（PVP）等，但是对使用低共溶剂（DES）作为透明木材填料的研究很少。Yang 等采用一种自上而下的方法，使用亚氯酸钠与双氧水共同对轻木进行脱木质素处理并使用 DES（氯化胆碱和丙烯酸）溶液浸渍制备了导电的柔性透明木材，该透明木材具有优异的拉伸性，拉伸应变高达 73.9%，并且由于 DES 中氯化胆碱提供的正负离子产生自由运动，透明木材具有一定的导电性和温度传感性能，在多次加热-冷却循环中，透明木材的电信号具有非常好的稳定性和可重复性，具有应用在柔性温湿度传感器中的巨大潜力。不同于传统添加聚合物制备透明木材的方法，Fu 等利用化学处理的方法去除木材中的半纤维素和木质素，在室温下对其进行压缩制备了透明度高达 80% 的透明膜，随后将制备的木质素衍生的碳纳米纤维导电油墨印刷在其表面制备印刷路，对其作为柔性电子电路的应变传感器进行了概念验证。在对印刷电路弯曲或折叠时，它仍然可以激活蓝光发光二极管（LED），展现了其作为生物基电子电路的良好灵活性和导电性；将传感器安装在第二和第三分度指骨之间的关节上，手指反复弯曲 90°并伸直，测得相对电阻有 30% 的振幅变化，并随着手指运动而发生改变。这种简单快捷的透明木材的制备方法，丰富了透明木材在柔性电子领域的应用。

随着对透明木材的深入研究，一些新型的透明木材被开发并应用在柔性电子领域。Gan 等开发了一种新型的磁性透明木材，通过亚氯酸钠和双氧水进行脱木质素处理，通过浸渍分散四氧化三铁（Fe_3O_4）的甲基丙烯酸甲酯制备了具有磁性的透明木材。由于磁性纳米颗粒在木材基板上会出现团聚现象，随着磁性纳米颗粒添加量的增加，透明木材的力学强度和光学透明性呈现下降趋势，而比饱和磁化强度呈上升趋势。当在磁性透明木材上涂布导电涂层后，其可以作为磁控开关，在磁铁的作用下来控制 LED 的亮暗，展示了透明木材在磁光器件中的应用前景。Höglund 等（2021）通过将脱木质素木材浸润在金属盐（银或金）溶液中，通过微波辅助原位合成等离子体纳米颗粒。随后用季戊四醇（PETMP）、1,3,5-三酮-2,4,6（1H,3H,5H）-三嗪（TATATO）及 1-羟基环己基苯基酮的混合溶液浸润含纳米颗粒的基板并将其固化为具有结构色的透明木材。纳米颗粒生长在木材细胞壁上和内部，促进了纳米颗粒各向异性的分布。这些能够与光产生相互作用的等离子体纳米颗粒能够增强与结构有关的光学特性，与未添加纳米粒子的透明木材相比，具有结构色的透明木材在等离子体共振（SPR）波段清楚地显示出更强的偏振分裂效应，表明透明木材在偏光元件中具有一定的发展前景。

6.4.4.4 透明木材在能源存储与转化中的应用

太阳能电池是一种通过光电效应或者光化学效应将光能转化为电能的装置。市面上主流的太阳能电池板多采用单晶硅太阳能电池板和薄膜太阳能电池板，其中单晶硅的太阳能转化效率最高，光电转化率平均可达到 15%，最高可达到 24%，但是单晶硅的制作过程复杂，价格昂贵，所以还不能被广泛使用。而非晶硅薄膜太阳能电池板的制备工艺较单晶硅太阳能电池板制备简单，需要的能耗低，并且在弱光的条件下依旧可以实现光电转化，但目前非晶硅薄膜太阳能电池板的转化率很低，仅能达到 10% 左右，并随着使用时间的增加，光电转化率会呈递减趋势。因此开发一种低能耗、低成本、绿色且光电转换率高的太阳能电池板是当前的研究难点。近年来，一些功能型透明纸被开发并应用在能源储存与转化等方面，相比之下，透明木材的制备工艺更为简单，透明木材在拥有高透明度的同时还有特殊的高雾度。基于木材的三维多孔结构，可通过合理调控改变光的传播路径，进一步调整透明木材的雾度，使透明木材的雾度可高达 80%，这是塑料和玻璃远不能及的。高的雾度可以增加光的正向散射，从而增加对太阳光的吸收，提高以透明木材作为太阳能电池板的光电转化效率。

Zhu 等采用二步法脱出木质素并浸渍聚乙烯吡咯烷酮（PVP）制备了透光率高达 90%、雾度达 80% 的透明木材，基于其出色的光学性质，组装了基于透明木材基板的砷化镓（GaAs）太阳能电池。在太阳光的辐射下，太阳能电池的短路电流密度提高了 15.67%，光电转换效率相应提高了 18.0%，相比之下，仅使用高透明度的 PVP 薄膜作为砷化镓太阳能电池的光管理层时，短路电流密度仅能提高 10%。这是由于透明木材作为 GaAs 太阳能电池和空气之间的指数匹配层的抗反射效应抑制了光的反射，从而增加了进入太阳能电池的光通量；其高的透光率可以减少光到达 GaAs 太阳光电池表面的损耗；高雾度使正常入射的光线在到达太阳能电池表面时变得极易扩散，增加了光子在太阳能电池中的移动路径，提高了光子在电池活性区域内被捕获的可能性。Jia 等探究了不添加聚合物制备的透明木材在 GaAs 太阳能电池上应用的潜力。利用次氯酸钠脱出木质素及随后的热压过程制备了具有各向异性的柔性透明木材，当将其应用在 GaAs 太阳能电池上时，可使 GaAs 太阳能电池总能量转换效率提高 14%，短路电流密度提高 18%。同时，并不局限于 GaAs 太阳能电池，透明木材也可作为钙钛矿太阳能电池的基板。由于木材不具有导电性，Li 等通过脉冲激光在木材的表面沉积铟锡氧化物（ITO）薄膜使其表面导电。ITO 的沉积会使透明木材的透光率降低，对雾度基本没有影响，同时 ITO 也为透明木材带来了与常用的氟掺杂氧化锡（FIO）玻璃（一种太阳能电池基板）相当的表面粗糙度。低的表面粗糙度可以增加 ITO 层的导电性，使太阳能电池具有16.4%的功率转换效率，为太阳能电池与透明木材的集成发展奠定了基础。

储热技术也是利用太阳能的另一种方法，不同于太阳能电池的能源转换机制，相变储能材料（PCM）可以通过相变储存和相变转换释放热能。在能量充足时，相变材料利用自身物相转变存储能量，随着时间的改变，利用可逆相变过程来释放能量，从而达到节能减排的目的。传统的相变储能材料分为固-固型、固-液型、液-气型和固-气型，其中固-液型相变材料因相态转变可控，是应用最为广泛的一类形变材料。但是在长期使用过程中，容易发生液态型相变材料熔化泄漏的现象。木材天然具有三维多孔结构，且力学性能优良，可以为封装相变材料提供自支撑模板和充足的存储空间。Montanari等通过在脱木质素木材中浸渍聚乙二醇和聚甲基丙烯酸甲酯制备了具有相变储能功能的透明木材，在对透明木材-相变储能材料进行20次加热-冷却循环后，材料的相变温度几乎没有改变，展现了优异的热稳定性和循环利用性。当材料经历冷却循环过程时，材料经历物态从不透明变为透明的转变，可以直观地观察到光透射能力的变化。Xia等通过在脱木质素木材中浸渍聚乙二醇（PEG）制备了具有相变储能功能的透明材料。其中，木材与PEG界面通过交联网络和氢键结合，展示了良好的界面相容性，利用差示扫描量热法证明了随着PEG含量的增加，透明木材的能量存储能力增强。当PEG浓度为80wt%时，透明木材在30.66℃和22.19℃条件下储能/释放阶段的优化潜热分别为134.1J/g和122.9J/g。随着科技的不断发展，具有相变储能特性透明木材的开发也丰富了木材在储能领域的应用。

6.5　木材纳米发电机

面对21世纪全球经济一体化、应对气候变化、保护环境、资源可持续利用的新的挑战和机遇，中国共产党第十八届中央委员会第五次全体会议首次提出创新、协调、绿色、开放、共享五大发展理念。从木材应用和发展来看，随着对生活空间追求的不断提高和认识的深化，人类对于"安居乐业"有了更深层次的理解和追求，缔造舒适生活空间并蕴含深厚"木文化"的居住理念受到世人的推崇。人们对自己舒适生活空间的追求已不仅仅局限于空间体积大小和具体使用功能，身心休养、心理感受、文化底蕴成为生活居住环境新的追求目标。随着木材应用的逐渐增多，木材作为一种结构复杂的天然材料，还有很多方面的功能和应用有待挖掘。应充分利用木材和木材各组分在绿色储能、智能制造、环境保护等各个方面的作用，实现"1+1>2"的高效木材资源应用，为践行我国发展战略和木材资源保护做出重要贡献。

"十三五"时期即提出：推动人工智能技术在各领域应用。"智能家居"在响应国家战略发展需求的同时，可满足人们在"互联网+"时代下语音交互、互联网远程控制、智能单品简单操作的需求，象征着人工智能技术的快速发展，也是木材行业未来重要的发展方向。根据调研，2023年，全球智能家居市场总额将达到1550亿美元。因此，木材的应用发展也要靠拢智能化市场。

现代智能家居系统是由各种计算设备和传感器组成的，这给人们带来了全新的挑战，对能源的利用效率提出了更高的要求。在一般情况下，功率传感器有电缆供电和移动供电两种方式。电缆供电的特点是部署成本高、灵活性差。同时，移动供电的电池寿命有限，废电池会对环境造成污染。因此，迫切需要一种自供电、高度灵活、无污染的传感技术。在这种情况下，一个可能的替代方案就是收集传感器所在环境中的能量。纳米能源是一个全新的领域，它可以为微纳系统提供持久的、不需维护的、自驱动的能源（王中林，2017）。近年来，基于摩擦起电与静电感应耦合效应的摩擦电纳米发电机，由于成本低、材料选择不受限制、结构简单、具有可持续且较高的电输出性能等突出特性，以及其独特的自驱动系统可以确保设备的持续可靠供电等优点，已迅速发展成为一种强大的机械能转化为电能的能源装置。摩擦电纳米发电机和储能设备集成为一个单元，为微电子设备提供可持续的电源。基于麦克斯韦位移电流的摩擦电纳米发电机可以有效地将机械能转化为电能，不需电源即可自供电，大大提高了空间的灵活性。目前，已经充分证明了摩擦电纳米发电机可以作为压力、触觉和运动传感的自供电传感器，而不需要额外的电源。因此，该技术已成为传感器网络、人工智能和物联网系统的有效电源解决方案。

6.5.1 纳米发电机简介

纳米发电机是王中林教授于 2006 年发明的（王中林，2017）。它是一种可以将机械能转化为电能的高效能源装置，其理论基础来源于麦克斯韦位移电流，工作原理主要基于摩擦起电和静电感应的耦合作用（Hao et al.，2020）。在公元前 400 年左右，摩擦起电（或称接触起电）由柏拉图最早记录。东汉时期，我国的王充曾描述过，通过摩擦带电的琥珀可以吸引芥菜种子。摩擦起电效应的应用始于 17 世纪，但其应用一直受到限制，两种接触材料表面之间的摩擦和摩擦带电现象是普遍存在的。摩擦力存在于几乎所有机械系统活动的部件中，它约占世界能源消耗的 1/3（Chen et al.，2019a）。电荷通常会从一种物质转移到另一种物质，从而产生摩擦带电的现象。摩擦起电效应是众所周知的，摩擦电的产生有三个过程：材料转移、离子转移和电子转移。虽然摩擦起电可以用于各种用途，如可穿戴能源设备和机械能收集，摩擦电过程中的累积电荷多数情况下被认为是一个负面影响，属于许多类型设备应避免的一种现象（朱嘉庆，2022）。

静电力是由接触界面上相反的摩擦电荷产生的，并会引起不同摩擦磨损问题。深入分析摩擦时载流子动力学界面和电荷转移对摩擦的影响是开发新型材料和机械能量转换技术的关键（Wang et al.，2017）。但摩擦电荷是如何影响摩擦的还没有被充分研究，尤其是在纳米尺度上仍然难以捉摸。直到 2012 年，摩擦纳米发电机被首次发明出来（Wang et al.，2019）。摩擦纳米发电机（triboelectric nanogenerator，TENG）通过采集环境周围的能量（如人体运动、风流动、流水流动、物体振动和任何其他微小的机械运动等），可使 TENG 的两个摩擦电极相互摩擦、碰撞，从而产生电信号，其构成是在摩擦起电或压电材料之间外接导线形成回路，材料表面会因为摩擦或外力作用产生电势差，从而产生电流。TENG 独特的自驱动系统可以确保各种设备（如可穿戴设备、传感器、智能手机和医疗设备等）持续可靠的电力供应。因此，很多学者对其产生了极大的兴趣，在收集海洋能、雨能、风能及自驱动传感器等方面做了大量研究。根据原理不同，TENG 可分为以下三类（李文龙，2017）。

第一类是压电纳米发电机（PENG），它是利用压电材料极化电荷和所产生的随时间变化的电场来驱动电子在外电路中的流动。

第二类是摩擦纳米发电机（TENG），它是利用两种对电子束缚能力不同的材料接触所产生的表面静电荷随时间变化的电场来驱动电子在外电路中的流动。

第三类是热释电纳米发电机，它是利用纳米材料的热释电效应，将热能转化为电能的装置。通常情况下，其热能的收集主要依靠的是塞贝克效应。所谓塞贝克效应，是指两种不同导体或半导体的温度差异引起两种物质之间产生电压差的现象。

6.5.2 纳米发电机相关理论

6.5.2.1 压电纳米发电机的原理

如图 6.68a 所示，一个绝缘的压电材料在顶部和底部表面覆盖两个电极，垂直机械形变导致在材料的两端产生压电极化电荷（图 6.68b），外部施加力的增加导致更高的极化电荷密度（图 6.68c），由极化电荷产生的静电势通过外部负载从一个电极到另一个电极的电子流动来平衡，这是压电纳米发电机将机械能转换成电力的过程。对于外电路而言，可以将压电纳米发电机比作一个电容，在其内部压电极化形

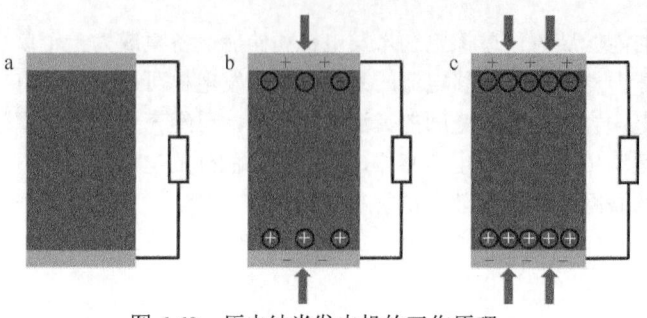

图 6.68　压电纳米发电机的工作原理

成的电压驱动下，外电路的电子定向移动产生电流。因此，电容模型是压电纳米发电机对外输出的表现形式，发电的内在核心为压电纳米发电机具有输出特性，即材料内部的位移电流可以导到外部形成输出电流。

6.5.2.2　摩擦纳米发电机的原理

如图 6.69a 所示，当两种能产生接触带电效应（摩擦电荷）的材料发生物理接触时，静电电荷在两者表面转移，使表面部分充电，并且随着材料之间接触次数的增加，静电荷（图 6.69b）的密度也不断增加，最终达到饱和状态（图 6.69c）。由摩

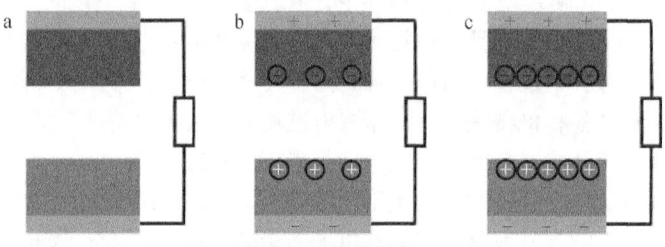

图 6.69　摩擦纳米发电机的工作原理

擦电荷建立的静电场驱动电子流过外部负载，这便是摩擦纳米发电机将机械能转化为电能的过程。

基于这一原理，按工作模式分类，TENG 大致可分为垂直接触-分离模式、水平滑动模式、单电极模式和独立层模式 4 种类型，如图 6.70 所示（Wang，2014；李铭等，2021）。

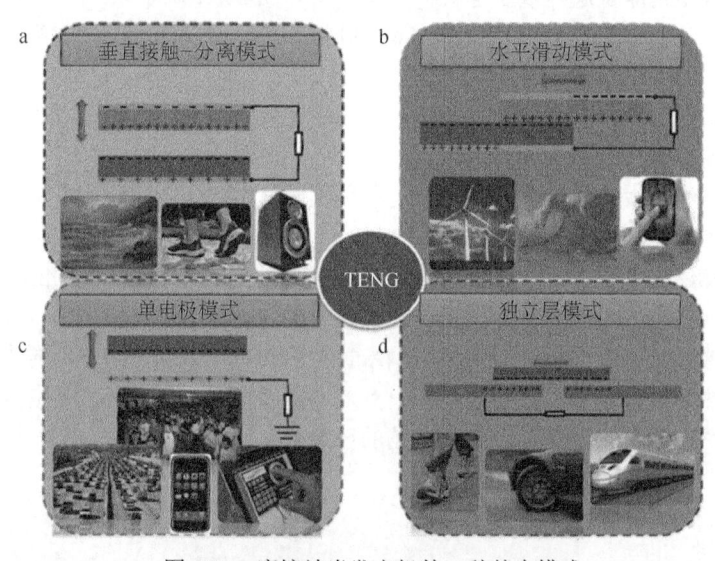

图 6.70　摩擦纳米发电机的 4 种基本模式

1）垂直接触-分离模式：垂直接触-分离模式（图 6.70a）是摩擦纳米发电机中最基本、最容易实现的模式。在两种不同介电材料的背部镀上一层金属电极，另一面不做处理，组成两块摩擦

极板，对两极面对面进行垂直方向上的接触和分离操作。当施加机械力时，两极板相互接触，在两个接触面上累积等量异种电荷；当两个极板分开时，中间形成间隙，两个电极之间形成感应电势差。当两个摩擦层之间的间隙闭合时，电子通过外接负载流回原电极，使摩擦电荷形成的电位差消失。这种两块摩擦极板在垂直方向上接触和分离的 TENG，就是垂直接触-分离模式的 TENG，该结构的 TENG 通过周期性地接触、分离，产生交流输出。

为了提高垂直接触-分离模式摩擦纳米发电机的实用性，出现了多种新型摩擦纳米发电机结构，如拱形结构、弹簧结构等。基于此工作模式的摩擦纳米发电机在利用短距离循环运动时具有高效的工作效率。此外，垂直接触-分离模式的摩擦纳米发电机还具有高瞬时功率密度、结构设计简单等独特的优势，在众多新兴领域，尤其是能量收集与转化领域，具有广阔的应用前景和重要的应用价值。

2）水平滑动模式：水平滑动模式（图 6.70b）的结构与垂直接触-分离模式类似，将两种介电薄膜面对面接触，其中一个介电薄膜沿水平方向滑动，在滑动的过程中两个介电薄膜的表面也会产生摩擦电荷，极板的水平方向发生极化现象，驱动电子在上下两个极板间移动。一个周期性的滑动分开和关闭产生了一个交流输出。滑动可以是平面运动、圆柱形旋转或圆盘旋转。前两种模式具有两个由负载相互连接的电极，这样的 TENG 可以自由移动。

3）单电极模式：在某些情况下，作为 TENG 一部分的物体不能与负载电极连接，因为它是一个可移动的物体，比如手指在屏幕上按压。为了从这种情况下获取能量，便引入了一个单电极 TENG。单电极模式（图 6.70c）的 TENG 只有一个摩擦极板，极板固定并与地线相连，当外来物体与极板接触或分离时，由于摩擦起电现象，摩擦极板的电场分布发生改变。极板与地线因静电感应效应，从而发生电子转移，以平衡电极电势变化，产生交流电信号。这种能量收集策略可以同时在接触分离和接触滑动的工作模式下进行。

4）独立层模式：独立层模式（图 6.70d）的 TENG 由两个处于同一水平面上的极板组成，两极板背部外接负载并相连，当一个物体在两电极间进行往复运动时，物体的移动会带动两个电极形成变化的电势差，从而驱动电子在两极间移动。在该工作模式下，运动的带电物体与介电层直接接触不是必要条件。例如，物体在旋转时，不需要直接机械接触极板便可实现自由旋转，从而可以大幅减少极板表面的磨损，这有助于延长 TENG 的使用寿命。

摩擦纳米发电机最初是作为一种电源提出的，后来研究人员发现它可用作自供电传感器。传感器是监测远程环境活动的重要输入设备。物联网是一个将整个世界连接到互联网的平台。为了实现有效的网络，需要大量的传感器分布在需要进入物联网的每个部分。传感器所需的电源可以很小，但必须是一个可持续的电源，可以利用设备周围的环境来发电。振动是一种非常普遍的机械运动形式，以各种形式和尺度存在于人们的日常生活中。例如，雨滴、风、海浪和人类运动就是这样的振动能量。振动的频率通常低于几百赫兹，这是非常低的，它也会随着时间而变化，因此目前的大多数能源转化技术不可能获得这种能量。在过去几十年里，研究人员一直试图利用这种振动能量进行自我供电的应用。纳米发电机是一种利用位移电流将环境中的机械能转化为电能的能量转换装置。尽管名字如此，纳米结构的存在并不是纳米发电机的必要条件。

6.5.3 木材的摩擦起电效应

摩擦起电效应是一种由接触引发的带电效应，即在一种材料与另一种材料发生摩擦的过程中带上电荷。摩擦起电效应是人们生活中各种静电荷的基本来源。一种材料所带电荷的正负性取决于它与其接触的材料之间的相对极性。具有较强接触起电现象的材料一般导电性较差或是绝缘体。例如，橡胶和木材，穿着橡胶拖鞋在木地板上行走，再去触碰金属门把手，会有触电的感觉。

自然界中几乎所有材料都能产生摩擦起电效应，所以可用于 TENG 的材料非常广泛，包括金属、高分子、丝绸和木材等，材料的选择也会极大地影响 TENG 的性能。一般情况下，选择用于 TENG 的材料，首先需要考虑材料得失电子的能力。1957 年，Wilcke 归纳了第一个关于静电荷的摩擦电序列（表 6.9）（Davies, 1969）。材料在摩擦电序列中的位置决定了电荷交换的有效性。材料的摩擦电序列有助于研究人员判断材料间的电荷转移量，选取具有较高电荷转移量的材料作为摩擦电极，从而提高 TENG 的性能，一般来说，选取摩擦电序列中相距较远的两种材料作为摩擦极板，如此，相应的电荷转移量便会较大，一般将得电子能力较强的材料与金属组合（如 PTFE-Cu、PDMS-Cu 及 PET-Al 等）。

表 6.9 常见材料的摩擦电序列

正 ↑	聚甲醛 乙基纤维素 聚酰胺（尼龙）-11 聚酰胺（尼龙）-66 三聚氰胺 编织的羊毛 编织的蚕丝 铝 纸张 纺织的棉花 钢 木材 硬橡胶 镍、铜 硫 黄铜、银 醋酸纤维、人造纤维 聚甲基丙烯酸甲酯 聚乙烯醇 （转右栏）	（接左栏） 聚酯 聚异丁烯 聚氨酯、柔性海绵 聚对苯二甲酸乙二醇酯 聚乙烯醇缩丁醛 氯丁橡胶 自然橡胶 聚丙烯腈 腈氯纶 聚碳酸双酚 聚 3,3-双（氯甲基）丁氧环 聚偏二氯乙烯 聚苯乙烯 聚乙烯 聚丙烯 聚酰亚胺 聚氯乙烯 聚二甲基硅氧烷 聚四氟乙烯	负 ↓

除摩擦电序列中的材料外，通过微加工法修饰材料的表面形貌，制得如金字塔形、方形和半球形的微纳米结构，可有效地提高材料间的接触面积和摩擦起电效应。也可以通过化学处理，采用不同微观形貌的纳米材料如纳米管、纳米线、纳米颗粒等，修饰材料的微观形貌，同样可以提高摩擦起电效应。

由于木材含有大量的氧原子，呈现出高度的失电子趋势，从而带正电荷，因此在摩擦电序列中，木材被认为是偏正极材料。然而，木材的摩擦极性相对于聚合物较弱，电荷亲和力较低，因而其产生表面电荷的能力有限。但是，木材具有丰富的羟基，通过化学改性引入不同功能的官能团，可提高木材的摩擦起电效应，如在木材中引入氨基、甲基这类供电子基团，可提高木材在接触中产生的表面正电荷密度；若在木材中引入硝基、羧基这类吸电子基团，则可改变木材的摩擦极性，使木材在接触中表面带负电荷。

6.5.4 木材的压电效应

当材料受到外力作用时发生变形,同时其内部产生极化现象,此时材料的两个表面会带正负相反的电荷;而去掉外力后,因压力所产生的电荷也会随之消失,材料又重新恢复到不带电的状态,这种现象称为压电效应。压电现象是 100 多年前居里兄弟研究水晶和电气石等晶体时发现的,然而在当时并未引起人们的重视。直到第二次世界大战期间,科学家相继发现了酒石酸钾钠、磷酸二氢钾、磷酸二氢铵和钛酸钡等压电晶体,压电效应才被逐渐应用。早在 20 世纪四五十年代,人们就发现木材中具有压电效应,对木材施加一定的应力便可在其表面获得相应的电荷。木材的压电效应源自具有一定结晶区的纤维素木材介质,在压力或机械振动等作用下的应变所引发的电荷定向集聚主要发生在纤维素的结晶区,其压电强度取决于纤维素的结晶度。1955 年,Fukada 等最先报道了对木材压电效应的研究结果。不过,由于较低的压电模量及木材本身有限的可压缩变形性,木材的这种压电效应十分微弱,远低于石英等其他压电材料,阻碍了木材用于能量收集的进展(费益元和曾石祥,1987)。考虑到压电效应产生的关键是固体发生弹性形变产生电压所致,瑞士苏黎世联邦理工学院和瑞士联邦材料科学与技术研究所的研究人员利用木材的多层次结构,再经脱木质素处理,获得了多层纤薄纤维素网络组成的"木质海绵",使木材变得富有弹性,可压缩性增加,从而提高了木材的压电效应(图 6.71)。

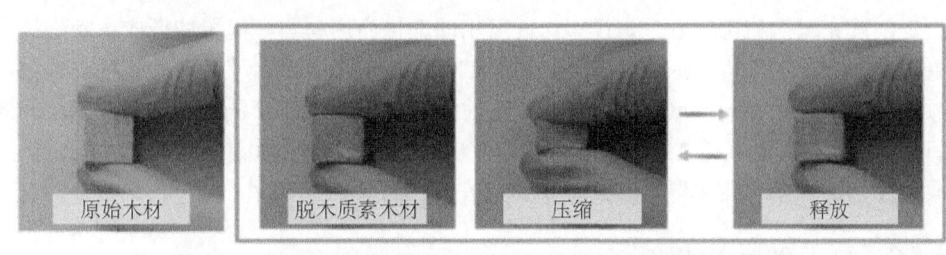

图 6.71 脱木质素木材相比于原始木材具有更好的可逆压缩性

6.5.5 木质基纳米发电机

木材及其主要组分(纤维素)和衍生物来源广泛、环境友好,是可再生、可生物降解的天然大分子材料。由于其主要组分纤维素具有大量的含氧官能团,具有很高的失电子倾向,使材料易带正电荷,因此,将其与常用的摩擦电负性材料如聚四氟乙烯(PTFE)、聚二甲基硅氧烷(PDMS)和聚对苯二甲酸乙二醇酯(PET)等配对组装成木质基 TENG,可获得较好的电输出性能。下文基于木质基 TENG 的三种极板材料(纤维素、纸、木材),介绍木质基 TENG 的研究进展。

6.5.5.1 纤维素基纳米发电机

纤维素作为一种重要的生物可降解和可再生的生物质能源,广泛存在于树木、竹子、大麻、棉花、农作物和海藻等植物中,也可以从细菌中获得,是一种天然的生物高分子聚合物。纤维素由 β-1,4-糖苷键连接的线形葡萄糖环组成,每个环包含三个活性羟基,并有大量的羟基活性基团。能在聚合链之间形成分子间和分子内键,进而组成强大的氢键网络。纤维素含有大量氧原子,易带正电荷,与摩擦电负性材料如 PTFE、PDMS 和 PET 配对组装成的纤维素基 TENG 具有较好的电输出性能。

He 等(2018)通过将一维环保型纤维素微纤维/纳米纤维(CMF/CNF)发展成二维 CMF/

CNF/Ag 纳米结构，提出了一种基于纤维素纤维的自供电摩擦纳米发电机（cf-TENG）系统。以 CMF/CNF 为模板，将银纳米纤维膜成功引入 cf-TENG 系统，使其具有良好的抗菌活性。人体的呼吸强度和呼吸频率决定了 cf-TENG 的工作位移和工作频率，cf-TENG 的输出值与工作位移和工作频率密切相关，可用于呼吸监测。这种 cf-TENG 不仅为可穿戴电子产品在医疗保健领域的应用提供了一种新的途径，还有望带来新一代更环保、功能更强大、更柔软的电子产品，从而有助于减少电子废弃物的累积，大大减少不可再生资源的消耗。

目前，已有多种 TENG 用于生物医学和可穿戴设备的研究，而在生物医学设备上的 TENG 需要采用生物相容性和环境友好的摩擦电材料，纳米纤维素完全符合要求。Kim 等（2020）以葡萄糖（Glu）-果糖（Fruc）培养基中的醋酸杆菌 KJ1 在凝胶状态下产生的细菌纤维素为原料，通过增溶工艺制备了摩擦发电用再生细菌纳米纤维素（BNC）膜。以 BNC 与铜箔为上下层摩擦部件来制备 BNC-Bio-TENG，在轻触（16.8N）、负载电阻为 1MΩ 的情况下，BNC-Bio-TENG 的累积电荷和峰值功率密度可分别达到 8.1μC/m^2 和 4.8mW/m^2。该发电机基于环境友好、天然丰富的生物材料细菌纳米纤维素，具有独特的透明性、柔韧性和生物相容性等。这项研究为促进生物相容和环境友好型 TENG 的发展及高性能 TENG 的优化提供了新的思路。

由于摩擦起电效应可以在几乎所有不同材料间发生，许多不同材料的组合已经被研究用于 TENG，如金属与塑料、塑料与塑料、塑料与有机薄膜等。然而，TENG 的成本仍比较高，制作特定的金属电极、复杂的材料表面处理所需的设备均较为昂贵。因此，TENG 的实际应用还有很长的路要走，首先迫切的挑战之一是探索广泛可用的廉价商用材料和简单的低成本制造技术，使 TENG 更具成本效益。此外，还可以进一步扩大 TENG 的应用范围，使其覆盖更多的领域，并在多学科领域显示出其优异的特点。使用来源广泛的纤维素作为 TENG 的摩擦电极，能很好地降低 TENG 的原料成本，纤维素基 TENG 在自供电系统和传感器中已有大量文献报道。同时，纤维素较好的柔韧性、生物相容性使得纤维素基 TENG 在可穿戴、医用领域占有一席之地。

6.5.5.2 纸基纳米发电机

近几十年来，现代科技的迅猛发展给人类社会带来了革命性的变化，也导致塑料、电子废弃物等环境问题越来越严重。随着人们环保意识的增强，使用环境友好的材料生产电子产品或代替塑料制品成为重中之重。将具有可再生性和可生物降解性的无毒材料，如纤维素、丝素蛋白、壳聚糖和各种其他生物聚合物，作为电子元件或基板进行开发和使用时，可减少电子废弃物的积累；使用具有生物相容性的材料，有益于人们的生活环境。纸基电子产品作为未来绿色电子产品的主要代表之一，被认为极具发展前景。纸基材料的 TENG 是一种成本低廉、原料来源丰富和可再生的新型能源。Hu 等将纤维素纸对折后用作器件的可接触/分离基底，碳纳米管同时作为电极与摩擦正极材料，聚丙烯薄膜作为摩擦负极材料，构建了一种新型无金属材料的纸基摩擦纳米发电机，可高效地收集环境能量（Hu et al.，2015a）。Wang（2013）采用类似方法制备了一种纸基摩擦纳米发电机，其中弯曲成拱形的纸作为器件的基底，蒸镀在纸张表面的银涂层同时作为电极和摩擦正极材料，聚四氟乙烯涂层作为摩擦负极材料。

纸基材料同样可以用作摩擦纳米发电机的摩擦层。纸基材料具有较强的摩擦电正极性，人们将纤维素纸分别与聚四氟乙烯、聚酰亚胺等摩擦负极材料复合，制备了多种摩擦纳米发电机（Mao et al.，2017）。TENG 作为一种能量收集装置，其商业应用局限于功率密度，而随着摩擦电荷密度的增加，功率密度也随之增加。因此，通过材料改进、结构优化、表面改性等手段提高材料表面的摩擦电荷密度已成为目前研究的热点。由于纸的纳米纤维的弱极化，其产生表面电荷的能力有限，与其他常用聚合物相比，得电子能力较弱，故纸基 TENG 的输出性能较低。因此，为提高纸基 TENG 的输出性能，许多学者在其结构优化和表面改性等方面进行了大量研究。

研究表明，TENG 的摩擦电极接触面积或表面粗糙度越大，有效接触面积越多，导致摩擦电极间的电荷转移量增大，TENG 输出的电流和电压因电荷转移量的增大而增大。Xia 等（2018）用纸作为支撑和摩擦电极，与 PTFE 构成摩擦电偶，制作出 X 型纸基 TENG（XP-TENG），在相同体积下，这种 XP-TENG 材料表面的接触面积更大，材料表面的电荷转移更多，其输出的电流更高。该纸基 TENG 的开路电压（VOC）、短路电流（ISC）和最大功率密度分别为 326V、45μA 和 542.22μW/cm^2。将 6 对摩擦电极集成到一个 XP-TENG 中，与其他纸基 TENG 结构相比，堆叠式的 XP-TENG 可以获取人体肘部运动产生的机械能。由 4 个 XP-TENG 组成的堆叠式 XP-TENG 经手动刺激，产生的电输出能够直接点亮 101 个工作电压为 3.4V 的大功率蓝色 LED 灯。

Zhang 等（2017a）利用纸、PTFE 膜和石墨制作 TENG，其中 TENG 的电极是在纸和 PTFE 膜上用石墨铅笔涂一层高导电石墨形成的，而摩擦电偶（纸和 PTFE 膜）的表面采用了单步砂纸压印工艺，压印制成微/纳米结构，以扩大有效摩擦面积，进一步提高 TENG 的输出性能。在最优参数下，测得开路电压、短路电流和最大功率密度分别为 85V、3.75μA 和 39.8μW/cm^2。

此外，纸基 TENG 因具有可变形特性，即通过将外界形变及压力载荷转变为电信号的特性，也被用作应变/压力传感器应用于可穿戴电子等新兴领域中。根据工作机制的不同，纸基 TENG 应变/压力传感器可以分为电阻式、电容式、晶体管式、压电/摩擦电式 4 种。近年来，为开发低成本、可持续、环境友好的可穿戴传感器，纸基 TENG 在应变/压力传感器的制备中得到了广泛的应用，尤其是电阻式柔性应变/压力传感器（陈胜，2020）。

电阻式柔性应变/压力传感器具有结构简单、成本低、灵敏度高等诸多优点，其主要由导电活性材料、柔性基底及电极组成，其中活性材料与基底对于器件灵敏度、柔性、工作范围、稳定性等性能指标起着至关重要的作用。

Yan 等（2020）采用真空辅助抽滤方法制备了褶皱石墨烯/纳米纤维素柔性复合纸，后续经聚二甲基硅氧烷（PDMS）封装制得可拉伸纸基应变传感器。该器件在大应变（>100%）条件下仍表现出较高的传感灵敏度，作为可穿戴应变传感器实现了对手指运动的精准检测。除与导电材料复合之外，纤维素纸在经过高温炭化处理之后可以转变为导电碳纸，后续同样使用 PDMS 进行封装，所制备的柔性应变传感器灵敏度（GF）达到了 25.3，成功实现了人体呼吸监控及机器人控制（Yan et al.，2014）。

Zhan 等（2017）将纤维素面巾纸浸泡在多壁碳纳米管（SWCNT）分散液中制得导电复合纸，后续与金叉指电极、PDMS 柔性薄膜复合构建了柔性压力传感器。该器件实现了对脉搏信号的准确检测，在人体健康护理及柔性电子皮肤（E-skin）领域展现出巨大的应用前景。Guo 等（2019）采用类似技术手段制备了 MXene 复合纸基柔性压力传感器，其作为可穿戴电子设备不仅实现了对人体脉搏信号的实时监控，也可应用于人体动作检测、面部表情捕捉、吞咽检测及智能人机交互等领域。

上述应变/压力传感器均采用了 PDMS 或聚乳酸等弹性高分子材料作为器件的柔性基底，然而具有较好机械强度与柔韧性的纤维素纸同样可以用作器件的柔性基底。研究人员以打印纸为基底材料，分别采用铅笔涂画与镂版印刷方法在其表面沉积了导电石墨层，所制得的柔性应变传感器在进行弯曲应变传感时展现出超高的灵敏度，成功实现了在人体运动检测、弯曲动作捕捉等领域的实际应用（Liao et al.，2015）。

6.5.5.3 木材基纳米发电机

建筑物能耗约占全球的40%，约占全球温室气体排放量的1/4，提高建筑能效将在满足未来能源和气候目标方面起着越来越重要的作用。除被动减少能源消耗外，让建筑主动产生电能也是另一种重要的方式。木材是人们最熟悉和广泛使用的建筑、家居材料。通过原始建筑材料（如木材）实现自我供电，能够有效地提高建筑能效，甚至最终改善气候环境。例如，当前智能家居中的灯光开关可分为声控开关和灯光控制开关。然而，智能家居中由这两种开关控制的灯具在开启时需要一段时间自动关闭，这就造成了电能的消耗和浪费。可将木材纳米发电机直接制作成木质地板，并用作开关传感器。

Burgert等在最近的一项研究中发现，真菌脱木质素处理可以增强木材的变形能力，从而增强木材的压电输出（Sun et al.，2020）。首先，他们将一种白腐真菌涂在轻木片上，经过数周的时间能有效地加速木片的腐化过程，部分去除木材中的木质素和半纤维素，得到可压缩性增强的生物改性木材，并且得到一种压电效应提高55倍的高效木材能量收集器。当踩在木头上时，研究人员能感觉到它被压缩了，而当压力消除后，木片还可以恢复到原来的形状。为了验证他们最初的设想，研究人员用这种真菌处理过的木片进行了实验，在木片上构建了一套压电装置，通过一根电线与LED灯连接，从而传送产生的电能。然后把木头放在地板上，人们可以在上面"行走"。通过实验测得，这种真菌处理的木材立方体（15mm×15mm×13.2mm）在45kPa应力下，能产生0.87V的最大电压和13.3nA的电流。当有人在上面"走过"，LED灯就会点亮。研究人员注意到，虽然产生的电压只有0.87V，但是这个系统可以很容易地扩大到家庭所有的地板，产生足够的电能，或许就能为部分电器供电。这项研究成果为木材压电性能的提高和木材压电纳米发电机的发展应用打开了大门。

此外，王中林等以天然新西兰松木和聚四氟乙烯作为摩擦电层，制备了木材摩擦电纳米发电机，其输出电压和电流可以达到（220±20）V和（5±1）μA。由于木材的摩擦起电效应还与木材的结构及其力学、电学性质有着密切关系，在这项工作中，研究人员对6种木材进行了比较。结果表明，新西兰松木表现出最高的开路电压和短路电流。该木材摩擦纳米发电机的功率密度可以达到158.2mW/m²，能够驱动至少42个商用LED灯。此外，这种木材摩擦纳米发电机在无线报警、舞台指示装置、开关控制和位置跟踪等方面都具有潜在应用。例如，木材也经常被用作舞台地板材料，舞台的木质地板直接采用木材摩擦电纳米发电机，可以跟踪和记录舞者的动作，甚至舞者自己也可以通过脚下的地板控制灯光。这种基于木材的纳米发电机自供电系统为木材在智能家居和电子产品中的应用提供了一种新的设想（Hao et al.，2020）。

6.5.6 木材纳米发电机的应用方向

TENG是一种将收集的不同形式的机械能转变为电能的强大的能源装置，在"新能源时代"扮演着重要的角色。在使用过程中，由于频繁且不可避免的机械冲击，其坚固性和耐久性受到严重挑战。在此，Xu等首次报道利用基于氢键的可愈合聚二甲基硅氧烷聚氨酯，开发了垂直接触-分离模式下的自愈摩擦电装置，一个完全自愈合的摩擦纳米发电机通过在设备中引入可愈合的聚合物材料及由小磁铁组成的摩擦层，具有在损坏后恢复其性能的能力。有研究表明，高性能自愈合摩擦纳米发电机可以很容易实现，这不仅归功于所采用的可愈合聚合物的优良机械愈合能力，还归功于为摩擦纳米发电机设计的新型磁辅助电极的快速电愈合能力。测量结果表明，在第5个破碎愈合周期之后，修复后的器件输出电压和电流均可达到原值的95%以上。此外，该摩擦纳米发电机还具有形状可裁剪性和环境适应性。这使设备的有效接触面积最大化，并进一步提高了电力输出性能，有利于多用途机械运动的能量收集和自供电感知。这项研究为开发具有可恢复性、耐久性和适应性的新型机械能收集装置和自供电传感器提供了可行的策略（Dong et al., 2018）。

柔性电子技术的发展快速，开发兼容的能源设备将是其可行应用的下一个挑战。Sun 等报道了一种柔性的摩擦纳米发电机，它同时具有自愈性、可伸缩性和透明度。该纳米发电机具有一种薄膜结构，其中含有弯曲的 Ag 纳米线/聚 3,4-乙烯二氧噻吩复合电极，夹在室温自愈合聚二甲基硅氧烷弹性体中。通过在聚二甲基硅氧烷聚合物网络中引入可逆动态亚胺键，制备了具有自主愈合能力的弹性体。在静置 12h、21℃环境条件下，固化后的可自愈的聚二甲基硅氧烷实现了 94%的自愈效率。柔性透明电极 Ag 纳米线组成的复合膜和聚合物材料间的分子运动，使得材料可以反复拉伸又自愈。当异质表面移动时，由于聚二甲基硅氧烷中积累的静电荷，Ag 纳米线组成的复合膜和参考/接地电极之间会形成电位差。当外部闭合电路连接时，Ag 纳米线组成的复合膜电极中会产生正电荷，以屏蔽从 Ag 纳米线组成的复合膜流向参考/接地电极的静电荷和电子。因此，最终得到的摩擦纳米发电机是可伸缩的、透明的，即使在意外切割后也能恢复（约 100%的愈合效率）。摩擦纳米发电机可以收集机械运动能量，输出开路电压为 100V，最大功率密度为 327mW/m^2。这项工作为开发多功能柔性电源提供了方法，为下一代柔性电子器件的开发提供了思路（Chen et al., 2018a）。

使用不透明电能收集器限制了设备在透明度和可拉伸性上的应用。尝试用热诱导形状记忆聚合物制造自愈合的摩擦纳米发电机，生产的器件需要热激活来实现自愈合过程，并且缺乏足够的拉伸能力和透明度。因此，关键的挑战是制造具有各种综合功能（包括可拉伸性、透明度和自愈合性）的摩擦纳米发电机，它可以轻松地与多种功能集成，用于非常规应用。Parida 等使用黏液基离子导体作为集流电极，制造了极具延展性、高度透明和自愈合的为电子设备供电的离子皮肤摩擦纳米发电机。这使得离子皮肤摩擦纳米发电机成为可变形电子器件的电源。测试了该设备在多次拉伸循环下的性能。由于电流收集器的透明特性，制造的离子皮肤摩擦纳米发电机显示出 92%的透明度，从而为其用作透明电子设备的电源铺平了道路。通过为商用 LED 灯和一个数字手表供电，证明了离子皮肤摩擦纳米发电机可作为自供电子产品的可持续能源的适用性。此外，离子皮肤摩擦纳米发电机还可用于皮肤触屏中。这项工作中展示的科学创新概念和颠覆性技术，为摩擦纳米发电机的广泛应用开辟了新的可能性，包括健康监测、运动、可穿戴和可植入电子及智能机器人，这是迈向新一代电子产品的一大步（Cao et al., 2018）。

木质基材料因其来源丰富、低成本、轻量化、可持续性等优点，在先进电子器件领域得到了广泛的应用。基于天然木质基材料及其衍生物构建的木材/纸/纤维素基 TENG 具有可回收、自然可降解和与生物兼容的特性，比使用石油制品的聚合物更绿色、更环保。与此同时，我们也要正视木材/纸/纤维素基 TENG 的不足并加以完善。例如，纤维素易被降解，从环保角度上看是优点，但在使用木材/纸/纤维素基 TENG 时，则需要考虑其耐用性。同时，纤维素纤维具有弱极性，化学改性是改善该特性的一种重要方法，目前已有许多利用硝基和甲基纤维素制备 TENG 的研究，但仍需更多的研究来解决纤维素弱极性的问题。此外，应用于室外的木材/纸/纤维素基 TENG 对摩擦电极的疏水性有一定要求，可通过纤维素接枝疏水基团的方法增加纤维素电极的疏水性，如接枝聚氧丙烯基、长链全氟烷基、聚硅氧烷基或长链烃基等。

6.5.7 未来新兴产业：智能家居

近几十年来，随着物联网和大数据的快速发展，许多应用领域发生了革命性的变化，如医疗、安全监控、信息通信等。在数字时代，智能家居也受到了科技进步的冲击，受到了很多人的关注。智能家居以住宅为基础，结合物联网技术，搭配硬件（智能家具、智能电器、智能硬件、智能安防等）、软件和云计算平台构筑了一个家居生态圈，不仅实现了家居设备互联、自我学习、远程控制等功能，云计算对用户行为数据的收集和分析更是有利于进行个性化智能服务，创造了更加安全、便捷、舒适的居住环境。智能家居的系统可以分为控制系统、安防系统、娱乐系统、节能系统、家电系统和生态系统等，用户通过控制指令控制云平台，云平台将数据信息传输给智能家居数据终端，通过反馈系统自动回应用户行为，实现了智能家居系统与数据的互联互通。当下，智能家居产品主要涉及门锁、照明、安全防盗、厨卫设施、环境监测、背景音乐、温湿度控制、家居网关等领域。智能家居的名字听起来觉得特别耳熟，可它们在生活中却并不常见：虽然美国智能家电普及率居世界第一位，却也只有5.8%而已。随着科技的发展及5G数据传输技术的普及运用，今后智能家居将迎来爆发式的增长，而且发展前景十分广阔。

简单来说，现代智能家居系统是由各种计算设备和传感器组成的，这给人们带来了全新的挑战，对能源的利用效率提出了更高的要求。在一般情况下，功率传感器有电缆供电和移动供电两种方式。电缆电源的特点是部署成本高，灵活性差。同时，移动电源的电池寿命有限，废电池会对环境造成污染。因此，迫切需要一种自供电、高度灵活、无污染的传感技术。TENG和储能设备整合成一个单元，为微电子设备提供了可持续的电源，这就是自供电的概念。并且TENG可以作为压力、触觉和运动传感的自供电传感器，而不需要额外的电源。因此，该技术已成为传感器网络、人工智能和物联网有效电源的解决方案。

木材是最常见和被最广泛使用的装饰材料之一，在室内设计中起着重要的作用。将木材用作天然可降解、无污染的摩擦电层，制成木质基摩擦电动纳米发电机（W-TENG），再制造成木质地板，人行走的机械能转化为电能，作为智能家居照明灯开关传感器，可避免照明时间浪费，从而节约能源。

木材纳米发电机除保留了木材可用于室内设计的特性，包括其机械坚固性和暖色外，对木材进行功能化的策略有很多，并且简单易行，可以在工业水平上进行扩展。此外，木材被认为是陆地生态系统最大的碳库，它在整个生命周期中从大气中吸收二氧化碳转化为糖类、氧气和有机物，从而起到固碳作用，并为人类提供生物质和生物质能。因此，新开发的木材纳米发电机具有高效、可持续和可扩展的特性。这些特性不仅有助于开发木质智能家居环境，并且可拓展木材纳米发电机在智能建筑中作为绿色能源的应用。

6.6　电催化木材

6.6.1　电催化与能源

在保护环境的同时，为未来创造全球规模的可持续能源体系是当今人类面临的最重要的挑战之一。2013年全球能源需求量达18TW（太瓦），绝大多数（约80%）来自化石资源（煤炭、石油和天然气）。随着世界人口的不断增长和工业化的不断推进，预计全球能源需求将从2013年的18TW进一步增加到2040年的24TW（新政策）或26TW（现行政策），相应的，二氧化碳排放量从2013年的32亿吨/年增加到2040年的37亿吨/年或40亿吨/年。因此，能源供应尤其是与化石燃料使用相关的气候变化问题受到人们的极大关注，开启了太阳能、风能和水力发电等可再生能源来丰富能源来源方式，以减少对化石燃料的依赖。

电力行业占全球能源的比例约为12%，因此可再生电力的更大突破对于全球能源结构的调整是很重要的。其他可持续发展需要的重点能源行业还包括交通和化学工业。2010年交通运输占全球能源的19%；运输能源的43%用于轻型车辆，其中电气化已经起到了减碳的作用，其余的57%用于商业运输的海运、航空、铁路及电气化更具挑战性的重型道路车辆。预测显示：在未来几十年，轻型运输能源需求会保持相对平稳。然而，2010~2040年，商业运输能源使用量预计将增长2/3左右。由于化学燃料对于这个行业来说更为成熟和方便，因此人们对于开发这种燃料的可持续发展方式有着浓厚的兴趣。

在2010年，生产工业化学品的能源占全球能源的8%，几乎全部来自化石燃料。为了满足全球对塑料和化肥等产品的需求，化工行业的能源消耗量预计在2010~2040年将增长约2/3，如氢（5000万吨/年）、过氧化氢（220万吨/年）、乙烯（11 500万吨/年）、丙烯（7300万吨/年）、甲醇（4000万吨/年）和氨（17 500万吨/年），可持续的无化石燃料生产途径可以在减少二氧化碳排放方面发挥重要作用，同时提供全球日常生产所需的化学品。

图6.72显示了通过替代或与常规能源生产协同工作，生产重要燃料和化学品（包括氢气、碳氢化合物、含氧化合物和氨）可能的可持续途径（Seh et al., 2017）。地球大气层提供了水、二氧化碳和氮气等通用原料，如果可以开发出具有所需性能的电催化剂，则可以通过与可再生能源耦合的电化学过程将这些原料转化为上述产物。例如，由电催化析氢和析氧半反应组成的水分解反应可作为氢气的可持续来源已经引起了高度的重视。氢气是一种引人注目的能源载体，可用于燃料电池中产生清洁电力，发生氢氧化和氧还原反应将化学能转化为电能。过氧化氢是纸浆漂白和水处理行业的重要化学品，可通过氧还原反应（ORR）进行生产。从大气中或直接从源头捕获的二氧化碳，通过初步电还原将之转化为燃料、日用化学品、精细化学品、聚合物和塑料等的前驱体。同样，电还原可将氮气还原成氨，可以使肥料在使用地点和所需浓度下可持续地和局部地生产，从而消除了僵化的大规模集中的哈伯-博施（Haber-Bosch）法工艺所导致的分配成本。实现这一愿景的关键是开发改进的电催化剂，对所涉及的化学转化具有适当的效率和选择性。

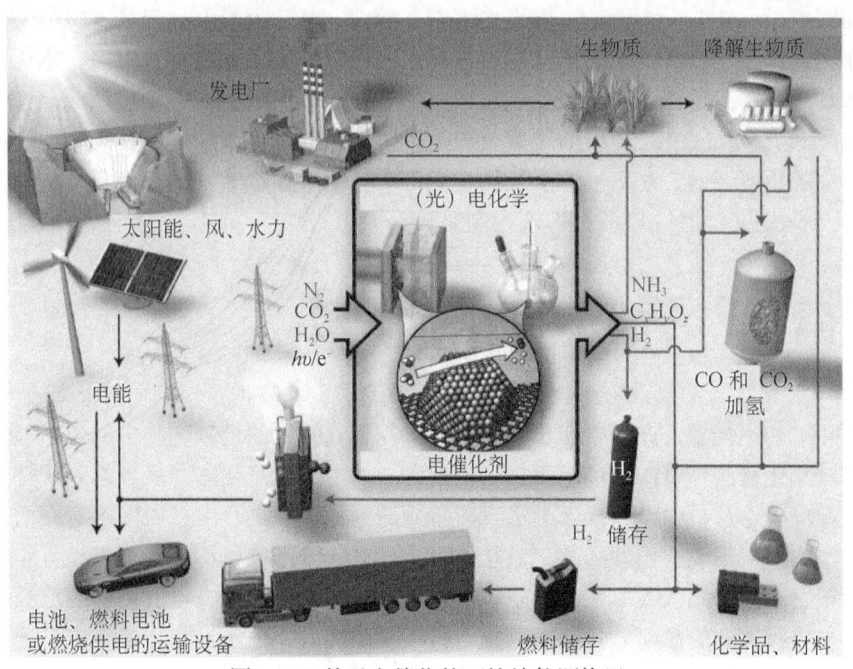

图6.72 基于电催化的可持续能源格局

6.6.2 电催化反应的基本规律

许多化学反应尽管在热力学上是有利的,但它们自身并不能以显著的速率发生,必须利用催化剂来降低反应的活化能,提高反应速率。电催化反应是在电化学反应的基础上,利用催化材料作为电极或在电极表面修饰催化剂材料,从而降低反应的活化能,提升电化学反应的速率。电极反应是发生在电极/溶液界面上的异相氧化还原反应。其主要特征是,伴随着电荷在两相之间转移,同时会在两相界面上发生化学变化。电催化的共同特点是反应过程包含两个以上的连续步骤,且在电极表面生成化学吸附中间物。许多由离子生成分子或使分子降解的重要电极反应均属于电催化反应,主要分成以下两类(孙世刚,2013)。

(1) 第一类反应　　离子或分子通过电子传递步骤在电极表面产生化学吸附中间物,随后化学吸附中间物经过异相化学步骤或电化学脱附步骤生成稳定的分子,如氢电极过程、氧电极过程等。

1) 酸性溶液中氢的析出反应(HER)。

$$2H_2O \longrightarrow 2H_2 + O_2 \text{(总反应方程式)} \tag{6.38}$$

$$H^+ + M + e^- \longrightarrow MH \text{(质子放电,Volmer 机制)} \tag{6.39}$$

$$MH + MH \longrightarrow H_2 + 2M \text{(化学脱附或表面复合,Tafel 机制)} \tag{6.40}$$

$$H^+ + MH + e^- \longrightarrow H_2 + M \text{(电化学脱附,Heyrovsky 机制)} \tag{6.41}$$

2) 氢的氧化反应(HOR):分子氢的阳极氧化是氢氧燃料电池中的重要反应,而且被视为贵金属表面氧化反应的模型反应,包括解离吸附和电子传递,过程受 H_2 的扩散控制。

$$H_2 + 2Pt \longrightarrow 2PtH \tag{6.42}$$

$$PtH \longrightarrow Pt + H^+ + e^- \tag{6.43}$$

氢电极的反应是非常重要的反应,它有诸多方面的应用:第一,用氢电极反应来构建参比电极,如标准氢电极(SHE)和可逆氢电极(RHE);第二,氢的吸脱附反应在发展电化学理论方面具有重要作用;第三,许多重要的电化学过程都包含析氢反应,如电解、电镀、电化学沉积、电化学能源和传感器等;第四,氢阳极氧化反应是质子交换膜燃料电池的阳极反应。

3) 氧的还原反应(ORR):氧的还原反应是燃料电池的阴极还原反应,其动力学和机制一直是电化学研究的重要课题。在水溶液中氧的还原可以按两种途径进行。

A. 直接的 4 电子途径(以酸性溶液为例):

$$O_2 + 4H^+ + 4e^- \longrightarrow 2H_2O \quad (E=1.229V) \tag{6.44}$$

B. 2 电子途径(或称过氧化氢途径):

$$O_2 + 2H^+ + 2e^- \longrightarrow H_2O_2 \quad (E=0.67V) \tag{6.45}$$

$$H_2O_2 + 2H^+ + 2e^- \longrightarrow 2H_2O \quad (E=1.77V) \tag{6.46}$$

直接的 4 电子途径经过许多中间步骤,其间可能形成吸附的过氧化物中间体,但总结果不会导致溶液中过氧化物的生成;而过氧化物途径在溶液中生成过氧化物,后者再分解转变为氧气和水,属于平行反应途径。如果通过 2 电子反应生成的过氧化氢离开电极表面的速度增加,则过氧化氢就是主产物。对于燃料电池而言,2 电子途径对能量转化不利,氧气只有经历 4 电子途径的还原才是期望发生的。氧气还原是经历 4 电子途径还是 2 电子途径,电催化剂的选择是关键,它决定了氧气与电极表面的作用方式;而区别电极反应是经历 4 电子途径还是 2 电子途径的方法,是通过旋转圆盘电极和旋转环盘电极等技术检测反应过程中是否存在过氧化物中间体。

(2) 第二类反应　　反应物首先在电极表面进行解离式或缩合式化学吸附,随后化学中间物或吸附反应物进行电子传递或表面化学反应,如甲酸电氧化是通过双途径机制实现的。

1) 活性中间体途径:

$$HCOOH+2M \longrightarrow MH+MCOOH \qquad (6.47)$$

$$MCOOH \longrightarrow M+CO_2+H^++e^- \qquad (6.48)$$

2) 毒性中间体途径:

$$HCOOH+M \longrightarrow MCO+H_2O \qquad (6.49)$$

$$H_2O+M \longrightarrow MOH+H^++e^- \qquad (6.50)$$

$$MCO+MOH \longrightarrow 2M+CO_2+H^++e^- \qquad (6.51)$$

在毒性中间体途径中生成的吸附态 CO_{ad}[①]和其他含氧的毒性中间体的氧化,能够被共吸附的一些含氧物质所促进,对于 Pt 和 M 组成的双金属催化剂,在铂位上的有机小分子(甲醇、甲酸、乙二醇等)发生解离吸附形成吸附态 CO_{ad},而被邻近 M 位上于较低电位下生成的含氧物质所氧化。因此,设计、制备双金属催化剂成为提高有机小分子直接燃料电池性能的重要途径之一。

电催化反应与异相化学催化反应具有相似之处,然而电催化反应具有自身的重要特征,突出的特点是其反应速度不仅与温度、压力、溶液介质、固体表面状态、传质条件等有关,而且受施加于电极/溶液界面电场的影响,表现在以下几个方面:①在上述第一类反应中,化学吸附中间物是由溶液中物质发生电极反应产生的,其生成速度和电极表面覆盖度与电极电位有关;②电催化反应发生在电极/溶液界面,改变电极电位将导致金属电极表面电荷密度发生改变,从而使电极表面呈现出可调变的路易斯酸-碱特征;③电极电位的变化直接影响电极/溶液界面上离子的吸附和溶剂的取向,进而影响电催化反应中反应物质和中间物质的吸附;④在上述第二类反应中形成的吸附中间物质通常借助电子传递步骤进行脱附,或者与在电极上的其他化学吸附物质(如 OH^- 或 O_2^-)进行表面反应而脱附,其速度均与电极电位有关。由于电极/溶液界面上的电位差可在较大范围内随意地变化,通过改变电极材料和电极电位可以方便而有效地控制电催化反应速率和选择性。

6.6.3 电催化反应的主要性能参数

6.6.3.1 经典测量方法

标准的电化学测试体系一般由电化学工作站、三电极电解池、电极(工作电极、对电极、参比电极)和电解液组成。20 世纪 50 年代前后经典的电化学研究方法已经逐渐确立,主要分为两类:一类是电极过程处于稳态时进行的测量,称为稳态测量方法;另一类是电极过程处于暂态时进行的测量,称为暂态测量方法。在暂态阶段,电极电势和电极表面的吸附状态及电极/溶液界面扩散层内的浓度分布等都随时间变化;在稳态阶段,电极反应仍以一定的速度进行,然而各变量(电流和电势等)已不随时间变化;暂态和稳态是相对而言的,从暂态到稳态是一个逐渐过渡的过程。稳态的电流全部是由电极反应所产生的,它代表着电极反应进行的净速率;而流过电极/溶液界面的暂态电流则包括了法拉第电流和非法拉第电流。暂态法拉第电流由电极/溶液界面的电荷传递反应所产生,通过暂态法拉第电流可以定量计算电极反应;暂态非法拉第电流是由双电层的结构变化引起的,通过非法拉第电流可以研究电极表面的吸附和脱附行为,测定电极的实际表面积。经典的电化学研究方法有循环伏安法、电位阶跃法、恒电流电解法、旋转圆盘电极法、旋转环盘电极法和交流阻抗法等(杨辉,2001;胡会利,2019;贾铮,2006)。

---

① 下标 ad 表示吸附中间体

1）循环伏安法（cyclic voltammetry，CV）：一种最常用的控制电位技术。在电化学循环伏安研究中，电极电位随时间以恒定的变化速度（v）在设定的上限（E_U）和下限（E_L）电位之间循环扫描，同时记录电流随电极电位的变化曲线（即循环伏安曲线，也记为 CV 曲线）。由于电流正比于电极反应的速率，电极电位代表固/液界面电化学反应体系的能量，因此电化学循环伏安曲线实际上给出了电极反应速率随固/液界面反应体系能量连续反复变化的规律。该方法可用来进行初步的定性和定量研究，推断反应机制和计算动力学参数等，已被广泛用于测定各种电极过程的动力学参数和鉴别复杂电极反应的过程。

2）电位阶跃法（potential step method）：一种控制电位技术，即从无电化学反应的电位阶跃到发生电化学反应的电位，同时测量流过电极的电流或电量随时间的变化，进而计算反应过程的有关参数。

3）恒电流电解法（constant current electrolysis）：一种控制电流技术，控制工作电极的电流，同时测定工作电极的电位随时间的变化。在实验过程中，施加在电极上的氧化或还原电流引起电活性物质以恒定的速度发生氧化或还原反应，导致了电极表面氧化-还原物质浓度比随时间的变化，进而导致电极电位的改变。

4）旋转圆盘电极法（rotating disk electrode，RDE）：一种强制对流的技术，即将圆盘电极顶端固定在旋转轴上，电极底端浸在溶液中，通过马达旋转电极，带动溶液按流体力学规律建立起稳定的强对流场。旋转圆盘电极法最基本的实验就是在这种强迫对流状态下，测量不同转速的稳态极化曲线。

5）旋转环盘电极法（rotating ring disk electrode，RRDE）：为旋转圆盘电极法的重要扩展。它在圆盘电极外，再加一个环电极，环电极与盘电极之间的绝缘层宽度一般为 0.1～0.5mm。环电极和盘电极在电学上是不相通的，由各自的恒电位仪控制。旋转环盘电极特别适用于可溶性中间产物的研究，可以用于简单电极反应动力学参数（扩散系数、交换电流和传递系数）的测量。旋转环盘电极技术最典型的研究体系就是氧还原反应，在盘电极上进行氧阴极还原，环电极收集盘电极产生的中间产物 H_2O_2，由此可以很方便地判断反应过程是 4 电子还是 2 电子途径。

6）交流阻抗法（electrochemical impedance spectroscopy，EIS）：前面几种方法都是对体系施加一个大的扰动信号，使电极反应处于远离平衡态的状态下研究电极过程。交流阻抗法是用小幅度交流信号扰动电极，观察体系在稳态时对扰动的跟随情况。目前，交流阻抗法已成为研究电极过程动力学及电极界面现象的重要手段。交流阻抗法通过在很宽频率范围内测量的阻抗频谱来研究电极体系，可以检测电极反应的方式（如电极反应的控制步骤是电荷转移还是物质扩散，或是化学反应），测定扩散系数（D）、交换电流密度（j_0）及转移电子数（n）等有关反应的参数，推测电极的界面结构和界面反应过程的机制，因而能得到比其他常规电化学方法更多的动力学和有关界面结构的信息。此外，交流阻抗法还被广泛用于研究直接甲醇燃料电池电极反应动力学，金属腐蚀和防护过程，以及聚合物电解质的电导率和界面性质等。

6.6.3.2 非传统电化学研究方法及其进展

对每一个具体的研究体系，当深入认识了其电极反应和电极过程后，就可以设计电极反应来突出人们所要研究的过程、抑制不需要的过程；同时也可以改变电极材料，更进一步地发展新的电催化材料。固/液界面的性质及所发生的过程，对确定自然界的行为有着特别重要的作用。因此，寻求能够提供准确描述这种界面上分子间、分子内结构及界面过程的动力学和能量学信息的方法非常重要。如上所述，传统的电化学方法主要以电信号作为激励和检测手段，通过电信号（波形发生器、恒电位仪、记录仪（或计算机）和锁相检测装置等常规设备，获得固/液界面的各种平均信息，从而实现表征电极表面和固/液界面结构，研究各种电化学反应的动力学参数和反应机制。在研究电催化剂的性能时，最常用到的且简单直观的方法是循环伏安法，它给出电极反应速率随固/液界面反应体系能量连续反复变化的规律，因此该方法可用于评估催化剂的活性和稳定性，推断反应机制和计算动力学参数等。但单纯电化学测量不能对反应参数或中间体的鉴定提供直接信息，同样也不能从分子水平上提供电极/溶液界面结构的直接证据。简单来说，常规电化学研究方法是以电信号为激励和检测手段，电信号能提供电化学体系的各种微观信息的总和，难以准确地鉴别复杂体系的各反应物、中间物和产物，并解释电化学反应机制。近年来，由光谱学方法与常规电化学方法相结合产生的光谱学电化学技术成为在分子水平上现场表征和研究电化学体系不可缺少的手段。

在电信号以外引入不同能量的光子原位探测固/液界面，可获得进一步的分子水平上的信息，构成了当今各种电化学原位谱学方法（红外光谱、拉曼光谱、紫外-可见光谱、X射线、二次谐波、合频光谱等）。不同的电催化材料组成的固/液界面具有不同的双电层结构和不同的反应能垒，应用电化学原位谱学方法，可在电化学反应的同时原位探测固/液界面，获得电极/溶液界面分子水平和实时的信息，从而在分子水平层面快速、方便地研究发生在固/液界面的表面过程和反应动力学。它在研究电极反应的机制，电极表面特性，鉴定参与反应的中间体和产物性质，测定电子转移数、电极反应速率常数及扩散系数等方面发挥着巨大的作用。光谱电化学方法可以用于电活性、非电活性物质的研究，以及吸附分子的取向，确定表面膜组成和厚度等。

1）电化学原位红外光谱（electrochemical *in situ* IR spectroscopy）：是研究固/液界面发生的电化学过程强有力的方法，它可以得到在电信号激励下电极表面物质的吸脱附及分子的成键和取向等信息，是一种适用于研究电极材料的性能和结构的关系及电催化反应机制的方法。其不仅能够用于研究电催化剂表面和附近物质的结构信息，还可获得物质在电化学反应前后的变化情况，有助于在分子水平上揭示电化学催化过程的机制和动力学，从而推动电化学理论取得进一步的发展。近年来，电化学原位红外光谱方法又有了新的突破，具有时间和空间分辨的原位光谱方法应运而生，促进了对快速电化学反应和电催化剂表面微区的结构与性能的研究，进一步拓宽了电化学的研究对象和领域。

2）电化学原位拉曼光谱（electrochemical *in situ* Raman spectroscopy）：和电化学原位红外光谱是互补的分子振动光谱方法。红外光谱受溶剂吸收（尤其是水溶液体系）的影响和在低能量时（<200cm^{-1}）窗片材料吸收所限制，而拉曼光谱，特别是表面增强拉曼光谱（SERS）具有在多种溶剂中和宽广的频率范围研究表面及其过程的能力。

此外，随着原位表征技术的发展，研究者发现大部分的催化剂，特别是过渡金属基催化剂表面，在电催化氧化或还原过程中会发生结构的重建。电催化反应是一种典型的发生在电催化剂表面的多相催化反应，而催化剂表面的结构性质影响着电催化中吸附、活化和脱附过程，因此，电催化剂的表面重建将极大地改变催化的活性。深入了解催化过程及正确识别活性位点对于阐明催化的机制和促进先进电催化剂的发展是至关重要的。例如，Gao等（2021a）采用原位拉曼测试证明了铁酸镍纳米颗粒（NiFe$_2$O$_4$ NP）在析氧反应（OER）过程中发生表面重建并形成(Ni, Fe)OOH活性物质。他们还采用光热效应以促进表面重建发生在更低的电压下（1.36V），而无光热效应辅助的OER需在较高的电压下（1.41V）发生表面重建。结合电催化析氧性能测试和理论计算结果发现：相比于原始的NiFe$_2$O$_4$，重建形成的(Ni, Fe)OOH物质在OER反应中的自由能更低，说明重建后形成了更具活性的催化物质，且表面重建有利于提高OER性能。

3）原位紫外-可见光谱电化学法（electrochemical in situ UV-vis spectroscopy）：要求研究的体系在紫外-可见区域内有光吸收变化，该方法仅适用于研究含有共轭体系的有机物质和在紫外-可见光谱范围内具有光吸收的无机化合物。

4）电化学石英晶体微天平（electrochemical quartz crystal microbalance，EQCM）：是研究电极表面过程的一种有效方法，它能同时测量电极表面质量、电流和电量随电位的变化情况。与法拉第定律结合，可定量计算单位法拉第电量所引起的电极表面质量变化，为判断电极反应机制提供丰富的信息。Zhong 等用电化学石英晶体微天平方法研究了"核-壳"型 Au-Pt 纳米结构催化剂对甲醇氧化的促进作用，研究表明在含甲醇的碱性电解质溶液中，当电位正向扫描到 0.8V 时，Au 表面氧化物质的量是不含甲醇时的 4 倍，表明甲醇加速了 Au 氧化物质的形成。而 Au 上表面氧化物质加速了甲醇脱氢氧化反应中间体的进一步氧化。因此，"核-壳"型 Au-Pt 纳米粒子对甲醇和 CO 的氧化表现出很高的催化活性。

5）微分电化学质谱（differential electrochemical mass spectroscopy，DEMS）：是连接电化学检测和离子检测之间的桥梁，可以快速跟踪对应于测量电流的质量变化。在某些情况下，微分电化学质谱也和椭圆偏振仪及二次谐波发生器（SHG）联合使用。DEMS 可原位检测电解质溶液中反应产物和中间体的浓度随电位的变化。Willisau 等用微分电化学质谱和同位素标记研究了有机小分子（HCOOH、CH$_3$OH 和 CH$_3$CH$_2$OH）解离吸附的中间体，提出 HCO$_{ad}$ 是 HCOOH 和 CH$_3$OH 氧化及 CO$_2$ 还原的中间体，而 CH$_3$CH$_2$OH 氧化的中间体是 CH$_3$CO$_{ad}$。

6）电荷置换法（charge displacement）：在固/液界面环境中，溶液中的离子十分容易在铂族金属单晶表面吸附。为了深入研究吸附过程，进一步认识单晶催化材料的性能，Feliu 等提出了电荷置换法，即在给定电极电位用 CO 置换预先吸附在电极表面的物质，同时记录流过电路的电流随时间的变化，进一步积分电流-时间曲线获得吸附层被 CO 完全置换所需的电量。CO 是中性分子，能与铂族金属形成很强的化学键，因此能置换任何预先吸附的物质。因此，电荷置换实验中电流的符号可为鉴别单晶电极表面吸附物质提供依据。同时，置换电量的测量还有助于从 CO$_{ad}$ 的氧化电量准确计算其覆盖度。电荷置换法一个更重要的应用是可以测量铂族金属单晶电极的零全电荷电位（potential of zero total charge，PZ-TC）。零全电荷电位在深入认识电催化和电子传递现象等方面具有十分重要的意义。

7）密度泛函理论（density functional theory，DFT）：是电催化体系中常用到的定量计算方法（Gao et al.，2021b）。密度泛函理论是一种研究多电子体系电子结构的量子力学方法。电子结构理论的经典方法是基于复杂的多电子波函数的。密度泛函理论的主要目标就是用电子密度取代波函数作为研究的基本量，无论在概念上还是实际中都更方便处理。密度泛函理论的概念起源于托马斯-费米模型，但直到霍恩伯格-科恩定理提出之后才有了坚实的理论依据（Hohenberg and Kohn，1964）。霍恩伯格-科恩第一定理指出体系的基态能量仅仅是电子密度的泛函。霍恩伯格-科恩第三定理证明了以基态密度为变量，将体系能量最小化之后就得到了基态能量。密度泛函理论最普遍的应用是通过科恩-沈（Kohn-Sham）方法实现的。在 Kohn-Sham DFT 的框架中，最难处理的多体问题被简化成了一个没有相互作用的电子在有效势场中运动的问题。自 1970 年以来，密度泛函理论在固体物理学的计算中得到广泛的应用。在多数情况下，与其他解决量子力学多体问题的方法相比，采用局域密度近似的密度泛函理论给出了非常令人满意的结果，同时所用的费用比实验研究少得多。尽管如此，人们普遍认为量子化学计算不能给出足够精确的结果，直到 20 世纪 90 年代，理论中所采用的近似被重新提炼成更好的交换相关作用模型。密度泛函理论是目前多种领域中电子结构计算的领先方法。尽管密度泛函理论得到了改进，但是用它来恰当地描述分子间相互作用，特别是范德瓦耳斯力，或者计算半导体的能隙还是有一定困难的。DFT 在 90 年代得到迅速发展,主要用于计算定量分子与类固体的电子结构和性质。研究主要集中在两方面:第一是用 DFT 去定量地推测物质的性质,计算分子的结构和总能量;第二是一些多年前提出的基本概念,都缺少精确的定义,甚至连物理量单位都不一致。根据密度泛函理论,可以对化学概念给予精确的定义和解释。Kohn 由于发展了密度泛函理论,成为 1998 年诺贝尔化学奖得主之一。

6.6.4 电催化木材的研究进展

6.6.4.1 电催化木材的发展

木材作为一种可再生、可降解的环保材料,资源的短缺及环境的恶化使人们对其越来越重视。为了缓解能源压力,研究人员一直致力于研究并设计绿色、高效的电催化剂来提高电解水制氢效率。为了避免使用贵金属催化剂,研究人员提出可以使用生物质多孔碳材料制备催化剂(胡伟航等,2021)。但是,通过自下而上的方法合成的多孔材料一般为粉末状,不能自支撑,因此在测试前需要将粉末催化剂制成浆料涂覆在玻碳电极或者碳纸等基底上,这将不可避免地影响催化剂的催化性能。与其将生物质材料分解为分子前驱体,再将它们重组成掺杂的碳粉,不如直接利用木材的天然孔隙结构来制备自支撑催化剂,这个制备过程更简单、节能。因此,在环境、资源及电催化性能的三重需求下,对木材进行功能化改良制备木材基电解水催化剂十分有意义。

木材及其衍生物作为电子器件的电极材料之所以引起了研究人员的极大兴趣,除其具有可再生、环保、天然丰富和生物可降解的特点外,木材还具有一些独特的优势。例如,其层次分明、复杂有序的多尺度分级结构赋予了木材优异的机械性能和完整性、可调的多功能;炭化后的木材具有优异的导电性、较大的比表面积和被保留下来的层层堆叠的多孔结构,有利于电子和离子的快速传输;等等。其在能量存储和转换器件,包括电极、集流体、隔膜及模板或基底材料等中有着广阔的应用前景。

总的来说,以木材为基底合成电催化剂具有以下三点独特的优势:①催化剂的稳定性高,利用木材表面丰富的羟基官能团,可以使催化剂在木材表面均匀生长;②其催化活性高,利用木材的三维多孔结构,赋予催化剂较高的比表面积,并且能使催化剂与反应物充分接触,促进离子、电子的传输及溢出气体的扩散,有利于催化剂活性的提高;③催化材料易于回收且具有资源可再生性,木材碳骨架具有良好的机械性能,反复多次使用仍能保持良好的形状,循环使用性较好。上述优势对制备绿色、高效的电催化剂具有重要的意义。

6.6.4.2 导电木材基底

目前,常用的研究方法是将天然木材直接炭化,既能将木质材料转化为非晶态碳,赋予木材基底高导电性,又能保持木材的分级多孔结构。这种方法被称为炭化策略,已被广泛用于制备高导电性的电催化木材基底,并用于电化学领域(Sheng et al., 2020)。炭化木材是一种通过氧气限制热解处理木材得到的含碳固体残渣,炭化木材具有较大的比表面积,其丰富的孔结构有助于电解质的快速渗透及电子的快速转移。早在 20 世纪 90 年代初,就已有炭化木材用于先进材料的研究。之后,通过各种修饰及活化策略,炭化木材被进一步开发用作能量存储和电极转换材料。自 2013 年起,木材衍生材料的应用进一步扩展到钠离子电池等领域。与传统电极材料相比,木材电极具有层次化的多孔结构、优越的机械性能、高的电导率,以及实现活性材料大面积质量负载的潜力等独特优势。

例如，Chen 等（2018a）以天然木材为模板制备了不对称超级电容器，该电容器由活性木炭阳极、薄的木质隔膜和 MnO_2/木材碳阴极组成。垂直定向通道能够快速浸入电解质溶液，使其充分接触并实现离子快速迁移，进一步促进了其速率性能。木基电极材料和隔膜材料构成了一种全木结构的超级电容器，具有低成本、环保和可生物降解的特点，而且其性能优越。受天然木材结构的启发，Hu 等还用木材作为模板，通过简单的溶胶-凝胶渗透并进行煅烧，制造出超厚的 $LiCoO_2$ 阴极电极。得到的电极弯曲度低，有利于缩短 Li^+ 的传输路径，促进电解液的有效扩散，从而提高了此电极的面积容量和速率性能。

同样地，受木材丰富的天然多层次孔隙和定向微通道的启发，Tao 等提出了一种将活性纳米粒子封装到炭化木材骨架中的通用策略。通过浸渍吸附、高温炭化合成了牢固生长于炭化木材基底上且包覆有 FeCo-P 活性纳米颗粒的碳纳米管复合电催化剂（FeCo-P@NCNT/CW），并且这些催化剂完整保留了天然木材的结构。所制备的 FeCo-P@NCNT/CW 催化剂具有超高的 OER 活性和良好的稳定性，达到 $50mA/cm^2$ 的电流密度仅需 180mV 的过电势及 60.9mV/dec 的塔费尔斜率（Tafel slope）。此外，在 $50mA/cm^2$ 的电流密度下进行了 200h 计时电位法测试，结果显示仅有 4.2% 的电压衰减。而 Wang 等直接通过两步炭化法制备了嵌入 Co 纳米颗粒（Co@N-HPMC）的木材衍生物分层多孔整体碳基体。木材具有众多排列开放的微通道、丰富的孔隙率和高导电性，能够提供快速的电子传递和质量传输，而嵌入的 Co 纳米粒子具有高分散性和与木材的强协同作用，提供了丰富的高活性位点，表现出良好的电催化分解水性能，析氢反应和析氧反应达到 $10mA/cm^2$ 的电流密度分别需要过电势 128mV 和 297mV（Tao et al.，2020）。

Hui 等（2020）设计了一种自支撑的木基碳骨架，该碳骨架与碳纳米管和氮掺杂的多层石墨烯包裹的镍铁合金纳米粒子相结合，用于析氢反应。由于木材结构的开放性和低弯曲度，在析氢反应过程中电解质很容易渗透到催化剂的多孔骨架中，催化剂表面生成的氢气很容易从微通道中释放出来而不阻断传质通道。这种自支撑催化剂因其独特的结构显示出高的电催化活性和优越的析氢循环耐久性。

虽然木材可以用作电催化材料，但这些材料本身并没有表现出足够高的催化活性，必须在这些材料上加载活性物质才能作为高效催化剂。目前，常见的木材炭化方法有以下 5 种（Borghei et al.，2018）。

1）水热/离子热法：水热炭化通常在 200℃ 以下的温和条件下，在水介质中通过脱水、缩合、聚合和芳构化将木材转化为炭材料。一般来说，水热炭化衍生的碳材料具有较低的表面积（$<10m^2/g$）和较差的电子导电性，因此需要进一步地活化和石墨化。离子液体（IL）相较于水溶液具有良好的稳定性、抑制溶剂挥发性和热稳定性，研究者进而发展出了离子热炭化（ITC）的方法。

2）化学/物理活化法：化学活化通常是用造孔剂（如 NaOH、KOH、H_3PO_4、$ZnCl_2$）浸渍生物质，然后在 300℃ 以上热解从而得到多级孔碳材料。物理活化分两步进行：在惰性气氛中（400～500℃）进行初步炭化，然后在较高温度（900～1000℃）条件下使用蒸汽或二氧化碳进行活化。氨气热解也是一种常用的物理活化法，可以通过碳蚀刻产生较高的比表面积。

3）硬/软模板法：在硬模板法中，有序的无机固体如介孔二氧化硅、沸石或黏土被用作牺牲骨架，以诱导热解过程中孔隙的形成。软模板法则为在溶液中碳前驱体和一些聚合物或表面活性剂进行组装，后续炭化、去模板，以制备多孔活性炭材料。

4）气凝胶炭化法：为了避免使用化学活化或模板的方法，以淀粉、壳聚糖/甲壳素、纤维素等可制备高孔隙率的气凝胶，然后炭化形成碳气凝胶。

5）自模板热解法：自模板热解法是最近发展的策略，其利用木材中天然包含的无机元素，炭化之后用温和的酸性溶液除去，其有助于在热解和炭化期间形成孔隙。

6.6.4.3 木材纳米纤维基电催化剂

以天然的木材为原料，经过物理化学处理，可制备得到木材纳米纤维材料，有环保可再生、原料丰富、生物相容性好、可生物降解等特点，被广泛用于设计和研发新型木材基复合功能材料。以天然木材纳米纤维材料为原料制备新型电催化剂不仅可以减少化石资源的使用，还可以有效降低温室效应。将其应用于新能源和新材料领域，可替代不断枯竭的石化资源和材料，并已成为未来新材料领域的发展趋势。

木材纳米纤维最开始是作为氧还原（ORR）催化剂被应用于电催化领域的。直到近年来，研究者开始将其应用于HER和OER领域。Mulyadi等（2017）用以纸浆纤维为原料制备的纳米纤维为碳骨架，将N、P掺杂的碳纳米粒子负载于N、S掺杂的纳米纤维碳网络上，制备的非金属催化剂同时具有优异的ORR性能和HER性能。将这种非金属催化剂用于碱性HER反应时，起始电位为233mV，电流密度达到10mA/cm^{2}时，过电势仅为331mV，塔费尔斜率为99mV/dec，性能优于很多其他的非金属催化剂。经分析后认为，优异的催化性能归因于充分暴露的高活性N、P掺杂的碳结构，N、P掺杂碳与N、S掺杂纳米纤维碳气凝胶的良好界面结合，以及掺杂了N、S的纳米纤维高导电通道。因此，纳米纤维在催化活性表面的暴露、促进催化剂电子传递等方面起到了至关重要的作用，这些都促进了催化剂催化活性的提高。

通过优化催化剂的结构和力学性能，可以进一步提高催化剂的活性和稳定性。通常OER涉及电催化剂表面的O_2产生过程，然而在固/液界面产生的气泡可能会堵塞部分电催化活性表面，从而显著抑制反应动力学，阻碍催化反应的进行。因此，性能优化的一个有效策略是在电极结构中引入孔隙、裂纹或者通道。与二维平面结构相比，三维多孔电极材料由于具有较高的催化剂负载量、较大的比表面积和丰富的通道结构，有望具有良好的催化性能。Cao等（2015）在纤维素纳米纤维（CNF）骨架上原位生成钴基纳米球，制备了一种新型的三维电催化剂。制备的CNF@Co催化剂具有互联多孔的三维网络结构，为催化反应提供了丰富的通道和界面，显著促进了催化反应过程中的传质和氧析出。制备的CNF@Co具有良好的OER活性，以Ag/AgCl电极为标准电极电势，其起始电位为0.445V。在1mol/L的KOH电解质中，仅需314mV的过电势就能达到10mA/cm^{2}的电流密度。此外，CNF@Co催化剂具有良好的稳定性，甚至优于贵金属IrO_2和RuO_2催化剂。

因此，木材纳米纤维作为一种绿色、原料丰富且具有活性化学表面的新型纳米碳材料，可以调控催化剂的微观结构、暴露催化剂的活性位点、增加导电性等，可替代碳纳米管和石墨烯等以化石资源为原料的纳米碳材料作为骨架应用于电催化领域。

6.6.5 电催化木材性能的影响因素

电催化最早是由Kobozev于1936年提出的，此后电催化的研究工作比较少。直至20世纪60年代以来，在发展不同种类燃料电池的触动下，电催化的研究才广泛开展。在实际的电催化体系中，催化剂都是由纳米粒子及其所负载的导电载体（碳）组成的。催化反应主要在表面进行，其关键在于催化剂表面原子与反应分子之间的相互作用。因此，纳米粒子催化剂的晶面组成、粒子尺度及其分布和表面结构等相关因素直接决定了催化剂的性能。醇类燃料电池以其能量密度高、运行温和及携带方便等引起了人们的广泛关注，并取得了一定的进展。然而催化剂的活性、稳定性、使用寿命和价格仍是制约醇类燃料电池商品化的瓶颈问题。现阶段铂基催化剂仍然是不可替代的催化剂材料，催化剂研制的目标是在保证催化剂的催化活性、稳定性和使用寿命的同时减小催化剂的载量，提高贵金属特别是铂的利用效率。因此，提高催化剂的性能是关键，要从催化剂的组成、尺寸、电子结构和载体等因素综合考虑。

6.6.5.1 木材的结构效应对电催化反应速率的影响

具有不同结构、相同化学组成的催化材料，其电催化分解水的活性存在差异，就是源于它们具有不同的表面几何结构。电催化中的表面结构效应起源于两个重要方面。首先，材料的性能取决于其表面的化学结构（组成和价态）、几何结构（形貌和形态）、原子排列结构和电子结构；其次，几乎所有重要的电催化反应如氢电极过程、氧电极过程、氯电极过程和有机分子氧化及还原过程等，都是表面结构敏感的反应。因此，对电催化中的表面结构效应的研究不仅涉及在微观层次深入认识电催化材料的表面结构与性能之间的内在联系和规律，而且涉及分子水平上的电催化反应机制和反应动力学，同时还涉及反应分子与不同表面结构电催化材料的相互作用（反应分子吸附、成键，表面配位，解离，转化，扩散，迁移，表面结构重建等）的规律。催化剂载体是电催化体系中非常重要的部分，对催化剂的性能和电荷的传输有着重要的影响。载体影响催化剂的分散度、稳定性和利用率，具体表现在催化剂粒径的大小和分布，催化剂层的电化学活性区域，催化剂在电催化反应过程中的稳定性和使用寿命等方面。载体影响着电催化的传质过程，电解液离子是否与催化剂层活性位点充分接触，以及物质传输的速度都与载体有着直接或间接的联系。载体的电导率影响着电荷传输效率和速度，这直接影响着催化剂的催化效率。因此，下文以木材为载体，论述其对电催化性能的影响因素。

由于木材的种类和所处地理环境的差异，不同木材显示出不同的微观构造。例如，组成针叶树材（如冷杉、马尾松、侧柏等）的细胞种类少且排列规则，孔结构类型简单；构成阔叶树材（如杨木、泡桐木、轻木等）的细胞种类多，进化程度复杂，其具有更加显著的多层次孔结构。木材作为电催化剂载体，它并不是单单作为惰性载体而存在，它的孔结构和表面性质会影响催化剂的活性和选择性。就木材表面官能团来说，可以在两方面影响催化体系的性能：①影响催化活性粒子的平均颗粒大小；②通过活性粒子与其之间的相互作用影响催化体系内在活性。

一般有三种孔隙，分别为大孔（孔径>50nm）、介孔（孔径为2～50nm）和微孔（孔径<2nm）。不同尺度的孔隙对于改善电催化整体性能的作用是不同的。大孔是电解液浸润和离子、气体扩散的通道；介孔可以有效地分散催化活性粒子，提高活性粒子的利用率；微孔有利于反应离子的累积。因此，大孔和相对大的介孔加速了传质过程，得到了较快的反应速率，小的介孔和微孔提供了丰富的离子调节表面积，从而获得高的反应活性。虽然不同树种木材的结构有所差异，但其都具有多层次的孔结构、各向异性等特殊性质，这些为木材应用于电催化提供了结构基础。

6.6.5.2 木材细胞壁限域空间对电催化性能的影响

材料的结构和组成是决定材料性能的两大关键。随着纳米科技的发展，微纳结构内的化学位点和反应特性引起了人们广泛的研究兴趣。与开放空间不同，限域空间可以通过限域效应调控活性物质的化学、物理性质，增大反应物的局部浓度，进而提高反应速率，增强反应物的选择性及材料的稳定性。Plötze和Niemz（2011）采用压汞法测定木材中的孔径分布，并将木材中的孔隙分为大孔（>500nm）、介孔（80~500nm）和微孔（1.8~80.0nm）；而国际纯粹与应用化学联合会（IUPAC）将多孔材料的孔径分为大孔（>50nm）、介孔（2~50nm）和微孔（<2nm）（Everett，1972）。为便于分析木材在电化学领域的研究，本书将木材中的孔隙分为宏观孔隙（>50nm）、介观孔隙（2~50nm）和微观孔隙（<2nm）。从木材结构上，结构层次分明、构造有序的多层次分级结构和天然形成的宏观、介观、微观孔隙是木材细胞典型的"限域结构"特征；阔叶树材导管、针叶树材管胞、木纤维细胞、树脂道、具缘纹孔口、单纹孔纹孔膜等是木材中的宏观孔隙结构；干燥或湿润状态下细胞壁中的孔隙及微纤丝间隙等是木材中的介观孔隙结构；木材中直径小于2nm 的微观孔隙较少，通常由干燥过程中细胞壁中介观孔隙闭合所产生（王哲和王喜明，2014）。木材细胞壁由胞间层、初生壁和次生壁三层周期性排列的分级层状结构组成。从化学成分上，木材细胞壁的三大组分中都含有可参与化学合成反应的活性基团（—OH、—COOH 等），这是木材细胞壁典型的"限域位点"特征。以上两个限域特征为木材基复合结构单元的先进功能化设计创造了良好的基础。

通过无机纳米粒子与木材间的键合作用原位自组装构筑木材基无机纳米复合材料，是目前广泛采用的木材功能化途径之一。如图 6.73 所示，在原位自组装过程中，无机纳米粒子经过分散、渗透作用进入木材细胞壁微纳结构中，纳米材料表面大量不同状态的活性基团与木材中的活性基团形成键合作用的同时，纳米粒子之间也会形成化学键，进而团聚成大颗粒，难以渗入木材细胞壁纳米层级中；此外，纳米粒子也会在木材细胞壁微纳层级内部聚集，表层纳米粒子与木材间难以形成坚固的结合界面。

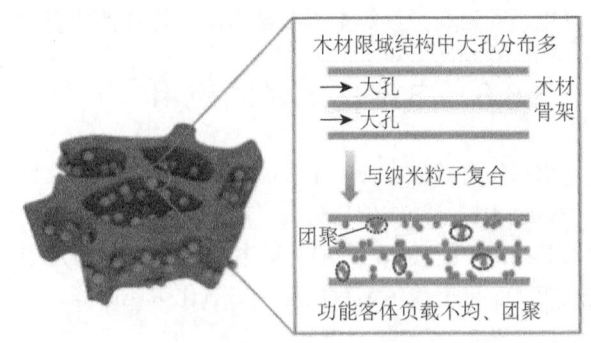

图 6.73 木材与无机纳米粒子二元复合体系示意图

木材细胞壁的限域结构与其主要成分（纤维素、半纤维素、木质素）密切相关，主要成分的结构或形态变化会引起木材细胞壁限域空间内多层次孔结构的重新分布。例如，众多学者从木材细胞壁的主要成分出发，通过部分溶解木质素和半纤维素的脱木质素方法对木材细胞壁限域结构进行设计。然而，木质素和半纤维素在木材细胞壁中都起着增强其结构强度的作用，尽管脱木质素的方法可以显著增加木材管胞壁中的微孔分布，然而由此制得的木材基复合材料的限域结构变得较为松散，更加难以支撑长时间的电催化析氧。此外，通过传统的导电性聚合物单体在木材细胞壁内部原位自聚合，可以有效调控木材基复合材料的限域结构、机械稳定性，并赋予木材良好的导电性和电化学能量转换性能。倪永浩院士团队采用苯胺单体自聚合，生成纳米纤维连接木材细胞壁内部骨架，木材细胞壁自身的限域空间不仅为苯胺单体和电解质离子的进出提供了空间，还可以减缓聚苯胺的聚合作用。同时，复合的聚苯胺纳米纤维相互连接而形成新的限域结构（微孔结构），该结构产生的限域效应提高了复合材料的强度和结构-性能的可调节性，从而实现了木材基复合材料可循环式的电化学能量转换功能。Marion 等以木材为模板，采用聚碳硅烷前体和随后的卤素处理得到一种微孔和介孔限域结构分布均匀的木材基复合材料，微孔/介孔体积高达 1.0cm^3/g，显著提高了限域结构的利用率，赋予了木材基复合材料高度稳定的电化学能量转换性能（Adam et al.，2015）。

6.6.5.3 炭化木材载体的催化性能

木材经高温炭化处理后可作为 3D 导电载体，而炭化后的木材并不是单单作为惰性载体而存在，它可能起着协同催化的作用。有研究表明，在 Pt/C 催化剂上氧还原过程中，铂和炭黑之间在氧还原（ORR）过程中的一个重要事实，即 Pt/C 电催化剂实际上为二元催化剂，碳材料不仅是铂金属纳米粒子的载体，也是电活性成分之一。在此基础上，他们制得了一种新型燃料电池用的阴极系统 C/H_2O_2：以纯碳材料为催化剂来催化液态氧化剂过氧化氢还原。测试结果表明，这类新型阴极系统在无氧、缺氧和空间狭小的条件下，具有一定的催化活性，有很大的潜力来替代贵金属铂/氧气的系统。

构筑一个好的催化剂的木材载体，需要考虑以下几个方面：①选择适合的木材树种，具有适当的比表面积及孔结构，提供高活性表面积，能均匀负载活性物质，为催化反应提供场所；②炭化处理后，木材具有高电导率；③有足够的稳定性，耐酸和抗腐蚀；④不含有任何使催化剂中毒的杂质；⑤制备方便，成本低。

此外，炭化后的木材作为载体的很多性质，如活性位点、孔性质、形态、表面官能结构、电子导电性和耐腐蚀性等都需要被考虑，这些性质影响着制备方法和过程的选择。

6.6.6　电催化木材的应用

木材为自然界中最丰富、廉价的有机碳源，立足当今与未来，拓展开发利用木材资源是解决未来绿色木材能源与催化材料、能源化学品可持续发展问题的关键途径之一。得益于超高的比表面积和高度可调的微观结构，木材已经在多种应用中展现出卓越的优势，包括电催化领域，如析氢反应、空气电池、燃料电池、二氧化碳还原等。

6.6.6.1 析氢反应

氢气拥有 142MJ/kg 的高质量能量密度，是汽油的 3 倍以上，是一种理想的可再生清洁能源。目前大部分氢气都是通过化石燃料的蒸汽重整来生产的，该种制备方式消耗化石燃料、转化率低，同时又产生二氧化碳。电解水产氢是清洁、可持续的制氢方式，反应物与产物均无污染，但需要高效、稳定的催化剂参与。

析氢反应（hydrogen evolution reaction，HER）和氢氧化反应（hydrogen oxidation reaction，HOR）的总称是氢电极反应。氢电极电催化则是指与氢电极反应相关的各种表面与界面现象及过程，以及催化材料和研究方法等。事实上，对析氢反应的研究远早于电催化概念的形成。"电催化"一词由 Kobozev 在 1935 年第一次提出，并在随后的一二十年由 Grubb 及 Bockris 等逐步推广发展。而对析氢反应的研究早在 19 世纪后期就随着电解水技术的出现受到高度重视，并一直作为电化学反应动力学研究的模型反应。作为研究得最早、相对来说最为简单的电催化反应，析氢反应仍是当前电化学研究的活跃内容之一。特别是近年来随着燃料电池和电解水技术发展的需求，电催化析氢反应重新受到重视。

Hui 等（2020）采用简便的化学镀方式对三维结构的木材进行活化处理，在化学镀前对原始木材进行活化处理，制得 Pd^0/木材；经化学镀处理后，在木材表面负载了致密的非晶态镍磷合金粒子（NiP）。此外，对以不同树种木材为基底的 NiP/木材的 HER 性能进行对比实验，结果表明，相比于水曲柳和落叶松，杨木作为基底材料可以获得最优的 HER 性能，即最低的过电位（83mV）和最小的塔费尔斜率（73.2mV/dec）。该研究阐述了木材孔道结构对 HER 性能的影响，包含针叶树材（落叶松）和阔叶树材（水曲柳和杨木）。针叶树材的孔道结构是均匀的，而阔叶树材同时具有大小孔道。然而，不同树种的木材具有极其相似的微孔和介孔结构，除了木材的孔道结构，木材上的微孔和介孔结构也有助于氢气的释放和电解质的渗透。特别是杨木，它含有丰富的小的孔道结构，且边界端较短，这种结构有利于缩短电子传输的距离，从而抑制 H_2 分子形成大气泡而不利于气体的扩散。木材的树种不同，其结构也是千差万别的，选取适宜的木材树种以获得优化的 HER 性能，这部分的研究亟待完善。

Wang 等（2020a）以炭化木为基底，先通过水热法制得 $MoO_x@NW$，随后采用两步煅烧处理，得到具有催化活性的 $Mo_2C/MoO_{3-x}@CWM$ 电极（缩写为 MCWM）。MCWM 电极在酸性（0.5mol/L H_2SO_4）和碱性（1.0mol/L KOH）电解液中均具有优异的 HER 性能和稳定性，其过电位分别为 187mV 和 275mV。该研究也表明，MCWM 电极具有高 HER 活性的原因主要归于以下三点：①炭化后的木材基底表面积大，具有开放的、垂直的微孔道结构，孔隙率高，为电解液的传输和 H_2 气体的释放提供快速通道；②Mo_2C/MoO_{3-x} 纳米粒子牢固且高分散地嵌入整个炭化木的骨架中，为 HER 提供更多的反应位点；③炭化木结构的完整性使催化电极具有良好的机械稳定性。

6.6.6.2 空气电池

由于柔性电池具有使电子产品更容易弯曲、适应性更强、使用更舒适的潜力，一直是人们感兴趣的研究对象。锌基电池的安全系数高、能量密度大，在柔性电池领域备受关注。锌空电池的理论能量密度为 1086W·h/kg，具有成为可穿戴柔性电池的潜力。但空气电极缓慢的 ORR/OER 动力学导致了锌空电池能量效率低、过电位大、稳定性差，绝缘且非活性黏合剂的使用更是加剧了这些问题。锌空电池理想的空气电极材料需要具备良好的 ORR/OER 催化性能，且尽可能不使用黏合剂。同时，柔性电池需要以柔性为导向设计材料与系统，因此目前应用于锌空电池的自支撑单原子膜电极通常柔性较好。

Zhong 等（2021）以自支撑木质结构多孔碳负载的单原子材料（SAC-FeN-WPC）直接作为空气电极，组装可充电液态电解质锌空电池。稳固的自支撑结构、分级的孔隙结构、均一分散的 Fe-N-C 单原子位点使得 SAC-FeN-WPC 的 ORR/OER 性能出色，进而在锌空电池中展现出优异的性能。电池开路电压为 1.53V，充放电电压差、峰值功率密度均优于对比样（铂碳、氧化钌混合催化剂，$Pt/C+RuO_2$），说明 SAC-FeN-WPC 具有更好的催化性能，且倍率性能、稳定性能优异。在半固态锌空电池中，SAC-FeN-WPC 作为空气电极展现出 70.2mW/cm² 的大功率密度。

6.6.6.3 燃料电池

燃料电池是将化学能直接变为电能的发电装置。电池内部燃料（如氢气、煤气等）和氧化剂（如氧气）发生化学反应，电子通过外电路进行传递，实现电能的输出。燃料电池与常规电池的不同之处在于：只要有燃料和氧化剂供给，就会有持续不断的电力输出；与柴油发动机、备用发电机、不间断电源不同，燃料电池可产生稳定电流。燃料电池通过电化学反应产生电能和热量，这实际上是反向的电解反应。燃料电池有一系列的设计要求，然而它们都遵循同样的原则。燃料电池的组成与一般电池相同，由阳极、阴极、电解质、催化剂及传导电能的外电路等结构组成。它们都是利用内部的氧化还原反应将化学能转化为直流电，然而电极的组成和作用在两种能量器件之间有很大的不同。电池通常使用的是金属（如锌、铅或锂）电极，经常浸泡在温和的酸中，而在燃料电池中，电极通常由质子导电介质、催化剂和导电纤维组成。电池用作能量储存和转换装置，而燃料电池仅用于能量转换。电池利用储存在电极上的化学能量为电化学反应提供能量，在特定的电位差处获得电流,因此,电池的寿命是有限的,只有在电极材料未耗尽的前提下才能发挥作用。当电极耗尽时,电池必须更换(一次电池)或者充电(二次电池),然而在燃料电池中,反应物是由一个单独的存储装置提供的,并且内部组件在电化学反应中不会消耗。理想状态下,只要反应物足够,产物被及时排除,燃料电池就可以持续运转。现今的充电电池存在很多问题,如能量存储、充电深度和充放电循环次数等(不能满足要求),而一个可运行的燃料电池系统仅需要包含一个燃料储存系统和氧化剂供应系统。此外,当电池不工作时,电解液泄漏、爆炸、自放电等问题也限制传统电池的发展,而对于燃料电池来说,这些都不是问题。

燃料电池的研究开始于19世纪早期,Grove爵士被广泛认为是燃料电池科学之父,他提出了一种可以用来发电的逆向过程的概念,基于这一假设,他成功地制造了一种将氢和氧结合产生电力的装置(而不是用电将它们分开),这种设备最初被称为气体电池,后来被称为燃料电池。进一步的研究一直持续到20世纪,在1959年,第一个可以实际应用的燃料电池是英国工程师Bacon制造的。20世纪60年代,燃料电池作为"双子座"和"阿波罗"载人航天计划的一部分被美国宇航局使用。自1970年以来,人们对汽车中使用燃料电池产生了兴趣。随着技术进一步发展,在2007年其实现了商业化应用。为了满足人们实际生产需要,随着对燃料电池研究的深入,燃料电池的种类也越来越多。

根据不同的分类方式,燃料电池有多重分类。一般情况下,燃料电池分为以下几类:固体氧化物燃料电池(solid oxide fuel cell,SOFC)、熔融碳酸盐燃料电池(molten carbonate fuel cell,MCFC)、磷酸燃料电池(phosphoric acid fuel cell,PAFC)、质子交换膜燃料电池(proton exchange membrane fuel cell,PEMFC)和碱性燃料电池(alkaline fuel cell,AFC)。作为一种新能源,有关于燃料电池的研究发展迅速,而且燃料电池的用途十分广泛。这种新型的发电方式可以降低环境污染,解决电力供应不足等问题。目前,在汽车领域应用最多的是PEMFC,PEMFC具有噪声低、发电效率高、使用寿命长等优点,为其在汽车领域中的应用奠定了基础。

当今燃料电池以补充氢气为主,但地球上96%的氢来自化石燃料,在生产过程中并没有达到100%无碳能源。乙醇基和甲醇基等燃料电池也会产生CO_2,其电极更是由昂贵又稀少的铂制成。而木质素是常见的生物聚合物,树木约25%为木质素,为造纸厂的副产物之一,因此木质素是一种更便宜且容易取得的材料。木质素由大量碳氢化合物链组成,会在工业制造中分解成苯二酚,其中苯二酚异变体儿茶酚则占木质素的7%。近来,瑞典林雪平大学的Xavier Crispin教授利用树木中的木质素作为原料,成功研发出一种新型燃料电池。与以甲醇、乙醇等小分子为燃料的电池不同,此过程不产生CO_2,不仅原料绿色环保,而且产物实现了碳的零排放。

6.6.6.4 二氧化碳还原

二氧化碳的过度排放造成了一系列的气候问题,将CO_2转化为具有高附加价值的燃料或化学品是降低其在大气中含量的一条重要途径,通过电化学还原处理CO_2拥有巨大潜力。CO_2是非常稳定的分子,其进行电化学还原时需要催化剂活化。大多数CO_2还原催化材料都在传统的H型电解池中测试评估,催化层完全浸泡于电解液中,CO_2由液相电解液供应,但CO_2在电解液中溶解度低、扩散缓慢,极大地限制了反应速率。为此,使用包含气体扩散电极的反应器件(如流动池)受到关注,CO_2变为借助气体扩散电极的气相供应,足量的CO_2能够快速、短距离地到达催化剂表面,实现大电流条件下的电催化转化。但粉末状催化材料通常需要附着、沉积于气体扩散电极,电催化剂与基底之间的结合力较弱,容易脱落,聚合物黏合剂的使用也降低了电极的导电性。自支撑单原子材料则将气体扩散层与催化活性层整合为一个一体化结构,以其作为CO_2还原催化剂克服了上述问题。

Zhao 等（2019）制备了两侧生长有氮掺杂碳纳米管（N-CNT）的碳纸负载的镍单原子材料（H-CP），在 H 型电解池中测试其将 CO_2 还原生成 CO 时的催化性能。在电压为-1.0V 时，电流密度为 48.66mA/cm²，法拉第效率高达 97%；在-1.2～-0.7V 内，选择性保持在 90% 以上。优异的性能可归因于镍单原子的高催化性能及 N-CNT 独特的垂直排列结构。N-CNT 的垂直排列结构提供了优异的导电性能，且其超亲水和超疏气表面有助于传质及气体产物脱离催化剂表面。研究人员特别讨论了材料的超亲水与超疏气性。H-CP 的 N-CNT 阵列具有超亲水性，接触角接近 0°；阵列的纳米粗糙结构减小了气泡与材料的附着力，在气泡体积不大时便脱离材料，体现出超疏气性。而与此相反，氮掺杂碳负载的镍单原子催化剂附着于碳纤维纸（Ni SA/CFP）展现出较强的疏水性，且由于没有 N-CNT 阵列，气泡与材料的附着力强，在体积较大时仍附着于材料上，当其脱离材料时必然带来很大的局部应力。值得一提的是，该催化材料制备简单，可规模化生产；自支撑材料直接作为工作电极，免去了粉末状材料制备工作电极的步骤，减少了相关成本投入。

6.7 超强木材

木材是人类最早利用和最先开发的结构材料之一。从筑木为巢、房屋宫殿到明清古家具和现代木制别墅建筑，使用木材做结构建材除能满足部分功能需求外，总能给人以亲切、自然的美感。木材作为结构用材，具有天然的优势：①以纤维素高分子链为结构骨架的木材具有高强度和高韧性，可以抵抗破坏和保持建筑结构稳定；②以木材细胞为基本结构单元的木材具有较低的密度，有利于减少建筑对地面的压力，提高建造效率。然而，事物都有两面性。木材作为建筑结构用材和家具用材，其纤维素、半纤维素和木质素的天然高分子组成决定了木材的耐损耗性、抗疲劳和耐老化失效性明显低于合金、水泥和聚合物等人工合成材料；其多孔的结构特征，也使得木材的抗弯强度、抗弯模量、抗压强度等关键力学指标参数达不到一些结构用材的应用要求。同时，源于树木生长的木材并不能完全保证结构均一，许多天然缺陷如节子、斜纹、应力木等，都易引起应力集中、顺纹抗压和抗弯强度下降等问题，导致在实际生产中实体木材的应用范围和使用效率都受到限制，没有达到预期的目标。

随着我国森林资源保护政策和天然林保护工程的实施，天然林的采伐和使用已经被严格限制，人工林木材、小径木和软质材的加工利用将越来越普遍。低质木材在力学强度上的缺点将被进一步放大，因此强化木材的品质，增加木材加工过程的科技含量，提高木材的整体力学性能和综合性能，实现劣材优用、小材大用，可以全面提高木材的利用效率和使用价值，具有重要的意义。

不同于传统的木材强化技术，超强木材是近年来开发的一种"新型"木材，其强度远超天然木材，考虑到木材的低密度，其比强度甚至超过部分合金和大多数聚合物及陶瓷等材料，是一种优异的轻质高强材料。超强木材制造技术泛指近年来兴起的将木材加工成超强、超韧等高性能结构材料的制备技术，在本节中重点讨论超强木材的结构特点、性能及应用领域。

6.7.1 概述

结构材料是以力学性能为基础，用于制造受力和承载单元的基础材料。通常，建筑工程中利用的结构材料主要包括金属材料、无机非金属材料和高分子复合材料三大类。随着科学技术的发展，新型结构材料如铝合金、特种陶瓷、碳纤维、强化玻璃、工程塑料等，被广泛应用到人们的日常生活中，极大地促进了社会进步和生产效率的提高。

结构材料是部件承受载荷、防止破坏的基础，路桥等建筑工程、航空航天等领域、探索深空的飞行器件、船舶车辆等运输工具，都对结构材料有共同的要求：强度高，同时兼具高强度和高韧性，有效地抵抗破坏和变形，使部件能够承受更大的冲击力；密度低，兼顾高强度的同时具有低的密度，对于承载单位而言，低密度意味着对地面压力减少，加工能耗和生产成本降低，对航空航天和交通运输而言，低密度有利于节能减排；稳定性优异，具有一定程度的抗老化、抗极端条件的能力。当然，更理想的是，如果能够在结构材料中引入其他功能，如自修复、智能响应、可循环利用等，可赋予结构材料更多的灵活性和普适性。

6.7.1.1 轻量级高强材料的发展意义

结构材料达到轻量化即使材料的质量在一定条件下最小化，达到轻质高强的目的，其中涉及了多学科交叉融合，如材料力学、计算机技术、材料设计和机械制造。从本质上看，轻量级高强材料是以最小的成本实现最大的效率，尤其是在现代性生活节奏的社会，材料的轻量化是必要的，是推动社会可持续发展的基本要求之一。

在机械加工领域，材料的刚性与韧性是一对矛盾关系。通常而言，刚性好的材料质量大，驱动其内部分子运动的能耗必然增加，影响设备的磨损和耐用性。轻质高强材料的发展可以为解决这一矛盾问题提供很好的解决思路，因为轻质的部件可以实现更快的加工、更好的精度和更长的使用寿命，如轻型机器人移动更快、更灵活；轻量级传动设备可以使用更小的尺寸、更经济的传动系统达到生产目的。在实体墙建造、航天制造中的机械外壳、高性能机车船舶、大型风力发电厂、汽车车身制造和机床制造中，轻质高强材料对减少能源消耗、降低碳排放、节约生产成本和提升操作效率具有重要意义。以我国建筑能耗为例，2018年全国建筑全过程碳排放总量为49.3亿吨，占全国碳排放比例的51.3%，其中钢铁、水泥、玻璃等传统建材的生产过程不仅涉及巨大的能源消耗，且运输成本不菲。据统计，结构成本（钢材、混凝土、砖瓦）占施工总成本的50%以上，轻量化结构设计可以使总成本降低10%~35%，具有很大的经济效益。另外，据估计，运输传统建筑材料约占全国长途货运量的1/5，短途运输量的2/5。如能把传统建材的质量减少20%，就能大大缓解生产和运输过程的能源供给矛盾。在汽车行业，根据计算，当一辆汽车减重10kg时，每100km的油耗平均减少0.51L，二氧化碳排放量减少12g/km。如果使用轻质高强材料代替部分原有部件，如用1kg铝合金代替2kg钢，承载能力不变，将极大地节省油耗，减少碳排放。同样，在欧洲和美国的航空与航天工业，结构优化和材料轻量化技术都得到了前所未有的发展和推广。例如，空客A380的机翼通过应用形状、尺寸和结构优化技术，整体机身减重高达500kg。对每个独立构件采用轻量化原理设计，将比经典设计的结构部件实现至少减重20%。航天飞机的轻量化设计有助于降低燃油消耗，显著提高功率密度、承载能力、飞机容量、可靠性和飞行速度，减少温室气体排放，同时保持相同的安全性，满足飞行要求。

6.7.1.2 木质结构材轻量化发展趋势

现代汽车制造的核心是安全和环保，对车身主体框架的要求是提高强度、减轻质量。作为汽车核心构件的高强度钢通常抗拉强度超过1GPa，用来制作车底十字构件、防撞杆等安全防护结构。除此之外，汽车的整体框架还存在许多轻量化钢材结构，如车门框架、座椅架、仪表盘、气缸盖等，这些结构通常由强度低但质量轻的钢材，如镁合金、铝合金等构成。2018年，美国能源部提出利用强化实木替代车用钢材的研发项目,旨在利用木材轻质高强的特点,替代高碳排放、高质量的钢材,用于新型轻量级汽车的开发。虽然木材的综合性能离镁铝合金仍然有差距,但超强木材的拉伸强度超过500MPa,抗压强度、抗弯强度都超过100MPa,合理布局和设计车辆结构,充分利用超强木材这些优异的力学指标仍然有可能使汽车达到整体减重20%的目标。在2016年,日本提出利用纤维素纳米纤维制造汽车,以达到减重、环保的目的。2019年,首次在东京车展上展示了纳米纤维素汽车,利用纤维素纳米纤维和树脂复合材料打造汽车零部件,尽可能多地使用纳米纤维素材料制造车身面板,让车辆整体结构质量减轻了10%以上。值得注意的是,使用纤维素基材料制造汽车除能够极大地减少生产过程中的能耗外,对产品的回收和循环利用也有极大的帮助,在强调绿色发展、节能减排的大产业背景下,拓展可再生木质资源的用途,增加木质产品附加值具有重要意义。

在建筑行业,木结构的高层建筑正在兴起。2017年,发表在 Nature 杂志的一篇社评指出,推广使用木结构建筑有助于减少碳排放,增加固碳量,甚至可以扭转气候变化。在过去,将木材用于室内建筑往往需要考虑其强度、防火性、耐久性等,如今包括木材材质改良技术在内的重组木、层积材等木材增强技术都得到了极大发展。曾经木材被诟病的易燃、易碎、易形变、尺寸不稳定等缺点如今都能够被合理地设计,如用混凝土面层增加楼板的质量和刚度,在木材面板和顶棚中间悬挂石膏板等吸潮、隔声材料,安装地毯和弹性复合材料等以降低表面硬度等方法加以改善。

2021年,国际建筑规范委员会(ICC)修改了《国际建筑规范》,允许构建18层的大规模木质结构建筑。在高层建筑中,木质建筑结构将不再局限于使用非木材结构连接单元,在某些特殊的场景下可以使用钢筋混凝土等地面强化结构,但木材仍然作为楼体主要的承重部件。2012年,墨尔本维多利亚港建成了当时世界上最高的 Forte 10层木结构建筑公寓。2014年,挪威卑尔根市中心新建了14层的 Treet 建筑。随后,哥伦比亚大学校园内一栋18层高达53m的木结构学生公寓摘取了世界之最的桂冠。如今,位于挪威的布鲁蒙达尔,由层积材和胶合木建造的85.4m高的 Mjstarnet 大楼,号称是世界上最高的木结构建筑。更有新闻报道,美国、日本等都在争相设计下一栋世界最高的木质摩天大楼。

与传统的钢筋混凝土建筑相比,使用木材作为下一代结构建筑具有显著的优越性。木材质量轻,加工成本低,易于灵活装配和施工,能够极大地减少生产和运输过程中的成本与能耗。同时,木材是可持续性资源,相比于玻璃、钢材和混凝土等传统建材,有研究指出由钢材支撑的每平方米建筑面积需要消耗40kg二氧化碳和516MJ能耗,而由木材支撑每平方米建筑面积仅需要排放4kg二氧化碳和80MJ能耗。如果利用木材代替钢材,高层建筑内每平方米空间的二氧化碳排放将下降到以前的1/10。木材不仅是自然生长的可再生资源,而且具有天然的固碳作用。在树木生长周期内,能吸收二氧化碳并将碳储存在木材中,供人们使用几十年。由于这些综合因素的作用,对比钢铁和混凝土建材,合理开发木材和利用木材,提高木材强度,延长它们的使用寿命,可能会对环境产生重大影响,对实现国家"双碳"目标具有重要的促进作用。

6.7.1.3 轻量化的方法与过程

以汽车、飞机制造,各种横梁等承重结构为代表的工业产品的轻量化设计为例,在保证基本安全的前提下对于各种轻型对象的性能,可以通过减轻材料质量、采用轻量型结构设计和新技术构筑手段三种方式达到轻量化的目的(图6.74)。其中,通过减轻构件质量来达到减重的目的,在医疗器械、汽车和航空航天领域应用较多。通过对部件结构设计的改进,可制备轻量化结构来满足应用要求。采用结构优化技术实现轻量化设计具有明显的成本低、时间周期短、效果好、后续配套方便等优势,近年来主要被应用在工程机械的轻量化领域。

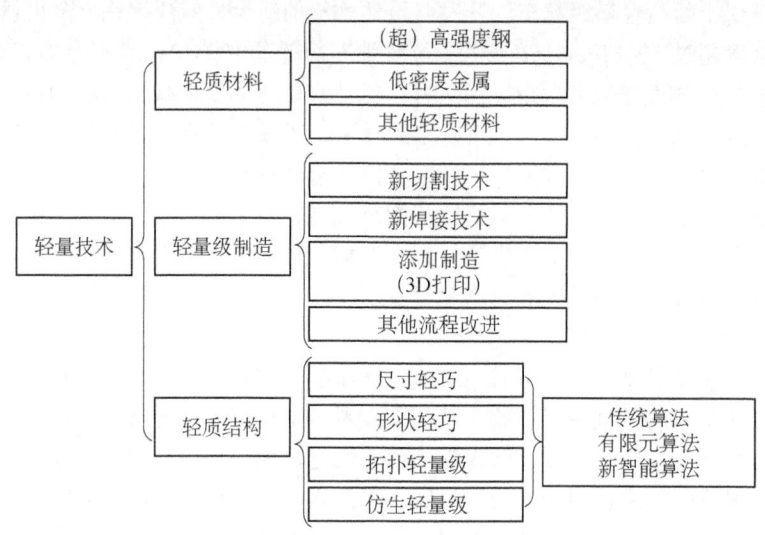

图 6.74 轻量化设计技术

(1) 材料轻量化选择　　寻找或开发具有优异机械性能的新材料以代替原材料,且新材料的密度低于原材料,是材料轻量化的可行方案之一。例如,高强度钢、铝合金、镁合金、塑料和复合材料都是轻质材料。改变钢材中碳化物和金属元素的占比,既满足强度和韧性的要求,同时适当减轻质量。使用竹、亚麻、棉纱或合成高分子聚合物腈纶作原材料,经过编织成型、高温炭化制造的碳纤维质量轻、强度高、耐热性和稳定性极佳。以聚酰亚胺为代表的工程塑料,在机械性能、耐久性、耐腐蚀性、耐热性等方面相比于普通塑料都有了极大的提高,可在要求苛刻的物理和化学环境中使用,是另一种典型的轻质高强材料。用石膏和废弃的聚合物复合,形成具有增强的机械性能、低密度和高隔热性能的结构材料。通过加气发泡,将泡沫和水泥浆混合固化成型的泡沫混凝土,兼具一定的强度和低密度,既可使混凝土轻质化,又有保温隔热作用,是一种轻质保温材料。

(2) 结构轻量化设计　　在满足产品功能要求和安全性的前提下,结构的轻量化设计主要包括结构拓扑优化、形状优化、尺寸优化等。例如,仿生股骨结构来建造柱子,外层使用密度较大的承重材料,内部充满韧性优异的软质材料,可以防止应力集中,用最少的建筑材料承受最大的负荷。

(3) 轻量化制造方法　　轻质材料仅仅是研究的一方面。当新材料被加工和合成后,将材料和新技术有机融入产品开发中,不仅能够提高产品性能,而且可以有效地缩短产品的生产时间和减少材料消耗。新的制造和生产技术的开发与研究为轻量化指明了一条新思路。例如,3D 打印技术可以将信息数据分析手段和增材制造有机结合,利用计算机软件计算和优化内部支撑结构建模方案,通过增材制造手段 3D 打印制备轻质高强结构材料,具有集效率、性能和功能于一体的优势。

随着科学技术的发展,新材料、新的制造技术和新的结构设计方法相互交融,成为结构建筑轻量化发展的基础。轻量化有利于节省材料、保护环境,符合国家低碳、节能、环保的理念,有利于推动社会经济可持续发展。

6.7.1.4　仿生超强材料的发展

在材料轻量化、结构轻量化和制造轻量化设计中,材料的轻量化设计十分重要,开发新材料既有助于帮助实现建筑的结构设计，推动设备轻量化制造，又可以推动科学技术的发展，促进社会生产方式的变革。

自然界经过长期的进化演变，形成了具有完美组织结构和优异性能的生物材料，实现了结构与功能、局部与整体的协调统一。1960 年，自仿生学概念被正式提出以后，仿生研究不断发展，融合了生物学、化学、工程学和材料学等众多学科领域。目前，这种新型材料已经被应用于社会生产的多个领域，成为学科交叉研究的前沿热点之一。仿生材料从天然材料的复合微观结构和优异功能中汲取灵感并探究其功能性原理，制造新的工程材料，其发展极大地推动了社会文明的进步。

木材在过去被广泛应用于工程结构应用中，但后来逐渐被机械性能更好的人工合成材料取代，然而许多合成材料无法同时满足强度和韧性的要求。因此，人们开始在大自然中寻求韧性和强度相结合的抗疲劳材料。在自然界中，经过亿万年的物竞天择，天然材料内强度和韧性冲突的问题可以通过多种机制结合得到解决。例如，由碳酸钙和蛋白质组成的贝壳，由木质素、纤维素和半纤维素交织组成的木材和竹子，以及由羟基磷灰石矿物晶体和胶原纤维组成的骨骼和牙齿。尽管一些天然材料单体的强度和韧性远低于工程材料，但经过组合后，却具有远超过其组成成分的强度和韧性。因此，揭示天然材料中的层级结构、有序组装机制仍然是仿生学亟待解决的关键科学问题。

自 20 世纪 70 年代以来，由 95%的文石板（$CaCO_3$）和 5%的有机基质（蛋白质）层层排列组成的珍珠层，因具有极高的强度和韧性而被广泛研究。层状的微/纳米结构，通常被称为"砖块和砂浆"，被认为是提高韧性的主要原因。增大微/纳米结构界面面积和可调性能使结构材料的宏观性能得到极大的改善。中国科技大学俞书宏团队在仿生贝壳结构制备超强、超韧人造材料方面做出了巨大贡献。其课题组研发出了一种全新的仿生策略，通过模拟软体动物体内珍珠层的生长方式和控制过程，利用介观尺度的"组织、矿化"，在层状有机框架上进行原位矿化生长，成功制备得到碳酸钙含量高达 91%的泰森多边形结构，与天然珍珠层高度相似。不仅如此，所得仿贝壳结构材料的力学性能和断裂韧性也可与天然珍珠层相媲美。这种人工合成的仿贝壳珍珠层新策略，不仅可制备得到宏观尺度的块状复合材料，其可调控的多级结构也为仿生材料的设计和制备提供了新方向。

Kotov 及其同事通过有机和无机分散体的顺序吸附，即典型的分层法（LBL），首次成功地制备了具有类似珍珠层结构的蒙脱石黏土（MTM）/聚（二烯丙基二甲基铵）氯化物聚阳离子（PDDA）复合材料。具有层状结构的 MTM/PDDA 复合膜显示出与天然珍珠层相当的力学强度和韧性（105MPa 的断裂强度和 1%的应变）。然而，由于 LBL 非常耗时，且通过 LBL 合成的类珍珠层的厚度被限制在 10μm 以下。为了增加其厚度，在接下来的几年里，人们开发出了真空辅助过滤、电泳辅助沉积、蒸发和浸渍涂层等有效的方法。但无机/有机二元杂化的局限性仍然阻碍类珍珠人工结构复合材料力学性能的进一步提高。于是，研究人员将纳米纤维（NF）、纳米片和金属离子作为第三相引入，加强层间的界面相互作用，以优化其机械性能。Cheng 及其同事使用纤维素纳米纤维（CNF）作为第三相，制备形成了 MTM-CNF-PVA 三元体系。通过蒸发法将三元人造珍珠层定制成自支撑膜。此外，一维 CNF 均匀分布在 MTM 和 PVA 的界面上，产生了相互连结性和片状增强体，得到的黏土基三元人造珍珠层的强度和韧性分别提高到了 302MPa 和 3.72MJ/m³。除了一维纳米纤维，二维纳米片也可以通过增强不同层间的相互作用来改善珍珠结构复合材料的力学性能。以 MoS_2 为例，由于 MoS_2 坚固且光滑，通过真空辅助过滤，制备了基于还原氧化石墨烯（rGO）的三元人造珍珠层（rGO-MoS_2-热塑性聚氨酯）。由于 rGO 的协同增韧作用和 MoS_2 的润滑作用，该结构复合材料的强度和韧性分别达到了约 235MPa 和 6.9MJ/m³。最近，金属离子也被引入人造珍珠层中，通过形成新的化学键来加强界面之间的相互作用。Guo 及其同事系统地研究了不同金属离子引入二元体系的影响[8种, 如Mg^{2+}、Ni^{2+}、Ca^{2+}、Cu^{2+}、Co^{2+}、ZrO^{2+}、$TiO^{2+}/(TiO)_n^{2n+}$和Al^{3+}], 并证实了界面间离子键的协同交联。金属离子的尺寸和电荷不同, 进而会导致不同的机械性能。Mg^{2+}增强的MTM-壳聚糖三元人造珍珠层的强度和韧性分别达到约200MPa和40MJ/m³。

虽然人们不断地制造出许多具有优异力学性能的仿生材料, 并提出了一些改善其力学性能的有效策略, 但它们的持续发展仍面临着无法实现规模化生产的挑战。

6.7.2　木材的力学性能

木材是一种正交异性材料, 可以分为三个相互垂直的方向, 既纵向、径向和弦向 (图 6.75)。纵向指的是平行于木纤维的方向; 径向指的是垂直于木材生长轮的方向; 弦向指的是与生长轮方向相切, 与径向垂直的方向。

木材的力学性能十分复杂, 受外力性质、方向及木材本身各向异性的影响, 同时不同树种、取材部位、含水率、生长环境也会对木材的力学性质产生重要影响。常用的衡量木材力学性质的指标主要有抗压强度、抗拉强度、抗弯强度、硬度、冲击韧性。为了更加清晰地了解不同树种木材的力学性质, 表 6.10 总结了常用的 13 个树种的各种力学参数, 含水率通常为 12%。

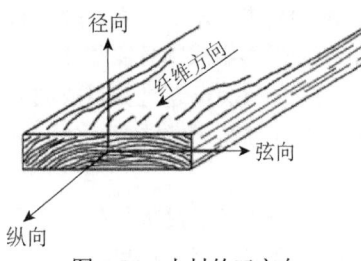

图 6.75　木材的三方向

表 6.10　不同树种的力学参数

树种	抗压强度/MPa 顺纹	横纹 径向	横纹 弦向	抗拉强度 /MPa	抗剪切强度/MPa 径向	抗剪切强度/MPa 弦向	抗冲击性 kJ/m²	硬度/MPa 纵向	硬度/MPa 径向	硬度/MPa 弦向
胡桃木	46.40	10.79	8.53	135.97	15.01	17.17	110.82	67.59	58.37	61.12
柞木	53.46	10.69	8.34	137.93	12.75	13.64	111.80	71.51	59.15	58.86
水曲柳	48.17	6.97	7.06	132.90	12.46	11.28	72.18	58.47	49.93	50.13
榆木	48.90	—	—	—	—	—	150.80	72.80	68.50	66.70
榉木	49.10	—	—	—	—	—	—	87.10	91.50	89.80
桦木	42.60	—	—	—	—	—	78.30	38.30	38.50	37.20
椴木	41.00	5.80	3.50	110.00~144.00	6.56	8.20	35.00	46.00	33.90	38.50
杨木	38.24	—	—	77.00	9.29	7.06	58.66	38.44	31.48	32.16
桉木	60.11	—	—	120.00~180.00	—	—	64.33	82.96	78.55	75.80
轻木	16.77	—	—	32.00~48.00	—	—	15.69	12.84	8.63	9.41
柏木	48.00	12.00	9.40	120.00~168.00	6.86	10.90	49.00	60.00	42.00	44.00
松木	43.50	9.80	6.50	108.00~150.00	6.21	6.60	41.20	35.00	29.00	30.00
杉木	37.06	—	—	95.40	—	5.40	25.10	24.81	12.88	15.98

注: 受限于部分树种的测试尺寸和测试环境不同, 可能本书提供的力学有关参数或性质会存在一定的幅度变化

"立木顶千斤"，通常而言，抗压强度是衡量木材力学性能最重要的指标之一。在压缩过程中，木材的应力-应变曲线表现出三个不同区域。首先，木材细胞壁受压缩应力均匀弯曲（在径向和弦向载荷作用下）或细胞壁轴向压缩（在纵向载荷作用下），木材表现出线弹性行为，在应变约为 0.02 时发生屈服。当木材细胞壁发生塑性变形时，细胞壁发生塌陷，在径向和弦向上，达到应力平台，应变持续增加，直到木材密实化，而后应力急剧增加。而在纵向上，木材细胞壁表现出更大的刚度和强度。木材的静态力学行为主要由轴向的管胞、木纤维和导管等纵向组织结构决定，同时横向的木射线组织、木纤维之间相互贯穿的纹孔也会影响木材的力学强度。除了木材组织细胞的几何结构，细胞壁纤维素微纤丝的排列方向也会影响木材整体力学性能。例如，S_2 层中微纤维的排列方向与细胞轴向约成 30°夹角，在轴向载荷作用下类似弹簧，容易产生更高的刚度和强度，而垂直定向的纤维素微纤丝不会产生类似的变形。在 S_2 层中，半纤维素和木质素组成复合物的弹性模量仅为 0.75GPa，大约比纤维素微纤丝柔软 170 倍。因此，木材细胞壁 S_2 层中既有刚性大、强度高的纤维素分子链，又有柔软的半纤维素和木质素聚集体。三大组分之间不像高分子材料，允许产生较大的错位滑移，木材的应力-应变曲线也与韧性金属相似。在木材的拉伸破坏中，随着应力、应变的增加，细胞壁内纤维素微纤丝受剪切力作用发生相对滑动，形成一种类似魔术贴的增强增韧机制。当界面处的应力超过临界剪切应力时，纤维素微纤丝和半纤维素分子链之间发生断裂或重组，提供了高的内聚力使相互滑动距离增大。当应力被释放后，纤维素微纤丝又能在滑动终点重新形成氢键，固定形变，从而没有产生明显破坏和刚度损失。从理论上来说，纤维素微纤丝之间的滑移和氢键重组维持了木材的强度和刚度，但这并不是支持木材力学强度的唯一因素。半纤维素（如木聚糖）之间也存在相互作用的氢键，能够起到类似的交联作用。

因此，有学者研究了半纤维素在木材细胞壁发生应变过程中的重要作用，提出在木材受到剪切应力时，半纤维素低分子链会与纤维素高分子链发生脱离和重组，从而提供木质纤维强韧的内聚力。半纤维素由于分子链长度较纤维素短，在形成木质纤维过程中，会与纤维素微纤丝在微小间距内形成不连续的氢键。当界面处开始受力时，半纤维素从纤维素微纤丝上发生松弛和脱离，释放部分强度，且提供微间距供纤维素微纤丝之间发生剪切。当应力释放后，半纤维素将重新与纤维素分子链发生氢键连接，维持整体的韧性。该机制解释了在木质纤维界面上半纤维素与纤维素的动态断裂与重组，从而在宏观上体现为通过微纤丝倾角传递内部应力。而金属材料间的破坏，通常伴随着分子、原子间的错位运动，一旦出现开裂将不可恢复，这与木材细胞壁依靠纤维素、半纤维素间的滑动破坏和动态重组有明显差异，也较好地解释了木材细胞壁具有较好韧性的原因。但是，这种纤维素间的分子键相互作用机制尚未通过实验观察到，且其中木质素所扮演的角色和作用并没有得到清晰的论证，因此强化半纤维素、木质素和纤维素之间的分子相互作用研究，提供更强而有力的木材细胞壁增强、增韧机制研究依然十分必要。

在木材细胞壁受力过程中，另外一个起重要作用的部位是胞间层。木材细胞壁胞间层主要由大约 50%的木质素和其他化合物，如果胶酸、阿拉伯糖和半乳糖组成，它的强度通常弱于细胞壁中层。当木材受到外力发生断裂时，其整体的力学性能至关重要，作为相对薄弱的一环，在细胞壁破坏过程中，尤其是受到极大的横向应力，通常会撕裂胞间层，并使得裂缝沿着轴向传播。在这种破坏模式中，轴向的管胞、木纤维和导管等细胞组织结构基本能够保持完整，这也是通过劈裂、撕裂等作用力更容易使木材破坏或产生长径比高的木质纤维的原因。胞间层的抗冲击韧性通常为 $0.1\sim0.3\text{kJ/m}^2$，拉伸强度为 1～10MPa，远低于木材顺纹方向的韧性和拉伸强度。因此，在实际利用过程中，增强胞间层的力学强度或避免木材遭受更多的横向载荷至关重要。

除树种外，木材的力学性能会随着温度的升高而降低。在恒定的湿度下，当温度低于 150℃

时，机械性能与温度呈近似的线性相关。当温度低于100℃时，温度对木材力学强度变化的影响基本是可逆的，温度回复，木材力学性能能够恢复。除了低温区域对木材力学性质的影响是可逆的，在高温下力学性质则呈不可逆恢复，这可能是由木材化学组分降解造成的，损失速率取决于水分含量、加热介质、温度、暴露时间等因素。

化学反应溶液对木材机械性能的影响取决于化学品的具体类型。非牛顿流体，如石油和杂酚油，对木材的力学性能没有明显影响。在膨胀性流体中，如水、乙醇或其他有机液体，对木材力学性质的影响很大程度上取决于膨胀量，去除膨胀性流体后力学性质回复。例如，无水氨可以降低木材的强度和刚度，但当氨气被释放后，木材的力学性能在很大程度上能够得以恢复。心材通常比边材所受的影响小，因为它密度更高、抽提物较多，更不透水。因此，降低木材的渗透性也能够增强木材抵抗化学药剂处理的能力，从而维持力学强度。常用的容易使木材组分水解或氧化的化学制品包括矿物质和有机酸，与非氧化性酸相比，氧化酸（如硝酸）更容易降解木材，碱性溶液比酸性溶液更具有破坏性。

6.7.3 超强木材的研究进展

6.7.3.1 超强木材的制造工艺

2018年，Song等报道了一种通过化学预处理软化木材细胞壁，随后通过压密处理，制备得到超强木材的方法。利用此方法，可以调控木材细胞壁中三大组分的占比，如减少木质素含量，软化木材细胞壁，随后的密实化处理，使木材相邻细胞壁之间紧密堆叠，由于相邻层间距的减少，更多的纤维素微纤丝之间发生氢键重组，这不但可以极大地提高木材的力学强度，使其比强度超过高强度钢、铝镁合金、工程塑料等结构材料，同时由于纤维素分子链的滑移机制，不同于钢铁的脆性，超强木材还具有优异的韧性，可以有效地抵抗外界的冲击。因此，通常将这种同时达到增强和增韧目的的木材称为超强木材。木材强韧化处理工艺可分为脱木质素预处理和湿法热压处理两道工序。

（1）脱木质素预处理　脱木质素预处理至关重要，传统的木材压缩方法往往采用热软化处理和机械压缩法，以在高湿、高温的条件下对木材施加机械压力的方式，减小木材细胞腔体体积，从而提高木材密度、改善其机械强度。但该工艺具有温度过高、能耗损失较大、纤维降解、压缩形变不稳定、木材脆性增大等缺陷，难以实现多功能开发和高附加值应用。

脱木质素是对木材进行功能化处理的另一种方式，主要分为碱法、酸法、还原催化法、离子液体溶解、机械处理等方法，其中，亚硫酸盐法、烧碱-蒽醌法、亚氯酸盐法是去除木质素最常用的方法。通过从天然木材中去除不同程度的木质素，可得到提供木材机械强度的纤维素支架、增大的孔隙率和化学反应位点，可提高聚合物基质及无机材料的渗透效率和结合能力，实现疏水、透明等功能性应用，同时定向的纤维排列方向和层次结构经热压致密化处理后可极大地改善机械性能，得到超强木材。作为木材"骨架"结构的纤维素，其单根结晶纤维素的理论拉伸强度和杨氏模量分别高达7.5GPa和110GPa，可媲美如今广泛应用的高强碳纤维和凯芙拉纤维，是一系列超强结构材料的理想构成要素。脱木质素木材可避免自下而上分离纤维所需的复杂的化学过程及能源消耗，充分利用细胞壁自然排列的纳米纤维素结构，通过软化木材细胞壁，利用细胞壁的机械互锁，最大限度地提高木材密度，形成超强、超韧的木材。

一般来说，脱木质素是由木质素中两种不同类型的结构变化所引起的：①特定单元间键的断裂；②亲水基团并入聚合物组分及其片段。在亲核反应中，脱木质素试剂提供一对电子以与木质素建立永久/临时键,而在亲电反应中,试剂接受一对电子以形成键。因此,制浆(如硫酸盐、亚硫酸盐制浆)属于亲核反应,漂白程序(如过氧化氢或亚氯酸钠漂白)属于亲电反应。在漂白过程中,亲核反应可以在初始亲电反应之后进行。

1)亚硫酸盐法:在制浆过程中,亚硫酸盐制浆可在整个pH范围内使用,分为以下类型:①酸性亚硫酸盐制浆;②中性亚硫酸盐制浆;③碱性亚硫酸盐制浆。反应介质的pH决定了反应过程的活性物质及其亲核性,但也控制了木质素中间体的形成。首先,α-醚或α-羟基的氧原子被质子化,从而导致相应取代基、水或醇的释放,最终导致共振稳定的中间苄基阳离子。在酸性条件下,由于缺乏强亲核试剂,β-O-4醚键相当稳定,这意味着除α-取代基外,木质素大分子没有发生裂解。然而,在中性和碱性条件下,亚硫酸盐(SO_3^{2-})、亚硫酸氢盐(HSO_3^-)和氢氧根(OH^-)作为强亲核试剂,同时发生碱化断裂和磺化反应,木质素被酚羟基去质子化,导致醚键断裂,使木质素大分子逐步被降解成小分子而溶于水溶液中。游离的硫酸根与木质素结合形成不溶性的木质素磺酸,在碱性条件下,它形成木质素磺酸盐,易溶于溶液中,由于磺化而发生水解反应,木质素裂解成更小和更易溶的分子片段(如木质素钠)溶解在蒸煮液中。此外,蒸煮液中NaOH的比例越大,碱性越强,脱木质素的速率越快。

2)烧碱-蒽醌法:碱性溶液有利于木质素的脱除,但长时间的反应会促进纤维素水解分裂成两条或两条以上的短纤维素链。因此,木质素的快速破碎和降解,可以缩短反应时间,从而减少由碱水解引起的纤维素降解。在烧碱-蒽醌反应过程中,在高温高压条件下,疏水性的木质素大分子在亚硫酸盐离子和蒽醌二价阴离子的作用下迅速分解为可溶解的分子碎片。裂解反应主要促进了木质素β-芳基醚的断裂,其中亚硫酸盐首先给醌甲基化物一个电子,导致木质素磺化。之后,一个新的亚硫酸根攻击磺化木质素中的β-碳原子,使β-芳基醚断裂。此外,蒸煮液中的甲醇不仅加速了化学药剂在木块中的渗透,还可以阻止蒸煮过程中木质素的冷凝,从而使木质素快速去除。蒽醌作为氧化剂可以有效地抑制纤维素大分子的碱降解反应。纤维素链中的还原端基在碱性条件下容易被消除,并且暴露出新的还原基团。新还原性末端的产生将导致纤维素大分子中还原性末端去除,产生更多还原末端,进一步促进了纤维素的剥离反应。蒽醌的加入确保了还原醛末端转化为稳定的羧基,从而保护纤维素不被降解,提高木材细胞壁中纤维素分子的聚合度。相比于亚硫酸盐法,烧碱-蒽醌法对反应容器的要求较高,需要能够耐高温、高压的反应釜以确保反应快速进行。

3)亚氯酸盐法:酸性亚氯酸盐是用于制造木质纤维素支架的主要漂白工艺之一,酸性条件下的亚氯酸钠能够生成高纯度二氧化氯,有效氧化木质素,断裂木质素分子之间的醚键和碳碳键,选择性地去除木材细胞壁中的木质素,当脱除木质素超过60%时,部分半纤维素和纤维素也会被氧化降解。

$NaClO_2$水解的主要化学反应方程式为

$$NaClO_2 + H_2O \Longleftrightarrow HClO_2 + NaOH \tag{6.52}$$

反应温度升高,亚氯酸钠的分解速率加快,白度也随之增加。溶液的pH为4.6~5.5时,可获得较好的白度,而且对纤维的损失较小,漂白速率也适中。因此,通过配制浓度约为25%的液体亚氯酸钠溶液,在pH=4.5的酸性条件下,将天然木材置于药液中真空浸渍、蒸煮、水洗、脱氯、干燥,即可得到全部脱除木质素、仅存在纤维素骨架和少量半纤维素的木材。

4)过氧化氢法:过氧乙酸(PAA)和乙酸/过氧化氢(AA/H_2O_2)脱木质素工艺利用氢氧离子(HO^+)作为活性化合物。HO^+是由于过氧键的杂化裂解而产生的,具有很强的亲电性。因此,它与木质素中不同的富电子位置发生反应,如芳香环或醚侧链。在被过氧化物酸氧化的过程中,通常可以区分出6种主要反应:①环羟基化;②氧化芳环断裂;③侧链替换;④芳香环去甲基化;

⑤醚键断裂；⑥环共轭结构烯烃的环氧化反应。但木材多糖中存在的羟基不能为羟基离子提供合适的反应位置，因此碳水化合物主要保持未降解状态。

（2）湿法热压工艺　湿法热压一般不添加胶黏剂，主要依靠水分和木材胞间层物质及细胞壁化学组分等天然高分子之间的胶黏作用来完成纤维之间的结合。传统采用蒸汽、加热、冷轧等手段进行致密化的方法存在不完全致密化及缺乏尺寸稳定性等缺陷。利用脱木质素预处理部分去除木质素和半纤维素，软化细胞壁，然后进行热压，可使木质纤维之间接触得更紧密，减弱原本处于束缚状态的木质素和半纤维素大分子链之间的作用力，在化学改性和机械作用下相互扩散，使部分木质素在细胞壁内发生迁移，直至形成强烈的分子间作用力和氢键，使木材细胞孔腔完全塌陷，相邻细胞壁界面消失，进而制备得到具有完全致密化结构和有序纤维排列的超强木材。

由于木材的各向异性，热压方向可分为弦向压缩和径向压缩，过程分为预干、挤水、定形和干燥4个阶段。

1）预干阶段：由于木材经过脱木质素预处理后含有较多水分，直接进入热压过程易造成大量的成本、时间、人工和机械损耗，因此通常将预处理好的木材置于空气中预干至含水率为100%～300%。

2）挤水阶段：将热压温度设定为100℃，用一定的压力，使木材细胞壁之间尽可能地紧密接触，排出木材细胞腔和细胞壁内的自由水。

3）定形阶段：提高热压温度至180℃，蒸发木材表层结合水，同时逐渐增加热压压力，继续压缩木材细胞壁，直至木材厚度降低80%。

4）干燥阶段：在最高压力下完全密实化木材细胞壁，保持热压压力和温度，继续干燥，完成木材细胞壁之间的紧密结合。

4个阶段的时间分配取决于每个阶段木材的含水率。热压时间与木材厚度有关，当木材厚度小于1cm时，需要1～2h。同时，热压压力需要结合板坯的外观情况和每一阶段木材厚度来进行调整，挤水阶段的压强通常为3～5MPa，定形和干燥阶段的压强为5～7MPa。

6.7.3.2　超强木材的结构

（1）化学组成变化　超强木材的制备过程包括从天然木材中部分去除木质素和半纤维素及热压两部分。由于木质素、半纤维素、纤维素在NaOH/Na$_2$SO$_3$溶液中的稳定性不同，化学处理后的天然木材，其纤维素含量几乎不变，但木质素和半纤维素含量大幅度下降。当木质素脱除比率为45%时，超强木材的密度达到1.3g/cm^3。密度的变化影响木材的强度，木质素的含量也影响超强木材的弯曲性能。在脱除近一半木质素含量的情况下，木材的抗弯强度达到600MPa，这主要归因于，在热压过程中呈熔融状态的木质素在细胞壁中流动，填充木材细胞微纤丝之间的间隙，冷却后固定了超强木材的结构，实现了密实超强木材的稳定。

由于木质素和半纤维素的部分去除，暴露出的纤维素纤维表面的羟基含量较高，热压后，无定形区纤维素形成更多氢键连接，分子间距减小，呈现定向排列，广角X射线衍射图和小角X射线散射图也证实了完全密实化的超强木材中的纤维素纳米纤维仍然保持天然木材中高度有序排列的方式，但更加紧密。

（2）形貌特征　部分去除木质素和半纤维素的木材细胞胞间层结构瓦解，硬度降低，在垂直于木材生长方向进行100℃热压后，细胞壁孔道完全塌陷，厚度减少80%，密度增加了三倍。完全密实化的超强木材，细胞腔完全消失，细胞壁紧密交织、堆积，呈现出致密的层积结构（图6.76）。而没有去除木质素的天然木材无法紧密压实，细胞壁之间会留下大量空隙，完全去除木质素的木材，由于没有木质素作为黏合剂，在热压过程中极易破碎。

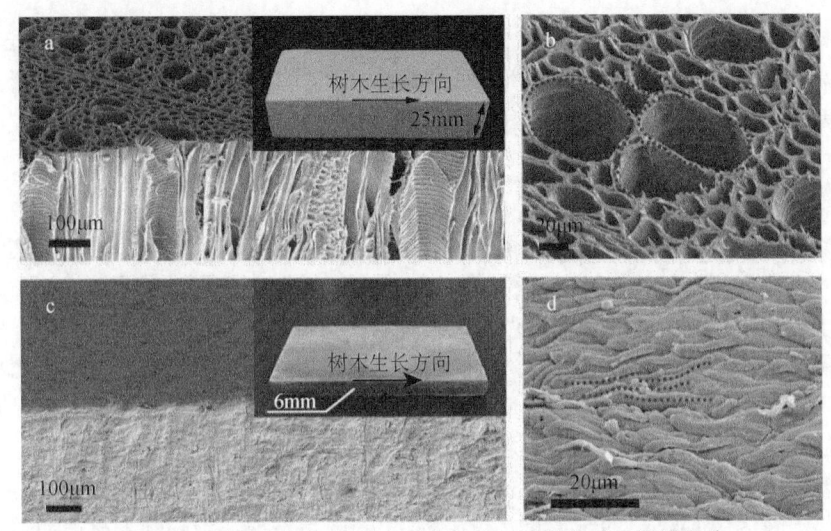

图 6.76 天然木材和超强木材的照片与扫描电子显微镜照片

a、b. 分别为天然木材剖面图（a）和俯视图（b）；c、d. 分别为超强木材剖面图（c）和俯视图（d）；虚线指示细胞腔

6.7.3.3 超强木材的力学性能

（1）拉伸强度　　超强木材的机械性能不仅显著优于天然木材，而且超过了塑料、钢、合金等被广泛使用的结构材料（表6.11）。超强木材的最大拉伸强度达到了587MPa，是天然木材的11.3倍，远高于尼龙6、聚碳酸酯、聚苯乙烯和环氧树脂等典型塑料及其他致密化木材。由于纤维素质量较轻，超强木材的比强度高达451MPa/（cm³·g），甚至高于轻质钛合金。密实化超强木材的横纹拉伸强度和拉伸应变也远高于天然木材，说明木材压缩过程中，木材横纹结构中的弱相，如细胞腔、轴向薄壁组织等，因为木材密实化而消失或减弱。分析木材拉伸测试后的断面破坏形貌可看出，天然木材主要是由于木材细胞壁层破坏，同时带有些许微纤丝撕裂，而密实化超强木材的结构破坏已经看不到细胞壁，主要显示了微纤丝的撕裂现象，表明密实木材的破坏模式主要是细胞壁中微纤丝的剪切破坏。此外，超强木材具有较高的尺寸稳定性，在95%的相对湿度下放置128h，其厚度仅增加8.4%，拉伸强度略有下降，但仍是天然木材的10.6倍。

表 6.11　超强木材的顺纹拉伸强度

树种	顺纹拉伸强度/MPa	
	未压缩	压缩
橡木（栎属）	115.3	584.3
杨木（杨属）	55.6	431.5
西红杉（红崖柏木）	46.5	550.1
北美乔松（松属）	70.2	536.9
椴木（椴树属）	52.0	587.0

（2）压缩强度　　由于超强木材呈现密实化结构，分子间氢键作用加强，弱相结构和孔隙完全消失，超强木材沿生长方向和垂直于生长方向的抗压强度分别比天然木材高约5.5倍和33~52倍。

（3）抗弯强度　　超强木材沿木材生长方向和垂直于木材生长方向的抗弯强度约分别是天然木材的6倍和18倍。

（4）其他力学性质　　在工程材料设计中，强度和韧性通常相互排斥，平衡其相互之间的冲突是长期存在的挑战。虽然超强木材的拉伸强度大幅增强但韧性并没有下降，其断裂能和弹性刚度都是天然木材的 10 倍以上。此外，超强木材夏比冲击试验产生的冲击韧性为（11.41±0.5）J/cm²，比天然木材高 8.3 倍。划痕硬度和硬度模量更是天然木材的 30 倍和 13 倍。进一步研究表明，这种自上而下两步加工方法对各种木材提升强度和韧性普遍有效。

6.7.3.4 超强木材的防火性能

（1）形貌表征　　天然木材包含许多沿轴向生长的木纤维和导管（图 6.77），其中空的细胞结构（细胞腔直径为 10～100μm）为木材燃烧提供了足够的氧气，有助于木材燃烧。在木材密实化增强过程中，为了提高木材密度，增强木纤维间氢键相互作用，经过化学处理后，三维多孔木材细胞结构保持不变，但由椭圆形变为皱折的、被完全压塌的细胞壁形态。从超强木材的横截面 SEM 图像可以看出，几乎所有木材细胞壁被完全压塌，形成了类似贝壳的层叠结构，且相邻细胞壁间没有明显间隙。完全坍塌的细胞壁提供了独特的微观结构，既提高了木材密度，又排除了细胞腔中的助燃氧气含量。

在外部热流量为 30kW/m² 的锥形量热仪中燃烧 2min 后发现，当超强木材被加热和燃烧时，结构内部会热解产生气体，气体向外流动，使超强木材外层致密细胞壁发生膨胀，部分恢复多孔结构（图 6.77）。相应的 FTIR 表征检测到超强木材表层的红外吸收特征峰在燃烧后消失，同时拉曼光谱中波数为 1354cm⁻¹ 和 1590cm⁻¹ 处出现了无定形炭的 D 峰和 G 峰，证明在燃烧过程中无定形炭层在木材表面形成，其可作为热屏障保护层，防止木材内层免受温度快速升高的影响，保持超强木材结构的完整性。同时，在外层膨胀的焦炭层下面依然存在致密结构，这会阻止大部分空气进入超强木材内部，大大降低了燃烧速度。同时，木材内层紧密堆叠的层级结构对保持木材的机械强度也非常重要。虽然天然木材在同样的燃烧过程中也形成了多孔炭层，但在相同外部热流下燃烧，会发生严重的变形和开裂，表明天然木材的阻燃性较差。

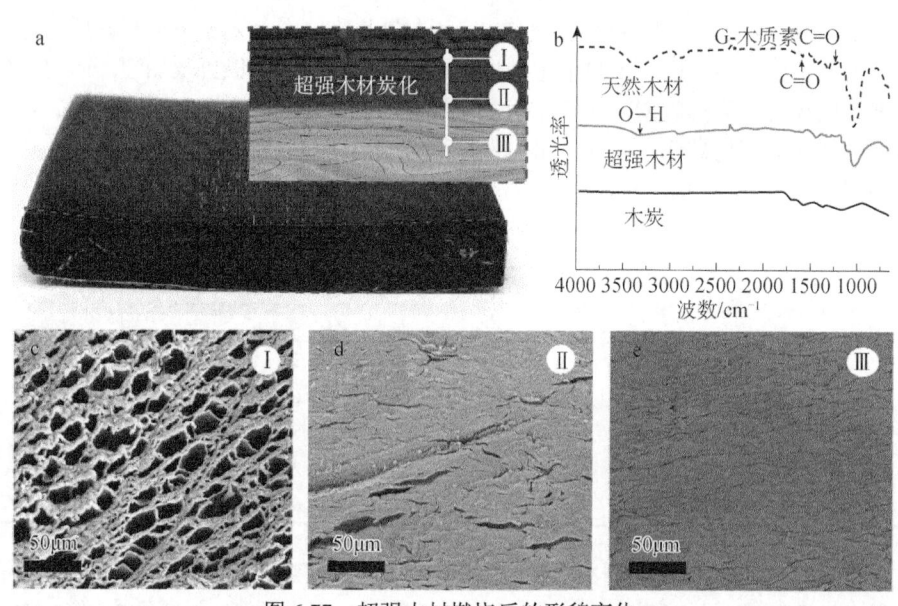

图 6.77　超强木材燃烧后的形貌变化

a. 燃烧 2min 后的超强木材（Ⅰ～Ⅲ表示燃烧后超强木材的外部、中层、内层）Ⅰ和Ⅲ为罗数；b. 天然木材、超强木材和木炭的 FTIR 光谱；c～e. 燃烧后超强木材的外部（c）、中层（d）、内层（e）SEM 图像

（2）丁烷火焰燃烧行为分析　　使用丁烷火焰可以定性评估木材的防火性能，如图 6.78 所示。将天然木材、部分脱除木质素木材、热压后的天然木材和超强木材置于丁烷火焰中燃烧。天

然木材在 5s 内点燃，火焰蔓延明显，这是由天然木材纤维素、半纤维素和木质素的高分子化学组成和多孔结构引起的。部分脱除木质素木材表现出与天然木材相似的燃烧行为，但由于易燃木质素的部分脱除，很快就燃烧殆尽。与天然木材和部分脱除木质素木材相比，未脱除木质素的天然木材经热压后，其点火时间和火焰蔓延时间略有延迟，表明密实处理有助于提高木材的阻燃性。但天然木材不能被完全密实化，因此会保留部分微小孔隙。相比之下，使用部分脱除木质素随后热压的方法，结构被完全密实化的超强木材可以在火焰中维持 90s 不燃，而后在 97s 自熄，充分说明了超强木材结构对阻燃性有改善。

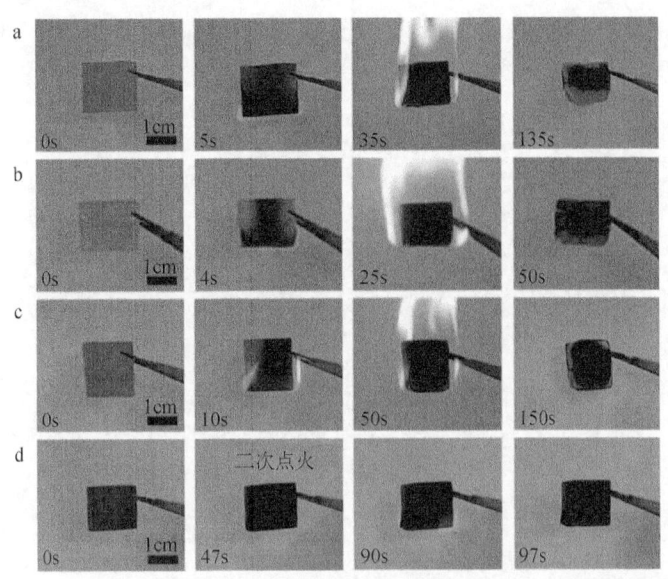

图 6.78　天然木材（a）、部分脱除木质素木材（b）、热压天然木材（c）和超强木材（d）在火焰下燃烧实物图

（3）锥形量热仪燃烧行为分析　　锥形量热仪是表征材料燃烧行为较为理想的试验仪器，它预设的试验环境与真实燃烧场景相似，所得的实验数据通常用作评价材料在真实火灾中燃烧行为的重要依据。对超强木材的锥形量热仪试验根据 ASTM E1354（2017）标准进行。使用的设备包括一个锥形辐射电加热器、样品台、带有氧气监测和流量监测的废气系统、电火花塞、数据收集（Fluke ITS-90）和分析系统、测压元件（Satorius WZA8202-N）。根据试验条件，设定的热流量分别为 13kW/m²、15kW/m²、18kW/m²、20kW/m²、30kW/m² 和 40kW/m²。

对于燃烧试验而言，通常点火临界热流密度（q_{crit}）是一个重要的试验指标，即物体开始燃烧时所需最低的外部热流量，点火临界热流密度越大说明材料越不易燃烧，相反，材料越容易被点燃。根据 ASTM E1354（2017）中规定的条件和设备对木材进行锥形量热仪试验，当外部热流量（q_{ex}）分别为 13kW/m²、15kW/m²、18kW/m²、20kW/m²、30kW/m² 和 40kW/m² 时，点火时间可根据式（6.53）进行拟合。

$$t_{ig} = \frac{b}{q_{ex} - q_{crit}} \tag{6.53}$$

式中，b 为拟合常数；t_{ig} 为点火时间；q_{ex} 为外部热流量；q_{crit} 为临界热流密度。如图 6.79a 所示，天然木材和超强木材的 t_{ig} 随着 q_{ex} 的增加而降低。拟合曲线与测量值基本趋于一致，两种木材的相关系数 R^2 都超过 0.99。由于木材的化学组分都相同，两种木材样品的 q_{crit} 均为 12.2kW/m²。对于被加热的材料而言，点火温度由式（6.54）计算：

$$q_{\mathrm{crit}}=h_{\mathrm{c}}(T_{\mathrm{ig}}-T_{\infty})+\sigma(T_{\mathrm{ig}}^{4}-T_{\infty}^{4}) \tag{6.54}$$

式中，h_{c} 为对流传热系数，该系数恒定为 15W/（m²·K）；T_{∞} 为环境温度（298K）；σ 为 Stefan-Boltzmann 常数[5.67×10W/（m²·K⁴）]。由于两种木材样品的 q_{crit} 相同，木材样品的点火温度（T_{ig}）计算为 340℃（表 6.12）。热响应参数（TRP）是材料暴露在一定热流量下表征点火延迟的指标，TRP 值越高表示点火时间越长，定义为

$$\mathrm{TRP}=\left(\frac{\pi}{4}\kappa\rho c_{\mathrm{p}}\right)^{0.5}(T_{\mathrm{ig}}-T_{\infty}) \tag{6.55}$$

式中，试样的导热系数（κ）、密度（ρ）和热容（c_{p}）的乘积称为热惯性。TRP 由式（6.56）计算，即图 6.79b 中拟合曲线的斜率：

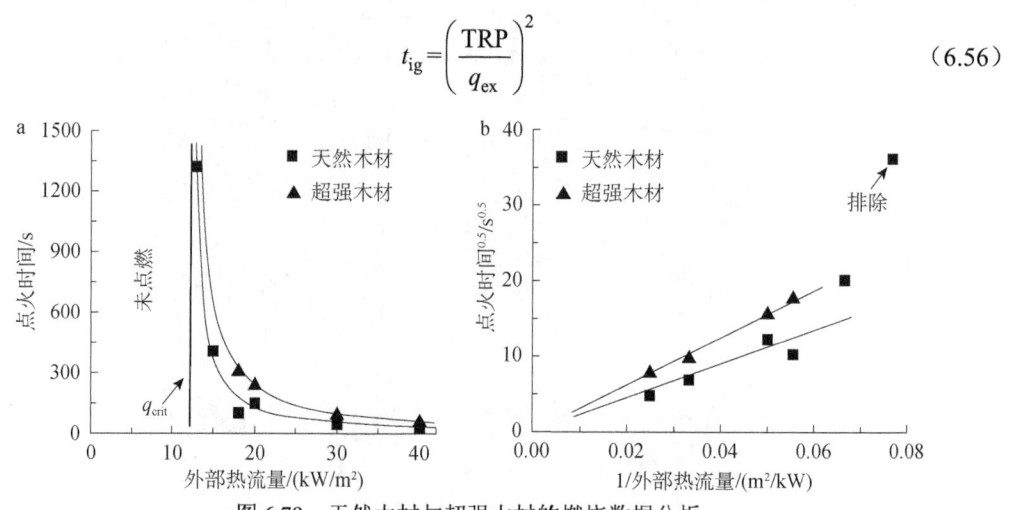

$$t_{\mathrm{ig}}=\left(\frac{\mathrm{TRP}}{q_{\mathrm{ex}}}\right)^{2} \tag{6.56}$$

图 6.79 天然木材与超强木材的燃烧数据分析
确定了天然木材和超强木材的 q_{crit}（a）和 TRP（b）

由于在临界热流密度附近时，测试结果误差较大，因此外界热流量为 13kW/m² 的实验结果被排除，不用于计算 TRP。超强木材的 TRP 为（308±9）s⁰·⁵·kW/m²，而天然木材的 TRP 仅为（226±43）s⁰·⁵·kW/m²（表 6.12）。超强木材的热惯性为（1.21±0.21）s⁰·⁵·kW²/（m⁴·K²），几乎是天然木材[（0.657±0.200）s⁰·⁵·kW²/（m⁴·K²）]的两倍。综上，在所有测试的 q_{ex} 下，超强木材的最大热释放速率（HRR$_{\mathrm{peak}}$）、平均 HRR 值（HRR$_{\mathrm{ave}}$）和燃烧热（Δh_{c}）均低于天然木材，表现出更好的阻燃性（表 6.13）。

表 6.12 木材样品的 q_{crit}、T_{ig}、TRP 和 $\kappa\rho c_{\mathrm{p}}$ 的测试值（95%置信区间）

材料	q_{crit}/（kW/m²）	T_{ig}/℃	TRP/（s⁰·⁵·kW/m²）	$\kappa\rho c_{\mathrm{p}}$/[s⁰·⁵·kW²/(m⁴·K²)]
天然木材	12.2±0.3	339±4	226±43	0.657±0.200
超强木材	12.2±2.3	340±34	308±9	1.21±0.21

表 6.13 木材样品的 HRR$_{\mathrm{ave}}$、HRR$_{\mathrm{peak}}$、平均质量（m_{ave}）、点火时间（t_{burn}）、质量损失比（$\Delta m/m_0$）、Δh_{c} 测试平均值（95%置信区间）

材料	HRR$_{\mathrm{ave}}$/（kW/m²）	HRR$_{\mathrm{peak}}$/（kW/m²）	m_{ave}/（mg/s）	t_{burn}/s	$\Delta m/m_0$/%	Δh_{c}/（kJ/g）
天然木材	180±17	259±22	116±8	166±43	50.7±11.0	14.0±0.6
超强木材	121±31	194±12	99.8±30.0	522±82	70.4±5.5	13.0±2.8

(4) 燃烧过程分析　　进一步研究超强木材的稳态燃烧行为。图 6.80 比较了外部热流量为 30kW/m² 时，天然木材和超强木材的热释放速率曲线。天然木材和超强木材的 HRR 曲线表现出与着火和最大热释放速率相关的两个峰。图 6.81 分别为天然木材和超强木材在燃烧过程中结构变化示意图。外部热流通过点燃木材释放的可燃气体对木材样品进行热解，首先当锥形量热仪中点火器附近可燃气体的质量流速超过燃料与空气比的可燃下限时，木材着火，热释放速率随之迅速上升到第一个峰值。随着木材热解向内延伸，木炭层逐渐形成。由于木炭层具有热阻隔性和抑制内部可燃气体释放特性，因此，当木炭层形成后，热释放速率在第一个峰值后降低。随着温度的进一步升高，木炭层表面发生开裂，促进了木材内部的挥发物释放。随着裂纹的扩展和加深，热释放速率达到最大值。值得注意的是，与天然木材相比，超强木材的热释放速率峰值出现的时间更晚，强度更低，在 30kW/m² 的外部热流下，超强木材的最大热释放速率峰降低了 34.6%。这可能是由于在燃烧过程中，超强木材形成了非常致密的木炭层，降低了挥发物的流速，并在近 500s 内将热释放速率保持在较低的水平（图 6.80）。当木炭层发生开裂后，压缩的致密木材结构减缓了这些裂缝的生长。因此，超强木材的最大热释放速率远小于天然木材。当木材的挥发物耗尽后，燃烧停止，阴燃发生。相比于天然木材的稳态燃烧行为，超强木材的点燃时间（t_{ig}）增加 2.08 倍，平均热释放速度降低 26%，燃烧热（Δh_c）降低了 14%，充分证明了木材经过密实化处理后阻燃性能提高。尽管由于高密度，超强木材的总热释放（THR）值略高于天然木材，但如果除以质量，总热释放效率实际上比天然木材低 50%。总而言之，通过稳态燃烧行为分析发现，与天然木材相比，超强木材的阻燃性得到了全面改善。随着外部热流量的增加，两种木材样品的点燃时间均缩短。一般来说，外部热流量越高，燃料的热解速度越快。因此，燃料/空气混合气体更快地达到其较低的可燃极限，并发生着火。随着 q_{ex} 的增加，火焰附近的局部温度升高，加快了化学反应速率，因此增加了两种样品的 HRR 和 m_{ave}。由于两个样品是由相同木材制成的，因此在 q_{ex} 值不同时 Δh_c 没有变化。而在不同热流密度下，超强木材的着火时间明显延长，最大 HRR 降低，证实了木材表面致密形成的木炭层能够有效阻燃。

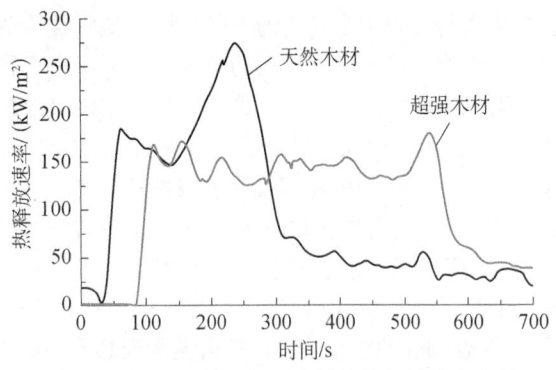

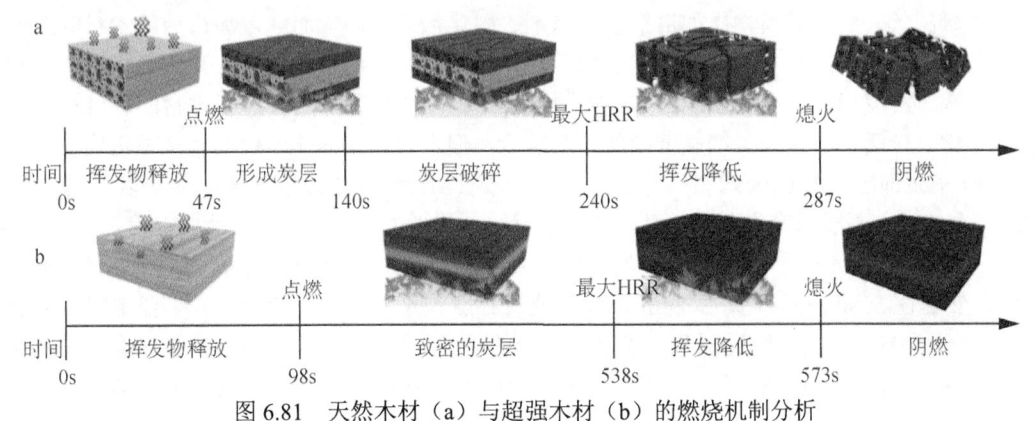

图 6.80　天然木材和超强木材的热释放速率曲线

图 6.81　天然木材（a）与超强木材（b）的燃烧机制分析

(5) 燃烧后的力学强度　　通常而言，木材燃烧后，其化学成分（纤维素和木质素）的分解会导致木材的力学强度迅速下降,这也是木结构建筑设计中长期存在的挑战。值得注意的是,具有定向纤维素纳米纤维排列的超强木材不仅具有优异的机械强度,而且在着火后,在一定时间内仍然可以维持较高的强度,这对提高木结构建筑的稳定性、延长火灾救援时间具有重要的意义。图 6.82a 显示了超强木材在管式炉中 500℃加热不同时间后的顺纹抗压强度。未燃烧的天然木材和超强木材在压缩破坏前都展示出线性变形行为。超强木材的抗压强度高达 101MPa,约为天然木材的 2.5 倍。随着燃烧时间增加到 60s,天然木材的抗压强度从 39MPa 显著降低到 28MPa,而超强木材的抗压强度仍然保持在 100MPa,几乎与其原始值相同。进一步延长燃烧时间至 90s,天然木材的抗压强度接近 0MPa,表明木材已被完全破坏。相比之下,在此燃烧时间内,超强木材仍然保持 82MPa 的抗压强度,是未燃烧天然木材的 1.2 倍。当加热时间从 0s 增加到 90s 时,天然木材的抗压强度损失为 100%,而超强木材的抗压强度损失仅为 19%。压缩破坏试验后木材样品的形貌也证实了超强木材具有显著增强的力学性能(图 6.82b)。燃烧 90s 后,天然木材很容易被压成残渣,而超强木材则保持其形状。此外,超强木材的径向(R)和弦向(T)的抗压强度和弯曲应力也比天然木材的弯曲应力有极大的提高,表明超强木材不仅具有一定的耐火性,还比天然木材更适宜用作承重结构。

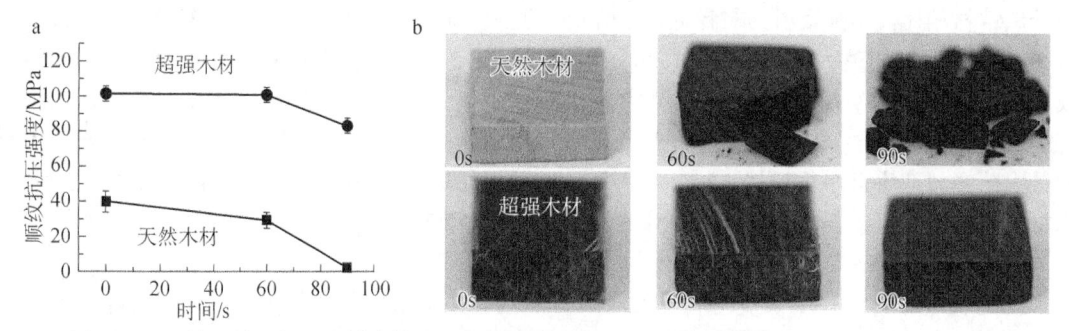

图 6.82 天然木材和超强木材在管式炉中 500℃加热不同时间后的顺纹抗压强度变化(a)和压缩试验后的样品(b)

6.7.3.5 超强木材的涂饰改性

木材及其制品在形成最终产品的过程中,都需要进行表面涂饰,以满足最终的产品需求和视觉要求。在我国古代早已使用清漆、桐油等涂饰木制品,明清时代,装饰、雕刻、镶嵌等技术日趋成熟。如今,市面上出现的木材表面装饰工艺愈发多样,通常包括成膜物质如油料、树脂,调色物质如颜料等,辅助成膜物质如溶剂、稀释剂、固化剂等。通常而言,涂饰后的木材既能够增加木材的装饰性,如提高表面光泽和纹理美观,又具有一定的保护效果。涂饰后木材的防腐、防虫、防潮、防变形、防火等性能通常能够得到一定程度的提升。而在超强木材制备过程中,虽然利用碱性亚硫酸盐法脱除了细胞壁中部分木质素,但木材表面的化学性质并未发生明显改变,因此,研究涂饰工艺对超强木材的结构和性能增效具有重要的实际价值。下文以氮化硼涂料(h-BN)为例,主要展示氮化硼涂饰后,超强木材的传热性能、防火性能和力学强度的变化规律。

(1)涂饰工艺流程　制备涂料:通过超声处理将 10g h-BN 粉末分散在去离子水(1000mL)中 48h,然后在 5000r/min 下离心 2min。分散液离心后,收集顶部上清液。为了获得固体浓度为 10%的 h-BN 涂料,采用真空过滤和干燥除去剩余的水。用刷子将获得的 h-BN 浆料涂覆在超强木材表面,并夹在两块不锈钢之间,然后在 60℃、5MPa 的压强下热压,直至完全干燥。

(2)形貌分析　图 6.83a 显示了通过化学脱除木质素和热压制备的超强木材的照片。未经过涂饰前,木材呈浅棕色,涂饰白色 h-BN 后,超强木材呈现出白色。木材表面颜色变化说明 h-BN

涂层有效地覆盖在超强木材表面。从图 6.83b 中的 SEM 图像可以看出，超强木材具有完全压塌的致密细胞壁结构。横向切割木材后发现，超强木材内部致密的结构保持完好，仅在其表面涂饰有厚度约为 30μm 的 h-BN 涂层，从以上结构可以预测简单的涂饰工艺并不会对超强木材的力学性能产生明显影响，而涂层可以给超强木材内部结构提供有力的保护（图 6.83c～e）。经过涂层刮擦测试，在超强木材外表面黏附的 h-BN 涂层强度为 1B 级。高分辨率的横截面 SEM 图像进一步揭示了 h-BN 薄片的层状结构（图 6.83f），说明 h-BN 薄片层层堆叠在超强木材表面，这对增强木材表面的热传导性至关重要。因为 h-BN 薄片具有明显的热传导各向异性，在 h-BN 薄层平面上的热传导率远大于纵向上的热传导率。FTIR 光谱分析证明，除属于天然木材成分（如纤维素、半纤维素和木质素）的官能团外，在 h-BN 涂饰后的超强木材中还可以发现 1360cm^{-1} 和 780cm^{-1} 处新出现两个特征吸收峰，分别对应于平面内 h-BN 的拉伸和弯曲振动。透射电子显微镜（TEM）显示了 h-BN 薄片为六角形状（图 6.83h），选区电子衍射图也证明了 h-BN 纳米片的两个特征衍射环（002 和 100）。

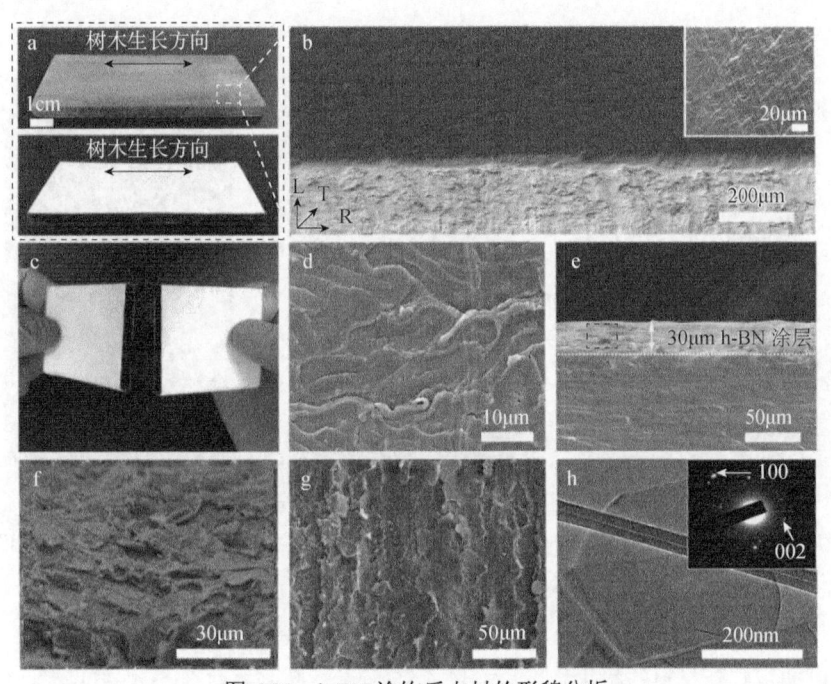

图 6.83 h-BN 涂饰后木材的形貌分析

a. 超强木材和 h-BN 涂饰后的超强木材；b. 超强木材 SEM 图像；c. h-BN 超强木材横向切割，h-BN 仅覆盖超强木材表面，而内部结构保持不变；d. 超强木材 SEM 图像；e. h-BN 超强木材横截面 SEM 图像显示 h-BN 涂层厚度为 30μm；f. h-BN 涂层的层状结构，为 e 图框中放大部分；g. h-BN 超强木材的俯视图；h. h-BN 超强木材表面 h-BN 的透射电子显微镜图像和电子衍射图

（3）传热性能　经过 h-BN 涂饰后的超强木材具有各向异性的热传导性，为了证明其与众不同的热传导能力，对木材样品进行了热扩散实验。具体实验过程如下：裁剪木材样品尺寸为 50mm×50mm×5mm。将 50mm×50mm 的表面定义为前面，50mm×5mm 的表面定义为侧面。采用 465nm 二极管固体激光器（激光功率均为 167mW）在暗室中对木材样品进行能量输入，分别进行了两组测试。在第一组测试中，激光光斑对准前表面的中心，中心区域被一层方形（3mm×3mm）的黑色涂层覆盖（黑色涂层吸光率为 0.9）。利用对前表面的温度分布进行测量和绘制。在第二组测试中，将激光光斑对准前表面的边缘，在该边缘同样涂覆 3mm×3mm 的吸光黑色涂层，用 FLIR

Merlin 红外摄像系统记录样品在稳定状态下的温度分布。

实验结果如图 6.84 所示，经过激光照射 5min 后，超强木材的上表面温度分布等温线显示，区域内最大温度（T_{max}）为 78℃，表明由于超强木材的导热性差，木材表面存在明显的热量集中现象。这种表面热量迅速积累的现象可能导致超强木材更容易着火。在横截面中，超强木材的温度分布为半圆形，证明了热量向超强木材内部的传递是各向同性的，这也增加了木材的可燃性（图 6.84c）。而经过 h-BN 涂饰后的超强木材表现出完全不同的传热行为。当涂饰后超强木材的上表面暴露在恒定热源下时，由于 h-BN 在平面方向上的高导热性，热量均匀分散，导致在 h-BN 涂饰后超强木材的上表面形成圆形的温度分布等温线轮廓（图 6.84e），且上表面最高温度仅为 48℃，相比于同激光功率输入的超强木材的最高温度低 30℃，证明了大量输入的热量沿 h-BN 涂层平面消散。同时，由于 h-BN 涂层垂直于平面方向的导热系数极差，因此在超强木材径向和弦向会发生明显的隔热现象，导致涂饰后木材横截面的温度轮廓呈水平椭圆形状，说明从上表面入侵的热量到内部的热传输路径已被阻断，内部超强木材仍然可以保持低温，从而提高涂饰后超强木材的防火性能。

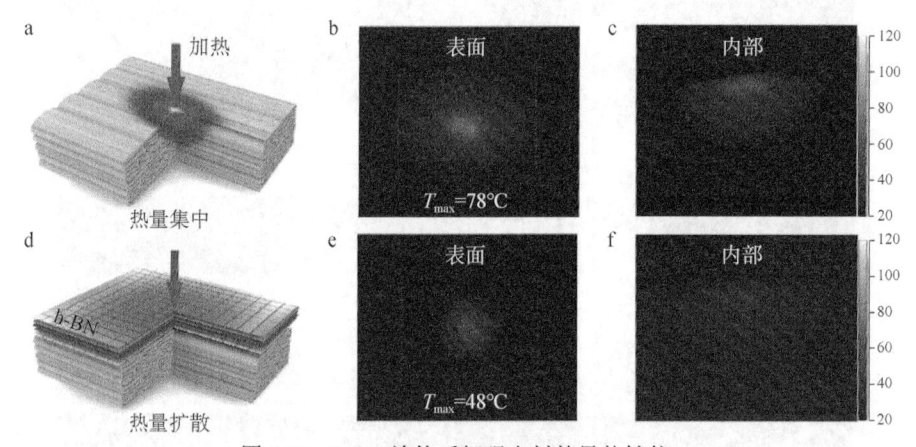

图 6.84　h-BN 涂饰后超强木材的导热性能

a. 超强木材的传热示意图；b、c. 入射热垂直于木材生长方向的致密木材的红外热像图：俯视图（b）和剖面图（c）；d. h-BN 超强木材的传热示意图；e、f. 入射热垂直于木材生长方向的氮化硼致密木材的红外热像图：俯视图（e）和剖面图（f）

（4）防火性能　将超强木材和 h-BN 涂饰后超强木材样品置于丙烷火焰中 30s，并监测火焰的传播，可以初步判断材料的耐火程度。如图 6.85 所示，超强木材在 5s 内被点燃，随后在 8s 内火焰开始蔓延。第 31s 时，即使移除丙烷火源，超强木材仍保持燃烧状态，这是由于木材的碳氢化合成分与空气发生燃烧反应。即使如此，与在 3s 内点燃的天然木材相比，超强木材的耐火性能仍然有一定提高。图 6.85b 为超强木材暴露在火焰中的示意图，完全塌陷的木材细胞在燃烧 30s 后膨胀，最终在材料表面形成木炭层（图 6.85c 和 d）。相比之下，h-BN 涂饰后的超强木材能够承受相同的丙烷火焰燃烧 8s，并且在第 31s 火焰移除后，表现出自熄现象（图 6.85e），充分证明了由于 h-BN 涂层各向异性的导热和氧绝缘能力提高了木材的耐火性能（图 6.85f）。通过 SEM 观察，与未加涂饰的超强木材相比，尽管在 h-BN 涂饰后超强木材的横截面上观察到了一些微小裂纹，大多数木材细胞壁在燃烧 30s 后仍保持紧密堆叠的结构，同时结构完整的 h-BN 涂层对减缓氧气渗透和热解挥发物释放仍然有重要影响，表明 h-BN 涂层对内层木材具有持续保护作用（图 6.85g 和 h）。

利用锥形量热仪试验研究了 h-BN 涂饰后超强木材的燃烧行为，试验按照《用耗氧量热计测定材料和产品的热量和可见烟雾释放率的标准试验方法》[ASTM E1354（2017）]进行，应用

图 6.85 涂饰与未涂饰 h-BN 超强木材在丙烷火焰中燃烧后的形态变化

a. 超强木材在丙烷火焰下燃烧 30s；b. 超强木材燃烧后的形态变化；c、d. 超强木材燃烧后的 SEM 图像：剖面图（c）和俯视图（d）；e. h-BN 超强木材在丙烷火焰下燃烧 30s；f. h-BN 超强木材燃烧后的形态变化；g、h. h-BN 超强木材燃烧后的 SEM 图像：剖面图（g）和俯视图（h）

20kW/m²、30kW/m² 和 40kW/m² 的外部热流量（q_{ex}）对木材样品进行测量，并测量了对应的热释放速率（HRR）（图 6.86）。与之前测量的超强木材的锥形量热仪测试结果对比，发现在所有外部热流量下，h-BN 涂饰后超强木材的点火时间（t_{ig}）都几乎为超强木材点火时间的两倍，对于 h-BN 涂饰后超强木材，q_{crit} 的拟合结果为 15.3kW/m²；对于超强木材，q_{crit} 的拟合结果为 12.6kW/m²。涂饰后木材的 q_{crit} 显著提高，表明 h-BN 涂层提高了超强木材的点火温度。表面涂饰后超强木材的 TRP 为（480±57）s$^{0.5}$·kW/m²，远高于未经涂饰的超强木材[（308±9）s$^{0.5}$·kW/m²]。与超强木材相比，涂饰后超强木材具有较长的 t_{ig}、较高的 q_{crit} 和 TRP，证明 h-BN 涂层可以显著提高材料的阻燃性。

利用式（6.53）计算涂饰后超强木材在 50kW/m² 外部热流量下的 t_{ig} 为 92s，这超过了大多数耐火木材（图 6.86c）。通过式（6.54）计算点火温度（T_{ig}），可知 h-BN 涂饰后超强木材的点火温度为（381±74）℃，比未经涂饰的超强木材提高了 41℃（图 6.86d）。

经过燃烧后超强木材裂成几块，而 h-BN 涂饰后超强木材仍然相对完整，尤其是涂层表面几乎没有裂缝和孔洞，表明在燃烧过程中，不易燃的 h-BN 涂层可以一直作为热绝缘屏障，抑制热解产物（如 H_2 和烷烃）的释放。通过 h-BN 涂层的有限可燃气体，显著降低了涂饰后超强木材热释放速率的平均值和峰值。超强木材的平均热释放速率、最大热释放速率、平均质量损失率、燃烧时间和燃烧热分别为（111±38）kW/m²、（146±28）kW/m²、（92.3±24）mg/s、（507±197）s 和（12.1±1.1）kJ/g。所有这些值都小于超强木材，表明 h-BN 涂层为木材提供了更好的阻燃性。

（5）力学强度　除了优异的耐火性和各向异性的热导率，表面涂饰工艺由于作用在木材表面，并不会对超强木材的机械性能产生明显影响。涂饰后超强木材的轴向拉伸强度接近 471.5MPa，

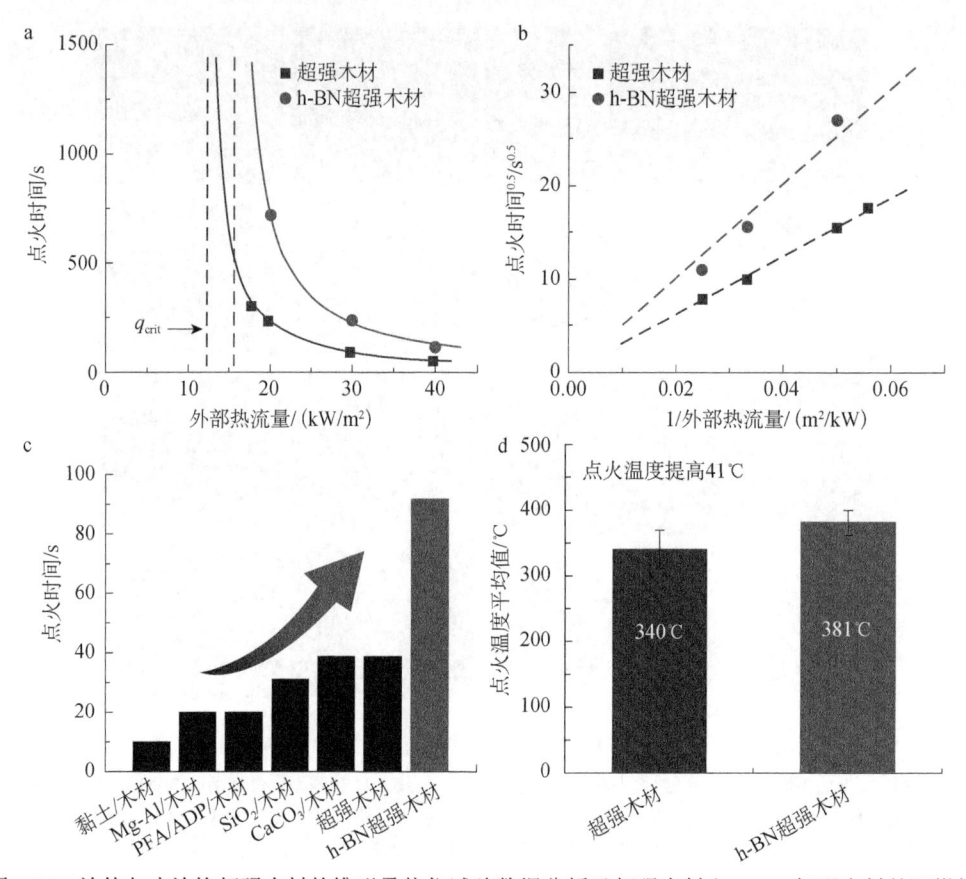

图 6.86 涂饰与未涂饰超强木材的锥形量热仪试验数据分析及超强木材和 h-BN 超强木材的阻燃性

a、b. 确定了 q_{crit}（a）和 TRP（b）；c. 在外部热流量为 50kW/m² 的情况下，将 h-BN 超强木材的点火时间与其他耐火木材结果进行比较（PFA. 聚合糠醛醇；ADP. 磷酸二氢铵）；d. 木材样品的 T_{ig} 平均值

是天然木材的 8.7 倍。同时，它的径向拉伸强度为 38.7MPa，约为天然木材的 11 倍。考虑到涂饰后木材稍微增加的密度，h-BN 涂饰后超强木材的比抗拉强度也远优于商用建筑材料（混凝土、铝合金、高比强度钢和天然木材），表明其在某些特殊应用场合可作为轻质高强材料代替传统建材。

6.7.3.6 超强木材的疏水改性

木制品在使用过程中，水分变化不仅容易导致干缩湿胀、变形开裂，还容易造成生物侵蚀，加速紫外降解等，严重影响其使用寿命。因此，在木材的使用过程中对其进行一定程度的疏水改性至关重要。通常对木材进行疏水改性的方式有表面涂饰、细胞壁修饰和细胞腔内填充，制备方法有溶胶-凝胶法、水热法、模板印刷法、化学沉积法等。然而，对超疏水木材界面而言，界面的稳定性和疏水效果的时效性依然是制约该技术推广和应用的关键。例如，利用纳米材料和低表面能硅烷复合形成的具有微纳粗糙二元结构的超疏水木材，其表面往往由于木材的多孔结构和亲水性质，纳米涂层无法深入细胞壁内部，纤维素和纳米材料间界面结合力不强，长时间使用和磨损下易被剥离、脱落的问题明显。以超强木材的制备工艺为基础，辅以模板印刷技术和纳米修饰技术，可以显著提高木材的疏水改性效果。一方面，利用模板印刷技术可以和热压工艺无缝对接，利用如砂纸表面的粗糙结构为衬底，在热压过程中就能增加木材表面粗糙度。另一方面，热压过程使木材细胞壁之间孔隙闭合，可以将疏水的纳米材料牢固地嵌入细胞壁表面，并增加界面稳定性和耐磨性，显著提高了疏水效果。

在制备超强木材的过程中引入无机纳米颗粒修饰木材细胞壁，对超强木材进行疏水改良，首先利用碱处理部分去除细胞壁中的纤维素和木质素，导致木材细胞壁中出现大量孔隙，但保持了天然纤维素的化学结构和定向排列方式。随后采用溶胶-凝胶法，将预处理的木材浸泡在正硅酸乙酯和全（十七）氟癸基三甲氧基硅烷溶液中，在木材细胞壁内形成 SiO_2 直径约为 100nm 的纳米颗粒。将 SiO_2 纳米颗粒修饰后的木材垫在粗糙的砂纸下进一步热压，可以高度密实化木材细胞壁。同时，由于表面砂纸和二氧化硅的协同作用，超强木材表面产生了类似"荷叶"的粗糙二元结构，长链硅烷也提供了较低的表面能，赋予了木材超疏水性。Li 等证明在木材细胞壁原位修饰 SiO_2 纳米颗粒后，木材细胞壁结构表面负载有大量直径约为 100nm 的 SiO_2 纳米颗粒。热压后，木材细胞壁被完全压塌，细胞腔之间的空隙几乎被完全消除，形成了相互交织且层层堆叠的细胞壁结构。放大后的 SEM 图像显示 SiO_2 纳米颗粒被保存在细胞壁之间相互缠绕的间隙内。在热压过程中，当覆盖在木材顶部的砂纸为 120 目（约 100μm）时，砂纸在热压处理期间将在木材表面复制砂纸表面的粗糙结构，进一步增加木材表面粗糙度，从而促进疏水性的提高。没有经过砂纸覆盖的超强木材表面相对平整，展示与水的静态接触角为 104.8°。而经过砂纸覆盖后的超强木材表面粗糙度明显增加，与水的静态接触角为 142.4°。同时经过二氧化硅和砂纸处理后的超强木材展示了最高的表面粗糙度，与水的静态接触角为 159.4°，证明了经过物理和化学处理构筑的二元微/纳米层次结构（微米尺度粗糙度和纳米尺度 SiO_2 纳米颗粒）可以赋予超强木材超疏水性。与传统二氧化硅改性木材构筑的超疏水表面不同，采用热压的方式不但提高了木材的力学强度，而且显著改善了超疏水表面的稳定性。利用砂纸磨损超强木材表面的微纳二元粗糙结构，结果显示在负重 200g 砝码的砂纸打磨 10 次、20 次、30 次和 40 次后，超强木材展示与水的静态接触角和动态接触角分别为 158.1°/4.5°、156.3°/5.9°、152.9°/7.7° 和 150.1°/9°，仍然保持了优异的疏水性。其中，与水的静态接触角减少主要归因于砂纸在负重下略微降低了木材表面的微/纳米层次结构的表面粗糙度。相比于未经压缩木材构筑的超疏水木材界面，热压处理可以增加木材表面硬度，促进纳米纤维素之间形成氢键，以稳定维持产生的微/纳米层次结构，增加纳米颗粒的附着力。

此外，以超强木材为基底材料，采用聚氨酯涂料涂饰超强木材表面也可以明显提高超强木材的抗水性。将厚度相同的压缩天然木材、超强木材和经过涂料涂饰后的超强木材放置于相对湿度为 95% 的潮湿环境中，在 128h 后发现压缩后的天然木材沿径向迅速反弹，厚度膨胀超过 40%。超强木材虽然出现反弹，但反弹率远低于压缩后的天然木材，大概为 10%，证明经过部分脱除亲水的半纤维素，并经过压缩后，超强木材纤维素微纤丝之间形成了更多的氢键结合，阻止了水分向木材内部渗透。而经过聚氨酯涂料涂饰后的超强木材几乎在潮湿环境中不发生吸湿回弹，证明涂料充分覆盖了超强木材表面，为其提供了防护屏障，阻碍了水蒸气向内部扩散。由于涂饰仅仅作用在超强木材表面，并不会对其力学强度产生影响，因此是一种简单有效的改性方式。

6.7.3.7 超强人造板

除了实体木材增强，加强对林木剩余物的结构增强和性能增效研究同样具有重要意义。从资源占有量角度分析，林木剩余物数量巨大。按照一般商品材出材率 81.27%、经济材出材率 77.17%、木材加工剩余物 60%、废旧木制品回收量 65%、非立木剩余物 50% 和木制品直接使用寿命 12 年计算，2013 年全国林木剩余物总量估算值达到 30 284 万吨，其中木材加工剩余物为 1492 万吨，废旧木材可回收量为 720 万吨。虽然尚未进行林木剩余物总量的精准统计，但可以预见，随着经济的发展，人们对木材和木制品需求量的急剧增强，以及我国木材资源供不应求的现状，林木剩余物总量还在继续增加。从资源循环利用角度来看，木材及林木剩余物是天然可再生资源，强化可再生资源的可持续开发和综合利用，可在一定范围内实现资源平衡，在倡导"碳达峰"和"碳中和"的背景下，减轻对不可再生资源的依赖，统筹推进环境保护和经济协同发展。从化学本质上分析，部分林木剩余物和木材同根同源，都属于纤维素、木质素和半纤维素高分子聚集体，加强超强木材制造技术的研发，可以对接基于林木剩余物超强人造木材的研究，既提高了木材资源的利用率，又促进了全产业链的科技创新，实现了木材的增值、增效。

（1）强化刨花板 利用表面处理，将木屑浸入碱溶液中蚀刻其表面，暴露内部的纤维素微纤维结构。随后用TEMPO氧化纤维素，将羧基嫁接到木质纤维表面，使纤维素微纤维分解成纳米纤维。最后，引入钙离子与表面纳米晶化的木纤维交联，热压成型，可以制得强化刨花板。其形成基本原理是木刨花作为一种天然的纳米复合材料，内部排列整齐的纤维素纳米纤维使其成为设计微/纳米结构的理想原料。利用碱液蚀刻和TEMPO氧化，增加基础单元间的比表面积和接触位点，提高其化学可及性。随后通过离子交联和热压处理，使相邻木质纤维间形成强烈的氢键、范德瓦耳斯力、离子键及物理纠缠等相互作用，形成不须添加任何黏合剂的强化刨花板。通过分析木屑、刨花等生物质的微观结构，利用表面蚀刻部分去除木质素和半纤维素后，在木质刨花表面氧化处理纤维素微纤维，致其膨胀解离，将微尺度纤维束分解，实现表面纳米化，得到氢键含量丰富的纤维素纳米纤维。利用纤维表面的羟基、羧基及钙离子相互交联形成紧密的纳米纤维网络，消除孔道间隙形成致密人造板。

强化刨花板具有超过天然木材的机械性能，尤其是具有突出的各向同性。受树木生长和纤维素结晶区的影响，天然木材通常在轴向上具有优异的力学性能，而径向和弦向往往是力学弱相。经刨花改性、热压后制备而成的超强刨花板在垂直于热压方向上的力学强度是完全一致的，其抗弯强度和杨氏模量分别约可以高达170MPa和10GPa。由于改性刨花之间的强力交联，超强刨花板的断裂韧性也高达8.8MPa/m^2，压缩强度接近300MPa。循环加载实验也表明，在25MPa压强下循环加载10次，超强刨花板依然保持优异的强度和结构完整性。此外，超强刨花板的抗冲击性能和表面硬度也远远优于天然木材，甚至接近一些轻质钢材。

此外，仿生生物矿化作用，将部分去除木质素和半纤维素的木质纤维素与磷酸氢钙通过机械化学法复合，随后通过真空水流将纳米木质纤维素通过表面沉积的方式定向组装，热压后获得高度有序的层状结构材料，能够制备具有类似贝壳珍珠层结构的超强刨花板。具有完整木材管道结构的木质刨花经过部分去除木质素和半纤维素处理后，表面纤维暴露，孔隙率增大，硬度降低，在机械化学处理过程中发生分裂、破碎、纳米化等现象，极大地增强了其分散性和化学结合位点。在随后的自组装过程中，木质纤维细胞壁与磷酸氢钙紧密连接，相互交织，显著提高其界面面积，同时利用PO$_4$四面体几何形状加强氢键协同作用并结合钙离子进一步增强纤维与磷酸氢钙之间的界面作用。此外，纳米木质纤维素/磷酸氢钙复合材料中的氢键长度为1.65~1.97Å，有利于氢键外延，丰富材料内部结合力，有效抵御外界冲击。热压后的木质刨花孔腔完全塌陷，形成致密层状结构，显著减少了材料中的缺陷，极大地提高了机械强度。在断裂过程中，致密化结构发生裂纹偏转、裂纹分支和裂纹桥接现象，成功消耗了部分能量，避免了应力集中，实现了从木质纤维素到无机组分的有效应力传递。同时，层层密实化纤维的相对滑动所需的摩擦力进一步阻碍了材料断裂。上述增韧机制的协同作用成功分散了施加在外部的载荷，从而提高了材料的韧性和强度。

得益于天然有机分子和无机质两种材料间力学的相互作用机制，纳米木质纤维素/磷酸氢钙复合材料具有高于大部分木质纤维基复合材料的力学性能，拉伸强度高达195MPa，是纯木纤维板的9.5倍,断裂韧性更是其8倍以上,远高于无序排列的复合材料。同时,材料的弯曲强度比不含无机和有机填料的改性木质纤维材料高1.8~4.4倍,约为纯木质纤维板的10倍,弯曲模量比使用聚合物和非环境友好胶黏剂的木质纤维材料高1.7~5.7倍,比强度可媲美于一些轻质金属和合金。由于水流的定向组装,复合材料垂直于层状方向的拉伸、弯曲及压缩强度分别是其平行方向的1.3~4.0倍。此外,复合材料的机械性能与碳酸氢钙的含量和热压过程中施加的压力有关,压力越大,材料的层积排列越密集,极限抗弯强度越高。通过分析材料的断裂力学和理论模拟,对其多重增强增韧机制有了进一步了解。当受到外力时,木质纤维与碳酸氢钙之间的氢键开始断裂,纤维之间开始相互滑动,形成裂纹。随后,与磷酸氢钙的摩擦导致界面失效,引发磷酸氢钙开始沿纤维方向运动,吸收能量,将扩展裂纹偏移。这种裂纹产生、扩展、偏移的过程不断循环,持续消耗能量直到材料断裂。

(2) 强化纤维板　　商用纤维板是由木质纤维素纤维交织成型并利用胶黏剂交联固化形成的人造板材。近年来,利用木材强化技术,对纤维板进行增强、增韧研究也取得了可喜的进展。

仿生生物矿化作用,采用机械/化学矿化方法,能够制备具有类似贝壳珍珠层结构的强化纤维板。木质纤维素首先通过机械和化学方法在胶体研磨机中进行脱木质素、精制和碳酸钙沉积过程,随后利用钙离子、碳酸氢根等霰石生长所需离子进一步矿化。矿化的纳米木质纤维素作为增强体,通过冷冻铸造技术诱导其组装成类天然珍珠层的多孔层状基质。加入引发剂偶氮二异丁腈,将作为"砂浆层"的甲基丙烯酸甲酯渗透到基质中。在高于有机物熔点的温度下对木质纤维素基质进行热处理,将形成"砖层"的木质纤维素转化为类树脂致密层压材料,制备得到低密度的人造木质珍珠层。人造木质珍珠层通过控制冰晶生长速度和方向,形成桥架支撑的多孔层状结构。PMMA作为有机砂浆渗入其中,热压后,矿化木质纤维充当砖层,形成层次分明、具有高度致密结构的人造木质珍珠层。微观结构的改变和矿化作用对提高纤维板的性能至关重要。天然贝壳中晶体的生长方向、霰石在有机大分子上的组装及矿物桥的形成,是公认的利于珍珠层形成的生长机制。但人造木质珍珠层的高强度和高硬度性能是由强离子键决定的,其形成需要消耗大量的无机材料和能源。因此,充分发挥结构优势,采用简单、快速的方法制备无机物含量仅为天然材料1/6的毫米级人造"木贝壳"引起了人们的关注。通过冷冻诱导组装矿化木质纤维形成多孔层状结构并引入PMMA,热压后形成"砖块和砂浆"微观结构,表现出强度和韧性的完美结合。

虽然人造木质珍珠层的无机矿物含量仅为15.6wt%,密度远低于天然珍珠层,但两种珍珠层的弯曲强度几乎相同,使人造木质珍珠层拥有优于工程合金材料(如铜、铁)的比强度和韧性。在冲击和振动载荷的作用下,嵌入木质纤维砖层的PMMA充当黏结材料的同时,缓冲内应力,吸收大量的能量,使其产生一定的变形而不至被破坏。由于人造木质珍珠层与天然珍珠层的层次结构极为相似,其断裂韧性约高达3.1MPa/m²,远高于无序木质纤维板和纯致密纳米木纤维块,证明该结构在裂纹扩展过程中具有良好的抗断裂性能。当其密度为(0.94±0.05)g/cm³时,在垂直于木质纤维方向上的人造木质珍珠层的平均宏观强度为(68.9±4.6)MPa。矿化后,人造木质珍珠层的极限弯曲强度和刚度显著提高,当碳酸钙含量达到10wt%后,机械性能不再增高。此外,人造木质珍珠层表现出较高的稳定性、良好的耐水性,可满足建筑材料的日常使用要求。此外,由于原始的木质纤维是木材的采伐剩余物,造材建筑材料的再生产制造过程中需要使用较高的加工温度和大量的能源消耗,因此结构材料的高性能往往是以对环境产生不利影响为代价的,而木质贝壳的制备热压温度只需100℃。

此外,采用脱除木质素过程,将木质纤维中木质素脱除,而后混入二氧化硅微球,利用热压技术对脱木质素纤维进行密实化压缩,可以制备得到机械强度和韧性分别超过脱木质素木材8.7

倍和 10.1 倍的强化纤维板。引入的无机二氧化硅纳米微球也可以用作防水、防火和防霉材料，极大地提高了纤维板的适用性。用类似的方法，在制备强化刨花板或纤维板过程中混入与木质纤维界面相容的纳米功能型材料，如碳纳米管、石墨烯等，可以赋予刨花板或纤维板导电性、导热性、电磁屏蔽性等优异的功能，对增加这类新型人造木材的附加值、拓展其适应范围具有重要的理论价值和实际意义。

6.7.3.8 超强制冷木材

木材作为重要的可持续建筑材料，经过脱除木质素和机械致密化处理后，不仅可以制备得到超强木材，还可以利用纤维素的结构改变其表面的辐射性能，得到具有降温效果的制冷木材。通过过氧化氢去除掉天然木材中吸光的木质素成分，可以减少木材的光吸收，并使木材呈现出极高的光学白度，对太阳光具有高达96%的反射率。同时，制冷木材中保留的多尺度纤维素纳米纤维和丰富的微纳孔隙，对可见光具有强烈的反射作用，因此使用该材料制成的建筑不会主动吸收可见光中的热量。此外，制冷木材可通过纤维素的分子振动和拉伸在红外光区发生光发射，以红外辐射的形式将热量传送到外太空。可见，制冷木材不仅不会主动吸收可见光中的热量，还会以红外热辐射形式往外太空发散能量，因此可在白天和晚上持续实现零能耗的制冷。另外，制冷木材利用脱除木质素后暴露的纤维素纳米纤维，在密实化过程中形成了大量氢键，具有良好的机械性能，其拉伸强度高达404.3MPa，是天然木材的8.7倍；比拉伸强度为334.2MPa·cm³/g，超过了包括铁-锰-铝-碳钢、镁合金、铝合金和钛合金等在内的大多数结构材料；韧性更是达到天然木材的10.1倍，成为一种可提高建筑的能源效率的多功能结构材料。研究表明，若将制冷木材用于建筑物表面，可以使建筑物温度最高降低10℃左右，可节省20%~60%的能源消耗。无独有偶，利用木材碎料、刨花等，通过脱除木质素随后与无机纳米SiO_2等填料复合，热压组装可形成同样具有辐射制冷功能的人造板材，能够实现24h连续辐射制冷。这种多功能、可扩展的制冷木材有望用于未来节能和可持续的建筑中，从而大幅减少碳排放和能源消耗，有效缓解全球变暖和能源危机。

6.7.3.9 超强自愈木材

针对室内装饰材料甲醛污染问题，如何实现绿色、无醛的木制品胶黏一直是困扰木材加工行业的难题。图6.87展示了超强自愈木材的制备过程，首先利用脱木质素作用，暴露木材细胞壁表面的纤维素纤维，并保持其蜂窝状结构不变，充分利用木材天然多尺度分级结构和微观形态特征，使木材细胞壁的化学反应位点增多和比表面积增大。随后基于离子键诱导木材细胞壁纤维素部分溶解和原位再生，将细胞壁上的天然纤维素部分溶解。由于纤维素溶液具有高分散性、高黏附性及其良好的界面相容性，溶解的纤维素能够均匀地覆盖在木材细胞壁表面及木材破损处。再生后，可构筑纳米纤维素黏合层，借助多尺度纤维之间的耦合作用形成多重氢键交联的网络结构，增强细胞壁间的相互作用，将木材分离或受损的部分重新连接，实现重组愈合。干燥后，构建出在纳米尺度上的以再生纤维素分子间相互作用力为主导的氢键增强体系和在微米尺度上以天然纤维素分子链为主导的细胞壁有序堆叠增强体系，形成具有多尺度界面结构的自愈木材，极大地增强了木材的硬度和机械强度，其硬度超过天然木材的4倍；比强度高达445MPa·cm³/g，是天然木材的16倍，超过了部分钢材、铝合金、工程塑料、超强木材等结构材料。纤维素经氯化锂/N,N-二甲基乙酰胺（LiCl/DMAc）溶剂体系原位溶解、再生后，不仅极大地增强了木材的机械性能，还可通过再生纤维素在木材破损界面处形成氢键修复裂纹。成功愈合后木材的拉伸强度依然可达到

114MPa，约为天然木材的 5 倍。特别是当愈合木材再次断裂时，依然可以重复至少 5 次上述过程，得到相同的修复效果。在天然林全面禁伐、优质木材资源短缺的大环境下，这种木材的自愈技术对实现低质木材、废旧木质资源的高效利用具有重要意义。

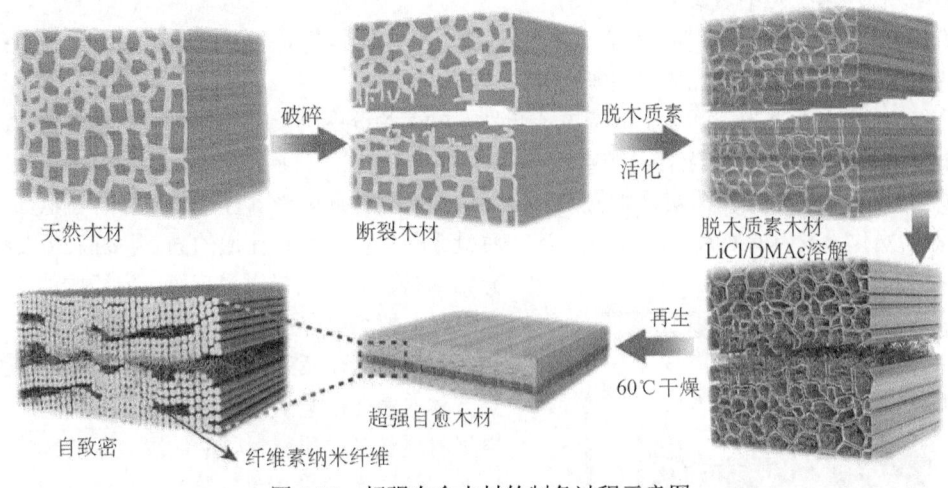

图 6.87　超强自愈木材的制备过程示意图

6.8　储能木材

6.8.1　电储能木材

随着世界人口的不断增长，人们对化石燃料过度开采的依赖程度严重，迫切需要采用可持续能源来满足我们现代生活方式对电力的需求。电化学储能设备包括可充电电池和超级电容器，具有提供高电化学效率、长期使用寿命和可靠的安全性的潜力，在电化学存储和可逆地释放能量方面发挥着至关重要的作用。

木材具有分层多孔结构（如垂直通道和互通的微/纳米孔），可用于电子和离子的快速传输，适合作为电化学储能器件的组件，包括电极、集流体、隔膜和模板或基底材料。木材电储能材料最早可以追溯到 20 世纪 90 年代。当时报道了炭化木的物理性质及其在制造复合材料（如碳/聚合物、碳/碳和碳/陶瓷）中应用的早期研究。经过十几年的发展，木材衍生碳材料被进一步用作超级电容器和锂离子电池的电极。随着时代的发展，木材衍生材料的应用进一步扩展到钠离子电池和其他可充电电池。

6.8.1.1　超级电容器

（1）概述　超级电容器（supercapacitor），也称为电化学电容器，是 20 世纪七八十年代发展起来的一种介于电池和传统电容器之间的新型储能器件。与传统物理电容器、蓄电池相比，超级电容器的特点主要体现在以下几方面。

1）功率密度高。可达 $10^2 \sim 10^4$ kW/kg，远高于蓄电池的功率密度水平。

2）循环寿命长。在几秒钟的高速深度充放电循环 50 万～100 万次后，超级电容器的特性变化很小，容量和内阻仅降低 10%～20%。

3）工作温限宽。由于在低温状态下超级电容器中离子的吸附和脱附速度变化不大，因此其容量变化远小于蓄电池。商业化超级电容器的工作温度可达-40~80℃。

4）免维护。超级电容器充放电效率高，对过充电和过放电有一定的承受能力，可稳定地反复充放电，在理论上是不需要进行维护的。

5）绿色环保。超级电容器在生产过程中不使用重金属和其他有害的化学物质，且自身寿命较长，因而是一种新型的绿色环保电源。

目前，超级电容器被广泛用于消费电子产品、内存备份系统及工业电源和能源管理中。木材衍生的微/纳米材料作为超级电容器的电极材料研究取得了重大进展。炭化木材是构建高性能电极的理想候选者。可以直接使用炭化木材作为自支撑式无黏合剂电极，且不需额外的导电剂和集电器。此外，炭化木材具有高离子/电子电导率、质量轻和丰富的垂直孔道的固有特性。下文将重点介绍木材及其衍生材料在超级电容器中的应用。

（2）超级电容器的结构 超级电容器的结构如图6.88所示，是由高比表面积的多孔电极材料、集流体、多孔性电池隔膜及电解液组成的。常用的电极材料包括碳质材料（活性炭、碳纳米管、石墨烯、碳纤维、纳米洋葱碳等）、金属氧化物/金属氢氧化物、导电聚合物及复合材料等。电极材料与集流体之间要紧密相连，以减小接触电阻；隔膜应满足具有尽可能高的离子电导和尽可能低的电子电导的条件，一般为纤维结构的电子绝缘材料，如聚丙烯膜。电解液的类型根据电极材料的性质进行选择，目前主要有水系电解液、有机系电解液与离子液体。

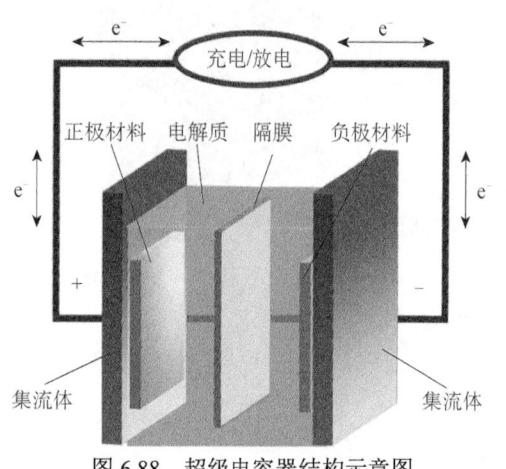

图6.88 超级电容器结构示意图

（3）超级电容器储能机制 根据电荷存储情况，超级电容器可以分为双电层电容器和法拉第赝电容器。

1）双电层电容器：双电层电容器通过电极与电解质之间形成的界面双层来存储能量。当电极与电解液接触时，由于库仑力、分子间力、原子间力的作用，固-液界面出现稳定、符号相反的双层电荷，称为界面双层。如图6.89a所示，加在正极板上的电势吸引电解质中的负离子，负极板吸引正离子，从而在两电极的表面形成了一个双电层电容器。由于电荷存储过程中不涉及化学反应，双电层电容器能够产生快速的充放电动力学，从而具有较高功率密度和长循环使用寿命。双电层电容器使用的电极材料通常为多孔碳材料，包括活性炭（活性炭粉末、活性炭纤维）、碳气凝胶、碳纳米管、石墨烯等。双电层电容器的容量大小与电极材料的孔隙率有关。通常，孔隙率越高，电极材料的比表面积越大，双电层电容也越大。但不是孔隙率越高，电容器的容量越大。保持电极材料孔径大小为2~50nm以提高孔隙率，才能提高材料的有效比表面积，从而提高双电层电容。

2）法拉第赝电容器：法拉第赝电容器也叫法拉第准电容器，是在电极表面活体相中的二维或三维空间上，电活性物质进行欠电位沉积，发生高度可逆的化学吸附或氧化还原反应，产生与电极充电电位有关的电容。这种电极系统的电压随电荷转移的量呈线性变化，表现出电容特征，故称为"准电容"，是作为双电层电容器的一种补充形式。法拉第赝电容器的充放电机制如图6.89b所示：电解液中的离子（一般为H^+或OH^-）在外加电场的作用下向溶液中扩散到电极/溶液界面，而后通过界面的电化学反应进入电极表面活性氧化物的体相中；若该氧化物的比表面积较大，则会产生更丰富的电化学反应，大量的电荷就被存储在电极中。放电时这些进入氧化物中的离子又会重新回到电解液中，同时所存储的电荷通过外电路释放出来。用于赝电容器的电极通常是金属氧化物、导电聚合物等，与碳基材料相比，它们可以提供更高的理论电容。

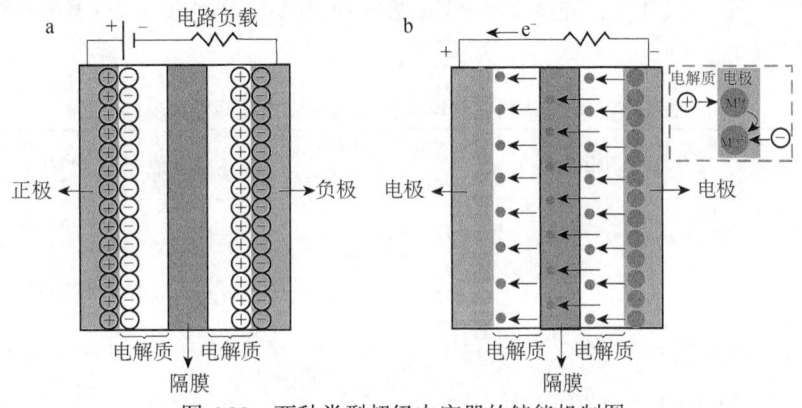

图 6.89　两种类型超级电容器的储能机制图
a. 双电层电容器；b. 法拉第赝电容器

在电化学储能器件中，将两种类型的电容器电极材料组合在一个器件中，以结合两种电容材料的优点。与双电层和赝电容材料相比，混合型储能装置可以提供高能量和功率密度。总体而言，与电池相比，超级电容器能够提供高功率密度，但其能量密度仍远远落后于电池。

6.8.1.2　木材超级电容器

木材被认为是构建三维厚电极的优良候选材料，因为其具有丰富的直孔道的分级各向异性结构，有利于促进离子和电子的传输，并易于实现活性电极材料的大面积质量负载。木材在用作电极材料之前通常需要炭化或活化。炭化方法包括惰性或空气气氛炭化、水热炭化和化学试剂活化/炭化。其中，惰性气体气氛中的高温（温度通常为 700~1000℃）炭化是一种相对简单和有效的方法，但获得的炭化木电化学性能欠佳。因此，在用作超级电容器电极之前，有必要对炭化木进行表面改性，进一步提高超级电容器的比电容从而满足实际应用场合中大能量密度的需求。例如，使用一定浓度的 HNO_3 溶液对炭化木进行常温或热处理之后，可以引入—COOH、—OH 和—NO_2 含氧官能团，实现比电容从几十到几百 F/g 的数量级增长（图 6.90）。此外，在椴木炭化之前采用植酸进行预处理可以显著提高其电化学性能，因为该有机磷类化合物能够通过氢键与纤维素分子链相结合，实现高含量的磷掺杂。所制备的超级电容器表现出较大的能量密度（41.2W·h/kg）。

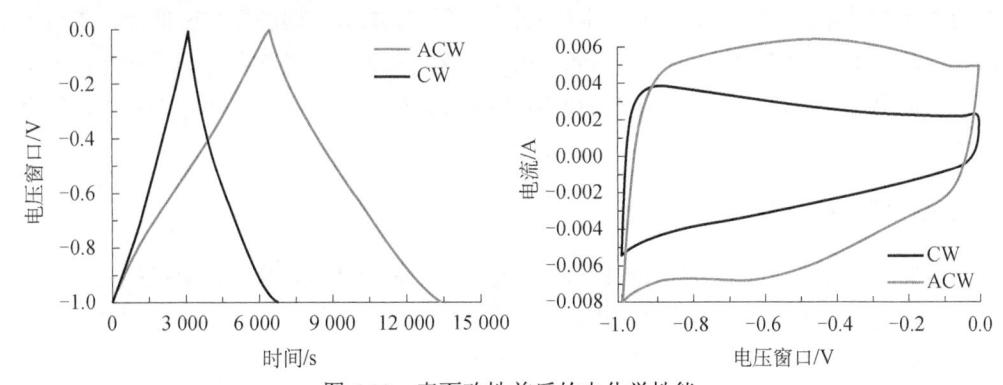

图 6.90　表面改性前后的电化学性能
CW. 炭化木；ACW. 活化炭化木

由于分级多孔的结构特征，炭化木通常被用作三维导电基底或支架，为均匀沉积/生长电活性纳米材料（如石墨烯、碳纳米管、金属氧化物/氢氧化物及具有高理论电容的导电聚合物）提供大比表面积以实现高量负载和优异的电化学性能。表 6.14 为典型木材超级电容器电极材料电化学性能比较。

表 6.14　典型木材超级电容器电极材料电化学性能比较

木材种类	炭化条件/℃	活化条件	比表面积/(m^2/g)	活性物质负载量	电化学性能	电解质	循环性能
杉木	900（N_2）	—	1131	—	142F/g	0.5mol/L HNO_3	—
杉木	700（N_2）	KOH	1064	—	180F/g	0.5mol/L H_2SO_4	—
杨木	900（N_2）	HNO_3	416	—	234F/g	2mol/L KOH	2000次/97%
红雪松	750（N_2）	HNO_3	400	—	115F/g	0.5mol/L H_2SO_4	5000/100%
山毛榉	800（N_2）	—	44	—	39.2W·h/kg	2mol/L KOH	2000次/99.7%
桉木	900（N_2）	CO_2	921	—	260F/g 36W·h/kg 2181W/kg	2mol/L H_2SO_4	—
椴木	950（N_2）	NH_3	1438	—	135F/g 8.9W·h/kg 3234W/kg	4mol/L KOH	5000次/100%
山毛榉 MnO_2/炭化木	850~1600（N_2）	—	—	3wt%	592F/g	1mol/L Na_2SO_4	1000次/100%
椴木 FeOOH/PEDOT/炭化木	900（N_2）	—	235	50mg/cm^3	126F/g 114.6F/cm^3	2mol/L KOH	5000次/85%

注：PEDOT 表示聚（3,4-亚乙二氧基噻吩）-聚（苯乙烯磺酸）

通过将炭化的山毛榉作为三维导电微/纳米支架，采用水热法或电沉积法直接生长金属氧化物（如二氧化锰纳米颗粒）所制备得到的自支撑电极能够实现 75mg/cm^2 的最高质量负载。基于炭化木（阳极）、二氧化锰/炭化木（阴极）和薄木片（隔膜）的全木质结构非对称超级电容器器件（图 6.91）能够表现出 3.6F/cm^2 的比电容及 1.6mW·h/cm^2 的能量密度。此外，通过 1 万次循环充放电测试之后，超级电容器的容量衰减仅为 7%。制备导电聚合物/木材复合电极材料的通用方法是将聚合物单体溶液浸渍到木材或炭化木材表面，通过添加引发剂进行原位聚合合成导电聚合物。例如，聚苯胺（PANI）纳米棒在木材表面的自组装可以通过苯胺单体中氮孤对与木材基材的羟基之间强的氢键作用在木材表面实现。PANI/木材自支撑电极可以在 0.1A/g 的电流密度下提供 304F/g 的高比电容。

6.8.1.3　锂离子电池

（1）概述　锂离子电池（Li-ion battery）是一类由锂金属或锂合金为负极材料，使用非水电解质溶液的电池。由于锂金属的化学特性非常活泼，锂金属的加工、保存、使用对环境的要求非常高。随着科学技术的发展，现在锂离子电池已经成为主流。锂离子电池大致可分为两类：锂金属电池和锂离子电池。锂离子电池不含有金属态的锂，并且是可以充电的。其安全性、比容量、

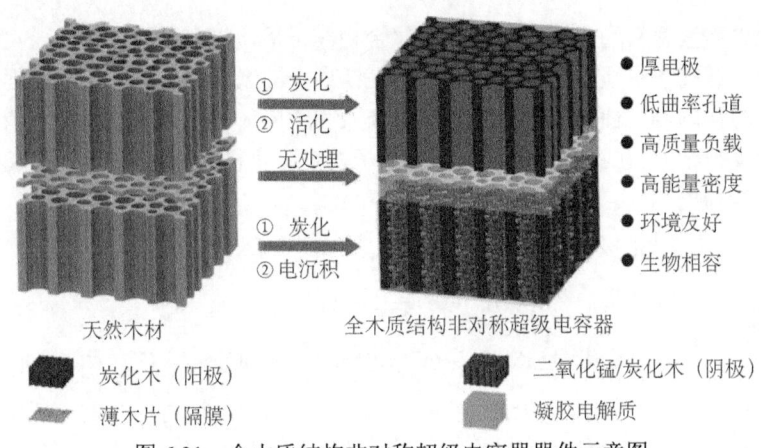

图 6.91　全木质结构非对称超级电容器器件示意图

自放电率和性能价格比均优于锂金属电池。锂离子电池是指以锂离子嵌入化合物为正极材料电池的总称。

（2）锂离子电池的结构　　如图 6.92 所示，锂离子电池主要由正极、负极、有机电解液和隔膜 4 部分组成。其中，正极、负极包含活性电极物质、导电剂、黏合剂等，被均匀涂布于铜箔和铝箔集流体上。

正极活性电极物质一般为锰酸锂或者钴酸锂、镍钴锰酸锂材料，电动自行车则普遍用镍钴锰酸锂，纯的锰酸锂和磷酸铁锂则由于体积大、性能不好或成本高而逐渐淡出。

隔膜是一种经特殊成型的高分子薄膜，薄膜有微孔结构，可以让锂离子自由通过，而电子不能通过。

负极活性电极物质为石墨，或近似石墨结构的碳，导电集流体使用厚度为 7～15μm 的电解铜箔。

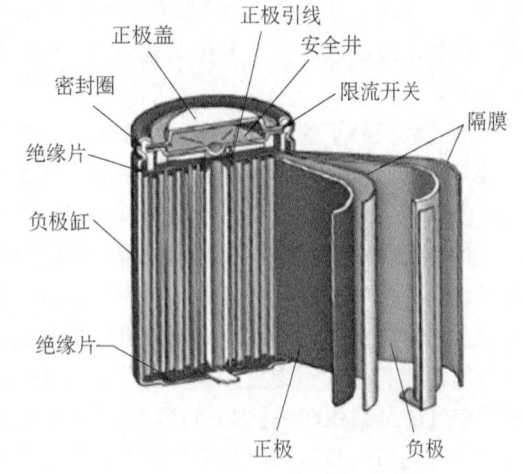

图 6.92　锂离子电池结构示意图

有机电解液是溶解有六氟磷酸锂的碳酸酯类溶剂，聚合物则使用凝胶状电解液。

电池外壳分为钢壳、铝壳、镀镍铁壳、铝塑膜等，还有电池的盖帽，也是电池的正负极引出端。

锂离子电池的正极电位较高，常嵌锂过渡金属氧化物，或者聚阴离子化合物，如钴酸锂、锰酸锂、三元磷酸铁锂等；锂离子电池的负极物质通常为碳素材料，如石墨和非石墨化碳等；锂离子电池的电解液主要为非水溶液，由有机混合溶剂和锂盐构成，其中溶剂多为碳酸之类的有机溶剂，锂盐多为单价聚阴离子锂盐，如六氟磷酸锂等；锂离子电池的隔膜多为聚乙烯、聚丙烯微孔膜，起到隔离正、负极物质，防止电子通过引起短路，同时能让电解液中离子通过的作用。

（3）锂离子电池储能机制　　当对锂离子电池进行充电时，电池的正极上有锂离子生成，生成的锂离子经过电解液运动到负极。而作为负极的碳呈层状结构，它有很多微孔，达到负极的锂离子就嵌入炭层的微孔中，嵌入的锂离子越多，充电容量越高。同样，当对电池进行放电时（即人们使用电池的过程），嵌在负极炭层中的锂离子脱出，又运动回正极。回正极的锂离子越多，放电容量越高。

锂离子电池以碳素材料为负极，以含锂的化合物作正极，没有金属锂存在，只有锂离子，这就是锂离子电池。锂离子电池的充放电过程，就是锂离子的嵌入和脱嵌过程。在锂离子的嵌入和脱嵌过程中，同时伴随着与锂离子等当量电子的嵌入和脱嵌（习惯上正极用嵌入或脱嵌表示，而负极用插入或脱插表示）。在充放电过程中，锂离子在正、负极之间往返嵌入/脱嵌和插入/脱插，被形象地称为"摇椅电池"。电化学反应过程如下：

$$正极：LiCoO_2 \underset{放电}{\overset{充电}{\rightleftharpoons}} Li_{1-x}CoO_2 + xLi^+ + xe^- \qquad (6.57)$$

$$负极：6C + xLi^+ + xe^- \underset{充电}{\overset{放电}{\rightleftharpoons}} Li_xC_6 \qquad (6.58)$$

$$总反应：LiCoO_2 + 6C \underset{放电}{\overset{充电}{\rightleftharpoons}} Li_{1-x}CoO_2 + Li_xC_6 \qquad (6.59)$$

（4）木材锂离子电池　　制备传统的锂离子电极时，活性电极材料与黏合剂和导电添加剂在有机溶剂中混合在一起形成浆料，然后将浆料浇铸到金属集流体（如 Al 或 Cu 箔）上以形成电极。然而，锂离子电池仍存在几个技术限制：①添加剂和集流体对容量没有贡献，从而降低了比能量密度。②机械稳定性弱导致堆积密度低，电活性物质易从集流体中脱落。③在锂金属电池的循环过程中，锂枝晶和（或）锂金属的体积波动会引起固体电解质界面的磨损和重组。而在固体电解质界面处通过成核生长的多孔锂晶须会导致锂在剥离过程中与集流体（死锂）溶解，最终降低电池容量。

随着环保意识的增强，在开发未来的储能设备时，应考虑可持续性和生态友好性。因此，木材及其衍生材料是锂离子电池有前途的替代品，因为它具有独特的结构、环境友好性和可持续性。木材及其衍生材料在锂离子电池领域的应用主要通过两种方法，即模板法和炭化法。

1）模板法。使用分层木材微结构作为生物模板合成各向异性锂电池阳极，可以减少厚电极离子传输通道的曲率。天然木材中存在连续垂直的微孔道以实现高速传输离子溶液，通过溶胶-凝胶工艺可以将三维排列的木材微孔道复刻到钴酸锂（$LiCoO_2$）正极中（图 6.93），以获得优异的倍率性能和高面积容量。具体而言，将 $LiCoO_2$ 前体溶胶浸注入松木片（经脱木质素处理）中通过空气烧结来生产块状 $LiCoO_2$ 正极，同时去除木材模。与随机填充的 $LiCoO_2$ 正极相比，木材模实现了更高的锂离子传输速率和更低的孔道曲率。此外，在正极孔隙率为 60% 的情况下，当电极厚度扩大 10 倍时，$LiCoO_2$ 石墨锂离子电池的能量密度从 260W·h/kg 增加到 350W·h/kg，说明电极厚度的增加对提高电池比能量有很大贡献，1mm 厚的木质 $LiCoO_2$ 正极在动态放电测试下可获得 22.7mA·h/cm² 的面积容量。

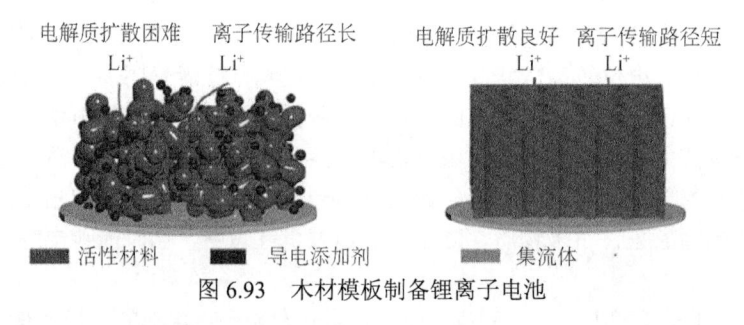

图 6.93　木材模板制备锂离子电池

2）炭化法。木材通过高温炭化工艺同样可以直接用作轻质、导电的锂离子电池集电器。将磷酸铁锂（$LiFePO_4$）渗透到炭化木集电器有序排列的孔道中，可获得负载量为 60mg/cm² 的一体化电极，在 0.5mA/cm² 电流密度下具有 26mW·h/cm² 的高能量密度和 7.6mA·h/cm² 的容量。木材电极优异的结构稳定性赋予锂离子电池更好的可循环性和整体安全性。通过空气稳定和氩气煅烧两步法制备的炭化椴木（C-wood）具有高孔隙率（约73%）和有序排列的孔道，也可用作锂金属载体（图6.94）。将炭化木浸入 Zn(NO$_3$)$_2$ 溶液中，然后在400℃空气中煅烧10min。最终，将ZnO包覆的C-wood浸入熔融的Li中，将Li注入木材孔道，从而形成Li/C-wood作为锂金属负极。这种结构不仅有效地引导了Li剥离/镀覆过程的进行，而且限制了体积膨胀。其中木材的多孔网络也可以实现局部电流密度的最小化。在对称电池中，Li/C-wood电极呈现出稳定的剥离/电镀曲线，在3mA/cm^{2}下具有90mV的低过电位，并且能够保持150h的循环稳定性。

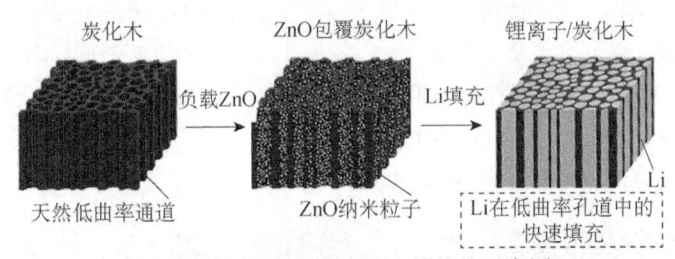

图6.94 炭化木作为锂金属载体示意图

6.8.1.4 锂-硫电池

（1）概述 锂-硫电池是基于高比容量硫（1675mA·h/g）和锂金属（3860mA·h/g）的可逆反应的二次电池体系，平均放电电压约为2.15V。其理论能量密度可达260W·h/kg。其原材料具有成本低廉、环境友好等优势，因此极具发展潜力。锂-硫电池的发明可以追溯到20世纪60年代，当时 Herbert 和 Ulam 申请了一项电池专利，此锂-硫电池的原型使用锂或锂合金作为负极材料，硫作为正极材料，以及由脂肪族饱和胺组成的电解液。几年后，通过引入碳酸丙烯酯（PC）、二甲基亚砜（DMSO）和二甲基甲酰胺（DMF）等有机溶剂使锂-硫电池得到改进，得到了2.35～2.50V的电池。到20世纪80年代末，醚类被证明可以用于锂-硫电池。此后的研究中，醚基电解液的发现、LiNO$_3$作为电解液添加剂的使用及碳/硫复合正极的提出等成果的出现开启了锂-硫电池的研究热潮。

（2）锂-硫电池储能机制 锂-硫电池的结构如图6.95所示。负极金属锂被氧化释放出锂离子和电子，同时与电解液接触面会形成保护层SEI（solid electrolyte interphase）膜；锂离子和电子分别通过电解液、外部负载移动到正极；单质硫在正极被还原成放电产物硫化锂。

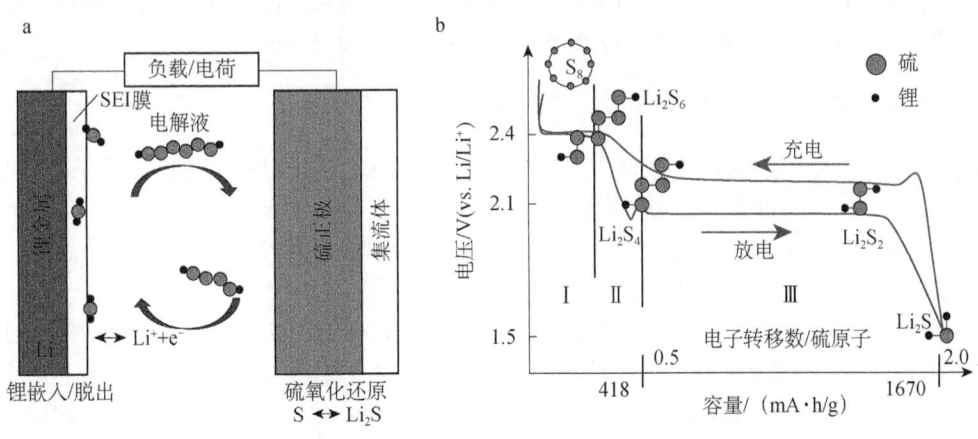

图6.95 锂-硫电池结构示意图（a）和固-液-固典型锂-硫电池充放电曲线（b）

单质硫在自然界中普遍以环状的S$_8$形式存在。在放电过程中，从固态的环状S$_8$到液态的长

链多硫化物 Li_2S_n（$4<n\leq8$）和短链多硫化物 Li_2S_n（$2<n\leq4$），最后为固态的放电产物 Li_2S_2 和 Li_2S。放电曲线上出现了两个放电平台 2.4V（高平台）和 2.1V（低平台），其中长链的多硫化物在电解液中有较高的溶解性，所以该过程的电化学反应速率较快，而 Li_2S_2 和 Li_2S 在电解液中几乎不溶解，反应速率较缓慢。在充电过程中，Li_2S 经过中间多硫化物直接被氧化成 S_8，从而形成一个完整可逆的氧化还原反应。

（3）木材锂-硫电池　　Li-S 阴极可以通过炭化木（C-wood）管腔和孔隙内填充还原氧化石墨烯（rGO）来制备（图 6.96）。这种三维多孔 C-wood/rGO 复合材料呈现出低孔道曲率和高导电性，作为一种轻质集电器可以大量负载硫。C-wood 具有良好的电解质限制能力和沿微孔道方向优异的抗变形能力，有利于电解质存储并抑制多硫化物流失。Li-S 电池由载硫炭化木正极（硫载量为 21.3mg/cm²）、聚环氧乙烷（PEO）凝胶复合电解质及锂金属负极构成，具有 15.2mA·h/cm² 的高面积容量，50 次循环后容量保持率为 74%。

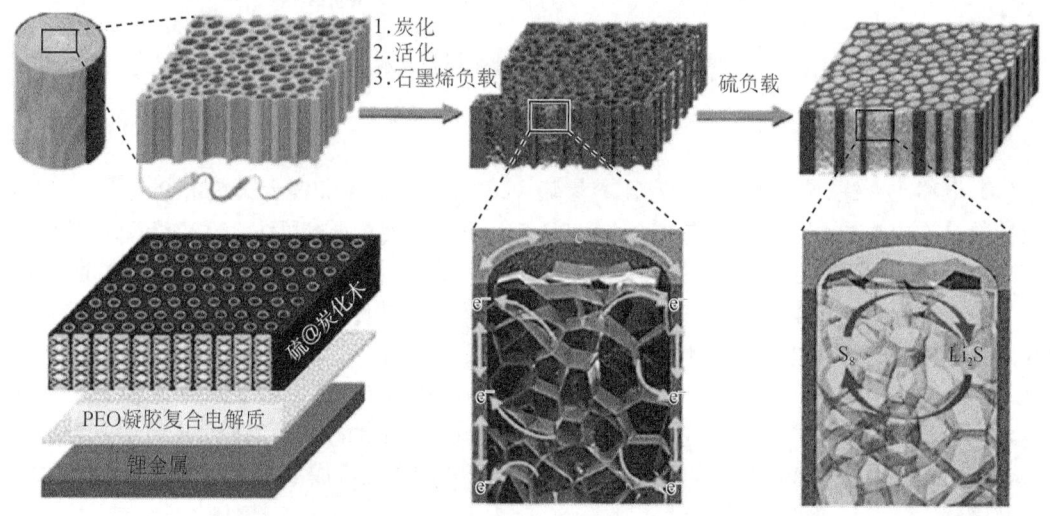

图 6.96　载硫炭化木正极的制备工艺及 Li-S 电池的结构示意图

天然木材微纤维具有独特的分层和介孔结构。如图 6.97 所示，炭化的介孔木纤维（CMWF）可以负载硫而作为自支撑电极的基底材料。同时，在 CMWF 上涂上 Al_2O_3 纳米薄层（5nm）以形成功能化的 CMWF（f-CMWF）。具有高硫负载量（70wt%）的自支撑 S/f-CMWF 正极在 400mA/g 时的初始容量为 1115mA·h/g，在 450 次循环后仍保持 859mA·h/g 的容量。

6.8.1.5　锂-氧/二氧化碳电池

（1）锂-氧/二氧化碳电池储能机制　　典型的 $Li-O_2$ 电池通常由金属锂阳极、非质子电解质和空气阴极组成，其中氧气通过可逆的氧化还原反应还原形成 Li_2O_2（$2Li+O_2 \longleftrightarrow Li_2O_2$）。实际的氧化还原过程很复杂，因为析氧反应（OER）和氧还原反应（ORR）都发生在涉及固体电极、液体电解质和气态 O_2 分子的三相边界上。

类似于树干养分运输和树叶光合作用的协同效应，可充电 $Li-CO_2$ 电池在放电过程中通过 CO_2 正极与 Li 负极之间的氧化还原反应（$2Li+CO_2 \longrightarrow Li_2CO_3$）生成 Li_2CO_3。通过在外部电源的帮助下分解放电产物，它还在充电过程中储存能量。与使用纯 O_2 不同，CO_2 不仅有利于在锂负极上原位形成自我修复的保护性 Li_2CO_3 层，还通过在正极和电解质中捕获氧离子来阻止氧气形成的副反应。

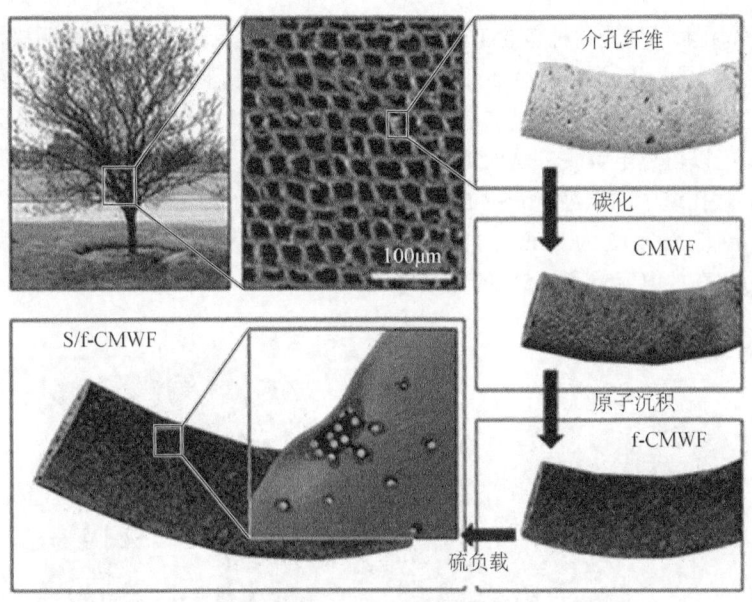

图 6.97　S/f-CMWF 正极的制备工艺

（2）木材锂-氧/二氧化碳电池　　具有分层孔隙和孔道的"透气"木材块体可用于高性能锂-氧电池。源自炭化/活化椴木（CA-wood）的三维碳支架可用作超导集流体，将 Ru 催化剂均匀地锚定在平均尺寸<100nm 的微孔道的多孔细胞壁上，从而产生大量的反应位点（图 6.98）。碳基质内部的低曲率和排列整齐的微孔道能够促进氧气在阴极中扩散，而木材细胞壁上的分层孔隙可以轻度限制电解质，从而提供连续的薄电解质层以实现锂的快速传输，而不会阻碍氧气扩散。以 CA-wood/Ru 作正极（厚度为 700μm）组装的 Li-O_2 电池，在 0.1mA/cm² 电流密度下具有 8.58mA·h/cm² 的高比面积容量。当使用厚度约为 3.4mm 的超厚 CA-wood/Ru 作阴极时，比面积容量大幅增加到 56.0mA·h/cm²。

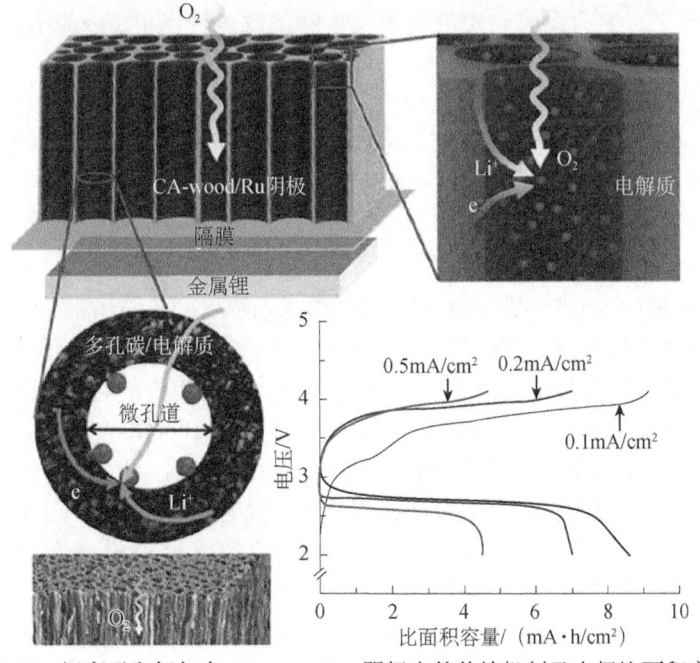

图 6.98　锂离子和氧气在 CA-wood/Ru 阴极中的传输机制及电极比面积容量

Hu 等提出采用木材制造一种包含 Ru 催化剂和碳纳米管涂层的机械柔性阴极,用于可充电的 Li-CO$_2$ 电池(图 6.99)。其中,去除半纤维素和木质素能够赋予木材出色的柔韧性,并产生更丰富的孔隙结构。木材微孔道能够满足二氧化碳气体流动,而细胞壁纳米孔道(来自纤维素纳米纤维之间的缝隙)可以填充电解质,从而加速离子向阴极的渗透,并促进氧化还原反应的快速、可逆进行。附着于微孔道中的碳纳米管/Ru 纳米催化剂促进质子传输与快速动力学相结合,显著提高电化学容量。使用厚度为 2mm 的柔性木材阴极,在 200 次以上的稳定循环下实现了 11mA·h/cm^2 的超高放电容量和 1.5V 的低过电位。

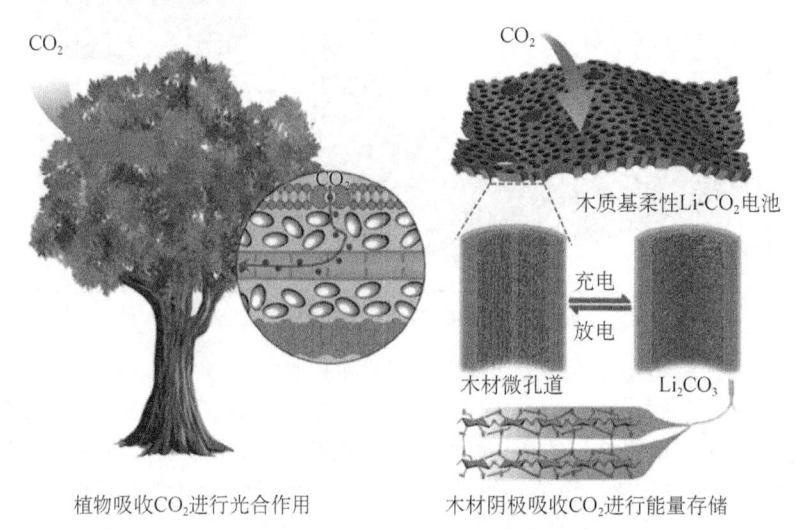

图 6.99 柔性木质基 Li-CO$_2$ 电池的电化学储能示意图

6.8.1.6 太阳能电池

(1)概述 太阳能电池是一种利用太阳光直接发电的光电半导体薄片,又称为"太阳能芯片"或"光电池",它只要有一定的光照度,瞬间就可输出电压及在有回路的情况下产生电流。

太阳能电池是通过光电效应或者光化学效应直接把光能转化成电能的装置。对于太阳能电池而言,最重要的参数之一是光电转换效率,是指在太阳能光伏系统中,太阳能电池板把太阳光能转化为电能的效率。目前,以光伏效应工作的晶硅太阳能电池为主流,而以光化学效应工作的薄膜太阳能电池还处于萌芽阶段。

(2)太阳能电池原理

1)光-热-电转换。光-热-电转换方式通过利用太阳辐射产生的热能发电,一般是由太阳能集热器将所吸收的热能转换成工质的蒸气,再驱动汽轮机发电。前一个过程是光-热转换过程;后一个过程是热-电转换过程,与普通的火力发电一样。太阳能热发电的缺点是效率很低而成本很高,估计它的投资至少要比普通火电站贵 5~10 倍。一座 1000MW 的太阳能热电站需要投资 20 亿~25 亿美元,平均 1kW 的投资为 2000~2500 美元。因此,只能小规模地应用于特殊的场合,而大规模利用在经济上很不合算,还不能与普通的火电站或核电站相竞争。

2)光-电直接转换。太阳能电池发电是根据特定材料的光电性质制成的。黑体(如太阳)辐射出不同波长(对应于不同频率)的电磁波,如红外光、紫外光、可见光等。当这些射线照射在不同导体或半导体上,光子与导体或半导体中的自由电子作用产生电流。射线的波长越短,频率越高,所具有的能量就越高,如紫外光所具有的能量要远远高于红外光。但是并非所有波长射线的能量都能转化为电能,值得注意的是光伏效应与射线的强度大小无关,只有频率达到或超越可产生光伏效应的阈值时,电流才能产生。能够使半导体产生光伏效应的光的最大波长同该半导体的禁带宽度相关,如晶体硅的禁带宽度在室温下约为 1.155eV,因此必须波长小于 1100nm 的光线才可以使晶体硅产生光伏效应。太阳能电池发电是一种可再生的环保发电方式,发电过程中不会产生二氧化碳等温室气体,不会对环境造成污染。按照制作材料分为硅基半导体电池、CdTe 薄膜电池、CIGS(铜铟镓硒)薄膜电池、染料敏化薄膜电池、有机材料电池等。其中硅电池又分为单晶电池、多晶电池和无定形硅薄膜电池等。对于太阳能电池来说最重要的参数是转换效率,在实验室所研发的硅基太阳能电池中,单晶硅电池效率为 25.0%,多晶硅电池效率为 20.4%,CIGS 薄膜电池效率为 19.6%,CdTe 薄膜电池效率为 16.7%,非晶硅(无定形硅)薄膜电池效率为 10.1%。

(3)太阳能电池结构

1)钢化玻璃:其作用为保护发电主体(如电池片)、透光,其选用是有要求的:①透光率必须高(一般在91%以上);②经超白钢化处理。

2)乙烯-乙酸乙烯共聚物(EVA):用来黏结固定钢化玻璃和发电主体(如电池片),透明 EVA 材质的优劣直接影响组件的寿命,暴露在空气中的 EVA 易老化发黄,会影响组件的透光率,从而影响组件的发电质量。除 EVA 本身的质量外,组件厂家层压工艺的影响也是非常大的,如 EVA 胶连度不达标,EVA 与钢化玻璃、背板黏接强度不够,都会引起 EVA 提早老化,影响组件寿命。主要黏结封装的是发电主体和背板。

3)电池片:其主要作用就是发电,发电主体市场上主流的是晶体硅太阳能电池片、薄膜太阳能电池片,两者各有优劣。晶体硅太阳能电池片的设备成本相对较低,光电转换效率也高,在室外阳光下发电比较适宜,但消耗及电池片成本很高;薄膜太阳能电池片的消耗和电池成本很低,弱光效应非常好,在普通灯光下也能发电,但设备成本相对较高,光电转化效率相对晶体硅电池片一半多一点,如计算器上的太阳能电池。

4)背板:作用是密封、绝缘、防水。一般都用 TPT、TPE[①]等,材质必须耐老化,大部分组件厂家都是质保 25 年,钢化玻璃、铝合金一般都没问题,关键就在于背板和硅胶是否能达到要求。

5)铝合金保护层压件:起一定的密封、支撑作用。

6)接线盒:保护整个发电系统,起到电流中转站的作用,如果组件短路,接线盒会自动断开,以短路电池串,防止烧坏整个系统,接线盒中最关键的是二极管的选用,根据组件内电池片的类型不同,对应的二极管也不相同。

7)硅胶:起密封作用,用来密封组件与铝合金边框、组件与接线盒交界处。有些公司使用双面胶条、泡棉来替代硅胶,国内普遍使用硅胶,因为其工艺简单、方便、易操作,而且成本很低。

(4)木材太阳能电池 传统的太阳能电池,其基板材料大多采用玻璃制备,玻璃具有良好的透光率,良好的透光率可以使光线照射到电池的活性层,使得电池吸收足够的光线,但是玻璃也具有很大的反射率,从而使得电池吸收太阳光的份额相对弱化,从而降低光电转换效率。透明木质复合材料具有高透光率和高雾度,可作为光电探测器和太阳能电池等光电器件的高效光管理涂层或基材。透明木材复合材料被证明可用作砷化镓(GaAs)太阳能电池的基板(图 6.100)。测量的电池电流密度-电压(J-V)特性如图 6.101 所示。从 J-V 曲线中可计算得到的电池各参数,包括短路电流密度(J_{sc})、开路电压(V_{oc})、填充因子(FF,最大输出功率与 V_{oc} 和 J_{sc} 乘积之间的比值)和整体转换效率。在 GaAs 太阳能电池顶面附着透明木材后,由于存在空气和 GaAs 之间

---

① TPT(tedlar/PET/tedlar):一种由 tedlar(聚三氟乙烯)、PET(聚酯薄膜)和 tedlar 组成的三层复合材料;TPE(tedlar/PET/EVA):一种由 tedlar、PET 和 EVA 组成的三层复合材料

的前向散射效应和折射率匹配效应，在光照射条件下，电池短路电流密度提高了 15.67%±3%，总转换效率相应提高了 18.02%±3%（误差线主要来自光强度太阳模拟器的波动）。因此，透明木材涂层在太阳能电池中可以同时起到抗反射涂层（GaAs 和空气之间的折射率匹配层）和光吸收层（扩大 GaAs 太阳能电池半导体层中光子的传播路径）的作用。若仅使用 PVP 涂层，其界面折射率失配会被严重抑制，J_{sc} 增强 10.1%±3%，显著低于透明木材涂层。

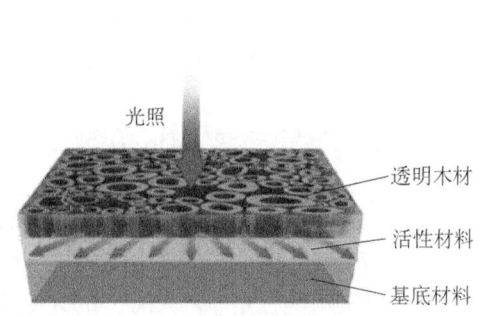

图 6.100　木材太阳能电池上的光分布示意图

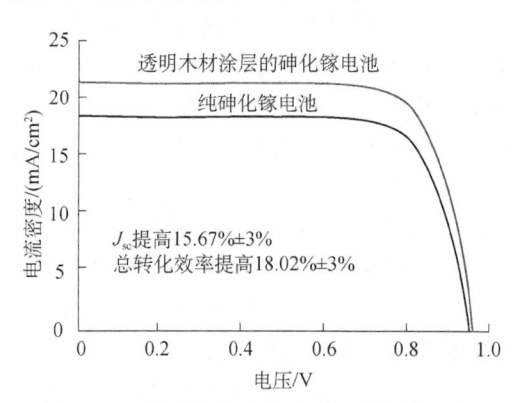

图 6.101　纯砷化镓电池和透明木材涂层的砷化镓电池的电流-电压特性

透明木基板显著提高了纯 GaAs 太阳能电池作为光管理层的性能。高透光率允许光以更少的损失到达 GaAs 太阳能电池的表面。由于高雾度，法向入射光在到达太阳能电池的顶面时发生漫射。这种现象会增加太阳能电池中光子的迁移路径，并提高光子在电池有源区域内被捕获的可能性。此外，木材覆盖后 GaAs 和空气之间的折射率失配降低，可以抑制光反射，从而增加进入太阳能电池的光通量。

6.8.2　热能储存木材

6.8.2.1　概述

能源是社会发展和进步的物质基础，在推动经济发展和工业化生产中起到了关键的作用。但随着人口的增长和工业的发展，石油、煤炭等不可再生资源紧缺，能源供应不足。并且化石燃料的使用也造成了严重的环境问题。因此，开发和利用可再生绿色能源（太阳能、风能、潮汐能、地热能）以替代不可再生的化石能源，对改善能源短缺和环境污染问题会起到重要作用。但是这些可再生的绿色能源存在间歇性及不稳定性，会受到地势、季节、天气等各种因素的影响，所以会在一定程度上限制其使用和大规模推广。潜热储存是一种利用相变材料在发生相变过程时吸热和放热来实现能量的储存和释放的热能储存技术，在相变储能过程中，材料温度在很小范围内波动，近似恒温，因此也被称为相变潜热。此储能方式不但储能密度高，而且所用装置简单、体积小、使用方便，因此相变材料潜热储存是未来最具发展前景的储热方式。

6.8.2.2　相变储能材料

（1）相变储能材料的定义　物质一般以三种形态存在：气态、液态和固态。物质从一种相态到另一种相态的变化叫作相变。能发生相变过程的材料叫作相变材料（phase change material，PCM）。相变材料利用相态的转变从外界吸收或释放能量，且在此过程中温度波动很小或不变。

当外界温度高于材料相变温度时，材料发生相态的变化，从外界环境吸收热量并储存起来；当外界温度低于相变温度时，会发生逆向相态转变，释放能量，从而达到调节周围环境温度和节能的效果。

（2）相变储能材料的分类　　根据相变温度的范围划分，一般分为三类：低温相变材料、中温相变材料和高温相变材料。低温相变材料的温度一般低于15℃，通常在空调、食物及药物等的储存方面应用较为广泛；中温相变材料的温度一般为15~90℃，该温度范围的相变材料应用最为广泛，可以应用在建筑、纺织、医疗、电子等领域；高温相变材料的相变温度一般高于90℃，该类相变材料主要用于工业及航空航天等领域。

根据相变材料化学成分划分，一般分为无机相变储能材料、有机相变储能材料、混合相变储能材料。无机相变储能材料主要包括结晶水合盐、金属合金和熔融盐等。有机相变储能材料主要包括石蜡类、脂肪酸类、多元醇类、烷烃类等有机物。混合相变储能材料主要是两种及两种以上相变储能材料的混合物。

根据相变过程的相态变化划分，一般分为液-气相变、固-气相变、固-液相变和固-固相变。液-气和固-气相变储能材料由于相变过程中体积变化太大，因而在热能储存领域很少被应用。固-固和固-液相变储能材料相变过程体积变化小，通常低于10%。固-固相变储能材料是指材料晶型的转变伴随着热量的产生，但固-固相变储能材料相变过程产生的相变潜热远远低于固-液相变储能材料。虽然固-液相变储能材料存在高相变潜热和低体积变化的优点，但其也存在相变过程中发生泄漏的弊端，因此如何解决固-液相变储能材料的泄漏问题是目前研究的热点。

（3）相变储能材料的选择标准　　在整个相变储能复合材料系统中，相变储能材料作为储能工作介质，是整个系统运作最为关键的材料。为得到性能优异的材料，需综合考虑相变储能材料的自身性质及应用环境的需要等问题，主要的筛选原则如下。

1）合适的相变温度。根据应用环境的需要，选择适宜的相变温度。如无恰好合适的相变温度的相变材料，可以通过二元或三元相变材料的熔融混合调配。

2）高相变潜热。相变潜热越大，说明相变材料在相变过程中储存的热量越高，可以更加有效地节能降耗和调节环境温度。

3）高热导率。热导率越大，可以越有效、快速地进行热量的传递，提高相变储能材料的储能工作效率。

4）热循环可靠性。经过多次反复循环使用后，相变材料的热性能不发生较大的变化。热循环可靠性越高，说明相变材料的使用寿命越长。

5）热稳定性。在某一温度下，相变材料不发生降解、蒸发，热性能不发生变化。可以根据相变材料的热稳定性，确定应用环境的最高使用温度。

6）较小的过冷度和无相分离现象。较小的过冷度可以更加精准地确定相变材料的相变温度。无相分离现象，可以更好地达到相平衡，相变焓不变。

7）体积变化小。在相变过程中，体积变化小。例如，液-气相变储能材料和固-气相变储能材料由于在相变过程中体积变化大，目前应用被限制。固-固相变储能材料和固-液相变储能材料由于相变过程中体积变化小，被广泛使用。

8）无毒，无腐蚀性。相变材料的毒性和腐蚀性低，对使用环境及人类健康都是有利的。

9）成本低，原料易得。成本是拓展相变材料应用应考虑的重要问题。

有机固-液相变储能材料由于具有相变温度广泛、储能密度大、良好的热可靠性和热稳定性、无过冷度和相分离现象、无毒和腐蚀性、成本低等优点，被广泛应用到热能储存和调节环境温度等领域。但其也存在相变过程中发生液态泄漏的问题，使有机固-液相变储能材料污染周围环境和不易挪动使用。因此，解决有机固-液相变储能材料的泄漏问题是重中之重。目前主要的方法有微胶囊定形法和多孔材料物理吸附定形法。多孔材料物理吸附定形法是将多孔材料浸渍到相变材料中，形成复合定形相变储能材料。多孔材料利用表面张力和毛细管作用力，可以有效地将固-液相变储能材料限制在孔道内而不发生泄漏。另外，由于其制备工艺简单，因此在相变储能材料的定形方面具有很大的优势和潜力。

6.8.2.3 相变储能木材

木材自身具有独特的三维各向异性多孔结构，可利用其表面张力和毛细管作用力，有效解决相变储能材料的液体泄漏问题。另外，木材具有成本低、来源广泛、高力学强度、可自然降解等优点，因此木材作为支撑材料应用到相变储能材料领域是绝佳的选择。针对此优点，研究人员对相变储能木材进行了广泛研究，至今北京林业大学、东北林业大学、中南林业科技大学、浙江农林大学、宜华生活科技股份有限公司、河北优林科技有限公司等高校和企业的科研人员已申请相变储能木材的专利43项，证明了相变储能木材在未来实际应用中存在很大的研究价值和应用市场。

（1）定形相变储能木材　利用木材多孔结构的表面张力和毛细管作用力，将相变储能材料或微胶囊相变储能材料与块体木材、木粉、木塑复合材结合，均可有效解决相变储能材料的液体泄漏问题，获得定形相变储能木材，具体实例如下。

Ma等以杉木为原料，通过脱木质素处理，并在癸酸-棕榈酸二元共熔相变储能材料浸渍，制备了可调节相变温度的脱木质素木质基定形相变储能复合材料。通过真空辅助浸渍的方法，二元共熔相变储能材料完全浸渍在木材孔道中，由于氢键、表面张力和毛细管作用力的存在，可有效地将相变储能材料限制在孔道内，解决其在固-液相变过程中的泄漏问题。复合材料发生相变的温度为23.4℃，相变焓为94.4J/g，可有效储存热能，调节环境温度。Xu等通过温度辅助溶胶-凝胶法制备了二氧化硅稳定剂，与聚乙二醇（PEG）相变储能材料浸渍到木材中。由于二氧化硅网络的存在，可以进一步防止聚乙二醇的泄漏（图6.102）。Wang等利用真空辅助浸渍的方法将相变微胶囊浸渍到脱木质素木材孔道中，制备的复合材料在27.2℃发生相态转变，其熔化焓为（36.1±5.7）J/g，利用微胶囊壳体和木材孔道的作用来解决相变材料的泄漏问题，但这种方法会大幅度降低相变焓，因此其储能密度较低，在调节环境温度方面表现较差。

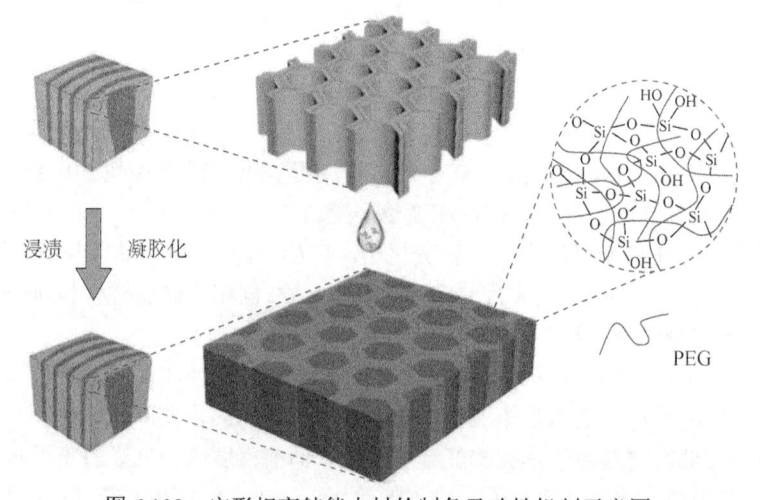

图6.102　定形相变储能木材的制备及改性机制示意图

Liang 等通过直接浸渍的方法将不同种类脂肪酸相变储能材料与木粉结合制备定形相变储能木材,为防止相变储能材料发生泄漏,脂肪酸的最大填充量仅为 51.6%,因此复合材料的储热能力也仅为纯脂肪酸的一半。为了在保证复合材料定形性的基础上,提高其储热能力,Lu 等通过化学交联法制备热固性 PEG 基定形热能储存木材。将 PEG 与六亚甲基二异氰酸酯(HDI)(摩尔比 PEG:HDI=1:2)在少量催化剂的作用下反应,合成异氰酸酯(—NCO)封端的 PEG 预聚物,将 PEG 预聚物与木粉混合搅拌,在 80℃条件下再热固化 24h 得到定形聚氨酯(PU)/木粉基相变储能复合材料。制备的复合材料的相变焓为 134.2J/g,比传统木粉基相变储能复合材料的储热能力均高。另外,Jamekhorshid 等将相变微胶囊添加到木塑复合材中,制备的定形且调温的木塑复合材料可有效减少室内温度的波动。

(2)提高热导率的定形相变储能木材　随着社会的进步及人类对智能、多功能材料需求的不断增加,人们设计并制备出了多功能性和多级能源转换的相变储能木材,提高了相变储能材料的工作效率,从而更好地满足人类需求。其中,提高定形相变储能木材的热导率,提高吸热和放热速度,从而提高其工作效率是关键。目前提高相变材料热导率的方法一般有两种:一是添加高热导率的材料,如金属纳米颗粒、氮化硼、石墨烯、碳纳米管、膨胀石墨、MXene 等材料;二是将木材进行炭化处理,获得具有高热导率的炭化木材,随后与相变储能材料结合。

Lin 等以正十八烷相变储能材料为芯材,三聚氰胺为壳体制备相变微胶囊,通过真空浸渍的方法将相变微胶囊浸渍到木材孔道中。另外,通过原位合成方法合成铜络合物,将上述复合材料浸泡在铜络合物溶液中 24h,干燥后获得铜层包覆的定形相变储能木材。相变储能材料由于被聚合物封装,以及被限制在木材孔道中,可有效解决其泄漏问题。另外,由于木材特殊的分级多孔结构,金属铜会沿着细胞壁形成连续且各向异性的传热网络。复合材料轴向和径向的热导率高达 0.53W/(m·K)和 0.37W/(m·K),与纯木材相比,分别提高了 211%和 362%。另外,Lin 等为提高定形相变储能木材的热导率,将石墨烯与 PEG 混合浸渍到木材孔道中,制备的复合材料的热导率为 0.374W/(m·K),比纯木材的热导率提高了 274%。石墨烯的存在不但可以提高热导率,并且与木材孔道协同限制 PEG 的运动,从而进一步解决了相变储能材料的泄漏问题(图 6.103)。Chen 等将氮化硼(BN)添加到 PEG/脱木质素木材中。当添加 33wt% BN 后,复合材料的径向热导率高达 0.96W/(m·K),大幅度提高了复合材料的热导率。Lu 等通过将氧化石墨烯纳米片加到聚乙二醇基聚氨酯/木粉材料中显著提高了复合材料的热导率[1.87W/(m·K)],与纯 PEG 相比,热导率提高了 679.2%。

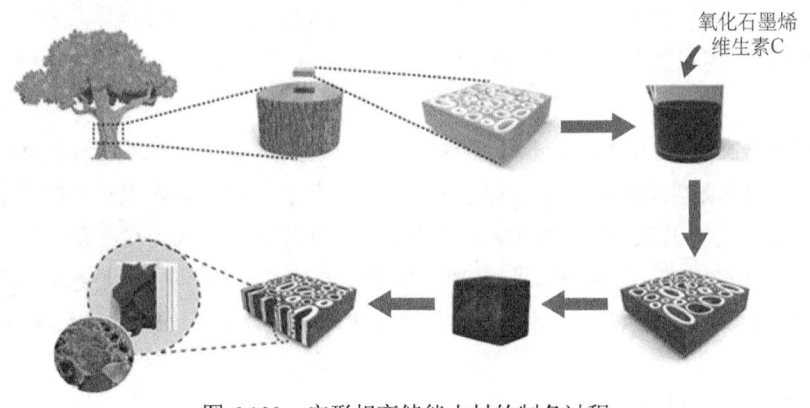

图 6.103　定形相变储能木材的制备过程

由于在定形相变储能木材中，能够起到储热作用的只有相变储能材料，木材和提高热导率的添加剂均不作为工作介质，因此随着高热导率添加剂的增加，通常复合材料的储热能力降低。在解决相变储能材料低热导率和泄漏问题的同时，定形相变储能木材具有高储热能力是我们所需要的。如果能提高木材支撑材料本身的热导率，可解决复合材料储能密度低的问题。

Yang 等通过将木材在管式炉中炭化处理，首先在 N_2 气氛下，以 5℃/min 升至 500℃ 保持 2h 以去除焦油，然后再升高到 1000℃ 保持 2h，从而获得炭化木材（CW）。原始木材是天然的保温材料，具有低热导 [径向热导率为 0.17W/（m·K），轴向热导率为 0.41W/（m·K）]。木材经炭化后，热导率有所提高 [径向热导率为 0.45W/（m·K），轴向热导率为 0.81W/（m·K）]。图 6.104a 为径向和轴向的热传递示意图。径向热传递对声子传导的影响比轴向热传递更大。如图 6.104b 所示，原木、炭化木和炭化木质基相变储能复合材料的轴向热导率都高于径向热导率。另外主要有两个因素影响炭化木质基相变储能复合材料的热导率，其一为十四醇的相态，固态十四醇比液态十四醇具有更高的热导率，因为固态具有有序的结构，而液态具有无序结构；其二为温度，温度越高，热导率越高。高温会加速分子的热运动，从而提高热导率。在本研究中，所有材料在 50℃ 的热导率比在 25℃ 高。这是因为与相态因素相比，温度因素占主导。在 50℃ 时，炭化木质基相变储能复合材料在轴向的热导率为 0.67W/（m·K），是纯十四醇热导率的 114%。另外，Chen 等通过在炭化木中引入碳化硅纳米线，形成二级多孔网络结构，进一步提高了复合材料的抗泄漏能力。经实验测得，炭化木/石蜡在轴向和径向的热导率分别为 0.48W/（m·K）和 0.35W/（m·K），碳化硅/炭化木/石蜡在轴向和径向的热导率分别为 0.78W/（m·K）和 0.57W/（m·K），由于碳化硅纳米线的存在，碳化硅/炭化木/石蜡复合材料的热导率会进一步提高。

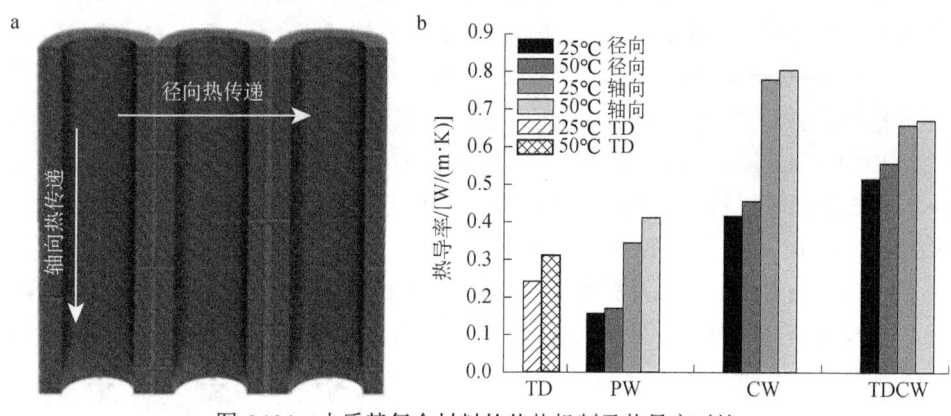

图 6.104　木质基复合材料的传热机制及热导率对比

a. 木材径向和轴向的热传递示意图；b. 十四醇（TD）、原木（PW）、炭化木（CW）和炭化木质基相变储能复合材料（TDCW）分别在 25℃ 和 50℃ 轴向、径向的热导率

（3）提高光-热转化效率的定形热能储存木材　　太阳能是用之不竭的绿色可持续能源，利用相变储能材料将太阳能辐射的热能储存下来，可以有效缓解目前迫在眉睫的能源危机。因此，提高相变储能复合材料的光-热转化效率是重中之重。目前通常引入光热掺杂剂如石墨烯、碳纳米管、碳材料、聚多巴胺、颜料等，利用光热掺杂剂的非能级跃迁特性及全波长范围内强吸光度特点，有效提高了定形热能储存木材的光-热转化效率，可以充分利用太阳能调节周围环境温度。

Lin 等以 PEG 为原料通过化学交联方法合成超支化聚氨酯，将其与石墨烯混合浸渍到脱木质素木材中，制备具有柔性、高热导率、高光热转化效率的定形相变储能木材。添加石墨烯后复合材料的热导率达到 0.417W/（m·K），比纯木材的热导率提高了 414%（图 6.105a）。另外，通过紫外-可见光吸收光谱可知（图 6.105b），不添加石墨烯的复合材料在 600~800nm 的平均吸光度仅为 0.2，而添加石墨烯的复合材料较不添加石墨烯的复合材料具有较高的吸光度，另外随着石墨烯含量的增加，吸光度也会随之增加。这是因为石墨烯的存在减少了光的反射，并增强了复合材料的光捕获能力，从而提高了光热转化效率。

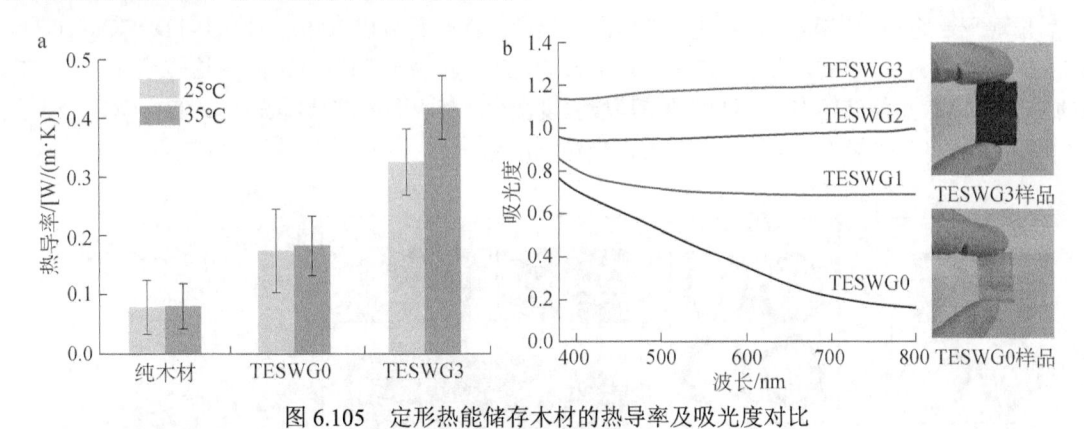

图 6.105 定形热能储存木材的热导率及吸光度对比

a. 纯木材、不添加石墨烯的定形相变储能木材（TESWG0）、含有 0.3%石墨烯的定形相变储能木材（TESWG3）的热导率；
b. 不添加石墨烯的定形相变储能木材，含有 0.1%（TESWG1）、0.2%（TESWG2）、0.3%（TESWG3）石墨烯的定形相变储能木材的紫外-可见光吸收光谱

为解决相变储能材料泄漏、低热导、低光热转化效率等问题，Li 等通过将聚乙二醇浸渍到含有碳点的炭化木材中，制备了具有高热导率和高光热转化效率的定形相变储能木材。碳点表面存在丰富的官能团，容易与 PEG 形成氢键等相互作用力。又由于炭化木材多孔结构形成的表面张力和毛细管作用力，可有效解决 PEG 液体泄漏的问题。将复合材料置于 150mW/cm^2 光强度下照射，会发现含有碳点的炭化木材复合材料比其他复合材料温度升高得更显著，说明其光热转化效率相较其他复合材料较高，可达 84.4%。另外，由于 PEG 相变储能材料的存在，在升温和降温过程中均出现了平台期，说明相变储能材料在此期间正发生相态转变，并将热能储存和释放。而纯 PEG 却没有平台期，是因为纯 PEG 的颜色为白色，会反射大量的光照，从而具有较少的光能吸收。在照射相同时间内，纯 PEG 的最高温度仅升高到 48℃，并没有达到其相变温度，相变过程没有发生。总之，碳点/炭化木材提高了光热转化效率，使复合材料的光热转化效率提高，可以高效地将太阳能转化为热能，从而将热能储存下来，以调节环境温度。

（4）提高电-热转化效率的定形相变储能木材　定形相变储能木材在太阳能辐射下，通常辐射表面的温度增长得较快，而背面的温度较低，因此实现热量的完全传递和转变需要的时间较长。为了解决这个问题，也为了拓宽定形相变储能木材在电场等方面的应用，提高定形相变储能木材的电-热转化效率也是必要的。电-热转化的机制是电流中移动的电子在与导电材料中的分子或基团发生碰撞时，会产生焦耳热。此时的焦耳热也就是电阻产生的热量，因此可以将电能转化为热能，并且被相变储能材料存储。通常赋予定形相变储能木材导电性，均可实现复合材料的电-热转化。

Huang 等通过将还原氧化石墨烯沉积在脱木质素木材表面，并浸渍相变储能材料，制备了具有电-热转化的定形相变储能木材（P-TD/rGO@DW）（图 6.106a）。经测试，P-TD/rGO@DW 的电阻为 1.85kΩ，表明其具有良好的导电性。将不含相变储能材料的 P-rGO@DW 复合材料进行同样

的处理后，对 P-rGO@DW 和 P-TD/rGO@DW 施加电压，并利用近红外成像仪实时记录温度变化（图 6.106b）。施加电压后，P-rGO@DW 会迅速产生焦耳热，在 180s 内温度迅速升高到 65.3℃，当切断电源，经自然冷却，在 360s 内降为 29℃。然而对于 P-TD/rGO@DW 在施加相同的电压后表现的行为稍有不同。在施加电压后，P-TD/rGO@DW 也会产生焦耳热，温度也会迅速升高。但在升温过程中会出现平台期，这是由于相变储能材料在此期间发生了相态的变化，从而将产生的焦耳热以潜热的形式储存起来。当切断电源后，P-TD/rGO@DW 温度会在 300s 内迅速降至 38℃，随后出现平台期，在此期间，复合材料会将之前储存的潜热释放出来。经对比，P-TD/rGO@DW 从 64.8℃ 降至 31.8℃，需要花费 1970s，是 P-rGO@DW 花费时间的 5.5 倍。这也说明了 P-TD/rGO@DW 具有热能储存作用，可以调节环境温度变化，减少温度波动。综上，P-TD/rGO@DW 具有较强的电-热转化能力，可以进一步提高能源利用率。

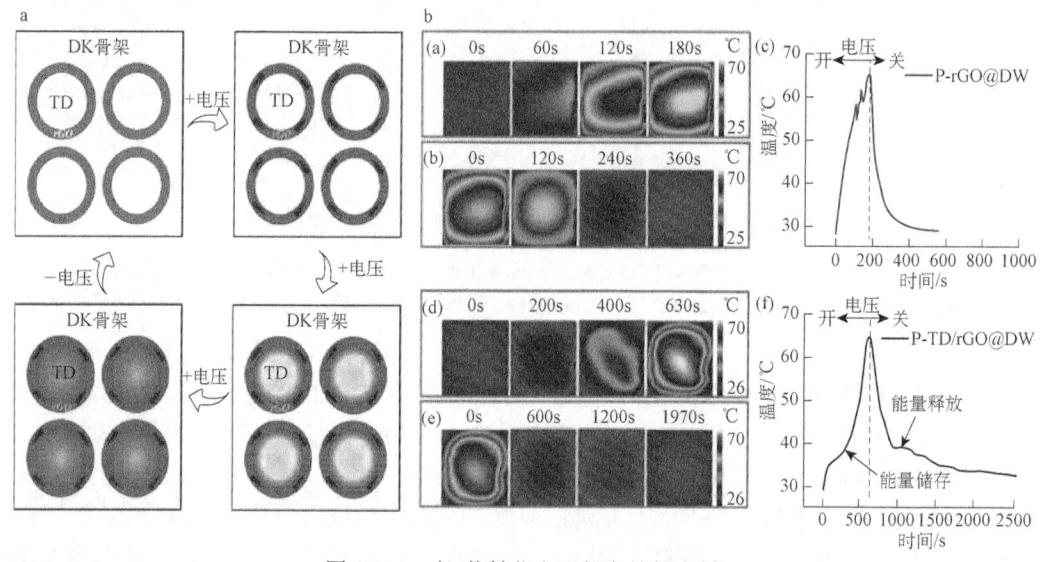

图 6.106 电-热转化定形相变储能木材

a. 复合材料电-热转换及能量储存示意图（TD. 十四醇；DK. 脱木质素木材）；b. 复合材料在施加电压下的温度变化曲线及升降温过程对应的近红外成像照片 [（a）~（c）. P-rGO@DW 在施加电压下的升温（a）和降温（b）红外热成像图及其对应的温度变化曲线（c）；（d）~（f）. P-TD/rGO@DW 在施加电压下的升温（d）和降温（e）红外热成像图及其对应的温度变化曲线（f）]

（5）提高磁-热转化效率的定形相变储能木材　　磁致热效应在肿瘤治疗、药物释放和磁热疗等生物医学领域应用广泛，具有实际的应用价值。目前对磁热能进行有效的管理较为困难。因此将其与相变储能材料结合，能够同时实现磁热转换及热能有效管理。赋予相变储能材料磁性，不但可以在磁场作用下具有磁致热效应，而且将磁-热转化的热能储存起来，也拓宽了相变储能材料的应用范围。

Yang 等通过将相变储能材料和四氧化三铁纳米粒子混合物浸渍到脱木质素木材孔道中，制备了具有磁性、高光热转换效率、高磁热转换效率的定形相变储能木材。材料具有良好的磁性，良好的磁性对于磁致热效应是有利的。图 6.107b 为 5% Fe_3O_4/TD/DW 和 8% Fe_3O_4/TD/DW 在交变磁场作用下（35kHz，0.06mT）的温度-时间曲线。在作用 30min 后，8% Fe_3O_4/TD/DW 的温度从 20℃ 升到 28℃，升高了 8℃；而 5% Fe_3O_4/TD/DW 从 20.6℃ 升到 24.5℃，升高了 3.9℃。这说明了随着 Fe_3O_4 纳米粒子的添加量增加，温升速率也会随之增加。磁致热效应的加热速率可通过式（6.60）计算：

$$E = \frac{m_\text{s}}{m_\text{n}} C_\text{p} \frac{\Delta T}{\Delta t} \tag{6.60}$$

式中，E 为磁致热效应的加热效率；m_s 为复合材料的质量；m_n 为 Fe_3O_4 纳米粒子的质量；C_p 为复合材料的比热容；ΔT 为复合材料升温前后温度差；Δt 为复合材料升温过程所需要的时间。经计算，5% Fe_3O_4/TD/DW 和 8% Fe_3O_4/TD/DW 的加热速率分别为 12.6% 和 13.87%。因此，8% Fe_3O_4/TD/DW 具有更强的磁-热转化能力。利用磁致热效应可以节约能源，并且可以拓宽相变储能复合材料的应用范围。

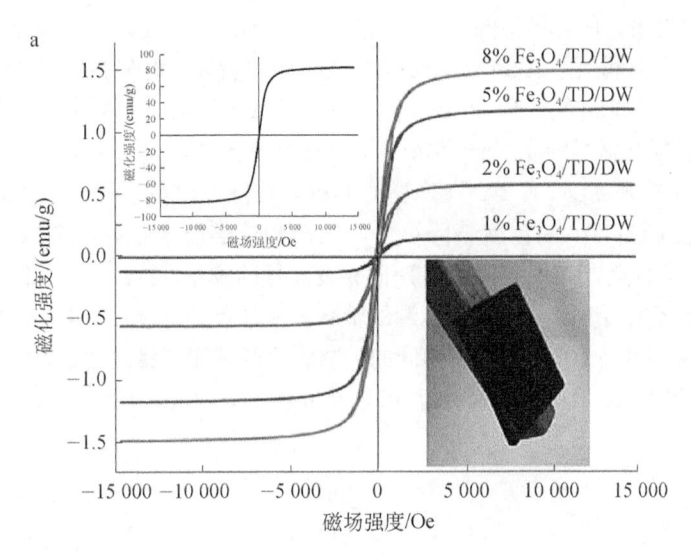

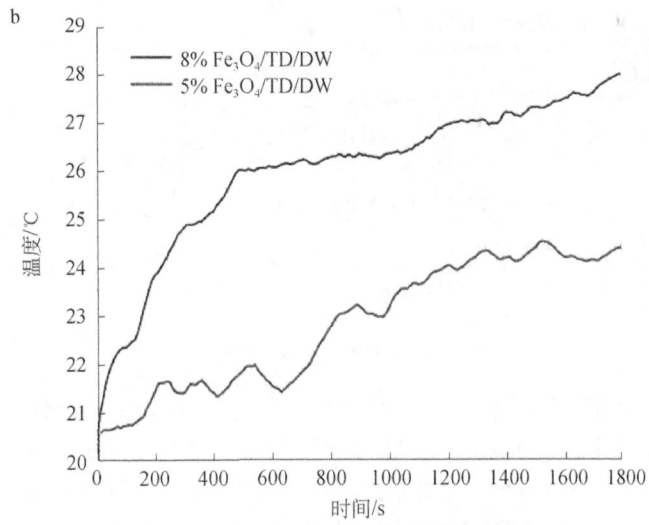

图 6.107　木质基相变储能材料的磁性及磁致热效应

a. 添加不同 Fe_3O_4 含量的磁性木质基相变储能复合材料的磁滞回线，左上角插图为纯 Fe_3O_4 纳米粒子的磁滞回线，右下角插图显示了 8% Fe_3O_4/TD/DW 容易被磁铁吸起（1Oe=79.5775A/m）；b. 8% Fe_3O_4/TD/DW 和 5% Fe_3O_4/TD/DW 在交变磁场作用下（35kHz，0.06mT）的温度-时间曲线

另外，磁性定形相变储能木材存在良好的光-热转化能力。不含磁性纳米粒子的定形相变储能木材在波长为 230～380nm 的紫外光具有较强的吸收峰，但在可见光区域（波长为 380～780nm）的吸光度只有 0.3。这说明了不含磁性纳米粒子的定形相变储能木材的光-热转化效率较差。

与不含磁性纳米粒子的定形相变储能木材相比，磁性定形相变储能木材在紫外-可见光全部范围内都具有较强的吸收，且吸光度随 Fe$_3$O$_4$ 纳米粒子添加量的增加而增加，且与添加四氧化三铁含量 1%、2%、5% 和 8% 对应的吸光度分别为 1.1、1.4、1.5 和 1.6。Fe$_3$O$_4$ 纳米粒子的添加赋予了复合材料黑色基体，由于黑色具有低反射率和捕获光能能力，提高了复合材料的光吸收率。因此，黑色的磁性定形相变储能木材比白色的定形相变储能木材具有更强的光-热转化能力。

将复合材料在模拟太阳辐射下，记录其温度-时间变化来验证材料的光-热转化能力及热能储存能力。在太阳辐射下，所有样品的温度均逐渐升高。有意思的是，在不含磁性纳米粒子的定形相变储能木材的温升曲线上，在 36.1～40.5℃ 出现一个平台期，时间持续了 110s，说明了十四醇在此温度范围内进行相变过程。然而在脱木质素木材曲线上没有平台期出现。另外，由于 Fe$_3$O$_4$ 纳米粒子大大提高了复合材料的光-热转化效率，温度升高太快，因此 8% Fe$_3$O$_4$/TD/DW 曲线没有平台期出现，从 26℃ 升高到 111.4℃ 只花费了 140s。在降温阶段，脱木质素木材的定形相变储能木材和 8% Fe$_3$O$_4$/TD/DW 的温度下降很快，定形相变储能木材和 8% Fe$_3$O$_4$/TD/DW 曲线在 38～36.5℃ 出现了平台期，说明了十四醇液-固相变过程的发生。复合材料在降温过程中所释放的热能可以调节周围环境温度，从而减少能源的消耗。添加不同 Fe$_3$O$_4$ 含量的磁性定形相变储能木材的温度-时间曲线（图 6.108）都具有相同的加热和冷却规律，相比之下，8% Fe$_3$O$_4$/TD/DW 具有更高的光-热转化效率，因此该复合材料可以充分利用太阳能，在调节周围环境温度方面具有潜力。

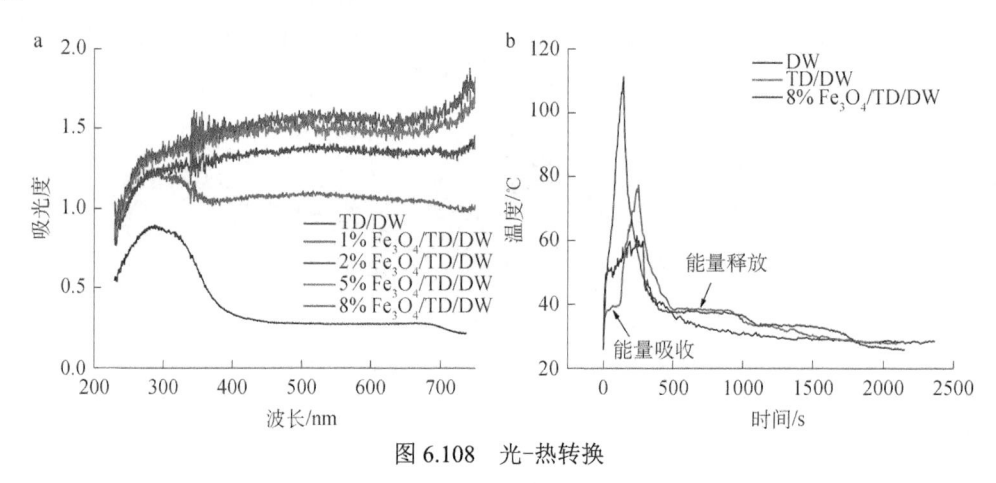

图 6.108 光-热转换

（6）多功能型定形相变储能木材　　定形相变储能木材由于存在木材的多孔结构，利用表面张力和毛细管作用力可以有效地将相变储能材料限制在孔道中，解决其在相变过程中的泄漏问题。另外，相变储能材料可以有效地将热能进行储存与释放，从而调节环境温度，减少温度波动，从而缓解能源压力。但随着人们对舒适、智能生活的需求日益增加，更加追求多功能型材料。研究人员针对此需求开发了具有热致变色、透明、荧光、超疏水性、阻燃性、电磁屏蔽性、抗菌性等多功能的定形相变储能木材。

1）热致变色定形相变储能木材：具有热致变色的定形相变储能木材，其颜色可以随着温度的变化而变化。其不但具有智能响应性，也具有温度可视性，可以根据颜色的变化不需要借助温度计设备就可以很容易地确定当下环境的温度，这极大地便利了人们的生活。Yang 等通过将热致变色复配物通过真空辅助浸渍方法浸渍到脱木质素木材中，获得了具有热致变色的定形相变储能木材。热致变色复配物一般由成色剂、显色剂和共溶剂构成。结晶紫内酯（CVL）和双酚 A（BPA）是热致变色系统中最常用的成色剂和显色剂。共熔剂通常是脂肪醇或酯。另外，热致变色复配物的颜色变化温度取决于共溶剂的熔化温度。因此，十四醇不但可以作为相变储能材料，而且可以作为共熔剂参与热致变色过程。图 6.109a 显示了可逆的热致变色机制。由于十四醇在液态和固态之间的相态转变，结晶紫内酯和双酚 A 之间会发生质子的转移，从而导致结晶紫内酯的环闭合或开环结构的变化。当十四醇为液体时，复配物显示为无色，当十四醇为固态时，复配物显示为蓝色。图 6.109b 和图 6.109c 显示了热致变色定形相变储能木材和热致变色复配物分别在 25℃、35℃和 50℃条件下的光学图片。可以看出，随着温度的升高，热致变色复配物的颜色从深蓝色变为浅蓝色再到透明。当温度降低后，颜色又从透明变为深蓝色，说明热致变色复配物具有可逆的热致变色性质。当温度为 35℃时，热致变色复配物开始变为浅蓝色，说明十四醇开始熔化。另外，DSC 测得的热致变色复配物的相变温度为 34.31℃，与颜色改变的温度点相近。热致变色定形热能储存木材与热致变色复配物具有相同的颜色变化趋势，证明热致变色定形相变储能木材具有可逆的热致变色性能。另外，也可以通过颜色的变化可视地观察相变过程的发生和当下环境的温度。这拓宽了热致变色定形相变储能木材在装饰及日常用品的市场，不仅美观，也便利了人们的日常生活。

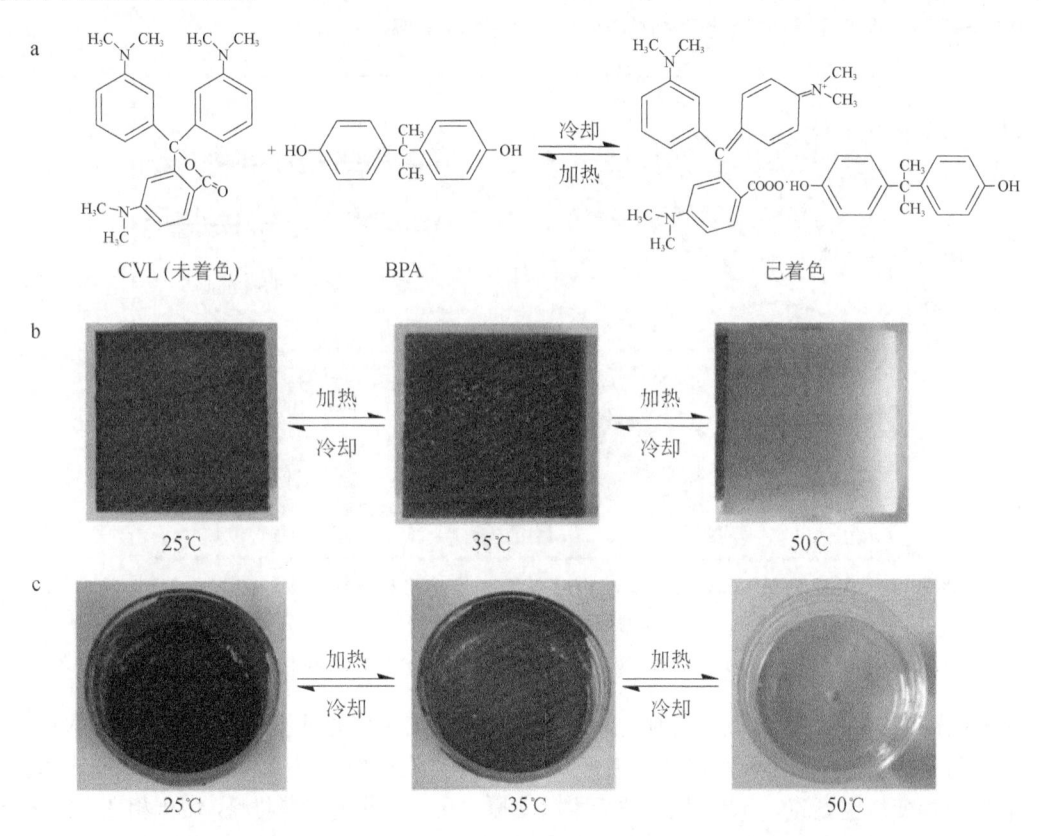

图 6.109　热致变色可逆过程的机制（a）及热致变色定形相变储能木材（b）和热致变色复配物（c）分别在 25℃、35℃和 50℃条件下的光学图片

另外，Feng 等通过分别将 3,3-双（N-辛基-2-甲基吲哚）邻苯二甲内酯（红色素，BP）和 2'-（二苄基氨基）-6'-（二乙基氨基）螺（绿色素，SO）与双酚 A 和二元脂肪酸共晶体按比例调配制

备热致变色复配物，并将其浸渍到脱木质素木材中，可获得随温度变化，由深红色到浅红色和由深绿色到浅绿色的热致变色定形相变储能木材。二元脂肪酸共晶体在此不但可以作为相变储能材料，而且可以作为共熔剂参与热致变色过程。Hu 等将热致变色微胶囊涂敷在木材表面，热致变色微胶囊的相变温度为 31℃，在相变温度处发生由蓝色到无色的颜色变化，成功构筑了具有热致变色表面涂层的相变储能木材。

2）透明定形相变储能木材：Montanari 等将 PEG/PMMA 复合物通过真空辅助浸渍到脱木质素木材中，由于 PEG 在不同相态下呈现的折射率是不同的，因此透明定形相变储能木材的透明度可随温度变化。样品相变温度为 36.9℃，相变焓为 103J/g，具有优异的热能储存能力。Qiu 等通过以苯乙烯（St）、丙烯酸丁酯（BA）和 1-十八烯（ODE）为单体合成共聚物，通过真空辅助浸渍到脱木质素木材中，获得具有透明度热可逆转变的定形相变储能木材。末端的 ODE 由于吸热熔化和放热结晶行为，会使复合材料具有可控的光学转变特性。图 6.110a 显示了共聚物在不同温度下的结合方式，当低于相变温度时，末端的 ODE 会由于结晶而形成有序区域，而高于相变温度时，末端的 ODE 变为无序。而当光通过有序的结晶区时，会增加光的折射和反射，复合材料在室温下的透光率低、雾度高，从而变得不透明。图 6.110b 显示了厚度为 1.5mm 的复合材料在不同温度下的可逆透明变化。在 25℃条件下测得的复合材料的透光率为 23.7%，雾度为 98.3%；在 50℃条件下，复合材料的透光率高达 74.9%，雾度为 36%。

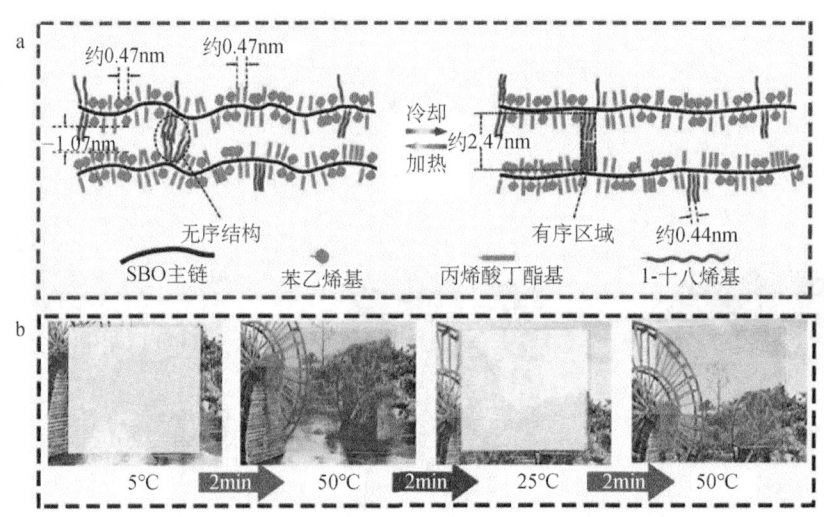

图 6.110　共聚物在不同温度下的结构形态（a）及定形相变储能木材在不同温度下的可逆透明度变化宏观照片（b）

SBO. 苯乙烯、丙烯酸丁酯和 1-十八烯合成的共聚物

3）荧光定形相变储能木材：前期定形相变储能木材的制备通常使用的是脱木质素木材，脱木质素木材作为支撑材料不仅可以解决相变储能材料的泄漏问题；与原木相比，脱木质素木材基复合材料的相变焓也更高。因此，脱木质素木材比原木更适合作为支撑材料，用于相变储能木材。但脱除的木质素通常作为废弃物被丢掉，不能得到有效利用。因此，Yang 等通过对木材进行脱木质素处理，将脱除的木质素作为前驱体利用溶剂热处理的方法制备木质素基荧光碳点，制备的碳点可以被可见光激发，发出红光和近红外光。另外，激发的近红外光可以辐射产生热，通过引入相变材料，将辐射的热储存下来，以调节周围环境的温度。碳点/木材复合材料（CQD-5/DW）耗时 75s 从 25.6℃升高到 80.9℃。Liu 等以三聚氰胺（MA）和二硫代水杨酸（DTSA）为原料在乙

酸溶液中通过溶剂热处理合成聚集诱导碳点（AIE-CD），将 AIE-CD 与 PEG 均匀混合，通过真空辅助浸渍到木材孔道中，获得了热致荧光变色的定形相变储能木材。木材的表面张力和毛细管作用力可将 PEG 有效限制在孔道内运动，以防止其泄漏。当将 AIE-CD 与 PEG 混合物浸渍到木材中时，复合材料的颜色变为红色。经测试发现随着 AIE-CD 浓度的增加，复合材料在 465nm 的发射峰强度随之降低，而 605nm 处的峰强度会随之升高。这是由于 AIE-CD 发生聚集诱导，红色荧光强度增加。复合材料在不同温度下的荧光强度比例也会发生变化，会随着温度的升高，红色荧光强度增加，而蓝色荧光强度降低。这是由于温度的变化会引起 PEG 固液相变的发生，当温度低时，PEG 为结晶态，会使 AIE-CD 发生团聚，从而改变复合材料的荧光颜色。随着温度的增加，复合材料的荧光颜色由红色逐渐变为蓝色，当温度又降至 25℃时，复合材料的荧光颜色又恢复为红色，显示了复合材料具有可逆的热致荧光变色性质。可通过荧光颜色的变化监测材料温度，并且实现可视化热能储存与释放过程。

4）超疏水表面定形相变储能木材：木材作为支撑材料，可利用表面张力和毛细管作用力将相变材料限制在支撑材料内，解决相变储能材料的泄漏问题。在实际应用中，大家忽视了一个严峻的问题：由于木材的多孔结构和相变材料的化学成分，定形相变储能木材是具有吸湿性的。木材支撑材料的吸湿行为会造成材料断裂、尺寸不稳定、力学性能降低、细菌滋生、质量增加，会大大降低支撑材料的使用寿命；另外，大多数的相变材料，如脂肪醇和脂肪酸等是吸湿性的，聚乙二醇等是水溶性的，这会降低它们的储热能力。因此，定形相变储能木材虽然能够解决相变材料的泄漏问题，但它的吸湿行为也会限制其在实际生活中的应用。因此，对定形相变储能木材进行防水处理是迫切需要的。超疏水涂层是进行防水处理最便捷的方法，不但能够保持相变材料和支撑材料原有的性质，而且可赋予材料自清洁、抗菌、抗污等性质。

Yang 等通过将十四醇浸渍于脱木质素木材中，然后在其表面喷涂超疏水涂层制备了具有超疏水表面的定形相变储能木材。脱木质素木材由于具有独特的多孔结构，可作为支撑材料防止相变材料的泄漏。超疏水涂层能够保护支撑材料和相变材料隔绝水分，也可以进一步限制相变材料泄漏，提高储热能力；并拓宽相变储能复合材料在潮湿环境中的应用范围。

通过接触角判断脱木质素木材、十四醇、定形相变储能木材、超疏水定形相变储能木材的浸润性。如图 6.111a 所示，疏水处理后的定形相变储能木材接触角为 155°，说明其具有良好的疏水性。当把超疏水定形相变储能木材放在水里时，24h 后其仍然漂浮在水表面。但定形相变储能木材在 30s 内就下沉了（图 6.111b），这是因为定形相变储能木材是亲水的，会吸收水分变重，从而会下沉。图 6.111c 显示了脱木质素木材、十四醇、定形相变储能木材、超疏水定形相变储能木材在水中的质量变化（WPG）。脱木质素木材和纯十四醇的吸湿变化曲线在开始时呈线性增加，后随着时间的延长趋于稳定。脱木质素木材、十四醇、定形相变储能木材的最大 WPG 值分别为 187.40%、14.10%和 30.21%，这是因为它们都具有亲水性和吸湿性。然而超疏水定形相变储能木材的最大 WPG 值仅为 1.2%，说明其具有超疏水性，具有极低的吸湿性。另外，超疏水定形相变储能木材存在优异的自清洁性（图 6.111d）。当其表面存在一些粉末时，通过滴一些水滴，可将表面粉末冲走，具有清洁表面的作用。所有的结果说明了超疏水定形相变储能木材具有超疏水性和自清洁性，能够防止十四醇和脱木质素木材直接接触水，在潮湿环境中保护其原有性能不受影响。

5）阻燃性定形相变储能木材：定形相变储能木材在实际应用过程中存在一个严重问题——易燃性。这是因为木材是易燃的，另外常用的有机相变储能材料存在若干碳链，也是极易燃烧的。因此解决定形相变储能木材的易燃性对于复合材料真正应用到实际生活中是重中之重。

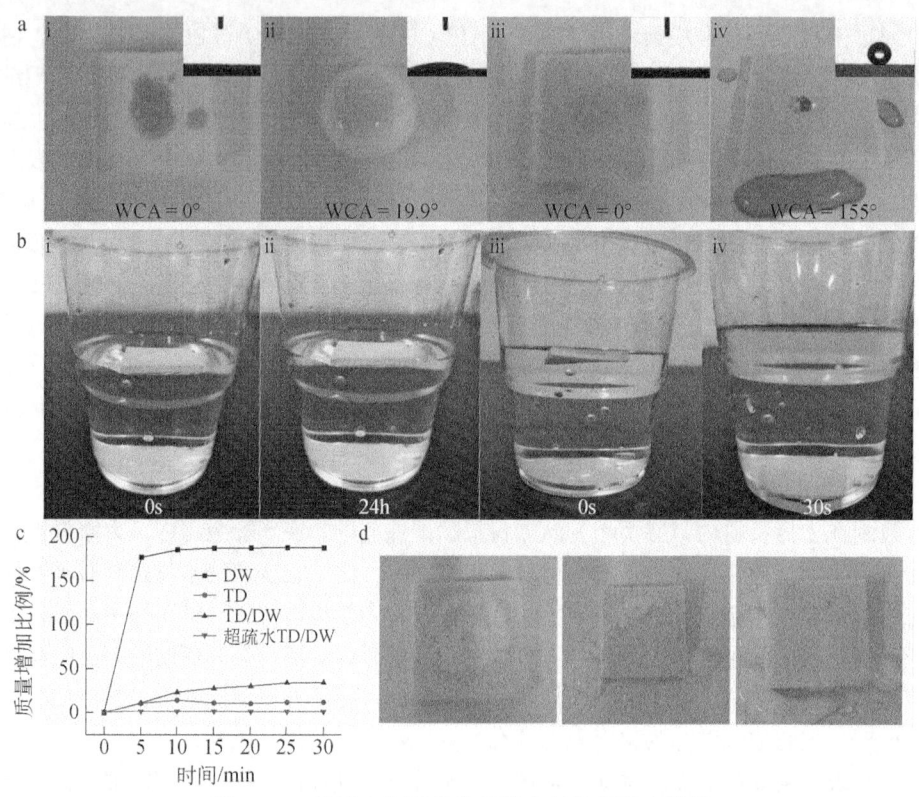

图 6.111 超疏水定形相变储能木材的超疏水性能

a. 用亚甲蓝染色的水滴滴在不同表面的光学照片：（i）. 脱木质素木材；（ii）. 纯十四醇；（iii）. 定形相变储能木材；（iv）. 超疏水定形相变储能木材。插图为对应的接触角（WCA）图片。b. （i）和（ii）是超疏水 TD/DW 相变储能复合材料在水中 0s 和 24h 的图片。（iii）和（iv）是 TD/DW 相变储能复合材料在水中 0s 和 30s 的图片。c. 脱木质素木材、纯十四醇、定形相变储能木材和超疏水定形相变储能木材浸渍在水中不同时间的质量变化曲线。d. 超疏水定形相变储能木材的自清洁性质

  Mohamad 等通过在紫外固化涂料中添加聚磷酸铵（APP），并将涂料混合物涂敷在定形相变储能木材表面，从而提高复合材料的耐火性。实验通过浸渍不同种相变储能材料，包括石蜡（RT21）和丙基酯进行阻燃性探究。点火时间是材料点燃倾向的指标，与降解产物的挥发性有关。需要的点火时间长，说明材料不易燃烧；反之，说明材料容易燃烧。普通木材需要的点火时间较长，说明其最不容易燃烧。当相变储能材料浸渍到木材中时，增加了木材的可燃性，另外浸渍 RT21 的定形相变储能木材比浸渍丙基酯的木材更易燃烧。当在表面涂敷添加 APP 的涂料后，复合材料的点火时间都会增加，说明 APP 的添加提高了复合材料的防火性。原始木材具有最低的热释放速率峰（PHRR）（215.2kW/m^2），说明原木相对较安全。而浸渍相变储能材料以后，增加了木材的火灾危险。浸渍 RT21 和丙基酯后木材的 PHRR 分别提高到 1005.2kW/m^2 和 978.5kW/m^2，并且浸渍 RT21 的定形相变储能木材的 PHRR 值更高，是因为 RT21 的蒸气压较高。当涂敷 APP 涂料后，浸渍 RT21 和丙基酯的定形相变储能木材的 PHRR 均有降低，分别降低了 20.5%和 37.4%。APP 在高温或接触火后，会分解为多磷酸和氨基，多磷酸与羟基或其他基团发生增效剂反应生成不稳定的磷酸酯，然后脱水在表面形成碳泡沫，从而作为绝缘层阻隔热量，防止材料的进一步分解，添加 APP 阻燃剂可提高复合材料的阻燃性。

  6）具有电磁屏蔽能力的定形相变储能木材：现代科技的飞速发展，给人们的生活带来了很多便利，但同时它们也给人们造成了很多的困扰，如各种电子设备（电脑、手机、通信基站等）

会发出相当大的电磁辐射，这些辐射不但会干扰电子设备的正常运行，对人们的健康也会产生影响。另外，随着人们对电子设备的要求越来越高，各种大功率电子设备层出不穷。这便对电子设备的散热性能提出了挑战。如果设备产生的热量不及时散发，会使设备无效甚至损坏，因此迫切需要具有出色散热性能和电磁干扰屏蔽性能的材料。Zhou 等（2022）通过对木材进行脱木质素和炭化处理，获得了具有高比表面积和高热导率的炭化木，可提供大量的能量传输通道，并使电磁波发生多重反射。此外，利用真空辅助浸渍相变储能材料，制备出了具有优异热能管理和电磁屏蔽的定形相变储能木材。

7）抗菌性定形相变储能木材：木材由于纤维素等多糖组分的存在，极易受霉菌等的干扰，不但会影响材料的美观，甚至会降低材料的力学性能。因此对于定形相变储能木材而言，研究其抗菌性也是实际应用中重要的一环。Feng 等在泡桐木材中浸渍赤藓糖醇/尿素或赤藓糖醇/硫脲二元共晶体，由于尿素和硫脲具有较强的吸电子能力，可以与细胞结构相互作用，从而破坏微生物细胞结构，从而制备具有抗菌性的定形相变储能木材。

8）同时储热和储光的木质基复合材料：Yang 等通过将相变储能材料（PCM）和长余辉发光材料铝硅酸盐（LAL）混合物浸渍于脱木质素木材中，制备了可以同时储存光能和热能的发光木材复合材料。所制备的发光木材复合材料具有大的相变焓（146.7J/g）、合适的相变温度（36.86℃）及良好的热可靠性和热稳定性。另外，该复合材料能够吸收并储存可见光和紫外光，并在黑暗环境中释放出绿光，可长达 11h。发光木质基复合材料能够同时储存光能和热能，为缓解能源紧缺问题提供了思路。

6.9　柔性折叠木

材料的加工成型性和力学强度对拓宽其应用极为重要。轻量金属和高分子基复合材料因其加工成型性出色，容易制造（挤压、铸造、注塑和模压等）各种特定形状的高比强度结构部件而被广泛应用在汽车、火车和飞机等交通、航空和航天等领域。然而轻量金属材料在加工过程中需要高温辅助成型，产生的能耗高，并且高分子复合材料（如塑料、碳纤维增强复合材料）大部分来自不可再生的石油基原料，还存在难降解的问题。木材作为一种公认的环保结构材料，具有低密度、较高力学强度的特点，被广泛地应用在家具、建筑、包装等领域。但是由于其加工成型性较差，难以如金属、塑料那样被加工成具有复杂几何形状的结构；同时其力学强度也难以比拟金属材料，这些缺陷大大限制了木材在汽车、飞机、航天等工程领域的应用。开发高性能木质新材料，赋予木材如金属、塑料般的超塑化[①]加工成型性和使用性能并拓宽其在高端领域（如汽车、飞机和航空等）的应用范围，对减少可移动交通工具的出行能耗和二氧化碳排放具有重大意义。

在木材加工成型性方面，传统加工策略如雕刻、铣形或通过接头（榫卯、铁钉连接和胶接等）组装可把木材加工成各种复杂的形状。此外，利用增塑剂（水、液氨和尿素等）对木材进行软化预处理，随后在高湿高温条件下进行塑化加工成弯曲木材也是常用的传统方法。但是上述方法没有改变木材的微观结构及提升其力学性能（甚至有些加工会额外引入缺陷而降低了力学性能）。在木材强化方面，传统方法是通过机械热压对天然木材进行密实化处理进而提高力学强度；或采用树脂浸渍填充的策略，减少孔隙率来提高力学性能。而 2018 年研究者报道了一种全新策略，

---

① 当材料具备了可折叠的塑化性能时，我们称其具有超塑化性能

即通过化学预处理结合细胞壁密实化将天然木材制造成高性能木质结构材料（超强木）。该方法制造的超强木的强度、韧性比原始天然木材提高了10倍，与大多数金属和合金对比，该材料具有更高的比强度，这是近年来在木材强化方面取得的重要进展。然而，这些传统方法在提高木材强度的同时，木材的加工成型性也会变差。因此，突破木材不易在强化的同时具有良好加工成型性的瓶颈，使其兼顾优异的力学性能和"类金属/塑料"的良好加工成型性，对拓宽木材的应用范围，特别是在对强度和复杂形状成型性都有较高要求的高端工程领域的应用具有重要的意义和价值。同时，在全球气候变暖和化石资源日益枯竭的背景下，将木材开发为一种可持续、易加工成型的轻质高强材料，对于节能减排、实现可持续发展起着至关重要的作用。

6.9.1 柔性折叠木的超塑化机制

当木材具备了超塑化可折叠性能时，称为柔性折叠木。由定义可知，与传统的弯曲木材相比，柔性折叠木具有的塑化性能使其可折叠，具备更优异的加工成型性。传统木材的塑化机制为：木材细胞壁是由刚性纤维素、木质素和半纤维素三大组分组成的一种复合材料。由于在木材细胞壁胞间层和 S_2 层的木质素是热塑性聚合物，因此它在加热时会软化。基体中的木质素玻璃化转变温度（T_g）约为170℃。当温度超过木质素的玻璃化转变温度时会发生热塑性流动，再通过额外施加载荷，使木材弯曲，待冷却硬化后，木质素发生结构重组定形，木材被重新固定，产生弯曲塑化效果。仅通过加热就可以实现木质素基体的热塑性流动，但未改性的木质素基体的玻璃化转变温度太高，如果保持长时间高温，细胞壁中的纤维素就会发生分解。基体的玻璃化转变温度可以通过添加水分或使用增塑剂或软化剂来降低。具有一定的温度和含水率可以使某些种类的木材具有更好的可塑性，使木材更适合弯曲操作。将木材在常压或低压下蒸煮，在沸水或接近沸水中浸泡，或微波加热潮湿的木材等都是提高木材可塑性的良好方法。高压蒸汽也可以提高木材的可塑性，但用高压蒸汽处理的木材通常不像经大气压或低压处理的木材那样容易弯曲。此外，微波加热也能使木材的可塑性提高，且需要的时间更短。除了不同条件下的水热处理，木材还可以在各种增塑剂或软化剂的作用下获得更好的可塑性。常见化学物质包括水、尿素、低分子量酚醛树脂、二甲基亚砜和液氨。总之，木材可以在不同的水热处理作用下获得更好的可塑性。

传统的塑化机制未涉及细胞壁结构和组分含量的协同调控。而柔性折叠木的超塑化机制则是通过调控细胞壁结构、表界面和组分含量，利用材料加工-结构-组分-性能之间的匹配关系，从而赋予木材超塑化性能。柔性折叠木的超塑化性能是基于一种化学预处理结合"水冲击"对木材细胞壁进行组分含量和结构定向调控而获得的。首先通过部分去除天然木材细胞壁中"硬而脆"的木质素达到软化木材的目的，随后通过水分蒸发驱动木材细胞（纤维、导管）收缩闭合，接着利用快速水冲击处理选择性打开导管，形成了一个具有独特褶皱细胞壁结构（类似手风琴结构）的柔性折叠木，最后通过干燥去除水分以驱动褶皱细胞壁结构重新闭合收缩密实化并固定复杂形状，获得具有复杂形状的轻质高强折叠木质新材料。该独特的褶皱细胞壁结构为柔性折叠木在加工成型过程（弯曲、折叠、扭曲、模压）中提供了拉伸或压缩的高应变空间，赋予其类似金属的塑化成型性能，从而可直接将柔性折叠木加工成各种复杂的形状。

柔性折叠木的超塑化机制可以采用有限元分析进行揭示。通过双尺度层级力学建模揭示柔性折叠木在极限折叠下（对折）的应变消减机制。模拟的一级尺度是木材导管，该尺度下导管的模型由圆形孔阵列组成。模拟的二级尺度是木材纤维，该二级尺度下纤维的模型由六边形蜂窝结构组成。当柔性折叠木受到极限折叠时，导管和纤维二级尺度可以协同、有效地降低应变。在一级尺度下，当柔性折叠木对折时，极限折叠区域出现外部受拉，内部受压，截面中心部位为中性层（零应变）。柔性折叠木承受大变形时，圆孔能够有效地降低应变水平。此外，柔性折叠木的折叠角为0°～180°，导管阵列对受拉和受压面均起到了降低应变水平的作用（图6.112）。

通过有限元模拟进一步探讨了二级纤维尺度上细胞壁褶皱结构对消减应力的影响，通过该层级的模拟发现，柔性折叠木因为有褶皱结构，即使在受到60%的名义拉应变和60%的名义压应变情况下（也就是对折时），柔性折叠木细胞壁受到的最大拉应变和压应变分别为0.47%和2.66%，细胞壁结构未出现破坏。而作为对比，非柔性折叠木仅在名义拉应变为12.5%时，其受到的最大拉应变为2.3%，出现了拉伸破坏，远远大于柔性折叠木在60%名义拉应变下0.47%的拉应变（图6.113）。这清晰表明了褶皱结构能有效地消减应力，减小应变。

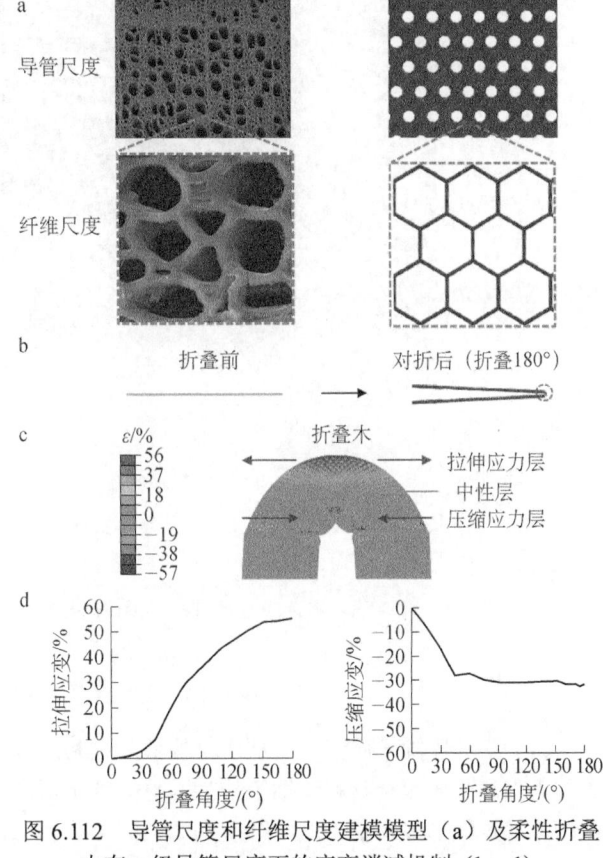

图6.112 导管尺度和纤维尺度建模模型（a）及柔性折叠木在一级导管尺度下的应变消减机制（b~d）

图6.113 柔性折叠木在二级纤维尺度上的应变消减机制

6.9.2 柔性折叠木的典型制备工艺

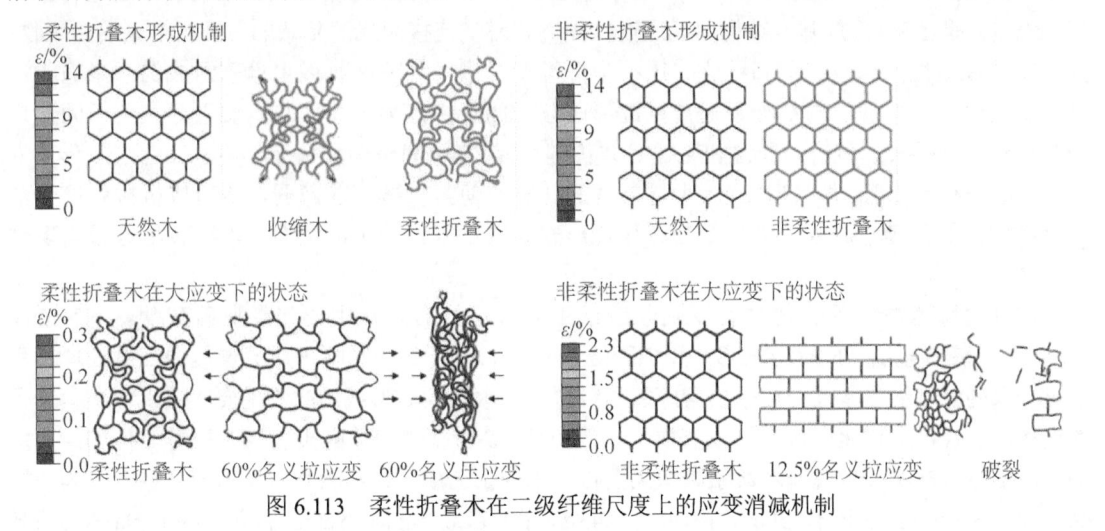

柔性折叠木的典型制备工艺如图6.114所示，包括：①部分脱除木质素；②干燥去除水分；③水冲击处理赋予超塑化性能；④超塑化成型固定。

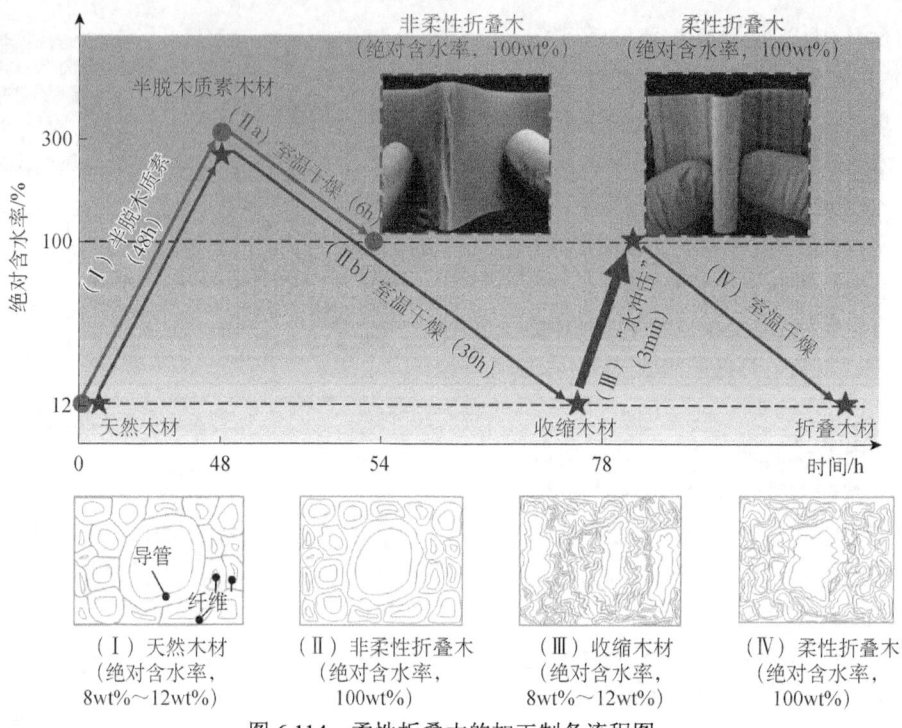

图 6.114 柔性折叠木的加工制备流程图

（1）部分脱除木质素　　从木材构效关系和组分高效分离可知，木材是经过长期生物进化形成的天然高分子复合材料。细胞作为木材的基本形态单位，经过形成层分裂、分化、扩大和细胞壁增厚等过程形成木材。这些细胞为中空的管状形态，细胞间有用于水分和营养运输的孔隙，使得木材具有独特的多尺度孔隙结构。细胞壁主要由纤维素、半纤维素和木质素三大组分组成，富含丰富的功能基团。纤维素是由 β-1,4-糖苷键连接而成的链状高分子，具有强韧性，起着骨架作用；木质素是由苯-丙烷基本结构单元通过碳碳键和醚键连接而成的复杂的三维网络聚酚高聚物，具有刚性和脆性，起胶黏剂和结壳作用；半纤维素是由两种或两种以上糖基组成的低聚糖类，具有双亲性，一方面能与纤维素通过氢键形成分子间连接，另一方面与木质素存在分子间作用力和化学键连接（如醚键、酯键和苷键等共价键），起着中间桥梁和填充作用，三者之间形成木质素-碳水化合物复合体（LCC）。木材丰富的孔隙致使其机械性能薄弱，是造成机械强度无法与金属媲美的关键。此外，木材组分和复合形式导致了木材加工成型性差，很容易弯折出现破坏的缺陷。

部分脱除木质素的方法主要受制浆造纸工业方法的启发，主要包括亚硫酸盐法（NaOH/Na$_2$SO$_3$）、硫酸盐法（NaOH/Na$_2$S）和烧碱法（NaOH）。在部分脱除木质素过程中，碱处理过程通过一系列复杂的化学反应使木质素碎裂和降解。脱木质素后形成的产物主要取决于木质素分子的结构，呈现出多样化，包括 α-烷基醚、α-芳基醚、β-芳基醚和非酚类 β-芳基醚等。例如，典型的采用亚硫酸盐法部分脱除木质素制造柔性折叠木的工艺如下：将天然木材单板（椴木，典型样品尺寸为 3.18mm×30cm×20cm，密度为 0.43g/cm^3）在 2.5mol/L NaOH 和 0.4mol/L Na$_2$SO$_3$ 的微沸碱溶液中处理 48h 部分去除木质素（半脱木质素木材），并反复水洗直至 pH 呈中性。利用红外系统可以观察到柔性折叠木在 1735cm^{-1} 和 1230cm^{-1} 处的峰值强度降低，其峰值分别对应于半纤维素的羧基基团和木质素或半纤维素羧基的酯键，表明了经过碱处理后木材中的木质素和半纤维素被部分脱除。进一步，利用两步硫酸水解法定量获得木质素和半纤维素的去除率分别约为 55%

和 67%。此外，通过拉曼光谱图可知，木质素去除率最高的部位是细胞壁 S_2 层，其次为胞间层，在细胞壁角最低，表明了细胞壁中的木质素是选择性被脱除的（图 6.115）。"硬且脆"的木质素被部分和选择性脱除有助于提高木材的塑化性能。同时，由于木质素和半纤维素的部分脱除，木材细胞壁中起着强度支撑的纤维素在三大组分中的占比显著提高。

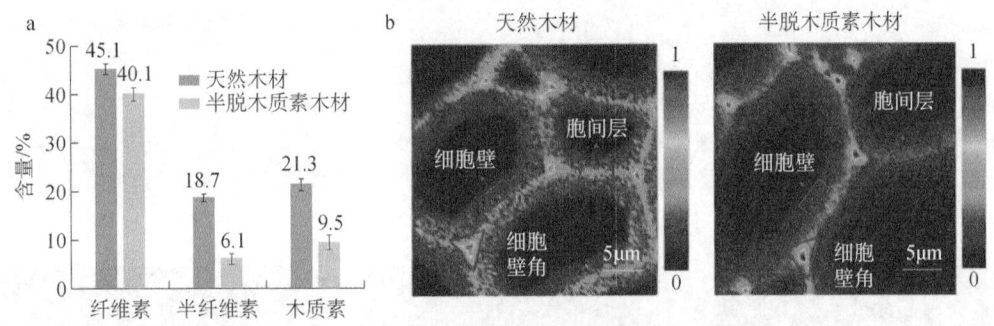

图 6.115 从天然木到柔性折叠木化学组分的演变
a. 化学处理前后木材三大组分的演变；b. 化学处理前后木质素含量在细胞壁不同空间分布的演变

（2）干燥去除水分　　由于毛细管力的作用，半脱木质素木材经干燥处理后，其细胞壁结构会发生显著的收缩密实化，椴木是由分级多孔的细胞结构组成的，主要包括导管和纤维。经过碱液去除部分木质素及干燥水分蒸发的协同处理，半脱除木质素的木材在毛细管力的作用下使开口的导管和纤维均发生收缩致密化，从而几乎完全封闭，形成了一种高度致密化的结构。干燥过程处理主要考虑干燥方式。该干燥处理方式可以根据实际生成需求，灵活地选择常温干燥处理或者高温快速干燥处理。当场地大，且考虑到降低干燥能耗时，可以选择常温干燥处理。当考虑到制备效率时，可以选择高温快速干燥。以 2mm 厚度的椴木为例，如果选用常温干燥，干燥时间依据环境的温湿度而定，需要 24h 以上，而如果选用热吹风干燥，则时间可以缩短至 2min，可极大地提高制备效率。

（3）水冲击处理赋予超塑化性能　　将试样在水中进行"冲击"润胀处理，即可获得柔性折叠木（绝对含水率约为 100wt%）。在水冲击的处理过程中，导管重新被瞬间打开（仅约 3s），而纤维形态则几乎保持不变。该柔性折叠木通过水冲击处理后产生了一种独特的褶皱细胞壁结构（类似手风琴结构），其中导管部分打开，而纤维仍几乎完全闭合。独特的褶皱细胞壁结构具有两种作用，一是部分开放的褶皱导管提供了柔性折叠木因加工形变过程（弯曲、折叠、扭曲、模压）中被拉伸或压缩的高应变空间，赋予其类似塑料或金属的塑化性能；二是几乎闭合的致密纤维赋予了柔性折叠木更高的机械强度（图 6.116）。

柔性折叠木具有优异的超塑化性能，即使对折 180°，在宏观上也未出现任何破坏。在微观上，通过分析对折后的柔性折叠木的细胞壁结构，可以发现外层的细胞壁受到拉伸应力的作用，导管和纤维细胞腔为受拉状态，而内层则受到压缩应力作用，导管和纤维细胞腔为压缩状态（图 6.117a）。微观形貌表明柔性折叠木的拉伸层和压缩层均未出现任何细胞壁之间的破坏，展现了优异的可弯折性。而作为对比，天然木和收缩木通过弯曲很容易被破坏（图 6.117b 和 c）。为了探讨褶皱细胞壁结构的重要性，制备了非柔性折叠木，该非柔性折叠木经过相同的半脱除木质素处理，且具有和柔性折叠木相同的含水率。如图 6.117d 所示，非柔性折叠木的管孔和纤维仍然保持与天然木类似的中空管状特点，但并未形成褶皱结构。由于木质素的部分脱除，细胞壁之间甚至出现分离状态。与柔性折叠木相比，非柔性折叠木经弯折后，容易出现纤维之间的剥离破坏。而柔性折叠木经对折后，上表面细胞壁被拉伸，下表面细胞壁被压缩，细胞和细胞之间未发现任何分离或撕裂破坏，表明了独特褶皱结构的重要性。微观形貌表明，出色的弯折性源于独特的褶皱细胞壁结构（类似手风琴结构），该结构提供了柔性折叠木因加工形变过程（弯曲、折叠、扭曲、模压）中被拉伸或压缩的高应变空间，赋予其类似塑料或金属的塑化性能。

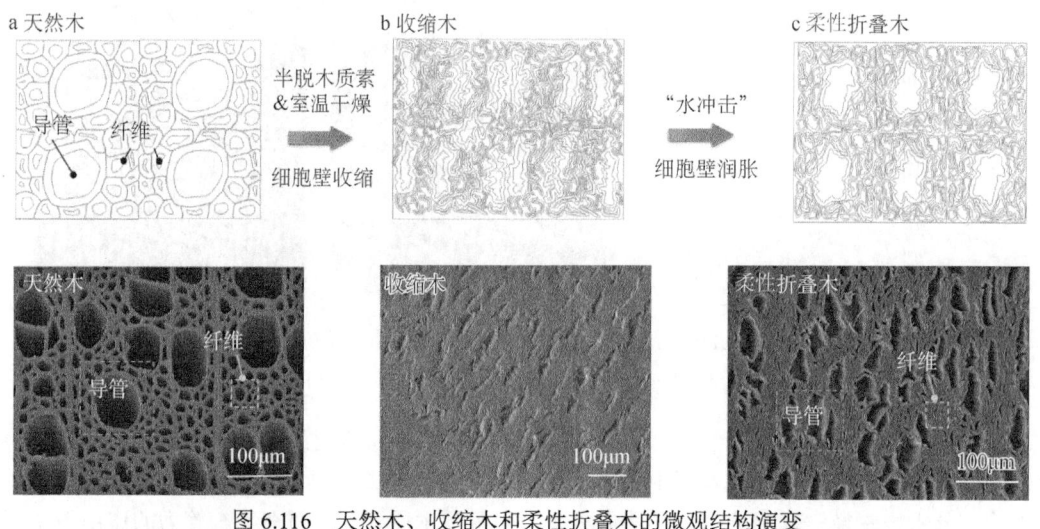

图 6.116　天然木、收缩木和柔性折叠木的微观结构演变

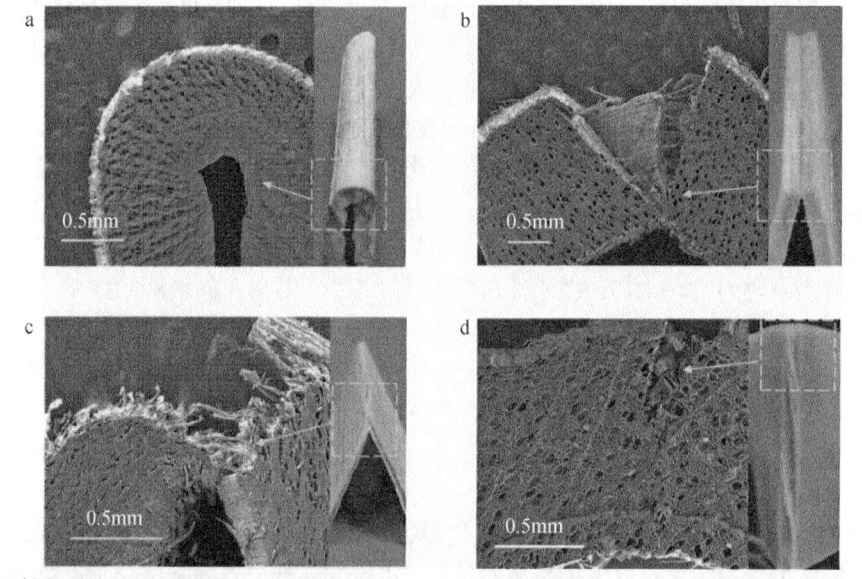

图 6.117　柔性折叠木（a）、天然木（b）、收缩木（c）和非柔性折叠木（d）的弯折性能（右）及对折后的扫描电镜图（左）

（4）超塑化成型固定　　利用柔性折叠木出色的超塑化性能，可以通过机械弯曲、折叠、扭转等方式将其加工成各种形状。当加工成目标结构后，通过简单的木材干燥即可固定其形状。例如，通过折叠操作可以制造"Z"形和共轭结构。这意味着柔性折叠木可以像金属或塑料一样进行滚动或扭曲操作，制造多层柱形和螺旋结构。此外，通过折线设计，可以制造更加复杂的形状如星形结构。同时也可以通过模具模压成型，如模压而成的共轭结构。出色的可弯折性和模压成型性，使得柔性折叠木具有类似金属和塑料一样的加工成型性，从而制造具各种复杂形状的结构。

塑形后的柔性折叠木，会随着水分的蒸发而固定。由扫描电镜可以清晰地观察到水分的蒸发会导致柔性折叠木的细胞壁发生二次剧烈收缩致密化。柔性折叠木即使经历了 100 次反复折叠和展开循环，在微观结构上也未发现对折处纤维之间有任何撕裂或破裂，展现了优异的折叠耐久性。然而 Al-5052（一种用来制造 Al 蜂窝结构的常用 Al 合金）仅在 3 次折叠展开循环后便出现断裂，展示了柔性折叠木有比 Al-5052 更好的折叠耐久性（图 6.118）。

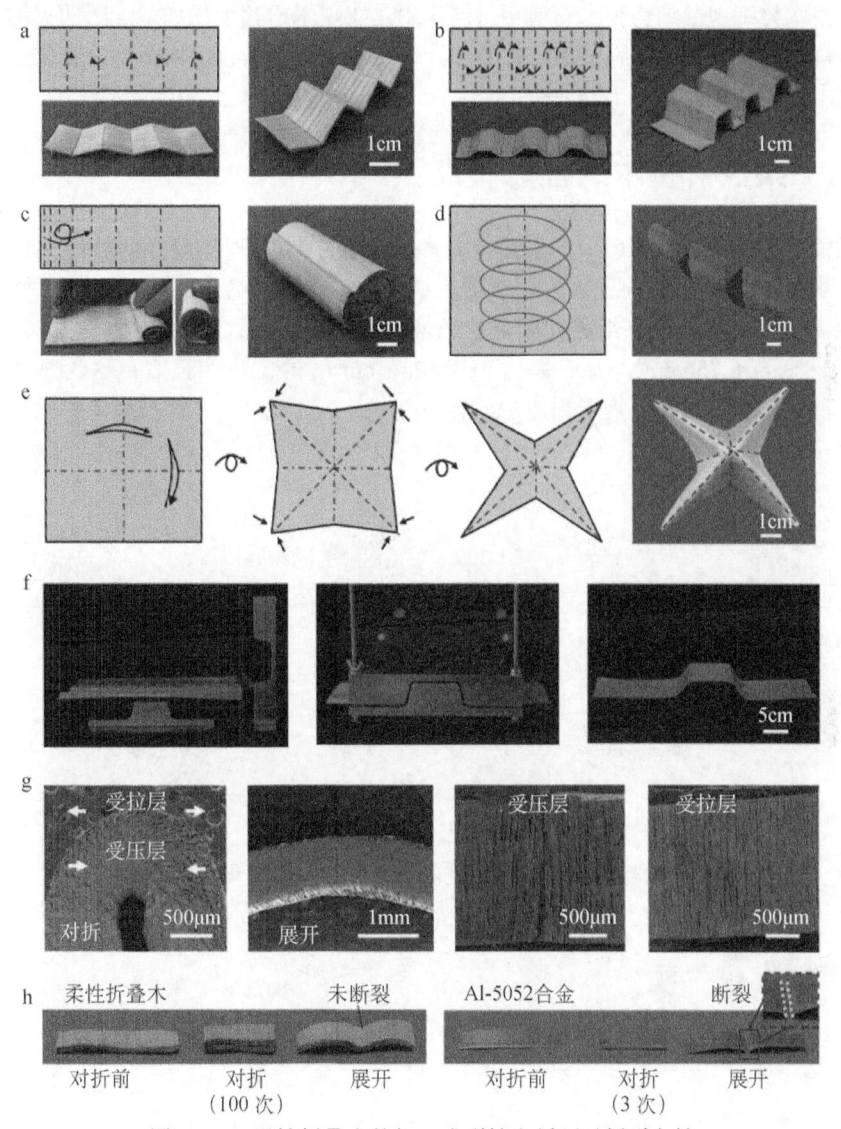

图 6.118 柔性折叠木的加工成型性和循环对折耐久性

a～e. 以"Z"形结构（a）、共轭结构（b）、多层柱形结构（c）、螺旋结构（d）和星形结构（e）为特征的示意图和相应照片；f. 柔性折叠木共轭结构（25cm×12cm×0.12cm）的模压成型过程；g. 柔性折叠木对折和展开的 SEM 图像；h. Al-5052 合金和柔性折叠木循环对折-展开实验

6.9.3 柔性折叠木的毛坯树种的选择

木材种类丰富，主要可分为阔叶树材和针叶树材，不同树种的结构和性能有很大差异。一般来说，阔叶树材比针叶树材具有更好的塑化性能。因为在结构上，阔叶树材具有更加丰富的大导

管，而针叶树材主要由管胞组成。在组分上，阔叶树材比针叶树材含有更少的木质素。阔叶树材的细胞壁基体中的半纤维素含量比针叶树材更多。例如，在制造柔性折叠木时，阔叶树材（椴木、轻木、胡桃木、榆木和泡桐）均展现了良好的超塑化性能和良好的普适性。

当前的柔性折叠木制造技术对具有丰富大导管的阔叶树材和低密度树种效果良好，而对由管胞组成的针叶树材和高密度树种不具备普适性，因此针对不同树种的通用性有待进一步深入探索。由于调控木材细胞壁结构和水的增塑协同作用是实现木材超塑化成型加工的关键，因此寻求更加高效、精准地调控木材细胞壁褶皱化的预处理方法和更加适合的增塑剂来软化是实现针叶树材和高密度木材超塑化成型加工的关键。

6.9.4 柔性折叠木的性能特点

（1）柔性折叠木的力学强度　柔性折叠木沿纤维方向的拉伸和压缩强度分别约为 300MPa 和 60MPa，分别是天然木材的近 6 倍和 2 倍。这是由于柔性折叠木相比于天然木材在微纳尺度上有更加致密的细胞结构，且组成细胞壁的纳米纤维排列更加致密导致结晶度提高。柔性折叠木的密度虽然低至 0.75g/cm³，却有高达 386MPa·cm³/g 的比拉伸强度，这约是 Al-5052 合金（84.4MPa·cm³/g）的 4.6 倍，展示出卓越的轻质高强性能。此外，柔性折叠木的比刚度也超过了一系列硬木（针叶树材）、软木（阔叶树材）和聚合物（图 6.119）。

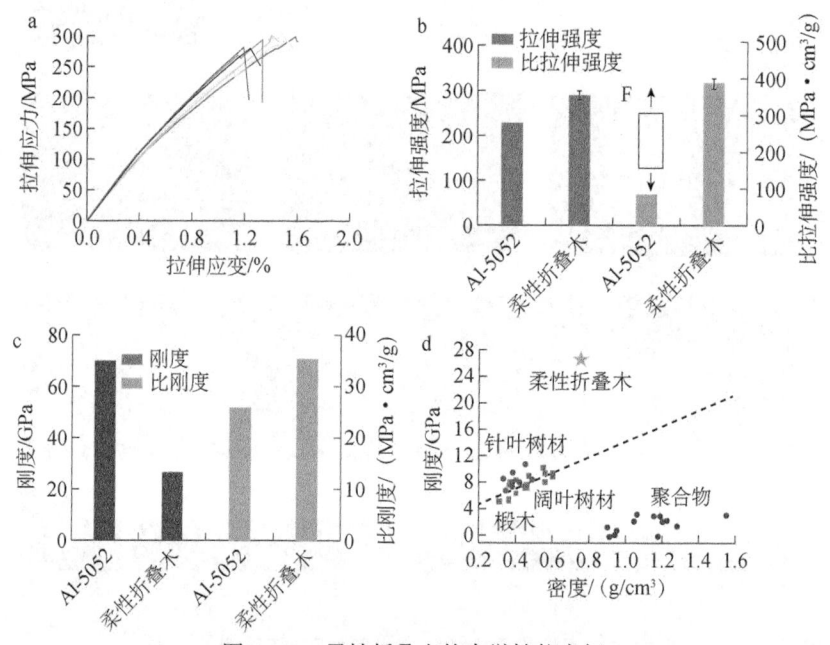

图 6.119　柔性折叠木的力学性能表征

a. 柔性折叠木 10 个测试样品的拉伸应力-应变曲线图；b. 柔性折叠木与 Al-5052 合金的拉伸强度和比拉伸强度对比柱状图；c. 柔性折叠木和 Al-5052 的刚度和比刚度对比柱状图；d. 柔性折叠木、椴木、针叶树材、阔叶树材和聚合物的刚度-密度图

柔性折叠木的低密度、高机械强度和优异的成型性能为设计和制造轻质高强结构材料提供了广阔的应用前景。例如，蜂窝结构通常是由聚合物或铝合金制造所得的，同样的，柔性折叠木也可被设计成木材蜂窝结构。该蜂窝结构利用木材纤维方向作为承重方向，可以最大限度地发挥木材各向异性特征和轻质高强优势。由柔性折叠木制成的蜂窝结构的比压缩强度（51.6MPa·cm³/g）与铝合金蜂窝结构的比压缩强度（46.8MPa·cm³/g）相近，同时这种柔性折叠木的蜂窝结构还具

有较低成本和环境可持续性强的优点。为了测试柔性折叠木蜂窝结构的压缩和弯曲性能，将这种结构夹在两块铝板之间制成铝-柔性折叠木-铝三明治结构。这种铝-柔性折叠木-铝三明治结构的抗压强度能达到 9.1MPa，比抗压强度约为 91.0MPa·cm³/g，高于 Al-5052 蜂窝结构的比抗压强度（70.9MPa·cm³/g）。所制造的铝-柔性折叠木-铝三明治结构甚至能支持起质量高达 1.6t 左右的汽车，承受起自身质量的 1500 倍而不发生破坏，展示了很高的轻质高强特性（图 6.120）。

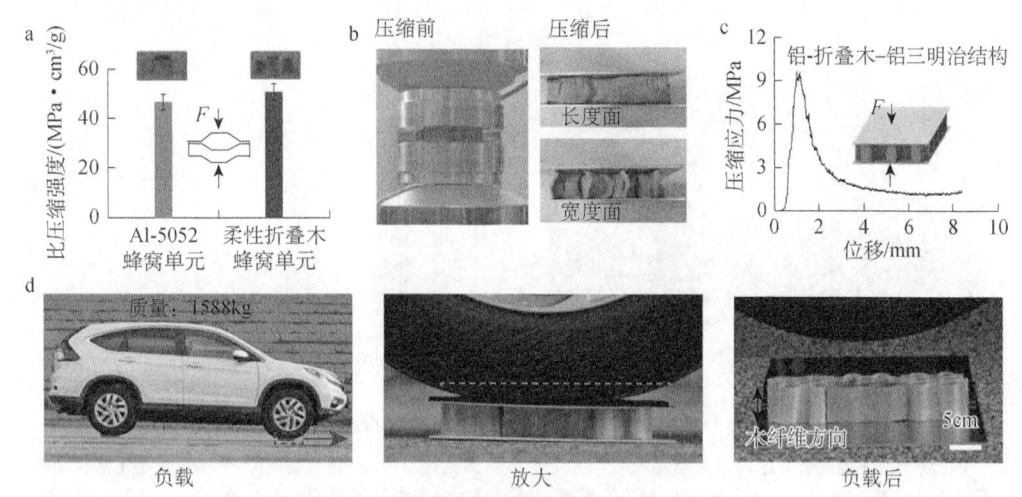

图 6.120 柔性折叠木蜂窝结构的力学性能表征

a. Al-5052 和柔性折叠木蜂窝单元的比压缩强度对比柱状图；b、c. 铝-柔性折叠木-铝三明治结构压缩试验实物图和压缩应变-位移曲线；d. 柔性折叠木蜂窝结构负载汽车试验实物图

（2）柔性折叠木的耐久性　　柔性折叠木的耐久性越高，使用寿命越长。耐久性与防潮性能和抗真菌性能密切相关。为了提高其耐久性能，我们测试了柔性折叠木和柔性折叠木蜂窝芯结构经过表面涂饰处理后的防潮性能。柔性折叠木经聚氨酯涂料涂饰后在相对湿度为 95%、23℃的恒温箱中处理 2 个月，处理前和处理后的拉伸力学强度分别为 290.1MPa 和 284.4MPa，只有微小降低。同时，记录了其吸潮厚度变化，发现其厚度几乎未有变化，表明了这个过程几乎没有吸入水分。此外，蜂窝芯结构的三维尺寸和质量均未有明显变化，表明了对柔性折叠木材料进行聚氨酯疏水涂饰能有效提高其防潮性能，提高其在高湿环境中使用的耐久性（图 6.121）。

木质素作为木材中的三大组分之一，具有抗真菌功能。为了探讨木质素去除对柔性折叠木抗真菌性能的影响，进行了抗真菌性能测试。一共制备了 4 种样品，分别为天然木、聚氨酯涂饰天然木、柔性折叠木和聚氨酯涂饰柔性折叠木，并采用褐腐菌和白腐菌两种木材腐烂真菌，对 4 种木材样品的降解性进行了测试。研究结果表明，柔性折叠木相比于天然木具有更好的抗真菌性能

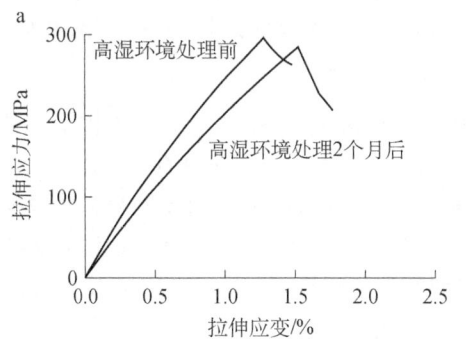

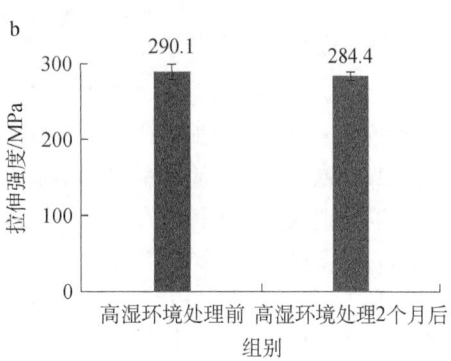

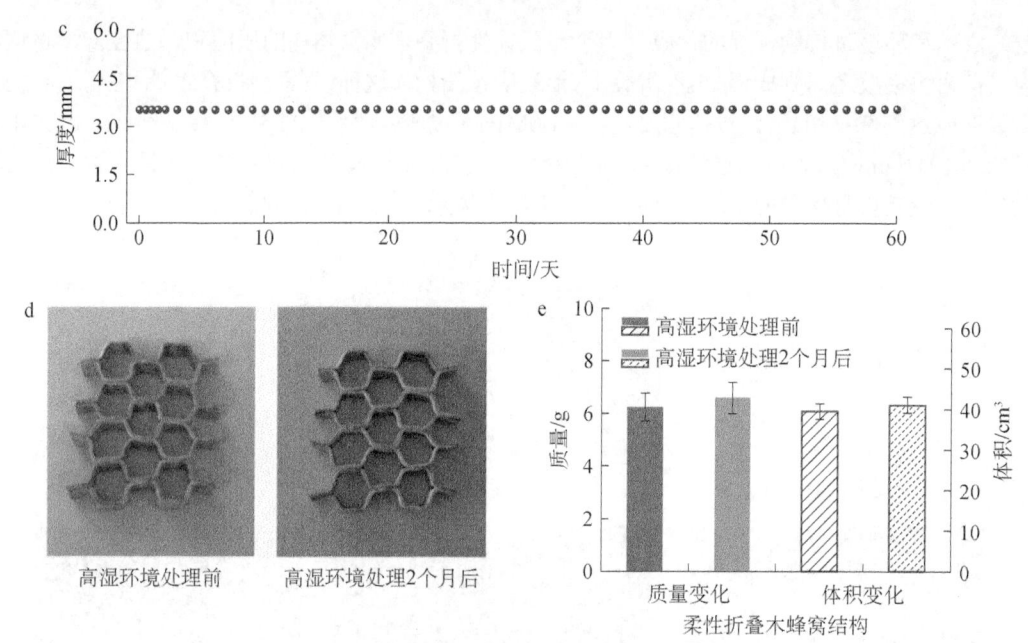

图 6.121 柔性折叠木及其蜂窝结构的耐候性能表征
a. 表面涂饰处理柔性折叠木经过高湿环境处理 2 个月前后的拉伸应力-应变曲线；b. 拉伸强度变化柱状图；
c. 厚度随时间变化曲线；d. 表面涂饰处理柔性折叠木蜂窝结构经高湿环境处理 2 个月前后的尺寸变化实物图；
e. 质量变化和体积变化柱状图

（褐腐菌和白腐菌），这可能是由于柔性折叠木相比天然木具有更加致密的细胞结构，单位体积的木质素更高。另外，研究结果还表明涂饰处理后天然木和柔性折叠木均比未涂饰处理的样品真菌降解的质量低，这可能是由于聚氨酯涂料对真菌有毒性（图 6.122）。上述结果表明涂饰处理不仅能提高柔性折叠木的防潮性能，同时还能进一步提高抗真菌性能。

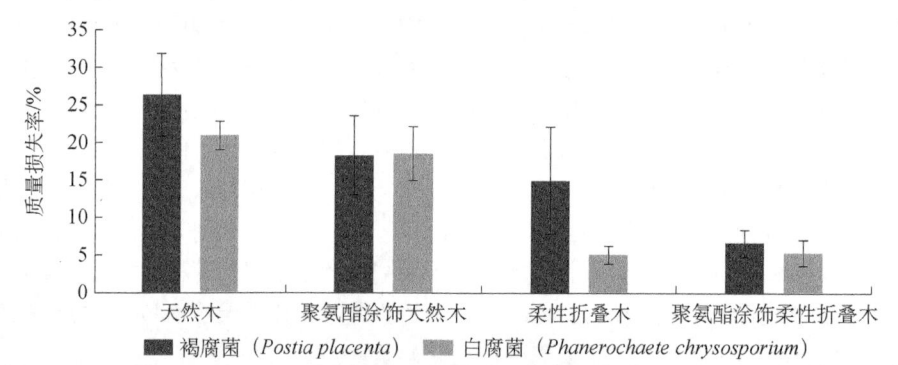

图 6.122 天然木、聚氨酯涂饰天然木、柔性折叠木和聚氨酯涂饰柔性折叠木经褐腐菌和白腐菌处理后的质量损失率

（3）柔性折叠木的生命周期评价　　木材作为一种可再生材料，其在生长过程中可以不断吸收二氧化碳、释放氧气，属于固碳材料。将木质材料加工成可供长期使用的家具装修、建筑和轻质结构材，可以使碳源进一步锁定、固存。因此利用木材开发的柔性折叠木新材料对减少二氧化碳的排放、助力国家实现"双碳"目标和可持续绿色发展具有重要意义。我们通过生命周期评价（LCA）对比研究了柔性折叠木和铝合金加工制造过程对环境产生的影响。LCA 定量对比评估主要是依据柔性折叠木和铝合金的拉伸强度和刚度两个力学指标进行计算所得。所研究的环境影响

类别包括：生态系统相关（酸化、富营养化和生态毒性）、全球气候变暖趋势、化石燃料枯竭、环境问题（臭氧消耗和雾霾）和人类健康影响（致癌物、非致癌物和呼吸系统影响）。研究结果表明，柔性折叠木在加工制造过程中对所列的环境评估维度（全球气候变化趋势值、化石燃料枯竭和臭氧消耗等 10 个维度）均显著降低（55%~99%），说明了柔性折叠木与铝合金相比在加工过程中对环境的影响更小（图 6.123）。

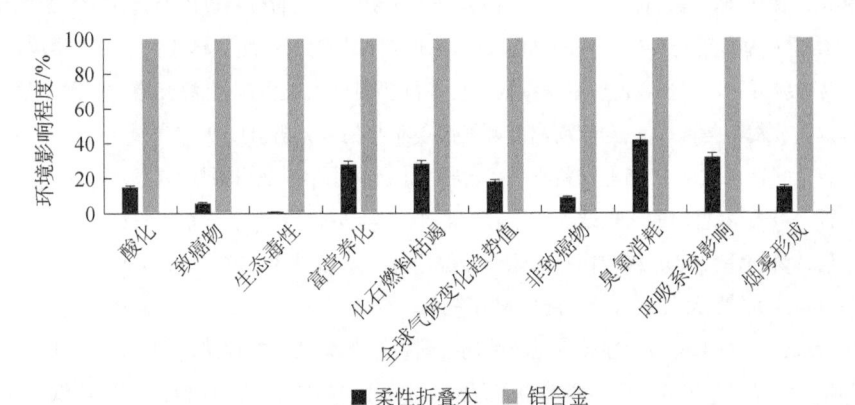

图 6.123　基于 LCA 计算获得的柔性折叠木和铝合金环境影响对比柱状图

（4）柔性折叠木的可规模化潜力　　柔性折叠木的原料单板可通过木材工业现有的旋切机加工而成，单板碱预处理工艺则可参照现有制浆造纸碱工艺，因此柔性折叠木规模放大化生产潜力高，且对不同树种具有普适性。例如，利用木材和纸浆加工行业成熟的循环卷对卷制造工艺，有望实现柔性折叠木共轭结构的大规模制造。此外，用热空气（约 80℃）可以将 30h 环境干燥的工序缩短至 2min，这种替代工序不会影响柔性折叠木的超塑化性能。例如，柔性折叠木可以通过滚压或模压成型的方式来制造木蜂窝结构，并通过胶黏剂和组装工序制造柔性折叠木的蜂窝芯结构（80cm×6cm×1.5cm）（图 6.124）。

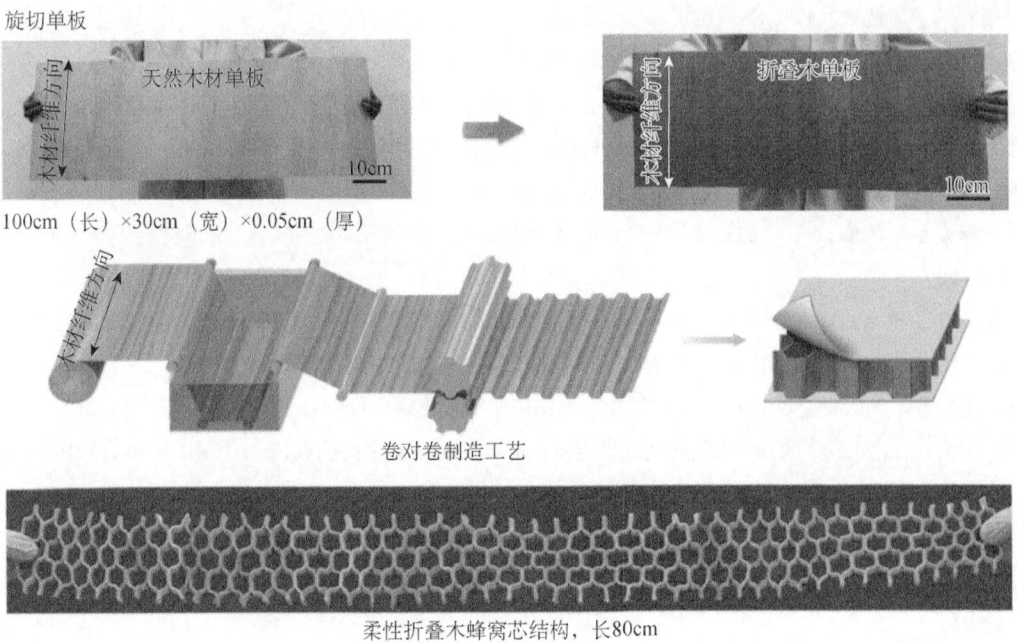

图 6.124　柔性折叠木的可规模化生产潜力

主要参考文献

安慧昱. 2019. 我国可再生能源替代化石能源的发展现状及问题研究[J]. 北方经济, 4: 52-54.

曹丽莎, 沈和定, 徐伟涛, 等. 2020. 现代木结构建筑对环境和气候的影响[J]. 林产工业, 57: 5-8.

陈胜. 2020. 纤维素纸基能源与传感器件的制备及性能研究[D]. 北京: 北京林业大学博士学位论文.

程鑫. 2012. 化学镀制备 Ni-B 合金镀层组织结构的可控性研究[D]. 上海: 上海交通大学硕士学位论文.

崔荣国, 郭娟, 程立海, 等. 2021. 全球清洁能源发展现状与趋势分析[J]. 地球学报, (2): 1-8.

樊栓狮, 梁德青, 杨向阳. 2004. 储能材料与技术[M]. 北京: 化学工业出版社.

费益元, 曾石祥. 1987. 木材中的压电效应[J]. 南京林业大学学报(自然科学版), 20 (3): 100-104.

郭中泽, 张卫红, 陈裕泽. 2007. 结构拓扑优化设计综述[J]. 机械设计, 24 (8): 1-6.

胡会利. 2019. 电化学测量[M]. 北京: 化学工业出版社.

胡俊清, 朱炳焕. 2012. 对木材力学性质产生影响的因子[J]. 黑龙江科技信息, (21): 198-199.

胡伟航, 沈梦霞, 段超, 等. 2021. 基于木材的超级电容器电极材料的研究进展[J]. 中国造纸, 40 (3): 83-94.

胡云楚, 王文磊, 黄自知, 等. 2019. 一种相变储能的保温实木及其制造方法: CN106625930B[P]. 2019-02-01.

黄琼涛, 彭文明, 刘子欢, 等. 2020. 一种基于相变储能的酒柜: CN111623595A[P]. 2020-09-04.

纪志国. 2020. 我国风电产业现状与发展趋势探究[J]. 中国设备工程, 18: 217-218.

贾铮. 2006. 电化学测量方法[M]. 北京: 化学工业出版社.

金克霞, 江泽慧, 刘杏娥, 等. 2019. 植物细胞壁纤维素纤丝聚集体结构研究进展[J]. 材料导报, 33: 2997-3002.

李安鑫, 吕建雄, 蒋佳荔. 2017. 木材细胞壁结构及其流变特性研究进展[J]. 林业科学, 53: 137-143.

李国辉. 2018. ASTM E1354《用耗氧量热计测定材料和产品的热量和可见烟雾释放率的标准试验方法》[J]. 消防科学与技术, 37 (8): 1050.

李坚. 2016. 大自然的启发——木材仿生与智能响应[J]. 科技导报, 34: 1.

李坚, 李莹莹. 2019. 木质仿生智能响应材料的研究进展[J]. 森林与环境学报, 39: 337-343.

李坚, 甘文涛, 王立娟. 2021. 木材仿生智能材料研究进展[J]. 木材科学与技术, 35: 1-14.

李凯, 张英魁. 2019. 我国节能市场发展现状与趋势[J]. 中国能源, 41 (12): 28-32.

李铭, 覃爱苗, 练澎, 等. 2021. 纸/纤维素基摩擦纳米发电机的研究进展[J]. 中国材料进展, 40 (4): 281-289.

李文龙. 2017. 基于压电、摩擦电效应的纳米发电机及其应用的研究[D]. 重庆: 重庆大学硕士学位论文.

林姐, 彭红, 余紫苹, 等. 2011. 半纤维素分离纯化研究进展[J]. 中国造纸, 30: 60-64.

林铭, 谢拥群, 杨庆贤, 等. 2004. 木材热导率内在规律的理论研究[J]. 福建林学院学报, 24 (1): 25-27.

刘博, 李雪, 任浩, 等. 2016. 亚硫酸钠改良麦草硫酸盐法制浆工艺的研究[R]//中国造纸协会. 中国造纸协会. 中国造纸学会第十七届学术年会论文集.

刘一星, 赵广杰. 2012. 木材学[M]. 北京: 中国林业出版社.

龙克莹, 王东, 林兰英, 等. 2021. 木材多尺度界面结构及其力学性能的研究进展[J]. 中国造纸学报, 36: 88-94.

卢芸. 2022. 木材超分子科学: 科学意义及展望[J]. 木材科学与技术, 36: 1-10.

孟西昆, 谢延军, 王海刚, 等. 2017. 一种改性木-铝复合储热节能窗: CN206600109U[P]. 2017-10-31.
彭万喜, 吴义强, 卿彦. 2018. 一种超疏水木材及其制备方法: CN200810030688[P]. 2008-08-06.
邱胜强. 2011. 绿色共价修饰多壁碳纳米管及其表面超分子化学[D]. 武汉: 湖北大学硕士学位论文.
邱卫华, 陈洪章. 2006. 木质素的结构、功能及高值化利用[J]. 纤维素科学与技术, 14 (1): 52-59.
孙世刚. 2013. 电催化[M]. 北京: 化学工业出版社.
孙伟圣, 王文斌, 郭玺, 等. 2019. 一种相变储能木材的制备方法: CN110625721A[P]. 2019-12-31.
王成毓, 杨照林, 王鑫, 等. 2019. 木材功能化研究新进展[J]. 林业工程学报, 4: 10-18.
王海莹. 2014. 纤维素纳米纤丝制备及晶型转化研究[D]. 南京: 南京林业大学博士学位论文.
王红彦, 左旭, 王道龙, 等. 2017. 中国林木剩余物数量估算[J]. 中南林业科技大学学报, 37: 29-38.
王婧娴, 杨琳. 2021. 木基发光材料研究进展[J]. 世界林业研究, 3: 75-81.
王开立. 2019. 基于表面微纳结构设计的超疏水木材制备与作用机制[D]. 北京: 北京林业大学博士学位论文.
王哲, 王喜明. 2014. 木材多尺度孔隙结构及表征方法研究进展[J]. 林业科学, 50 (10): 123-133.
王中林. 2017. 摩擦纳米发电机[M]. 北京: 科学出版社.
吴博士, 张逊, 杨俊, 等. 2017. 亚氯酸盐预处理杉木细胞壁木质素溶解机理研究[J]. 林产化学与工业, 37: 38-44.
吴燕, 唐彩云, 吴佳敏, 等. 2018. 透明木材的研究进展[J]. 林业工程学报, 3: 12-18.
吴智慧. 1992. 木材漂白技术（一）[J]. 建筑人造板, (2): 27-28.
徐艳云, 张萌, 黄伟庆. 2020. 信息设备电磁辐射信息泄漏的可检测距离估计方法研究[J]. 信息安全学报, 5 (1): 44-55.
闫晓峰, 刘秋娟. 2012. 荻原料烧碱-蒽醌法蒸煮过程中甲醇发生量的研究[J]. 天津科技大学学报, 27: 29-32.
杨辉. 2001. 应用电化学[M]. 北京: 科学出版社.
杨如娥, 王成毓, 柯娇娜, 等. 2017. 以脱木素木材为原料的热敏变色相变储能木材的制备方法: CN107511900A[P]. 2017-12-26.
姚秋芳, 陈逸鹏, 钱特蒙, 等. 2016. 木材仿生趋磁性及其超疏水性能[J]. 科技导报, 34 (19): 47-49.
余家鸾. 1999. 化学浆几种蒸煮方法的特点及机理[J]. 广东造纸, 5 (6): 24-29.
张红杰. 2012. 制浆化工过程与原理[M]. 北京: 化学工业出版社.
中国建筑节能协会. 2021. 中国建筑能耗研究报告 2020[J]. 建筑节能（中英文）, 49: 1-6.
钟磊, 王超, 吕高金, 等. 2020. 低共熔溶剂在木质素分离方面的研究进展[J]. 林产化学与工业, 40: 11.
朱嘉庆. 2022. 基于人体亲和性材料的摩擦纳米发电机用于智能传感和能量收集[D]. 北京: 北京科技大学博士学位论文.
Al-Saleh M H, Sundararaj U. 2009. Electromagnetic interference shielding mechanisms of CNT/polymer composites[J]. Carbon, 47 (7): 1738-1746.
Alvarez-Vasco C, Ma R, Quintero M, et al. 2016. Unique low-molecular-weight lignin with high purity extracted from wood by deep eutectic solvents（DES）: a source of lignin for valorization[J]. Green Chemistry, 18: 5133-5141.
Amiri A, Ottelin J, Sorvari J, et al. 2020. Cities as carbon sinks-classification of wooden buildings[J]. Environmental Research Letters, 15: 12.

Bae G Y, Mlin B G, Jeong Y G, et al. 2009. Superhydrophobicity of cotton fabrics treated with silica nanoparticles and water-repellent agent[J]. Journal of Colloid and Interface Science, 337 (1): 170-175.

Bai X, Shen Y, Tian H, et al. 2019. Facile fabrication of superhydrophobic wood slice for effective water-in-oil emulsion separation[J]. Separation and Purification Technology, 210: 402-408.

Berglund L A, Burgert I. 2018. Bioinspired wood nanotechnology for functional materials[J]. Advanced Materials, 30: e1704285.

Bi Z, Li T, Su H, et al. 2018. Transparent wood film incorporating carbon dots as encapsulating material for white light-emitting diodes[J]. ACS Sustainable Chemistry & Engineering, 6: 9314-9323.

Bisht P, Pandey K K, Barshilia H C. 2021. Photostable transparent wood composite functionalized with an UV-absorber[J]. Polymer Degradation and Stability, 189: 109600.1-109600.10.

Bonturim E, Merizio L G, Reis R, et al. 2018. Persistent luminescence of inorganic nanophosphors prepared by wet-chemical synthesis[J]. Journal of Alloys and Compounds, 732: 705-715.

Borghei M, Lehtonen J, Liu L, et al. 2018. Advanced biomass-derived electrocatalysts for the oxygen reduction reaction[J]. Advanced Materials, 30 (24): 1703691.

Budunoglu H, Yildirim A, Guler M O, et al. 2011. Highly transparent, flexible, and thermally stable superhydrophobic ORMOSIL aerogel thin films[J]. ACS Applied Materials & Interfaces, 3 (2): 539-545.

Cabane E, Keplinger T, Merk V, et al. 2014. Renewable and functional wood materials by grafting polymerization within cell walls[J]. ChemSusChem, 7: 1020-1025.

Cao G L, Yan Y M, Liu T, et al. 2015. Three-dimensional porous carbon nanofiber networks decorated with cobalt-based nanoparticles: a robust electrocatalyst for efficient water oxidation[J]. Carbon, 94: 680-686.

Cao R, Pu X, Du X, et al. 2018. Screen-printed washable electronic textiles as self-powered touch/gesture tribo-sensors for intelligent human-machine interaction[J]. ACS Nano, 12 (6): 5190-5196.

Cassie A B D, Baxter S. 1994. Wettability of porous surfaces[J]. Transactions of the Faraday society, 40: 547-551.

Chen B D, Tang W, Jiang T, et al. 2018a. Three-dimensional ultraflexible triboelectric nanogenerator made by 3D printing[J]. Nano Energy, 45: 380-389.

Chen C J, Kuang Y D, Zhu S Z, et al. 2020a. Structure-property-function relationships of natural and engineered wood[J]. Nature Reviews Materials, 5 (9): 642-666.

Chen C J, Song J W, Zhu S Z, et al. 2020b. Scalable and sustainable approach toward highly compressible, anisotropic, lamellar carbon sponge[J]. Chem., 4 (3): 544-554.

Chen C J, Song J W, Cheng J, et al. 2020c. Highly elastic hydrated cellulosic materials with durable compressibility and tunable conductivity[J]. ACS Nano, 14: 16723.

Chen C J, Xu S M, Kuang Y D, et al. 2019c. Natur-e-inspired Tri-pathway design enabling high-performance flexible Li-O$_2$ batteries[J]. Advanced Energy Materials, 9 (9): 1802964.

Chen H F, Xuan J H, Deng Q L, et al. 2022a. WOOD/PCM composite with enhanced energy storage density and anisotropic thermal conductivity[J]. Progress in Natural Science: Materials International, 32: 190-195.

Chen J, Chen B D, Han K, et al. 2019a. A triboelectric nanogenerator as a self-powered sensor for a soft-rigid hybrid actuator[J]. Advanced Materials Technologies, 4 (9): 1900337.

Chen J Q, Zhu Z D, Zhang H, et al. 2021a. Wood-derived nanostructured hybrid for efficient flame retarding and electromagnetic shielding[J]. Materials & Design，204：109695.

Chen K，Ding J，Zhang S H，et al. 2017b. A general bioinspired, metals-based synergic cross-linking strategy toward mechanically enhanced materials[J]. ACS Nano，11：2835-2845.

Chen W X，Hu C F，Yang Y H，et al. 2016. Rapid synthesis of carbon dots by hydrothermal treatment of lignin[J]. Materials，9：184.

Chen X，Zhu X B，He S M，et al. 2021b. Advanced nanowood materials for the water-energy nexus[J]. Advanced Materials，33：e2001240.

Chen Y P，Dang B K，Fu J Z，et al. 2020d. Cellulose-based hybrid structural material for radiative cooling[J]. Nano Letters，21：397-404.

Chen Y P，Dang B K，Jin C D，et al. 2019b. Processing lignocellulose-based composites into an ultrastrong structural material[J]. ACS Nano，13：371-376.

Chen Y P，Fu J Z，Dang B K，et al. 2020e. Artificial wooden nacre: a high specific strength engineering material[J]. ACS Nano，14：2037-2043.

Chen Y D，Wang H W，Yao Q F，et al. 2017a. Biomimetic taro leaf-like films decorated on wood surfaces using soft lithography for superparamagnetic and superhydrophobic performance[J]. Journal of Materials Science，52（12）：7428-7438.

Chen Z H，Zhu R J，Sheng N，et al. 2022b. Synchronously improved thermal conductivity and anti-leakage performance for phase change composite by SiC nanowires modified wood carbon[J]. Journal of Energy Storage，47：103567.

Chen Z，Reznicek W D，Wan C. 2018b. Deep eutectic solvent pretreatment enabling full utilization of switchgrass [J]. Bioresource Technology，263：40-48.

Cheng C，Li S，Thomas A，et al. 2017. Functional graphene nanomaterials based architectures: biointeractions, fabrications, and emerging biological applications[J]. Chemical Reviews，117：1827-1914.

Cheng M，Cao L，Guo H，et al. 2022. Green synthesis of phosphorescent carbon dots for anticounterfeiting and information encryption[J]. Sensors，22：2944.

Churkina G，Organschi A，Reyer C P O，et al. 2020. Buildings as a global carbon sink[J]. Nature Sustainability，3（4）：269-276.

Davies D K. 1969. Charge generation on dielectric surfaces[J]. Journal of Physics D: Applied Physics，2（11）：1533.

Ding Z，Li F，Wen J，et al. 2018. Gram-scale synthesis of single-crystalline graphene quantum dots derived from lignin biomass[J]. Green Chem.，20：1383-1390.

Dong K，Wu Z，Deng J，et al. 2018. A stretchable yarn embedded triboelectric nanogenerator as electronic skin for biomechanical energy harvesting and multifunctional pressure sensing[J]. Advanced Materials，30（43）：1804944.

Dong O Y，Guo G，Hu J，et al. 2008. Hydrothermal treatment to prepare hydroxyl group modified multi-walled carbon nanotubes[J]. Journal of Materials Chemistry，18：350-354.

Dong X，Gan W，Shang Y，et al. 2022. Low-value wood for sustainable high-performance structural materials[J]. Nature Sustainability，5：628-635.

Du L L，Jiang B L，Chen X H，et al. 2019. Clustering-triggered emission of cellulose and its derivatives[J]. Chinese

J. Polym. Sci., 37（4）：409-415.

Duan X, Liu S, Huang E, et al. 2020. Superhydrophobic and antibacterial wood enabled by polydopamine-assisted decoration of copper nanoparticles[J]. Colloids and Surfaces A: Physicochemical and Engineering Aspects, 602：125145.

Eichhorn S J, Dufresne A, Aranguren M, et al. 2010. Review: current international research into cellulose nanofibres and nanocomposites[J]. Journal of Materials Science, 45: 1-33.

ElL-Naggar M E, Aldalbahi A, Khattab T A, et al. 2021. Facile production of smart superhydrophobic nanocomposite for wood coating towards long-lasting glow-in-the-dark photoluminescence[J]. Luminescence, 36（8）：2004.

El-Naggar M E, Ullah S, Wageh S, et al. 2023. Preparation of epoxy resin/rare earth doped aluminate nanocomposite toward photoluminescent and superhydrophobic transparent woods[J]. J. Rare Earth., （3）：397-405.

Emaminasab M, Tarmian A, Oladi R, et al. 2016. Fluid permeability in poplar tension and normal wood in relation to ray and vessel properties[J]. Wood Science and Technology, 51: 261-272.

Everett D H. 1972. Manual of symbols and terminology for physicochemical quantities and units, appendix Ⅱ: definitions, terminology and symbols in colloid and surface[J]. Chemistry Pure and Applied Chemistry, 31 （4）：577-638.

Feng N R, Kang Z, Hu D Y. 2021. Shape-stabilized and antibacterial composite phase change materials based on wood-based cellulose micro-framework, erythritol-urea or erythritol-thiourea for thermal energy storage[J]. Solar Energy, 223：19-32.

Feng N R, Kang Z, Hu D Y. 2022. The ingenious combination of thermal energy storage and temperature visualization of binary fatty acid eutectic/eucalyptus wood fiber skeleton composites[J]. Solar Energy, 236: 522-532.

Fink S. 1992. Transparent wood-a new approach in the functional study of wood structure[J]. Holzforschung, 46: 403-408.

Fratzl P, Weinkamer R. 2007. Nature's hierarchical materials[J]. Progress in Materials Science, 52（8）：1263-1334.

Fu Q, Chen Y, Sorieul M. 2020a. Wood-based flexible electronics[J]. ACS Nano, 14: 3528-3538.

Fu Q, Tu K, Goldhahn C, et al. 2020b. Luminescent and hydrophobic wood films as optical lighting materials[J]. ACS Nano, 14: 13775-13783.

Fu Q, Yan M, Jungstedt E, et al. 2018. Transparent plywood as a load-bearing and luminescent biocomposite[J]. Composites Science and Technology, 164: 297-303.

Gan J, Wu Y, Yang F, et al. 2022. Wood-cellulose photoluminescence material based on carbon quantum dot for light conversion[J]. Carbohyd. Polym., 290：119429.

Gan W T, Chen C J, Giroux M, et al. 2020b. Conductive wood for high-performance structural electromagnetic interference shielding[J]. Chemistry of Materials, 32（12）：5280-5289.

Gan W, Chen C J, Wang Z Y, et al. 2020. Fire-resistant structural material enabled by an anisotropic thermally conductive hexagonal boron nitride coating[J]. Advanced Functional Materials, 30: 9.

Gan W, Chen C, Kim H T, et al. 2019a. Single-digit-micrometer thickness wood speaker[J]. Nature

Communications, 10: 5084.

Gan W, Chen C, Wang Z, et al. 2019b. Dense, self-formed char layer enables a fire-retardant wood structural material[J]. Advanced Functional Materials, 29 (14): 1807444.1-1807444.9.

Gan W, Gao L, Sun Q, et al. 2015. Multifunctional wood materials with magnetic, superhydrophobic and anti-ultraviolet properties[J]. Applied Surface Science, 332: 565-572.

Gan W, Gao L, Xiao S, et al. 2016a. Transparent magnetic wood composites based on immobilizing Fe_3O_4 nanoparticles into a delignified wood template[J]. Journal of Materials Science, 52: 3321-3329.

Gan W, Gao L, Zhang W, et al. 2016b. Fabrication of microwave absorbing $CoFe_2O_4$ coatings with robust superhydrophobicity on natural wood surfaces[J]. Ceramics International, 42 (11): 13199-13206.

Gan W, Xiao S, Gao L, et al. 2017. Luminescent and transparent wood composites fabricated by poly (methyl methacrylate) and γ-Fe_2O_3@YVO_4: Eu^{3+} nanoparticle impregnation[J]. ACS Sustainable Chemistry & Engineering, 5: 3855-3862.

Gao H L, Chen S M, Mao L B, et al. 2017. Mass production of bulk artificial nacre with excellent mechanical properties[J]. Nature Communications, 8: 287.

Gao L K, Cui X, Sewell C D, et al. 2021a. Recent advances in activating surface reconstruction for the high-efficiency oxygen evolution reaction[J]. Chemical Society Reviews, 50: 8428-8469.

Gao L K, Cui X, Wang Z W, et al. 2021b. Operando unraveling photothermal-promoted dynamic active-sites generation in $NiFe_2O_4$ for markedly enhanced oxygen evolution[J]. Proceedings of the National Academy of Sciences, 118 (7): e2023421118.

Gao L K, Gan W I, Xiao S L, et al. 2016a. A robust superhydrophobic antibacterial Ag-TiO_2 composite film immobilized on wood substrate for photodegradation of phenol under visible-light illumination[J]. Ceramics International, 42 (2): 2170-2179.

Gao L K, Lu Y, Li J, et al. 2016b. Superhydrophobic conductive wood with oil repellency obtained by coating with silver nanoparticles modified by fluoroalkyl silane[J]. Holzforschung, 70 (1): 63-68.

Gao L K, Qiu Z, Gan W T, et al. 2016c. Negative oxygen ions production by superamphiphobic and antibacterial TiO_2/Cu_2O composite film anchored on wooden substrates[J]. Scientific Reports, 6: 26055.

Geng A, Yang H, Chen J, et al. 2017. Review of carbon storage function of harvested wood products and the potential of wood substitution in greenhouse gas mitigation[J]. Forest Policy and Economics, 85: 192-200.

Golden M J. 1897. A Laboratory Course in Wood-turning[M]. New York: Harper Brothers Publishers.

Green D W, Winandy J E, Kretschmann D E. 1999. Mechanical properties of wood[M]. In: Forest Products Laboratory Wood Handbook: Wood as an Engineering Material. New York: USDA Forest Service.

Gu X, Zhu L, Shen D, et al. 2022. Facile synthesis of multi-emission nitrogen/boron co-doped carbon dots from lignin for anti-counterfeiting printing[J]. Polymers, 14: 2779.

Guan H, Cheng Z, Wang X. 2018. Highly compressible wood sponges with a spring-like lamellar structure as effective and reusable oil absorbents[J]. ACS Nano, 12 (10): 10365-10373.

Guan Q F, Han Z M, Yang H B, et al. 2021. Regenerated isotropic wood[J]. National Science Review, 8: nwaa230.

Guo B, Liu Y, Zhang Q, et al. 2017. Efficient flame-retardant and smoke-suppression properties of Mg-Al-layered double-hydroxide nanostructures on wood substrate[J]. ACS Applied Materials & Interfaces, 9 (27): 23039-23047.

Guo Y, Zhong M J, Fang Z W, et al. 2019. A wearable transient pressure sensor made with MXene nanosheets for sensitive broad-range human-machine interfacing[J]. Nano Letters, 19 (2): 1143-1150.

Hahn B, Werner T, Haller P. 2019. Experimental and numerical investigations on adhesively bonded tubular connections for moulded wooden tubes[J]. Construction and Building Materials, 229: 116829.

Hai O, Jiang H, Zhang Q, et al. 2017. Effect of cooling rate on the microstructure and luminescence properties of $Sr_2MgSi_2O_7:Eu^{2+},Dy^{3+}$ materials[J]. Luminescence, 32 (8): 1442-1447.

Hao S, Jiao J, Chen Y, et al. 2020. Natural wood-based triboelectric nanogenerator as self-powered sensing for smart homes and floors[J]. Nano Energy, 75: 104957.

Hasluck P N. 1977. Manual of Traditional Wood Carving[M]. New York: Dover Publications.

He X, Zou H, Geng Z, et al. 2018. A hierarchically nanostructured cellulose fiber-based triboelectric nanogenerator for self-powered healthcare products[J]. Advanced Functional Materials, 28 (45): 1805540.

Hohenberg P, Kohn W. 1964. Inhomogeneous electron gas[J]. Physical Review, 136 (3B): B864.

Hou Y, Guan Q F, Xia J, et al. 2021. Strengthening and toughening hierarchical nanocellulose via humidity-mediated interface[J]. ACS Nano, 15: 1310-1320.

Höglund M, Garemark J, Nero M, et al. 2021. Facile processing of transparent wood nanocomposites with structural color from plasmonic nanoparticles[J]. Chemistry of Materials, 33: 3737-3745.

Hsieh C T, Chang B S, Lin J Y. 2011. Improvement of water and oil repellency on wood substrates by using fluorinated silica nanocoating[J]. Applied Surface Science, 257 (18): 7997-8002.

Hu L, Lv S Y, Fu F, et al. 2016. Preparation and properties of multifunctional thermochromic energy-storage wood materials[J]. Journal of Materials Science, 51: 2717-2726.

Hu Q, Wang B, Zhong Q, et al. 2015a. Metal-free and non-fluorine paper-based generator[J]. Nano Energy, 14: 237-244.

Hu S, Trinchi A, Atkin P, et al. 2015b. Tunable photoluminescence across the entire visible spectrum from carbon dots excited by white light[J]. Angew. Chem. Int. Edit., 54: 2970-2974.

Huang C, Dong H, Su Y, et al. 2019. Synthesis of carbon quantum dot nanoparticles derived from byproducts in bio-refinery process for cell imaging and *in vivo* bioimaging[J]. Nanomaterials, 9: 387.

Huang W, Li H Q, Lai X J, et al. 2020. Graphene wrapped wood-based phase change composite for efficient electro-thermal energy conversion and storage[J]. Cellulose, 29: 223-232.

Hui B, Zhang K W, Xia Y Z, et al. 2020. Natural multi-channeled wood frameworks for electrocatalytic hydrogen evolution[J]. Electrochimica Acta, 330: 135274.

Ikai T, Kojima Y, Shinohara K I, et al. 2017. Cellulose derivatives bearing pyrene-based π-conjugated pendants with circularly polarized luminescence in molecularly dispersed state[J]. Polymer, 117: 220-224.

Jamekhorshid A, Sadrameli S M, Barzin R, et al. 2017. Composite of wood-plastic and micro-encapsulated phase change material (MEPCM) used for thermal energy storage[J]. Applied Thermal Engineering, 112: 82-88.

Jeffrey G A. 2003. Hydrogen-bonding: an update[J]. Crystallography Reviews, 9: 135-176.

Jia C, Li T, Chen C, et al. 2017. Scalable, anisotropic transparent paper directly from wood for light management in solar cells[J]. Nano Energy, 36: 367-373.

Jia S, Lu Y, Luo S, et al. 2019. Thermally-induced all-damage-healable superhydrophobic surface with photocatalytic performance from hierarchical BiOCl[J]. Chemical Engineering Journal, 366: 439-448.

Jiang L, Liu Z M, Yuan Y, et al. 2018. Fabrication and characterization of fatty acid/wood-flour composites as novel form-stable phase change materials for thermal energystorage[J]. Energy & Buildings, 171: 88-99.

Jiang Y Q, Ru X L, Che W B, et al. 2022. Flexible, mechanically robust and self-extinguishing MXene/wood composite for efficient electromagnetic interference shielding[J]. Composites Part B: Engineering, 229: 109460.

Kang C Y, Lin C H, Lin C H, et al. 2019. Highly efficient and stable white light-emitting diodes using perovskite quantum dot paper[J]. Adv. Sci., 6: 1902230.

Kim J N, Lee J, Go T W, et al. 2020. Skin-attachable and biofriendly chitosan-diatom triboelectric nanogenerator[J]. Nano Energy, 75: 104904.

Kong F Z, Zhang X B, Xiong W Q, et al. 2002. Continuous Ni-layer on multiwall carbon nanotubes by an electroless plating method[J]. Surface and Coatings Technology, 155（1）: 33-36.

Kostić S, Berg J K, Casdorff K, et al. 2017. A straightforward thiol-ene click reaction to modify lignocellulosic scaffolds in water[J]. Green Chemistry, 19（17）: 4017-4022.

Kutnar A, Kamke F A. 2010. Compression of wood under saturated steam, superheated steam, and transient conditions at 150°C, 160°C, and 170°C[J]. Wood Science and Technology, 46: 73-88.

Laine K, Segerholm K, Wålinder M, et al. 2016. Wood densification and thermal modification: hardness, set-recovery and micromorphology[J]. Wood Science and Technology, 50: 883-894.

Lang A W, Li Y, de Keersmaecker M, et al. 2018. Transparent wood smart windows: polymer electrochromic devices based on poly（3,4-ethylenedioxythiophene）: poly（styrene sulfonate）electrodes[J]. ChemSusChem, 11: 854-863.

Li K, Wang S, Chen H, et al. 2020a. Self-densification of highly mesoporous wood structure into a strong and transparent film[J]. Advanced Materials, 32: e2003653.

Li M, An X, Jiang M, et al. 2019a. "Cellulose spacer" strategy: anti-aggregation-caused quenching membrane for mercury ion detection and removal[J]. ACS Sustain. Chem. Eng., 7: 15182-15189.

Li T, Zhai Y, He S, et al. 2019b. A radiative cooling structural material[J]. Science, 364: 760-763.

Li T, Zhu M, Yang Z, et al. 2016a. Wood composite as an energy efficient building material: guided sunlight transmittance and effective thermal insulation[J]. Advanced Energy Materials, 6（22）: 1601122.1-1601122.7.

Li W, Xu M, Ma C, et al. 2019c. Tunable upconverted circularly polarized luminescence in cellulose nanocrystal based chiral photonic films[J]. ACS Appl. Mater. Inter., 11: 23512-23519.

Li X H, Zhu Z Q, Yang P, et al. 2021. Carbonized wood loaded with carbon dots for preparation long-term shape-stabilized composite phase change materials with superior thermal energy conversion capacity[J]. Renewable Energy, 174: 19-30.

Li X, Hu Y. 2019. Luminescent films functionalized with cellulose nanofibrils/CdTe quantum dots for anti-counterfeiting applications[J]. Carbohyd. Polym., 203: 167-175.

Li Y P, Ren J L, Sun R C, et al. 2018a. Fluorescent lignin carbon dots for reversible responses to high-valence metal ions and its bioapplications[J]. J. Biomed. Nanotechnol., 14: 1543-1555.

Li Y Q, Samad Y A, Taha T, et al. 2016c. Highly flexible strain sensor from tissue paper for wearable electronics[J]. ACS Sustainable Chemistry & Engineering, 4 (8): 4288-4295.

Li Y Y, Cheng M, Jungstedt E, et al. 2019d. Optically transparent wood substrate for perovskite solarcells[J]. ACS Sustainable Chemistry & Engineering, 7: 6061-6067.

Li Y J, Fu K K, Chen C J, et al. 2017a. Enabling high-areal-capacity lithium-sulfur batteries: designing anisotropic and low-tortuosity porous architectures[J]. ACS Nano, 11 (5): 4801-4807.

Li Y Y, Fu Q L, Rojas R, et al. 2017b. Lignin-retaining transparent wood[J]. ChemSusChem, 10: 3445-3451.

Li Y Y, Fu Q L, Yu S, et al. 2016b. Optically transparent wood from a nanoporous cellulosic template: combining functional and structural performance[J]. Biomacromolecules, 17: 1358-1364.

Li Y Y, Gu X, Gao H, et al. 2020b. Photoresponsive wood composite for photoluminescence and ultraviolet absorption[J]. Constr. Build. Mater., 261: 119984.

Li Y Y, Yang X, Fu Q L, et al. 2018b. Towards centimeter thick transparent wood through interface manipulation[J]. Journal of Materials Chemistry A, 6: 1094-1101.

Liao X, Liao Q, Yan X, et al. 2015. Flexible and highly sensitive strain sensors fabricated by pencil drawn for wearable monitor[J]. Advanced Functional Materials, 25 (16): 2395-2401.

Libonati F, Buehler M J. 2017. Advanced structural materials by bioinspiration[J]. Advanced Engineering Materials, 19 (5): 1600787.

Lin X X, Chen X Y, Weng L, et al. 2022. *In-situ* copper ion reduction and micro encapsulation of wood-based composite PCM with effective anisotropic thermal conductivity and energy storage[J]. Solar Energy Materials and Solar Cells, 242: 111762.

Lin X X, Jia S F, Liu J Y, et al. 2020. Fabrication of thermal energy storage wood based on grapheme aerogel encapsulated polyethylene glycol as phase change material[J]. Materials Research Express, 7: 095503.

Lin X X, Jia S F, Liu J Y, et al. 2021. Thermally induced flexible wood based on phase change materials for thermal energy storage and management[J]. Journal of Materials Science, 56: 16570-16581.

Liu C, Wang S, Shi J, et al. 2011. Fabrication of superhydrophobic wood surfaces via a solution-immersion process[J]. Applied Surface Science, 258 (2): 761-765.

Liu F, Gao Z, Zang D, et al. 2015. Mechanical stability of superhydrophobic epoxy/silica coating for better water resistance of wood[J]. Holzforschung, 69 (3): 367-374.

Liu F, Wang S, Zhang M, et al. 2013. Improvement of mechanical robustness of the superhydrophobic wood surface by coating PVA/SiO$_2$ composite polymer[J]. Applied Surface Science, 280: 687-692.

Liu S, Tian J, Wang L, et al. 2012. Hydrothermal treatment of grass: a low-cost, green route to nitrogen-doped, carbon-rich, photoluminescent polymer nanodots as an effective fluorescent sensing platform for label-free detection of Cu (Ⅱ) ions[J]. Adv. Mater., 24: 2037-2041.

Liu Y S, Yang H Y, Ma C H, et al. 2020. Luminescent transparent wood based on lignin-derived carbon dots as a building material for dual-channel, real-time, and visual detection of formaldehyde gas[J]. ACS Applied Materials & Interfaces, 12: 36628-36638.

Liu Y S, Yang H Y, Wang Y, et al. 2021. Fluorescent thermochromic wood-based composite phase change materials based on aggregation-induced emission carbon dots for visual solar-thermal energy conversion and storage[J]. Chemical Engineering Journal, 424: 130426.

Lou Z H, Han H, Zhou M, et al. 2018. Synthesis of magnetic wood with excellent and tunable electromagnetic wave-absorbing properties by a facile vacuum/pressure impregnation method[J]. ACS Sustainable Chemistry & Engineering, 6 (1): 1000-1008.

Lu L L, Lu Y Y, Xiao Z J, et al. 2018. Wood-inspired high-performance ultrathick bulk battery electrodes[J]. Advanced Materials, 30 (20): 1706745.

Lu X, Huang J T, Wong W Y, et al. 2019. A novel bio-based polyurethane/wood powder composite as shape-stable phase change material with high relative enthalpy efficiency for solar thermal energy storage[J]. Solar Energy Materials and Solar Cells, 200: 109987.

Lu X, Liang B, Sheng X X, et al. 2020. Enhanced thermal conductivity of polyurethane/wood powder composite phase change materials via incorporating low loading of graphene oxide nanosheets for solar thermal energy storage[J]. Solar Energy Materials and Solar Cells, 208: 110391.

Lv H, Wang S, Wang Z, et al. 2022. Fluorescent cellulose-based hydrogel with carboxymethyl cellulose and carbon quantum dots for information storage and fluorescent anti-counterfeiting[J]. Cellulose, 29: 6193-6204.

Ma L, Wang Q, Li L. 2019. Delignified wood/capric acid-palmitic acid mixture stable-form phase change material for thermal storage[J]. Solar Energy Materials and Solar Cells, 194: 215-221.

Ma T, Li I, Mei C, et al. 2021. Construction of sustainable, fireproof and superhydrophobic wood template for efficient oil/water separation[J]. Journal of Materials Science, 56 (9): 5624-5636.

Ma Z, Liu C, Niu N, et al. 2018. Seeking brightness from nature: J-aggregation-induced emission in cellulolytic enzyme lignin nanoparticles[J]. ACS Sustain. Chem. Eng., 6: 3169-3175.

Mao Y, Zhang N, Tang Y, et al. 2017. A paper triboelectric nanogenerator for self-powered electronic systems[J]. Nanoscale, 9 (38): 14499-14505.

Marion A, Patrick S, Lars B, et al. 2015. Trimodal hierarchical carbide-derived carbon monoliths from steam-and CO_2-activated wood templates for high rate lithium sulfur batteries[J]. Journal of Materials Chemistry A, 3 (47): 24103-24111.

Mech K. 2019. A novel magnetoelectrochemical method of synthesis of photoactive Ni-TiO_2 coatings from glycinate electrolytes[J]. Material Design, 182: 108055.

Mi R, Chen C, Keplinger T, et al. 2020. Scalable aesthetic transparent wood for energy efficient buildings[J]. Nature Communications, 11: 3836.

Mi R, Li T, Dalgo D, et al. 2019. A clear, strong, and thermally insulated transparent wood for energy efficient windows[J]. Advanced Functional Materials, 30 (1): 1907511.1-1907511.8.

Mohamad S M S, Mohd Z M T. 2020. The effect of ultraviolet coating on containment and fire hazards of phase change materials impregnated wood structure[J]. Journal of Energy Storage, 32: 101727.

Montanari C, Li Y, Chen H, et al. 2019. Transparent wood for thermal energy storage and reversible optical transmittance[J]. ACS Applied Materials & Interfaces, 11: 20465-20472.

Montanari C, Ogawa Y, Olsen P, et al. 2021. High performance, fully bio-based, and optically transparent wood biocomposites[J]. Advanced Science, 8: 2100559.

Mulyadi A, Zhang Z, Dutzer M, et al. 2017. Facile approach for synthesis of doped carbon electrocatalyst from cellulose nanofibrils toward high-performance metal-free oxygen reduction and hydrogen evolution[J]. Nano Energy, 32: 336-346.

Müller U, Rätzsch M, Schwanninger M, et al. 2003. Yellowing and IR-changes of spruce wood as result of UV-irradiation[J]. Journal of Photochemistry and Photobiology B: Biology, 69: 97-105.

Naskar A K, Keum J K, Boeman R G. 2016. Polymer matrix nanocomposites for automotive structural components[J]. Nat Nanotechnol, 11 (12): 1026-1030.

Navarro J R G, Conzatti G, Yu Y, et al. 2015. Multicolor fluorescent labeling of cellulose nanofibrils by click chemistry[J]. Biomacromolecules, 16: 1293-1300.

Nogi M, Iwamoto S, Nakagaito A N, et al. 2009. Optically transparent nanofiber paper[J]. Advanced Materials, 21: 1595-1598.

Pařil P, Brabec M, Maňák O, et al. 2014. Comparison of selected physical and mechanical properties of densified beech wood plasticized by ammonia and saturated steam[J]. European Journal of Wood and Wood Products, 72: 583-591.

Pielichowska K. 2014. Phase change materials for thermal energy storage[J]. Progress in Materials Science, 65: 67-123.

Plötze M, Niemz P. 2011. Porosity and pore size distribution of different wood types as determined by mercury intrusion porosimetry[J]. European Journal of Wood and Wood Products, 69 (4): 649-657.

Qiu Z, Wang S, Wang Y G, et al. 2020. Transparent wood with thermo-reversible optical properties based on phase-change material[J]. Composites Science and Technology, 200: 108407.

Qiu Z, Xiao Z, Gao L, et al. 2019. Transparent wood bearing a shielding effect to infrared heat and ultraviolet via incorporation of modified antimony-doped tin oxide nanoparticles[J]. Composites Science and Technology, 172: 43-48.

Ralph J, Lapierre C, Boerjan W. 2019. Lignin structure and its engineering[J]. Current Opinion in Biotechnology, 56: 240-249.

Rao A V, Gurav A B, Latthe S S, et al. 2010. Water repellent porous silica films by sol-gel dip coating method[J]. Journal of Colloid and Interface Science, 352 (1): 30-35.

Rojas-Hernandez R E, Rubio-Marcos F, Rodriguez M Á, et al. 2018. Long lasting phosphors: $SrAl_2O_4$:Eu,Dy as the most studied material[J]. Renewable and Sustainable Energy Reviews, 81: 2759-2770.

Rowell R M. 2012. Handbook of Wood Chemistry and Wood Composites[M]. 2nd ed. New York: CRC Press.

Sabet M, Mahdavi K. 2019. Green synthesis of high photoluminescence nitrogen-doped carbon quantum dots from grass via a simple hydrothermal method for removing organic and inorganic water pollutions[J]. Appl. Surf. Sci., 463: 283-291.

Sangregorio A, Muralidhara A, Guigo N, et al. 2020. Humin based resin for wood modification and property improvement[J]. Green Chem., 22: 2787-2798.

Seh Z W, Kibsgaard J, Dickens C F, et al. 2017. Combining theory and experiment in electrocatalysis: insights into materials design[J]. Science, 355 (6321): eaad4998.

Shen L, Ding H, Wang W, et al. 2013. Fabrication of Ketjen black-polybenzoxazine superhydrophobic conductive composite coatings[J]. Applied Surface Science, 268: 297-301.

Sheng X, Li Y Y, Yang T M, et al. 2020. Hierarchical micro-reactor as electrodes for water splitting by metal rod tipped carbon nanocapsule self-assembly in carbonized wood[J]. Applied Catalysis B: Environmental, 264: 118536.

Shi Y, Liu X, Wang M, et al. 2019. Synthesis of N-doped carbon quantum dots from bio-waste lignin for selective irons detection and cellular imaging[J]. Inter. J. Biol. Macromol., 128: 537-545.

Smith H J. 2017. The promise of cellulose[J]. Science, 356: 1347-1348.

Smith W G. 1873. Phosphorescence in wood[J]. Nature, 8 (185): 46.

Song H, Xu S, Li Y, et al. 2018a. Hierarchically porous, ultrathick, "breathable" wood-derived cathode for lithium-oxygen batteries[J]. Advanced Energy Materials, 8 (4): 1701203.

Song J, Chen C, Zhu S, et al. 2018b. Processing bulk natural wood into a high-performance structural material[J]. Nature, 554 (7691): 224-228.

Sun J, Guo H, Ribera J, et al. 2020. Sustainable and biodegradable wood sponge piezoelectric nanogenerator for sensing and energy harvesting applications[J]. ACS Nano, 14 (11): 14665-14674.

Sun X L, Fan Z P, Zhang L D, et al. 2011. Superhydrophobicity of silica nanoparticles modified with polystyrene[J]. Applied Surface Science, 257 (6): 2308-2312.

Tang Z Y, Kotov A, Magonov S, et al. 2003. Nanostructured artificial nacre[J]. Nature Materials, 2: 413-418.

Tao X, Xu H, Luo S, et al. 2020. Construction of N-doped carbon nanotube encapsulated active nanoparticles in hierarchically porous carbonized wood frameworks to boost the oxygen evolution reaction[J]. Applied Catalysis B: Environmental, 279: 119367.

Tollefson J. 2017. Wood grows up[J]. Nature, 545: 280-282.

Toumpanaki E, Shah D U, Eichhorn S J. 2021. Beyond what meets the eye: imaging and imagining wood mechanical-structural properties[J]. Adv Mater, 33 (28): e2001613.

Tu K, Wang X, Kong L, et al. 2018. Facile preparation of mechanically durable, self-healing and multifunctional superhydrophobic surfaces on solid wood[J]. Materials and Design, 140: 30-36.

Tymiński A, Śmiechowicz E, Martín I R, et al. 2020. Ultraviolet- and near-infrared-excitable lapo4: $Yb^{3+}/Tm^{3+}/Ln^{3+}$ (Ln=Eu, Tb) nanoparticles for luminescent fibers and optical thermometers[J]. ACS Appl. Nano Mater., 3: 6541-6551.

Wan S J, Li Y C, Peng J S, et al. 2015. Synergistic toughening of graphene oxide-molybdenum disulfide-thermoplastic polyurethane ternary artificial nacre[J]. ACS Nano, 9: 708-714.

Wang F, Deng W A, Li Y A, et al. 2020a. In situ embedding of Mo_2C/MoO_{3-x} nanoparticles within a carbonized wood membrane as a self-supported pH-compatible cathode for efficient electrocatalytic H_2 evolution[J]. Dalton Transactions, 49 (25): 8557-8565.

Wang H, Qiu X, Zhong R, et al. 2017. One-pot in-situ preparation of a lignin-based carbon/ZnO nanocomposite with excellent photocatalytic performance[J]. Mater. Chem. Phys., 199: 193-202.

Wang J F, Cheng Q F, Lin L, et al. 2014. Synergistic toughening of bioinspired poly (vinyl alcohol)-clay-nanofibrillar cellulose artificial nacre[J]. ACS Nano, 8: 2739-2745.

Wang J F, Cheng Q F, Tang Z Y. 2012. Layered nanocomposites inspired by the structure and mechanical properties of nacre[J]. Chemical Society Reviews, 41: 1111-1129.

Wang J, Li Y, Hu G, et al. 2019a. Lightweight research in engineering: a review[J]. Applied Sciences, 9 (24): 5322.

Wang K, Liu X, Tan Y, et al. 2019b. Two-dimensional membrane and three-dimensional bulk aerogel materials via top-down wood nanotechnology for multibehavioral and reusable oil/water separation[J]. Chemical Engineering Journal, 371: 769-780.

Wang N, Wang Q, Xu S, et al. 2020b. Robust superhydrophobic wood surfaces with mechanical durability[J]. Colloids and Surfaces A: Physicochemical and Engineering Aspects, 2608: 125624.

Wang Q, Xie D, Chen J, et al. 2020c. Facile fabrication of superhydrophobic and photoluminescent TEMPO-oxidized oxidized cellulose-based paper for anticounterfeiting application[J]. ACS Sustain. Chem. Eng., 8: 13177-13184.

Wang R, Guo Z, Liu Y, et al. 2021a. Concentration-dependent emissive lignin-derived graphene quantum dots for bioimaging and anti-counterfeiting[J]. Diam. Relat. Mater., 117: 108482.

Wang R, Xia G, Zhong W, et al. 2019c. Direct transformation of lignin into fluorescence-switchable graphene quantum dots and their application in ultrasensitive profiling of a physiological oxidant[J]. Green Chem., 21: 3343-3352.

Wang S, Liu C, Liu G, et al. 2011a. Fabrication of superhydrophobic wood surface by a sol-gel process[J]. Applied Surface Science, 258 (2): 807-810.

Wang S, Shi J, Liu C, et al. 2011b. Fabrication of a superhydrophobic surface on a wood substrate[J]. Applied Surface Science, 257 (22): 9362-9365.

Wang W B, Cao H M, Liu J Y, et al. 2020d. A thermal energy storage composite by incorporating microencapsulated phase change material into wood[J]. RSC Advanced, 10: 8097.

Wang X, Zhan T, Liu Y, et al. 2018. Large-size transparent wood for energy-saving building applications[J]. ChemSusChem, 11: 4087-4093.

Wang Z L. 2013. Triboelectric nanogenerators as new energy technology for self-powered systems and as active mechanical and chemical sensors[J]. ACS Nano, 7 (11): 9533-9557.

Wang Z L. 2014. Triboelectric nanogenerators as new energy technology and self-powered sensors-principles, problems and perspectives [J]. Faraday Discussions, 176: 447-458.

Wang Z L. 2017. Catch wave power in floating nets[J]. Nature, 542 (7640): 159-160.

Wang Z L, Wang A C. 2019. On the origin of contact-electrification[J]. Materials Today, 30: 34-51.

Wang Z X, Han X S, Han X W, et al. 2021b. MXene/wood-derived hierarchical cellulose scaffold composite with superior electromagnetic shielding[J]. Carbohydrate Polymers, 254: 117033.

Wu Y, Jia S, Qing Y, et al. 2016. A versatile and efficient method to fabricate durable superhydrophobic surfaces on wood, lignocellulosic fiber, glass, and metal substrates[J]. Journal of Materials Chemistry A, 4 (37): 14111-14121.

Wu X, Yang F, Gan J, et al. 2021. A superhydrophobic, antibacterial, and durable surface of poplar wood[J]. Nanomaterials, 2021, 11 (8): 1885.

Xia F, Jiang L. 2008. Bio-inspired, smart, multiscale interfacial materials[J]. Advanced Materials, 20 (15):

2842-2858.

Xia K, Zhu Z, Zhang H, et al. 2018a. Painting a high-output triboelectric nanogenerator on paper for harvesting energy from human body motion[J]. Nano Energy, 50: 571-580.

Xia Q, Chen C, Yao Y, et al. 2021. *In situ* lignin modification toward photonic wood[J]. Adv. Mater., 33: 2001588.

Xia Q, Liu Y, Meng J, et al. 2018b. Multiple hydrogen bond coordination in three-constituent deep eutectic solvents enhances lignin fractionation from biomass[J]. Green Chemistry, 20: 2711-2721.

Xiao S, Chen C, Xia Q, et al. 2021. Lightweight, strong, moldable wood via cell wall engineering as a sustainable structural material[J]. Science, 374 (6566): 465-471.

Xie W, Zou C, Xie M. 2017. Effect of H_3BO_3 on phases, micromorphology and persistent luminescence properties of $SrAl_2O_4:Eu^{2+},Dy^{3+}$ phosphors[J]. Journal of Materials Science: Materials in Electronics, 28(8): 6328-6334.

Xing Y, Xue Y, Song J, et al. 2018. Superhydrophobic coatings on wood substrate for self-cleaning and EMI shielding[J]. Applied Surface Science, 436: 865-872.

Xu J Q, Yang T T, Xv X, et al. 2020. Processing solid wood into a composite phase change material for thermal energy storage by introducing silica-stabilized polyethylene glycol[J]. Composites Part A, 139: 106098.

Xu X, Ray R, Gu Y, et al. 2004. Electrophoretic analysis and purification of fluorescent single-walled carbon nanotube fragments[J]. J Am. Chem. Soc., 126: 12736-12737.

Xue B, Yang Y, Tang R, et al. 2020. One-step hydrothermal synthesis of a flexible nanopaper-based Fe^{3+} sensor using carbon quantum dot grafted cellulose nanofibrils[J]. Cellulose, 27: 729-742.

Xue B, Zhang Z, Sun Y, et al. 2018. Near-infrared emissive lanthanide hybridized nanofibrillated cellulose nanopaper as ultraviolet filter[J]. Carbohyd. Polym., 186: 177-183.

Xue Y, Liang W, Li Y, et al. 2016. Fluorescent pH-sensing probe based on biorefinery wood lignosulfonate and its application in human cancer cell bioimaging[J]. J. Agr. Food Chem., 64: 9592-9600.

Xue Y, Wan Z, Ouyang X, et al. 2019. Lignosulfonate: a convenient fluorescence resonance energy transfer platform for the construction of a ratiometric fluorescence pH-sensing probe[J]. J. Agr. Food Chem., 67: 1044-1051.

Yan C Y, Wang J X, Kang W B, et al. 2014. Highly stretchable piezoresistive graphene-nanocellulose nanopaper for strain sensors[J]. Advanced Materials, 26 (13): 2022-2027.

Yang H Y, Chao W X, Di X, et al. 2019a. Multifunctional wood based composite phase change materials for magnetic-thermal and solar-thermal energy conversion and storage[J]. Energy Conversion and Management, 200: 112029.

Yang H Y, Liu Y S, Li J, et al. 2021a. Full-wood photoluminescent and photothermic materials for thermal energy storage[J]. Chemical Engineering Journal, 403: 126406.

Yang H Y, Wang S Y, Wang X, et al. 2020a. Wood-based composite phase change materials with self-cleaning superhydrophobic surface for thermal energy storage[J]. Applied Energy, 261: 114481.

Yang H Y, Wang Y Z, Yu Q Q, et al. 2018a. Composite phase change materials with good reversible thermochromic ability in delignified wood substrate for thermal energy storage[J]. Applied Energy, 212: 455-464.

Yang H Y, Wang Y Z, Yu Q Q, et al. 2018b. Low-cost, three-dimension, high thermal conductivity, carbonized wood-based composite phase change materials for thermal energy storage[J]. Energy, 159: 929-936.

Yang H, Chao W, Wang S, et al. 2019b. Self-luminous wood composite for both thermal and light energy storage[J]. Energy Storage Mater., 18: 15-22.

Yang H, Wang S, Wang X, et al. 2020b. Wood-based composite phase change materials with self-cleaning superhydrophobic surface for thermal energy storage[J]. Applied Energy, 261: 114481.

Yang L, Wu Y, Yang F, et al. 2021b. Study on the preparation process and performance of a conductive, flexible, and transparent wood[J]. Journal of Materials Research and Technology, 15: 5397-5404.

Yang M, Li H, Shen J, et al. 2022. Repurposing lignin to generate functional afterglow paper[J]. Cell Rep. Phys. Sci., 3: 100867.

Yang X, Guo Y, Liang S, et al. 2020c. Preparation of sulfur-doped carbon quantum dots from lignin as a sensor to detect Sudan Ⅰ in an acidic environment[J]. J. Mater. Chem. B., 8: 10788-10796.

Yao Q, Wang C, Fan B, et al. 2016. One-step solvothermal deposition of ZnO nanorod arrays on a wood surface for robust superamphiphobic performance and superior ultraviolet resistance[J]. Scientific Reports, 6 (1): 35505.

Yao Y, Gellerich A, Zauner M, et al. 2017. Differential anti-fungal effects from hydrophobic and superhydrophobic wood based on cellulose and glycerol stearoyl esters[J]. Cellulose, 25 (2): 1329-1338.

Yin C, Chen L, Niu N. 2021. Nitrogen-doped carbon quantum dots fabricated from cellulolytic enzyme lignin and its application to the determination of cytochrome c and trypsin[J]. Anal. Bioanal. Chem., 413: 5239-5249.

Yu Z, Yao Y, Yao J, et al. 2017. Transparent wood containing Cs_xWO_3 nanoparticles for heat-shielding window applications[J]. Journal of Materials Chemistry A, 5: 6019-6024.

Yuan J, Zhai Y, Wan K, et al. 2021. Sustainable afterglow materials from lignin inspired by wood phosphorescence [J]. Cell Rep. Phys. Sci., 2: 100542.

Zhan Z, Lin R, Tran V T, et al. 2017. Paper/carbon nanotube-based wearable pressure sensor for physiological signal acquisition and soft robotic skin[J]. ACS Applied Materials & Interfaces, 9 (43): 37921-37928.

Zhang B, Liu Y, Ren M, et al. 2019a. Sustainable synthesis of bright green fluorescent nitrogen-doped carbon quantum dots from alkali lignin[J]. ChemSusChem, 12: 4202-4210.

Zhang C W, Xia S Q, Ma P S. 2016. Facile pretreatment of lignocellulosic biomass using deep eutectic solvents[J]. Bioresource Technology, 219: 1-5.

Zhang L, Zhang C, Wang K, et al. 2022a. Fluorescent solvent-free lignin ionic complexes with thermostability toward a luminescent hydrophobic coating material[J]. Mat Chem Front., 6: 2122-2127.

Zhang S, Liu G, Chang H, et al. 2019b. Optical haze nanopaper enhanced ultraviolet harvesting for direct soft-fluorescent emission based on lanthanide complex assembly and oxidized cellulose nanofibrils[J]. ACS Sustain. Chem. Eng., 7: 9967-9975.

Zhang T, Yang P, Li Y, et al. 2019c. Flexible transparent sliced veneer for alternating current electroluminescent devices[J]. ACS Sustainable Chemistry & Engineering, 7: 11464-11473.

Zhang X S, Su M, Brugger J, et al. 2017a. Penciling a triboelectric nanogenerator on paper for autonomous power MEMS applications[J]. Nano Energy, 33: 393-401.

Zhang X, Cheng Y, You J, et al. 2022b. Ultralong phosphorescence cellulose with excellent anti-bacterial, water-resistant and ease-to-process performance[J]. Nat. Commun., 13: 1117.

Zhang Y, Luo W, Wang C, et al. 2017b. High-capacity, low-tortuosity, and channel-guided lithium metal anode [J]. Proceedings of the National Academy of Sciences, 114 (14): 3584-3589.

Zhao C M, Wang Y, Li Z J, et al. 2019. Solid-diffusion synthesis of single-atom catalysts directly from bulk metal for efficient CO_2 reduction[J]. Joule, 3 (2): 584-594.

Zhao M, Tao Y, Wang J, et al. 2020. Facile preparation of superhydrophobic porous wood for continuous oil-water separation[J]. Journal of Water Process Engineering, 36: 101279.

Zhong L X, Jiang C Y, Zheng M T, et al. 2021. Wood carbon based single-atom catalyst for rechargeable Zn-Air batteries[J]. ACS Energy Letters, 6 (10): 3624-3633.

Zhou D, Zou H, Liu M, et al. 2015. Surface ligand dynamics-guided preparation of quantum dots-cellulose composites for light-emitting diodes[J]. ACS Appl. Mater. Inter., 7: 15830-15839.

Zhou J Z, Liu Y F, Yang Z L, et al. 2022. Turing pattern-inspired highly transparent wood for multifunctional smart glass with superior thermal management and UV-blocking ability[J]. Advanced Sustainable Systems, 1: 202200132.

Zhou M, Wang J W, Zhao Y, et al. 2021. Hierarchically porous wood-derived carbon scaffold embedded phase change materials for integrated thermal energy management, electromagnetic interference shielding and multifunctional application[J]. Carbon, 183: 515-524.

Zhu M, Li T, Davis C S, et al. 2016a. Transparent and haze wood composites for highly efficient broadband light management in solar cells[J]. Nano Energy, 26: 332-339.

Zhu M, Song J, Li T, et al. 2016b. Highly anisotropic, highly transparent wood composites[J]. Advanced Materials, 28: 5181-5187.

Zhu M, Wang Y, Zhu S, et al. 2017. Anisotropic, transparent films with aligned cellulose nanofibers[J]. Advanced Materials, 29: 1606284.

Zhuang J, Ren S, Zhu B, et al. 2022. Lignin-based carbon dots as high-performance support of Pt single atoms for photocatalytic H_2 evolution[J]. Chem. Eng. J., 446: 136873.

Zou W, Ma A, Zheng P. 2020. Preparation and functional study of cellulose/carbon quantum dot composites[J]. Cellulose, 27: 2099-2113.

第 7 章

纳米纤维素

本章彩图

纤维素是植物的主要化学成分，在植物中的质量占比为 35%～50%，是自然界中分布最为广泛、储量最为丰富的天然高分子和可再生资源，全球年产量约为 2000 亿吨（Moon et al.，2011）。纤维素可以从植物、动物中提取，也可利用细菌生产。纤维素是由 D-吡喃式葡萄糖单元经 β-1,4-糖苷键按照椅式构象连接而成的聚合物（Moon et al.，2011；Gibson，2012）。图 7.1 为从宏观树木经过多级结构跨度到纤维素分子的示意图（Postek et al.，2010）。植物中的纤维素分子并不是单个存在的，而是聚集形成纤维素纤丝。植物细胞壁具有多级层次结构。从尺寸最小的纤维素分子链开始，几十个纤维素高分子链通过范德瓦耳斯力、分子内和分子间氢键的作用结合并组装成纤维素基本纤丝，基本纤丝再聚集成微纤丝，这些单元又按照一定的规律组合，最终形成植物细胞壁和宏观尺度下的植物组织。

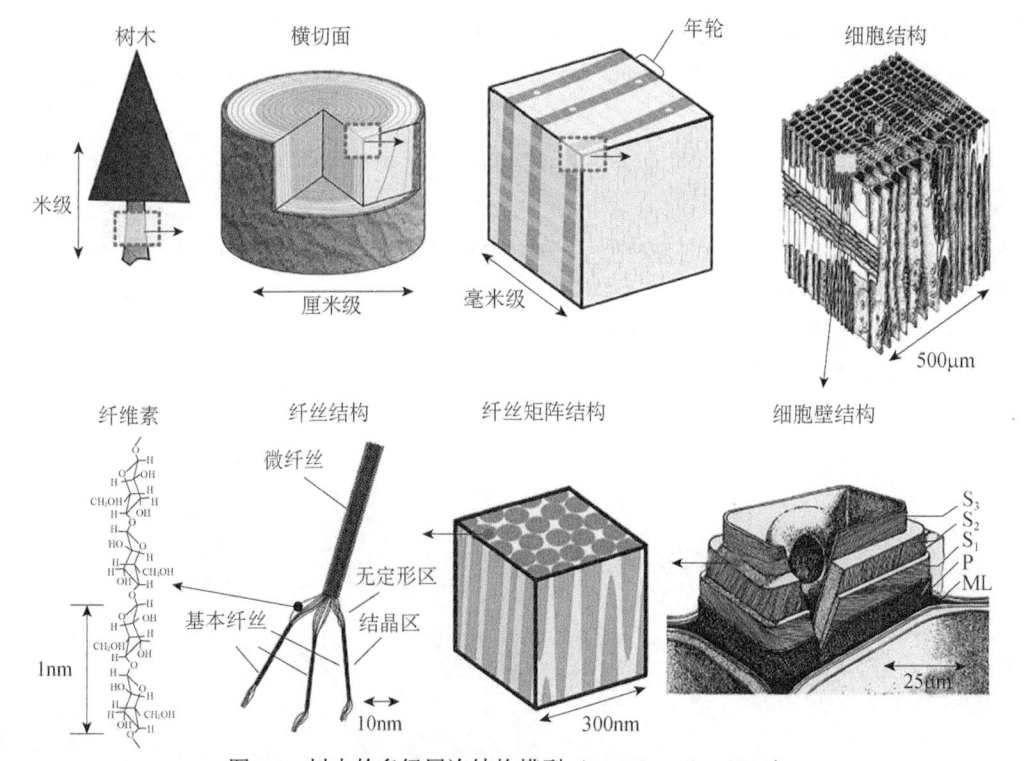

图 7.1 树木的多级层次结构模型（Postek et al.，2010）

纤维素基本纤丝包含结晶区和无定形区，可以通过机械、化学、酶或几种方式相结合的处理手段对纤维素纤丝间的相互作用进行破坏，从而解离出纤维素纤丝。结晶区和无定形区同时存在于纤维素纤丝中（Moon et al., 2011；Gibson, 2012；Bidhendi and Geitmann, 2015）。纤维素有 4 种不同的结晶状态，即纤维素Ⅰ、Ⅱ、Ⅲ和Ⅳ型，其特征在于链之间和链内的氢键位置不同。天然的纳米晶体结构被定义为纤维素Ⅰ型，它有两种同素异形体，即Ⅰ$_\alpha$和Ⅰ$_\beta$。Ⅰ$_\alpha$晶型在细菌和藻类中占优势，Ⅰ$_\beta$晶型在植物和被囊动物中含量丰富。两种同素异形体都可以从同种来源中找到，并且可能存在于同一纳米纤维中。如图 7.2 所示，Ⅰ$_\alpha$纤维素晶型具有三斜晶体结构和 P$_1$ 空间群，每个单元中含有一条具有相同构象的纤维素链。晶胞参数为 a=0.672nm, b=0.596nm, c=1.040nm, α=118.08°, β=114.80°, γ=80.375°。而Ⅰ$_\beta$纤维素晶型具有单斜晶体结构和 P2$_1$ 空间群，包含两条不同的链以平行方式排列（Oehme et al., 2015）。Ⅰ$_\beta$纤维素晶型中的晶胞参数为 a=0.778nm, b=0.820nm, c=1.038nm, γ=96.5°。这两种晶型结构之间的主要区别在于纤维素薄片在链轴方向上沿（110）晶格平面和单斜结构中的（200）晶格平面（称为"氢键平面"）的相对位移。对于Ⅰ$_\alpha$晶型，每个后续的氢键平面之间存在 $c/4$ 的相对位移，而对于Ⅰ$_\beta$，位移通过范德瓦耳斯力相互作用在±$c/4$ 之间交替变化（Moon et al., 2011）。

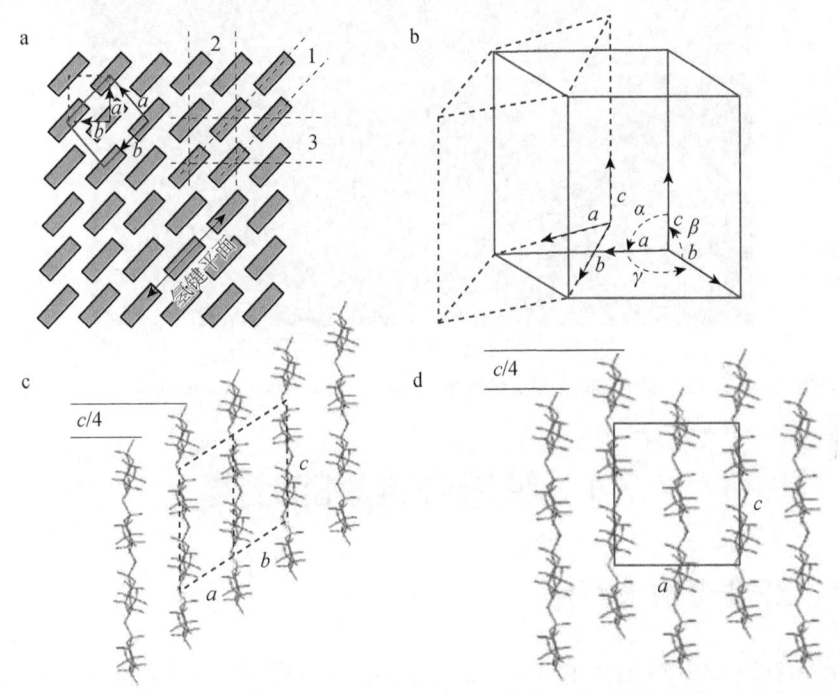

图 7.2　纤维素Ⅰ$_\alpha$（三斜晶体，虚线）和Ⅰ$_\beta$（单斜晶体，实线）的晶胞示意图（Moon et al., 2011）

a. 纤维素Ⅰ型晶体的横截面图，编号为 1、2 和 3 的晶面间距分别为 0.61nm、0.53nm 和 0.39nm。
b~d. 为沿着所标 4 个方向观察纤维素Ⅰ型晶体（b. Ⅰ$_\alpha$和Ⅰ$_\beta$晶胞的相对构型和氢键平面的位移；
c. 相对位移为+$c/4$ 的Ⅰ$_\alpha$晶型；d. 相对位移在+$c/4$ 和-$c/4$ 之间交替变化的Ⅰ$_\beta$晶型）

纳米纤维素中的基本纤维单元是基本纤丝，它是天然纤维素的通用结构基元，存在于木材、竹子、棉花、苎麻和黄麻中（Chinga-Carrasco, 2011）。关于基本纤丝的结构模型有多种报道。36 条葡聚糖链的六边形排列被认为是最佳的模型之一，因为在植物中合成纤维素的纤维素合酶玫瑰花结复合物由 36 个纤维素合酶催化蛋白组成。然而，该模型受到广角 X 射线散射和小角中子散射的挑战。计算结果表明，18 链模型和 24 链模型无论有无恒定或规则的形状，其衍射图都比 36 链模型更符合实验表征（Oehme et al., 2015）。基本纤丝的直径约为 3.5nm，这些单独的基本纤丝可以进一步排列并结合在一起形成微纤丝（<35nm），并且可以进一步组装构筑细胞壁的层次结构（Moon et al., 2011；Gibson, 2012；Chinga-Carrasco, 2011）。

纳米纤维素是利用物理、化学、生物等方法，将纤维素浆某一维度上的尺寸减小至纳米级别的一种高分子聚合物，具有环境友好、可生物降解、比表面积高、生物相容性好等优点，被广泛应用于造纸、膜材料、涂料、食品、医药等领域。由于制备的原料和方法不同，得到的最终产物在微观形貌和粒径上有很大的差别。纳米纤维素包括植物、海洋动物（被囊类动物）和细菌等衍生的纤维素纳米材料，其中化学和物理特性通常根据其来源和解离方法而变化，主要包括纤维素纳米纤维（cellulose nanofiber，CNF）、纤维素纳米晶（cellulose nanocrystal，CNC）和细菌纤维素（bacterial cellulose，BC），具体结构如图 7.3 所示。

图 7.3　不同类型纳米纤维素的形貌图

a. 纤维素纳米纤维（Saito et al.，2019）；b. 纤维素纳米晶（Habibi et al.，2008）；c、d. 细菌纤维素（Ifuku et al.，2007）

7.1　纳米纤维素的分类

7.1.1　纤维素纳米纤维

纤维素纳米纤维（CNF）由于存在大量的无定形区，具有高的长径比和柔韧性。其一般指直径在 100nm 以内、长度大于 500nm 的细丝状纤维素纳米材料（Sakurada et al.，1962）。CNF 中既包含结晶区也包含无定形区，且在水分散液中以单根纳米纤维和聚集的纳米纤维同时存在（Abe et al.，2007）。CNF 因表面含有大量的羟基，在水中具有很好的分散性（Li et al.，2017）。机械剥离方法和化学、生物学处理方法已经被广泛应用于从不同的生物质资源中分离 CNF，其中机械剥离方法最为常用。高压均质化、机械研磨、高速搅拌等都是较为常用的 CNF 的制备方法（Abe et al.，2007；Saito et al.，2007，2013）。纤维素纳米纤维表面含有大量的羟基，可以通过对羟基的改性改变 CNF 的特征。不同方法和原料制备的 CNF 的透射电子显微镜（TEM）照片如图 7.4 所示。

7.1.2　纤维素纳米晶

纤维素纳米晶（CNC）为细长的纳米棒形，与 CNF 不同，CNC 的长度较短，也被称为纤维素纳米晶须，宽度为 3～50nm，长度为 50～500nm。由于 CNC 在制备过程中大部分的无定形区

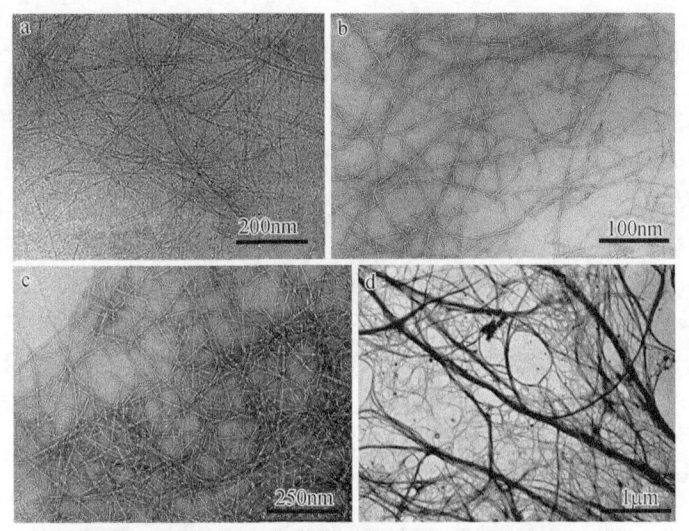

图 7.4 使用不同方法和原料获得的 CNF 的 TEM 照片

a. 酶预处理（Pkk et al., 2007）；b. 2,2,6,6-四甲基哌啶-1-氧基（TEMPO）氧化预处理（Saito et al., 2007）；
c. 羧甲基化预处理（Wagberg et al., 2008）；d. 由梨果仙人掌制得的 CNF（Malainine et al., 2005）

被移除，所以具有非常高的结晶度（Camarero-Espinosa et al., 2015），CNC 表现出高杨氏模量（20～50GPa）（Usov et al., 2015）、高拉伸强度（约 9GPa）（Zhang et al., 2016）、高热稳定性（约 260℃）（Petersson et al., 2007）、高长径比（10～70）（Ye et al., 2015）、低热膨胀系数（约 $1.0×10^{-7}$/K）（Nishino, 2004）、低密度（1.5～1.6g/cm^3）（Liu et al., 2010）、溶液液晶行为和剪切流变学行为等特征（Shafiei-Sabet et al., 2012；Urena-Benavides et al., 2011）。尽管某些过程可以通过酶促进反应水解纤维素原料来制备 CNC，但强酸水解法是制备纤维素纳米晶最常见的技术手段（Habibi, 2010）。纤维素原料（图 7.5）、制备过程、反应条件等均会影响 CNC 的长径比、结晶度、尺寸分布、分散性和形貌特征（Habibi, 2010）。

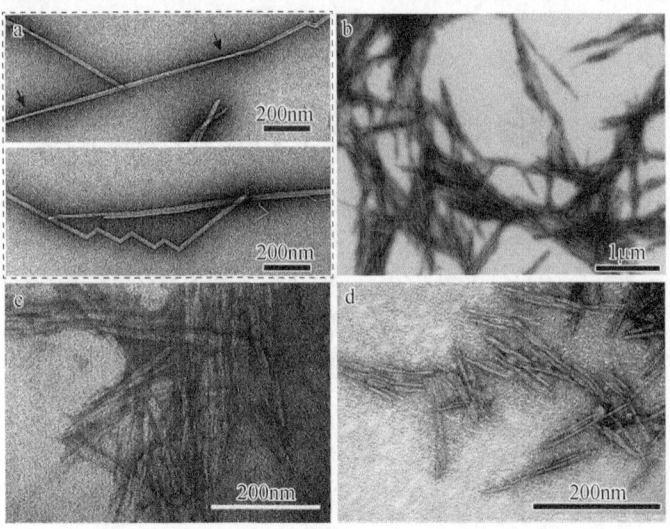

图 7.5 使用不同原料获得的 CNC 的 TEM 照片

a. 以被囊类动物为原料制备的 CNC（箭头指示纳米纤维素样品能看到晶须的位置）（Elazzouzi-Hafraoui et al., 2008）；
b. 以细菌为原料制备的 CNC（Winter et al., 2010）；c. 以云杉为原料制备的 CNC（Bondeson et al., 2006）；
d. 以桉木为原料制备的 CNC（de Mesquita et al., 2010）

7.1.3 细菌纤维素

与纤维素纳米纤维和纤维素纳米晶材料不同,细菌纤维素(BC)是通过生物技术组装工艺从低分子量碳源中形成的聚合物和纳米材料,可以由醋杆菌属、气杆菌属、产碱杆菌属、固氮菌属、农杆菌属、根瘤菌属、假单胞菌属和八叠球菌属等不同种类的细菌产生(Foresti et al., 2017; Gea et al., 2011)。在这些菌属中,研究最多的是醋杆菌属,特别是木醋杆菌,由于具有高的生产率,已经被用于商业化的生产(Petersen and Gatenholm, 2011)。BC 的纤维直径为 20~100nm,是一种具有三维网络结构、高重均分子量、高结晶度、优异的生物相容性和良好机械性能的纳米纤维素(Jozala et al., 2016; Lee et al., 2014)。可以利用生物发酵方法制造纤维素,为控制生物合成过程中形成的纤维素主体形状及纳米纤维网络结构开辟了新的途径。经过简单的纯化工艺后,得到的 BC 不含杂质且具有独特的纳米级三维网络结构(图 7.6)(Foresti et al., 2017),BC 被广泛应用于食品、纳米复合材料、光电器件、储能材料开发等领域之中(Dahou et al., 2010; Jacek et al., 2019; Yano et al., 2008)。

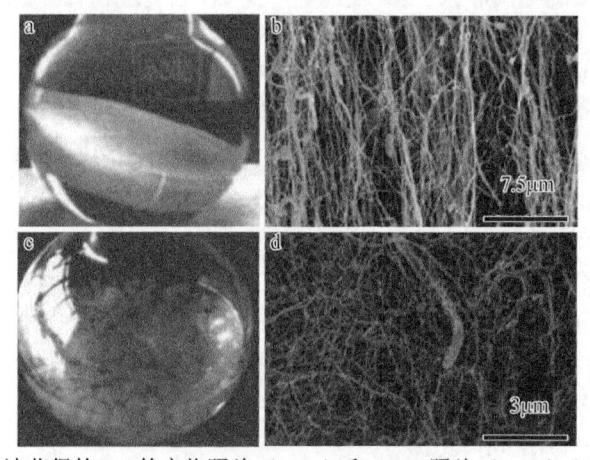

图 7.6 使用不同方法获得的 BC 的实物照片(a、c)和 SEM 照片(b、d)(Foresti et al., 2017)
a、b. 静态法;c、d. 动态搅拌法

7.2 纳米纤维素的制备

本节将会系统地对纳米纤维素的制备策略进行总结,这些策略可以分为"自上而下"和"自下而上"两种。其中,自上而下策略是从生物材料中直接分离或提取天然的纳米结构单元,通常用于纤维素纳米纤维和纤维素纳米晶的制备;而自下而上策略是将小分子组装成纳米纤维,一般用于细菌纤维素的制备,其组装过程可以通过 pH、溶剂、温度和外力(如电场和磁场)的变化来调控。

7.2.1 纤维素纳米纤维的制备

自 1949 年 Rånby 等首次报道通过改变纤维素的酸解条件来获得纤维素的悬浮液以来,许多研究人员一直致力于纳米纤维素制备方法的研究,使得从高等植物、被囊类动物、藻类和其他生物中生产纳米纤维素成为可能(Herrick et al., 1983)。其中,酸解法和机械处理法是最常用的两种策略(Moon et al., 2011)。然而,这些方法通常能耗较高。例如,机械处理纳米纤丝是一种使用机械装置分离纳米纤丝的过程,其通常所花费的能量为 20 000~30 000kW·h/t,在某些情况下甚至达到70 000kW·h/t（Gray，2013）。因此，现在研究较多的是采用组合处理的模式，即预处理协同机械处理的方法。通过预处理的技术不仅能大大降低能耗，提高机械解纤过程中纳米纤丝化的程度，减少化学药品的用量，还可以生产出具有不同功能基团的纳米纤维素基产品。常用的预处理方法包括化学预处理、酶水解预处理和氧化预处理。目前，已经建立了成熟的纳米纤维素分离方案，并且一些由此得到的纳米纤维素水分散液也已经商业化。通过去除半纤维素和木质素等基体物质并结合机械解纤方法可以制得CNF。机械法和化学预处理结合机械法可以使细胞壁破碎，并得到具有高长径比和网络缠结结构的CNF。

7.2.1.1 机械法纳米解纤化

机械法制备CNF的策略主要取决于设备。高压均质机、高速研磨机、高速搅拌机、高强度超声装置和双螺杆挤出机等机械设备均已成功被用于从纤维素纸浆中剥离CNF。早在20世纪80年代初期就报道了利用高压均质机的循环剪切处理从木材纤维素纸浆中分离CNF的方法（Herrick et al.，1983；Turbak et al.，1983）。在高压作用下，纤维素纸浆被挤入均质腔中，通过强烈冲击、碰撞和剪切力将纤维素纸浆分解成CNF，如图7.7所示（Chen et al.，2015；Nakagaito and Yano，2005；Mishra et al.，2018）。所得的CNF具有高长径比和网状缠结结构（Nakagaito，2008；Nakagaito and Yano，2004，2005，2008）。通过此种方法获得的CNF的纳米纤维长度和纤丝化程度在很大程度上取决于均质机所施加的压力、均质处理次数、化学预处理的方法和纤维素的来源。压力越大，循环均质处理次数越多，纤维素的纳米纤丝化程度越高。

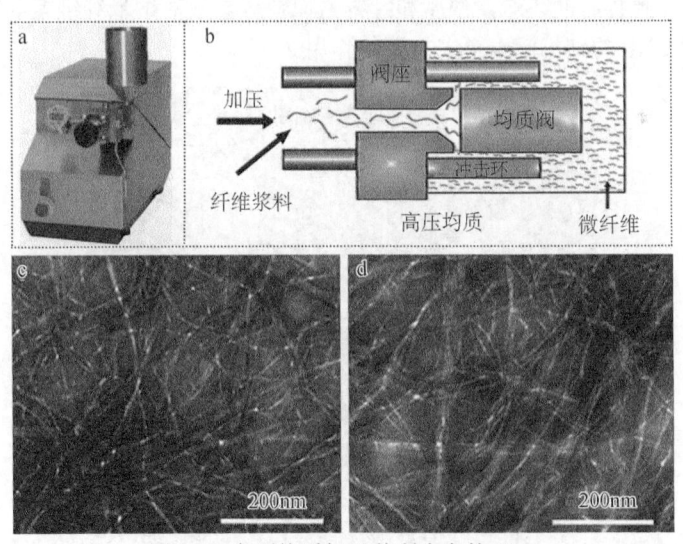

图7.7 高压均质机及其所生产的CNF
a、b. 高压均质机的数码照片（a）和工作原理图（b）（Mishra et al.，2018）；
c、d. 使用高压均质机分别从竹子（c）和稻草（d）中分离的CNF的TEM照片（Chen et al.，2015）

另一种常用来生产CNF的设备是高速研磨机，其核心部件是由两个研磨石构成的研磨室（Iwamoto et al.，2007；Iwamoto et al.，2005）。在研磨法制备中，纤维素纸浆通过与上下磨石表面接触并在旋转下被摩擦、碾压、剪切、撕裂来生产CNF。由于该工艺在常温常压下操作，操作简单，设备成本低而被广泛应用（Abe et al.，2007；Kalia et al.，2014）。通过这种方法很容易得到具有较高比表面积和较小尺寸的CNF（图7.8），且所得CNF的结构和纳米纤丝化程度主要取决于磨石之间的距离、转速、重复加工次数、化学预处理方法和纤维素的原料类型。

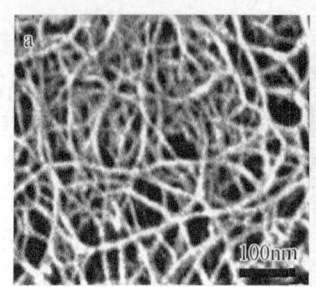

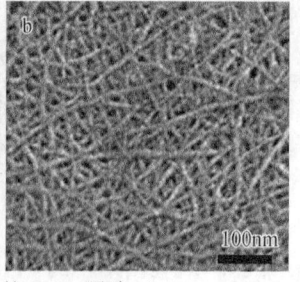

图 7.8　高速研磨机所生产的 CNF 的 SEM 照片（Abe et al.，2007）
a. 冷冻干燥木质 CNF 分散液；b. 烘箱烘干木质 CNF 分散液

纤维素纸浆也可以通过高速搅拌机进行纳米解纤化（Uetani and Yano，2011）。高速搅拌机主要由一个马达和一个内部带有螺旋桨的容器构成，其主要的工作原理是借助高速旋转的马达带动转子转动，进而带动容器中的纤维素纸浆随之高速转动。纤维素纸浆在高速旋转下受到水流强大的冲击力和剪切力，相邻的纤维素纸浆之间也会产生较强的碰撞，使得纤维素的结构发生破碎，进而分离得到 CNF（Uetani and Yano，2011）。浓度为 0.7wt% 的木质纤维素纸浆分散液在高速搅拌机中以 37 000r/min 的转速处理 30min，可以得到高度纳米纤丝化的 CNF（图 7.9）。纤维素纸浆在高速搅拌的过程中，首先会沿着纤维素纸浆的长轴方向形成大量的"球状"结构，外层的纤丝会较早地被"剥离"掉，随后"球状"结构会扩大并向边缘延伸后释放，此时 CNF 被迅速剥离出来。而被撕裂的纸浆碎片被分裂成更薄的碎片，并逐渐解离、瓦解为高度纤丝化的 CNF。在这个过程中，搅拌速度、搅拌时间、纸浆浓度和纤维素原料等参数对纳米纤维素的胶体性能、纸浆的纳米纤丝化程度和 CNF 的结构起着至关重要的作用。

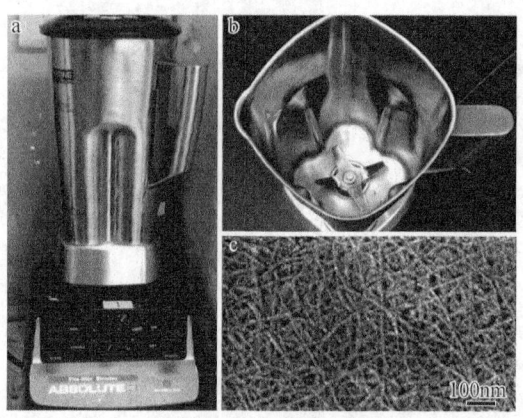

图 7.9　高速搅拌机及其所生产的 CNF（Uetani and Yano，2011）
a、b. 高速搅拌机数码照片；c. 使用高速搅拌机对纤维素纸浆进行纳米原纤化分离的木质 CNF 的 SEM 照片

高强度超声也被广泛用于 CNF 的剥离（Chen et al.，2010；Wang and Cheng，2009；Cheng et al.，2007，2009，2010；Zhao et al.，2007）。常见的超声波发生器配备了一个直径可调的圆柱形钛合金材质的探针尖端，通常将纤维素纸浆置于冰水浴中进行超声波处理。纤维素纸浆的剥离是通过高频（≥20kHz）超声在水/纤维素纸浆界面附近形成微泡，微泡是在生长和塌陷过程中经声空化实现的（Chen et al.，2014）。剧烈的破坏会在纤维素纸浆的表面引起强烈的微射流和冲击波，从而导致纸浆表面被侵蚀和剥蚀，并导致它们沿轴向分裂，最终分离出尺寸更小的纳米纤丝（图 7.10）。剥离速度主要取决于超声波的强度和频率及超声波处理时间。通常，超声波强度的增加可以提高纳米纤丝化过程的解纤效率，而处理时间的增加有助于实现更高程度的纳米纤丝化。

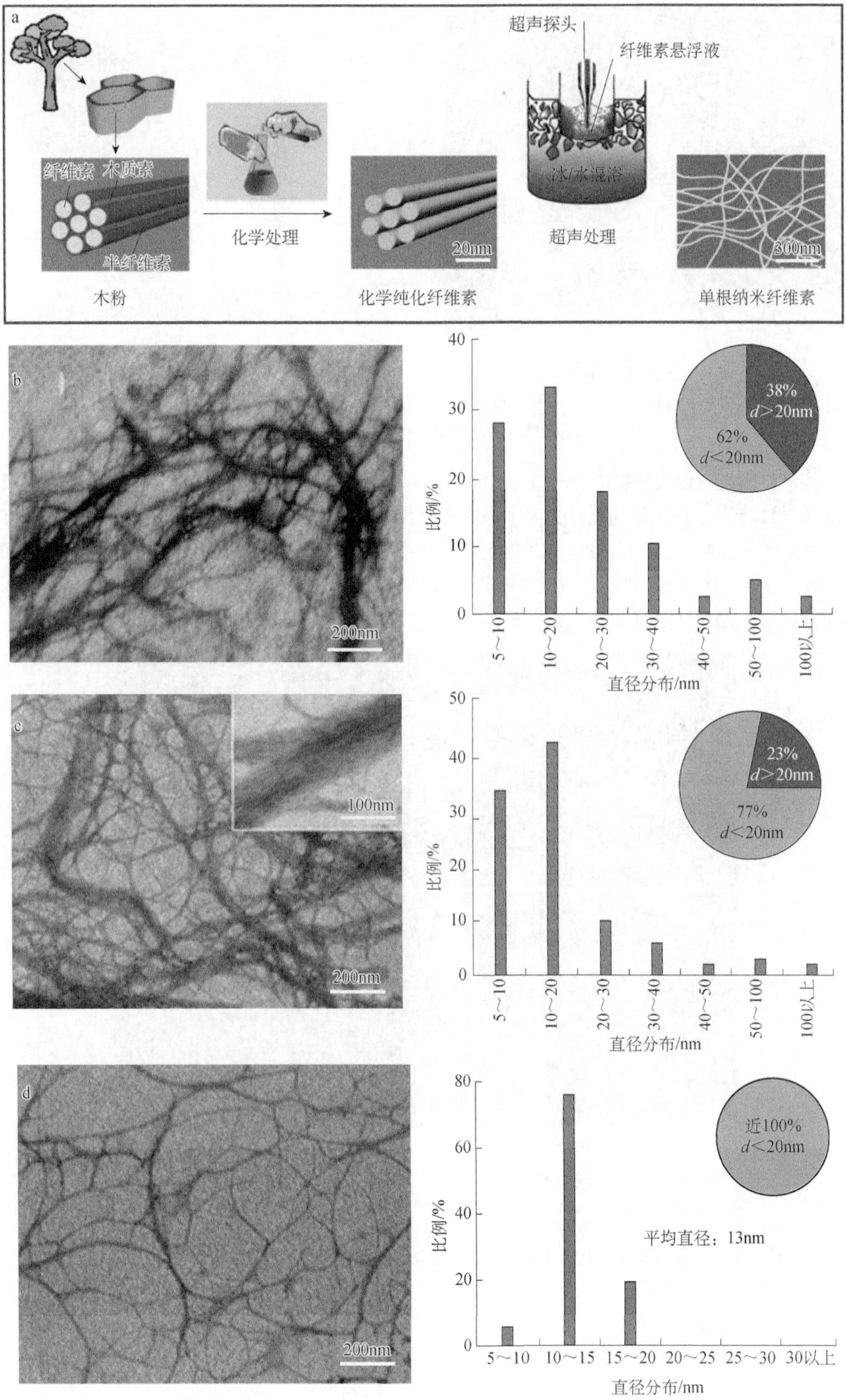
a
超声探头
纤维素悬浮液
纤维素 木质素
半纤维素
化学处理
20nm
冰/水混浴
超声处理
300nm
木粉
化学纯化纤维素
单根纳米纤维素
b
200nm
38%
d>20nm
62%
d<20nm
比例/%
直径分布/nm
5～10
10～20
20～30
30～40
40～50
50～100
100以上
c
100nm
200nm
23%
d>20nm
77%
d<20nm
d
200nm
近100%
d<20nm
平均直径：13nm
15～20
20～25
25～30
30以上

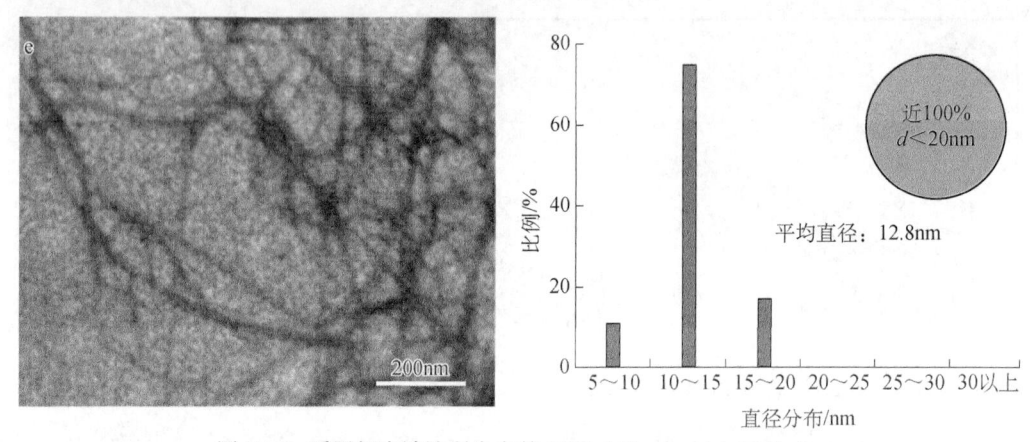

图 7.10 采用超声波法所生产的 CNF（Chen et al.，2011a）

a. 使用超声波法制备 CNF 示意图。b~e. 使用不同输出功率（b. 400W；c. 800W；d. 1000W；e. 1200W）的超声处理后 CNF 的 TEM 照片（左）和直径（右）分布。d 表示直径

双螺杆挤出机可以快速制造高产量的 CNF（Ho et al.，2015）。所挤出 CNF 的形貌同挤出工艺有关，如图 7.11 所示。挤出机的螺杆提供了进料和捏合的组合功能，可以为 CNF 的分离提供巨大的力量。具有高固体含量（25wt%~40wt%）的湿纤维素纸浆可以通过挤出机进行解纤，所制备的 CNF 具有高固体含量（约高达 50wt%）。此外，利用双螺杆挤出机获得的 CNF 的含水量较低，是固态（粉末）而不是水性糊状物或分散液，这在工业生产、运输和储存中展现出很大的优势。

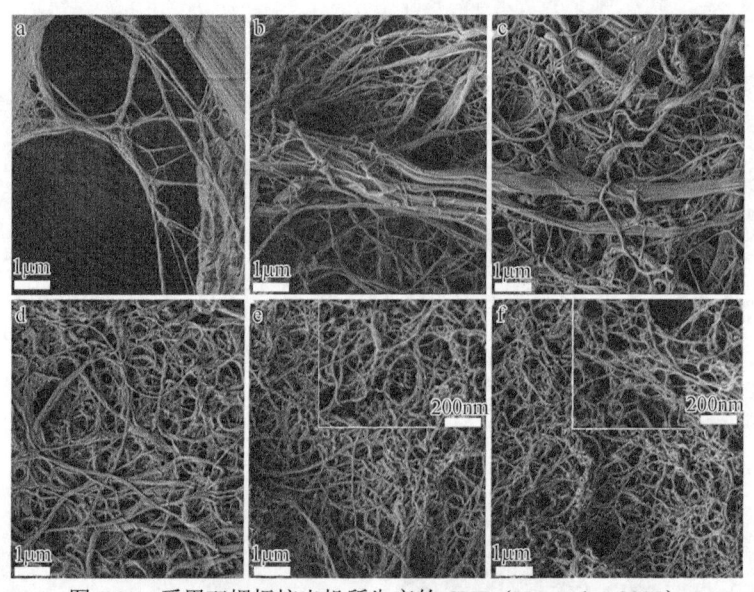

图 7.11 采用双螺杆挤出机所生产的 CNF（Ho et al.，2015）

a. 未经双螺杆挤出机处理的纤维素纸浆的 SEM 照片；b~f. 经过双螺杆挤出机挤出 1 次（b）、3 次（c）、5 次（d）、10 次（e）、14 次（f）的纳米纤维素的 SEM 照片；e~f 中插图为更高倍的 SEM 照片

为了降低能耗和提高纳米纤丝化的程度，通常对纤维素纸浆进行机械、化学或酶预处理。其中，机械预处理的主要目的是使纤维素纸浆部分解纤化并减小尺寸以避免堵塞设备。磨浆机（Nakagaito and Yano，2005）、高强度超声处理（Chen et al.，2015；Li et al.，2016）和高速研磨（Chakraborty et al.，2005）都已被用于减小纤维素纸浆的尺寸。由恒温反应器和在线分散系统组成的实验室规模的设备也被设计出来用于减小纸浆纤维的尺寸（Zimmermann et al.，2010），并且

通过随后的高压均质可以很容易地将小尺寸的纸浆进行纳米纤丝化。与木材中 CNF 的提取相比，棉花来源的纤维素由于其纯的纤维素结构，在 CNF 之间存在着强的氢键作用力，因此，比棉花中纤维素的剥离相对而言更具有挑战性。Chen 等（2014）使用高速搅拌机对棉花纤维素纸浆进行预处理，高速搅拌过程有助于分解纤维结构并减小纤维尺寸，从而在经高压均质化处理后可以得到宽度为 10～30nm 的细长状 CNF。

化学预处理通常用于去除纤维素资源中的木质素和大部分半纤维素，使得纤维素纸浆具有多孔结构并弱化 CNF 之间的相互作用（Abe et al.，2007；Chen et al.，2011a，2011b，2011c，2011d；Abe and Yano，2009，2010）。因此，化学预处理能够有效促进纤维素的纳米纤丝化和获得更精细的 CNF。2007 年，Abe 等首先使用酸化的亚氯酸钠溶液和氢氧化钾溶液去除木粉中的木质素和大部分半纤维素得到纤维素纸浆，接着通过高速研磨机将制备的纤维素纸浆进行纳米纤丝化处理，得到直径约 15nm 且均匀的 CNF。采用类似的方法，通过一次性研磨处理，分别从稻草、马铃薯块茎和竹子的化学预处理纤维素纸浆中成功提取出宽度分别为 12～35nm、12～55nm 和 15～20nm 的 CNF（Abe and Yano，2009，2010）。对于干燥的纸浆，纳米原纤化过程将变得困难，因为干燥过程会在 CNF 之间产生强的氢键作用。最近，报道了用氢氧化钠溶液预处理的干燥纤维素纸浆，其中氢氧化钠可以使干燥纸浆中 CNF 之间的氢键变得松动（Abe，2016）。在经过球磨机进行纳米原纤化后，成功制备了宽度为 12～20nm 和纤维素 I 型晶体的 CNF（图 7.12）。

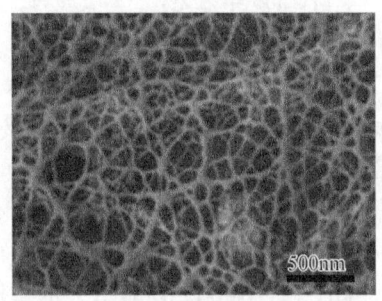

图 7.12 经氢氧化钠和球磨机处理得到的 CNF 的 SEM 照片（Abe，2016）

酶预处理是促进纤维素纳米解纤的另一种策略。例如，用内切葡聚糖酶处理木材纤维素纸浆促进了纤维素纸浆的分解过程。将酶处理过的纤维素纸浆进行高压均质处理，得到了 15～30nm 宽和几微米长的 CNF（图 7.13a）（Henriksson et al.，2007）。然而，样品中也出现了一小部分较短的 CNF。单组分内切葡聚糖酶也被用于处理木质纤维素纸浆（Pkk et al.，2007）。即使是添加少量的单组分内切葡聚糖酶也能够有效促进细胞壁分层，防止均质机堵塞。经过细化（使用磨浆机）和高压均质化后，产生了宽度为 5～6nm（单根 CNF）和 10～20nm（CNF 聚集体）的 CNF（图 7.13b）（Pkk et al.，2007）。最近，纤维素酶被用于通过破坏 CNF 之间的氢键来剪切和膨胀棉纤维（Hideno et al.，2016）。在经以纤维二糖水解酶为主的纤维素酶预处理后，成功实现了棉花的机械纳米纤丝化，得到了宽度为 10～50nm 的 CNF，但仍有少量宽度约为 100nm 的 CNF 聚集体存在。

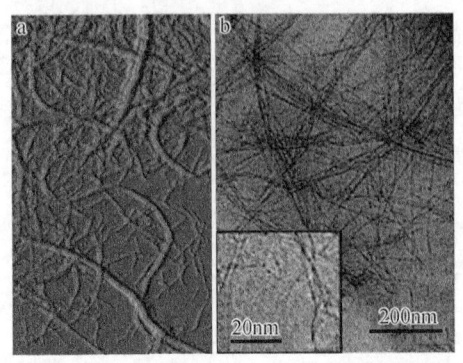

图 7.13 采用酶预处理结合机械法所生产的 CNF

a. 经 3%内切葡聚糖酶和高压均质机处理得到的 CNF 的原子力显微镜（AFM）照片（图片大小为 2μm×5μm）（Henriksson et al.，2007）；b. 经细化、酶解和高压均质化处理得到的 CNF 的 TEM 照片（Pkk et al.，2007）

7.2.1.2 化学修饰结合机械法纳米纤丝化

单纯利用机械解纤方法,很难批量化地从纤维素纸浆中解离出高纳米纤丝化程度的CNF。因此,纤维素纸浆的各种表面化学修饰被用来提升纳米解纤效果(Kalia et al., 2014)。在这些途径中,纤维素表面的羟基被修饰并产生新的带电化学基团,从而在纤维素纸浆内的CNF之间引入静电排斥作用力,使CNF之间的作用力变弱,并在后续的机械纳米解纤过程中可以很容易地分离开。一种羧甲基化改性的方法被成功用来修饰纤维素纸浆(Wagberg et al., 2008)。这种处理方式是通过在纤维素表面形成羧基来增加阴离子电荷,最终促进高电荷的纤维素纸浆的生成(Aulin et al., 2009)。通过高压均质机进一步进行纳米解纤化后,与未对纸浆进行羧甲基化获得的CNF相比,经过羧甲基化处理得到的CNF的尺寸更加精细和均匀(Zheng et al., 2013)。

自 2006 年以来,一种通过 2,2,6,6-四甲基哌啶-1-氧基(TEMPO)自由基介导的纤维素纸浆催化氧化改性方法被开发出来,用于制备高度纳米解纤的CNF(Saito et al., 2006, 2007, 2019; Okita et al., 2011)。TEMPO是水溶性的并且含有稳定的硝酰基自由基,其化学结构在氧化和还原时分别转变为 N-氧代铵阳离子和羟胺结构。在TEMPO介导的氧化过程中,暴露在CNF表面的C6伯醇羟基被选择性地转化为C6羧酸基团,如图7.14a所示。由于带阴离子电荷的CNF之间的静电排斥和渗透效应,增加了纤维间的静电排斥力,使得纤维素纸浆仅通过温和的后续机械分解处理,就能够得到在水中高度分散的较为均匀的单根CNF(Isogai, 2013; Isogai et al., 2011)。例如,通过结合TEMPO介导的氧化和温和的机械分解处理,可以制备宽度为3~4nm、长度为几微米的木质CNF,这与木材细胞壁内的单个基本纤丝相对应(Saito et al., 2007; Isogai, 2013)。CNF悬浮液双折射效应的存在也证实了单个CNF分散体的成功制备(Saito et al., 2006)。此外,使用TEMPO催化氧化的方法制备的CNF,由于其精细的尺寸和在水中优异的分散性能,可以用来获得具有透明和黏稠特性的木质CNF悬浮液。此外,其他的纤维素来源,如棉花、细菌、被囊类动物和藻类纤维素也可以通过TEMPO介导的氧化方法转化为高度解纤的CNF,而最优的TEMPO催化氧化条件在不同原料的纤维素中也有所不同(图7.14b~e)。通常,由TEMPO催化氧化法制备的木质CNF(由亚硫酸盐木浆生产)和棉花CNF(由棉花生产)的宽度分别为3~4nm(图7.14b)和6~8nm(图7.14c)。然而,被囊类动物CNF表现出两类CNF特征(图7.14d),一类宽度为10~20nm,另一类的宽度尺寸与棉花来源的CNF相近,为6~8nm(Saito et al., 2006)。

与机械法纳米解纤相比,TEMPO催化氧化修饰和机械法相结合来进行纳米解纤处理具独特的优势,因为通过TEMPO催化氧化可以在CNF的表面引入负电荷,这使得随后的机械解纤过程变得更加容易,并降低机械解纤过程中的能量消耗,该处理甚至可以在烧杯中通过使用磁力搅拌于1500r/min的转速下进行(Saito et al., 2007)。但是,CNF的一些物理性质也会有所降低。例如,木材经TEMPO氧化制备的CNF,其热稳定性远低于由高速研磨机或搅拌机生产的CNF(Chen et al., 2014; Fukuzumi et al., 2009, 2010)。此外,TEMPO的毒性也是一个需要被评估的问题。

7.2.2 纤维素纳米晶的制备

纤维素纳米晶通常利用酸水解和酶水解等方法去除纤维素的无定形区而释放结晶区制备得到。目前制备纤维素纳米晶的方法主要有酶水解法、强酸水解、氧化降解法、离子液体溶解法、低共熔溶剂法等(Klemm et al., 2018),以下对其中的一些制备方法进行介绍。

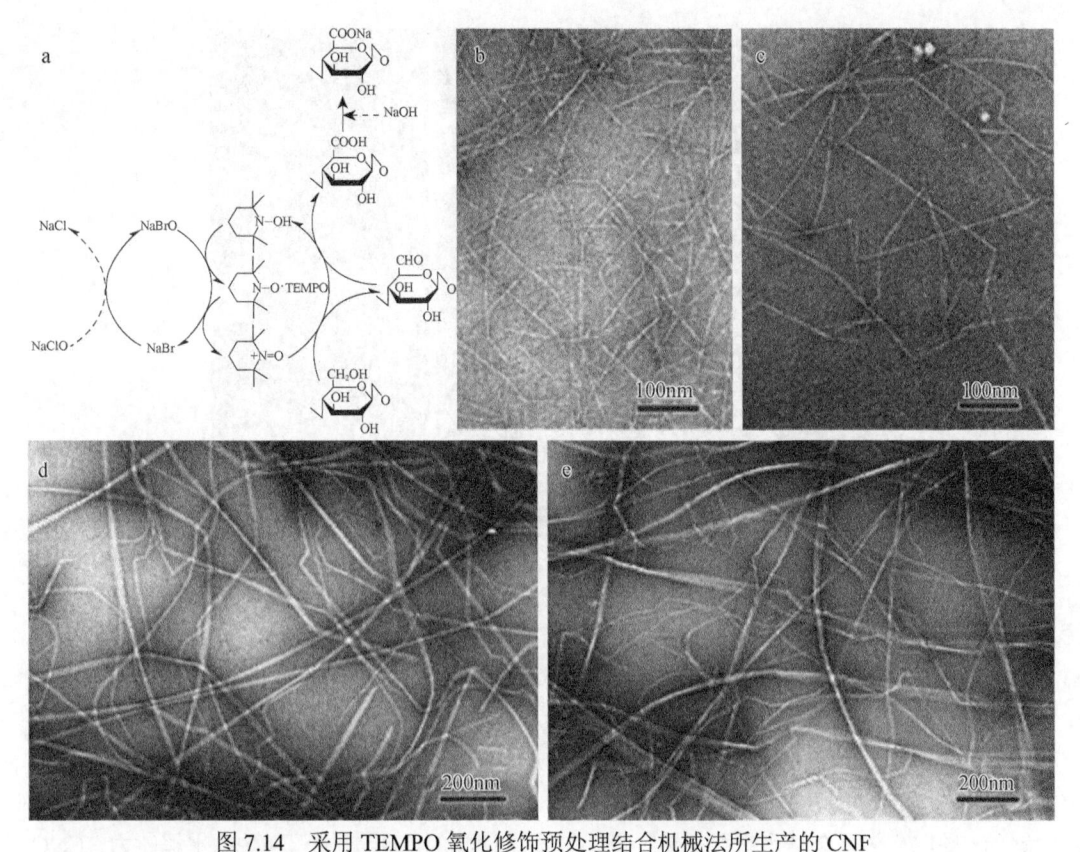

图 7.14 采用 TEMPO 氧化修饰预处理结合机械法所生产的 CNF

a. TEMPO 氧化伯醇羟基机制图（Saito and Isogai, 2006）；b～e. 未干燥样品经 TEMPO 催化氧化后得到的 CNF 的 TEM 照片：b. 漂白亚硫酸盐木浆, c. 棉花, d. 被囊类动物, e. 细菌纤维素（Saito et al., 2006）

7.2.2.1 酶水解法

酶水解法是指纤维素酶可以酶解纤维素中的糖苷键，使结晶区保留，水解得到 CNC。这种方法不仅可以提高 CNC 的纯度和质量，还可以减少水资源和反应过程中化学品的消耗。纤维素酶有纤维素内切酶和纤维素外切酶，纤维素外切酶仅作用于纤维素，而不会影响纤维素的 C—C、C—O 键及其分子的骨架结构。通常首先预处理纤维素纸浆，然后加入纤维素酶水解制得溶液，溶液经过数次离心洗涤后冷冻干燥，可以制备出 CNC 的颗粒。在酶水解过程中为了保持纤维素酶的活性，需要更好地控制水解条件，如温度、pH、酶解底物等。纤维素内切酶对纤维素水解制备的纤维二糖是纤维素酶水解纤维素的抑制剂，故不能完全水解纤维素得到 CNC，因此还需要进一步研究如何精准调控纤维素酶水解纤维素的程度。添加 10% 的内切葡聚糖酶，通过机械研磨可得到宽度约 10nm、结晶度为 77% 的 CNC，所制备的 CNC 具有良好的热稳定性。如图 7.15 所示，酶水解法制备的 CNC，其宽度约为 30nm，长度约为 250nm，保留了原棉纤维的化学结构，而不改变其晶型结构。当纤维素酶的浓度升至 100U/mL 时，出现颗粒状的 CNC。而当纤维素酶浓度升至 300U/mL 时，所有制备的 CNC 都呈现出颗粒状（Chen et al., 2019）。但是，酶水解法一般反应周期较长、耗时久且产率较低。因此，通常将酶水解法作为预处理的方法并与其他如超声辅助和高压均质等机械法相结合使用（Hideno et al., 2016；Cui et al., 2016）。

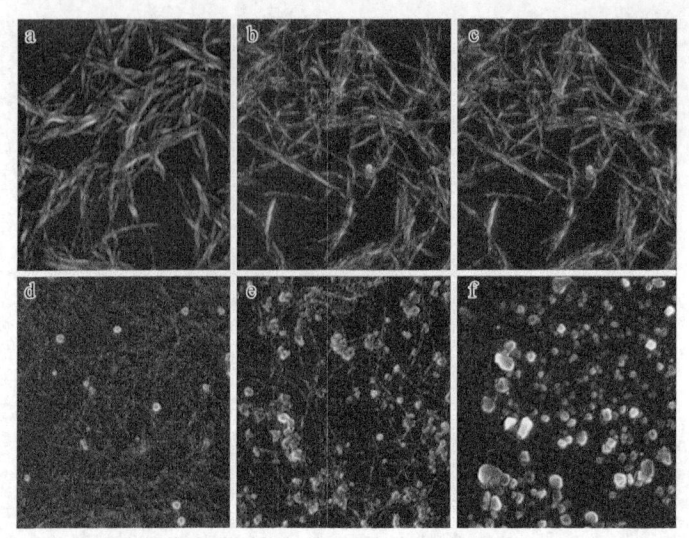

图 7.15 不同浓度纤维素酶所制备的 CNC 的 SEM 照片（Chen et al.，2019）

a. 10U/mL；b. 20U/mL；c. 50U/mL；d. 100U/mL；e. 200U/mL；f. 300U/mL。酶解时间为 5h，反应温度为 50℃

7.2.2.2 强酸水解

强酸水解是从各种纤维素原料中生产和制备 CNC 的有效方法。纤维素含有结晶区和无定形区，在强酸水解过程中，纤维素的聚合度迅速下降，其中的无定形区优先水解，而对酸侵蚀具有更高抵抗力的结晶区被完整地保留下来，其具体水解示意图如图 7.16a 所示。在经过强酸处理时，纤维素的"缺陷"部分会被水解并去除，最终分离出棒状的 CNC。由于强酸的水解能力，CNC 几乎可以由所有的纤维素材料制备得到。最常见的用于强酸水解的纤维素原料包括棉花、木质纤维素纸浆、苎麻、亚麻、大麻、剑麻、农作物秸秆、微晶纤维素、细菌纤维素和被囊类动物。关于酸水解制备 CNC 的报道最早可以追溯至 20 世纪 50 年代，研究人员通过控制硫酸（H_2SO_4）和盐酸（HCl）的混合液催化降解纤维素纸浆，得到了稳定的 CNC 悬浮液（Ranby，1951）。由于其呈现出棒状的结构特征，这些 CNC 可以形成双折射胶体和液晶结构（Marchessault et al.，1959）。随着研究的不断推进，科研人员报道了 CNC 详细的液晶特性，发现 CNC 在水悬浮液中呈现手性向列排序并表现出螺旋自排序的行为（Revol et al.，1992；Revol et al.，1994）。

在典型的酸水解过程中，首先将纤维素材料浸入强酸中，在受控的实验条件（如特定温度、工艺和时间）下进行水解。接着，通过各种方法对稀释的悬浮液进行处理以去除悬浮液中的酸。这些处理过程包括离心、过滤、蒸馏水透析等，以及将上述步骤整合使用。为了制备高度解离的单根 CNC，所制备的水解样品会被进一步进行机械解纤处理，如磁力搅拌、高压均质、高速搅拌和高强度超声处理等。所制备的 CNC 的结构主要与纤维素原料中纤维素本源的晶体结构相关。此外，通过控制实验条件也可以得到不同尺寸的 CNC，如酸的类型和浓度、酸与纤维素材料的比例、温度、搅拌时间和机械处理等，也会对所得 CNC 的结构产生影响。

H_2SO_4 是 CNC 制备中使用最广泛的酸水解试剂。在水解过程中，H_2SO_4 与纤维素表面的羟基反应生成带电荷的表面硫酸酯，促进了 CNC 在水溶液中的分散。然而，带电硫酸盐基团的引入会导致 CNC 的热稳定性明显下降。通常，用于水解的 H_2SO_4 浓度大约为 65wt%，水解温度范围较宽，一般可以从室温到 70℃进行调节，处理时间也从 30min 到过夜。通常情况下，高温下水解和延长加工时间适用于生产尺寸短且结晶度高的 CNC，但应当仔细监控实验过程，以避免脱水导致纤维素炭化。此外，CNC 的表面修饰对热高度敏感，因为温度的升高会导致硫酸酯基团的脱酯

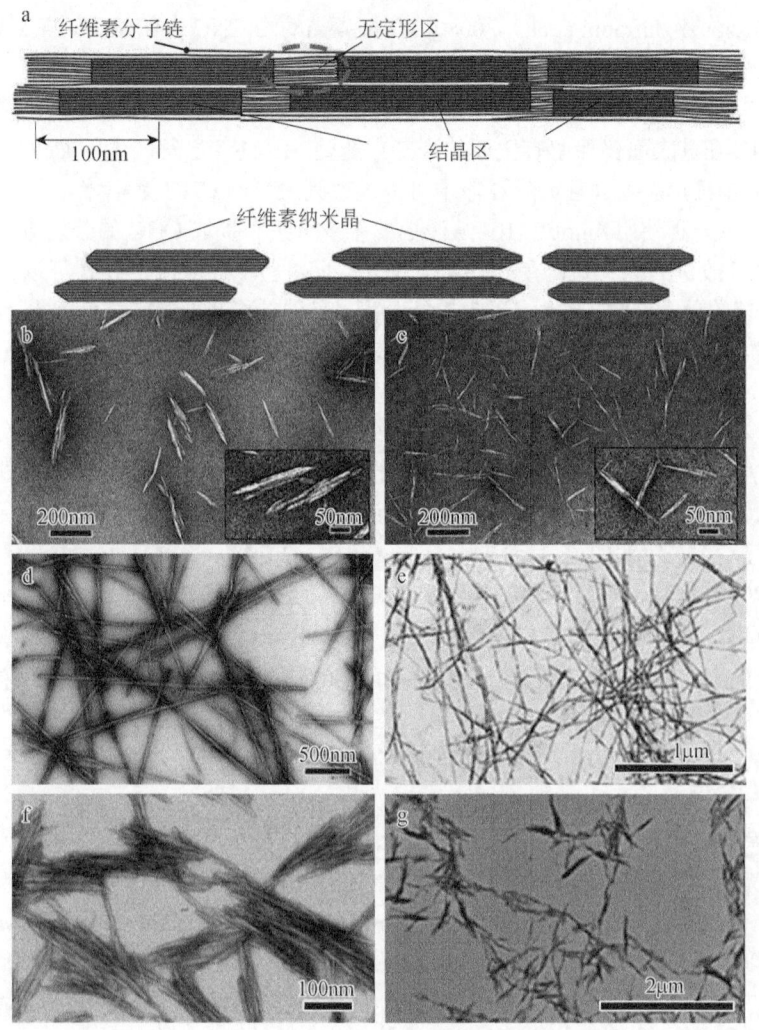

图 7.16 使用不同无机酸和原料获得的 CNC

a. 无机酸水解法制备 CNC 示意图（Moon et al., 2011）；b～d. 分别以棉花（b）、艾维素（Avicel）(c) 和被囊类动物（d）为原料，采用 H_2SO_4 水解法制备的 CNC 的 TEM 照片（Elazzouzi-Hafraoui et al., 2008）；e、f. 通过 HCl 水解被囊类动物（e）(van den Berg et al., 2007) 和棉花（f）(Chen et al., 2014) 制备的 CNC 的 TEM 照片；g. 通过磷酸水解棉花制备的 CNC 的 TEM 照片（Espinosa et al., 2013）

化。随着酸水解程度的提高，CNC 的粒径、表面电荷和多分散性也逐渐变化（Dong et al., 1998）。例如，在一种常用的 H_2SO_4 水解工艺中，选用滤纸粉末（棉花纤维素）作为纤维素来源，纸浆与酸的比例为 1:8.75（g/mL），将纸浆加入 64%（m/V）的 H_2SO_4 中，在 45℃条件下处理 1h 后进行 5min 的超声处理，经洗涤最终得到纳米纤维素悬浮液（Dong et al., 1998）。经上述方法制备的 CNC 悬浮液很容易形成高于 CNC 临界浓度[约 4.5%（m/V）]的各向异性相。较长的水解时间导致较短的棒状 CNC 具有更窄的粒径分布，而较高的酸浆比在 45min 的反应时间下则在一定程度上降低了 CNC 尺寸（Beck-Candanedo et al., 2005）。此外，CNC 的结构与用于加工的纤维素原料密切相关。由棉花、Avicel 和被囊类动物制备的 CNC 的形状和尺寸分布如图 7.16b～d 所示。棉花 CNC 的长度为 25～320nm，宽度为 6～70nm，并且随着水解温度的升高，其长度显著降低（图 7.16b）。Avicel CNC 的长度为 35～265nm，而宽度为 3～48nm（图 7.16c）。被囊类动物的 CNC 有几微米长，并且具有带有扭结缺陷的须状形态，这是在超声处理中所产生的 CNC 的局部损伤

（图7.16d）（Elazzouzi-Hafraoui et al.，2008）。在被囊类动物CNC中的扭结通常是沿CNC方向的无定形区和结晶区的不匹配造成的。

HCl是另一种被广泛用于CNC水解分离的强酸。与H_2SO_4不同，HCl不与纤维素反应，因此最终所得的CNC在其表面仍保留有主要的羟基官能团。由HCl水解产生的CNC看起来很短，但没有高度解离的单根形态，并且在悬浮液中可以观察到大量的CNC聚集体。为了克服这个问题，有研究学者报道了一种使用4mol/L HCl从漂白的牛皮纸浆中提取CNC的改进方法（Araki et al.，1998）。通过这种改进的水解策略所产生的CNC表面几乎没有电荷，并且可以在约3.5nm宽和（180±75）nm长的单个CNC尺寸水平上进行分离。另外，通过3mol/L HCl水解和后续的冻干处理，被囊类动物纤维素浆也被报道用来生产不含表面离子基团的CNC（van den Berg et al.，2007）。并且由于酸性质子溶剂具有很强的破坏CNC之间氢键的能力，因此所得到的宽度约为19.9nm的冻干CNC可以在甲酸和间甲酚等酸性质子溶剂中被重新分散（图7.16e）。由于在整个水解过程中没有引入化学修饰，HCl水解的CNC的热稳定性远高于H_2SO_4水解的CNC（图7.16f）。例如，HCl水解的CNC表现出341.7℃的高热解温度，而H_2SO_4水解CNC的热解在大约120℃就已经开始，且整个过程发生在较宽的温度范围内（Chen et al.，2014）。

磷酸（H_3PO_4）水解也可用于制备热稳定的CNC。据报道，通过用H_3PO_4控制棉花水解制备轻微磷酸化的CNC，其表面电荷密度为（10.8±2.7）mmol PO_4^{2-}/kg纤维素（Espinosa et al.，2013），所制备的CNC的平均宽度为（31±14）nm，平均长度为（316±127）nm，平均长径比为11.0±1.5（图7.16g）。其制备的CNC很容易分散在水、二甲基亚砜和N,N-二甲基甲酰胺等极性溶剂中形成稳定的分散液。H_3PO_4水解的CNC表现出高的热稳定性，失重在290℃开始，且最高热分解温度为325℃（Espinosa et al.，2013）。

有机酸水解也被用于从预处理纤维中生产CNC。在CNC的分解过程中，使用草酸、柠檬酸、马来酸和甲苯磺酸等代替无机酸。通过$FeCl_3$催化有机甲酸水解纤维素可以有效提高水解效率得到CNC（Du et al.，2016）。将纤维素浆和一定量的$FeCl_3$添加到含有90mL甲酸（88wt%）的烧瓶中，并置于95℃中以400r/min的转速搅拌6h。在水解过程中，纤维素纤维发生膨胀并解离成CNC颗粒，最后将搅拌后的烧瓶用流动的自来水进行冷却处理，所得的CNC展现出高的结晶度和热稳定性。酸水解后，采用真空旋转蒸发工艺回收甲酸，且回收率为88.9%±0.2%。固体残渣中的$FeCl_3$可以通过与氢氧化铵共沉淀反应以$Fe(OH)_3$的形式回收。采用柠檬酸水解可以从回收处理的纸杯中分离出CNC。在酸水解过程中，酸的浓度、反应温度和时间是生产CNC需要考虑的最重要的因素。酸浓度在60wt%~80wt%时，在100℃的反应温度和240min的水解时间下，CNC的分离效率更高（Nagarajan et al.，2020；Ji et al.，2019）。酸水解的结果表明，可以观察到宽度和长度分别为（13.7±0.6）nm和（480.5±30.0）nm的棒状CNC，76wt% CNC的热稳定性（308℃）和最终热降解温度（350℃）要高于无机酸水解得到的CNC（图7.17）（Nagarajan et al.，2020）。与经典的无机酸水解相比，有机酸水解方法更环保。因为有机酸可以回收利用，而且用于水解处理的有机酸对设备的腐蚀较轻。

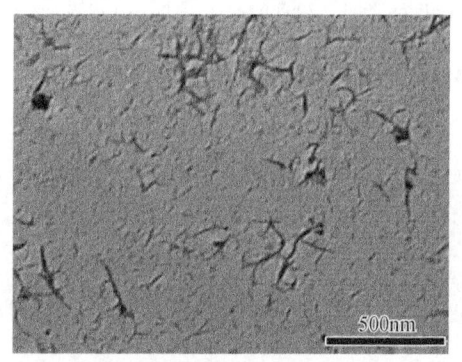

图7.17 柠檬酸水解法所制备CNC的TEM照片（Nagarajan et al.，2020）

7.2.2.3 氧化降解法

除上述方法外，TEMPO、双氧水、过硫酸铵（Fraschini，2017；Oun and Rhim，2018）等氧

化降解法也可用于 CNC 的制备。其中，TEMPO 氧化的方法是借助纤维素表面 C6 上羟基较高的反应活性，易被氧化为醛基或羧基，从而导致纤维素聚合度降低和自身结构的破坏，所制备的 CNC 如图 7.18 所示（Fraschini，2017）。用 TEMPO 氧化降解法制备得到的 CNC 热稳定性降低，且氧化剂消耗量大，无法实现试剂回收（Fraschini，2017）。过硫酸铵处理黏胶纤维素废料所得到的 CNC 的产率可达 37.9%。氧化降解法制备 CNC 的产率高、制备环境简单、成本低且具有脱木质素的功能，不需要前期预处理来脱去木质素，但也存在氧化不完全、稳定性差和残留的金属离子降低 CNC 吸附能力的缺点。

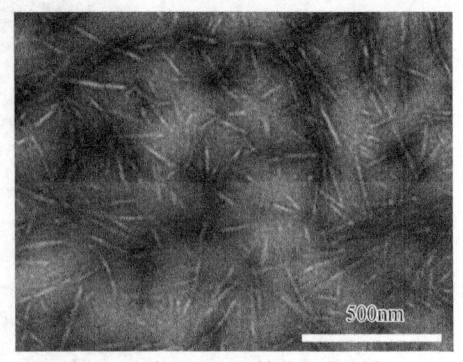

图 7.18 通过 TEMPO 催化氧化制备 CNC 的 TEM 照片（Fraschini，2017）

7.2.3 细菌纤维素的制备

细菌纤维素（BC）不是通过大尺寸纤维素纸浆的纳米解纤化获得的，而是由细菌代谢反向产生。与自上而下法生产 CNF 的低产量不同，BC 更便于扩大规模生产，例如，许多食品公司每天可以生产几吨的 BC（Wu et al.，2016）。BC 长期以来一直被用作椰果的原料，通过用椰子水发酵细菌并浸入糖浆中可以产生 1cm 厚的凝胶片（Iguchi et al.，2000）。近年来，为了寻找更环保的方法并降低 BC 的生产成本，人们已经将注意力转移到利用农业和工业废弃物来替代营养来源（Foresti et al.，2017）。与由纤维素纸浆所生产的 CNF 相比，BC 的化学纯度更高，不含半纤维素或木质素，因此不需要额外的处理来去除这些不必要的杂质。此外，BC 具有高的长径比，直径为 20～100nm，并具有紧密的三维网状结构，可提供高孔隙率和较大的比表面积，从而增强其作为工程材料的适用性（Yano et al.，2005）。BC 还具有其他优点，如高结晶度（70%～80%）、高聚合度[高达 8000（Hu et al.，2014）]、高含水量[高达 99%（Foresti et al.，2017）]、可塑性强、优异的生物相容性、亲水性和无毒性等特点。

木醋杆菌属、农杆菌属、假单胞菌属、根瘤菌属和肉毒杆菌属的菌株都可以用来合成纤维素（El-Saied et al.，2004）。例如，Brown（1886）报道发现木醋杆菌是最有效的生产 BC 的细菌属。这种非光合生物可以利用葡萄糖、甘油和其他有机底物，并将它们转化为纯纤维素（Nogi and Yano，2008）。木醋杆菌中 BC 的生物合成是通过纤维素合成复合物在外膜和细胞质膜之间发生的，该复合物与细菌表面的孔有关。该过程包括合成尿苷二磷酸葡糖，它是纤维素前体，然后将这种中间体添加到正在生长的纤维素分子的末端。合成的纤维素链作为一种所谓的基本原纤通过细菌表面的孔离开细胞（图 7.19a～c）（Jonas and Farah，1998）。BC 通过细菌自组装成带状结构并排出，最终形成三维的纳米纤维网络结构（图 7.19d～f）（Brown et al.，1976）。纤维素合酶被认为是该过程中最重要的酶（Iguchi et al.，2000；Nogi and Yano，2008）。据估计，单个细菌每小时可以将 108 个葡萄糖分子转化为纤维素并分泌（Foresti et al.，2017）。BC 可通过多种方法由细菌生产合成，其合成方法大致可以分为静态培养和搅拌培养两种（Fernandes et al.，2020）。而不同的培养方法对 BC 的形态结构和性能的影响很大。在静态培养的条件下，会在培养基的表面产生凝胶状的 BC 膜（Villarreal-Soto et al.，2021）。而在搅拌条件下，BC 在培养基中均匀分散，形成不规则的形状（Bychkov et al.，2018）。如图 7.20 所示，以糖为原料制备 BC 的过程主要分为两步：β-1,4-葡聚糖链的合成和纤维素的分泌与结晶。

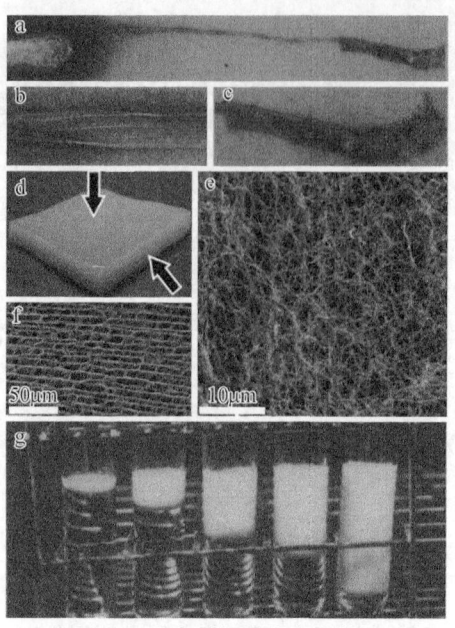

图 7.19　从木醋杆菌中合成的 BC

a～c. 木醋杆菌合成的 BC。d～f. 所制备 BC 的照片（d）及从不同面观察得到的 SEM 照片（e、f）（Brown，1886）；d 图上方箭头指示 e 图对应的面，右下方箭头指示 f 图对应的面。g. 不同培养时间得到的 BC 层（最长不超过 4 周）（Iguchi et al.，2000）

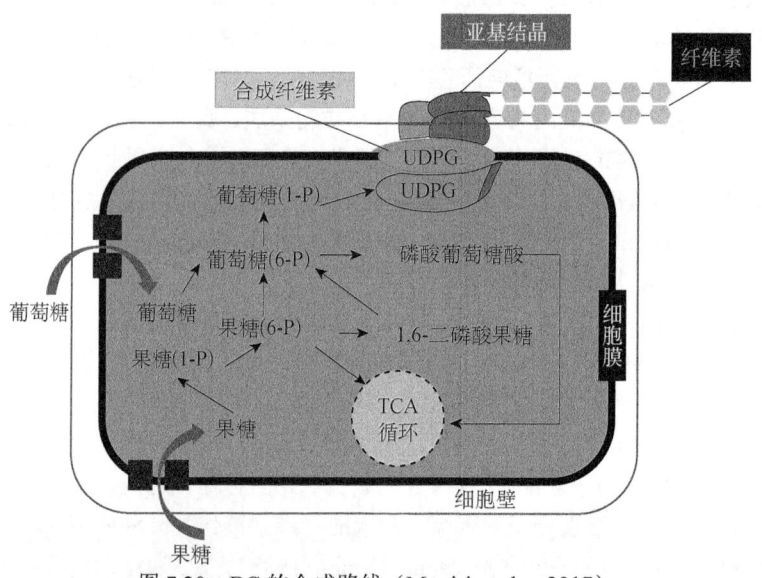

图 7.20　BC 的合成路线（Moniri et al.，2017）

TCA 循环. 三羧酸循环；UDPG. 尿苷二磷酸葡糖

在静态培养中，细菌在空气和液体界面产生凝胶薄膜状的纤维素。细菌合成并在细胞外分泌纤维素链，这些纤维素链形成基本的亚纤维并通过分子链间的氢键作用相互连接在一起形成微纤维，而后微纤维聚集在一起并形成带状结构（Stumpf et al.，2018）。BC 由致密的微纳纤维素原纤维网络组成，在空气与培养基界面以水凝胶薄膜的形式生成。通过设计和调控具有特殊结构的细菌培养基，就可以制备出具有特殊宏观结构的 BC 材料。这种培养方式所制备的纤维素具有优异的结构和性能，且常用在需要 BC 具有适当形状的生物医学和药妆等领域（Shezad et al.，2010）。

在实验室中培养 BC 的经典方案是首先将 50g 蔗糖、5g 酵母提取物、5g 硫酸铵、3g 磷酸二氢钾和 0.05g 七水合硫酸镁溶解在 1L 水中来制备培养基。随后，将少量活化的种子营养基加入培养液中，在 28~30℃的静态条件下进一步培养。在孵化过程中，BC 层（白色薄膜）的厚度随时间稳步增加，在 4 周的孵化后可达 25mm（图 7.19g）（Iguchi et al., 2000）。静态培养法具有培养方法简单、产品性能优异、产品形状可调等优点，但生产效率较低、成本高，难以进行大规模的生产。

BC 也可以通过搅拌培养法制备，通过向培养基中源源不断地输入氧气来提高 BC 的产量，降低生产成本（Choi and Shin, 2020）。根据培养条件的不同，可以在分散的悬浮液中以不规则块体形式聚集，如颗粒、纤维、星状等（Nogi and Yano, 2008；Watanabe et al., 1998）。静态培养法制备 BC 一般需要 10 天以上，而在搅拌培养的制备策略下，BC 的生产可缩短至 7 天以内，但由于搅拌培养法经常诱导细菌向非纤维素生产突变体转化，导致其产量降低，通常低于静态培养法的产量（Lee et al., 2014；vel Squez-Ria and Bojac, 2017；Trevio-Garza et al., 2020；Lu et al., 2020；Zhong, 2020）。许多干扰细菌表面初级纳米纤丝组装的工艺参数会影响所得 BC 的结构和物理性质。这些参数包括 pH、温度、孵育时间、碳源和氮源、氧气和二氧化碳的压力、添加剂、搅拌和干燥等（Foresti et al., 2017；Iguchi et al., 2000）。为了获得更纯的 BC，可以在稀释的碱性溶液和水中清洗所制备的新生 BC 凝胶，以去除凝胶中夹带的菌类（Iguchi et al., 2000）。

7.3 纳米纤维素基产品

7.3.1 微粒

纤维素微粒在色谱、分离技术、吸附剂、生物催化剂固定化和载体等各个领域都有广泛的应用（Kawaguchi, 2000）。1951 年，O'Neill 等首次以纤维素黏胶液为原料，通过喷射法制备了纤维素微粒。自此，纤维素微粒逐渐进入大众的视野。利用注射器或喷嘴等仪器将纤维素溶液制成液滴，在重力作用下滴入凝固浴中固化形成纤维素微球。其中，喷嘴直径和纤维素溶液的黏度是影响纤维素微球大小的主要因素。此外，喷雾干燥法采用喷射泵将纤维素溶液喷入惰性气流中，得到纤维素微球，其形貌受喷射器的喷嘴直径、喷射速度、溶液浓度、溶液黏度和喷射电压等因素的影响。Uetani 和 Yano（2013）通过蒸发诱导自组装的方法，分别采用被囊类动物的纤维素纳米晶和纤维素纳米纤维研究比较了不同纤维性状与自组装能力之间的关系，通过喷雾干燥的方法，分别成功地制备了向列环宽度为 300nm 的弯曲圆盘状微粒和具有多个尖锐扭结与粗糙轮廓结构的微粒，如图 7.21 所示。通过微流控的方法，可以有效地控制微球的尺寸，Carrick 等（2014）通过微流控的方法，将纤维素溶解在氯化锂/二甲基乙酰胺的混合物中制备了平均内、外半径分别为 29μm、44μm 的微型胶囊颗粒，并应用在药物缓释中。通过微流体的方法可以制备出具有中空形貌结构的细菌纤维素微球，将具有海藻酸盐核和琼脂糖壳的微粒作为模板，包裹能产生 BC 的葡萄糖醋酸杆菌进行长期的静态培养，细菌可以分泌纤维素纤维缠绕在外壳部分从而形成 BC 微粒，且所得 BC 微粒的形貌可以通过微流体改变水凝胶颗粒的核壳结构来进行精准的调控，随后通过热化学方法去除 BC 微粒中的水凝胶模板，从而得到具有中空形貌的 BC 微粒（Yu et al., 2016）。

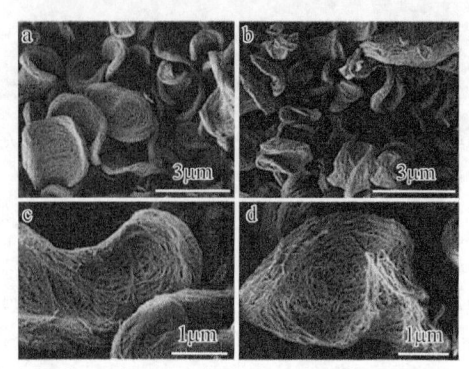

图 7.21　由纤维素纳米晶（a 和 c）和纤维素纳米纤维（b 和 d）经喷雾干燥制备的
微粒的 SEM 照片（Uetani and Yano，2013）

7.3.2　纤维

来源绿色且环保的纳米纤维素材料表面含有丰富的羟基官能团，不溶于水，但能够在水中高度均匀地分散形成稳定的胶体形态。纳米纤维素的悬浮液具有良好的黏稠度和流变性质，这些特性表明纳米纤维素的悬浮液具有通过湿纺工艺来制备宏观纤维的潜质。Iwamoto 等（2011）首次对纤维素纳米纤维进行纺丝，将 TEMPO 氧化法制备的木质和被囊类动物 CNF 悬浮液通过湿法纺丝的方法挤出到丙酮的凝固液中，成功制备得到 CNF 的宏观纤维，其制备装置和所得纤维形貌如图 7.22 所示。使用丙酮凝固浴，在 100m/min 的速度下湿纺 CNF 的悬浮液，所挤出的胶状悬浮液在与凝固液接触后会导致 CNF 悬浮液的外表面逐渐固化，并在溶剂交换作用下将凝固液渗透到挤出 CNF 纤维的内部，从而固化纤维。通过正交偏光镜分析可以发现所得的纤维存在双折射现象，表明纤维中 CNF 沿着纤维轴定向排列，由于黏度不同，相比木质纤维素，具有更高黏度的被囊类动物纤维素所制备的纤维能更好地维持注射器针头的圆柱状形状，且得到的纺丝纤维具有 23.6GPa 的杨氏模量，拉伸强度可达 321MPa，且具有 2.2%的断裂伸长率，此方法表明在合适的条件下通过纺丝纳米纤维素有望获得具有高成型性和机械性能的纤维。通过简单的湿法挤出方法在室温条件下将 CNF 水凝胶挤出到凝固浴中，可制备出一种基于天然 CNF 的功能型宏观纤维和无纺布，所得的宏观纤维表现出优异的机械性能，刚度、强度和韧性分别为 22.5GPa、275MPa 和 7.9MJ/m^3（Olsson et al.，2010）。

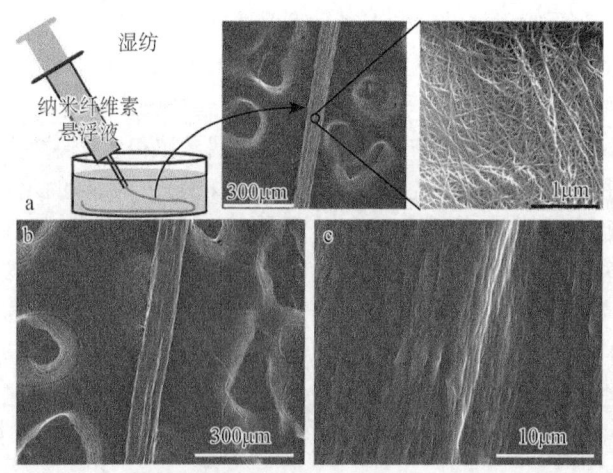

图 7.22　湿法纺丝法制备宏观纤维的示意图和从被囊类 CNF 得到的微观 SEM 照片（a）及
从木质 CNF 得到的纤维 SEM 照片（b、c）（Iwamoto et al.，2011）

7.3.3 薄膜

利用纳米纤维素为基本构筑单元可制备宏观薄膜或纸张材料。由于纳米纤维素在薄膜或纸张中具有较大的堆积密度，并且纳米纤维间存在许多氢键键合的作用，因此所得薄膜具有优异的力学性能，其杨氏模量和抗张强度分别可达 10GPa 和 100MPa。真空抽滤法是一种常用的制备纤维素薄膜的方法，具有简单和快速等优点。如图 7.23 所示，通过简单的真空抽滤方法将分布均匀的纤维素原料抽滤成型，再通过不同的干燥手段（热压干燥、冷压干燥或真空干燥）制备出纤维素薄膜。通过将纤维素水悬浊液在小孔径的聚合物膜上进行抽滤，再对抽滤所得的滤饼进行热压真空干燥，所得的纳米纸展现出较高的强度（232MPa）和杨氏模量（13.4GPa），并具有优异的光学透明度（波长在 600nm 处的透光率为 42%）和表面平整度（表面粗糙度为 21.9nm）。此外，通过此种方法同样制备了含有 50wt%无机纳米颗粒的纤维素纳米纸（Sehaqui et al.，2010）。以 TEMPO 氧化的木质纤维素悬浮液为原料，采用铸涂的方法将其涂覆在玻璃板表面并经过干燥得到高雾度的透明纤维素薄膜，所得到的薄膜由于较高的堆积密度，具有高达 90%的透光率和高达 78%的可调漫射透光率（Wu et al.，2015）。

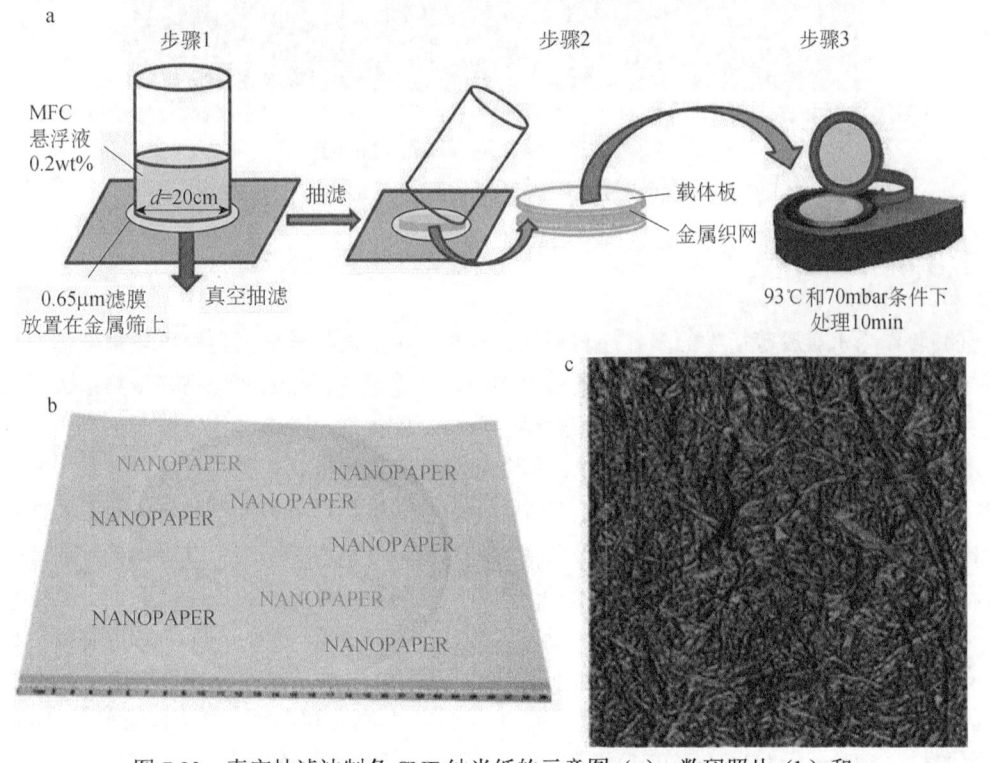

图 7.23 真空抽滤法制备 CNF 纳米纸的示意图（a）、数码照片（b）和表面 AFM 照片（c）（Sehaqui et al.，2010）

d. 直径；MFC. 微纤化纳米纤维素；1mbar=10^{2}Pa

通过简单的涂布方法将 TEMPO 氧化纳米纤维素放置在 60mm 的培养皿中后在室温下形成湿的薄膜，随后将纳米纤维素悬浮液滴涂在上述的湿膜上，经室温干燥后形成高透明的纤维素薄膜，所得薄膜的透光率和雾度分别可以达到 85%和 62%（Yang et al.，2018）。此外，将纤维素纳米纤维在水中搅拌分散，经真空过滤和热压后可得到光学透明纸。透明纸是可折叠的，具有低的热膨胀系数（<8.5×10⁻⁶/K），且其化学成分与传统的常规纸张相同，而只是降低了构筑单元和纤维间孔径的尺寸，如图7.24所示。光学透明的纳米纤维纸可以完美匹配连续卷对卷加工的基材，具有替代玻璃基底的潜力（Nogi et al., 2009）。

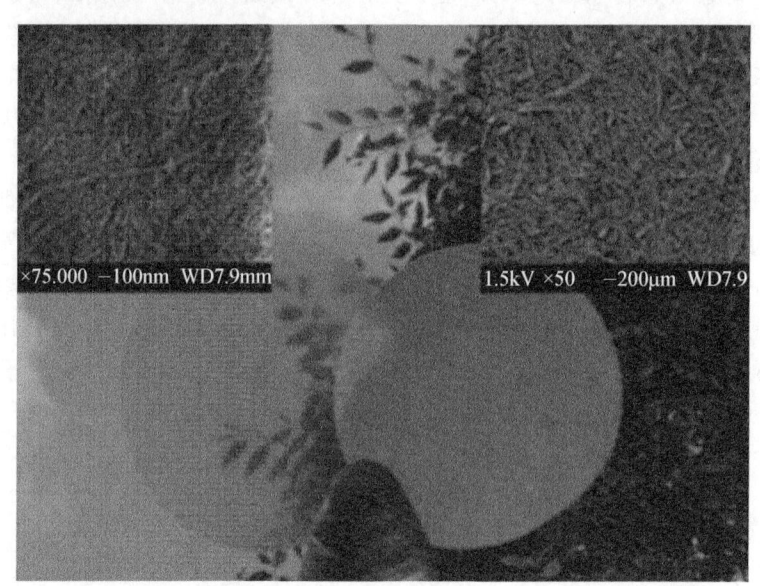

图7.24 由15nm CNF 组成的光学透明纳米纤维纸（左）和由30μm 纸浆纤维组成的纤维素纸（右）（Nogi et al., 2009）

左、右两幅小插图分别对应左、右两张膜的微观结构展示（SEM图）

7.3.4 气凝胶

气凝胶作为水凝胶等衍生的多孔超轻材料，水凝胶中的液体成分经特殊手段被气体取代，同时保持水凝胶中的三维网状结构。由于其密度超小、孔隙率高、比表面积高和传热系数低而受到广泛关注（Aulin et al., 2010），在分离、热学、吸附、催化剂、光电、传感器或生物医学等方面具有潜在的应用前景。传统的气凝胶有以二氧化硅为代表的无机气凝胶和合成聚合物类的有机气凝胶，纤维素气凝胶是新的气凝胶种类，在性能上兼具纤维素材料和气凝胶材料两者的优点，且与无机气凝胶相比具有更好的韧性，具备合成气凝胶所不具备的生物相容性等优势。通常，纤维素气凝胶可以通过临界点干燥或特定的冷冻干燥方法来制备，其结构和性能既取决于气凝胶前驱体的水凝胶，也取决于制备工艺（Sehaqui et al., 2011；Saito et al., 2011；Fumagalli et al., 2013）。由于CNF具有长径比高、柔韧性好和表面基团丰富等特点，其在冷冻干燥的过程中会通过相互间氢键的连接，形成稳定、牢固的纤维网络，进而得到高强度、高孔隙率（99.9%）和低密度（1mg/cm³）的气凝胶材料（Jiang and Hsieh, 2014）。通过调整冷冻干燥的方案，可以制备得到具有约0.02g/cm³密度、不同比表面积（20～70m²/g）和孔隙率（98%～98.7%）的气凝胶材料（Rees et al., 2015）。通过冷冻干燥的方法，Pääkkö等（2008）采用高长径比的纤维素Ⅰ型纳米纤维作为气凝胶的骨架，使其具有足够的强度来抵抗溶剂萃取过程中的崩塌，整个制备过程不需要交联、溶剂交换或临界干燥等策略，最终得到具有高强度和柔韧性的气凝胶材料。如图7.25所示，所得气凝胶展示出98%的高孔隙率、约0.02g/cm³的低密度及约70%的高压缩应变，且通过改变冷冻干燥条件，所得气凝胶的结构也可以从纳米纤维结构调整为具有分级结构的微/纳米形态的片状骨架结构。

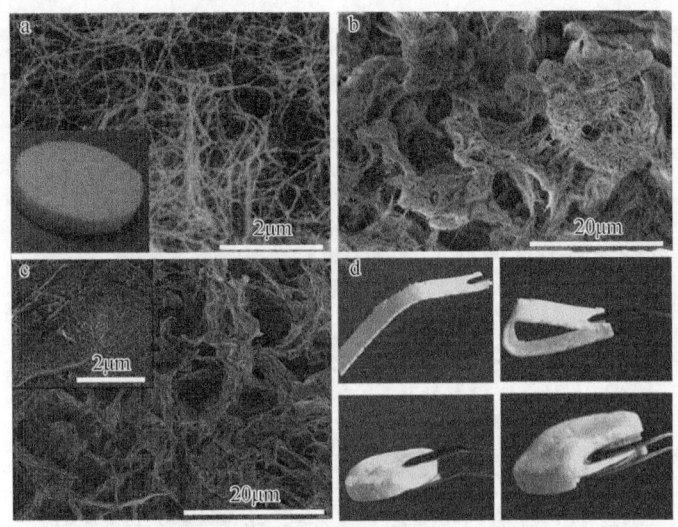

图 7.25 通过冷冻干燥法制备的 CNF 气凝胶的 SEM 照片（a～c）和
不同尺寸下的照片展示（d）（Pääkkö et al., 2008）

通过渗透溶胶凝胶和冷冻干燥的方法制备了具有互穿网络结构的细菌纤维素和二氧化硅复合气凝胶材料，由于其具有互穿结构，所得气凝胶材料具有优异的力学性能且其比表面积高达 534.5g/cm³，热导率低至 0.0369W/(m·K)（Sai et al., 2014）。金属有机框架（MOF）也可以同 CNC 混合制备气凝胶，将 CNC 同 MOF 按照一定的质量比混合，以正交功能化的纤维素为基础，可以轻松实现高达 50wt% 的 MOF 含量，通过将三种不同类型的 MOF 嵌入基于 CNC 的气凝胶中，可以有效保留 MOF 的结晶度和功能，其良好的吸附特性展示了其在水处理中的应用前景（Zhu et al., 2016）。

7.4　纳米纤维素基产品的应用

在过去的 10 年里，作为一种可再生且独特的生物聚合物纳米材料，纳米纤维素在科学界和商业界被广泛用于构建光电、能源和环境设备。2013 年，全球纳米纤维素（包括 CNF、CNC 和 BC）的估计产能约为 600t/年，未来全球市场潜力估计为 3500 万吨/年（Arvidsson et al., 2015）。

7.4.1　纳米复合材料

CNC 因具有超高的机械强度而被首次报道作为纳米复合材料的增强填料使用（Favier et al., 1995）。通过各种配位杂化策略开发了许多基于 CNF/CNC 的新型纳米复合材料（Merindol et al., 2015; Saito et al., 2014; Wang et al., 2014; Hamedi et al., 2014; Laaksone et al., 2011; Mckee et al., 2014; Mckee et al., 2014; Majoinen et al., 2014; Malho et al., 2015; Janeček et al., 2015）。使用被囊类动物 CNC 作为基本构筑模块，开发了一种构建聚合物纳米复合材料的通用方法（图 7.26）（Capadona et al., 2007）。在此过程中，首先通过纳米纤维素水分散液与水溶性溶剂进行溶剂交换，凝胶化形成纳米纤维素模板。然后，将凝胶化的纳米纤维素骨架放入聚合物溶液中，该溶液可以与凝胶溶剂混溶，但不会重新分散纳米纤维素。接下来，对复合凝胶进行干燥和压缩成型，得到均匀的纳米纤维素/聚合物复合材料。由于在纳米复合材料中形成了连续的纳米纤维素网络，所得纳米复合材料的剪切模量从纯环氧乙烷-环氧氯丙烷共聚物（EO-EPI）的1.3MPa快速增加到优化纳米纤维素/EO-EPI复合材料的300MPa。

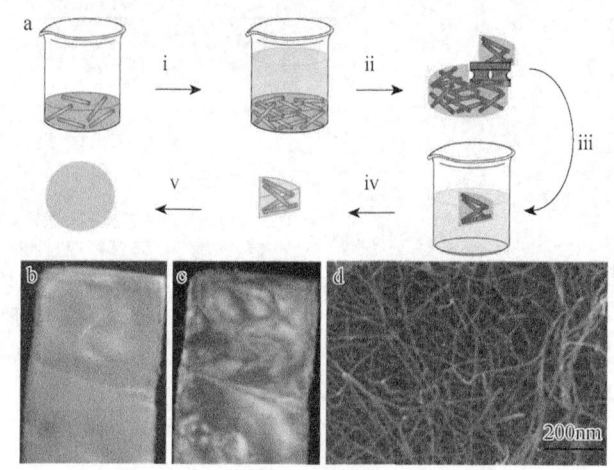

图7.26 通过CNC模板法制备复合材料（Capadona et al.，2007）
a. 均匀分散CNC/聚合物复合材料的模板法制备示意图[在没有任何聚合物的情况下，向CNC分散液中添加非溶剂（i）；溶剂交换促进CNC凝胶的自组装（ii）；将CNC凝胶支架浸入聚合物溶液中（iii），然后将CNC凝胶干燥（iv）并压实（v）]。b. 所制备CNC气凝胶的数码照片。c. 由b通过交叉偏振片成像的照片。d. 材料的SEM照片

海参真皮层能够通过纳米纤维排列的动态调节来快速和可逆地改变其内部真皮层的刚度，受其启发，开发出具有化学响应性和机械适应性的刺激响应聚合物与纳米纤维素的纳米复合材料（Capadona et al.，2008）。这些复合材料在接触化学调节剂时，拉伸模量可逆地降低为原来的1/40，而在模拟生理条件下，通过使用具有热转变的主体聚合物实现了1.6~4200.0MPa的模量变化。

纳米纤维素也是构筑功能型气凝胶/泡沫的优良原材料（Svagan et al.，2008；Kettunen et al.，2011；Tian et al.，2016；Korhonen et al.，2011；Khan et al.，2016；Hamedi et al.，2013）。将通过冷冻干燥的BC气凝胶作为模板制备磁性气凝胶，并将其进一步压实成坚硬的磁性纳米纸（图7.27）（Olsson et al.，2010）。使用厚度为20~70nm的BC水凝胶作为铁磁性纳米颗粒（直径为40~120nm）的非团聚生长模板，制备了轻质、高孔隙率（孔隙率可达98%）的磁性气凝胶。气凝胶可以由小型家用磁铁驱动，并能在压缩时周期性地吸收和释放水分。通过将木质CNF与氧化石墨烯（GO）相结合，通过冷冻干燥由CNF悬浮液、GO和海泡石纳米棒组成的混合物制备了具有隔热和阻燃性能的轻质各向异性泡沫（Wicklein et al.，2015）。泡沫显示出均匀排列的管状多孔结构，每个组分在壁内均匀分布，且没有任何的聚集体存在。这些超轻泡沫表现出优异的阻燃性，热导率仅为15mW/（m·K），约为膨胀聚苯乙烯的一半。在30℃和85%的相对湿度下，所得泡沫的强度可以保持其初始强度的一半以上。

7.4.2 光学应用

纳米纤维素细长的尺寸特征（小于可见光波长）和高的机械性能与热性能，赋予了其在光学领域的广阔应用前景。透明的CNF薄膜（通常称为纳米纸）是在CNF紧密堆积时产生的，并且CNF之间的间隔足够小，有效避免了光散射的产生（Okahisa et al.，2011，2009）。

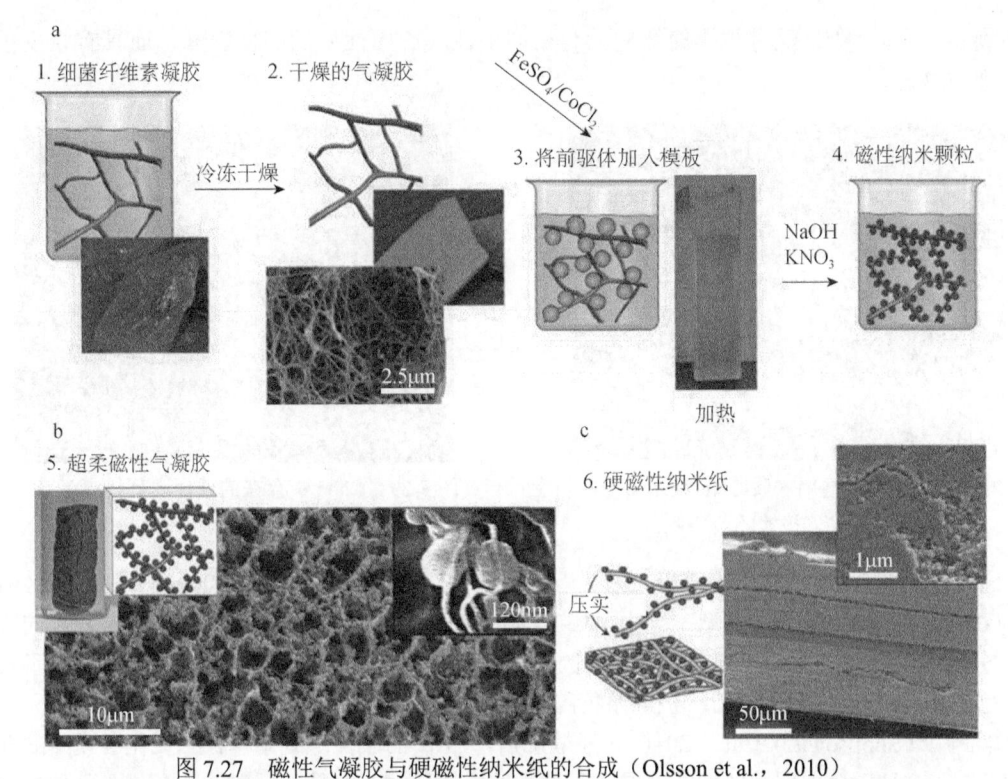

图 7.27 磁性气凝胶与硬磁性纳米纸的合成（Olsson et al., 2010）

a. 磁性纳米颗粒合成步骤示意图；b. 含铁磁性纳米颗粒的孔隙率为 98% 的磁性气凝胶的 SEM 照片（左：气凝胶的照片和示意图，右：纳米颗粒包裹着 CNF）；c. 干燥和压缩后的硬磁性纳米纸的 SEM 照片

因此，基于 CNF 的光学材料具有高光学透明度、优异的柔韧性和低热膨胀性。与由较大尺寸的纤维素纤维组成的薄膜相比，由较小直径的 CNF 制成的 CNF 薄膜由于其更密集的 CNF 堆积而通常具有更好的光学透明度，且密度高，可见光通过的阻力较低。此外，CNF 的直径、取向、聚集程度、孔隙率、水分等其他参数都会影响 CNF 纸的机械性能（Benitez and Walther, 2017）。15nm 宽的木材 CNF 可用于生产具有高透明度（600nm 波长下透光率为 71.6%）、高机械性能和低热膨胀系数（8.5×10^{-6}/K）的薄膜（Nogi et al., 2009）。TEMPO 氧化法制备的宽度为 3～4nm 的 CNF 用于制备透明的 CNF 薄膜（Fukuzumi et al., 2009）。所制备薄膜的厚度约为 20μm，显示出高的透明度，在 600nm 处的透光率大于 75%。一种基于 BC 的纳米复合材料的光学透明薄膜同样被成功制备（Ifuku et al., 2007；Yano et al., 2005；Brown, 1886；Nogi et al., 2006）。在这个体系中，BC 的网络结构完全被透明树脂所填充。与纯的树脂相比，添加 70wt% BC 的复合材料仅损失 8% 的透光率，并且复合材料具有低的热膨胀系数（类似于硅晶体）和高的机械强度。此外，通过在透明的基于 CNF 的基底上沉积电致发光层，可以将 CNF 基材料功能化为有机发光二极管面板（图 7.28）（Yano et al., 2005；Brown, 1886；Okahisa et al., 2009）。

浓度为 3wt%～7wt%（或更高）的棒状 CNC 分散液（悬浮液）可以组装成液晶结构，并始终表现出左手手性向列行为（图 7.29）（Meseck et al., 2017；Lagerwall et al., 2014）。当上述 CNC 分散液干燥后，这种手性向列纹理可以保留在固体薄膜中，且薄膜可以选择性地反射波长与薄膜的螺距（具有相同 CNC 方向的两个平面之间的距离）相匹配的偏振光。这种效应不同于从平面镜反射的圆偏振光，其中入射光在反射时具有 180°的相移并导致螺旋向的改变（Wilts et al., 2014；Palffy-Muhoray, 1998）。向列结构的反射光呈现出原始的旋向性（螺旋体层的旋转方向），即只反射与螺旋结构具有相同手性（旋向性）的圆偏振光，而具有相反手性的光则被透过。

图 7.28　沉积在柔性透明木质 CNF 纳米复合材料上的有机发光二极管的数码照片

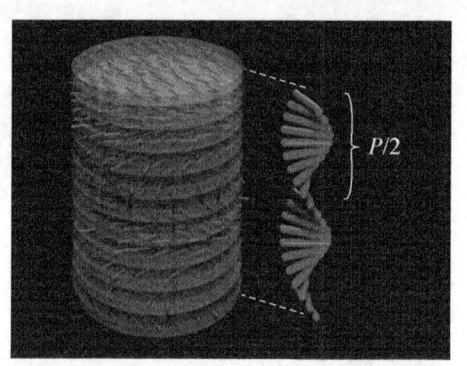

图 7.29　CNC 中存在的手性向列排序示意图（P 为螺距）（Meseck et al., 2017）

通过使用向列型 CNC 作为模板开发了一系列具有彩虹色的光学材料（Shopsowitz et al., 2010; Kelly et al., 2013）。在一个典型工艺中，如硅酸四甲酯和聚合物等作为前驱体，被整合到向列型 CNC 分散液中，通过蒸干溶剂来形成均匀的薄膜。接着，在从材料中去除 CNC 后，获得了具有彩虹色的介孔薄膜。通过煅烧上述得到的手性向列结构的二氧化硅/CNC 复合薄膜，得到介孔二氧化硅薄膜（Shopsowitz et al., 2010）。经煅烧后，CNC 的手性螺旋结构被二氧化硅膜中的介孔结构复制。这种手性周期性结构能够导致可见光的手性反射，并且其反射波长在整个可见光谱和近红外区域可以进行调节（图 7.30a～c）（Shopsowitz et al., 2010）。此外，这种介孔材料通过孔隙渗透、表面改性或引入硬质模板进行功能化可以显示出各种各样的结构色（Kelly et al., 2014; Giese et al., 2015）。另一种制备介孔薄膜的方法是去除复合材料的基体，从而形成介孔光子纤维素薄膜。一种超分子共模板的方法被用来制备介孔光子纤维素膜（Giese et al., 2014）。在尿素-甲醛前驱体存在下，通过溶剂蒸发自组装 CNC 分散液来合成由 CNC 和脲醛树脂组成的手性向列复合膜。在经过热固化和用 KOH 处理除去尿素-甲醛后，得到了具有彩虹色和不溶性的介孔光子纤维素薄膜。由于薄膜在膨胀时可以显示出快速且可逆的颜色变化，薄膜被用于开发压力传感器（图 7.30d）。

7.4.3　电子器件应用

CNF 本身不导电，但 CNF 易于与其他导电元件结合形成电子器件（图 7.31）。多种导电材料，如银纳米线、石墨烯和碳纳米管（CNT）等，可以通过真空抽滤的方法形成或沉积在 CNF 衍生的纳米纸上（Koga et al., 2014; Yan et al., 2014）。在这些导电 CNF 纳米纸中，CNF 层充当透明的柔性基底，而导电材料网络提供导电性。此外，由于导电网络嵌入在表面层中，因此所得体系的 CNF 层是稳定的，并能提供恒定的电导率（图 7.31a～c）。利用层层自组装方法可制备导电的 CNC/GO 纳米纸（Xiong et al., 2016），所制备的纳米纸具有透明特性，且极限应力为（490±30）MPa，杨氏模量为（59±12）GPa，韧性为（3.9±0.5）MJ/m³。高还原 GO 含量的纳米纸表现出高电导率，约为 5000S/m。除作为电路应用外，基于 CNF 的材料也被组装为具有压阻特性的纳米纸（图 7.31d 和 e）（Yan et al., 2014）。一种自支撑且柔韧的褶皱 CNF-石墨烯纳米纸被开发出来，与松散组装的石墨烯薄膜相比，其机械强度显著提高。此外，将其嵌入弹性体基体中，可以产生 100% 的高度可拉伸应变，远高于 CNF-石墨烯膜（6%）。

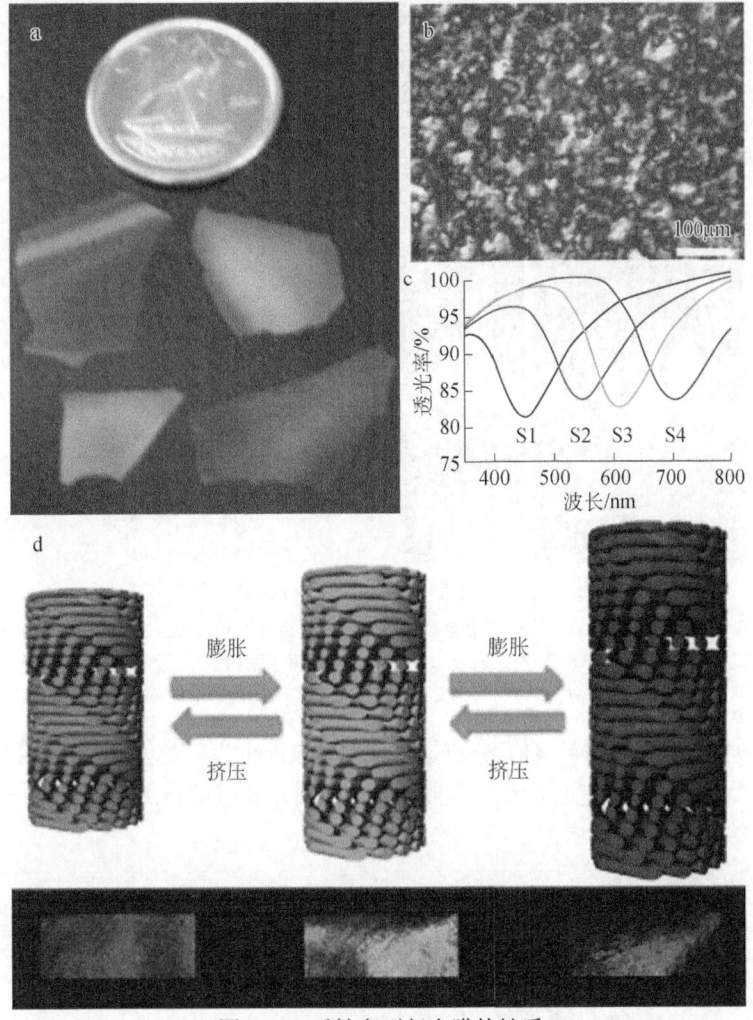

图 7.30 手性向列复合膜的性质

a. 复合薄膜煅烧后得到的不同颜色的介孔二氧化硅薄膜；b. 煅烧获得的介孔二氧化硅膜的偏光显微镜照片；c. 介孔二氧化硅薄膜的透射光谱（S1～S4 为具有不同 CNC 含量样品的编号）（Shopsowitz et al., 2010）；d. 纤维素薄膜在膨胀或挤压时的高柔韧性和快速颜色响应（Giese et al., 2014）

CNF 也可以与导电材料整合制备导电气凝胶（Pääkkö et al., 2008；Wang et al., 2013）。通过在 CNF 气凝胶上沉积单壁碳纳米管，开发了一种导电 CNF 气凝胶（Toivonen et al., 2015）。这种导电的 CNF 气凝胶可以进一步被压缩成透明、导电和柔性的导电膜（550nm 处的镜面透光率为 90%，在 $AuCl_3$ 盐掺杂时的薄层电阻为 300Ω/sq）。一种轻质 CNF/CNT 气凝胶被开发出来，当气凝胶中 CNF 的含量为 75wt%时，气凝胶的密度约为 0.01g/cm³，所得气凝胶具有机械响应电导率（图 7.32）（Wang et al., 2013）。0.1bar（1bar=10^5Pa）的压力变化会引起 10%的电阻相对变化。在惰性气氛下热解 CNF 气凝胶并转化为碳气凝胶是制备导电气凝胶的另一种策略。据报道，BC 气凝胶热解可以生成超轻碳气凝胶（Liang et al., 2012；Wu et al., 2013）。且相应的碳气凝胶具有三维网络结构，凝胶中直径为 10～20nm 的碳纳米纤维相互连接，交互的网络结构使得气凝胶具有更强的机械强度和导电性（Wu et al., 2013）。当这种碳气凝胶被逐渐压缩时，电阻随压缩应变从 0 到 70%几乎呈线性下降。闭路实验证实了电流随压缩应变的连续变化和这种碳气凝胶的高可逆性。通过用聚合物树脂填充碳气凝胶的孔隙，可以进一步提高碳气凝胶的拉伸性。例如，聚

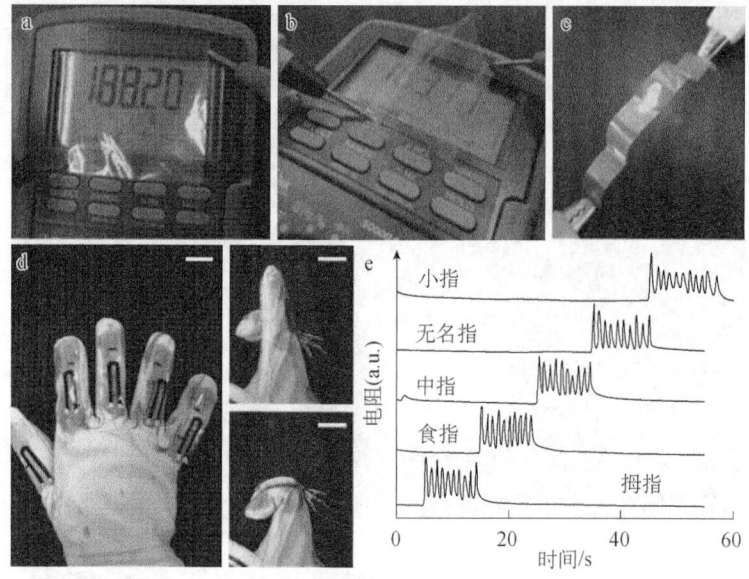

图 7.31 导电纳米纸的性质（Yan et al.，2014）

a. 折叠前导电纳米纸的电阻值（约 188Ω）；b. 折叠后导电纳米纸的电阻值（约 184Ω）；c. 点亮在山峰和山谷式折叠的银纳米线复合纳米纸之间的绿色发光二极管（Koga et al.，2014）；d. 用于手指运动检测的可穿戴应变传感器及穿戴 5 个传感器的手套照片，比例尺为 2cm；e. 5 个独立应变传感器的相对电阻变化

二甲基硅氧烷/碳气凝胶复合材料（Liang et al.，2012）表现出优异的力学-电学稳定性，具有高的电导率（0.20~0.41S/cm）和超过 80% 的拉伸性能。即使在 80% 的最大应变条件下进行 1000 次拉伸循环后，这种复合材料也仅增加了约 10% 的电阻。

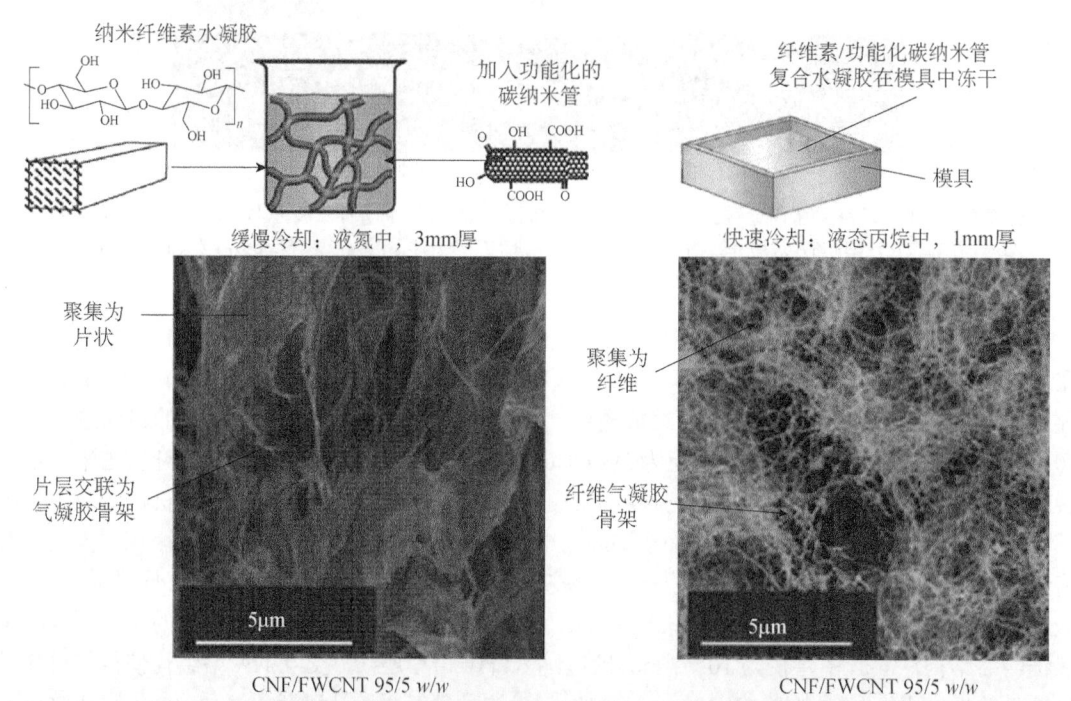

图 7.32 CNF/CNT 导电气凝胶的制备流程图和 SEM 照片（Wang et al.，2013）

CNF/FWCNT 95/5 w/w 表示纳米纤维素与功能化碳纳米管的比例为 95 : 5

7.4.4 能量储存和转化应用

CNF 在储能和转化领域也受到广泛关注，可被应用在超级电容器、锂离子电池、锂-硫电池、钠离子电池和太阳能电池中（图 7.33 和图 7.34）。与在电子设备中对 CNF 的需求类似，用于能源相关用途的 CNF 同样需要与活性电化学材料组合，如 CNT（Niu et al.，2014；Kang et al.，2012）、石墨烯（Zheng et al.，2017；Gao et al.，2013）和导电聚合物（Wang et al.，2013，2014，2015，2016）。一些常用的方法，如真空过滤、液相混合、原位聚合、层层自组装、烘箱干燥、冷冻干燥和超临界干燥等已被用于制造这些纳米复合材料（Niu et al.，2014；Wang et al.，2013，2016）。共价交联的 CNF 气凝胶被用作骨架，通过层层自组装沉积 CNT 电极和隔膜（Nystr et al.，2015）。CNF 气凝胶随着电极、隔膜和电极的顺序沉积而逐渐增厚。通过这种方法制备了一系列基于 CNF 的超级电容器，如可逆压缩三维网络结构的超级电容器及由六氰基铁酸铜插层离子正极和 CNT 负极组装的三维结构混合电池。这些器件表现出稳定的循环性能，并且可以弯曲、压缩和制成各种形式。例如，具有三维结构的超级电容器在 400 次循环中稳定运行，表现出 25F/g 的电容，即使在高达 75%的压缩率下也可以正常运行（Nystr et al.，2015）。此外，CNF 可以与活性材料组合以开发基于薄膜的储能装置（Zheng et al.，2013；Nystr et al.，2009；Wang et al.，2015；Razaq et al.，2012；Choi et al.，2014；Cho et al.，2015）。基于组合式隔膜/电极组装系统设计了一种异质层薄膜电池，该器件由 CNF 隔膜和 CNT 网状复合活性材料电极组成（图 7.33a）（Choi et al.，2014）。CNF 隔膜有助于电极/隔膜界面的紧密接触连接，并赋予电池在形状上的灵活性和安全性，堆叠的正极/隔膜和负极/隔膜确保了电池优异的电化学性能。通过用 CNF 隔膜组装 CNF/CNT 混合电极（Cho et al.，2015），设计了一种具有超高能量密度的异质可充电纸状电池，并展示了纸鹤形状的可折叠性（图 7.33b）。

另一种制备基于 CNF 的电极的策略是热解法，通过热解可以将 CNF 转化成碳材料。经热解得到的碳材料具有超低的表观密度、高的比表面积和高的电导率（Liang et al.，2012；Chen et al.，2016）。并且这些碳材料可以通过活化（Shan et al.，2016；Chen et al.，2013；Long et al.，2014）、杂原子掺杂（Chen et al.，2013，2014）或用活性材料修饰（Long et al.，2014；Lai et al.，2016）等方法来进一步功能化。例如，BC 泡沫已被用于制造具有三维结构的碳气凝胶，通过加载二氧化锰和掺杂氮的策略进行修饰，可分别作为正极材料和负极材料，如图 7.33c 和 d 所示（Chen et al.，2013）。所得超级电容器可以在 2.0V 的工作电压下在 1.0mol/L 硫酸钠水性电解质中进行可逆充放电，并提供 32.91W·h/kg 的高能量密度和 284.63kW/kg 的最大功率密度。这种器件还具有良好的循环稳定性，在经 2000 次的连续循环后仍能保持约 95.4%的容量（图 7.33d）。

由 CNF 衍生的碳材料也已被用于储能装置的多功能电极开发，如锂离子电池（Wang et al.，2013）、锂-硫电池（Pang et al.，2015；Huang et al.，2015；Li et al.，2017）和钠离子电池（Zhu et al.，2017；Wang et al.，2016，2017）等储能装置。通过向 BC 衍生的碳气凝胶中掺入二氧化锡（SnO_2）和（或）锗纳米颗粒进行功能化，制得了锂离子负极材料。这种复合材料能够有效提高电池包括比容量和循环稳定性在内的电化学性能（图 7.33e）（Wang et al.，2013）。即使在 100mA/g 的电流密度下循环 100 次后，仍保持约 600mA·h/g 的可逆比容量，约为石墨理论容量的 2 倍。相比之下，纯的 SnO_2 电极仅能提供小于 100mA·h/g 的比容量。电极所表现的出色性能归功于纳米颗粒状的活性材料在材料中的均匀分散及相互连接的导电碳纳米纤维提供的整体导电网络结构。这些协同效应确保了电子在整个电极中的传输路径，并且材料中相互连接所产生的孔隙促进了锂离子的快速扩散。

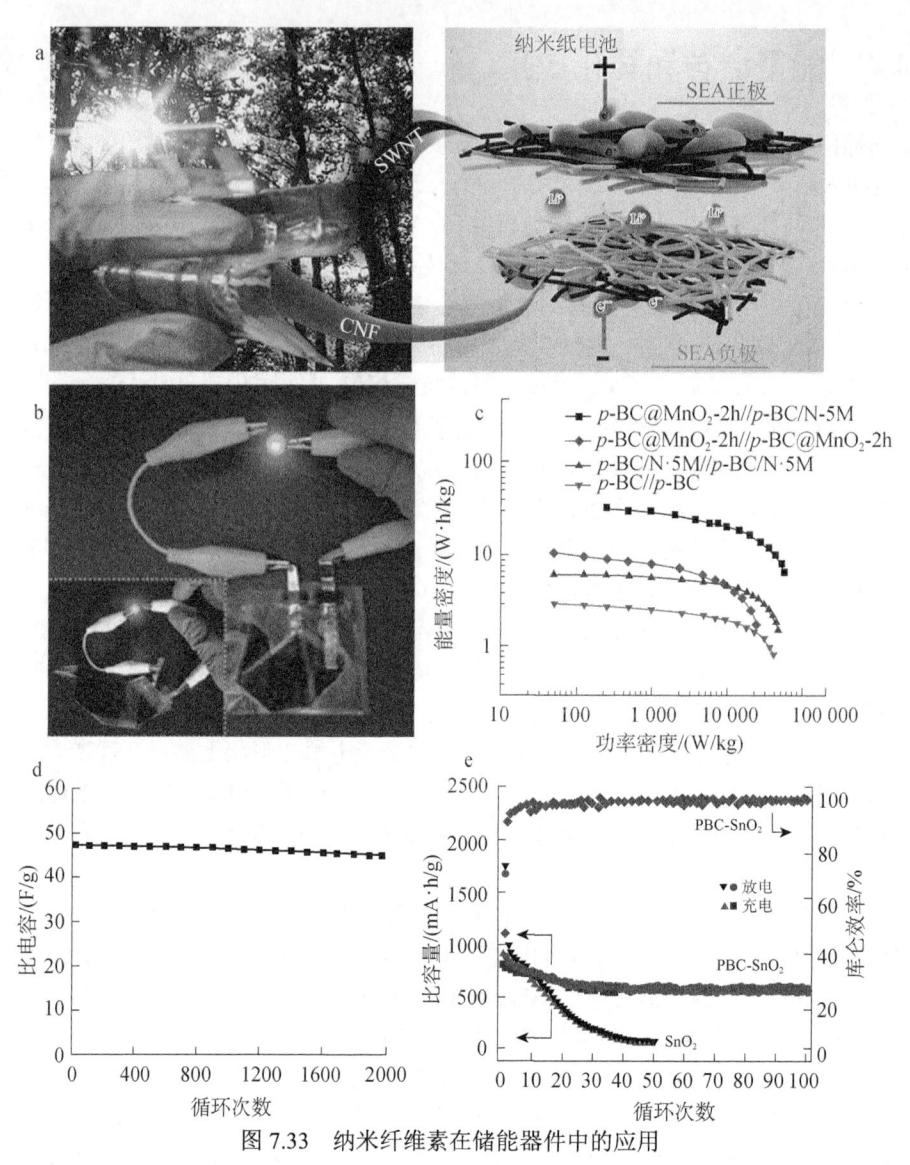

图 7.33　纳米纤维素在储能器件中的应用

a. 隔膜/电极（SEA）的组装示意图（SWNT 为单壁碳纳米管）（Choi et al., 2014）。b. 纸鹤形状的异质纸电池的数码照片（Cho et al., 2015）。c. 超级电容器的拉贡图（p-BC 为碳气凝胶，p-BC/N 为氮掺杂碳气凝胶，p-BC@MnO$_2$ 为负载 MnO$_2$ 后的碳气凝胶，图 c 中为以不同材料为正负极构筑的对称和非对称超级电容器件，//左侧为正极、右侧为负极；2h 表示 p-BC 膜在 0.1mol/L KMnO$_4$ 或 0.1mol/L K$_2$SO$_4$ 中的浸泡时间；5M 表示反应中尿素的浓度为 5mol/L）。d. 在电流密度为 4.0A/g 下的非对称超级电容器的循环性能（Chen et al., 2013）。e. 碳气凝胶/SnO$_2$ 复合材料和 SnO$_2$ 纳米颗粒在 100mA/g 下的循环性能比较（PBC 为热解碳气凝胶）（Wang et al., 2013）

太阳能电池是 CNF 材料开发的另一个新兴领域（Ivanova et al., 2014；Zhou et al., 2013）。CNF 纳米纸具有大的前向光散射，增加了光路长度，可以使得活性功能层中拥有更多的光吸收（图 7.34a）（Hu et al., 2013）。通过将 CNF 与银纳米线复合制备了光学透明和导电的纳米纸，并进一步组装成太阳能电池，表现出 3.2%的高功率转换效率（图 7.34b）（Nogi et al., 2015）。由于 CNF 和银纳米线之间的高亲和力与高度交缠结构，透明导电纳米纸保持了高导电性，太阳能电池在折叠和展开时仍然能够产生电能。另外，在光学透明的 CNC 基底上制造太阳能电池也同样被报道（图 7.34c 和 d）（Zhou et al., 2013）。这种太阳能电池在黑暗中显示出适当的整流，能达到 2.7%的功率转换效率，并且可以在室温下被快速地分离和回收。

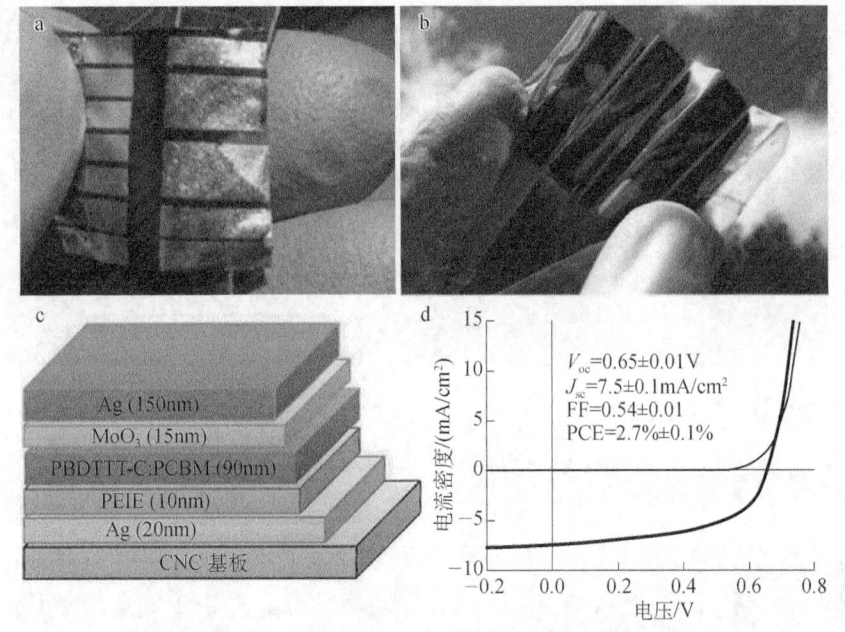

图7.34 纳米纤维素在太阳能电池中的应用

a. 导电CNF纳米纸上的有机太阳能电池（Hu et al., 2013）；b. 基于可折叠透明导电CNF纳米纸的太阳能电池（Nogi et al., 2015）；c. H_2SO_4水解CNC基板上太阳能电池的器件结构：CNC/Ag/PEIE/PBDTTT-C:PCBM/MoO$_3$/Ag，其中，PBDTTT-C:PCBM为[4,8-双取代-（1,2-b:4,5-b'）苯并二噻吩]-（2,6-取代并噻吩）聚合物:富勒烯衍生物，PEIE为乙氧基化聚乙烯亚胺；d. 在黑暗（细线）和95mW/cm^2、AM1.5照明（粗黑线）下，CNC基板上太阳能电池的电流密度-电压特性（V_{oc}为开路电压，J_{sc}为短路电流密度，FF为填充因子，PCE为功率转换效率）（Zhou et al., 2013）

7.4.5 环境应用

紧密缠结和堆砌的CNF能够使CNF薄膜直接用作与环境净化相关的过滤膜。由于CNF膜的孔径小于大多数的纳米颗粒，其已被用于通过尺寸排除效应来过滤如无机纳米颗粒、细菌和病毒等纳米颗粒（图7.35a和b）（Metreveli et al., 2014）。CNF膜的孔径和孔隙率可以通过交联（Quellmalz and Mihranyan, 2015）、热压（Gustafsson and Mihranyan, 2016）和减小膜厚度（Gustafsson et al., 2016）来优化。CNF可以进一步与其他组分相结合，如GO（Zhu et al., 2017）和丝素蛋白（Xiong et al., 2017），以生成水净化膜。据报道，自发形成的特殊"烤肉串"纳米结构具有沿CNF直线段周期性排列的丝素蛋白域（图7.35c和d）（Xiong et al., 2017）。这些"烤肉串"纳米结构的形成是由沿CNF的异质（β折叠和无定形丝）域的优先组织促进的，这是由晶体平面轴向分布的调节、氢键和疏水相互作用驱动的。纳米多孔膜具有高达$3.5×10^4$L/（h·m^2·bar）的水通量，且对各种有机分子和金属离子具有高的截留率（图7.35e）（Xiong et al., 2017）。

CNF衍生材料也被广泛用于油/水分离研究中。CNF衍生的气凝胶/泡沫由于其高孔隙率且含有丰富的羟基，因而具有超亲水性。在油/水分离过程中，水可以迅速扩散并渗透到材料内部。饱和吸收后，孔隙中充满了水，这将大大减少油滴与CNF衍生材料表面间的接触亲和性（Wang et al., 2017）。这种效应起到了排斥和阻隔油的作用，使油/水分离成为可能。CNF/壳聚糖纳米复合泡沫被用于油/水分离（Wang et al., 2017），复合泡沫的水通量达到3.8L/（m^2·s），300mL煤油/水混合物（40% V/V）的整个分离过程在60s内完成，且所有的油都被拦截。由于碳的强吸附性和疏水特性，CNF衍生的碳气凝胶也可用于从水中吸附有机溶剂和油污（Wu et al., 2013；Chen et al., 2016）。BC衍生的碳气凝胶可以吸收比自身质量高106~312倍的有机污染物和油污（图7.35f）

图 7.35 纳米纤维素在环境中的应用

a. 用于去除纳米颗粒的 CNF 纳米纸过滤器示意图（Metreveli et al.，2014）；b. 使用 CNF 纳米纸去除 20nm 金纳米颗粒：过滤前（左）和过滤后（右）的溶液；c. 使用 CNF 纳米纸过滤器去除 20nm 金纳米粒子后的 SEM 照片（Gustafsson et al.，2016）；d. CNF 表面周期性组装的骨架模型；e、f. 过滤罗丹明 6G 前（e）和后（f）的 CNF 数码照片（Xiong et al.，2017）；g. 一块 BC 衍生的碳气凝胶从水中吸收汽油的数码照片（Wu et al.，2013）；h. 一块木质 CNF 衍生的碳气凝胶从水中吸收氯仿的数码照片（Chen et al.，2016）

（Wu et al.，2013）。CNF 衍生的碳气凝胶显示出显著的吸收各种油和有机溶剂的能力，质量增加 7422wt%～22 356wt%（图 7.35g）（Chen et al.，2016）。此外，碳气凝胶可以通过各种方法回收，如挤压、燃烧和蒸馏。由于其优异的热稳定性和较好的机械性能，碳气凝胶即使在极端条件下（如极端温度和腐蚀性液体中）也能保持较佳的吸附性能（Chen et al.，2016；Wu et al.，2014）。

纳米纤维素作为地球上储量最为丰富的生物质高分子材料，具有环境友好、机械性能优异等特征，经过修饰和组装后具有多功能性，受到人们的广泛关注。纳米纤维素已经成功被用来组装成微粒、纤维、纳米纸/薄膜和各种三维材料（如凝胶、泡沫、支架和 3D 打印结构等）。其中，微粒是很好的药物和细胞载体；纤维可用于编织网络结构；纳米纸/薄膜可以被广泛应用在光电器件、水过滤、电池基底材料中；三维块体材料则在无机模板、油/水分离、复合材料、储能系统等领域得到广泛开发。除直接利用纳米纤维素组装功能型材料外，也可以将纳米纤维素同其他材料进行组合以提高材料的最终性能和品质，继续扩宽纳米纤维素在不同领域中的应用。

主要参考文献

Abe K. 2016. Nanofibrillation of dried pulp in NaOH solutions using bead milling[J]. Cellulose, 23 (2): 1257-1261.

Abe K, Iwamoto S, Yano H. 2007. Obtaining cellulose nanofibers with a uniform width of 15 nm from wood[J]. Biomacromolecules, 8 (10): 3276-3278.

Abe K, Yano H. 2009. Comparison of the characteristics of cellulose microfibril aggregates of wood, rice straw and potato tuber[J]. Cellulose, 16 (6): 1017-1023.

Abe K, Yano H. 2010. Comparison of the characteristics of cellulose microfibril aggregates isolated from fiber and parenchyma cells of Moso bamboo (*Phyllostachys pubescens*) [J]. Cellulose, 17 (2): 271-277.

Araki J, Wada M, Kuga S, et al. 1998. Flow properties of microcrystalline cellulose suspension prepared by acid treatment of native cellulose[J]. Colloids and Surfaces A: Physicochemical and Engineering Aspects, 142(1): 75-82.

Arvidsson R, Nguyen D, Svanstr M M. 2015. Life cycle assessment of cellulose nanofibrils production by mechanical treatment and two different pretreatment processes[J]. Environmental Science & Technology, 49 (11): 6881-6890.

Aulin C, Ahola S, Josefsson P, et al. 2009. Nanoscale cellulose films with different crystallinities and mesostructures-their surface properties and interaction with water[J]. Langmuir, 25 (13): 7675-7685.

Aulin C, Netrval J, Wgberg L, et al. 2010. Aerogels from nanofibrillated cellulose with tunable oleophobicity[J]. Soft Matter, 6 (14): 3298-3305.

Beck-Candanedo S, Roman M, Gray D G. 2005. Effect of reaction conditions on the properties and behavior of wood cellulose nanocrystal suspensions[J]. Biomacromolecules, 6 (2): 1048-1054.

Benitez A J, Walther A. 2017. Cellulose nanofibril nanopapers and bioinspired nanocomposites: a review to understand the mechanical property space[J]. Journal of Materials Chemistry A, 5 (31): 16003-16024.

Bidhendi A J, Geitmann A. 2015. Relating the mechanics of the primary plant cell wall to morphogenesis[J]. Journal of Experimental Botany, 67 (2): 449-461.

Bondeson D, Mathew A, Oksman K. 2006. Optimization of the isolation of nanocrystals from microcrystalline cellulose by acid hydrolysis[J]. Cellulose, 13 (2): 171-180.

Brown A J. 1886. XLIII.-on an acetic ferment which forms cellulose[J]. Journal of the Chemical Society, Transactions, 49: 432-439.

Brown R M, Willison J H, Richardson C L. 1976. Cellulose biosynthesis in acetobacter xylinum: visualization of the site of synthesis and direct measurement of the *in vivo* process[J]. Proceedings of the National Academy of Sciences, 73 (12): 4565-4569.

Bychkov A L, Podgorbunskikh E M, Ryabchikova E I, et al. 2018. The role of mechanical action in the process of the thermomechanical isolation of lignin[J]. Cellulose, 25 (1): 1-5.

Camarero-Espinosa S, Boday D J, Weder C, et al. 2015. Cellulose nanocrystal driven crystallization of poly (D, L-lactide) and improvement of the thermomechanical properties[J]. Journal of Applied Polymer Science, 132 (10) DOI: 10.1002/app.41607.

Capadona J R, Shanmuganathan K, Tyler D J, et al. 2008. Stimuli-responsive polymer nanocomposites inspired by the sea cucumber dermis[J]. Science, 319 (5868): 1370-1374.

Capadona J R, van den Berg O, Capadona L A, et al. 2007. A versatile approach for the processing of polymer nanocomposites with self-assembled nanofibre templates[J]. Nature Nanotechnology, 2 (12): 765-769.

Carrick C, Larsson P A, Brismar H, et al. 2014. Native and functionalized micrometre-sized cellulose capsules prepared by microfluidic flow focusing[J]. RSC Advances, 4 (37): 19061-19067.

Chakraborty A, Sain M, Kortschot M. 2005. Cellulose microfibrils: a novel method of preparation using high shear refining and cryocrushing[J]. Holzforschung, 59 (1): 102-107.

Chen L F, Huang Z H, Liang H W, et al. 2013a. Bacterial-cellulose-derived carbon nanofiber@MnO$_2$ and nitrogen-doped carbon nanofiber electrode materials: an asymmetric supercapacitor with high energy and power density[J]. Advanced Materials, 25 (34): 4746-4752.

Chen L F, Huang Z H, Liang H W, et al. 2013b. Flexible all-solid-state high-power supercapacitor fabricated with nitrogen-doped carbon nanofiber electrode material derived from bacterial cellulose[J]. Energy & Environmental Science, 6 (11): 3331-3338.

Chen L F, Huang Z H, Liang H W, et al. 2014a. Three-dimensional heteroatom-doped carbon nanofiber networks derived from bacterial cellulose for supercapacitors[J]. Advanced Functional Materials, 24 (32): 5104-5111.

Chen W, Abe K, Uetani K, et al. 2014b. Individual cotton cellulose nanofibers: pretreatment and fibrillation technique[J]. Cellulose, 21 (3): 1517-1528.

Chen W, Li Q, Cao J, et al. 2015. Revealing the structures of cellulose nanofiber bundles obtained by mechanical nanofibrillation via TEM observation[J]. Carbohydrate Polymers, 117: 950-956.

Chen W, Li Q, Wang Y, et al. 2014c. Comparative study of aerogels obtained from differently prepared nanocellulose fibers[J]. ChemSusChem, 7 (1): 154-161.

Chen W, Yu H, Li Q, et al. 2011a. Ultralight and highly flexible aerogels with long cellulose I nanofibers[J]. Soft Matter, 7 (21): 10360-10368.

Chen W, Yu H, Liu Y, et al. 2010. A method for isolating cellulose nanofibrils from wood and their morphological characteristics[J]. Acta Polymerica Sinica, (11): 1320-1326.

Chen W, Yu H, Liu Y. 2011b. Preparation of millimeter-long cellulose I nanofibers with diameters of 30-80nm from bamboo fibers[J]. Carbohydrate Polymers, 86 (2): 453-461.

Chen W, Yu H, Liu Y, et al. 2011c. Individualization of cellulose nanofibers from wood using high-intensity ultrasonication combined with chemical pretreatments[J]. Carbohydrate Polymers, 83 (4): 1804-1811.

Chen W, Yu H, Liu Y, et al. 2011d. Isolation and characterization of cellulose nanofibers from four plant cellulose fibers using a chemical-ultrasonic process[J]. Cellulose, 18 (2): 433-442.

Chen W, Zhang Q, Uetani K, et al. 2016. Sustainable carbon aerogels derived from nanofibrillated cellulose as high-performance absorption materials[J]. Advanced Materials Interfaces, 3 (10): 1600004.

Chen X Q, Pang G X, Shen W H, et al. 2019. Preparation and characterization of the ribbon-like cellulose nanocrystals by the cellulase enzymolysis of cotton pulp fibers[J]. Carbohydrate Polymers, 207: 713-719.

Cheng Q, Wang S, Han Q. 2010. Novel process for isolating fibrils from cellulose fibers by high-intensity ultrasonication. II. fibril characterization[J]. Journal of Applied Polymer Science, 115 (5): 2756-2762.

Cheng Q, Wang S, Rials T G, et al. 2007. Physical and mechanical properties of polyvinyl alcohol and polypropylene composite materials reinforced with fibril aggregates isolated from regenerated cellulose fibers[J]. Cellulose, 14 (6): 593-602.

Cheng Q, Wang S, Rials T G. 2009. Poly (vinyl alcohol) nanocomposites reinforced with cellulose fibrils isolated by high intensity ultrasonication[J]. Composites Part A: Applied Science and Manufacturing, 40(2): 218-224.

Chinga-Carrasco G. 2011. Cellulose fibres, nanofibrils and microfibrils: the morphological sequence of MFC components from a plant physiology and fibre technology point of view[J]. Nanoscale Research Letters, 6 (1): 417.

Cho S J, Choi K H, Yoo J T, et al. 2015. Hetero-nanonet rechargeable paper batteries: toward ultrahigh energy density and origami foldability[J]. Advanced Functional Materials, 25 (38): 6029-6040.

Choi K H, Cho S J, Chun S J, et al. 2014. Heterolayered, one-dimensional nanobuilding block mat batteries[J]. Nano Letters, 14 (10): 5677-5686.

Choi S M, Shin E J. 2020. The nanofication and functionalization of bacterial cellulose and its applications[J]. Nanomaterials, 10 (3): 406.

Cui S, Zhang S, Ge S, et al. 2016. Green preparation and characterization of size-controlled nanocrystalline cellulose via ultrasonic-assisted enzymatic hydrolysis[J]. Industrial Crops and Products, 83: 346-352.

Dahou W, Ghemati D, Oudia A, et al. 2010. Preparation and biological characterization of cellulose graft copolymers[J]. Biochemical Engineering Journal, 48 (2): 187-194.

de Mesquita J P, Donnici C L, Pereira F V. 2010. Biobased nanocomposites from layer-by-layer assembly of cellulose nanowhiskers with chitosan[J]. Biomacromolecules, 11 (2): 473-480.

Dhar P, Sugimura K, Yoshioka M, et al. 2021. Synthesis-property-performance relationships of multifunctional bacterial cellulose composites fermented *in situ* alkali lignin medium[J]. Carbohydrate Polymers, 252: 117114.

Dong X M, Revol J F, Gray D G. 1998. Effect of microcrystallite preparation conditions on the formation of colloid crystals of cellulose[J]. Cellulose, 5 (1): 19-32.

Du H, Liu C, Mu X, et al. 2016. Preparation and characterization of thermally stable cellulose nanocrystals via a sustainable approach of $FeCl_3$-catalyzed formic acid hydrolysis[J]. Cellulose, 23 (4): 2389-2407.

Elazzouzi-Hafraoui S, Nishiyama Y, Putaux J L, et al. 2008. The shape and size distribution of crystalline nanoparticles prepared by acid hydrolysis of native cellulose[J]. Biomacromolecules, 9 (1): 57-65.

El-Saied H, Basta A H, Gobran R H. 2004. Research progress in friendly environmental technology for the production of cellulose products (bacterial cellulose and its application)[J]. Polymer-Plastics Technology and Engineering, 43 (3): 797-820.

Espinosa S C, Kuhnt T, Foster E J, et al. 2013. Isolation of thermally stable cellulose nanocrystals by phosphoric acid hydrolysis[J]. Biomacromolecules, 14 (4): 1223-1230.

Favier V, Chanzy H, Cavaille J Y. 1995. Polymer nanocomposites reinforced by cellulose whiskers[J]. Macromolecules, 28 (18): 6365-6367.

Fernandes I D A A, Pedro A C, Ribeiro V R, et al. 2020. Bacterial cellulose: from production optimization to new applications[J]. International Journal of Biological Macromolecules, 164: 2598-2611.

Fernandes S N, Almeida P L, Monge N, et al. 2017. Mind the microgap in iridescent cellulose nanocrystal films[J]. Advanced Materials, 29 (2): 1603560.

Foresti M L, Vzquez A, Boury B. 2017. Applications of bacterial cellulose as precursor of carbon and composites with metal oxide, metal sulfide and metal nanoparticles: a review of recent advances[J]. Carbohydrate Polymers, 157: 447-467.

Fraschini C, Chauve G, Bouchard J. 2017. TEMPO-mediated surface oxidation of cellulose nanocrystals (CNCs)[J]. Cellulose, 24 (7): 2775-2790.

Fukuzumi H, Saito T, Iwata T, et al. 2009. Transparent and high gas barrier films of cellulose nanofibers prepared by TEMPO-mediated oxidation[J]. Biomacromolecules, 10 (1): 162-165.

Fukuzumi H, Saito T, Okita Y, et al. 2010. Thermal stabilization of TEMPO-oxidized cellulose[J]. Polymer Degradation and Stability, 95 (9): 1502-1508.

Fumagalli M, Ouhab D, Boisseau S M, et al. 2013. Versatile gas-phase reactions for surface to bulk esterification of cellulose microfibrils aerogels[J]. Biomacromolecules, 14 (9): 3246-3255.

Gao K, Shao Z, Li J, et al. 2013. Cellulose nanofiber-graphene all solid-state flexible supercapacitors[J]. Journal of Materials Chemistry A, 1 (1): 63-67.

Gea S, Reynolds C T, Roohpour N, et al. 2011. Investigation into the structural, morphological, mechanical and thermal behaviour of bacterial cellulose after a two-step purification process[J]. Bioresource Technology, 102 (19): 9105-9110.

Gibson L J. 2012. The hierarchical structure and mechanics of plant materials[J]. Journal of The Royal Society Interface, 9 (76): 2749-2766.

Giese M, Blusch L K, Khan M K, et al. 2014. Responsive mesoporous photonic cellulose films by supramolecular cotemplating[J]. Angewandte Chemie International Edition, 53 (34): 8880-8884.

Giese M, Blusch L K, Khan M K, et al. 2015. Functional materials from cellulose-derived liquid-crystal templates[J]. Angewandte Chemie International Edition, 54 (10): 2888-2910.

Gray D. 2013. Nanocellulose: from nature to high performance tailored material[J]. Holzforschung, 67 (3): 353.

Gustafsson S, Lordat P, Hanrieder T, et al. 2016. Mille-feuille paper: a novel type of filter architecture for advanced virus separation applications[J]. Materials Horizons, 3 (4): 320-327.

Gustafsson S, Mihranyan A. 2016. Strategies for tailoring the pore-size distribution of virus retention filter papers[J]. ACS Applied Materials & Interfaces, 8 (22): 13759-13767.

Habibi Y, Goffin A L, Schiltz N, et al. 2008. Bionanocomposites based on poly (ε-caprolactone) -grafted cellulose nanocrystals by ring-opening polymerization[J]. Journal of Materials Chemistry, 18 (41): 5002-5010.

Habibi Y, Lucia L A, Rojas O J. 2010. Cellulose nanocrystals: chemistry, self-assembly, and applications[J]. Chemical Reviews, 110 (6): 3479-3500.

Hamedi M M, Hajian A, Fall A B, et al. 2014. Highly conducting, strong nanocomposites based on nanocellulose-assisted aqueous dispersions of single-wall carbon nanotubes[J]. ACS Nano, 8 (3): 2467-2476.

Hamedi M, Karabulut E, Marais A, et al. 2013. Nanocellulose aerogels functionalized by rapid layer-by-layer assembly for high charge storage and beyond[J]. Angewandte Chemie International Edition, 52 (46): 12038-12042.

Henriksson M, Henriksson G, Berglund L A, et al. 2007. An environmentally friendly method for enzyme-assisted preparation of microfibrillated cellulose (MFC) nanofibers[J]. European Polymer Journal, 43 (8): 3434-3441.

Herrick F W, Casebier R L, Hamilton J K, et al. 1983. Cellulose microfibrils/nanofibrils and its nanocomposites[J]. Proceedings of the 8th Pacific Rim Biobased Composites Symposium, 37: 797-813.

Hideno A, Abe K, Uchimura H, et al. 2016. Preparation by combined enzymatic and mechanical treatment and characterization of nanofibrillated cotton fibers[J]. Cellulose, 23 (6): 3639-3651.

Ho T T T, Abe K, Zimmermann T, et al. 2015. Nanofibrillation of pulp fibers by twin-screw extrusion[J]. Cellulose, 22 (1): 421-433.

Hu L, Zheng G, Yao J, et al. 2013. Transparent and conductive paper from nanocellulose fibers[J]. Energy and Environmental Science, 6 (2): 513-518.

Hu W, Chen S, Yang J, et al. 2014. Functionalized bacterial cellulose derivatives and nanocomposites[J]. Carbohydrate Polymers, 101: 1043-1060.

Huang Y, Zheng M, Lin Z, et al. 2015. Flexible cathodes and multifunctional interlayers based on carbonized bacterial cellulose for high-performance lithium-sulfur batteries[J]. Journal of Materials Chemistry A, 3 (20): 10910-10918.

Ifuku S, Nogi M, Abe K, et al. 2007. Surface modification of bacterial cellulose nanofibers for property enhancement of optically transparent composites: dependence on acetyl-group DS[J]. Biomacromolecules, 8 (6): 1973-1978.

Iguchi M, Yamanaka S, Budhiono A. 2000. Bacterial cellulose-a masterpiece of nature's arts[J]. Journal of

Materials Science, 35 (2): 261-270.

Isogai A. 2013. Wood nanocelluloses: fundamentals and applications as new bio-based nanomaterials[J]. Journal of Wood Science, 59 (6): 449-459.

Isogai A, Saito T, Fukuzumi H. 2011. TEMPO-oxidized cellulose nanofibers[J]. Nanoscale, 3 (1): 71-85.

Ivanova A, Fattakhova-Rohlfing D, Kayaalp B E, et al. 2014. Tailoring the morphology of mesoporous titania thin films through biotemplating with nanocrystalline cellulose[J]. Journal of the American Chemical Society, 136 (16): 5930-5937.

Iwamoto S, Isogai A, Iwata T. 2011. Structure and mechanical properties of wet-spun fibers made from natural cellulose nanofibers[J]. Biomacromolecules, 12 (3): 831-836.

Iwamoto S, Nakagaito A N, Yano H, et al. 2005. Optically transparent composites reinforced with plant fiber-based nanofibers[J]. Applied Physics A, 81 (6): 1109-1112.

Iwamoto S, Nakagaito A N, Yano H. 2007. Nano-fibrillation of pulp fibers for the processing of transparent nanocomposites[J]. Applied Physics A, 89 (2): 461-466.

Jacek P, Dourado F, Gama M, et al. 2019. Molecular aspects of bacterial nanocellulose biosynthesis[J]. Microbial Biotechnology, 12 (4): 633-649.

Janeček E R, Mckee J R, Tan C S Y, et al. 2015. Hybrid supramolecular and colloidal hydrogels that bridge multiple length scales[J]. Angewandte Chemie International Edition, 54 (18): 5383-5388.

Ji H, Xiang Z, Qi H, et al. 2019. Strategy towards one-step preparation of carboxylic cellulose nanocrystals and nanofibrils with high yield, carboxylation and highly stable dispersibility using innocuous citric acid[J]. Green Chemistry, 21 (8): 1956-1964.

Jiang F, Hsieh Y L. 2014. Amphiphilic superabsorbent cellulose nanofibril aerogels[J]. Journal of Materials Chemistry A, 2 (18): 6337-6342.

Jonas R, Farah L F. 1998. Production and application of microbial cellulose[J]. Polymer Degradation and Stability, 59 (1): 101-106.

Jozala A F, de Lencastre-Novaes L C, Lopes A M, et al. 2016. Bacterial nanocellulose production and application: a 10-year overview[J]. Applied Microbiology and Biotechnology, 100 (5): 2063-2072.

Kalia S, Boufi S, Celli A, et al. 2014. Nanofibrillated cellulose: surface modification and potential applications[J]. Colloid and Polymer Science, 292 (1): 5-31.

Kang Y J, Chun S J, Lee S S, et al. 2012. All-solid-state flexible supercapacitors fabricated with bacterial nanocellulose papers, carbon nanotubes, and triblock-copolymer ion gels[J]. ACS Nano, 6 (7): 6400-6406.

Kawaguchi H. 2000. Functional polymer microspheres[J]. Progress in Polymer Science, 25 (8): 1171-1210.

Kelly J A, Giese M, Shopsowitz K E, et al. 2014. The development of chiral nematic mesoporous materials[J]. Accounts of Chemical Research, 47 (4): 1088-1096.

Kelly J A, Shukaliak A M, Cheung C C Y, et al. 2013. Responsive photonic hydrogels based on nanocrystalline cellulose[J]. Angewandte Chemie International Edition, 52 (34): 8912-8916.

Kettunen M, Silvennoinen R J, Houbenov N, et al. 2011. Photoswitchable superabsorbency based on nanocellulose aerogels[J]. Advanced Functional Materials, 21 (3): 510-517.

Khan M K, Bsoul A, Walus K, et al. 2015. Photonic patterns printed in chiral nematic mesoporous resins[J]. Angewandte Chemie International Edition, 54 (14): 4304-4308.

Khan M K, Giese M, Yu M, et al. 2013. Flexible mesoporous photonic resins with tunable chiral nematic structures[J]. Angewandte Chemie International Edition, 52 (34): 8921-8924.

Khan M K, Hamad W Y, Maclachlan M J. 2014. Tunable mesoporous bilayer photonic resins with chiral nematic structures and actuator properties[J]. Advanced Materials, 26 (15): 2323-2328.

Khan Z U, Edberg J, Hamedi M M, et al. 2016. Thermoelectric polymers and their elastic aerogels[J]. Advanced Materials, 28 (22): 4556-4562.

Klemm D, Cranston E D, Fischer D, et al. 2018. Nanocellulose as a natural source for groundbreaking applications in materials science: today's state[J]. Materials Today, 21 (7): 720-748.

Koga H, Nogi M, Komoda N, et al. 2014. Uniformly connected conductive networks on cellulose nanofiber paper for transparent paper electronics[J]. NPG Asia Materials, 6 (3): e93.

Korhonen J T, Hiekkataipale P, Malm J, et al. 2011. Inorganic hollow nanotube aerogels by atomic layer deposition onto native nanocellulose templates[J]. ACS Nano, 5 (3): 1967-1974.

Laaksonen P, Walther A, Malho J M, et al. 2011. Genetic engineering of biomimetic nanocomposites: diblock proteins, graphene, and nanofibrillated cellulose[J]. Angewandte Chemie International Edition, 50 (37): 8688-8691.

Lagerwall J P F, Schütz C, Salajkova M, et al. 2014. Cellulose nanocrystal-based materials: from liquid crystal self-assembly and glass formation to multifunctional thin films[J]. NPG Asia Materials, 6 (1): e80.

Lai F, Miao Y E, Zuo L, et al. 2016. Biomass-derived nitrogen-doped carbon nanofiber network: a facile template for decoration of ultrathin nickel-cobalt layered double hydroxide nanosheets as high-performance asymmetric supercapacitor electrode[J]. Small, 12 (24): 3235-3244.

Lee K Y, Buldum G, Mantalaris A, et al. 2014. More than meets the eye in bacterial cellulose: biosynthesis, bioprocessing, and applications in advanced fiber composites[J]. Macromolecular Bioscience, 14 (1): 10-32.

Li P, Sirvio J A, Haapala A, et al. 2017a. Cellulose nanofibrils from non-derivatizing urea-based deep eutectic solvent pretreatments[J]. ACS Applied Materials & Interfaces, 9 (3): 2846-2855.

Li Q, Chen W, Li Y, et al. 2016. Comparative study of the structure, mechanical and thermomechanical properties of cellulose nanopapers with different thickness[J]. Cellulose, 23 (2): 1375-1382.

Li S, Mou T, Ren G, et al. 2017b. Gel based sulfur cathodes with a high sulfur content and large mass loading for high-performance lithium-sulfur batteries[J]. Journal of Materials Chemistry A, 5 (4): 1650-1657.

Liang H W, Guan Q F, Zhu Z, et al. 2012. Highly conductive and stretchable conductors fabricated from bacterial cellulose[J]. NPG Asia Materials, 4 (6): e19.

Liu H, Liu D, Yao F, et al. 2010. Fabrication and properties of transparent polymethylmethacrylate/cellulose nanocrystals composites[J]. Bioresource Technology, 101 (14): 5685-5692.

Long C, Qi D, Wei T, et al. 2014. Nitrogen-doped carbon networks for high energy density supercapacitors derived from polyaniline coated bacterial cellulose[J]. Advanced Functional Materials, 24 (25): 3953-3961.

Lu T, Gao H, Liao B, et al. 2020. Characterization and optimization of production of bacterial cellulose from strain CGMCC 17276 based on whole-genome analysis[J]. Carbohydrate Polymers, 232: 115788.

Majoinen J, Haataja J S, Appelhans D, et al. 2014. Supracolloidal multivalent interactions and wrapping of dendronized glycopolymers on native cellulose nanocrystals[J]. Journal of the American Chemical Society, 136 (3): 866-869.

Malainine M E, Mahrouz M, Dufresne A. 2005. Thermoplastic nanocomposites based on cellulose microfibrils from *Opuntia ficus*-indica parenchyma cell[J]. Composites Science and Technology, 65 (10): 1520-1526.

Malho J M, Arola S, Laaksonen P, et al. 2015. Modular architecture of protein binding units for designing properties of cellulose nanomaterials[J]. Angewandte Chemie International Edition, 54 (41): 12025-12028.

Marchessault R H, Morehead F F, Walter N M. 1959. Liquid crystal systems from fibrillar polysaccharides[J]. Nature, 184 (4686): 632-633.

Mckee J R, Appel E A, Seitsonen J, et al. 2014. Healable, stable and stiff hydrogels: combining conflicting properties using dynamic and selective three-component recognition with reinforcing cellulose nanorods[J]. Advanced Functional Materials, 24 (18): 2706-2713.

Mckee J R, Huokuna J, Martikainen L, et al. 2014. Molecular engineering of fracture energy dissipating sacrificial bonds into cellulose nanocrystal nanocomposites[J]. Angewandte Chemie International Edition, 53 (20): 5049-5053.

Merindol R, Diabang S, Felix O, et al. 2015. Bio-inspired multiproperty materials: strong, self-healing, and transparent artificial wood nanostructures[J]. ACS Nano, 9 (2): 1127-1136.

Meseck G R, Terpstra A S, Maclachlan M J. 2017. Liquid crystal templating of nanomaterials with nature's toolbox[J]. Current Opinion in Colloid & Interface Science, 29: 9-20.

Metreveli G, Wgberg L, Emmoth E, et al. 2014. A size-exclusion nanocellulose filter paper for virus removal[J]. Advanced Healthcare Materials, 3 (10): 1546-1550.

Mishra R K, Ha S K, Verma K, et al. 2018. Recent progress in selected bio-nanomaterials and their engineering applications: an overview[J]. Journal of Science: Advanced Materials and Devices, 3 (3): 263-288.

Moniri M, Moghaddam A B, Azizi S, et al. 2017. Production and status of bacterial cellulose in biomedical engineering[J]. Nanomaterials, 7 (9): 257.

Moon R J, Martini A, Nairn J, et al. 2011. Cellulose nanomaterials review: structure, properties and nanocomposites[J]. Chemical Society Reviews, 40 (7): 3941-3994.

Nagarajan K J, Balaji A N, Kasi Rajan S T, et al. 2020. Preparation of bio-eco based cellulose nanomaterials from used disposal paper cups through citric acid hydrolysis[J]. Carbohydrate Polymers, 235: 115997.

Nakagaito A N, Yano H. 2004. The effect of morphological changes from pulp fiber towards nano-scale fibrillated cellulose on the mechanical properties of high-strength plant fiber based composites[J]. Applied Physics A: Materials Science and Processing, 78 (4): 547-552.

Nakagaito A N, Yano H. 2005. Novel high-strength biocomposites based on microfibrillated cellulose having nano-order-unit web-like network structure[J]. Applied Physics A: Materials Science and Processing, 80 (1): 155-159.

Nakagaito A N, Yano H. 2008a. The effect of fiber content on the mechanical and thermal expansion properties of biocomposites based on microfibrillated cellulose[J]. Cellulose, 15 (4): 555-559.

Nakagaito A N, Yano H. 2008b. Toughness enhancement of cellulose nanocomposites by alkali treatment of the reinforcing cellulose nanofibers[J]. Cellulose, 15 (2): 323-331.

Nguyen T D, Hamad W Y, Maclachlan M J. 2014. CdS quantum dots encapsulated in chiral nematic mesoporous silica: new iridescent and luminescent materials[J]. Advanced Functional Materials, 24 (6): 777-783.

Nishino T, Matsuda I, Hirao K. 2004. All-cellulose composite[J]. Macromolecules, 37 (20): 7683-7687.

Niu Q, Gao K, Shao Z. 2014. Cellulose nanofiber/single-walled carbon nanotube hybrid non-woven macrofiber mats as novel wearable supercapacitors with excellent stability, tailorability and reliability[J]. Nanoscale, 6 (8): 4083-4088.

Nogi M, Ifuku S, Abe K, et al. 2006. Fiber-content dependency of the optical transparency and thermal expansion of bacterial nanofiber reinforced composites[J]. Applied Physics Letters, 88 (13): 133124.

Nogi M, Iwamoto S, Nakagaito A N, et al. 2009. Optically transparent nanofiber paper[J]. Advanced Materials,

21 (16): 1595-1598.

Nogi M, Karakawa M, Komoda N, et al. 2015. Transparent conductive nanofiber paper for foldable solar cells[J]. Scientific Reports, 5 (1): 17254.

Nogi M, Yano H. 2008. Transparent nanocomposites based on cellulose produced by bacteria offer potential innovation in the electronics device industry[J]. Advanced Materials, 20 (10): 1849-1852.

Nystr M G, Marais A, Karabulut E, et al. 2015. Self-assembled three-dimensional and compressible interdigitated thin-film supercapacitors and batteries[J]. Nature Communications, 6 (1): 7259.

Nystr M G, Razaq A, Strmme M, et al. 2009. Ultrafast all-polymer paper-based batteries[J]. Nano Letters, 9(10): 3635-3639.

Oehme D P, Downton M T, Doblin M S, et al. 2015. Unique aspects of the structure and dynamics of elementary I β cellulose microfibrils revealed by computational simulations[J]. Plant Physiology, 168 (1): 3-17.

Okahisa Y, Abe K, Nogi M, et al. 2011. Effects of delignification in the production of plant-based cellulose nanofibers for optically transparent nanocomposites[J]. Composites Science and Technology, 71 (10): 1342-1347.

Okahisa Y, Yoshida A, Miyaguchi S, et al. 2009. Optically transparent wood-cellulose nanocomposite as a base substrate for flexible organic light-emitting diode displays[J]. Composites Science and Technology, 69 (11): 1958-1961.

Okita Y, Fujisawa S, Saito T, et al. 2011. TEMPO-oxidized cellulose nanofibrils dispersed in organic solvents[J]. Biomacromolecules, 12 (2): 518-522.

Olsson R T, Azizi Samir M A S, Salazar-Alvarez G, et al. 2010a. Making flexible magnetic aerogels and stiff magnetic nanopaper using cellulose nanofibrils as templates[J]. Nature Nanotechnology, 5 (8): 584-588.

Olsson R T, Kraemer R, Pez-Rubio A L, et al. 2010b. Extraction of microfibrils from bacterial cellulose networks for electrospinning of anisotropic biohybrid fiber yarns[J]. Macromolecules, 43 (9): 4201-4209.

Oun A A, Rhim J W. 2018. Isolation of oxidized nanocellulose from rice straw using the ammonium persulfate method[J]. Cellulose, 25 (4): 2143-2149.

Pääkkö M, Vapaavuori J, Silvennoinen R, et al. 2008. Long and entangled native cellulose I nanofibers allow flexible aerogels and hierarchically porous templates for functionalities[J]. Soft Matter, 4 (12): 2492-2499.

Palffy-Muhoray P. 1998. New design in cholesteric colour[J]. Nature, 391: 745-746.

Pang Q, Tang J, Huang H, et al. 2015. A nitrogen and sulfur dual-doped carbon derived from polyrhodanine@cellulose for advanced lithium-sulfur batteries[J]. Advanced Materials, 27 (39): 6021-6028.

Petersen N, Gatenholm P. 2011. Bacterial cellulose-based materials and medical devices: current state and perspectives[J]. Applied Microbiology and Biotechnology, 91 (5): 1277-1286.

Petersson L, Kvien I, Oksman K. 2007. Structure and thermal properties of poly (lactic acid) /cellulose whiskers nanocomposite materials[J]. Composites Science and Technology, 67 (11): 2535-2544.

Pkk M, Ankerfors M, Kosonen H, et al. 2007. Enzymatic hydrolysis combined with mechanical shearing and high-pressure homogenization for nanoscale cellulose fibrils and strong gels[J]. Biomacromolecules, 8 (6): 1934-1941.

Postek M T, Vlad R A, Dagata J, et al. 2010. Development of the metrology and imaging of cellulose nanocrystals[J]. Measurement Science and Technology, 22 (2): 024005.

Quellmalz A, Mihranyan A. 2015. Citric acid cross-linked nanocellulose-based paper for size-exclusion nanofiltration[J]. ACS Biomaterials Science & Engineering, 1 (4): 271-276.

Rånby B G. 1951. Fibrous macromolecular systems. Cellulose and muscle. The colloidal properties of cellulose micelles[J]. Discussions of the Faraday Society, 11: 158-164.

Razaq A, Nyholm L, Sjödin M, et al. 2012. Paper-based energy-storage devices comprising carbon fiber-reinforced polypyrrole-cladophora nanocellulose composite electrodes[J]. Advanced Energy Materials, 2 (4): 445-454.

Rees A, Powell L C, Chinga-Carrasco G, et al. 2015. 3D bioprinting of carboxymethylated-periodate oxidized nanocellulose constructs for wound dressing applications[J]. BioMed Research International, 2015: 925757.

Revol J F, Bradford H, Giasson J, et al. 1992. Helicoidal self-ordering of cellulose microfibrils in aqueous suspension[J]. International Journal of Biological Macromolecules, 14 (3): 170-172.

Revol J F, Godbout L, Dong X M, et al. 1994. Chiral nematic suspensions of cellulose crystallites: phase separation and magnetic field orientation[J]. Liquid Crystals, 16 (1): 127-134.

Sai H, Xing L, Xiang J, et al. 2014. Flexible aerogels with interpenetrating network structure of bacterial cellulose-silica composite from sodium silicate precursor via freeze drying process[J]. RSC Advances, 4 (57): 30453-30461.

Saito T, Hirota M, Tamura N, et al. 2019. Individualization of nano-sized plant cellulose fibrils by direct surface carboxylation using TEMPO catalyst under neutral conditions[J]. Biomacromolecules, 10 (7): 1992-1996.

Saito T, Isogai A. 2006. Introduction of aldehyde groups on surfaces of native cellulose fibers by TEMPO-mediated oxidation[J]. Colloids and Surfaces A: Physicochemical and Engineering Aspects, 289 (1): 219-225.

Saito T, Kimura S, Nishiyama Y, et al. 2007. Cellulose nanofibers prepared by TEMPO-mediated oxidation of native cellulose[J]. Biomacromolecules, 8 (8): 2485-2491.

Saito T, Kuramae R, Wohlert J, et al. 2013. An ultrastrong nanofibrillar biomaterial: the strength of single cellulose nanofibrils revealed via sonication-induced fragmentation[J]. Biomacromolecules, 14 (1): 248-253.

Saito T, Nishiyama Y, Putaux J L, et al. 2006. Homogeneous suspensions of individualized microfibrils from TEMPO-catalyzed oxidation of native cellulose[J]. Biomacromolecules, 7 (6): 1687-1691.

Saito T, Oaki Y, Nishimura T, et al. 2014. Bioinspired stiff and flexible composites of nanocellulose-reinforced amorphous $CaCO_3$[J]. Materials Horizons, 1 (3): 321-325.

Saito T, Uematsu T, Kimura S, et al. 2011. Self-aligned integration of native cellulose nanofibrils towards producing diverse bulk materials[J]. Soft Matter, 7 (19): 8804-8809.

Sakurada I, Nukushina Y, Ito T. 1962. Experimental determination of the elastic modulus of crystalline regions in oriented polymers[J]. Journal of Polymer Science, 57 (165): 651-660.

Sehaqui H, Liu A, Zhou Q, et al. 2010. Fast preparation procedure for large, flat cellulose and cellulose/inorganic nanopaper structures[J]. Biomacromolecules, 11 (9): 2195-2198.

Sehaqui H, Zhou Q, Ikkala O, et al. 2011. Strong and tough cellulose nanopaper with high specific surface area and porosity[J]. Biomacromolecules, 12 (10): 3638-3644.

Shafiei-Sabet S, Hamad W Y, Hatzikiriakos S G. 2012. Rheology of nanocrystalline cellulose aqueous suspensions[J]. Langmuir, 28 (49): 17124-17133.

Shan D, Yang J, Liu W, et al. 2016. Biomass-derived three-dimensional honeycomb-like hierarchical structured carbon for ultrahigh energy density asymmetric supercapacitors[J]. Journal of Materials Chemistry A, 4 (35): 13589-13602.

Shezad O, Khan S, Khan T, et al. 2010. Physicochemical and mechanical characterization of bacterial cellulose produced with an excellent productivity in static conditions using a simple fed-batch cultivation strategy[J]. Carbohydrate Polymers, 82 (1): 173-180.

Shopsowitz K E, Hamad W Y, Maclachlan M J. 2012. Flexible and iridescent chiral nematic mesoporous organosilica films[J]. Journal of the American Chemical Society, 134 (2): 867-870.

Shopsowitz K E, Kelly J A, Hamad W Y, et al. 2014. Biopolymer templated glass with a twist: controlling the chirality, porosity, and photonic properties of silica with cellulose nanocrystals[J]. Advanced Functional Materials, 24 (3): 327-338.

Shopsowitz K E, Qi H, Hamad W Y, et al. 2010. Free-standing mesoporous silica films with tunable chiral nematic structures[J]. Nature, 468 (7322): 422-425.

Stumpf T R, Yang X, Zhang J, et al. 2018. *In situ* and *ex situ* modifications of bacterial cellulose for applications in tissue engineering[J]. Materials Science and Engineering: C, 82: 372-383.

Svagan A J, Samir M A S A, Berglund L A. 2008. Biomimetic foams of high mechanical performance based on nanostructured cell walls reinforced by native cellulose nanofibrils[J]. Advanced Materials, 20 (7): 1263-1269.

Tian L, Luan J, Liu K K, et al. 2016. Plasmonic biofoam: a versatile optically active material[J]. Nano Letters, 16 (1): 609-616.

Toivonen M S, Kaskela A, Rojas O J, et al. 2015. Ambient-dried cellulose nanofibril aerogel membranes with high tensile strength and their use for aerosol collection and templates for transparent, flexible devices[J]. Advanced Functional Materials, 25 (42): 6618-6626.

Trevio-Garza M Z, Guerrero-Medina A S, González-Sánchez R A, et al. 2020. Production of microbial cellulose films from green tea (*Camellia sinensis*) kombucha with various carbon sources[J]. Coatings, 10 (11): 1132.

Turbak A F, Snyder F W, Sandberg K R.1983. Microfibrillated cellulose, a new cellulose product: properties, uses, and commercial potential[J]. Journal of Applied Polymer Science, 37: 815-827.

Uetani K, Yano H. 2011. Nanofibrillation of wood pulp using a high-speed blender[J]. Biomacromolecules, 12(2): 348-353.

Uetani K, Yano H. 2013. Self-organizing capacity of nanocelluloses via droplet evaporation[J]. Soft Matter, 9 (12): 3396-3401.

Ureña-Benavides E E, Ao G, Davis V A, et al. 2011. Rheology and phase behavior of lyotropic cellulose nanocrystal suspensions[J]. Macromolecules, 44 (22): 8990-8998.

Usov I, Nystr M G, Adamcik J, et al. 2015. Understanding nanocellulose chirality and structure-properties relationship at the single fibril level[J]. Nature Communications, 6 (1): 7564.

van den Berg O, Capadona J R, Weder C. 2007. Preparation of homogeneous dispersions of tunicate cellulose whiskers in organic solvents[J]. Biomacromolecules, 8 (4): 1353-1357.

Velásquez-Riaño M, Bojacá V. 2017. Production of bacterial cellulose from alternative low-cost substrates[J]. Cellulose, 24 (7): 2677-2698.

Villarreal-Soto S A, Bouajila J, Beaufort S, et al. 2021. Physicochemical properties of bacterial cellulose obtained from different kombucha fermentation conditions[J]. Journal of Vinyl and Additive Technology, 27 (1): 183-190.

Wagberg L, Decher G, Norgren M, et al. 2008. The build-up of polyelectrolyte multilayers of microfibrillated cellulose and cationic polyelectrolytes[J]. Langmuir, 24 (3): 784-795.

Wang B, Li X, Luo B, et al. 2013a. Pyrolyzed bacterial cellulose: a versatile support for lithium ion battery anode materials[J]. Small, 9 (14): 2399-2404.

Wang H, Bian L, Zhou P, et al. 2013b. Core-sheath structured bacterial cellulose/polypyrrole nanocomposites with excellent conductivity as supercapacitors[J]. Journal of Materials Chemistry A, 1 (3): 578-584.

Wang J, Cheng Q, Lin L, et al. 2014a. Synergistic toughening of bioinspired poly (vinyl alcohol)-clay-nanofibrillar cellulose artificial nacre[J]. ACS Nano, 8 (3): 2739-2745.

Wang M, Anoshkin I V, Nasibulin A G, et al. 2013c. Modifying native nanocellulose aerogels with carbon nanotubes for mechanoresponsive conductivity and pressure sensing[J]. Advanced Materials, 25 (17): 2428-2432.

Wang M, Yang Y, Yang Z, et al. 2017a. Sodium-ion batteries: improving the rate capability of 3D interconnected carbon nanofibers thin film by boron, nitrogen dual-doping[J]. Advanced Science, 4 (4): 1600468.

Wang M, Yang Z, Li W, et al. 2016a. Superior sodium storage in 3D interconnected nitrogen and oxygen dual-doped carbon network[J]. Small, 12 (19): 2559-2566.

Wang S, Cheng Q. 2009. A novel process to isolate fibrils from cellulose fibers by high-intensity ultrasonication, part 1: process optimization[J]. Journal of Applied Polymer Science, 113 (2): 1270-1275.

Wang Y, Uetani K, Liu S, et al. 2017b. Multifunctional bionanocomposite foams with a chitosan matrix reinforced by nanofibrillated cellulose[J]. ChemNanoMat, 3 (2): 98-108.

Wang Z, Carlsson D O, Tammela P, et al. 2015a. Surface modified nanocellulose fibers yield conducting polymer-based flexible supercapacitors with enhanced capacitances[J]. ACS Nano, 9 (7): 7563-7571.

Wang Z, Tammela P, Huo J, et al. 2016b. Solution-processed poly (3,4-ethylenedioxythiophene) nanocomposite paper electrodes for high-capacitance flexible supercapacitors[J]. Journal of Materials Chemistry A, 4 (5): 1714-1722.

Wang Z, Tammela P, Strmme M, et al. 2015b. Nanocellulose coupled flexible polypyrrole@graphene oxide composite paper electrodes with high volumetric capacitance[J]. Nanoscale, 7 (8): 3418-3423.

Wang Z, Tammela P, Zhang P, et al. 2014b. Efficient high active mass paper-based energy-storage devices containing free-standing additive-less polypyrrole-nanocellulose electrodes[J]. Journal of Materials Chemistry A, 2 (21): 7711-7716.

Watanabe K, Tabuchi M, Morinaga Y, et al. 1998. Structural features and properties of bacterial cellulose produced in agitated culture[J]. Cellulose, 5 (3): 187-200.

Wicklein B, Kocjan A, Salazar-Alvarez G, et al. 2015. Thermally insulating and fire-retardant lightweight anisotropic foams based on nanocellulose and graphene oxide[J]. Nature Nanotechnology, 10 (3): 277-283.

Wilts B D, Whitney H M, Glover B J, et al. 2014. Natural helicoidal structures: morphology, self-assembly and optical properties[J]. Materials Today: Proceedings, 1: 177-185.

Winter H T, Cerclier C, Delorme N, et al. 2010. Improved colloidal stability of bacterial cellulose nanocrystal suspensions for the elaboration of spin-coated cellulose-based model surfaces[J]. Biomacromolecules, 11 (11): 3144-3151.

Wu W, Tassi N G, Zhu H, et al. 2015. Nanocellulose-based translucent diffuser for optoelectronic device applications with dramatic improvement of light coupling[J]. ACS Applied Materials & Interfaces, 7 (48): 26860-26864.

Wu Z Y, Li C, Liang H W, et al. 2013. Ultralight, flexible, and fire-resistant carbon nanofiber aerogels from bacterial cellulose[J]. Angewandte Chemie International Edition, 52 (10): 2925-2929.

Wu Z Y, Li C, Liang H W, et al. 2014. Carbon nanofiber aerogels for emergent cleanup of oil spillage and chemical leakage under harsh conditions[J]. Scientific Reports, 4 (1): 4079.

Wu Z Y, Liang H W, Chen L F, et al. 2016. Bacterial cellulose: a robust platform for design of three dimensional carbon-based functional nanomaterials[J]. Accounts of Chemical Research, 49 (1): 96-105.

Xiong R, Hu K, Grant A M, et al. 2016. Ultrarobust transparent cellulose nanocrystal-graphene membranes with high electrical conductivity[J]. Advanced Materials, 28 (7): 1501-1509.

Xiong R, Kim H S, Zhang S, et al. 2017. Template-guided assembly of silk fibroin on cellulose nanofibers for robust nanostructures with ultrafast water transport[J]. ACS Nano, 11 (12): 12008-12019.

Yan C, Wang J, Kang W, et al. 2014. Highly stretchable piezoresistive graphene-nanocellulose nanopaper for strain sensors[J]. Advanced Materials, 26 (13): 2022-2027.

Yang W, Jiao L, Liu W, et al. 2018. Morphology control for tunable optical properties of cellulose nanofibrils films[J]. Cellulose, 25 (10): 5909-5918.

Yano H, Sugiyama J, Nakagaito A N, et al. 2005. Optically transparent composites reinforced with networks of bacterial nanofibers[J]. Advanced Materials, 17 (2): 153-155.

Yano S, Maeda H, Nakajima M, et al. 2008. Preparation and mechanical properties of bacterial cellulose nanocomposites loaded with silica nanoparticles[J]. Cellulose, 15 (1): 111-120.

Ye C, Malak S T, Hu K, et al. 2015. Cellulose nanocrystal microcapsules as tunable cages for nano- and microparticles[J]. ACS Nano, 9 (11): 10887-10895.

Yu J, Huang T R, Lim Z H, et al. 2016. Production of hollow bacterial cellulose microspheres using microfluidics to form an injectable porous scaffold for wound healing[J]. Advanced Healthcare Materials, 5 (23): 2983-2992.

Zhang J, Luo N, Zhang X, et al. 2016. All-cellulose nanocomposites reinforced with *in situ* retained cellulose nanocrystals during selective dissolution of cellulose in an ionic liquid[J]. ACS Sustainable Chemistry & Engineering, 4 (8): 4417-4423.

Zhao H P, Feng X Q, Gao H. 2007. Ultrasonic technique for extracting nanofibers from nature materials[J]. Applied Physics Letters, 90 (7): 073112.

Zheng G, Cui Y, Karabulut E, et al. 2013. Nanostructured paper for flexible energy and electronic devices[J]. MRS Bulletin, 38 (4): 320-325.

Zheng Q, Kvit A, Cai Z, et al. 2017. A freestanding cellulose nanofibril-reduced graphene oxide-molybdenum oxynitride aerogel film electrode for all-solid-state supercapacitors with ultrahigh energy density[J]. Journal of Materials Chemistry A, 5 (24): 12528-12541.

Zhong C. 2020. Industrial-scale production and applications of bacterial cellulose[J]. Frontiers in Bioengineering and Biotechnology, 8: 605374.

Zhou Y, Fuentes-Hernandez C, Khan T M, et al. 2013. Recyclable organic solar cells on cellulose nanocrystal substrates[J]. Scientific Reports, 3 (1): 1536.

Zhu C, Liu P, Mathew A P. 2017a. Self-assembled TEMPO cellulose nanofibers: graphene oxide-based biohybrids for water purification[J]. ACS Applied Materials & Interfaces, 9 (24): 21048-21058.

Zhu H, Shen F, Luo W, et al. 2017b. Low temperature carbonization of cellulose nanocrystals for high performance carbon anode of sodium-ion batteries[J]. Nano Energy, 33: 37-44.

Zhu H, Yang X, Cranston E D, et al. 2016. Flexible and porous nanocellulose aerogels with high loadings of metal-organic-framework particles for separations applications[J]. Advanced Materials, 28 (35): 7652-7657.

Zimmermann T, Bordeanu N, Strub E. 2010. Properties of nanofibrillated cellulose from different raw materials and its reinforcement potential[J]. Carbohydrate Polymers, 79 (4): 1086-1093.

第 8 章
木质气凝胶材料

随着石化资源的枯竭和环境问题日益突出，开发可再生、可降解的环境友好型新材料替代传统石化基合成材料势在必行。林木资源是地球上最丰富的可再生资源之一，具有可降解和可生物相容等环境友好特性。第九次全国森林资源清查的结果表明，我国仍然是一个缺林少绿、生态脆弱的国家，森林资源总量相对不足、质量不高、分布不均的情况仍未得到根本改变。因此，如何高效、优质地开发我国林木资源，是当前林业研究的重点和难点。气凝胶材料具有纳米级多孔结构、高比表面积，以及特殊的结构与性质，其功能开发及应用有着广阔前景。

木质气凝胶（woody aerogel）材料是继无机气凝胶和有机气凝胶之后的第三代气凝胶材料，它兼具无机气凝胶和有机气凝胶的结构性质，还具有可再生、可降解、可生物相容等环境友好优异特性，是林业资源增值利用和新材料技术研究的重要方向之一。早期有关木质气凝胶的研究以纤维素气凝胶为主，最早可追溯到 19 世纪 30 年代。1932 年，Kistler 用纤维素的衍生物——硝化纤维素为原料，采用溶胶-凝胶法制备了轻而韧的气凝胶材料，但是以纯纤维素为原料制备气凝胶的尝试并未取得显著成功。后来 Weatherwax 和 Caulfield 在 1971 年报道用水溶胀的木浆制备了比表面积无明显损失的纤维素气凝胶。直到 2001 年，Tan 等报道了以醋酸纤维素和乙酸丁酸纤维为原料的具有高抗冲击强度的气凝胶材料。该项工作引起了广泛关注，此后，有关纤维素气凝胶的研究报道陆续增多。于国内而言，木质材料与气凝胶材料的"碰撞"可以追溯到 2005 年，迄今经历了以下发展阶段：原位构建天然木材-SiO_2 纳米气凝胶复合材料→构建基于木材天然结构的气凝胶型木材理论→构建木质纤维素气凝胶→构建木材气凝胶。

8.1 气凝胶材料概述

8.1.1 气凝胶

气凝胶是一种衍生自凝胶的超轻多孔材料，其中凝胶的液体成分被气体取代而形成一种纳米级多孔固体材料。Samuel S. Kistler 采用溶胶-凝胶法和乙醇超临界干燥制备出世界第一块气凝胶——硅气凝胶。将该方法延伸至不同凝胶前驱体，可以制备无机氧化物气凝胶，如二氧化硅气凝胶、二氧化锆气凝胶和氧化铝气凝胶。以间苯二酚-甲醛、聚氨酯和聚酰亚胺等合成聚合物原料，可制备相应的有机气凝胶材料。气凝胶材料具有密度小、比表面积大、孔隙率高等特性，在吸附、隔热、能源存储和组织工程等领域有光明的应用前景。

8.1.2 无机气凝胶

无机气凝胶是以金属或金属氧化物为前驱体，通过溶胶-凝胶过程和超临界干燥制备出的第一代气凝胶材料。例如，SiO$_2$、TiO$_2$、Al$_2$O$_3$ 等单组分气凝胶和 SiO$_2$-Al$_2$O$_3$、Fe-SiO$_2$、Ca-MgO-SiO$_2$ 等多组分气凝胶。无机气凝胶的生产成本较高，具有质脆、抗压屈服强度低等问题，限制了其生产规模和实际应用。

8.1.3 有机气凝胶

常见的有机气凝胶包括间苯二酚-甲醛气凝胶、三聚氰胺-甲醛气凝胶、聚酰亚胺气凝胶等。与无机气凝胶相比，有机气凝胶具有更好的机械性能，而且在热解后可以转化为碳气凝胶并且展现出有趣的电化学特性。

8.1.4 生物质气凝胶

21 世纪初，新一代气凝胶材料——生物质气凝胶兴起并受到广泛关注，它们主要以多糖等生物质为原料，因此又称生物气凝胶（bio-aerogel）。与质脆的无机气凝胶相比，生物气凝胶柔性佳、不易碎，在结构塌陷前压缩塑性形变高达 80%。生物气凝胶的密度极低，为 0.05~0.20g/cm^3；比表面积较高，可达 600m^2/g。与人工聚合物气凝胶相比，生物气凝胶不含任何有毒成分，是一种"人类友好"材料，因此在生命科学应用领域受到了欢迎，如用于药物缓释和生物支架。生物气凝胶兼具无机气凝胶和合成聚合物气凝胶的特性，被广泛运用在隔热、催化剂载体、电化学和吸附分离等领域。

木质资源是地球上最丰富的可再生资源之一，其中包含的纤维素是自然界中产量最大的天然高分子多糖。以木质资源为原料的木质气凝胶材料是第三代气凝胶的一个重要组成部分。木质气凝胶材料主要分为纳米纤维素气凝胶（nanocellulose aerogel）、再生木质纤维素气凝胶（regenerated lignocellulose aerogel）和木材气凝胶（wood aerogel）。

8.2 气凝胶制备技术

气凝胶的制备过程主要分为两步，即凝胶的制备和凝胶的干燥。凝胶是一种充分稀释的交联系统，其中胶体颗粒或高聚物分子相互连接，形成三维网络结构。凝胶最传统的制备方法是溶胶-凝胶法，即将含高化学活性组分的化合物分散在溶剂中，经过水解反应生成活性单体，活性单体聚合，形成溶胶，进而生成具有一定空间网络结构的凝胶。凝胶呈果冻状，对凝胶进一步干燥处理即可得到气凝胶材料。由于表面张力的作用，通常状态下，凝胶内液体的挥发会使得凝胶脆弱的三维网络坍塌，而通过冷冻干燥、超临界技术进行干燥可以解决这一问题，制备出气凝胶材料。

8.2.1 凝胶的制备

凝胶的制备主要包括溶胶-凝胶（sol-gel）法、分子法（molecular approach）和胶体法（colloidal approach）。

8.2.1.1 溶胶-凝胶法

溶胶-凝胶法是指用含高化学活性组分的化合物作为前驱体，在液相下将原料混合均匀，并进行水解、缩合等化学反应，在溶液中形成稳定的透明溶胶体系，溶胶经陈化，胶粒间缓慢聚合，形成具有三维网络结构的凝胶，凝胶网络间充满失去流动性的溶剂。凝胶经过干燥、烧结固化形成具有分子乃至纳米亚结构的材料。

在二氧化硅气凝胶领域，四烷氧基硅烷家族$[Si(OR)_4]$中的四甲氧基硅烷（TMOS）和四乙氧基硅烷（TEOS）是溶胶-凝胶反应常见的前驱体。凝胶的结构在很大程度上取决于水解、缩合这两个反应步骤的相对速率，通过改变pH、醇化物或缓冲剂的化学性质等因素可控制其反应速率，从而得到具有多种形态的止动状态凝胶。

8.2.1.2 分子法

分子法是指分子前驱体通过低温化学交联或物理相互作用形成凝胶网络的方法。

（1）分子法-化学交联　　在化学交联中，相互作用是基于强共价键形成的。用交联剂对生物分子进行交联，可促进凝胶网络的形成。例如，利用戊二醛、环氧氯丙烷对纤维素分子溶液进行交联，可促进纤维素凝胶网络的形成。

（2）分子法-物理交联　　在物理交联中，分子通过物理缠结或非共价键作用，如氢键、配位键、范德瓦耳斯力等，在溶剂介质中组装形成三维凝胶网络。

8.2.1.3 胶体法

胶体法是指通过改变胶状分散液的溶剂条件，如温度、pH、离子强度等，使分散质发生聚集或扩散受限而形成凝胶的方法。

8.2.2　气凝胶干燥技术

干燥是制备气凝胶的关键步骤，目的是除去气凝胶中的液相，使材料从湿态转变到干态。如图8.1所示，气凝胶的干燥方式主要包括常压干燥（APD）、冷冻干燥（FD）和超临界干燥（SCD）。

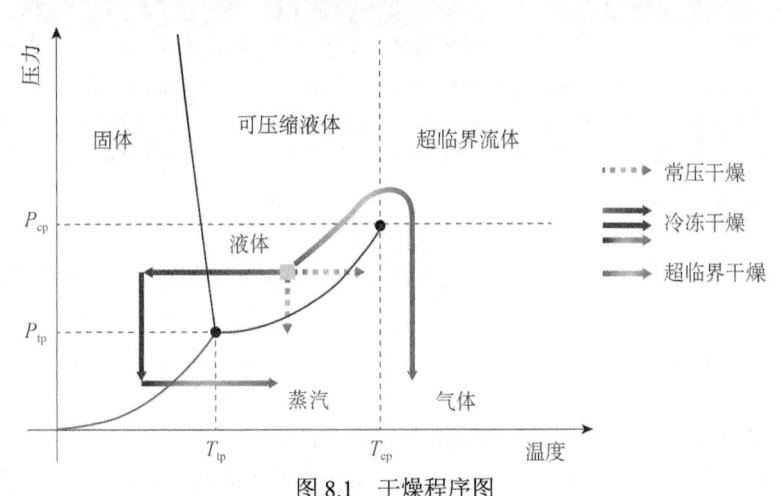

图 8.1　干燥程序图

常压干燥：凝胶内溶剂被自然蒸发，最终通过升高温度或降低压力来促进相变蒸发。冷冻干燥：首先降低样品的温度实现液-固相变，随后降低系统压力，连续升高温度使冰晶升华。超临界干燥：提高系统的温度和压力，使网络内的液体变成超临界流体，随后降低压力，保持温度不变，排出气相。T_{tp}和T_{cp}分别表示三相点（tp）和临界点（cp）处的温度；P_{tp}和P_{cp}分别表示tp和cp处的压力

8.2.2.1 常压干燥

常压干燥是在大气压力下进行的干燥。干燥过程中凝胶网络内的液体逐渐蒸发，最终形成骨架网络-空气互相渗透的气凝胶。在常压干燥过程中，由于表面张力的作用，通常状态下，凝胶内液体的挥发会使得凝胶脆弱的骨架收缩、坍塌。常压干燥工艺的关键在于干燥前对湿凝胶的有效处理，一般可通过以下几种措施进行：①用一种或多种低表面张力的溶剂替换湿凝胶孔隙中的溶液；②对凝胶骨架进行疏水改性，防止凝胶干燥时木质纤维素表面羟基形成不可逆氢键而引起收缩；③对凝胶骨架进行交联，增强骨架结构强度。

例如，对纤维素纳米纤维悬浮液进行真空抽滤，将得到的滤饼相继用异丙醇和辛烷进行溶液置换，通过常压干燥制备纤维素纳米纤维气凝胶膜。气凝胶膜的孔径为10～30nm，比表面积高达208m^2/g。与未进行溶液置换的常压干燥纤维素纳米纤维膜相比，气凝胶膜的孔隙结构更加均匀，且透气性有所提高。此外，通过分子-物理交联增强凝胶骨架的交联程度，进一步使用低表面张力液体进行溶剂置换，也可以在一定程度上避免常压干燥引起的三维网络塌陷（图8.2）。

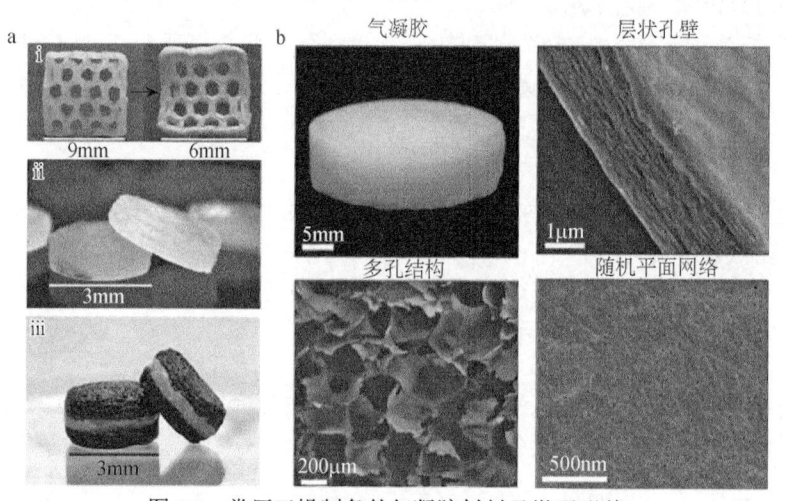

图 8.2 常压干燥制备的气凝胶材料及微观形貌

a. 3D打印的羧甲基纤维素纳米纤维水凝胶和常压干燥后得到的气凝胶材料（i. 网格状CNF水凝胶和常压干燥后得到的气凝胶材料；ii. 柱状CNF气凝胶材料；iii. 夹层结构CNF复合气凝胶材料，深色层含有聚3,4-乙烯二氧噻吩和聚苯乙烯磺酸盐混合物）。b. 常压干燥的羧甲基纤维素纳米纤维气凝胶和内部结构电镜图

8.2.2.2 冷冻干燥

冷冻干燥是利用冰晶升华的原理，在真空状态下使冰晶直接从固体升华为气体，得到气凝胶材料。冷冻干燥包括以下三个阶段。

1）冷冻阶段：溶剂的温度降低到三相点温度（T_{tp}）以下，由液态变为固态、挤压凝胶骨架，导致二者固相分离。

2）初级干燥阶段：溶剂结晶升华脱离凝胶骨架。

3）次级干燥阶段：非冷冻晶体在真空加热（温度低于溶剂的三相点温度）过程中脱除，这一过程可能导致凝胶骨架重新产生氢键键合，发生聚集。

在冷冻干燥制备气凝胶的过程中，"冷冻"是调节气凝胶微观结构的关键步骤。溶质的浓度、溶剂的性质、冷却速率及温度梯度的方向都会影响气凝胶的微观形貌，可以通过调控以上因素来控制气凝胶的微观结构。

例如，冷冻干燥制备的纤维素纳米纤维（CNF）气凝胶的孔壁微区形貌（纳米尺度）与纤丝的尺寸、表面电荷量、悬浮液浓度有关。研究悬浮液浓度、纤丝尺寸和表面电荷对冷冻干燥产物形貌的影响，结果表明：当悬浮液浓度较低时（≤0.05wt%），直径为数十纳米的纤丝被组装成直径500~1000nm的亚微米纤维。对于直径相似、表面电荷量更高的CNF，纳米纤丝间静电排斥作用更强，冷冻干燥后得到的纤维直径更小。当CNF悬浮液浓度增大到0.1wt%左右时，CNF被组装成了带状或者片状结构，孔壁的微区结构从纤丝向膜结构过渡。当溶胶浓度增加至0.5wt%~1.0wt%时，材料结构变为由多层膜构成的层状结构。Jiang和Hsieh的研究得出了类似的结论：硫酸水解制备的纤维素纳米晶（CNC）和TEMPO氧化制备的CNF在冷冻组装时，存在由纤丝结构向薄膜结构过渡的临界转化浓度，分别为0.1wt%~0.5wt%和0.01wt%~0.05wt%。叔丁醇的加入可以减少纤维素纳米材料的自聚，提高临界转化浓度，使纳米单元在较高浓度下仍保持纤丝形态。

木质纤维素气凝胶的孔隙结构（毫米-微米尺度）可以通过改变冷冻速率和低温梯度方向进行调控。这种方法称为冰模板法（又称冷冻浇注、定向冷冻）。在早期研究中，木质纤维素气凝胶的组装以均质冷冻为主，如图8.3所示。将凝胶直接放入液氮（-196℃）或冰箱（-20~-15℃）中冷冻，在此过程中，冰晶自凝胶外部向内部随机生长，形成以冰晶为模板的各向同性网络结构，经过冷冻干燥后，得到各向同性气凝胶材料。单向冷冻即沿着凝胶的某一特定方向施加低温梯度，诱导冰晶沿单一方向生长，冷冻干燥后即可得到具有类似木材管胞结构的气凝胶材料。采用双向冷冻法，可以制备具有定向层状结构的气凝胶材料，形成的层状结构沿着冷冻梯度方向排列。

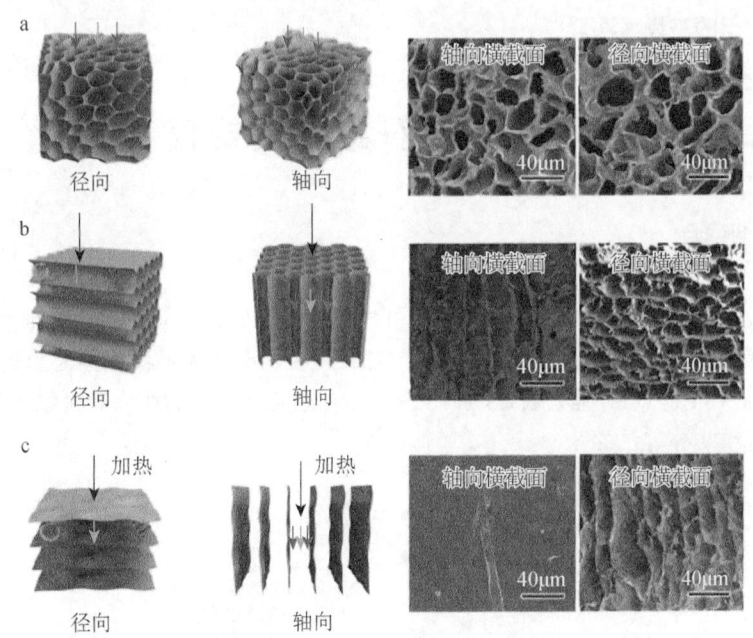

图8.3 冰模板法冷冻干燥示意图及产品微观结构电镜图
a. 均质冷冻；b. 单向冷冻；c. 双向冷冻

8.2.2.3 超临界干燥

超临界干燥是通过控制温度和压力，使干燥介质达到自身临界点，完成液体到超临界流体的转变。超临界流体的表面张力为零，使材料在保持三维网络结构的前提下完成凝胶向气凝胶的转变。常见流体的超临界常数如表8.1所示。其中，由于液体CO_2临界温度较低、临界压强适中，可以避免木质纤维素在调压调温过程中发生降解，而且操作安全性更高，现已成为木质纤维素气凝胶超临界干燥最常用的干燥介质。

表 8.1　常见流体的超临界常数

流体名称	分子式	临界温度/℃	临界压强/MPa
甲醇	CH_3OH	239.4	8.09
乙醇	C_2H_5OH	243.0	6.30
丙酮	$(CH_3)_2O$	235.0	4.66
异丙醇	C_3H_8O	235.0	4.70
水	H_2O	374.1	22.04
二氧化碳	CO_2	31.0	7.37
一氧化二氮	N_2O	36.4	7.24

超临界 CO_2 干燥木质纤维素气凝胶主要包括以下几个步骤：①用与水/液态 CO_2 互溶的溶剂置换木质纤维素凝胶原有溶剂；②液态 CO_2 溶剂置换；③调压调热使 CO_2 转变为超临界状态；④减压除去超临界 CO_2 得到干燥的气凝胶。

超临界 CO_2 干燥可以最大限度地保留凝胶原有的三维网络和木质纤维素分子自组装形成的介孔结构。与其他干燥方式相比，得到的气凝胶材料具有较高的比表面积，是早期制备再生纤维素气凝胶材料常用的干燥方法。

8.3　木质纤维素气凝胶

8.3.1　概述

木质纤维素是一种由植物光合作用产生的可再生生物质资源。它主要由纤维素、半纤维素和木质素分子相互作用交织构成，如图 8.4 所示。三种主要组分占木质纤维素总重的 80%以上，其中纤维素占 30%~35%，半纤维素占 25%~30%，木质素占 10%~30%，其余物质是少量的果胶、蛋白质、抽提物和灰分等。

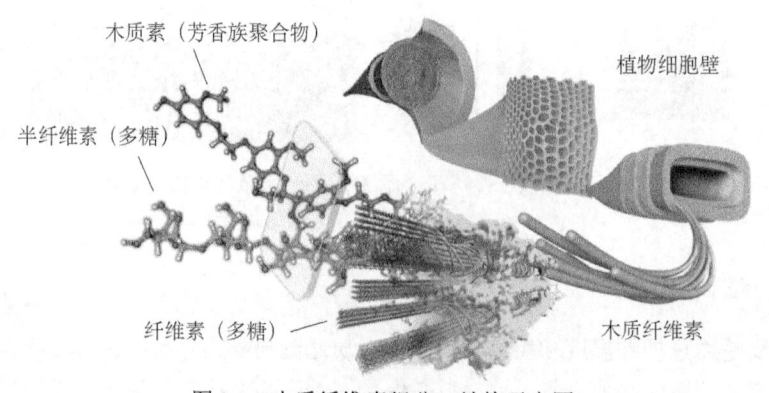

图 8.4　木质纤维素组分、结构示意图

纤维素是当前使用最广泛的木质纤维素气凝胶原料，可以通过对木质纤维素进行化学基质脱除得到。根据凝胶前驱体制备方式的不同，木质纤维素气凝胶主要分为纳米纤维素气凝胶和再生木质纤维素气凝胶两大类。

8.3.2 纳米纤维素气凝胶

纳米纤维素（nanocellulose，NC）根据形态差异可分为纤维素纳米纤维（CNF）和纤维素纳米晶（CNC）。下文主要介绍以长径比较高的 CNF 为基元的气凝胶材料。结合化学预处理进行机械分离是制备 CNF 的常见路线。常见的化学预处理包括 TEMPO 氧化、稀酸溶液处理和酶解处理等。机械分离包括高压均质、高频超声、微射流、冷冻粉碎和研磨等方法。二者结合可以制备出直径在 3~100nm，长至几十至上百微米的 CNF 材料。CNF 为纤维素 I 晶型结构，具有长径比高和比表面积大等特性，在适当浓度下容易自发缠绕形成三维网络结构，是目前制备纤维素气凝胶最常用的原料（图 8.5）。CNF 气凝胶具有表面积大、孔隙率高、柔性好等特点。相比于再生纤维素气凝胶，CNF 气凝胶的前驱体水分散性高、自由度大，更易于进行化学改性，非常适合作为纳米颗粒、有机分子等功能型物质的负载模板，也能作为二维纳米材料的支撑骨架。

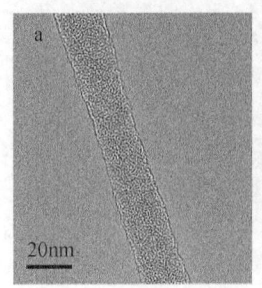

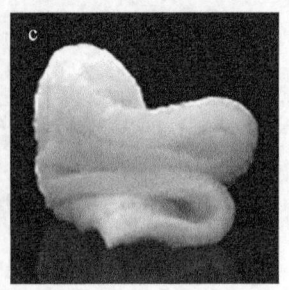

图 8.5　CNF 的高分辨率透射电子显微镜照片（a）、纤维素 I 晶型结构的高分辨率透射电子显微镜照片（b）和柔性 CNF 气凝胶照片（c）

CrI 为结晶度

8.3.2.1 椰壳纳米纤维素气凝胶

实验流程：纯化纤维素→机械分离 CNF→制备 CNF 凝胶→冷冻干燥。

1）将 2g 椰壳粉末置于索氏抽提器中，倒入体积比为 2∶1 的苯乙醇溶液，在 90℃条件下抽提 6h，脱除果胶等抽提物；将样品转移至 50mL 的 1wt% NaClO$_2$ 溶液中，用冰醋酸调节 pH 到 4~5，75℃处理 1h，脱除木质素，用蒸馏水清洗样品至中性；将样品转移至 50mL 的 2wt% KOH 溶液中，90℃处理 1h，脱除半纤维素，用蒸馏水清洗样品至中性；将样品转移至 30mL 的 1wt% HCl 溶液中，80℃处理 2h，将产物用蒸馏水反复洗涤数次后，得到较为纯净的纤维素。保持纯化纤维素的湿润状态，冷藏储存。

2）将一定量的纤维素均匀地分散在蒸馏水中，通过磁力搅拌形成 0.5wt% 的纤维素水分散液，随后将得到的混合物进行超声处理 60min，得到 CNF 分散液。超声过程使用的是超声波细胞破碎仪，输出功率为 900W，工作周期设置为 50%（即超声处理 1s 后停滞 1s，以此循环重复），整个过程在冰水浴环境中进行。

3）将得到的 CNF 分散液装入透析袋，浸泡在叔丁醇中。该溶剂置换过程保持 12h，即可获得浓缩的 CNF 叔丁醇凝胶。

4）将 CNF 叔丁醇凝胶置于冷冻干燥机中干燥 48h，得到超轻的 CNF 气凝胶。

8.3.2.2　CNF 气凝胶的形貌结构

使用 Quanta 200 扫描电子显微镜对 CNF 气凝胶进行形貌观察。观测之前对样品进行喷金处理，提高样品表面导电性。图 8.6 是 CNF 气凝胶在不同放大倍率下的 SEM 图像，图 8.6a 右上角插图是 CNF 气凝胶的宏观实物图，图 8.6b 右上角是 CNF 直径分布图。CNF 气凝胶主要由大量相互交错缠绕的一维 CNF（细长的丝状结构）和二维薄膜结构所构成，该薄膜结构是由于纳米纤丝在冷冻干燥过程中受冰晶生长压迫而形成的。在图 8.6b 中观察到细长的 CNF 相互缠绕形成三维网络结构。对图片中 CNF 的直径进行测量，结果表明，CNF 的直径分布在 30～180nm，平均直径为 80.6nm。

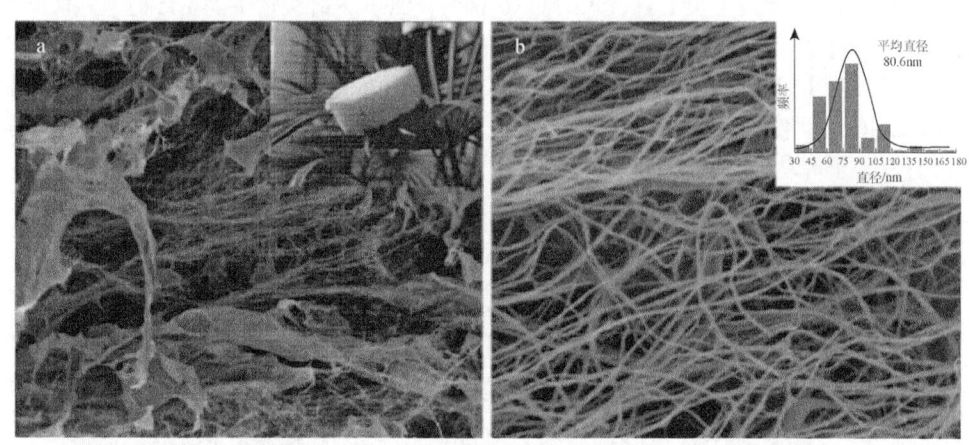

图 8.6　不同放大倍率下 CNF 气凝胶的 SEM 图像
a. 放大 500 倍的 CNF 气凝胶 SEM 图像；b. 放大 10 000 倍的 CNF 气凝胶 SEM 图像

8.3.2.3　CNF 气凝胶的密度与孔隙结构

测量 CNF 气凝胶的质量与体积，计算得到材料的密度为 0.84mg/cm^3。采用 TriSar Ⅱ 3020 型吸附仪进行氮气吸附-脱附实验，测试前样品在 100℃条件下脱气 6h。图 8.7a 是 CNF 气凝胶的氮气吸附-脱附等温线，该曲线为典型的"Ⅴ"形吸附等温线，曲线的脱附支与吸附支之间存在明显的滞后，这是毛细凝聚现象所导致的，证明了 CNF 气凝胶中存在介孔（2～50mm）结构。图 8.7b 是 CNF 气凝胶的孔径分布图，其孔径尺寸分布在 1～60nm，进一步证明 CNF 气凝胶属于介孔材料。采用 Brunauer-Emmett-Teller（BET）方法计算气凝胶材料的比表面积，采用 Barrett-Joyner-Halenda（BJH）模型计算气凝胶的孔容和孔径，其中孔容由相对压强（P/P_0）=0.99（P 为氮气分压；P_0 为测试温度下氮气的饱和蒸气压强）处的吸附量计算得到。计算结果表明，样品的比表面积为 91m^2/g，孔容为 0.025cm^3/g。

8.3.2.4　CNF 气凝胶的结晶结构和热稳定性

采用 D/MAX2000 型 X 射线衍射仪测量原料和 CNF 气凝胶的结晶结构。图 8.8 所示是 CNF 气凝胶的 X 射线衍射（XRD）图谱。CNF 气凝胶和椰壳原料都呈现出典型的纤维素 I 型结晶结构。CNF 气凝胶的特征峰在 15.1°、16.8°和 22.2°三处出现，分别对应纤维素的（101）、（10$\bar{1}$）和（002）晶面，说明化学处理和超声过程并没有改变纤维素的结晶结构。图 8.8 的插图是根据 Segal

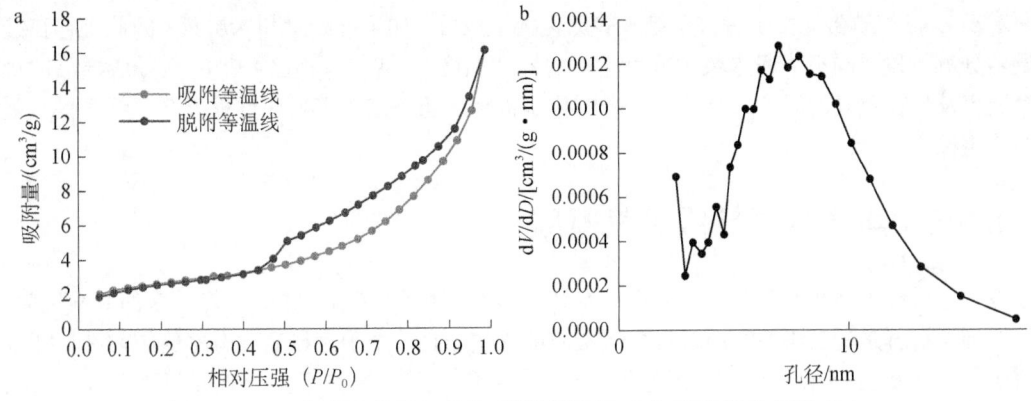

图 8.7 CNF 气凝胶的氮气吸附-脱附等温线（a）和孔径分布图（b）

法计算得到的结晶度。相比于椰壳粉末，CNF 气凝胶的结晶度明显提高，由 33.1% 提升至 52.3%，这是由于化学预处理过程中移除了一些无定形物质（如半纤维素和木质素）。更高的结晶度有助于增强纤维素材料的热稳定性。

采用 TA-Q600 同步热分析仪测试纤维素原料和 CNF 气凝胶的热稳定性。测试在氮气气氛下进行，样品的质量为 3~8mg，起始温度和终止温度分别设置为 25℃ 和 800℃，升温速率为 10℃/min。

图 8.9 为椰壳粉末和 CNF 气凝胶的热重（TG）和微分热重（DTG）曲线。二者

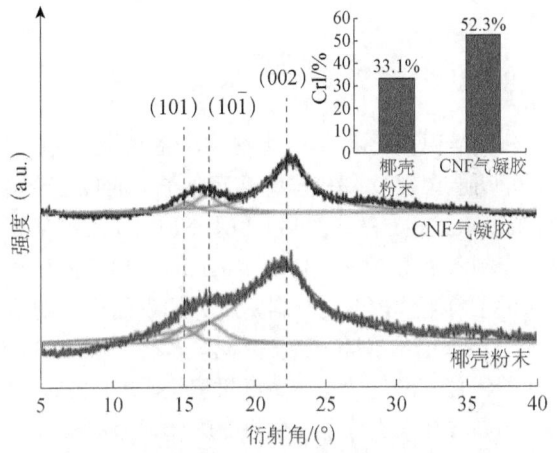

图 8.8 椰壳粉末和 CNF 气凝胶的 XRD 谱图
[插图为两者的结晶度（CrI）]

均在 150℃ 前呈现出微小的质量损失，这是由样品水分蒸发导致的。椰壳粉末的 DTG 曲线显示出两个主要的分解区域：第一个区域在 200~310℃，主要与半纤维素的分解有关，表现出明显的肩峰；第二个区域在 310~400℃，主要由于纤维素的降解，达到了最大降解速率。在植物细胞壁的三个主要成分中，木质素是最难分解的，它的分解非常缓慢且发生在整个温度范围内，同时较宽的分解温度范围也导致它没有呈现出明显的热解特征峰。

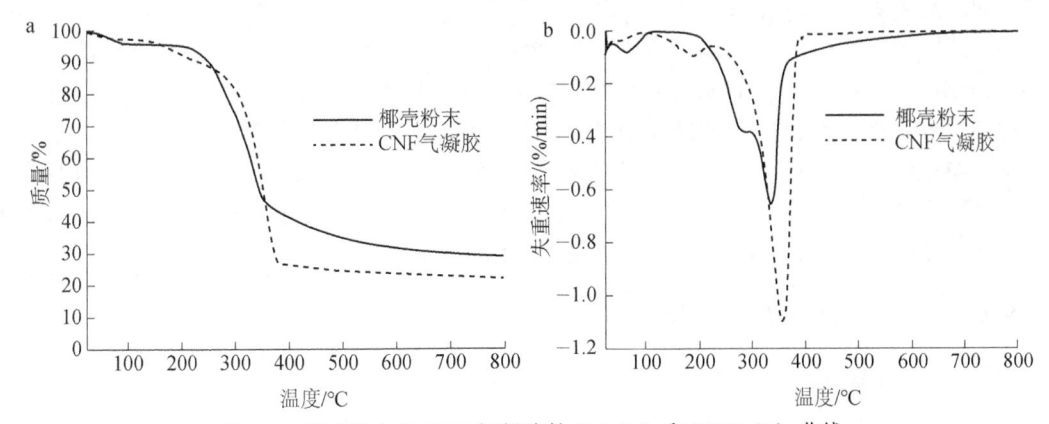

图 8.9 椰壳粉末和 CNF 气凝胶的 TG（a）和 DTG（b）曲线

对于CNF气凝胶，由于除去了绝大多数无定形成分，如半纤维素和木质素，因此仅存在纤维素剧烈分解阶段。与椰壳粉末最大降解速率的发生温度（349℃）相比，CNF气凝胶样品的最大降解速率发生在更高的温度（357℃），表明化学提纯、超声破碎等处理过程提高了纤维素气凝胶的热稳定性。

8.3.3 再生木质纤维素气凝胶

再生木质纤维素气凝胶是由木质纤维经过溶剂溶解、非溶剂再生、干燥而来的纤维气凝胶。木质纤维素溶解是制备再生木质纤维素气凝胶的先决条件。由于存在高度有序的结晶区，纤维素不溶于一般的极性/非极性溶剂。经过不懈探索，科研人员在纤维素溶解难的问题上取得了很大进展，开发了一系列纤维素溶剂体系。纤维素溶剂的发展推动了再生木质纤维素气凝胶的制备研究。

8.3.3.1 纤维素溶剂体系

（1）N-甲基吗啉-N-氧化物-水（NMMO·H_2O）溶剂体系　　NMMO·H_2O在高于85℃的条件下，可以通过N^+O^-偶极与纤维素分子上的羟基形成络合物，破坏纤维素分子间的氢键而溶解纤维素。Innerlohinger等（2006）利用NMMO溶解来源不同的木浆纤维素，通过水或乙醇再生和超临界干燥制备了密度在0.02～0.20g/cm³、比表面积在100～400m²/g的再生木质纤维素气凝胶材料，并探讨了前驱体浓度对材料密度、比表面积及超临界干燥条件对材料收缩程度的影响。

（2）NaOH/硫脲和碱/尿素溶解体系　　NaOH/硫脲和碱/尿素溶解体系纤维素溶剂可以在低温条件下（-12～0℃）快速溶解纤维素，突破了其他溶剂体系需高温溶解纤维素的难点。低温下NaOH水合物易与纤维素分子形成氢键配体，而尿素分子与碱结合，形成的氢键可驱动大分子和溶剂小分子间自组装形成复合物，能在低温下处于稳定状态，促使纤维素大分子低温溶解。采用不同交联再生浴（5wt% H_2SO_4溶液、乙醇溶液、甲醇溶液、叔丁醇溶液）进行纤维素再生，然后利用液氮冷冻干燥或超临界CO_2干燥制备了再生木质纤维素气凝胶。

（3）离子液体　　离子液体（IL）是由较大的不对称有机阳离子和相对较小的无机/有机阴离子组成的盐，其熔融温度低于100℃。离子液体能有效溶解纤维素，其溶解能力与其中的阴离子类型密切相关，同时受部分阳离子的影响。IL中的阴离子能与纤维素上的羟基形成氢键，而阳离子能与纤维素形成弱氢键，尺寸较大的阳离子阻碍了纤维素分子间氢键的重新形成，瓦解纤维素中原有的氢键网络，从而溶解纤维素大分子。

（4）其他溶剂体系　　除上述溶剂外，一些熔融盐水合物如$Ca(SCN)_2·3H_2O$、$ZnCl_2·4H_2O$、$LiClO_4·3H_2O$和$LiBr·3H_2O$被证实可以有效溶胀和溶解纤维素。与其他溶剂不同的是，熔融盐溶解的纤维素溶液通过冷却即可发生凝胶作用，不需非溶剂再生过程实现凝胶化。Liao等（2019）报道了用溴化锂熔融盐水合物溶解全组分花旗松木粉，纤维素上的羟基与Li^+发生配位作用形成弱交联导致纤维素溶液凝胶化，然后经过非溶剂-水的作用，纤维素分子聚集沉淀形成了高强的纤维网络，经过冷冻干燥制备了再生全组分木质纤维素气凝胶。

8.3.3.2 山黄麻木质纤维素气凝胶的制备方法

实验流程：山黄麻木粉溶解→冻融处理→凝胶再生。

1）将10g山黄麻（*Trema orientalis*）木粉加入盛有120g 1-烯丙基-3-甲基咪唑氯盐［（AMIM）Cl］的500mL圆底烧瓶中，在85℃条件下机械搅拌4h，形成深褐色的均一黏稠溶液。将溶液倒入11

个模具中，分别密封后依次编号为 LFT0~LFT10。

2）对 LFT1~LFT10 进行冻融处理。一个典型的冻融（FT）过程如下：木质纤维素溶液样品在−20℃条件下冷冻 10h，随后真空缓慢解冻到室温，解冻时间为 6h。冷冻温度必须要低于（AMIM）Cl 的熔点 17℃，且融化温度要高于 17℃。样品编号 LFTn 表示每个样品要经过 n 次如上的冻融循环。

为了探究冻融过程中不同冷冻温度对再生木质纤维素气凝胶三维网络结构的影响，将一组样品进行循环 FT 处理（在−20℃冷冻 10h，随后低温真空缓慢解冻 6h，使样品恢复到室温）。根据各自的 FT 次数，将这组样品标记为 FTX（X=1~5）。另一组 5 个样品进行了液氮冻融处理（NFT）。即在−196℃条件下降温，用液氮冷冻保存 6h，随即低温真空缓慢解冻 6h 到 20℃。根据各自冻融循环次数，将这组样品标记为 NFTX（X=1~5）。除了经历了缓慢解冻过程（6h）的样品，还有一组 2h 快速解冻的样品也经历了液氮冷冻的循环处理（NFFT：在−196℃冷冻 6h，随后烘箱快速解冻 2h，使样品恢复到室温），作为研究不同解冻速率在冻融循环中的作用。这组样品被标记为 NFFTX（X=1、4、7、10）。另设置了一个对照样品不进行任何处理直接再生，标记为 DR。

3）冻融循环结束后，将样品浸入去离子水的再生浴中。每次再生至少 3h，重复 3 次，直到 AgNO$_3$ 检测不出 Cl$^-$为止，得到木质纤维素水凝胶。将各水凝胶样品依次与浓度为 10%、30%、60%、90%的丙酮水溶液置换，最后在纯丙酮中置换 2 次，以保证凝胶的水分子全被丙酮分子替代，最终保存在纯丙酮中，得到木质纤维素丙酮凝胶。

4）将样品放入超临界干燥机中，进行 CO$_2$ 超临界干燥，得到再生木质纤维素气凝胶材料。

8.3.3.3 再生木质纤维素气凝胶的形貌、密度与孔结构

图 8.10 是 LFT0 和 LFT5 的 SEM 图，右上角插图分别为样品的宏观形貌图。可以看出未经过冻融处理的 LFT0 在凝固浴中彻底塌陷，其内部主体结构是相互交联的网状大分子纤维；部分未溶解碎片保留有木材微观形貌。然而 LFT5 在铸模成型的过程中，可以形成模具所赋予的良好形貌，样品保持完整且没有明显的体积收缩，其内部形成了均匀的三维网络结构。这说明冻融处理后的样品有着很强的成型能力。

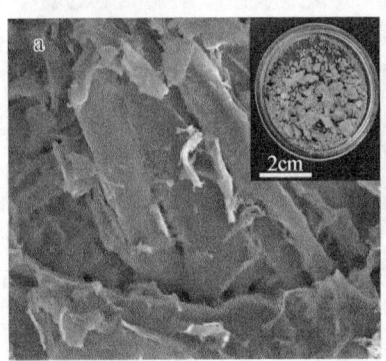

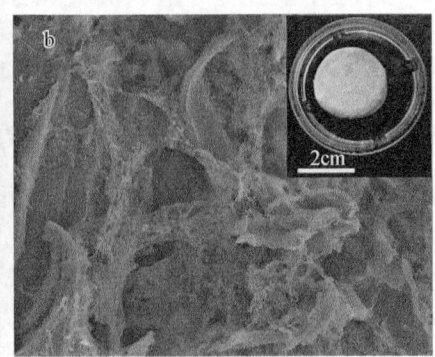

图 8.10　干燥后样品的宏观照片和截面电镜图片

a. 未经冻融的 LFT0 的电镜图，插图为 LFT0 的宏观照片；b. 5 次冻融循环后 LFT5 的电镜图，插图为 LFT5 的宏观照片

图 8.11 是 FT2、NFT2、NFT5 和 NFFT10 的表观照片和微观形貌电镜图。从图中可以看出，FT2、NFT2 和 NFT5 均保持了圆柱形的模具形状，证明 FT 和 NFT 处理后能使凝胶很好地脱模成型且不会塌陷。SEM 图像中，对于 FT2 只观察到了稀疏的纤丝网络结构，因此 FT2 样品非常柔软且很易碎；而对 NFT2 而言，同样只经过 2 次的冻融循环处理，却显示出分布更为广泛的致密

网络，可能是网络结构在气凝胶内部分布不够均一，才导致了 NFT2 再生时表面的部分缺损和明显裂缝。但是仅仅 2 次冻融就能很好地保持基本形貌，由此可见更低的温度能够较快地使溶剂结晶，生成再生木质纤维素气凝胶中的纤丝网络。而经过 5 次超低温缓慢解冻的气凝胶样品 NFT5，其内部的密实网络布满整个视窗。网络中纤丝间大量的交联点使样品在干燥后仍然能够保持良好的形貌。同时对比图 8.11b 和图 8.11c 可以看出，NFT 可以有效地调整样品中的交联密度并增强再生木质纤维素气凝胶网络的紧密性。但是，经 10 次 NFFT 循环处理的样品 NFFT10 的微观结构中只呈现了极少的纤维素网络结构（图 8.11d）。还发现经过快速烘箱加热解冻的 NFFT 样品，在反溶剂中沉淀再生和溶剂置换时全部塌陷。也就是说，为了缩短解冻时间而利用烘箱快速加热的方法，即 NFFT 快速解冻工艺，不能形成可保持凝胶结构的纤丝网络。

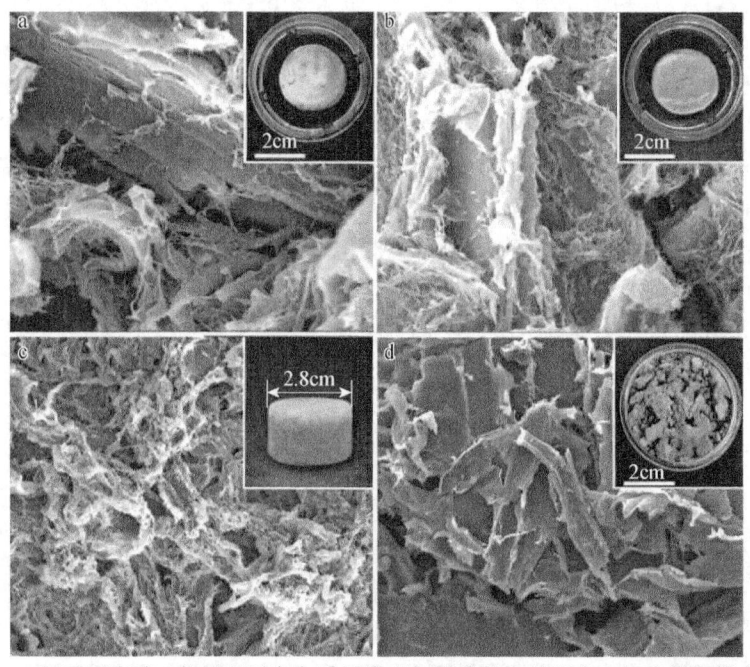

图 8.11 经不同冻融工艺处理再生木质纤维素气凝胶的宏观照片和相应的扫描电镜图
a. 普通冻融 FT2；b. 液氮快速冻融 NFT2；c. 液氮快速冻融 NFT5；d. 液氮快速冻融 NFFT10

8.3.3.4 再生木质纤维素气凝胶的密度

图 8.12 是 LFT1～LFT10 的密度分布图。在所有样品中，由于三维网状结构逐渐密集，经过 6 次冻融的 LFT6 具有最低的密度。纤丝网络使样品在水溶液中仍能保持凝胶的最初形貌，由于纤丝网络的密集程度不同，临界点干燥的样品仍能观察到轻微的体积收缩。由于所有样品的起始溶液浓度一致，样品的整体密度对干燥后样品的收缩率有一定的参考意义。FT 系列及 NFT 系列样品在不同冻融条件下的密度分布见图 8.13。FT 系列中，冻融次数的增加使得样品密度减小，4 次后稍缓，FT6 具有最低的密度。可能是 6 次冻融使再生木质纤维素气凝胶的三维网状结构更密集且分布更为均一，使得 FT6 经过水、丙酮、二氧化碳置换后仍可稳定地保持着体积。FT7 的密度升高是由于三维网状结构被强化成密集片状结构之后，维持体积的能力不再增加，但是每次冻融交联了大分子，使这些原本会溶于水或丙酮的分子被固定，在溶剂置换过程中不流失，因此密度反而增大。总之，−20～20℃温度区间中冻融循环 4～7 次的样品密度较低，体积皱缩程度也比较小。

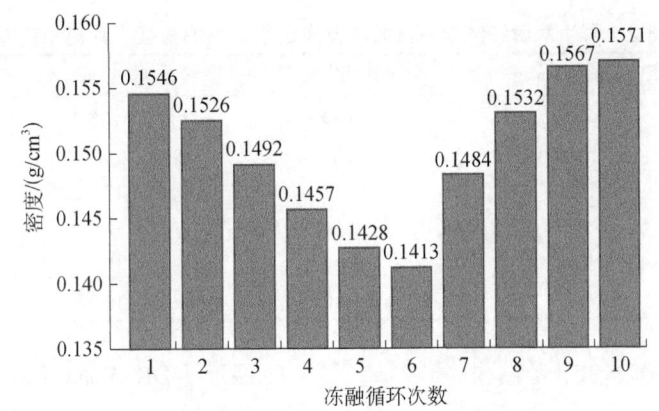

图8.12 经冻融处理后气凝胶样品的密度分布

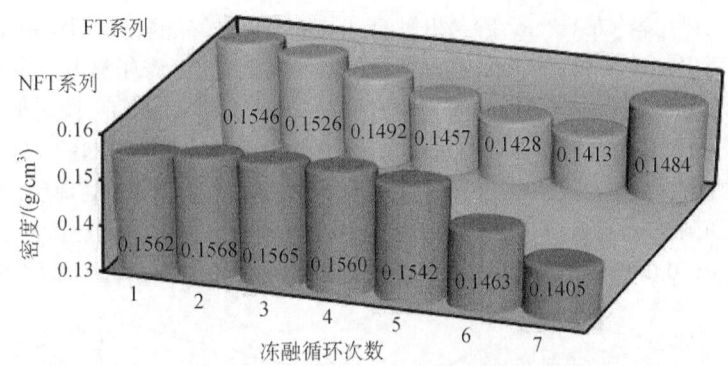

图8.13 不同冻融工艺下再生木质纤维素气凝胶的密度变化图

NFT系列的密度变化趋势与FT系列稍有不同，FT系列一次冻融就能够显著地影响气凝胶的密度，NFT系列冻融5次时，网状结构才开始逐渐包裹、覆盖未溶的木材骨架。冻融5次后样品密度继续降低，至NFT7的密度最低。可以推断，这些连同骨架形成微米级的三维网络结构，是在微米尺度上影响宏观形貌。即在-196～20℃冻融区间控制气凝胶的尺寸稳定性，前几次冻融是在纳米尺度上影响交联网络的结构，而从第5次冻融开始影响至微米级的三维网络结构。同时，低温冷冻NFT组对气凝胶密度的调节比FT组显著，经1次冻融循环就能有效控制样品密度；7次冻融后，似乎还有密度继续降低的趋势。冷冻温度的降低改变了网状结构的形貌，形成的网孔更为致密。

8.3.3.5 再生木质纤维素气凝胶的孔结构

（1）再生木质纤维素气凝胶的 N_2 吸附-脱附等温线　　图8.14是LFT4的 N_2 吸附-脱附等温线。吸附等温线呈反"S"形，符合吸附Ⅱ型曲线，说明气凝胶的孔径会大于10nm。利用BJH模型确定气凝胶的孔径分布。从表8.2中的数据可知，FT循环形成了气凝胶中互联的纤丝网络结构，也因此增加了比表面积和孔容，且孔隙率可以高达97.85%。

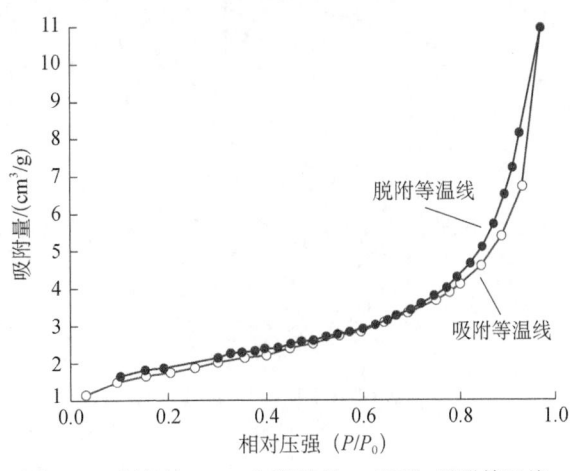

图8.14 制备的LFT4气凝胶的 N_2 吸附-脱附等温线

表 8.2 再生木质纤维素气凝胶的比表面积、平均孔径、孔容和孔隙率

样品	比表面积/(m²/g)	平均孔径/nm	孔容/(cm³/g)	孔隙率/%
木粉	2.00	9.60	4.8	—
LFT1	5.28	12.27	16.2	98.56
LFT3	5.92	11.49	17.0	97.07
LFT4	5.91	12.59	18.6	97.79
LFT7	5.91	11.07	17.1	97.85
LFT10	6.12	9.80	15.0	97.65

（2）冻融次数对气凝胶孔隙结构的影响　图 8.15 展示了 DR 样品和经 FT、NFT 和 NFFT 三个条件下冻融处理过的再生木质纤维素样品的 N_2 吸附-脱附等温线。与未经过冻融处理的样品相比，FT 处理可以稍微增加样品的比表面积和孔容。例如，高孔隙率的样品 FT5 只具有很小的比表面积（7.5m²/g）和孔容（0.017cm³/g）。相似的，NFFT 系列样品的比表面积和孔容也都非常小。除此之外，所有再生木质纤维素气凝胶样品吸附-脱附等温线的回滞环都出现在 P/P_0 相对高的区间内，说明它们的比表面积是源于纤丝间大量的空穴。与其他两组极为不同的是，样品经过 NFT 反复处理后，比表面积和孔容都出现了显著的增加。表 8.3 中详细列出了 NFT 样品的孔结构细节。例如，DR 样品的比表面积只有 2.0m²/g 且孔容只有 0.005cm³/g，经 NFT 处理后，NFT1～NFT5 的比表面积分别增加到 8.8cm³/g、16.0cm³/g、28.1cm³/g、40.4cm³/g 和 80.7cm³/g，而且孔容也分别增加到 0.036cm³/g、0.088cm³/g、0.145cm³/g、0.185cm³/g 和 0.333cm³/g。根据 IUPAC 的分类，

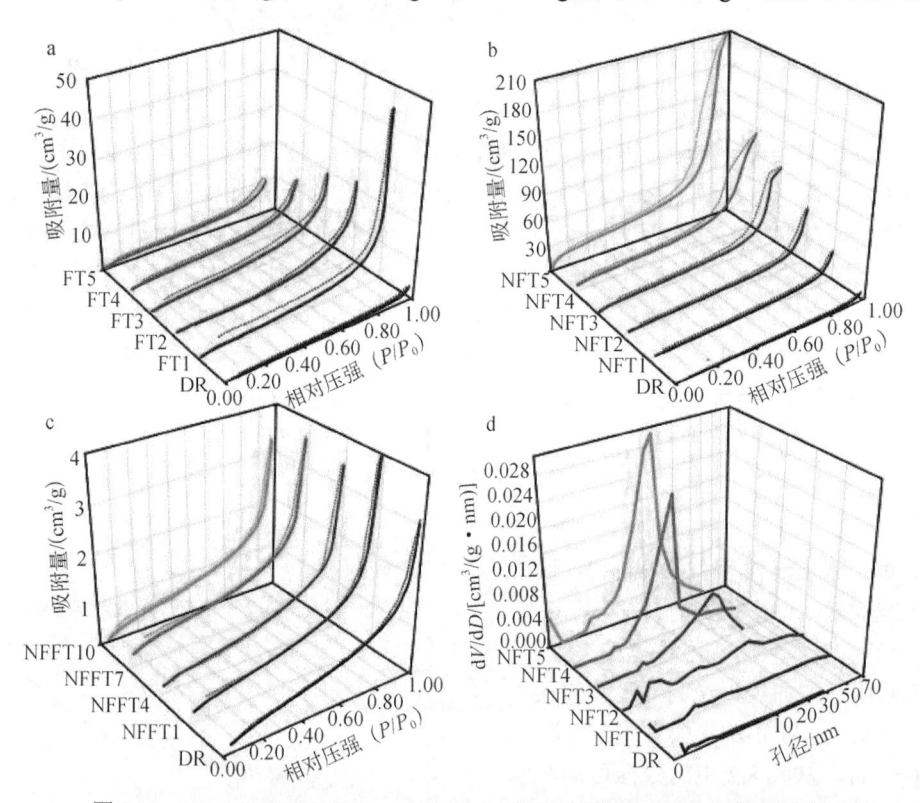

图 8.15　FT（a）、NFT（b）、NFFT（c）系列干燥样品和 DR 对照样品的
N_2 吸附-脱附等温线及 NFT 系列相应的孔径分布图（d）

V 代表孔容；D 代表孔径；dV/dD 是 V 对 D 曲线各点微分

图 8.15b 所示的所有样品的等温线都呈Ⅳ型,等温线回滞环都呈 H1 型。通常是由于大小相似的连贯介孔发生毛细凝聚后会产生这样的等温线。回滞环发生在 P/P_0 相对高的区域,说明存在着较大的介孔。NFT 处理样品的孔径分布通过 BJH 模型进行计算并在图 8.15d 中阐释。首先,孔径大小的分布主要随着 NFT 处理循环次数的增加而逐渐变小。例如,NFT1 的平均孔径为 28.9nm,而 NFT2、NFT3、NFT4 和 NFT5 的该值分别降低至 19.2nm、16.0nm、12.7nm 和 10.5nm。其次,随着 NFT 处理次数的增加,样品的孔径分布也逐渐变窄。显然,NFT 处理不仅可以在木质纤维素气凝胶中产生高介孔,而且可以通过简单地改变 NFT 处理周期来有效地调节孔结构,使孔分布更趋于一致。

表 8.3 不同循环冻融次数下再生木质纤维素气凝胶的孔分布特征值

样品	比表面积/(m²/g)	平均孔径/nm	$V_{总}$/(cm³/g)	$V_{介孔}$/(cm³/g)	$V_{微孔}$/(cm³/g)	$V_{微孔}/V_{总}$
NFT0(DR)	2.0	13.9	0.005	0.004	0.001	16.67
NFT1	8.8	28.9	0.036	0.031	0.004	12.08
NFT2	16.0	19.2	0.088	0.080	0.008	9.12
NFT3	28.1	16.0	0.145	0.132	0.014	9.36
NFT4	40.4	12.7	0.185	0.177	0.019	10.09
NFT5	80.7	10.5	0.333	0.298	0.036	10.71

8.3.3.6 再生木质纤维素气凝胶结晶特性分析

图 8.16 显示了经不同次数冻融处理的样品的 XRD 图谱和结晶度。由图 8.16a 可知,样品的衍射峰都在 $2\theta=14.8°$、16.5° 和 22.2° 处,说明再生木质纤维素气凝胶均为纤维素 I 型结构,即经过溶解、冻融处理和再生后,纤维素的晶型结构并没有发生变化。所有样品的结晶度相比原料木粉大幅下降,这是因为再生过程中纤维素分子链没有形成高度结晶。从图 8.16b 的结晶度分布还可以看出,前几次冻融似乎降低了材料的结晶度,冻融 3 次后材料的结晶度基本与 LFT0 相当并随冻融次数呈增加趋势,至 LFT6 结晶度达到最大值。其中,未经冻融处理的 LFT0 的高结晶度是由于再生和介质置换过程中移除了大量无定形的半纤维素和木质素;而 LFT7 的高结晶度是由多次冻融循环形成大量纤维素的微晶区造成的。冻融 1~6 次样品的结晶度开始稳定增加。在宏观上表现为气凝胶的尺寸越来越稳定。6 次冻融后样品的结晶度开始逐渐下降,可以看作非结晶大分子的缠结固定(降低结晶度)逐渐多过纤维素链段的结晶(增加结晶度)。

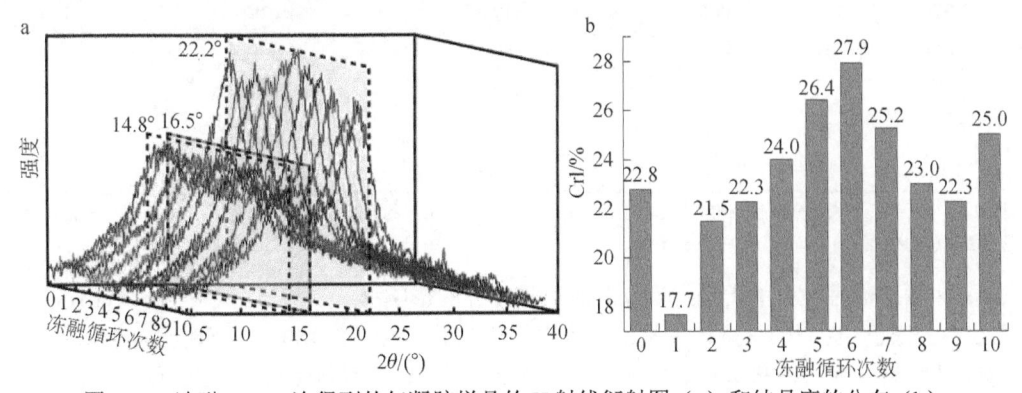

图 8.16 冻融 0~10 次得到的气凝胶样品的 X 射线衍射图(a)和结晶度的分布(b)

8.3.3.7 再生木质纤维素气凝胶的热稳定性分析

(1) 木粉原料和再生木质纤维素气凝胶的热稳定性对比　图 8.17 是冻融次数不同的再生木质纤维素气凝胶的 TG 和 DTG 曲线，根据该图绘制了表 8.4。与原材料木粉相比，气凝胶的热行为有着极大差异。这是由于溶液置换过程中，带走了部分木质素和半纤维素。因此升温时，气凝胶的开始降解温度 T_{onset} 有所上升。气凝胶的开始降解温度明显比木粉高。这些行为在试样的微分热重曲线（图 8.17b）上表现得更为明显。

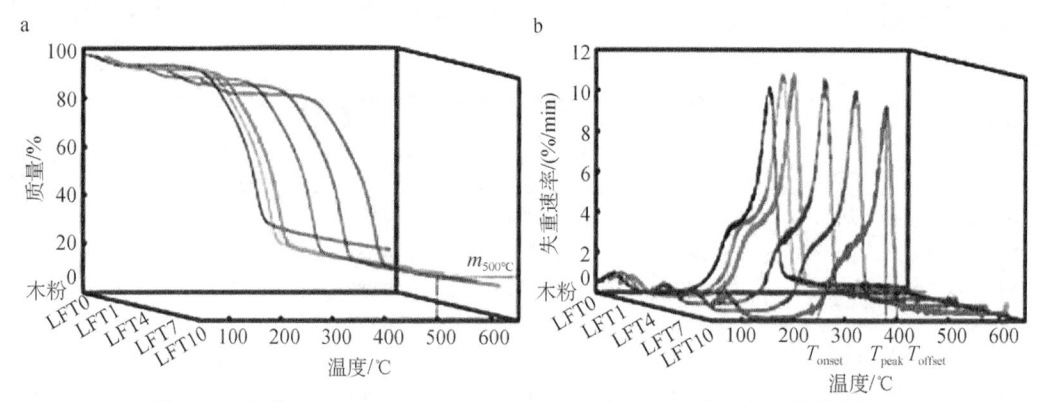

图 8.17　木粉、LFT0、LFT1、LFT4、LFT7 和 LFT10 在氮氛下热降解、加热速率为 10℃/min 的 TG 曲线（a）和 DTG 曲线（b）

$m_{500℃}$. 500℃的碳残量

木粉原料的分解分两个阶段：第一阶段是 40~262℃，该阶段是纤维素失水等小分子造成的失重，失重速率较小，约为 8.1%；第二阶段是 262~400℃，该阶段是半纤维素、纤维素和木质素的热分解阶段，该阶段分解速度较快，开始热分解的温度为 262℃，375℃时达到最大失重速率。再生木质纤维素气凝胶的分解分为两个阶段：第一阶段为 40~261℃，该阶段是再生纤维素失水等小分子造成的失重，失重速率较小，约为 6.8%；第二阶段是 255~402℃，该阶段是再生纤维素的热分解阶段，分解速度较快，开始热分解的温度为 255℃，380℃时达到最大失重速率，到 402℃时分解完毕。由此可知，相比木材原料，气凝胶的热稳定性有所增加。

表 8.4　原料木粉与再生木质纤维素气凝胶样品在氮氛下、加热速率为 10℃/min 的热重曲线特征数据

样品	T_{onset}/℃	T_{peak}/℃	T_{offset}/℃	$m_{500℃}$/℃
木粉	250.72	375.80	388.03	0.22
LFT0	258.61	379.63	399.28	0.16
LFT1	248.80	380.26	402.05	0.16
LFT4	247.37	379.91	400.24	0.17
LFT7	240.43	380.07	399.76	0.17
LFT10	242.58	380.92	399.52	0.18

注：T_{onset} 表示半纤维素组分降解峰的外延起始温度；T_{peak} 表示纤维素组分的降解温度；T_{offset} 表示 DTG 曲线的外延结束温度，表示纤维素降解的终止；$m_{500℃}$ 表示 500℃的残碳量

(2) 冻融次数对再生木质纤维素气凝胶热稳定性的影响　从表 8.4 中还可以看出，在所有 TG 曲线中，低于 150℃的重量损失是由吸附水的蒸发引起的。在 150℃以下时，再生木质纤维素气凝胶的热分解行为与原料木粉基本相同。从 248℃开始，半纤维素分解。在凝结和溶剂交换过程中，FT 处理可以将部分半纤维素固定在凝胶基质上，使这些固定的低分子量多糖不溶于水。在

10℃/min 的加热条件下，原料木粉和再生木质纤维素气凝胶的 T_{peak} 和 T_{offset} 分别因纤维素和木质素的分解而存在显著差异。对于纤维素组分而言，尽管木质素也可能在 DTG 曲线的最后部分起重要作用，但木粉的分解速度仍比再生木质纤维素对应物稍快（T_{offset} 约低 10℃）。然而，再生木质纤维素气凝胶（LFT0、LFT1、LFT4、LFT7 和 LFT10）的 T_{peak} 没有表现出显著差异。虽然结晶度有助于纤维素热稳定性的提高，但是 FT 处理没有将纤维素热稳定性提高到预期水平。在 500℃条件下，再生木质纤维素气凝胶碳产率约降低 5%，表明在溶剂交换过程中，再生木质纤维素气凝胶失去部分木质素而产生较少的碳。碳产率随着 FT 循环而逐渐增加，表明 FT 处理将更多的木质素固定在形成的网络上。

8.4 木材气凝胶

8.4.1 木材气凝胶的制备原理

木材气凝胶是指将一些质轻、多孔、接近气凝胶材料基本条件的天然木材，通过细胞壁膨化、纤维素局部溶解再生、干燥等步骤，制备成的保留木材各向异性结构的新型气凝胶材料。

木材细胞壁微观形态学理论指出：①在细胞壁发育初期，首先形成的半纤维素和果胶等基质具有高膨胀度和塑性变形，可以看作一种各向同性的凝胶物质；②基质形成后立即被纤维素纤丝骨架增强，并由此获得弹性；③最后形成的木质素单体渗透在骨架和基质之间并相互交联，使细胞壁变硬，细胞膨胀度和变形度被限制。气凝胶是凝胶前驱体中的液体被气体取代后，保留原始骨架结构而形成的固体多孔材料。

将木材的天然生物结构和物理性质与气凝胶材料进行对比分析可知，木材细胞壁具备凝胶材料的基本结构特征，是一种天然生长形成的多孔性有限膨胀胶体。此外，从木材的超微结构上看，木材细胞壁中天然存在多尺度和多形态的孔隙结构，如图 8.18 所示，这与气凝胶材料的典型结构特征高度吻合。

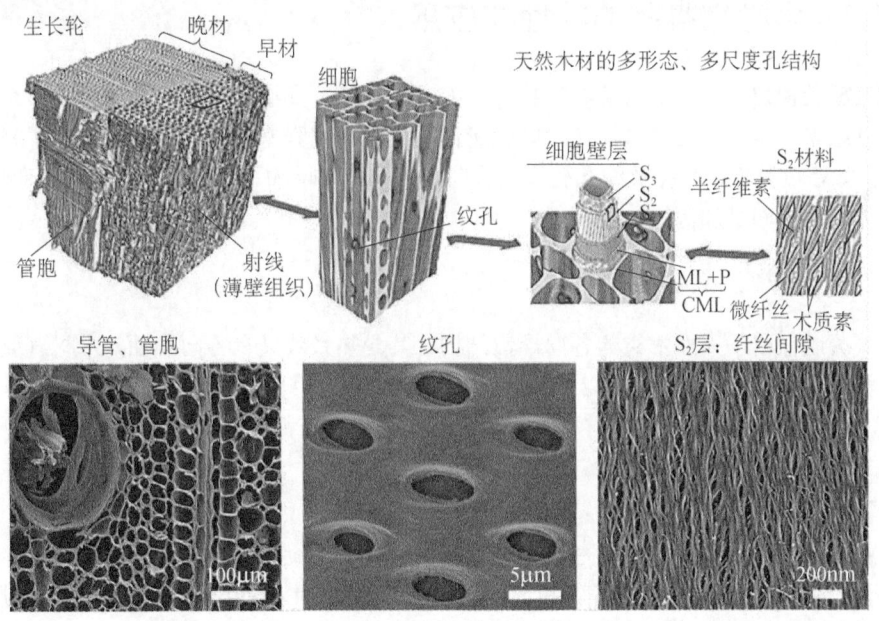

图 8.18 天然木材的多层级各向异性结构和多形态、多尺度孔体系示意图及电镜图片

8.4.1.1 木材细胞壁的膨化

木材细胞壁膨化是指采用化学或物理手段,脱除天然木材中的木质素和半纤维素等基质,增大纤维素微纤丝之间的距离,在木材细胞壁内形成纳米孔隙结构的过程。细胞壁膨化的常用化学试剂包括 NaOH/Na$_2$SO$_3$、NaClO$_2$/乙酸、H$_2$O$_2$/乙酸、低共熔溶剂和离子液体等。根据化学试剂选择和处理条件的不同,所得木材气凝胶材料在结构和性质上略有不同,但总体来说,由于基质的脱除,木材气凝胶中细胞腔和纹孔等孔结构的平均直径增加,细胞壁微区内的纳米级孔隙被暴露,比表面积提高,孔隙率增大,密度减小(图 8.19)。

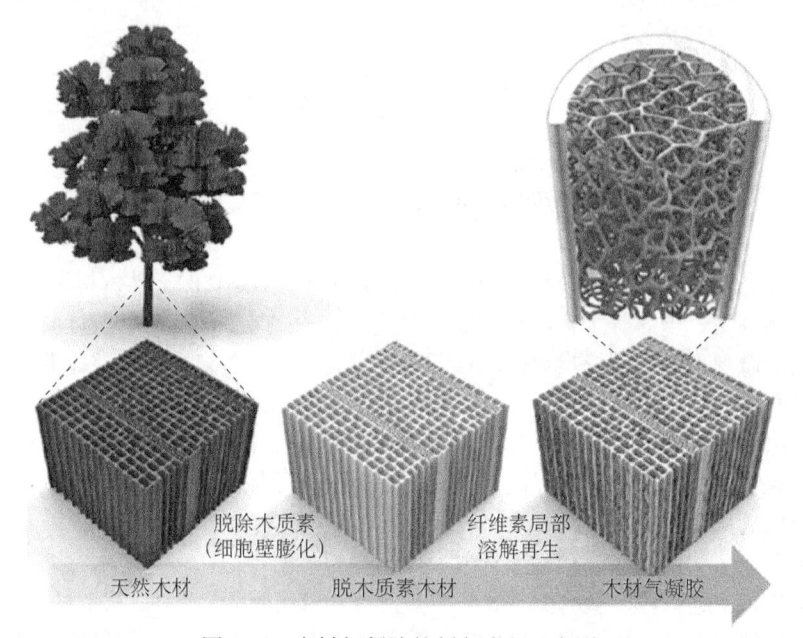

图 8.19 木材气凝胶的制备流程示意图

8.4.2 木材气凝胶的特性与应用

木材气凝胶保留了木材的天然结构特征,如各向异性,多层级开放、连通的孔体系及天然定向排列的纤维素纤丝。与此同时,在细胞壁膨化过程中,细胞壁微区结构变化导致了材料物理性质的改变,如密度降低、胞腔及纹孔孔径增大、介孔孔隙率增加、比表面积增大、可变形性提高、纤维素晶体滑移空间增加等。

8.4.2.1 导热系数各向异性

木材气凝胶保留了天然木材的各向异性结构,其导热系数具有各向异性。木材气凝胶沿着纤丝宏观生长方向的导热系数为 0.12W/(m·K),而垂直于纤维生长排列方向的导热系数仅为 0.028W/(m·K),远低于天然木材和多数商业保温材料,在保温隔热领域有光明的应用前景。

8.4.2.2 回弹性

从木材到木材气凝胶,细胞壁发生变形和塌陷,由不规则蜂巢状向波浪形层状结构过渡,这一结构演变赋予了木材气凝胶高度可压缩性和形状记忆性,使其在 40%的压缩形变下仍可恢复原始形状。将回弹性与结晶纤维素的压电效应相结合,可制备用于传感和能量收集的木材气凝胶纳米发电机。

具有单轴定向、单斜对称结构的结晶纤维素发生机械变形时能产生压电效应。与天然木材相比，木材气凝胶中的结晶纤维素在受到外力作用时具有更大的活动空间，从而增加了电输出。由于具有高度可压缩性，木材气凝胶在相对较小的压强下（13.3kPa）即可产生 0.69V 的瞬时电压和 7.1nA 的瞬时电流，相比天然木材增加了 85 倍。

8.4.3 具有自疏水、自光热性能的弹性木材气凝胶

8.4.3.1 实验过程

细胞壁膨化→冷冻干燥→热处理→测定结构、成分变化→机制分析→应用性能测试。

8.4.3.2 天然轻木到木材气凝胶的结构演变

天然轻木和木材气凝胶的宏观照片如图 8.20 所示。经过处理后，材料变为深棕色，并表现出超疏水特性。在其横截面，水接触角（WCA）高达 152°。

天然轻木和木材气凝胶的微观结构如图 8.21 和图 8.22 所示。在天然轻木的横截面上，大量纤维和少量导管密铺排列形成了不规则的蜂窝状结构（图 8.21a），射线组织在横截面上沿着木材径向水平

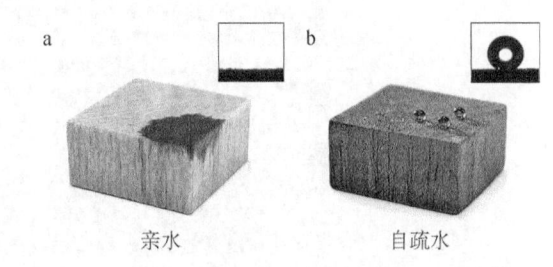

图 8.20 天然轻木（左）和木材气凝胶（右）的宏观形貌和表面润湿性

延伸。纤维、射线细胞和导管的差异排布赋予了木材天然的各向异性。纤维和导管负责将水和养分从根部输送到树冠，同时提供轴向机械支撑。射线组织负责营养物质的存储和径向运输。此外，射线组织对树木力学自适应性和各向异性弹性起着至关重要的作用。从纤维细胞壁的高倍放大 SEM 图片（图 8.21b）中可以看出，纤维素被半纤维素和木质素包裹，构成了实体细胞壁结构。

在木材气凝胶横截面上，纤维排列变得疏松，射线组织的实体结构消失，形成裂隙结构（图 8.21c）。细胞壁中出现了规则的纤维素纳米阵列结构，类似于荷叶表面的微纳乳突结构，增加了木材气凝胶横截面的粗糙度（图 8.21d）。

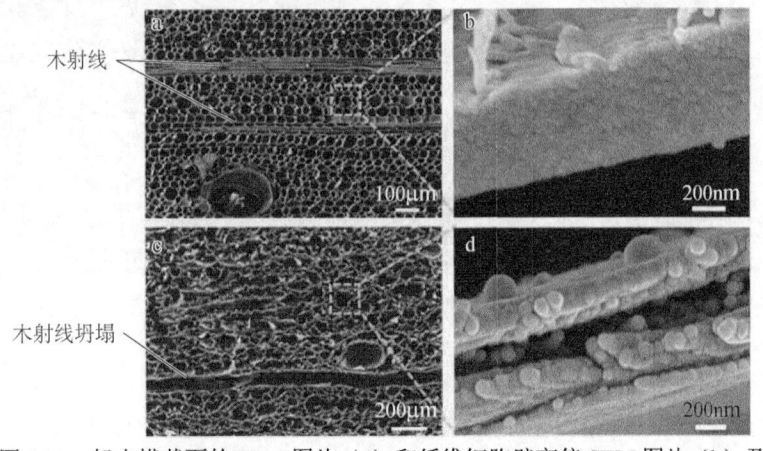

图 8.21 轻木横截面的 SEM 图片（a）和纤维细胞壁高倍 SEM 图片（b）及木材气凝胶横截面的 SEM 图片（c）和纤维细胞壁高倍 SEM 图片（d）

在天然轻木的弦切面上，纺锤形的射线组织周期性地穿插在纤维之间，造成纤维错位排列，错位角度为6°~9°（图8.22a）。在木材气凝胶的弦切面上，射线组织的实体结构消失，转而形成梭形的裂纹（图8.22b）。射线组织由射线薄壁细胞构成。射线薄壁细胞的厚度远小于纤维细胞的细胞壁厚度，因此在处理过程中，结构更容易发生塌陷。这种结构变化在木材气凝胶弦切面上形成了类似"叶片弹簧"的结构。

与天然轻木相比，木材气凝胶细胞腔和纹孔的直径均有所增加。纤维细胞腔的平均直径从31mm增加到50mm，纹孔的平均直径从4.02mm增加至4.64mm。

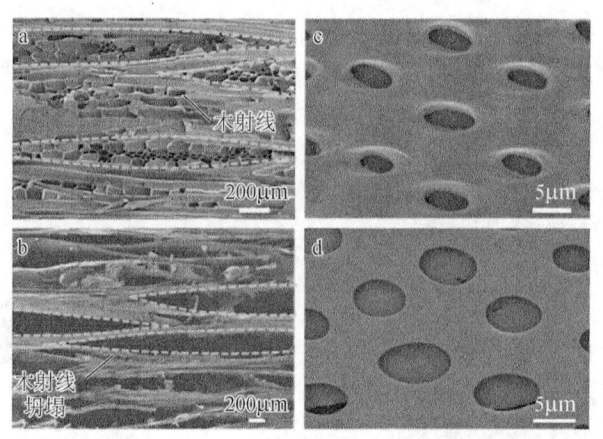

图8.22　天然轻木（a）和木材气凝胶（b）的弦切面SEM图片及天然轻木（c）和木材气凝胶（d）的纹孔SEM图片

木材气凝胶的弦切面和径切面均表现出疏水特性，但与横截面相比，水接触角有所降低，分别为147.5°和145°，如图8.23所示。在弦切面和径切面的低倍和高倍SEM图片中并未发现纤维素纳米阵列造成的粗糙结构。这说明除结构变化外，木质素中含有的疏水基团与表面润湿性转化有关。

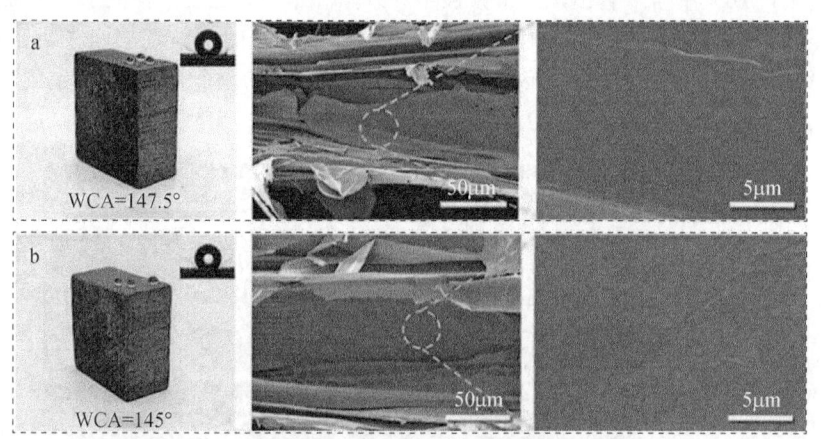

图8.23　木材气凝胶弦切面（a）和径切面（b）的疏水照片和低倍、高倍SEM图片

8.4.3.3　天然木材到木材气凝胶的化学成分演变

为了探究化学成分演变对材料润湿性转变的影响，通过密度泛函理论计算调查了木质素中不同基团的电子密度及其对水分子的氢键结合能。图8.24是木质素分子对水分子的静电势（ESP）图，可以看出木质素中的芳环骨架（蓝色和白色区域）对水分子的静电势为负，且对水分子的

氢键结合能最低，仅为 6.3kJ/mol，而木质素侧链含有的酚羟基（Ph—OH）和甲氧基（C—OMe）对水分子的静电势为正，氢键结合能分别为 22.1kJ/mol 和 18kJ/mol。这说明木质素芳香环结构具有疏水性。

天然轻木和经化学处理后样品的主要成分信息如图 8.25 所示。天然轻木中的纤维素含量约为 48.2%，木质素和半纤维素的含量分别约为 20.8%和 17.6%。木材气凝胶的三大素含量分别为 56.5%、9.5%和 4.3%。纤维素的相对含量增加，木质素减少了约 54%，半纤维素减少了约 76%。

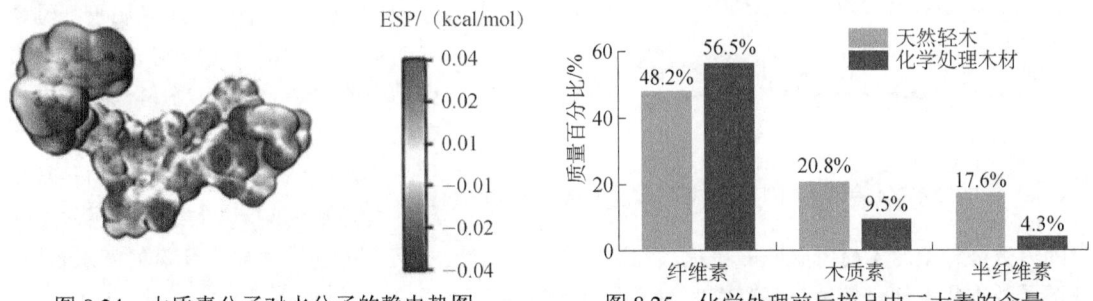

图 8.24　木质素分子对水分子的静电势图

图 8.25　化学处理前后样品中三大素的含量

图 8.26 是天然轻木和木材气凝胶的共聚焦显微拉曼图像，揭示了样品细胞壁主要组分的构成和空间分布信息。木质素的拉曼成像波数集中在 1550～1700cm^{-1}，这一波数区域主要涵盖了木质素芳香环的信号特征峰 1603cm^{-1} 和 1656cm^{-1}。该波数范围内强烈的芳环信号使拉曼光谱能够识别木质素在细胞壁中的空间分布。多糖（纤维素和半纤维素）的成像波数为 2800～2920cm^{-1}。从拉曼成像结果可以看出，在天然轻木中，木质素覆盖了细胞壁和胞间层区域，在细胞角隅处更为集中，而多糖在次生壁内分布更加集中。相比之下，木材气凝胶细胞壁中的木质素和多糖信号普遍减弱且呈断续分布。这表明在化学-热处理后，部分木质素芳香环结构被保留，亲水多糖大幅度减少。

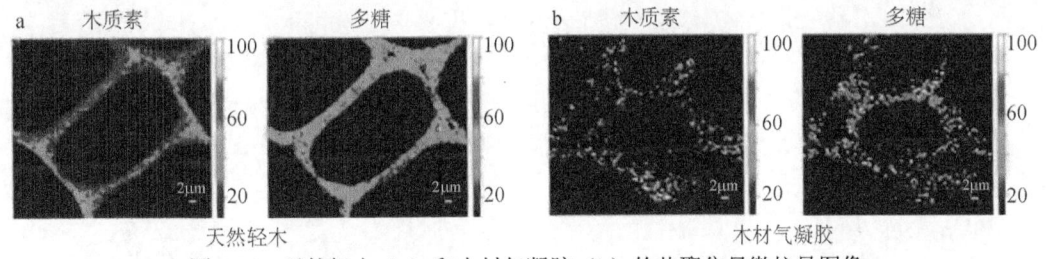

图 8.26　天然轻木（a）和木材气凝胶（b）的共聚焦显微拉曼图像

图 8.27 是天然轻木、化学处理木材和木材气凝胶的 FTIR 图谱，对于木材气凝胶来说，木质素芳香环的特征峰 1598cm^{-1} 和 1501cm^{-1} 处的红外吸收信号明显增强；1233cm^{-1} 处甲氧基的红外吸收信号消失，表明甲氧基断裂数量减少；在 1369cm^{-1} 处酚羟基的红外吸收信号显著下降，表明木质素表面的酚羟基大幅度减少。化学处理

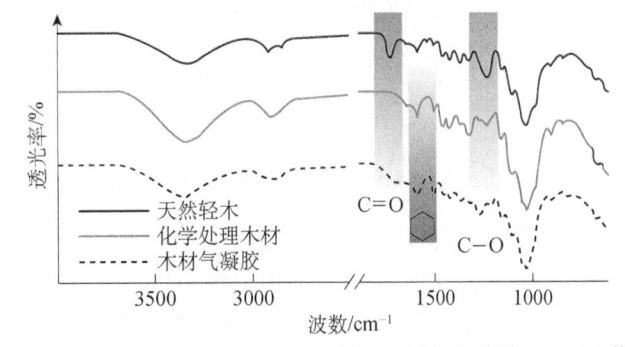

图 8.27　天然轻木、化学处理木材和木材气凝胶的 FTIR 图谱

后，代表半纤维素的 C=O 和 C—O 在 1735cm^{-1} 和 1235cm^{-1} 处的特征峰信号减弱，而热处理后这两处峰消失，证明半纤维素在化学处理后大幅度减少，经过热处理后进一步降解消失。C=O、C—O 和 Ph—OH 等亲水性基团的减少导致材料从亲水向疏水转化。

图 8.28 是天然轻木、化学处理木材和木材气凝胶的 X 射线光电子能谱（XPS）图谱，显示了处理前后样品的 C1s 解卷积峰。C1 峰源自木质素的 C—H 和 C—C 结构，C2 峰属于纤维素和半纤维素中 C—O 结构，C3 峰代表样品中的 C=O 基团。木材气凝胶中代表亲水基团的 C2 和 C3 峰信号几乎消失，表明木材气凝胶表面亲水的羟基和羰基大幅度减少。以上结果证明木质素中的芳香环骨架对木材气凝胶的自疏水性至关重要。此外，热处理除去了木质素侧链的亲水基团，保留了芳香环骨架，使木材气凝胶实现了自疏水特性。

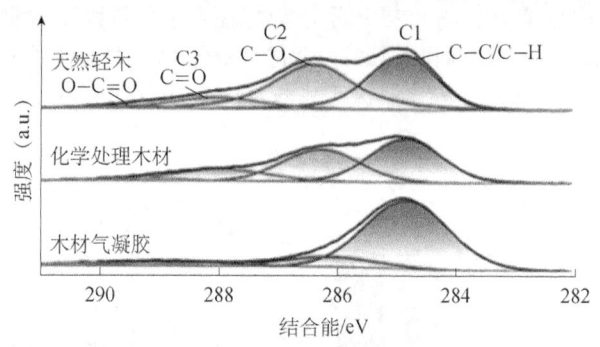

图 8.28 天然轻木、化学处理木材和木材气凝胶的 XPS 图谱

8.4.3.4 木材气凝胶的机械性能及弹性形成机制

（1）木材气凝胶的各向异性压缩力学性能　图 8.29 是木材气凝胶在轴向和弦向的压缩应力-应变曲线图。图中数据表明，木材气凝胶具有各向异性的压缩力学性能，其在轴向可以承受高达 323kPa 的压缩应力，压缩模量高达 576MPa，如图 8.29a 所示。而在弦向表现出了优异的回弹性和抗疲劳特性，在经历第 1000 次压缩-回弹循环测试时，材料依然能在 60%应变下保持与第一次压缩回弹测试相近的最大应力值，且应力卸载后能恢复到其原始高度的 94.7%，如图 8.29b 所示。而仅通过化学处理的木材海绵在 5 次压缩-回弹后，弦向高度损失就已高达 34.4%。

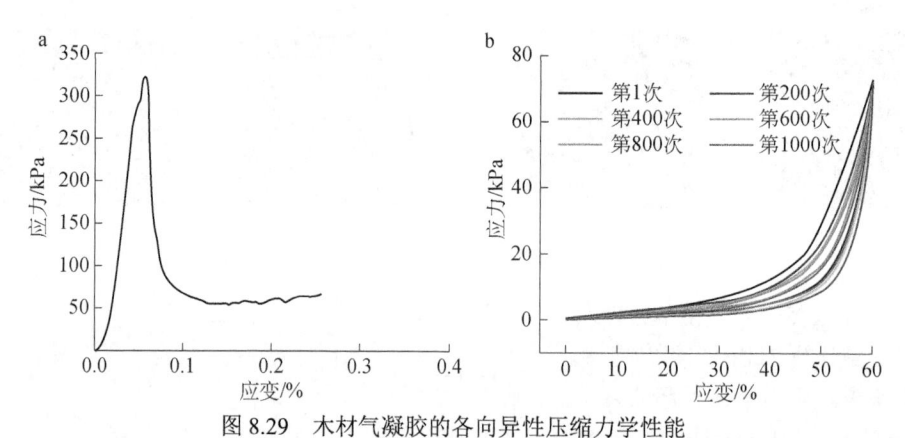

图 8.29 木材气凝胶的各向异性压缩力学性能
a. 轴向压缩应力-应变曲线；b. 弦向 60%应变下的压缩回弹应力-应变循环曲线

（2）弹性形成机制　图 8.30a 是木材气凝胶的原位电镜图，记录了在压缩-回弹过程中，木材气凝胶的微观结构变化。前面已经提到，木材气凝胶中射线组织的实体结构塌陷，形成了类似"叶片弹簧"的结构。在压缩时，"射线弹簧"发生压伸并随着应变的增加逐渐闭合，周围由纤维构成的实体结构未见明显破坏，直至应变超过 60%时才发生压缩塌陷，而应力释放

后木材气凝胶立即恢复到原始状态，表明"叶片弹簧"结构赋予了材料出色的加载能力和回弹性能。

根据木材气凝胶的"叶片弹簧"结构建立有限元模型用于模拟分析，结果如图 8.30b 所示：在压缩过程中，材料的最大主应变集中在"叶片弹簧"的连接处，即使压缩应变（ε）达到 50%，材料中的最大主应变仍保持在 5% 以下；当"射线弹簧"的压缩应变超过 60% 时结构发生塌陷，此时由于"叶片弹簧"两侧完全接触，材料的负载能力增加；而当压缩应变未超过 60% 时，卸载应力材料即可恢复原状。以上结果证明，由木射线衍生的"叶片弹簧"微结构赋予了木材气凝胶超弹性变形和持续形状恢复能力。

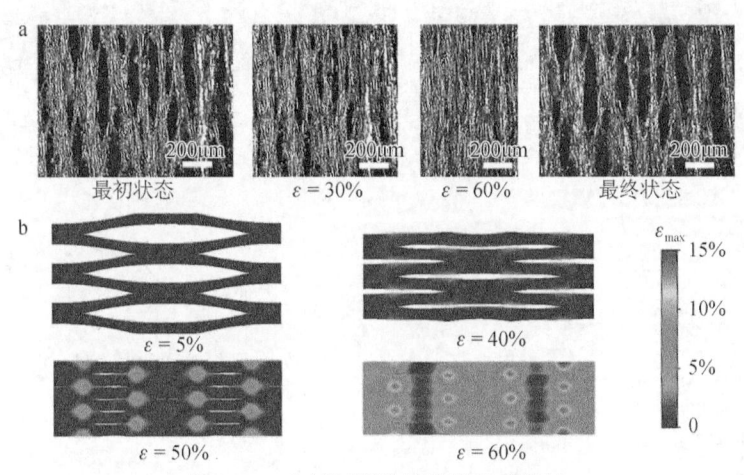

图 8.30 木材气凝胶的弹性形成机制

a. 木材气凝胶的压缩-回弹原位电镜图；b. 木材气凝胶的应变有限元分析模拟图

8.4.3.5 木材气凝胶的多功能油污吸附性能

（1）木材气凝胶对油污的吸附回收　　木材气凝胶可以从水中分离并收集一系列油性液体，且由于具有超弹性和高形状恢复能力，可以通过挤压木材气凝胶轻松释放被吸附的油性液体。如图 8.31 所示，吸附饱和后挤压木材气凝胶，油性液体被释放，去除外力后木材气凝胶立即恢复到其原始尺寸的 98% 以上。木材气凝胶对不同油性液体的吸附能力如图 8.31b 所示，材料的质量吸附量可达 12~22.7g/g。图 8.31c 揭示了木材气凝胶的可重复使用性，以吸附甲苯为例，经过 100 次吸收-挤压循环后材料仍保持了 94% 的初始吸附量，表明木材气凝胶作为吸收材料具有稳定的吸收性能和耐久的机械性能。

低孔道曲度和高轴向力学性能使木材气凝胶能够高效连续地从水中收集油性污染物。通过将木材气凝胶沿着轴向与收集瓶和真空泵连接，可实现对甲苯和氯仿的连续吸附。由于具有较高的轴向压缩强度，木材气凝胶可以抵抗真空负压引起的液体冲击，快速将氯仿或甲苯从水中分离并吸收进入收集瓶而不发生结构破坏。木材气凝胶对氯仿和甲苯的吸收通量分别为 34.7L/（h·g）和 32.8L/（h·g）。

（2）光热辅助原油回收　　用氙灯模拟太阳光（1000W/m²）照射木材气凝胶、天然轻木和化学处理木材，并用红外测温仪记录样品表面的实时温度变化，结果如图 8.32 所示：在光照情况下，木材气凝胶表面的温度在 45s 内快速升高至 60℃，在 145s 左右升至约 80℃，说明木材气凝胶具有优异的光热转换效果。关闭光源后，木材气凝胶表面温度在 10s 内急剧下降至 57.1℃，但能在

90s 内将温度保持在 40℃ 以上,说明后期冷却速度缓慢。木材气凝胶的显著光热转化性能可归因于,热处理后样品表面的苯环碳骨架(C—C)充分暴露,样品由黄色变为棕黑色,材料吸光度大幅度提高。

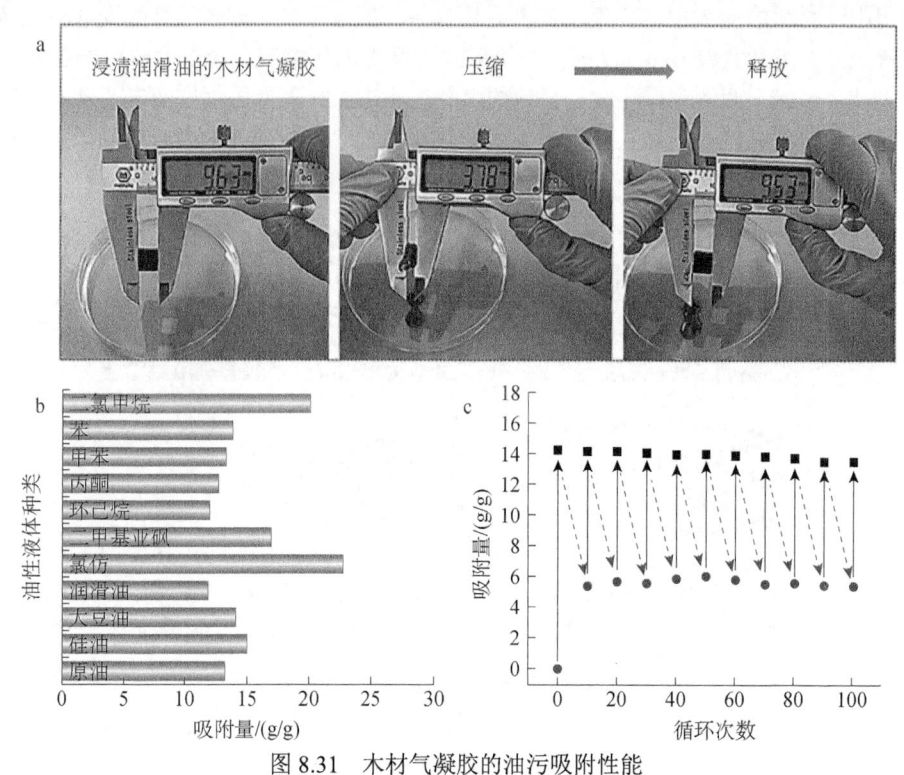

图 8.31 木材气凝胶的油污吸附性能
a. 压缩和释放吸附油性液体的木材气凝胶;b. 木材气凝胶对不同油性液体的最大吸附量;
c. 木材气凝胶对甲苯的重复吸附性能

图 8.32 木材气凝胶、天然轻木和化学处理木材的光热转化性能

利用木材气凝胶的这种光热效应,可以实现光热辅助原油回收。如图 8.33 所示,将一块木材气凝胶放在原油上,打开光源后,木材气凝胶的温度在 60s 内上升到 62.5℃,随着光照时间的延长,木材气凝胶将热量传递给下方的原油,使其温度逐渐升高,黏度下降,逐渐被木材气凝胶吸收。木材气凝胶在 160s 内即可达到原油吸附饱和,其表面温度保持在 77.2℃ 左右,略低于木材气凝胶非吸附状态下的光照最高表面温度(82.9℃,1000W/m^2),这是吸附过程中木材气凝胶和原油之间发生热传递造成的。无光照时,木材气凝胶需要 30min 以上才能达到原油吸附饱和。木材气凝胶在太阳光照射下达到了 8L/(h·g) 的连续原油吸附量。

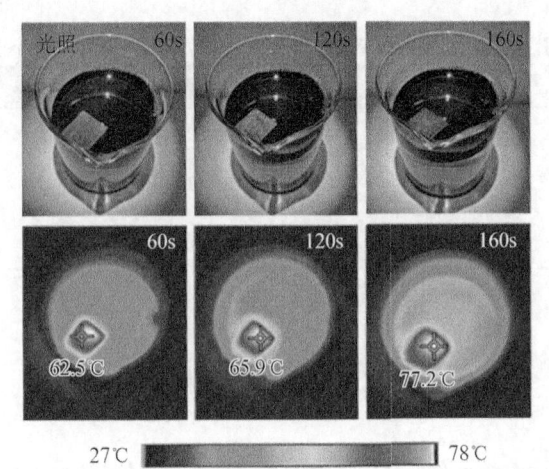

图 8.33 光照辅助原油吸附照片及相应的实时红外热成像图片

(3) 乳液分离　　除了管胞形成的轴向孔道，木材气凝胶中还存在大量直径在 10μm 以下的纹孔，它们广泛分布在管胞和导管壁上，为细胞间的养分横向运输提供了开放通道。利用这一结构，结合木材气凝胶的自疏水特性，可将木材气凝胶设计成筛分过滤器，用于分离油包水型乳液。图 8.34 揭示了木材气凝胶的乳液分离性能。以氯仿包水（W/C）乳液为例，乳白色的 W/C 乳液通过木材气凝胶后变为清澈透明液体（图 8.34a）。利用光学显微镜观察木材气凝胶对 W/C、正己烷包水（W/H）和石油醚包水（W/P）三种乳液的分离效果，结果见图 8.34c：乳液通过木材气凝胶前，水滴均匀地分布在有机溶剂中，乳液通过木材气凝胶后，水滴均消失不见。对不同乳液中水滴直径进行测量统计，绘制了直径分布图。三种乳液中水滴的最小直径分别为 4.03μm（W/C）、4.18μm（W/H）和 6.94μm（W/P）。不同乳液中水滴的最小直径近似甚至大于木材气凝胶中纹孔的平均直径（表 8.5），这意味着疏水的木材气凝胶为乳液中的有机溶剂提供优先通道的同时，纹孔可以有效地阻挡和筛分水滴，实现乳液中水滴和有机相的分离。木材气凝胶对不同乳化液的去除效率超过 98.4%，最大通量率超过 270L/（m²·h）。优异的乳液分离特性归因于木材气凝胶内部纹孔的广泛分布，它们为油相提供了优先通道，同时作为尺寸筛分器拦截水滴。

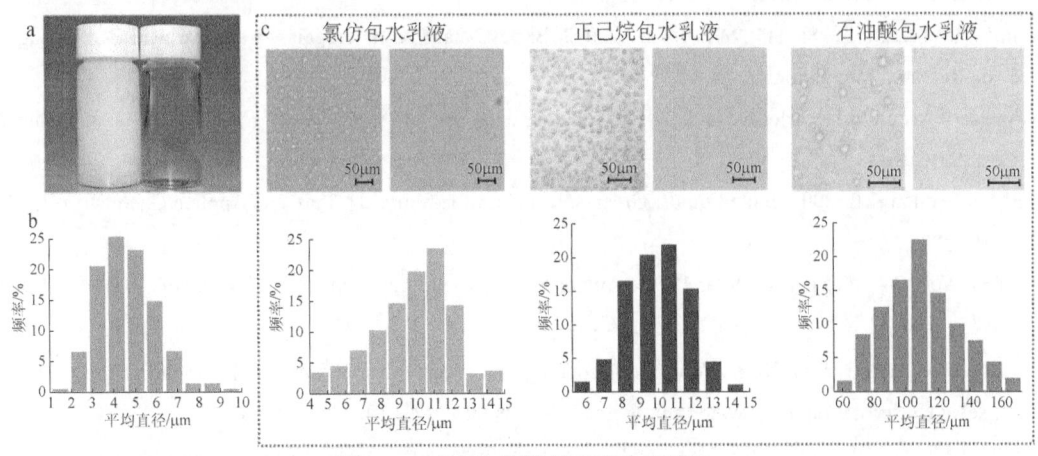

图 8.34　木材气凝胶的乳液分离性能
a. 氯仿包水乳液分离前（左）后（右）的宏观照片；b. 木材气凝胶中纹孔的直径分布图；
c. 氯仿包水、正己烷包水和石油醚包水乳液分离前后的光学显微镜照片（上）及相应乳液中水滴的直径分布图（下）

表 8.5 纹孔和 W/C、W/H、W/P 三种乳液中水滴的最大、最小及平均直径

样品名称	最大直径/μm	最小直径/μm	平均直径/μm
纹孔	9.51	1.88	4.64
W/C 乳液	14.71	4.03	9.03
W/H 乳液	15.66	4.18	9.27
W/P 乳液	17.13	6.94	11.77

主要参考文献

高景然,邱坚,李坚,等. 2008. 木材细胞壁的超微构造与气凝胶型木材的制备原理[J]. 东北林业大学学报,36(11):98-100.

邱坚,高景然,李坚,等. 2008. 基于树木天然生物结构的气凝胶型木材的理论分析[J]. 东北林业大学学报,(12):73-75.

Aaltonen O, Jauhiainen O. 2009. The preparation of lignocellulosic aerogels from ionic liquid solutions[J]. Carbohydrate Polymers, 75(1): 125-129.

Alemán J V, Chadwick A V, He J, et al. 2007. Definitions of terms relating to the structure and processing of sols, gels, networks, and inorganic-organic hybrid materials (IUPAC Recommendations 2007)[J]. Pure and Applied Chemistry, 79(10): 1801-1829.

Budtova T. 2019. Cellulose Ⅱ aerogels: a review[J]. Cellulose, 26(1): 81-121.

Cai J, Zhang L, Chang C, et al. 2007. Hydrogen-bond-induced inclusion complex in aqueous cellulose/LiOH/urea solution at low temperature[J]. ChemPhysChem, 8(10): 1572-1579.

Cai J, Zhang L, Liu S, et al. 2008. Dynamic self-assembly induced rapid dissolution of cellulose at low temperatures[J]. Macromolecules, 41(23): 9345-9351.

Cai J, Zhang L. 2005. Rapid dissolution of cellulose in LiOH/urea and NaOH/urea aqueous solutions[J]. Macromolecular Bioscience, 5(6): 538-548.

Comin L M, Temelli F, Saldaña M D J F R I. 2012. Barley beta-glucan aerogels via supercritical CO_2 drying[J]. Food Research International, 48(2): 442-448.

de Almeida R M, Li J, Nederlof C, et al. 2010. Cellulose conversion to isosorbide in molten salt hydrate media[J]. ChemSusChem, 3(3): 325-328.

Earle M J, Seddon K R. 2000. Ionic liquids. Green solvents for the future[J]. Pure and Applied Chemistry, 72(7): 1391-1398.

Fischer S, Voigt W, Fischer K. 1999. The behaviour of cellulose in hydrated melts of the composition $LiX\dot{c}n\ H_2O$ (X=I^-, NO_3^-, CH_3COO^-, ClO_4^-)[J]. Cellulose, 6(3): 213-219.

Fu Q, Ansari F, Zhou Q, et al. 2018. Wood nanotechnology for strong, mesoporous, and hydrophobic biocomposites for selective separation of oil/water mixtures[J]. ACS Nano, 12(3): 2222-2230.

Gao R, Xiao S, Gan W, et al. 2018. Mussel adhesive-inspired design of superhydrophobic nanofibrillated cellulose aerogels for oil/water sweparation[J]. ACS Sustainable Chemistry & Engineering, 6(7): 9047-9055.

Guan H, Cheng Z, Wang X. 2018. Highly compressible wood sponges with a spring-like lamellar structure as effective and reusable oil absorbents[J]. ACS Nano, 12 (10): 10365-10373.

Han J, Zhou C, Wu Y, et al. 2013. Self-assembling behavior of cellulose nanoparticles during freeze-drying: effect of suspension concentration, particle size, crystal structure, and surface charge[J]. Biomacromolecules, 14 (5): 1528-1540.

Huang W, Li H, Zheng L, et al. 2021. Superhydrophobic and high-performance wood-based piezoresistive pressure sensors for detecting human motions[J]. Chemical Engineering Journal, 426: 130837.

Innerlohinger J, Weber H K, Kraft G. 2006. Aerocellulose: aerogels and aerogel-like materials made from cellulose[J]. Macromolecular Symposia, 244 (1): 126-135.

Jin H, Nishiyama Y, Wada M, et al. 2004. Nanofibrillar cellulose aerogels[J]. Colloids and Surfaces A: Physicochemical and Engineering Aspects, 240 (1): 63-67.

Kistler S S. 1931. Coherent expanded aerogels and jellies[J]. Nature, 127 (3211): 741.

Li J, Lu Y, Yang D, et al. 2011. Lignocellulose aerogel from wood-ionic liquid solution (1-allyl-3-methylimidazolium chloride) under freezing and thawing conditions[J]. Biomacromolecules, 12 (5): 1860-1867.

Liao Y, Pang Z, Pan X. 2019. Fabrication and mechanistic study of aerogels directly from whole biomass[J]. ACS Sustainable Chemistry & Engineering, 7 (21): 17723-17736.

Lu Y, Gao R, Xiao S, et al. 2018. Biobased Aerogels: Polysaccharide and Protein-based Materials[M]. London: The Royal Society of Chemistry Publishing.

Lu Y, Sun Q, Yang D, et al. 2012. Fabrication of mesoporous lignocellulose aerogels from wood via cyclic liquid nitrogen freezing-thawing in ionic liquid solution[J]. Journal of Materials Chemistry, 22 (27): 13548-13557.

Plechkova N V, Seddon K R. 2008. Applications of ionic liquids in the chemical industry[J]. Chemical Society Reviews, 37 (1): 123-150.

Saito T, Nishiyama Y, Putaux J L, et al. 2006. Homogeneous suspensions of individualized microfibrils from TEMPO-catalyzed oxidation of mative cellulose[J]. Biomacromolecules, 7 (6): 1687-1691.

Song J, Chen C, Yang Z, et al. 2018. Highly compressible, anisotropic aerogel with aligned cellulose nanofibers[J]. ACS Nano, 12 (1): 140-147.

Sun J, Guo H, Ribera J, et al. 2020. Sustainable and biodegradable wood sponge piezoelectric nanogenerator for sensing and energy harvesting applications[J]. ACS Nano, 14 (11): 14665-14674.

Tan C, Fung B M, Newman J K, et al. 2001. Organic aerogels with very high impact strength[J]. Advanced Materials, 13 (9): 644-646.

Wan C, Lu Y, Jiao Y, et al. 2015. Preparation of mechanically strong and lightweight cellulose aerogels from cellulose-NaOH/PEG solution[J]. Journal of Sol-Gel Science and Technology, 74 (1): 256-259.

Wang H, Gurau G, Rogers R D. 2012. Ionic liquid processing of cellulose[J]. Chemical Society Reviews, 41 (4): 1518-1537.

第 9 章
木 材 碳 学

本章彩图

木质资源包括木材、竹材、藤本、灌木、作物秸秆等,其中木材以其巨大的资源储量和良好的性能占据木质资源之首,并在固碳减排中发挥重要作用。在物质循环过程中,木材经历着碳吸存-碳排放-固碳-碳排放的过程,木材和木制品是高效廉价的碳封存体,我国每立方米原木和锯材的平均固碳量约为 889.328kg 二氧化碳当量,每立方米人造板的平均固碳量约为 1145.79kg 二氧化碳当量,因此有效地增加碳吸存量、减少碳排放量、延长碳储存时间,对保障生态安全、实现国家"双碳"目标具有重大意义。

木材碳学是研究木材与碳汇关系的一门科学,是森林培育学、森林生态学、木材科学及木材保护学之间相互融合的交叉学科。本章主要从"双碳"目标与木材碳汇机制、木材固碳量的计算方法与影响因素、木材储能与木质能源、木材固碳周期的评价 4 个方面对木材碳学的核心内容进行阐述与讲解。

9.1 "双碳"目标与木材碳汇机制

9.1.1 "双碳"目标

1979 年在日内瓦召开的第一次世界气候大会上,科学家指出"大气中二氧化碳气体的浓度在逐年增加,将会导致地球的温度升高"。1988 年,联合国环境规划署和世界气象组织成立了联合国政府间气候变化专门委员会(IPCC),专责研究由人类活动所造成的气候变迁,其发表的专题报告对政策制定者和广大公众都产生了深远的影响。为阻止全球变暖趋势,控制温室气体排放,1992 年,联合国专门制订了《联合国气候变化框架公约》(UNFCCC),该公约于同年在巴西里约热内卢签署生效。1997 年,《联合国气候变化框架公约》第三次缔约方大会在日本京都召开,会议通过了国际著名公约《京都议定书》,规定了发达国家的减排义务。2001 年,《波恩政治条约》《马拉喀什条约》将造林、再造林等林业活动纳入《京都议定书》确立的清洁发展机制。2005 年,《京都议定书》在全球正式生效。2007 年,联合国气候变化大会通过了"巴厘岛路线图",针对气候暖化、气候异常而提出解决措施,这是全人类联合抑制全球变暖的一次非常重要的行动。同年,我国颁布了《中国应对气候变化国家方案》。2016 年,《巴黎协定》生效,其是继《京都议定书》后第二份有法律约束力的气候协议,对全球应对气候变化有着重要意义。

2020 年 9 月,我国提出"碳达峰"与"碳中和"目标,简称"双碳"目标。碳达峰是指某个地区或行业年度二氧化碳排放量达到历史最高值,然后经历平台期进入持续下降的过程,是二氧化碳排放量由增转降的历史拐点,标志着碳排放与经济发展实现脱钩。碳中和是指国家、企业、产品、活动或个人在一定时间内直接或间接产生的二氧化碳或温室气体排放总量，通过植树造林、节能减排等形式抵消自身产生的二氧化碳或温室气体排放量，以实现正负抵消，达到相对"零排放"。

"双碳"目标倡导绿色、环保、低碳的生活方式。加快降低碳排放步伐，有利于引导绿色技术创新，提高产业和经济的全球竞争力。中国持续推进产业结构和能源结构调整，大力发展可再生能源（如在沙漠、戈壁、荒漠地区加快规划建设大型风电光伏基地等项目），努力兼顾经济发展和绿色转型同步进行。实现"双碳"目标需全方位提升碳汇能力，利用植物光合作用吸收并削减二氧化碳，有利于减缓温室效应，因此"绿水青山"是我国实现"双碳"目标的重要一环。

9.1.2 木材碳汇机制

9.1.2.1 森林固碳与排碳机制

森林碳汇是指植物通过光合作用将大气中的温室气体二氧化碳吸收，并以生物量的形式贮存在植物体内和土壤中，从而降低大气中二氧化碳浓度的过程；也就是说，森林碳汇是从空气中去除二氧化碳等温室气体的活动、过程或机制。

森林生态系统是主要的地球陆地生态系统之一，也是陆地上最为复杂的生态系统，它具有很高的生物生产力和生物量及丰富的生物多样性。同时森林是陆地生态系统中最大的碳库，在维持陆地生态平衡、保护环境安全、防止危机等方面起着决定性作用。虽然森林面积仅占陆地面积的26%，但是其固碳量（也称碳素存储量、碳储量）占整个陆地植被固碳量的80%以上，而且森林每年的固碳量约占陆地生物固碳量的2/3。可见，森林在降低大气中二氧化碳等温室气体的浓度及减缓全球气候变暖的过程中，具有十分重要的作用。森林生态系统碳库分为生物碳库和非生物碳库，生物碳库指以乔木为主体的植被，非生物碳库主要指土壤。森林在碳循环中起着重要作用，既是碳汇又是碳源。

森林植被的主体是乔木，还包括灌木、草本和苔藓地衣等。以树木为研究对象，其固碳机制是光合作用将大气二氧化碳转化为糖类、氧气和有机物，其中吡喃型 D-葡萄糖以 β-1,4-糖苷键连接形成线形分子链，再由纤维素分子链聚集成束，构成基本纤丝，基本纤丝再组成丝状的微纤丝，继而聚合成纤丝、粗纤丝、薄层，薄层又形成了细胞壁的初生壁，次生壁 S_1、S_2 和 S_3 层，进而形成管胞、导管和木纤维等重要组成分子，最终表现为树干、枝叶、茎根、果实、种子等形态。森林植被排碳机制是毁林、病虫害、火灾等导致植被死亡的现象或行为发生时，植被将固定在体内的碳以二氧化碳的形式排放到大气中，从而变为碳源。对于花朵的凋谢和树叶的凋落等现象，因其具有周期循环性，通常认为其碳循环处于平衡状态，因此在固碳和排碳的研究中忽略不计。

森林土壤固碳主要指植被光合作用固定的大气中的二氧化碳，通过植物残体、根系和根系分泌物进入土壤；森林土壤排碳主要是微生物分解土壤中的有机碳，再以二氧化碳和甲烷等形式释放到大气中。

全球范围内森林生态系统的固碳量占全球陆地生态系统固碳总量的76%~98%，是碳库的主要组成部分，能有效缓解和解决全球气候变化问题。森林生态系统的健康发展对实现"双碳"目标具有积极作用，主要体现在以下几个方面。

1）通过采取造林、再造林、退化生态系统恢复、建立农林复合系统等措施有效增加森林植被和土壤固碳量。

2）通过减少毁林、改进森林经营作业措施及采取更有效的森林灾害（林火、洪涝、风害、病虫害）控制措施，可减少对林木和土壤干扰所产生的碳排放。

3）降低造林、抚育和森林采伐对植被和土壤碳的扰动影响，减少因此产生的碳排放。

4）提高木材利用率可降低碳排放速率，延长使用寿命能增加固碳时效。

5）增加木制品使用量，减少由化石燃料燃烧产生的二氧化碳排放。

森林生态系统在缓解全球气候变化问题中具有战略意义，其可牵动固碳减排方针政策的导向，引导科学研究发展方向，决定碳交易的利害关系，促生新的生产生活方式等，在发展低碳经济、构建资源循环型社会中具有举足轻重的地位。因此，森林固碳的研究已经成为现代林业科研的重要热点问题之一，森林的固碳能力正是评价全球碳平衡的重要因素。

早在 20 世纪 80 年代，许多研究者就注意到了森林经营措施对森林固碳量的影响，但对于木材固碳的研究工作甚少，以木材为研究中心的碳汇功能还没有引起人们足够的重视，同时对树木采伐后制作的木制品的固碳量研究也较少。随着社会经济的发展和人们回归自然的心理，人们对木制品的需求越来越多，所以木制品的固碳量正处于不断增长的过程中。因此，当前不容忽视的一项重要工作，便是研究木材及木制品的固碳功能。

9.1.2.2 木材及木制品的固碳机制

树木是森林生态系统中固碳最多的生物质，它在生长中形成了木质部，是生物质的主体，即木材。构成木材的元素有 27 种以上，其中含碳 50%、氢 6% 和氧 43%，其他成分共约占 1%，也就是说木材实际质量的一半是碳元素。可见，木材是一个巨大的碳库，研究其固碳作用极为重要。

当树木进行光合作用时，自幼林生长开始就在吸收二氧化碳并释放氧气，起着为地球固碳供氧的重担。科学研究表明，一棵 20 年生的树，一年可吸收 11~18kg 二氧化碳，林木每生长 $1m^3$，平均可吸收 1.83t 二氧化碳，释放 1.62t 氧气。可见，树木的固碳能力非常大。树木的光合作用反应式如下：

$$6CO_2 + 6H_2O \xrightarrow{\text{光能}} C_6H_{12}O_6（葡萄糖）+ 6O_2 \qquad (9.1)$$

按光合作用反应式看，每生产约 1t 葡萄糖，可吸收二氧化碳约 1.6t，释放约 1.2t 的氧气。正是由于光合作用，树木将吸收的二氧化碳储存起来，固定在树木中的各部分。其中树干是树木的主体，是主要的碳库，而木材来源于树干，因此木材含有的特征能有效反映树木的固碳能力。

树木在采伐后，被造材和制材，由其加工成家具、地板等各种木制产品或用于建筑材料等，无论是木材、木制产品或作为其他用途，均是对树木固碳作用的延伸。它们是将林木生长过程中所形成的碳，转变为以木材或木制产品的形式予以固定。木材取自自然，而用于人类。木材作家具、纸张、住宅之用，与人类活动、居住环境息息相关；作为木材基复合材料的木制品也越来越受关注。不难看出，利用木材和木制品，是提高生态效益、自然价值的有效途径。所以，在木材加工利用时，应注意其综合循环利用，提高木制产品使用效率，以增强木制产品的固碳作用。

任何木制品都存在一定的生命周期，生命周期越长，则它固定碳的时间越长。可以通过延长木制品的使用寿命增加木制品的固碳能力。可见，提高木制品的固碳能力是保护环境和提高生态效益的重要途径。

目前，我国研究学者开展的具有中国特色的森林碳汇工作取得了重大进展，尤其是在林学、森林防火和森林培育等方面。但对于木材碳汇方面的研究还处于起步阶段，近年来虽有少量研究论文发表，但仍需进一步深入研究。

从长期发展来看,栽植快速生长的树种并提高产品的长期利用率等措施均有助于固定更多的碳元素。而且,近年来,我国正在实施六大林业重点工程①,森林面积持续增长,我国还有世界上面积最大的人工林,木材是大自然赐予人类的礼物,要构建资源可持续利用社会,面对全球气候变暖的问题,木材的增汇减排作用更应予以极大的重视。

9.1.2.3 木材及木制品的碳减排机制

木材工业具有碳汇产业特征,是绿色低碳的产业。木材和木制品生产过程能源消耗量小,碳排放水平低,尤其是与钢材、玻璃和水泥等传统能源密集型产品相比,节能降碳优势显著;木结构建筑是低碳节能型建筑,与轻钢结构和钢筋混凝土结构等常见建筑相比,木结构建筑生命周期运行阶段能耗低,木材具有隔热性与温度调节、吸湿性与湿度调节特性,可降低供暖制冷、干湿调节过程中的碳排放。

树木从采伐时起终止对大气二氧化碳的固定,并成为碳排放源,碳排放不单指树木自身分解释放的碳,也包括因其而发生的碳排放(化石燃料燃烧)。树木在采伐过程中产生的木屑、落叶、枝桠等在细菌、真菌等微生物的作用下腐烂分解,一部分碳沉降到土壤中,一部分碳以二氧化碳的形式排放到大气中,此部分碳排放量相对较少,通常在研究中忽略不计。依据木材材质的差别,采伐得到的木材进入不同的物质循环过程,主要有薪炭材、建筑材料、家具材料、家装材料、饰面材料、工程材料、纸质材料等,在产品加工、使用、消耗过程中产生的碳排放均记为树木的碳排放量,这主要有运输、机器制造、机器运转、木废料燃烧、产品损毁、产品废弃、产品消耗等。为了便于估算和横向对比,通常采用 IPCC 缺省法进行估算。树木转化为木制品时进入固碳阶段,认为零碳排放,此阶段时间越长越好,但任何木制品都存在使用寿命,寿命终止便进入碳排放阶段。目前对木制品的使用寿命还没有一个统一的标准,通常认为薪炭材为 1 年,纸和纸板类为 20 年,实体木材为 40 年,但这只是一个平均值,以纸张为例,清洁纸卷的使用寿命为 14～15 天,报纸在日光和空气中只能保存几个星期,牛皮纸的使用寿命不超过两年,而无酸纸的使用寿命通常在 200 年左右。木制品的使用寿命与固碳周期密切相关,较长的使用寿命也是对固碳减排的一种贡献。使用寿命对固碳减排的贡献在木材学界再次掀起木材保护研究热潮,主要研究内容有木材防腐、木材阻燃、木材防潮等,在技术方面已经形成较成熟的理论体系,但同样存在使用寿命评定标准的问题。

关于人工林木材及木制品延长固碳周期,实现碳减排的途径主要有以下几个方面:人工林合理经营、人工林合理采伐、木材保护处理、创生生物质复合材料、木建筑及建筑木构件、生物质转化技术、木制品低碳加工技术和木质资源循环利用。木材的腐朽过程即木材排碳的过程,利用木材防腐、木材耐候、木材强化等技术进行处理可有效延长木材的固碳周期。生物质复合材料是扩展木材应用范围的有效手段,木材的使用量与二氧化碳排放量呈负相关关系。木建筑和木构件的固碳减排效果超出其他建筑材料,一栋平均面积为 136m² 的住宅中储存的碳,木结构住宅固碳量为 6t,钢筋混凝土住宅固碳量为 1.6t,钢筋预制板住宅固碳量为 1.5t。生物质转化技术使木材转化为能源材料,替代部分化石能源,从而有效降低二氧化碳的排放量。木制品的需求量逐年增加,为减缓其加工过程排放的二氧化碳量,主要从动力来源、能量损耗、原料损耗、生产效率、加工精度等几方面考虑。木质资源循环利用,除将其用于加工能源物质、纸张、板材外,还可作为包装材料及装饰材料使用。人工林木材固碳减排的强化措施已部分应用于生产生活等领域。木

---

① 六大林业重点工程包括天然林保护工程、"三北"和长江中下游地区等重点防护林建设工程、退耕还林还草工程、京津风沙源治理工程、野生动植物保护及自然保护区建设工程、重点地区速生丰产用材林基地建设工程

材的无限使用和任意开发并不能保护生态安全，只有平衡资源开发与资源利用间的关系才能合理、有效地保护生态和人类的安全。

随着国内外研究学者对木材及木制品固碳和排碳机制的深入研究，在不同层面上揭示出了木材碳汇对缓解温室效应所做出的重大贡献。木材比同种用途的其他材料在工业和生活用材上更能凸显出固碳、减排的优越性，这正是由于木材是森林生态系统中固碳量巨大的一种生物质。在顺应"低碳经济"之路的前提下，研究木材碳汇功能有其必然性，可以直接抑制二氧化碳向大气中排放，有效缓解温室效应，促进低碳经济的可持续发展。因此，木材的固碳功能在实现"双碳"目标过程中具有广阔的研究前景，木材碳学的研究具有深远的实际意义。

9.2 木材固碳

9.2.1 木材固碳量的计算方法

目前，木材固碳量的计算方法主要基于木材构成元素和树木年轮信息。常用的方法有燃烧法、树干解析法、树芯法和生长轮分析法等。

9.2.1.1 燃烧法

燃烧法是将木材置于氧气或惰性气流中，经过高温灼烧和氧化剂的氧化，使碳定量地转变成二氧化碳，将干扰元素去除后，以吸收管吸收生成的二氧化碳，称重，从而计算出试样中碳的百分含量。因此，测量木材中的碳可分为三个步骤：①应用催化剂和适当的灼烧方法使木材燃烧分解；②除去干扰元素；③采用容重法、容量法、物理方法或物化方法测定燃烧产物。相关测定方法见表 9.1。

表 9.1 测定木材中碳素含量的不同燃烧法

测定方法	催化剂及温度	分解产物的测定	备注
普雷格尔（Pregl）法：试样在氧气中燃烧	$CuO-PbCrO_4$，铂（Pt）；650～700℃	CO_2 用烧碱石棉吸收	用 Ag 除去卤素和硫的氧化物，用 PbO_2（或 MnO_2）除去氯的氧化物；如含碱金属或碱土金属但不含 S 或 P 的试样必须加 $K_2Cr_2O_7$；对含 P 的试样必须强烈加热；误差±0.3%
林德纳（Lindner）法：试样分解法同上	—	用过量 $Ba(OH)_2$ 吸收，然后回滴剩余的 $Ba(OH)_2$	误差±0.3%
科布尔（Korbl）改良法：试样在氧气中分解	$AgMnO_4$ 分解产物；450～500℃	同普雷格尔法	催化剂寿命长，且能吸收卤素和 SO_2；此法不适于测定含氟化合物
空管法：试样在有挡板的管的氧气中燃烧	800～900℃	同普雷格尔法	分析需 30min；用 Ag 除去卤素和 S，用 PbO_2 除去氮的氧化物
试样在氧气中燃烧		生成的 CO_2 用二甲酰胺-乙醇胺吸收，用 0.02mol/L 四丁基氢氧化铵的甲苯-甲醇溶液自动滴定，以百里酚酞为指示剂。余量 CO_2 先用 $CaCl_2$ 吸收，再加热释出 CO_2，用 1,1-羰基-二咪唑的二甲替甲酰胺溶液吸收，用上法再滴定释出的 CO_2	—

续表

测定方法	催化剂及温度	分解产物的测定	备注
差示热分析：在空气或氮气流中燃烧试样	—	试样放入置于热电偶检知器上的二氧化硅管中燃烧，另以一空管用相同方法装置和加热，由温度记录器记录放热或吸热峰的改变	—
自动分析仪：在燃烧管中分解试样	—	用电量法测定 CO_2，按法拉第电解定量和分子式中碳的比例关系计算 C 的含量	—
范·斯莱克·福尔切（van Slyke-Folch）法：用含发烟硫酸、CrO_3、H_3PO_4 和 HIO_3 的混合物湿法分解试样	氧化剂混合物的沸点	CO_2 用碱性 N_2H_4 溶液吸收，将其他气体排出，再用乳酸释放 CO_2，在一定体积下测其压力	分析需 20min；其他元素无干扰；误差 ±0.3%
麦克里迪·阿西德（Mc-Cready-Assid）改良法：试样如上法氧化	—	CO_2 用烧碱石棉吸收	分析需 30min；结果可与普雷格尔法相比
氧瓶燃烧法	—	CO_2 用 NaOH 溶液吸收，用标准酸回滴剩余的 NaOH，以酚酞为指示剂	含 N、S、B 和碱金属的化合物能获得很好的结果（但某些含 N 和 S 的化合物误差较大）；含卤素的化合物不能得到满意结果；误差 ±0.3%

9.2.1.2 树干解析法

树干解析法是将树干截成若干段，在每个横断面上可以根据年轮的宽度确定各年龄（或龄阶）的直径生长量。在纵断面上，根据断面高度及相邻两个断面上的年轮数之差可以确定各年龄的树高生长量，从而进一步推算出各龄阶的材积和形数等，进而估算树木的固碳量。

（1）树木年轮的测定　　年轮的形成是形成层受外界季节变化产生周期性生长的结果。在温带和寒温带只有一个生长盛期，因此一年之中只有一个年轮。但在热带，由于气候变化很小，因此一年中可能形成几个生长轮。此外，还存在伪年轮、多层轮、断轮及年轮界限不清等问题，因此在进行年轮分析时，可借助着色和显微镜观测等手段来准确识别年轮。

在查数年轮时由髓心向外，多方计数，并采用交叉定年的方法检查是否存在伪年轮、断轮和年轮消失等现象。

（2）各龄阶直径的测量　　用直尺或读数显微镜测量每个圆盘东西、南北两条直径线上各龄阶的直径，取平均值。

（3）各龄阶树高的确定　　通过测定树龄与各圆盘的年轮个数之差，根据断面高度和生长到该断面高度所需的年数绘制树高生长过程曲线，即可从曲线图上查出各龄阶的树高。

（4）各龄阶材积的计算　　按照伐倒木区分求积法计算，计算公式如下：

$$V = l\sum_{i=1}^{n} g_i + \frac{1}{3} g'l' \tag{9.2}$$

式中，V 为木材各龄阶材积（m^3）；g_i 为第 i 区分段中央断面积（m^2）；g' 为梢头底端断面（m^2）；l 为区分段长度（m）；l' 为梢头长度（m）；n 为区分段个数。

（5）各龄阶木材固碳量计算　　据文献记载，树木通过光合作用每生产 1t 生物质（纤维素等）就要吸收 1.6t 二氧化碳，释放出 1.1t 氧气，可固定约 0.5t 碳。此外，木材构成元素比例也表明木材的含碳量占木材质量的一半，由此得出计量公式如下：

$$M_c = 0.5V\rho \tag{9.3}$$

式中，M_c 为木材各龄阶固碳量；V 为木材各龄阶材积；ρ 为木材各龄阶密度，此处认为木材各龄阶密度相等。

利用树干解析法计量木材固碳量的工作量较大，需破坏树木，且存在以下几个问题。

1）年轮界限的确认：根据管孔的排列和分布，木材分为散孔材、半散孔材和环孔材，其中散孔材的年轮界限十分模糊，肉眼很难准确识别，因此对于散孔材不适合采用此方法进行计量。

2）木材各龄阶密度的确定：树木在生长过程中受多因素影响，其密度具有较大的波动性，而本方法对木材密度的近似取值增大了数据的误差。

3）树木生长曲线的表达：树木生长方程比较复杂，虽然目前有很多经验方程，但很难满足通用性强、准确度高等条件。

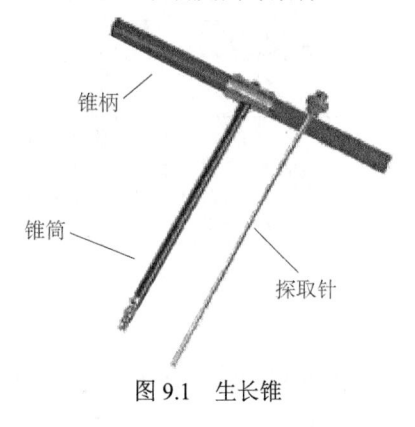

9.2.1.3 树芯法

树芯法是在树干解析法的基础上演变而来的，其优势在于避免了对树木的破坏。与树干解析法的计量方法相同，只是在取样上进行了改进。树芯法的采样工具为生长锥，其构造如图9.1所示。

取样时，将锥筒置于锥柄上的方孔内，垂直于树干将锥筒前端压入树皮，后将锥柄顺时针旋转，钻过髓心为止。再用探取针插入筒中取出木条，木条上的年龄数，即钻点以上树木的年龄。

图9.1 生长锥

9.2.1.4 生长轮分析法

细胞壁在木材体积中占有的比例决定该木材的固碳量。由此推得生长轮分析法，即依据木材横切面微观构造特征，运用木材显微图像处理软件实现对木材固碳量的定量测量和定性分析，具体步骤如下。

（1）木材横切面切片的制作　用切片机在试样木材横切面上切取15～20μm厚的切片，切片应切得尽可能较长，同一部位切3～5片，放到处理盘中、加水，以免切片卷曲。经番红、乙醇（浓度50%、75%、90%）、无水乙醇、无水乙醇与二甲苯混合液、二甲苯依次处理，然后放在载玻片上，用光学树脂胶固定、盖上盖玻片，置于干燥处。待固定好，将其置于显微镜下观察，并用数码相机拍照，选择合适的放大倍数，将拍摄好的照片调入木材显微图像分析处理系统中进行分析。

（2）胞壁率的测量　调出已储存的照片，对图像进行"二值化处理"，以细胞壁为对象，细胞腔为背景，利用"颗粒计算"，得到的"面积百分比"即胞壁率，胞壁率是对细胞壁的量化，胞壁率的变化能真实反映木材固碳量的变异规律。

（3）定量计算木材固碳量　计算公式如下：

$$M_c = 0.5 \times r \times V \times a \tag{9.4}$$

式中，M_c 为木材的固碳量；r 为胞壁率；V 为木材材积；a 为转化系数。若 M_c 的单位为g，V 的单位为cm³，则 n 为1；若 M_c 的单位为kg，V 的单位为m³，则 n 为10³。

根据此公式可以估算任意时间范围内的木材固碳量，最小时间间隔为半年（环孔材）或一年

（散孔材和半散孔材），其优点在于对木材密度变异性的定量表征，在研究木材年固碳量及分析高固碳培育模式中具有明显优势。

9.2.1.5 其他方法

树木生长的不确定性、树种间的差异性及对测量方法通用性、准确性的追求，使得木材固碳量计量方法不断地推陈出新，如超临界水热解氧化法。此外，人们也尝试借助现代分析仪器来提高分析和计量的准确度与精度，如傅里叶变换红外多组分气体分析仪、元素分析仪、气相-质谱联用仪等。

9.2.2 木材的生长条件与固碳量

随着人工林蓄积量的持续增加，林木资源固碳的地位越来越高。通常，单位面积的人工林木材蓄积量、木材材质、木材固碳量之间存在一定的联系。同时，人工林木材年蓄积量与立地条件、气候条件、培育措施有着必然的联系，它们影响木材的材质和年固碳量，可通过可持续的人工林经营措施提高木材固碳量。因此，通过分析立地条件、气候条件和培育措施等影响因素与人工林木材固碳量的相关关系，对合理经营人工林、确定高固碳量的优质人工林经营措施及充分发挥森林的生态和社会效益有极其重要的意义。

树木的生长和发育都必须在一定的环境条件下进行，而且木材各项材性特征指标的变化都与树木的生长环境、气候因子、经营措施、遗传因素、树种和树龄等因素有极大的关系。同理，木材的固碳能力与树木生长过程中的立地条件、气候条件、培育措施等因素有关联，通过研究可以确定不同经营措施对木材固碳量有何影响及其相关性，从而为以后更深入研究木材的固碳能力和碳平衡提供理论依据。

9.2.2.1 立地条件对木材固碳量的影响

立地条件也称为森林立地或者立木生境。所谓立地，就是指影响林木的生长发育及形态、生理活动的地貌、土壤和生物等外部环境因素的总和；构成立地的各项因素，就是立地条件。

立地条件是影响森林形成和树木生长发育的各种自然环境因素的总和，其中，地理位置、生长坡位、土壤类型等因素对树木生长的影响比较大。因此，为了合理地经营森林，培育高固碳量的树木，下文以人工林红松为例分析立地条件与木材固碳量之间的关系，主要研究地理位置、生长坡位和土壤类型三种立地条件对红松木材固碳量的影响规律及它们之间的相关关系。

（1）地理位置　　不同地理位置生长的树木在物化特征、力学特征等方面均存在较大差异，从全球森林生态系统固碳量分布特征来看，森林植被的碳密度随纬度的升高而降低，全球以低纬度热带森林植被的固碳量为最高，达 202～461Gt C，占全球森林地上部分固碳量的 44%～60%，其次是高纬度地区的北方森林，达 88～108Gt C，占全球森林地上部分固碳量的 21%～28%，中纬度地区的温带森林植被固碳量达 59～174Gt C，占全球森林地上部分固碳量的 14%～22%。对孟加拉国吉大港林区树木有机碳贮量和不同地理位置的森林有机碳流量的研究表明，在 22°N 和 92°E 地区，树木有机固碳量（142.7t/hm²）最高；而在 21°50'N 和 92°2.5'E 地区，树木有机固碳量最低。我国森林生态系统固碳量与北半球其他国家和地区相比，森林碳汇作用较低，总碳库为 28.12Gt C，其中土壤碳库为 21.02Gt C，占总量的 74.8%，植被碳库为 6.20Gt C，占总量的 22%，凋落物层的碳库为 0.892Gt C，占总量的 3.2%，平均碳密度为 258.83Mg C/hm²。中国森林植被碳库主要集中在东北和西南地区，占全国森林植被碳库总量的一半以上，而人口密度较大的华东地区、中南地区、西北地区和华北地区森林植被碳库相对较小，其原因在于东北和西南地区的森林大多是生物量碳密度较高的亚高山针叶林，而其他地区受人类活动的影响，以碳密度较低的人工林为主要碳库。

(2) 生长坡位　　生长坡位对于森林来讲是一个间接生态因子，通过改变气候、光照等外界条件而影响森林植被的生长，我国现有森林植被大多分布在地形起伏变化较大的高山地带，因此研究生长坡位变化与森林植被固碳量的关系显得非常重要。地形可不同程度地影响大气环流和气团的进退，使热量、水分、风等主要气候因子根据地形结构重新分配，以致对植被生长和农林产业结构产生巨大影响。我国地处季风气候区，东西走向的山脉能阻止暖气团北上和冷气团南侵，在阴坡，冷气团受阻而聚积，在阳坡，暖气团被抬升冷却致雨，从而形成阴坡干冷、阳坡湿热的不同气候，这种差异性影响则在植被特征中得以体现。俞艳霞等经研究发现，上坡的水热条件较优，且受到的人为活动影响最小，因此森林碳密度最高，其次是下坡、中坡和山谷，而碳密度最低的是山脊，其是土壤贫瘠、水热条件差和昼夜温差较大所致；对坡向碳密度分布研究的结果则显示阴坡>半阴坡>半阳坡>阳坡>无坡向，这是研究区优势树种的半阴生特性所致，说明在阳坡培育喜阳树种，在阴坡培育喜阴树种能有效发挥森林植被的碳汇能力。李娜等经研究发现，森林分布面及针叶林和阔叶林的固碳量主要分布在陡坡和急坡上，并以针叶林为主体。森林植被固碳量随坡度变化的大小顺序依次为陡坡>急坡>斜坡>缓坡>险坡>平坡，其原因在于不同坡度接收的单位面积太阳能辐射量、土壤和水分流失量、人为活动干扰程度等不同。森林植被固碳量随坡向变化的程度没有海拔和坡度变化量明显，不同坡向森林植被固碳量的差异性与植被面积、日照时数和平均气温有关。

(3) 土壤类型　　土壤的立地条件是影响林木生长和发育的主要因素之一。到目前为止，已经有许多学者对不同地区、不同位置土壤的差异性做了较多的研究，而且对林地的上坡和下坡中土壤的异质性及其对树木生长的影响也有研究。优良的土壤立地条件对造林树种的布局方式及定向培育措施的开展有一定的指导作用。

9.2.2.2　气候条件对木材固碳量的影响

气候条件主要包括光照、温度、水分和湿度。气候条件对木材特性的影响主要是由气候环境的差异和突发变化而引起的树木生长过程中所产生的差异，由此导致木材特性产生差异性。而木材是巨大的固碳库，气候条件对木材固碳量的影响则主要是对树木累积生长量和树干生物量的影响。木材来自树干，气候条件对固碳量的影响主要是指其对树干生物量的影响。

(1) 温度　　是影响树木生长过程的主要气候因子，决定着树木生长的季节性变化，生长季节内某一时期的最高温度、最低温度和平均温度对树木的生长速率、固碳量和生长质量有直接作用。王淼等研究了全球性增温对温带红松的影响，结果表明生长轮宽度的变化与气温指标的年际变化之间很难找出一一对应的关系，但是生长轮生长的加快可能主要和夜间增温有关，而生长轮的快速生长将降低木材的密度，若生长轮的增加量大于木材密度的减小值，则木材的连年固碳量将呈增加趋势。郭明辉等 (2012) 在对红松与气候因子关系的研究中发现，温度与红松管胞径向直径、管胞弦壁和微纤丝倾角呈负相关，与管胞径壁厚度、胞壁率、晚材率和密度呈正相关，说明高温抑制木材材积增加，但能够增加木材的密度，即单位材积的红松固碳量增加，但红松连年固碳量的增减还要比较密度增加幅度和材积减小幅度。

(2) 光照　　为树木的光合作用提供条件，提供其同化力所需的能量，活化参与光合作用的关键酶，同时通过形态建成，控制植物的生长发育，一般认为光照的增加可以促进光合作用，利于生物量累积，但光照强度过高则会导致生物量累积减少。树木对光照的需求因其生态习性的差异而有所不同，喜光树种在强光照下光合速率较高，生长健壮，根系发达，固碳量也较高；而耐阴树种则在适度的遮阴下生长较快，光合速率较高，固碳量较高，反之则偏低。

（3）水分　　也是影响树木生长过程重要的气候因子。一般来说，在干旱地区，增加降水会促进树木生长；在非干旱地区，过度降水会抑制树木生长。费本华和阮锡根对北京地区银杏进行研究后得出了降水与木材密度的关系。研究表明，当年 4 月降水量与银杏木材当年的生长量呈显著的负相关，7 月降水量与年轮宽度呈正相关。7 月降水量的变化对木材密度、最大密度和最小密度有一定的负影响，但不显著。8 月降水量与年轮密度、最大密度和最小密度呈正相关，因此，降低 4 月降水量，并增加 8 月降水量将显著提高北京银杏的固碳量。可见，降水因子在不同生长期内对树木固碳量的影响效果不同，降水可以促进树木生长而增加固碳量，但过量降水又会对生长起到抑制作用，从而降低固碳量。降水主要影响木材的生长轮宽度和密度等，但是对不同地区不同材种的影响规律还需进一步研究。

（4）湿度　　也是一项重要的影响参数，不同的树种对湿度的适应性不一样，湿度越大，生长轮宽度越大，胞壁率、晚材率越小，若生物累积增加量的比率高于胞壁率的减小比率，则固碳量呈增加趋势。郭明辉等在对红松的研究中发现，相对湿度与管胞长度、管胞壁厚度呈微弱的负相关，与胞壁率、晚材率、密度呈负相关，与管胞径向直径、管胞弦壁厚度呈显著的正相关；相对湿度是管胞弦壁厚度、生长速率、生长轮宽度的主导促进因子，是胞壁率的主要限制因子，说明湿度越大，红松单位材积的固碳量越少，但材积的增大预示单株红松的连年固碳量可能增加。

9.2.2.3　培育措施对木材固碳量的影响

影响木材固碳量的重要因素之一就是林木的培育措施。了解不同的培育措施与木材固碳量的内在相关性及其对木材固碳量的影响规律，从而通过优化或改善林木的各种培育措施，达到提高木材固碳能力的目的。

（1）林分结构　　林分结构对林木的生长有着重要影响。以人工林红松为例，在纯林、混交林、三株一丛这三种林分结构中，纯林的固碳效果最好，有助于培育出高固碳量的人工林，混交林次之，三株一丛的效果最差。

（2）初植密度　　在培育林木的过程中，初植密度的确定会直接影响林木的生长空间及生长效果，对林木的个体生长和林木的丰产与优质起到关键性的决定作用。以人工林红松为例，固碳量为初植密度 1.5m×1.0m>2.0m×2.0m>1.5m×1.5m>1.5m×1.0m。

（3）间伐与未间伐　　在森林的培育过程中，抚育间伐是最主要的措施之一。抚育间伐对土壤的理化性质和生物多样性等均会产生一定的影响，通过抚育间伐，能够有效调整林木之间的距离，令林木吸收更多的水分、阳光，从而促进林木的生长和发育。间伐的早材固碳量、生长轮固碳量的平均值均高于未间伐，晚材固碳量受抚育间伐的影响不明显。因此，对林木采取适宜的抚育间伐措施，有利于培育高固碳量。

9.2.2.4　高固碳量优质人工林木材培育措施

以木材的固碳增汇为前提，培育模式可分为两个方向：一是培育经济用材林，二是培育固碳增汇林。两者的区别在于经济用材林的采伐期短，固碳增汇林的采伐期长。此外，对于经济用材林，针对不同的用途，对木材的密度、径级、力学强度等都有不一样的偏重。

以人工林红松木材为例。适宜的气候因子既能够提高木材材质,又能够增加木材的固碳量。根据研究得出,调控1月的平均降水量小于60mm,4月的平均地温在6~7℃,7月的平均地温在26℃,适量降低8月和9月的相对湿度,10月的平均地温小于4℃时,能够提高人工林红松的固碳量,且同时提高管胞的直径、壁腔比,减小微纤丝角,有利于培育出大径级优质高固碳量人工林红松木材。

人工林红松木材的品质对地理位置具有选择性,方正林区和老山林区适宜培育大径级优质高固碳量人工林红松木材,而凉水林区红松的培育具有选择性,一种是大径级优质低固碳量红松木材,另一种是小径级低质高固碳量木材。综合考虑木材解剖构造特征和固碳量的变异性,凉水林区适宜培育大径级优质低固碳量的经济用材林,且采伐期应为10~12年。而方正林区和老山林区则适宜培育固碳增汇林。

根据不同地理位置人工林红松培育模式的方向性,通过调控立地条件和培育措施来进一步提高木材的材质和(或)固碳量。林区的气候和立地条件是已定的,一般情况下,人类对其只具有选择性,而培育措施是人类调控森林的主导因素。因此,人工林红松的培育模式如下。

(1)固碳增汇林 立地条件选择阳坡和(或)半阳坡,坡上,初植密度为1.5m×2.0m,土壤差异不显著,但首选白浆化暗棕土,林分类型为混交林,造林后5~6年修枝,7~8年轮伐,修枝和轮伐得到的红松木材可作为纸浆或压缩燃料的原料。

(2)大径级用材林 有两种培育模式,一是立地条件选择阳坡,坡下,初植密度为1.5m×2.0m,土壤差异不显著,但首选白浆化暗棕土,林分类型为纯林,造林后5~6年修枝,不轮伐;二是立地条件为阴坡,坡上,初植密度为1.5m×1.5m,土壤差异不显著,但首选白浆化暗棕土,林分类型为纯林,造林后5~6年修枝,不轮伐。轮伐得到的红松木材可作为纸浆或压缩燃料的原料。两者的区别在于阴坡的抗劈力、抗弯强度和顺纹抗压强度优于阳坡。

(3)小径级用材林 立地条件选择阴坡,坡下,初植密度为1.5m×1.5m,土壤差异不显著,但首选白浆化暗棕土,林分类型为纯林,不修枝,不轮伐。

9.2.3 木材材质与固碳量

9.2.3.1 木材解剖特征

木材解剖特征是从微观角度研究木材固碳量,是定量测定木材固碳量的基础,同时也是从树木形成机制来分析探讨木材固碳量的规律性和变异性,从而为提高木材固碳量的深入研究奠定科学基础。树木种间和种内的解剖构造均存在一定的差异性,其受到地理位置、立地条件、气候因子等多方面因素的影响。宏观上,木材解剖构造主要从阔叶树材和针叶树材两方面进行划分。阔叶树材的解剖构造主要有导管、木纤维、木射线、薄壁组织、树胶道等,针叶树材的主要解剖构造有管胞、木射线、树脂道等。无论是木材中的哪种构造,其均由胞壁和胞腔构成,且胞壁是碳素的主要载体,因此通过对各构造胞壁进行定量计算,即可得出相应的固碳量。

(1)管胞长度 图9.2所示为红松早材固碳量与早材管胞长度的径向变异规律图。从图9.2中可以看出,早材固碳量在径向变异的前8年左右是缓慢增加的,接着随树木的不断生长呈快速增大趋势,而在树木成熟后即从第18年左右开始又逐渐减小至平稳状态,且波动较大。同时,早材固碳量的最大值是出现在第18年,这个时间与郭明辉教授所提出的人工林红松的幼龄材和成熟材的划分年限一致。同时还可以看出,木材的早材管胞长度自髓心向外开始逐渐增大,同早材固碳量的径向变异规律相似,在树木生长发育过程中,它们受到生长环境、遗传因素、树种、生长轮龄等因素的影响,从髓心向外,形成层原始细胞分裂较快,管胞长度迅速增长,在树木成熟之后管胞的生长趋于成熟，逐渐增大的趋势放缓，并趋于稳定。由此得出，早材固碳量与早材管胞长度具有一定的相关性。

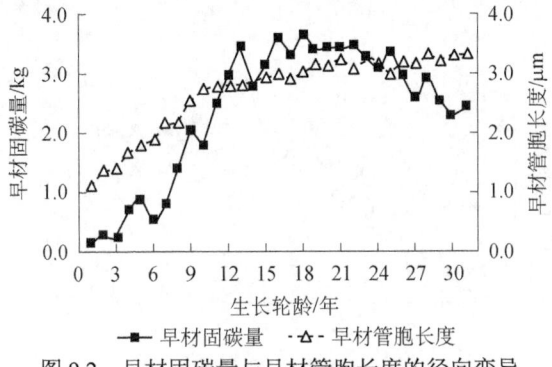

图 9.2　早材固碳量与早材管胞长度的径向变异

从图 9.3 所示的晚材固碳量与晚材管胞长度的径向变异曲线可以看出，晚材管胞长度随生长轮龄的不断增加，其径向变异趋势与早材管胞长度基本相似。随着生长轮龄的增长，管胞不断变长，且变化趋势较平稳；晚材固碳量的增长也随生长轮龄的增长呈波动增长的趋势，波动增长的峰值比早材推迟 1~2 个生长年，在第 19 年时达到峰值，随后在树木成熟后，晚材固碳量又有所下降，并逐渐趋于稳定状态。

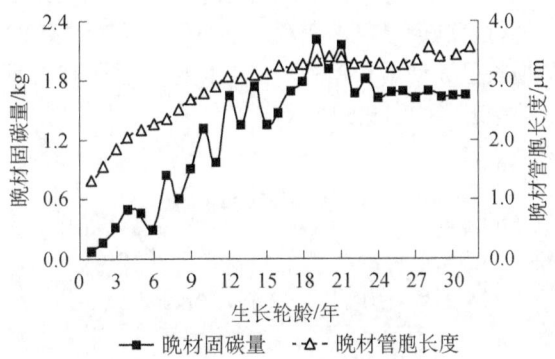

图 9.3　晚材固碳量与晚材管胞长度的径向变异

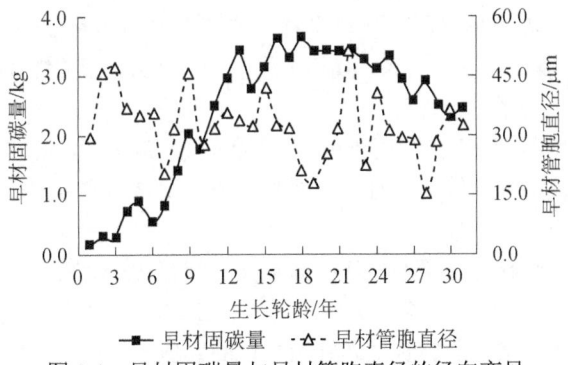

（2）管胞直径　图 9.4 所示为早材固碳量与早材管胞直径的径向变异规律图，可以看出，早材管胞直径自髓心向外围绕某一值上下波动，且波动较大，早材固碳量与早材管胞直径之间没有显著的相关关系。

图 9.4　早材固碳量与早材管胞直径的径向变异

从图 9.5 中可以看出，晚材管胞直径自髓心向外呈现缓慢增大的趋势，而且上下波动较大，其径向变异趋势与晚材固碳量的变异趋势在前期和中期相近，均是逐渐增大，二者之间有一定的相关性。

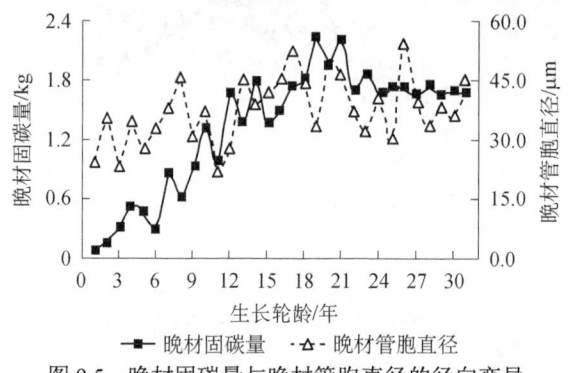

图 9.5 晚材固碳量与晚材管胞直径的径向变异

回归分析结果显示，晚材固碳量与晚材管胞直径的拟合度较高，它们具有方程 $Y=aX^2+bX+c$（X 表示生长轮龄；Y 表示晚材碳素储存量）的回归关系，其相关系数为 0.503，相关性较强，可见，晚材固碳量与晚材管胞直径在 0.05 水平上存在比较显著的正相关关系。

（3）管胞壁厚　　红松早材管胞壁厚自髓心向外围绕某一值呈上下波动变化，并随着生长轮龄的增长有降低的趋势，早材管胞壁厚略显变薄，且在生长轮龄达到 23～24 年后趋于稳定，早材固碳量也随生长轮龄的增长呈波动增长趋势，在生长轮龄达到 18 年时即树木成熟后，早材固碳量开始下降，并逐渐趋于稳定，如图 9.6 所示。

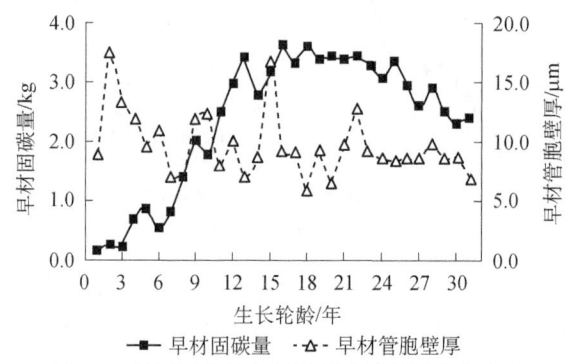

图 9.6 早材固碳量与早材管胞壁厚的径向变异

回归分析结果显示，红松早材固碳量与早材管胞壁厚具有方程 $Y=aX^2+bX+c$（X 表示生长轮龄；Y 表示早材碳素储存量）的回归关系，其相关系数为 -0.401，相关性较强，可见二者在 0.05 水平上存在较显著的负相关关系。

红松晚材固碳量与晚材管胞壁厚的径向变化趋势如图 9.7 所示，晚材管胞壁厚随生长轮龄的增长呈现波动变化，且波动幅度较大，有略微增长趋势；晚材固碳量自髓心向外逐渐增大的趋势较明显，波动幅度也较大。

回归分析结果显示，晚材管胞壁厚与晚材固碳量之间存在一定的相关性；其回归方程的相关系数为 0.459，相关性较强，可见二者在 0.05 水平上存在比较显著的正相关关系。

（4）长宽比　　长宽比是指管胞长度和管胞直径的比值。红松木材的长宽比从髓心向外随生长轮龄的增加而逐渐增大，在第 12 年之前的增大速度较快，之后便呈缓慢增大趋势，如图 9.8 所

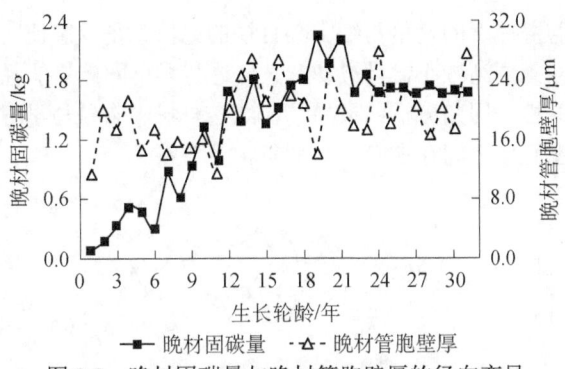

图 9.7 晚材固碳量与晚材管胞壁厚的径向变异

示;从前文的分析中可知,早晚材管胞长度随着生长轮龄的逐年增加而不断增大,早材管胞直径与生长轮龄没有显著的相关关系,晚材管胞直径随生长轮龄的增加而在上下波动中缓慢增大,所以得出,管胞长宽比随生长轮龄的增加而增大的原因主要是管胞长度的增加,也就是说,红松的高生长大于其直径生长。从总体上观察,早材固碳量与管胞长宽比的径向变异趋势在前期和中期相近,在后期即树木成熟后的变异趋势相反,所以二者具有一定的相关性。

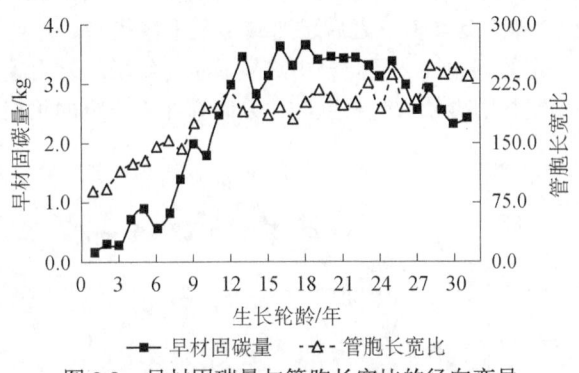

图 9.8 早材固碳量与管胞长宽比的径向变异

回归分析结果显示,红松早材固碳量与管胞长宽比的拟合度很高,二者回归方程的相关系数为 0.928,相关性极强,可见早材固碳量与管胞长宽比在 0.01 水平上呈极显著的正相关关系。

红松晚材固碳量与管胞长宽比的径向变异规律如图 9.9 所示,二者在前期和中期的变异规律相近,有一定的相关性。回归分析结果显示,红松晚材固碳量与管胞长宽比的拟合度很高,其相关系数为 0.948,相关性极强,可见晚材固碳量与管胞长宽比在 0.01 水平上呈高度显著的正相关关系。

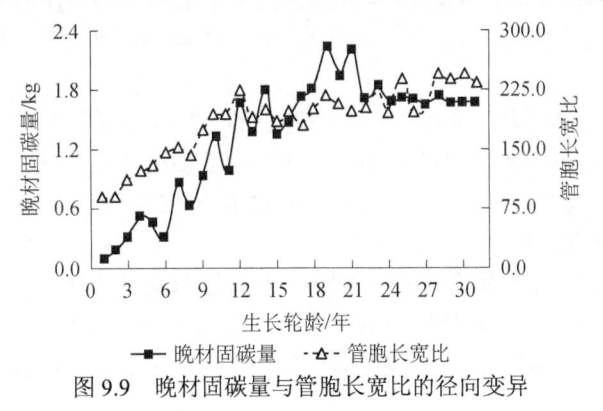

图 9.9 晚材固碳量与管胞长宽比的径向变异

（5）壁腔比　　细胞壁厚度的两倍与细胞腔直径的比值就是壁腔比。从图 9.10 中可以看出，红松早材壁腔比自髓心向外逐渐减小，且波动较大，这与早材固碳量的径向变异趋势在后期是相似的，二者有一定的相关性。回归分析结果显示，红松早材固碳量与早材壁腔比的拟合度较弱，红松早材固碳量与早材壁腔比之间存在着一定的负相关关系。

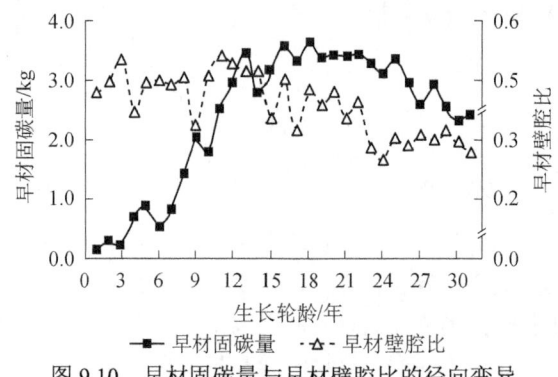

图 9.10　早材固碳量与早材壁腔比的径向变异

从图 9.11 中可以看出，红松晚材壁腔比的径向变异趋势与早材壁腔比并不一致，它自髓心开始向外缓慢增大，在第 19 年达到峰值，之后迅速减小至平稳状态，并且波动较大，这与晚材固碳量的径向变异趋势有一定的相关性。回归分析结果显示，红松晚材固碳量与晚材壁腔比之间的拟合效果较弱，可见红松晚材固碳量与晚材壁腔比之间存在着一定的正相关关系。

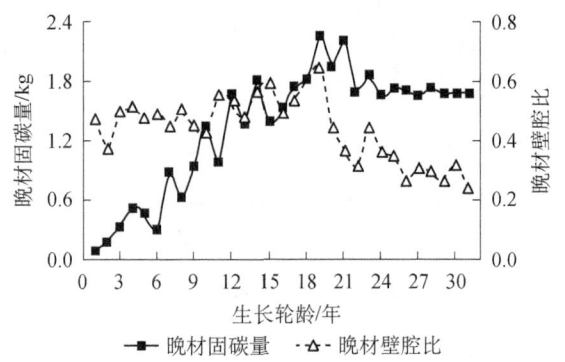

图 9.11　晚材固碳量与晚材壁腔比的径向变异

（6）胞壁率　　胞壁率是木材构造中除去了细胞腔部分，所组成木材实质部分所占的比率。所以，如果木材胞壁率越高，其单位体积内孔隙就越少，细胞壁物质便越多，而木材中含有 50% 碳元素，所以细胞壁物质的形成过程就是固碳的过程，细胞壁物质越多，胞壁率越大，则其固碳量就越高。

图 9.12 所示为红松早材固碳量与早材胞壁率的径向变异规律，可以看出，早材胞壁率的径向变化趋势是围绕某一值上下波动，且波动较大，但没有明显的增长趋势，与早材固碳量没有显著的相关关系。回归分析结果显示，早材固碳量与早材胞壁率的拟合度较差，可见红松早材固碳量与早材胞壁率无明显的相关性。

图 9.13 所示为红松晚材固碳量与晚材胞壁率的径向变异规律，可以看出，在径向变化趋势上，晚材胞壁率自髓心向外便围绕某一值上下波动，且波动较大，有略微减小趋势；从总体上看，晚材固碳量与晚材胞壁率的径向变异趋势在中后期有相似之处，二者有一定的相关性。

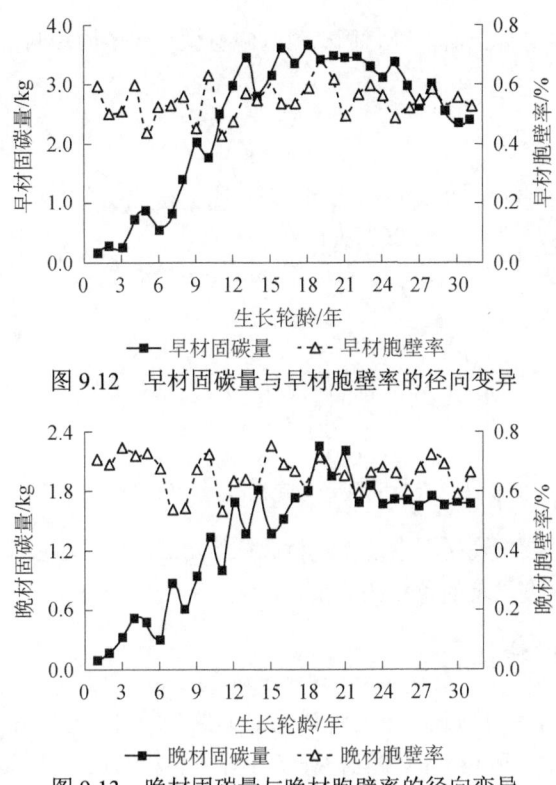

图 9.12　早材固碳量与早材胞壁率的径向变异

图 9.13　晚材固碳量与晚材胞壁率的径向变异

(7) 微纤丝角　　在细胞的次生壁 S_2 层上，微纤丝的排列方向与细胞主轴所形成的夹角，就是微纤丝角。微纤丝角如果越小，其纵向干缩率就越小，尺寸稳定性就越强，木材强度也随之增大。从图 9.14 中可以看出，红松早材固碳量与早材微纤丝角的径向变异有一定的规律性，其中，微纤丝角在髓心处最大，随生长轮龄的增加，从髓心向外逐渐变小，而且从图中曲线的变化可分析得出，早材微纤丝角在前 8 年内减小速度较快，之后缓慢变小，并且从第 21 年左右开始呈缓慢增大的趋势；这主要是因为，靠近髓心处的树木，其形成层原始细胞分裂较快，产生的子细胞壁较薄，微纤丝角则较大，相反则较小；从总体上观察，早材固碳量与早材微纤丝角之间的径向变异趋势相反，二者有较强的负相关性。

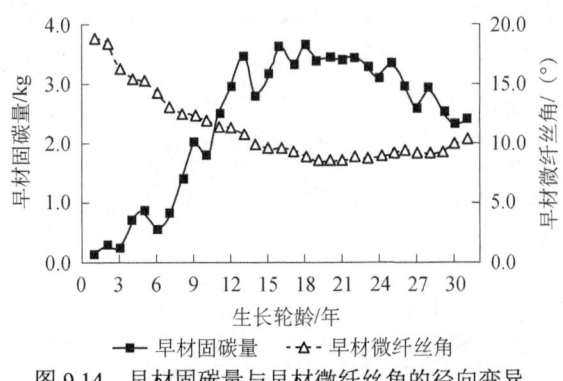

图 9.14　早材固碳量与早材微纤丝角的径向变异

从图 9.15 中可以看出，红松晚材微纤丝角的径向变异趋势同早材微纤丝角相似，均是自髓心向外，随着生长轮龄的增加而迅速变小，接着变小的趋势变缓，树木成熟后在略微增大的变化中逐渐趋于平稳状态；再从总体上看，晚材固碳量与晚材微纤丝角的径向变异趋势恰好相反，二者具有明显的负相关性。

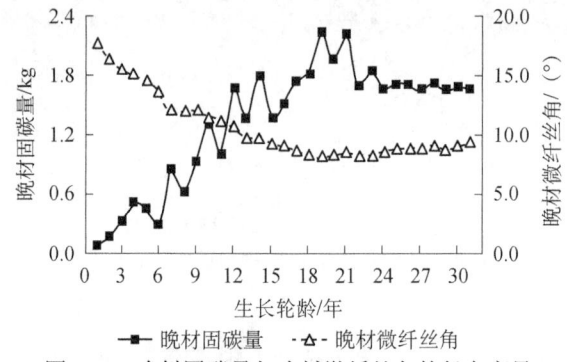

图 9.15 晚材固碳量与晚材微纤丝角的径向变异

回归分析结果显示，红松晚材固碳量与晚材微纤丝角之间的拟合度很高，可见红松晚材固碳量与晚材微纤丝角具有高度显著的负相关关系。

9.2.3.2 木材物理特征

下文主要分析了木材各项物理特征与固碳量之间的相关性，并研究和讨论木材物理特征对固碳量的影响规律。其中，所包括的物理特征指标有生长轮密度、生长轮宽度、晚材率和生长速率。

（1）生长轮密度　　木材的生长轮密度与木材细胞壁物质的多少密切相关，而碳素是储存在细胞壁中的，所以木材的固碳功能与木材密度之间必然有一定的相关性。

图 9.16 所示为红松早材固碳量与早材密度的径向变异规律图。从图 9.16 中可以看出，红松早材固碳量与早材密度的径向变异规律基本相似，树木由幼龄材到成熟材的生长轮密度逐渐增大，最后围绕某一值上下波动。这反映了在树木的生长发育过程中，早材密度与早材固碳量受到立地条件、培育措施、遗传因素、树种、树龄等影响，从髓心向外，形成层原始细胞分裂较快，早材密度逐渐变大，则年生长量也增大，固碳量逐渐增加；到达成熟期后，在第 18 年左右固碳量达到最高值，之后形成层原始细胞分裂相对稳定并有减慢趋势，树木生长速率明显降低，致使早材密度和固碳量又开始下降至平稳状态。所以，红松早材固碳量与早材密度之间具有一定的相关性。

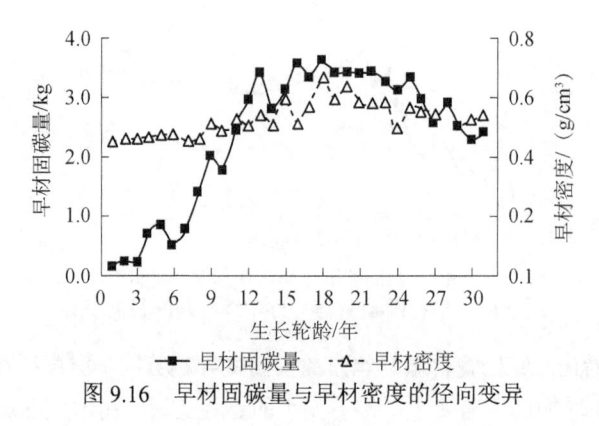

图 9.16 早材固碳量与早材密度的径向变异

从图 9.17 所示的红松晚材固碳量与晚材密度的径向变异曲线可以看出，红松晚材的固碳量与晚材密度的径向变异规律同早材固碳量与早材密度的径向变异规律基本契合。所以，红松晚材固碳量与晚材密度也具有一定的相关性。

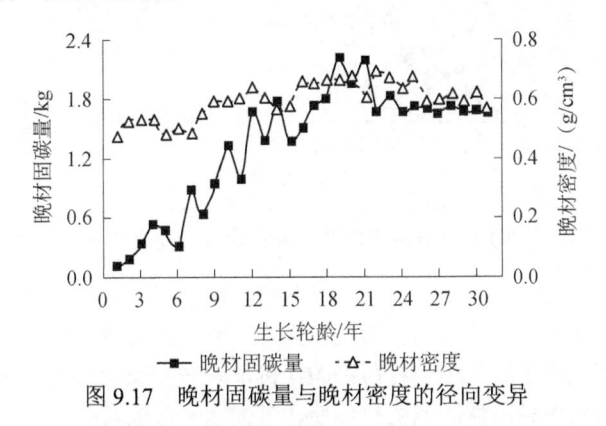

图 9.17 晚材固碳量与晚材密度的径向变异

（2）生长轮宽度　　生长轮宽度是木材一项重要的物理特征，会受到生长环境、遗传因素、树种、树龄等影响，它是代表树木年生长量多少的一个重要物理指标。当树木处于幼龄材时，树木的生长速率比较快，其年生长量比较大，所以在树木的横截面上可以看到，幼龄材的生长轮宽度较成熟材宽。

图 9.18 所示为红松早材固碳量与早材宽度的径向变异规律图，从图 9.18 中可以看出，红松早材固碳量与早材宽度的径向变异规律有很大差异，早材固碳量随着生长轮龄的增加而增加，在第 18 年左右达到一个峰值，之后形成层原始细胞分裂相对稳定并有减慢趋势，树木生长速率明显降低，致使早材固碳量又开始下降至平稳状态；而早材宽度的径向变异趋势在前期和中期与早材固碳量恰恰相反，髓心附近的生长轮较宽，从髓心向外至第 6 年，生长轮宽度变动很小，之后至第 12 年生长轮宽度迅速变窄，并在第 15 年后围绕某一值上下波动，在第 25 年左右达到一个峰值；并且固碳量与生长轮宽度的径向变化趋势在后期都具有随树木生长而逐渐变小的趋势，可见二者具有一定的相关性。

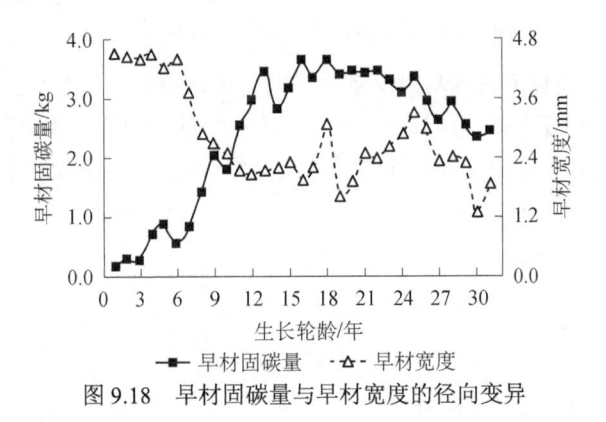

图 9.18 早材固碳量与早材宽度的径向变异

图 9.19 所示为红松晚材固碳量与晚材宽度的径向变异规律图，可以看出，晚材宽度的径向变化规律与早材宽度不一致，晚材宽度自髓心向外始终都围绕某一值上下波动，且波动较大，在第 18 年和第 25 年左右分别达到峰值。从总体上观察，晚材固碳量与晚材宽度的径向变化趋势并不相同，前者逐年增加之后达到稳定，后者并无明显的增减趋势，而是围绕某一个值上下波动，可见红松晚材固碳量与晚材宽度的相关性较弱。

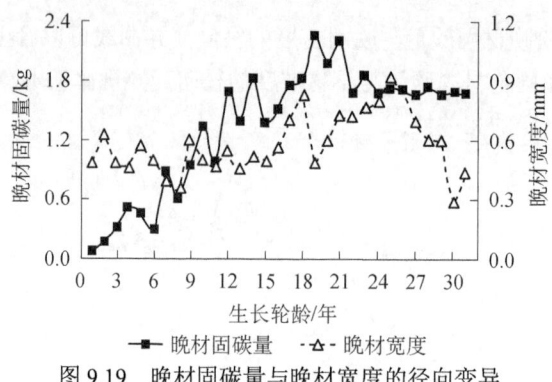

图9.19 晚材固碳量与晚材宽度的径向变异

（3）晚材率　　图9.20所示为红松早材固碳量与晚材率的径向变异规律图，从图9.20中可以看出，早材固碳量与早材宽度的径向变异规律基本相似。在幼龄材时，因树木生长较快，生长轮密度较低，而晚材率是一个年轮中晚材所占的比例，它与生长轮密度呈正比例关系，所以髓心附近的晚材率较低，这与树种、树龄及生长环境、气候因子等因素有关；前8年内的晚材率围绕某一值上下波动，接着随树木的生长逐渐增大，在到达一定限度即第19年左右，树木成熟后便开始呈降低趋势，最后趋于稳定。可见，晚材固碳量与晚材率的径向变异规律在前期有所区别，但在中期及后期的径向变异基本一致，这说明早材固碳量与晚材率有一定的关联性。

图9.20　早材固碳量与晚材率的径向变异

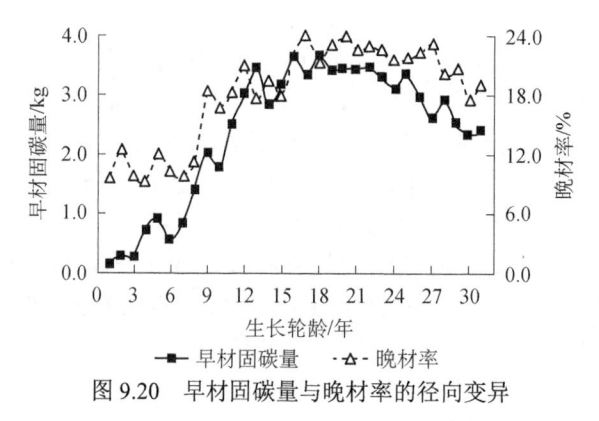

图9.21所示为红松晚材固碳量与晚材率的径向变异规律图，从图9.21中可以看出，红松晚材固碳量与晚材率的径向变异规律同早材固碳量与晚材率的径向变异规律基本相似，即二者在前期的径向变异有所区别，但在中期和后期的径向变异趋势大致相同，这说明晚材固碳量与晚材率有一定的关联性。

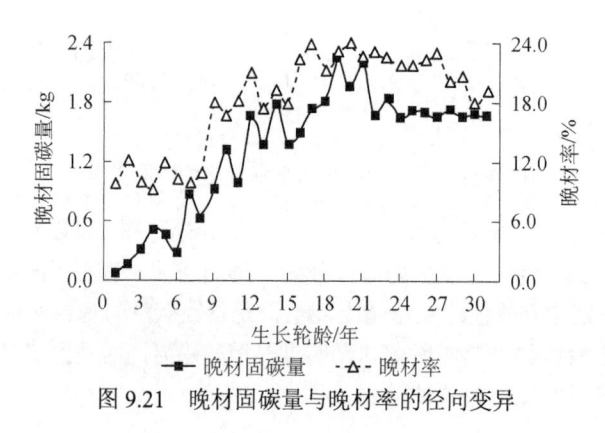

图9.21　晚材固碳量与晚材率的径向变异

(4) 生长速率　　从图 9.22 所示的红松早材固碳量与生长速率的径向变异规律图可以看出,红松早材固碳量与生长速率的径向变异规律差异很大;红松生长速率从髓心向外迅速下降,并在第 8 年后下降趋势减慢,缓缓下降至平稳状态,其变化趋势与树种、树龄、遗传因素和外界环境等因素有关;而且,早材固碳量在树木刚开始生长时,随着形成层原始细胞分裂加快而逐渐增大,在进入成熟期后树木生长缓慢,其生长速率与固碳量都开始逐渐减小。所以,从总体上观察,红松早材固碳量与生长速率的相关性较明显。

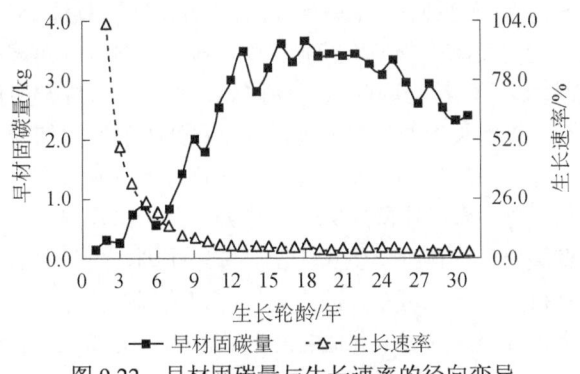

图 9.22　早材固碳量与生长速率的径向变异

从图 9.23 所示的红松晚材固碳量与生长速率的径向变异规律图可以看出,红松晚材固碳量与生长速率的径向变异规律同早材固碳量与生长速率的径向变异规律基本一致,即二者在前期和中期的径向变异恰好相反,在后期的径向变异趋势相似。从总体上观察,晚材固碳量与生长速率具有一定的关联性。

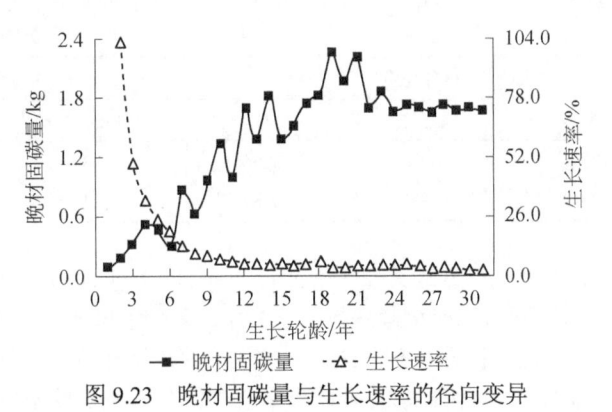

图 9.23　晚材固碳量与生长速率的径向变异

9.2.3.3　木材力学特征

木材是一种非均质的各向异性天然高分子材料,木材的力学性质就是度量木材抵抗外力的能力,研究木材固碳量与木材力学性质的关系对培育优质高固碳人工林木材具有重要作用。木材力学性质包括应力与应变、弹性、黏弹性、强度、硬度、抗劈力及耐磨耗性等,下文以人工林红松为例,研究分析了强度、硬度和抗劈力与红松木材固碳量的关系,其中强度包括冲击韧性、顺纹抗剪强度、抗弯强度、顺纹抗拉强度和顺纹抗压强度,并分析了不同立地条件和不同培育措施条件下,力学特性与固碳量的关系。

(1) 冲击韧性　　木材的韧性是指木材在不致破坏的情况下所能抵御的瞬时最大冲击能量值,韧性越大,相应扩展出一个裂隙乃至破坏需要的能量就越高。一般采用冲击韧性来评价木材的韧性或脆性，冲击韧性是指木材在非常短的时间内受冲击载荷作用产生破坏时，木材单位面积吸收的能量，通常木梁、枕木、坑木、木梭和船桨等需要有较好的冲击韧性。冲击韧性与生长轮宽度有一定的相关性，生长轮宽的木材，因密度低，冲击韧性低。此外，管胞壁较薄、微纤丝角较大都会降低木材的韧性。

由表9.2可知，方正林区红松的冲击韧性>凉水林区>老山林区，与固碳量降序排列、生长轮密度降序排列、微纤丝角降序排列、壁腔比降序排列相一致，但不符合生长轮宽度升序或降序排列，也不符合管胞长度升序或降序排列。阳坡红松的冲击韧性>阴坡，符合固碳量升序排列、生长轮密度降序排列、生长轮宽度降序排列、壁腔比降序排列、微纤丝角降序排列、管胞长度降序排列。坡上红松冲击韧性>坡下，符合固碳量降序排列、生长轮密度升序排列、生长轮宽度降序排列、微纤丝角升序排列、管胞长度的升序排列。混交林红松的冲击韧性>三株一丛>纯林，符合固碳量降序排列、生长轮宽度降序排列、微纤丝角升序排列、管胞长度升序排列，不符合生长密度降序或升序排列，也不符合壁腔比降序或升序排列。白浆化暗棕土红松的冲击韧性>白浆土，符合固碳量降序排列、壁腔比升序排列、生长轮密度降序排列、生长轮宽度降序排列、微纤丝角升序排列、管胞长度升序排列。综上可知，冲击韧性与相关解剖构造特征和物理特征无明确的相关性，但立地条件为坡上、混交林和白浆化暗棕土时，不仅可提高人工林红松的固碳量，也能够提高木材的冲击韧性。

表9.2 不同立地条件人工林红松木材的固碳量和冲击韧性

指标	地理位置			坡向		坡位	
	方正林区	老山林区	凉水林区	阳坡	阴坡	坡上	坡下
固碳量/kg	11.01	3.83	4.16	3.54	3.63	3.49	2.35
冲击韧性/(kJ/m^2)	3.58	2.53	2.89	2.56	2.15	3.44	2.55

指标	林分类型			土壤条件	
	纯林	混交林	三株一丛	白浆化暗棕土	白浆土
固碳量/kg	3.53	3.82	3.56	3.65	3.60
冲击韧性/(kJ/m^2)	2.63	3.28	2.81	2.95	2.28

由表9.3可知，1.5m×2.0m初植密度红松的冲击韧性>1.5m×1.5m初植密度>1.0m×1.5m初植密度>2.0m×2.0m初植密度，符合固碳量降序排列，不符合微纤丝角降序或升序排列、壁腔比升序或降序排列、生长轮密度升序或降序排列、生长轮宽度升序或降序排列、管胞长度升序或降序排列。间伐林红松的冲击韧性>未间伐林，符合固碳量降序排列、生长轮密度降序排列、生长轮宽度降序排列、微纤丝角升序排列、壁腔比升序排列、管胞长度降序排列。修枝红松的冲击韧性>未修枝红松，符合固碳量降序排列、生长轮密度升序排列、生长轮宽度降序排列、微纤丝角升序排列、壁腔比降序排列、管胞长度升序排列。综上可知，不同培育措施下，冲击韧性与相关解剖构造特征和物理特征无明确的相关性，但与固碳量具有一定的相关性，即1.5m×2.0m初植密度、间伐和修枝在提高人工林红松固碳量的同时，也能够提高木材的冲击韧性。

表9.3 不同培育措施人工林红松木材的固碳量和冲击韧性

指标	初植密度				间伐		修枝	
	1.0m×1.5m	1.5m×1.5m	1.5m×2.0m	2.0m×2.0m	是	否	是	否
固碳量/kg	3.57	3.60	3.97	2.49	3.92	3.44	3.48	3.29
冲击韧性/(kJ/m^2)	2.27	2.73	2.99	2.08	2.74	2.54	3.49	3.01

(2) 顺纹抗剪强度　　顺纹剪切即指剪切力与木材顺纹方向的关系，木材抵抗剪应力的能力称为抗剪强度，木材用作结构件时，一般需承受一定程度的剪切力，如木梁的水平剪应力、木材接榫处的剪应力、胶合板和层积材的胶结层剪应力等。木材顺纹抗剪强度是剪切强度中最小的，一般是顺纹抗压强度的10%～30%，且常见的木材剪应力破坏是顺纹抗剪强度。

由表9.4可知，方正林区红松的顺纹抗剪强度>凉水林区>老山林区，符合固碳量降序排列；阳坡红松的顺纹抗剪强度>阴坡，符合固碳量升序排列；坡下红松的顺纹抗剪强度>坡上，符合固碳量升序排列；混交林红松的顺纹抗剪强度>三株一丛>纯林，符合固碳量降序排列；白浆化暗棕土红松的顺纹抗剪强度>白浆土，符合固碳量降序排列。立地条件对微观构造特征和物理特征的影响同冲击韧性，与顺纹抗剪强度无明确的相关关系，混交林和白浆化暗棕土的立地方式既可提高人工林红松的固碳量，同时也可增大木材的顺纹抗剪强度。

表9.4　不同立地条件人工林红松木材的固碳量和顺纹抗剪强度

指标	地理位置			坡向		坡位	
	方正林区	老山林区	凉水林区	阳坡	阴坡	坡上	坡下
固碳量/kg	11.01	3.83	4.16	3.54	3.63	3.49	2.35
顺纹抗剪强度/MPa	9.52	8.88	9.47	9.43	8.36	7.71	8.33

指标	林分类型			土壤条件	
	纯林	混交林	三株一丛	白浆化暗棕土	白浆土
固碳量/kg	3.53	3.82	3.56	3.65	3.60
顺纹抗剪强度/MPa	9.21	9.85	9.57	8.75	8.27

由表9.5可知，1.5m×1.5m初植密度红松的顺纹抗剪强度>1.5m×2.0m初植密度>1.0m×1.5m初植密度>2.0m×2.0m初植密度，不符合固碳量升序或降序排列；间伐林红松的顺纹抗剪强度>未间伐林，符合固碳量降序排列；修枝红松的顺纹抗剪强度>未修枝红松，符合固碳量降序排列。培育措施对微观构造特征和物理特征的影响同冲击韧性，与顺纹抗剪强度无明确的相关关系，而间伐和修枝的培育措施在提高人工林红松固碳量的同时，也可提高木材的顺纹抗剪强度。

表9.5　不同培育措施人工林红松木材固碳量和顺纹抗剪强度

指标	初植密度				间伐		修枝	
	1.0m×1.5m	1.5m×1.5m	1.5m×2.0m	2.0m×2.0m	是	否	是	否
固碳量/kg	3.57	3.60	3.97	2.49	3.92	3.44	3.48	3.29
顺纹抗剪强度/MPa	8.25	9.15	8.36	8.01	8.76	8.65	9.46	8.84

(3) 抗劈力　　抗劈力是木材抵抗尖楔作用下顺纹劈开的力，表征木材的开裂性。有研究表明，木射线与抗劈力具有一定的相关性。

由表9.6可知，方正林区红松的抗劈力>老山林区>凉水林区，不符合固碳量降序或升序排列；阴坡红松的抗劈力>阳坡，符合固碳量降序排列；坡下红松的抗劈力>坡上，符合固碳量升序排列；三株一丛红松的抗劈力>纯林>混交林，不符合固碳量升序或降序排列；白浆土红松的抗劈力>白浆化暗棕土，符合固碳量升序排列。立地条件对微观构造特征和物理特征的影响同冲击韧性，与抗劈力无明确的相关关系，阴坡的立地方式可提高固碳量和抗劈力，但是与阳坡的差异性不大。

表 9.6　不同立地条件人工林红松木材的固碳量和抗劈力

指标	地理位置			坡向		坡位	
	方正林区	老山林区	凉水林区	阳坡	阴坡	坡上	坡下
固碳量/kg	11.01	3.83	4.16	3.54	3.63	3.49	2.35
抗劈力/（N/mm）	10.23	9.57	7.65	8.91	9.04	7.83	9.33

指标	林分类型			土壤条件	
	纯林	混交林	三株一丛	白浆化暗棕土	白浆土
固碳量/kg	3.53	3.82	3.56	3.65	3.60
抗劈力/（N/mm）	8.72	7.83	9.51	8.33	9.24

由表 9.7 可知，1.5m×2.0m 初植密度红松的抗劈力>1.0m×1.5m 初植密度>2.0m×2.0m 初植密度>1.5m×1.5m 初植密度，不符合固碳量升序或降序排列；间伐林红松的抗劈力>未间伐林，符合固碳量降序排列；未修枝红松的抗劈力>修枝红松，符合固碳量升序排列。培育措施对微观构造特征和物理特征的影响同冲击韧性，与抗劈力无明确的相关关系，间伐措施在提高人工林红松固碳量的同时可提高木材的抗劈力。

表 9.7　不同培育措施人工林红松木材的固碳量和抗劈力

指标	初植密度				间伐		修枝	
	1.0m×1.5m	1.5m×1.5m	1.5m×2.0m	2.0m×2.0m	是	否	是	否
固碳量/kg	3.57	3.60	3.97	2.49	3.92	3.44	3.48	3.29
抗劈力/（N/mm）	9.47	8.67	9.78	9.26	9.33	8.56	8.01	8.47

（4）抗弯强度　　木材抗弯强度是木材重要的力学指标，一般用来推测木材的容许应力，表征木材承受横向载荷的能力。木材抗弯强度介于顺纹抗拉强度和顺纹抗压强度之间，各树种的平均值为 90MPa。

由表 9.8 可知，老山林区红松的抗弯强度>方正林区>凉水林区，不符合固碳量升序或降序排列；阴坡红松的抗弯强度>阳坡，符合固碳量降序排列；坡下红松的抗弯强度>坡上，符合固碳量升序排列；三株一丛红松的抗弯强度>纯林>混交林，不符合固碳量升序或降序排列；白浆化暗棕土红松的抗弯强度>白浆土，符合固碳量降序排列。立地条件对微观构造特征和物理特征的影响同冲击韧性，与抗弯强度无明确的相关关系，阴坡和白浆化暗棕土的立地方式既能够提高人工林红松的固碳量，同时也能提高木材的抗弯强度。

表 9.8　不同立地条件人工林红松木材的固碳量和抗弯强度

指标	地理位置			坡向		坡位	
	方正林区	老山林区	凉水林区	阳坡	阴坡	坡上	坡下
固碳量/kg	11.01	3.83	4.16	3.54	3.63	3.49	2.35
抗弯强度/MPa	88.50	95.58	67.64	90.04	92.61	89.63	90.84

指标	林分类型			土壤条件	
	纯林	混交林	三株一丛	白浆化暗棕土	白浆土
固碳量/kg	3.53	3.82	3.56	3.65	3.60
抗弯强度/MPa	89.62	86.45	95.77	104.36	92.52

由表 9.9 可知，1.0m×1.5m 初植密度红松的抗弯强度>1.5m×1.5m 初植密度>1.5m×2.0m 初植密度>2.0m×2.0m 初植密度，不符合固碳量升序或降序排列；未间伐林红松的抗弯强度>间伐林，符合固碳量升序排列；未修枝红松的抗弯强度>修枝红松，符合固碳量升序排列。培育措施对微观构造特征和物理特征的影响同冲击韧性，与抗弯强度无明确的相关关系，间伐和修枝措施能够提高木材的固碳量，但同时降低了木材的抗弯强度。

表 9.9　不同培育措施人工林红松木材的固碳量和抗弯强度

指标	初植密度				间伐		修枝	
	1.0m×1.5m	1.5m×1.5m	1.5m×2.0m	2.0m×2.0m	是	否	是	否
固碳量/kg	3.57	3.60	3.97	2.49	3.92	3.44	3.48	3.29
抗弯强度/MPa	93.21	87.26	86.54	86.47	93.89	102.71	90.12	106.70

（5）顺纹抗拉强度　木材的顺纹抗拉强度是木材的最大强度，取决于木材纤维或管胞的强度、长度和方向。一般来说，纤维或管胞越长，微纤丝角越小，则强度越大。此外，密度大者，顺纹抗拉强度也大。

由表 9.10 可知，方正林区红松的顺纹抗拉强度>老山林区>凉水林区，不符合固碳量升序或降序排列；阳坡红松的顺纹抗拉强度>阴坡，符合固碳量升序排列；坡上红松的顺纹抗拉强度>坡下，符合固碳量降序排列；混交林红松的顺纹抗拉强度>纯林>三株一丛，不符合固碳量升序或降序排列；白浆化暗棕土红松的顺纹抗拉强度>白浆土，符合固碳量降序排列。立地条件对微观构造特征和物理特征的影响同冲击韧性，与顺纹抗拉强度无明确的相关关系，但坡上、混交林和白浆化暗棕土的立地方式既能够提高木材的固碳量，同时也能提高木材的顺纹抗拉强度。

表 9.10　不同立地条件人工林红松木材的固碳量和顺纹抗拉强度

指标	地理位置			坡向		坡位	
	方正林区	老山林区	凉水林区	阳坡	阴坡	坡上	坡下
固碳量/kg	11.01	3.83	4.16	3.54	3.63	3.49	2.35
顺纹抗拉强度/MPa	96.76	90.68	79.42	96.78	94.49	103.81	100.26

指标	林分类型			土壤条件	
	纯林	混交林	三株一丛	白浆化暗棕土	白浆土
固碳量/kg	3.53	3.82	3.56	3.65	3.60
顺纹抗拉强度/MPa	95.42	104.69	89.13	93.21	90.13

由表 9.11 可知，1.5m×2.0m 初植密度红松的顺纹抗拉强度>2.0m×2.0m 初植密度>1.5m×1.5m 初植密度>1.0m×1.5m 初植密度，不符合固碳量升序或降序排列；间伐林红松的顺纹抗拉强度>未间伐林，符合固碳量降序排列；修枝红松的顺纹抗拉强度>未修枝红松，符合固碳量降序排列。培育措施对微观构造特征和物理特征的影响同冲击韧性，与顺纹抗拉强度无明确的相关关系，间伐和修枝措施既可以提高人工林红松的固碳量，同时也可提高木材的顺纹抗拉强度。

表 9.11　不同培育措施人工林红松木材的固碳量和顺纹抗拉强度

指标	初植密度				间伐		修枝	
	1.0m×1.5m	1.5m×1.5m	1.5m×2.0m	2.0m×2.0m	是	否	是	否
固碳量/kg	3.57	3.60	3.97	2.49	3.92	3.44	3.48	3.29
顺纹抗拉强度/MPa	90.23	96.43	103.75	98.33	91.36	90.45	103.97	95.24

（6）顺纹抗压强度　　顺纹抗压强度是指平行于木材纤维方向，给试件全部加压面施加载荷时的强度。我国木材的顺纹抗压强度平均值为45MPa。

由表9.12可知，方正林区红松的顺纹抗压强度>老山林区>凉水林区，不符合固碳量升序或降序排列；阴坡红松的顺纹抗压强度>阳坡，符合固碳量降序排列；坡上红松的顺纹抗压强度>坡下，符合固碳量降序排列；混交林红松的顺纹抗压强度>三株一丛>纯林，符合固碳量降序排列；白浆土红松的顺纹抗压强度>白浆化暗棕土，符合固碳量升序排列。立地条件对微观构造特征和物理特征的影响同冲击韧性，与顺纹抗压强度无明确的相关关系，但阴坡、坡上和混交林的立地方式能够同时提高人工林红松的固碳量和顺纹抗压强度。

表9.12　不同立地条件人工林红松木材的固碳量和顺纹抗压强度

指标	地理位置			坡向		坡位	
	方正林区	老山林区	凉水林区	阳坡	阴坡	坡上	坡下
固碳量/kg	11.01	3.83	4.16	3.54	3.63	3.49	2.35
顺纹抗压强度/MPa	33.68	31.26	23.94	28.60	32.02	31.65	28.74

指标	林分类型			土壤条件	
	纯林	混交林	三株一丛	白浆化暗棕土	白浆土
固碳量/kg	3.53	3.82	3.56	3.65	3.60
顺纹抗压强度/MPa	29.35	32.81	29.67	30.08	31.56

由表9.13可知，1.0m×1.5m初植密度红松的顺纹抗压强度>1.5m×1.5m初植密度>2.0m×2.0m初植密度>1.5m×2.0m初植密度，不符合固碳量升序或降序排列；间伐林红松的顺纹抗压强度>未间伐林，符合固碳量降序排列；修枝红松的顺纹抗压强度>未修枝，符合固碳量降序排列。培育措施对微观构造特征和物理特征的影响同冲击韧性，与顺纹抗压强度无明确的相关关系，但间伐和修枝措施能够同时提高人工林红松的固碳量和顺纹抗压强度。

表9.13　不同培育措施人工林红松木材的固碳量和顺纹抗压强度

指标	初植密度				间伐		修枝	
	1.0m×1.5m	1.5m×1.5m	1.5m×2.0m	2.0m×2.0m	是	否	是	否
固碳量/kg	3.57	3.60	3.97	2.49	3.92	3.44	3.48	3.29
顺纹抗压强度/MPa	32.66	30.15	26.48	27.37	32.43	29.88	34.59	31.27

（7）硬度　　木材硬度表征木材抵抗其他刚体压入木材的能力，是选择建筑、车辆、造船、运动器械、雕刻和模型等用材的依据。木材硬度分为弦面、径面和端面硬度三种，端面硬度高于弦面和径面硬度，大多数树种的弦面和径面硬度相近，木材密度对硬度的影响甚大，密度越大，硬度则越大。

由表9.14可知，人工林红松的三切面硬度均为端面硬度>径切面硬度>弦切面硬度。方正林区红松端面和径切面的硬度>凉水林区>老山林区，符合固碳量降序排列；阳坡红松的硬度>阴坡，符合固碳量升序排列；坡上红松的硬度>坡下，符合固碳量降序排列；混交林红松的硬度>三株一丛>纯林，符合固碳量降序排列；白浆化暗棕土红松的硬度>白浆土，符合固碳量降序排列。立地条件对微观构造特征和物理特征的影响同冲击韧性，与硬度无明确的相关关系，但坡上、混交林和白浆化暗棕土的立地方式能同时提高人工林红松的固碳量和木材硬度。

表9.14 不同立地条件人工林红松木材的固碳量和硬度

指标	地理位置			坡向		坡位	
	方正林区	老山林区	凉水林区	阳坡	阴坡	坡上	坡下
固碳量/kg	11.01	3.83	4.16	3.54	3.63	3.49	2.35
端面硬度/N	34.46	32.38	33.95	26.17	25.87	35.32	29.42
径切面硬度/N	28.19	25.48	25.83	19.88	19.42	28.52	21.63
弦切面硬度/N	26.77	24.93	24.77	19.21	18.69	27.80	20.20

指标	林分类型			土壤条件	
	纯林	混交林	三株一丛	白浆化暗棕土	白浆土
固碳量/kg	3.53	3.82	3.56	3.65	3.60
端面硬度/N	27.43	34.50	32.34	32.22	25.63
径切面硬度/N	20.60	27.86	26.10	22.69	18.63
弦切面硬度/N	19.73	26.11	25.09	22.34	18.56

由表9.15可知，三切面硬度均为端面硬度>径切面硬度>弦切面硬度。1.5m×2.0m初植密度红松的硬度>2.0m×2.0m初植密度>1.5m×1.5m初植密度>1.0m×1.5m初植密度，不符合固碳量降序或升序排列；间伐林红松的硬度>未间伐林，符合固碳量降序排列；修枝红松的硬度>未修枝红松，符合固碳量降序排列。培育措施对微观构造特征和物理特征的影响同冲击韧性，与硬度无明确的相关关系，但间伐和修枝措施可同时提高人工林红松的固碳量和木材三切面硬度。

表9.15 不同培育措施人工林红松木材的固碳量和硬度

指标	初植密度				间伐		修枝	
	1.0m×1.5m	1.5m×1.5m	1.5m×2.0m	2.0m×2.0m	是	否	是	否
固碳量/kg	3.57	3.60	3.97	2.49	3.92	3.44	3.48	3.29
端面硬度/N	25.42	28.11	33.50	29.12	32.27	32.09	33.68	31.24
径切面硬度/N	18.31	20.62	27.42	20.99	25.38	21.69	27.13	22.32
弦切面硬度/N	18.22	19.52	27.32	20.74	24.79	21.11	25.35	22.11

9.2.3.4 木材缺陷

木材缺陷是指出现在木材上的降低木材质量、影响木材使用的各种缺点。任何树种的木材均可能存在缺陷，缺陷既存在于非健全树木的木材中，也存在于健全树木的木材中，缺陷部位的材质与非缺陷部位的材质存在差异性。木材中缺陷的种类和数量受到树木的遗传因子、立地条件、生长环境、贮存和加工环境等诸多因素的影响。

缺陷的产生对木材固碳具有直接影响，根据缺陷的种类，其受影响的方式和程度不同。木材缺陷依据形成过程，通常分为生长缺陷、生物危害缺陷和加工缺陷。

（1）生长缺陷　　生长缺陷是指树木生长过程中形成的木材缺陷，是存在于活立木木材中的缺点，它是由树木的遗传因子、立地条件和生长环境等因素造成的。生长缺陷主要包括节子、裂纹、树干形状缺陷、木材构造缺陷和伤疤等。

1）节子：节子周围的纹理局部紊乱，颜色较深，影响木材外观，在木材使用过程中为了统一木材颜色，通常要采用漂白或染色等技术手段对木材材色进行修补，虽然保证了木材的正常使用，但附加的漂白染色设备、试剂和能源等均提高了碳排放量。

节子硬度大，主轴方向与树干主轴方向呈较大夹角，在切削加工时易造成刀具的损伤，从而减少刀具的使用寿命，增加刀具的消耗量，侧面提高了刀具生产的碳排放量。

节子纹理和密度与木材不同，木材干燥时收缩方式与木材不同，使节子附近的木材易产生裂纹，节子脱落，节子也是由形成层原始细胞分生得到的，节子枯死后，虽然停止生长，但仍贮存着生长期固定的碳，而节子脱落后，将释放这部分碳。此外，节子的脱落破坏了木材的完整性，增加了木材的损耗量，间接造成碳排放。节子降低了木材的顺纹拉伸、顺纹压缩和弯曲强度，木材力学强度的降低将缩短木材的使用寿命，使木材固定的碳排放期提前。

2）裂纹：木材纤维和纤维之间的分离形成的裂隙，是木材外部受到胁迫时，木材内部产生的应力破坏木质部产生的裂纹。裂纹间接造成碳排放的原因：一是降低木材强度，缩短木材使用寿命；二是为微生物侵害木材提供通道，加速木材腐朽。

3）树干形状缺陷：其是树木在生长过程中，受外界环境的影响而形成的，有弯曲、尖削、大兜、凹兜和树瘤等，这些缺点大大降低了木材的出材率，增加了木材的损耗量，不利于减排。

4）木材构造缺陷：凡是不正常的木材构造所形成的缺陷均称为木材构造缺陷。木材构造缺陷有斜纹、乱纹、应压木、应拉木、髓心、双心、树脂囊、伪心材、水层和内含边材等。这些缺陷不利于碳储存，主要体现在缩短木制品使用寿命和木材加工过程中。

5）伤疤：其是树木生长过程中受到机械损伤、火烧、鸟害、兽害而形成的伤痕，包括外伤、夹皮、偏枯、树包、风折木和树脂漏等。具有损伤缺陷的木材不但在加工使用过程中不利于固碳减排，而且在其形成过程中已经减损了树木的碳储量，甚至在损伤形成期是以碳源的形式存在的。火烧和火灾对木材的破坏力是极为严重的，使木材瞬间完成碳汇和碳源角色的转换。

（2）生物危害缺陷　　生物危害缺陷是由微生物、昆虫和海洋钻孔动物等外界生物侵害木材所造成的缺陷，主要有变色、腐朽和虫害三大类。

1）变色：变色对木材的物理力学性质几乎无影响，即不会显著缩短木材和木制品的使用寿命，对木制品的储碳期无不利影响。此外，木材的变色过程均与细胞壁物质无关，因此不会消减木材的碳储量。但是变色破坏了木材颜色的均一性，因此在加工过程中需要通过附加工艺进行修复，而此过程会形成一定的碳排放。

2）腐朽：木腐菌侵入木材，逐渐改变木材的颜色和结构，使细胞壁受到破坏，物理力学性质改变，木材变得松软易碎，呈筛孔状或粉末状。依据腐朽性质，木材腐朽可分为白腐和褐腐，两者对木材储碳的影响主要表现在以下 4 方面。

A. 化学成分。木腐菌分泌各种酶分解木材主成分和抽提物，破坏木材结构。白腐菌能破坏木材中的木质素结构，而对纤维素和半纤维素的影响较小，碳的含量略微降低；褐腐菌则主要破坏细胞壁中的纤维素和半纤维素，而对木质素几乎无影响，碳的含量大幅度减少。腐朽材单宁的绝对含量大多数不变，或者较健康材有所增加。

B. 物理性质。腐朽初期的木材密度一般不降低，在某些情况下，由于木材内部聚集有色素，密度甚至会变大。随着腐朽程度的加大，腐朽材的密度减小，在腐朽后期木材密度一般为正常材的 2/5～2/3，同时吸水性和渗透性显著提高，更易产生翘曲变形，收缩率大。可见，木材腐朽是一个木材碳泄漏的过程。

C. 燃烧性能。腐朽材密度的减小使得单位体积的发热量降低，即若将木材作为固体燃料使用，达到同一燃烧热的腐朽材用量要多于正常材，同时也释放更多的大气二氧化碳。

D. 力学性质。木材腐朽初期，除冲击强度和弯曲强度有所减小外，其他力学性质几乎没有变化。随着腐朽程度的增加,腐朽材密度的降低使抗压强度和抗弯强度降低。褐腐材在质量减少10%时,冲击韧性降低95%,这是因为腐朽材的质量损失虽然还不大,但是木材组织已遭到严重破坏。腐朽材结构的瓦解使木材失去使用价值,也失去作为固碳减排材料的意义。

3) 虫害:虫害是受各种昆虫危害造成的木材缺陷。常见的害虫有天牛、吉丁虫、象鼻虫、白蚁和树蜂等。各种木材均可能发生虫害,有的只危害树皮及边材表层,虫眼一般较浅,对木材强度及使用的影响不大,特别是经过锯解和旋切后,虫眼一般随之除掉,危害性较小,对木材固碳也无太大影响。有的蛀入木质部部分,但虫眼很浅,加工时可随之去掉,对木材加工和储碳的影响不大。有的蛀入木质部深处,使木材破坏很大,间接促进木材变色和腐朽,从而降低木材的力学性质,进一步影响木材固碳。

(3) 加工缺陷 在木材加工过程中所造成的木材表面损伤,分为干燥缺陷和锯割缺陷。

1) 干燥缺陷:其是在木材干燥过程中形成的开裂和变形。开裂是木材内部形成的应力导致木材薄弱位置裂开,分为端裂、表裂和内裂,端裂和表裂易检测,而内裂不容易被察觉。木材的开裂对木材的力学性质具有较大影响,降低木制品的使用寿命。目前,国内外采用传感器技术、无损检测技术对木材内部缺陷进行自动检测,剔除缺陷、提高出材率等,从而保证木制品质量和使用寿命,避免碳泄漏。

2) 锯割缺陷:其是在木材锯割过程中形成的缺陷,包括缺棱、改锯、锯口缺陷和人为斜纹等,锯割缺陷因树种和刀具型号而异。缺棱会减小木材的实际尺寸,不满足规格要求;改锯增加废材量;锯口缺陷则造成木材厚度不均或材面粗糙,降低木材利用率。人为斜纹是锯切时下锯不合理形成的缺陷。总之,锯割缺陷的产生会增加木材使用量和废材量,间接增加碳排放。

综上所述,各树种的木材均可能存在木材缺陷,在木材缺陷形成的初期,木材的物化性质、力学性质等几乎不受影响,因此木材碳储量也几乎无变化,但随着木材缺陷的扩展,某些缺陷将对木材造成巨大影响,并消减木材碳储量,而火灾是消减木材碳储量的毁灭性行为。对于木材的大部分缺陷,可以通过人为手段进行控制或避免。

9.3 木材储能

9.3.1 木材能量的形成

树木通过光合作用,把二氧化碳和水合成储存能量的有机物,同时释放出氧气,过程如图9.24a所示。光合作用的实质过程分为两个阶段(图9.24b)。一个是光反应阶段,在叶绿体内基粒的囊状结构上进行,首先将水分子分解为O和H,释放出氧气。然后通过太阳能将二磷酸腺苷(ADP)和无机磷合成为游离核苷酸(ATP),磷酸之间通过磷酸酐键连接,糖、脂类和蛋白质等物质氧化分解中释放的能量,相当大一部分使ADP磷酸化为ATP,从而把能量保存在ATP分子内。一般的磷酸酯水解时(磷酸酯键断裂)的自由能为8~12kJ/mol,而ATP水解时(磷酸酐键断裂)的自由能为30.5kJ/mol,因此称其为高能磷酸化合物,磷酸酐键称为高能磷酸键,光能转变成的活泼化学能即储存在ATP的高能磷酸键中。另一个反应是暗反应阶段,在叶绿体内的基质中进行,首先二氧化碳与五碳化合物结合,形成三碳化合物,其中一些三碳化合物接收ATP释放的能量,被氢还原,再经过一系列变化形成糖类,ATP中的活泼化学能转变为糖类等有机物中的稳定化学能。

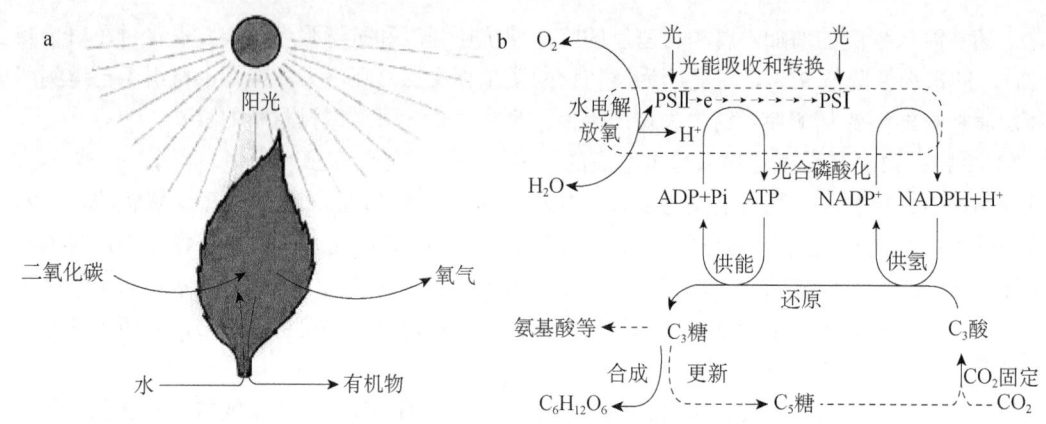

图 9.24　树木光合作用的过程（a）和实质（b）

9.3.2　木材能量的利用

光合作用将太阳能转化为化学能储存在有机物中，是树木赖以生存的主要物质来源和全部能量来源，也是其他直接或间接依靠树木生存的生物的物质和能量来源，地层中的煤炭、石油和天然气等也是古代植物光合作用形成的有机物演变而来的，总的来说，光合作用是地球生命活动中最基本的能量代谢。太阳能转化为木质能量的效率不高，但优点在于能量转化的成本低。

木材能量的转化利用途径主要包括燃烧、热化学法、生化法、化学法和物理化学法等，其可转化为二次能源，如热、电、固碳燃料（木炭或颗粒燃料）、液体燃料（生物柴油、甲醇、乙醇等）和气体燃料（燃气和沼气等）。表 9.16 列出了部分燃料的平均发热量，草的平均发热量最低，石油的平均发热量最高。同重量的木材，含水率越高，平均发热量越低。木炭的平均发热量高于煤炭，煤炭的平均发热量约为绝干木材的 1.6 倍，石油的平均发热量约为绝干木材的 2.3 倍。图 9.25 为木材能源的转化利用途径。

表 9.16　部分燃料的平均发热量

燃料	能量 GJ/t	能量 GJ/m³	燃料	能量 GJ/t	能量 GJ/m³
木材（60%含水率）	6.0	7.0	麦秆	15.0	1.5
木材（20%含水率）	15.0	9.0	甘蔗渣	17.0	10.0
绝干木材	18.0	9.0	城市垃圾	9.0	1.5
木炭	30.0	—	工业废弃物	16.0	—
纸	17.0	9.0	石油	42.0	34.0
草	4.0	3.0	煤炭	28.0	50.0

9.3.3　木材碳储量与木材能量

木材主要来源于树干，是树木的主体。碳主要储存在木材各细胞组织结构的细胞壁中，即细胞壁在木材体积中占有的比例决定该木材的碳储量。从化学组成元素分析，细胞壁主要构成元素是碳（50%）、氢（6%）和氧（43%），余下的 1% 为氮和灰分，而木材中几乎不含硫，也就是说细胞壁质量的一半是碳元素。

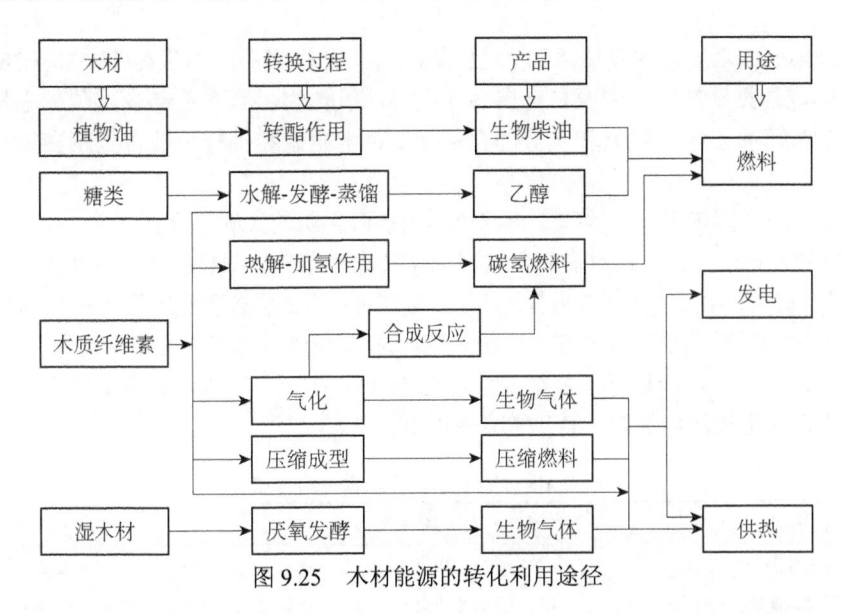

图 9.25 木材能源的转化利用途径

木材是多孔性材料，按构成可分为主要成分（细胞壁）、次要成分（抽提物和灰分）、空隙（细胞腔、纹孔等）和水分（自由水和结合水），其中次要成分化学组成复杂，主要分为脂肪族化合物、萜及萜类化合物和芳香族化合物三大类，除一些树种外，一般占绝干木材的2%～5%。由于次要成分在木材中的占有量较小，且在加工过程中易随溶剂、水蒸气或水分移动到木材表面而挥发或流失，所以在计算木质能量时一般忽略不计，主要考虑主要成分，即细胞壁物质的含量。细胞壁物质的含量即木材的实质密度，细胞壁物质的含量一般用胞壁率来表征，即木材中所有细胞壁物质的总体积与木材总体积的百分比值。树种不同，其胞壁率不同。表9.17列举了部分树种的胞壁率。根据门捷列夫经验公式[式(9.5)]可知，同体积木材胞壁率越大，碳储量越多。由于木材中碳:氢:氧≈50:6:43，因此根据式(9.5)可知，发热量与含碳量呈正比例函数关系，即木材碳储量越高，木材的发热量越大。由此可知，木材实质密度越大，木材碳储量越多，木材储存的能量越大。

$$Q_{gr,ar}=4.18\times[81C+300H-26(O-S)] \quad (9.5)$$

式中，$Q_{gr,ar}$为高位发热量（kJ/kg）；C为1kg木材中碳的百分含量（%）；H为1kg木材中氢的百分含量（%）；O为1kg木材中氧的百分含量（%）；S为1kg木材中硫的百分含量（%）。

表 9.17 部分树种的胞壁率

阔叶树材	胞壁率/%	阔叶树材	胞壁率/%
枫香	49.749	落叶松	58.312
紫椴	38.257	臭冷杉	42.844
水曲柳	52.692	红松	61.282

9.3.4 木材发热量的影响因素

木材能源作为一种可再生能源，发热量决定其在能源系统中所占有的地位，木材的特性对其发热量（又称热值）具有重大影响。

9.3.4.1 化学成分对发热量的影响

木材的化学成分有纤维素、半纤维素、木质素、抽提物和灰分，纤维素和半纤维素的发热量约为 17 328kJ/kg，木质素的发热量约为 25 498kJ/kg，抽提物的发热量为 35 530～38 038kJ/kg。灰分是木材燃烧的剩余产物，主要是金属和非金属的氧化物，其含量越少越利于木材的燃烧。因此，木材的纤维素、半纤维素和灰分的含量越少，木质素和抽提物的含量越多，则木材的发热量越高。

木材的化学成分因树种、产地和木材部位等因素而存在较大的差异。

（1）树种和产地　针叶树材和阔叶树材的化学成分存在较明显的差异，如表 9.18 所示，可见，一般针叶树材的纤维素和半纤维素含量低于阔叶树材，而木质素含量则高于阔叶树材。针叶树种之间、阔叶树种之间的化学组成也存在一定的差异。例如，云杉树干的纤维素含量为 58.8%～59.3%，木质素含量约为 28%，而松树干的纤维素含量为 56.6%～57.6%，木质素含量约为 27%。此外，同一树种的产地和生长环境不同，其化学成分也不相同。

表 9.18　木材化学成分的平均含量

化学成分	针叶树材/%	阔叶树材/%
纤维素	42±2	45±2
半纤维素	27±2	30±5
木质素	28±3	20±4

（2）边材和心材　在针叶树材中，心材比边材含有较多的有机溶剂抽提物、较少的木质素与纤维素。在阔叶树材中，心材与边材的差异较小。且针叶树和阔叶树边材中乙酰基的含量均高于心材。

（3）早材和晚材　晚材的细胞壁厚度大于早材，且晚材胞间层的占有率较小，根据木质素分布情况可知，相比于早材，晚材含有较多的纤维素和较少的木质素，由此可知，单位质量的晚材发热量低于早材发热量。

（4）树木组成器官　树木的地上组成器官为树干、树枝、树皮和树叶，相比于树干，树枝的纤维素较少，木质素较多，聚戊糖、聚甘露糖较少，热水抽提物较多。树皮的灰分多，热水抽提物含量高，纤维素与聚戊糖含量较低，有些树种的树皮含有较多的脂肪和果胶质。树叶则含有较多的蛋白质、脂肪等高能化合物。研究表明，不同器官的去灰分热值基本从高到低依次为树叶、树枝、树干、树皮，其中树皮虽然具有较多的热水抽提物，但其含有的大量灰分是降低其发热量的主要原因。

9.3.4.2　含水率对发热量的影响

木材中存在的水分分为自由水和吸着水，纤维素无定形区吸着的水分与纤维素的羟基键合，形成氢键，使纤维素发生润胀。半纤维素是无定形物，主链和侧链上含有较多的羟基和羧基等亲水性基团，在纤维饱和点以下时，随着含水率的增加，木纤维的吸湿性增强，发生润胀。木质素中也含有大量的醇羟基和酚羟基，其与纤维素和半纤维素形成醚键、酯键、糖苷键、醛键和氢键等，在纤维饱和点以下时，随着含水率的增加，氢键断裂，纤维润胀。氢键断裂，释放能量，即干纤维吸湿的过程具有放热现象，解吸过程具有吸热现象，因此纤维素绝干时的发热量最大，随着吸着水的增加而减小。而自由水存在于细胞腔和大毛细管中，不使纤维发生润胀，因此无热效应。

但含水率的增加会降低木材中的抽提物含量，从而降低木材的发热量。总的来说，木材含水率越低，木材的发热量越高。

9.3.4.3 密度对发热量的影响

密度对发热量的影响体现在两个方面,一是木材的相对密度,相对密度越高,说明木材的含水率越低且(或)木材绝干质量越高,则木材的发热量越高,反之亦然。二是木材的堆积密度,1kg绝干木材的去灰分热值基本一致,为18 000~21 000kJ/kg,而单位容积的发热量(kJ/m³)却随其堆积密度(kg/m³)的不同而有着显著的不同。堆积密度越小,容积发热量就越低,这就给储藏和运输带来了较大的困难。

9.3.4.4 木材缺陷对发热量的影响

木材缺陷包括生长缺陷、生物危害缺陷和加工缺陷,其均造成木材质量的损失,从而降低木材的发热量。有研究表明,受生物危害影响,新柏树木屑在室内放置1年,其发热量降低8.8%,室外放置1年降低17%,室外放置2年降低42.4%,室外放置5年降低59%。可见,木材缺陷对发热量具有重大影响,需采取科学手段尽可能避免产生木材缺陷。

9.4 木材固碳周期的评价

树木并不是一个稳定的碳库,它会受到立地条件、气候条件和培育措施等因素的影响而发生变化,而采伐后的木材加工制成的木制品中也固定着碳,所以木制品是木材固碳的另外一个阶段。2011年11月在南非德班召开的有关全球气候变化的联合国会议(COP17)做出了一个非常重要的决定,就是要对木制品中碳素储存的新规划进行评价。所以,下文针对木材的固碳功能,通过分析木制品的生命周期,对其加工制造、使用等过程对环境的影响进行了评价,从而为有效评估木制品的固碳功能提供依据。

9.4.1 木材固碳与排碳

为了降低碳排放量,需要清楚究竟是在什么地方消耗了多少碳,也就是木材的固碳与排碳过程,而"足迹"一词更形象地说明了这一点。由不断增加的二氧化碳等温室气体在消耗过程中所留下的痕迹,称为"碳足迹"。

碳足迹是指企业机构、活动、产品或个人通过交通运输、食品生产和消费及各类加工过程等引起的温室气体排放的集合。木材的"碳足迹"有许多不同的定义,从产品评估出发,一般认为碳足迹是用于评估产品从原材料到成品的整个生命周期中温室气体排放水平的一种方法。世界上第一个公开表明的碳足迹具体的计算方法来自PAS 2050:2008标准,主要用以评估产品生命周期之内的二氧化碳等温室气体的排放。

图9.26所示为木材的固碳与排放过程,即碳足迹的过程。可以看出,木材的碳足迹主要分4个过程:首先,树木在生长过程中,其光合作用大于呼吸作用,树木吸收二氧化碳又多又快,称为"碳吸存";当树木的呼吸作用与光合作用的碳量逐渐相近时,树木生长速率减慢,碳吸存逐渐变成了碳排放,所以为了控制二氧化碳的减排工作,应选择树木合理的轮伐期,以增加其固碳量;其次,在木材伐倒、运输及加工生产过程中,将会释放出一定量的CO_2,此过程就是"第一次碳排放过程";再次,及时将木材加工成木制品后,通过科学保护,如进行阻燃和防腐处理等,可以减少碳素释放的机会,称为"固碳的延伸";最后,在使用木制品的过程中,细菌、真

菌腐蚀及昆虫啃食等原因会造成木制品的破损、开裂等现象，会释放部分二氧化碳，同时在对木制品进行修复和循环加工利用时，又会释放出一部分二氧化碳，这个过程称为"第二次碳排放"，整个过程便是木材的碳足迹。

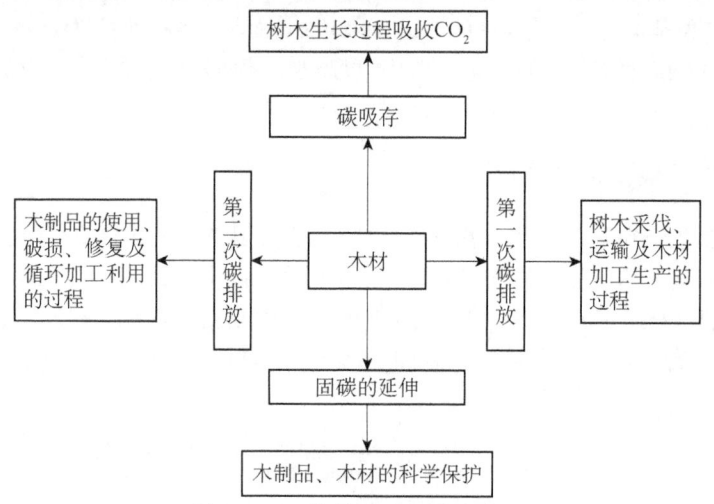

图 9.26　木材的固碳与排放过程

在木材固碳与排放的整个过程中，人工林木材经历了从生长到消亡并呈现碳吸存-碳排放-固碳-碳排放的变化过程，从中可推知，提升林木的采伐效率，减少加工和运输过程中的碳排放量，增加木材的利用率及延长木质林产品的寿命等均会增加林木的固碳量。又由于木制品在其生命周期中比其他材料排放的二氧化碳等温室气体要少，可见木制品的固碳作用很大；而且，如果要提高木制品的固碳量，延长木制品的使用寿命，在这个过程中，就需要采用并研发木材阻燃、防腐及强化处理等木制品保护技术，从而可以延长木制品的固碳周期，实现木材固碳功能的有效延伸。

9.4.2　木制品和木结构建筑固碳

9.4.2.1　木制品固碳

研究表明，长期对森林进行合理经营可以将碳素有效地封存在木材内部，而且木材具有良好的物化性质和独特的环境学属性，将木材加工制成木制品，便有助于降低大气中二氧化碳的浓度。而对于木制品，通过延长木制品的使用寿命，增加其碳封存的时间，则能有效提高固碳增汇的效率。所以，木制品在木质资源的节约循环型社会中占有非常重要的地位。

目前对木质林产品的分类研究，主要是基于联合国粮食及农业组织（FAO）对木质林产品的定义而进行的分类，这种分类方法的数据比较容易获得，便于计算。下文结合产品的用途，对木制品进行分类（图 9.27）。

从木制品的分类可以发现，木材及木制品能够被广泛应用于住宅建材、家具及造纸等领域。木制品虽然是木材固碳的延伸，但它不可能永远地储存碳。而国家每年能报废多少木制品，又如何计算其中的碳排放量，这是相对比较难的技术。

同时，在估算我国不同木制品固碳情况的变化时，参考已有研究成果，将具体参数之间的各转化因子列于表 9.19。

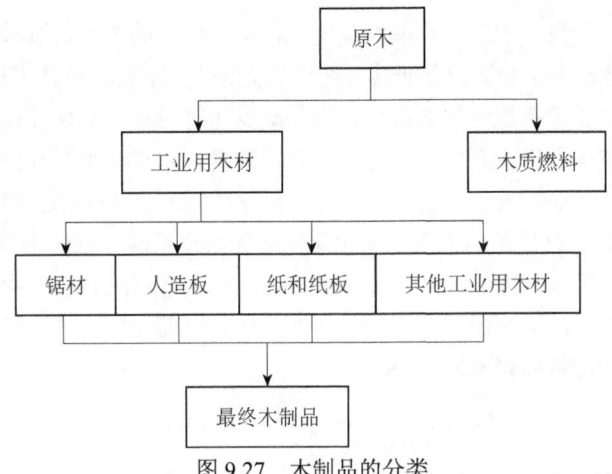

```
                    ┌──────┐
                    │ 原木 │
                    └──┬───┘
              ┌────────┴────────┐
         ┌────────┐         ┌────────┐
         │工业用木材│         │木质燃料│
         └────┬───┘         └────────┘
    ┌────┬────┼────┬────────┐
 ┌────┐┌────┐┌────┐┌──────────┐
 │锯材││人造板││纸和纸板││其他工业用木材│
 └────┘└────┘└────┘└──────────┘
              │
         ┌─────────┐
         │最终木制品│
         └─────────┘
```

图 9.27　木制品的分类

表 9.19　不同类木材和木制品的具体参数

木材/木制品	基本密度/(t/m³)	含碳率/%	树皮比例/%	长期木质林产品比例/%	使用寿命/年
工业原木	0.53	0.5	0.1	—	—
薪材	0.53	0.5	0.1	—	1
锯材	0.53	0.5	—	0.8	50
人造板	0.55	0.5	—	0.9	30
纸和纸板	0.90	0.5	—	0.7	20
其他工业用产品	0.60	0.5	—	0.5	25

木制品具有良好的碳素储存能力和环保特性，通过提高木制品的加工效率、延长木制品的使用寿命等方法，可以让木制品的碳素储存时间延长，从而有效减缓了温室气体的排放。木制品的减排效应在 IPCC 报告中也予以认可。1998 年于塞内加尔首都达喀尔召开了关于木质林产品碳储量计量方法学的研讨会，会上提出了替代 IPCC 缺省法的另外三种方法，即碳储量变化法、大气流动测定法和生产计量法。

目前国外一些学者运用生命周期评价研究了木制品及木质废弃品对温室效应的潜在影响，其中不仅能够评估二氧化碳的排放量，同时能够评估甲烷、氟化氢等温室气体的排放量，可对比分析不同加工方法的碳排量，且能够评估木制品加工过程中对环境的总影响。该方法已经得到了全球的普遍认可，是目前研究发展的必然趋势。因此，可以采用生命周期评价的方法，对木制品碳素储存周期的碳排放进行评价，以全面了解木制品的碳素储存功能。

9.4.2.2　木结构建筑固碳

木结构建筑伴随人类居住形式的历史久远，遍布亚洲、欧洲和美洲，几乎包含所有的古文明地区。但在近代工业革命和现代化运动的冲击下，木结构建筑逐渐被钢筋混凝土结构、玻璃帷幕等具有现代主义风格的建筑所取代，然而水泥、钢筋混凝土、玻璃等材料产生的能源消耗对生态环境造成了巨大的影响。在全球变暖和能源耗竭的影响下，缓解建筑对环境带来的危机变得十分重要。因此，绿色建筑、生态建筑、有机建筑和可持续建筑受到重视和推崇，也将木结构建筑再次推上世界建筑的舞台。

木结构建筑从原料开发、制造、运输、建造、营运到拆迁的全生命过程中均体现了绿色建筑理念，相对其他建筑形式在环境保护方面具有明显的优越性。建筑材料是构筑建造物的基本原料，其碳排放量占建筑物累积碳排放量的大部分，因此减少建筑材料二氧化碳排放量是降低建筑物碳排放的关键。建筑材料有水泥、石材、钢材、玻璃、陶瓷、木材、塑料和涂料等多种人造材料与天然材料，其在生产、运输、施工、运营、使用和拆除等系列过程中都会对环境造成不同程度的影响。由表9.20可知，木材累积的大气二氧化碳排放量远小于水泥、玻璃和钢材，因此，提高建筑物的木构件比例将有效减少大气二氧化碳排放量。此外，木材还具有储存碳的功能，是其他材料所不及的。有资料显示，建筑面积为136m^{2}的木结构、钢筋混凝土结构和铁骨预铸结构住宅在生命周期物化阶段的碳排量如表9.21所示。

表9.20　4种建筑材料的环境清单

环境评价指标	木材	水泥	玻璃	钢材
气候变暖（CO_2排放）/kg	30.30	1220.00	1870.00	6470.00
臭氧层损耗（ODP）/kg	0.01	0.35	0.56	1.80
酸化（二氧化硫）/kg	0.15	76.80	197.00	48.70
悬浮颗粒物/kg	2.57	250.00	574.00	1080.00
水资源消耗/m^3	1.24	99.60	243.00	549.00
化石能源消耗/kg	115.00	349.00	2350.00	1310.00

表9.21　三种住宅建造主要用材的加工碳排放量　　　（单位：kg）

材料	木结构	钢筋混凝土结构	铁骨预铸结构
制材品	1 282.0	234.6	293.6
胶合板	260.3	425.3	199.6
钢材	792.6	7 067.8	8 817.1
混凝土	2 805.1	14 087.0	5 432.7
合计	5 140.0	21 814.7	14 743.0

通过对比可知，木质材料的大气二氧化碳排放量最低，木结构建筑的累积碳排放量最低，是比较理想的低碳建筑类型。此外，木结构体系与钢筋混凝土结构、砖石结构等建筑结构体系相比具有如下突出特点，这些恰是木结构体系具有低碳性的主要原因。

（1）使用寿命长　　木结构建筑形态与自然资源、政策、经济、技术等息息相关，从最早的原木井干式结构到公元10世纪的木筋墙结构，均是以木材为主要的支撑构架。瑞士的圣加尔（Saint Gall）、法国的阿尔萨斯（Alsace）、德国的奎德林堡（Quedlinburg）等保存着11~12世纪建造的木结构建筑。在亚洲，佛宫寺释迦塔是我国现存最古老、最高大的纯木结构楼阁式建筑，至今已有967年的历史；日本奈良的法隆寺是世界上最古老的木结构建筑，至今有1416年的历史。可见木材是一种耐久性极强的天然可再生材料，而木结构体系是木材碳储存的优良模式。

（2）可控性强　　木构件标准化程度高，易于工业化生产，可灵活拆卸互换；施工技术简单，质量易于控制，建造工期短，除土地配套设施外，不需要砖、钢筋和水泥等材料，因此可大大减少因加工、运输这些材料所产生的能源消耗。

（3）保温性好　　由于木材的导热性较差，在同样厚度条件下，木材的隔热值比标准的混凝土高16倍，比钢材高400倍，比铝材高1600倍。即便采用通常的隔热方法，木结构建筑的隔热效果也是空心砖建筑的3倍多。由此可知，木结构建筑能降低能耗，特别在寒冷地区可显著减少冬季取暖时所消耗的能源。

（4）防震　　木构件建筑一般采用均衡对称的柱网平面和梁架布置，是具有一定柔性的整体框架结构体系，当遭遇地震时，建筑能通过自身的变形消化地震带来的破坏性冲击，在一定限度内保障建筑的安全。因此，木结构体系可有效减轻地震对建筑、物品等的损毁，从而减少地震后的修复工作及能源消耗。

9.4.3　木制品生命周期碳排放评价

9.4.3.1　木制品的生命周期

（1）生命周期的概念　　生命周期这一概念被比较广泛地应用，尤其常出现在经济、政治、环境、社会等领域。对于某个具体产品来说，其生命周期就是从大自然中来，又返回大自然的整个过程；所谓生命周期的评价，就是指系统地针对某事物从产生到灭亡最终消失后产生影响的整个过程进行评价。

与其他材料相比，木制品的生命周期能耗量和碳排放量是最低的，它源于森林资源，具有节能减排的先天优势。而木制品只要没有腐朽，没有燃烧，就存在固碳功能，所以延长木制品的使用生命周期，便可以延长其固碳的时间，有助于减少二氧化碳等温室气体排放量。可见，通过评价生命周期，就可以评估木制品中二氧化碳的储存与排放。

在任何木制品的生命周期中，都存在使用寿命，在寿命终止时便进入碳排放阶段。目前，对木制品的使用寿命还没有一个比较统一的标准，一般认为，薪炭材的使用寿命约为1年，纸和纸板类约为20年，实体木材类约为40年，而且这只是一个平均值。如果木制品的使用寿命越长，则其生命周期就越长，木材的固碳周期也越长；所以，木制品的使用寿命与其固碳周期密切相关，较长的使用寿命同样是对固碳功能的一种贡献。

（2）木制品的生命周期评价理论　　生命周期评价（LCA）理论最早出现于20世纪60年代末，是全球认可的一种生命周期评估法；它主要用于评估和比较不同材料、产品等在整个生命周期中的投入和产出对环境所造成的影响，从资源的提取至运输、加工、使用、退役，直到最后的回收或焚毁处理都包含在这个生命周期中。

基于PAS 2050:2011产品生命周期内温室气体排放量评估规范，木制品的固碳期动态变化研究涵盖了原料的"投入-加工-产出"全过程，其生命周期评价原理就是通过对原材料、能源消耗及污染物排放量等因素的鉴定与量化来评估一个产品过程或活动对环境所带来的负担，图9.28所示为人工林红松木制品的LCA全过程详解。从采伐时起，树木就终止了对自身碳的固定，成为碳排放源，在这个过程中，碳排放不仅指树木自身分解所释放的碳，还包括在采集及运输过程中所产生的碳排放，以及产品的加工制造、运销、使用、回收与再利用、报废处理等过程中排放出的二氧化碳。

近十多年来，针对木材LCA的研究表明，木材在固碳功能、加工能耗及循环利用等方面具有明显的环境友好优势。例如，1m³木材替代同体积的非木质材料，便可减少约1.9t二氧化碳等温室气体的排放量；而且，经LCA评估显示，从环境的负荷值来看，在原材料的获取、生产加工、使用、废弃的整个过程中，木制品具有不可替代的低环境负荷。

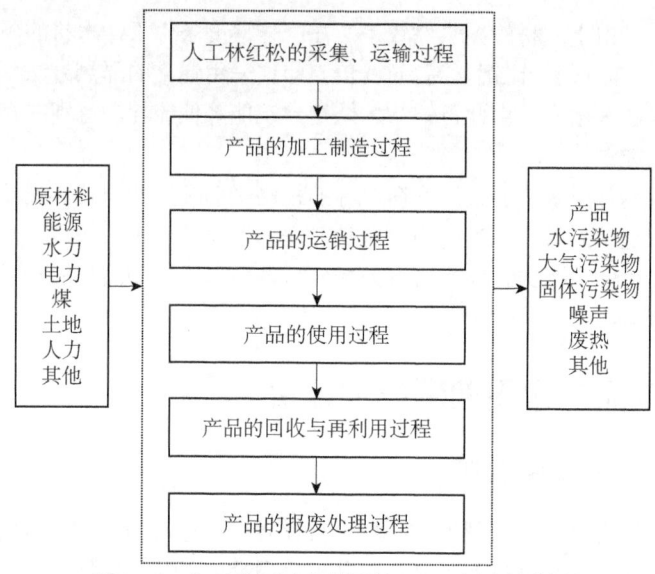

```
┌─────────────────────────────────────────────┐
│                  人工林红松的采集、运输过程      │
│                        ↓                    │
│  原材料            产品的加工制造过程          │ 产品
│  能源                  ↓                    │ 水污染物
│  水力              产品的运销过程            │ 大气污染物
│  电力  →               ↓                  → │ 固体污染物
│  煤                产品的使用过程            │ 噪声
│  土地                  ↓                    │ 废热
│  人力              产品的回收与再利用过程     │ 其他
│  其他                  ↓                    │
│                    产品的报废处理过程         │
└─────────────────────────────────────────────┘
```

图 9.28　人工林红松木制品的 LCA 全过程详解

9.4.3.2　木制品固碳周期的评价

结合图 9.28，从全生命周期角度来看，木制品的活动包括原材料的采集、运输、加工制造、运销、使用、回收与再利用、报废处理等；在每个过程中都有 CO_2 的排放，从其排放源上进行分类，包括进入一个活动过程的能源消耗和物质消耗的输入流，以及离开一个活动过程的 CO_2 排放的输出流。而且，计算木材全生命周期 CO_2 排放的关键是收集和整理每个活动过程中 CO_2 的排放数据，包括活动数据和 CO_2 排放因子。由于木材资源的回收和利用数据很少，下文对回收和利用所带来的 CO_2 的清除过程暂不作详细讨论，只研究木制品全生命周期过程所带来的 CO_2 的排放过程。

用碳排放系数法计算木材 CO_2 的排放量，见式（9.6）。

$$M = Q \times C \tag{9.6}$$

式中，M 为木制品全生命周期 CO_2 排放量（kg/m²）；Q 为活动数据，即材料用量（t/m²）；C 为排放因子，是在正常技术经济与管理的条件下，加工单位产品所排放出的 CO_2 量的平均值（kg/t）。

（1）木制品碳储存周期 CO_2 排放计算模型

1）木制品 CO_2 排放计算模型：为了便于计算，下文将木材的采集、运输及加工制造过程作为木制品的生产阶段。木制品全生命周期及生产阶段、运输阶段、处置阶段的 CO_2 排放量的计算模型见式（9.7）～式（9.10）。

$$M = M_1 + M_2 + M_3 \tag{9.7}$$

式中，M 为木制品全生命周期 CO_2 排放量（kg/m²）；M_1 为木制品生产阶段 CO_2 排放量（kg/m²）；M_2 为木制品运输阶段 CO_2 排放量（kg/m²）；M_3 为木制品处置阶段 CO_2 排放量（kg/m²）。

$$M_1 = Q_M \times (1+\varphi_1) \times C_{M1} \times (1-s) \tag{9.8}$$

式中，Q_M 为木材的使用数量（kg/m²）；C_{M1} 为木制品生产阶段 CO_2 排放因子；φ_1 为木制品由工艺损耗等因素造成废弃的废弃系数；s 为木制品的回收利用系数。

$$M_2 = Q_M \times (1+\varphi_2) \times C_{M2} \tag{9.9}$$

式中，C_{M2} 为木制品运输阶段 CO_2 排放因子；φ_2 为木制品由运输造成损耗的损耗系数。

$$M_3 = Q_S \times C_{M3} \tag{9.10}$$

式中，Q_S 为木制品处置量（kg/m²）；C_{M3} 为木制品处置阶段 CO_2 排放因子。

2) CO_2 排放因子的确定：在生产阶段，选择和确定木制品 CO_2 排放因子的方法时，应首先选取最接近真实状况的排放因子，或可比较的经验排放因子，或国际之间使用的平均排放因子等。

在运输阶段，木制品 CO_2 的排放因子采用推算的方法进行确定，见式（9.11）。

$$C_{M2}=L\times P\times C_P \tag{9.11}$$

式中，L 为木制品从加工工厂被运送至销售现场的运输距离（km）；P 为运输过程中的能耗 [kJ/（t·km）]；C_P 为运输过程中相应燃料的 CO_2 排放因子（kg/kJ）。

在处置阶段，由于木制品可以回收再利用，则需要考虑到将其回收并运输至工厂及再生产过程中的 CO_2 排放，此阶段 CO_2 排放因子的计算方法见式（9.12）。

$$C_{M3}=L'\times P\times C_P+C'_{M3} \tag{9.12}$$

式中，L' 为木制品从销售现场运送至回收工厂的运输距离（km）；C'_{M3} 为再生产过程中的 CO_2 排放因子，与 C_{M1} 的值相近。

实际案例： 以生产中密度纤维板为例，计算其所用木材在生产、运输、处置阶段整个生命周期内的 CO_2 排放量。

我国南方城市中的某中密度纤维板厂，一般生产及加工18mm厚的中纤板所耗用的木材用量为1950kg/m³，即35.1kg/m²，Q_M=35.1kg/m²，此用量已考虑工艺损耗及运输损耗，则 φ_1=0，φ_2=0。而且，加工1m³中密度纤维板的 CO_2 排放量为1779.66kg，即32.0kg/m²，所以在生产加工阶段，根据实际情况，CO_2 的排放因子 C_{M1}=1779.66/1950=0.91。另外，我国木制品的回收再利用系数为60%左右，即 s=0.6。

在运输阶段，木制品是以公路和山路运输为主，即主要耗用汽油；再根据住宅建筑生命周期能耗及环境排放案例的研究，确定了木制品从加工工厂被运送至销售现场的运输距离 L（80km）及运输过程中的能耗 P[3662kJ/（t·km）]；而木制品从销售现场被运送至垃圾处置场的运输距离为30km；汽油的 CO_2 排放因子 C_P 是来自IPCC的缺省值，并乘以44/12得到。由此，可以计算得出木制品在运输阶段和处置阶段 CO_2 的排放因子。

$$C_{M2}=L\times P\times C_P$$
$$=80km\times 3662kJ/(t\cdot km)\times 6.93e^{-5}kg/kJ$$
$$=20.3kg/t=0.0203$$
$$C_{M3}=L'\times P\times C_P+C'_{M3}$$
$$=30km\times 3662kJ/(t\cdot km)\times 6.93e^{-5}kg/kJ+0.91$$
$$=0.0076+0.91=0.9176$$

基于我国木制品的回收再利用率为60%左右，便以木材使用量的60%作为木制品的处置量，则该企业生产中密度纤维板所用的木材在生产、运输、处置阶段整个生命周期内的 CO_2 排放量为

$$M=M_1+M_2+M_3$$
$$=Q_M\times(1+\varphi_1)\times C_{M1}\times(1-s)+Q_M\times(1+\varphi_2)\times C_{M2}+Q_S\times C_{M3}$$
$$=35.1kg/m^2\times 1\times 0.91\times 0.4+35.1kg/m^2\times 1\times 0.0203+35.1kg/m^2\times 60\%\times 0.9176$$
$$=12.7764kg/m^2+0.7125kg/m^2+19.3246kg/m^2$$
$$=32.8135kg/m^2$$

（2）木制品固碳周期的 CO_2 排放评价　　上述实例中的木制品即中密度纤维板在碳储存周期的生产、运输、处置阶段的 CO_2 排放总量为32.8135kg/m²，其中，约59%来自木制品的处置及回收再利用阶段，39%来自木制品的生产加工阶段，2%来自运输阶段。由此，木材行业的减排工作主要是在生产加工、处置及回收再利用阶段。所以，有几点值得注意：一是应改进木材加工及回

收利用的生产工艺，注重开发低碳技术，走低碳化生产路线；二是优化木材保护技术，提高处理材的防腐或阻燃性能，并研发低碳木制品；三是探究环保型胶黏剂及新型胶合技术，以降低木制品等对环境和人类健康的危害；四是探索木材加工的新方法，提高木材的综合利用率等。综合考虑，以上4点能够在一定程度上减少或避免木材中的碳以各种形式释放到大气环境中，从而有效降低木材在生产和处置阶段的碳排放量。另外，在运输阶段，应尽量就近选择木材资源，采用低碳的运输方式，以达到降低木材在运输阶段能源消耗量的目的。

而且，在木制品的生产过程中，还应该重视固体废弃物、废水等物质排放对环境所造成的影响，对此，可以采取加强科学配料，优化加工工艺，采用节能设备，或将固体废弃物作为燃料等措施，从而能够减轻木制品的环境影响负荷，降低二氧化碳的排放量及浓度，并将有利于缓解温室效应与维护生态平衡。

主要参考文献

白彦锋.2010.中国木质林产品碳储量[D].北京：中国林业科学研究院博士学位论文.
白彦锋，姜春前，鲁德，等.2007.中国木质林产品碳储量变化研究[J].浙江林学院学报，24（5）：587-592.
陈志林，傅峰，叶克林.2007.我国木材资源利用现状和木材回收利用技术措施[J].中国人造板，14（5）：1-3.
丁宝永，张树森.1981.红松人工林季节周期生长规律的研究[J].东北林学院学报，4：19-32.
董恒宇，云锦凤，王国钟.2012.碳汇概要[M].北京：科学出版社.
方精云，唐艳鸿，林俊达，等.2020.全球生态学——气候变化与生态响应[M].北京：高等教育出版社.
费雷德·克鲁普，米丽娅姆·霍恩.2010.决战新能源[M].陈茂云，朱红路，王轶春，等译.北京：东方出版社.
戈进杰，张志楠，徐江涛.2003.基于玉米棒的环境友好材料研究玉米棒的液化反应及植物多元醇的制备[J].高分子材料科学与工程，19（3）：23-26.
郭明辉.2001.木材品质培育学[M].哈尔滨：东北林业大学出版社.
郭明辉，关鑫，李坚.2010.中国木质林产品的碳储存与碳排放[J].中国人口·资源与环境，20（S2）：19-21.
郭明辉，李坚，关鑫.2012.木材碳学[M].北京：科学出版社.
郭明辉，刘祎.2014.木材固碳量与含碳率研究进展[J].世界林业研究，27（5）：50-54.
杭州大学化学系分析化学教研室.1996.分析化学手册（第二分册：化学分析）[M].北京：化学工业出版社.
郝小红，郭烈锦.2002.超临界水中湿生物质催化气化制氢研究评述[J].化工学报，3：221-228.
黄从德，张国庆.2009.人工林碳储量影响因素[J].世界林业研究，22（2）：34-38.
黄存瑞，刘起勇.2022.IPCC AR6报告解读：气候变化与人类健康[J].气候变化研究进展，18（4）：442-451.
康惠宁.1996.中国森林碳汇功能基本估计[J].应用生态学报，7（3）：230-234.
李坚.2007.木材的碳素储存与环境效应[J].家具，3（157）：32-36.
李坚.2010.木材对环境保护的响应特性和低碳加工分析[J].东北林业大学学报，38（6）：111-114.
李景文，刘庆良.1976.红松人工林的生长与抚育[J].林业科学，12：39-46.
李克让.2002.土地利用变化和温室气体净排放与陆地生态系统碳循环[M].北京：气象出版社.
李怒云，杨炎朝，陈叙图.2010.发展碳汇林业应对气候变化——中国碳汇林业的实践与管理[J].中国水土保持科学，8（1）：13-16.
李双祥，李坚.2010.国产生物质锅炉现状调查报告[J].应用能源技术，5：23-25.
李顺龙.2006.森林碳汇问题研究[M].哈尔滨：东北林业大学出版社.
李学恒，蒋安众，姜秀民，等.1999.木质能的燃烧特性[J].锅炉技术，30（4）：17-20，29.

李玉强, 赵哈林, 陈银萍. 2005. 陆地生态系统碳源与碳汇及其影响机制研究进展[J]. 生态学杂志, 24（1）: 37-42.

李长胜, 李顺龙. 2012. 黑龙江省国有林区森林碳汇及经济评价[J]. 中国林业经济,（4）: 40-43.

刘国华, 傅伯杰, 方精云. 2000. 中国森林碳动态及其对全球碳平衡的贡献[J]. 生态学报, 200（5）: 733-740.

刘焕彬. 2009. 低碳经济视角下的造纸工业节能减排[J]. 中华纸业, 30（12）: 10-12.

刘世荣, 徐德应, 王兵. 1994. 气候变化对中国森林生产力的影响Ⅱ. 中国森林第一性生产力的模拟[J]. 林业科学研究, 7（4）: 425-430.

刘杏娥, 江泽慧, 王妍. 2009. I-72 杨树冠特性与碳蓄积量的相关性[J]. 干旱区地理, 32（2）: 183-187.

刘一星. 2005. 木质废弃物再生循环利用技术[M]. 北京: 化学工业出版社.

刘一星, 赵广杰. 2004. 木质资源材料学[M]. 北京: 中国林业出版社.

罗天祥. 1996. 中国主要森林类型生物生产力格局及其数学模型[D]. 北京: 中国科学院博士学位论文.

孟宪宇. 2006. 测树学[M]. 3 版. 北京: 中国林业出版社.

木材工业编辑部. 2012. 美国阔叶木外销委员会对木制品生命周期评估研究的初步成果[J]. 木材工业, 26（2）: 57-59.

彭军, 陈平, 楼辉, 等. 2009. 一种生物质油提质的方法: 200810161592.X［P］. 2008-09-23.

秦磊, 郭明辉, 李坚. 2018. 林木固碳效应与绿色保障[M]. 北京: 化学工业出版社.

阮宇, 张小全, 杜凡, 等. 2005. 木质林产品碳贮量变化计算方法[J]. 东北林业大学学报, 33（9）: 56-60.

阮宇, 张小全, 杜凡, 等. 2006. 中国木质林产品碳贮量[J]. 生态学报, 26（12）: 4212-4218.

王大中. 2007. 21 世纪中国能源科技发展展望[M]. 北京: 清华大学出版社.

王立海, 孙墨珑. 2009. 小兴安岭主要树种热值与碳含量[J]. 生态学报, 29（2）: 953-959.

王叶, 延晓冬. 2006. 全球气候变化对中国森林生态系统的影响[J]. 大气科学,（5）: 1009-1018.

魏殿生, 徐晋涛, 李怒云. 2003. 造林绿化与气候变化碳汇问题研究[M]. 北京: 中国林业出版社.

薛拥军, 王珺. 2009. 板式家具产品的生命周期评价[J]. 木材工业, 23（4）: 22-25.

杨建新, 王如松. 1998. 生命周期评价的回顾与展望[J]. 环境科学进展, 6（2）: 21-28.

张涛, 吴佳洁, 乐云. 2012. 建筑材料全寿命期 CO_2 排放量计算方法[J]. 工程管理学报,（1）: 23-26.

张智慧, 尚春静, 钱坤. 2010. 建筑生命周期碳排放评价[J]. 建筑经济,（2）: 4446.

中国科学院华南植物园. 2007. Science 杂志刊登我国科学家重要发现: 成熟森林土壤可持续积累有机碳[J]. 自然科学进展, 17（6）: 747.

周广胜, 王玉辉. 2003. 全球生态学[M]. 北京: 气象出版社.

朱莉, 李坚. 2012. 追寻家具的碳足迹[J]. 家具,（2）: 105-107.

朱嬿, 陈莹. 2010. 住宅建筑生命周期能耗及环境排放案例[J]. 清华大学学报（自然科学版）, 50（3）: 330-334.

左然, 施明恒, 王希麟. 2007. 可再生能源概论[M]. 北京: 机械工业出版社.

Ayres M P, Lombardero M J. 2000. Assessing the consequences of global change for forest disturbance from herbivores and pathogens[J]. Science of Total Environment, 262（3）: 263-286.

Braatz S M. 1997. State of the world's forests 1997[J]. Nature Resour., DOI: 10.1023/A: 1016054811803.

Brainard J, Bateman I J, Lovett A A. 2009. The social value of carbon sequestered in great Britain's woodlands[J]. Ecological Economics, 68（4）: 1257-1267.

Breugel M V, Ransijn J, Craven D, et al. 2011. Estimating carbon stock in secondary forests: decisions and uncertainties associated with allometric biomass models[J]. Forest Ecology and Management, 262（8）: 1648-1657.

Broadmeadow M, Matthews R. 2003. Forests, carbon and climate change: the UK contribution[J]. Forestry

Commission Information Note, 48（2）: 1-12.

Brown S, Lim B, Schlamadinger B. 1998. Evaluating approaches for estimating net emissions of carbon dioxide from forest harvesting and wood products-meeting report[R]. IPCC/OECD/IEA Programme on National Greenhouse Gas Inventories.

Change I P O C. 2007. Climate change 2007: the physical science basis[J]. Agenda, 6（7）: 1-18.

Chen J M, Thomas S C, Yin Y, et al. 2007. Enhancing forest carbon sequestration in China: toward an integration of scientific and socio-economic perspectives[J]. Journal of Environmental Management, 85（3）: 515-523.

Clarke T O M. 2002. Communities make forest carbon trading work[J]. Earth, DOI: 10.1038/news021014-15.

Clay G D, Worrall F. 2011. Charcoal production in a UK moorland wildfire—How important is it[J]. Journal of Environmental Management, 92: 676-682.

Côté W A, Young R J, Risse K B. 2002. A carbon balance method for paper and wood products[J]. Environmental Pollution,（116）: 1-6.

Dewar R C. 1991. Analytical model of carbon storage in the trees, soils, and wood products of managed forests[J]. Tree Physiology,（8）: 239-258.

Dias A C. 2005. The contribution of wood products to carbon sequestration in portugal[J]. Annals of Forest Science, 62（8）: 902-909.

Dias A C, Arroja L. 2012. Comparison of methodologies for estimating the carbon footprint-case study of office paper[J]. Journal of Cleaner Production, 24: 30-35.

Dias A C, Louro M, Arroja L. 2009. Comparison of methods for estimating carbon in harvested wood products[J]. Biomass and Bioenergy, 33（2）: 213-222.

Dixon R K, Sathaye J A, Meyers S P. 1996. Greenhouse gas mitigation strategies: preliminary results from the US country studies program[J]. Ambio,（25）: 26-32.

Domke G M, Woodall C W, Smiyh J E. 2012. Consequences of alternative tree-level biomass estimation procedures on us forest carbon stock estimates[J]. Forest Ecology and Management, 270: 108-116.

Donlan J, Skog K, Byrne K A. 2012. Carbon storage in harvested wood products for ireland 1961—2009[J]. Biomass and Bioenergy, 46: 731-738.

Dwivedi P, Bailis R, Stainback A. 2012. Impact of payments for carbon sequestered in wood products and avoided carbon emissions on the profitability of NIPF landowners in the US South[J]. Ecological Economics, 78（C）: 63-69.

Fang J Y, Chen A, Peng C, et al. Changes in forest biomass carbon storage in China between 1949 and 1998[J]. Science, 2001（22）: 2320-2322.

Fearnside P M, Lashof D A, Moura-Costa P. 2002. Accounting for time in mitigating global warming through land-use change and forestry[J]. Mitigation and Adaptation Strategies for Global Change, 5: 239-270.

Finkbeiner M. 2019. Carbon footprinting—opportunities and threats[J]. International Journal of Life Cycle Assessment, 14（2）: 91-94.

Ford V W, Ennos A R, Handley J F. 2001. "City form and nature process" indicators for the ecological performance of urban areas and their application to merseyside, UK[J]. Landscape and Urban Planning,（57）: 91-103.

Gielen D J. 1997. Potential CO_2 emissions in the netherlands due to carbon storage in materials and products[J]. Ambio, 26（2）: 101-106.

Glover J, White D O, Langrish T A G. 2000. Wood versus concrete and steel in house construction: a life cycle assessment[J]. Journal of Forestry, 100（8）: 34-41.

Guan X, Guo M H, Li J. 2001. Study the effect of growing environment on carbon sequestration of populus ussuriensis based on wood microscopic image processing[C]. 2010 3rd International Conference on Environmental and Computer Science: 128-131.

Gunalay Y, Kula E. 2012. Optimum cutting age for timber resources with carbon sequestration[J]. Resources Policy, 37 (1): 90-92.

Guo M H, Guan X, Li J. 2010. Study on wood carbon sequestration based on micro-characteristics of wood[J]. Environment Materials and Environment Management, 3: 1693-1696.

Ha-Duong M, Keith D W. 2003. Carbon storage: the economic efficiency of storing CO_2 in leaky reservoirs[J]. Clean Techn Environ Policy, 5 (3/4): 181-189.

Hashimoto S, Nose M, Obara T. 2002. Wood products: potential carbon sequestration and impact on net carbon emissions of industrialized countries[J]. Environmental Science and Policy, 5 (2): 183-193.

Houghton R. 1996. Converting terrestrial ecosystems from sources to sinks of carbon[J]. Ambio, 25 (4): 267-272.

Hughen K, Lehman S, Southon J, et al. 2004. 14C activity and global carbon cycle changes over the past 50 000 years[J]. Science, 303: 202-207.

IEA. 2006. Key World Energy Statistics 2006[M]. Paris: International Energy Agency.

IPCC. 2001. Climate Change 2001: Synthesis Report[M]. Cambridge: Cambridge University Press.

IPCC. 2006. 2006 IPCC Guidelines for National Greenhouse Gas Inventories[R]. Agriculture, Forestry and Other Land Use.

Jo H K. 2002. Impacts of urban green space on offsetting carbon emissions for middle Korea[J]. Journal of Environmental Pollution, 64 (2): 115-126.

Kohlmaier G H, Weber M, Houghton R A. 1998. Carbon Dioxide Mitigation in Forestry and Wood Industry[M]. Berlin: Springer-Verlag.

Krankina O N, Harmon M E, Winjum J K. 1996. Carbon storage and sequestration in the russian forest sector[J]. Ambio, 25 (4): 284-288.

Kucuk M M, Agirtas S. 1999. Liquefaction of prangmites australis by supercritical gas extraction[J]. Bioresource Technology, 69: 141-143.

Lal R. 2005. Forest soils and carbon sequestration[J]. Forest Ecology and Management, 220 (1): 242-258.

Larsen H N, Pettersen J, Solli C, et al. 2013. Investigating the carbon footprint of a university-the case of NTNU[J]. Journal of Cleaner Production, 48: 39-47.

Liski J, Karjalainen T, Pussinen A. 2000. Trees as carbon sinks and sources in the European Union[J]. Environmental Science and Policy, 3 (2): 91-97.

Liu G L, Han S J. 2009. Long-term forest management and timely transfer of carbon into wood products help reduce atmospheric carbon[J]. Ecological Modelling, 220 (13/14): 1719-1723.

Nepal P, Ince P J, Skog K E, et al. 2012a. Projection of us forest sector carbon sequestration under us and global timber market and wood energy consumption scenarios, 2010—2060[J]. Biomass and Bioenergy, 45: 251-264.

Nepal P, Grala R K, Grebner D L. 2012b. Financial feasibility of increasing carbon sequestration in harvested wood products in Mississippi[J]. Forest Policy and Economics, 14 (1): 99-106.

Perez-Garcia J, Lippke B, Comnick J, et al. 2005. An assessment of carbon pools, storage, and wood products market substitution using life-cycle analysis results[J]. Wood and Fiber Science, 37: 140-148.

Pussinen A, Karjalainen T, Kellomäki S, et al. 1997. Potential contribution of the forest sector to carbon sequestration in finland[J]. Biomass and Bioenergy, 13 (6): 377-387.

Rattan L. 2008. Carbon sequestration[J]. Philosophical Transactions of the Royal Society, 363 (1492): 815-830.

Ray R, Ganguly D, Chowdhury C. 2011. Carbon sequestration and annual increase of carbon stock in a mangrove forest[J]. Atmospheric Environment, 45 (28): 5016-5024.

Saka S, Takanashi K, Matsumura H. 1998. Effects of solvent addition to acetylation medium on cellulose triacetate prepared from low-grade hardwood dissolving pulp[J]. Journal of Applied Polymer Science, 69 (7): 1445-1449.

Salazar J, Meil J. 2009. Prospects for carbon-neutral housing: the influence of greater wood use on the carbon footprint of a single-family residence[J]. Journal of Cleaner Production, 17 (17): 1563-1571.

Schlamadinger B, Marland G. 1996. The role of forest and bioenergy strategies in the global carbon cycle[J]. Biomass and Bioenergy, 10 (5): 275-300.

Schlesinger W H. 1999. Carbon sequestration in soils[J]. Science, 284 (5423): 2095.

Sharypov V I, Marin N, Beregovtsova N G, et al. 2002. Co-pyrolysis of wood biomass and synthetic polymer mixtures. Part I: influence of experimental conditions on the evolution of solids, liquids and gases[J]. J Anal Appl Pyrolysis, 64: 15-28.

Shen J, Song Z Q, Qian X R. 2010. Fillers and the carbon footprint of papermaking[J]. Bioresources, 5 (4): 2026-2028.

Sinden G. 2009. The contribution of PAS 2050 to the evolution of international greenhouse gas emission standards[J]. International Journal of Life Cycle Assessment, 14 (3): 195-203.

Skog K E. 2008. Sequestration of carbon in harvested wood products for the united states[J]. Forest Products Journal, 58 (6): 56-72.

Solomon S, Qin D, Manning M, et al. 2007. Climate Change 2007: The Physical Science Basis [M]. Cambridge: Cambridge University Press.

Specification P A. 2011. PAS 2050: Specification for the Assessment of the Life Cycle Greenhouse Gas Emissions of Goods and Services[M]. London: BSI British Standards.

Stainback G A, Alavalapati J R R. 2002. Economic analysis of slash pine forest carbon sequestration in the Southern US[J]. Journal of Forest Economics, 8 (2): 105-117.

Tonn B, Marland G. 2007. Carbon sequestration in wood products: a method for attribution to multiple parties[J]. Environmental Science and Policy, 10 (2): 162-168.

Werner F, Taverna R, Hofer P. 2005. Carbon pool and substitution effects of an increased use of wood in buildings in switzerland: first estimates[J]. Annals of Forest Science, 62 (8): 889-902.

White A, Cannell M G R, Friend A D. 1999. Climate change impacts on ecosystems and the terrestrial carbon sink: a new assessment[J]. Global Environmental Change, 9: 21-30.

Wiedmann T, Minx J. 2007. A definition of carbon "footprint" [J]. Ecological Economics Research Trends, (2): 55-65.

Winjum J K, Brown S, Schlamadinger B. 1998. Forest harvests and wood products: sources and sinks of atmospheric carbon dioxide[J]. Forest Science, 44 (2): 272-284.

Woodbury P B, Smith J E, Heath L S. 2007. Carbon sequestration in the us forest sector from 1990 to 2010[J]. Forest Ecology and Management, 241 (1): 14-27.

Yamada T, Ono H. 2001. Characterization of the products resulting from ethylene glycol liquefaction of cellulose[J]. Journal of Wood Science, 47: 458-464.

Zhang X Q, Xu D. 2003. Potential carbon sequestration in China's forests[J]. Environmental Science & Policy, 6 (5): 421-432.

第 10 章

木材增材制造

本章彩图

区别于传统的减材制造及铸模成型，增材制造技术采用材料逐层叠加的方法制造实体零件，是一种"自下而上"的制造方法，也称为 3D 打印技术。其通过在计算机的控制下逐层添加材料来快速生成三维实体。随着科技的不断进步和发展，3D 打印技术已经被广泛应用于食品、建筑、航空航天、医疗等各个领域，而且在个性化定制领域也崭露头角。3D 打印技术主要分为以下三个步骤：第一步，将产品构思及理念转变为数字建模或者通过三维扫描获得所需结构的模型；第二步，模型的预处理，将虚拟模型切片形成一个分层结构，根据产品的结构调整支撑结构，并将得到的数据文件传输到 3D 打印机上；第三步，产品的增材制造，如通过熔融挤出、激光烧结、光固化等方法得到所需的实体结构，以及后处理过程，包括去除支撑结构和调整表面质量。3D 打印技术最早起源于 19 世纪末美国的一项有关分层构造地形地貌图的专利，在 20 世纪 80 年代才得以快速发展和推广。3D 打印技术融合了数字建模、材料科学、信息传递、机械调控等多学科高精尖技术，作为制造领域一项综合性的新兴技术，其被预测是影响未来的颠覆性技术之一。本章主要介绍 3D 打印技术在木材科学领域的一些研究进展与应用情况。

10.1 增材制造技术

10.1.1 增材制造技术分类

随着 3D 打印技术的不断推进和发展，其种类也越来越多，主要包括激光选区烧结、立体光固化成型、喷墨打印、直写成型技术、熔融沉积成型、分层实体制造、电子束熔化沉积成型等。其打印材料主要为陶瓷、金属及聚合物等。下面主要介绍几种常见的 3D 打印技术。

1) 激光选区烧结（selective laser sintering，SLS）：SLS 技术的主要材料是粉末，包括金属、陶瓷及聚合物。该技术的基本工作原理是利用激光束的热作用，在目标区域内，按照轮廓的形状对粉末进行烧结，材料层层堆积黏结，最终形成所需的产品，其工作原理如图 10.1 所示。该技术的优点为选材广泛、工艺简单、成型精度高及不需要支撑结构等，但该技术的成型尺寸受限。

2) 立体光固化成型（stereo lithography apparatus，SLA）：SLA 技术的主要材料是光固化树脂。该技术主要是利用光固化树脂的光聚合原理来工作，即在一定波长和强度的紫外光照射下，液态的光敏树脂迅速发生光聚合反应，分子量急剧增大，完成材料从液态到固态的转变。通过控制紫外光的照射轨迹来控制固化后的材料形状，工作原理如图 10.2 所示。该技术的优点为原材料利用率高、成型精度高、加工速度快、成型表面光滑及成型尺寸大等，但光固化树脂较为昂贵，且该技术需要支撑结构。

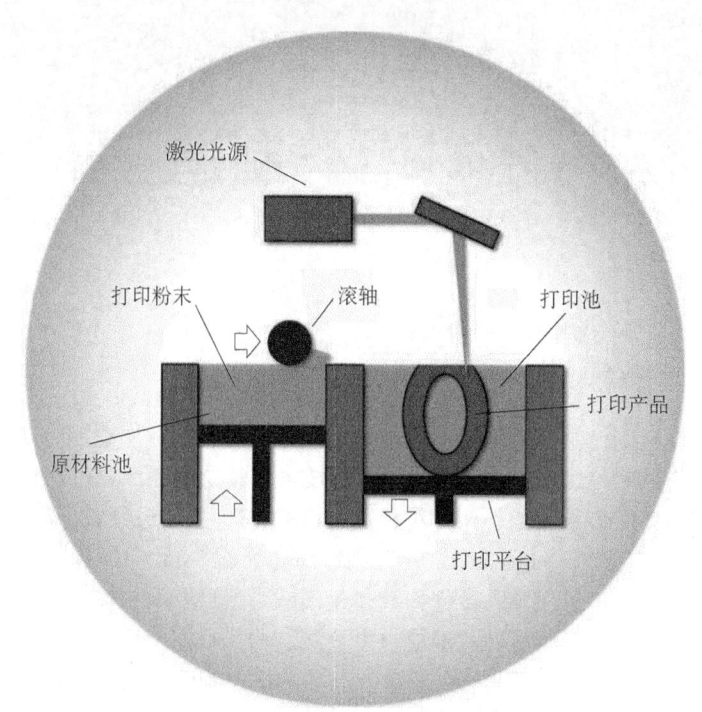

图 10.1　激光选区烧结示意图

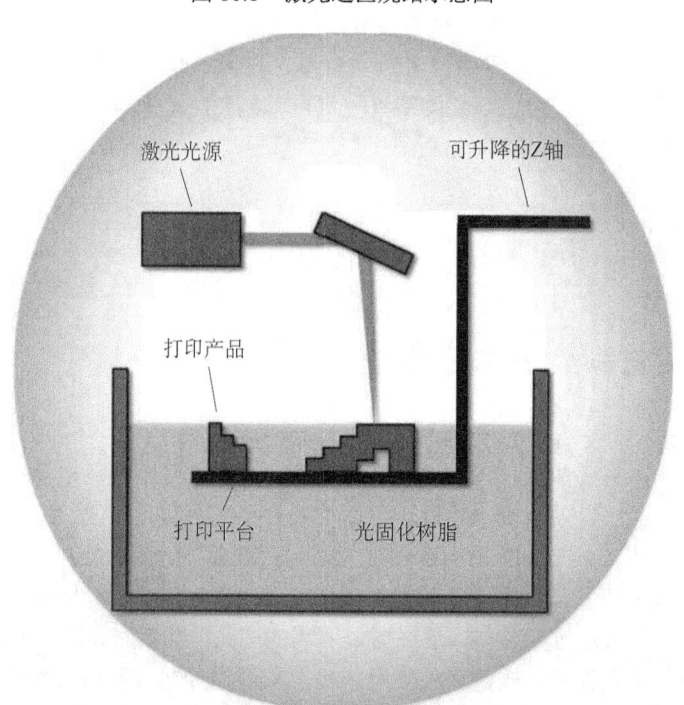

图 10.2　立体光固化成型示意图

3）喷墨打印（inkjet）：主要是处于电磁光谱中的低黏度墨水在紫外光作用下固化成型。墨水在压电或者超声压力作用下被从喷头挤出，然后紫外固化成型，工作原理如图 10.3 所示。通常情况下，喷墨打印的速度由从喷头压出的墨滴体积和尺寸决定，墨滴尺寸越小，打印成型的材料分辨率越高，一般打印比较精细的结构时，需要的时间都比较长。

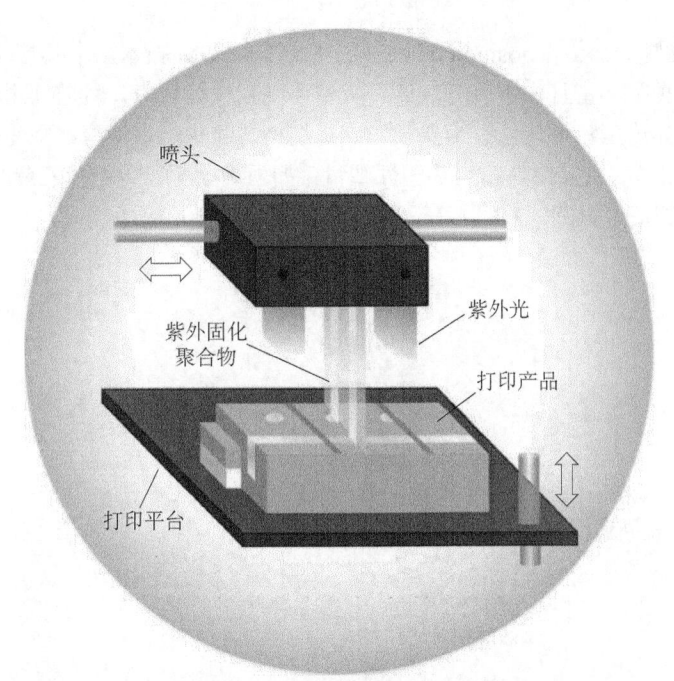

图 10.3　喷墨打印技术示意图

4）直写成型技术（direct ink writing，DIW）：DIW 技术的主要材料为具有一定流变性能和保形性的墨水材料。其基本原理是通过计算机控制系统，以气压为动力，控制墨水材料在打印平台上的挤出。挤出后的液体材料经过溶剂蒸发、化学反应等方式冷却固化，第一层结构完成后，沿 Z 轴方向的平台按指令下降到一定的高度，在第一层结构的基础上进行下一次结构的打印，如此循环直至完成预先设计的三维构型图，工作原理如图 10.4 所示。该技术的主要优点为原材料种类多样化、生产周期短、成本低、效率高，适用于制备光学、电子、仿生、柔性器件等领域的功能材料。

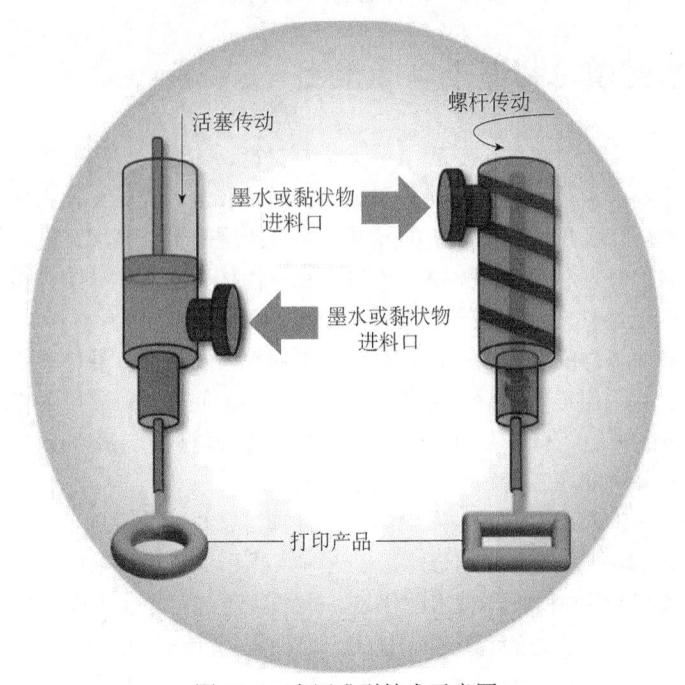

图 10.4　直写成型技术示意图

5）熔融沉积成型（fused deposition modeling，FDM）：FDM 技术由于其打印机设备结构简单、操作方便、原材料种类丰富且成本相对较低、成型速度较快等优点，目前使用较为广泛。但其也存在一定的缺点，如成型精度较低、需要设计支撑结构、喷头容易堵塞、不易打印尺寸较大的构件。应用于 FDM 技术的主要原材料为热塑性塑料，如丙烯腈-丁二烯-苯乙烯共聚物（ABS）、聚乳酸（PLA）和热塑性聚氨酯（TPU）等。其工作原理如图 10.5 所示。

图 10.5　熔融沉积成型示意图

10.1.2　木材增材制造概念的提出

近年来，高分子聚合物材料被广泛应用于国防、建筑、交通、日用品等各个领域，在人们的生产生活中扮演着重要的角色。然而，高分子聚合物材料在给人类带来巨大便利和利益的同时，也造成了能源枯竭和环境危机。随着经济的发展、环境问题的日益突出，越来越多的科研工作者开始重视生物质材料的开发和利用。木材、竹材及农作物秸秆的木质纤维、微晶纤维素、纳米纤维素、木质素等材料已经被广泛应用于聚合物中制备木质/聚合物复合材料，使得到的木质/聚合物复合材料具有优异而多样的性能，如机械强度、柔韧性、耐热性、导电导热、光学性能等。木质材料的有效开发利用不但可以缓解日益严峻的资源和环境问题，还可以为生产各种高性能高分子聚合物材料提供新的平台，降低复合材料成本，弥补传统材料的应用局限性和功能单一化，增加新型功能复合材料品种和在新型领域中的应用范围。

在当今充分利用生物质再生资源开发功能性聚合物复合材料的背景下，新型木材增材制造材料的研发与当前 3D 打印技术的有机结合，可以为学术界和工业界带来巨大创新。木材增材制造材料可以兼顾木质基材料和 3D 打印技术的优点。来源广泛的可再生木基材料，通过具有精确设计并快速制造结构复杂材料能力的 3D 打印技术，可根据需要进行精确设计与生产制造。因而，近年来已经越来越多地在医疗器械制造、机械和模具制造、艺术品和服装设计制造等领域迅速得到应用。制备适用于 3D 打印技术的生物质/聚合物复合材料，开发具有功能性的 3D 打印生物质复合材料，使复合材料具有一定的导电、导热、刺激响应形状记忆等性能，满足对功能聚合物复合材料日益增加的需求，可以为拓宽 3D 打印生物质复合材料的应用领域提供一定的技术借鉴和理论指导。

10.2 木质聚合物 3D 打印复合材料

10.2.1 概况

木质纤维与聚合物的复合材料是一种以热塑性聚合物为基体，木质纤维材料为增强体，通过不同成型方法复合而成的材料。作为一种多功能复合材料，木质纤维/聚合物复合材料集合了木质纤维与塑料聚合物的双重特性，充分发挥了两者的优点，较纯聚合物材料坚硬、强韧、耐久、耐磨，尺寸稳定性也较高，同时制备的复合材料的吸湿性明显降低，耐候性显著加强。聚乳酸（PLA）具有良好的降解特性，它在达到使用寿命后，经过适当处理可以完全被自然界中的微生物降解，产生的二氧化碳可以直接进入土壤被一些有机质或植物吸收，而不会造成温室效应。通过 PLA 与木质纤维复合制得的可降解复合材料，可以降低传统复合材料的生产成本，改善 PLA 的性能，拓展其应用范围。针对聚乳酸存在的低强度、高脆性和低热稳定性等问题来研究杨木粉改性、聚合物接枝改性及不同添加剂对复合材料性能的影响，提出复合材料界面增强的新方法，从而在增强增韧聚乳酸基复合材料性能的基础上，拓展可降解复合材料的应用领域，通过对制备的可降解复合材料在 3D 打印领域应用的可行性进行分析，最终获得适用于 3D 打印的可降解原材料。

10.2.2 制备方法

杨木粉（WF）和热塑性聚氨酯弹性体（TPU）在 103℃条件下烘干 12h，PLA、聚己内酯（PCL）和聚烯烃弹性体（POE）颗粒在 50℃条件下干燥 8h。在 WF/PLA（WF 含量为 10wt%）的共混体系中分别加入 TPU、PCL 及 POE 等不同的增韧剂以调节三元复合材料的性能，增韧剂加入含量为 10wt%。WF/PLA 复合材料的线材的制备过程及打印过程如图 10.6 所示。

将干燥好的 PLA、WF、增韧剂 TPU、PCL 和 POE 等原料加入高速混合机中混合 10min，使其混合均匀；然后将混合均匀的物料加入同向双螺杆挤出机中，得到熔融共混的粒料。再将粒料加入高精密 3D 打印耗材挤出试验机中，制备 3D 打印复合线材。

接枝聚合物（GC）在哈克转矩流变仪中制备，选用 Roller 转子，温度设定为 185℃，转子转速为 50r/min。接枝聚合物的配方见表 10.1。

然后将上述制备的三种 GC（含量为 2wt%、4wt%、6wt%）分别加入优化后的三元复合材料中以改善 WF/PLA/TPU 复合材料的界面相容性。将过氧化二异丙苯（DCP）作为引发剂，PLA 与聚乙烯蜡甲基丙烯酸缩水甘油酯（GMA）可以通过自由基聚合成功制备接枝聚合物。引发剂 DCP 可以捕获 PLA 叔碳原子上的氢从而形成 PLA 大分子自由基。图 10.7 中阐明了接枝反应机制。

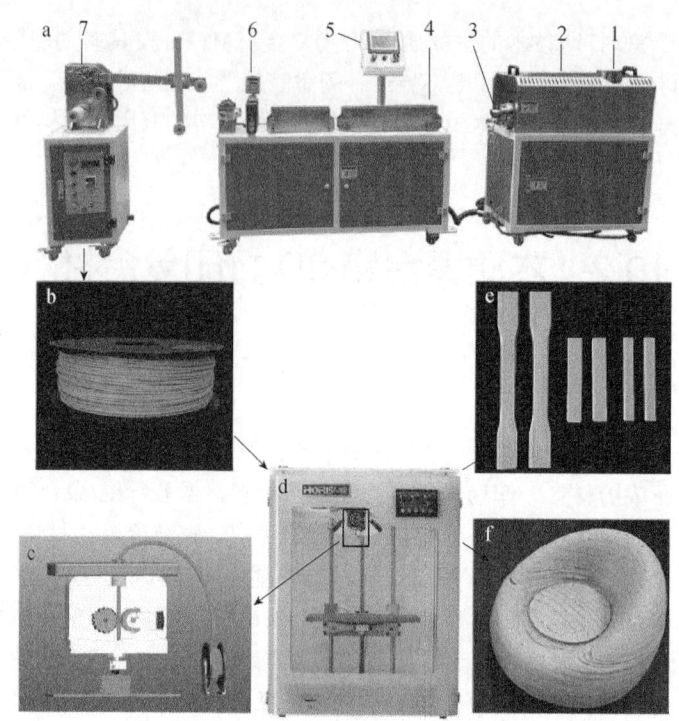

图 10.6 WF/PLA 复合材料的线材制备过程及打印过程

a. 拉丝机（1. 进料口；2. 主机；3. 模具；4. 冷却装置；5. 控制器；6. 牵引机；7. 收卷机）。b. 线材。c. FDM 型 3D 打印机的结构机制图。d. 弘瑞 3D 打印机实物图。e. 3D 打印的试件。f. 3D 打印出的模型

表 10.1 接枝聚合物的配方

试样编码	PLA/wt%	WF/wt%	GMA 占 PLA 的比例/%	DCP 占 PLA 的比例/%
PLA-g-GMA	100	—	20	8.0
PLA	100	—	—	—
WF/PLA-g-GMA	90	10	18	7.2
WF/PLA	90	10	—	—

10.2.3 测试与表征

采用 RGT-20A 型万能力学试验机，分别按照 ASTM D638（2014）标准和 ASTM D790（2017）标准进行拉伸性能及弯曲性能测试；采用 XJ-50G 型组合式冲击试验机按照 GB/T 1043.1—2008 标准测试无缺口冲击强度。采用扫描电子显微镜（QUANTA 200）观察复合材料的断裂面形貌及界面结合情况。采用 Nicolet 6700 型傅里叶红外光谱分析仪对复合材料进行测试，用以表征复合材料中是否发生了化学变化。采用 AR2000ex 型旋转流变仪对复合材料熔体进行动态流变性能分析。采用差示扫描量热分析仪（DSC Q20）对复合材料进行表征，通过分析熔融温度、结晶温度等来表征复合材料的结晶行为，所有试验均在氮气气氛的保护下进行。采用 AVANCE Ⅲ 型核磁共振波谱仪（500MHz）对接枝聚合物进行核磁共振氢谱分析，用以判断接枝聚合物是否成功合成。

10.2.4 性能与形成机制

10.2.4.1 增韧剂种类对复合材料性能的影响

（1）复合材料的力学性能　　加入不同种类增韧剂的复合材料的力学强度如图 10.8 所示。纯

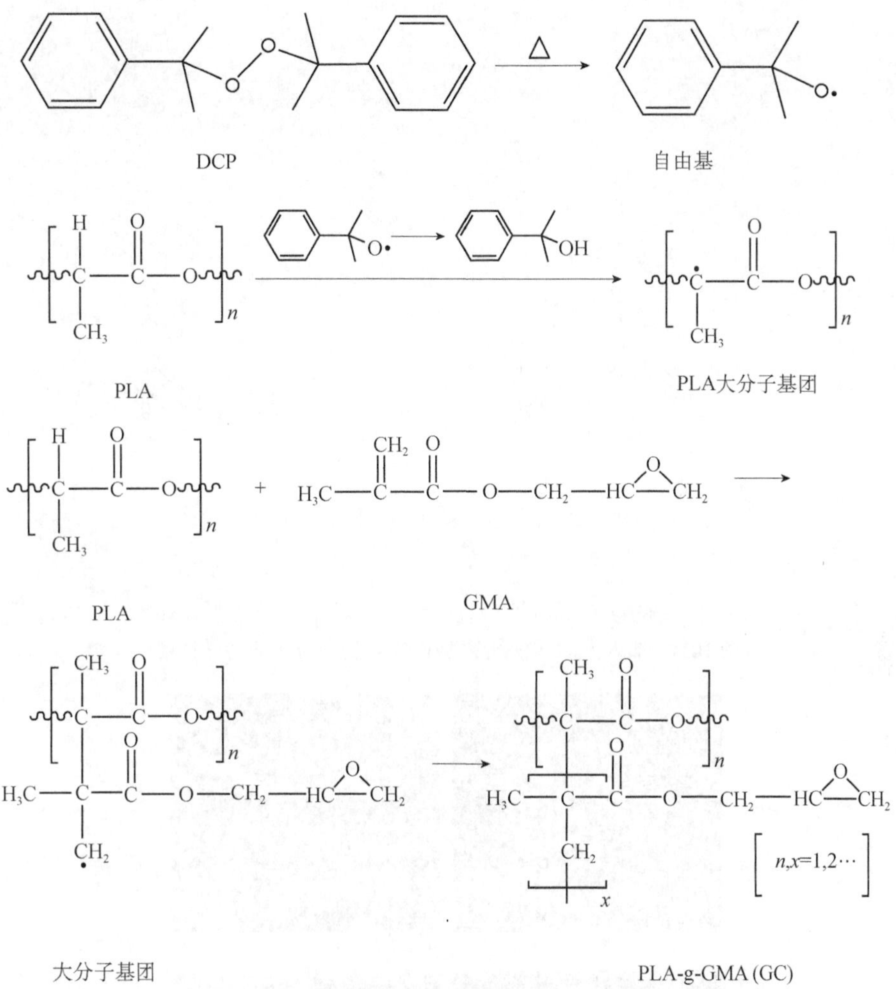

图 10.7　接枝反应机制

PLA 质硬而脆，随着 WF 的加入，由于 WF 和 PLA 的极性不同，二者之间界面相容较差，复合材料的力学性能下降。TPU 的加入显著提高了复合材料的冲击强度，因为 TPU 是线性嵌段聚合物，它可以被认为是在一个连续的软链段基体中，互相分离的硬链段作为分散相存在。软链段具有较低的玻璃化转变温度，易于运动，并且在室温下以无定形相存在；而硬链段具有较高的熔融温度和较强的极性，并且由分子间键合固定。因此，硬链段相当于填料，可以进行物理交联，而软链段则相当于基体，可以赋予复合材料较高的弹性和强度。在复合材料中加入 TPU 可以有效地提高复合材料的柔韧性。

（2）复合材料的表面形貌　　众所周知，力学性能与复合材料的形态、微观结构，以及亲水性的 WF 和疏水性的 PLA 之间的界面相互作用密切相关。图 10.9 为复合材料脆断面的 SEM 图像。还可以发现 WF 以分散相的形式存在，而 PLA 作为连续相存在，这说明二者之间的界面相容性较差。未添加增韧剂时，可以在复合材料中观察到明显的界面；加入增韧剂特别是 TPU 后，界面相的边界变得模糊不清，表明 WF 与 PLA 之间的界面结合得到了改善。此外，添加 POE 的复合材料的断裂表面比添加其他增韧剂的复合材料的表面更粗糙，导致其力学强度大幅度降低。

图 10.8　加入不同增韧剂的 WF/PLA 复合材料的力学性能

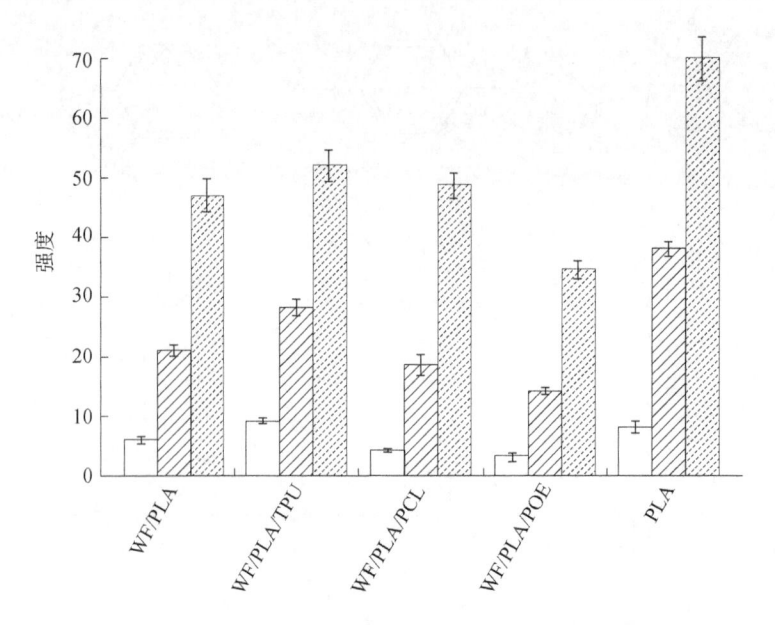

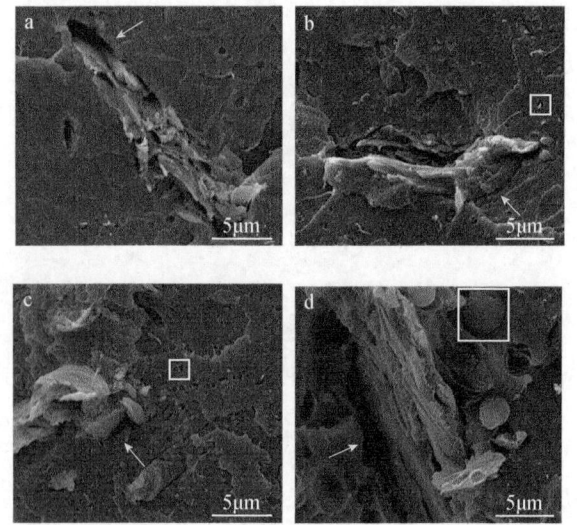

图 10.9　用以观察 WF 和 PLA 之间界面相的复合材料脆断面的 SEM 图像
a. WF/PLA；b. WF/PLA/TPU；c. WF/PLA/PCL；d. WF/PLA/POE。脆断面中 WF 的分散形态由方框和箭头进行指示

（3）复合材料的红外吸收光谱分析　　图 10.10 是复合材料及其单一组分的红外吸收光谱。WF/PLA 复合材料在 2922cm^{-1}、1747cm^{-1}、1082cm^{-1} 处观察到吸收峰。与纯 PLA 和 WF 相比，主要基团的特征吸收峰位置变化很小，表明当 WF 用于增强聚合物基体时，复合材料具有 WF 和基体的共同特征。三元复合材料在 2922cm^{-1}、1747cm^{-1}、1180cm^{-1} 附近也有吸收峰，与纯聚合物相比，除了吸收峰强度不同，主要基团的特征峰位置基本没有变化。FTIR 光谱的结果表明，PLA、WF 和增韧剂成功复合，熔融共混过程中没有发生化学反应，因为没有发现新的化学键。与纯 TPU 相比，WF/PLA/TPU 复合材料中 N—H 基团的特征峰向低波数移动，即从 3333cm^{-1} 移动到 3281cm^{-1}，并且波谱带变宽，这可能是 PLA 和 TPU 之间形成了分子间氢键导致的。

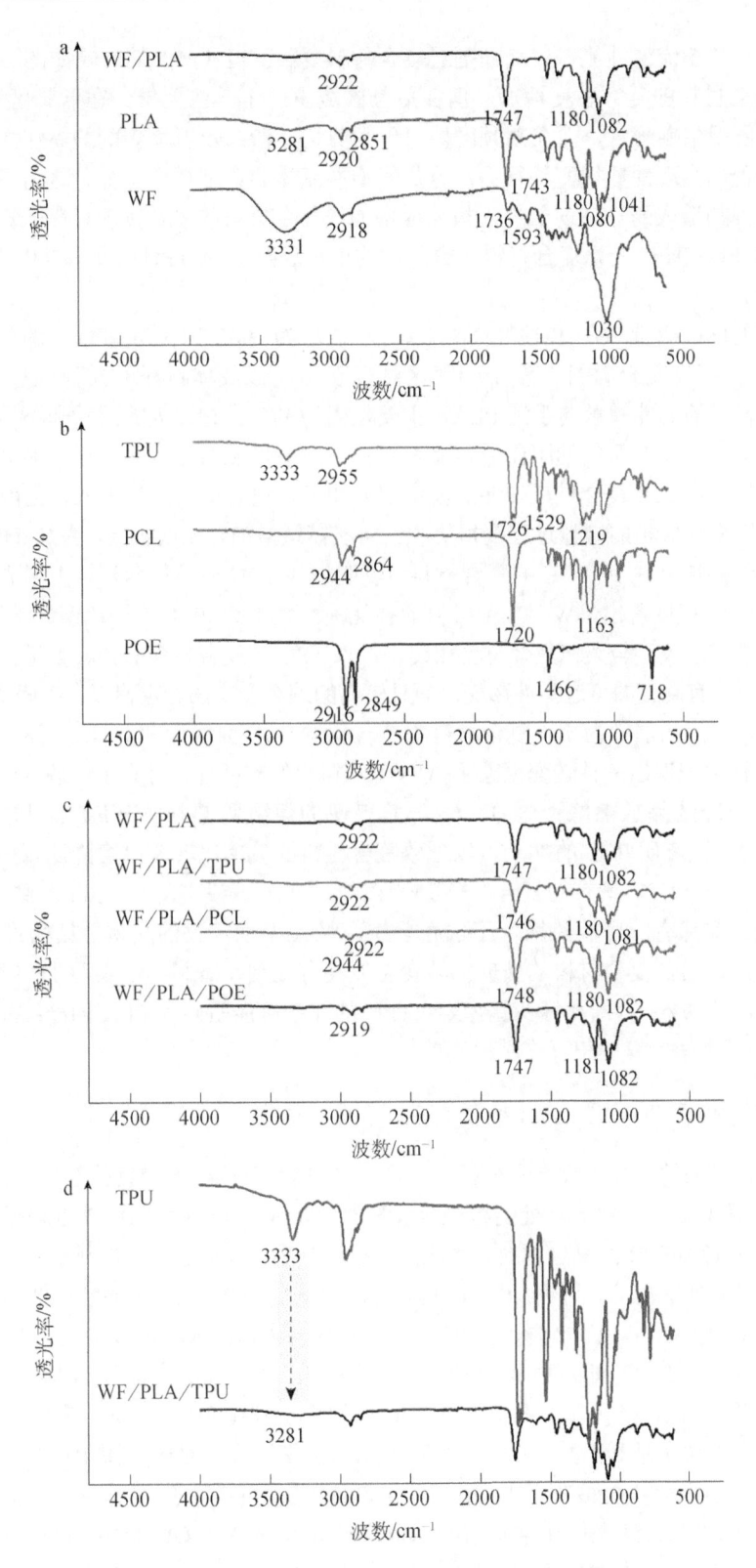

图 10.10 单一组分和复合材料的红外吸收光谱
a. PLA、WF 和 WF/PLA；b. 增韧剂；c. 复合材料；d. TPU 和 WF/PLA/TPU

（4）复合材料的流变性能　　增韧剂对复合材料复数黏度（η^*）的影响如图10.11a所示。添加WF后，复合材料的复数黏度增加，但在低频区域出现了一些差异。在低频区域，纯PLA和WF/PLA材料出现牛顿平台，而在高频区域表现为剪切变稀；随着增韧剂的添加，复数黏度在低频和高频下表现出高度的剪切变稀行为，这是假塑性流体的典型行为特征。这是高度缠结或者支化的聚合物共混物造成的。TPU的加入极大地增加了复合材料的复数黏度，在一定程度上有利于挤出成型。WF/PLA/TPU三元复合材料复数黏度的增加导致PLA/TPU分子与TPU/TPU链之间的相互作用增加。

复合材料的储能模量（G'）和损耗模量（G''）在温度为190℃时随频率（ω）的变化如图10.11b和10.11c所示。所有复合材料在整个频率区域表现出类似液体材料的黏弹性行为（$G''>G'$）。WF/PLA复合材料的储能模量高于纯PLA，主要是因为WF具有较大的尺寸和不规则的形状，阻止了分子的运动，由WF引起的阻碍导致复合材料储能模量的增加。除了添加POE的复合材料，在整个频率区域中，三元复合材料的储能模量都增加了。随着增韧剂的加入，分散相的平均直径或尺寸增大，使得分散相的松弛过程变得更长，储能模量增加。在低频区，添加TPU的复合材料的储能模量高于添加PCL或POE的复合材料，表明加入TPU后，复合材料中形成了类似网络的结构。从图10.11c可以看出，WF/PLA材料的损耗模量大于纯PLA的损耗模量。加入TPU的复合材料的损耗模量最大。与其他复合材料相比，加入TPU的复合材料的损耗模量变大，这相应地会导致复合材料具有高度的可逆弹性形变，而且较高的缠结密度在一定程度上阻碍了结构的松弛。

（5）复合材料的结晶行为　　复合材料的二次升温DSC曲线如图10.12所示。可以看出，纯PLA在加热过程中表现出三种转变，包括：①在64.14℃的热跃迁，对应于玻璃化转变温度；②出现在103.80℃的冷结晶放热峰；③在168.24℃出现的熔融吸热峰。WF/PLA/PCL复合材料在55.76℃出现热跃迁，表明PCL的加入可以导致复合材料的玻璃化转变温度降低，这是因为PCL的熔点较低，约为56.49℃。所有的复合材料均在168℃出现一个尖峰，这是PLA结晶相的熔融峰；而且在熔融峰之前都有一个放热峰，这可能是由于PLA中不完整的晶体再结晶形成了更完美的α晶体。加入TPU后，复合材料的玻璃化转变温度没有受到显著影响，表明TPU和PLA是不混溶的。随着TPU的加入，冷结晶峰变宽，表明TPU的存在可能阻碍了PLA的冷结晶，这是由PLA分子与TPU分子之间的氢键相互作用引起的。

10.2.4.2　相容剂对复合材料性能的影响

（1）接枝聚合物的红外吸收光谱分析　　PLA、GMA及接枝聚合物的红外光谱图如图10.13所示。在PLA骨架中，1748cm^{-1}处的特征吸收峰对应于C=O基团的伸缩振动吸收峰。与对照样品（纯PLA或者WF/PLA复合材料）相比，接枝聚合物在908cm^{-1}处出现新的吸收峰，对应于环氧基团的不对称伸缩振动。另外，C=C基团（1637cm^{-1}和942cm^{-1}）的特征伸缩振动吸收峰消失，表明在纯化过程中GMA单体被完全除去。这意味着GMA成功地被接枝到PLA链上。

（2）接枝聚合物的核磁共振氢谱分析　　PLA、GMA及接枝聚合物的核磁共振氢谱（^{1}H-NMR）谱图如图10.14所示。在PLA和GC中均观察到$\delta=1.59$ ppm[①]或5.17 ppm处出现特征峰，分别对应于次甲基和甲基（CH$_3$）的质子化学位移（分别对应于图10.14左侧化学式中所标记的1和2）。质子化学位移在$\delta=1.09$ppm～4.30ppm表示GMA中甲基、亚甲基和次甲基的特征峰（分别对应于图10.14左侧化学式中所标记的a～e）。而且，GC在$\delta=2.65$ppm、2.85 ppm和3.24ppm处观察到的特征峰对应于GMA的环氧官能团中的次甲基和亚甲基的质子化学位移（分

---

① 1ppm=10^{-6}

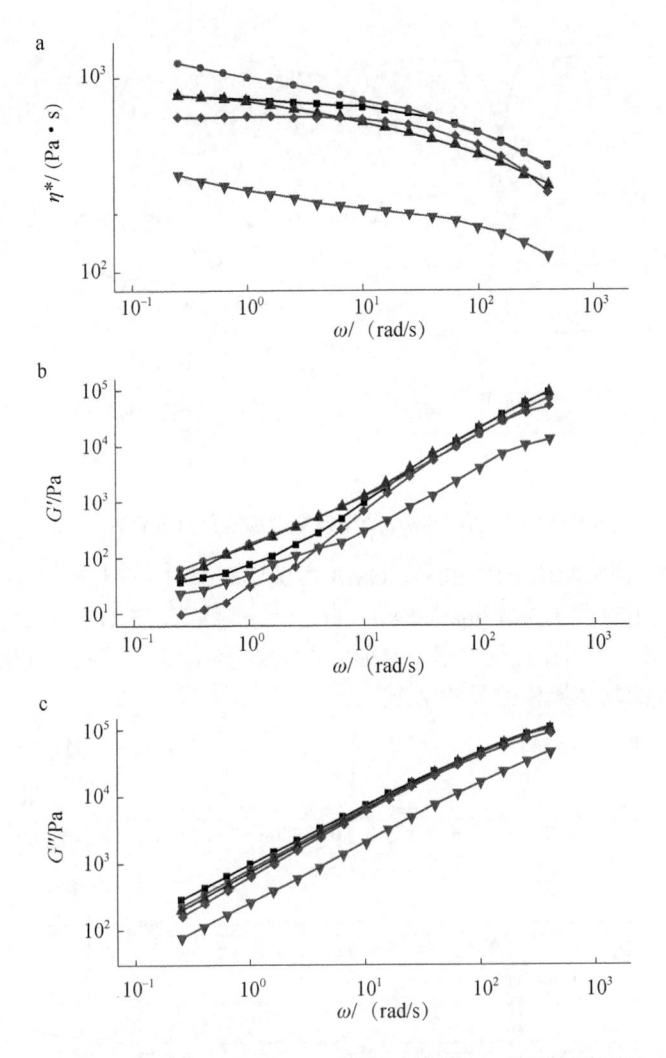

图 10.11 添加不同增韧剂的复合材料的复数黏度（a）、储能模量（b）和损耗模量（c）随频率的变化关系

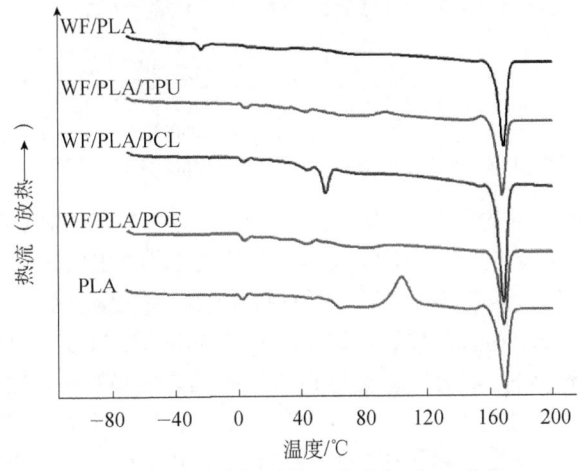

图 10.12 复合材料的二次升温 DSC 曲线

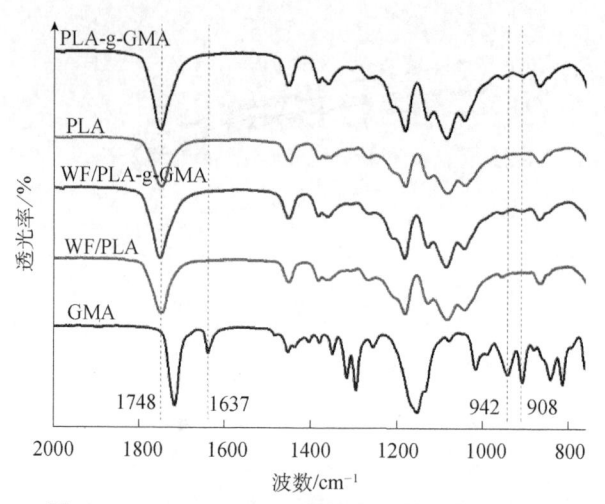

图 10.13　PLA、GMA 及接枝聚合物的红外光谱图

别对应于图 10.14 化学式中所标记的 d 和 e）。GMA 中碳碳双键的质子化学位移（对应于图 10.14 化学式中所标记的 A）出现在 $\delta=5.61$ ppm 和 6.16 ppm 附近。然而，在 GC 中未观察到 $\delta=5.61$ ppm 和 6.16 ppm 处的特征峰，表明在纯化过程中 GMA 单体被完全除去。因此，核磁共振氢谱的结果可以进一步证实 GMA 成功地接枝到了 PLA 链上。

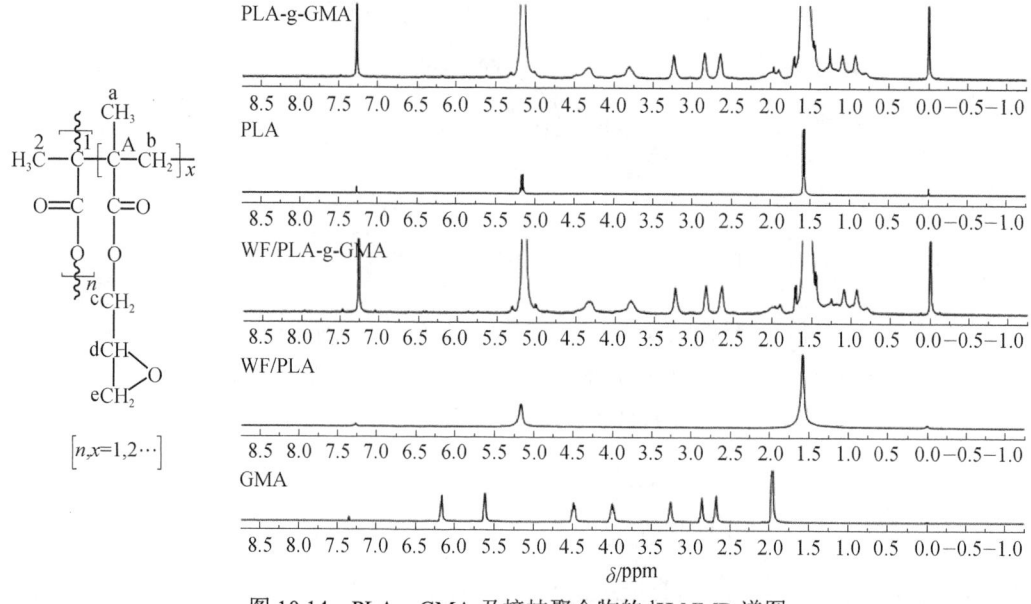

图 10.14　PLA、GMA 及接枝聚合物的 ^{1}H-NMR 谱图

（3）接枝聚合物接枝率的测定及增容机制　　同时，还计算了 GMA 在 PLA 链上的接枝率，WF/PLA-g-GMA 的接枝率为 3.57%，PLA-g-GMA 的接枝率为 2.21%。由于木粉是疏松多孔的，可以吸收更多的 GMA，因此木粉的加入可以提高接枝聚合物的接枝率。上述表征结果均可证明成功合成了 GMA 接枝 PLA，而且接枝聚合物可以用作 WF/PLA/TPU 三元复合材料的相容剂。接枝聚合物是一种大分子相容剂，其分子骨架与 PLA 骨架具有良好的相容性，可以改善复合材料的界面结合。接枝聚合物上接枝的 GMA 分子链上存在环氧基团，可以与木粉中大量的羟基形成较强的氢键作用。TPU 中氨基甲酸酯基团中的 N 也可以与木粉上的羟基形成氢键。通过这种偶联作用，可以增强 PLA、木粉和 TPU 之间的界面相互作用。GC 增容 WF/PLA/TPU 复合材料的反应

机制如图 10.15 所示。

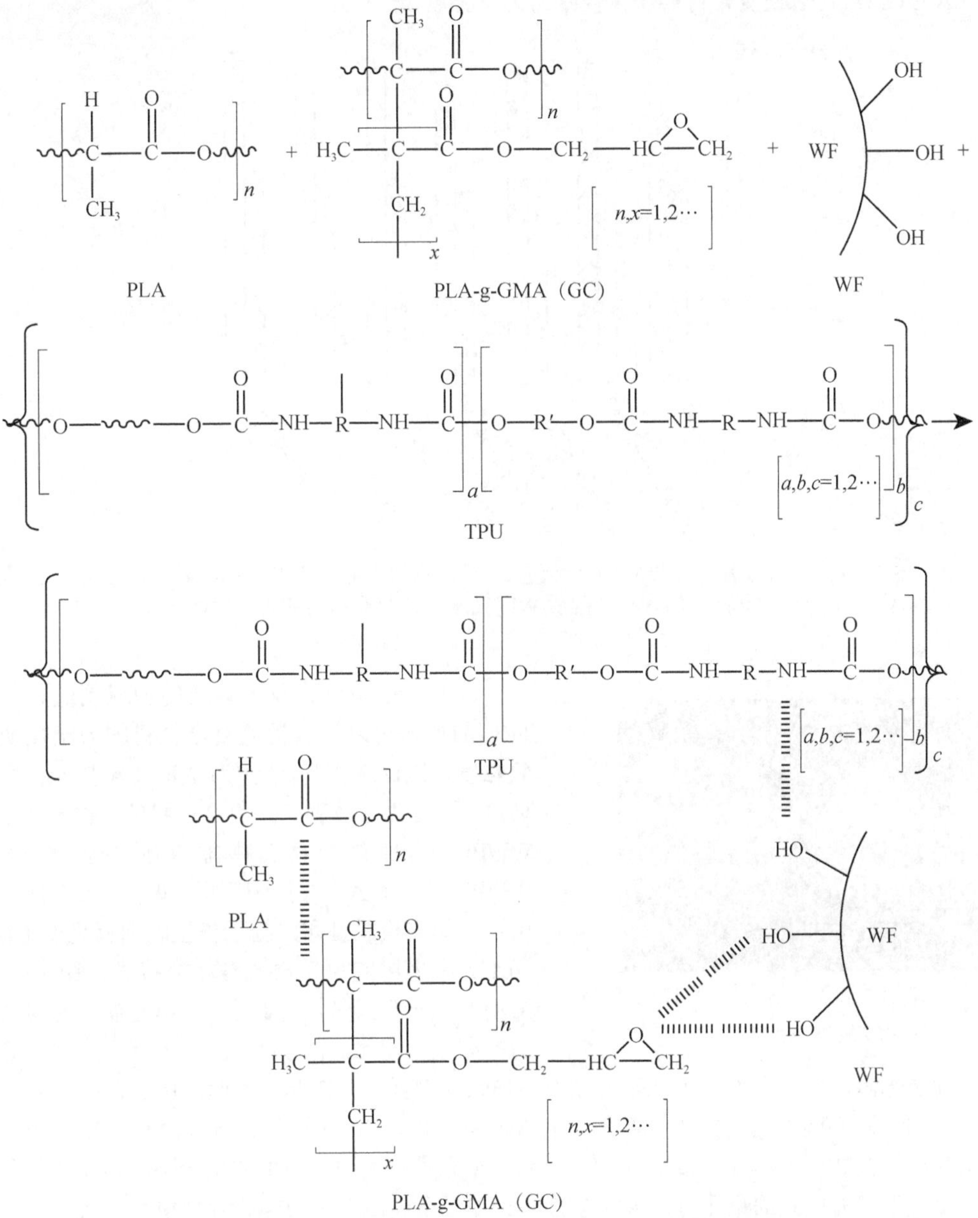

图 10.15 GC 增容 WF/PLA/TPU 复合材料的反应机制

（4）复合材料的力学性能　　加入相容剂的三元复合材料的力学强度如图 10.16 所示。可以看出，添加 WF/PLA-g-GMA 的三元复合材料的力学强度优于添加 PLA-g-GMA 的复合材料，这可能是因为 PLA-g-GMA 的接枝率低于 WF/PLA-g-GMA 的接枝率，可以与 WF 和基体反应的活性官能团较少。加入 WF/PLA-g-GMA 后，力学强度呈现出先增大后减小的趋势，这主要是因为 GC 的增塑作用。当加入过量的接枝聚合物时，相容剂发生自缠结，而不是与基体之间偶联，导致 WF 与基体之间的界面相互作用较弱，复合材料的力学强度降低。加入 2wt%的 WF/PLA-g-GMA 后，三元复合材料的冲击强度和拉伸强度分别提高了 7.75%和 8.39%。结果表明，添加 2wt%的 WF/PLA-g-GMA 可以改善 WF 与基体之间的界面结合，同时也增强了基体与 WF 之间的应力转移。而且 2wt%WF/PLA-g-GMA 的加入对弯曲强度的不利影响较小。因此，添加 2wt%的 WF/PLA-g-GMA 可以使复合材料获得较好的力学强度。

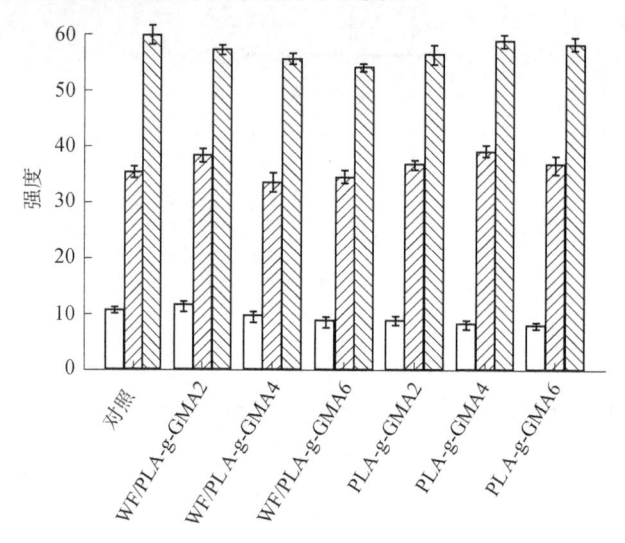

图 10.16 加入相容剂后 WF/PLA/TPU 复合材料的力学性能
2、4、6 分别表示 2wt%、4wt%、6wt%

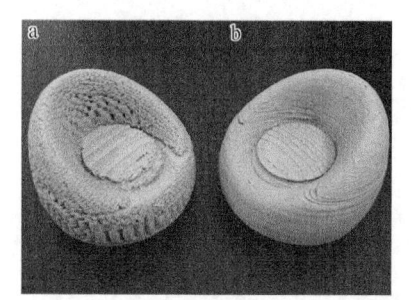

图 10.17 采用不同填充模式打印的椅子模型
a. 相交线型；b. 同心圆型

（5）木质聚合物复合材料的增材制造 由于 TPU 的加入可以显著提高复合材料的力学性能和复数黏度，因此选用 TPU 作为 WF/PLA 复合材料的增韧剂，同时为了改善三元复合材料的界面相容性，向 WF/PLA/TPU 复合材料中加入了 2wt% 的相容剂 WF/PLA-g-GMA，并打印模型。如图 10.17 所示，使用不同填充模式打印的椅子模型表面粗糙度不同。图 10.17a 中采用的填充模式是相交线型，图 10.17b 中采用的填充模式是同心圆型。与填充模式为相交线型的打印模型相比，采用同心圆型填充模式打印的椅子模型表面更光滑。由此可见，在打印过程中，参数的设置至关重要。然而，由于待打印模型的几何形状不同，同心圆型填充模式仍存在一定的缺陷。如图 10.18 所示，同一个桌子模型分别由上述的两种填充模式进行切片。如图 10.18a 所示，填充模式为同心圆型的桌子不能被完整打印，而采用相交线型填充模式的桌面可以被完全打印。如果在桌面上使用同心圆型填充模式，则会出现一定的空心区域。结合上述的两种填充模式进行模型切片，可以得到表面光滑且能完全填充的桌子模型，如图 10.19 所示。

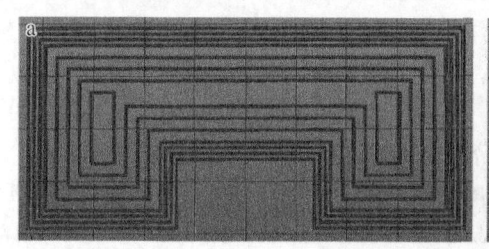

图 10.18 采用不同填充模式填充的桌子模型的切片
a. 同心圆型；b. 相交线型

图 10.19　采用同心圆型填充模式和相交线型填充模式结合打印的桌子模型

10.3　导电木质聚合物 3D 打印复合材料

在众多碳系填料中，石墨烯是一种由 sp^2 杂化碳原子排列成蜂窝状晶格的二维原子层，其卓越的力学及导电、导热性能引起了广泛的关注。本节旨在通过添加石墨烯纳米片等碳系导电填料来改善 PLA 基复合材料的导电性能。石墨烯纳米片由于其固有的 π-π 堆积相互作用而易于团聚，这可能导致它们在 PLA 基体中的分散性较差。为了解决这一问题，本节采用母料-熔融复合法制备复合材料。为了改善 PLA 质脆的缺点，在上述研究的基础上，使用 TPU 增韧 PLA 基复合材料。为了进一步提高复合材料的导电性能，分别使用单宁酸（TA）、十二烷基苯磺酸钠（SDBS）和多壁碳纳米管（MWCNT）对还原氧化石墨烯（rGO）纳米片进行非共价官能化。

10.3.1　制备方法

复合材料均通过溶液共混法制备，其中 rGO 均使用 SDBS 进行非共价官能化。通过加入微晶纤维素（MCC）制备 rGO/PLA/MCC 复合材料。PLA：TPU：MCC 的质量比为 7：2：1。使用前，MCC 在 80℃条件下干燥 12h。将干燥后的 MCC 分散于 N,N-二甲基甲酰胺（DMF）中，分散浓度为 0.025g/mL。

10.3.2　测试与表征

采用 ST2722 型四探针法粉末电阻率测试仪测试复合材料的体积电阻率；采用 LabRAM HR800 型激光共聚焦拉曼光谱仪和 632.8nm He-Ne 激光器对材料进行测试，以获得结构和组成的相关信息。由于 G 峰与 D 峰的积分强度比（I_G/I_D）与无序碳材料平面内的微晶尺寸（L_a）有关，因此可以通过式（10.1）对材料进行对比分析。

$$L_a = 4.4 \times (I_G / I_D) \tag{10.1}$$

式中，L_a 为无序碳材料平面内的微晶尺寸；I_G 为拉曼光谱中 G 峰的积分强度（G 峰出现在拉曼位移 1580cm^{-1} 处附近）；I_D 为拉曼光谱中 D 峰的积分强度（D 峰出现在拉曼位移 1330cm^{-1} 处附近）。

X 射线衍射（XRD）分析：采用 X 射线衍射仪对样品进行测试，通过得到的晶相结构数据，对样品进行物相分析。石墨烯纳米片采用德国 Bruker 公司 D8 ADVANCE 型 X 射线衍射仪进行测试。使用 CuKα 射线（λ=1.541Å）。衍射角（2θ）的测试范围为 5°～60°，扫描速率为 2°/min。

10.3.3 性能与形成机制

采用石墨烯纳米片 N-rGO 制备复合材料，旨在提高复合材料的导电性能，制备石墨烯纳米片/聚乳酸/生物质导电复合材料。

10.3.3.1 石墨烯纳米片的表征

N-rGO 的拉曼光谱图如图 10.20a 所示。分别在 1330cm^{-1}、1580cm^{-1} 和 2700cm^{-1} 处观察到特征峰，分别对应于 D 峰、G 峰和 2D 峰。经计算，N-rGO 的 $L_α$ 值、2D 峰半高宽分别为 14.77、63.44cm^{-1}。与 rGO 的 $L_α$ 值（2.33）和半高宽（66.19cm^{-1}）相比较，N-rGO 的 $L_α$ 值较大，且半高宽较小，证明 N-rGO 具有较好的导电和导热性能，且层数较少。

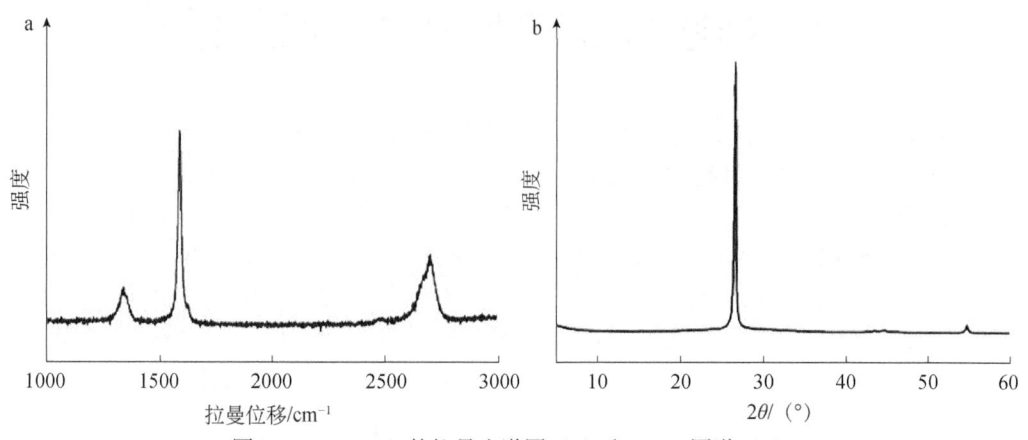

图 10.20　N-rGO 的拉曼光谱图（a）和 XRD 图谱（b）

N-rGO 的 XRD 谱图如图 10.20b 所示。在 N-rGO 的 XRD 谱图中分别在 2θ=26.50° 和 54.70° 处观察到特征衍射峰，分别对应于石墨的（002）和（004）晶面，这表明 N-rGO 中存在多层结构。根据在 2θ=26.50° 处出现的较强的衍射峰，通过 Bragg 方程计算出 N-rGO（002）晶面的晶面间距为 0.337nm，表明 N-rGO 片层上几乎没有含氧官能团，进一步证明了 N-rGO 具有优良的导电性能。

10.3.3.2 导电木质聚合物复合材料的导电性能

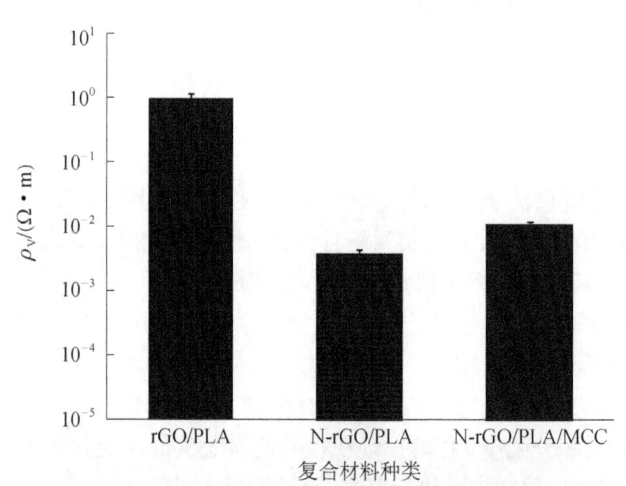

rGO/PLA、N-rGO/PLA 和 N-rGO/PLA/MCC 复合材料的体积电阻率（$ρ_V$）如图 10.21 所示。从图 10.21 中可以看出，使用导电性能较好的 N-rGO 替换 rGO 可以进一步降低复合材料的体积电阻率，该复合材料的体积电阻率降低了 2 个数量级，从 10^{-1}Ω·m 降至 10^{-3}Ω·m。为了探讨生物质材料对 N-rGO/PLA 导

图 10.21　rGO/PLA、N-rGO/PLA 和 N-rGO/PLA/MCC 复合材料的体积电阻率

电复合材料的影响，向 N-rGO/PLA 复合材料中引入 MCC。MCC 的加入使得复合材料的体积电阻率提高了一个数量级，达到了 $10^{-2}\Omega\cdot m$。这说明 MCC 的加入阻碍了复合材料中导电填料互相接触，不利于形成完善的导电通路。然而 N-rGO/PLA/MCC 复合材料的体积电阻率仍然低于可以使 LED 发光的 rGO-SDBS/PLA 复合材料的体积电阻率（$10^{-1}\Omega\cdot m$）。由此证明 N-rGO/PLA/MCC 复合材料也可以使 LED 在正常电压下发光。

10.3.3.3 导电木质聚合物复合材料的增材制造

由于 WF/PLA/N-rGO 复合材料具有良好的导电性能和导热性能，所以选择其用作 FDM 模型打印的材料。如图 10.22 所示，可以在基板上打印不同的形状，如在纸张上打印简单的重复单元及复杂的回路形状。除此之外，还可以将单层模型打印在不同的基板上，如打印在纸张及柔性材料上。打印图案与基板结合得较好，并且当基板弯曲时不会与基板分离，表明复合线材具有一定的柔韧性。

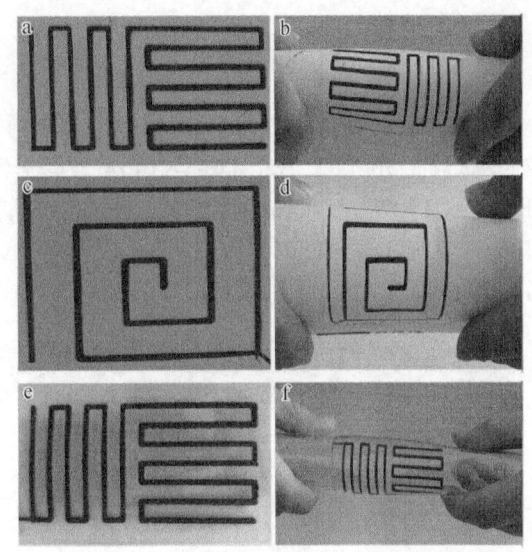

图 10.22 打印在不同基板上的 FDM 模型
a～d. 打印在纸张上的不同形状（a、c）及其弯曲件（b、d）；
e、f. 打印在柔性材料上的模型（e）及其弯曲件（f）

10.4　变色木质聚合物 3D 打印复合材料

木塑复合材料（WPC）的功能化始终是研究者关注的问题之一，但对其着色功能的研究相对较少。池冰等（2016）采用有机、无机及温敏着色剂，通过平板硫化机热压成型制备了桦木粉/高密度 PE 复合材料，探究了着色剂类型及添加量对 WPC 力学性能及外观颜色的影响，结果表明，材料的着色剂在老化过程中大量剥落，表面褪色明显，且力学强度显著降低。杨文斌等（2015）对 WPC 的可逆热致变色功能进行了探究，以原位聚合法合成了表面带有硅烷偶联剂 KH550 的可逆热致变色结晶紫内酯微胶囊，并将该微胶囊以一定的比例添加到 WPC 中，制备了可逆热致变色 WPC，通过力学性能和加热前后表观颜色测定来确定微胶囊的最佳添加量，但未探究添加量对使用周期的影响。周志芳（2018）以 PP 为基体，添加光致变色粉，采用热压覆贴方法制备 PP/光致变色粉 WPC，赋予 WPC 光致变色功能，但材料耐光疲劳时间短。PLA 拥有良好的光泽性和透明度，对光致变色物质的吸光变色影响较小。相比于 PP、PE 基 WPC，PLA 基 WPC 的生物可降解性好，且更易于 FDM 成型制造。本节以 PLA 为基体，利用 FDM 技术制备 3D 打印用杨木粉（WF）/PLA 光致变色复合材料，研究抗氧剂、光稳定剂及其复合配方对复合材料力学性能、界面相容性、热稳定性和耐光疲劳性能的影响，扩展了 FDM 型 3D 打印材料种类，并将光致变色 WPC 应用于 3D 打印领域。

10.4.1 制备方法

WF 和 PLA 在 60℃恒温干燥 12h，将 WF、PLA、螺吡喃类光致变色材料、抗氧剂 1010（A）或光稳定剂 770（L）置于 DHG-9140A 型高速混合机内，依次低速、高速各混合 5min。通过 SJSH-30 型双螺杆挤出机熔融造粒，经 SHSJ25 型单螺杆挤出拉丝得到 3D 打印线材，线径保持在 1.75mm 左右。将 3D 打印复合线材经过干燥处理后置于 MR300 型 FDM 打印机，所获得样品命名为 PWPC-x，如表 10.2 所示。

表 10.2　3D 打印 WF/PLA 光致变色木塑复合材料（PWPC）的配方

样品	PLA/wt%	光致变色物质/wt%	WF/wt%	抗氧剂 1010/光稳定剂 770/（wt%/wt%）
PWPC-0	90.0	5.0	5.0	—
PWPC-A	90.0	5.0	5.0	1.0/—
PWPC-L	90.0	5.0	5.0	—/1.0
PWPC-A3L7	90.0	5.0	5.0	0.3/0.7
PWPC-A5L5	90.0	5.0	5.0	0.5/0.5
PWPC-A7L3	90.0	5.0	5.0	0.7/0.3

注：抗氧剂 1010/光稳定剂 770 的添加量为 PLA/光致变色物质/WF 总质量的百分比

10.4.2 测试与表征

采用 RGT-20A 电子万能力学试验机和 XJ-SOG 组合式冲击试验机对 FDM 3D 打印得到的拉伸试件、弯曲试件与冲击试件分别按照 GB/T 1040.2—2022、GB/T 9341—2008 与 GB/T 1043.1—2008 的标准进行测试；采用美国 FEI QUANTA200 型扫描电子显微镜对 3D 打印复合材料断面进行表征，表征前对 3D 打印复合材料断面进行喷金处理以增加材料的可观测性。采用 Q50 热量分析仪对试样进行热学性能检测。采用 QUV/SPRAY 紫外加速老化仪对 3D 打印复合材料进行人工老化处理，紫外灯照射波长为 340nm，照射强度为 1W/m^2，照射时间为 10 天，老化过程中每隔 24h 测定样品在固定位置的颜色。参照 CIE1976 $L*a*b*$ 表色系统和式（10.2）记录样品色差（ΔE）。

$$\Delta E = \sqrt{(L_2 - L_1)^2 + (a_2 - a_1)^2 + (b_2 - b_1)^2} \qquad (10.2)$$

式中，L_1、a_1、b_1 分别为原始状态下的明度值、红绿色品值和黄蓝色品值；L_2、a_2、b_2 分别为紫外灯照射试件 1min 后激发状态下的明度值、红绿色品值和黄蓝色品值。每组试件重复测定 8 次，取均值。

10.4.3 性能与形成机制

10.4.3.1 PWPC 复合材料的力学性能

PWPC 的力学性能如图 10.23 所示。木粉和光致变色粉含量一定，因此抗氧剂/光稳定剂复配体系是影响复合材料力学性能变化的主要因素。随着添加剂中抗氧剂 1010 比例的增加，复合材料的拉伸强度逐渐增加，冲击强度先下降后上升，而弯曲强度变化不规律，总体呈现上升趋势。当复合材料中只有抗氧剂时，与 PWPC 相比，PWPC-A 试件的拉伸强度、弯曲强度和冲击强度分别提高 42.58%、23.25% 和 6.52%，表现出了较好的力学性能。这归因于抗氧剂 1010 与 PLA 基体间良好的相容性，聚乳酸末端羟基和抗氧剂 1010 羟基之间的分子间氢键相互作用。当复合材料中只有光稳定剂 770 时，相比于 PWPC，复合材料的拉伸强度提高 10.3%，弯曲强度和冲击强度分别下降 18.84%、25.36%。主要原因有两个方面：一方面，因为光稳定剂 770 具有受阻哌啶结构，其碱性较高，与 PLA 某些酸性组分发生反应，加速了 PLA 的降解，从而导致力学性能降低；另一方面，复合材料受到光稳定剂 770 的影响，其在拉丝过程中线径不均，进行 3D 打印时，试件打印质量受损，进而影响了力学性能。

对于添加抗氧剂 1010/光稳定剂 770 复配体系的样品，相比于 PWPC，PWPC-A3L7、PWPC-A7L3 的力学变化程度较大，其中 PWPC-A3L7 的拉伸、弯曲和冲击强度变化程度分别为 10.3%、−3.89% 和 −25.5%，PWPC-A7L3 的拉伸、弯曲和冲击强度变化程度分别为 7.3%、−20.74% 和 −16.67%。PWPC-A5L5 的力学变化程度相对较小，拉伸强度提高 1.8%，弯曲强度和冲击强度分别下降 9.3% 和 22.1%。产生这种变化的主要原因是光稳定剂 770 和抗氧剂 1010 对样品力学的影响具有差异性，因而在这两种添加剂的共同作用下（即光稳定剂 770 降低 PWPC 的力学强度，抗氧剂 1010 增强 PWPC 的力学强度），PWPC-A5L5 相比于其他两种复配体系的样品，其力学性能变化程度较小。

图 10.23 PWPC 的力学性能

10.4.3.2 PWPC 复合材料的微观形貌

PWPC 断面的微观形貌如图 10.24 所示。从图 10.24a 可以看出，PWPC 复合材料中有均匀分散的球形颗粒状物质，主要成分为变色粉，因其添加量少且直径小，在经过双螺杆的剪切混合与熔融沉积（3D 打印）过程后能均匀混合于熔融状态下的基体中。PWPC 复合材料中纤维状物质为 WF，从图 10.24a～f 可以看出，WF 和 PLA 基体间无明显的界面剥离现象，这表明 WF 和 PLA 基体具有良好的生物相容性。此外，单一添加抗氧剂 1010 的 PWPC-A 样品（图 10.24b）的孔结构较浅，单一添加光稳定剂 770 的 PWPC-L 样品（图 10.24c）的孔结构较深，说明抗氧剂 1010 与 PLA 之间的相容性优于光稳定剂 770，这也是 PWPC-A 力学性能好于其他组的原因之一。从图 10.24c 可以看出，复合材料断面较为粗糙，附着物质相对较多，说明光稳定剂 770 的添加不利于 WF 与 PLA 基体间的界面相容性。随着光稳定剂 770 比例减少，抗氧剂 1010 比例增加（图 10.24c～f），

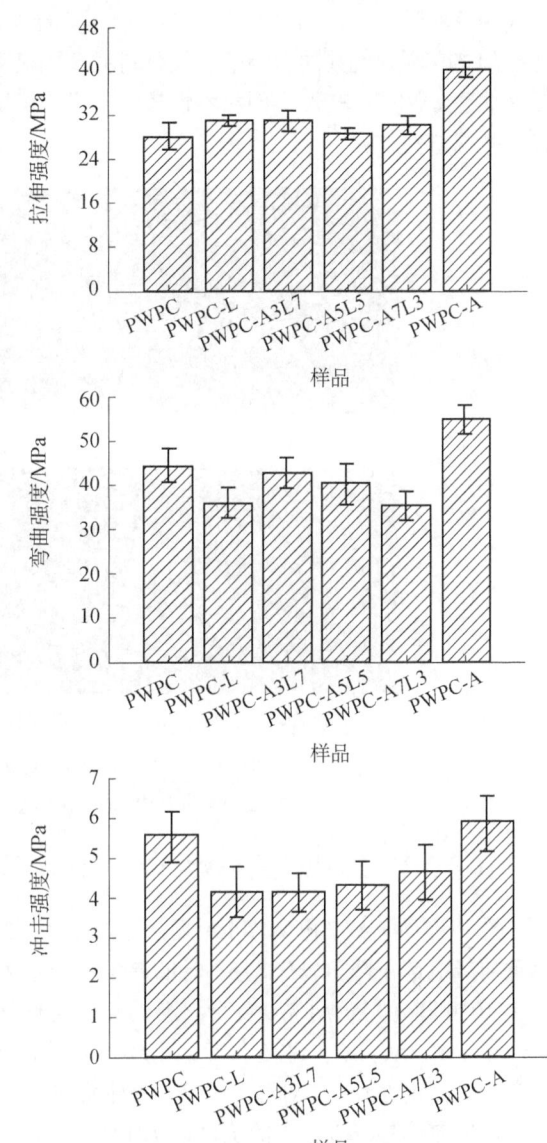

光致变色粉颗粒拔出随之减少，变色粉与复合材料的界面相容性逐渐强化，在抗氧剂 1010 和光稳定剂 770 两者的共同影响下，复合材料表面微观结构趋于不同的变化，其中 PWPC-A5L5 断面较为规整，WF 与 PLA 界面相容性较好。因此可以通过控制两种添加剂的比例来调整复合材料的表面微观结构。

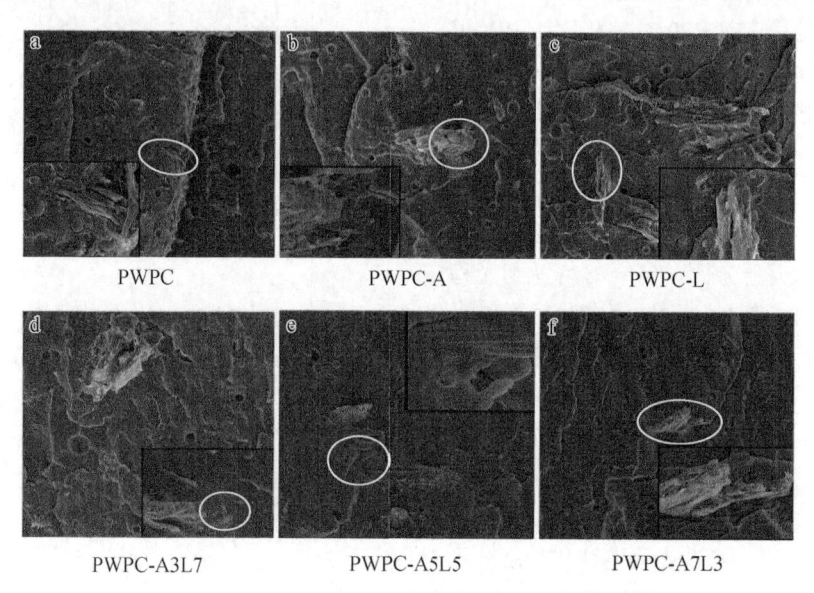

图 10.24　添加不同配比助剂 PWPC 的 SEM 图像

圆圈为断面中 WF 的存在形态；内嵌图为 WF 形态的放大图

10.4.3.3　PWPC 复合材料的热稳定性

图 10.25 为光致变色 WF/PLA 复合材料的 TG 曲线与 DTG 曲线。从图 10.25 可见，在 250～350℃，热重曲线迅速下降。以失重 5%时的温度（表示为 T_5）来表征材料的热稳定性，发现单独添加抗氧剂 1010 和光稳定剂 770 复合材料的热稳定性能优于添加复配体系的复合材料，PWPC-A 热稳定性优于 PWPC-L。产生这种变化主要归因于如下几方面：①抗氧剂 1010 和受阻胺光稳定剂 770 的自身热稳定性较差，对温度敏感，两种助剂都可以诱导 PLA 的链断裂，从而使复合材料的 T_5 值向低温方向偏移；②加入的抗氧剂 1010/光稳定剂 770 体系，在促进 PLA 热降解方面表现出协同作用，会使材料本身结构改变（SEM 观察结果），助剂在高温作用下（超过助剂熔点）有流动性，从而在材料内部引入"缺陷"，材料热稳定性下降。从图 10.25b 也可以看出，材料的最大降解（峰值）温度由 303℃向 284℃偏移，总体呈下降趋势。总体来看，PWPC-A5L5 热分解温度最低（219.84℃），最大热降解速率的温度较低（275.30℃），材料在高温下的热稳定性较差，进而表明其热分解性能较好。因此，可以通过抗氧剂 1010/光稳定剂 770 复配体系改变材料的微观结构，进而改善其热降解性能。

10.4.3.4　PWPC 复合材料的颜色变化

图 10.26 为 PWPC 经过紫外光照射前后的色差随人工老化时间的变化曲线。从图 10.26 中可以看出，PWPC 老化色差在 1～10 天内整体偏低，第 0 天激发前后的色差 ΔE_0=30，第 10 天 ΔE_{10}=5.3，添加抗氧剂 1010 和光稳定剂 770 的样品，ΔE_0 分别增加了 7.4%和 15.7%，ΔE_{10} 分别增加了 9.8%和 20.5%。这说明抗氧剂 1010 和光稳定剂 770 的添加对耐光疲劳性能有积极影响。

图 10.25　PWPC 的 TG（a）和 DTG（b）曲线

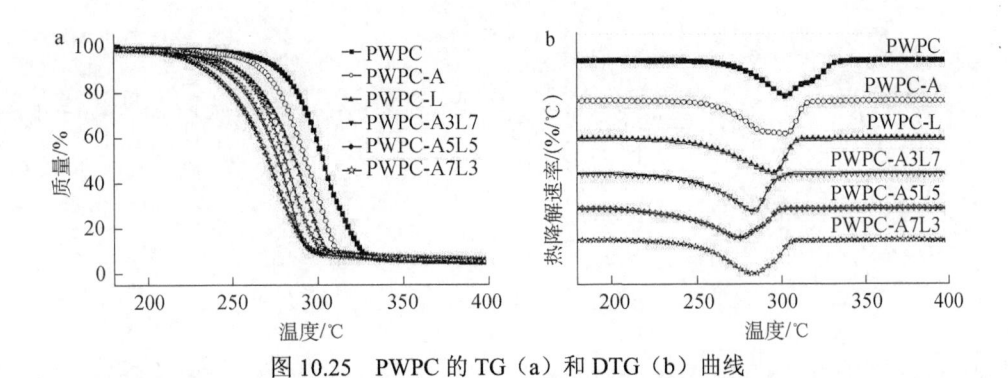

PWPC-A5L5 色差整体变化高于 PWPC-L、PWPC-A、PWPC，在第 10 天，其 ΔE PWPC 组由 5.3 增至到 6.7，上升了 26.4%。而 PWPC-A7L3 样品的色差在人工老化后期（5~10 天）低于 PWPC-L、PWPC-A、PWPC 的色差。这说明抗氧剂 1010 和光稳定剂 770 并不是影响光致变色的唯一因素。侯人鸢等（2013）的研究表明，木塑复合材料的褪色可归因于木质纤维（木质素）光降解的性质。总体来看，加入抗氧剂 1010 和光稳定剂 770 体系可使 PWPC 复合材料具有良好的耐光疲劳性能。

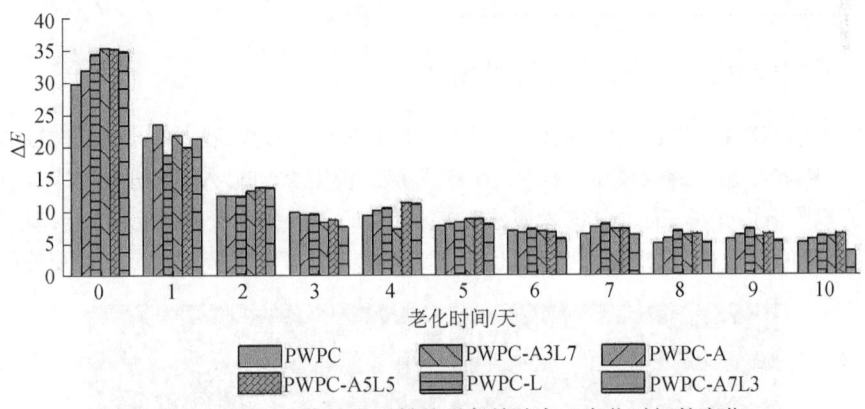

图 10.26　PWPC 紫外光照射前后色差随人工老化时间的变化

光致变色材料的变色机制如图 10.27 所示，抗氧剂 1010 和光稳定剂 770 捕获自由基的机制如图 10.28 所示。随着光致变色材料 C—O 键环状结构的异裂，常常伴随副反应的发生，中间体及显色开环体以两性离子的结构为主，电荷较集中，空气中的氧通过自由基过程促使其光降解。抗氧剂 1010 可以通过提供质子，与含氧自由基、羟基自由基等结合，使自由基失去活性，终止老化链反应。光稳定剂 770 的脂环胺结构在光、氧等作用下可转变成稳定的氮氧自由基，能有效捕获光致变色材料产生的自由基。因此，抗氧剂 1010/光稳定剂 770 复配体系可提高复合材料的耐光疲劳性能。

图 10.27　螺吡喃光致变色机制

hv. 光照

图 10.28 抗氧剂 1010（a）和光稳定剂 770（b）的自由基捕获机制
R、R₁、R₂表示任何基团

10.4.3.5 PWPC 复合材料的增材制造

此前的研究中鲜有将光致变色 WPC 应用于 3D 打印领域，为了展示 PWPC 在 3D 打印技术中的应用潜力，编者创建了蝴蝶模型，如图 10.29 所示，使用 PWPC-A5L5 进行打印。结果显示，FDM 打印的模型表面光滑，有天然的木质感，并且在光照下能快速变色。相对于传统的打印材料，WF/PLA 光致变色木塑复合材料所具备的上述特性，使其在室内装修方面具有可观的应用前景。

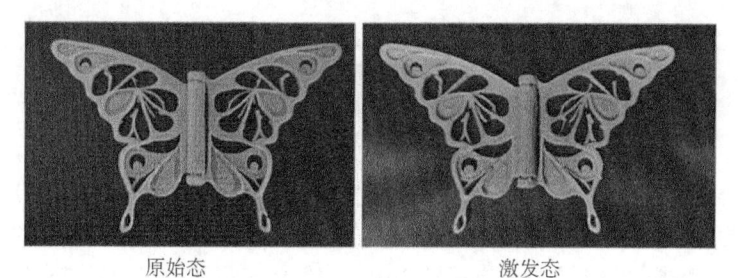

原始态　　　　　　　　　激发态
图 10.29　FDM 模型的光致变色效应

10.5　热响应形状记忆木质聚合物 3D 打印复合材料

形状记忆材料是一类具有刺激响应功能的智能材料，可在一定外界刺激（如温度、光、电、磁等）作用下将赋予的临时形状恢复到初始形状。形状记忆智能材料主要包括形状记忆聚合物（shape memory polymer，SMP）、形状记忆合金、形状记忆陶瓷。相比于形状记忆合金和形状记忆陶瓷，SMP 具有形变量大、低密度、结构可设计性及可响应多种外部刺激等优点。根据刺激方式的不同，SMP 主要分为热响应、光响应、电响应、磁响应及溶剂响应 SMP。光、电、磁和溶剂响应 SMP 大多是基于热响应 SMP 发展而来的，所以热响应 SMP 及形状记忆聚合物复合材料（SMPC）的相关研究对智能材料的发展具有重大意义。

10.5.1 概况

热响应 SMP 的形状记忆转变温度（T_s）是指形状记忆聚合物的玻璃化转变温度（T_g）或结晶熔融转变温度（T_m）。图 10.30 为热响应 SMP 的形状记忆恢复过程，将聚合物材料加热至 T_s 以上时施加外力，聚合物分子链构象发生变化，宏观形状得以改变，温度降低至 T_s 以下时，聚合物分子链活性下降，去除外力得到临时形状，再次将其加热到 T_s 以上时，聚合物分子链的运动性提高，逐渐恢复到其原始形状。

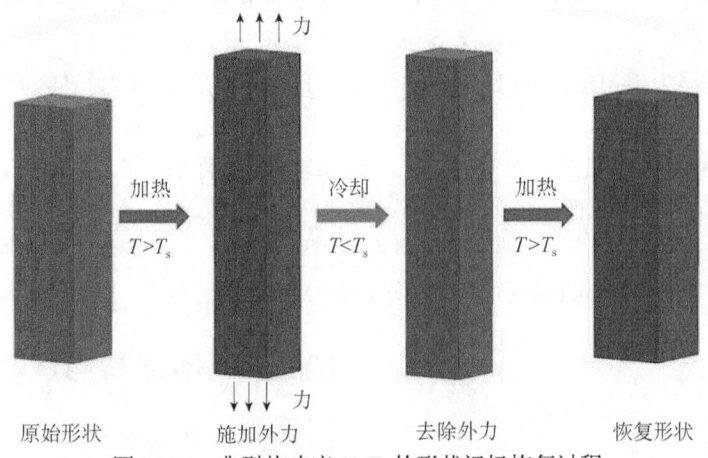

图 10.30 典型热响应 SMP 的形状记忆恢复过程

近年来，形状记忆聚合物及其复合材料因具有主动形状改变功能而备受关注。TPU 作为一种热塑性弹性体材料，有一定的形状记忆功能，具有恢复能力和加工能力强等优点。对于 TPU，进行形状记忆行为的转变温度为 T_g。在 T_g 以下时，临时形状得以固定；外界温度在 T_g 以上时，设置的临时形状得以恢复。然而，TPU 的 T_g 较低，形状固定能力弱，实际应用范围有限。通过化学合成和聚合物共混等方式可以调控材料的形状记忆性能，为开发新型形状记忆聚合物提供了可能。聚合物的化学合成往往复杂耗时，聚合物共混技术已成为目前开发新型形状记忆聚合物的流行方法。其中，PCL 是一种半结晶型聚合物，在室温下为固态，熔融温度（$T_{m\text{-PCL}}$）为 45~60℃，具有良好的热刺激形状记忆效应。此外，为了扩展热响应形状记忆复合材料的功能应用范围，许多研究通过添加功能材料，设计并制造出具有功能刺激响应模式（如电、磁、光等）的复合材料。本节通过添加 PCL 来改善 TPU 复合材料的形状记忆性能，制备热响应形状记忆共混聚合物复合材料，探索添加不同含量 PCL 后共混聚合物的结晶性能、热性能及力学性能，重点研究复合材料的形状记忆行为。

10.5.2 制备方法

将 TPU 和杨木粉（WF）在 103℃的烘箱中干燥 12h；将 PCL 在 40℃的烘箱中干燥 12h。将不同质量配比的 TPU、PCL 和 WF 经高速混合机混合后分别喂料到双螺杆挤出机中熔融挤出，不同复合材料中 PCL 的添加量分别为 0wt%、10wt%、20wt%、30wt%、40wt%，分别命名为 TW、TWP10、TWP20、TWP30 和 TWP40。熔融挤出得到的物料自然冷却后经粉碎机粉碎后制成复合粒料，再将复合粒料通过高精密 3D 打印耗材挤出试验机制得复合线材。所制得复合线材的直径控制在（1.75±0.10）mm。将得到的复合线材 3D 打印出不同的试件，并进行性能测试。按照相同的制备方法得到不含 WF 的 TPU 与 PCL 质量比为 5∶3 的复合材料线材，并命名为 TP。

10.5.3　测试与表征

采用带有 Cu-Kα 放射源（k=1.5406Å）的 X 射线衍射仪对 TPU/PCL/WF 复合材料样品的晶体结构进行测定。采用差示扫描量热分析仪（DSC）对不同 TPU/PCL/WF 复合材料的熔融行为进行表征分析。先将样品在氮气氛围下从 25℃以 10℃/min 的速率升至 230℃并保持 5min，以消除材料的热历史；然后以 10℃/min 的速率降至 25℃，等温 5min；最后，以 10℃/min 的速率再次升温到 230℃。利用电子万能力学试验机，按德国标准 DIN 53504∶1994 对打印的哑铃形试件进行拉伸性能测试。采用不同的 TPU/PCL/WF 复合材料制备了尺寸为 80mm×8mm×1.2mm 的 3D 打印矩形试样进行热响应形状记忆性能测试。首先，将 3D 打印的样品于 60℃水浴（>$T_{\text{m-PCL}}$）中浸渍 5min；之后，将试样弯曲成变形角为 0°的临时形状，在室温（<$T_{\text{m-PCL}}$）下保持外力 5min 以固定临时形状。去除 3D 打印试样的外力，记录临时形状角度为 α。最后，将变形后的 3D 打印试样重新置于 60℃水浴中记录其形状恢复过程，记录的形状恢复角度为 β。

10.5.4　性能与形成机制

10.5.4.1　结晶性能分析

TPU/PCL/WF 复合材料中 TPU/PCL 基体的结晶相负责临时形状的固定，而具有橡胶性能的非晶相负责形状的恢复。图 10.31 显示了 TPU/PCL/WF 混合物的 XRD 曲线。TPU/WF 复合材料本身有一个宽的衍射峰，在 2θ 为 17°~25°内，对应 TPU 的有序结构和非晶无序结构的混合物。随着共混物中 PCL 含量的增加，2θ=21.2°和 23.8°处两个峰的强度逐渐增加，这分别归因于 PCL 的特征晶格面（110 和 200）的衍射。此外，PCL 结晶相的峰位随 PCL 含量的增加没有明显的变化，这意味着 PCL 的晶格取向不受其他材料（TPU、WF）含量变化的影响。

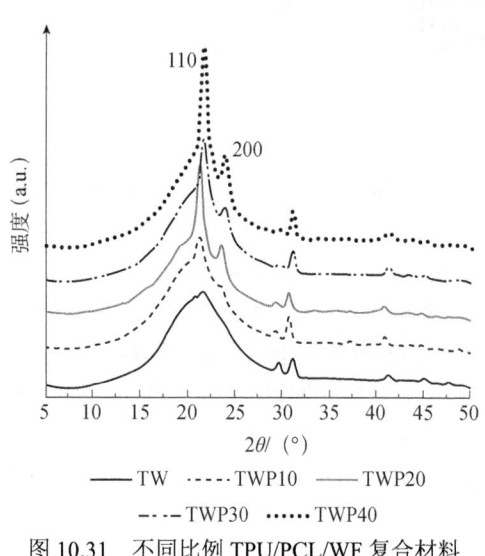

图 10.31　不同比例 TPU/PCL/WF 复合材料的 XRD 曲线图

10.5.4.2　拉伸性能分析

不同 TPU/PCL/WF 复合材料的拉伸性能测试结果如图 10.32 所示。可以看出，随着 PCL 含量的增加，TPU/PCL/WF 复合材料的断裂伸长率逐渐降低，拉伸强度先降低后升高。这种现象主要归因于 TPU/PCL/WF 复合材料的相结构和晶体结构。在复合材料中，TPU 为橡胶相，PCL 为刚性相。随着 PCL 含量的逐渐增加，复合材料的刚度增加，抗拉强度增加，韧性降低。由于 PCL 的高结晶度和完美的晶区，拉伸强度得到了保证。在设置临时形状程序时，复合材料中的 PCL 晶体能够保持足够的强度，防止 PCL 的非晶态区和弹性 TPU 的恢复作用，使复合材料能够在室温下固定临时形状。

10.5.4.3 熔融行为分析

DSC 还可以用来测量聚合物链在相变等物理转化过程中产生的热量,可以反映聚合物链的运动和重排情况。因此,采用 DSC 分析不同 TPU/PCL/WF 复合材料的熔融性能,不同复合材料二次加热熔融曲线如图 10.33 所示。随着 PCL 含量的增加,复合材料中 PCL 熔融峰强度逐渐增加,其熔融温度为 54~58℃。对于 TPU/PCL/WF 共混体系,复合材料的形状记忆转变温度即 PCL 的熔融温度($T_{\text{m-PCL}}$)。因此,在后续的热响应形状记忆性能测试中,将形状记忆转变温度设置为 60℃。

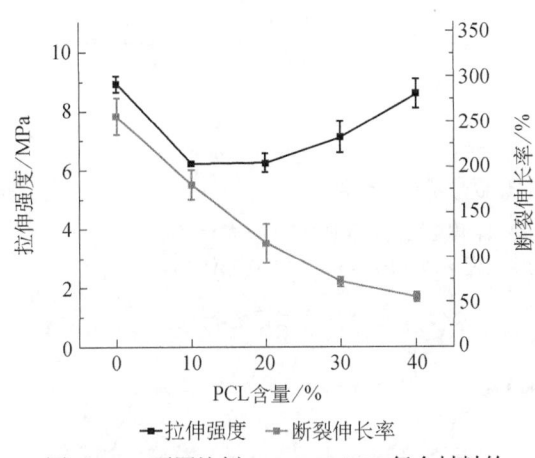

图 10.32 不同比例 TPU/PCL/WF 复合材料的拉伸性能

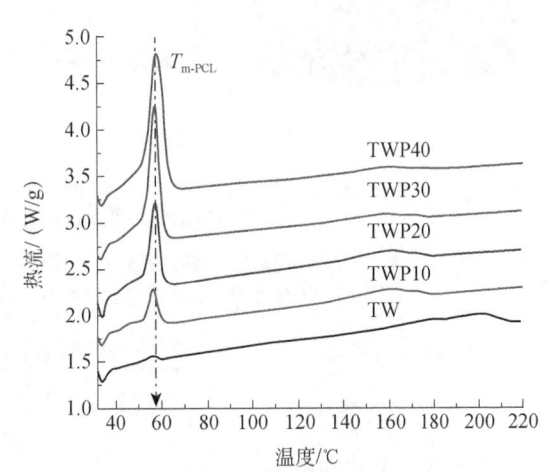

图 10.33 不同比例 TPU/PCL/WF 复合材料的二次加热熔融曲线

10.5.4.4 形状记忆行为分析

图 10.34a 为用于测试不同复合材料的热响应形状记忆行为的 3D 打印样品图像。经程序设置后的样品的临时形状及角度和热诱导后样品可能的恢复角度如图 10.34b 和 c 所示。随着热水浴(60℃)时间的增加,不同质量比的 TPU/PCL/WF 复合材料的形状记忆性能如图 10.34c 所示。结果表明,PCL 的加入提高了复合材料的形状记忆性能,形状固定角度减小恢复角度增加。因此,可以通过调整 PCL 和 TPU 的配比来优化和设计出所需的形状记忆复合材料。

由图 10.34c 可知,TWP30 和 TWP40 复合材料均可以实现较高的形状固定率和恢复率。但与 TWP30 复合材料相比,TWP40 复合材料试样在恢复过程中所需的恢复时间更长。这可能是由于 PCL 在加热熔融状态下具有较高的黏度,TWP40 中 PCL 含量较高(40wt%),样品发生了自黏合,导致样品恢复时间延长。因此,在后续光响应形状记忆复合材料的研究中,选择 TWP30 复合材料的原料配比。此外,WF 的添加对 TPU/PCL 复合材料黏度的增加有一定的抑制作用,有利于增加复合材料的形状记忆性能。

图 10.35a 展示了 TPU/PCL/WF 复合材料的形状记忆功能机制。在环境温度下,PCL 处于固体状态,由于 PCL 分子的结晶和复合材料中的低分子运动而冻结。当温度高于 $T_{\text{m-PCL}}$ 时,复合材料中 PCL 晶体被加热软化,处于熔融状态;此时对材料施加外力使之变形,复合材料中发生聚合物节段移动和构象的变化。温度降低,去除外力,复合材料中的 PCL 组分处于结晶状态,保持了复合材料的临时形状。热诱导后,复合材料的温度达到 $T_{\text{m-PCL}}$,PCL 晶体再次熔融软化,在 TPU 的弹性作用下,复合材料的形状逐渐恢复到原始状态。

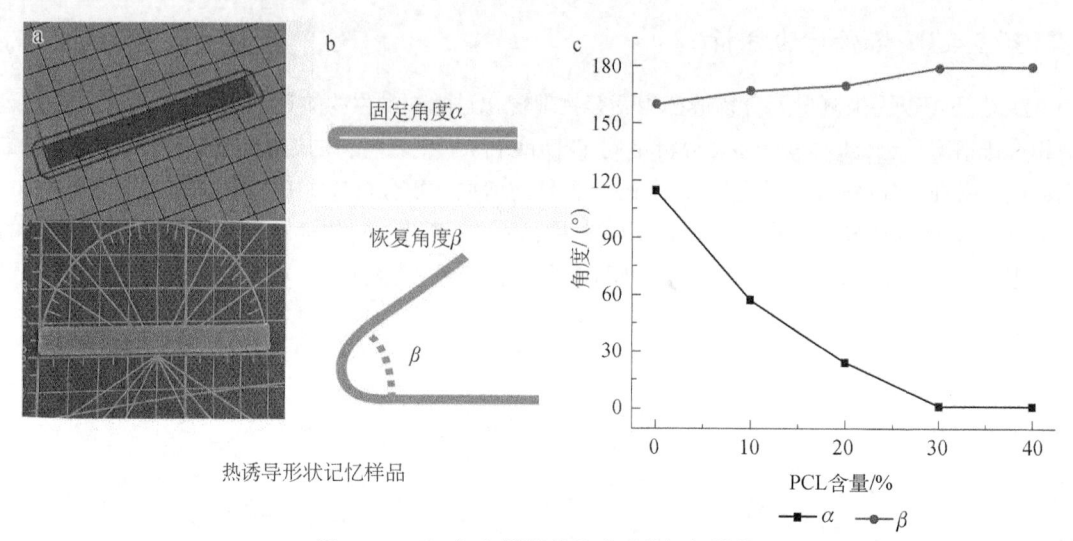

图 10.34 3D 打印样品的热致形状记忆性能

a. 具有热响应形状记忆行为的 3D 打印样品图像；b. 固定角度 α 和恢复角度 β 的定义；
c. 不同 TPU/PCL/WF 复合材料去除外力后的固定角度（α）和热诱导后的恢复角度（β）

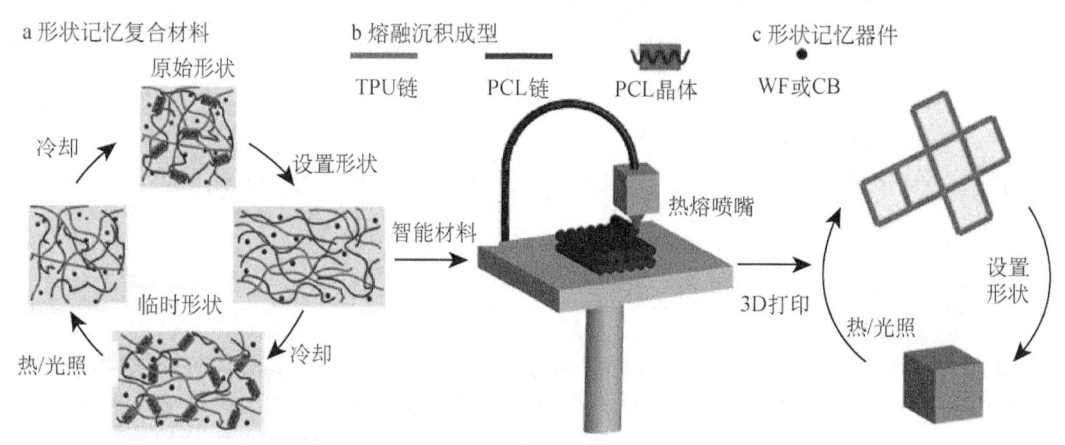

图 10.35 基于 TPU/PCL/WF 复合材料的形状记忆功能机制图（a）、FDM 技术打印模型（b）和 3D 打印立体模型的形状记忆行为（c）

10.5.4.5　3D 打印立方体模型的热响应形状记忆性能展示

由 TWP30 复合线材经 FDM 技术 3D 打印出厚度为 2mm 的立体平面模型，该平面模型可以折叠成一个 20mm×20mm×20mm 的立方体，如图 10.36 所示，模型的热响应形状记忆性能被成功展示。该模型的 3D 打印过程如图 10.35b 所示，TWP30 复合线材在 FDM 打印机的齿轮驱动作用下通过热熔喷嘴，将复合材料液化到熔融状态后挤压并沉积到打印平台上，层层叠加形成立方体平面模型，经过加热、施加外力变形和冷却后，3D 打印的立方体平面模型转变为立方体结构（图 10.35c）。实际 3D 打印出模型的初始形状（立方体平面）、设定的临时形状（立方体）及立方体结构在 60℃水浴中的形状恢复过程如图 10.36 所示。值得注意的是，由于复合材料的热响应形状记忆特性，在外部热的触发下，3D 打印模型从临时形态（立方体）逐渐恢复到原始平面形态，约 10s 后完全恢复。

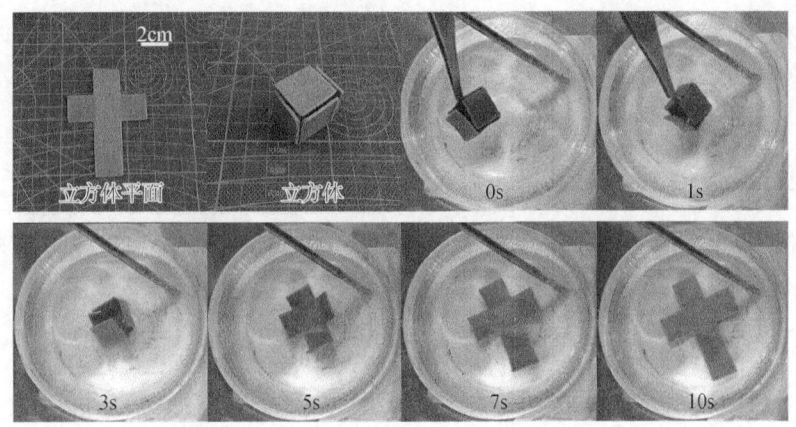

图 10.36 TWP30 复合线材 3D 打印模型的原始形状（立方体平面）和设定的临时形状（立方体）

10.6 光响应形状记忆木质聚合物 3D 打印复合材料

光作为外部触发器，以其出色的遥控能力和快速切换性能，引起了人们的广泛关注。许多研究学者通过加入一些光热介质（如炭黑、金纳米颗粒、碳纳米管等）来间接实现材料的光致形状记忆效果，这些光热介质可以将光转化为热。多壁碳纳米管（MWCNT）具有高效的光热转换能力和热导率。将 MWCNT 运用于聚合物中可以吸收 NIR 光能，并将其转化为热量，提高照射部分材料的温度，远程控制形状记忆聚合物复合材料的局部形状变化。然而，MWCNT 之间的范德瓦耳斯力较强，易于聚集，会导致复合材料界面的相互作用差，阻碍界面中 MWCNT 的传热能力。为了充分发挥 MWCNT 的优良特性，确保 MWCNT 在复合材料中的均匀分散，是实现 NIR 诱导形状记忆聚合物复合材料的关键。填料的表面改性是改善填料与聚合物基体界面相互作用的有效途径。然而，大多数填料改性方法通常比较复杂，涉及一些具有腐蚀性、有毒的化学物质，这可能破坏填料本身的结构。因此，有必要开发一种简单、绿色的填料改性方法，在不影响复合材料形状记忆性能的前提下，确保 NIR 诱导形状记忆复合材料的力学性能和光响应特性。

多巴胺分子与天然贻贝黏附蛋白成分相似，可以通过强氢键吸附在各种基材表面，从而改变基材表面性质。在碱性水溶液中，多巴胺易被氧化自聚合成聚多巴胺（PDA）涂层，覆盖在几乎所有类型的基材上，可以达到通过非共价键保护材料原始结构的目的。本节采用多巴胺改性 MWCNT，并对多巴胺改性前后 MWCNT 的理化性质进行表征。将改性后的 MWCNT 与 TPU/PCL 共混物结合，制备 NIR 诱导形状记忆复合材料，系统地研究了改性前后 TPU/PCL/MWCNT 复合材料的力学性能、微观形貌、结晶性能和热性能，并结合 3D 打印技术评估了复合材料的 NIR 诱导形状记忆性能。

10.6.1 制备方法

10.6.1.1 MWCNT 表面改性

反应发生在一个装有磁力搅拌装置的 1000mL 烧杯中，首先加入 500mL 去离子水和 0.5g Tris-HCl，再用 2% NaOH 溶液将 Tris-HCl 溶液的 pH 调节为 8.5。然后，将 0.5g MWCNT 分散在上述 500mL Tris-HCl 缓冲溶液中，使用超声波细胞破碎机在 1000W 功率下超声处理 15min。随后在磁力搅拌作用下，将 1g 多巴胺加入上述混合液，磁力搅拌 24h，溶液颜色逐渐从无色变为暗棕色。反应完成后,透过 0.22μm 聚四氟乙烯膜用去离子水抽滤清洗混合溶液数次,以去除可能未包覆在 MWCNT 表面的 PDA 和未反应的多巴胺,直至滤液颜色变为淡黄色。最后,将多巴胺改性后的 MWCNT 在冷冻干燥机中干燥 48h,得到粉末状改性 MWCNT,将其命名为 PMWCNT。

10.6.1.2 复合材料制备及 3D 打印

将 TPU(31.25g)和 DMF(312.5mL)加入 500mL 烧杯中,在 45℃条件下机械搅拌 5h。同时,在另一个 500mL 烧杯中加入 PCL(18.75g)和 DMF(187.5mL),同样在 45℃条件下机械搅拌 5h。然后,在一个 2000mL 烧杯中混合 TPU/DMF 和 PCL/DMF 溶液并持续搅拌。之后,将 0.5g CNC 分散在 50mL DMF 中磁力搅拌 15min,并在 1000W 超声波细胞粉碎机中超声处理 40min 后缓慢添加到上述 TPU/PCL/DMF 混合溶液中。随后,将 0.5g MWCNT(或 PMWCNT)分散于 30mL DMF 中,并在 1000W 超声波细胞粉碎机中超声处理 30min,完成后缓慢添加到 TPU/PCL/CNC/DMF 混合溶液中并连续搅拌 12h。最后,将混合液倒入模具(450mm×350mm×30mm)中并在 80℃电鼓风干燥箱中加热 48h 得到复合材料薄膜。采用相同的方法制备了含有不同含量 MWCNT(0wt%、1wt%、3wt%、5wt%)和 PMWCNT(1wt%、3wt%、5wt%)的复合材料薄膜。考虑后续性能测试结果,将 TPC/PMWCNT3 复合膜粉碎后,通过高精密 3D 打印耗材挤出试验机拉丝得到纳米复合线材,复合线材的直径控制在(1.75±0.10)mm,拉丝机从进料区到模具的温度分别为 165℃、185℃和 170℃。将得到的复合材料丝线应用于 FDM 打印机,得到近红外诱导的形状记忆模型。

10.6.2 测试与表征

使用单色 Al Kα X 射线源光谱仪在电压 12kV 和电流 6mA 的条件下对改性前后 MWCNT 样品的表面化学成分进行 X 射线光电子能谱(XPS)分析,并利用 XPS peak 软件实现图谱中重叠峰的反褶积。改性前后 MWCNT 样品的化学结构变化采用红外吸收光谱仪(FTIR)进行分析;采用热重分析仪测试改性前后 MWCNT 样品和不同复合材料的热稳定性能;利用透射电子显微镜(TEM)观测改性前后 MWCNT 样品的微观形貌;采用电子万能力学试验机,按照 GB/T 528—2009 标准对不同复合材料的拉伸性能进行了评价;采用电子束电压为 5kV 的扫描电子显微镜(SEM)分析不同复合材料样品断裂面的微观形貌。观察前先要将复合材料样品用液氮脆断,然后在断裂面进行喷金。采用 X 射线衍射仪对不同复合材料样品的晶体结构进行测定。采用差示扫描量热仪(DSC)对不同复合材料的熔融行为进行表征分析。在氮气氛围下,先将样品从 25℃以 10℃/min 的速率升至 230℃并保持 5min,以消除材料的热历史;然后以 10℃/min 的速率降至 25℃,等温 1min;最后,以 10℃/min 的速率再次升温到 230℃。用导热系数仪测定了不同复合材料的导热系数。

采用动态力学分析仪(DMA)在拉伸模式下控制应力条件,定量评估了复合材料的形状记忆性能。样品每个循环的形状固定率(R_f)和形状恢复率(R_r)由式(10.3)和式(10.4)来计算:

$$R_f = (\varepsilon_t / \varepsilon_l) \times 100\% \tag{10.3}$$

$$R_r = (1 - \varepsilon_r / \varepsilon_l) \times 100\% \tag{10.4}$$

首先对样品进行形状编程,加热样品,施加编程应力使样品产生临时应变,此时样品初始应变为 ε_l;然后对临时形状的固定阶段,冷却样品,保持应力恒定,卸除应力后,得到的临时应变为 ε_t;将样品再次加热,得到的样品应变为 ε_r。将得到的 TPC/PMWCNT 复合材料采用 FDM 打印机打印成不同的 3D 模型。将 3D 模型加热到 80℃,在外力的作用下变形成所需的结构,室温下冷却固定设置的临时形状;最后在近红外辐射(808nm,2W)作用下,实现了 3D 打印模型的 NIR 诱导形状记忆行为。

10.6.3 性能与形成机制

10.6.3.1 MWCNT 改性前后结构分析

图 10.37 显示了多巴胺改性 MWCNT 的机制。多巴胺在 MWCNT 表面氧化自聚合,形成具有酚羟基(—OH)和氨基(—NH—)等高强度不可逆共价键的 PDA。通过 XPS、FTIR、TG 和 TEM 对 MWCNT 和 PMWCNT 的物理特性和化学结构进行了表征。

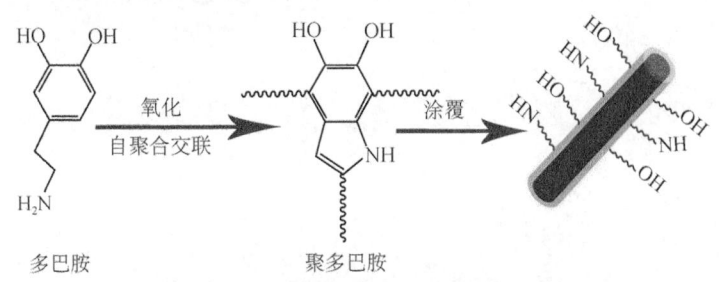

图 10.37 多巴胺改性 MWCNT 机制图

图 10.38a 为 MWCNT 和 PMWCNT 样品的 XPS 谱图,可以看出,两样品在结合能为 284.4eV 和 532.3eV 处均呈现出两个主要峰,分别对应 C 和 O。此外,与 MWCNT 相比,PMWCNT 样品在结合能 40.1eV 处出现了一个新的峰,对应 N1s,这主要归因于黏附在 MWCNT 上的 PDA 层,表明 PMWCNT 被成功改性。如图 10.38b 所示,MWCNT 的 C1s 谱图中主要包括三个不同结合能的峰:C—C(约 284.4eV)、C—O(约 285.6eV)和 O—C=O(约 288.6eV)。与 MWCNT 相比,PMWCNT 的 C1s 谱图在结合能约为 285.5eV 处出现了一个新的 C—N 峰,如图 10.38c 所示。从图 10.38d 可知,PMWCNT 的 N1s 谱图在结合能为 400.1eV 处的峰对应 PDA 的—NH—。

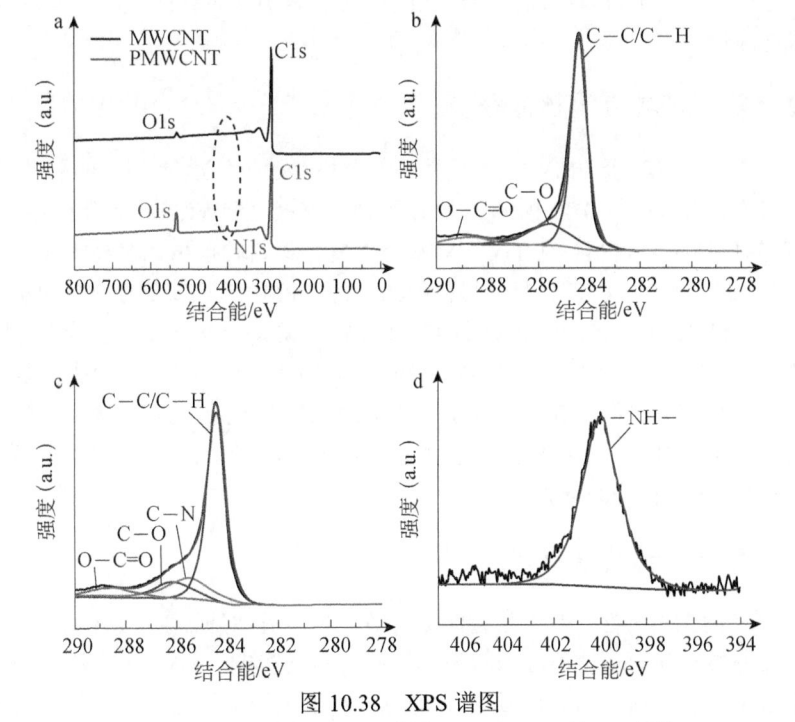

图 10.38 XPS 谱图
a. MWCNT 和 PMWCNT 的 XPS 谱图;b. MWCNT 的 C1s 谱图;c. PMWCNT 的 C1s 谱图;d. PMWCNT 的 N1s 谱图。平行于横坐标的直线为基线

采用 FTIR 分析了 MWCNT 和 PMWCNT 的化学结构，如图 10.39a 所示。与 MWCNT 样品相比，PMWCNT 在 1503cm^{-1} 和 1618cm^{-1} 处出现新的吸收峰，分别对应 N—H 弯曲振动和 C═C 伸缩振动峰。此外，PMWCNT 在 3431cm^{-1} 和 2917cm^{-1} 处的特征吸收峰强度较 MWCNT 增强，这可能主要是由于—OH 和 C—H 的增加。这些结果都表明了多巴胺的聚合并成功地包覆在 MWCNT 表面。

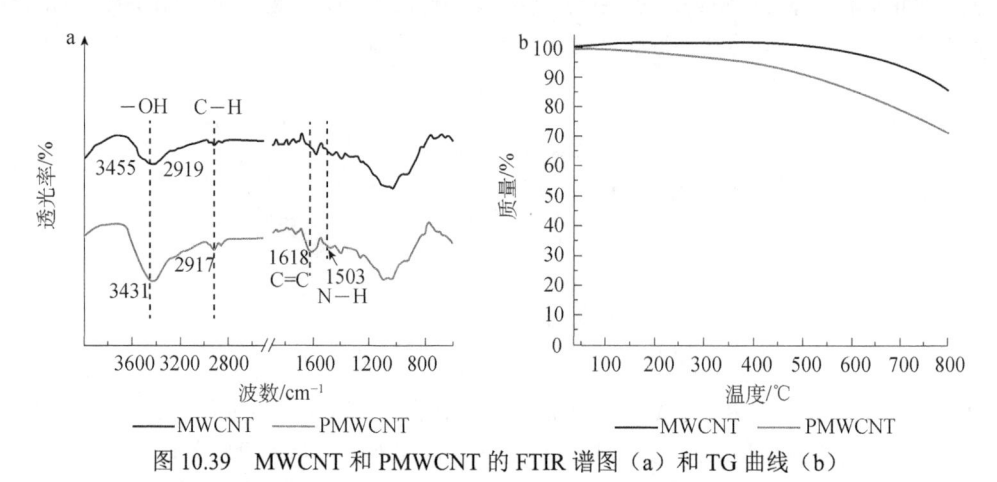

图 10.39　MWCNT 和 PMWCNT 的 FTIR 谱图（a）和 TG 曲线（b）

采用 TGA 测定了 MWCNT 和 PMWCNT 的热稳定性，其质量百分比随温度变化的曲线如图 10.39b 所示。可以看出，MWCNT 的热稳定性较好，其质量百分比随温度的升高而缓慢下降，当温度达到 800℃时，质量百分比降至 88%，整体失重速率较低。而 PMWCNT 的质量百分比在温度达到 800℃时降至 75%，这可能是 PMWCNT 表面 PDA 层的热损失造成的。从以上 XPS、FTIR 和 TGA 等结果基本上可以判断，多巴胺改性后的 PMWCNT 的表面含有 PDA 层，证明了 MWCNT 被成功改性。

10.6.3.2　复合材料力学性能分析

采用不同含量 MWCNT 及 PMWCNT 改性的复合材料的拉伸模量、拉伸强度、断裂伸长率和典型的应力-应变曲线如图 10.40 所示。可以发现，TPC-PMWCNT 复合材料的拉伸模量随 PMWCNT 含量的增加而增大，并且 TPC-PMWCNT 复合材料的模量始终高于含有相同含量填料的 TPC-MWCNT 复合材料；与 TPC 复合材料相比，TPC-PMWCNT5 复合材料的拉伸模量提高了近 445%，如图 10.40a 所示。复合材料模量的增强可能与 MWCNT 分子结构固有的刚度及分子间和分子内氢键的强度有关。从图 10.40b 和 c 可知，PMWCNT 作为填料可以提高复合材料的力学性能。由于 PDA 中含有丰富的—OH 和—NH—官能团，这些基团可以与基体中的 TPU 和 PCL 及 CNC 形成氢键，复合材料的相容性得到改善，使 PMWCNT 在 TPC 基体中的分散性优于 MWCNT，从而导致力学性能的增强。

10.6.3.3　复合材料的微观形貌分析

由于 MWCNT 的光热特性，复合材料能够有效地响应近红外辐射。MWCNT 在 TPC 复合材料基体中的均匀分布对其力学性能和形状记忆性能有重要影响。MWCNT 和 PMWCNT 的 SEM 图像分别如图 10.41a 和 b 所示，可以看出 MWCNT 发生了严重的团聚并自包裹成球状；而经过多巴胺改性的 PMWCNT 分散比较均匀。

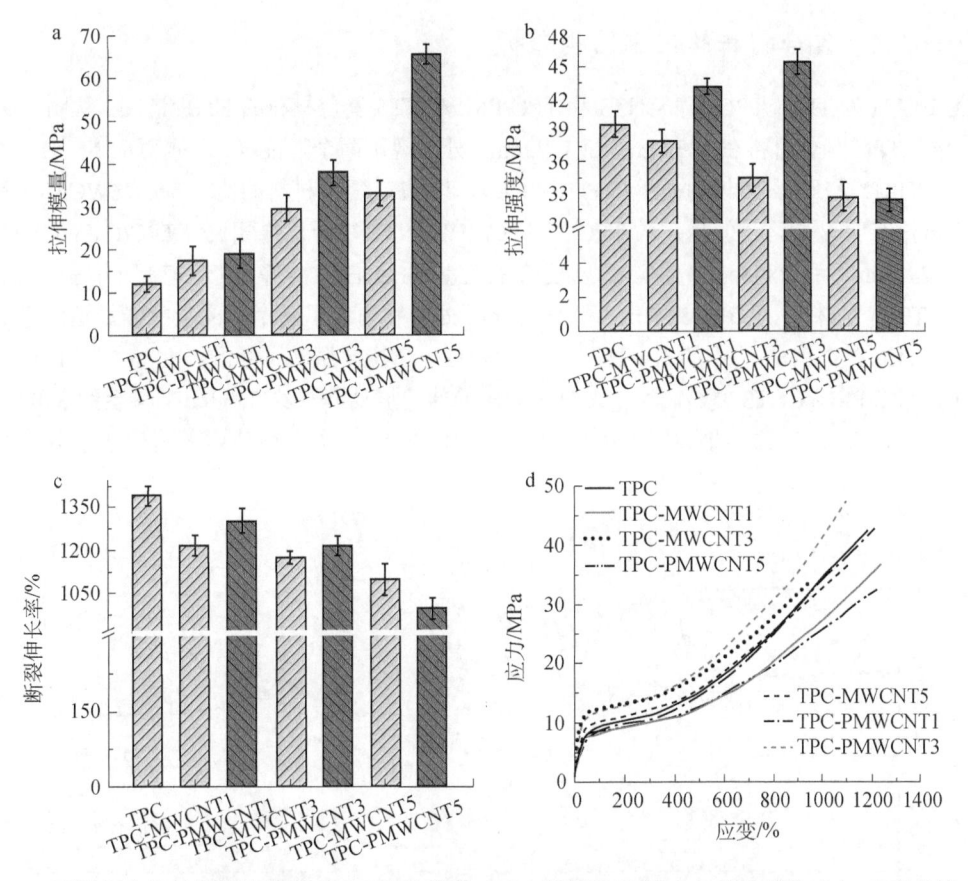

图 10.40 不同复合材料的拉伸模量（a）、拉伸强度（b）、断裂伸长率（c）和典型的应力-应变曲线（d）

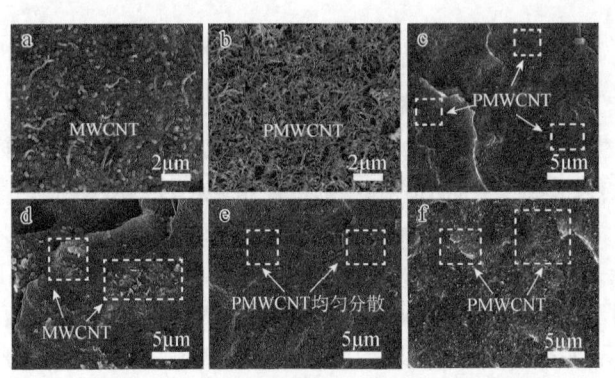

图 10.41 不同样品断裂面形貌的 SEM 图像

a、b. MWCNT（a）和 PMWCNT（b）的 SEM 图像；c~f. TPC/PMWCNT1（c）、TPC/MWCNT3（d）、TPC/PMWCNT3（e）、TPC/PMWCNT5（f）复合材料的断裂面形貌的 SEM 图像

利用 SEM 对 TPC/PMWCNT1、TPC/MWCNT3、TPC/PMWCNT3 和 TPC/PMWCNT5 复合材料的断裂面形貌进行了观测，结果如图 10.41c~f 所示。PMWCNT 含量为 1%时，仅能在聚合物复合材料断裂面发现少量的 MWCNT。当 PMWCNT 含量为 3%时，可以看出 PMWCNT 均匀分散在聚合物基体。当 PMWCNT 含量达到 5%时，PMWCNT 在聚合物基体中较多，形成部分团聚。以上结果表明，多巴胺改性的 PMWCNT 有助于改善 MWCNT 在聚合物复合材料中的均匀分散，证明了 PMWCNT 被成功改性。

10.6.3.4 复合材料的化学结构分析

图10.42a为TPC、TPC/MWCNT3和TPC/PMWCNT3复合材料的FTIR谱图。从图10.42a中可以看出，TPC复合材料在3333cm^{-1}和1722cm^{-1}处出现了两个特征峰，分别对应N—H/—OH伸缩振动（TPU）和C=O伸缩振动（TPU、PCL）。与TPC复合材料相比，TPC/MWCNT3复合材料的光谱没有明显变化。但是，与TPC和TPC/MWCNT3复合材料相比，TPC/PMWCNT3复合材料在2918cm^{-1}和2864cm^{-1}处特征吸收峰的位置明显右移，峰强度也有所增强。在TPC/PMWCNT3复合材料中，在1565cm^{-1}和1636cm^{-1}处分别出现了两个新的吸收峰，这两个吸收峰是由PMWCNT的PDA层中的N—H弯曲振动和C=C拉伸振动引起的。此外，与TPC复合材料相比，TPC/PMWCNT3复合材料N—H/—OH的伸缩振动峰从约3333cm^{-1}移至约3302cm^{-1}的较低波数。FTIR图谱的结果说明PMWCNT与TPU和PCL聚合物基体之间形成了分子间氢键作用。

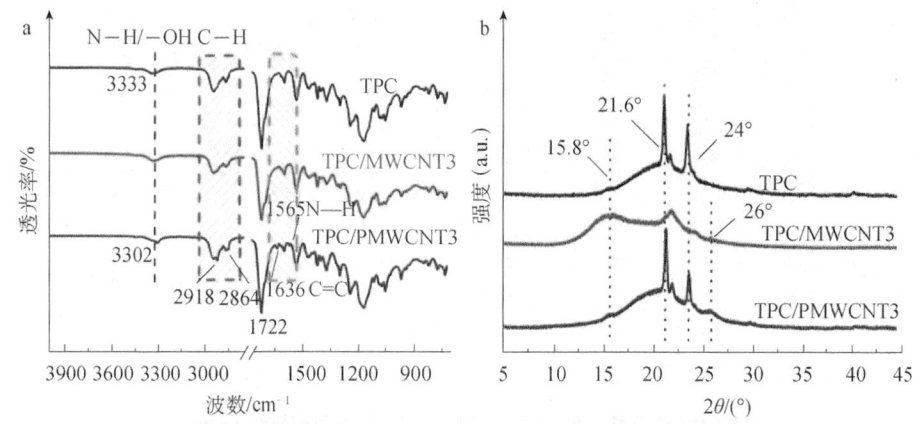

图10.42 TPC、TPC/MWCNT3和TPC/PMWCNT3复合材料的FTIR（a）和XRD（b）谱图

图10.42b为TPC、TPC/MWCNT3和TPC/PMWCNT3复合材料样品的XRD谱图。所有图谱均在21.6°和24°处产生了尖锐结晶峰，对应PCL的（110）和（200）晶面衍射；在15.8°处出现的结晶峰对应CNC的（010）晶格面衍射。与TPC相比，TPC/MWCNT3和TPC/PMWCNT3复合材料在2θ为26°处新出现的结晶峰为MWCNT的（002）晶面衍射。TPC/PMWCNT3复合材料的（002）晶面结晶峰强度大于TPC/MWCNT3复合材料。这可能是由于多巴胺改性MWCNT后与聚合物基体分子间形成氢键，分子间作用力增大且有序排列，促进了复合材料中稳定结晶结构的形成。XRD结果间接证明了多巴胺改性的PMWCNT增强了聚合物复合材料的界面相互作用。

10.6.3.5 复合材料的热性能分析

采用热重分析仪测量了TPC、TPC/MWCNT和TPC/PMWCNT复合材料的热稳定性。不同复合材料的质量随温度变化的曲线及数据如图10.43a所示。从TG曲线中得到复合材料在失重为5%和10%时的温度，分别记为T_5和T_{10}。在热失重为5%时，TPC/PMWCNT复合材料的热稳定性高于相同含量填料的TPC/MWCNT复合材料，这说明PMWCNT的添加改善了复合材料的热稳定性。然而，当热失重速率为5%时，TPC/PMWCNT5样品对应的温度略低于TPC，产生这种现象的原因可能是PMWCNT含量过多在复合材料内部团聚，导致MWCNT表面PDA涂层的降解。

此外，在热失重为 10% 时，TPC/PMWCNT3 具有最高的热稳定性，温度达到 309.23℃。在 600℃ 时，填充 MWCNT 或 PMWCNT 复合材料的残余质量均高于 TPC 复合材料；TPC/PMWCNT 复合材料的残余质量始终高于相同含量填料的 TPC/MWCNT 复合材料。这些结果进一步表明，多巴胺改性的 PMWCNT 可以提高复合材料的热稳定性。

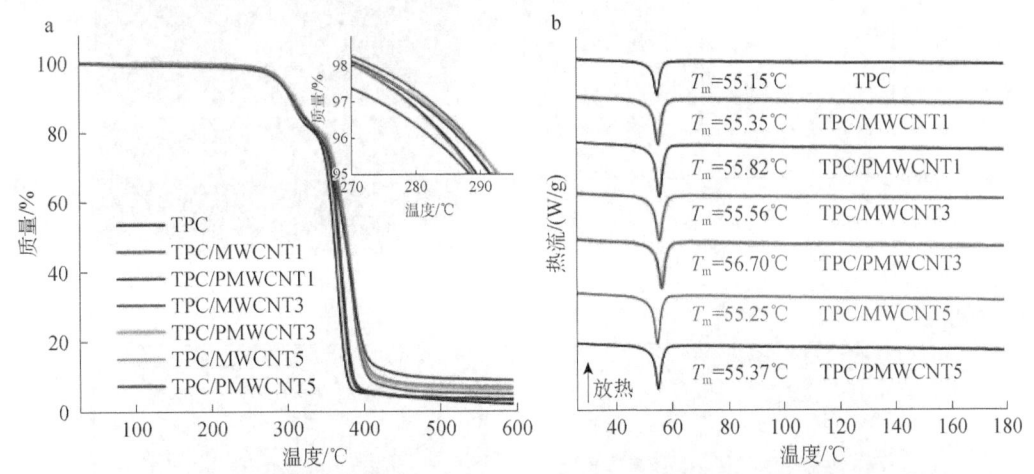

图 10.43 TPC、TPC/MWCNT 和 TPC/PMWCNT 复合材料的 TG（a）和 DSC（b）曲线

图 10.43b 为 TPC、TPC/MWCNT 和 TPC/PMWCNT 复合材料样品消除热历史后的二次加热曲线。从图 10.43b 中可以看出，不同复合材料在约 55℃ 均出现了属于 PCL 的熔融峰（T_{m-PCL}），熔融峰的位置变化不明显。然而，与其他复合材料相比，TPC/PMWCNT3 复合材料的 T_{m-PCL} 向高温方向略有移动。这可能是因为当聚合物基体中有适当含量的 PMWCNT 时，表面的 PDA 涂层促进了 PMWCNT 与聚合物分子链的结合，从而限制了聚合物链的移动。TG 和 DSC 的测试结果均可以说明 PMWCNT 与复合材料中 TPU 和 PCL 界面相容性有所提高，之前的许多研究工作也得到了类似的结论。

10.6.3.6 复合材料的导热性能分析

不同复合材料的导热系数（λ）如图 10.44a 所示。随着 MWCNT/PMWCNT 填料含量的增加，复合材料的导热系数明显提高。低质量分数的 MWCNT 或 PMWCNT 就可以有效地改善 TPC 复合材料的导热能力。不同复合材料的导热系数测试结果表明，PMWCNT 的加入显著提高了复合材料的导热性能。图 10.44b 和 c 为采用 TPC/PMWCNT3 3D 打印复合线材 FDM 打印的立体模型，并展示了不同形状模型的高灵活性。从图 10.44b 和 c 中可以看出，不规则多边模型可以高质量地被打印出来，打印的物体具有良好的柔韧性能。

通过复合材料的导热系数测试结果可知，多巴胺改性的 PMWCNT 对 TPC 复合材料的导热性能有积极影响。TPC/PMWCNT 复合材料获得良好导热性能的原因主要包括以下几个方面：①与 MWCNT 相比，PMWCNT 在复合材料中的分散性和与聚合物基体的界面相容性都得到了改善，从而提高了复合材料的传热能力。②FTIR 表征结果表明 PMWCNT 与 TPC 聚合物基体间有分子间氢键作用。③拉伸性能、XRD、TGA 和 DSC 结果也表明，PMWCNT 的添加有利于提高复合材料的拉伸强度和模量、结晶性能和热性能，进一步证明了复合材料界面结合能力的增强。基于以上结果，可以推测 TPC/PMWCNT 复合材料中 PMWCNT 表面的 PDA 层与 TPU、PCL、CNC 之间可以通过氢键相互作用形成好的导热网络，如图 10.44d 所示。

图 10.44　材料导热性能

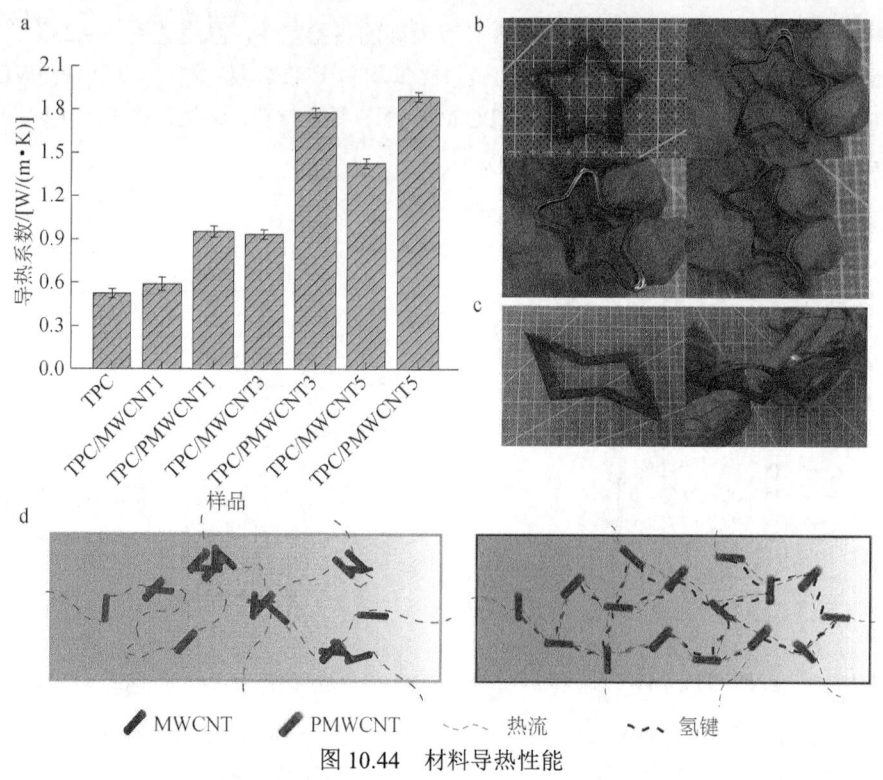

a. 不同复合材料的导热系数；b、c. 3D 打印的弯曲作用下的多边形模型；
d. 复合材料中 MWCNT（左）和 PMWCNT（右）的理想导热模型图

10.6.3.7　形状记忆行为分析

综合考虑到复合材料的力学性能、微观形貌、结晶性能和热性能，选择添加了 3% PMWCNT 的复合材料作为 NIR 诱导的形状记忆复合材料。首先，通过 DMA 定量表征了 TPC 和 TPC/PMWCNT3 复合材料的形状记忆性能，两种复合材料的形状记忆测试分别进行三个循环，测试结果如图 10.45 所示。计算得到复合材料的形状固定率（R_f）和形状恢复率（R_r）以评价复合材料的形状记忆性能，R_f 表示复合材料对设置的临时形状的固定能力，R_r 表示复合材料对永久形状的恢复能力。R_f 和 R_r 的计算结果如图 10.46 所示。可以看出，TPC/PMWCNT3 复合材料的 R_f 和 R_r 与 TPC 复合材料相似，R_f 可以达到 90% 以上，R_r 能够达到 75% 以上。以上结果表明 PMWCNT3 改性的复合材料保持了原始复合材料本身所具有的良好的形状记忆性能。

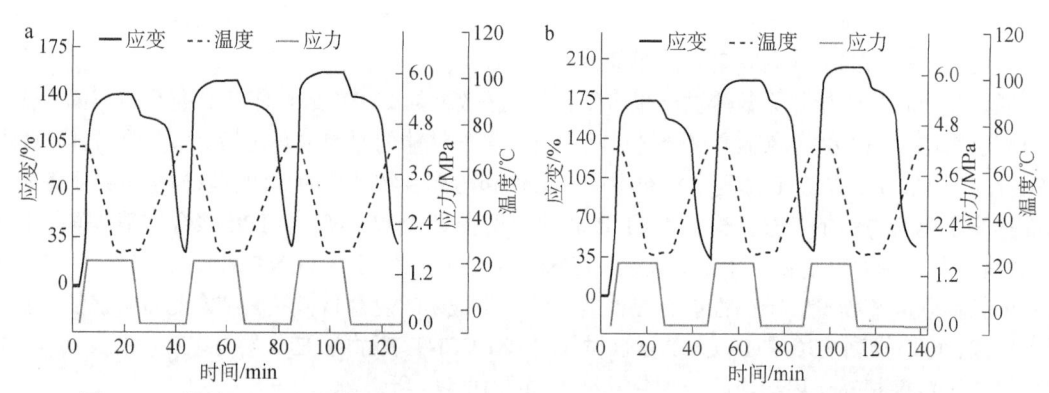

图 10.45　通过 DMA 测量的 TPC（a）和 TPC/PMWCNT3（b）样品的形状记忆循环性能

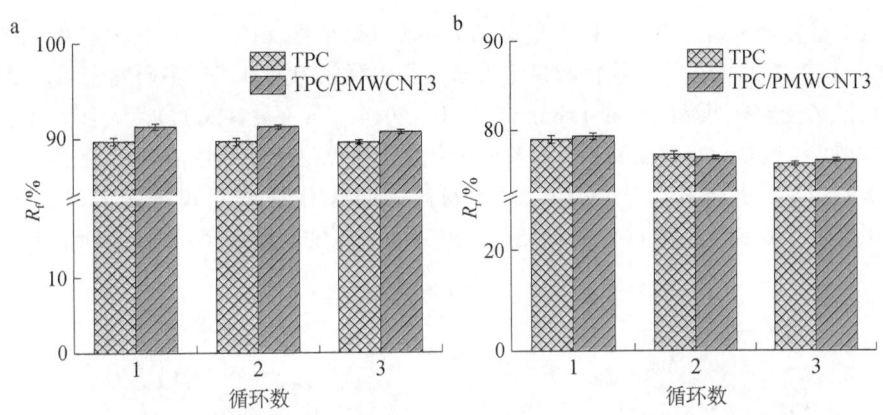

图 10.46 TPC 和 TPC/PMWCNT3 复合材料分别在三个循环的 R_f（a）和 R_r（b）

利用制备的 TPC/PMWCNT3 复合线材 3D 打印了小鼠、猴子、蝴蝶、五角星等模型，展示了复合材料的 NIR 诱导形状记忆特性，如图 10.47 所示。与热诱导相比，NIR 诱导最大的优点是可以实现远程、局部、非接触控制，不需要考虑周围环境的干扰。在这里，设置临时形状是将动物模型尾部的弯曲结构变形为线性结构，在 NIR 下局部照射观测其形状记忆效果。可以清楚地看到，部分照射后，动物模型的尾部可以在短时间内恢复原来的弯曲形状。此外，此复合线材还可以实现纹理复杂的蝴蝶模型的高质量打印，如图 10.47c 所示。随着 NIR 辐射时间的增加，蝴蝶翅膀的形状逐渐恢复到原始的状态，呈现出与真实蝴蝶挥舞翅膀的过程相似。同时还实现了五角星模型中多个拐点形状的恢复（图 10.47d）。在 NIR 照射下，打印的模型均能恢复到原始形状。

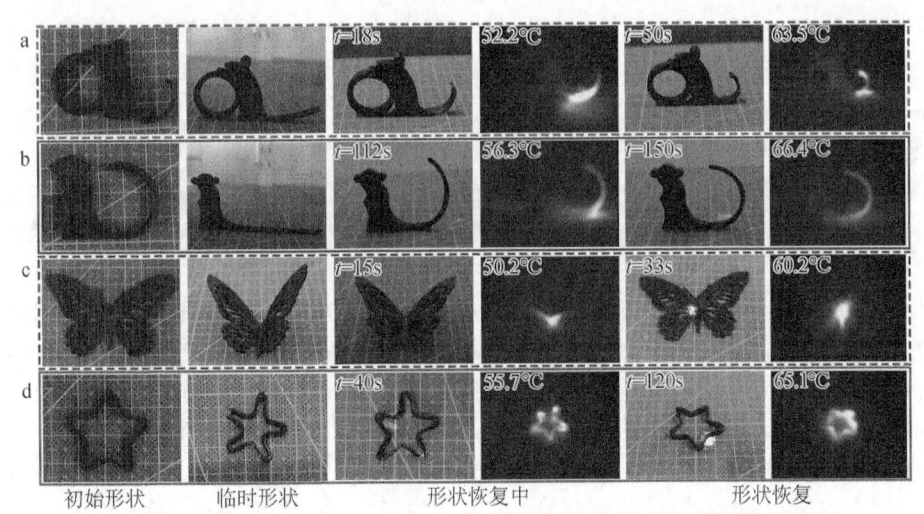

图 10.47 NIR 诱导不同 3D 打印模型的形状记忆行为恢复图片
a. 小鼠模型；b. 猴子模型；c. 蝴蝶模型；d. 五角星模型

上述研究中，TPC/PMWCNT3 复合材料的 NIR 诱导形状记忆行为机制与热诱导形状记忆机制相似。复合材料 NIR 诱导的形状记忆恢复过程如图 10.48 所示。在这个过程中，当温度低于 T_{m-PCL} 时，由于复合物中 PCL 分子的结晶和低的分子运动能力，PCL 的分子链处于"冻结"状态。当温度高于 T_{m-PCL} 时，PCL 晶体软化，导致聚合物发生明显的链节移动，改变了聚合物的构象。当复合材料处于临时变形状态时，复合材料中的 PCL 组分处于结晶状态，并保持在变形状态。在近红外光作用下，复合材料通过 MWCNT 的光热效应达到了高于 T_{m-PCL} 的温度，PCL 晶体变软并随着 TPU 的弹性效应，复合材料的形状逐渐恢复。最终，复合材料从临时形状恢复到原始形状。

在这种形状记忆复合材料系统中，PCL 的高结晶性和高延展性保证了其形状固定率，而具有弹性的 TPU 储存了 PCL 晶体在加热软化和恢复形状过程中释放的能量。许多研究表明，交联程度对材料的形状记忆性能有明显的影响（shimoni et al.，2014；Yu et al.，2009）。从形状记忆循环性能测试结果发现，经过多巴胺改性的复合材料的形状固形率略高于未改性的 TPC 复合材料。结合复合材料的 XRD 结果，推测 TPC/PMWCNT 复合材料中 PMWCNT 表面 PDA 层与 PCL 之间的分子间氢键作用促进了复合体系中 PCL 相的结晶。PCL 相结晶性能的提高有利于形状的固定。

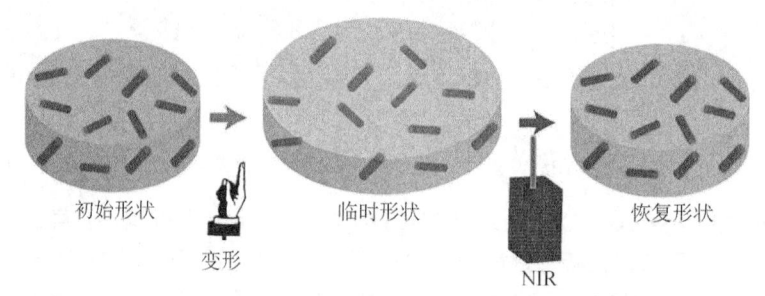

图 10.48 复合材料 NIR 诱导的形状记忆恢复过程

10.7 磁响应形状记忆木质聚合物 3D 打印复合材料

尽管光致形状记忆聚合物有诸多优点，但是受单一刺激及形变简单的影响，极大地限制了其在功能器件中的实际应用。将不同的刺激方法集成到一个形状记忆系统中，不仅能获得新一代的智能变形聚合物，其应用领域也会得到进一步拓展。形状记忆的刺激方式多种多样，如热、光、电、磁、溶剂等。其中，由软聚合物基体与硬磁材料组成的磁响应形状记忆复合材料（MSM）引起了越来越多的关注，除了能够实现远程、快速和可逆的形状变形，MSM 还可以在密闭空间内进行驱动，如用于微创手术的软体机器人。磁驱动的形状变形是 MSM 的磁化强度（表示磁性物质永久的或诱发的偶极磁矩的矢量场）与外加磁场之间相互作用的结果。当掺杂的磁性粒子的磁化强度与施加的外部磁场不对齐时，会在基体材料上施加一个扭矩并导致变形，从而使磁化强度与磁场强度对齐。材料的形状变形由结构几何形状和磁化分布决定。硬磁颗粒作为掺杂物不仅增强了光致形状记忆复合材料的磁性，还为其提供了可重新配置的形状变形。然而，结构整体灵活性和均匀性会遭到一定程度的损害，难以进行具有复杂形状变形的磁驱动。为了解决这个问题，本节在已有光致形状记忆功能的基础上，探索了材料的磁驱模块化组装功能。在磁驱模块化组装中，偶极-偶极相互作用使磁性模块之间能够自组织成更大的二维（2D）结构，通过磁偶极子的物理排列和基块的界面结合来创建复杂的形状。本节开发了一种磁性木质素/聚氨酯形状记忆复合材料，它具有光、磁两重刺激响应功能，可实现结构和材料的可编程性，以实现多功能和可重构的形状变形。该材料由形状记忆主体材料聚氨酯（TPU）与光热转换剂木质素、磁响应颗粒钕铁硼（NdFeB）组成，重点考察 NdFeB 添加量对复合材料力学性能、界面性能、动态热力学性能、热稳定性能等的影响，探究其在光/磁响应形状记忆与磁驱模块化组装方面的应用潜力。

10.7.1 制备方法

木质素在 60℃的烘箱中干燥 2h 后取出，放在干燥皿中备用。将一定质量的木质素溶于

DMF中，在室温、600W的条件下超声30min，得到木质素的DMF溶液，之后加入钕铁硼（NdFeB）磁粉颗粒（NdFeB的添加量分别为0%、5%、10%、15%、20%、25%）进行磁力搅拌，15min后将TPU放入DMF溶液中，在50℃条件下机械搅拌8h，将所得混合物浇铸到玻璃板上，置于60℃的恒温烘箱中干燥12h，最后将复合膜从玻璃板上剥离，得到厚度约为0.4mm的薄膜用于检测。样品分别命名为NdFeB-0、NdFeB-5、NdFeB-10、NdFeB-15、NdFeB-20和NdFeB-25。

10.7.2 测试与表征

利用傅里叶红外光谱仪在室温下分析复合材料的化学成分；利用金相显微镜对杨木木质素形貌进行分析，将样品置于清洁的载玻片上，先用低倍镜观察，将样品移到视野中央，再轻微转动螺旋调节器，换高倍镜观察分析。根据ASTM D638（2014）测试方法，通过万能拉伸试验机评估样品的力学性能。在氮气气氛中通过差示扫描量热分析仪（TA Q20）测试不同的复合材料。使用振动样品磁力计（VSM，7404型）测量复合材料的磁性。通过将磁矩除以样品质量来计算相应的磁矩。形状记忆测试过程如下：首先，将具有原始角度（180°）的30mm×5mm矩形条暴露在氙灯下0.5h至完全软化。其次，添加外部约束，将样品弯曲成变形角为α的临时形状，并在室温下平衡10min以固定变形。最后，通过将临时样品暴露在相应的光强度与磁场中再次获得原始形状和恢复角β，用摄像机记录样条的形状恢复过程。将样品模块置于变化磁场中（电磁感应线圈上方），模块沿磁场方向运动、彼此靠近，组装成一定形状后，将模组送进170℃烘箱中加热24h，通过TPU分子链在熔融状态下剧烈的布朗运动，实现模块间界面结合，从而获得复杂且稳定的形状设计。

10.7.3 性能与形成机制

10.7.3.1 红外吸收光谱分析

图10.49为磁性木质素/聚氨酯复合材料的傅里叶红外光谱图。当NdFeB含量为0时，由纯木质素/聚氨酯共混物的红外光谱曲线可知，位于3320cm^{-1}处的吸收峰为O—H与N—H键伸缩振动峰的重叠，1730cm^{-1}处为羰基C=O的伸缩振动吸收峰，在2951cm^{-1}和1360cm^{-1}处的两个强吸收峰归因于—CH$_2$—的不对称伸缩振动和对称伸缩振动；1450~1620cm^{-1}处为木质素苯环骨架伸缩振动区，1180cm^{-1}处为醚键C—O—C的伸缩振动吸收峰，650~1000cm^{-1}区为芳烃的C—H面外弯曲振动。相比于NdFeB-0样品，NdFeB的引入使复合材料的FTIR光谱中出现了一个明显的变化趋势，即所有官能团的吸收峰强度发生显著下降，这可能是因为NdFeB的加入掩盖了有机高分子的吸收峰。与未添加NdFeB的复合材料相比，添加NdFeB后并没有引起复合材料的特征峰位置变化，而且没有新的特征峰产生。由此可见，复合材料体系只是物理混合状态，没有化学反应发生。

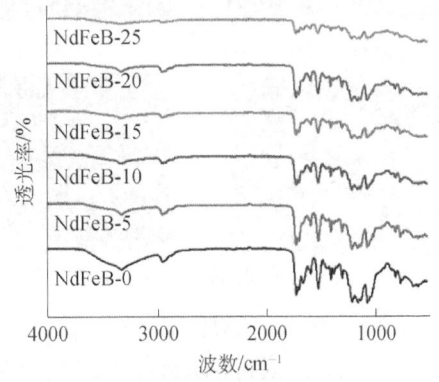

图10.49 磁性木质素/聚氨酯复合材料的傅里叶红外光谱图

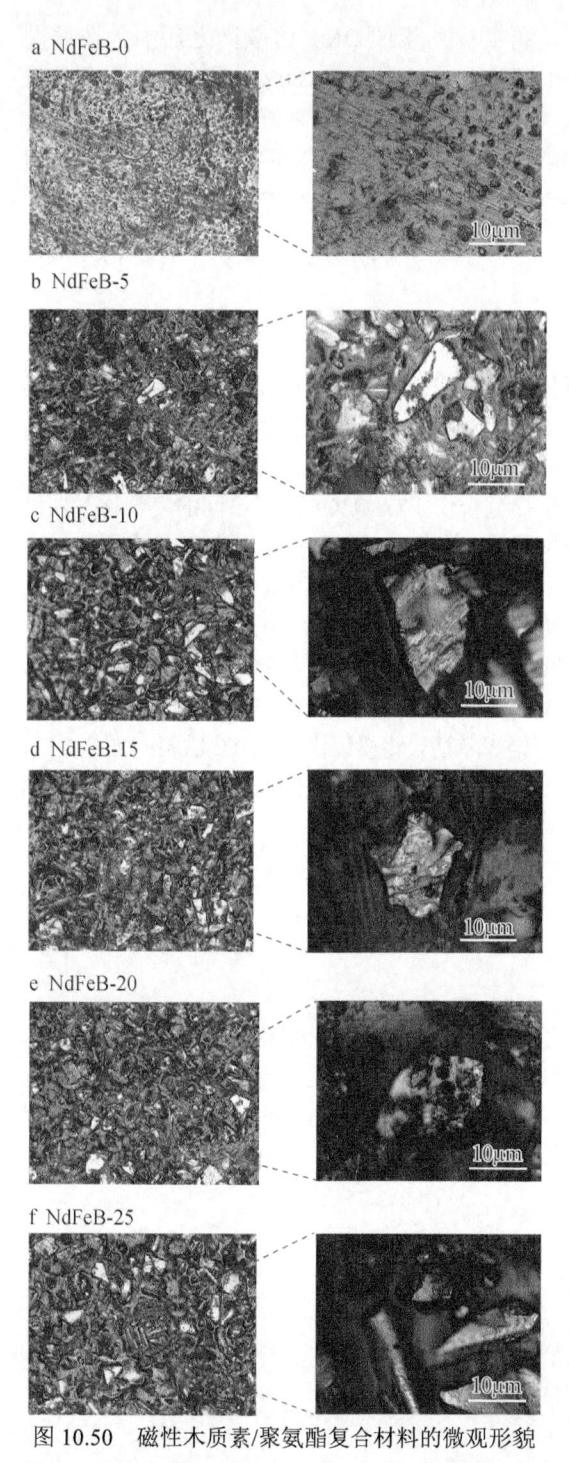

10.7.3.2 微观形貌分析

为了观察不同含量 NdFeB 在聚合物基体中的分散状态,用金相显微镜对复合材料的微观形貌进行分析。从图 10.50a 可以看到,未添加 NdFeB 的复合材料,其木质素在聚氨酯基体中分布均匀,没有出现明显的团聚现象。图 10.50b~f 显示了 NdFeB 颗粒的放大图,可以看出 NdFeB 颗粒呈现多种几何状态,有棱状、长方体状、锥状等。通过 Image 软件测量得出这些 NdFeB 颗粒的尺寸在 10μm 左右。随着基体中 NdFeB 的添加,可以看到聚合物表面变得不再光滑平整,逐渐出现波纹状突起,对大粒径的 NdFeB 颗粒包覆性也逐渐降低,甚至出现从基体中掉落的现象。这可能是因为 NdFeB 颗粒在聚合物相中的分散达到了渗透阈值。从图 10.50e 中可以看出,NdFeB 颗粒依旧能在聚合物基体材料中均匀地分散,但是基体和 NdFeB 之间的间隙越来越明显,表明两者之间的界面相互作用较弱。此外,还可以观察到在 NdFeB 表面出现了红色颗粒,这是 NdFeB 中铁元素在空气中氧气与水分的共同作用下发生氧化变红引起的。

10.7.3.3 拉伸性能分析

为了探究 NdFeB 含量对复合材料力学性能的影响,进行了单轴拉伸试验,如图 10.51 所示。可以看出,未添加 NdFeB 的复合材料断裂伸长率最高,达到了 1237%,添加 NdFeB 后复合材料的断裂伸长率均有所下降。添加 5% NdFeB 的复合材料的拉伸强度最高,达到 15.1MPa,相比未添加 NdFeB 的空白对照组提高了 30.1%,断裂伸长率降低了 3.8%。这可以归因于刚性 NdFeB 颗粒起到的增强作用,NdFeB 在基体中均匀分散后,降低了应力集中的程度并传递应力,使得材料能承受更高的载荷。然而,NdFeB 含量进一步增加阻碍了试件拉伸强度的提高。随

图 10.50 磁性木质素/聚氨酯复合材料的微观形貌

着 NdFeB 比例从 5%增加至 25%,样品的拉伸强度从 15.1MPa 逐渐降低到 5.86MPa。断裂伸长率从 1190%显著降低到 741.5%。这是由于在较高的 NdFeB 负载下,聚氨酯分子链的规整性遭到破坏,塑性变形大幅产生,并伴随分子链大量断裂,如图 10.51b 所示,试件在出现"细颈"前便产生了大量裂口,而拉伸性能与断裂伸长率是评估形状记忆性能的重要参数,所以 NdFeB 含量不宜过高,否则最终会影响复合材料的形状记忆性能。

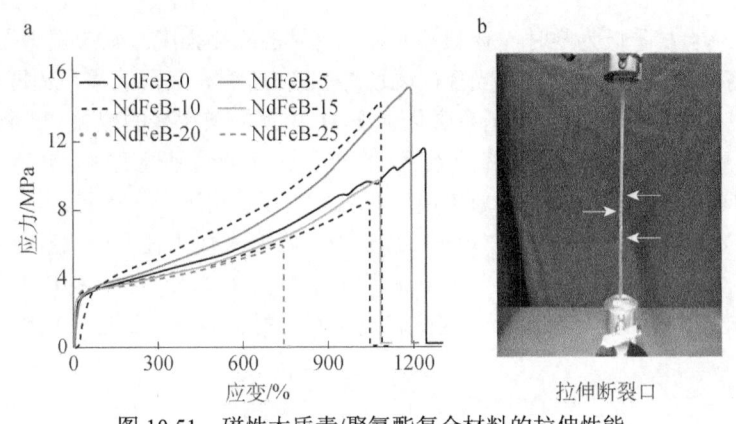

图 10.51　磁性木质素/聚氨酯复合材料的拉伸性能

a. 应力-应变曲线图；b. 拉伸断裂口

箭头指示样品拉伸过程中出现的断裂口的位置

10.7.3.4　热学性能分析

图 10.52 是磁性木质素/聚氨酯复合材料的 DSC 二次加热熔融曲线，表征了具有不同 NdFeB 含量的复合材料的热学性能和熔融/结晶行为。可以看出，纯木质素/聚氨酯共混物在 65～100℃ 内有一宽玻璃化转变吸热峰。在 171℃ 时出现吸热转变峰，对应 TPU 的熔融转变，然而随着 NdFeB 的添加，TPU 熔融峰消失，这是因为 NdFeB 作为金属颗粒，其传热性能比聚合物基体强，可能导致 TPU 升温速度太快，从而在 DSC 曲线中看不到熔融峰，这与 Kovarsky 等报道的结果相似。添加 NdFeB 对 TPU 的玻璃化转

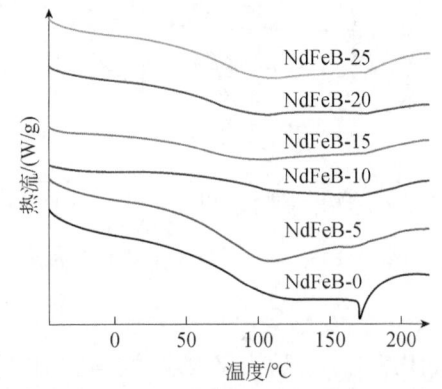

图 10.52　NdFeB 添加量对复合材料热学性能的影响

变温度也有很大影响，在含有 5%NdFeB 的复合材料中，TPU 的玻璃化转变曲线变化比较陡峭，说明了材料的 T_g 区间较窄，这是分子链与链之间链段运动能力接近造成的。然而，当 NdFeB 含量超过 5% 时，玻璃化转变曲线变化比较平缓，说明了 TPU 的 T_g 区间较宽，这归因于大量不均匀的磁性颗粒破坏了 TPU 分子链的规整性，阻碍分子链的移动，并且对相分离的 TPU 域的物理限制作用抑制了 TPU 的热转变行为。

10.7.3.5　磁性分析

图 10.53a 为不同复合材料的静态磁滞回线。所谓磁滞现象，是指磁性体磁化强度的变化总是慢于外部磁场的变化，在外部磁场撤去后，磁体仍能保留获得的部分磁性。磁滞回线表示外部磁场强度发生周期性变化时，磁性体磁滞现象的闭合磁化曲线（图 10.53b），它表明了强磁性物质反复磁化过程中磁化强度（M）与磁场强度（H）之间的关系。逐渐提高外部磁场的磁场强度（H），磁性样品的磁化强度（M）将沿图 10.53b 中的 OAB 曲线升高，直至达到磁饱和状态（B），M 达到饱和值（M_s），相应的磁场强度用 H_s 表示。继续升高 H，材料的磁化状态基本不变，所以 BC 段几乎平行于 H 轴。OAB 曲线则为起始磁化曲线。之后，如果外部磁场减小，自 B 点开始，磁化曲线逐渐降低，但是并不沿着 OAB 曲线原路返回，这说明了磁化强度（M）的变化滞后于磁场强

度（H）的变化。当 H 降低为零时，M 却不为零，这时的磁化强度即剩余磁化强度（M_r）。若要将 M 降到零，需要施加一反向磁场，当反向磁场增加到 $-H_c$ 时，M 降为零，H_c 即矫顽力。从图中可以看出，随着钕铁硼含量的升高，剩余磁化强度 M_r 出现先增后减的现象。剩余磁化强度 M_r 的值在 NdFeB 含量高于 20% 后出现下降的原因，可能是钕铁硼含量过高时，会超出聚氨酯基体的负载能力，导致颗粒拔出、脱落的现象出现。颗粒拔出后，留下了大量孔洞，实际的 NdFeB 含量甚至低于 NdFeB-20。在外部磁场作用下，NdFeB-0 没有表现出任何磁响应行为，NdFeB-5 可以在磁场作用下，进行有限的移动，当 NdFeB 含量上升至 15% 时，复合材料不仅能进行磁响应移动，而且能产生微弱的磁响应变形。这些表现为复合材料的形状记忆与模块化组装提供了前提条件。

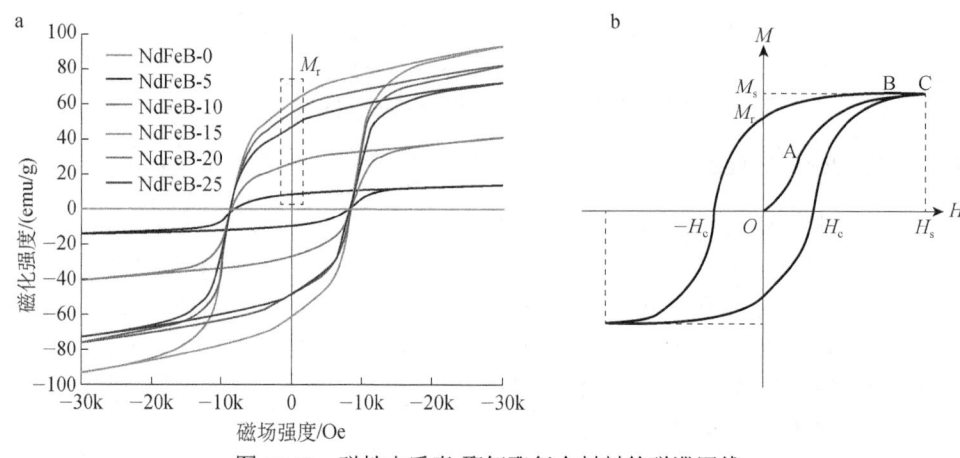

图 10.53　磁性木质素/聚氨酯复合材料的磁滞回线

a. 静态磁滞回线；b. 磁滞回线示意图

10.7.3.6　形状记忆性能与磁驱动模块化组装

为了评估不同 NdFeB 含量对复合材料磁响应形状记忆性能和磁驱动模块化组装性能的影响，图 10.54 给出了具有不同 NdFeB 含量的复合材料的磁响应形状记忆示意图。由于复合材料有限的磁响应形状变形，在形状固定方面，依旧采用施加外力的方式固定临时形状，形状恢复时将所有复合材料置于磁场下方相同的位置，以确保它们处在相同的磁场强度下，并置于相同的光源下，实现复合材料的多重响应功能。图片显示了样条的固定角状态和恢复角状态。可以看出，临时形状固定角度随着 NdFeB 含量的增加而增加，这是因为刚性的 NdFeB 颗粒会导致材料韧性与弹性下降，使其不易变形弯曲，难以固定成小角度形状。NdFeB-0 样条的形状恢复时间（t）较长，约为 7min，其形状恢复角（α）为 45°。这是因为没有添加 NdFeB 的复合材料没有磁响应功能，在进行形状恢复的过程中，缺乏磁感运动来辅助形状恢复。NdFeB-10 和 NdFeB-15 样条的形状恢复时间较快，约为 3min，它们的形状恢复角度分别为 120° 和 145°。这是因为随着 NdFeB 含量的增加，样品的磁感运动效率得以提高。同时，高 NdFeB 含量的复合材料具有更高的吸热、传热效率。另外，在复合材料中，NdFeB 周围可能会形成物理缠结点，这也促进了更快的形状恢复。然而，NdFeB-20 的样条形状恢复时间超过 10min，结束时的恢复角度也停留在 145°。当 NdFeB 含量继续升高至 25% 时，形状恢复时间进一步延长，恢复角度大幅降低，这是因为大量的 NdFeB 颗粒破坏了 TPU 分子链的规整性，降低了 TPU 分子链间的缠结程度，产生不可逆的塑性破坏，从而削减了复合材料储存内应力势能的能力，这也是 NdFeB 阻碍形状恢复的一个重要原因。

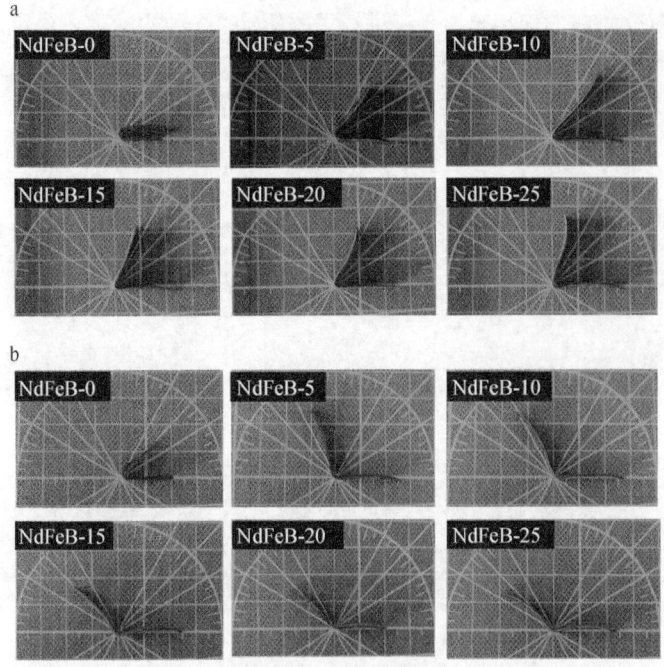

图 10.54 磁性木质素/聚氨酯复合材料的形状记忆效应
a. 临时形状固定；b. 临时形状恢复

根据以上分析，提出了磁性木质素/聚氨酯复合材料系统的磁辅助形状记忆机制，如图 10.55 所示。首先，将复合样条置于氙灯光源下，由于共轭芳香结构的光热转化效应，木质素颗粒吸收光能产生大量热量，NdFeB 颗粒也表现出一定程度的吸光发热效应。具有较低转变温度的 TPU 相随着样条温度的升高而熔化，分子链"解冻"，样品模量急剧降低，样品发生软化，施加外力作用随即变形。然后，在低温下保持 2h，卸载外力后，样品的临时形状被 TPU 软段固定，样品的初始形状被 TPU 硬段和木质素、NdFeB 周围的物理交联点所记忆。与具有初始形状的样品相比，临时形状样品中的 TPU 分子链发生取向变化，由卷曲构象变为伸展构象，就像悬挂着黏壶的弹簧被拉伸一样，其内部储存了大量应力。最后，将变为临时形状的样条置于光源与磁场中，TPU 相被再次激活，分子链运动加剧，存储在 TPU 中的内应力被释放，加上 NdFeB 磁感运动的促进作用，样条发生了快速的宏观运动，从而使样条从临时形状恢复为初始形状。从以上分析可以得出结论，TPU 硬段和木质素、NdFeB 附近的额外物理交联点被用作固定相来"记忆"样品的初始形状，TPU 软段被用作可逆相，在转变温度附近软化和硬化，充当了样品在形变阶段保持临时形状的开关，并为形状记忆恢复阶段提供了恢复力。

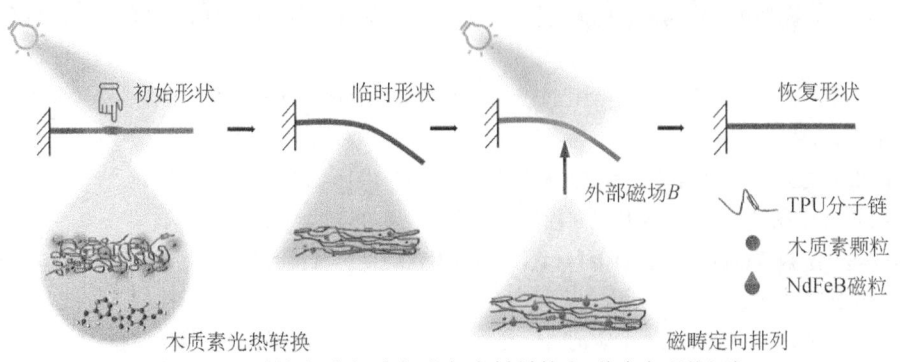

图 10.55 磁性木质素/聚氨酯复合材料的光/磁响应形状记忆

为了拓展磁性复合材料的应用范围，还进行了磁驱动 2D 结构的模块化组装实验（图 10.56）。通过使用简单的构建模块来实现：模块可以在磁场下移动，磁引力为基本构建模块提供了不同的组合逻辑。这些逻辑可以进一步用于实现更复杂的形状变化。理论上，逻辑组装策略的使用可以实现几乎无限数量的可能的形状变形设计。

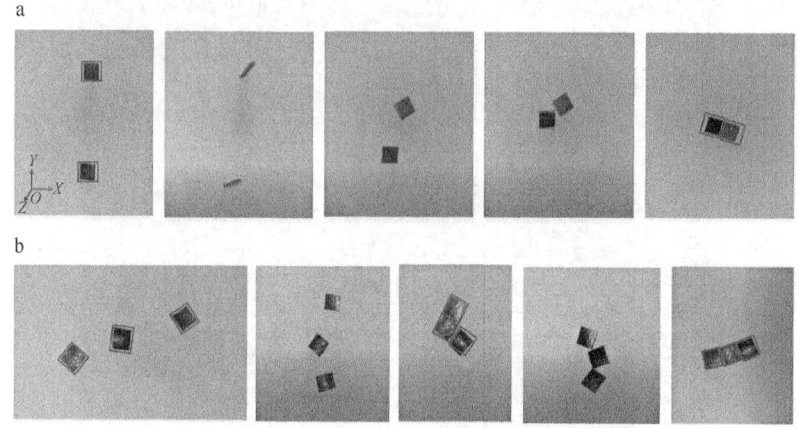

图 10.56 磁性木质素/聚氨酯复合材料的磁驱动模块化组装
a. 双模块组装；b. 三模块组装

主要参考文献

陈庆，曾军堂，陈韦坤. 2015. 3D 打印塑料材料技术现状和发展趋势[J]. 新材料产业，(6)：27-32.

陈志茹，夏承东，李龙，等. 2018. 3D 打印技术研究概况[J]. 金属世界，(4)：9-14, 19.

池冰，宁莉萍，周亚巍，等. 2016. 彩色木塑复合材料的老化性能[J]. 材料科学与工程学报，34（1）：150-155.

顾晓华，李燕，刘思雯，等. 2020. 茶多酚-聚乳酸/聚碳酸丁二醇酯抗菌复合纤维膜的制备及性能[J]. 复合材料学报，37（6）：7-13.

郭蕊. 2020. 基于 3D 打印杨木粉/聚乳酸导电复合材料制备及性能研究[D]. 哈尔滨：东北林业大学博士学位论文.

侯人鸾，何春霞，薛娇，等. 2013. 麦秸秆粉/PP 木塑复合材料紫外线加速老化性能[J]. 复合材料学报，30（5）：86-93.

黄兆阁，张昊. 2018. 高分子材料用抗氧剂的应用现状与展望[J]. 上海塑料，1：1-6.

李坚，许民，包文慧. 2015. 影响未来的颠覆性技术：多元材料混合智造的 3D 打印[J]. 东北林业大学学报，(6)：1-9.

李坤泉，柴生勇，李积德，等. 2019. 受阻胺光稳定剂 770 的合成与应用研究[J]. 合成材料老化与应用，48（5）：1-5.

李艳. 2016. 未来之星——3D 打印技术[J]. 中国商界，(11)：116-117.

梁辉. 2019. 3D 打印在航天智能制造中的应用[J]. 卫星应用，(6)：24-25.

刘灏. 2020. 基于熔融沉积成型 3D 打印纤维素/聚乳酸生物质复合材料的制备及性能研究[D]. 广州：华南理工大学博士学位论文.

陆园，战力英，宫青海，等. 2016. 抗氧剂的分类、作用机理及研究进展[J]. 塑料助剂，(2)：43-50.

钮金芬，姚秉华，闫烨. 2010. 生物降解塑料聚乳酸研究进展[J]. 工程塑料应用，38（4）：89-92.

任汪洋. 2017. 基于 FDM 成型工艺的桌面级 3D 打印机优化设计[D]. 合肥：合肥工业大学硕士学位论文.
史玉升，张李超，白宇，等. 2015. 3D 打印技术的发展及其软件实现[J]. 中国科学：信息科学，45（2）：197-203.
孙月花，彭超群，王小锋，等. 2015. 直写成型技术：一种新型微纳尺度三维结构的制备方法[J]. 中国有色金属学报，25（6）：1525-1537.
万里鹰，李爱妹，李自伊，等. 2021. 磁热双重响应纳米 Fe_3O_4/环氧树脂复合材料的形状记忆性能[J]. 高分子材料科学与工程，37（3）：184-190.
王葵，姜海，蒋克容. 2008. 立体光固化快速成型技术的应用及发展[J]. 新技术新工艺，（2）：55-56.
魏健. 2020. 热塑性聚氨酯弹性体（TPU）的合成及性能研究[D]. 青岛：青岛科技大学硕士学位论文.
阎海亮. 2017. 3D 直写式打印柔性可拉伸电子材料的研究[D]. 北京：北京工业大学硕士学位论文.
杨文斌，文月琴，徐建锋. 2015. 可逆热致变色木塑复合材料的制备及性能表征[J]. 森林与环境学报，35（3）：199-204.
杨兆哲. 2018. 杨木粉/PLA 复合材料的研究及其在 3D 打印中的应用[D]. 哈尔滨：东北林业大学博士学位论文.
张桂兰. 2013. 解密 3D 打印[J]. 印刷技术，（19）：38-41.
张晶晶，张香兰，王一龙，等. 2012. 磁场响应形状记忆聚合物复合材料的研究进展[J]. 石油化工，41（2）：230-234.
周志芳. 2018. 光致变色木塑复合材料的制备与性能[D]. 哈尔滨：东北林业大学博士学位论文.
Amorim L, Santos A, Nunes J P, et al. 2021. Bioinspired approaches for toughening of fibre reinforced polymer composites[J]. Materials & Design, 199: 109336.
Bi H, Jia X, Ye G, et al. 2020a. Three-dimensional-printed shape memory biomass composites for thermal-responsive devices[J]. 3D Printing and Additive Manufacturing, 7（4）: 170-180.
Bi H, Ye G, Sun H, et al. 2022. Mechanically robust, shape memory, self-healing and 3D printable thermoreversible cross-linked polymer composites toward conductive and biomimetic skin devices applications[J]. Additive Manufacturing, 49: 102487.
Bi H, Ye G, Yang H, et al. 2020b. Near infrared-induced shape memory polymer composites with dopamine-modified multiwall carbon nanotubes via 3D-printing[J]. European Polymer Journal, 136: 109920.
Bustillos J, Montero D, Nautiyal P, et al. 2018. Integration of graphene in poly（lactic）acid by 3D printing to develop creep and wear-resistant hierarchical nanocomposites[J]. Polymer Composites, 39（11）: 3877-3888.
Chen T, Wu Y, Qiu J, et al. 2020. Interfacial compatibilization via *in-situ* polymerization of epoxidized soybean oil for bamboo fibers reinforced poly（lactic acid）biocomposites[J]. Composites Part A: Applied Science and Manufacturing, 138: 106066.
Feczkó T, Kovács M, Voncina B. 2012. Improvement of fatigue resistance of spirooxazine in ethyl cellulose and poly（methyl methacrylate）nanoparticles using a hindered amine light stabilizer[J]. Journal of Photochemistry and Photobiology A: Chemistry, 247: 1-7.
Gijsman P. 2017. A review on the mechanism of action and applicability of hindered amine stabilizers[J]. Polymer Degradation and Stability, 145: 2-10.
Golbang A, Kokabi M. 2011. Temporary shape development in shape memory nanocomposites using magnetic force[J]. European Polymer Journal, 47（8）: 1709-1719.
Hassan R U, Jo S, Seok J. 2018. Fabrication of a functionally graded and magnetically responsive shape memory polymer using a 3D printing technique and its characterization[J]. Journal of Applied Polymer Science, 135（11）: 45997.

Hon K K B, Li L, Hutchings I M. 2008. Direct writing technology—advances and developments[J]. CIRP Annals, 57 (2): 601-620.

Hwang S. 2015. Study of Materials and Machines for 3D Printed Large-Scale, Flexible Electronic Structures Using Fused Deposition Modeling[M]. El Paso: The University of Texas at El Paso.

Jing X, Mi H Y, Huang H X, et al. 2016. Shape memory thermoplastic polyurethane (TPU)/poly (ε-caprolactone) (PCL) blends as self-knotting sutures[J]. Journal of the Mechanical Behavior of Biomedical Materials, 64: 94-103.

Kovakrsky R, Golodnitsky D, Peled E, et al. 2011. Conductivity enhancement induced by casting of polymer electrolytes under a magnetic field[J]. Electrochimica Acta, 57: 27-35.

Kun K. 2016. Reconstruction and development of a 3D printer using FDM technology[J]. Procedia Engineering, 149: 203-211.

Li D, Shentu B, Weng Z. 2011. Morphology, rheology, and mechanical properties of polylactide/poly (ethylene-co-octene) blends[J]. Journal of Macromolecular Science, Part B, 50 (10): 2050-2059.

Li Q, Lewis J A. 2003. Nanoparticle inks for directed assembly of three-dimensional periodic structures[J]. Advanced Materials, 15 (19): 1639-1643.

Li W, Liu Y, Leng J. 2018a. Light-actuated reversible shape memory effect of a polymer composite[J]. Composites Part A: Applied Science and Manufacturing, 110: 70-75.

Li W, Shang T, Yang W, et al. 2016. Effectively exerting the reinforcement of dopamine reduced graphene oxide on epoxy-based composites via strengthened interfacial bonding[J]. ACS Applied Materials & Interfaces, 8 (20): 13037-13050.

Li Y, Zhu L, Wang B, et al. 2018b. Fabrication of thermoresponsive polymer-functionalized cellulose sponges: flexible porous materials for stimuli-responsive catalytic systems[J]. ACS Applied Materials & Interfaces, 10 (33): 27831-27839.

Ligon S C, Liska R, Stampfl J, et al. 2017. Polymers for 3D printing and customized additive manufacturing[J]. Chemical Reviews, 117 (15): 10212-10290.

Liu J, Jiang H, Chen L. 2012. Grafting of glycidyl methacrylate onto poly (lactide) and properties of PLA/starch blends compatibilized by the grafted copolymer[J]. Journal of Polymers and the Environment, 20 (3): 810-816.

Liu Y, Wu K, Luo F, et al. 2019. Significantly enhanced thermal conductivity in polyvinyl alcohol composites enabled by dopamine modified graphene nanoplatelets[J]. Composites Part A: Applied Science and Manufacturing, 117: 134-143.

Lu C, Liu Y, Liu X, et al. 2018. Sustainable multiple and multi-stimulus-shape-memory and self-healing elastomers with semi-interpenetrating network derived from biomass via bulk radical polymerization[J]. ACS Sustainable Chemistry & Engineering, 6 (5): 6527-6535.

Lv S, Gu J, Tan H, et al. 2017. The morphology, rheological, and mechanical properties of wood flour/starch/poly (lactic acid) blends[J]. Journal of Applied Polymer Science, 134 (16): 44743.

Mir A, Mallik D, Bhattacharyya S, et al. 2010. Aqueous ferrofluids as templates for magnetic hydroxyapatite nanocomposites[J]. Journal of Materials Science: Materials in Medicine, 21 (8): 2365-2369.

Mu T, Liu L, Lan X, et al. 2018. Shape memory polymers for composites[J]. Composites Science and Technology, 160: 169-198.

Ngo T D, Kashania A, Imbalzano G, et al. 2018. Additive manufacturing (3D printing): a review of materials, methods, applications and challenges[J]. Composites Part B: Engineering, 143: 172-196.

Oliver K, Seddon A, Trask R S. 2016. Morphing in nature and beyond: a review of natural and synthetic shape-changing materials and mechanisms[J]. Journal of Materials Science, 51 (24): 10663-10689.

Saba N, Paridah M T, Jawaid M. 2015. Mechanical properties of kenaf fibre reinforced polymer composite: a review[J]. Construction and Building Materials, 76: 87-96.

Shimoni A, Azoubel S, Magdassi S. 2014. Inkjet printing of flexible high-performance carbon nanotube transparent conductive films by "coffee ring effect" [J]. Nanoscale, 6 (19): 11084-11089.

Utela B, Storti D, Anderson R, et al. 2008. A review of process development steps for new material systems in three dimensional printing (3DP) [J]. Journal of Manufacturing Processes, 10 (2): 96-104.

van Vilsteren S J M, Yarmand H, Ghodrat S. 2021. Review of magnetic shape memory polymers and magnetic soft materials[J]. Magnetochemistry, 7 (9): 123.

Wang X, Jiang M, Zhou Z, et al. 2017. 3D printing of polymer matrix composites: a review and prospective[J]. Composites Part B: Engineering, 110: 442-458.

Xie G, Zhang Y, Lin W. 2017. Plasticizer combinations and performance of wood flour-poly (lactic acid) 3D printing filaments[J]. BioResources, 12: 6736-6748.

Xin X, Liu L, Liu Y, et al. 2019. Mechanical models, structures, and applications of shape-memory polymers and their composites[J]. Acta Mechanica Solida Sinica, 32 (5): 535-565.

Yamashita H, Ohkatsu Y. 2003. A new antagonism between hindered amine light stabilizers and acidic compounds including phenolic antioxidant[J]. Polymer Degradation and Stability, 80 (3): 421-426.

Yu X, Zhou S, Zheng X, et al. 2009. A biodegradable shape-memory nanocomposite with excellent magnetism sensitivity[J]. Nanotechnology, 20 (23): 235702.

Zarek M, Layanim, Cooprstein I, et al. 2016. 3D printing of shape memory polymers for flexible electronic devices[J]. Advanced Materials, 28 (22): 4449-4454.

Ze Q, Kuang X, Wu S, et al. 2020. Magnetic shape memory polymers with integrated multifunctional shape manipulation[J]. Advanced Materials, 32 (4): 1906657.

Zhang D, Chib, Li B, et al. 2016. Fabrication of highly conductive graphene flexible circuits by 3D printing[J]. Synthetic Metals, 217: 79-86.

Zhao S, Wang Z, Zhang W, et al. 2018a. Dopamine-mediated pre-crosslinked cellulose/polyurethane block elastomer for the preparation of robust biocomposites[J]. ACS Omega, 3 (9): 10657-10667.

Zhao S, Xie S, Sun P, et al. 2018b. Synergistic effect of graphene and silicon dioxide hybrids through hydrogen bonding self-assembly in elastomer composites[J]. RSC Advances, 8 (32): 17813-17825.

Zirnstein B, Tabaka W, Frasca D, et al. 2018. Graphene/hydrogenated acrylonitrile-butadiene rubber nanocomposites: dispersion, curing, mechanical reinforcement, multifunctional filler[J]. Polymer Testing, 66: 268-279.

第 11 章
仿生胶接与涂饰

本章彩图

　　胶黏剂是一类单组分或多组分、具有优良黏接性能、在一定条件下能使被胶接材料（基材）通过表面黏附作用紧密地胶合在一起的物质。涂料是一类呈流动状态，能在物体表面扩展形成薄层，并随时间延续与加热及供给其他能量，在被涂饰表面牢固黏附固化，形成具有特定性能的连续皮膜的物质。通过胶黏剂制备木制品可以实现次材优用、小材大用和综合利用。从使用量分析，超过 2/3 的木制品使用了胶黏剂；从发展历史分析，胶黏剂从来就是行业发展的里程碑和分水岭，新型胶黏剂的出现总能引发行业变革与进步；从工艺过程分析，人造板是一个先分后合的过程，加工中的胶合工序是决定性的工序，胶合工序的好与坏直接决定生产效率与产品品质；从产品成本分析，用量 10%左右的胶黏剂的直接成本占总成本的 20%左右，具有举足轻重的作用。进入 21 世纪以后，我国对人造板的消费需求逐年递增。尤其是随着国内建筑市场和家装产业的发展，装饰装修、家具业、建筑业消费市场快速增长，我国胶接木制品行业得到了空前的发展，大型的人造板材生产基地在全国各地纷纷建成。截至 2021 年，我国人造板材产量达到 3.38 亿立方米，是世界人造板生产和消费第一大国。通过涂料对速生材和低品质木材表面进行涂饰，改善品质，提高性能，实现劣材优用和延长其使用寿命，大幅度提高木材的利用价值。因此，胶黏剂与涂料是木材加工工业重要的化工原料，它们在木材加工生产与技术进步中发挥着至关重要的作用。当前，我国胶接与涂饰木制品产量居全球之首，但生产技术和产品品质与发达国家存在差距，如游离甲醛释放量和挥发性有机污染物含量高、生产效率较低、能耗较高、原料来源不可持续、资源浪费严重等，这些问题与木材胶黏剂和涂料密切相关。因此，胶黏剂和胶合技术的进步是当前人造板行业技术升级和结构调整的关键。

11.1　胶黏剂与涂料的发展简史、挑战与趋势

　　用作胶黏剂与涂料的物质按原料来源可以分为天然高分子物质和合成高分子物质两大类。在合成高分子问世之前，人们使用的胶黏剂和涂料都是天然物质。我国早在 4000 多年前就已经从树木中提取生漆，并且将生漆涂抹到木材上，不仅让家具具有美丽的光泽，同时还能极大地提高家具的耐久性，在我国，生漆的使用代表着植物涂料使用的开始；万里长城牢固结实的原因之一就是古人使用了主要由糯米和石灰混合成的胶黏剂；具有中国文化特色的红木家具极具收藏价值，生产工序中主要使用的是鱼鳔胶黏剂，鱼鳔胶黏剂的好处是胶黏剂干缩湿胀率与木材本身接近，不会产生应力集中，使用过程中很难出现干裂的情况，红木家具的耐久性会得到很大的提高。然而，天然胶黏剂主要来源于天然植物、动物、矿物质，其具有变异性大的特点，导致性能不稳定。另外，天然胶黏剂的空间位阻大，活性位点少，反应活性小，导致胶接性能不高，尤其是在潮湿或者有水环境中，耐水性能差。合成树脂胶黏剂是现代胶黏剂工业的基础，随着高分子科学

的发展而获得了快速发展,从天然到合成开启了胶黏剂的新起点。合成树脂胶黏剂的发展经历了诞生期(20世纪初到30年代)、发展期(30年代到60年代)和完善期(60年代后)三个阶段。1905~1907年,美国科学家巴克兰对酚醛树脂进行了系统而广泛的研究,并于1910年提出了酚醛树脂"加压、加热"固化专利,实现了酚醛树脂的实用化,酚醛树脂的合成与应用开启了高分子研究的先河。20世纪20年代,出现由天然橡胶加工而成的压敏胶,醇酸树脂胶黏剂研制成功。30年代,橡胶型胶黏剂迅速发展:美国——氯丁橡胶、聚乙酸乙烯和三聚氰胺树脂;德国——丁苯橡胶、丁腈橡胶、聚异丁烯及聚氨酯;苏联——聚丁二烯橡胶;英国——脲醛树脂胶。脲醛树脂胶由甲醛、尿素合成,而尿素是所有大宗产品中最便宜的材料之一。脲醛树脂胶的粘贴性能优异、成本低,性价比高。此外,脲醛树脂的黏度和固含量均可调,工艺实用性好,因此在胶合板、纤维板、刨花板上都可以使用,这使得脲醛树脂胶在短短几十年内迅速应用于人造板行业,目前仍然处于统治地位。40年代,胶黏剂三大体系——橡胶型、树脂型和树脂-弹性体复合型胶黏剂形成与发展。改性酚醛树脂于50年代出现,美国合成了第一代厌氧胶黏剂、氰基丙烯酸瞬干胶。60年代,胶黏剂品种的研究达到了高峰,乙酸乙烯热熔胶、脂肪族环氧树脂、聚酰亚胺等问世。70年代至今,胶黏剂工业逐渐转入系列化和完善化阶段。随着合成树脂的发展,天然胶黏剂市场占有率不断下降,直到1973年发生了第一次石油危机,石化资源是不可再生资源,意味着面临不可持续性发展问题,之后又相继爆发多次石油危机,同时随着全球经济的快速发展及人们生活水平的提高、环保意识的增强,合成树脂尤其是甲醛系胶黏剂在制造、使用过程中均易产生甲醛及挥发性有机物,给环境和人类带来危害,在上述背景下,醛类胶黏剂发展速度减缓。天然胶黏剂具有原料丰富广泛、可再生的优点,掀起了科研界、企业界利用可再生物质制造胶黏剂的兴趣及热潮。

当前市面上广泛应用的人造板胶黏剂是以甲醛为主要原材料的甲醛系合成胶黏剂,如脲醛胶、酚醛胶和三聚氰胺-甲醛胶。由甲醛系合成胶黏剂所制造的人造板存在如下问题:①甲醛系胶结人造板存在长期释放游离甲醛的危害。甲醛已被世界卫生组织认定为致癌和致畸形物质,是公认的变态反应源。甲醛释放周期长达5~10年,如果室内装饰装修使用了大量甲醛系胶结人造板,将导致人们长期处于甲醛污染的环境中。长期接触低剂量甲醛可能会引发多种慢性疾病,如鼻咽癌、结肠癌、脑瘤、细胞核基因突变等。因此,各个国家已经颁布了限制人造板甲醛含量释放的阈值要求和标准,如欧洲的E1级、美国国家环境保护局颁布的美国加州空气质量委员会(CARB)法规、日本的F****级和中国的ENF级。随着人们环保意识的加强和环保法规的日趋严格,非环保的木材胶黏剂胶结人造板的市场将越来越小。未来将持续朝着低甲醛化或无甲醛化的绿色环保方向发展。②合成胶黏剂的溶剂为有机物,会带来挥发性有机污染物等问题。木材胶黏剂与涂料的水性化也是未来的发展方向。③合成胶黏剂与涂料的原材料为不可再生的石化资源。生物质基胶黏剂与涂料因具有可持续性、绿色环保和原材料来源广泛的优点,近年来被广泛研究,如大豆基胶黏剂、木质素基胶黏剂、单宁胶黏剂和淀粉胶黏剂等。虽然市面上的大豆基胶黏剂、异氰酸酯胶黏剂、胶合板用热塑性高分子胶膜等无甲醛胶黏剂可以生产制造人造板,但木质人造板板材属于大众消费品,采用以上无甲醛添加胶黏剂生产的人造板价格偏高,影响人们的购买意愿,企业经济效益低,从而导致上述无甲醛添加胶黏剂推广受限。因此,如果试图突破甲醛系胶结模式,必须同时满足环保上超过甲醛系胶黏剂、性能与甲醛系胶黏剂相当或更高、成本与甲醛系胶黏剂相当或更低这三个条件。④现有木材用胶黏剂与涂料的胶合技术主要是针对干燥状态的木质单元(低含水率)进行胶合,如果将干燥处理步骤去掉,直接对未干燥处理的木质单元(高含水率)进行胶合,则可以大大降低干燥产生的能耗,简化工艺流程。然而,在潮湿条件下,胶黏剂和涂料的胶接行为会受到基材表面形成的水化膜的显著影响,水化膜作为弱界面层,会阻止胶黏剂与涂料直接接触基材。此外,水分子可以通过氢键与黏接官能团相互作用,降低基材的表面能，从而减少黏接所需的相互作用。水分倾向于减少或消除胶接效果，因此实现高湿界面的有效胶合是未来应用前景广阔的研究方向。从整个发展趋势来讲，未来木材类胶黏剂一定朝着绿色化、低碳化、高性能化、可持续性的方向发展。

11.2 仿生胶黏剂与涂料

自然界的生物体经过亿万年的选择和优化，进化出了无数结构、性能、功能趋于完美的各类材料。在胶接黏附材料中，尤其是水下胶接一直是个挑战，因为被黏附材料表面的含水边界层阻碍了黏附材料与被黏附材料表面的直接作用，导致胶接材料的水下胶合胶接强度较低。但是，在自然界中，许多海洋生物为了抵抗水流和潮汐的移动，并且执行基本的重要功能，如进食和繁殖，已经发展出能牢固地附着在水下各物质表面的自然机制。具有这些机制的生物包括贻贝、沙堡虫和藤壶。其中最为典型的是贻贝，贻贝的足丝能分泌一种天然的黏附蛋白，使海水中的贝类牢固地胶接在各种基材上（如礁石、岩石、玻璃、木材、塑料、船体金属表面和聚四氟乙烯等），在水下具有强胶接性能、强耐水性和万能黏附性能。该蛋白被视为一种胶黏剂和涂料，同时兼具绿色、高强、高耐水的特性，激发了人们强烈的兴趣。随后，贻贝蛋白黏液的组分、发挥黏附特性的关键成分、结构和固化过程相继被发现。多个研究团队证实了贻贝黏附蛋白（MAP）具有的万能黏附、快速固化和防水性是由于蛋白中含有一种特殊的带有儿茶酚基团的、称为多巴（DOPA）的氨基酸，这是贻贝具有奇特黏附能力的关键所在。通过对贻贝足盘黏附能力的持续深入研究，人们确定了贻贝足盘的化学成分和组织结构，基本明确了贻贝足盘的黏附机制，尤其是确定了邻苯二酚基团为关键基团，这一发现为合成新型的胶黏剂开辟了一个新的方向。

在此基础上，研究人员发现在大自然中含酚类聚合物的生物组织中（如植物组织、动物组织、表皮或分泌液等）普遍存在邻苯二酚基团。例如，植物组织中的单宁、生漆、黄酮类化合物和植物多酚；动物组织中的黑色素、昆虫表皮中的 N-乙酰多巴胺、生物黏液中的多巴（贻贝黏附蛋白）、管栖蠕虫分泌的管胶；微生物中的儿茶酚，如细菌和真菌产生和分泌的小分子螯合剂（又称铁载体）就含有邻苯二酚，单细胞原核生物蓝藻（又称蓝细菌）产生的铁载体也是含有儿茶酚基团的化合物。经研究，上述生物组织的邻苯二酚基团起着重要的黏附作用。此外，为了获得与贻贝黏附蛋白类似的胶黏剂材料，利用邻苯二酚仿生学原理可以合成各自具有邻苯二酚基团的高分子黏附材料，所合成的仿生高聚物黏附材料具有良好的水下胶接性能、生物相容性、可降解性等特点，实现复制甚至超越天然贻贝蛋白的黏附性能，且已被证实有望作为胶黏剂和涂料应用于外科手术、组织修复、木材加工、建筑工程、轻工、电子、汽车、机械、航空航天、生物医疗等各行业，并且在高科技领域也具有广阔的发展空间。

本章论述的仿生胶黏剂与涂料是指通过物理、生物或化学作用制备而成的含有邻苯二酚结构的天然高分子、合成高分子或天然与合成高分子复合的仿生黏附材料。利用该类仿生黏附材料作为胶黏剂与涂料应用的技术即仿生胶接与涂饰技术。下文将重点介绍该类仿生黏附材料的黏附机制、表征技术、原料来源、制备方法、性能表征分析和应用概况。

11.3 仿生胶接与涂饰的黏附机制

本体强度（内聚力）和表界面黏附力（黏附力）是评估胶黏剂性能的关键指标。胶黏剂的内聚力是指其本身的强度。为了实现胶黏剂胶接材料时利用率最大化，选用胶黏剂的内聚力应与被胶接物的本身强度相近。黏附力是指一种材料附着于另一种材料的能力，在胶黏剂中指的是胶黏剂与被胶接物表面黏附的能力。影响胶黏剂胶接强度的主要因素有：①胶黏剂本身的结构和化学组分；②被胶接物的表面特性；③发生胶接时的外在环境条件，如温度、压力、辐射、湿度、时间等。优异的胶黏剂性能必须同时满足高界面黏附力和高内聚力。表界面黏附力越强，与被胶接物胶接得越好；内聚力越好，胶接接头越不容易从胶黏剂本身破坏。

11.3.1 本体交联机制

含邻苯二酚的聚合物本体交联机制有两种方式：一是在碱性环境或氧化物（氧化酶）作用下，邻苯二酚基团中的酚羟基容易被氧化生成邻苯醌，醌具有很强的反应活性，随后醌基可以继续与其他基团进行不同的反应（例如，与巯基发生席夫碱反应，与氨基发生迈克尔加成反应，以及邻苯醌基团彼此还能发生耦合反应形成共价交联等）。二是加入金属离子作为交联剂，邻苯二酚能够与不同的金属离子（如 Fe^{3+}、Cu^{2+}、Zn^{2+}、Mn^{2+} 和 Ti^{4+} 等）通过螯合作用形成配位交联。此外，其他键（氢键、π-π 作用、阳离子-π 作用及范德瓦耳斯力等）也能协同促使交联。因此，聚合物中的邻苯二酚结构能够通过氧化交联、配位交联和其他键协调交联影响聚合物本体内聚强度。高度交联结构有助于增强胶黏剂的内聚强度和耐水性（图 11.1）。

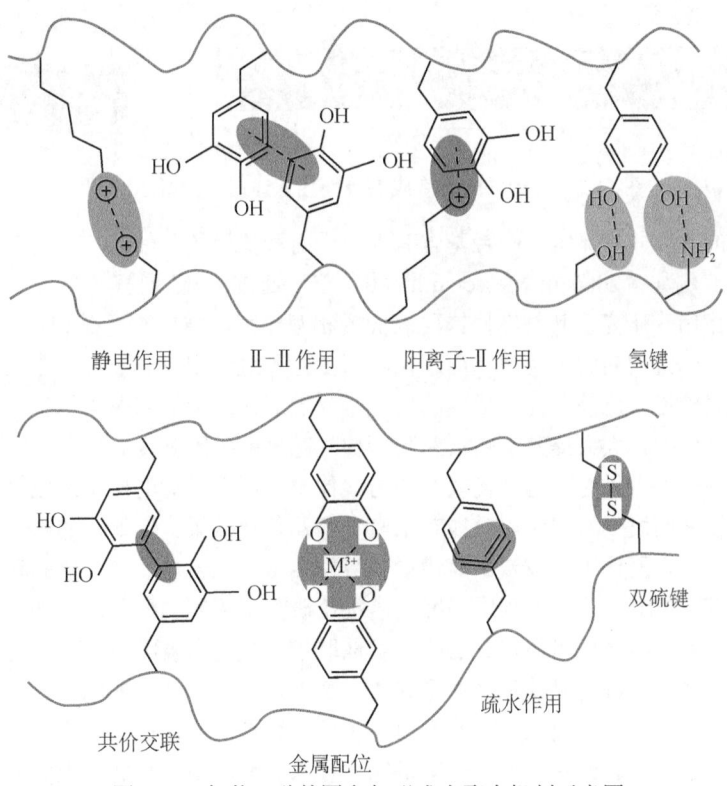

图 11.1 邻苯二酚基团参与形成内聚力机制示意图

11.3.2 表界面黏附机制

虽然邻苯二酚的结构简单，只由一个苯环和两个相邻的羟基组成，但它几乎能与任何表面形成有效的相互作用,如此高的通用性与其结构能够对各种表面具有特殊适应能力密切相关。研究表明邻苯二酚能够与不同基材表面形成相互作用,如图 11.2 所示,包括共价键、氢键、金属-邻苯二酚配位键、π-π 作用、阳离子-π 作用和静电作用等。

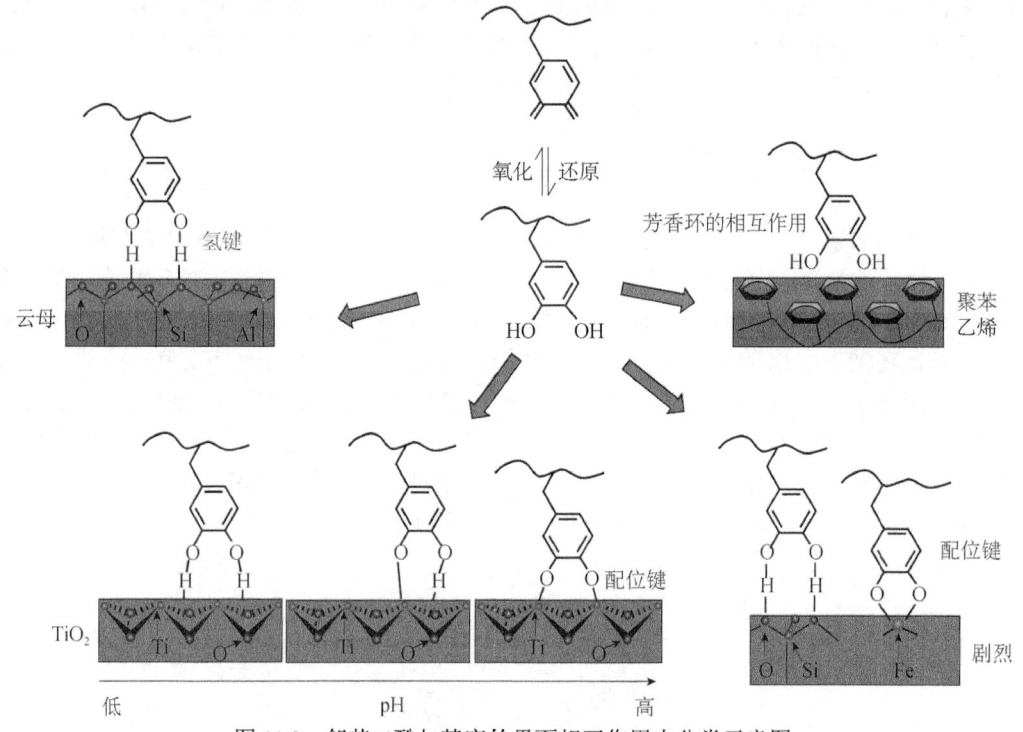

图 11.2 邻苯二酚与基底的界面相互作用力分类示意图

儿茶酚基团的苯环具有 π 键,酚羟基含有孤电子对和氢原子,使其与不同的基底材料能够产生不同的化学键。例如,2006 年 Messersmith 团队首次通过 AFM 研究了单分子邻苯二酚与胺修饰硅表面的相互作用,研究了其与胺修饰硅表面的相互作用,结果发现在 pH 为 9.7 时,AFM 尖端的拉脱力与 Si—C 键的断裂力一致,而且在随后的拉脱过程中没有发现再黏附,证明了邻苯二酚与基底形成了共价键。此外,儿茶酚中的酚羟基易被氧化,形成苯醌类结构,能够与基材大部分基团反应形成共价键,大大提升了贻贝黏附蛋白与基材的黏附强度。邻苯二酚的酚羟基与基材作用时,不仅能提供孤电子对,也能使氢原子与其他带有孤电子对的原子形成氢键,尤其在与极性的、亲水的基材表面发生氢键作用时能对水有竞争及置换效果。例如,邻苯二酚分子结构中的羟基能够与多种基材表面作用形成双齿氢键增强界面黏合,如云母、二氧化硅和聚甲基丙烯酸甲酯。其中,Mian 等(2011,2017)利用密度泛函理论研究了邻苯二酚和水对于二氧化硅表面羟基的竞争性吸附,其计算结果表明邻苯二酚能自发地取代二氧化硅表面的水分子与其表面羟基形成氢键,并且可同时作为氢键的供体和受体形成 4 个氢键。此外,儿茶酚的酚羟基还具有弱酸性、还原性,可以与部分金属、金属氧化物及金属离子发生络合反应,形成可逆的有机金属络合物。例如,2010 年 Terranova 通过密度泛函理论研究了邻苯二酚基团在金红石表面的吸附,其计算结果从理论方面证明了邻苯二酚基团与金红石表面的 Ti^{4+} 形成了配位键。为了解邻苯二酚和乙酸盐在氧化锌表面的竞争性吸附,Lin 等通过配体交换实验发现邻苯二酚可以取代最初附着在氧化锌表面的乙酸盐,证明了邻苯二酚基团相比于乙酸盐能与氧化锌表面形成更强的配合物。Mcbride 和 Wesselir(1988)通过红外光谱探究了邻苯二酚结构在不同氧化铝结构表面(长石、薄铝石和非晶氧化铝）的吸附，其结果表明邻苯二酚在三种氧化铝上的吸附机制类似，且能与氧化铝表面形成双齿络合。同时，其结构中的苯环能够与其他芳环形成π-π作用，使它们能够黏附于富含芳香族化合物（如聚苯乙烯）和金属基底的表面。尤其是在石墨烯、碳纳米管、氮化硼和聚苯乙烯等表面含非极性基团较多的基底上，邻苯二酚基团主要通过苯环与其表面的芳香环形成π-π作用来增强界面的相互作用。Ruiz-Molina团队利用扫描隧道显微镜（STM）研究了邻苯二酚基团与高取向石墨表面的相互作用，证明了邻苯二酚基团与高取向石墨表面形成了π-π作用。同样，Leng等（2013）通过和频振动光谱（SFG）研究发现邻苯二酚基团与聚苯乙烯的芳香环形成的π-π堆叠，是其提高胶接性能的原因。此外，苯环也可与带正电荷离子形成阳离子-π作用，这是水中最强的非共价相互作用之一。阳离子-π作用可以增强邻苯二酚对带电基材表面的吸附作用，提高含阳离子官能团和芳香族离子材料的内聚性能，并且阳离子-π作用能够有效弥补由邻苯二酚被氧化导致的水下黏合性能下降。

11.4　仿生胶接与涂饰的表界面结构表征技术

在贻贝仿生胶黏剂表界面结构表征方面，常用的手段有扫描电子显微镜（SEM）、傅里叶变换红外光谱（FTIR）、紫外-可见分光光度计（UV-vis）、核磁共振氢谱/碳谱（^{1}H-NMR/^{13}C-NMR）、原子力显微镜（AFM）、X射线光电子能谱（XPS）、和频共振光谱（SFG）和中子衍射技术等。其中，SEM主要用来观察界面微观结构的演变和破坏失效模式。FTIR、UV-vis、^{1}H-NMR/^{13}C-NMR、XPS等主要用来探究胶黏剂的化学组分、官能团和元素的演变。例如，XPS已经被用来研究外界环境对聚合物表面组成的影响，如研究环氧涂层湿热老化前后表面元素组成变化及性能。此外，SFG和AFM也能用来研究聚合物表面结构和特性，尤其是研究聚合物表面特性、本体及外界环境之间的关系。SFG独有的特性是能够实时原位探测掩埋界面及提供界面分子基团取向信息，具有界面选择性，如固化前后界面官能团取向变化。中子衍射技术也是表征聚合物/金属界面的重要手段，有研究报道采用中子衍射技术研究界面处环氧树脂结构，发现在邻近界面处环氧树脂中官能团密度增加而交联密度降低。虽然目前的研究重点为人工合成贻贝仿生聚合物，但多巴或邻苯二酚在不同基材界面处的分子信息及取向信息却很少受到关注，不同基材表面基团化学组成信息的研究对胶接性能同样至关重要。

11.5　仿生黏附材料的原料

本章论述的仿生胶黏剂与涂料指的是含有邻苯二酚基团（儿茶酚结构）的黏附材料。合成仿生胶黏剂与涂料的原料很多，根据组分可以分为含儿茶酚的天然物质和合成物质。合成仿生黏附材料的原料不同，生成胶黏剂或涂料的性能差异很大。因此了解它们的性质，并根据所获得的仿生黏附材料的性能要求正确选择和使用原料十分重要。

在生物质组织中广泛存在儿茶酚结构，尤其是酚类物质，包括酚类聚合物和多羟基酚类化合物。儿茶酚结构在大自然中（如植物组织、动物组织、表皮或分泌液）普遍存在。酚类聚合物（如木质素、黑色素、腐植酸等）与组织中各种功能（如结构支撑、色彩、化学防护等）息息相关。

11.5.1 植物组织中的儿茶酚

多羟基酚类化合物（如广泛存在于茶、水果、豆类等植物中的茶多酚、葡萄单宁和石榴多酚等植物多酚）的独特结构赋予了机体独特的生物活性和功能，如清除机体内的自由基、抗脂质氧化、延缓机体衰老、预防心血管系统疾病及抗菌等生物活性。这些功能使其在食品、化妆品、医药、日用化学品及保健品等领域的应用越来越受到重视。多羟基酚类化合物，特别是植物多酚中二酚（邻苯二酚/儿茶酚）的研究也越来越广泛。

11.5.1.1 单宁和单宁酸

多种植物（特别是橡树、栗树、鹿角漆树）含有大量的单宁，存在于叶、杆、皮和果实中。单宁可大致分为两种，分别为可水解单宁和缩合单宁，其结构多样，典型结构均含有儿茶酚单元。单宁酸结构中也含有邻苯二酚。单宁酸是可水解单宁，具有很强的生物和药理活性，在医药、食品、日化等领域具有广泛的应用。

11.5.1.2 漆酚

漆酚可从漆树割取的漆液（即生漆）中获得，一般占50%~70%。漆酚是天然漆（又称"生漆""大漆""国漆"或"金漆"）的主要成膜物质，能溶于油和有机溶剂，不溶于水，其化学结构含有儿茶酚。生漆是优良的涂料和防腐剂，可被应用于涂饰家具、建筑、机器、海底电缆、车船及工艺品等中。生漆中的漆酶溶于漆酚并催化聚合，可使生漆固化成膜。

11.5.1.3 黄酮类化合物和植物多酚

黄酮类化合物又称类黄酮，可分为黄烷醇、黄酮、黄酮醇、黄烷酮醇、黄烷酮、花色素6类。典型的黄烷醇多酚化合物有儿茶素、表儿茶素、倍儿茶素、表倍儿茶素、儿茶素-3-没食子酸酯、表儿茶素-3-没食子酸酯、倍儿茶素-3-没食子酸酯、表倍儿茶素-3-没食子酸酯、原花青素等。原花青素又称原花色素苷，是由不同数量的儿茶素或表儿茶素类聚合而成的一类多酚物质。通常将二至五聚体的寡聚体称为低聚原花青素，将五聚体以上的多聚体称为高聚原花青素。典型的黄酮多酚化合物有黄芩素和木犀草素，典型的黄酮醇多酚化合物有槲皮素和杨梅黄素，典型的黄烷酮醇多酚化合物有紫杉叶素，典型的黄烷酮多酚化合物有柚皮素，典型的花色素多酚化合物有矢车菊素。

植物多酚广泛存在于蔬菜、水果、豆类、谷物类、茶等植物中，常见的有茶多酚（绿茶）、咖啡多酚（咖啡豆）、可可多酚（可可豆）、葡萄多酚（葡萄）、石榴多酚（石榴）。茶叶中含有的茶多酚主要是儿茶素类多酚化合物，咖啡豆中含有的多酚主要是绿原酸，可可豆中含有的多酚主要是表儿茶素，葡萄中含有的葡萄多酚主要是原花青素类多酚化合物和儿茶素类多酚化合物等，石榴中含有的石榴多酚有表儿茶素、绿原酸、儿茶素和咖啡酸等。以上各种物质都是（或含有）儿茶酚类化合物。

11.5.2 动物组织中的儿茶酚

儿茶酚类化合物除了存在于植物中，也存在于动物组织中，如哺乳动物体内的拟交感胺——

肾上腺素和去甲肾上腺素，昆虫表皮中的 N-乙酰多巴胺。在许多海洋附着生物中也都发现了儿茶酚，如细菌中的铁载体、藻类（如褐色海藻）中的黏合剂、管栖蠕虫（如加州篱帚毛虫）分泌的管胶蛋白、双壳类软体动物（如贻贝）分泌的贻贝足丝蛋白。

11.5.2.1 人体中的黑色素和儿茶酚胺

人的皮肤和头发中的黑色素含有大量的儿茶酚单元，特别是真黑素，是由儿茶酚类衍生物 5,6-二羟基吲哚-2-羧酸和 5,6-二羟基吲哚形成的交联聚合物。黑色素是在紫外光作用下由黑色素细胞内的酪氨酸经酪氨酸酶催化合成的。此外，人体内的一类重要神经递质如多巴胺、肾上腺素、去甲肾上腺素等，也是含有儿茶酚基团的儿茶酚胺类物质。

11.5.2.2 昆虫表皮中的 N-乙酰多巴胺

昆虫表皮中除了含有几丁质（又称甲壳素），还含有多元酚及其氧化酶。其中，多元酚主要是邻苯二酚类，参与表皮鞣化/硬化。昆虫鞣化/硬化过程的交联是源于邻苯二酚类物质和蛋白质侧链中的亲核基团进行氧化反应和亲核反应，经过鞣化作用，体壁逐渐变暗、变硬。

11.5.2.3 生物黏液中的多巴

自然界中的一些海洋附着生物具有高超的黏附技术，它们能分泌黏液用于附着或黏接。例如，紫贻贝（*Mytilus galloprovincialis*）分泌一种超强黏液经固化形成足丝将自己黏附在岩石上或者船底下。研究表明，其分泌的黏液（又称贻贝足丝蛋白）是一类多酚蛋白，含有一种特殊的氨基酸多巴，多巴的侧链带有儿茶酚基团。管栖蠕虫也可分泌胶液将外界的沙等物质黏合在一起，形成一个中空的管状物并赖以栖身，该胶液被称为管胶（tube cement），也是一类多酚蛋白。

11.5.3 微生物中的儿茶酚

许多微生物也会含儿茶酚单元。例如，细菌和真菌产生和分泌的小分子螯合剂（又称"铁载体"）就含有儿茶酚。在微生物细胞膜表面受体蛋白上的肠菌素或儿茶酚型嗜铁素，通过三个儿茶酚功能团与铁螯合，形成非常稳定的复合体，儿茶酚功能团介导了铁元素的摄入，而三内酯环介导了细胞内铁元素的释放。除了介导铁元素的摄入/传输，铁载体还参与了细菌在金属和矿物表面的黏附与生物膜形成。

11.5.4 小分子邻苯二酚化学物质

11.5.4.1 儿茶酚

儿茶酚又名邻苯二酚，是一种有机化合物，化学式为 $C_6H_6O_2$，为白色结晶性粉末，是重要的化工中间体。邻苯二酚最早是由馏原儿茶酸或蒸馏儿茶提取液得到的；后来发现，干馏某些植物或碱熔融某些树脂等也能得到邻苯二酚。在工业上，过去一般从煤低温干馏的焦油中萃取获得。合成邻苯二酚有多种工艺路线：①以苯酚为原料，经氯气氯化、硫酸铜和氢氧化钠水解、盐酸酸化而得。②由苯或苯酚与双氧水直接氧化。采用双氧水直接氧化苯酚制取邻苯二酚的有日本宇部兴产株式会社和法国罗纳-普朗克公司。③由邻氯苯酚在碱性介质中加压水解制得。邻苯二酚也是一种强还原剂，易被氧化成邻苯醌。

11.5.4.2 儿茶酚胺

儿茶酚胺是一种含有儿茶酚和胺基的神经类物质。儿茶酚和胺基通过 L-酪氨酸在交感神经、肾上腺髓质和嗜铬细胞位置的酶化步骤结合。通常，儿茶酚胺是指去甲肾上腺素（NA 或 NE）、肾上腺素（Adr）和多巴胺（DA）。这三种儿茶酚胺都是以酪氨酸为前体转化得到的。其中多巴胺被研究得最为广泛，多巴胺又称 3,4-二羟基苯丙氨酸，是一种有机化合物，为白色或无色结晶或结晶性粉末，熔点为 276～278℃（分解），略溶于水，溶于无机酸及碱性碳酸盐溶液，几乎不溶于乙醇、氯仿、乙醚、苯和乙酸乙酯，在自然界中存在于秧苗、豆类等中。多巴是在神经和肾上腺髓质中经酪氨酸羟化酶催化，使酪氨酸羟化而成的，为合成多巴胺和肾上腺素的中间体。

11.5.4.3 其他常用儿茶酚基小分子化合物

其他常用儿茶酚基小分子化合物通常包括含儿茶酚单元的乙烯基单体和含儿茶酚基团及额外功能基团的小分子化合物，如 3,4-二羟基苯甲酸、3,4-二羟基苯乙酸、3,4-二羟基苯丙酸、3,4-二羟基苯甲醛等。

11.6 含邻苯二酚结构的动物黏附蛋白的制备

11.6.1 生物提取法和基因编辑法

1990 年，BioPolymers 公司通过直接从贻贝足腺中提取天然黏附蛋白成分成功地获得了贻贝黏附蛋白，并将其研制成超强黏合剂（cell-tak），实现了商业化应用，并展现出优越的湿黏合性能。但是通过生物提取法获得的贻贝黏附蛋白水溶性差，操作困难，而且成本高，约 1 万只贻贝中才能提取约 1g 的贻贝黏附蛋白，价格极其高昂（90 美元/mg），难以大规模商用。所以研究者开始通过基因编辑技术如重组 DNA 技术复制、克隆贻贝黏附蛋白，以含儿茶酚基团的氨基酸为单元制备人工合成多肽来模拟贻贝黏附蛋白。然而，通过基因重组技术人工合成含 DOPA 的黏胶蛋白和多肽，不仅技术和理论不成熟，同时存在成本居高不下、难以大规模化生产的问题。因此，生物提取法和基因编辑法均存在效率低、产量低、费用高、无法满足实际生产需求的限制。

11.6.2 氨基酸缩合法

11.6.2.1 液相缩合法

液相缩合法是经典的聚肽合成方法，一般通过碳二亚胺来偶合，逐步缩合形成肽链。液相缩合法由于每一步产物都需纯化而费时、费力，只适于合成短肽。日本学者 Yamamoto 通过液相缩合法成功合成了均聚的多巴聚肽，也通过液相缩合法首先合成了特定序列结构的十肽（Ala-Lys-Pro-Ser-Tyr-Hyp-Hyp-Thr-DOPA-Lys），完全模仿贻贝的十肽结构，之后进行缩聚制备了以该十肽为重复单元的聚合物。由于组分多、结构复杂、步骤繁多，加之聚合难以控制，所以通过液相缩合法得到的聚肽分子量只有 1.6 万～1.9 万。

11.6.2.2 固相缩合法

固相缩合法是将多肽羧基端的氨基酸固定在不溶性树脂上,从 C 端(羧基端)向 N 端(氨基端)合成。在固相缩合法中,每步反应后只需简单地洗涤树脂,便可达到纯化的目的,克服了经典液相缩合法中每一步产物都需纯化的困难。与经典液相缩合法用于制备短肽相比,常规的固相缩合法可以用于制备较长的聚肽,特别是有特殊序列结构要求的聚肽,然而也只是局限于小分子量。

固相缩合法合成多肽一般有两种策略:Boc(叔丁氧羰基)策略和芴甲氧羰基(Fmoc)策略。Boc 策略是采用可三氟乙酸脱除的 Boc 为 α-氨基保护基,Fmoc 策略则是采用了可碱脱除的 Fmoc 为 α-氨基保护基。Messermith 等以常规的 Fmoc 策略通过固相缩合法合成了含多巴的贻贝黏附蛋白模型十肽(Ala-Lys-Pro-Ser-Tyr-Hyp-Hyp-Thr-DOPA-Lys):首先,制备了 Fmoc 保护氨基、原甲酸酯(cyclic ethyl orthoformate, Ceof)保护儿茶酚侧链的多巴;然后,使用该受保护的多巴与其他 Fmoc 保护的氨基酸在 Rink-Amide 树脂上通过固相缩合法制备含多巴的十肽。

总之,通过含 DOPA 的人工合成聚肽来复制贻贝黏附蛋白是最为接近的模拟,但是同时也存在一些缺点。首先,多肽的合成较为严格与烦琐,产率不高,而且比较耗时。其次,多肽价格昂贵,得到高分子量的多肽并不容易,并不适合大规模生产。最后,由于主链都是缩合氨基酸单元得到的多肽,其性能调节性较差。

11.7 含邻苯二酚结构的天然高分子基仿生黏附材料的制备

可持续性天然高分子原材料(大豆蛋白、木质素、单宁、壳聚糖)因具有原材料可持续、来源广泛、产量充足、成本低廉和绿色环保等优势,所以应用于开发木材胶黏剂的潜力极大。然而,它们作为木材胶黏剂使用时也存在自身缺陷,如结构复杂、生物差异性大、物理化学性质不稳定、活性位点少和耐水性能差。其结构中存在的各类功能基团展现了其潜在的发展优势。基于贻贝黏附蛋白原理,通过生物、物理或化学法可在上述可持续性高分子上构建或修饰上多巴结构或类多巴结构并获得仿生天然高分子黏附材料(Lee et al., 2007)。具体的策略有:①采用生物法对多酚天然物质进行改性从而获得邻苯二酚结构;②采用物理法基于分子间作用力直接共混获得含邻苯二酚结构的天然复合黏附材料;③以天然高分子为主要原料,通过化学法改性得到含有邻苯二酚结构的物质。

11.7.1 生物法

生物法是利用微生物的生化作用改变天然高分子的结构,构造含邻苯二酚基团天然仿生黏附材料的方法。以木质素为例,木质素的基本结构单元与多巴分子结构相似,基于贻贝仿生原理,如果能够将木质素大分子苯环上的甲氧基转变为酚羟基,醚键适当断裂,并在脂肪链的位置上接枝氨基酸,进而构建或修饰上含多巴官能团的结构,即可合成仿贻贝木质素胶黏剂。Li 等基于生物法,利用褐腐真菌使木质素氧化形成羟基醌,然后利用 NaBH$_4$ 获得 DOPA 结构,并将木质素与水性聚乙烯亚胺混合,成功制备出了高性能仿生木质素胶黏剂。

11.7.2　物理法

含有多酚结构的天然高分子容易和聚合物溶液直接通过非共价键作用（氢键、配位键和疏水相互作用）自组装形成稳定的复合黏附材料。当前，单宁和单宁酸最常直接用物理法共混而获得相应的仿生黏附材料。缩合单宁是由黄酮类单体组成的，其结构包含了两个芳香环 A 环和 B 环，其中 B 环结构单元本身就具备了多巴结构单元，依据贻贝仿生原理，如果能在其基础上修饰氨基酸，也有望合成仿贻贝单宁基胶黏剂。Li 等模拟贻贝黏附蛋白，根据单宁 B 环结构和 DOPA 结构的相似性，与水性聚乙烯亚胺反应制得到木材工业所用的仿生单宁基胶黏剂，生产所制得的胶合板胶接强度高，耐水性能优异。Liu 等（2017a，2017b）也利用单宁的 B 环结构与邻苯二酚结构相似的特征，将单宁与大豆分离蛋白（含有丰富的氨基基团）进行共混交联，发现结合了单宁的大豆蛋白胶黏剂无论是在酸性还是碱性条件下，其胶接强度和耐水性都得到了改善。Gui 等（2013）首次将经乌洛托品改性的浓缩单宁与大豆蛋白共混，制得的胶黏剂用于胶合板的胶接。研究表明，此类胶黏剂具有良好的表观黏度且胶合板湿剪切强度高于 0.95MPa，相比传统的聚酰胺多胺环氧氯丙烷树脂（PAE）改性大豆蛋白胶黏剂，呈现出更高的交联密度。该固化交联机制为：乌洛托品分解产生的亚氨基与单宁苯环的亲核位点反应形成胺基-亚甲基，胺基-亚甲基再进一步与单宁分子反应，增加了最终胶黏剂的交联密度；同时，邻苯二酚经氧化形成醌类结构，进一步与大豆蛋白交联反应进而增加了交联密度。

研究实例：贻贝仿生单宁/ PEI胶黏剂

1）制备方案。单宁-聚乙烯亚胺仿生胶黏剂采用简单的一步法混合制备；主要实验原料为缩合单宁、聚乙烯亚胺（PEI）溶液和枫树单板。

2）性能分析。研究了胶黏剂的混合时间、固体含量、单宁与 PEI 的质量比、热压温度、热压时间、储存时间、PEI 分子量等影响因素对单宁/PEI 胶黏剂剪切强度和耐水性的影响。实验结果表明，在混合时间 10min、单宁/PEI 仿生胶黏剂在 12%～24% 的固体含量、单宁酸与 PEI 为 2∶1 的质量比、热压温度为 180℃、热压时间 2min、储存时间小于 1.5h、PEI 分子量为 10 000 的条件下可以产生较好的胶接性能和耐水性能。在最优条件下，可以产生约 900psi[①]的干剪切强度和 950psi 的湿剪切强度。

3）机制揭示。通过观察和实验结果，推测单宁上的邻苯二酚结构可以很容易地被氧化成邻醌结构，特别是在升高热压温度时。被氧化的邻醌结构可以与 PEI 的氨基发生席夫碱反应，也可以通过迈克尔加成反应进一步与 PEI 的氨基发生席夫碱反应。这些反应会共同形成水不溶的三维单宁-PEI 网状结构。此外，单宁的儿茶酚基团可以与 PEI 的氨基和木材表面的羟基形成氢键作用。同样，PEI 的氨基也可以与木材羟基产生氢键作用。单宁-PEI 网状结构与木材羟基的氢键作用也对胶黏剂的高强度胶合产生了重要的作用。

此外，研究表明，它们可以和聚（N-异丙基丙烯酰胺）(PNIPAM)、聚乙烯吡咯烷酮（PVP）、聚乙烯亚胺、丝素蛋白（SF）、聚（N-羟乙基丙烯酰胺）等不同类型的聚合物通过简单地混合制备成相应的仿生黏附材料，合成的仿生黏附材料作为水下胶黏剂和涂料的应用优势显著。

11.7.3　化学法

尽管人们可以利用天然高分子的多酚结构直接制备仿生黏附材料，但是仍有大量的天然高分

---

① 1psi=6.894 76×10³Pa

子不含邻苯二酚结构（如木质素、壳聚糖及大豆蛋白等），无法直接作为仿生黏附材料使用，这严重限制了生物质资源的高效利用。化学法则是解决上述问题的重要思路，根据贻贝仿生原理，如果利用化学法对天然高分子进行邻苯二酚基团修饰，则可以制备仿生黏附材料，极大地拓宽天然仿生黏附材料的原料来源。下文将详细介绍在木质素、壳聚糖和大豆蛋白等天然高分子材料中构建邻苯二酚结构的化学方法。

11.7.3.1 木质素基仿生黏附材料的制备

木质素来源于植物。在木本植物中，木质素含量为20%～35%，在草本植物中为15%～25%，其是木材三大组分之一，仅次于纤维素，是第二丰富的天然高分子和最丰富的可再生芳香族聚合物，也是重要的可再生资源。木质素在植物中起到胶黏剂作用，赋予木材轻质高强的性能。木质素主要来源于造纸制浆工业和生物乙醇残渣。根据分离木质素使用的工艺和化学试剂，主要将木质素分为木质素磺酸盐、碱木质素（约占整个制浆造纸工业的90%）、生物酶解木质素和其他木质素。木质素具有产量大、成本低、可再生等优点，但是也存在结构复杂、反应性低、降解困难等缺陷。木质素的基本结构单元是苯丙烷，主要由三种结构单元组成，即愈创木基丙烷、紫丁香基丙烷和对羟苯基丙烷。这三种基本结构单元中的苯丙烷通过脱氢聚合反应进行高度交联形成醚键和碳键，从而使木质素形成一个三维网状的聚酚化天然高分子聚合物。传统上，由于木质素大分子结构中含有丰富的醛基、酚羟基、醇羟基等活性基团，可以与醛基和酚发生反应，而且该反应过程与苯酚和甲醛之间形成酚醛树脂胶黏剂的反应相似，因此木质素可以部分替代苯酚或甲醛参与木材胶黏剂的制备。这不仅能降低酚醛树脂胶黏剂的生产成本，还能减少酚醛树脂胶黏剂中游离甲醛和游离苯酚的含量，从而降低甲醛和苯酚对人体健康及环境污染的危害。此外，它还可以降低树脂的固化温度和加快固化速度，提高树脂黏度使其不易渗胶。梁露斯（2015）利用化学法对木质素进行羟甲基化改性，制备了具有邻苯二酚结构的改性木质素，随后分别选择水性聚氨酯和聚乙烯亚胺作为胶黏剂的另外组分，设计合成了两种木质素基胶黏剂，结果表明这两组胶黏剂的性能优异，制备的无醛胶的干胶合强度较商业酚醛树脂稍差，但经沸水处理后的湿胶合强度仅有小幅度降低，达到了一类人造板胶接性能要求。固化机制是指木质素苯环上的酚羟基会被氧化成醌类结构进而与聚乙烯亚胺发生反应，此过程与邻苯二酚结构聚合物的交联固化是相似的，包括席夫碱形成和迈克尔加成等多种反应。

研究实例：仿贻贝黏附蛋白改性木质素/聚乙烯亚胺（M-lignin/PEI）胶黏剂

1）制备方案。仿生木质素胶黏剂的制备过程为：①对酶解木质素（EH-lignin）进行羟甲基化改性，得到具有邻苯二酚结构的改性木质素（M-lignin）；②将改性木质素与聚乙烯亚胺（PEI）共混反应，得到仿贻贝黏附蛋白 M-lignin/PEI 胶黏剂。

2）性能分析。为了研究改性木质素对胶黏剂胶合性能的影响，用酚羟基含量分别为3.24wt%、5.92wt%和7.24wt%的木质素制备了一组 M-lignin/PEI 样品 P-1、P-2 和 P-3。结果表明，M-lignin 的酚羟基含量越高，制备的 M-lignin/PEI 胶合性能越好；此外，酚羟基含量为7.24wt%的 M-lignin 制备的胶黏剂，其耐水性能得到显著的提高。因此，酚羟基含量高的改性木质素是比未改性的木质素更好的木质素基无醛胶黏剂的原料。所制备的 M-lignin/PEI 样品 P-3 满足耐沸水强度（σ_{BWT}）≥0.7MPa 的条件，超过了国家标准中Ⅰ类板胶合强度的要求。这可能是由于含有邻苯二酚结构的木质素作为重要的交联物质，其邻苯二酚基团能在热压时发生复杂的反应，使得胶黏剂获得优异的耐水性。

3）机制揭示。通过研究经固化的 M-lignin/PEI 和经过同样处理的 M-lignin 的分子结构变化，研究 M-lignin/PEI 的固化机制和黏合机制。由于 M-lignin 含有邻苯二酚基团，借鉴含有邻苯二酚基团的单宁的一系列化学反应的研究结果，可推测 M-lignin 与 PEI 之间可能的发生机制为：M-lignin 中的邻苯二酚基团容易被氧化，在胶合板热压时，邻苯二酚基团氧化成邻醌结构；邻醌结构很容易与 PEI 的氨基发生希夫碱反应，生成的希夫碱、邻醌也能与 PEI 发生迈克尔加成反应，生成的新产物仍具有邻醌结构，该新产物可继续与 PEI 发生希夫碱反应，生成新的希夫碱产物。这一系列的反应使胶黏剂 M-lignin/PEI 发生固化，形成了较完善的三维网络结构，从而赋予胶黏剂高强度和高耐水性。另外，氢键在胶黏剂 M-lignin/PEI 的黏合过程中也发挥了十分重要的作用。M-lignin 分子上未反应的邻苯二酚基团不仅能与 PEI 的氨基形成强氢键，也可以与木材中的羟基形成强氢键，从而提高了胶黏剂的内聚强度和与木材的胶接强度。

11.7.3.2 壳聚糖基仿生黏附材料的制备

壳聚糖是从海洋生物外壳中提取的第二丰富的生物聚合物，来源十分广泛，具有无毒、可降解和良好的生物相容性的优点，由 β-1,4-糖苷键连接的 D-葡萄糖胺的去乙酰化和乙酰化单元组成。然而，由于不含邻苯二酚基团，天然的壳聚糖无法直接作为仿生黏附材料。此外，天然的壳聚糖与水的溶解性差，容易形成不溶性沉淀，也降低了黏附效果。幸运的是，儿茶酚的结构含有大量的氨基和羟基等高活性基团，因此基于贻贝仿生原理，如果利用儿茶酚类化合物对壳聚糖天然高分子进行化学修饰，构造邻苯二酚结构，则可制备壳聚糖基仿生黏附材料。

研究实例：壳聚糖基仿生黏附材料

1）儿茶酚衍生物与胺基功能高分子的化学接枝。壳聚糖可以通过与含羧酸的儿茶酚衍生物进行酰胺化反应，将儿茶酚引入高分子侧链（图 11.3）。Ryu 等报道了含儿茶酚的二氢咖啡酸对壳聚糖进行功能化，通过壳聚糖的胺基与二氢咖啡酸的羧基在碳二亚胺（EDC）缩合剂存在下进行酰胺化反应得到。目前，含儿茶酚单元的壳聚糖基仿生黏附材料大部分是通过—COOH 和—OH/—NH₂ 酯化或酰化反应制备得到的，通常是经过碳二亚胺等缩合剂将儿茶酚单元接枝到高分子链上。

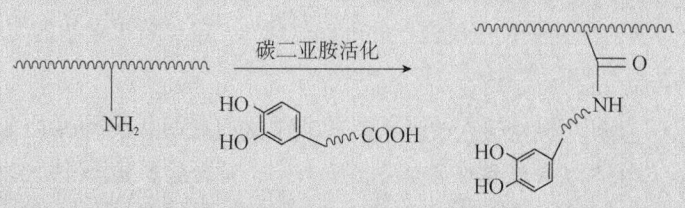

图 11.3　含羧酸的儿茶酚衍生物通过碳二亚胺活化与壳聚糖接枝

2）儿茶酚衍生物与胺基功能高分子的电化学接枝。含胺基侧链的高分子可以与儿茶酚类化合物进行电化学接枝反应，制备侧链含儿茶酚的高分子。Kim 等报道了通过两步电化学法将儿茶酚接枝到壳聚糖薄膜上：首先在电极表面电沉积一层可渗透的刺激响应性壳聚糖薄膜；接着，将该电极浸渍在含有儿茶酚的溶液中，并以阳极氧化儿茶酚，最终得到了壳聚糖-儿茶酚的仿生薄膜。电化学石英晶体微天平证实为共价键接枝，循环伏安测试表明儿茶酚改性壳聚糖具有氧化还原活性。

3）儿茶酚衍生物与胺基功能高分子的酶催化接枝。壳聚糖还可以通过酶催化氧化接枝儿茶酚衍生物得到改性，赋予天然高分子抗氧化活性。例如，含胺基侧链的壳聚糖可以通过酶催化氧化接枝儿茶酚衍生物进行的改性，制备儿茶酚接枝改性的壳聚糖（图 11.4）。

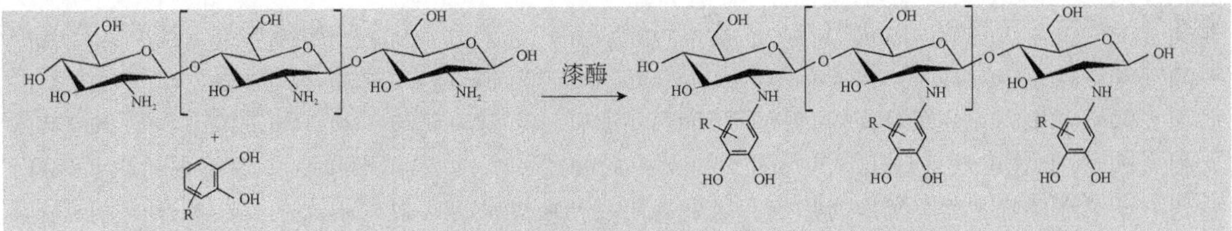

图 11.4　壳聚糖与儿茶酚类化合物的酶催化氧化接枝

11.7.3.3　大豆蛋白仿生黏附材料的制备

作为大豆蛋白来源的大豆又称黄豆，是一种富含大豆油和植物蛋白的作物，根据蛋白质含量不同，大豆副产物的深加工利用主要包括从中提取高蛋白饲料豆粕、大豆分离蛋白、大豆浓缩蛋白、脱脂豆粉等。其胶结性能与蛋白质含量有关，大豆分离蛋白的胶结性能最好，但工艺复杂，成本最高。据统计，豆粕为大宗农产品加工剩余物，每年可结余 400 多万吨，资源丰富。将豆粕直接转化为高性能大豆蛋白胶黏剂的应用前景广阔。大豆蛋白是由 20 种氨基酸按照一定的顺序通过肽键（—CONH—）相连接而形成的天然高分子，其大分子主链上分布着大量的—COOH（羧基）、—NH$_2$（氨基）、—OH（羟基）和—SH（巯基）等活性基团。由于活性基团多，理论上可与木材进行胶接，大豆蛋白中丰富的—OH、—COOH、—NH$_2$ 和—SH 等都可与木材中的—OH 形成氢键作用力，根据木材胶结机制中的吸附理论，理论上可以形成良好的胶接效果。然而，大豆蛋白是由复杂的一、二、三、四级结构组成的紧密的球形结构。这个球形结构会把一级结构的活性基团包裹起来，暴露出一些具有疏水性能的非活性基团，因此导致大豆蛋白作为胶黏剂性能不佳、活性不好。传统的方法是通过物理、化学或生物方法对大豆蛋白进行改性，暴露更多的活性基团，同时通过化学键的形式嫁接黏附性官能团，赋予其更高的胶接强度和耐水性能。

类比海洋贻贝黏附蛋白，大豆蛋白和贻贝蛋白同属蛋白质类物质，两者都是由 20 多种氨基酸按不同比例组合而成的。其区别在于大豆蛋白分子结构上没有多巴结构，如果能在其分子结构上嫁接多巴结构，将有望合成贻贝仿生大豆蛋白胶黏剂。例如，高强等受贻贝黏附蛋白的启发，通过开环接枝和自由基聚合反应设计合成了一种大豆蛋白基水下胶黏剂，即将 1,2-环氧-9-癸烯接枝到大豆蛋白上得到带有不饱和双键的改性大豆蛋白。然后，将生物漆酚作为邻苯二酚基团的天然来源，通过自由基聚合反应接枝到改性大豆蛋白上，得到有水下黏附性的仿生改性大豆蛋白。最后将氧化钙和仿生改性大豆蛋白混合，得到有水下固化能力的仿生改性大豆蛋白黏附材料。研究表明，仿生改性大豆蛋白黏附材料在不同水环境中（pH=5 或 9 的蒸馏水、模拟海水、有机溶剂、铁离子溶液，T=3~90℃的自来水等），对不同材料（玻璃、金属、PVA、亚克力、木材、陶瓷等）及异性材料均表现出强的水下胶接性能。其水下胶接强度可达到 758kPa，可适用于酸、碱和腐蚀性等各类复杂环境中。

研究实例：仿贻贝黏附蛋白改性大豆蛋白胶黏剂

1）制备方案。以大豆分离蛋白为骨架，在水溶性的碳二亚胺缩合剂 EDC[1-（3-二甲氨基丙基）-3-乙基碳二亚胺盐酸盐]存在下与受保护的多巴胺通过酰胺化进行接枝反应，脱保护后得到侧链含儿茶酚单元的大豆蛋白改性胶黏剂。

2）性能分析与机制揭示。该工作重点研究了大豆分离蛋白结合上多巴后对胶合性能的影响。研究表明，当多巴含量由 4.12%增加到 8.95%时，其黏接木材的干湿强度显著提高，尤其需注意的是当多巴的结合率为 8.95%时，其胶接木质材经过三次水浸泡-干燥循环耐水实验，仍可以获得 3.5MPa 的干态胶接强度。结果表明结合上多巴胺基团之后，大豆分离蛋白的胶接强度和耐水性能均得到了提高。其胶合机制推测为：大豆分离蛋白结合了类多巴邻苯二酚基团后，使其具有类似贻贝黏附蛋白的黏附机制，即邻苯二酚基团容易氧化成高活性的邻醌结构，随后进一步形成不溶于水的交联结构使其具有更高的胶接强度和耐水性能。此外，还进一步探讨了贻贝黏附蛋白巯基的影响机制，研究表明通过增加大豆蛋白中巯基的含量，可以改善大豆蛋白基胶黏剂的耐水性能，并进一步探究巯基对胶合性能的影响。对巯基的作用机制做出了以下推断：大豆蛋白中的巯基易被氧化为二硫键，进而通过交联反应形成三维网状结构；热压阶段，酪氨酸被氧化为醌类结构，进而与巯基发生迈克尔加成反应；大豆蛋白中大量的氨基与木材形成氢键，且在热压阶段，木质素中的酚羟基被氧化为醌类结构并与巯基发生作用。

11.8 含邻苯二酚结构的合成高分子基仿生黏附材料的制备

近些年来，基于合成聚合物原料丰富、来源广、价格低廉、制备简单、可调节性强、应用广泛等优点，设计和合成儿茶酚基单元的仿生聚合物树脂以获得类似于贻贝黏附蛋白性能的黏附材料引起了科技工作者的极大兴趣。例如，对石油基合成树脂（环氧树脂、丙烯酸酯、聚氨酯和聚苯乙烯等）或者非石油基合成聚合物（聚乙烯醇、聚丙烯酸和聚乙烯吡咯烷酮等）进行儿茶酚改性制备了仿生贻贝黏附材料。由于利用仿生人工合成策略具有合成方法简单、制备成本低、易于扩大生产等优点，因此基于合成高分子制备含邻苯二酚功能化的黏附材料越来越受到重视。儿茶酚官能团可以通过各种不同的合成路径引入合成高分子中，按照合成思路可分为：①儿茶酚基低分子量单体的聚合反应；②儿茶酚基化合物与功能高分子的化学接枝。

11.8.1 儿茶酚基低分子量单体的聚合反应

根据高分子化学理论，按照单体-聚合物组成结构变化，可以将聚合反应分成加成聚合反应、缩合聚合反应和开环聚合反应三类。依据贻贝仿生原理，合理设计合成高分子结构，通过上述三类聚合，可以实现儿茶酚类单体从低分子量到高分子量的化学合成，同时借助"结构-性能-应用"构效关系，达到在不同环境中的应用目的。

11.8.1.1 加成聚合反应

加成聚合是一类重要的聚合反应，又称加聚反应。加成聚合的主要单体是烯类，主要包括单取代和1,1-双取代的单烯类、共轭二烯类。烯类分子带有双键，与σ键相比，π键的键能较弱，因此容易断裂进行加聚反应，形成加聚物，如图11.5所示。但是，在一般条件下，大部分烯类无法自动打开π键，需要借助引发剂或外加能的作用。引发剂一般带有弱键，容易分解。其中弱键按照断裂方式有两种：一种为均裂，另一种为异裂。均裂时，1分子引发剂会断裂形成2个中性自由基R·（也叫游离基）。异裂时，共价键上的一对电子全部归属于某一基团，形成阴（负）离子B⁻，而另一基团则成为缺电子的阳（正）离子A⁺，如图11.6所示。因此，引发剂断裂产生的自由基、阴离子、阳离子都有可能成为活性种，打开烯类的π键，引发聚合。因此，按照活性种的分类，加成聚合反应又可分为自由基聚合、阴离子聚合和阳离子聚合反应，这三类反应理论上是合成高分子基仿生黏附材料的重要手段。然而，阳离子活性很高，极易引发各种副反应，很难获得高分子量聚合物，因此实际上鲜有在合成高分子基仿生黏附材料中的应用。

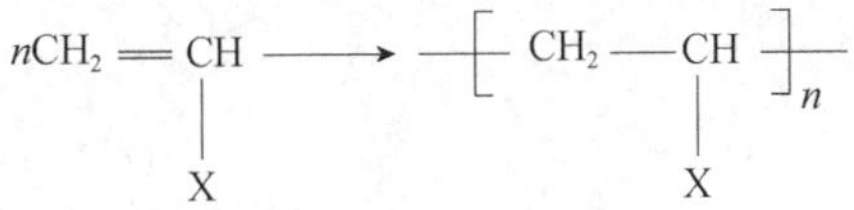

图 11.5　加聚反应的主要原理

均裂　$R\cdot \vdots \cdot R \longrightarrow 2R\cdot$

异裂　$A \vdots : B \longrightarrow A^{+} + :B^{-}$

图 11.6　引发剂断裂原理

（1）自由基聚合反应　作为加成聚合的代表，自由基的总反应由链引发、链增长、链转移、链终止等单元反应串/并联构成，其反应原理如图 11.7 所示。在自由基聚合中，引发剂Ⅰ分解成的初级自由基 R ·打开烯类单体的 π 键，形成单体自由基 RM ·，构成单体链引发。单体自由基持续迅速打开许多烯类分子的 π 键，产生连续加成，使链增长，活性中心始终处于活性链的末端。增长着的活性链 RM_n · 可能将活性转移给单体、溶剂等，形成新的活性种 M ·，而原链本身终止，产生链转移反应。此外，活性链也可以自身链终止成大分子。这些反应共同构成了自由基聚合的微观历程。按照自由基聚合的位置，又可分为儿茶酚单体原位自由基聚合及儿茶酚乙烯基单体自由基聚合。

链引发　$I \rightarrow 2R\cdot$　（初级活性种）

$R\cdot + M \rightarrow RM\cdot$　（单体活性种）

链增长　$RM\cdot + M \rightarrow RM_2\cdot$

$RM_2\cdot + M \rightarrow RM_3\cdot$

⋮

$RM_{n-1}\cdot + M \rightarrow RM_n\cdot$　（活性链 R〰·）

链转移　$RM_{n-1}\cdot + M \rightarrow RM_n + M\cdot$

链终止　$RM_n\cdot \rightarrow$ 死聚合物

图 11.7　自由基聚合原理示意图

1）儿茶酚单体原位自由基聚合。儿茶酚单体原位自由基聚合指的是自由基产生的位置在邻苯二酚基团上所引发的聚合。作为万能黏附基团，由于其优异的化学活性，邻苯二酚基团自身即可产生自由基，形成自由基自聚合，可通过“C—O 缩合”或“C—C 缩合”生成不同结构的聚邻苯二酚。例如，马木林等报道了邻苯二酚在三氟化硼乙醚（PFEE）体系进行电氧化聚合反应，形成黑色的邻苯二酚聚合物膜沉积于电极表面，并且通过红外、核磁和量化计算等手段证实为“C—C 缩合”生成的聚邻苯二酚（图 11.8）。而 Nazari 等报道了邻苯二酚经阳离子卟啉催化剂催化聚合，得到“C—O 缩合”的红褐色、水溶聚邻苯二酚（图 11.9）。

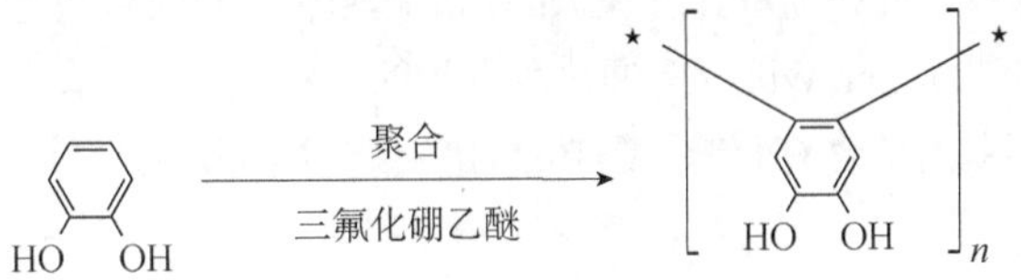

图 11.8　邻苯二酚的电氧化聚合反应示意图

“★”指单体形成自由基聚合时发生的点位

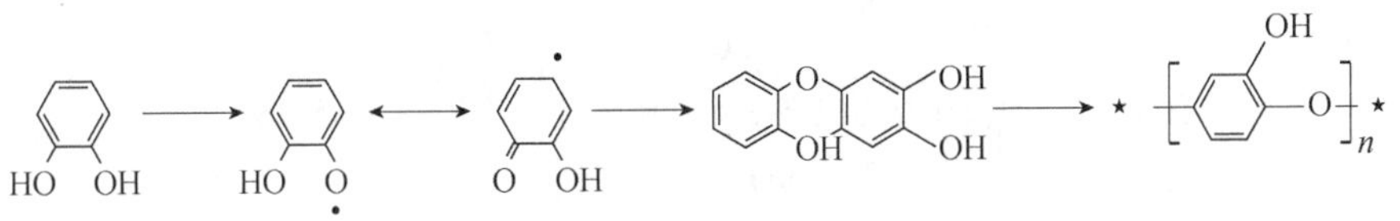

图 11.9　邻苯二酚的催化聚合反应示意图

2）儿茶酚乙烯基单体自由基聚合。儿茶酚乙烯基单体自由基聚合指的是自由基产生的位置在儿茶酚乙烯基单体的碳碳双键官能团上的聚合，这是合成仿生黏附材料的另一种重要的自由基聚合类型。例如，Detrembleur 等报道了通过硼砂保护儿茶酚单元制备了含儿茶酚的乙烯基单体。如图 11.10 所示，该单体进行自由基聚合、脱保护，得到聚多巴甲酯-甲基丙烯酰胺[P（mDOPA）]的仿生黏附材料，作为功能涂层，可黏附在不锈钢基材上固定抗菌多肽（nisin）。

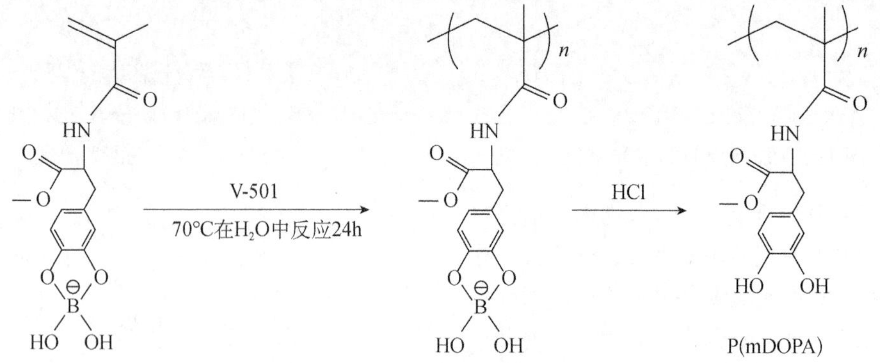

图 11.10 聚多巴甲酯-甲基丙烯酰胺的合成

V-501. 4,4′-偶氮双（4-氰基戊酸）

除了仿生涂层，通过自由基共聚制备合成仿生胶黏剂也十分普遍。例如，Stepuk 等报道了多巴胺-甲基丙烯酰胺（DOMA）与甲基丙烯酸甲酯单体（MMA）通过偶氮二异丁腈（AIBN）引发自由基共聚合（图 11.11），形成高分子 poly（DOMA-co-MMA）。将该共聚物溶解于二甲基亚砜（DMSO）中，对金属基材施胶后，110℃干燥 60min，黏结强度可高达 20MPa。

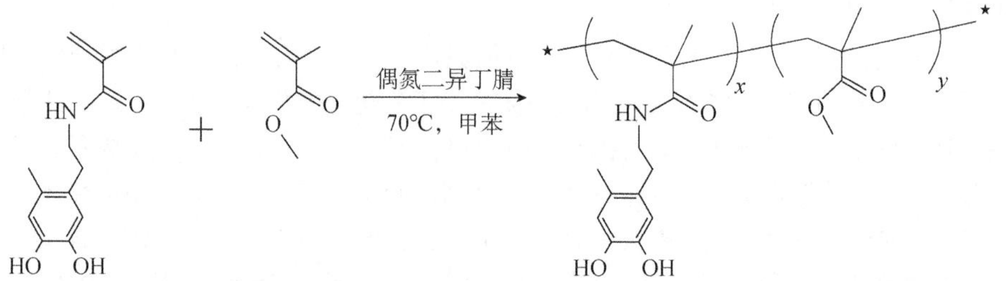

图 11.11 poly（DOMA-co-MMA）的合成

（2）阴离子聚合反应　儿茶酚单元受保护的乙烯基单体不仅可以进行自由基聚合，还可以进行阴离子聚合。普渡大学的 Jonathan Wilker 等通过受保护的 3,4-二甲氧基苯乙烯单体与苯乙烯单体进行阴离子共聚合，脱保护后制备的含有邻苯二酚功能团的聚合物（图 11.12），可用作贻贝仿生黏合剂。

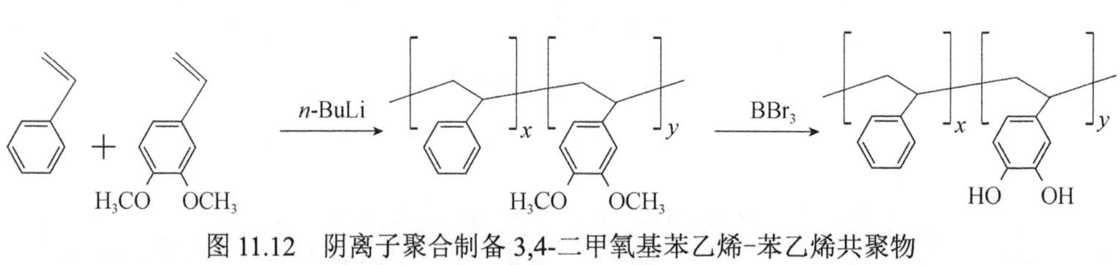

图 11.12 阴离子聚合制备 3,4-二甲氧基苯乙烯-苯乙烯共聚物

n-BuLi. 正丁基锂

11.8.1.2　缩合聚合反应

缩合聚合反应又称缩聚反应，是官能团单体多次重复缩合而形成缩聚物的过程。进行缩聚反应的两种官能团可以分属于两种单体分子，也可能同在一种单体分子上。缩合聚合的结果，除了主产物，还伴有副产物的产生。按照单体数量分类，可分为均缩聚和共缩聚反应。缩聚反应产物的形态与单体的官能度（官能度是指缩合反应中，一分子中能参与反应的官能团数）有关。当 2-2 或 2-4 官能度体系缩聚时，形成线形缩聚物；2-3、2-4 或 3-3 等官能度体系缩聚时则形成体系缩

聚物。图 11.13 为以 2-2 官能度体系缩聚的通式。

$$naAa+nbBb \rightleftharpoons a \dashv AB \dashv_n b+(2n-1)ab$$

图 11.13　2-2 官能度体系缩聚通式

（1）均缩聚　　均缩聚指的是只有一种单体参与的缩聚反应，其重复结构单元只含有一种单体单元。儿茶酚化合物结构在特定情况下，可以作为均缩聚的单体。例如，多巴胺可以自氧化产生官能度为 3 的单体，可以形成体系缩聚物，能在金属、无机物、聚合物等各种基材表面形成稳定的黏附涂层，并且该黏附涂层具有优异的耐水黏附性，已成为基材表面改性的重要方法。2007 年，Messersmith 等首次报道多巴胺（同时含儿茶酚基团和氨基基团）在碱性三羟甲基氨基甲烷盐酸盐溶液（Tris）中进行了氧化自聚合（图 11.14），形成多功能性的聚多巴胺（polydopamine）涂层。聚多巴胺含有许多儿茶酚基团和氨基基团，聚合物网络能够黏附于各种基材，与贻贝黏附蛋白类似，具有万能黏附能力和耐水黏附性。黏附于各种基材上的聚多巴胺涂层，还可进一步与—SH、—NH$_2$ 等进行化学反应，可作为平台（platform）[或称底涂（primer）或锚定层（anchoring layer）]进一步进行表面功能化改性。

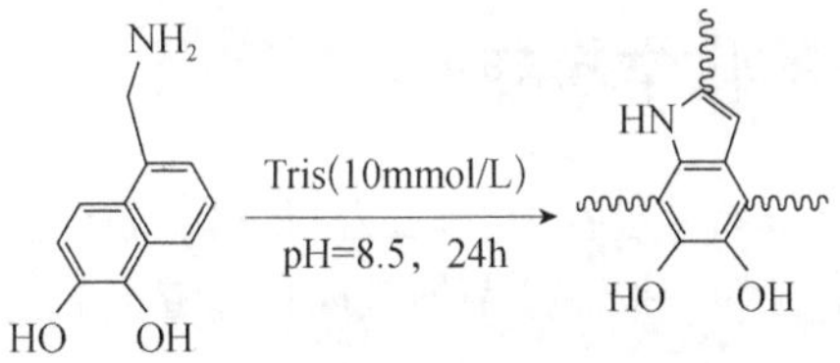

图 11.14　儿茶酚类化合物多巴胺的氧化自聚合

（2）共缩聚　　共缩聚指的是结构不同的两种或者两种以上单体进行的缩合聚合反应。合成仿生黏附材料的制备可以采用邻苯二酚与其他单体共缩聚制备合成。例如，Manawwer 等以 *N,N*-双（2-羟基乙基）玉米油脂肪酰胺（HECFA）和邻苯二酚为原料，通过共缩聚反应合成了聚醚酰胺（CPETA）树脂（图 11.15）。该树脂进一步与异佛尔酮二异氰酸酯反应得到聚醚酰胺聚氨酯涂层。该涂层可作为低碳钢的保护涂层，具有良好的划痕硬度、柔韧性、光泽度、耐腐蚀性和热稳定性，并可在高达 250℃ 的环境中安全使用。

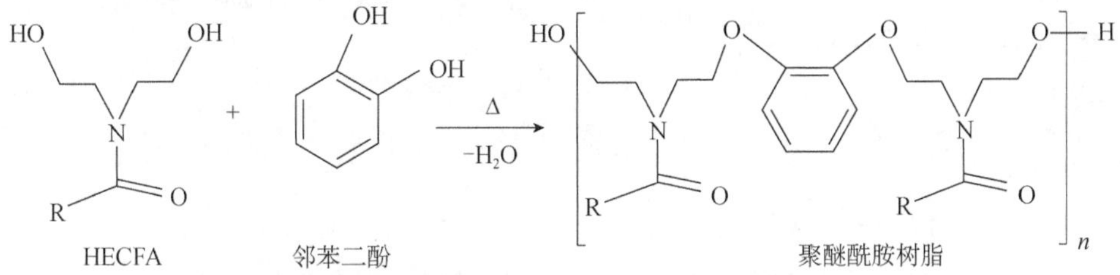

图 11.15　利用共缩聚法制备合成仿生黏附材料的反应示意图

11.8.1.3　开环聚合反应

环状单体 σ 键断裂而后开环、形成线形聚合物的反应，称作开环聚合，通式如图 11.16 所示。图中，R 代表—[CH$_2$]$_n$—，X 代表 O、N、S 等杂原子或基团，主要单体有环醚、环酯、环酰胺（内酰胺）、环硅氧烷等。开环聚合可与缩聚、加聚并列，成为第三大类聚合反应。与缩聚相比，大部分开环聚合物属于杂链高分子，与缩聚物类似。与烯类加聚相比，开环聚合时无副产物产生，聚合物与单体的元素组成相同，与加聚反应类似。

图 11.16　开环聚合反应通式

开环聚合也是合成高分子基仿生黏附材料的重要手段。例如，氨基酸的 *N*-羧基内酸酐（NCA）单体进行开环聚合，适用于各种分子量聚肽的制备，可获得较高分子量的聚肽。美国加利福尼亚大学的 Deming 等通过受保护的多巴 NCA 单体和受保护的赖氨酸 NCA 单体进行开环聚合（图 11.17），制备得到水溶性的多巴-赖氨酸无规共聚多肽，分子量达到 10 万～20 万，黏附性能几乎可以与贻贝黏附蛋白媲美。

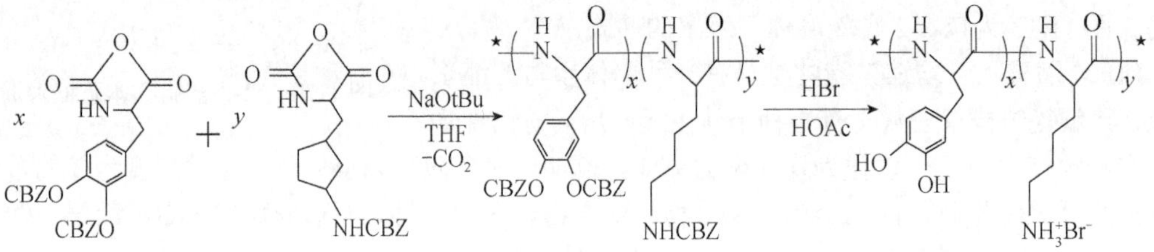

图 11.17 受保护的多巴 NCA 单体和赖氨酸 NCA 单体开环聚合制备黏性共聚多肽

CBZ. 苄氧羰基，是一种保护基团；NaOtBu. 叔丁醇钠

11.8.2 儿茶酚基化合物与功能高分子的化学接枝

高分子基仿生黏附材料的合成除了由儿茶酚化合物小分子单体进行聚合反应，还可以通过接枝邻苯二酚基团的方式改性合成功能高分子，制备仿生黏附材料。按照儿茶酚基团在主链上的接枝位置，可分为侧链接枝和末端接枝两种。

11.8.2.1 侧链接枝

儿茶酚类小分子化合物可以通过与具有活性功能团的高分子进行化学接枝反应，制备以儿茶酚为侧链的高分子。

儿茶酚胺化合物（如多巴、多巴胺及其衍生物）可以直接与带羧基侧链的高分子在碳二亚胺缩合剂作用下进行酰胺化反应，也可以与高分子的侧链羧基被活化的五氟苯酯、琥珀酰亚胺酯、三唑活化酯等进行酰胺化反应（图 11.18）。

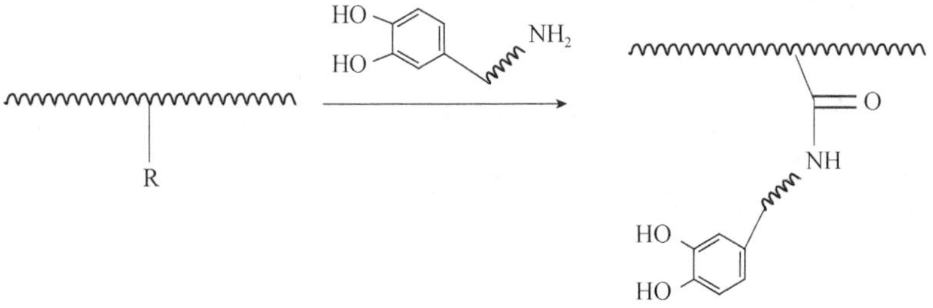

图 11.18 儿茶酚胺化合物与羧基功能高分子进行酰胺化反应的几种策略

R=羧酸、五氟苯酯、琥珀酰亚胺酯或三唑活化酯

Tahir 等报道了以聚丙烯酸五氟苯酯与多巴胺在温和条件下反应，不需要其他缩合剂，可制备得到多巴胺接枝的聚丙烯酸五氟苯酯（图 11.19），之后还可继续进行功能化接枝。

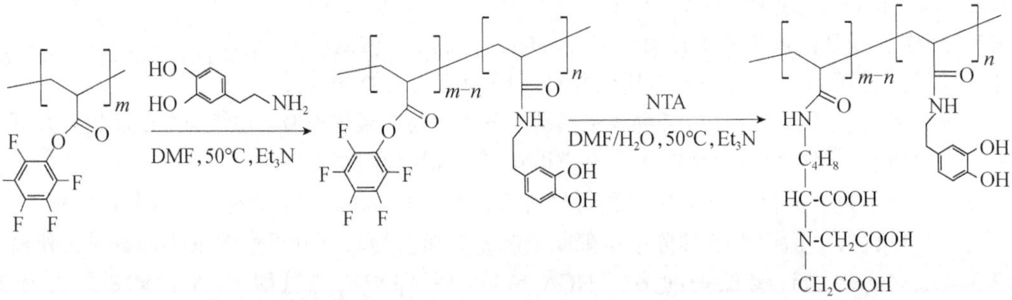

图 11.19 聚丙烯酸五氟苯酯与多巴胺反应制备多巴胺接枝的聚丙烯酸五氟苯酯

Et$_3$N.三乙胺；NTA.次氮基三乙酸

11.8.2.2 末端接枝

儿茶酚类化合物与高分子链的末端进行接枝反应,可以形成末端为儿茶酚的高分子。如图 11.20 所示,可制备单末端为儿茶酚的线形高分子、双末端为儿茶酚的线形高分子,还可以有多端末端为儿茶酚的支链高分子。

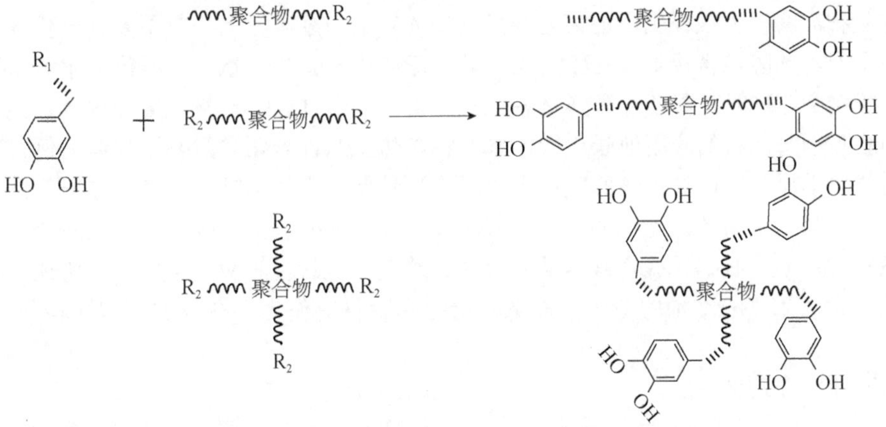

图 11.20 高分子接枝制备末端为儿茶酚的高分子
R_1、R_2 代表不同的有机羟基

例如,Textor 等通过含儿茶酚单元的化合物的胺基与含有羟基琥珀酰亚胺酯(NHS)的聚乙二醇单甲醚(mPEG-NHS)反应,得到单末端为儿茶酚的聚合物。如图 11.21 所示,通过将蓝藻铁载体"anachelin"中的儿茶酚片段与 PEG 结合制备出了带正电荷的含儿茶酚单元的高分子(mPEG-anacat),增强了对负电荷基材的亲和力,在 TiO_2 表面可形成聚合物刷的单分子层。为了研究电荷的影响,也合成了不带电荷(mPEG-dopamine)、带负电荷(mPEG-DOPA)、带双电荷(mPEG-mimosine)的聚合物。

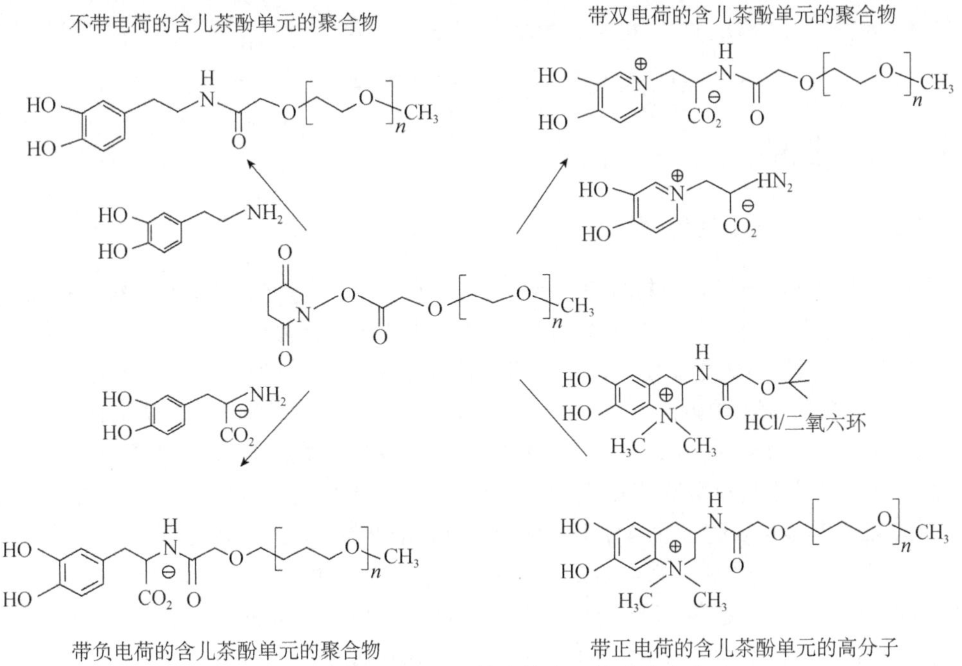

图 11.21 带不同电荷的单末端为儿茶酚的高分子

11.9　仿生水性聚乙烯醇黏附材料

通过非石油路径大规模生产的聚乙烯醇（PVA）是当今世界上为数不多且产量最大的水溶性高分子。聚乙烯醇富含羟基、黏附力强，被广泛应用于木材、纸张、纤维、水泥和陶瓷等极性材料的胶接中。同时，聚乙烯醇还具备绿色无毒、相容性好、价格低廉和综合性能优异等优点，作为胶黏剂与涂料的应用前景广阔。本节将以仿生水性聚乙烯醇黏附材料为例，基于贻贝黏附蛋白仿生学原理，以聚乙烯醇代替蛋白质作为骨架，水作为唯一溶剂，在催化剂的作用下与具有邻苯二酚结构的环保无毒的3,4-二羟基苯甲醛发生缩醛化反应，以一锅法合成仿生胶黏剂（bionic adhesive，BA），并详细地从其合成、关键性能指标和应用角度展开论述，以期更好地将合成的含邻苯二酚结构的仿生水性聚乙烯醇黏附材料作为木材胶黏剂和涂料使用。

11.9.1　合成

基于贻贝仿生机制，在水性聚乙烯醇上嫁接邻苯二酚基团。其过程为：聚乙烯醇的羟基在催化剂的作用下与3,4-二羟基苯甲醛的醛基发生缩醛化反应，从而获得仿生水性聚乙烯醇胶黏剂，即BA（图11.22）。该BA直接以水作为唯一溶剂，绿色环保。此外，该BA以一锅法即可合成，仅涉及加热和搅拌，合成方法简单、设备要求低。

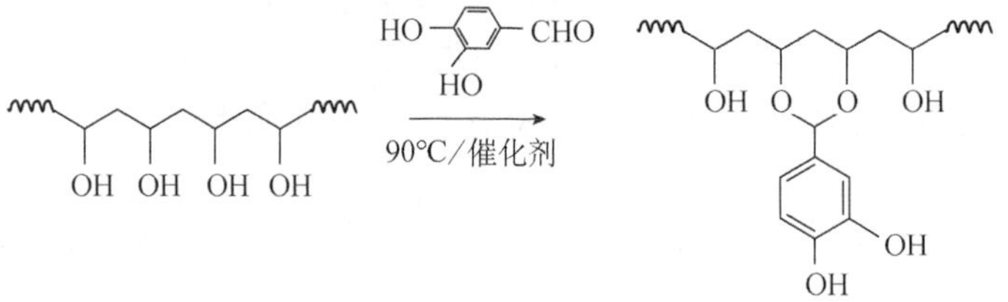

图11.22　BA的合成途径

11.9.2　性能

11.9.2.1　BA的黏度特性

黏度是胶黏剂和涂料最为重要的特征指标之一。在木材胶黏剂的实际应用中，不同的木质单元，对木材胶黏剂黏度的要求差异很大。例如，工业中制备胶合板时在单板上采用滚筒的施胶方式，因此要求其施胶黏度大于3000mPa·s。当胶接刨花板和纤维板时，为了在刨花和纤维上均匀涂/施胶，工业上采用喷淋的施胶方式，因此胶黏剂的黏度越低，越有利于喷淋法施胶，通常要求胶黏剂的黏度小于1000mPa·s。由此可见，深入探究BA的黏度性质是其应用于人造板胶黏剂的关键。

我们分别研究了浓度和温度对BA黏度的影响。从图11.23可以观察到，BA的黏度变化规律与PVA水溶液及其他一般的水性高分子化合物类似。浓度越高，对应的黏度越高（图11.23a），BA的黏度与浓度具有正相关关系，这是因为浓度上升，羟基数量增大，氢键缔合的数量增大，从而促使黏度提高。温度越高，对应的黏度越低（图11.23b），BA的黏度与温度呈负相关关系。上述黏度规律有助于在实际应用中调节出可操作性的施胶黏度。

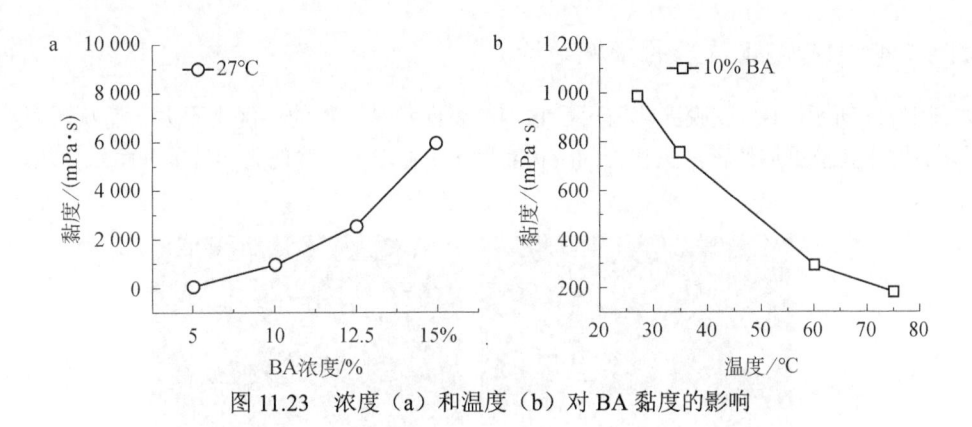

图 11.23　浓度（a）和温度（b）对 BA 黏度的影响

11.9.2.2　BA 的固化交联性能

热固性树脂能在加热加压、固化剂或紫外光等作用下发生化学反应，并形成具有三维交联的体型结构，成为不溶不熔物质，具有耐水、耐热和高强度的特征。因此，热固性树脂具有典型的轻量特性、优异的比强度和比模量、卓越的耐腐蚀性和绝缘性、灵活的可设计性等众多优异特性，被广泛用于制造增强塑料、胶黏剂和涂料等领域，是极其重要的材料。当前最典型的热固性树脂包括不饱和聚酯树脂、环氧树脂、醛基类树脂（脲醛树脂、酚醛树脂、三聚氰胺甲醛）等，其中主流的甲醛系胶黏剂就属于醛基类树脂（脲醛胶、三聚氰胺改性脲醛胶和酚醛胶），这些树脂使用的有机溶剂会产生挥发性有机污染物，对环境和人的身心健康都将造成危害。

11.9.2.3　BA 的快速热固化交联

PVA 属于热塑性树脂，无法通过加热处理转化为三维体型结构，因此其作为人造板胶黏剂时存在强度低和耐水性差的问题。有趣的是，通过热处理实验，BA 加热后可以实现快速交联固化，具有热固性树脂的特征。热处理 46s 后，BA 颜色就由透明浅黄色立马转变为黑色（图 11.24a）。作为对比，PVA 树脂在 150℃热处理 1h，其颜色仅微微变黄（图 11.24b）。

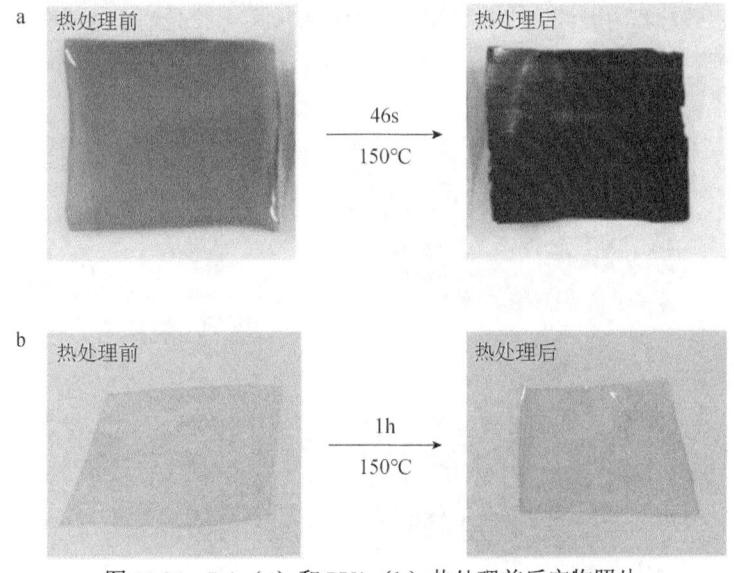

图 11.24　BA（a）和 PVA（b）热处理前后实物照片

11.9.2.4 BA 固化前后的微观结构

如图 11.25 所示，BA 胶膜固化前后，它们的表面都是平整的，区别不大。而从断面观察，BA 固化后比固化前更加致密，更致密的结构有助于提高 BA 胶膜的力学性能和耐水性能。

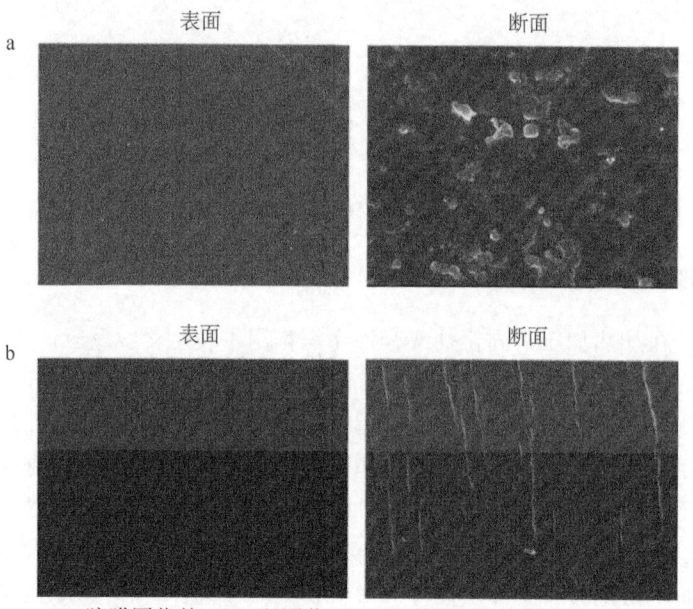

图 11.25 BA 胶膜固化前（a）和固化后（b）的表面与断面的微观扫描电镜图

11.9.2.5 BA 固化前后的耐水、耐酸和耐碱性能

热固性聚合物在交联固化后将形成三维体型结构，具有不溶不熔、耐酸和耐碱的特性。BA 胶膜固化后，也具有类似的特性。如图 11.26 所示，固化后 BA 在 63℃热水、pH=1 的酸液和 pH=13 的碱液中浸泡 1 天后的溶解率分别为 5.2%、3.2%和 3.7%。与 BA 固化前对应的溶解率（93.1%、98.1%和 97.1%）相比，BA 固化后在热水、酸液和碱液中的溶解率有极大的降低，表明固化后 BA 具有超耐水性、耐酸性和耐碱性。上述性质表明 BA 被应用于胶黏剂或涂料时，有望获得耐水、耐酸和耐碱等特性。

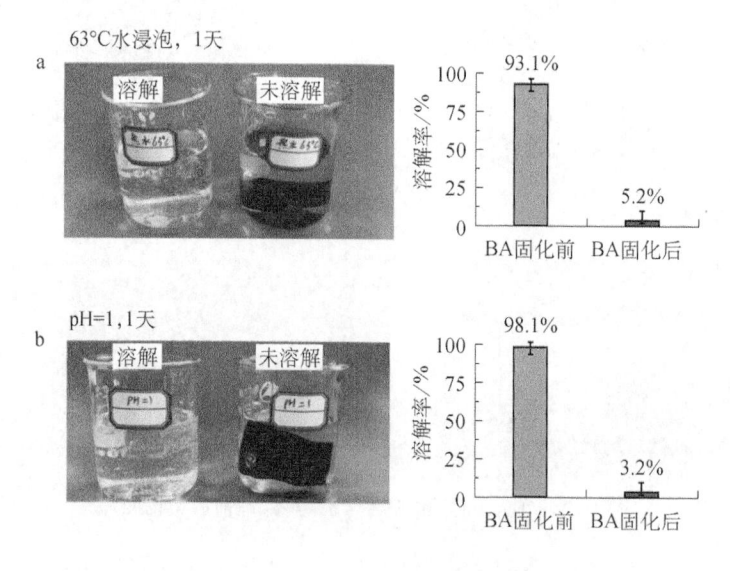

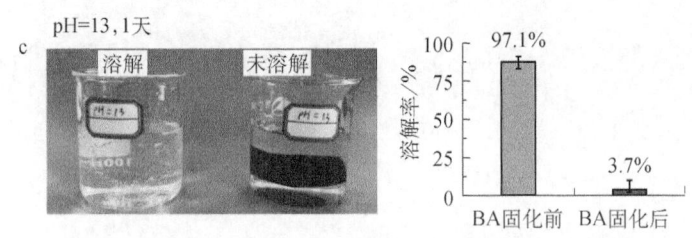

图 11.26 BA 的耐水（a）、耐酸（b）和耐碱（c）性能

11.9.2.6 BA 固化前后的拉伸强度

此外，力学性能增大也是热固性树脂固化的一大特征。BA 固化后拉伸强度为 80MPa，是固化前的 2.3 倍，固化后的伸长率为 8%，降低为原来的 40%（图 11.27）。结果表明固化后树脂强度增强，但是脆性也增加，这一性质与其他热固性树脂相似。BA 固化后强度增高，表明其作为胶黏剂或涂料使用时，固化后胶层或涂层的内聚力将提高，这有利于提高最终胶接制品的胶合强度。

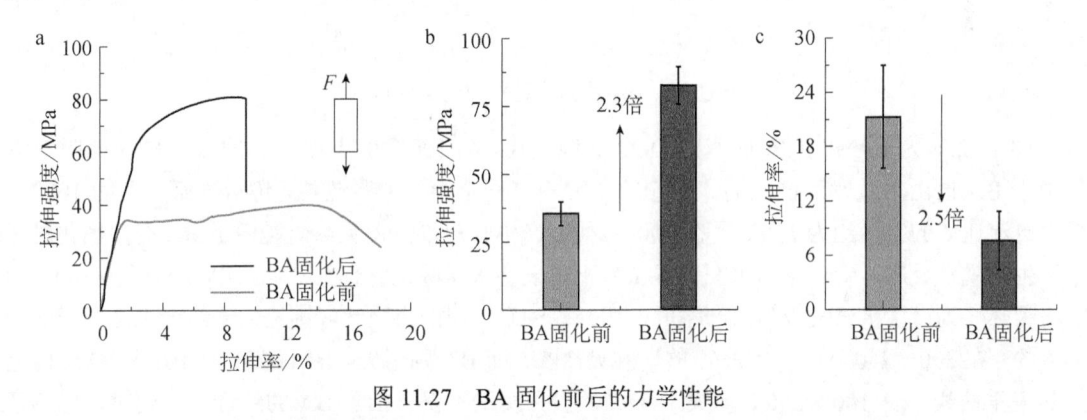

图 11.27 BA 固化前后的力学性能

a. BA 固化前后的力与应变曲线；b. BA 固化前后的拉伸强度；c. BA 固化前后的拉伸率

综合上述结果，BA 具有类似热固性树脂的快速固化、耐水、耐酸、耐碱和高强度的特性。

11.9.2.7 BA 热固化交联化学反应路径

BA 热固化机制可能为：BA 在热处理过程中发生了脱水固化交联反应，形成了三维体型结构。如图 11.28 所示，BA 在加热时发生分子间亲核取代反应（S_N2）产生醚键和发生消除反应（E_1）脱水成烯（双键）。醚键促使 BA 在热固化过程中交联形成三维网络结构，脱水成烯反应则促使 BA 的羟基基团数量减少，这两个反应提高了 BA 的强度和耐水性。

为了证实上述热固化机制的合理性，我们采用 TG-DSC 联用技术、FTIR 光谱仪、XRD 光谱仪和 SEM 等进行分析论证。

（1）BA 的热重和差热分析　　TG-DSC 联用技术是探究热固性树脂交联固化反应最为有效的表征手段之一。通过 TG-DSC 表征手段，我们可以获得热固性树脂交联反应的起始反应温度、热流速率的变化规律、吸热还是放热反应、质量损失起始温度和质量损失速率的变化规律

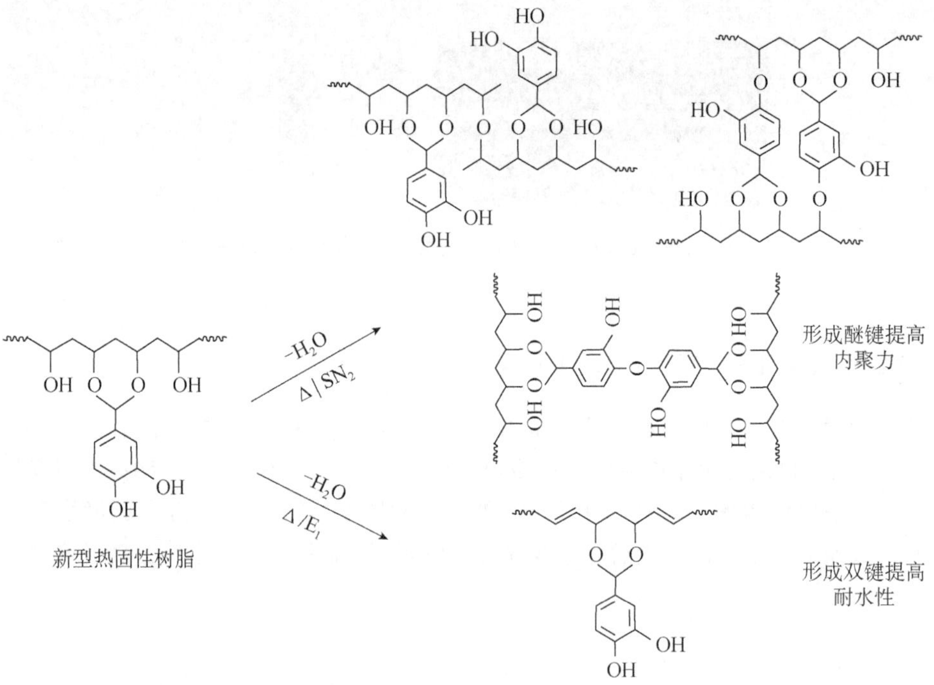

图 11.28　BA 热固化过程中的交联机制

等。图 11.29a 为 BA 和 PVA 树脂的 DSC 曲线，BA 在 100℃前出现了小的吸热峰，此吸热峰是由于 BA 自由水蒸发而产生的。在 100~200℃有一个很大的吸热峰，起始热流温度为 100℃，最大热流速率的温度约为 150℃。在 100~200℃产生吸热焓，该吸热焓是由于 BA 在热固化过程中发生了脱水反应，新产生的水在高温条件下蒸发会大量吸热。作为对比，PVA 树脂在 100℃前的小吸热峰为自由水蒸发吸热而产生的，100~150℃出现的小吸热峰则是由于结合水蒸发吸热而形成的，在 200~250℃有一个 PVA 的熔融吸热峰，而 BA 则消失。图 11.29b 是 BA 和 PVA 树脂的热失重曲线，在 100~200℃损失了 32%，损失质量不仅包括了 BA 的结合水，同时还包括了因化学反应产生的大量水。作为对比，PVA 的质量损失率为 3%，PVA 损失的质量是自由水和结合水的重量。进一步地，将热重曲线进行一次微分计算，可以获得一次微分 DTG 曲线（图 11.29c）。由 DTG 曲线可知，BA 在 100~200℃热失重速率的变化规律，BA 热失重起始温度为 110℃，并且随着温度的升高，热失重速率不断增大，165℃时热失重速率达到最大值。170~200℃，热失重速率不断减小。BA 热固化关键参数的获得为其将来作为热固性涂层和胶黏剂的应用提供了理论指导。

（2）BA 的红外分析　　进一步地，通过对比 BA 固化前后的红外光谱图，BA 固化后在 3375cm^{-1} 和 1223cm^{-1} 的吸收峰强度比 BA 固化前吸收峰强度明显减弱，表明羟基基团数量已减少，减少的羟基可能参与了脱水反应生成双键和醚键。固化后的 BA 在 3018cm^{-1} 和 2853cm^{-1} 出现了新峰，对应的正是—C=C—双键的特征峰。此外，1032cm^{-1} 和 1002cm^{-1} 峰值加强，表明生成了更多的—C—O—C—中的醚键（图 11.30a）。作为对比，PVA 树脂经过相同的热处理，热处理后 PVA 树脂的红外峰未出现上述新峰，仅在 1140cm^{-1} 处的峰值变强，该峰值与 PVA 的结晶度相关，峰值变强，说明热处理后，PVA 树脂的结晶度升高（图 11.30b）。

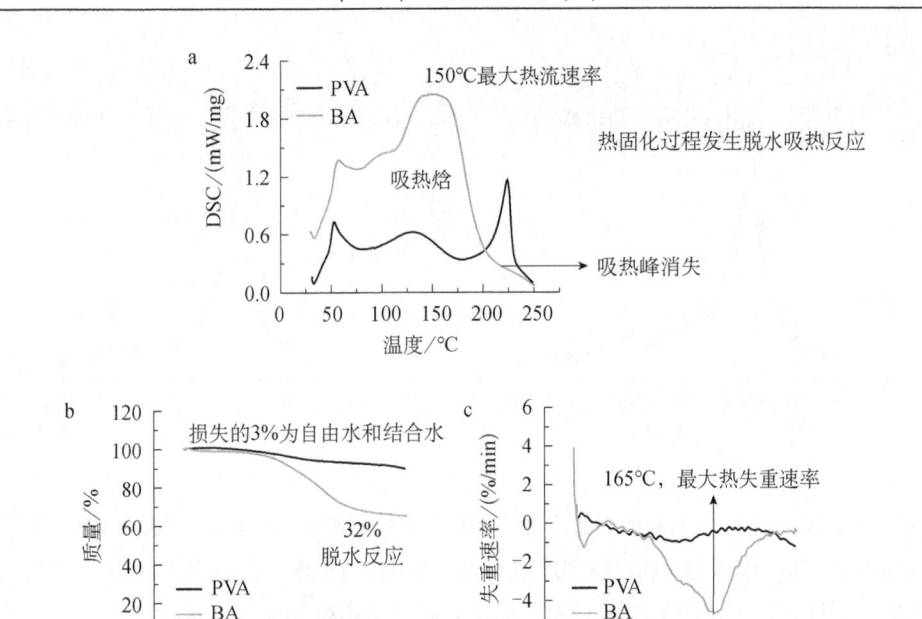

图 11.29 BA 和 PVA 的差热（DSC）(a)、热重（TG）(b) 和 DTG 曲线 (c)

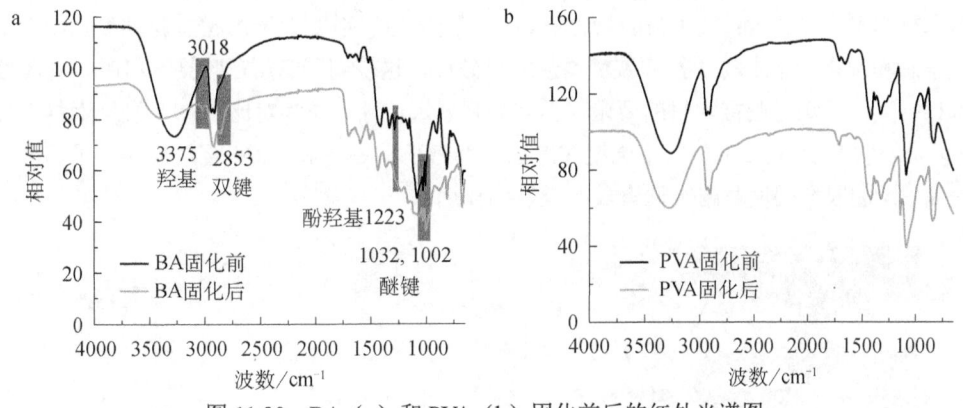

图 11.30 BA (a) 和 PVA (b) 固化前后的红外光谱图

（3）BA 的 X 射线衍射分析　　如图 11.31a 所示，固化前，BA 在 $2\theta=20°$ 有一个很强的结晶峰，然而固化后 BA 的结晶峰强度大大减弱了，且变得更宽，向非结晶峰转变，表明 BA 经热处理后会发生交联固化反应，在热固化过程中聚合物的分子链将重新排列，形成三维体型结构从而导致结晶度下降。作为对比，PVA 树脂经 150℃ 热处理后，峰值增强（图 11.31b），原因是热处理导致更多羟基氢键缔合，分子链之间的排列更加规整紧密，导致结晶度上升。

11.9.2.8　BA 的胶接性能

通过上述分析结果可知，BA 具有丰富的羟基基团和万能黏附的邻苯二酚基团，这些活性基团有望与被胶接材中的活性基团形成分子间作用力或化学键。此外，加热可以导致 BA 发生固化交联，形成三维网络结构，作为胶黏剂或涂料时有望提高胶黏剂本身的内聚力和耐水性能。基于此，为了研究 BA 的胶接性能，将选择木材作为被胶接材，探究其胶合强度。

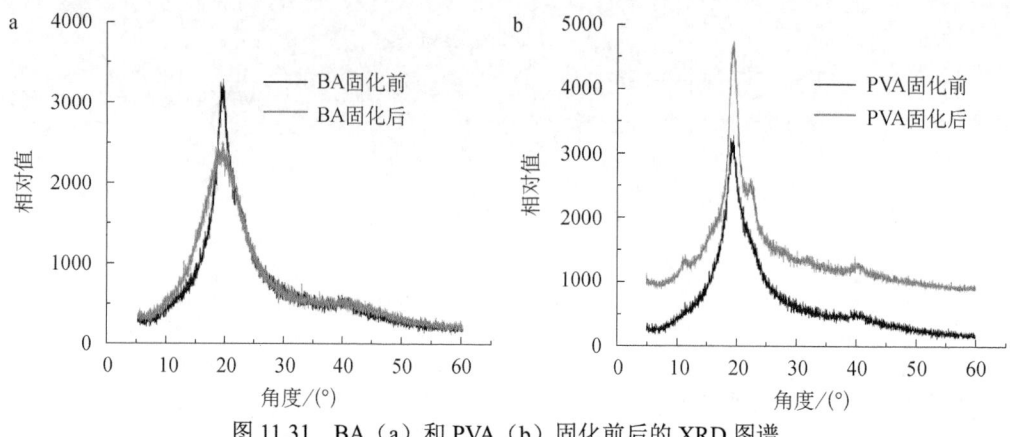

图 11.31　BA（a）和 PVA（b）固化前后的 XRD 图谱

如图 11.32a 所示，使用 BA 胶接木材的干强度为 5.86MPa，是 PVA 干强度的 5.19 倍。即使经过 63℃水浸泡 3h，BA 胶接木材湿强度也有 2.34MPa，而 PVA 在热水中浸泡不到 10min 即开胶。单从胶合强度无法判断 BA 的胶接强度是否满足胶接木材的要求。接头破坏是评估胶黏剂和被胶接物之间强度相对大小的有效指标。接头破坏主要可以分为 4 种类型，分别为界面破坏、胶黏剂的内聚破坏、混合破坏和被胶接物破坏（图 11.32b）。当发生界面破坏时，胶黏剂与木材之间的胶接性弱；发生胶黏剂内聚破坏时，胶黏剂的强度小于木材强度；发生混合破坏时，胶黏剂强度与木材本身强度相近；发生被胶接物破坏时，胶黏剂的强度大于木材本身强度。如图 11.32c 所示，干态和湿态胶接木材的拉伸破坏均从木材破坏，这表明了 BA 在胶接木材时，其胶接性能高于木材强度，能满足胶接木材的要求，具有高强耐水特性。作为对比，PVA 胶接木材干湿均从胶层破坏，表明 PVA 胶接木材的干强度和湿强度都无法满足要求。该实验结果证实了邻苯二酚基团对提高 BA 的胶合强度和耐水性有着关键性的作用。

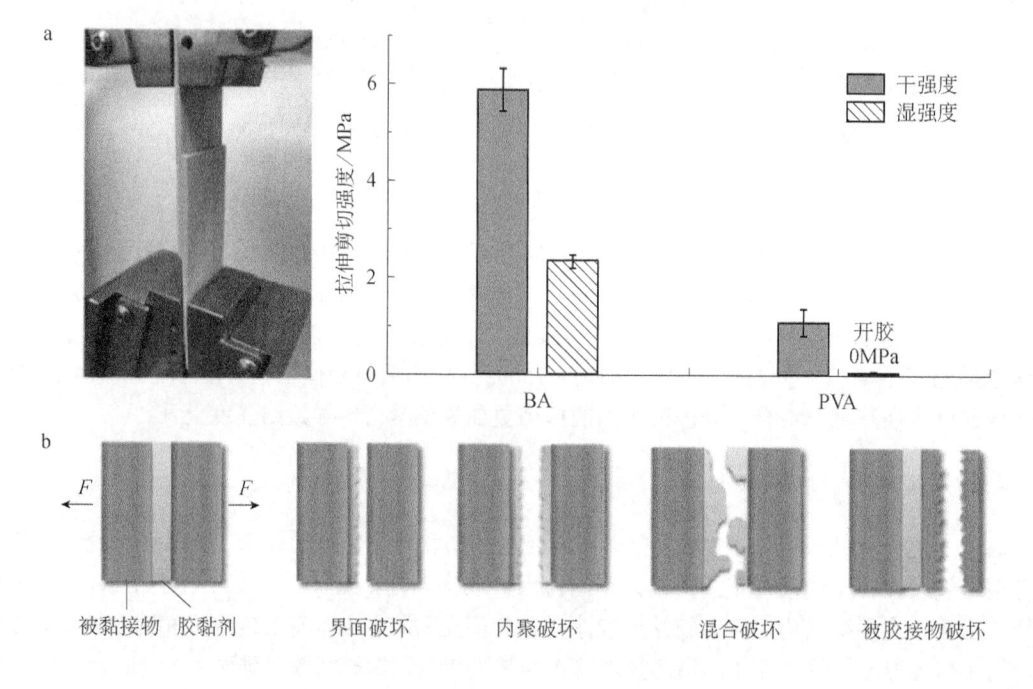

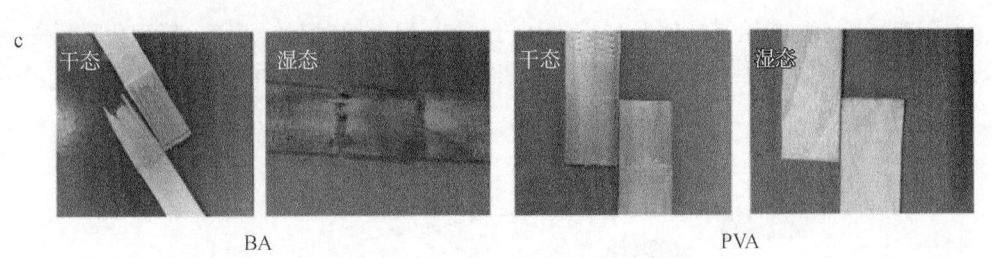

图 11.32　BA 和 PVA 的胶接性能对比

a. BA 和 PVA 的拉伸剪切强度；b. BA 和 PVA 的接头破坏模式；c. BA 和 PVA 黏接木材在干态和湿态下的拉伸破坏模式

11.9.2.9　BA 的耐水性能

为了理解 BA 胶接木材时的高强耐水特性，分别从 BA 与木材表面的润湿性能、BA 与木材的胶接界面分析、BA 与木材胶接的化学键作用力、BA 与木材的胶接机制、BA 的胶接普适性、BA 的普适性机制这 6 个方面进行研究。

（1）BA 与木材表面的润湿性能　　探究 BA 与木材的润湿性能对理解 BA 是否可作为木材胶黏剂至关重要。接触角是判断润湿性能好坏的指标。BA 能胶接木材的先决条件是在木材表面进行良好的润湿。接触角 90°是润湿性能的分界线，接触角小于 90°时，润湿性好，当接触角大于 90°时，疏水，润湿性差（图 11.33a）。如图 11.33b 所示，BA 薄膜固化前的接触角为 42°，表明 BA 固化前是亲水性极性材料，润湿性好，这是因为 BA 具有丰富的羟基基团和万能黏附邻苯二酚基团。而当 BA 胶膜固化后，接触角可达到 90°，已经接近了疏水角度，润湿性差，这是因为 BA 在固化交联过程中，大量的羟基参与反应并形成了三维体型结构。

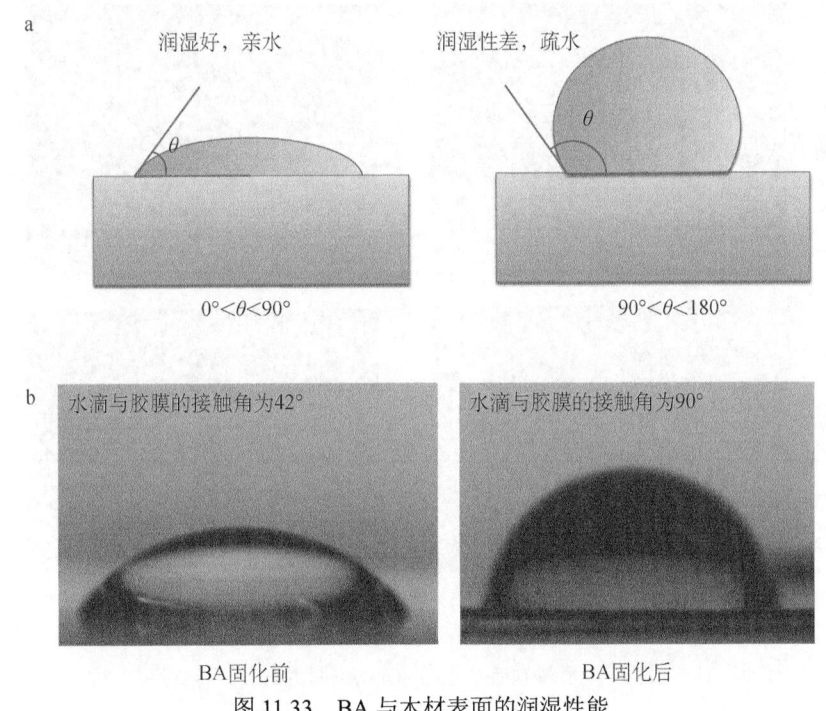

图 11.33　BA 与木材表面的润湿性能

a. 润湿性接触角示意图；b. BA 固化前后的接触角

进一步地，将 BA 滴到木材表面以研究其在木材表面的润湿、流动和渗透性能。如图 11.34 所示，BA 胶液与杨木的初始接触角为 53°，远小于 90°，且随着时间的延长，接触角不断变小，这表明 BA 与木材表面具有良好的润湿性能，能在木材表面铺展、流动和润湿。

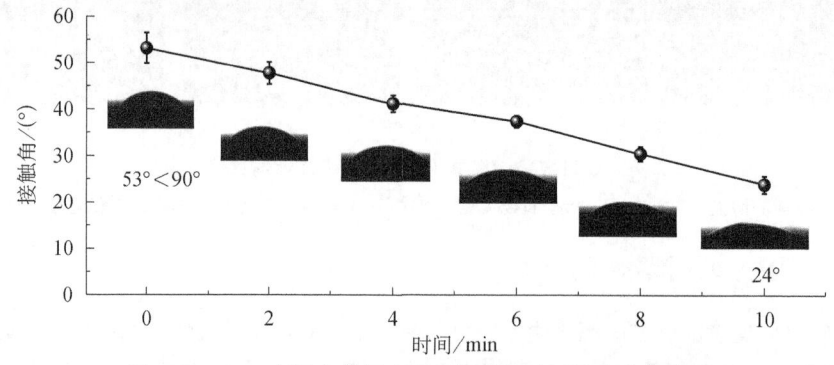

图 11.34　BA 在杨木单板表面的接触角随时间变化的曲线

（2）BA 与木材的胶接界面分析　　观察胶接界面层是理解 BA 与木材形成牢固胶接力的另一重要角度。通过 SEM 可以观察到木材表面粗糙且多孔，具有丰富的导管和纤维管腔，导管壁上还有大量的纹孔（图 11.35a），施胶后的胶黏剂能紧紧地黏附在木材表面，且导管中的纹孔被胶黏剂填充。由于胶层薄，木材本身的细胞结构清晰可见（导管和纤维管腔），薄胶层随着木材孔隙结构的起伏而起伏（图 11.35b）。观察胶接界面层的侧面和截面（图 11.35c 和 d）发现，BA 固化后能在界面层形成一层连续且非常薄的胶层，部分胶黏剂流入纤维和导管腔中，这将形成大量胶钉互锁作用从而将两块木材紧密地胶接在一起。

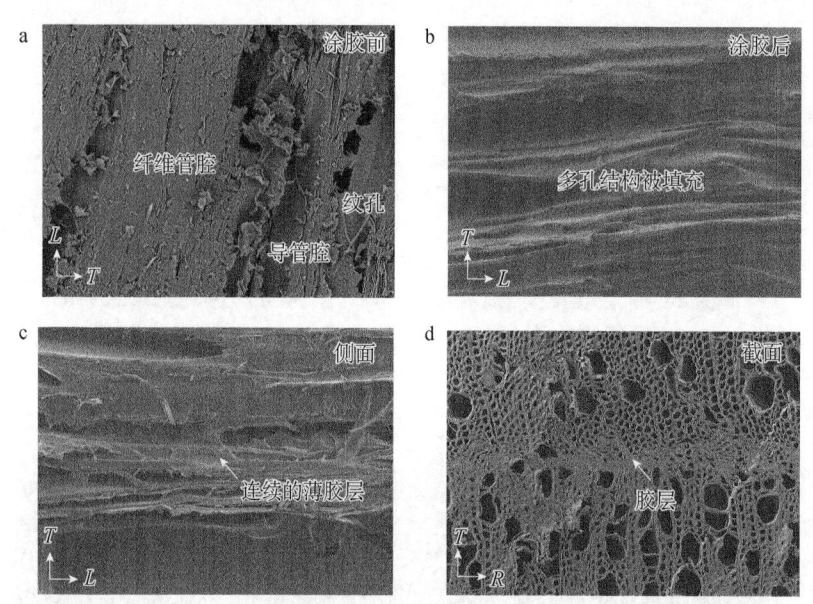

图 11.35　涂胶前（a）和涂胶后（b）杨木的微观结构及 BA 胶接杨木试样的
侧面（c）和截面（d）胶接界面
T. 弦切面方向；L. 平行木纤维方向

（3）BA 与木材胶接的化学键作用力　　木材胶接机制中除了分子间氢键作用力和机械互锁作用力，若要具有高强耐水特性，往往还需要胶黏剂与木材胶接过程中产生化学键。由于 BA 含有活性羟基和万能黏附邻苯二酚基团，因此 BA 在与木材胶接的过程中有望与木材界面的羟基发生化学作用力，如形成醚键。

（4）BA 与木材的胶接机制　　基于上述结果与分析，BA 与木材的胶接机制如下：BA 与木材的润湿性能好，当将 BA 涂布到木材表面时，BA 大分子的链段将通过布朗运动在木材表面进行润湿和扩散，且部分胶黏剂将渗透到木材的导管或纤维管腔中或填充纹孔。随后对施胶后的板坯进行热压，一方面，渗透在木材孔隙中的 BA 胶膜将发生脱水固化交联反应，形成三维网络体型结构，增加 BA 的内聚力和耐水性能并与木材形成胶钉产生机械互锁作用；另一方面，BA 的羟基和万能黏附邻苯二酚基团在热驱动条件下，活性增强从而与木材的羟基产生更多的氢键或化学键作用力。

（5）BA 的胶接普适性　　如图 11.36 所示，BA 胶接的竹和铁块的拉伸剪切干强度分别为 5.8MPa 和 5.1MPa，具有优异的胶合强度。经过 63℃水煮 3h 后，它们对应的拉伸剪切湿强度分别为 2.1MPa 和 1.5MPa，展现了优异的耐水性能。该结果表明 BA 能够用来胶接不同的材料，具有普适性，进一步扩大了 BA 的应用范围。

（6）BA 的普适性机制　　BA 对不同基材具有优异的胶合强度和耐水性能的可能性机制如下：①BA 的骨架为聚乙烯醇，拥有丰富的羟基基团，这些羟基基团与植物类材料（木材和竹材）和铁等亲水性材料具有优异的黏附性能。此外，嫁接上的邻苯二酚基团是万能黏附基团，该基团能胶接各种材料，胶接植物类材料时邻苯二酚基团的两个羟基会与植物的羟基形成氢键或化学键，而胶接铁时则会形成氢键和金属配位键。②BA 在热处理过程中，PVA 上的羟基和邻苯二酚基团的活性变得更强，将形成更多的氢键或化学键。③BA 发生脱水固化，转化成三维体型热固性聚合物，变为不溶不熔物，提高了内聚力和耐水性能。

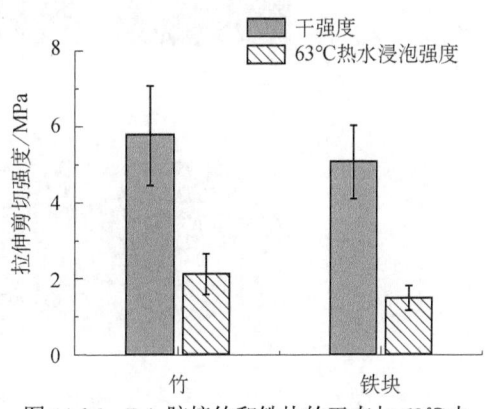

图 11.36　BA 胶接竹和铁块的干态与 63℃水浸泡拉伸剪切强度

11.9.2.10　BA 的中试化生产

图 11.37 展示了 BA 的规模化生产。BA 仅用一锅法就可以合成，合成过程只涉及了加热和搅拌，工艺简单。为了探索其规模化应用前景，在 200kg 胶黏剂中试反应釜中成功进行了扩大化生产。与脲醛树脂合成工艺相比，减少了合成过程中 pH 的调节和真空脱水两个步骤。此外，相比脲醛树脂合成过程需使用毒性很大的挥发性甲醛，BA 合成所用原料均为绿色无毒物质，且以水作为唯一溶剂，无废气、废水和废渣产生，对人体和环境无害，生产过程不仅更为简单，同时更加环保。此外，大规模化生产所得的胶黏剂性能品质优异，流动性强，各项性能指标与在小反应釜中合成的性能一致。BA 的扩大化生产为其将来大规模投入实际应用奠定了基础。

11.9.3　在胶合板上的应用

当前胶合板普遍使用脲醛树脂（含三聚氰胺改性胶黏剂）和酚醛树脂两种甲醛系胶黏剂，这造成了胶合板生产和使用过程中都存在释放游离甲醛的危害。为了降低游离甲醛给环境和人的健康带来的危害，当前环保胶黏剂如异氰酸酯胶黏剂和大豆蛋白胶黏剂在技术方面已经可以实现胶合板的大规模化制造。然而由于成本过高限制了它们在企业中的使用，所以在当前市场的占比极低。因此，为了突破现有甲醛系胶接模式，开发低成本、绿色环保和性能优异的人造板胶接技术是亟待解决的挑战。

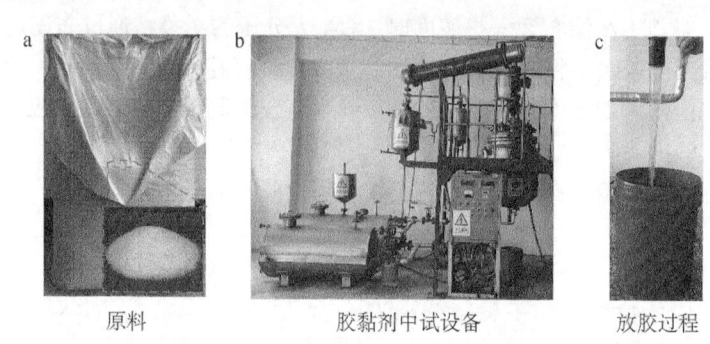

图 11.37 BA 的规模化生产

a. BA 的主要原料 PVA；b. 200kg 的胶黏剂中试设备；c. BA 的释放过程；d. 5 桶 BA，每桶 25kg

BA 在胶接木材时具有优异的胶合强度和耐水性能。此外，BA 兼具了水性、环保、低成本和可大规模化生产的优势，作为人造板胶黏剂的前景巨大。首先选择杨木单板作为胶合板原材料，优选出胶合板用 BA 的最优黏度、固含量、施胶量和热压工艺条件，以期获得性能和成本最优的组合。此外，为了验证 BA 胶接树种的普适性，分别选用了杨木、桉木、桦木和辐射松 4 种国内企业用量最大的单板进行胶接。进一步地，为了验证 BA 可规模化，进行了大生产实验，成功制造了 1.22m×2.44m 商用化规格的杨木胶合板、桦木胶合板、桉木胶合板和辐射松胶合板。通过与当前人造板胶黏剂进行对比，BA 胶接人造板兼具低成本、无甲醛添加和性能优异的综合优势，具有大规模化商用前景。

11.9.3.1 BA 及胶合板的制备

将制备好的 BA 与面粉按照一定的比例混合搅拌，即可得到胶合板用 BA。室温下单板处理养生至含水率为 6%~15%。芯板双面施胶，并按照两层单板纹理互相垂直的方式组坯，预压并在室温下陈放。预先设置好热压工艺参数，将板坯送至热压机。把热压好的板坯在室温下养生 2 天，锯掉四边不整齐部分，砂光即成功制成胶合板。

11.9.3.2 胶合板的微观结构

胶合界面是理解胶合性能好坏的有效手段之一。显微镜可以观察湿态下的微观结构，如图 11.38 所示，可以观察到在湿态下，杨木胶合板具有三层明显不同的界面，这是由于胶合板组坯方式为相邻层互相垂直。胶接界面的中间层与两侧层之间紧密胶接在一起，未见 BA 被溶解，未出现开胶部位，表明 BA 制备的杨木胶合板在湿态下具有优异的耐水性能。利用扫描电镜可以观察干态下的微观结构，图 11.38a 为杨木胶合板经 63℃水浸泡处理并干燥后的微观结构。SEM 图如 11.38b 和 c 所示，水浸泡-干燥处理后，杨木胶合板的三层结构紧密黏合在一起，未出现任何开胶部位，未见界面裂痕，这表明热水无法使固化后的胶膜水解和腐蚀，说明 BA 具有优异的耐水性能。对胶接界面进行放大观察，可以看到胶接界面出现薄薄的胶层，胶层与木材纤维无缝胶接在一起，这是由于 BA 与木材具有良好的润湿性能，根据相似相溶原理产生了良好的分子间作用力。此外，在胶合界面处出现了 BA 填充细胞腔的情况，这使得 BA 与木材表面形成紧密的机械啮合结构，这表明 BA 与木材胶接时会产生机械互锁作用力。

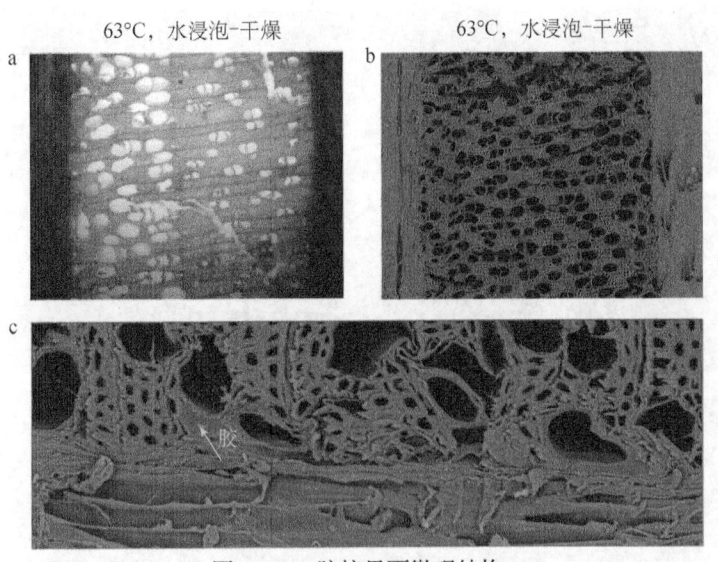

图 11.38 胶接界面微观结构

a. 湿态显微镜图片；b. 干态扫描电镜图；c. 干态扫描电镜放大图

11.9.3.3 BA 的普适性

上述试验结果表明，BA 胶接杨木单板时具有优异的胶合性能。但是树木的种类繁多，树种的差异会造成木材单板的密度、表面形貌及化学组分不同，这会导致胶黏剂在胶接木材不同树种时的胶合强度出现差异。

图 11.39 展现了我国胶合板生产所用原料的比例。人工速生杨木和桉木的占比高达 67%，处于绝对的主导地位。其中杨木最多，占比约为 49%，桉木次之，约占 18%。此外，松木和桦木各占总量的 8% 和 7%，这 4 种单板占据了我国单板原料用量的 82%，其他约占 18%。杨树属于杨柳科杨属，是落叶乔木，生长 7~8 年就成熟，属于速生材。此外，杨木的结构细，材质轻，表面光滑，纹理比较直，材质松软，在我国是极其重要的速生材树种，其市场占有率高达 49%。桉树

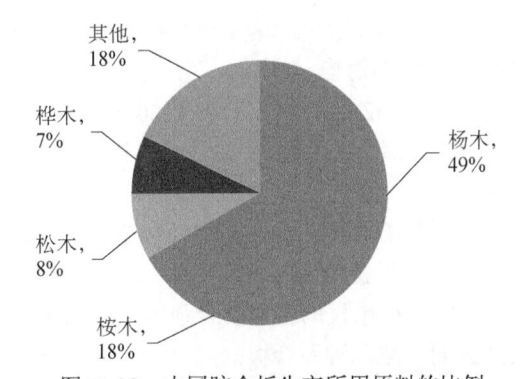

图 11.39 中国胶合板生产所用原料的比例

是华南地区主要的速生材，种植规模大，生长周期短，原料易得，可以满足企业对木材资源的需求。辐射松是针叶树材的代表，虽然在我国针叶树材使用不多，但是在欧美发达国家使用针叶树

材的占比很大，并且该占比有不断增大的趋势。为了验证 BA 在不同树种的普适性，选用我国用量最大且最为典型的上述四大木材单板进行平行试验。

（1）密度、微观结构和润湿性的影响　　BA 胶接不同树种时显示出的胶合强度差异的主要原因可以从木材的材质、密度、润湿性能、表面微观结构和组分等几个角度进行解释。图 11.40 的微观显微镜图显示，杨木表面松软，有节子，相比其他三种单板，大导管较多；桉木相比杨木而言，表面更加细密，大导管更少；桦木表面细致、大导管少，且尺寸也比杨木和桉木小；辐射松作为针叶树材，没有导管，只有纤维，表面结构均匀，横截面也是由均匀的纤维细胞组成的。

图 11.40　杨木（a）、桉木（b）、桦木（c）和辐射松（d）4 种木材的表面与横截面光学显微镜图

如图 11.41 所示，这 4 种木材的密度大小排序为桦木>桉木>辐射松>杨木。

如图 11.42 所示，4 种木材的润湿性大小排序为桦木>杨木>桉木>辐射松。上述差异导致了 BA 在胶接这 4 种木材时，胶合性能大小不同。BA 虽然在不同木材树种上的胶合强度出现了差异，但是其胶合性能都满足国家Ⅱ类板材的标准，说明 BA 具有普适性。

（2）4 种单板的耐水胶合强度　　为了公平地比较 BA 对上述几种胶合板的胶合强度，选择固定施胶量为 350g/m²、热压温度为 150℃、热压时间为 7min 和热压压强为 1.0MPa。

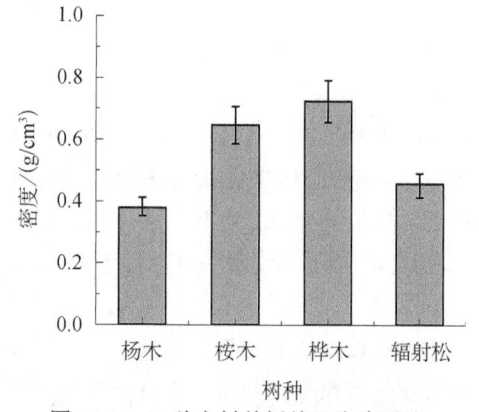

图 11.41　4 种木材单板绝干密度对比

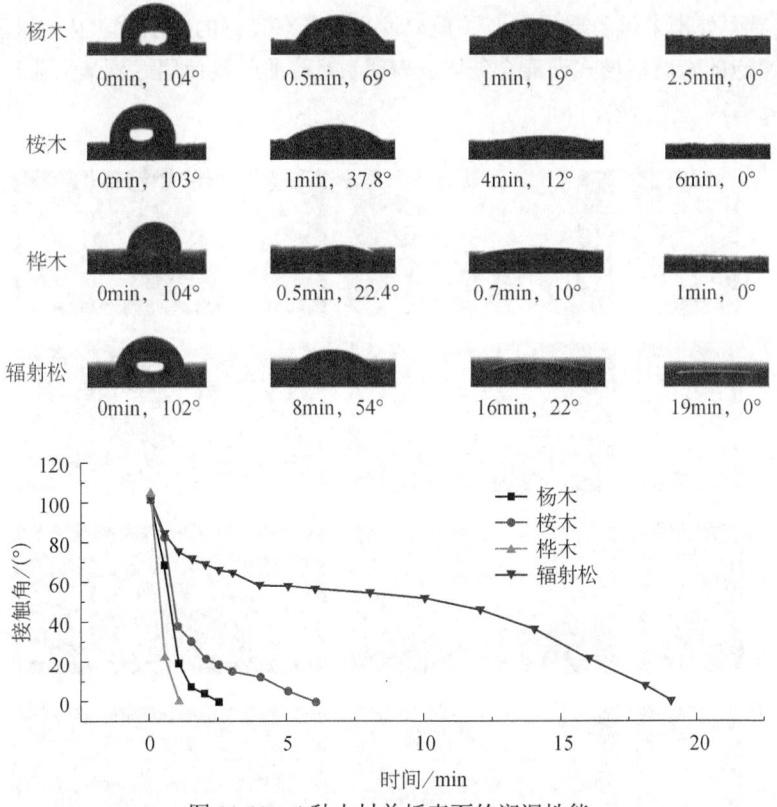

杨木	0min, 104°	0.5min, 69°	1min, 19°	2.5min, 0°
桉木	0min, 103°	1min, 37.8°	4min, 12°	6min, 0°
桦木	0min, 104°	0.5min, 22.4°	0.7min, 10°	1min, 0°
辐射松	0min, 102°	8min, 54°	16min, 22°	19min, 0°

图 11.42　4 种木材单板表面的润湿性能

如表 11.1 所示，由于树种材质、密度和组分的不同，4 种胶合板要求的拉伸剪切强度对应的国家标准有所区别。杨木、桉木、辐射松和桦木胶合板对应的 GB/T 9846—2015 国家Ⅱ类板材的要求分别为 0.7MPa、0.7MPa、0.8MPa 和 1.0MPa。杨木、桉木、桦木和辐射松胶合强度的干强度分别高出了标准 200%、163%、225%和 109%，湿强度分别高出了标准 71%、96%、84%和 43%。4 种胶合板的干湿胶合强度均满足国家标准。由于树种材质的区别，4 种胶合板的胶合强度大小排序为：桦木＞桉木＞杨木＞辐射松。此外，采用干燥器法进行了游离甲醛测试，这 4 种胶合板为无甲醛添加木制品，微量的甲醛为木材本身释放。

表 11.1　4 种胶合板的拉伸剪切强度和游离甲醛释放量

胶合板类型	GB/T 9846—2015	干强度/MPa	干强度高出标准限定阈值/%	湿强度/MPa	湿强度高出标准限定阈值/%	游离甲醛释放量/(mg/L)
杨木胶合板	≥0.7MPa	2.10±0.62	200	1.20±0.18	71	0
桉木胶合板	≥0.7MPa	1.84±0.22	163	1.37±0.15	96	0
桦木胶合板	≥1.0MPa	3.25±0.49	225	1.84±0.24	84	0.012
辐射松胶合板	≥0.8MPa	1.67±0.15	109	1.14±0.19	43	0.017

（3）4 种胶合板的微观结构和木破率　如图 11.43 所示，4 种板材的显微镜图是由胶合板板材经过 63℃水煮浸泡 3h 后，直接用手术刀片切割所得。显微镜图清晰地显示了湿态胶合板的三层结构，该三层结构的纤维方向互相垂直，被 BA 很好地胶接，即使经过了 3h 的热水浸泡，三

层结构的胶接界面处也未见胶层出现开胶现象，表明具有良好的耐水性。从木破率可以观察到，4 种板材热水浸泡的木破率模式为混合破坏，表明 BA 胶的胶接使用达到最大化。木破率大小排序为桉木>桦木>杨木>辐射松。

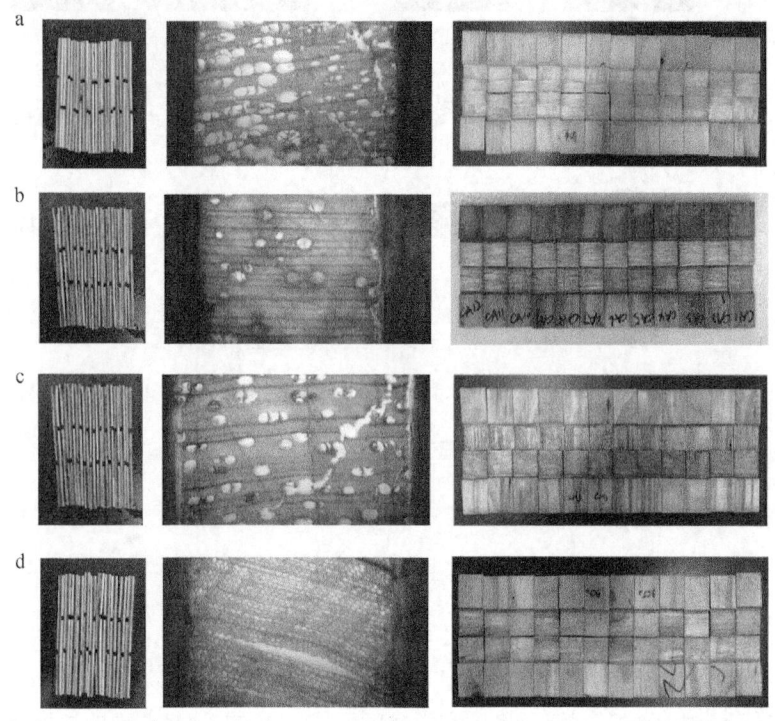

图 11.43　杨木（a）、桉木（b）、桦木（c）和辐射松（d）的湿态微观显微镜图和对应的木破照片

11.9.3.4　BA 与其他木材胶黏剂胶合性能对比

通过与其他木材胶黏剂的胶合性能对比，BA 制备Ⅱ类胶合板的胶合性能与当前最优的木材胶黏剂相近（表 11.2），表明 BA 具有高强的耐水特性。

表 11.2　BA 与其他木材胶黏剂胶合性能对比

类别	胶合强度/MPa	参考文献
大豆蛋白胶黏剂	0.91~1.45	Li and Zeng, 2016; Meijer, 2001; Mian et al., 2011; Mian and Khan, 2017
单宁胶黏剂	1.03~2.44	Mu et al., 2018
木质素胶黏剂	2.20	Owunmi et al., 1996
脲醛胶黏剂	0.70~1.80	Pang et al., 2020
三聚氰胺改性脲醛胶黏剂	0.80~2.10	Pang et al., 2020
酚醛胶黏剂	1.30~2.40	Ryu et al., 2010
异氰酸酯胶黏剂	1.50~2.60	Saiz-Poseu et al., 2012
淀粉胶黏剂	0.70~1.20	Silverman and Roberto, 2007; Song et al., 2016
BA	0.80~1.80	本研究

11.9.3.5 BA 的大生产试验

大生产试验是 BA 进行商用化面向市场的最后关键技术问题。通过对胶合性能、环保性和成本的综合分析，考察其在商业规模化的环保效益、经济效益和社会效益，利用东北林业大学胶黏剂中试生产设备生产了 BA（图 11.44）。

图 11.44 胶合板的规模化制造工艺流程（一）
a. 胶黏剂中试设备；b、c. 规模化制造的 BA 成品

（1）胶合板的规模化制备　在山东新港企业集团有限公司的胶合板生产线上进行了大生产试验，生产工艺流程包括拌胶、滚筒涂胶、组坯、预压、热压（图 11.45）。BA 大生产试验表明了能在现有人造板生产线上进行胶合板的大规模制造。此外，与现有脲醛树脂胶黏剂对比，其具有不须添加固化剂、活性期更长、灵活性更高的优势。

图 11.45 胶合板的规模化制造工艺流程（二）

利用 BA 生产制造了杨木、桉木、桦木和辐射松 4 种胶合板，生产的幅面规格为 1.22m×2.44m，厚度规格分别生产了 3 合、5 合、7 合和 11 合（图 11.46）。

（2）胶合强度和游离甲醛释放量　生产的 4 种胶合板的干湿拉伸剪切强度均符合 GB/T 9846—2015 国家Ⅱ类板材的规定。且与山东新港企业集团有限公司的商用三聚氰胺改性脲醛树脂胶接胶合板的胶合性能相近（图 11.47）。这表明 BA 可规模化生产不同木材单板，具有普适性和高强耐水的优势。

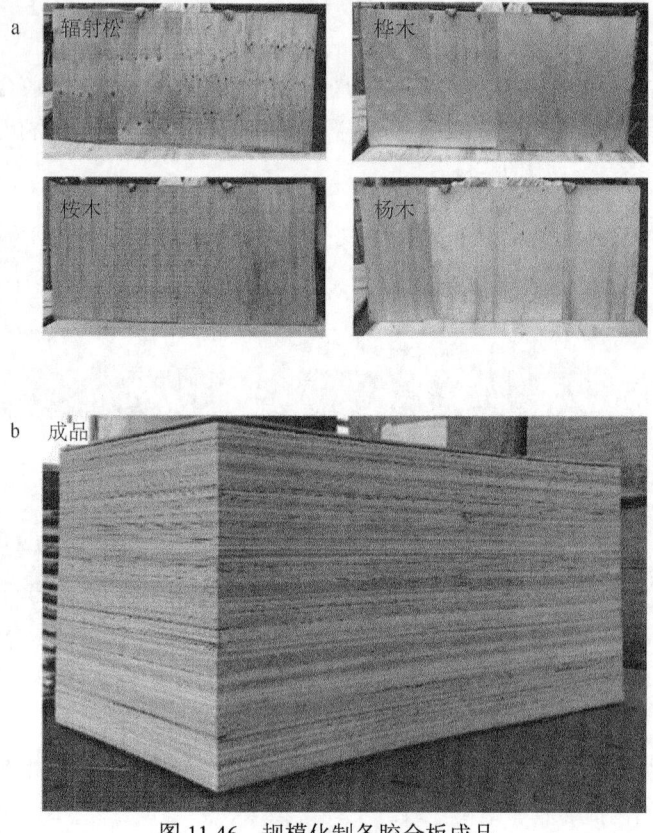

图 11.46 规模化制备胶合板成品

a. 4 种常见树种制备的胶合板照片；b. 中试生产线生产出的胶合板照片

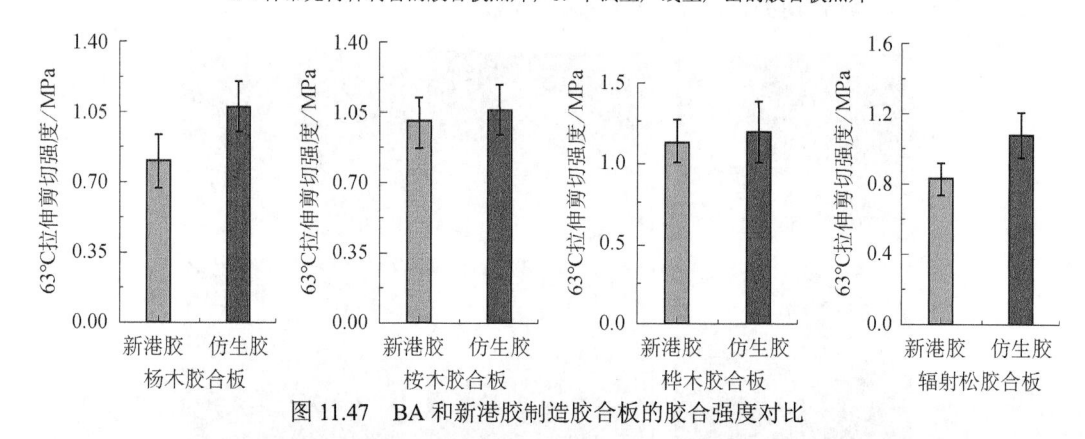

图 11.47 BA 和新港胶制造胶合板的胶合强度对比

采用 1m³ 气候箱法进行了大尺寸胶合板的游离甲醛释放量测试，测试结果表明 BA 胶接制备的胶合板产品为无甲醛添加绿色环保木制品。与当前木材胶黏剂进行比较，BA 的无甲醛等级和环保等级均达到最高（图 11.48）。

BA 胶接的胶合板参照美国 ANSI/HPVA HP-1-2009 硬木和装饰胶合板的标准要求，进行三次水浸泡-干燥实验，4 种胶合板的胶线均完好无缺，未出现任何胶线开胶部位，耐水性能达到了室内用耐潮型胶合板的性能要求（图 11.49）。这为其将来出口、破除绿色贸易壁垒等奠定了广泛的基础。

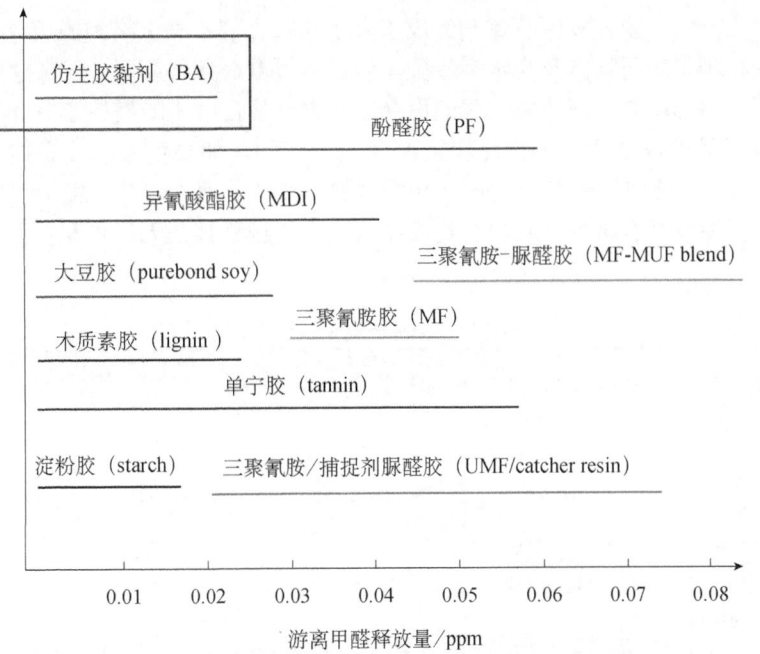

图 11.48　BA 与其他木材胶黏剂制造胶合板游离甲醛释放量对比

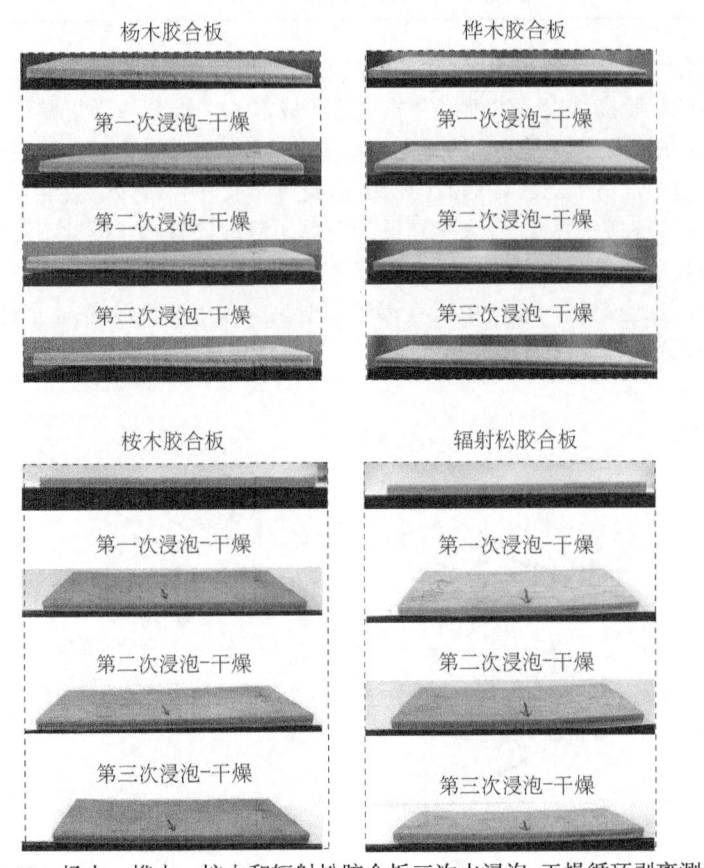

图 11.49　杨木、桦木、桉木和辐射松胶合板三次水浸泡-干燥循环剥离测试

(3) 成本分析　胶合板用胶黏剂的成本除了与胶黏剂本身价格和施胶量相关,还与所用单板的厚度、树种、表面状态及含水率相关。假定所用单板条件相同,仅考虑胶黏剂成本和施胶量两个方面,对 BA 的生产成本与脲醛树脂胶、大豆蛋白胶、酚醛树脂胶、异氰酸酯胶和三聚氰胺改性脲醛胶的成本费用进行比较。由表 11.3 可知,如果仅考虑胶黏剂成本而不考虑其他影响因素,BA 的使用成本甚至与脲醛树脂胶黏剂相近。此外,BA 属于水性绿色胶黏剂,无甲醛添加,无挥发性有机物,从制胶到成品整个生产过程都是无污染和环保的,商用化的前景巨大。

表 11.3　BA 与商用胶黏剂成本比较

胶合板	胶单价/(元/t)	涂胶量/(g/m²)	三合板耗胶量/(kg/m³)	成本/(元/m³)
脲醛树脂胶接胶合板	1 800	320	90	162
三聚氰胺改性脲醛树脂胶接胶合板	2 200	320	90	198
酚醛树脂胶接胶合板	4 000~5 000	260	73	292~365
异氰酸酯树脂胶接胶合板	25 000	200	56	1 400
大豆蛋白胶黏剂胶接胶合板	2 500~4 000	350	98	245~392
BA 胶接胶合板	1 500~4 000	320	90	135~360

(4) BA 与其他木材胶黏剂的综合性能比较　如图 11.50 所示,通过雷达图将 BA 分别从环保、耐水性能、胶接强度、水性、合成工艺和成本 6 个维度与当下常用商用胶黏剂进行综合定性比较。BA 的环保等级最高;干态胶接强度与当前最优的异氰酸酯胶黏剂和酚醛树脂胶相近;耐水性能适中,高于脲醛树脂胶,低于酚醛树脂胶和异氰酸酯胶黏剂;成本与脲醛树脂胶相近,低于大豆蛋白胶黏剂;合成工艺最为简单;溶剂只有水。因此 BA 的整个合成过程符合经济原则,兼具了环保、耐水性好、制备工艺简单、可规模化生产、绿色、胶接性能优异和成本低廉的优势。在当前生产应用中以有毒溶剂型涂料和甲醛系胶黏剂居主导地位的现状下,BA 作为一种新型水性胶黏剂有望突破当前甲醛系胶接模式,用来制备低成本、无醛高性能胶合板。

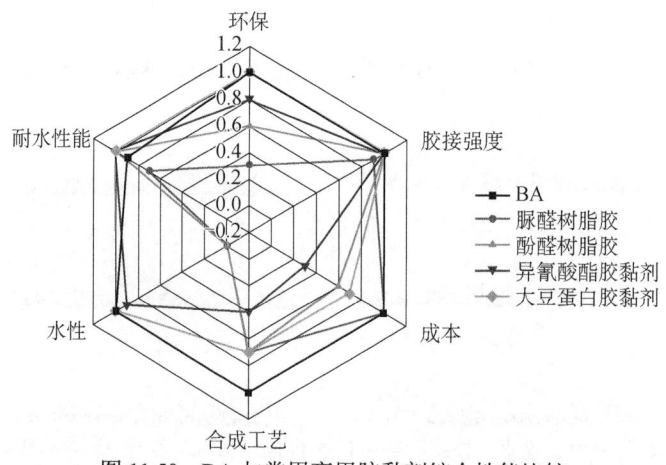

图 11.50　BA 与常用商用胶黏剂综合性能比较

11.9.4 在刨花板上的应用

刨花板是将原木和加工剩余物制成刨花（碎料），经过干燥、施胶和铺装等工艺过程，并在一定的压力和温度下压制成的板材。刨花板具有如下优势：①其原料不仅可以是木材，还可是木材加工剩余物，与胶合板相比能更加有效地节约木材资源，提高木材的综合利用率。据统计，$1.3m^3$ 的木材加工剩余物可生产 $1m^3$ 的刨花板，$1m^3$ 刨花板的利用价值相当于 $3m^3$ 原木所制备的板材。②刨花板具有价格低、尺寸稳定性好、结构均匀、可根据需求制成大幅面板材和吸音隔音性能优异的特点，被越来越多地应用在家具制造和室内装修等领域。③与胶合板大生产技术相比，刨花板的生产过程更加自动化、机械化和智能化，生产效率更高、人工成本更低，具有未来企业高端制造和智能制造的发展趋势。刨花板相比胶合板，其耗胶量更大，同时性能品质对胶黏剂的依赖更大。由于当前刨花板使用的主流胶黏剂还是醛类胶黏剂，因用胶量更大，导致其生产和使用过程带来的游离甲醛污染更严重。因此，开发刨花板用绿色仿生无醛胶接技术将是一个极具应用前景的方向。

胶合板和刨花板的原材料单元结构不同，胶合板的胶接单元是二维的单板，刨花板的胶接单元为三维的刨花或碎料，这导致了它们的生产工艺和胶黏剂的使用性能要求区别很大。例如，胶合板的施胶方式是滚筒施胶，刨花板的施胶方式则是喷淋施胶，使得胶黏剂使用时的黏度要求有很大区别。刨花板的各项性能指标除了与胶黏剂性能和制板工艺有关，还与刨花板使用的刨花原料来源和尺寸形态的关系密切。下文将固定杨木粗细刨花作为刨花板原料，并固定粗细刨花用量比例，以期研究刨花板用 BA 的最佳黏度、固含量、施胶量、密度和防水剂等因素对 BA 胶接刨花板各项性能指标的影响，旨在调配出适宜制备刨花板的 BA。

11.9.4.1 刨花板的制备

制备杨木刨花板，尺寸规格为 32cm×34cm×1.2cm（长×宽×厚），粗细刨花的质量比为 2:1，铺装密度根据试验需求而定。根据刨花板的尺寸和密度可以计算出粗细刨花原料用量。根据刨花原料的绝干质量比进行计算可以得出施胶量和防水剂用量。将称量好的刨花倒入拌胶机中，开动拌胶机进行搅拌，随后将称量好的 BA 和防水剂进行混合后，倒入喷雾气枪中，开启空气压缩机和喷雾气枪对杨木刨花进行拌胶。将拌好的刨花倒入自制的模具框中进行刨花板坯的铺装，送入预压机，预压压强设置为 1MPa，预压 30s。采用厚度规控制刨花板厚度，设置热压温度、热压压强和热压时间，开动热压机进行热压即可获得杨木刨花板，每种试验条件压制杨木刨花板试件两张。

11.9.4.2 黏度与温度的关系

根据 BA 在室温环境中具有固含量低而黏度大的特性，刨花板的施胶方式为喷淋，胶黏剂的黏度越低，施胶越容易且越均匀。由于施胶方式的不同，用于刨花板 BA 的固含量和黏度将不同于胶合板使用时的固含量和黏度。研究表明，BA 的黏度与温度关系密切，温度越高，黏度越低。如图 11.51a 所示，固含量为 21.2%的 BA，随着温度的提高，其黏度下降很快。室温下涂 4 杯的黏度为 537s，温度为 60℃的黏度为 151s，此时容易喷胶。图 11.51b 展示了不同温度下喷 100g BA 所用时间，温度越高，喷胶时间越短。此外，喷胶预实验表明，当 BA 的固含量为 21.2%时，在 25℃条件下喷胶时间为 498s，耗时长，喷胶效果不理想，压制的板子会出现胶斑。加热到 60℃时进行喷胶，喷胶时间为 101s，时间适中，且喷胶均匀，热压后的板子未出现胶斑。因此，本研

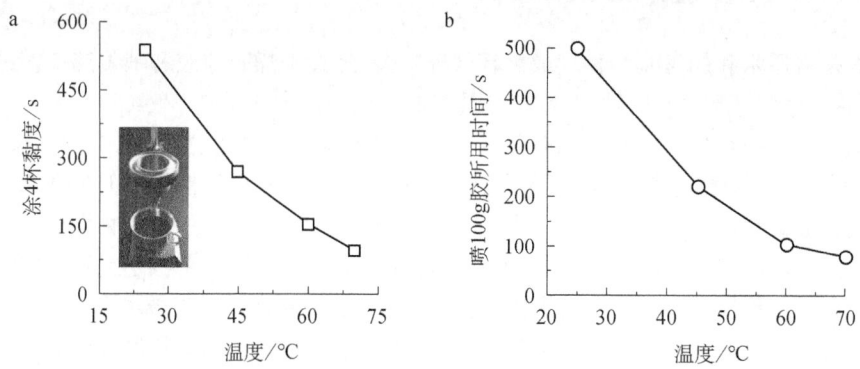

究中的实验刨花板用 BA 固含量设定为 21.2%，在 60℃条件下进行喷胶。

图 11.51 温度对 BA 涂 4 杯黏度（a）和喷 100g 胶所用时间（b）的影响

11.9.4.3 施胶量的影响

施胶量对刨花板性能的影响很大，施胶量少，刨花板的刨花单元胶合性能差，会影响刨花板的各项力学性能。施胶量过大，一方面会增加成本，另一方面由于 BA 固含量低，当施胶量过大时，会引进过多的水分，导致热压排气时间长，增加能耗，同时热压工艺难控制，容易出现"爆板"现象。

固定热压时间为 8min、热压压强为 3MPa、热压温度为 180℃，为了考察施胶量对制备刨花板性能的影响，平行设置施胶量为 2%、4%、6%和 8%四组不同的施胶量实验。经过实验可知，施胶量为 2%~6%时，能成功压制出刨花板，然而当施胶量超过 6%时，刨花板板坯的含水率过高，在 8min 内，水汽无法完全排除，从而导致出现了"爆板"问题。如图 11.52 所示，当施胶量为 2%~6%时，随着施胶量的提高，杨木刨花板的静曲强度、弹性模量和内结合强度等力学性能增强。GB/T 4897—2015 中规定干燥状态下使用的家具型刨花板（P2）的相关性能为：当刨花板厚度为 6~13mm 时，静曲强度（MOR）≥11MPa、弹性模量（MOE）≥1800MPa、内结合强度（IB）≥0.4MPa、2h 吸水厚度膨胀率≤8.0%。当施胶量为 2%时，所制备板材的静曲强度为 7.9MPa，弹性模量为 879MPa，内结合强度为 0.23MPa，各项强度指标都无法满足国家要求，这是因为施胶量不够致使粗细刨花之间严重缺胶。当施胶量为 4%时，所制板材的各项力学指标均上升，性能接近 P2 标准。继续提高施胶量到 6%时，其静曲强度为 13.2MPa（高出国家标准限定阈值的 20%），弹性模量为 2298MPa（高出国家标准限定阈值的 28%），内结合强度为 0.61MPa（高出国家标准限定阈值的 53%），各项力学指标均满足 P2 标准。施胶量提高，力学性能指标增强，这是因为单位刨花的施胶量越大，热压时 BA 能够与刨花表面形成越多的胶钉，与其表面游离羟基也会形成更多的氢键和化学键，从而增加了静曲强度、弹性模量和内结合强度。综合考虑性能和成本关系，刨花板用 BA 的最佳施胶量为 6%。

2h 吸水厚度膨胀率是评估 P2 型刨花板耐水性能的指标。如图 11.53 所示，随着施胶量的增加，杨木刨花板的吸水厚度膨胀率不断降低，耐水性能增强。热压时单位刨花的胶量增加，形成的胶钉、氢键和化学键增多，会使刨花表面的孔隙受堵，大大减少了水分的传递通道，从而降低了水分在刨花表面的渗透及毛细血管凝结作用。P2 型刨花板的国标要求 2h 吸水厚度膨胀率≤8%，而上述实验的 2h 吸水厚度膨胀率最小为 17%，均无法达到国家标准。经查找文献，脲醛树脂胶、大豆蛋白胶黏剂和淀粉胶黏剂在不添加防水剂时的吸水厚度膨胀率分别为 18.8%、23.4%、29.2%，对比可知 BA 制备刨花板的耐水性能更好。

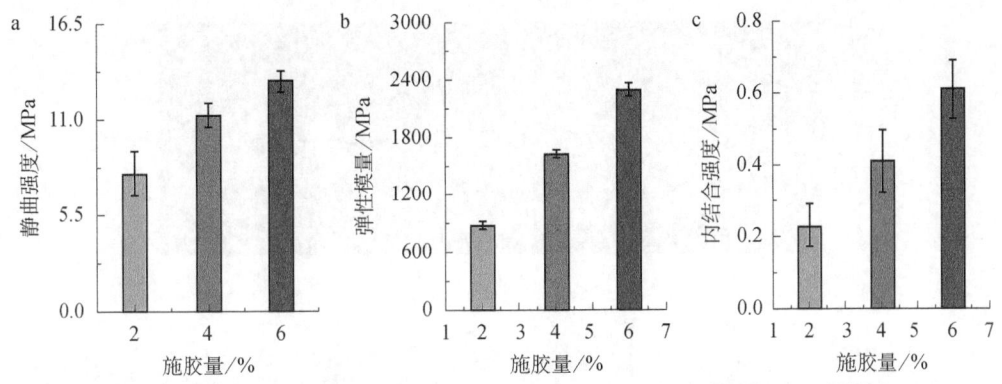

图 11.52 施胶量对静曲强度（a）、弹性模量（b）和内结合强度（c）的影响

11.9.4.4 石蜡乳液的影响

需降低 2h 吸水厚度膨胀率，提高刨花板的耐水性能，以满足刨花板在实际应用的要求。工业上最常用的方法就是添加石蜡乳液防水剂。石蜡乳液防水剂是同时兼具了亲水性和疏水性的物质。其中疏水端与石蜡吸附或结合，满足防水要求，而亲水端则能与木材表面形成分子间吸附和氢键作用。基于此，固定 BA 的施胶量 6%、热压温度 180℃、热压时间 8min、热压压强 3MPa，分别设置加 0%、0.5%、1% 和 1.5% 的石蜡乳液组，探索石蜡乳液对 BA 胶接刨花板耐水性能的增强效果。

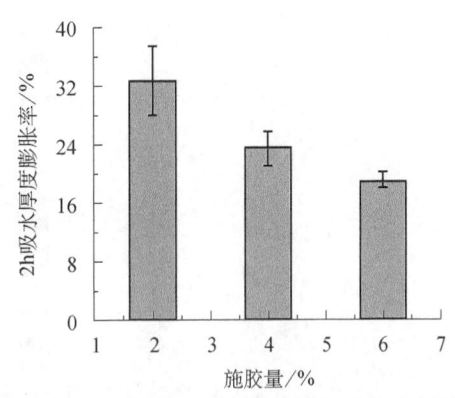

图 11.53 施胶量对 2h 吸水厚度膨胀率的影响

如图 11.54 所示，未加石蜡乳液时，刨花板的 2h 吸水厚度膨胀率为 17%，添加石蜡乳液后，随着石蜡乳液添加量的增加，2h 吸水厚度膨胀率显著下降，当石蜡乳液添加量为 1% 时，2h 吸水厚度膨胀率降低至 4%，远低于国家标准的 8%，表明耐水性能能够满足国家标准的要求。石蜡乳液增强刨花板耐水性能的机制是石蜡附着在刨花表面，一方面能堵塞刨花之间的孔隙，截断水分传递通道；另一方面能封闭其表面的亲水基团，降低刨花表面对水分的吸附能力，从而使刨花板的吸水厚度膨胀率有效降低。

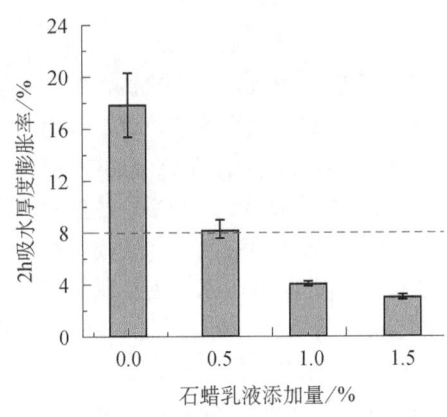

图 11.54 石蜡乳液对刨花板 2h 吸水厚度膨胀率的影响

此外，对比加入 1% 石蜡乳液前后刨花板的静曲强度、弹性模量和内结合强度，结果表明，加入的石蜡乳液对上述强度性能均无影响（图 11.55）。这表明加入石蜡乳液是提高 BA 胶接刨花板耐水性能的有效方法。考虑成本问题，优选石蜡乳液防水剂 1%、热压温度 180℃、热压时间 8min、热压压强 3MPa，压制出的刨花板能满足 P2 型刨花板的实用要求。

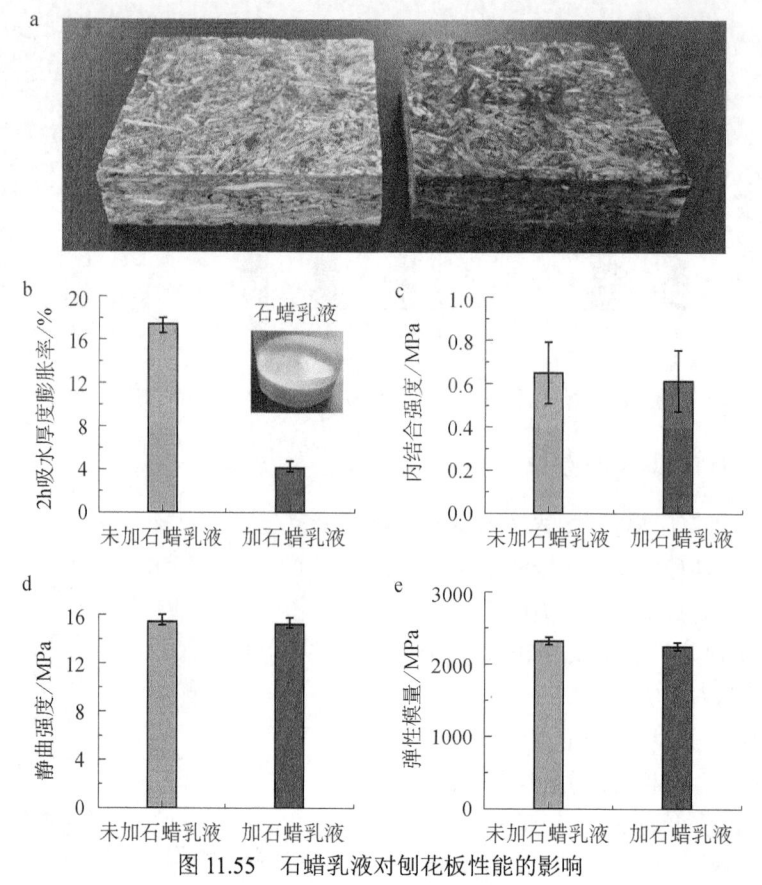

图 11.55　石蜡乳液对刨花板性能的影响

a. 刨花板浸水前（左）后（右）的厚度尺寸变化图片；b. 2h 吸水厚度膨胀率；c. 内结合强度；d. 静曲强度；e. 弹性模量

11.9.4.5　密度的影响

密度是刨花板的一个重要参数，它对刨花板的各项性能指标影响很大。一般来讲，随着密度的增加，刨花板的静曲强度、弹性模量、内结合强度都将增强。而耐水性会变差，这是因为密度增加，刨花板之间的刨花将被压得更加紧密，使压缩变形率增大，导致吸水膨胀恢复的空间更大，耐水性指标更低。本研究中固定施胶量 6% 时防水剂用量为 1%、热压温度为 180℃、热压时间为 8min、热压压强为 3MPa。由实验可知，随着密度的增加，刨花板的静曲强度、弹性模量和内结合强度三个力学指标都随之变大（图 11.56a～c），符合密度规律。但是 2h 吸水厚度膨胀率并没有增大，反而减小，耐水性能变好，这可能是由于根据国家标准测试规定，刨花板 2h 吸水厚度膨胀率的厚度测量位置是试件的中心位置，随着刨花板密度的增加，刨花之间胶接得更加紧密，水分子向试件中心扩散的阻力变大，在有限的时间里含水率增幅有限，使得 2h 吸水厚度膨胀率变小（图 11.56d）。

11.9.4.6　胶接界面的微观结构

通过 SEM 可以有效分析出刨花板胶接界面的微观结构，天然刨花是多孔的结构，由大导管和小纤维组成（图 11.57a），刨花经施胶并热压处理，刨花被明显压缩，导管腔和纤维管腔都被压扁（图 11.57b）。同时，粗刨花孔隙中填充了细刨花，粗细刨花之间紧密胶接在一起（图 11.57c）。良好的胶接界面保障了刨花板各项优异的性能指标。

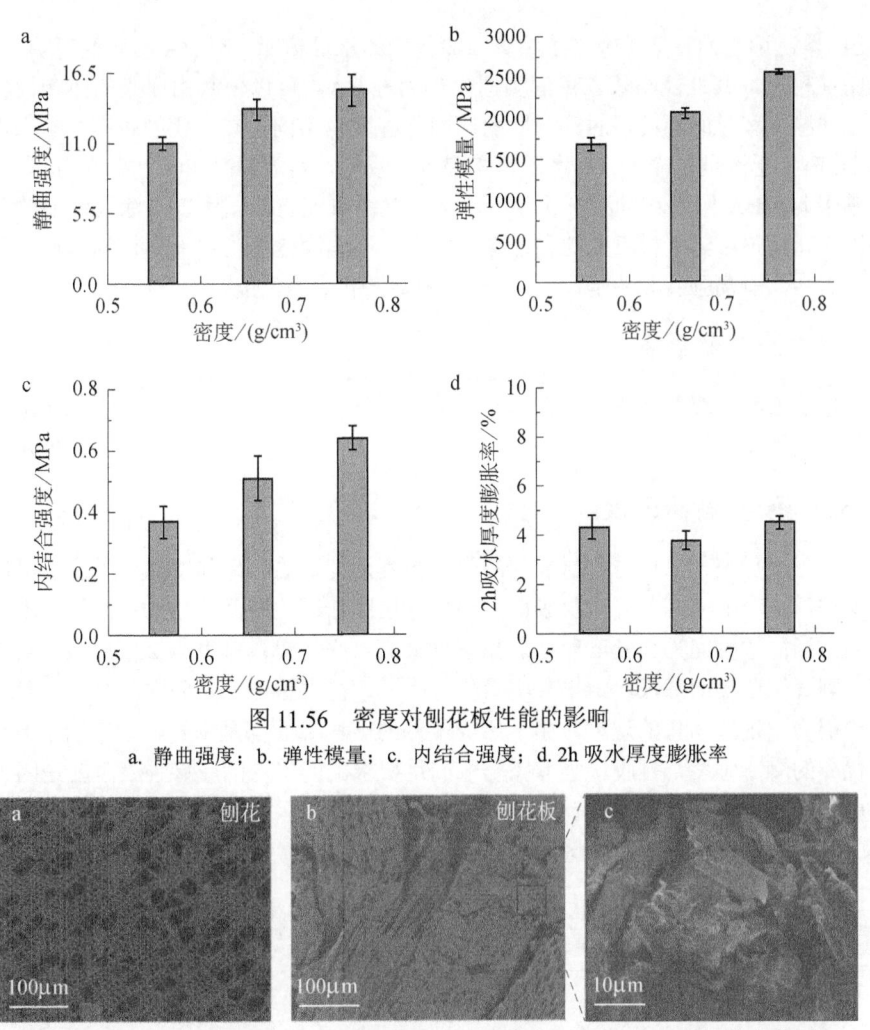

图 11.56 密度对刨花板性能的影响
a. 静曲强度；b. 弹性模量；c. 内结合强度；d. 2h 吸水厚度膨胀率

图 11.57 天然刨花原料（a）、刨花板（b）和放大刨花板（c）的扫描电镜图

11.9.5 作为木材涂层的应用

对于克服木材固有的缺陷、改善品质、提高性能、延长木材使用寿命、提高木材的利用价值，木材表面涂层技术是一种行之有效的策略。当前有机溶剂型木材涂料仍是主流涂料。有机溶剂型涂料含有大量的有机污染物（VOC），在生产和使用中对环境和人的身心健康都具有威胁。随着环保意识的增强，水性涂料因具有无毒、无污染的优点已成为木材环保型涂料中发展最快、应用最广的涂料之一。当前常用的水性木材涂料有聚氨酯、丙烯酸、丙烯酸-聚氨酯和水性醇酸等几大类。这些水性涂料相比有机溶剂型涂料，在环保上具有绝对优势，但是存在价格高、物理化学性能（如耐水、耐酸、耐有机溶剂等）相对较弱的缺点。

作为水性涂料的基料，聚乙烯醇是当前已知唯一可生物降解的乙烯基聚合物，能避免不可降解的"白色污染"问题。聚乙烯醇具有水溶性，它对人体和环境无毒、无害，是环境友好型材料。此外，聚乙烯醇涂膜具有高黏性、高亲水性、高韧性、高拉伸强度、高阻隔性、高耐油脂性、高耐溶剂性、高耐磨性和高耐久性等众多优势，作为水性涂层的应用前景广阔。但是未改性的聚乙烯醇侧链为羟基，亲水性强，其涂层耐水性很差，这使得其作为涂层应用受到很大的限制。

BA 是以聚乙烯醇为骨架，嫁接了邻苯二酚基团的水性树脂。对 BA 的研究表明，BA 未固化前属于热塑性树脂，其性能与聚乙烯醇类似。热处理 BA，可以使其由原来的热塑性转变为热固性，且热处理温度和时间不同，对应树脂的热固化程度也不同，热固化度越高，耐水性越好。当 BA 完全固化时，无论是在冷水、热水还是在沸水中浸泡，其溶解率和吸水率均为 0，具有很好的耐水性。基于此，BA 作为木材涂料的应用，其关键是研究它的固化度与涂层性能的关系。为此研究了不同固化度 BA 与木材表面的黏附性，探究了不同固化度仿生涂料作为木材涂层的表面机械性能（附着力、剥离强度和铅笔硬度）、尺寸稳定性和耐水性能。

11.9.5.1 涂层的制备

量取适量的 BA 胶液，并在木材表面进行均匀涂覆，室温放置 1 天，将涂有涂层的木材试件放入烘箱中，设置烘箱温度为 150℃，干燥合适的时间，获得不同固化程度的木材仿生涂层。

11.9.5.2 涂层剥离强度

涂层剥离强度反映了涂层与木材表面的胶接强度，良好的剥离强度保证了涂层可以对木材进行长久的保护。由表 11.4 可知，木材表面的仿生涂层随着固化时间的增加，涂层与木材的剥离强度有所提高，当固化时间为 20min 时，剥离强度最高，平均剥离强度为 2.67MPa；当固化温度继续升高时，剥离强度反而降低。结果表明固化时间短，仿生涂层未充分固化交联，而当时间过长时，仿生涂层会出现过固化的现象。由于所测试件的破坏界面都是木材，这表明了 BA 作为木材涂料具有优异的剥离强度，且胶接强度完全能满足要求。而优异的胶接强度主要是因为仿生涂层与木材形成了较强的机械互锁作用、氢键作用和化学作用力。仿生涂层与木材的最佳固化时间为 20min 时，可获得最佳的固化度，此时仿生涂层与木材的剥离强度高达 2.67MPa。

表 11.4 固化时间对木材表面 BA 涂层剥离强度的影响

试件	时间/min	剥离强度/MPa	破坏状态
1	0	1.18	胶层破坏
2	10	1.45	混合破坏
3	20	2.67	木材破坏
4	60	0.98	胶层破坏

11.9.5.3 涂层附着力

涂层附着力则从另外一个角度反映涂层与木材胶接的牢固性。附着力强，涂层不易脱落，对木材保护时间就越长久。涂层的黏附强度通常用横切法进行定性评定，参照《人造板及饰面人造板理化性能试验方法》（GB/T 17657—2013）中的漆膜附着力测定方法，将标度划分为 6 个等级（0~5 级），数值越低，黏附性越好。由图 11.58 和表 11.5 可知，木材仿生涂层的固化时间为 0~20min 时（即试件 1~3），其切割边缘完全平滑，方形晶格无一格从木材表面脱离，黏附级别为 0 级，属于最高级别，这说明 BA 作为木材涂层具有非常优异的黏附性能。优异的胶接强度主要是因为仿生涂层与木材形成了较强的机械互锁作用、氢键作用和化学作用力。试样 4，方形晶格在切口交叉处出现了少许涂层脱落，黏附级别为 3 级，这是由于仿生黏附涂层过固化，涂层韧性降低，变得更脆反而更容易脱落。因此，综合剥离强度考虑，当固化时间为 20min，BA 作为木材涂层具有最佳的涂层附着力。

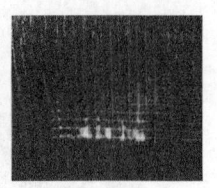

试件1：0min　　　试件2：10min　　　试件3：20min　　　试件4：60min

图 11.58　固化时间对木材表面 BA 涂层附着力的影响

表 11.5　固化时间对木材表面 BA 涂层附着力的影响

试件	时间/min	分级	十字交叉切割区的表面外观
1	0	0	切割边缘完全平滑，无一格脱落
2	10	0	切割边缘完全平滑，无一格脱落
3	20	0	切割边缘完全平滑，无一格脱落
4	60	3	在切口交叉处有少许涂层脱落，交叉切割面积受影响明显大于15%，但不能明显大于35%

11.9.5.4　涂层铅笔硬度

硬度反映了涂层抵抗外力压陷、切划、刮擦的能力，是涂层重要的力学指标。通过铅笔硬度测定实验可以快速测定木材仿生涂层的硬度，从而了解仿生涂层的耐压陷、耐刮擦和耐划伤能力。由图 11.59 和表 11.6 可知，木材涂层未加热时，硬度为 H 的铅笔划过能留下明显的凹痕。随着热固化时间的增加，铅笔硬度值不断提高，当热固化时间为 20min 时，硬度为 6H 的铅笔划过后，未留下任何明显凹痕，铅笔硬度值达到最高等级。

试件1：0min　　　试件2：10min　　　试件3：20min

图 11.59　固化时间对 BA 涂层硬度的影响

表 11.6　固化时间对 BA 涂层硬度的影响

试件	时间/min	分级
1	0	H
2	10	2H
3	20	6H

11.9.5.5　接触角测试

如图 11.60 所示，木材表面未进行 BA 涂饰时的接触角为 32°，而 BA 涂饰（热处理时间 20min）后，其接触角为 85°，得到了显著提高，这表明 BA 涂饰木材的耐水性能得到了改善。

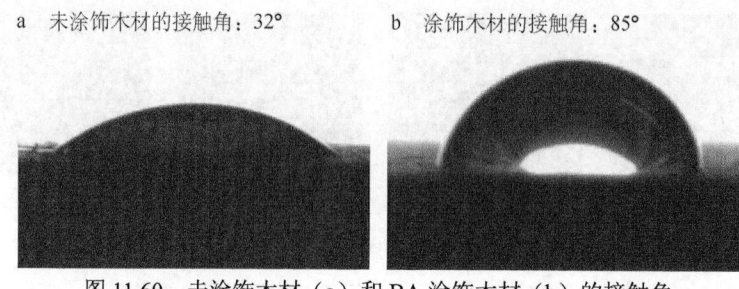

a 未涂饰木材的接触角：32°   b 涂饰木材的接触角：85°

图 11.60 未涂饰木材（a）和 BA 涂饰木材（b）的接触角

11.9.5.6 吸水率和尺寸稳定性

为了探究木材表面 BA 涂饰对木材尺寸稳定性的影响，将木材表面 BA 涂饰木材和未涂饰木材浸渍在水中，测试其吸水率和三维尺寸变化率。由图 11.61 可知，木材表面 BA 涂饰后和未涂饰木材相比，吸水速度大大降低，且最终吸水率和吸水尺寸变化率均大幅度降低，这是由于仿生涂层热固化后转变为了三维体型不溶热固性树脂。实验表明木材表面 BA 涂饰能有效降低木材在湿环境中的吸水率，提高其尺寸稳定性。

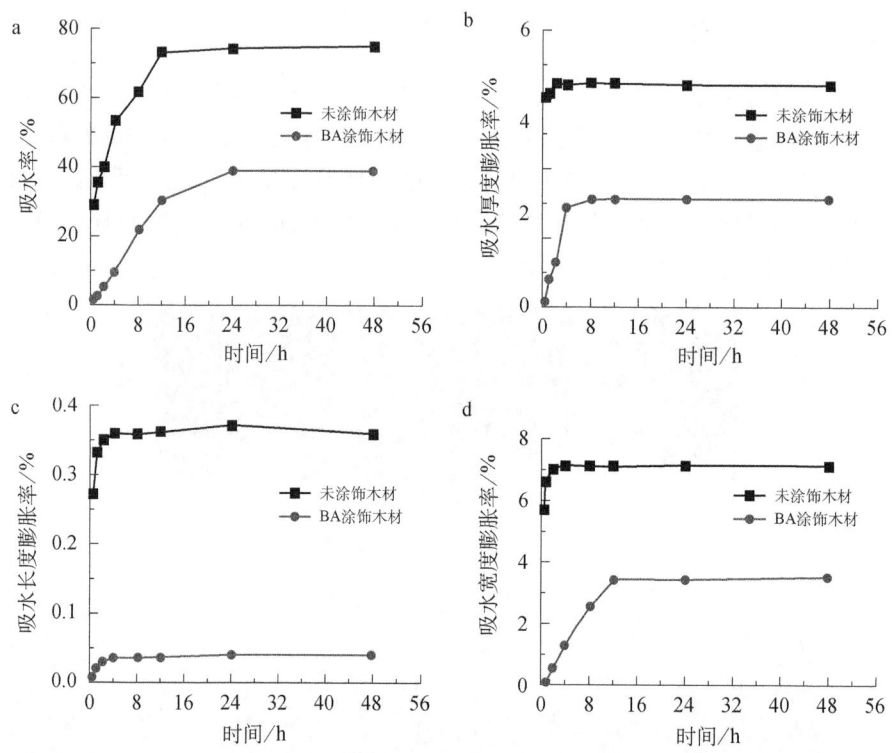

图 11.61 BA 涂饰木材和未涂饰木材的吸水率（a）、吸水厚度膨胀率（b）、吸水长度膨胀率（c）和吸水宽度膨胀率（d）

11.9.5.7 微观结构表征

如图 11.62 所示，天然木材由导管和纤维细胞等多孔结构组成。BA 涂覆到木材表面后，形成了一层致密且连续的涂层，导管中的纹孔或孔隙被仿生涂料填充，这展现了仿生涂料作为木材涂层具有的优异成膜性能和胶接性能。这与涂层在木材表面加热固化过程中产生的氢键作用、化学作用力和机械互锁作用有关。此外，由于涂层薄，木材本身的导管和纤维细胞结构仍然清晰可见，随着木材孔隙结构的起伏而起伏，这保证了涂饰木材宏观结构仍可保留木材的纹理。

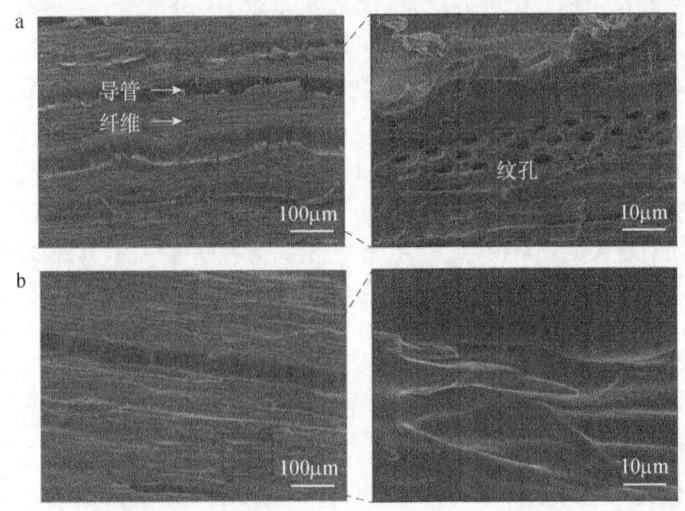

图 11.62 未涂饰木材（a）与木材表面 BA 涂饰木材（b）的 SEM 微观结构

综上所述，基于上述涂层的剥离强度、附着力、硬度和尺寸稳定性综合考虑，涂层热固化时间为 20min 时木材具有最佳的机械性能。

11.10 仿生涂层–纤维素纳米纤维复合材料

多巴胺（DA）包含儿茶酚和氨基，能在弱碱性条件下氧化自聚，在不同固体表面形成聚多巴胺（polydopamine，PDA）仿生涂层，如图 11.63 所示。PDA 含有多种功能基团，如酚羟基、醌（儿茶酚的氧化产物）、氨基、亚氨基、芳环等，这些基团除有黏附作用外，还对多种含有巯基和氨基的有机物分子展现出很高的化学活性。利用多巴胺的黏附特性，可以在表面富含羟基的纤维素纳米纤维（CNF）上构建仿生涂层。进一步地，利用仿生涂

图 11.63 DA 自聚形成 PDA 的反应机制

层对巯基、氨基等基团的反应活性，可接枝功能型化学物质，赋予材料疏水、抗菌、催化等功能。通过共混、浸渍的方法可以在 CNF 表面构建仿生涂层。

11.10.1 纤维素纳米纤维表面仿生涂层的构建

（1）实验流程　将适量 DA 加入浓度为 1mg/mL 的 CNF 分散液中，用 Tris 将溶液的 pH 调至 8.5，在空气环境中搅拌 24h。随后，清洗样品至中性，得到 PDA@CNF 悬浮液。将样品转移

至冷冻干燥机中干燥24h，得到nPDA@CNF复合材料（n代表DA的初始浓度）。

进一步地，选取0.5PDA@CNF悬浮液为实验对象，加入适量正十八胺（ODA），在空气环境中搅拌24h。清洗样品至中性，得到分层的ODA-PDA@CNF分散液。将液体上层的样品转移至冷冻干燥机中干燥48h，得到ODA-PDA@CNF复合气凝胶材料。

（2）DA浓度对仿生涂层形貌的影响　　CNF表面仿生涂层的形貌与DA的浓度有关，当DA的浓度为0.2mg/mL时，0.2PDA@CNF与纯CNF的形貌相似，纤丝相互缠绕形成三维网络结构（图11.64）。当DA的浓度为0.5mg/mL时，PDA涂层充分地将CNF包裹起来，复合纤维的直径变大。与0.2PDA@CNF中独立分散的纤丝不同，0.5PDA@CNF复合纤丝在搭接处发生"胶接"现象，纤丝在搭接处的连接更加紧密，这是由PDA的黏附特性造成的。0.2PDA@CNF中的DA浓度较低，最终形成的PDA涂层可能未将CNF完全覆盖，因此没有明显的骨架粘连现象。将DA的浓度提高至1mg/mL，CNF表面的PDA涂饰没有继续增厚，而是在复合纤丝表面出现了球状的PDA颗粒，这些颗粒均匀地分布在复合骨架上，并将复合骨架隔离开，使材料内部具有三维的网络结构。继续增大DA的浓度到2mg/mL时，可以看到2PDA@CNF复合骨架的形貌没有显著变化，而PDA微球的数量和直径均有明显增加，一些PDA微球聚集在复合骨架搭接处，堵塞了三维网络形成的孔隙结构。SEM表征结果说明，当DA的浓度为0.5mg/mL时，即可在CNF表面形成均匀的PDA仿生涂层。

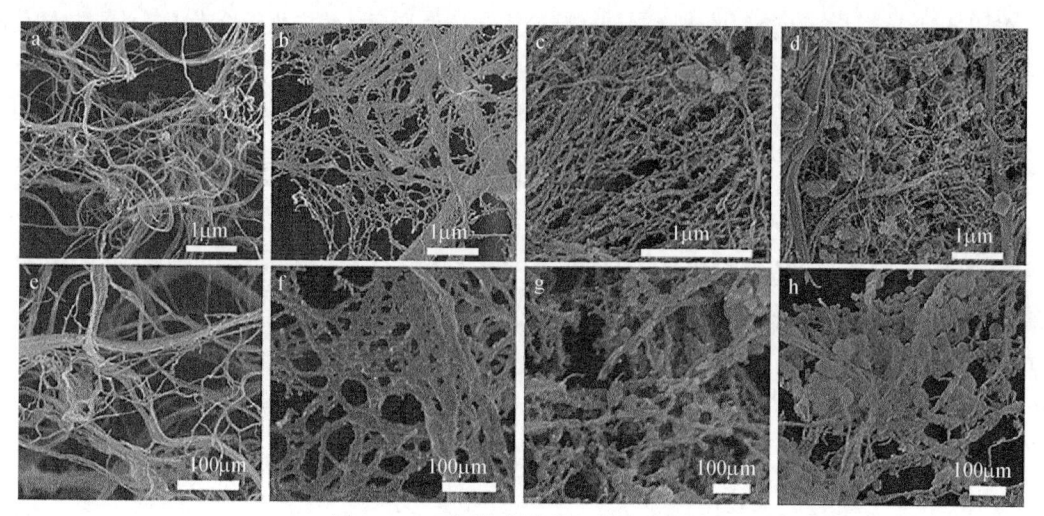

图11.64　不同气凝胶的扫描电镜图片

a~d. 分别为0.2PDA@CNF、0.5PDA@CNF、1PDA@CNF和2PDA@CNF的低倍SEM图片；
e~h. 分别为a~d图相应的高倍SEM图片

11.10.2　仿生涂层的构建机制

通常来说，DA能在碱性条件下发生自聚，最终形成PDA涂层并黏附在多种不同基质表面。DA首先自聚生成中间产物吲哚，然后进一步氧化聚合形成PDA。PDA所携带的多种功能性基团如羟基、吲哚、氨基、儿茶酚、醌基和芳环结构，是PDA能黏附在多种基质表面的主要原因，且对氨基、巯基等化学物质展现出较高的化学反应活性。有文献表明，当ODA分子参与DA的自聚过程时，ODA分子上的氨基能与DA氧化自聚的中间产物发生席夫碱（Schiff base）反应或（和）迈克尔加成（Michael addition）反应。

利用傅里叶红外变换光谱（FTIR）和X射线光电子能谱（XPS）探究了PDA@CNF和

ODA-PDA@CNF 涂层的构建机制。如图 11.65a 所示 CNF 的 FTIR 图谱在 3000～3600cm^{-1} 处出现的吸收带源于纤维素中形成氢键键合羟基（—OH）的伸缩振动。2900cm^{-1} 处出现了 C—H 伸缩振动的特征峰；1428cm^{-1} 和 1370cm^{-1} 处是 CH$_2$ 红外吸收峰；897cm^{-1} 处出现了纤维素分子端基碳（C1）的变形振动；1050cm^{-1} 处是 C—O—C 吡喃糖环的面内反对称伸缩振动。在 CNF 表面涂覆 PDA 涂层后，3300cm^{-1} 处附近的吸收带发生宽化，说明 PDA 上的功能性基团（羟基、吲哚、氨基、儿茶酚和醌等）与 CNF 表面的羟基形成了新的氢键，证明 PDA 通过非共价键结合的方式附着在 CNF 表面。此外，在 1508cm^{-1} 处新出现的峰是 PDA 涂层上 N—H 的剪切振动特征峰，DA 单体和纯 PDA 样品的红外图谱中可找到该特征峰，如图 11.65b 所示。由此可以证明，PDA 涂层被成功地负载到 CNF 表面。

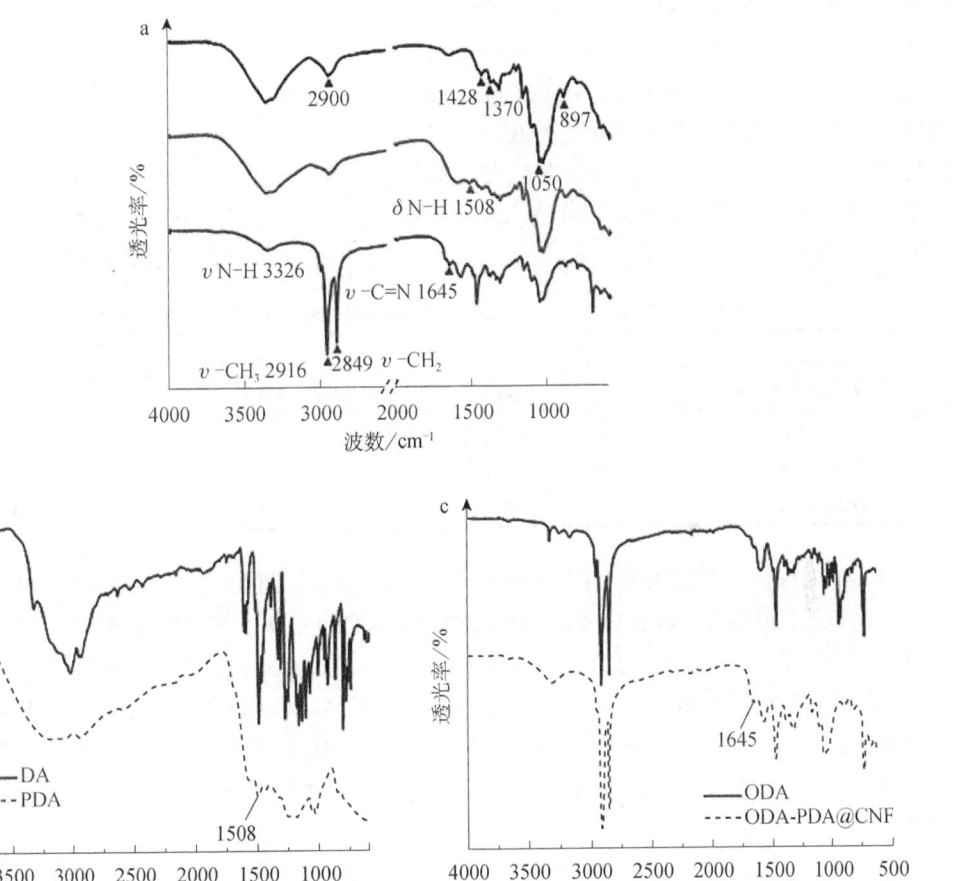

图 11.65 不同气凝胶的红外光谱

a. 由上到下依次为 CNF、PDA@CNF 和 ODA-PDA@CNF 的 FTIR 图谱；b. DA 和 PDA 的红外图谱；c. ODA 和 ODA-PDA@CNF 的红外图谱

从 ODA-PDA@CNF 的红外吸收图谱可以看出，—OH 基团的红外吸收带明显减弱，说明大部分亲水羟基被覆盖。在 3326cm^{-1} 处新出现了代表 N—H 伸缩振动的红外吸收峰；与此同时，在 2916cm^{-1} 和 2849cm^{-1} 处分别出现了代表 ODA 分子中甲基（—CH$_3$）和亚甲基（—CH$_2$—）的红外吸收峰，说明 ODA 已成功负载到复合物骨架上。值得注意的是，在 1645cm^{-1} 处出现了代表席夫碱反应产物—C=N 伸缩振动的红外吸收峰，而如图 11.65c 所示，纯 ODA 和 PDA@CNF 的

FTIR 图谱上并未出现该特征峰。

以上结果初步说明，PDA 首先通过非共价键——氢键附着在 CNF 表面形成中间层，然后 ODA 与 PDA 发生席夫碱反应，形成了 ODA-PDA@CNF 疏水复合界面。

XPS 测试进一步表征了复合界面构建过程中材料表面的化学变化。图 11.66 为样品改性前后表面组分 XPS 总谱，根据该图谱绘制了表 11.7。

结合图 11.66 和表 11.7 可知，在 CNF 表面构建 PDA 涂层或 ODA-PDA 复合涂层后，图谱上均出现了 N 的特征峰，PDA@CNF 样品表面的 N/C 原子含量比为 0.1，稍低于 DA 的 N/C 原子含量比的理论值 0.125，说明 CNF 骨架基本被 PDA 涂层覆盖。对于 ODA-PDA@CNF 来说，材料的 C1s 峰强度明显增强，而 O1s 峰强度大幅度减弱。ODA-PDA@CNF 表面的 N/C 原子含量比为 0.053，非常接近 ODA 的 N/C 原子含量比理论值 0.055。这一结果表明，复合骨架表面的大部分亲水羟基已被 ODA 分子覆盖。

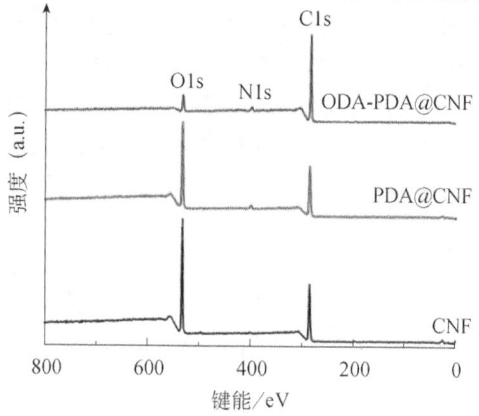

图 11.66　CNF、PDA@CNF 和 ODA-PDA@CNF 的 XPS 总谱

表 11.7　CNF、PDA@CNF 和 ODA-PDA@CNF 样品表面原子构成

样品名称	原子组成/%		
	O	N	C
CNF	45.15	—	54.85
PDA@CNF	21.99	7.08	70.93
ODA-PDA@CNF	8.67	4.58	86.41

材料的 C1s 高分辨率 XPS 图谱进一步证明了上述结果（图 11.67）。对图谱进行分峰拟合处理，可以看出，CNF 谱图在 284.6eV、286.7eV、288.3eV 和 289.2eV 出现的特征峰对应纤维素的 C—C、C—O、C=O 和 O—C=O。在 PDA@CNF 谱图中，在 284.5eV 出现了代表伯胺 C—NH$_2$ 的峰，285.8eV 和 287.7eV 为 PDA 中 C—O 和 C=O 的特征峰，说明 CNF 表面已经被 PDA 覆盖。从 ODA-PDA@CNF 的 C1s 高分辨率图谱中可以看出，代表 C—O 的特征峰几乎消失，而在 284.6eV 和 285.5eV 两处代表 C—H 和 C—N 的特征峰信号明显增强，这表明复合界面上的绝大部分亲水基团已经被 ODA 覆盖。

图 11.68 是样品的 N1s 高分辨率 XPS 图谱，PDA@CNF 的 N1s 图谱上出现了伯胺（R—NH$_2$，401.6eV）和仲胺（R—NH—R，399.6eV）的特征峰。伯胺特征峰的出现表明，CNF 表面存在多巴胺/吲哚三聚物；而出现仲胺的特征峰表明，在 CNF 表面同时存在吲哚和最终产物 PDA。而 ODA-PDA@CNF 的 N1s 高分辨率图谱在 398.8eV 出现了新的特征峰，这正是席夫碱反应产物——叔胺（—N=）的特征峰，该峰的出现证明 ODA 分子与 PDA 仿生涂层之间发生了席夫碱反应。

综合 FTIR 和 XPS 的分析结果可知，ODA-PDA@CNF 复合界面的构建机制如图 11.69 所示，在 pH=8.5 的溶液中，DA 首先在 CNF 表面发生氧化自聚，并通过氢键结合的方式在 CNF 表面形成 PDA 涂层。该涂层作为桥梁和二次改性平台，通过席夫碱反应将 ODA 接枝到 PDA@CNF 复合骨架表面。

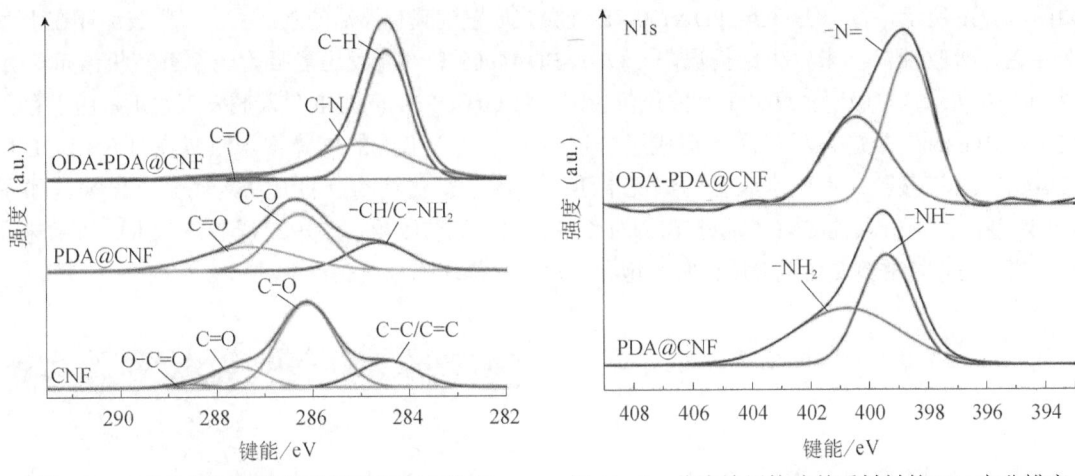

图 11.67 仿生涂层构建前后材料的高分辨率 C1s XPS 图谱

图 11.68 仿生涂层构建前后材料的 N1s 高分辨率 XPS 图谱

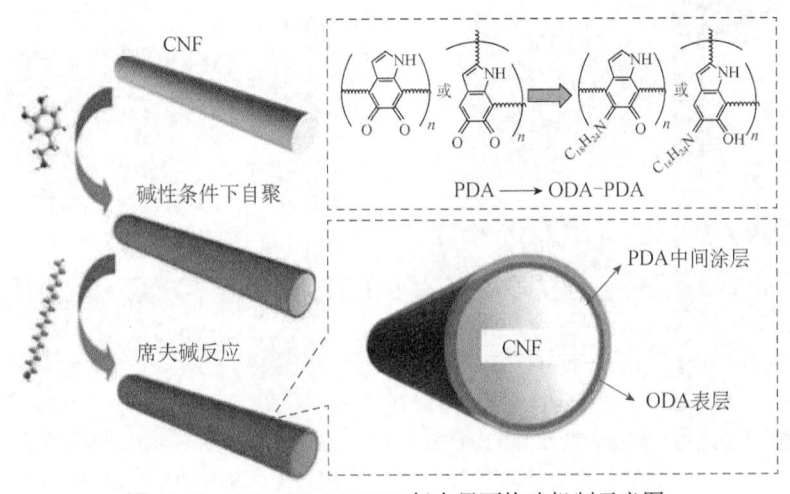

图 11.69 ODA-PDA@CNF 复合界面构建机制示意图

11.10.3 仿生复合气凝胶材料

在 CNF 表面构建 ODA-PDA 复合涂层，通过冷冻干燥得到 ODA-PDA@CNF 复合气凝胶材料。材料的润湿性转化如图 11.70a 和 b 所示。CNF 气凝胶能迅速吸收滴在表面的水滴和油滴，表面留下吸收液滴造成的塌陷痕迹。ODA-PDA@CNF 气凝胶能迅速吸收油滴，而将水、茶、牛奶等水相液滴阻隔在气凝胶表面，防止其进入气凝胶内部。如图 11.70c 所示，把 CNF 气凝胶放入水中，气凝胶结构立刻发生塌陷，吸水饱和后沉入烧杯底部，相反，ODA-PDA@CNF 气凝胶则由于疏水特性漂浮在水面。借助外力将 ODA-PDA@CNF 气凝胶压入水中，可见在气凝胶表面形成一层"气穴"（图 11.70d），"气穴"将水分子阻隔在气凝胶外，撤去外力后，ODA-PDA@CNF 立即上浮回到水面，材料表面没有任何润湿迹象。

11.10.4 仿生气凝胶的油污吸附性能

ODA-PDA@CNF 气凝胶既可以吸附"轻油"，也可以吸附"重油"（以水的密度为参照）。

如图 11.71a 所示，将一块 ODA-PDA@CNF 气凝胶放置到载有浮油的水面上，气凝胶漂浮在水面上并迅速吸收油污，未发生结构塌陷。ODA-PDA@CNF 气凝胶还能吸附一系列有机溶剂。如图 11.71b 所示，以吸附密度大于水的氯仿为例，将 ODA-PDA@CNF 气凝胶浸入水下，由于存在"Cassie-Baxter"效应，材料周围形成了一层气穴。气穴形成的屏障把水阻隔在外，使 ODA-PDA@CNF 气凝胶在不被水润湿的情况下迅速吸收了氯仿液滴，将其从水底分离出来。如图 11.71c 所示，用一块纯 CNF 气凝胶作为对照进行水下氯仿吸附。CNF 气凝胶浸入水面后迅速吸水变形，还未接触到氯仿液滴就已吸水饱和，最终结构塌陷分散在水中。

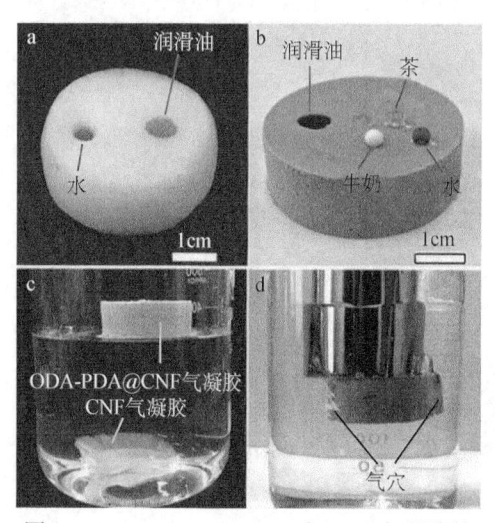

图 11.70　ODA-PDA@CNF 与 CNF 气凝胶的润湿性对比

a～c. 气凝胶材料改性前（a、c）后（b、c）的润湿性转化；
d. ODA-PDA@CNF 气凝胶被压入水中后在气凝胶表面形成的"气穴"

图 11.71　ODA-PDA@CNF 与 CNF 气凝胶油污吸附性能对比

a. ODA-PDA@CNF 气凝胶用于油/水分离的宏观照片；
b. ODA-PDA@CNF 气凝胶用于氯仿/水分离的宏观照片；
c. CNF 气凝胶用于吸附氯仿的宏观照片

ODA-PDA@CNF 对不同油性溶剂的质量吸附量可达 83～176g/g。图 11.72a 展示了 ODA-PDA@CNF 气凝胶对不同油性液体的质量吸附量（C_m）与液体密度之间的关系，根据该曲线换算得到气凝胶材料的实际体积吸附量（C_v）规律曲线，得到图 11.72b。可以看出 C_m 随着油性液体密度的增大而增加。而 C_v 则与吸附对象密度无关，由气凝胶材料的孔容决定，因此体积吸附量可以更准确地揭示材料自身的吸附特性。ODA-PDA@CNF 气凝胶体积吸附量的理论最大值为 164.7mL/g（100%的孔容被液体占据时的吸附量），而实际上气凝胶中仅约 72% 的孔容被油性液体占据。二氯甲烷的吸附情况例外，只有约 64%的孔容被二氯甲烷填充，这可能是二氯甲烷的高挥发性造成的。从整理的数据来看，ODA-PDA@CNF 气凝胶中约有 28% 的孔容未被充分利用，这可能是由于空气占据了一部分孔隙或存在封闭孔隙阻止油性液体进入。

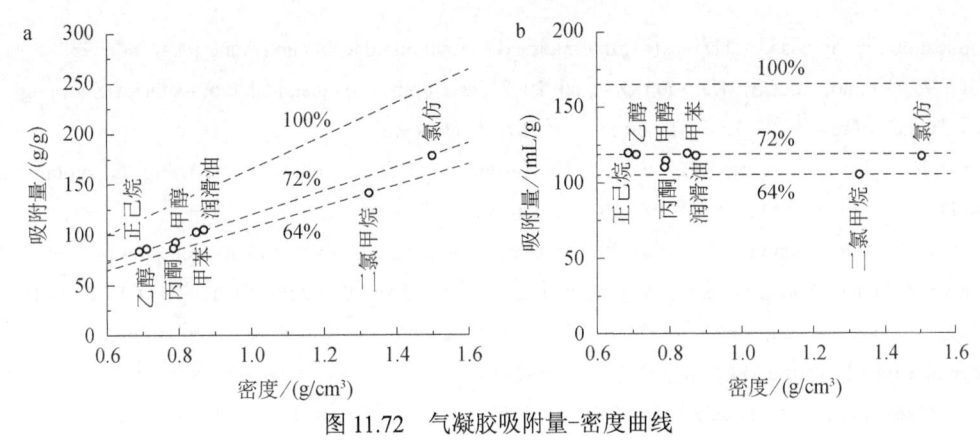

图 11.72　气凝胶吸附量-密度曲线

a. ODA-PDA@CNF 的体积吸附量规律曲线；b. ODA-PDA@CNF 混合物的体积吸附量规律曲线

主要参考文献

陈天全，毛秋芳，揭昌亮，等. 2013. 我国胶合板发展情况与产量统计刍议[J]. 中国人造板，20：5-8.

梁露斯. 2015. 用于木材加工的无醛胶黏剂的制备与性能研究[D]. 广州：华南理工大学硕士学位论文.

孙培育. 2015. 含儿茶酚的聚氨酯基仿生高分子的设计、合成及性能研究[D]. 上海：上海交通大学博士学位论文.

肖少良. 2020. 仿生胶黏剂的研制及在人造板胶结与涂饰的应用[D]. 哈尔滨：东北林业大学博士学位论文.

Baik S, Kim D W, Park Y, et al. 2017. A wet-tolerant adhesive patch inspired by protuberances in suction cups of octopi[J]. Nature, 546 (7658): 396-400.

Bandara N, Zeng H, Wu J. 2013. Marine mussel adhesion: biochemistry, mechanisms, and biomimetics[J]. Journal of Adhesion Science and Technology, 27 (18-19): 2139-2162.

Callow J A, Callow M E. 2011. Trends in the development of environmentally friendly fouling-resistant marine coatings[J]. Nature Communications, 2 (1): 1-10.

Chen N, Lin Q, Rao J, et al. 2012. Environmentally friendly soy-based bio-adhesive: preparation, characterization, and its application to plywood[J]. Bioresources, 7 (3): 4273-4283.

Cool J, Hernandez R E. 2011. Performance of three alternative surfacing processes on black spruce wood and their effects on water-based coating adhesion[J]. Wood and Fiber Science, 43 (4): 365-378.

Ding F, Liu J, Zeng S, et al. 2017. Biomimetic nanocoatings with exceptional mechanical, barrier, and flame-retardant properties from large-scale one-step coassembly[J]. Science Advances, 3 (7): e1701212.

Forooshani P K, Lee B P. 2017. Recent approaches in designing bioadhesive materials inspired by mussel adhesive protein[J]. Journal of Polymer Science Part A: Polymer Chemistry, 55 (1): 9-33.

Gao R, Xiao S, Gan W, et al. 2018. Mussel adhesive-inspired design of superhydrophobic nanofibrillated cellulose aerogels for oil/water separation[J]. ACS Sustainable Chemistry & Engineering, 6 (7): 9047-9055.

Grostad K, Pedersen A. 2010. Emulsion polymer isocyanates as wood adhesive: a review[J]. Journal of Adhesion Science and Technology, 24 (8-10): 1357-1381.

Gu Y, Cheng L, Gu Z, et al. 2019. Preparation, characterization and properties of starch-based adhesive for wood-based panels[J]. International Journal of Biological Macromolecules, 134: 247-254.

Gui C, Wang G, Wu D, et al. 2013. Synthesis of a bio-based polyamidoamine-epichlorohydrin resin and its application for soy-based adhesives[J]. International Journal of Adhesion and Adhesives, 44: 237-242.

Hemmil A V, Adamopoulos S, Karlsson O, et al. 2017. Development of sustainable bio-adhesives for engineered wood panels–a review[J]. RSC Advances, 7 (61): 38604-38630.

Hofman A H, Hees I A, Yang J, et al. 2018. Bioinspired underwater adhesives by using the supramolecular toolbox[J]. Advanced Materials, 30 (19): 1704640.

Konnerth J, Kluge M, Schwizer G, et al. 2016. Survey of selected adhesive bonding properties of nine European softwood and hardwood species[J]. European Journal of Wood and Wood Products, 74 (6): 809-819.

Kumar A, Vemula P K, Ajayan P M, et al. 2008. Silver-nanoparticle-embedded antimicrobial paints based on vegetable oil[J]. Nature Materials, 7 (3): 236-241.

Lee B P, Messersmith P B, Israelachvili J N, et al. 2011. Mussel-inspired adhesives and coatings[J]. Materials Research, 41 (41): 99-132.

Lee H, Dellators S M, Miller W M, et al. 2007. Mussel-inspired surface chemistry for multifunctional coatings[J]. Science, 318 (5849): 426.

Lee H, Rho J, Messersmith P B. 2009. Facile conjugation of biomolecules onto surfaces via mussel adhesive protein inspired coatings[J]. Advanced Materials, 21 (4): 431-434.

Leng C, Liu Y, Jenkins C, et al. 2013. Interfacial structure of a dopa-inspired adhesive polymer studied by sum frequency generation vibrational spectroscopy[J]. Langmuir, 29 (22): 6659-6664.

Li A, Mu Y, Jiang W, et al. 2015. A mussel-inspired adhesive with stronger bonding strength under underwater conditions than under dry conditions[J]. Chemical Communications, 51 (44): 9117-9120.

Li K, Geng X, Simonsen J, et al. 2004. Novel wood adhesives from condensed tannins and polyethylenimine[J]. International Journal of Adhesion and Adhesives, 24 (4): 327-333.

Li K, Geng X. 2005. Formaldehyde-free wood adhesives from decayed wood[J]. Macromolecular Rapid Communications, 26 (7): 529-532.

Li L, Zeng H. 2016. Marine mussel adhesion and bio-inspired wet adhesives[J]. Biotribology, 5: 44-51.

Li R J, Gutierrez J, Chung Y L, et al. 2018. A lignin-epoxy resin derived from biomass as an alternative to formaldehyde-based wood adhesives[J]. Green Chemistry, 20 (7): 1459-1466.

Li Y, Huang X, Xu Y, et al. 2022. A bio-inspired multifunctional soy protein-based material: from strong underwater adhesion to 3D printing[J]. Chemical Engineering Journal, 430: 133017.

Liu C, Zhang Y, Li X, et al. 2017a. "Green" bio-thermoset resins derived from soy protein isolate and condensed tannins[J]. Industrial Crops and Products, 108: 363-370.

Liu C, Zhang Y, Li X, et al. 2017b. A high-performance bio-adhesive derived from soy protein isolate and condensed tannins[J]. RSC Advances, 7 (34): 21226-21233.

Liu Y, Li K. 2002. Chemical modification of soy protein for wood adhesives[J]. Macromolecular Rapid Communications, 23 (13): 739-742.

Mcbride M B, Wesseling LG. 1988. Chemisorption of catechol on gibbsite, boehmite, and noncrystalline alumina surfaces[J]. Environmental Science & Technology, 22 (6): 703-708.

Meijer M. 2001. Review on the durability of exterior wood coatings with reduced VOC-content[J]. Progress in Organic Coatings, 43 (4): 217-225.

Mian S A, Gao X, Nagase S, et al. 2011. Adsorption of catechol on a wet silica surface: density functional theory study[J]. Theoretical Chemistry Accounts, 130 (2-3): 333-339.

Mian S A, Khan Y. 2017. The adhesion mechanism of marine mussel foot protein: adsorption of L-Dopa on α- and

β-cristobalite silica using density functional theory[J]. Journal of Chemistry, (4): 1-6.

Mu Y, Wu Z, Pei D, et al. 2018. A versatile platform to achieve mechanically robust mussel-inspired antifouling coatings via grafting-to approach[J]. Journal of Materials Chemistry B, 6 (1): 133-142.

Owunmi S, Ebewele R O, Conner A H, et al. 1996. Fortified mangrove tannin-based plywood adhesive[J]. Journal of Applied Polymer Science, 62 (3): 577-584.

Pang B, Cao X F, Sun S N, et al. 2020. The direct transformation of bioethanol fermentation residues for production of high-quality resins[J]. Green Chemistry, 22 (2): 439-447.

Ryu J, Ku S H, Lee H, et al. 2010. Biomineralization: mussel-inspired polydopamine coating as a universal route to hydroxyapatite crystallization[J]. Advanced Functional Materials, 20 (13): 2132-2139.

Saiz-Poseu J, Faraudo J, Figuersa A, et al. 2012. Switchable self-assembly of a bioinspired alkyl catechol at a solid/liquid interface: competitive interfacial, noncovalent, and solvent interactions[J]. Chemistry-A European Journal, 18 (10): 3056-3063.

Silverman H G, Roberto F F. 2007. Understanding marine mussel adhesion[J]. Marine Biotechnology, 9 (6): 661-681.

Song Y H, Seo J H, Choi Y S, et al. 2016. Mussel adhesive protein as an environmentally-friendly harmless wood furniture adhesive[J]. International Journal of Adhesion and Adhesives, 70: 260-264.

Sulaiman N S, Hashim R, Sulaiman O, et al. 2018. Partial replacement of urea-formaldehyde with modified oil palm starch based adhesive to fabricate particleboard[J]. International Journal of Adhesion and Adhesives, 84: 1-8.

Tan B K, Ching Y C, Poh S C, et al. 2015. A review of natural fiber reinforced poly (vinyl alcohol) based composites: application and opportunity[J]. Polymers, 7 (11): 2205-2222.

Terranova D. 2010. Adsorption of catechol on TiO_2 rutile (100): a density functional theory investigation[J]. The Journal of Physical Chemistry C, 114 (14): 6491-6495.

Veigel S, Grull G, Pinkl S, et al. 2014. Improving the mechanical resistance of waterborne wood coatings by adding cellulose nanofibers[J]. Reactive and Functional Polymers, 85: 214-220.

Wei L, Walter J, Burger A, et al. 2014. A general approach to study the thermodynamics of ligand adsorption to colloidal surfaces demonstrated by means of catechols binding to zinc oxide quantum dots[J]. Chemistry of Materials, 27 (1): 338-343.

Wu Z, Li L, Mu Y, et al. 2017. Synthesis and adhesive property study of a mussel-inspired adhesive based on poly (vinyl alcohol) backbone[J]. Macromolecular Chemistry and Physics, 218 (16): 1700206.

Zhang Y, Chen M, Zhang J, et al. 2020. A high-performance bio-adhesive using hyperbranched aminated soybean polysaccharide and bio-based epoxide[J]. Advanced Materials Interfaces, 7 (9): 2000148.

Zheng P, Chen N, Mahfuzul I S M, et al. 2019. Development of self-cross-linked soy adhesive by enzyme complex from aspergillus niger for production of all-biomass composite materials[J]. ACS Sustainable Chemistry & Engineering, 7 (4): 3909-3916.

《木材科学前沿》教学课件申请单

凡使用本书作为授课教材的高校主讲教师，可通过以下两种方式之一获赠教学课件一份。

1. 关注微信公众号"科学 EDU"申请教学课件

扫上方二维码关注公众号→"教学服务"→"样书&课件申请"

2. 填写以下表格后扫描或拍照发送至联系人邮箱

姓名：	职称：	职务：
手机：	邮箱：	学校及院系：
本门课程名称：		本门课程每年选课人数：
您对本书的评价及修改建议：		

联系人：张静秋 编辑　　电话：010-64004576　　邮箱：zhangjingqiu@mail.sciencep.com